H. Pfeifer/H. Schmiedel

Grundwissen
Experimentalphysik

Grundwissen Experimentalphysik

Von Prof. Dr. Dr. h.c. Harry Pfeifer
und Prof. Dr. Herbert Schmiedel
Universität Leipzig

 B. G. Teubner Verlagsgesellschaft
Stuttgart · Leipzig 1997

Gedruckt auf chlorfrei gebleichtem Papier.

Die Deutsche Bibliothek – CIP-Einheitsaufnahme

Pfeifer, Harry:
Grundwissen Experimentalphysik /
von Harry Pfeifer und Herbert Schmiedel. –
Stuttgart ; Leipzig : Teubner, 1997
ISBN-13:978-3-8154-3025-5   e-ISBN-13:978-3-322-83423-2
DOI: 10.1007/978-3-322-83423-2

Umschlaggestaltung: E. Kretschmer, Leipzig

Vorwort

Das vorliegende Buch ist aus Vorlesungen entstanden, die an der Universität Leipzig in den 80er- und 90er-Jahren für Studierende der Physik, Geophysik, Kristallographie und Informatik gehalten wurden. Es unterscheidet sich von den bisher erschienenen deutschen Lehrbüchern der Experimentalphysik vor allem in folgender Hinsicht:

o Das Gesamtgebiet der Experimentalphysik wird auf nur ca. 600 Seiten umfassend dargestellt.

o Im Inhaltsverzeichnis wurde bewußt auf eine Gruppierung der 29 Abschnitte in die üblichen Teilgebiete der Physik, wie Mechanik, Optik usw., verzichtet. Der Hauptgrund dafür ist der mit wachsender Erkenntnis immer enger werdende Zusammenhang dieser Teilgebiete. Wenn man beispielsweise die Gruppierung

Mechanik	Abschn. 01 - 05
Wärme	Abschn. 06 - 15
Elektrik	Abschn. 16 - 20
Optik	Abschn. 21 - 25
Quantenphysik	Abschn. 26 - 29

vornehmen würde, fiele es schwer zu begründen, warum die elektromagnetischen Wellen (Abschn. 20.2) zur Elektrik und nicht zur Optik gehören oder warum die Wärmestrahlung (Abschn. 25) ein Teil der Optik und nicht der Quantenphysik ist. Besonders problematisch würde eine solche Einteilung im Hinblick auf die Quantenphysik, die voll in den anderen vier Teilgebieten aufgehen könnte.

o Es wurden Textteile ausgewählt und durch Kleindruck abgesetzt, die bei einer ersten Durchsicht des Buches übersprungen werden können, da sie entweder die mathematische Ableitung einer Formel oder Ergänzungen zum behandelten Stoffgebiet enthalten. Bei Ableitungen kann der Leser diese Art der Darstellung auch nutzen, um seine Fähigkeiten und Kenntnisse selbst zu überprüfen, indem er den kleingedruckten Text abdeckt und dann versucht, die Ableitung der betreffenden Formel zu finden.

o Bei jedem neu eingeführten und durch Fettdruck hervorgehobenen Fachwort wird dahinter in Klammern das entsprechende englische Wort angegeben. Da sowohl das deutsche als auch das englische Fachwort jeweils gekoppelt im Sachverzeichnis erscheinen, wie z.B. *Doppelbrechung (birefringence)* und *birefringence (Doppelbrechung)*, lässt sich dieses Sachverzeichnis auch als deutsch-englisches und englisch-deutsches Fachwörterbuch der Experimentalphysik verwenden. Zusammen mit dem Anhang *A7 Redewendungen bei Veröffentlichungen in englischer Sprache* werden damit dem Leser fachliche Ergänzungen zum Schulenglisch geboten, die ihm im Hinblick auf die dominierende Rolle der englischen Sprache in der physikalischen Fachliteratur nützlich sein werden.

Zur Bedeutung der im Text wiederholt verwendeten Bezeichnungen *spezifisch, molar* usw. gilt: Eine Größe, deren Zahlenwert sich additiv aus den Zahlenwerten von Untersystemen zusammensetzt, nennt man **extensiv** (extensive). Beispiele sind die Masse, das Volumen oder die Energie. Größen, deren Zahlenwerte unabhängig von der Ausdehnung des Systems sind, nennt man dagegen **intensiv** (intensive). Beispiele sind die Temperatur, der Druck oder das chemische Potential. Das Adjektiv **spezifisch** (specific) bzw. **molar** (molar) vor dem Namen einer extensiven Größe bedeutet, dass die betreffende Größe durch die Masse bzw. durch die Stoffmenge (Anzahl der Mole) dividiert wurde, wodurch sie zu einer intensiven Größe wird. Beispiele sind die spezifische und die molare Wärmekapazität.

Jeweils am Anfang der 29 Abschnitte findet der Leser einen originellen Ausspruch eines berühmten Wissenschaftlers, der zum Nachdenken und Schmunzeln anregen und das Studium etwas würzen soll. Bei den Lebensdaten der Physiker wurde die Nation mit Absicht weggelassen. Einerseits spielt man ja - erfreulicherweise - auch keine Nationalhymne nach einem besonders gelungenen wissenschaftlichen Vortrag und andererseits "ist die Fälschung der Wissenschaftsgeschichte eine alte Kunst, in der sich die löblichen Nationen den Rang ablaufen" (A. Einstein).

Für zahlreiche Hinweise bei der Abfassung und Überarbeitung des Manuskripts sind wir den Herren Professoren Jörg Kärger, Dieter Geschke und Dieter Michel sowie Herrn Dr. Martin Staudte, langjähriger Vorlesungsassistent am Physikalischen Institut der Universität Leipzig, sehr zu Dank verpflichtet. Dem Verlag, insbesondere Herrn Jürgen Weiß, gilt unser Dank für die angenehme Zusammenarbeit. Schon im voraus danken wir all jenen Lesern, die uns auf noch vorhandene Fehler und auf Ungeschicklichkeiten bei der Darstellung hinweisen werden.

Leipzig, Mai 1997   H. Pfeifer, H. Schmiedel

Anschrift der Verfasser:
Prof. (i.R.) Dr. Dr. h.c. Harry Pfeifer, Prof. Dr. Herbert Schmiedel
Universität Leipzig - Physik, Linnéstr. 5
D-04103 Leipzig

Inhalt

1 Physikalische Größen und ihre Messung

1.1 Physikalische Größen

Zur quantitativen Charakterisierung einer **physikalischen Größe** (physical quantity) sind drei Angaben erforderlich: Der Zahlenwert, die Einheit und der Messfehler. Als Beispiel sei die Ruhemasse des Protons genannt. Sie beträgt $(1{,}6726231 \pm 0{,}0000010) \cdot 10^{-27}$kg [LID90], wofür man oft $1{,}6726231(10) \cdot 10^{-27}$kg schreibt. Es gibt aber auch physikalische Größen, wie z.B. die Lichtgeschwindigkeit im Vakuum, deren Zahlenwert festgelegt wurde und die deshalb keinen Fehler besitzen. Diese sind dann mit dem Zusatz *(exakt)* zu versehen. Physikalische Größen werden durch **kursiv** (italic) geschriebene Buchstaben dargestellt im Gegensatz zu den physikalischen Einheiten, für die **gerade** (roman) Buchstaben zu verwenden sind [IUP93]. So bezeichnet z.B. T die Temperatur und T die Einheit Tesla. Die **Grundeinheiten** (base units) der Physik im internationalen Einheitensystem (s.S.10) sind in der folgenden Tab.1 aufgelistet:

Tab.1 Grundeinheiten der Physik

physikalische Größe	Symbol für die Größe	Einheit	Symbol für die Einheit
Länge	ℓ	das Meter	m
Zeit	t	die Sekunde	s
Masse	m	das Kilogramm	kg
Substanzmenge	–	das Mol	mol
elektr. Stromstärke	I	das Ampere	A
Temperatur	T	das Kelvin	K
Lichtstärke	I_v	die Candela	cd

Die **Dimension** (dimension) einer physikalischen Größe ergibt sich dadurch, dass man in der angegebenen Einheit die Grundeinheiten einführt, alle Zahlenfaktoren weglässt und schließlich die Grundeinheiten durch die Symbole ihrer Größen ersetzt. Auf diese Weise ergibt sich z.B. für die physikalische Größe 60km/h zunächst $60 \cdot 10^3$m/3600s, daraus m/s und schließlich die Dimension ℓ/t (Länge durch Zeit). Mit Hilfe der **Dimensionsanalyse** (dimensional analysis) lässt sich leicht überprüfen, ob eine (beliebig komplizierte) Formel *mit Sicherheit falsch* ist. Ein solcher Fall liegt vor, wenn sich für die linke Seite der Formel eine andere Dimension als rechts ergibt. **Vielfache** (multiples) und **Bruchteile** (submultiples) von Einheiten werden i.Allg. durch bestimmte Vorsätze (Buchstabenfolgen) gekennzeichnet (s.Tab.2 auf der nächsten Seite). Die Umrechnung von Einheiten ist leicht möglich, wenn man berücksichtigt, dass man mit physikalischen Größen so rechnen kann, wie mit algebraischen Ausdrücken. Es soll beispielsweise eine Geschwindigkeit von 8m/s in km/h angegeben werden. Unter Beachtung von 1000m=1km und 3600s=1h folgt durch Erweiterung: 8m/s=8·(1000m/1000)·(3600/3600s)= 8·3,6km/h=28,8km/h.

Tab.2 Bezeichnung von Vielfachen und Bruchteilen von Einheiten

Faktor	10^{15}	10^{12}	10^9	10^6	10^3	10^2	10
Vorsatz	Peta	Tera	Giga	Mega	Kilo	Hekto	Deka
Symbol	P	T	G	M	k	h	da
Faktor	10^{-1}	10^{-2}	10^{-3}	10^{-6}	10^{-9}	10^{-12}	10^{-15}
Vorsatz	Dezi	Zenti	Milli	Mikro	Nano	Piko	Femto
Symbol	d	c	m	μ	n	p	f

Zur **grafischen Darstellung** (graph) eines funktionalen Zusammenhanges zwischen zwei physikalischen Größen in einem Diagramm wird auf den Achsen zweckmäßigerweise (Empfehlung der *International Union of Pure and Applied Physics, IUPAP*) nicht die physikalische Größe selbst, sondern der Quotient aus physikalischer Größe und Einheit aufgetragen [IUP93]. Bei der Darstellung einer Temperaturabhängigkeit wird man also den Abszissenpfeil nicht mit T, sondern mit T/K beschriften, so dass auf der Abszisse selbst nur Zahlen anzugeben sind. Die Messfehler der physikalischen Größen werden im Diagramm durch Doppel-T-Kreuze gekennzeichnet. Der senkrechte Strich gibt die Verteilungsbreite der Größe an, die auf der Ordinate aufgetragen ist. Analoges gilt für den horizontalen Strich.

1.2   Das SI (Systéme International d'Unités)

Das internationale Einheitensystem (SI) verwendet die in Tab.1, S.9, aufgelisteten Grundeinheiten [KAM77]. Im Folgenden werden die vier Grundeinheiten der Mechanik (m, s, kg und mol) kurz behandelt.
Das Meter (meter) ist die Einheit der Länge. Ursprünglich wurde das Meter als der 40-millionste Teil des Erdumfangs eingeführt. Die heutige Definition lautet: *In 1 Sekunde legt das Licht im Vakuum eine Strecke von* 299 792 458m *zurück.* Dies bedeutet, dass die Lichtgeschwindigkeit im Vakuum exakt 299 792,458km/s beträgt und dass jede neue verbesserte Messung der Lichtgeschwindigkeit nichts mehr an diesem Zahlenwert ändert, sondern zu einer Veränderung derjenigen Länge führt, die man als 1 Meter bezeichnet. Das **Lichtjahr** (light year) ist keine Zeit, sondern die Länge, die das Licht in einem Jahr, genauer in einem **tropischen Jahr** (tropical year), bestehend aus 365,2422 Tagen, zurücklegt (s.Tab.3).
Die Sekunde (second) ist die Einheit der Zeit. Ursprünglich wurde die Sekunde als 86400-ster Teil eines mittleren Sonnentages eingeführt. Die heutige Definition lautet: *Die elektromagnetischen Wellen, die beim Übergang des Cäsiumatoms der Atommasse 133 zwischen zwei Hyperfeinniveaus im Grundzustand ausgesendet*

werden, vollführen in 1 Sekunde 9 192 631 770 Schwingungen.

Tab.3 Beispiele für Längen

weitest entfernter Quasar	ca. $20 \cdot 10^9$ ly
nächst entfernter Stern (α-centauri)	4,2 ly
1 Lichtjahr (ly)	$9,46053 \cdot 10^{15}$ m
Wellenlänge des Lichts	400 - 800 nm
Radius des Wasserstoffatoms	ca. 50 pm
Radius des Protons	ca. 1fm

Die Frequenz dieser Wellen beträgt also 9,19263177GHz, was einer Wellenlänge von ca. 3cm entspricht. Die Ungenauigkeit dieser Uhr (sog. Cäsiummaser) beträgt nur 1 Sekunde in 6000 Jahren. Da 1 Jahr (1y) aus $365 \cdot 24 \cdot 60 \cdot 60$ Sekunden besteht, liegt also der Fehler bei ca. $5 \cdot 10^{-12}$. Für Quarzarmbanduhren (1 Sekunde in 1 Monat) ergibt sich ca. $3,8 \cdot 10^{-7}$ und für die derzeit genaueste Uhr, den Wasserstoffmaser (1 Sekunde in 30 Millionen Jahren), liegt der relative Fehler bei 10^{-15}. Beispiele für charakteristische Zeiten enthält die folgende Tab.4:

Tab.4 Beispiele für Zeiten

Alter des Weltalls	ca. $20 \cdot 10^9$ y
Dauer des kürzesten künstlich erzeugten Lichtimpulses	ca. 1 fs
Lebensdauer der instabilsten Elementarteilchen	ca. 10^{-8} fs

Das Kilogramm (kilogram) ist die Einheit der Masse. Hierbei besteht eine unbefriedigende Situation in zweierlei Hinsicht: *Die Grundeinheit trägt den Vorsatz Kilo und sie ist nicht an eine natürliche Größe gekoppelt, sondern an ein vom Menschen geschaffenes Normal.* Dieses **Urkilogramm** (international kilogram) ist ein Zylinder aus einer Platin-Iridium-Legierung, das in Sévres bei Paris aufbewahrt wird. Beispiele für Massen zeigt die Tab.5.

Tab.5 Beispiele für Massen

Masse des Universums	ca. 10^{53} kg
Masse der Sonne	ca. $2 \cdot 10^{30}$ kg
Ruhemasse des Elektrons [LID90]	$9,1093897(54) \cdot 10^{-27}$ kg

Das Mol (mole) ist die Einheit der Stoffmenge. *Ein Mol ist diejenige Menge eines einheitlichen Stoffes, der N_A Teilchen enthält.* Dabei bezeichnet N_A die **Avogadro'sche Zahl** (Avogadro constant, Amadeo Avogadro 1776-1856). Sie ist eine Naturkonstante und gibt die Anzahl der Kohlenstoffatome an, die sich in $12 \cdot 10^{-3}$ kg Kohlenstoff, bestehend aus dem Isotop C-12, befinden. Die aktuellen Werte der Naturkonstanten werden in regelmäßigen Abständen vom *Committee on Data for*

Science and Technology, **CODATA,** herausgegeben. Der derzeit aktuelle Wert [LID90] für N_A ist $6{,}0221367(36) \cdot 10^{23} \mathrm{mol}^{-1}$. Als **atomare Masseneinheit** (unified atomic mass unit) m_u bezeichnet man 1/12 der Masse des Kohlenstoffatoms C-12. Da definitionsgemäß 1mol dieser Atome die Masse 12g besitzt, ergibt sich $m_u = 1{,}6605402(10) \cdot 10^{-27} \mathrm{kg}$. Die **relative Atommasse**, die auch (irreführend) als **Atomgewicht** (atomic weight) bezeichnet wird, ist der Quotient aus der Masse des Atoms und m_u. Analog ist die **relative Molekülmasse (Molekulargewicht,** molecular weight) definiert.

1.3 Messfehler

Bei der Messung einer nichtquantisierten Größe x (eine nichtquantisierte Größe ist z.B. die Masse eines Menschen, eine quantisierte Größe die Anzahl von Menschen) sei x_R der reale (i.Allg. unbekannte) Wert und x_i der Wert, der sich bei der i-ten Messung ergeben hat. Dann bezeichnet man $|x_i - x_R|$ als **absoluten Fehler** (absolute error) und den Quotienten $|(x_i - x_R)/x_R|$ als **relativen Fehler** (relative error) dieser Messung. **Systematische Fehler** (systematic errors) treten auf, wenn z.B. das Messinstrument falsch kalibriert ist. Die Zuordnung der Anzeige eines Messgeräts zum Zahlenwert einer physikalischen Größe bezeichnet man als **Kalibrieren** (calibration). Bei der **Eichung** (gage oder gauge) dagegen handelt es sich um amtliches Prüfen und Beurkundung von Messgeräten. Systematische Fehler können im Prinzip vermieden werden, während **zufällige (statistische) Fehler** (statistical errors) bei Messungen unvermeidbar sind. Auf diese zufälligen Fehler beziehen sich die folgenden Ausführungen. Wenn man mit $p(x)\mathrm{d}x$ die Wahrscheinlichkeit bezeichnet, dass ein gemessener Wert in das Intervall von x bis $x+\mathrm{d}x$ fällt, dann gilt erfahrungsgemäß die **Gauß'sche Normalverteilung** (Gaussian distribution oder error function, Carl Friedrich Gauß 1777-1855)

$$p(x) = \frac{1}{\sigma\sqrt{2\pi}} \exp\left(-\frac{(x-x_R)^2}{2\sigma^2}\right). \tag{1}$$

Definiert man den **Erwartungswert** (expectation value) $E(G)$ einer (Zufalls)Größe $G(x)$ durch das Integral

$$E(G) = \int_{-\infty}^{+\infty} G(x)\, p(x)\, \mathrm{d}x \;, \tag{2}$$

so folgt wegen

$$\int_{-\infty}^{+\infty} p(x)\ dx = 1\ , \qquad \int_{-\infty}^{+\infty} x\ p(x)\ dx = x_R\ , \qquad \int_{-\infty}^{+\infty} (x-x_R)^2\ p(x)\ dx = \sigma^2, \qquad (3)$$

dass x_R der Erwartungswert von x und σ^2 der Erwartungswert von $(x-x_R)^2$ ist. Die Größe σ heißt **Streuung** oder **Standardabweichung** (standard deviation) und σ^2 **Varianz** (variance) oder **mittleres Schwankungsquadrat**. Die Wahrscheinlichkeit, dass ein Messwert zwischen $x_R-\Delta$ und $x_R+\Delta$ fällt, berechnet sich aus Gl.(1) zu

$$P(\Delta) = \int_{x_R-\Delta}^{x_R+\Delta} p(x)\ dx \qquad (4)$$

und man kann leicht numerisch zeigen, dass $P(\Delta)$ gleich 0,683 für $\Delta=\sigma$ bzw. gleich 0,997 für $\Delta=3\sigma$ ist. Das heißt, dass die Messwerte x_i mit einer Wahrscheinlichkeit von 99,7% im Intervall von $x_R-3\sigma$ bis $x_R+3\sigma$ liegen müssen. Umgekehrt gilt die analoge Aussage: *Wenn man einen bestimmten Messwert x_i hernimmt, dann liegt der reale Wert x_R mit einer Wahrscheinlichkeit von 99,7% im Bereich von $x_i-3\sigma$ bis $x_i+3\sigma$.*

Für einen Experimentalphysiker, der z.B. die folgenden Werte x_1, x_2, ... x_n gemessen hat, ergeben sich also drei Aufgaben, nämlich diejenigen Größen zu ermitteln, die den (unbekannten) realen Wert x_R und die (unbekannte) Streuung σ am besten annähern, und zu prüfen, ob die Messwerte x_i mit hinreichender Genauigkeit durch die Gauß'sche Normalverteilung beschrieben werden können, d.h., dass sie mit zufälligen Fehlern behaftet sind.

(1) Die beste Annäherung an den realen Wert x_R stellt das arithmetische Mittel dar:

$$\langle x \rangle = \frac{1}{n} \sum_{i=1}^{n} x_i\ . \qquad (5)$$

Diese Aussage folgt aus der Forderung, dass die Summe der quadratischen Abweichungen $\Sigma_i(x_i-\langle x\rangle)^2$ ein Minimum sein muss, wie man leicht durch Differenzieren nach $\langle x\rangle$ zeigen kann. Für den Erwartungswert von $\langle x\rangle$ erhält man aus Gl.(2) $E(\langle x\rangle)=n^{-1}\Sigma_i \int_{-\infty}^{+\infty} x_i\, p(x_i)dx_i$. Unter Beachtung der mittleren Gl.(3) ergibt sich $E(\langle x\rangle)=x_R$.

(2) Die beste Näherung für die Streuung σ ergibt sich zu

$$\sigma_n = \sqrt{(n-1)^{-1} \sum_{i=1}^{n} (x_i-\langle x\rangle)^2}\ . \qquad (6)$$

Für den Erwartungswert der (Zufalls)Größe $\sigma_n^{\ 2}$ gilt nach Gl.(2) $E(\sigma_n^{\ 2})=(n-1)^{-1}\Sigma_i[E(x_i^2)-E(2x_i\langle x\rangle)+E(\langle x\rangle^2)]$. Der Erwartungswert $E(x_i^2)$ ergibt sich, wenn man die rechte Gl.(3) (setze x für x_i) verwendet, zu $E(x_i^2)=x_R^{\ 2}+\sigma^2$. Wegen $E(x_i\langle x\rangle)=E(x_i n^{-1}\Sigma_j x_j)$ folgt $E(x_i\langle x\rangle)=n^{-1}E(x_i^2)+n^{-1}\Sigma_{j\neq i}E(x_i x_j)$ oder $E(x_i\langle x\rangle)=$

$n^{-1}(\sigma^2 + x_R^2) + n^{-1}x_R(n-1)x_R$. Unter Beachtung von $E(x_i\langle x\rangle) = E(\langle x\rangle^2)$ erhalten wir schließlich $E(\sigma^2_n) = (n-1)^{-1}[n(x_R^2 + \sigma^2) - (x_R^2 + \sigma^2) - (n-1)x_R^2]$ oder $E(\sigma^2_n) = \sigma^2$.

(3) Zur Prüfung, ob die n Messwerte x_i statistisch verteilt sind, wird meist der χ^2-**Test** (chi square test) herangezogen. Dabei geht man in fünf Schritten vor: (i) Berechnung von $\langle x\rangle$ und σ_n nach den Gln.(5) und (6). (ii) Einführung von Klassen (Diskretisierung des x-Bereichs) mit der Bedingung, dass in jeder Klasse mehrere Messwerte liegen müssen. (iii) Bestimmung der Anzahl A_k der Messwerte, die in jede Klasse fallen. (iv) Berechnung der nach der Gauß'schen Normalverteilung zu erwartenden Anzahl B_k der Messwerte in den einzelnen Klassen. (v) Bildung von

$$\chi^2 = \sum_k \frac{(A_k - B_k)^2}{B_k} \ . \tag{7}$$

Nur dann, wenn χ^2 kleiner als die Zahl der Klassen ist, kann man die Messwerte näherungsweise als normalverteilt ansehen und die Berechnung von $\langle x\rangle$ und σ_n nach den Gln. (5) und (6) ist gerechtfertigt.

Als Beispiel wählen wir: 1.Klasse: $x < \langle x\rangle - \sigma_n$, 2.Klasse: $\langle x\rangle - \sigma_n < x < \langle x\rangle$, 3.Klasse: $\langle x\rangle < x < \langle x\rangle + \sigma_n$, 4.Klasse: $\langle x\rangle + \sigma_n < x$ und es seien n=50 Werte gemessen worden, die sich auf die 4 Klassen wie folgt verteilen: $A_1 = 10$; $A_2 = 14$; $A_3 = 18$; $A_4 = 8$. Aus Gl.(4)ff. folgt für die Verteilung: $B_1 = B_4 = 50 \cdot 0,5 \cdot (1 - 0,683) = 7,93$; $B_2 = B_3 = 50 \cdot 0,5 \cdot 0,683 = 17,08$, so dass sich $\chi^2 = 1,15$ ergibt, was kleiner als die Zahl der Klassen (4) ist.

Zur Ermittlung der Streuung σ_y einer Größe y, die sich aus verschiedenen unabhängigen Messgrößen u, v, ... mit den Streuungen σ_u, σ_v, ... berechnet, verwendet man das **Gauß'sche Fehlerfortpflanzungsgesetz** (Carl Friedrich Gauß 1777-1855)

$$\sigma_y = \sqrt{\left(\frac{\partial y}{\partial u}\right)^2 \sigma_u^2 + \left(\frac{\partial y}{\partial v}\right)^2 \sigma_v^2 + \dots} \ . \tag{8}$$

Aus diesem Gesetz folgt für die **Streuung** $\sigma_{\langle x\rangle}$ des **Mittelwertes** $\langle x\rangle$ (standard deviation of the average):

$$\sigma_{\langle x\rangle} = \frac{1}{\sqrt{n}} \ \sigma \ . \tag{9}$$

Zum Beweis setzt man in Gl.(8) $y=\langle x\rangle$, $u=x_1$, $v=x_2$, ... mit $\sigma_1=\sigma_2=...\sigma_n = \sigma$ (s. Gl.(5)) ein. Es lässt sich außerdem leicht zeigen, dass $\sigma_{\langle x\rangle}^2$ gleich dem Erwartungswert von $(\langle x\rangle-x_R)^2$ ist.

Da die Streuung des Mittelwertes nach Gl.(9) nur mit der Wurzel aus n abnimmt, sind also wenige sorgfältige Messungen besser als viele ungenaue Experimente.

2   Mechanik der Massenpunkte

Galileo Galilei: Es offenbart sich aber Gott in den Geschehnissen der Natur nicht minder als in den heiligen Überlieferungen der Bibel.

2.1   Eindimensionale Bewegungen

Für die folgenden Überlegungen werden drei Voraussetzungen gemacht:
(1) Die Bewegung erfolge geradlinig in Richtung der Koordinate z. (2) Es wird nur die Bewegung beschrieben (**Kinematik**, kinematics) und nicht ihre Ursache (**Dynamik**, dynamics), d.h. die Masse spielt keine Rolle. (3) Die betrachteten Teilchen seien punktförmig.
Die Koordinate z ist i.Allg. eine Funktion der Zeit und man definiert die **Geschwindigkeit** v_z des Massenpunktes (v soll an *velocity* erinnern und der Index an die z-Koordinate) durch den Differentialquotienten dz/dt, der damit i.Allg. ebenfalls eine Funktion der Zeit ist. Für die **mittlere Geschwindigkeit** (mean velocity) zwischen den Zeitpunkten t_1 und t_2 ergibt sich

$$\langle v_z\rangle = \frac{1}{t_2-t_1}\int_{t_1}^{t_2} v_z(t')\, dt'. \tag{10}$$

Die **Beschleunigung** (acceleration) a_z ist definiert als die zeitliche Ableitung der Geschwindigkeit, d.h. $a_z=dv_z/dt$, wofür man auch durch Einsetzen der Geschwindigkeit $a_z=d^2z/dt^2$ schreiben kann. Die mittlere Beschleunigung $\langle a_z\rangle$ wird durch eine zu Gl. (10) analoge Beziehung gegeben.
Als Beispiel für eine Bewegung mit konstanter Beschleunigung betrachten wir den **freien Fall** (free vertical motion). Darunter versteht man den Fall im luftleeren Raum mit einer als konstant angenommenen Erdbeschleunigung g. Wir nennen z die Koordinate senkrecht zur Erdoberfläche mit der positiven Richtung nach oben. Zur Zeit $t=0$ sei $z=z_0$ und $v_z=0$, d.h. der Körper wird nicht geworfen, sondern aus der Höhe z_0 fallen gelassen. Aus der Definitionsgleichung der Beschleunigung ergibt sich damit $dv_z/dt =-g$, woraus $dv_z=-gdt$ oder, nach der Integration von $t=0$ bis $t=t$,

$$v_z = -g\,t \tag{11}$$

folgt. Die Integration der Definitionsgleichung der Geschwindigkeit $v_z = dz/dt$ liefert nach Einsetzen von Gl.(11) die Beziehung

$$z = z_0 - \frac{g}{2}\,t^2. \tag{12}$$

Die **Fallzeit** t_F folgt aus der Bedingung, dass $z=0$ für $t=t_F$ gelten muss, zu $t_F = (2z_0/g)^{1/2}$. Einsetzen von t_F in Gl.(11) liefert für die **Geschwindigkeit** des Körpers beim Auftreffen auf die Erdoberfläche $v_z(z=0) = -(2gz_0)^{1/2}$.

Wie schon erwähnt, ist die Erdbeschleunigung g keine Konstante, sondern hängt vom Ort ab. Die Hauptursachen sind die Abstandsabhängigkeit der Anziehungskraft der Erde (s. Abschn.2.6, S.40) und die Abhängigkeit der Zentrifugalkraft von der geographischen Breite (s.Abschn.2.7, S.45/46). Bei den derzeit genauesten Messungen von g wird die Fallzeitdifferenz einer Kugel im Vakuum zwischen zwei Lichtschranken bestimmt. Auf diese Weise hat man im *National Bureau of Standards* (USA) eine relative Genauigkeit von 10^{-7} erreicht, was der Veränderung von g (infolge der Abstandsabhängigkeit der Anziehungskraft der Erde) über eine Höhe von nur ca. 30cm entspricht.

Zur Berechnung der **Schusshöhe** z_H im Vakuum und bei konstanter Erdbeschleunigung nehmen wir an, dass der Körper z.Zt. $t=0$ von $z=0$ aus mit der Geschwindigkeit $v_z = v_0$ senkrecht nach oben geschossen wird. Aus der Bedingung, dass am höchsten Punkt, den das Geschoss erreicht, $v_z = 0$ gelten muss, folgt durch eine einfache Rechnung, analog wie beim freien Fall,

$$z_H = \frac{v_0^2}{2g}\,. \tag{13}$$

Man sieht, dass v_0 bis auf das Vorzeichen gleich derjenigen Geschwindigkeit ist, die ein Körper beim freien Fall aus der Schusshöhe z_H erreicht (Gleichheit der kinetischen Energien beim Start und bei der Rückkehr). In der folgenden Tab.6 sind Schusshöhen für verschiedene Anfangsgeschwindigkeiten im Vakuum (unter der Annahme einer konstanten Erdbeschleunigung) und die tatsächlich erreichten Werte in Luft angegeben.

Tab.6 Schusshöhen im Vakuum und in Luft

Geschossmasse	Kaliber	Anfangs-geschwindigkeit	Schusshöhe im Vakuum	Schusshöhe in Luft
0,3 kg	25 mm	910 m/s	42,4 km	2,0 km
12,7 kg	94 mm	1070 m/s	58,4 km	16,5 km
36,2 kg	135 mm	850 m/s	36,8 km	17,4 km

2.2 Mehrdimensionale Bewegungen

Der schiefe Wurf

Das Koordinatensystem sei so gewählt, dass der Wurf in der x-z-Ebene erfolgt, wobei die z-Richtung wieder senkrecht zur Erdoberfläche stehe. Zur Zeit $t=0$ starte das Geschoss (Massenpunkt) bei $x=z=0$ mit der Geschwindigkeit v_0 und dem Neigungswinkel ϑ bezüglich der x-Achse, so dass die Komponenten der Anfangs-geschwindigkeit $v_x=v_0\cos\vartheta$ und $v_z=v_0\sin\vartheta$ sind. Wegen $dv_x/dt=a_x=0$ ist v_x unabhängig von der Zeit und es folgt aus $dx/dt=v_x$

$$x(t) = (v_0\cos\vartheta)\, t \ . \tag{14}$$

Für die z-Richtung gilt $dv_z/dt=a_z=-g$. Daraus ergibt sich durch Integration $v_z(t)=(v_0\sin\vartheta)-gt$ und wir erhalten durch Einsetzen dieser Beziehung in die Definitionsgleichung der Geschwindigkeit $dz/dt=v_z(t)$ und erneute Integration

$$z(t) = (v_0\sin\vartheta)\, t - \frac{g}{2}\, t^2 \ . \tag{15}$$

Die Gln.(14) und (15) beschreiben die **Flugbahn** beim schiefen Wurf (curvilinear motion), die eine nach unten geöffnete Parabel darstellt. Die **Flugdauer** t_F ergibt sich mit der Bedingungsgleichung $z(t_F)=0$ aus Gl.(15) zu

$$t_F = \frac{2v_0\,\sin\vartheta}{g} \ . \tag{16}$$

Für die **Flugweite** folgt durch Einsetzen von t_F in Gl.(14)

$$x(t_F) = \frac{2v_0^2}{g} \sin\vartheta \cos\vartheta \, . \tag{17}$$

Sie besitzt ein Maximum, das bei einem Neigungswinkel $\vartheta = \pi/4$ erreicht wird. Die Berücksichtigung der Luftreibung führt dazu, dass die Kurve keine Parabel mehr ist, sondern unsymmetrisch wird. Man spricht von einer **ballistischen Kurve** (ballistic curve). Die in dem vorliegenden Abschnitt dargestellte Behandlung der Fallbewegung bzw. des schiefen Wurfes vernachlässigt die Ortsabhängigkeit der Erdbeschleunigung und die Luftreibung. Beides sind für kleine zurückgelegte Strecken und hinreichend große Massen **Effekte höherer Ordnung** (effects of higher order), die dann nur zu kleineren Abweichungen von den theoretischen Ergebnissen führen. Diese Behandlung entspricht einem generellen Herangehen an die Lösung physikalischer Aufgabenstellungen, die von Paul Adrien Maurice Dirac (1902-1984) sinngemäß etwa folgendermaßen formuliert wurde: *Der Trick bei der Behandlung physikalischer Aufgabenstellungen besteht darin, das Problem in zwei Teile aufzuspalten: Das erste Teilproblem (g=const, keine Luftreibung) ist relativ einfach zu lösen, die Ergebnisse beschreiben die wesentlichen Erscheinungen. Die Lösung des zweiten Teilproblems ist schwieriger, sie liefert Korrekturen, die dann zu einer quantitativen Übereinstimmung zwischen Theorie und Experiment führen.*

Die Kreisbewegung

Im Folgenden soll die Bewegung eines Massenpunktes auf einem Kreis mit dem Radius r bei konstanter Winkelgeschwindigkeit betrachtet werden. Die **Winkelge-schwindigkeit** (angular velocity) ist ein **Vektor** (vector), d.h. eine Größe, die durch einen **Betrag** (magnitude) und eine **Richtung** (direction) bestimmt wird. Vektoren werden durch einen Buchstaben mit darüber gezeichnetem Pfeil dargestellt. Im Falle der Winkelgeschwindigkeit ist es üblich, das Symbol $\vec{\omega}$ zu verwenden. Der Betrag von $\vec{\omega}$ ist definiert als die zeitliche Ableitung des Winkels α, der den Ort des Massenpunktes auf dem Kreis beschreibt, d.h. $\omega = d\alpha/dt$. Als Richtung von $\vec{\omega}$ hat man diejenige Richtung festgelegt, die senkrecht auf dem Kreis steht und die mit der Kreisbewegung eine Rechtsschraube (Korkenzieher) bildet. Führen wir noch den **Ortsvektor** (position vector) $\vec{r}$ ein, der vom Mittelpunkt des Kreises zum momentanen Ort des Massenpunktes zeigt, so ergibt sich definitionsgemäß für die Geschwindigkeit ebenfalls ein Vektor $\vec{v} = d\vec{r}/dt$. Dieser Vektor zeigt in Richtung des differentiellen Wegelementes $d\vec{r}$ an der betreffenden Stelle und sein Betrag ergibt sich zu $v = d(r\alpha)/dt$. Den Zusammenhang zwischen den Vektoren $\vec{v}$, $\vec{\omega}$ und $\vec{r}$ kann man einfach mit Hilfe des Vektorproduktes darstellen

$$\vec{v} = \vec{\omega} \times \vec{r}. \tag{18}$$

Das **Vektorprodukt** (vector product) zweier Vektoren $\vec{a}$ und $\vec{b}$, das man in der Form $\vec{a} \times \vec{b}$ schreibt, ist wieder ein Vektor, dessen Betrag durch $ab\sin\alpha$ gegeben wird, wobei α den Winkel bezeichnet, den die beiden Vektoren aufspannen. Die Richtung des Vektorprodukts steht senkrecht auf der durch $\vec{a}$ und $\vec{b}$ gebildeten Ebene und bildet mit $\vec{a}$ und $\vec{b}$ ein Rechtssystem. Das heißt, wenn man $\vec{a}$ nach $\vec{b}$ auf dem kürzesten Wege dreht, so gibt die Rechtsschraube die Richtung des Vektorproduktes.

Um die Beschleunigung $\vec{a} = \mathrm{d}\vec{v}/\mathrm{d}t$ nach Betrag und Richtung zu bestimmen, betrachten wir Fig.1, in der ein Koordinatensystem eingeführt wurde, dessen Achsen parallel (p) bzw. senkrecht (s) zur Geschwindigkeit des Massenpunktes zum Zeitpunkt $t=0$ stehen. $\vec{v}_1$ bezeichnet den Vektor der Geschwindigkeit des Massenpunktes zum Zeitpunkt $-\Delta t$ und $\vec{v}_2$ zum Zeitpunkt $+\Delta t$.

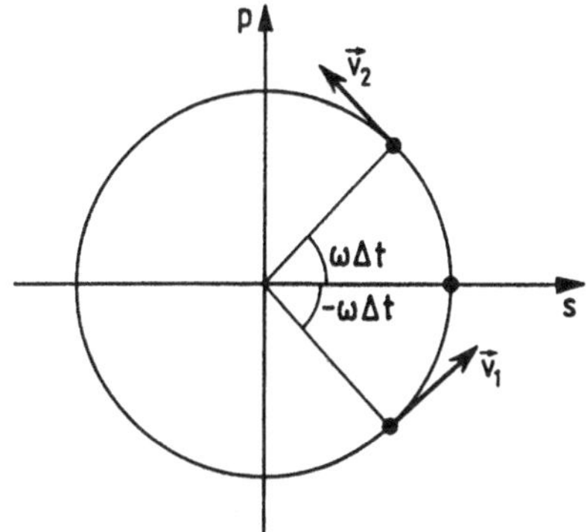

Fig.1 Geschwindigkeitsvektoren $\vec{v}_1$ und $\vec{v}_2$ eines Massenpunktes zu den Zeitpunkten $-\Delta t$ bzw. $+\Delta t$. Zur Zeit $t=0$ befindet sich der Massenpunkt an der Schnittstelle der s-Achse mit dem Kreis

Eine einfache Rechnung zeigt dann, dass für die (mit der Kreisbewegung bei konstanter Winkelgeschwindigkeit ω verbundene) Beschleunigung gilt:

$$\vec{a} = -\omega^2 \vec{r}. \tag{19}$$

Wegen $|\vec{v}_1| = |\vec{v}_2| = r\omega$ ergibt sich für die Komponenten von $\vec{v}_1$ bzw. $\vec{v}_2$ nach Fig.1: $v_{1s} = r\omega\sin(\omega\Delta t)$, $v_{2s} = -r\omega\sin(\omega\Delta t)$, $v_{1p} = v_{2p} = r\omega\cos(\omega\Delta t)$. Für die s-Komponente der Beschleunigung z.Zt. $t=0$ folgt damit $a_s = -r\omega[\sin(\omega\Delta t)/\Delta t]_{\Delta t=0} = -r\omega^2$ und für die p-Komponente $a_p = 0$.

Da diese Beschleunigung die bei einer Kreisbahn ständig notwendige Änderung der

Richtung der Geschwindigkeit nach dem Zentrum des Kreises hin bewirkt, nennt man sie **Zentripetalbeschleunigung** (centripetal acceleration, vom Lateinischen *petare* = erstreben).

2.3   Kraft und Masse

Die drei Newton'schen Axiome

Das **erste Newton'sche Axiom** (Newton's first law of motion, Isaac Newton 1643-1727) lautet: *Ein Körper verbleibt in Ruhe oder im Zustand konstanter Geschwindigkeit (nach Betrag und Richtung), sofern auf ihn keine äußeren Kräfte einwirken.* Beispiele für **äußere Kräfte** sind die Schwerkraft, die einen Körper nach unten fallen lässt, die elektrostatische Anziehung zwischen Ladungen unterschiedlichen Vorzeichens, die Federkraft, die bei der Dehnung einer Feder auftritt, oder die Reibungskraft, die das Abbremsen eines geworfenen Balles bewirkt. **Innere Kräfte** sind diejenigen Kräfte, die z.B. die Eisenatome eines Stück Eisens zusammenhalten. Von diesen Kräften sind die **Scheinkräfte** zu unterscheiden, die bei der Beschleunigung des Koordinatensystems auftreten. Dazu zählt u.a. die Zentrifugalkraft, die beispielsweise den Fahrer eines PKW nach außen drückt, wenn er eine Kurve fährt. Man nennt Bezugssysteme, in denen das 1.Newtonsche Axiom gilt, **Inertialsysteme** (inertial frames of reference). Ein Nichtinertialsystem ist z.B. ein Koordinatensystem, das mit den Wänden einer Schiffskabine verbunden ist, wenn sich das Schiff auf bewegter See befindet; denn in diesem System treten Scheinkräfte auf. Die mit der Erdoberfläche verbundenen Koordinatensysteme sind ebenfalls keine Inertialsysteme, da die Erde rotiert und außerdem um die Sonne kreist. Als Inertialsysteme kann man dagegen alle die Koordinatensysteme bezeichnen, die mit dem Schwerpunkt des Fixsternsystems verbunden sind oder sich mit einer konstanten Geschwindigkeit gegenüber diesem Schwerpunkt bewegen.

Das **zweite Newton'sche Axiom** (Newton's second law of motion) definiert Betrag und Richtung einer Kraft. Es lautet: Wenn ein Körper in einem Inertialsystem eine Beschleunigung $\vec{a}$ erfährt, so wirkt auf ihn eine (äußere) Kraft, die quantitativ durch die Beziehung $\vec{F} = m\vec{a}$ gegeben ist. In Worten: *Kraft ist Masse mal Beschleunigung.* Damit wird die Einheit der Kraft gleich 1kgm/s^2, wofür man die Bezeichnung **Newton** mit dem Symbol N eingeführt hat. Früher übliche Krafteinheiten waren das **Dyn** (dyn) und das Kilopond (kp). Die Kraft 1dyn beschleunigt 1g mit 1cm/s^2, so dass 1Newton gleich 10^5dyn ist. Für die Krafteinheit **Kilopond** (kp), die als Gewicht der Masse von 1kg definiert war, gilt $1\text{kp} = 9,80665\text{N}$. Die Größe $9,80665 \text{m/s}^2$ bezeichnet man als **Normwert der Erdbeschleunigung** (standard acceleration of gravity). Eine allgemeinere Formulierung des 2.Newton'schen Axioms lautet

$$\vec{F} = \frac{d\ m\vec{v}}{dt}\ ; \tag{20}$$

denn sie gilt auch noch, wenn die Masse nicht konstant, sondern gemäß der speziellen Relativitätstheorie (s.S.287) eine Funktion der Geschwindigkeit ist. Interessanterweise hat Isaac Newton die Formulierung nach Gl.(20) vorgezogen, obwohl es zu dieser Zeit noch keinerlei Hinweise auf eine mögliche Abhängigkeit der Masse von der Geschwindigkeit gab. Mit dieser Erkenntnis sollte im ersten Newton'schen Axiom, das ja den Spezialfall des zweiten Newton'schen Axioms für $\vec{F}=0$ darstellt, an Stelle der Geschwindigkeit das Produkt aus Masse und Geschwindigkeit stehen.

Das **dritte Newton'sche Axiom** (Newton's third law of motion) besteht aus zwei Aussagen: *Die Kraft, die auf einen Körper ausgeübt wird, stammt stets von einem anderen Körper und auf diesen anderen Körper wird eine gleichgroße, aber entgegengesetzt gerichtete Kraft ausgeübt (actio gleich reactio).* Als erstes Beispiel betrachten wir die Schwerkraft: Eine Masse m, z.B. ein Ziegelstein, wird von der Erde mit der Kraft mg angezogen. Dies ist eine einfache Erfahrungstatsache, denn jedermann spürt diese Kraft in den Armen, mit denen er den Ziegelstein hält. Nach dem 3.Newton'schen Axiom wird aber die Erde von dieser Masse mit der gleichen Kraft mg angezogen und man muss "mit den Füßen die Erde wegstemmen", um zu verhindern, dass die Erde und der Ziegelstein aufeinanderfallen. Als zweites Beispiel wählen wir die Federkraft. Durch Ziehen an einer Spiralfeder sei ihre Länge um einen bestimmten Betrag vergrößert worden. Der so entstandene Zustand ist dadurch charakterisiert, dass auf die Feder eine bestimmte Kraft ausgeübt wird, der sie eine gleichgroße Kraft entgegensetzt, so dass die Summe der Kräfte gleich null ist: Das System befindet sich in Ruhe. Als drittes Beispiel betrachten wir zwei Massen m_1 und m_2, die durch eine masselose Stange miteinander verbunden und reibungsfrei auf einer ebenen Fläche gelagert seien (s.Fig.2 auf der nächsten Seite). Auf m_2 wirke die Kraft $\vec{F}$ in x-Richtung, d.h. $\vec{F}=(F_x,0,0)$, und wir fragen nach der entstehenden Beschleunigung a_x. Das 2.Newton'sche Axiom liefert die Beziehungen $m_2 a_x = F_x + F_{21x}$ und $m_1 a_x = F_{12x}$. Durch Addition dieser beiden Gleichungen folgt $(m_2 + m_1)a_x = F_x + (F_{21x} + F_{12x})$, woraus sich mit dem 3.Newton'schen Axiom, das im vorliegenden Fall in der Form

$$F_{12x} = -\ F_{21x} \tag{21}$$

geschrieben werden kann, die erwartete Beziehung $(m_2 + m_1)a_x = F_x$ ergibt.

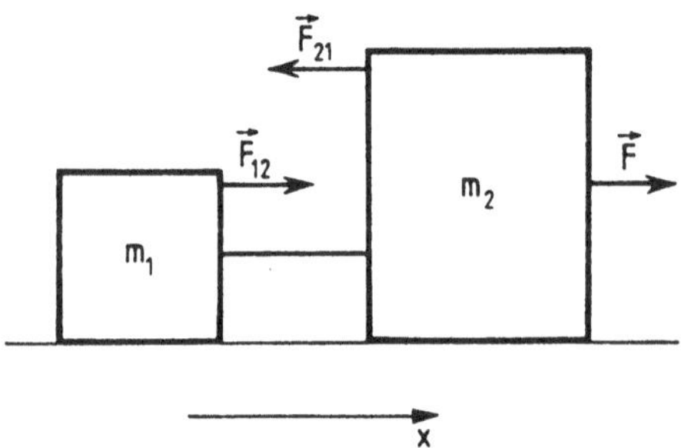

Fig.2 Einwirkung einer Kraft $\vec{F}$ auf zwei Massen m_1 und m_2, die durch eine masselose Stange miteinander verbunden sind

Schwere und träge Masse

Jeder feste Körper besitzt zwei zunächst unterschiedliche Eigenschaften: Zum einen zieht er einen anderen festen Körper mit einer bestimmten Kraft an (Gravitation, s. Abschn.2.6, S.40) und zum anderen setzt er einer Beschleunigung einen Widerstand entgegen, d.h. man muss eine bestimmte Kraft aufwenden, um den Körper zu beschleunigen (2.Newton'sches Axiom). Bezeichnen wir die Größen, die die betreffenden Eigenschaften charakterisieren sollen, mit m_s (**schwere Masse**, gravitational mass) bzw. m_t (**träge Masse**, inertial mass), so würde als Ausgangsgleichung für die Behandlung des freien Falles nach Gl.(20) folgen

$$- m_s\, g = m_t\, a_z \,, \tag{22}$$

wobei wieder, wie im Abschn.2.1, die z-Achse senkrecht zur Erdoberfläche stehen und nach oben gerichtet sein soll. Bei der Ableitung der Formeln für den freien Fall wäre also für die konstante Beschleunigung a_z nicht $-g$, sondern die Größe $-(m_s/m_t)g$ einzusetzen gewesen. Nun lässt sich aber heute mit einer Genauigkeit von besser als 10^{-11} zeigen, dass für zwei beliebige Körper i und k gilt $a_z^{(i)}=a_z^{(k)}$ oder $m_s^{(i)}/m_t^{(i)}=m_s^{(k)}/m_t^{(k)}$. Daraus folgt die Beziehung $m_s=\kappa m_t$, wobei κ eine allgemeine Konstante sein muss. Mit der Gültigkeit dieses **Äquivalenzprinzips** (principle of equivalence) steht und fällt die von Albert Einstein (1879-1955) verfasste **allgemeine Relativitätstheorie** (general theory of relativity, s. auch S.292ff.). Eine praktische Konsequenz dieses Äquivalenzprinzips besteht darin, dass es für einen Experimentalphysiker, der sich in einem abgeschlossenen Kasten befindet, keine Möglichkeiten gibt, festzustellen, ob dieser Kasten eine Beschleunigung erfährt oder ob er unter dem Einfluss eines (homogenen) Gravitationsfeldes steht. Welchen Wert die Konstante κ besitzt, hängt von der Wahl der Einheiten für m_s und m_t ab. Mit der Festlegung $\kappa=1$, d.h.

$$m_s = m_t \,, \tag{23}$$

wird das im Abschn.1.2, S.11 definierte Kilogramm die gemeinsame Grundeinheit und die Unterscheidung zwischen schwerer und träger Masse entfällt, weshalb wir im Folgenden auch die Indizes s und t wieder weglassen werden.

Das Pendel

Im Folgenden wird das **mathematische Pendel** (simple pendulum) behandelt, d.h. es wird die Pendelbewegung einer punktförmigen Masse betrachtet, die an einer masselosen Stange befestigt ist. Die Verallgemeinerung stellt das physikalische Pendel dar, das durch jeden drehbar aufgehängten starren Körper realisiert wird (s.S.56). Bezeichnet man mit α den Auslenkwinkel, den die Stange mit der Senkrechten bildet, und mit ℓ die Länge der Stange, so gilt für die Länge des Kreisbogens (s) zwischen dem Ruhepunkt und dem momentanen Ort der Masse $s=\alpha\ell$ (s.Fig.3). Nach dem 2.Newton'schen Axiom folgt $md^2s/dt^2=F_s$, wobei F_s die s-Komponente aller wirkenden Kräfte bezeichnet. F_s soll aus drei Anteilen bestehen: (i) der Komponente der Schwerkraft mg in s-Richtung: $F_{sg}=-mg\sin\alpha$, (ii) der Reibungskraft, die proportional zur Winkelgeschwindigkeit des Massenpunktes angesetzt wird: $F_{sr}=-K_r d\alpha/dt$ (s.S.38/39) und (iii) einer zusätzlichen periodischen äußeren Kraft der Größe $F_{sp}=K_p\sin\omega_p t$, die mit der Frequenz $\omega_p/2\pi$ in s-Richtung auf den Massenpunkt m einwirkt.

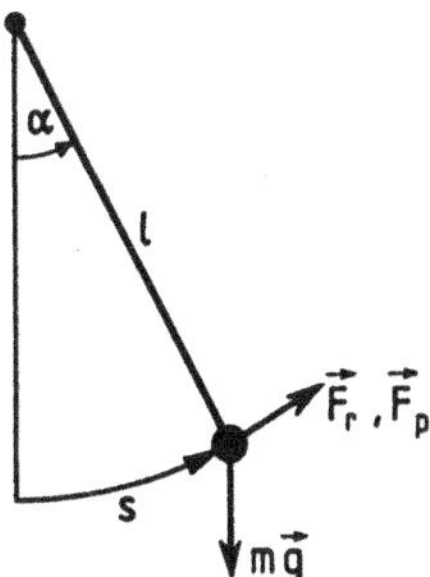

Fig.3 Mathematisches Pendel unter Berücksichtigung der Schwerkraft $m\vec{g}$, der Reibungskraft $\vec{F}_r$ und einer periodischen Anregung (Kraft $\vec{F}_p$)

Damit ergibt sich die Differentialgleichung für das mathematische Pendel zu

$$m\ell \, \frac{\mathrm{d}^2\alpha}{\mathrm{d}t^2} = -\,mg\,\sin\alpha - K_\mathrm{r}\,\frac{\mathrm{d}\alpha}{\mathrm{d}t} + K_\mathrm{p}\,\sin\omega_\mathrm{p}t\;. \tag{24}$$

Im Folgenden werden zunächst vier Spezialfälle dieser Gleichung betrachtet:
(1) *Keine zusätzliche periodische Anregung ($K_\mathrm{p}=0$), keine Reibung ($K_\mathrm{r}=0$) und nur kleine Auslenkwinkel (*$\sin\alpha=\alpha$*).* Dann vereinfacht sich die Gl.(24) zu $\mathrm{d}^2\alpha/\mathrm{d}t^2 = -(g/\ell)\alpha$. Als Lösung erwarten wir auf Grund experimenteller Beobachtungen eine einfache periodische Zeitabhängigkeit, weshalb wir als **Lösungsansatz** (ansatz oder trial) die Gleichung einer **harmonischen Schwingung** (simple harmonic oscillation)

$$\alpha = \hat{\alpha}\,\cos(\omega t + \epsilon) \tag{25}$$

verwenden. $\hat{\alpha}$ ist die **Amplitude** (amplitude), ω die **Kreisfrequenz** (angular frequency) und ϵ die **Nullphase** (phase constant). Der Zusammenhang zwischen der Kreisfrequenz ω und der **Periode** (**Schwingungsdauer,** period) T ergibt sich aus der Definition von T, derzufolge nach einem Zeitintervall T die Phase um 2π angewachsen ist, zu $T=2\pi/\omega$. Den Kehrwert von T nennt man die **Frequenz** (frequency) f der Schwingung, so dass folgende Zusammenhänge bestehen:

$$\omega = 2\pi f = 2\pi/T\;. \tag{26}$$

Man sieht, dass sowohl die Kreisfrequenz als auch die Frequenz die Einheit s^{-1} besitzen. Zur Unterscheidung, ob es sich bei einer Zahlenangabe mit der Einheit s^{-1} um die Anzahl der Schwingungen in 1 Sekunde (*f*) oder in 2π Sekunden (ω) handelt, bezeichnet man die Einheit der Frequenz als 1**Hertz** (Hz) nach Heinrich Hertz (1857-1894). Aber kommen wir zurück zur Lösung der Differentialgleichung $\mathrm{d}^2\alpha/\mathrm{d}t^2 = -(g/\ell)\alpha$. Da eine Differentialgleichung nur die zeitliche *Änderung* der gesuchten Größe beschreibt, in unserem Falle von $\alpha(t)$, sind stets noch **Anfangsbedingungen** (initial conditions) festzulegen, um den tatsächlichen Zeitverlauf zu bestimmen. Wir wählen $\alpha=\alpha_0$ und $\mathrm{d}\alpha/\mathrm{d}t=0$ für $t=0$, d.h. das Pendel wird am Anfang um den Winkel α_0 ausgelenkt und zum Zeitpunkt $t=0$, wegen $\mathrm{d}\alpha/\mathrm{d}t=0$, lediglich losgelassen und nicht angeschoben. Auf Grund dieser Anfangsbedingungen haben wir im Lösungsansatz $\alpha_0=\hat{\alpha}$ und $\epsilon=0$ zu setzen, so dass als einzige Unbekannte ω verbleibt. Diese ermitteln wir durch Einsetzen des Lösungsansatzes Gl.(25) in die Differentialgleichung $\mathrm{d}^2\alpha/\mathrm{d}t^2 = -(g/\ell)\alpha$. Es ergibt sich die Beziehung $\omega^2=g/\ell$, woraus für die Schwingungsdauer des Pendels $T=2\pi(\ell/g)^{1/2}$ folgt.
(2) *Keine zusätzliche periodische Anregung ($K_\mathrm{p}=0$), keine Reibung ($K_\mathrm{r}=0$) aber große Auslenkwinkel.* Die Gl.(24) nimmt dann die Form $\mathrm{d}^2\alpha/\mathrm{d}t^2 = -(g/\ell)\sin\alpha$ an, die mit den gleichen Anfangsbedingungen wie im Fall(1) für $0\le t\le T/2$ zu

$$\int_{\hat{\alpha}}^{\alpha(t)} [\sin^2(\hat{\alpha}/2) - \sin^2(\alpha'/2)]^{-1/2} \, d\alpha' = -2(g/\ell)^{1/2} \, t \qquad (27)$$

führt, und mit deren Hilfe $\alpha(t)$ numerisch bestimmt werden kann.

Die Multiplikation der Differentialgleichung $d^2\alpha/dt^2 = -(g/\ell)\sin\alpha$ auf beiden Seiten mit $d\alpha/dt$ führt zu $(1/2)d[(d\alpha/dt)^2]/dt = (g/\ell)d\cos\alpha/dt$ oder $\cos\alpha = \ell(2g)^{-1}(d\alpha/dt)^2 + C$. Die Integrationskonstante C ergibt sich aus der Bedingung, dass $d\alpha/dt$ für $\alpha = \hat{\alpha}$ verschwinden muss, zu $C = \cos\hat{\alpha}$. Damit folgt $d\alpha/dt = \pm(2g/\ell)^{1/2}\cdot$ $(\cos\alpha - \cos\hat{\alpha})^{1/2}$ oder wegen $\cos\beta = 1 - 2\sin^2(\beta/2)$ die Beziehung $d\alpha/dt = \pm2(g/\ell)^{1/2}[\sin^2(\hat{\alpha}/2) - \sin^2(\alpha/2)]^{1/2}$. Für $0 \leq t \leq T/2$ muss infolge der gewählten Anfangsbedingungen das negative Vorzeichen gelten. Die Integration liefert die Gl.(27).

Zur Berechnung der Schwingungsdauer T setzen wir in Gl.(27) $t = T/4$ und beachten, dass zu diesem Zeitpunkt $\alpha(t)$ verschwinden muss. Damit ergibt sich

$$T = 2(\ell/g)^{1/2} \int_0^{\hat{\alpha}} [\sin^2(\hat{\alpha}/2) - \sin^2(\alpha'/2)]^{-1/2} \, d\alpha' . \qquad (28)$$

Mit $k = \sin(\hat{\alpha}/2)$ lässt sich das Integral in Gl.(28) durch eine Reihenentwicklung nach k lösen und es folgt, wenn man mit $T_0 = 2\pi(\ell/g)^{1/2}$ die Schwingungsdauer für kleine Auslenkwinkel bezeichnet,

$$\frac{T}{T_0} = 1 + \left(\frac{1}{2}\right)^2 k^2 + \left(\frac{1\cdot3}{2\cdot4}\right)^2 k^4 + \left(\frac{1\cdot3\cdot5}{2\cdot4\cdot6}\right)^2 k^6 + \dots \qquad (29)$$

Wir führen die neue Variable ϕ durch $\sin(\alpha'/2) = k\sin\phi$ ein mit $k = \sin(\hat{\alpha}/2)$. Dann folgt $(1/2)\cos(\alpha'/2)d\alpha'$ $= k\cos\phi d\phi$ oder $(1/2)[1 - k^2\sin^2\phi]^{1/2}d\alpha' = k\cos\phi d\phi$. Einsetzen in die Gl.(28) liefert das Integral $T = 2(\ell/g)^{1/2} \int_0^{\pi/2} [k^2 - k^2\sin^2\phi]^{-1/2} 2[1 - k^2\sin^2\phi]^{-1/2} k\cos\phi d\phi$ oder $T = 4(\ell/g)^{1/2} \int_0^{\pi/2} [1 - k^2\sin^2\phi]^{-1/2} d\phi$. Unter Verwendung der Reihenentwicklung $(1-q)^{-1/2} = 1 + (1/2)q^2 + (3/8)q^4 + \dots$ und des Integrals $\int_0^{\pi/2} \sin^{2n}\phi d\phi$ $= [1\cdot3\cdot5\dots(2n-1)]\cdot[2\cdot4\cdot\dots(2n)]^{-1}\pi/2$ ergibt sich die Gl.(29).

Bei einer Amplitude von 10, 30, 70 Grad ergibt sich damit eine prozentuale Erhöhung der Schwingungsdauer T um 0,19 %, 1,74 % bzw. 10,1 % gegenüber T_0. (3) *Keine zusätzliche periodische Anregung ($K_p = 0$), eine endliche Reibung ($K_r \neq 0$), kleine Auslenkwinkel (sin$\alpha = \alpha$).* Die Lösung der Differentialgleichung (24) unter diesen Bedingungen liefert mit größer werdender Reibung eine immer stärker exponentiell abfallende Kosinusfunktion, die schließlich in einen nichtperiodischen Abfall der Auslenkung $\alpha(t)$ vom Anfangswert $\hat{\alpha}$ nach null übergeht. Die mathematische Behandlung findet man auf S.86. (4) *Eine periodische Anregung ($K_p \neq 0$), endliche Reibung ($K_r \neq 0$), kleine Auslenkwinkel (sin$\alpha = \alpha$).* In diesem Fall treten **erzwungene Schwingungen** (forced oscillations) auf, d.h. das Pendel schwingt nicht mehr mit der Eigenfrequenz, die für kleine Reibung durch $\omega=(g/\ell)^{1/2}$ gegeben ist (s. den ersten Spezialfall, S.24), sondern mit der Frequenz der periodischen Anregung ω_p. Wenn diese beiden Frequenzen übereinstimmen, wird die Amplitude der Schwingung maximal und man spricht von **Resonanz** (resonance). Diese Erscheinung spielt eine große Rolle in den verschiedensten Gebieten der Physik. Ein Beispiel aus dem Alltag ist die Abstimmung eines Rundfunkempfängers auf eine bestimmte Sendestation. Die mathematische Behandlung erfolgt auf S.88ff.

Die *Lösung der Differentialgleichung* (24) *für den allgemeinen Fall*, d.h. für eine periodische Anregung, endliche Reibung und beliebig große Auslenkwinkel, ist nur numerisch möglich [KAU93]. Dabei treten Lösungen auf, die neuartige Eigenschaften besitzen und für die man die Bezeichnung **chaotische Bewegung** (chaotic motion) eingeführt hat. Das Wesentliche bei diesen Bewegungen, die zwar völlig determiniert sind im Gegensatz z.B. zur Brown'schen Bewegung (s.S.111), ist die Tatsache, dass ihr Zeitverlauf über größere Zeiten extrem empfindlich auf kleinste Änderungen in den Anfangsbedingungen reagiert. Da aber die Anfangsbedingungen experimentell niemals exakt bestimmt werden können, lässt sich der Verlauf der Zeitfunktion praktisch nicht vorherbestimmen, d.h. die Funktion verhält sich "chaotisch". Die Fig.4 zeigt die Zeitfunktion $\alpha(t)$ für einen bestimmten Anfangswinkel (links) und nach Änderung dieses Wertes um einen sehr kleinen Wert (rechts) unter Bedingungen, die dem obigen 3.Spezialfall bzw. einer chaotischen Bewegung des Pendels entsprechen. Man sieht, dass bei der

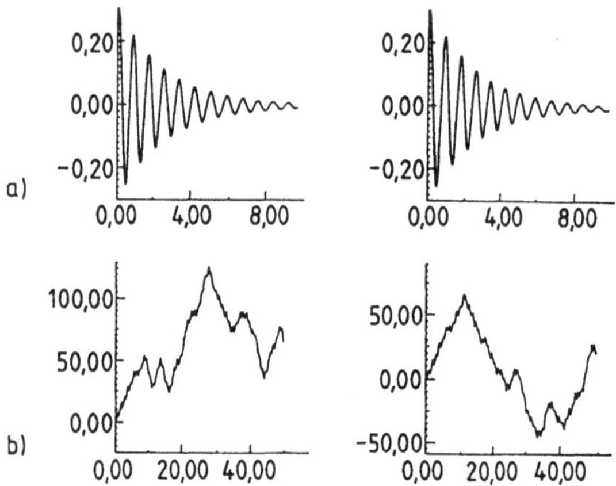

Fig.4 Beispiel für den Einfluss einer sehr geringen Änderung in den Anfangsbedingungen (der Anfangswinkel $\alpha(0)=0{,}3$ wird um 0,1% vergrößert) auf den zeitlichen Verlauf der Funktion $\alpha(t)$, wenn die Parameter der Differentialgleichung des mathematischen Pendels (s.Gl.(24), S.24 mit $\omega=0{,}85\mathrm{s}^{-1}$, $g/\ell=1\mathrm{s}^{-2}$ und $K_r(m\ell)^{-1}=0{,}1\mathrm{s}^{-1}$) so gewählt werden, dass a) eine nichtchaotische ($K_p=0$) und b) eine chaotische ($K_p(m\ell)^{-1}=1{,}7\mathrm{s}^{-2}$) Bewegung entsteht. Auf der Abszisse ist die normierte Zeit $t\omega_p/2\pi$ und auf der Ordinate der Winkel α im Bogenmaß aufgetragen

nichtchaotischen Bewegung diese sehr geringe Änderung der Anfangsamplitude dieZeitfunktion $\alpha(t)$ praktisch unbeeinflusst lässt, während sie bei der chaotischen Bewegung zu einem drastisch geänderten Zeitverlauf führt.

2.4 Impuls und Energie

Der Impulssatz

Wir betrachten zwei Punktmassen m_i und m_j , deren **Ortsvektoren** (position vectors) $\vec{r}_i$ und $\vec{r}_j$ seien. m_j soll auf m_i die Kraft $\vec{F}_{ji}$ ausüben. Wegen des dritten Newton'schen Axioms (s.S.21) übt m_i dann die Kraft $\vec{F}_{ij}=-\vec{F}_{ji}$ auf m_j aus. Definiert man den **Impuls** (momentum) $\vec{p}_i$ einer Punktmasse m_i , die sich mit der Geschwindigkeit $\vec{v}_i=d\vec{r}_i/dt$ bewegt, durch $\vec{p}_i=m_i\vec{v}_i$, so liefert eine einfache Rechnung

$$\vec{p}_i + \vec{p}_j = \text{const.} \tag{30}$$

Das 2.Newton'sche Axiom (s.S.20) angewandt auf die beiden Massen m_i bzw. m_j liefert die Beziehungen $m_i d^2\vec{r}_i/dt^2=\vec{F}_{ji}$ bzw. $m_j d^2\vec{r}_j/dt^2=\vec{F}_{ij}$. Die Addition dieser beiden Gleichungen gibt unter Berücksichtigung des 3.Newton'schen Axioms den Ausdruck $m_i d^2\vec{r}_i/dt^2+m_j d^2\vec{r}_j/dt^2=0$ oder $m_i d\vec{r}_i/dt+m_j d\vec{r}_j/dt=$const, woraus mit der Definition des Impulses die Gl.(30) folgt.

Wir nennen im Folgenden eine Menge von Punktmassen, die zwar untereinander wechselwirken, auf die aber keine äußeren Kräfte einwirken, ein **abgeschlossenes System** (isolated system). Dann führt eine einfache Erweiterung von Gl.(30) zum **Impulssatz** (conservation of momentum), der besagt, dass der Gesamtimpuls $\Sigma_i\vec{p}_i$ eines abgeschlossenen Systems konstant ist. Definiert man den **Schwerpunkt** (center of mass) des Systems durch den Ortsvektor

$$\vec{r}_s = \frac{\Sigma_i\, m_i\, \vec{r}_i}{\Sigma_i\, m_i} = \frac{\int \vec{r}\, dm}{\int dm} , \tag{31}$$

wobei der rechte Teil für Systeme mit stetiger Massenverteilung gilt, so folgt durch Differentiation nach der Zeit $(d\vec{r}_s/dt)\Sigma_i m_i=\Sigma_i\vec{p}_i$ und wir erkennen, dass wegen des Impulssatzes $d\vec{r}_s/dt$ konstant sein muss. Dieser Tatbestand wird als **Schwerpunktsatz** bezeichnet und lautet in Worten: *Bei einem abgeschlossenen System gibt es einen Punkt, den sog. Schwerpunkt, dessen Ortsvektor durch Gl.(31) gegeben ist und der entweder ruht oder sich mit konstanter Geschwindigkeit bewegt.*

Der Energiesatz

Es lässt sich experimentell leicht zeigen, dass man zwar z.B. durch Hebel (Zangen) oder eine Kombination von losen und festen Rollen (Flaschenzüge) Kräfte vergrößern kann, dass sich aber gleichzeitig bei der Anwendung dieser Kräfte die entstehenden Ortsverschiebungen im gleichen Verhältnis verkleinern. Als Beispiel betrachten wir den in Fig.5 dargestellten **Hebel** (lever). Die beiden Arme sollen die Längen ℓ_1 und ℓ_2 haben und am Ende des Hebelarms 1 ziehe der Experimentator senkrecht zum Hebelarm mit der Kraft $\vec{F}_{1s}$. Dann stellt man fest, dass das Ende des Hebelarms 2 eine Kraft $\vec{F}_{2s}$ ausübt, die ebenfalls senkrecht zum Hebelarm steht und für deren Betrag $F_{2s}=(\ell_1/\ell_2)F_{1s}$ gilt. Dreht man den Hebel um den differentiellen Winkel $d\alpha$, so wird das Hebelende 1 um die Strecke $\ell_1 d\alpha$ und das Hebelende 2 um die Strecke $\ell_2 d\alpha$ bewegt und es ergibt sich für das Produkt $F_{2s}\ell_2 d\alpha$ durch Einsetzen von $F_{2s}=(\ell_1/\ell_2)F_{1s}$ der Ausdruck $F_{1s}\ell_1 d\alpha$. Das Produkt aus der vom Experimentator

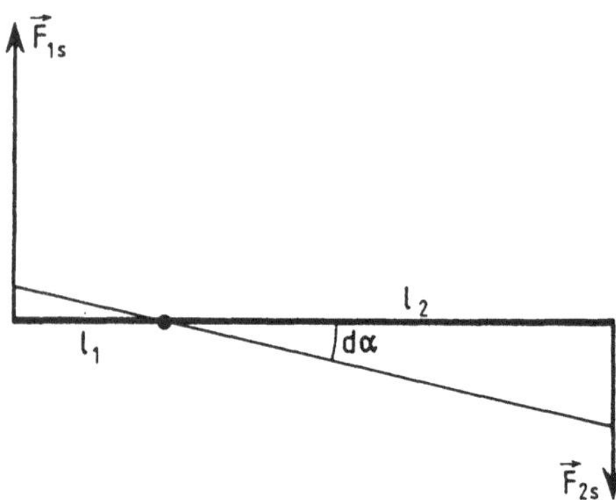

Fig.5 Verstärkung von Kräften beim Hebel. Die zurückgelegten Wege verhalten sich umgekehrt wie die wirkenden Kräfte (Konstanz der Arbeit)

ausgeübten Kraft und dem in Kraftrichtung zurückgelegten Weg ist also gleich dem Produkt aus der vom System ausgeübten Kraft und dem entsprechenden Weg. Wenn man als neue physikalische Größe die differentielle **Arbeit** (work) durch das skalare Produkt $\vec{F}\cdot d\vec{r}$ der beiden Vektoren $\vec{F}$ und $d\vec{r}$ definiert,

Das **skalare Produkt** (scalar product) $\vec{a}\cdot\vec{b}$ zweier Vektoren $\vec{a}$ und $\vec{b}$ ist definiert als das Produkt ihrer Beträge multipliziert mit dem Kosinus des von ihnen aufgespannten Winkels.

so besagt das obige Ergebnis, dass die *vom Experimentator* verrichtete Arbeit gleich der *vom System* verrichteten Arbeit ist. Das Formelzeichen der differentiellen Arbeit ist dW (vom Englischen *work*). Die Einheit der Arbeit ergibt sich zu 1Nm. Man bezeichnet sie als 1J (**Joule**) nach James Prescott Joule (1818-1889), einem Physiker, der Wert darauf legte, dass sein Name französisch (d.h. "djuhl") ausgesprochen wird. Wenn sich längs des zurückgelegten Weges vom Ort $\vec{r}_0$ nach $\vec{r}$ die Kraft ändert, so ergibt sich die Arbeit durch das Integral

$$W = \int_{\vec{r}_0}^{\vec{r}} \vec{F}(\vec{r}') \cdot d\vec{r}' \, . \tag{32}$$

Man ermittelt also die *von einem System verrichtete Arbeit* W (z.B. beim Entspannen einer Feder) dadurch, dass man an jedem Punkt $\vec{r}\,'$ auf dem Weg von $\vec{r}_0$ nach $\vec{r}$ die dort vom System ausgeübte Kraft $\vec{F}(\vec{r}\,')$ misst, diese Kraft skalar mit dem differentiell kleinen Wegstück $d\vec{r}\,'$ multipliziert und über alle Produkte summiert. Wenn sich dabei, wie z.B. beim Spannen einer Feder, $W < 0$ ergibt, so sagt man, *die vom Experimentator am System verrichtete Arbeit ist positiv.*
Die **Leistung** (power) P wird definiert als Arbeit pro Zeit, d.h. $P = dW/dt$, wofür man unter Berücksichtigung von Gl.(32) auch $P = \vec{F} \cdot \vec{v}$ schreiben kann. Für die Einheit 1Nm/s hat man die Bezeichnung 1W (**Watt**) nach James Watt (1736-1819) eingeführt.
Die **potentielle Energie** (potential energy) E_{pot} ist definiert als die Arbeit, die *der Experimentator* verrichten muss, um ein System von einem Bezugspunkt $\vec{r}_0$ an die betreffende Stelle $\vec{r}$ zu bringen. Wenn wir aber, wie oben, W als die *vom System verrichtete Arbeit* definieren, so folgt

$$E_{pot}(\vec{r},\vec{r}_0) = -W \, . \tag{33}$$

Eine potentielle Energie ist nur definierbar, wenn die Arbeit W nicht vom Weg, sondern allein vom Ort $\vec{r}$ und dem Bezugspunkt $\vec{r}_0$ abhängt. Man spricht dann von **konservativen Kräften** (conservative forces), zu denen u.a. die Schwerkraft und die Coulomb-Kraft zählen. Den Gegensatz bilden die **dissipativen Kräfte** (nonconservative forces), wie z.B. die Reibungskraft.
Setzt man den Ausdruck für die Arbeit W (Gl.(32)) in die Definitionsgleichung der potentiellen Energie (Gl.(33)) ein, so folgt

$$E_{pot}(\vec{r},\vec{r}_0) = -\int_{\vec{r}_0}^{\vec{r}} \vec{F}(\vec{r}') \cdot d\vec{r}' \, . \tag{34}$$

Die entsprechende **Umkehrfunktion** (inverse function) lautet

$$\vec{F}(\vec{r}) = - \text{ grad } E_{\text{pot}}(\vec{r}) \, , \qquad (35)$$

wobei in kartesischen Koordinaten mit den Einheitsvektoren $\vec{e}_x$, $\vec{e}_y$ und $\vec{e}_z$

$$\text{grad } E_{\text{pot}} = \frac{\partial E_{\text{pot}}}{\partial x} \vec{e}_x + \frac{\partial E_{\text{pot}}}{\partial y} \vec{e}_y + \frac{\partial E_{\text{pot}}}{\partial z} \vec{e}_z \qquad (36)$$

gilt (für Zylinder- bzw. Kugelkoordinaten s.S.274/275).

Aus Gl.(34) folgt $dE_{\text{pot}} = -\vec{F} \cdot d\vec{r}$ oder $(\partial E_{\text{pot}}/\partial x)dx + (\partial E_{\text{pot}}/\partial y)dy + (\partial E_{\text{pot}}/\partial z)dz = -F_x dx - F_y dy - F_z dz$, so dass sich $F_x = -\partial E_{\text{pot}}/\partial x$, $F_y = -\partial E_{\text{pot}}/\partial y$ und $F_z = -\partial E_{\text{pot}}/\partial z$ ergibt oder $\vec{F} = -\text{grad}E_{\text{pot}}$. Man beachte, dass in Gl.(35) bei E_{pot} das Argument $\vec{r}_0$ weggelassen werden kann, weil die Differentiationen, die der Operator grad beinhaltet, nur die Komponenten von $\vec{r}$ betreffen.

Die Gln.(34) und (35) sind von allgemeiner Bedeutung. Sie ordnen einem **skalaren Feld** (scalar field), das dadurch definiert ist, dass in jedem Raumpunkt der Wert einer skalaren Größe (hier E_{pot}) vorgegeben ist, eindeutig ein **Vektorfeld** (vector field), hier $\vec{F}$, zu und umgekehrt. In Ergänzung zur potentiellen Energie definiert man die **kinetische Energie** (kinetic energy) E_{kin} durch *die Arbeit, die benötigt wird, um einer Punktmasse m die Geschwindigkeit $\vec{v}$ zu erteilen.* Dafür ergibt sich

$$E_{\text{kin}} = \tfrac{1}{2}\, m\, v^2 \, . \qquad (37)$$

Auf die Masse m, die z.Zt. $t=0$ ruhe, wirke die Kraft $\vec{F}$. Dann gilt definitionsgemäß $E_{\text{kin}} = \int_0^t \vec{F} d\vec{r}$. Mit dem 2.Newton'schen Axiom (s.S.20) folgt $E_{\text{kin}} = m \int_0^t (d\vec{v}/dt)d\vec{r}$ oder, wegen $\vec{v} = d\vec{r}/dt$, $E_{\text{kin}} = m \int_0^t (d\vec{v}/dt)\vec{v}\,dt = (m/2) \int_0^t (d\vec{v}^2/dt)dt$. Daraus ergibt sich $E_{\text{kin}} = (m/2) \int_0^{v^2} d\vec{v}^2 = (m/2)v^2$.

Unter der Voraussetzung, dass nur konservative Kräfte wirken, gilt

$$\frac{d}{dt}(E_{\text{pot}} + E_{\text{kin}}) = 0 \, . \qquad (38)$$

Für $dE_{\text{pot}}/dt = (\partial E_{\text{pot}}/\partial x)(dx/dt) + (\partial E_{\text{pot}}/\partial y)(dy/dt) + (\partial E_{\text{pot}}/\partial z)(dz/dt)$ kann man $dE_{\text{pot}}/dt = (\text{grad}E_{\text{pot}}) \cdot \vec{v}$ schreiben. Einsetzen von Gl.(35) liefert $dE_{\text{pot}}/dt = -\vec{F} \cdot \vec{v}$. Mit dem 2.Newton'schen Axiom (s.Gl.(20), S.21) folgt $dE_{\text{pot}}/dt = -m(d\vec{v}/dt) \cdot \vec{v}$ oder $dE_{\text{pot}}/dt = -(m/2)(d\vec{v}^2/dt) = -dE_{\text{kin}}/dt$.

Die Gl.(38) besagt, dass *die Summe aus potentieller und kinetischer Energie bei Abwesenheit dissipativer Kräfte eine Konstante ist* (**Energiesatz der Mechanik**, conservation law of mechanical energy). Die Einbeziehung der Wärmeenergie führt zum 1.Hauptsatz der Wärmelehre (s.S.116) und die aller anderen Energieformen (Verbrennungsenergie, elektromagnetische Energie usw.) zum **allgemeinen Energiesatz** (conservation law of energy), der ebenso wie der Energiesatz der Mechanik eine Erfahrung beschreibt, für die man bisher keine Gegenbeispiele gefunden hat.

Raketenbewegung

Die Bewegung von **Raketen** (rockets) beruht auf dem Impulssatz: Durch Ausstoßen von Treibstoff in $-z$-Richtung muss sich die Rakete in $+z$-Richtung bewegen, damit der *Schwerpunkt* des gesamten Systems bestehend aus Rakete und ausgestoßenem Treibstoff seine Lage nicht ändert. Die Rakete einschließlich des noch vorhandenen Treibstoffes besitze die Masse m_R und im Zeitintervall dt werde die Masse $|dm_R|$ mit der Geschwindigkeit $v_z = -v_T$ ausgestoßen (dm_R ist negativ, da m_R als Funktion der Zeit abnimmt). Damit wird der Rakete auf Grund des Impulssatzes im Zeitintervall dt in z-Richtung der Impuls $m_R dv_R = v_T |dm_R|$ erteilt. Als erstes fragen wir, wie groß $|dm_R/dt|$ sein muss, damit die *Rakete senkrecht zur Erdoberfläche starten* kann. Die erforderliche Beschleunigung dv_R/dt, für die nach dem eben Gesagten $m_R^{-1} v_T |dm_R/dt|$ gilt, muss mindestens so groß sein wie die Erdbeschleunigung g , so dass sich die Bedingung

$$\left|\frac{dm_R}{dt}\right| \geq \frac{m_R}{v_T} g \tag{39}$$

ergibt. Für eine Rakete mit der Masse 20000kg und einer Ausströmgeschwindigkeit $v_T = 2000$m/s folgt deshalb, dass $|dm_R/dt|$ mindestens ca. 100kg/s sein muss. Die nächste Frage, die beantwortet werden soll, betrifft die *Endgeschwindigkeit,* die eine Rakete erreichen kann. Zur Zeit t habe die Rakete von der Abschussstelle den Abstand z und bewege sich mit der Geschwindigkeit v_R von dieser Abschussstelle weg. In dem Koordinatensystem, das sich mit dieser Geschwindigkeit bewegen soll, würde die Rakete ohne den Treibstoffausstoß ruhen. Da sie aber im Zeitintervall dt die Masse $|dm_R|$ mit der Geschwindigkeit v_T in $-z$-Richtung ausstößt, bewegt sie sich wegen des Impulssatzes in diesem Koordinatensystem mit der Geschwindigkeit $dv_R = m_R^{-1} v_T |dm_R|$ in z-Richtung. Die Integration dieser Gleichung liefert unter Beachtung von $|dm_R| = -dm_R$ die Beziehung $v_R(t) - v_R(0) = v_T \ln[m_R(0)/m_R(t)]$, wobei $v_R(0)$ die Startgeschwindigkeit der Rakete und $m_R(0)$ ihre Startmasse bezeichnet. Für eine Startgeschwindigkeit null und einen Zahlenwert von ca.6 für den Quotienten aus Startmasse und Masse der ausgebrannten Rakete ergibt sich für die Endgeschwindigkeit $v_R{}^{End}=1,79v_T$. Die Ausströmgeschwindigkeit v_T des Treibstoffs sollte also möglichst groß sein.   Die üblichen Treibstoffgemische haben eine spezifische **Verbrennungsenergie** (energy of combustion) η_T von ca. 10^7J/kg, so dass sich auf Grund des allgemeinen Energiesatzes $\eta_T m_T=m_T v_T{}^2/2$ für v_T ein Wert von ca. 4500m/s ergeben würde. Die kinetische Gastheorie (s. Abschn. 6.1, S. 106ff.) zeigt aber, dass dies Brenntemperaturen von über 10000°C entspräche, was keine Brennkammer aushält. Reale Werte von v_T liegen bei ca. 2km/s. Die mit einer einstufigen Rakete maximal erreichbare Endgeschwindigkeit beträgt damit ca. 4km/s. Dieser Wert ist kleiner als die 1. kosmische Geschwindigkeit (7,9km/s, s. S. 44), so dass künstliche Erdsatelliten nur mit Hilfe von mehrstufigen Raketen auf ihre Bahn gebracht werden können. Die Proportionalität der Endgeschwindigkeit einer Rakete zu v_T legt nahe, einen Treibstoff zu verwenden, der die größtmögliche Ausströmgeschwindigkeit besitzt. Dies ist nach der Relativitätstheorie (s. S. 287ff.) die Lichtgeschwindigkeit im Vakuum c_0, so dass der Gedanke zur Konstruktion einer **Photonenrakete** (photon rocket) entstand: Wie nämlich im Abschnitt 26.1, S. 410ff., gezeigt wird, verhält sich Licht auch wie eine Teilchenstrahlung. Die Teilchen heißen Lichtquanten oder Photonen, sie bewegen sich mit der Lichtgeschwindigkeit c_0 und besitzen die Energie $E=hf$, wobei f die Frequenz des Lichtes und h die Planck'sche Konstante (s. S. 548) bezeichnet. Wegen der Einstein'schen Beziehung $E=mc_0{}^2$ (s. Gl. (434), S. 292) folgt für die Photonenmasse $hfc_0{}^{-2}$ und für ihren Impuls $hfc_0{}^{-1}$. Eine Photonenrakete mit der Strahlungsleistung P emittiert demnach während des Zeitintervalls dt im Mittel $(Pdt)(hf)^{-1}$ Photonen, wodurch die Rakete den Impuls $(hfc_0{}^{-1})(Pdt)(hf)^{-1}=Pc_0{}^{-1}dt$ erhält. Daraus ergibt sich die Beschleunigung der Photonenrakete, deren Masse m_R sei, zu $P(m_R c_0)^{-1}$. Um eine Beschleunigung von nur 0,01m/s^2 zu erreichen, dies reicht zwar nicht aus für einen Start von der Erde, wohl aber für einen Flug im freien Raum, müsste eine Photonenrakete von 20000kg Masse also eine Strahlungsleistung $P=0,01$ms^{-2}·$m_R c_0 \approx 6\cdot10^{10}$W besitzen, was der Leistung von ca. 100 modernen Kernkraftwerken entspricht, so dass gegenwärtig eine Realisierung der Photonenrakete utopisch ist.

Der unelastische und der elastische Stoß

Der unelastische Stoß (inelastic collision) ist dadurch gekennzeichnet, dass ein Teil der kinetischen Energie der Form $E_{kin}=m\vec{v}^2/2$ (**translatorische kinetische Energie,** kinetic energy of translational motion) in andere Energieformen, wie z.B. Wärme-, Deformations-, Rotations- oder Schwingungsenergie übergeht, so dass der Energiesatz der Mechanik bei ausschließlicher Berücksichtigung der translatorischen kinetischen Energie nicht angewandt werden darf. Vor dem Stoß sollen die Massen m_1 und m_2 die Geschwindigkeiten $\vec{v}_1$ bzw. $\vec{v}_2$ besitzen. Bilden die Massen nach dem Stoß einen einzigen Körper, so ergibt sich die Geschwindigkeit $\vec{v}_{12}$ dieses Körpers mit der Masse m_1+m_2 aus dem Impulssatz

$$m_1\vec{v}_1 + m_2\vec{v}_2 = (m_1 + m_2)\vec{v}_{12} \tag{40}$$

zu $\vec{v}_{12}=(m_1\vec{v}_1+m_2\vec{v}_2)/(m_1+m_2)$. Diese Art des unelastischen Stoßes wird beim **ballistischen Pendel** (ballistic pendulum) zur Messung von Geschossgeschwindigkeiten benutzt (s.Fig.6):

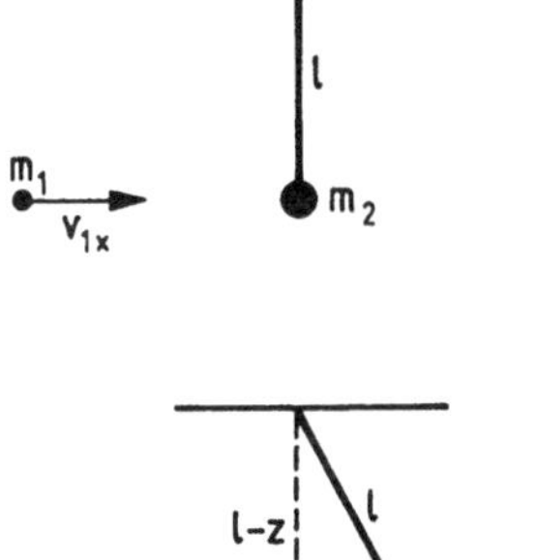

Fig.6 Messung von Geschossgeschwindigkeiten mit dem ballistischen Pendel

Ein Geschoss der Masse m_1 fliege mit der Geschwindigkeit v_{1x} in x-Richtung und treffe auf die Masse m_2 eines Pendels mit der Pendellänge ℓ , das sich vor dem Auftreffen des Geschosses in Ruhelage befinde ($\vec{v}_2=0$). Nach dem Stoß wird die kinetische Energie $(m_1+m_2)v_{12x}^2/2$ in die potentielle Energie $(m_1+m_2)gz$ umgewandelt. Da z meist eine kleine Größe ist, die man nur schlecht messen kann, bestimmt man statt dessen die horizontale Auslenkung x des Pendels aus der Ruhelage. Eine einfache Rechnung liefert dann für die gesuchte Geschwindigkeit

$$v_{1x} = \frac{m_1 + m_2}{m_1}\left(\frac{g}{\ell}\right)^{1/2} x \; . \tag{41}$$

Nach dem Energiesatz gilt $(m_1+m_2)v_{12x}^2/2=(m_1+m_2)gz$. Ersetzt man hier v_{12x} unter Verwendung des Impulssatzes (Gl.(40) mit $v_{2x}=0$), so ergibt sich $v_{1x}=(2gz)^{1/2}(m_1+m_2)/m_1$. Für das in Fig.6 eingezeichnete rechtwinklige Dreieck gilt $(\ell-z)^2+x^2=\ell^2$, woraus unter Beachtung von $z \ll x$ folgt $z=x^2/(2\ell)$.

Auf diese Weise findet man z.B. für die Geschossgeschwindigkeit eines Luftgewehrs ca. 100-200 m/s. Der **elastische Stoß** (elastic collision) ist dadurch definiert, dass translatorische kinetische Energie nicht in andere Energieformen übergehen darf. Beim **zentralen elastischen Stoß** (elastic collision in one dimension) besitzen die Geschwindigkeiten der beiden Massen m_1 und m_2 sowohl vor dem Stoß ($\vec{v}_1$ und $\vec{v}_2$) als auch danach ($\vec{v}_1'$ und $\vec{v}_2'$) nur Komponenten in einer Richtung, die hier als x-Richtung bezeichnet werden soll. Der Impulssatz lautet dann

$$m_1 v_{1x} + m_2 v_{2x} = m_1 v_{1x}' + m_2 v_{2x}' \tag{42}$$

und der Energiesatz

$$\frac{m_1}{2} v_{1x}^2 + \frac{m_2}{2} v_{2x}^2 = \frac{m_1}{2} v_{1x}'^{\,2} + \frac{m_2}{2} v_{2x}'^{\,2} \; . \tag{43}$$

Für die beiden unbekannten Größen v_{1x}' und v_{2x}' gibt es also zwei unabhängige Gleichungen, aus denen man nach einer einfachen Zwischenrechnung

$$v_{1x}' = \frac{(m_1 - m_2) v_{1x} + 2 m_2 v_{2x}}{m_1 + m_2} \tag{44}$$

und einen analogen Ausdruck für v_{2x}' erhält, der sich durch Vertauschen der Indizes 1 und 2 in Gl.(44) ergibt.

Aus den Gln.(42) und (43) erhält man $m_1(v_{1x}-v_{1x}')= -m_2(v_{2x}-v_{2x}')$ und $m_1(v_{1x}^2-v_{1x}'^2)= -m_2(v_{2x}^2-v_{2x}'^2)$. Die Division der zweiten Gleichung durch die erste liefert $v_{1x}+v_{1x}'=v_{2x}+v_{2x}'$. Aus dieser Beziehung ergeben sich unter Verwendung der ersten Gleichung dann leicht die Gl.(44) und der entsprechende Ausdruck für v_{2x}'.

An Stelle einer allgemeinen Diskussion dieses Resultats sollen nur zwei Spezialfälle betrachtet werden. (i) $m_1 = m_2 = m$ und $v_{2x} = 0$. Dies bedeutet, dass eine Kugel elastisch mit der Geschwindigkeit v_{1x} auf eine ruhende Kugel gleicher Masse stößt. Dann ergibt sich $v_{1x}' = 0$ und $v_{2x}' = v_{1x}$, d.h. die stoßende Kugel kommt zur Ruhe, und die gestoßene Kugel fliegt mit der Geschwindigkeit der stoßenden Kugel davon. (ii) $m_1 \ll m_2$ und $v_{2x} = 0$. Diese Bedingungen besagen, dass eine Kugel elastisch mit der Geschwindigkeit v_{1x} auf eine sehr große und ruhende Masse stößt. Dann ergibt sich $v_{1x}' = -v_{1x}$ und $v_{2x}' = 0$, d.h. die stoßende Kugel wird von der großen Masse reflektiert, wobei die Kugel lediglich ihre Richtung um $180°$, aber nicht den Betrag ihrer Geschwindigkeit ändert. Beim **nichtzentralen (schiefen) elastischen Stoß** (elastic collision in two dimensions) können alle drei Komponenten der Geschwindigkeiten auftreten, d.h. an Stelle von v_{1x}, v_{2x}, v_{1x}' und v_{2x}' sind in den Gln.(42) und (43) die Vektoren $\vec{v}_1$, $\vec{v}_2$, $\vec{v}_1'$ und $\vec{v}_2'$ einzusetzen. Da der Impulssatz drei

Gleichungen für die Geschwindigkeitskomponenten in x-, y-, und z-Richtung liefert, haben wir zusammen mit dem Energiesatz 4 unabhängige Gleichungen für 6 Unbekannte, nämlich die 3 Komponenten von $\vec{v}\,'_1$ und $\vec{v}\,'_2$. Deshalb hängt die allgemeine Lösung für den schiefen elastischen Stoß von zwei freien Parametern ab. Für den Spezialfall, dass eine Kugel elastisch mit der Geschwindigkeit $\vec{v}_1$ auf eine ruhende Kugel ($\vec{v}_2=0$) gleicher Masse ($m_1=m_2=m$) trifft, liefert der Impulssatz die Beziehung $\vec{v}_1=\vec{v}\,'_1+\vec{v}\,'_2$ (s.Fig.7), wobei der Winkel α zwischen $\vec{v}\,'_1$ und $\vec{v}\,'_2$ zunächst unbestimmt ist. Aus dem Energiesatz folgt andererseits $v_1^2=v_1'^2+v_2'^2$. Diese Beziehung ist aber nur erfüllbar, wenn $\pi-\alpha=\pi/2$ (Pythagoras, s.Fig.7) oder $\alpha=\pi/2$ gilt. Das heißt, die gestoßene und die stoßende Kugel entfernen sich

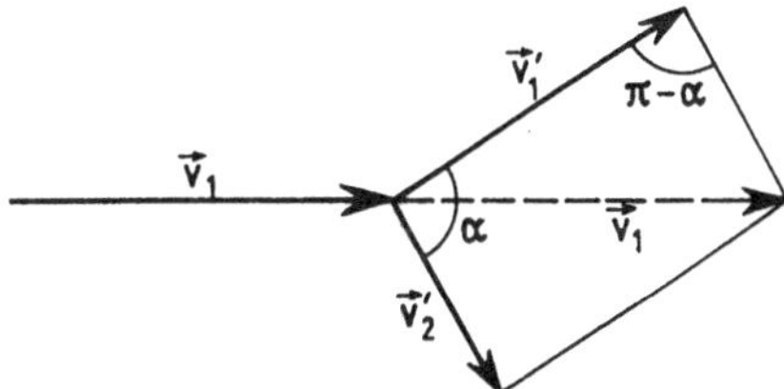

Fig.7 Geschwindigkeiten beim schiefen elastischen Stoß für $\vec{v}_2=0$ und $m_1=m_2=m$

nach dem Stoß unter einem rechten Winkel voneinander. Das Verhältnis der Beträge dieser beiden Geschwindigkeiten hängt von der Schiefe des Aufpralls ab; für den Spezialfall des zentralen Stoßes gilt $v'_1=0$ und $v'_2=v_1$. Voraussetzung für die Gültigkeit ist aber, wie schon erwähnt, dass die translatorische kinetische Energie nicht in andere Energieformen übergehen darf.

2.5 Reibung

Reibung auf einer Unterlage

Ein Körper werde mit der Kraft $\vec{F}_s$ senkrecht auf eine ebene Unterlage gedrückt. Um diesen Körper in der Ebene zu verschieben, ist eine Mindestkraft parallel zur Ebene erforderlich, die wir mit $\vec{F}_H$ (s.Fig.8, S.36) bezeichnen und für die

$$F_H = \mu_H F_s \tag{45}$$

gilt. μ_H nennt man den **Haftreibungskoeffizient** (coefficient of static friction). Er hängt nicht von der Größe A der Auflagefläche ab, sondern nur von den beiden Materialien und deren Oberflächenbeschaffenheit (Güte der Glättung).

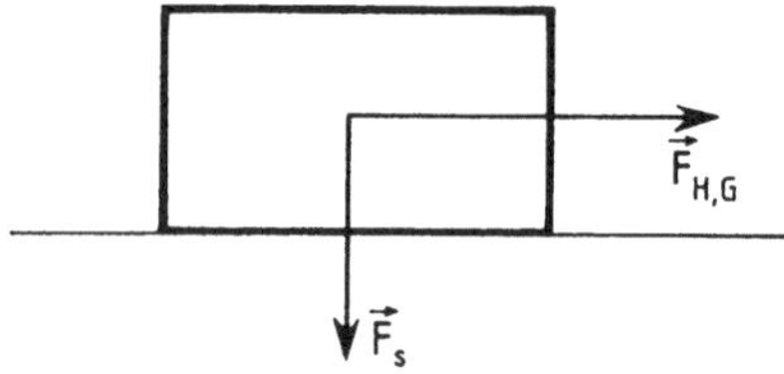

Fig.8 Zur Definition des Haft- bzw. des Gleitreibungskoeffizienten (s. Gln.(45) und (46))

Die Unabhängigkeit von A kann man in folgender Weise begründen: Bei der Berührung des Körpers mit der Unterlage greifen die Rauhigkeiten (Spitzen) der beiden Oberflächen ineinander, so dass F_H proportional zur Anzahl N_H der ineinander verhakten Spitzen ist. Wegen $N_H \propto A$ und $N_H \propto F_s/A$ (die Anzahl der verhakten Spitzen wächst mit dem Auflagedruck) hebt sich die Fläche heraus und es ergibt sich $F_H \propto F_s$.

Nachdem der Körper durch die Kraft $\vec{F}_H$ in Bewegung versetzt wurde, genügt eine kleinere Kraft $\vec{F}_G$, um ihn im Zustand des Gleitens zu halten. Diese Kraft ist auch unabhängig von der Auflagefläche und hängt nicht von der Geschwindigkeit ab, so dass man analog zu Gl.(45) durch die Beziehung

$$F_G = \mu_G F_s \tag{46}$$

den **Gleitreibungskoeffizienten** (coefficient of kinetic friction) μ_G definiert. Einige Zahlenbeispiele findet man in Tab.7, S.37, wobei geglättete Oberflächen vorausgesetzt wurden und je nach der Güte der Glättung Abweichungen in beiden Richtungen möglich sind. Bei gleicher Oberflächenbeschaffenheit gilt aber stets $\mu_G < \mu_H$. Durch Schmiermittel (Öl, Fett, Graphit usw.) lassen sich diese Werte drastisch verringern; so reduziert sich beispielsweise der Gleitreibungskoeffizient für Stahl auf Stahl von 0,57 auf ca. 0,1. Die Zahlenwerte für μ_H und μ_G ermittelt man am einfachsten mit einer Federwaage durch direkte Messung der Kräfte $\vec{F}_s$ und

$\vec{F}_H$ bzw. $\vec{F}_G$. Ein anderes Verfahren besteht darin, dass man die Auflagefläche um den Winkel ϑ gegenüber der Horizontalen neigt (**schiefe Ebene**, inclined plane). Wenn dann der Körper, dessen Masse m sei, beim Winkel $\vartheta=\vartheta_H$ zu gleiten beginnt, so ergibt sich wegen $F_s=mg\cos\vartheta_H$ und $F_H=mg\sin\vartheta_H$ aus Gl.(45) $\mu_H=\tan\vartheta_H$. Um den Körper im Gleiten zu erhalten, kann der Winkel ϑ von ϑ_H auf ϑ_G reduziert werden und es folgt für den Gleitreibungskoeffizienten analog $\mu_G=\tan\vartheta_G$.

Tab.7 Beispiele für Haft- und Gleitreibungskoeffizienten

Materialien	μ_H	μ_G
Stahl / Stahl	0,74	0,57
Glas / Glas	0,94	0,4
Stahl / Glas	0,6	0,1
Holz / Holz	0,6	0,4

Eine praktische Anwendung findet Gl.(45) bei der Erklärung, warum ein Schiff mit vielen Tonnen Masse einfach durch Umwickeln eines Pfostens am Ufer mit dem Schiffsseil verankert werden kann. Fig.9 zeigt in der Draufsicht die Kräfte, die an der Stelle α des am Pfosten anliegenden Seiles wirken. Nach dieser Figur gilt für die Kraft ΔF_s senkrecht zur Pfostenoberfläche $\Delta F_s=F\sin(\Delta\alpha/2)+(F+\Delta F)\sin(\Delta\alpha/2)$

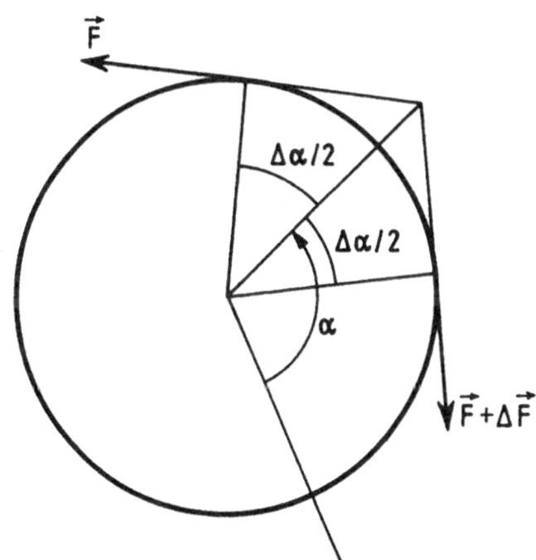

Fig.9 Kräfte, die an einem Seil wirken, das an einem Pfosten mit kreisförmigem Querschnitt anliegt

oder für $\Delta\alpha\rightarrow d\alpha$, d.h. nach dem Grenzübergang zu differentiell kleinen Größen, $dF_s=Fd\alpha$. Andererseits muss der Kraftzuwachs dF (s.Fig.9) gleich der Haftreibungskraft sein, für die nach Gl.(45) $dF_H=\mu_H dF_s$ gilt. Damit folgt $dF=\mu_H Fd\alpha$. Die Integration liefert die Beziehung $\ln[F(\alpha)/F(0)]=\mu_H\alpha$. Für das Verhältnis der Kräfte am Seil, das n-mal um den Pfosten gewunden ist ($\alpha=2\pi n$), folgt also $F(2\pi n)/F(0)=\exp(2\pi n\mu_H)$, d.h. eine exponentielle Zunahme der Reibungskraft mit n.

Die Gleitreibung wird bei der Messung der mechanischen Leistung eines Motors an seiner Achse mit Hilfe des **Prony'schen Zaumes** (Marie Riche de Prony 1755-1839) ausgenutzt. Das Prinzip ist in Fig.10 schematisch dargestellt. Der Balken umfasst mit zwei Backen, deren Pressdruck durch die beiden Schrauben verändert werden kann, die Motorachse.

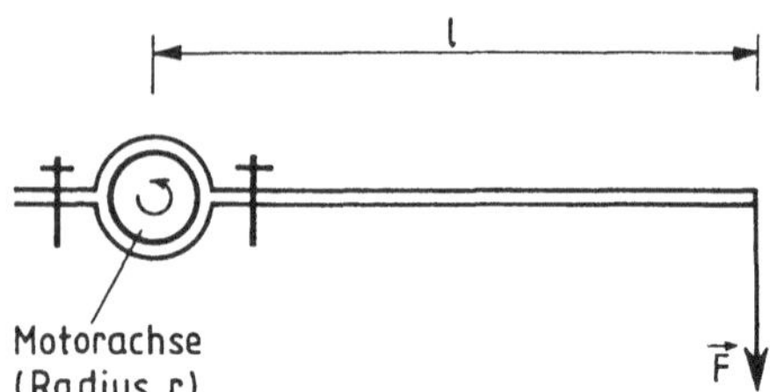

Fig.10 Messung der mechanischen Leistung eines Motors an seiner Achse mit Hilfe des Prony'schen Zaumes. ℓ ist die Länge des Balkens, der durch die Kraft $\vec{F}$ an einer gemeinsamen Rotation mit der Achse gehindert wird

Zunächst werden diese beiden Schrauben soweit festgezogen, dass sich bei festgehaltenem Balken der Motor mit derjenigen Umdrehungszahl pro Sekunde (n) dreht, für die die Leistung P gemessen werden soll. Danach wird die Kraft F gemessen, die nötig ist, um den Balken bei dieser Umdrehungszahl festzuhalten. Wenn r den Radius der Motorachse und ℓ die Balkenlänge bezeichnet, so ist die Reibungskraft $F\ell/r$ und mit dem im Zeitintervall Δt zurückgelegten Weg $2\pi rn\Delta t$ ergibt sich für die Arbeit $W=(F\ell/r)2\pi rn\Delta t$, woraus für die Leistung folgt

$$P = 2\pi \, n \, \ell \, F \, . \tag{47}$$

Reibung in einem Medium

Für den Fall relativ geringer Geschwindigkeiten umströmt das Medium (Luft, Wasser, Sirup o.ä.) den bewegten Körper **laminar** (laminar flow) und die Reibungskraft wächst proportional zur Geschwindigkeit v (**Stokes'sche Reibung,** Stokes' friction, George Gabriel Stokes 1819-1903):

$$F_s \propto v \, . \tag{48}$$

Dies gilt z.B. für kleine Regentropfen oder das Sinken von Glaskugeln in hochviskosen Flüssigkeiten unter dem Einfluss der Gravitation. Beim Übergang zu höheren Geschwindigkeiten verändert sich die Art der Strömung, sie wird **turbulent** (turbulent flow, s.S.72) und für die Reibungskraft gilt (**Newton'sche Reibung**, Newton's friction, Isaac Newton 1643-1727):

$$F_N = (\rho/2)\ c_W\ A\ v^2 \ . \tag{49}$$

Hierbei bezeichnet v die Geschwindigkeit des Körpers, ρ die Dichte des Mediums, A den Querschnitt des Körpers senkrecht zur Bewegungsrichtung (Stirnfläche) und c_W den **Widerstandskoeffizienten** (drag coefficient), für den einige Zahlenwerte in Tab. 8 aufgelistet sind.

Tab.8 Beispiele für Widerstandskoeffizienten

Widerstandskörper	c_W
Kugel	0,4
Halbkugel, von innen angeströmt	1,2
Halbkugel, von außen angeströmt	0,3
Stromlinienkörper (Tropfenform)	0,04
Personenkraftwagen	0,2 - 0,45

Als ein Beispiel für die Anwendung des bisher Gesagten betrachten wir einen typischen **Personenkraftwagen** mit folgenden Daten: Widerstandskoeffizient $c_W=0,35$, Masse $m=800$kg, Leistung $P=50$kW, Stirnfläche $A=2,5$m^2. Zunächst berechnen wir die Zeit t_{100}, um den Wagen von 0 auf 100 km/h zu beschleunigen. Aus dem Energiesatz $Pt_{100}=mv_{100}^2/2$ folgt $t_{100} \approx (400\text{J/kg})m/P$ oder im vorliegenden Fall $t_{100} \approx 6$s. Der Faktor 400J/kg stellt aber einen Idealwert dar, denn er setzt voraus, dass die Schaltzeiten zwischen den Gängen vernachlässigbar sind und dass die Räder beim Beschleunigen nicht durchdrehen, d.h. dass die tangentielle Kraft am Reifenrand kleiner ist als die Haftreibungskraft F_H nach Gl.(45). Reale Werte für diesen Faktor, d.h. für das Verhältnis $t_{100}P/m$, liegen zwischen 600J/kg und 1400J/kg, was Werten von t_{100} zwischen ca. 10s und 20s entspricht. Die Maximalgeschwindigkeit v_{max} ergibt sich (unter Vernachlässigung der Rollreibung) aus der Beziehung $P=F_N v_{max}$ mit F_N nach Gl.(49) zu $v_{max}=(2P)^{1/3}(\rho_{Lu}c_W A)^{-1/3}$. Mit den obigen Zahlenwerten und der Dichte von Luft ($\rho_{Lu}=1,29$kg/m^3) folgt $v_{max}=44,6$m/s ≈ 160km/h. Um den Benzinverbrauch bei dieser Geschwindigkeit zu berechnen, benötigen wir die **spezifische Verbrennungsenergie** (specific energy of combustion) von Benzin, die bei ca. 10kWh/ℓ entsprechend 36MJ/ℓ liegt. Mit einem Wirkungsgrad des Otto-Motors von 35% liefert demnach 1ℓ Benzin ca.12,6MJ mechanische Energie. Für die Strecke von 100km werden bei der Geschwindigkeit von 44,6m/s ca.2240s und damit 50kW·2240s$=112$MJ mechanische Energie benötigt, so dass der Benzinverbrauch 112MJ/(12,6MJ/ℓ)$\approx 9\ell$ pro 100 km beträgt.

2.6   Gravitation

Das Newton'sche Gravitationsgesetz

Eine Punktmasse M im Koordinatenursprung $(\vec{r}=0)$ zieht eine Punktmasse m, die sich an der Stelle $\vec{r}$ befindet, mit einer Kraft an, die durch das **Newton'sche Gravitationsgesetz** (Newton's law of gravity, Isaac Newton 1643-1727)

$$\vec{F} = - G\, \frac{mM}{r^2}\, \frac{\vec{r}}{r} \qquad (50)$$

gegeben wird. Dabei bezeichnet G eine allgemeine Naturkonstante, die man **Gravitationskonstante** (gravitational constant) nennt. Sie hat die Größe [LID90]

$$G = 6{,}67259(85)\cdot 10^{-11}\ \mathrm{m}^3\ \mathrm{kg}^{-1}\mathrm{s}^{-2} \qquad (51)$$

und ist diejenige Naturkonstante, die man mit der geringsten Genauigkeit kennt. Dies liegt an der Tatsache, dass die Gravitation eine relativ schwache Kraft ist. Beispielsweise verringert sich die Anziehungskraft, die ein großes Passagierflugzeug von 20 000kg Masse in 10km Höhe erfährt, um nur 616N,

Durch Reihenentwicklung erhält man $|\Delta F| \approx 2F\Delta r/r_\mathrm{E}$, wobei $\Delta r = 10$km die Höhe über der Erdoberfläche und $r_\mathrm{E} \approx 6370$km den Erdradius bezeichnet. Mit $F = 20\ 000\cdot 9{,}81$N folgt $|\Delta F| \approx 616$N.

was dem Gewicht einer Person von ca. 63kg Masse entspricht. Die Gravitationskonstante lässt sich nicht aus astronomischen Daten ermitteln, sie muss im Laboratorium bestimmt werden. Dies ist bei Verwendung der **Drehwaage** (torsion balance) nach Henry Cavendish (1731-1810) sogar im Hörsaal möglich. Man misst dabei die Beschleunigung infolge der Anziehung zwischen je zwei Massen (m und M), wobei die Erdanziehung auf die bewegten Massen (m) durch drehbare Aufhängung an einem Faden eliminiert wird (s.Fig.11 auf der nächsten Seite).
Die Gl.(50) gilt zunächst nur für Massenpunkte. Im Gegensatz z.B. zur elektrischen oder magnetischen Kraft hat man aber bisher noch keine Stoffe gefunden, mit denen sich die *Gravitation abschirmen* lässt. Man kann die Gl.(50) auf beliebige Körper erweitern, indem man diese jeweils in differentielle Massenelemente zerlegt und über die zwischen ihnen ausgeübten Kräfte integriert. Auf diese Weise lässt sich

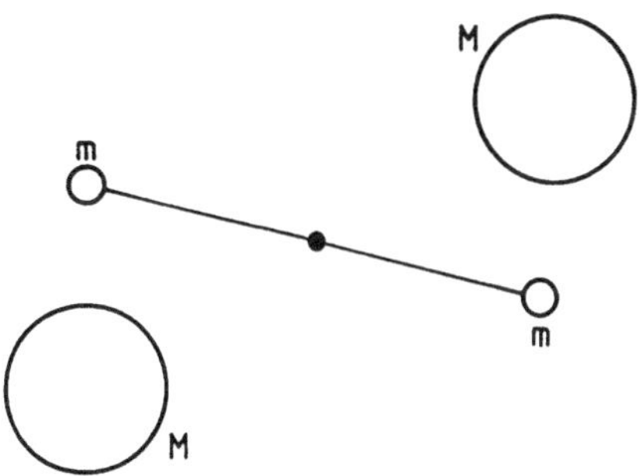

Fig.11 Drehwaage nach Cavendish zur Messung der Gravitationskonstanten G. Der Balken mit den beiden beweglichen Massen m hängt an einem Faden senkrecht zur Zeichenebene

u.a. zeigen, dass eine Kugel mit radialsymmetrischer Massenverteilung nach außen so wirkt, als ob die gesamte Masse im Mittelpunkt vereinigt wäre. Wenn man diesen Satz auf die Erde mit dem Radius r_E und der Masse m_E anwendet, so ergibt sich aus der Tatsache, dass das Gewicht (mg) eines Körpers gleich der Anziehungskraft zwischen diesem Körper und der Erde sein muss, die Beziehung

$$g = G \, \frac{m_E}{r_E^2} \, , \tag{52}$$

die man verwenden kann, um aus den bekannten Werten für g (ca.$9{,}81\,\mathrm{m/s^2}$), r_E (ca. $6370 \cdot 10^3\,\mathrm{m}$) und für die Gravitationskonstante G die Erdmasse zu bestimmen ($m_E \approx 5{,}97 \cdot 10^{24}\,\mathrm{kg}$). Definiert man in Analogie z.B. zur elektrischen Feldstärke die "Gravitationsfeldstärke" als die Kraft, die auf einen Probekörper ausgeübt wird, dividiert durch seine Masse, so ergibt sich auf Grund des 2.Newton'schen Axioms (s.S.20), dass die "Gravitationsfeldstärke" identisch mit der **Gravitationsbeschleunigung** (acceleration of gravity) $\vec{a}_G$ ist. Aus dem Gravitationsgesetz Gl.(50) folgt für die von einer Punktmasse M erzeugte Gravitationsbeschleunigung

$$\vec{a}_G(\vec{r}) = - \, G \, \frac{M}{r^2} \, \frac{\vec{r}}{r} \, . \tag{53}$$

Das diesem Vektorfeld entsprechende skalare Feld (s.S.30) bezeichnen wir als **Gravitationspotential** (gravitational potential). Es ist definiert als potentielle Energie des Probekörpers dividiert durch seine Masse m und mit dem Bezugspunkt $\vec{r}_0$ im Unendlichen, d.h.

$$\Phi_G(\vec{r}) = - \int_\infty^r \vec{a}_G(\vec{r}') \cdot d\vec{r}' \, . \tag{54}$$

Einsetzen von $\vec{a}_G$ nach Gl.(53) und Integration unter Berücksichtigung der Bildung des skalaren Produktes zwischen $\vec{a}_G(\vec{r}')$ und $d\vec{r}'$ liefert

$$\Phi_G(\vec{r}) = - G \, \frac{M}{r} \tag{55}$$

für das Gravitationspotential der Punktmasse M.

Die Kepler'schen Gesetze

Johannes Kepler (1571-1630) hat auf Grund eingehender Analysen astronomischer Daten für die Bewegung der Planeten die folgenden drei Gesetze (**Kepler'sche Gesetze**, Kepler's laws) aufgestellt:
1. Die Planetenbahnen sind Ellipsen, in deren einem Brennpunkt die Sonne steht.
2. Der Fahrstrahl von der Sonne zum Planeten (Ortsvektor des Planeten mit der Sonne im Ursprung) überstreicht in gleichen Zeiten gleiche Flächen.
3. Die Quadrate der Umlaufszeiten der Planeten verhalten sich wie die Kuben ihrer großen Halbachsen.
Isaac Newton hat daraus in seinen durch die Londoner Pestepidemie verlängerten Semesterferien 1665-1666 das Gravitationsgesetz abgeleitet. Wir wollen hier den umgekehrten Weg gehen und zeigen, dass die drei Kepler'schen Gesetze aus dem Gravitationsgesetz und dem 2.Newton'schen Axiom folgen. Die Gravitationskraft der Sonne stellt für einen Planeten eine **Zentralkraft** (central force) dar, da sie stets nach derselben Stelle im Raum zeigt: $\vec{F} \propto -\vec{r}$ (s.Gl.(50), S.40). Für die Bewegung eines Körpers der Masse m unter dem Einfluss dieser Kraft gilt also auf Grund des 2.Newton'schen Axioms (s.S.20) $md^2\vec{r}/dt^2 \propto -\vec{r}$, woraus nach vektorieller Multiplikation beider Seiten von links mit $\vec{r}$ die Beziehung $\vec{r} \times md^2\vec{r}/dt^2 = 0$ folgt. Führt man noch den Impuls $\vec{p} = md\vec{r}/dt$ ein und integriert über die Zeit, so ergibt sich

$$\vec{r} \times \vec{p} = \text{const} \, . \tag{56}$$

Das Vektorprodukt $\vec{r} \times \vec{p}$ heißt **Drehimpuls** (angular momentum), so dass man Gl.(56) folgendermaßen in Worte fassen kann: *Für einen Massenpunkt m, der sich unter dem Einfluss einer Zentralkraft bewegt, ist der Drehimpuls konstant.* Aus diesem Satz und dem Energiesatz lässt sich dann durch einige mathematische

Umformungen das 1.Kepler'sche Gesetz ableiten.

Für das 2.Kepler'sche Gesetz genügt die Konstanz des Drehimpulses: Fig.12 zeigt den Ort eines Planeten zu den Zeiten t und $t+\Delta t$. Die entsprechenden Vektoren von der Sonne zum Planeten $\vec{r}(t)$ und $\vec{r}(t+\Delta t)$ spannen eine

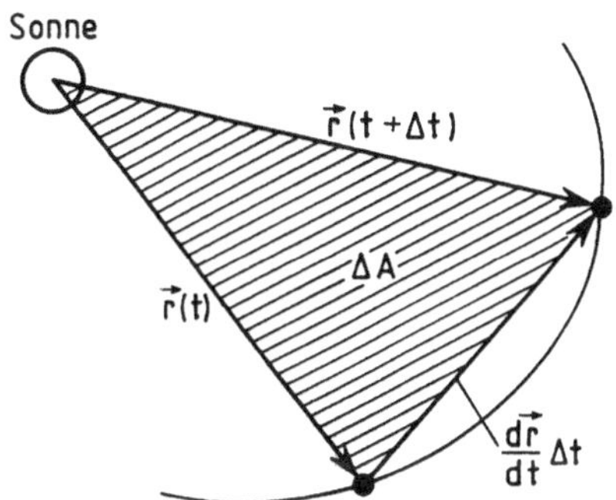

Fig.12 Ortsvektoren eines Planeten z.Zt. t und $t+\Delta t$. Im Koordinatenursprung ($\vec{r}=0$) befindet sich die Sonne (S)

Fläche $\Delta A = |\vec{r}\times(d\vec{r}/dt)\Delta t|/2$ auf, so dass sich für die **Flächengeschwindigkeit** $\Delta A/\Delta t$ die Beziehung $\Delta A/\Delta t = |\vec{r}\times(d\vec{r}/dt)|/2$ ergibt. Nach Erweiterung mit der Masse m des Planeten und Einsetzen des Impulses $\vec{p}=md\vec{r}/dt$ folgt $\Delta A/\Delta t = (2m)^{-1}|\vec{r}\times\vec{p}|$ oder, wegen der Konstanz des Drehimpulses (s.Gl.(56)), die Aussage, dass die Flächengeschwindigkeit des Planeten eine Konstante sein muss. Dies ist aber identisch mit dem 2.Kepler'schen Gesetz. Das 3.Kepler'sche Gesetz leiten wir für den Spezialfall ab, dass die Planetenbahnen Kreise sind und vernachlässigen außerdem die Masse der Planeten gegenüber der Sonnenmasse. Damit der Planet auf der Kreisbahn mit dem Radius r und der Kreisfrequenz ω verbleibt, muss er unter dem Einfluss einer Zentripetalbeschleunigung der Größe $-\omega^2\vec{r}$ stehen, die durch die von der Sonne erzeugte Gravitationsbeschleunigung $-Gm_\mathrm{S}\vec{r}/r^3$ gegeben wird. Gleichsetzen dieser beiden Ausdrücke und Einführung der Umlaufszeit $T=2\pi/\omega$ des Planeten führt zu der Gleichung

$$\frac{r^3}{T^2} = \frac{Gm_\mathrm{S}}{4\pi^2}, \tag{57}$$

wobei die rechte Seite für alle Planeten des Sonnensystems eine Konstante ist, so dass sich $(r_1/r_2)^3 = (T_1/T_2)^2$ ergibt.

Die kosmischen Geschwindigkeiten, die Gezeiten

Die **1.kosmische Geschwindigkeit** v_{1k} ist diejenige Geschwindigkeit, die ein Körper der Masse m (Rakete) mindestens haben muss, damit er die Erde in einer Höhe umkreisen kann, die noch klein ist gegen den Erdradius r_E . Dies bedeutet, wie bei der Ableitung des 3.Kepler'schen Gesetzes, dass die Zentripetalbeschleunigung im Abstand r_E vom Erdmittelpunkt $-(v_{1k}/r_E)^2\vec{r}_E$ gleich der dort herrschenden Gravitationsbeschleunigung $-Gm_E\vec{r}_E/r_E^3$ sein muss. Durch Einführung der Erdbeschleunigung g (s.Gl.(52), S.41) in diesen Ausdruck und Gleichsetzen mit der Zentripetalbeschleunigung ergibt sich $v_{1k}=(gr_E)^{1/2}\approx 7900\mathrm{m/s}$. Die **2.kosmische Geschwindigkeit** v_{2k} ist die Mindestgeschwindigkeit, die eine Rakete mit der Masse m besitzen muss, um das Gravitationsfeld der Erde zu überwinden, d.h. um bis ins Unendliche zu gelangen. Zur Berechnung verwenden wir den Energiesatz: Die Energie der Rakete beim Start an der Erdoberfläche ist $mv_{2k}^2/2-mgr_E$. Im Unendlichen, wo die potentielle Energie definitionsgemäß gleich null ist, soll die Rakete auch keine kinetische Energie mehr besitzen (denn wir berechnen die Mindestgeschwindigkeit), so dass $mv_{2k}^2/2-mgr_E=0$ gelten muss, woraus $v_{2k}=(2gr_E)^{1/2}\approx 11200\mathrm{m/s}$ folgt. Die **Gezeiten** (tides) sind eine kombinierte Folge der Mondanziehung (Flutwelle auf der dem Mond zugewandten Seite der Erde) und der Zentrifugalkraft (s.Gl.(59), S.46) infolge der Rotation der Erde um den Schwerpunkt des Systems Erde-Mond (Flutwelle auf der dem Mond abgewandten Seite der Erde). Die Periode T_{si} dieser Bewegung nennt man **siderische Mondumlaufszeit** (siderial period of revolution: 27,32166 Tage), sie ist kürzer als die Zeit zwischen zwei gleichen Mondphasen, die man als **synodische Mondumlaufszeit** (synodial period of revolution: 29,53059 Tage) bezeichnet. Nennen wir den Abstand der Mittelpunkte von Erde und Mond r_{EM} und die Massen dieser beiden Himmelskörper m_E bzw. m_M, so ergibt sich nach Gl.(31), S.27, für den Abstand r_S ihres Schwerpunktes vom Erdmittelpunkt $r_S=r_{EM}m_M/(m_E+m_M)$. Mit $m_E/m_M=81,3$ sowie $r_{EM}=384\ 400\mathrm{km}$ und $r_E\approx 6370\mathrm{km}$ folgt $r_S/r_E\approx 0,73$, d.h. der Schwerpunkt des Systems Erde-Mond liegt bei ca. 3/4 des Erdradius. Mondanziehung und Rotation um den Schwerpunkt des Systems Erde-Mond führen zu den Gezeiten der Weltmeere, die sich in erhöhtem (**Flut**, flood) und verringertem (**Ebbe**, ebb) Wasserstand äußern.

An der Atlantikküste bei St. Malo in Nordwestfrankreich erreicht der maximale Unterschied zwischen Flut und Ebbe 13m, so dass die Frage naheliegt, inwieweit die damit verbundene Energie genutzt werden kann. 1966 wurde bei St. Malo das erste **Gezeitenkraftwerk** (tidal power station) errichtet. Der dort mündende Fluss Rance wurde auf einer Breite von 750m abgesperrt und dadurch eine Staufläche von 22km² erzeugt. Der maximale Gezeitenstrom beträgt 18000m³/s, was sogar die Stromstärke des Rheins bei mittlerem Hochwasser übertrifft. Die insgesamt erzeugte elektrische Leistung beträgt 240MW. Bei einem mittleren Bedarf von 0,5kW elektrische Leistung pro Person reicht dies aber nur aus, um *eine* mittlere europäische Großstadt mit Elektroenergie zu versorgen, und man erkennt, dass mit derartigen Kraftwerken das globale Energieproblem der Menschheit nicht zu lösen ist.

Durch die ständige Bewegung der Wassermassen entsteht eine **Gezeitenreibung**, die der Erdrotation Energie entzieht. Dadurch verlängern sich die Tage gegenwärtig um ca.0,01s pro Jahr. Außerdem vergrößert sich die Periode des Mondumlaufs und der Abstand zur Erde wird größer (3.Kepler'sches Gesetz angewandt auf das System Mond-Erde). Die Gezeitenkräfte wirken sich auch auf die Erdatmosphäre und den Erdkörper aus. Die **Luftdruckschwankungen** sind aber sehr gering, sie liegen in Deutschland bei nur ca. 2,5Pa, was etwa 1000-mal geringer ist als die wetterbedingten Schwankungen des Luftdrucks. Die **Gezeitendeformationen des Erdkörpers** betragen im Mittel $\pm 0,25$m. Sie sind schwer nachweisbar, weil jeweils auch die Umgebung eines Beobachtungsortes an dieser sehr langsamen Bewegung teilnimmt. Bei sehr genauen Ausrichtungen über größere Strecken, wie z.B. bei den Fokussierungsmagneten großer kernphysikalischer Beschleuniger, müssen diese Bewegungen aber kompensiert werden.

2.7 Trägheitskräfte

Um zu erreichen, dass die Newton'schen Axiome auch in Nichtinertialsystemen gelten, d.h. in Koordinatensystemen, die sich beschleunigt gegenüber dem Schwerpunkt des Fixsternsystems bewegen (s.S.20), werden Zusatzkräfte eingeführt, die man auch als **Scheinkräfte** oder **Trägheitskräfte** (inertial forces) bezeichnet. Für eine Person in einer Straßenbahn sind reale Kräfte z.B. die Schwerkraft oder die Muskelkraft, während Trägheitskräfte dann spürbar werden, wenn die Straßenbahn ihre Geschwindigkeit gegenüber der Erdoberfläche ändert. Wegen der Bewegung der Erde gegenüber dem Schwerpunkt des Fixsternsystems treten im Prinzip noch weitere Trägheitskräfte auf, die im Folgenden zunächst unberücksichtigt bleiben sollen. Damit kann jedes Koordinatensystem, das bezüglich der Erdoberfläche ruht oder eine konstante Geschwindigkeit besitzt, als Inertialsystem dienen. Ein solches System wollen wir Laborkoordinatensystem nennen.

Wir betrachten nun eine *Punktmasse m, die in einem rotierenden Koordinatensystem ruht.* Die Kreisfrequenz, mit der das Koordinatensystem rotiert, nennen wir $\vec{\omega}$ und den Vektor, der senkrecht zu $\vec{\omega}$ steht und dessen Betrag gleich dem Abstand der Punktmasse von der Drehachse ist, $\vec{r}$. Damit m in diesem Koordinatensystem ruht, d.h. damit m eine Kreisbewegung mit dem Radius $|\vec{r}|$ im Laborkoordinatensystem ausführt, muss eine Zentripetalbeschleunigung $\vec{a} = -\omega^2 \vec{r}$ (s.Gl.(19), S.19) wirken. Nach dem 2.Newton'schen Axiom ist dafür eine Kraft

$$\vec{F}_{ZP} = -\, m \, \omega^2 \, \vec{r} \tag{58}$$

erforderlich, die man **Zentripetalkraft** (centripetal force) nennt. Fehlt diese Kraft, die z.B. durch einen Nagel aufgebracht wird, mit dem m im rotierenden

Koordinatensystem verankert ist, so wird die Punktmasse m nach außen geschleudert. Die dafür verantwortliche Kraft ist die Gegenkraft zu $\vec{F}_{ZP}$. Man nennt sie **Zentrifugalkraft** oder **Fliehkraft** $\vec{F}_{ZF}$ (centrifugal force, vom Lateinischen *fugare* = fliehen) und es gilt deshalb

$$\vec{F}_{ZF} = + \, m \, \omega^2 \, \vec{r} \; . \tag{59}$$

Als Beispiel betrachten wir die Zentrifugalkraft, die durch die Erdrotation verursacht wird. Da sich die Erde in 86400s einmal um ihre Achse dreht, ergibt sich ihre Kreisfrequenz ω_E zu $2\pi/86400$ s^{-1}. Eine Masse m , die sich auf der Erdoberfläche (der Erdradius sei wieder r_E) an einer Stelle mit der **geographischen Breite** (latitude) ϕ befindet, hat von der Drehachse den Abstand $|\vec{r}| = r_E\cos\phi$, da am Äquator $\phi = 0$ und an den Polen $\phi = \pi/2$ gilt. Die Masse m erfährt deshalb eine Zentrifugalkraft vom Betrag $m\omega_E^2 r_E\cos\phi$. Diese steht senkrecht zur Rotationsachse, so dass sich für ihre Komponente senkrecht zur Erdoberfläche der Ausdruck $m\omega_E^2 r_E\cos^2\phi$ ergibt. Die Gravitationsbeschleunigung g wird also verringert und es wirkt eine effektive Erdbeschleunigung

$$g_{eff} = g - \omega_E^2 \, r_E \, \cos^2\phi \; . \tag{60}$$

Der größte Effekt tritt am Äquator ($\phi = 0$) auf, wo die Zentrifugalkraft die Erdbeschleunigung g um den Betrag $\omega_E^2 r_E \approx 0{,}034\,\text{ms}^{-2}$ verringert.
Eine *Punktmasse, die sich im rotierenden Koordinatensystem mit der Geschwindigkeit $\vec{v}$ bewegt,* erfährt zusätzlich zur Zentrifugalkraft noch eine weitere Trägheitskraft, die als **Coriolis-Kraft** $\vec{F}_C$ (Coriolis force, Gustave Gaspard Coriolis 1792-1843) bezeichnet wird. Zwischen der zeitlichen Ableitung eines ortsabhängigen Vektors $\vec{o}$ im Laborsystem $d\vec{o}/dt$ und seiner zeitlichen Ableitung im rotierenden Koordinatensystem $(d\vec{o}/dt)_{rot}$ gilt die Gleichung

$$\frac{d\vec{o}}{dt} = \left(\frac{d\vec{o}}{dt}\right)_{rot} + \; \vec{\omega} \times \vec{o} \; , \tag{61}$$

die aus einer einfachen geometrischen Überlegung unter Beachtung der Gl.(18), S.19, folgt. Die zweimalige Anwendung dieser Beziehung auf das 2.Newton'sche Axiom $md^2\vec{r}/dt^2 = \vec{F}$ liefert $m\{(d/dt)_{rot} + \vec{\omega}\times\}\{(d/dt)_{rot} + \vec{\omega}\times\}\vec{r} = \vec{F}$, woraus man die Beziehung

$$m \left(\frac{\mathrm{d}^2 \vec{r}}{\mathrm{d}t^2} \right)_{\mathrm{rot}} = \vec{F} + 2m \left(\frac{\mathrm{d}\vec{r}}{\mathrm{d}t} \right)_{\mathrm{rot}} \times \vec{\omega} + m\ \vec{\omega} \times (\vec{r} \times \vec{\omega}) \tag{62}$$

erhält. Der zweite Term auf der rechten Seite stellt die Coriolis-Kraft

$$\vec{F}_{\mathrm{C}} = 2m\ (\vec{v} \times \vec{\omega}) \tag{63}$$

dar und für den dritten Term $m\vec{\omega} \times (\vec{r} \times \vec{\omega})$ folgt $+m\vec{r}\omega^2$, da $\vec{r}$ senkrecht zu $\vec{\omega}$ steht (s. die Definition von $\vec{r}$, S.45). Dies ist aber die schon eingeführte Zentrifugalkraft, so dass sich Gl.(62) umschreiben lässt zu

$$m \left(\frac{\mathrm{d}^2 \vec{r}}{\mathrm{d}t^2} \right)_{\mathrm{rot}} = \vec{F} + \vec{F}_{\mathrm{C}} + \vec{F}_{\mathrm{ZF}} \tag{64}$$

mit $\vec{F}_{\mathrm{C}}$ und $\vec{F}_{\mathrm{ZF}}$ als den im rotierenden System auftretenden Scheinkräften. Da die Sonne im Osten aufgeht, stellt die **Nordhalbkugel der Erde** ein rotierendes Koordinatensystem dar, das sich, von Norden aus betrachtet, entgegen dem Uhrzeigersinn dreht. Nach Gl.(63) führt diese Rotation bei einer Bewegung gegenüber der Erdoberfläche zu einer Kraft, die eine **Rechtsabweichung** (deviation to the right) bezüglich der Richtung der Bewegung bewirkt. Mit einem Pendel (**Foucault'sches Pendel**, Foucault pendulum, Leon Foucault 1819-1868) lässt sich auf diese Weise die Erddrehung nachweisen und sogar die geographische Breite ϕ bestimmen, da für die Kreisfrequenz der Rotation senkrecht zur Erdoberfläche $\omega_\perp = (2\pi/86400)\sin\phi$ (am Äquator gilt $\omega_\perp = 0$) gilt. Bei der Interpretation der **Wetterkarte** (weather map) spielt die Coriolis-Kraft eine wesentliche Rolle. Wenn z.B. ein Hochdruckgebiet über Frankreich und gleichzeitig ein Tiefdruckgebiet über Polen liegt, so fließen die Luftmassen nicht einfach vom hohen zum niedrigen Luftdruck, sondern sie erfahren eine Rechtsabweichung, d.h. nach Deutschland würde in diesem Fall kalte Luft aus dem Norden einströmen. Bei einem Schienenstrang, der nur in einer Richtung befahren wird, zeigt auf der Nordhalbkugel die rechte Seite tatsächlich eine stärkere Abnutzung. Auf der Südhalbkugel sind die Verhältnisse gerade umgekehrt (**Linksabweichung**, deviation to the left).

3 Mechanik der starren Körper

Albert Einstein: Jetzt weiß ich, warum es so viele Leute gibt, die gern Holz spalten. Bei dieser Tätigkeit sieht man nämlich immer sofort den Erfolg.

3.1 Ruhende starre Körper

Ein **starrer Körper** (rigid body) besteht aus einer Menge von Punktmassen, die untereinander konstante Abstände besitzen. Als **statische Freiheitsgrade** (degrees of freedom) bezeichnet man Parameter, die voneinander unabhängig sind und die benötigt werden, um die Lage eines solchen Körpers eindeutig zu charakterisieren. Für *eine* Punktmasse sind es z.B. die drei kartesischen Koordinaten x, y, z oder die drei Kugelkoordinaten r, ϑ, ϕ o.ä. Die Anzahl der statischen Freiheitsgrade für eine Punktmasse beträgt demzufolge 3. Für zwei starr miteinander verbundene Punktmassen sind es 5, nämlich drei für den Schwerpunkt und zwei für die Orientierung der Achse. Für drei oder mehr starr miteinander verbundene Punktmassen, und damit auch für beliebige makroskopische starre Körper, beträgt die Anzahl der statischen Freiheitsgrade 6, und zwar sind es 3 für den Schwerpunkt, 2 für die Orientierung einer mit dem Körper fest verbundenen (beliebigen) Achse und 1 für die Drehung des Körpers um diese Achse. Kräfte, die an einem starren Körper angreifen, können in ihrer **Wirkungslinie** (line of action), d.h. längs der Richtung der Kraft, beliebig verschoben werden. Die **Gleichgewichtsbedingungen** (requirements for equilibrium) für einen starren Körper müssen sichern, dass der Schwerpunkt (s.S.27) in Ruhe bleibt

$$\vec{F} = \sum_{i=1}^{n} \vec{F}_i = 0 \tag{65}$$

und dass keine Drehungen um den Schwerpunkt erfolgen

$$\vec{T} = \sum_{i=1}^{n} \vec{T}_i = 0 . \tag{66}$$

Die Größe $\vec{T}$ heißt **Drehmoment** (torque). *Ein Drehmoment ist stets nur bezüglich einer Achse definiert,* und zwar durch das Vektorprodukt

$$\vec{T} = \vec{r} \times \vec{F} . \tag{67}$$

$\vec{r}$ bezeichnet den Ortsvektor von einem *beliebigen Punkt auf der Achse* bis zum Angriffspunkt der Kraft $\vec{F}$. Im Falle der Gl.(66) ist keine Achse vorgegeben und es kann (wegen Gl.(65)) jeder beliebige Punkt im Raum als Ursprung gewählt werden.

Als Beispiel für die Anwendung der Gleichgewichtsbedingungen (65) und (66) betrachten wir den in Fig.13 dargestellten Fall: An einem starren Körper sollen zwei parallele Kräfte $\vec{F}_1$ und $\vec{F}_2$ angreifen, deren Wirkungslinien den Abstand $\ell = \ell_1 + \ell_2$ besitzen. Um diesen Körper im Gleichgewicht zu halten, muss eine dritte Kraft $\vec{F}_3$ einwirken. Aus Gl.(65) folgt zunächst $\vec{F}_3 = -\vec{F}_1 - \vec{F}_2$ und aus Gl.(66) ergibt sich, dass die Wirkungslinie dieser Kraft den Abstand ℓ im Verhältnis $\ell_1/\ell_2 = F_2/F_1$ teilen muss: Wie schon erwähnt, kann der Ursprung für die Vektoren $\vec{r}$ in Gl.(66) irgendwo liegen. Wir legen ihn an die Stelle ℓ_0 (s. Fig.13). Dann folgt $F_2\ell_0 - F_3(\ell_0 + \ell_2) + F_1(\ell_1 + \ell_2 + \ell_0) = 0$ und nach dem Ausmultiplizieren, sowie unter Beachtung von $F_3 = -F_1 - F_2$, die Beziehung $F_1\ell_1 = F_2\,\ell_2$ oder $\ell_1/\ell_2 = F_2/F_1$.

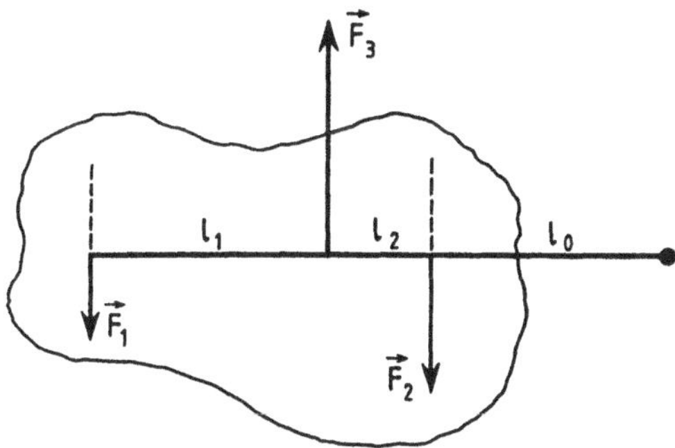

Fig.13 Zu den Gleichgewichtsbedingungen für einen starren Körper, an dem zwei parallele Kräfte $\vec{F}_1$ und $\vec{F}_2$ angreifen (Bedingungen für die dritte Kraft $\vec{F}_3$, mit der das Gleichgewicht erzeugt wird)

Für ein beliebiges (nicht nur ein mechanisches) System gibt es *vier Arten von Gleichgewichten*, die man dadurch unterscheidet, wie das System nach Einwirkung einer Störung reagiert. Wenn die durch die Störung verursachte Veränderung des Systems nach Abschalten der Störung wieder nach null geht, d.h. wenn das System in seinen ursprünglichen Zustand zurückkehrt, dann spricht man von einem **stabilen Gleichgewicht** (stable equilibrium). Bei dem in Fig.14 auf der nächsten Seite oben dargestellten mechanischen System bedeutet dies, dass die Kugel nach Einwirkung einer kurzzeitig einwirkenden Kraft (Störung) zwar aus dem Gleichgewichtszustand (tiefste Lage) gebracht wird, dass sie aber nach einiger Zeit (gedämpftes Pendeln) in diesen Zustand zurückkehrt. Das **indifferente Gleichgewicht** (indifferent equilibrium) und das **labile Gleichgewicht** (unstable equilibrium) werden durch die Darstellungen in Fig.14 selbst erklärt. Beim **metastabilen Gleichgewicht** (metastable equilibrium) handelt es sich um einen Zustand, der bezüglich kleiner Störungen stabil, gegenüber großen Störungen aber labil ist.

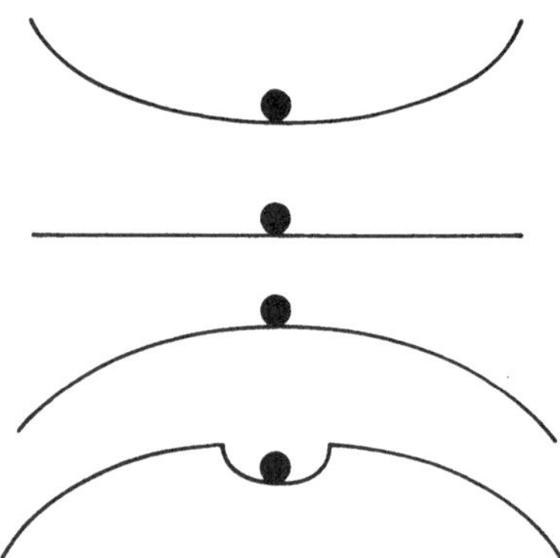

Fig.14 Die vier Arten des Gleichgewichts. Von oben nach unten: stabil, indifferent, labil und metastabil

3.2   Drehbewegungen

Punktmassen

Multipliziert man die Gleichung $\vec{F}=\mathrm{d}(m\vec{v})/\mathrm{d}t$ (2.Newton'sches Axiom, s.Gl.(20), S.21)) auf beiden Seiten vektoriell von links mit dem Ortsvektor $\vec{r}$, so erhält man zunächst die Beziehung $\vec{r}\times\vec{F}=\vec{r}\times\mathrm{d}(m\vec{v})/\mathrm{d}t$. Wegen $\mathrm{d}(\vec{r}\times m\vec{v})/\mathrm{d}t=\vec{v}\times m\vec{v}+\vec{r}\times\mathrm{d}m\vec{v}/\mathrm{d}t$ und $\vec{v}\times\vec{v}=0$ lässt sich die rechte Seite zu $\mathrm{d}(\vec{r}\times m\vec{v})/\mathrm{d}t$ umschreiben und es ergibt sich

$$\vec{T} = \frac{\mathrm{d}\vec{L}}{\mathrm{d}t} \ . \tag{68}$$

Die Größe $\vec{L}=\vec{r}\times\vec{p}$ mit $\vec{p}=m\vec{v}$ bezeichnet man als **Drehimpuls** (angular momentum). $\vec{T}=\vec{r}\times\vec{F}$ ist das schon im Abschn.3.1 (s.S.48) eingeführte **Drehmoment** (torque). Für $\vec{T}=0$, dies gilt z.B. bei Einwirkung einer Zentralkraft ($\vec{F}\propto\vec{r}$), verschwindet das Drehmoment, so dass der Drehimpuls zeitlich konstant ist (s.Gl.(56), S.42).

Die Definition des Drehimpulses ist nicht auf Kreisbewegungen beschränkt. Betrachten wir z.B. ein Geschoss der Masse m, das mit der Geschwindigkeit $\vec{v}$ geradlinig an einem Beobachter vorbeifliegt (s.Fig.15 auf der nächsten Seite), so ergibt sich für den Betrag des Drehimpulses dieses Geschosses bezogen auf den Beobachter $L=mvr\sin\alpha$ oder $L=mva$, wobei a die kürzeste Entfernung zwischen Geschoss und Beobachter ist. Der Vektor $\vec{L}$ steht senkrecht auf der Fläche, die von der Geschossbahn und dem Beobachter aufgespannt wird, und ist in Fig.15 in die Zeichenebene hinein gerichtet.

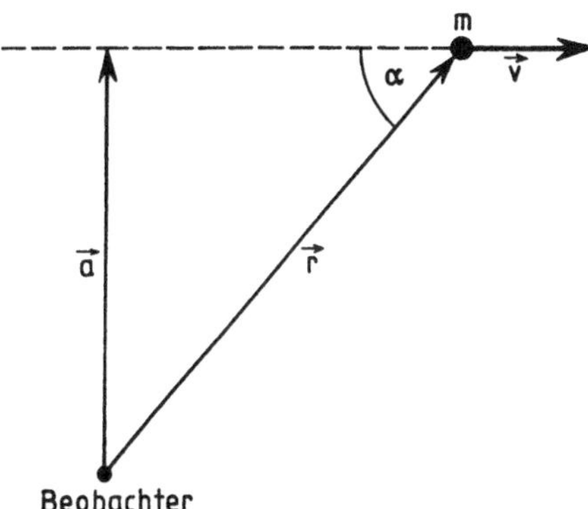

Fig.15 Der Drehimpuls eines Geschosses der Masse m, das geradlinig mit der Geschwindigkeit $\vec{v}$ an einem Beobachter vorbeifliegt, ergibt sich zu $\vec{L} = \vec{r} \times m\,\vec{v}$ oder $\vec{L} = \vec{a} \times m\,\vec{v}$

Die kinetische Energie einer Punktmasse m, die sich mit der Geschwindigkeit $\vec{v}$ bewegt, ist durch $E_{kin} = m\vec{v}^2/2$ (s.S.30) gegeben. Führt die Punktmasse eine Kreisbewegung um eine Achse aus und bezeichnet $\vec{r}$ den Ortsvektor der Punktmasse mit dem Ursprung an einer beliebigen Stelle auf der Achse, so gilt $\vec{v} = \vec{\omega} \times \vec{r}$, wobei $\vec{\omega}$ die Kreisfrequenz dieser Bewegung darstellt (s.Gl.(18), S.19). Einsetzen dieser Beziehung in den Ausdruck für die kinetische Energie liefert die Gleichung $E_{kin}{}^{rot} = m(\vec{\omega} \times \vec{r})^2/2$, wofür man auf Grund der Definition des Vektorproduktes auch

$$E_{kin}{}^{rot} = (\omega^2/2)\, mr^2 \sin^2\vartheta \qquad (69)$$

schreiben kann. ϑ bezeichnet dabei den Winkel zwischen $\vec{\omega}$ und $\vec{r}$.

Starre Körper

Die kinetische Energie bei der Rotation eines **starren Körpers** (rigid body) folgt durch Zerlegung des Körpers in lauter differentielle Massenelemente dm und Anwendung der Gl.(69) zu

$$E_{kin}{}^{rot} = (\omega^2/2)\, I \qquad \text{mit} \qquad I = \iiint r^2 \sin^2\vartheta \; dm \; . \qquad (70)$$

Das Integral $I = \iiint r^2\sin^2\vartheta dm$, das die Massenverteilung des Körpers bezüglich einer vorgegebenen Achse beschreibt und das die Einheit kgm^2 besitzt, nennt man **Trägheitsmoment** (moment of inertia) des starren Körpers. Im Gegensatz zur Masse m gibt es aber für jeden starren Körper eine doppelt unendliche Vielfalt von Trägheitsmomenten: Sowohl jede Parallelverschiebung der Achse als auch jede

Änderung der Orientierung liefert (abgesehen von symmetrischen Masseverteilungen) ein anderes Trägheitsmoment.

Die **experimentelle Bestimmung von Trägheitsmomenten** erfolgt am einfachsten dadurch, dass man den Körper Drehschwingungen ausführen lässt und die Periode dieser Schwingungen misst: Die Achse, für die das Trägheitsmoment I bestimmt werden soll, sei fest mit dem Körper verbunden und mit dem Laborkoordinatensystem über eine elastische Feder, so dass die potentielle Energie bei einer Auslenkung um den Winkel ϕ (bei kleinen Winkeln) proportional zum Quadrat dieses Winkels ist. Den Proportionalitätsfaktor nennen wir $K/2$. Die Erdanziehung wird durch Senkrechtstellen der Achse eliminiert. Dann lautet der Energiesatz $(d\phi/dt)^2 I/2 + K\phi^2/2 = \text{const}$, woraus durch Differentiation nach der Zeit die Differentialgleichung $d^2\phi/dt^2 = -(K/I)\phi$ folgt. Die Lösung dieser Differentialgleichung ist eine harmonische Schwingung mit der Periode $T = 2\pi(I/K)^{1/2}$. Die Konstante K erhält man durch Messung der Schwingungsdauer für einen Körper mit bekanntem Trägheitsmoment.

Die Änderung des Trägheitsmomentes bei einer *Parallelverschiebung der Achse* lässt sich mit dem Steiner'schen Satz berechnen. Wir betrachten eine dünne Scheibe des starren Körpers senkrecht zu den beiden Drehachsen. Die eine (S) gehe durch den Schwerpunkt, die andere (P) sei parallel dazu um den Vektor $\vec{a}$ verschoben. Mit den durch Fig.16 definierten Größen folgt dann aus der rechten Gl.(70) bei Rotation um die Achse P (wegen $\vartheta = \pi/2$) für das Trägheitsmoment $I_P = \iiint r_{pm}^2 dm$. Unter Verwendung des Kosinussatzes $r_{pm}^2 = a^2 + r_{sm}^2 - 2ar_{sm}\cos\alpha$ und der Formel $I_S = \iiint r_{sm}^2 dm$ für das Trägheitsmoment bei Rotation um die Achse S ergibt sich $I_P = a^2 m + I_S - 2a\iiint r_{sm}\cos\alpha \, dm$, wobei m die Masse der Scheibe bezeichnet. Eine kleine Zwischenrechnung zeigt nun, dass der letzte Term verschwindet.

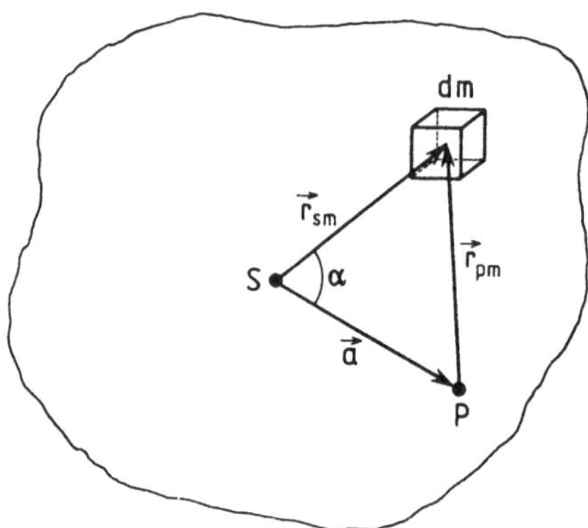

Fig.16 Zum Steiner'schen Satz. S ist die Drehachse durch den Schwerpunkt und P eine dazu parallele Achse im Abstand a

Der Ortsvektor für den Schwerpunkt sei $\vec{r}_s$, dann folgt nach Gl.(31), S.27, $\iiint \vec{r}_s dm - \iiint \vec{r} \, dm = 0$. Wir wählen den Ursprung für die Vektoren $\vec{r}_s$ und $\vec{r}$ an der Stelle P, so dass $\vec{r}_s = -\vec{a}$ und $\vec{r} = \vec{r}_{pm}$ gilt. Damit ergibt sich $\iiint \vec{r}_s dm - \iiint \vec{r} \, dm = -\iiint (\vec{a} + \vec{r}_{pm}) dm = 0$ oder, wegen $\vec{a} +$

$\vec{r}_{pm} = \vec{r}_{sm}$, $\iiint \vec{r}_{sm} dm = 0$. Die skalare Multiplikation dieser Gleichung auf beiden Seiten mit $-2\vec{a}$ liefert schließlich $-2a\iiint r_{sm}\cos\alpha\, dm = 0$.

Damit erhalten wir die Beziehung

$$I_P = I_S + a^2 m \, , \tag{71}$$

die als **Steiner'scher Satz** (parallel-axis theorem, Jakob Steiner 1796-1863) bezeichnet wird. Beispiele für Trägheitsmomente, die mit der Formel $I = \iiint r^2 \sin^2\vartheta\, dm$ berechnet werden können, zeigt die Tab.9.

Tab.9 Beispiele für Trägheitsmomente starrer Körper mit der Masse m

Kreisscheibe mit dem Radius r, Achse senkrecht in der Mitte	$\frac{1}{2}\, m\, r^2$
Kugel mit dem Radius r, Achse durch den Mittelpunkt	$2m\, r^2/5$

dünner Stab der Länge ℓ
    Achse senkrecht durch die Stabmitte (Schwerpunkt)
    Achse senkrecht durch das Stabende $(a = \frac{1}{2}\ell)$
	$m\, \ell^2/12$
	$m\, \ell^2/3$

Als Nächstes wollen wir uns der Frage zuwenden, wie sich das Trägheitsmoment bei einer *Änderung der Orientierung der Achse* verändert. Wir gehen vom Drehimpuls $\vec{L}$ aus, der für eine Punktmasse m (bezogen auf den Koordinatenursprung $\vec{r}=0$) durch die Beziehung $\vec{L}=\vec{r}\times m\vec{v}$ definiert ist. Für einen starren Körper folgt also $\vec{L}=\iiint \vec{r}\times\vec{v}\, dm$ und, wenn man noch die Geschwindigkeit durch $\vec{v}=\vec{\omega}\times\vec{r}$ ersetzt,

$$\vec{L} = \iiint \vec{r} \times (\vec{\omega}\times\vec{r})\, dm \, . \tag{72}$$

Unter Verwendung der allgemeinen Beziehung für die **zweifache Vektormultiplikation** (vector triple product) $\vec{a}\times(\vec{b}\times\vec{c})=\vec{b}(\vec{a}\cdot\vec{c})-\vec{c}(\vec{a}\cdot\vec{b})$ folgt aus Gl.(72)

$$\vec{L} = \iiint (\vec{\omega}\, r^2 - \vec{r} (\vec{\omega}\cdot\vec{r}))\, dm \, . \tag{73}$$

Aus dieser Beziehung ersieht man zunächst, dass die Vektoren $\vec{L}$ und $\vec{\omega}$ i.Allg. nicht die gleiche Richtung besitzen: Für eine Punktmasse, die auf einem Kreis umläuft, besitzt $\vec{L}$ auch eine Komponente, die senkrecht zu $\vec{\omega}$ steht und nach dem Mittelpunkt des Kreises zeigt (s.Fig.17 auf der nächsten Seite).

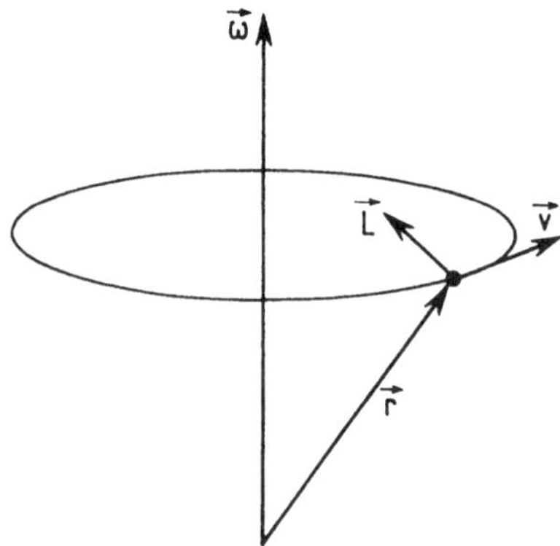

Fig.17 Zur relativen Orientierung des Drehimpulses $\vec{L}$ und der Winkelgeschwindigkeit $\vec{\omega}$ einer Punktmasse m, die auf einem Kreis umläuft

Für einen rotationssymmetrischen Körper, den man im vorliegenden Fall z.B. durch Hinzufügen einer gleichgroßen Punktmasse auf der linken Seite in Fig.17 erhält, kann $\vec{L}$ aber durchaus die gleiche Richtung wie $\vec{\omega}$ besitzen, da sich die Komponenten der beiden Drehimpulse senkrecht zur Winkelgeschwindigkeit wegheben. Um den Drehimpuls für einen beliebigen starren Körper nach Betrag und Richtung für eine vorgegebene Winkelgeschwindigkeit $\vec{\omega}$ anzugeben, betrachten wir die x-Komponente des Drehimpulses, für die nach Gl.(73) folgt

$$L_x = \iiint(r^2-x^2)dm\ \omega_x - \iiint xy dm\ \omega_y - \iiint xz dm\ \omega_z . \tag{74}$$

Mit den Bezeichnungen $I_{xx}=\iiint(r^2-x^2)dm$, $I_{xy}=-\iiint xy dm$ und $I_{xz}= -\iiint xz dm$ ergibt sich $L_x=I_{xx}\omega_x+I_{xy}\omega_y+I_{xz}\omega_z$. Analoge Beziehungen erhält man für L_y und L_z einfach durch **zyklische Vertauschung** (cyclic exchange) der Indizes ($x{\to}y$, $y{\to}z$, $z{\to}x$). Die drei Gleichungen

$$\begin{aligned}
L_x &= I_{xx}\omega_x + I_{xy}\omega_y + I_{xz}\omega_z \\
L_y &= I_{yx}\omega_x + I_{yy}\omega_y + I_{yz}\omega_z \\
L_z &= I_{zx}\omega_x + I_{zy}\omega_y + I_{zz}\omega_z
\end{aligned} \tag{75}$$

lassen sich formal durch die eine Gleichung

$$\vec{L} = \overleftrightarrow{I}\ \vec{\omega} \tag{76}$$

darstellen. $\overleftrightarrow{I}$, d.h. die Gesamtheit der neun Größen I_{xx}, I_{xy}, ... I_{zz}, die den Vektor $\vec{\omega}$ in den Vektor $\vec{L}$ überführt, bezeichnet man als **Tensor** (zweiten Grades) **des**

Trägheitsmomentes (tensor *of second rank* of the moment of inertia). Stellt man die Vektoren und den Tensor durch 3×3 Matrizen dar, so lässt sich Gl.(76) in der Form

$$\begin{pmatrix} L_x & 0 & 0 \\ L_y & 0 & 0 \\ L_z & 0 & 0 \end{pmatrix} = \begin{pmatrix} I_{xx} & I_{xy} & I_{xz} \\ I_{yx} & I_{yy} & I_{yz} \\ I_{zx} & I_{zy} & I_{zz} \end{pmatrix} \begin{pmatrix} \omega_x & 0 & 0 \\ \omega_y & 0 & 0 \\ \omega_z & 0 & 0 \end{pmatrix} \tag{77}$$

schreiben.

Die Identität von Gl.(77) mit den Gln.(75) ergibt sich durch die Festlegung, dass das **Produkt von zwei Matrizen** (product of two matrices) *(A)(B)* wieder eine Matrix (matrix) ist *(C)* , deren Elemente sich nach der Formel $C_{ik}=\Sigma_j A_{ij}B_{jk}$ berechnen, wobei der erste Index die Zeile und der zweite Index die Spalte angibt, in der das betreffende Element steht (Multiplikationsregel: "Zeile mal Spalte"). Gewöhnlich lässt man die Nullen in Gl.(77) weg und schreibt die Vektoren als Spalten (Spaltenvektoren).

Die Elemente in der Trägheitsmatrix mit gemischten Indizes, wie z.B. I_{xy}, nennt man **Deviationsmomente**. Da die Deviationsmomente paarweise gleich sind (s. die Definition im Text nach Gl.(74)), d.h. $I_{xy}=I_{yx}$, $I_{xz}=I_{zx}$ und $I_{yz}=I_{zy}$, gehört der Trägheitstensor zur Gruppe der **symmetrischen Tensoren** (symmetric tensors). Diese besitzen statt 9 nur 6 unabhängige Elemente und es gibt ein Koordinatensystem (x',y',z'), in dem die Deviationsmomente verschwinden. Dieses Koordinatensystem heißt **Hauptachsensystem** (principal axes system, oft abgekürzt mit PAS) und die drei verbleibenden Elemente $I_{x'x'}$, $I_{y'y'}$, $I_{z'z'}$ nennt man die **Hauptwerte des Träg-heitstensors** oder kurz die **Hauptträgheitsmomente** (principal moments of inertia). An die Stelle der sechs Elemente des Trägheitstensors im Laborkoordinatensystem (x,y,z) treten also hier die drei Hauptwerte und die drei (Euler'schen) Winkel, durch die das Hauptachsensystem (x',y',z') gegenüber dem Laborkoordinatensystem gedreht ist.
Ohne Beweis seien noch drei Ergänzungen angefügt: (1) Eine Symmetrieachse des starren Körpers ist stets auch Hauptträgheitsachse. (2) Eine **freie Rotation** (free rotation), d.h. eine Rotation ohne Kraftwirkungen auf die Achslager, ist nur um die drei Hauptträgheitsachsen möglich. (3) Rotationen um die Hauptträgheitsachsen mit dem größten und mit dem kleinsten Hauptträgheitsmoment sind stabil. Eine Rotation um die Hauptträgheitsachse mit dem mittleren Hauptträgheitsmoment ist dagegen labil, d.h. schon unter dem Einfluss kleinster Störungen ändert die Achse ihre Orientierung dramatisch gegenüber dem Laborkoordinatensystem.
Aus den Ergebnissen dieses Abschnitts lassen sich einfache *Analogien zwischen der Translation und der Rotation* eines starren Körpers ableiten. Sie sind in der

folgenden Tab. 10 zusammengestellt. Daraus ergibt sich,

Tab.10 Analogien zwischen der Translation und der Rotation eines starren Körpers

Translation		Rotation	
Ortsvektor	$\vec{r}$	Drehwinkel	α (Skalar!)
Geschwindigkeit	$\vec{v}=\mathrm{d}\vec{r}/\mathrm{d}t$	Winkelgeschwindigkeit $\vec{e}=$Einheitsvektor in Achsenrichtung	$\vec{\omega}=(\mathrm{d}\alpha/\mathrm{d}t)\,\vec{e}$
Masse	m	Trägheitsmoment	$\overleftrightarrow{I}$
Impuls	$\vec{p}=m\vec{v}$	Drehimpuls	$\vec{L}=\overleftrightarrow{I}\vec{\omega}$
Kraft	$\vec{F}$	Drehmoment	$\vec{T}=\vec{r}\times\vec{F}$

dass dem 2.Newton'schen Axiom $\mathrm{d}\vec{p}/\mathrm{d}t=\vec{F}$ die Beziehung $\mathrm{d}\vec{L}/\mathrm{d}t=\vec{T}$ entspricht und damit dem **Impulssatz** (conservation of momentum, $\vec{p}=$const für $\vec{F}=0$) der **Drehimpulssatz** (conservation of angular momentum, $\vec{L}=$const für $\vec{T}=0$). Eine schöne Demonstration des Drehimpulssatzes ist die **Pirouette** (pirouette): Durch Anziehen der Arme an den Körper verringert die Schlittschuhläuferin ihr Trägheitsmoment, so dass sich die Winkelgeschwindigkeit erhöht.

Die Formel für die kinetische Energie $E_{kin}=mv^2/2$ geht über in $E_{kin}^{rot}=I\omega^2/2$ mit I als dem Trägheitsmoment um die aktuelle Achse (Richtung von $\vec{\omega}$). Will man E_{kin}^{rot} unter Verwendung des Trägheitstensors $\overleftrightarrow{I}$ berechnen, so hat man den Ausdruck $E_{kin}^{rot}=\vec{\omega}^{T}\overleftrightarrow{I}\vec{\omega}/2$ auszumultiplizieren, wobei $\vec{\omega}^{T}$ die zu $\vec{\omega}$ transponierte Matrix ist.

Eine **transponierte Matrix** (transposed matrix) entsteht dadurch, dass man in der Ausgangsmatrix die Zeilen und Spalten vertauscht. Aus der Spaltenmatrix $\vec{\omega}$ (die rechte Matrix in Gl.(77), S.55) wird dadurch die Zeilenmatrix $\vec{\omega}^{T}$, bei der die erste Zeile die drei Komponenten ω_x, ω_y und ω_z des Vektors $\vec{\omega}$ enthält (aus dem Spaltenvektor wird ein Zeilenvektor).

Als physisches oder **physikalisches Pendel** (physical pendulum) bezeichnet man jeden starren Körper mit einer (horizontalen) Drehachse, die nicht durch den Schwerpunkt geht. Das Trägheitsmoment bezüglich dieser Achse sei I, der Abstand des Schwerpunkts von der Achse s und die Masse des Körpers m. Für kleine Auslenkwinkel α aus der Ruhelage, in der sich der Schwerpunkt unterhalb der Achse befindet ($\alpha=0$), gilt für das Drehmoment $\vec{T}=(-msg\sin\alpha)\vec{e}_x$ und für den Drehimpuls $\vec{L}=(I\mathrm{d}\alpha/\mathrm{d}t)\vec{e}_x$, wobei $\vec{e}_x$ der Einheitsvektor in Richtung der Drehachse ist. Aus der Beziehung $\mathrm{d}\vec{L}/\mathrm{d}t=\vec{T}$ folgt dann $I\mathrm{d}^2\alpha/\mathrm{d}t^2=-msg\sin\alpha$ oder für kleine Winkel $\mathrm{d}^2\alpha/\mathrm{d}t^2=-(msg/I)\alpha$. Ein Vergleich mit der entsprechenden

Differentialgleichung für das mathematische Pendel $d^2\alpha/dt^2 = -(g/\ell)\alpha$ (s.S.24) zeigt, dass sich das physikalische Pendel wie ein mathematisches Pendel mit der Pendellänge $\ell = I/(sm)$ verhält. Man nennt diese Größe die **reduzierte Pendellänge des physikalischen Pendels** (length of the equivalent simple pendulum).

3.3   Der Kreisel

Wir definieren einen **Kreisel** (gyroscope, top) als einen Körper mit symmetrischer Massenverteilung, der um eine Achse rotiert, die durch den Schwerpunkt geht. Die Symmetrieachse $\vec{s}$ des Kreiselkörpers, die Rotationsachse $\vec{\omega}$ und die Richtung des Drehimpulses $\vec{L}$ werden i.Allg. nicht zusammenfallen. Im Folgenden betrachten wir zunächst den **kräftefreien Kreisel** (gyroscope under no torque), der dadurch charakterisiert ist, dass auf ihn keine äußeren Drehmomente einwirken. Bezüglich der Erdanziehung erreicht man dies durch Lagerung des Kreisels im Schwerpunkt (s.Fig.18 oben) oder durch die kardanische Aufhängung (s.Fig.18 unten). Wird ein solcher Kreisel in Rotation um die Symmetrieachse versetzt (d.h. $\vec{\omega}$ ist parallel zu $\vec{s}$), so zeigt der Drehimpuls $\vec{L}$ ebenfalls in Richtung der Symmetrieachse, weshalb diese ihre Richtung im Raum beibehält (Drehimpulssatz). Diese **Normbewegung** (motion in the absence of an external torque) des Kreisels geht über in die **Nutation** (nutation), wenn man kurzzeitig, z.B. durch einen kurzen Schlag auf die Symmetrieachse, ein Drehmoment einwirken lässt. Dadurch fallen die Richtungen der Symmetrieachse, der Rotation und des Drehimpulses nicht mehr zusammen. Bezeichnen wir mit $\omega_\parallel$ bzw. $\omega_\perp$ die Komponenten von $\vec{\omega}$ parallel bzw. senkrecht

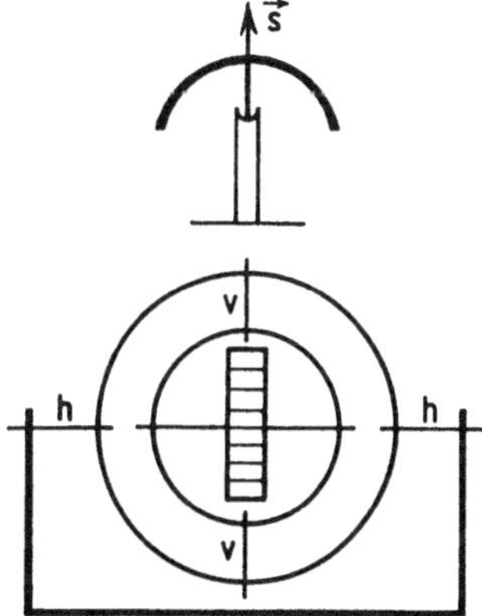

Fig.18 Kräftefreie Lagerung von Kreiseln.
Oben: Lagerung eines Kreisels (Kugelkalotte) im Schwerpunkt.
Unten: Kardanische Aufhängung eines scheibenförmigen Kreisels. Der innere Ring, der die Rotationsachse trägt, lässt sich um die vertikalen Achsstummel (v) drehen und der äußere Ring um die horizontalen Achsstummel (h)

zur Symmetrieachse, so ergibt sich für die entsprechenden Komponenten des Drehimpulses $L_\parallel = I_\parallel \omega_\parallel$ und $L_\perp = I_\perp \omega_\perp$. Da i.Allg. die Trägheitsmomente parallel $(I_\parallel)$ und senkrecht $(I_\perp)$ zur Symmetrieachse verschieden voneinander sind, besitzt der Drehimpuls eine andere Richtung als die Winkelgeschwindigkeit $\vec{\omega}$ und auch als die Symmetrieachse $\vec{s}$ (es existiert eine Komponente $\omega_\perp$). Wegen des Drehimpulssatzes muss aber $\vec{L}$ konstant sein, d.h. der Drehimpuls besitzt im Laborkoordinatensystem eine feste Richtung, um die die Symmmetrieachse $\vec{s}$ auf einem Kreiskegel umläuft (s.Fig.19).

Unter dem Einfluss eines äußeren Drehmomentes $\vec{T}$ (**nichtkräftefreier Kreisel**, gyroscope under external torque) vollführt der Kreisel eine Bewegung, die man als **Präzession** (precession) bezeichnet. Sie besteht aus einer Rotation der Symmetrieachse des Kreiselkörpers mit der Winkelgeschwindigkeit

$$\vec{\Omega} = - \frac{T_{\max}}{L}\, \vec{e}_F \,, \tag{78}$$

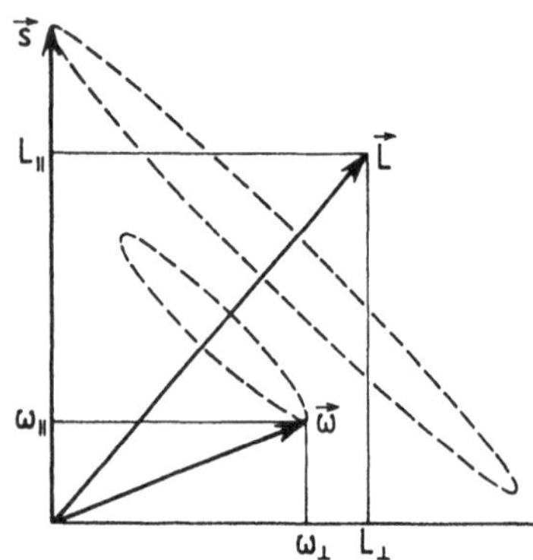

Fig.19 Nutation eines Kreisels. Der Drehimpuls $\vec{L}$ ist raumfest, die Symmetrieachse des Kreiselkörpers $(\vec{s})$ und der Vektor der Winkelgeschwindigkeit $(\vec{\omega})$ beschreiben um $\vec{L}$ je einen Kreiskegel

wobei $\vec{e}_F$ der Einheitsvektor in Richtung der Kraft ist, die das Drehmoment $\vec{T}$ erzeugt, und $T_{\max}$ den maximalen Wert des Betrages von $\vec{T}$ bezeichnet (Kraft und Kraftarm stehen senkrecht aufeinander).

Wir verlängern das Achsstück zwischen Auflage und Kreiselkörper in Fig.18 oben (S.57) um die Strecke ℓ und stellen den Kreisel schief. Bezeichnen wir wieder mit z die Koordinate senkrecht zur Erdoberfläche mit dem positiven Vorzeichen nach oben, so wirkt auf den Kreisel mit der Masse m die Schwerkraft $\vec{F} = -mg\,\vec{e}_z$, die das Drehmoment $\vec{T} = \vec{\ell} \times \vec{F}$ erzeugt. Der Vektor $\vec{\ell}$ ("Kraftarm") besitzt die gleiche

Richtung wie der Drehimpuls $\vec{L}$ des Kreisels. Damit folgt aus $d\vec{L}/dt = \vec{\ell} \times \vec{F}$ die Beziehung $d\vec{L}/dt = -mg(\ell/L)\,\vec{L} \times \vec{e}_z$. In einem mit der Winkelgeschwindigkeit $\vec{\omega}$ rotierenden Koordinatensystem gilt gemäß Gl.(61), S.46, $d\vec{L}/dt = (d\vec{L}/dt)_{rot} + \vec{\omega} \times \vec{L}$. Wählen wir nun $\vec{\omega}$ so ($\vec{\omega} := \vec{\Omega}$), dass in diesem Koordinatensystem $\vec{L}$ ruht, d.h. es gilt $(d\vec{L}/dt)_{rot} = 0$, so folgt $\vec{\Omega} \times \vec{L} = (-mg\,\ell/L)\,\vec{L} \times \vec{e}_z$ oder schließlich $\vec{\Omega} = (mg\,\ell/L)\,\vec{e}_z$.

Die Spitze der Symmetrieachse des Kreisels bewegt sich also auf einem Kreis, dessen Achse (Normale zur Kreisfläche) mit der Richtung der einwirkenden Kraft zusammenfällt. Diese **Präzessionsbewegung** (precession) wird umso schneller (s.Gl.(78), S.58), je größer das Drehmoment und je kleiner der Drehimpuls des Kreisels ist. Natürlich kann der Präzession auch noch eine Nutation überlagert werden, so dass dann im allgemeinen Fall eine wellenförmig modulierte Kreisbewegung entsteht.

4 Mechanik der deformierbaren Körper

Georg Christoph Lichtenberg: Was jedermann für ausgemacht hält,
verdient oft am meisten untersucht zu werden.

Festkörper (solids) besitzen eine bestimmte Gestalt und ein bestimmtes Volumen, da die den Körper aufbauenden Teilchen (Atome oder Moleküle) um Gleichgewichtslagen schwingen, die im Raum fixiert sind. Bei räumlich periodischer Anordnung spricht man von **Kristallen** (crystals), anderenfalls von **amorphen Festkörpern** (amorphous solids), wie z.B. Glas. Festkörper sind form- und volumenelastisch, d.h. nach Wegnahme einer verformenden Kraft, die allerdings nicht zu groß sein darf, nehmen sie ihre ursprüngliche Gestalt und ihr ursprüngliches Volumen wieder an. **Flüssigkeiten** (liquids) besitzen keine bestimmte Gestalt, sondern nur ein bestimmtes Volumen. Die Abstände zwischen den Teilchen und deshalb auch die Kräfte zwischen ihnen sind mit denen in Festkörpern vergleichbar. Die Gleichgewichtslagen können jedoch, soweit es das Eigenvolumen der Teilchen zulässt, beliebig im Raum verschoben werden. Es gibt aber auch Ausnahmen, wie z.B. Wasser, bei dem über Abstände von wenigen Moleküldurchmessern eine dem Eis ähnliche Struktur vorliegt (Nahordnung infolge des elektrischen Dipolmomentes der Wassermoleküle), oder die sog. Flüssigkristalle, die aus langgestreckten oder scheibenförmigen Molekülen bestehen, so dass sich kollektive Orientierungen ausbilden. **Gase** (gases) schließlich besitzen weder eine bestimmte Form noch ein bestimmtes Volumen; beide werden durch das Gefäß vorgegeben, in dem sich das Gas befindet. Die Kräfte zwischen den Teilchen sind wegen ihrer großen Abstände meist vernachlässigbar. Flüssigkeiten und Gase fasst man unter dem Oberbegriff **Fluide** (fluids) zusammen.

4.1   Ruhende Fluide (Flüssigkeiten und Gase)

Ein Fluid befinde sich in einem zylinderförmigen Gefäß, das von einem beweglichen Kolben verschlossen sei. Das Volumen des Fluids hängt dann offensichtlich von der Kraft ab, mit der der Kolben in den Zylinder gedrückt wird. Man kann nun leicht experimentell zeigen, dass die entscheidende Größe für die Volumenveränderung nicht die Kraft selbst, sondern der Quotient aus der Kraftkomponente senkrecht zur Fläche des Kolbens, dividiert durch diese Fläche ist. Diese Größe heißt **Druck** (Plural: *Drücke*). Man verwendet dafür den Buchstaben *p* (vom Englischen *pressure*):

$$p = \frac{F_\perp}{A} \; . \tag{79}$$

Die Einheit N/m^2 nennt man **Pascal** (Pa) nach Blaise Pascal (1623-1662). Veraltete Einheiten sind die **technische Atmosphäre** (at, technical atmosphere), die den Druck darstellt, der durch das Gewicht einer Masse von 1kg auf 1cm² beim Normwert der Erdbeschleunigung entsteht, das **Torr** nach Evangelista Torricelli (1608-1647), das ursprünglich als der Druck von 1mm Quecksilbersäule bei 0°C definiert war, die **physikalische Atmosphäre** (atm, physical atmosphere) entsprechend 760 Torr und das **Bar**, das für 10^6 dyn/cm² steht. Die Umrechnungsfaktoren sind in Tab. 11 zusammengestellt.

Tab.11 Veraltete Einheiten des Drucks und ihre Umrechnung in Pascal (Pa)

Einheit	Umrechnung (exakt)
technische Atmosphäre	1 at = 0,098665 MPa
physikalische Atmosphäre	1 atm = 0,101325 MPa ("Normaldruck")
Torr	1 Torr = 133,3224 Pa
Bar	1 Bar = 0,1 MPa

Bei einem Fluid mit dem Volumen V werde der Druck um einen kleinen Betrag Δp erhöht. Dann verringert sich das Volumen je nach der Art des Fluids mehr oder weniger stark, und zwar findet man experimentell $\Delta V \propto -V\Delta p$. Den Proportionalitätsfaktor bezeichnet man als **Kompressibilität** (compressibility) κ des Fluids, so dass gilt

$$\kappa = -\frac{1}{V}\frac{\mathrm{d}V}{\mathrm{d}p}.$$

$$(80)$$

Für Luft, die in guter Näherung der allgemeinen Gasgleichung $pV=nRT$ (s.Abschn.6.1, S.106) genügt, ergibt sich bei isothermer Kompression $\mathrm{d}V/\mathrm{d}p=-nRT/p^2$ und damit für die Kompressibilität gemäß Gl.(80) $\kappa=1/p$. Unter Normaldruck ($p\approx0,1$MPa) besitzt die Luft demnach eine (isotherme) Kompressibilität von $10^{-5}\mathrm{Pa}^{-1}$.

Während Gase eine hohe Kompressibilität in der Größenordnung von $10^{-5}\mathrm{Pa}^{-1}$ besitzen, ist die Kompressibilität von Flüssigkeiten um 4 bis 5 Zehnerpotenzen geringer. Für Wasser bei 20°C beträgt sie beispielsweise $4{,}58\cdot10^{-10}\mathrm{Pa}^{-1}$ [LID90]. Ein Fluid mit dem Idealwert $\kappa=0$ bezeichnet man als **inkompressibel** (incompressible). Bei einer **hydraulischen Presse** (hydraulic lever, s.Fig.20) werde der linke Kolben, dessen Querschnitt A_1 sei, mit der Kraft F_1 nach unten gedrückt. Damit Gleichgewicht herrscht (der Schweredruck wird vernachlässigt), muss der Druck auf der linken Seite einer gedachten Membran gleich dem Druck rechts sein, d.h. es muss $F_1/A_1=F_2/A_2$ gelten, so dass sich für die Kraft F_2 die Beziehung

$$F_2 = \frac{A_2}{A_1} F_1$$

$$(81)$$

ergibt. Die Kraft F_1 wird also um den Faktor A_2/A_1 verstärkt, analog zum Hebel,

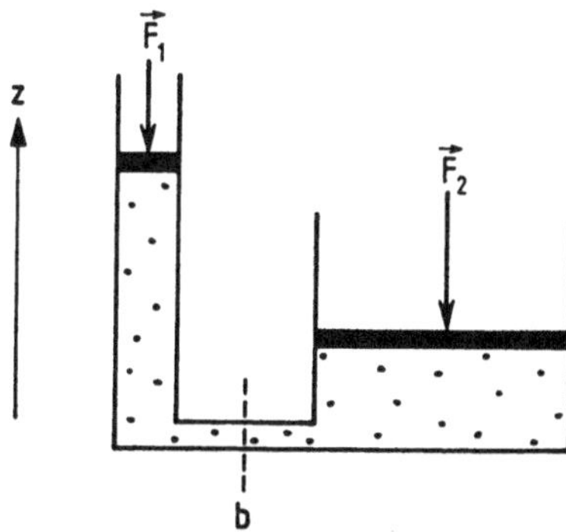

Fig.20 Schematische Darstellung einer hydraulischen Presse. An der beliebigen Stelle b wird zur Ableitung der Gleichgewichtsbedingung eine (gedachte) Membran eingebracht

wo lediglich an Stelle dieses Faktors der reziproke Quotient aus den Hebelarmen steht. Eine Verschiebung des Kolbens 1 um Δz_1 führt zu einer Verschiebung des Kolbens 2 um Δz_2. Setzt man Inkompressibilität voraus, so folgt aus der Bedingung $A_1\Delta z_1 + A_2\Delta z_2 = 0$ und unter Verwendung von Gl.(81) die Beziehung $F_1\Delta z_1 + F_2\Delta z_2 = 0$, die besagt, dass die aufgewendete Arbeit ($F_1\Delta z_1$) gleich der von der hydraulischen Presse verrichteten Arbeit ($-F_2\Delta z_2$) ist. Diese Aussage ergab sich sinngemäß auch für den Hebel, weshalb man die hydraulische Presse manchmal als "flüssigen Hebel" bezeichnet.

Der Schweredruck inkompressibler Fluide (Flüssigkeiten)

Die **Dichte** (density) ρ eines Stoffes ist als Quotient aus Masse m und Volumen V definiert:

$$\rho = m \,/\, V \,. \tag{82}$$

In Tab.12 sind die Dichten für einige ausgewählte Fluide zusammengestellt. Die Tatsache, dass die Dichte des Wassers mit wachsender Temperatur nicht monoton abnimmt, sondern ein Maximum bei $4\,°C$ besitzt, nennt man die **Anomalie des Wassers** (anomaly of water). Sie ist eine Folge der schon auf S.59 erwähnten Nahordnung der Wassermoleküle. Gemäß der Definitionsgleichung (82) hängt die Dichte inkompressibler Fluide, die wir der Einfachheit halber in diesem Abschnitt *Flüssigkeiten* nennen wollen, nicht vom Druck ab.

Tab.12 Dichten für einige ausgewählte Fluide [LID90]

Fluid	p / MPa	ϑ / °C	ρ / kgm^{-3}
Wasser	0,101325	0 4 20	999,8426 999,9750 998,2063
Quecksilber	0,1	0 20	13595,5 13546,2
Luft	0,101325	0 20	1,2929 1,2047

Bei Wasser mit einer Kompressibilität von $4{,}58 \cdot 10^{-10}$ Pa^{-1} erhöht sich die Dichte um nur ca. 0,05 % pro MPa Druckzunahme.

Eine gerade Flüssigkeitssäule mit dem Querschnitt A und der Höhe $z = h$ besitzt die Masse $\rho A h$. Sie drückt mit der Kraft $\rho A h g$ auf die Grundfläche bei $z = 0$ und übt deshalb dort den **Schweredruck** (gravitational pressure)

$$p_{(0)} = \rho\, g\, h \tag{83}$$

aus. Wegen der freien Verschiebbarkeit wirkt ein Druck in einem Fluid aber gleichmäßig nach allen Seiten. Dies bedeutet, dass auch der durch Gl. (83) gegebene Schweredruck bei $z=0$ nicht nur nach unten auf die Grundfläche, sondern in gleicher Stärke auch nach den Seiten und nach oben wirkt.

Zum experimentellen Nachweis verwendet man am einfachsten ein **Membranmanometer** (membrane manometer). Dieses besteht aus einer evakuierten Dose, die mit einer elastischen Membran verschlossen ist. Je nach der Größe des Drucks, der auf die Membran wirkt, biegt sich diese mehr oder weniger stark durch, so dass die Druckmessung auf eine Längenmessung zurückgeführt wird. Durch Veränderung der Orientierung des Membranmanometers lässt sich dann leicht zeigen, dass der Druck in Fluiden unabhängig von der Richtung ist und im Falle des Schweredrucks nur von der Höhe der darüber befindlichen Flüssigkeitssäule abhängt.

Diese **Allseitigkeit des Drucks** (Pascal's principle) hat zur Folge, dass die Gl.(83) nicht nur für eine gerade Flüssigkeitssäule, sondern auch für beliebige Formen gilt, wobei h den Abstand zur Flüssigkeitsoberfläche bezeichnet (**hydrostatisches Paradoxon**, hydrostatic paradox). Beispiele zeigen die Fig.21a,b und c. Zum Verständnis, dass sich bei Fig.21b der gleiche Schweredruck wie bei 21a ergibt, ersetze man die schräge Wand durch hinreichend kleine Stufen (s.Fig.21b′) und betrachte einzeln die darüber stehenden geraden Flüssigkeitssäulen.

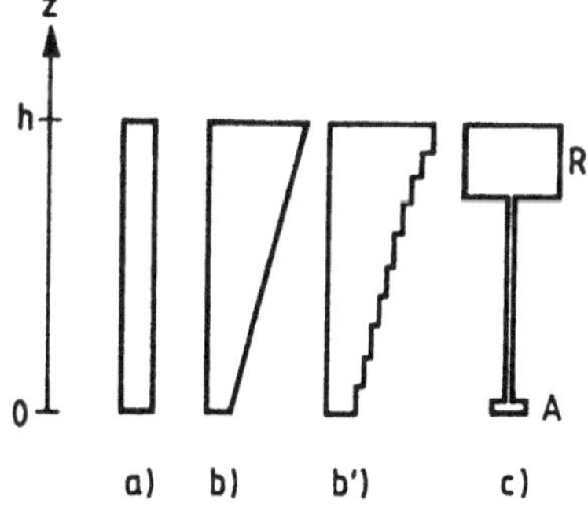

Fig.21 Seitenansicht von Flüssigkeitssäulen mit gleichem Schweredruck:
a) gerade Flüssigkeitssäule.
b) Flüssigkeitssäule, deren Querschnitt nach oben größer wird.
b′) Annäherung von b) durch Stufen mit darüber befindlichen geraden Flüssigkeitssäulen.
c) Prinzip eines Wasserspeichers für Wasserversorgungsanlagen (A=Abnehmer, R=Reservoir)

Für Wasser erhöht sich der Druck pro 10m Tiefe gemäß Gl.(83) um etwa $9{,}8\cdot10^4$Pa, was dem Gewicht von ca.1kg auf 1cm^2 Oberfläche des tauchenden Körpers entspricht. Die größte Meerestiefe

(Mariannengraben östlich der Philippinen) beträgt 11034m. Das Tauchboot *Trieste I*, mit dem diese Tiefe erreicht wurde, musste also einen Druck aushalten, der dem Gewicht von 1,1 Tonnen auf 1cm^2 entspricht.

Verbindet man zwei Röhren, die mit Flüssigkeiten der Dichten ρ_1 und ρ_2 gefüllt sind, durch einen Schlauch (sog. **kommunizierende Röhren**, communicating vessels), dessen tiefste Stelle bei $z=0$ liege, so muss im Gleichgewicht gelten

$$\rho_1 \, g \, h_1 = \rho_2 \, g \, h_2 \, , \tag{84}$$

wobei h_1 und h_2 die Flüssigkeitshöhen bezogen auf $z=0$ darstellen. Diese Beziehung kann man verwenden, um Flüssigkeitsdichten durch Vergleich mit einem Normal (z.B. Wasser) zu bestimmen. Eine andere Anwendung findet Gl.(84) für den Fall $\rho_1=\rho_2$ bei der **Schlauchwaage**, mit deren Hilfe man überprüfen kann, ob räumlich entfernte Punkte die gleiche Höhe besitzen.

Eine unmittelbare Folge des Schweredrucks ist der **Auftrieb** (buoyant force). Wir betrachten einen prismatischen Körper mit dem Querschnitt A_K, der Länge ℓ_K und der Dichte ρ_K, der vollständig in eine Flüssigkeit der Dichte ρ_F eintaucht (s.Fig.22). Für die Kraft, die von oben auf den Körper wirkt, gilt $p_1 A_K = \rho_F g h_1 A_K$ und für die Kraft von unten $p_2 A_K = \rho_F g h_2 A_K$. Die seitlichen Kräfte heben sich auf, so dass eine Gesamtkraft übrig bleibt, die nach oben gerichtet ist: $F_{zA} = \rho_F g h_2 A_K - \rho_F g h_1 A_K$. Mit $h_2 - h_1 = \ell_K$ und dem Volumen $V_K = A_K \ell_K$ des prismatischen Körpers folgt also

$$F_{zA} = \rho_F \, V_K \, g \, . \tag{85}$$

Aus dieser Beziehung ersieht man, dass der Auftrieb F_{zA} dem Betrag nach gleich

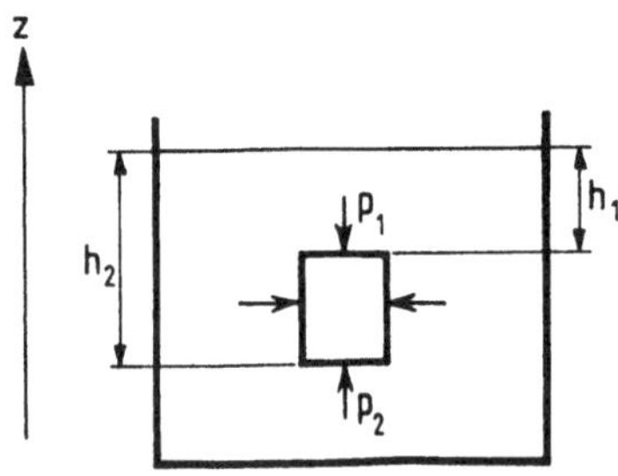

Fig.22 Zum Auftrieb eines prismatischen Körpers (Grundfläche A_K, Höhe $\ell_K = h_2 - h_1$), der vollständig in eine Flüssigkeit eintaucht

dem Gewicht der verdrängten Flüssigkeitsmenge ist. Gl.(85) gilt auch für beliebig geformte starre Körper, da man diese in lauter einzelne Prismen zerlegen kann. Für das scheinbare Gewicht des Körpers in der Flüssigkeit ergibt sich

$$F_{zs} = -\rho_K \, V_K \, g + \rho_F \, V_K \, g \; , \qquad (86)$$

was bedeutet, dass das tatsächliche Gewicht des Körpers um das Gewicht der von ihm verdrängten Flüssigkeitsmenge verringert wird. Für $F_{zs}<0$ sinkt der Körper, für $F_{zs}=0$ schwebt er in der Flüssigkeit und für $F_{zs}>0$ steigt er nach oben und taucht schließlich soweit aus der Flüssigkeit auf, bis das Gewicht der dann von ihm verdrängten Flüssigkeitsmenge gleich seinem (tatsächlichen) Gewicht ist. Man nennt dies **Schwimmen** (floating).

Der Schweredruck idealer Gase

Ideale Gase sind dadurch definiert, dass sie der allgemeinen Gasgleichung (s.S.106)

$$p \, V = n \, R \, T \qquad (87)$$

genügen. Hierbei bezeichnet p den Druck (in Pa), V das Volumen (in m^3), n die Anzahl der Mole im Volumen V und R die allgemeine Gaskonstante [LID90]

$$R = 8{,}314510(70) \; \frac{\mathrm{Nm}}{\mathrm{mol \; K}} \; , \qquad (88)$$

die zu den Naturkonstanten gehört. T stellt die **absolute Temperatur** (absolute temperature) dar, die in **Kelvin** (K) gemessen wird (Lord Kelvin = William Thomson 1824-1907). Sie ist durch die Festlegung definiert, dass beim Tripelpunkt des Wassers (s.S.162) die Temperatur

$$T_t = 273{,}16 \; \mathrm{K} \qquad (89)$$

beträgt. Der Zusammenhang mit der Temperatur ϑ in **Grad Celsius** (degree centigrade, °C, Anders Celsius 1701-1744) wird durch die Beziehung

$$\vartheta/°\mathrm{C} = T/\mathrm{K} \; - \; 273{,}15 \qquad (90)$$

gegeben, d.h. der **Tripelpunkt** (triple point) des Wassers liegt bei $+0{,}01\,°\mathrm{C}$.

Die absolute Temperatur kann durch den Druck eines idealen Gases bei festgehaltener Menge (n) und konstantem Volumen (V) gemessen werden, denn aus Gl.(87) folgt $T=T_t p/p_t$, wenn p den Druck dieses Gases bei der zu messenden Temperatur T und p_t den Druck beim Tripelpunkt des Wassers bezeichnet (**Gasthermometer**, constant-volume gas thermometer).

Die uns umgebende **Luft** (air) stellt in guter Näherung ein ideales Gas dar. Sie ist ein Gasgemisch, das im Wesentlichen aus ca. 78 Volumenprozent (abgekürzt mit Vol%) Stickstoff (N_2), ca. 21 Vol% Sauerstoff (O_2) und ca. 1 Vol% Argon (Ar) besteht. Für die **scheinbare Molmasse** (apparent molecular weight) M der Luft ergibt sich also $(0,78{\cdot}28+0,21{\cdot}32+0,01{\cdot}40){\cdot}10^{-3}\text{kg/mol}=28,96{\cdot}10^{-3}\text{kg/mol}$. Damit lässt sich die Dichte der Luft einfach berechnen: Wenn man in der Definitionsgleichung $\rho=nM/V$ den Quotienten n/V mit Hilfe der allgemeinen Gasgleichung durch p/RT ersetzt, folgt

$$\rho = \frac{p\,M}{R\,T}\,.\tag{91}$$

Bei **Normalbedingungen** (standard conditions), die *durch $T_N=273,15\text{K}$ und $p_N=0,101325\text{MPa}$ definiert* sind, sollte die Luft demnach eine Dichte von ca. 1,29 kg/m^3 besitzen, was gut mit dem experimentellen Wert (s.Tab.12, S.62) übereinstimmt. Zur Ableitung des Schweredrucks der Luft betrachten wir eine Schicht der Dicke Δz in der Höhe z (s.Fig.23). Für hinreichend kleines Δz kann die Dichte als

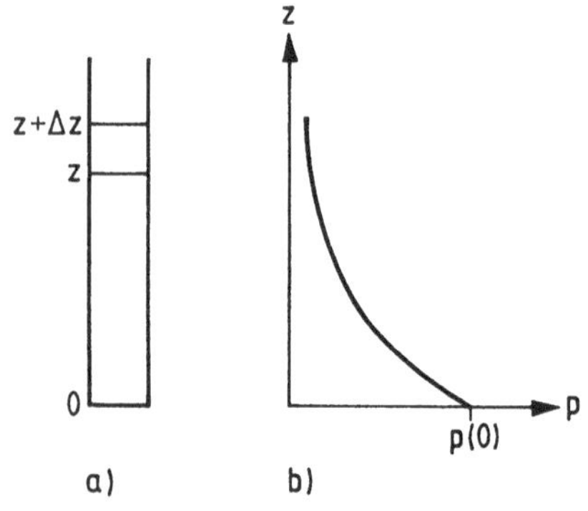

Fig.23 a) Zur Ableitung des Schweredrucks der Luft.
b) Die Abhängigkeit des Schweredrucks der Luft von der Höhe z. Die Größe $p(0)$ bezeichnet den Luftdruck an der Erdoberfläche

konstant angenommen werden und es gilt $p(z)-p(z+\Delta z)=\rho(z)g\Delta z$ oder $-\Delta p=\rho(z)g\Delta z$. Unter Verwendung der Gl.(91) erhält man dann nach einer einfachen

Integration die **barometrische Höhenformel** (barometric height formula)

$$p(z) = p(0) \exp\left(-\frac{z}{z_e}\right), \tag{92}$$

wobei

$$z_e = \frac{R\,T}{M\,g} \tag{93}$$

die Höhendifferenz bezeichnet, längs der sich der Druck um den Faktor $1/e \approx 0{,}37$ verringert.

Aus $-\Delta p = \rho_{(z)} g \Delta z$ ergibt sich unter Verwendung von Gl.(91) und nach Übergang zu differentiellen Größen $-dp/p = Mg(RT)^{-1}dz$. Die Integration dieser Gleichung zwischen den Grenzen $z=0$, d.h. $p=p_{(0)}$ und $z=z$, d.h. $p=p_{(z)}$, ergibt $-\ln(p_{(z)}/p_{(0)}) = (Mg/RT)z$. Beide Seiten zur e-ten Potenz erhoben liefert dann die gesuchte Gl.(92) mit Gl.(93).

Für $T=273K$ ergibt sich z_e zu ca. 8000m. Die Genauigkeit von Membranmanometern (s.S.63) reicht aus, um noch Höhenunterschiede von wenigen Metern zu messen (mechanische Höhenmesser).

4.2 Oberflächen- und Grenzflächenspannung

Oberflächenspannung

Bei hinreichend kleinen intermolekularen Abständen, wie sie beispielsweise in Flüssigkeiten auftreten, üben benachbarte Moleküle bzw. Atome aufeinander Kräfte aus, die verschiedene Ursachen haben können und die man pauschal unter dem Begriff **Kohäsion** (cohesion) zusammenfasst. Die Wirkungslänge dieser Kräfte liegt in der Größenordnung von nm. Während sich im Inneren einer isotropen Flüssigkeit die Kohäsionskräfte wechselseitig aufheben, gilt dies nicht mehr für Moleküle an der Oberfläche. Diese erfahren, wegen des Fehlens der nach außen gerichteten Anziehungskräfte, eine nach dem Flüssigkeitsinneren gerichtete resultierende Kraft. Deshalb muss Arbeit aufgewendet werden, um ein Molekül vom Inneren an die Oberfläche einer Flüssigkeit zu bringen. Man definiert die **spezifische Oberflächenenergie** (specific surface energy) σ als diejenige Energie, die nötig ist, um eine Oberfläche um $1\,\mathrm{m}^2$ zu vergrößern, d.h. es gilt

$$\sigma = \frac{dE}{dA}\;. \tag{94}$$

Die Einheit von σ ist $1\,\mathrm{J/m}^2$ oder $1\,\mathrm{N/m}$. Da man in der Mechanik eine *Kraft pro Länge* als *Spannung* bezeichnet, nennt man die spezifische Oberflächenenergie auch oft **Oberflächenspannung** (surface tension).
Die Oberflächenspannung lässt sich z.B. mit der **Lamellenmethode** (lamella method, s.Fig.24) messen. Die Flüssigkeitslamelle zwischen dem raumfesten Rahmen und dem beweglichen Bügel der Länge ℓ sucht ihre Oberfläche zu verkleinern, weshalb man den Bügel mit einer Masse m belasten muss, um ihn im Gleichgewicht zu halten. Zur Aufstellung der Gleichgewichtsbedingung verwenden wir das **Prinzip der virtuellen Verrückungen** oder **Prinzip der virtuellen Arbeit** (virtual work principle). Dies ist weiter nichts als der Energiesatz angewandt auf gedachte,

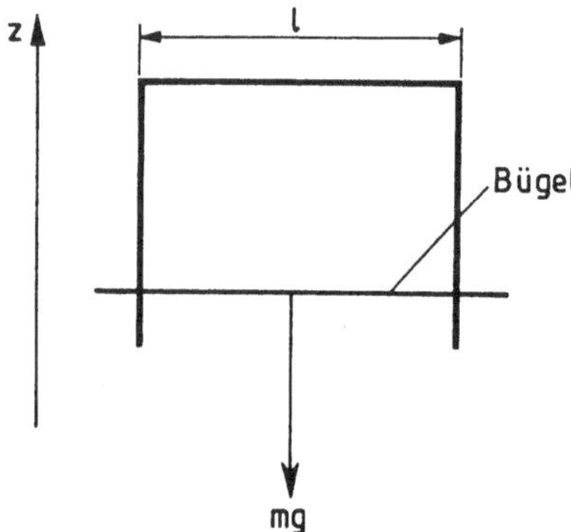

Fig.24 Messung von Oberflächenspannungen mit der Lamellenmethode. Die Masse m wird so gewählt, dass sich der bewegliche Bügel (Länge ℓ) im Gleichgewicht befindet

d.h. virtuelle Verrückungen. Bei der Anordnung von Fig.24 bewegen wir den Bügel um die Strecke δz nach oben. Damit verringert sich die Oberflächenenergie um den Betrag $2\sigma\ell\delta z$, da die Lamelle je eine Oberfläche auf der Vorder- und der Rückseite besitzt. Mit dieser Verschiebung erhöht sich aber auch die potentielle Energie der Masse m um $mg\delta z$. Durch Gleichsetzen dieser beiden Ausdrücke (Energiesatz) folgt dann

$$\sigma = \frac{m\,g}{2\,\ell}\,. \tag{95}$$

Ohne die Einwirkung der Schwerkraft nimmt eine Flüssigkeit Kugelgestalt an, da die Kugel derjenige geometrische Körper ist, der die kleinste Oberfläche bei vorgegebenem Volumen besitzt. Infolge der Oberflächenspannung herrscht in einer Kugel ein Überdruck p_K gegenüber dem Außenraum, der **Kohäsionsdruck** (cohesion pressure) genannt wird. Zur Berechnung von p_K verwenden wir wieder das Prinzip der virtuellen Verrückungen. Eine Vergrößerung des Kugelradius r um δr führt zu einer Vergrößerung der Oberflächenenergie um $4\pi(r+\delta r)^2\sigma - 4\pi r^2\sigma \approx 8\pi\sigma r\delta r$, wofür die Arbeit $F\delta r$ mit $F=p_K 4\pi r^2$ aufzuwenden ist. Gleichsetzen dieser beiden Ausdrücke liefert die Beziehung

$$p_K = \frac{2\sigma}{r}\,, \tag{96}$$

die auch zur Messung von σ verwendet werden kann. Für den Druck im Inneren einer **Seifenblase** (soap bubble) muss die rechte Seite von Gl.(96) noch mit dem Faktor 2 multipliziert werden, da die Oberfläche (Außen- und Innenseite) doppelt so groß ist. Die Abhängigkeit von $1/r$ bedeutet, dass sich der Innendruck von Seifenblasen im Gegensatz zu dem von Gummibällen mit dem Aufblasen *verringert*. In Tab.13 sind Oberflächenspannungen für einige Flüssigkeiten zusammengestellt.

Tab.13 Oberflächenspannung σ für einige ausgewählte Flüssigkeiten [LID90]

Flüssigkeit	$\vartheta\,/\,^\circ C$	$\sigma/\,Nm^{-1}$	gemessen gegen
Quecksilber	20	0,485(1)	Vakuum
Wasser rein	0 20	0,07564 0,07275	Luft Luft
Wasser mit 15m% NaCl mit 0,94m% Phenol	 20 20	 0,07765 0,06110	 Luft Luft
Benzol	20	0,02885	Luft

Die ausgewählten Beispiele bestätigen die beiden allgemeinen Aussagen, wonach sich σ mit wachsender Temperatur verringert, während gelöste Stoffe sowohl zu einer Vergrößerung als auch zu einer Verkleinerung von σ führen können.

Grenzflächenspannung

Die **Grenzflächenspannung** (interfacial tension) σ_{ik} stellt eine Verallgemeinerung der Oberflächenspannung σ dar, da sie sich auf die Grenzfläche zwischen zwei beliebigen Stoffen i und k bezieht. Während zwischen Teilchen gleicher Sorte die auf S.67 eingeführte Kohäsion wirkt, beschreibt die **Adhäsion** (adhesion) die Wechselwirkung zwischen den Teilchen der Sorte i und k. Die Oberflächenspannung kann man also auch als Grenzflächenspannung zwischen der betreffenden Flüssigkeit und dem Vakuum bezeichnen. Bei den folgenden Beispielen vernachlässigen wir generell die Schwerkraft. Zuerst betrachten wir die Grenze **Flüssigkeit/Flüssigkeit**, und zwar einen Tropfen einer Flüssigkeit (1), der auf einer anderen Flüssigkeit (2) schwimmt und über denen sich als dritter Stoff Luft (Index 0) befinden soll. In Fig.25 sind die drei Grenzflächenspannungen, d.h. die Kräfte pro Länge der Grenzlinie (analog zu der Kraft, die in Fig.24, S.68 an dem beweglichen Bügel nach oben angreift) dargestellt.

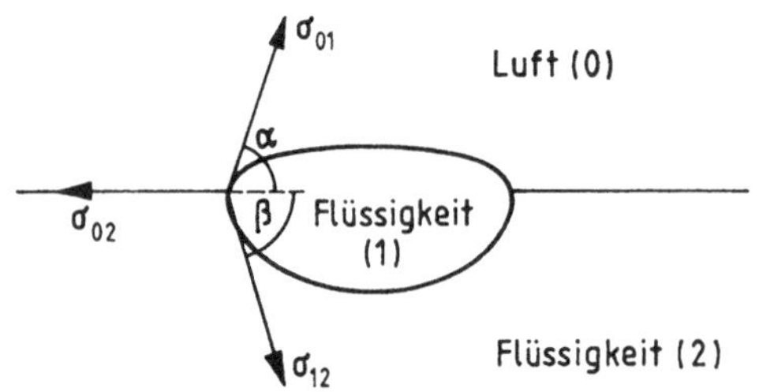

Fig.25 Ein Tropfen der Flüssigkeit (1) schwimmt auf einer anderen Flüssigkeit (2). Darüber befindet sich Luft (Index 0)

Unter der Annahme σ_{01}, σ_{02}, $\sigma_{12} > 0$ folgen die beiden Gleichgewichtsbedingungen

$$\sigma_{02} = \sigma_{01} \cos\alpha + \sigma_{12} \cos\beta \tag{97}$$

und

$$\sigma_{01} \sin\alpha = \sigma_{12} \sin\beta , \tag{98}$$

aus denen man die **Randwinkel** (boundary angles) α und β berechnen kann, sofern σ_{02} kleiner ist als die Summe $\sigma_{01}+\sigma_{12}$. Anderenfalls ist diese Stoffverteilung (Beispiel: Fettaugen auf einer Bouillon) nicht möglich, der Tropfen wird auseinan-

der gerissen und die Flüssigkeit 1 verteilt sich gleichmäßig bis herab zu einer monomolekularen Schicht auf der Oberfläche der Flüssigkeit 2 (Beispiel: Ein Tropfen Mineralöl auf regennasser Fahrbahn).
Die Verhältnisse an einer Grenze **Flüssigkeit/Festkörper** sind in Fig.26 dargestellt. Die Flüssigkeit (ℓ) steht im Kontakt mit einer festen Wand (s). Über beiden befinde sich Luft (0). Fig.26 zeigt die drei Grenzflächenspannungen analog zu Fig.25. Die Gleichgewichtsbedingung lautet

$$\sigma_{os} = \sigma_{s\ell} + \sigma_{o\ell} \cos\gamma \, , \tag{99}$$

wobei man γ als **Randwinkel** oder **Kontaktwinkel** (contact angle) bezeichnet. Wir nehmen wieder an, dass σ_{os} , $\sigma_{s\ell}$ und $\sigma_{o\ell}$ größer als null sind. Dann können wir neben dem in Fig.26 gezeigten Fall noch die folgenden drei Spezialfälle unterscheiden: (1) $\sigma_{os} > \sigma_{s\ell} + \sigma_{o\ell}$, d.h. es bildet sich kein Randwinkel aus, die Flüssigkeit benetzt die gesamte Wand. (2) $\sigma_{os} = \sigma_{s\ell}$, d.h. $\gamma = \pi/2$. (3) $\sigma_{os} < \sigma_{s\ell}$, d.h. $\gamma > \pi/2$. Ein Beispiel für den 3.Fall ist Quecksilber/Glas, wo sich $\gamma = 138°$ ergibt.

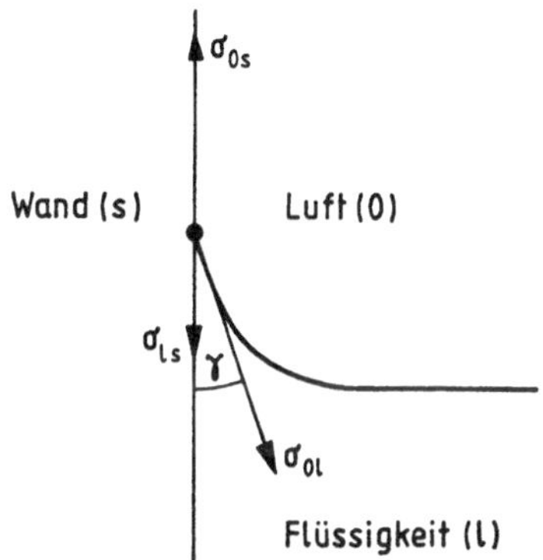

Fig.26 Eine Flüssigkeit (Index ℓ) wird von einer festen Wand (Index s) begrenzt. Über beiden befindet sich Luft (Index 0)

In dünnen Röhrchen steigt für $\gamma < \pi/2$ die Flüssigkeit bis zu einer gewissen Höhe an, während sie für $\gamma > \pi/2$ absinkt. Diese Erscheinung wird als **Kapillarität** (capillarity) bezeichnet. Für eine vollständig benetzende Flüssigkeit in einer Kapillare mit dem Radius r ergibt sich die Steighöhe z aus folgender Überlegung: Eine virtuelle Verrückung um δz verringert die Oberflächenenergie um $2\pi r\sigma\delta z$ und erhöht die potentielle Energie der Flüssigkeitssäule um $\rho\pi r^2 zg\delta z$, wobei ρ die Dichte der Flüssigkeit darstellt. Gleichsetzen der beiden Ausdrücke liefert für die

Steighöhe

$$z = \frac{2\,\sigma}{r\,g\,\rho}\,.\tag{100}$$

Bei nicht vollständiger Benetzung ist die rechte Seite noch mit dem Kosinus des Randwinkels γ zu multiplizieren und man sieht, dass für $\gamma > \pi/2$ die Steighöhe negativ wird (**Kapillardepression**, depression).

Zur Ableitung wird der **Meniskus** (meniscus), d.h. die Oberfläche der Flüssigkeit in der Kapillare, durch eine Kugelfläche mit dem Radius $r\,'$ angenähert, so dass $r\,'\cos\gamma = r$ gilt. Der Kohäsionsdruck ergibt sich nach Gl.(96), S.69, zu $p_K = -2\sigma/r\,'$, wobei das Minuszeichen aus der negativen Krümmung der Flüssigkeitsoberfläche resultiert. Mit $\rho g z = -p_K$ folgt dann schließlich $z = (2\sigma\cos\gamma)/(rg\rho)$.

4.3   Strömungen

Wir beginnen mit einigen Definitionen: Die **Hydrodynamik** (hydrodynamics) befasst sich im Gegensatz zur **Aerodynamik** (aerodynamics) mit Strömungen *inkompressibler* Fluide (incompressible fluids). Dazu gehören in erster Näherung alle Flüssigkeiten sowie die Gase bei Geschwindigkeiten unterhalb ca. 1/3 der Schallgeschwindigkeit. Das **Geschwindigkeitsfeld** (velocity field) einer Strömung erhält man durch Einteilung des Gebietes in hinreichend kleine Volumenelemente und Einzeichnen der zugehörigen Geschwindigkeitsvektoren. Eine Momentaufnahme aller dieser Vektoren gibt dann das Geschwindigkeitsfeld der Strömung zu dem betreffenden Zeitpunkt. Bei einer **stationären Strömung** (steady flow) ist das Geschwindigkeitsfeld zeitunabhängig. Eine **instationäre Strömung** (non-steady flow) erhält man z.B. durch Auf- und Zudrehen des Hahnes, mit dem die Stromversorgung geregelt wird. Setzt man die Vektorpfeile eines Geschwindigkeitsfeldes zu Kurven zusammen, deren Tangentenrichtung an jedem Ort mit der Pfeilrichtung zusammenfällt, so erhält man das **Stromlinienfeld** (streamlines). Bei stationären Strömungen, und nur bei diesen, bewegen sich die Teilchen entlang der Stromlinien, d.h. die Stromlinien sind zugleich die **Bahnlinien** (trajectories). Eine geschlossene Stromlinie bezeichnet man als **Wirbel** (vortex). Im Folgenden werden drei Typen von Strömungen behandelt, und zwar: (1) **Ideale Strömungen** (ideal incompressible flows), das sind Strömungen inkompressibler reibungsfreier Flüssigkeiten. In ihnen entstehen keine Wirbel und künstlich erzeugte Wirbel bleiben erhalten. (2) **Laminare Strömungen** (laminar flows). Bei diesen ist die Reibungsenergie groß gegen die kinetische Energie (Trägheit) des Fluids. Auftretende Wirbel ändern im Laufe der Zeit nicht ihre Lage. (3) **Turbulente Strömungen** (turbulent flows). Hier überwiegt die Trägheit die Reibung, es treten regellose, d.h. zeitabhängige Wirbel auf, weshalb sie zu den instationären Strömungen gehören.

Für inkompressible Fluide, die wir auch in diesem Abschnitt der Einfachheit halber als Flüssigkeiten bezeichnen, gilt die **Kontinuitätsgleichung** (equation of continuity). Um sie abzuleiten, führen wir die **Massenstromdichte** (mass flux density) $\vec{j}_m$ einer Strömung ein: Eine Flüssigkeit der Dichte ρ besitze die Strömgeschwindigkeit $\vec{v}$. Dann tritt durch ein ebenes Flächenelement $ds_\perp$, das senkrecht zu $\vec{v}$ stehen soll, im Zeitintervall dt die Masse $dm=\rho v ds_\perp dt$ hindurch, so dass sich für den Quotienten $dm/(ds_\perp dt)$ das Produkt ρv ergibt. Deshalb bezeichnet man den Vektor $\rho\vec{v}$ als Massenstromdichte

$$\vec{j}_m = \rho\vec{v}\,. \tag{101}$$

Definiert man den **Vektor des Oberflächenelementes** (vector of the element of the surface area) $d\vec{s}$ dadurch, dass sein Betrag gleich dem Flächenelement ds ist und dass seine Richtung senkrecht auf dem Flächenelement steht und nach außen zeigt, so ergibt sich für die sekundlich durch ds hindurchtretende Masse $dm/dt=\rho v ds_\perp$. Wegen $ds_\perp = |d\vec{s}|\cos\vartheta$, mit ϑ als dem Winkel zwischen $d\vec{s}$ und $\vec{v}$, folgt

$$\frac{dm}{dt} = \vec{j}_m\cdot d\vec{s}\,. \tag{102}$$

Die aus einem Raumgebiet insgesamt sekundlich austretende Masse ergibt sich durch Integration von Gl.(102) über die Fläche, die das Raumgebiet umschließt, zu

$$\frac{dm}{dt} = \oint \vec{j}_m\cdot d\vec{s}\,. \tag{103}$$

Wenn die Gesamtmasse im Raumgebiet erhalten bleibt, d.h. wenn $dm/dt=0$ gilt, so folgt aus Gl.(103) die gesuchte Kontinuitätsgleichung

$$\oint \vec{j}_m\cdot d\vec{s} = 0\,. \tag{104}$$

Als Beispiel betrachten wir die Strömung durch ein Rohr mit veränderlichem Querschnitt (s.Fig.27, S.74). Die geschlossene Fläche für die Anwendung von Gl.(104) ist in Fig.27 durch die unterbrochene Linie dargestellt. Damit ergibt sich aus Gl.(104) $\rho v_1\pi r_1^2\cos\pi+\rho v_2\pi r_2^2\cos 0=0$ oder, wegen $\cos\pi=-\cos 0$,

$$\frac{v_1}{v_2} = \frac{r_2^2}{r_1^2}\,, \tag{105}$$

d.h. je enger das Rohr ist, desto größer wird die Strömgeschwindigkeit.

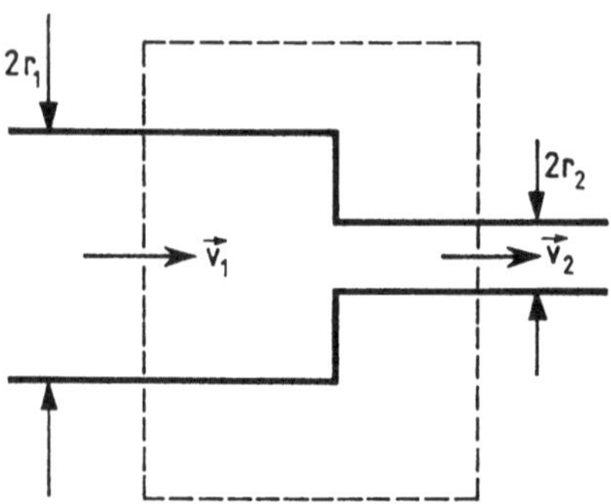

Fig.27 Zur Anwendung der Kontinuitätsgleichung auf die Strömung durch ein Rohr mit veränderlichem Querschnitt

Strömungen reibungsfreier Fluide

Wir betrachten eine inkompressible reibungsfreie Flüssigkeit, die durch ein Rohr mit veränderlichem Querschnitt fließt (s.Fig.28).

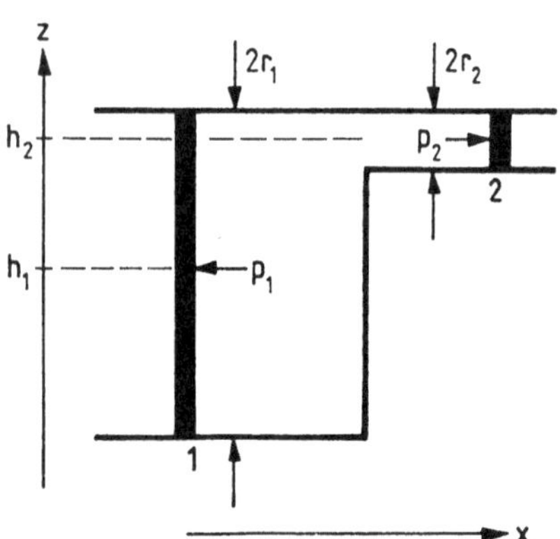

Fig.28 Zur Ableitung der Bernoulli'schen Gleichung

Zur Zeit $t=0$ sollen sich die Kolben an den mit 1 und 2 gekennzeichneten Stellen befinden. Nach der Zeit $t=\Delta t$ sei der Kolben 1 um Δx_1 und der Kolben 2 um Δx_2 nach rechts verschoben. Damit ist vom Fluid in der Zeit Δt verrichtete Arbeit $\Delta W=$

$-p_1\pi r_1^2\Delta x_1+p_2\pi r_2^2\Delta x_2$. Die Differenz der kinetischen Energie zwischen $t=\Delta t$ und $t=0$ beträgt $\Delta E_{\text{kin}}=\rho(\pi r_2^2\Delta x_2)v_2^2/2-\rho(\pi r_1^2\Delta x_1)v_1^2/2$ und die der potentiellen Energie, wenn sich der Schwerpunkt der Strömung bei 1 in der Höhe $z=h_1$ und bei 2 in der Höhe $z=h_2$ befindet, $\Delta E_{\text{pot}}=\rho(\pi r_2^2\Delta x_2)gh_2-\rho(\pi r_1^2\Delta x_1)gh_1$. Wegen des Energiesatzes und der vorausgesetzten Inkompressibilität ergibt sich die **Bernoulli'sche Gleichung** (Bernoulli's equation, Daniel Bernoulli 1700-1782)

$$p + \rho v^2/2 + \rho gh = \text{const} \quad . \tag{106}$$

Wegen der Inkompressibilität gilt $\pi r_1^2\Delta x_1=\pi r_2^2\Delta x_2=\kappa$, so dass $\Delta W=\kappa(p_2-p_1)$, $\Delta E_{\text{kin}}=\rho\kappa(v_2^2-v_1^2)/2$ und $\Delta E_{\text{pot}}=\rho g\kappa(h_2-h_1)$ folgt. Einsetzen dieser Ausdrücke in den Energiesatz $\Delta W=-(\Delta E_{\text{kin}}+\Delta E_{\text{pot}})$ liefert $p_2-p_1=-\rho v_2^2/2+\rho v_1^2/2-\rho gh_2+\rho gh_1$ oder Gl.(106).

Man bezeichnet p als **statischen Druck** (static pressure) und $\rho v^2/2$ als **Staudruck**. (dynamic pressure). ρgh ist der schon auf S.62/63 eingeführte **Schweredruck**. Die Summe aus allen drei Drücken nennt man **Gesamtdruck**, so dass die Bernoulli'sche Gleichung in Worten lautet: *Der Gesamtdruck ist bei einem inkompressiblen reibunsfreien Fluid konstant.* Strömgeschwindigkeiten und damit auch Geschwindigkeiten von (im Vergleich zur Schallgeschwindigkeit) langsam fliegenden Flugzeugen gegenüber der Luft lassen sich mit dem **Prandtl'schen Staurohr** (pitot tube, Ludwig Prandtl 1875-1953) messen, das schematisch in Fig.29 dargestellt ist. Für den Druck an der Öffnung 2 gilt $p+\rho v^2/2$, während an der Öffnung 1 nur der statische Druck p auftritt, so dass sich aus der Differenz dieser beiden Drücke und der Dichte ρ des Fluids unmittelbar v ergibt.

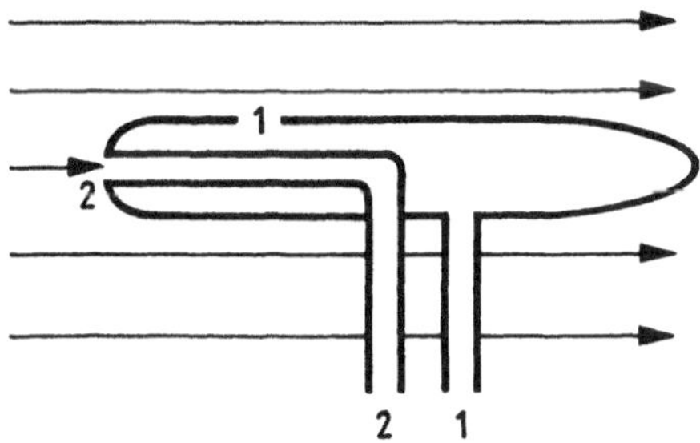

Fig.29 Prandtl'sches Staurohr zur Messung von Strömgeschwindigkeiten aus der Druckdifferenz zwischen 1 und 2

Die Tatsache, dass mit wachsender Strömgeschwindigkeit der statische Druck kleiner wird (s.Gl.(106) mit konstantem h) erklärt u.a. die Wirkung von Zerstäubern (Unterdruck an der Oberkante des senkrecht stehenden Röhrchens in Fig.30a, S.76), den Auftrieb von Flugzeugen (Unterdruck an der Oberkante des Tragflügels, s.Fig.30b, S.76) und das **aerodynamische Paradoxon** (aerodynamic paradox), wonach eine angeblasene Platte (s.Fig.30c) nicht abgestoßen, sondern sogar angezogen wird. Wenn sich die Strömgeschwindigkeit des Fluids dem kritischen Wert $v_k = (2p_0/\rho)^{1/2}$ nähert, wobei p_0 den statischen Druck für $v=0$ darstellt,

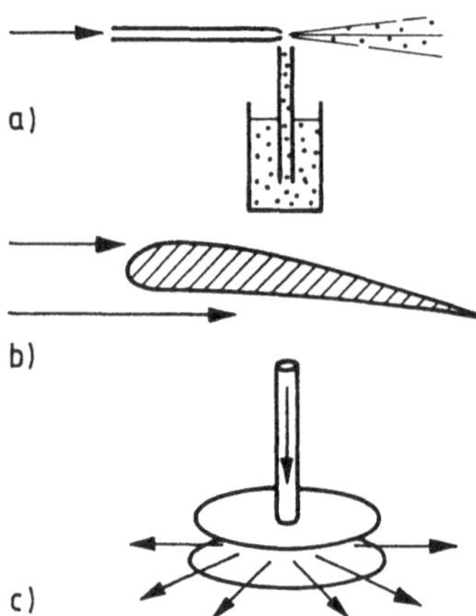

Fig.30 Erkärung verschiedener Effekte durch die Bernoullische Gleichung: a) Zerstäuber, b) Auftrieb beim Flugzeug, c) aerodynamisches Paradoxon

geht der statische Druck gemäß Gl.(106) nach null. Im Wasser mit $p_0 = 10^5$Pa und $\rho = 10^3$kg/m^3 beträgt diese kritische Geschwindigkeit nur ca. 14m/s. Sie wird deshalb bei Schiffsschrauben und Flüssigkeitspumpen leicht überschritten. Mit der Abnahme des statischen Drucks bilden sich aber im Wasser Gasblasen (**Kavitation,** cavitation), die in den Gebieten, wo die Strömung wieder langsamer wird, implosionsartig zusammenbrechen. Dabei entstehen kurzzeitig Drücke bis zu einigen tausend Pa, die zu Materialzerstörungen führen können.
Das **Ausströmen** (effusion) eines Gases unter der Einwirkung eines konstanten Kolbendruckes (s.Fig.31, S.77) lässt sich leicht mit Hilfe der Bernoulli'schen Gleichung berechnen. Es ergibt sich für die Ausströmgeschwindigkeit

$$v = \sqrt{\frac{2F}{\pi r_1^2 \rho}} \, . \tag{107}$$

Unter der Voraussetzung $r_1 \gg r_2$ gilt $v_1 \approx 0$, so dass sich mit $h_1 = h_2$; $p_1 = F/(\pi r_1^2) + p_{Lu}$; $p_2 = p_{Lu}$ und $v_2 = v$ aus Gl.(106) die Beziehung $F/(\pi r_1^2) + p_{Lu} = p_{Lu} + \rho v^2/2$ ergibt. Die Auflösung dieser Beziehung nach v liefert Gl.(107).

Diese Beziehung kann zur Bestimmung der Dichte ρ und damit auch der Molmasse M von idealen Gasen (s.Gl.(91), S.66) verwendet werden: **Effusiometer** nach Robert Bunsen (1811-1899).

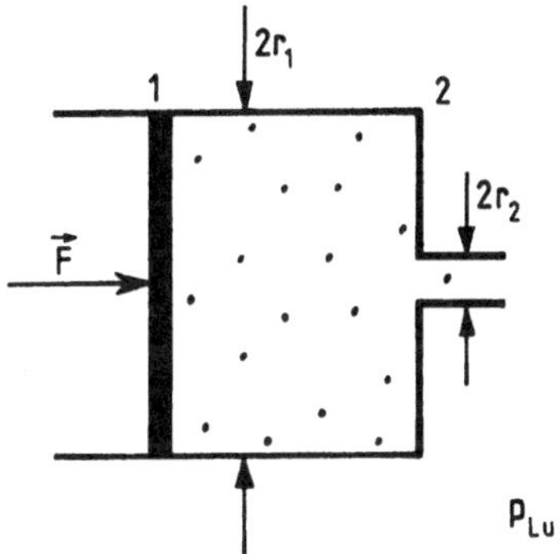

Fig.31 Ausströmen eines Gases unter der Einwirkung eines konstanten Überdrucks $F/(\pi r_1^2)$ gegenüber dem Luftdruck p_{Lu}

Strömungen realer Fluide

Bei der Strömung realer Fluide spielt die Reibung eine Rolle. Die innere Reibung eines Fluids wird quantitativ durch seine **Viskosität** (viscosity) beschrieben. Um diese zu definieren, führen wir das in Fig.32 dargestellte Experiment durch: Über einer ebenen Wand befinde sich ein Fluid mit der Schichtdicke Δz und auf diesem eine ebene Platte, deren Fläche auf der Fluidseite A sei. Wenn diese Platte mit der konstanten Geschwindigkeit Δv_x parallel zur Wand bewegt wird, tritt an ihr eine Reibungskraft F_x auf, die im Grenzfall sehr kleiner Δz proportional zu $-A\Delta v_x/\Delta z$ ist. Es ergibt sich also die Beziehung

$$F_x = -\eta A \frac{dv_x}{dz}, \tag{108}$$

wobei η zunächst nur einen Proportionalitätsfaktor bezeichnet. Unter der Voraus-

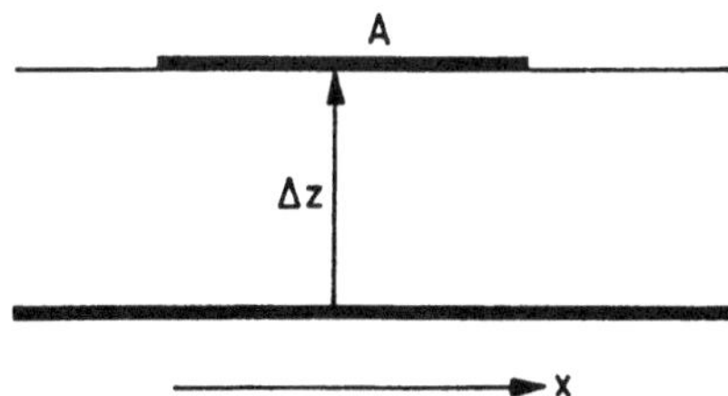

Fig.32 Zur Definition der Viskosität

setzung, dass das Fluid die Fläche A und die Wand vollständig benetzt, hängt η nur von der Art des Fluids ab und man nennt diese Größe dann die Viskosität des Fluids. Die Einheit von η folgt aus Gl.(108) zu $1Nm^{-2}s = 1Pas$. Eine veraltete Einheit der Viskosität ist das **Poise** (Jean-Louis-Marie Poiseuille 1799-1869), für das $1Poise = 0,1Pas$ (exakt) gilt. Den Quotienten aus Viskosität und Dichte (η/ρ) bezeichnet man als **kinematische Zähigkeit** (kinematic viscosity) des Fluids.

Die vorausgesetzte vollständige Benetzung bedeutet, dass an den Oberflächen eine Schicht des Fluids fest haften muss (**Grenzschicht**, boundary layer). Die Dicke δz dieser Grenzschicht lässt sich folgendermaßen abschätzen: Wir verschieben in einem ruhenden Fluid eine ebene Fläche A parallel zu sich um die Strecke ℓ mit der Geschwindigkeit v_x, wobei ℓ die Ausdehnung der Platte in dieser Richtung sein soll. Dafür müssen wir gemäß Gl.(108) und unter Beachtung der Tatsache, dass je eine Grenzschicht auf beiden Seiten der Platte existiert, die Arbeit $\Delta W \approx 2\eta A(v_x/\delta z)\ell$ verrichten. Andererseits wird bei dieser Verschiebung der Fluidmasse $2\rho A\delta z$ die Geschwindigkeit v_x erteilt. Der Energiesatz $\Delta W = (2\rho A\delta z)v_x^2/2$ liefert dann für die Dicke der Grenzschicht die Abschätzung $\delta z \approx [2\eta\,\ell/(\rho v_x]^{1/2}$.

In Tab.14 sind Viskositäten für einige ausgewählte Fluide aufgelistet. Man erkennt, dass bei Flüssigkeiten die Viskosität mit wachsender Temperatur abnimmt, während für Gase das Gegenteil der Fall ist. Als Beispiel für eine Anwendung der Gl.(108) wollen wir die **laminare Strömung in einem Rohr** (laminar flow through a pipe) behandeln. Das Rohr erstrecke sich in x-Richtung und besitze den Radius r_0 (s.Fig.33, S.79). Die Schwerkraft soll unberücksichtigt bleiben. Der statische Druck an der Stelle x sei p und $p+\Delta p$ an der Stelle $x+\Delta x$.

Tab.14 Viskositäten einiger ausgewählter Fluide [LID90]

Fluid	ϑ / °C	η / Pa s
Glycerin	0	12110
	20	1490
Wasser	0	0,001793
	20	0,001002
Luft (bei 0,1MPa)	0	0,0000172
	20	0,0000182

Wir nehmen $\Delta p < 0$ an, so dass das Fluid in positiver x-Richtung fließt. Zur quantitativen Behandlung betrachten wir einen Zylinder des Fluids mit dem Radius r'. Im stationären Zustand muss die Summe aus der Reibungskraft und der Kraft infolge der Druckdifferenz null sein und man erhält nach einer Integration von $r'=r_0$ bis $r'=r$

$$v_x(r) = -\frac{\Delta p}{\Delta x}\,\frac{r_0^2 - r^2}{4\eta}\,.$$

$$(109)$$

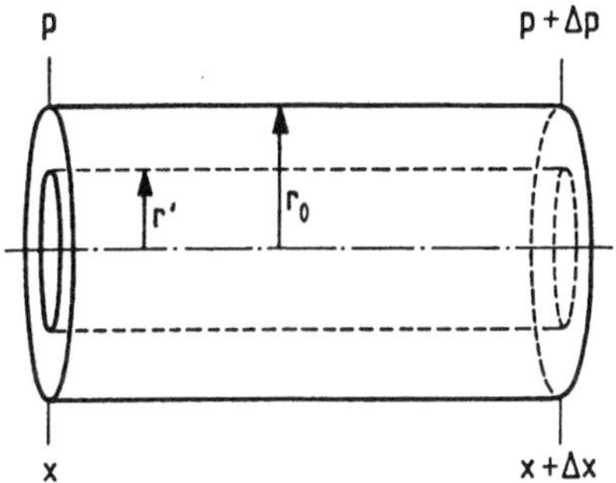

Fig.33 Zur Ableitung des Hagen-Poiseuille'schen Gesetzes. Für $\Delta p < 0$ fließt das Fluid in positiver x-Richtung

Für die Kraft infolge der Druckdifferenz Δp gilt $F_{x,\Delta p} = -\pi r'^2 \Delta p$. Für die Reibungskraft folgt aus Gl.(108), S.77, mit $A = 2\pi r' \Delta x$ und $dz = d(r_0 - r')$ der Ausdruck $F_x = +\eta 2\pi r' \Delta x dv_x/dr'$. Die Bedingung $F_{x,\Delta p} + F_x = 0$ führt auf die Differentialgleichung $r'dr' = 2\eta(\Delta x/\Delta p)dv_x$, deren Integration zwischen $r' = r_0$ und $r' = r$ mit $v_x(r_0) = 0$ die Gl.(109) ergibt.

Das Geschwindigkeitsprofil für die laminare Strömung durch ein Rohr ist also eine Parabel. Um den Massestrom I_m, d.h. die sekundlich durch das Rohr transportierte Fluidmasse, zu berechnen, ist zunächst die Massenstromdichte $\rho v_z(r)$ (s.Gl.(101), S.73) mit dem Flächenelement $2\pi r dr$ zu multiplizieren und das Integral über den gesamten Rohrquerschnitt zu erstrecken. Es ergibt sich das **Hagen-Poiseuille'sche Gesetz** (Hagen-Poiseuille law, Gotthilf Hagen 1797-1884 und Jean-Louis-Marie Poiseuille 1799-1869)

$$I_m = \frac{\pi}{8}\,\frac{\rho}{\eta}\,r_0^4\left(-\frac{\Delta p}{\Delta x}\right)\,.$$

$$(110)$$

Aus der Beziehung $I_m = \iint \vec{j}_m \cdot d\vec{s}$ folgt im vorliegenden Fall mit $j_m = \rho(r_0^2 - r^2)(4\eta)^{-1}(-\Delta p/\Delta x)$ und $ds = 2\pi r dr$ sowie unter Beachtung der Tatsache, dass die Vektoren $\vec{j}_m$ und $d\vec{s}$ die gleiche Richtung besitzen, $I_m = \rho(4\eta)^{-1}(-\Delta p/\Delta x)2\pi \int_0^{r_0} r(r_0^2 - r^2)dr$. Die Integration liefert dann unmittelbar die Gl.(110).

Im Hagen-Poiseuille'schen Gesetz ist vor allem die starke Abhängigkeit der Durchflussmenge vom Rohrradius (vierte Potenz!) von Bedeutung: Der menschliche Körper erhöht z.B. die Sauerstoffzufuhr bei Gefahrensituationen durch nur geringfügige Vergrößerung der Gefäßradien.

Da es sich in dem behandelten Fall um eine stationäre Strömung handelt, muss die Summe aus der **pauschalen Reibungskraft** F_x, die das Fluid beim Durchströmen des Rohrstücks der Länge Δx erfährt, und der treibenden Kraft $-\pi r_0^2 \Delta p$ gleich null sein. Ersetzt man noch in dem letzten Ausdruck die Druckdifferenz Δp nach Gl.(110) und führt die mittlere Strömgeschwindigkeit $\langle v_x \rangle = I_m/(\rho \pi r_0^2)$ ein, so folgt

$$F_x = -8\pi\ \eta\ \langle v_x \rangle\ \Delta x\ . \tag{111}$$

Für die pauschale Reibungskraft bei der laminaren Umströmung einer Kugel vom Radius r_0 liefert eine längere Rechnung (vgl.z.B.[GRE84]) die **Stokes'sche Formel** (Stokes' law, George Gabriel Stokes 1819-1903)

$$F_x = -6\pi\ \eta\ r_0\ \langle v_x \rangle\ . \tag{112}$$

Nach dem Relativitätsprinzip erfährt eine Kugel, die sich mit der Geschwindigkeit $\langle v_x \rangle$ durch ein ruhendes Fluid bewegt, die gleiche Kraft.

Eine Kugel mit dem Radius r_0 und der Dichte ρ_K werde in ein Fluid mit der Viskosität η und der Dichte $\rho < \rho_K$ gebracht. Bezeichnen wir mit z die Koordinate senkrecht zur Erdoberfläche nach oben, so gilt auf Grund des zweiten Newton'schen Axioms $md^2z/dt^2 = -4\pi r_0^3\rho_K g/3 + 4\pi r_0^3\rho g/3 - 6\pi\eta r_0 dz/dt$, wobei der erste Term rechts die Schwerkraft und der zweite Term den Auftrieb der Kugel beschreibt. Die Fallgeschwindigkeit $-dz/dt$ wächst solange an, bis die rechte Seite verschwindet. Aus der dann vorliegenden konstanten Sinkgeschwindigkeit $(-dz/dt)_\infty = [4\pi\rho_K r_0^3 g/3 - 4\pi r_0^3\rho g/3]/(6\pi\eta r_0)$ lässt sich die Viskosität η des Fluids bestimmen (**Kugelfallmethode**).

Der Übergang von einer laminaren zur turbulenten Strömung tritt auf, wenn eine bestimmte dimensionslose Größe, die man als **Reynolds'sche Zahl** (Reynolds number) bezeichnet (Osborne Reynolds 1842-1912), einen kritischen Wert überschreitet. Als Beispiel betrachten wir eine Kugel mit dem Radius r_0, die sich in einem ruhenden Fluid mit der Geschwindigkeit v_x bewegen soll. Für kleine Geschwindigkeiten erfolgt die Umströmung laminar und die Reibungskraft wird durch Gl.(112) mit $\langle v_x \rangle = v_x$ gegeben (Stokes'sche Reibung). Bei hohen Geschwindigkeiten dagegen treten Wirbel auf, die Umströmung erfolgt turbulent, und für die Reibungskraft gilt (Newton'sche Reibung, s.Gl.(49), S.39)

$$F_x = - \rho \, c_W \, A \, v_x^2 / 2 \tag{113}$$

mit $A = \pi r_0^2$ und dem Widerstandskoeffizienten $c_W = 0{,}4$ (s.Tab.8, S.39). Schreibt man die Formel für die Stokes'sche Reibung (Gl.(112) mit $\langle v_x \rangle = v_x$) durch Erweiterung mit $\rho r_0 v_x / 2$ in der Form

$$F_x = - \rho \, [12\eta/(\rho r_0 v_x)] \, A \, v_x^2 / 2 \, , \tag{114}$$

so sieht man, dass für kleine Geschwindigkeiten der durch Gl.(113) definierte Widerstandskoeffizient c_W nicht mehr konstant gleich 0,4 ist, sondern durch die eckige Klammer in Gl.(114) gegeben wird. Die laminare Strömung geht somit in eine turbulente Strömung über, wenn mit wachsender Geschwindigkeit v_x die eckige Klammer kleiner als 0,4 wird, oder für

$$\rho \, r_0 \, v_x / \eta \geq 30 \, . \tag{115}$$

Den Quotienten auf der linken Seite bezeichnet man als Reynolds'sche Zahl für die Kugel. Ihr kritischer Wert, d.h. die **kritische Reynolds'sche Zahl** (transition Reynolds number) für die Kugel, ist 30. Für die Strömung durch ein Rohr mit dem Radius r_0 lautet die entsprechende Bedingung

$$\rho \, r_0 \, v_x / \eta \geq 1160 \, . \tag{116}$$

Mitunter wird aber bei Rohrströmungen die Reynolds'sche Zahl mit dem Durchmesser gebildet, so dass die kritische Reynolds'sche Zahl dann nicht 1160 sondern 2320 ist. Die **physikalische Bedeutung** der Reynolds'schen Zahl ergibt sich aus folgender Abschätzung: Bei der Bewegung einer Kugel mit dem Radius r_0 und der Geschwindigkeit v_x um die Strecke $2r_0$ ist die kinetische Energie des dabei bewegten Fluids proportional zu $\rho r_0^3 v_x^2$ und für die Reibungsenergie ($2r_0 F_x$ mit F_x nach Gl.(112), S.80) folgt, abgesehen von Zahlenfaktoren, der Ausdruck $\eta r_0^2 v_x$. Der Quotient ergibt $\rho r_0 v_x / \eta$, d.h. die Reynolds'sche Zahl, die somit ein Maß für das Verhältnis der kinetischen Energie zur Reibungsenergie des Fluids darstellt.
Das **Ähnlichkeitsgesetz** (dynamic similarity) für inkompressible Fluide besagt, dass bei geometrisch ähnlichen Widerstandskörpern im gleichen Fluid die Stromlinienfelder ähnlich und die Reibungskräfte gleich sind, wenn die Reynolds'schen Zahlen übereinstimmen. In der Praxis bedeutet dies, dass man Widerstandskoeffizienten c_W durch Messung an verkleinerten Modellen (**Windkanal**, wind tunnel) bestimmen kann. Das Original habe die Dimension ℓ, die durch die Länge *einer* der geometrischen Bestimmungsstücke des Widerstandskörpers gegeben ist, und es soll mit

der Geschwindigkeit v_x bewegt werden. Das Modell mit der Dimension ℓ/n mit $n>1$ muss dann einer Geschwindigkeit nv_x ausgesetzt werden, damit sich die gleiche Reynolds'sche Zahl ergibt. Die vorausgesetzte Inkompressibilität beschränkt dieses Verfahren aber auf relativ langsam bewegte Widerstandskörper, wie Propellerflugzeuge mit geringen Geschwindigkeiten, Kraftfahrzeuge oder Triebwagen, da nv_x nicht größer als ca. 1/3 der Schallgeschwindigkeit in Luft werden darf.

4.4   Deformation von Festkörpern

Unter der Einwirkung einer Zugkraft ΔF verlängere sich ein Stab der Länge ℓ um die Strecke $\Delta\ell$. Dann stellt man experimentell fest, dass bei nicht zu großen Kräften die Verlängerung proportional zu $\ell\Delta F/A$ ist, wobei A den Querschnitt des Stabes bezeichnet. Der Proportionalitätsfaktor hängt von der Art des Materials ab, seinen Kehrwert nennt man **Elastizitätsmodul** (Young's modulus of elasticity) E, so dass sich die folgende Gleichung ergibt (**Hooke'sches Gesetz**, Hooke law, Robert Hooke 1635-1703)

$$\frac{\Delta\ell}{\ell} = \frac{1}{E}\frac{\Delta F}{A}. \tag{117}$$

Einige Zahlenwerte für E sind in Tab.15 auf der nächsten Seite zusammengestellt. Die relative Längenänderung $\Delta\ell/\ell$ heißt **Dehnung** (strain), während der Quotient $\Delta F/A$ als **Spannung** (stress) bezeichnet wird. Dies ist eine unglückliche Festlegung, da in der Mechanik die Bezeichnung *Spannung* schon für Kraft pro Länge (s.S.68) Verwendung findet. Bei der Dehnung des Stabes tritt gleichzeitig eine Querkontraktion auf, d.h. bei einem quadratischen Querschnitt $A=b^2$ verändert sich dieser zu $(b+\Delta b)^2$ mit $\Delta b<0$. Diese Erscheinung beschreibt man quantitativ durch die **Poisson'sche Zahl** (Poisson's ratio, Siméon Denis Poisson 1781-1840)

$$\mu = -\frac{\Delta b/b}{\Delta\ell/\ell}, \tag{118}$$

die nur Werte zwischen 0 und 0,5 annehmen kann. Einige Zahlenwerte findet man in Tab.15 auf der nächsten Seite.

Das Volumen des Stabes vor der Dehnung ist $V=\ell b^2$ und danach $V+\Delta V=(\ell+\Delta\ell)(b+\Delta b)^2$. Aus der Bedingung, dass das Volumen bei der Dehnung höchstens größer werden kann, folgt $(\ell+\Delta\ell)(b+\Delta b)^2 - \ell b^2 \geq 0$ oder $(\Delta\ell)b^2+2\ell b\Delta b \geq 0$. Wegen $V=\ell b^2$ ergibt sich $\Delta V/V=\Delta\ell/\ell+2\Delta b/b=(\Delta\ell/\ell)(1-2\mu)\geq 0$ und damit $0\leq\mu\leq0,5$.

Tab. 15 Elastische Konstanten einiger Materialien

Material	E / Nm^{-2}	μ	E_b / Nm^{-2}	E_S / Nm^{-2}	σ_F / Nm^{-2}
Aluminium	$7{,}1\cdot10^{10}$	$34\cdot10^{-2}$	$7{,}4\cdot10^{10}$	$2{,}7\cdot10^{10}$	$0{,}13\cdot10^{8}$
rostfreier Stahl	$19{,}3\cdot10^{10}$	$28\cdot10^{-2}$	$15\cdot10^{10}$	$7{,}5\cdot10^{10}$	$0{,}90\cdot10^{8}$
Quarzglas	$7{,}17\cdot10^{10}$	$16\cdot10^{-2}$	$3{,}5\cdot10^{10}$	$3{,}1\cdot10^{10}$	$0{,}88\cdot10^{8}$

Für die relative Volumenänderung bei allseitiger Einwirkung eines Drucks Δp, der allerdings nicht zu groß sein darf, gilt

$$\frac{\Delta V}{V} = -\frac{1}{E_b}\,\Delta p \tag{119}$$

mit dem **Kompressionsmodul** (bulk modulus of elasticity) E_b. Der Kompressionsmodul ist identisch mit dem reziproken Wert der Kompressibilität (s. Gl. (80), S. 61). Eine einfache Überlegung zeigt, dass er außerdem mit dem Elastizitätsmodul E und der Poisson'schen Zahl μ in folgender Weise zusammenhängt:

$$E_b = \frac{E}{3(1-2\mu)}\,. \tag{120}$$

Aus der Beziehung $\Delta V/V=(\Delta\ell/\ell)(1-2\mu)$ (s. den kleingedruckten Text nach Gl. (118)) folgt mit Gl. (117) $\Delta V/V=(1-2\mu)(1/E)\Delta F/A$. Wird das Material nicht gedehnt, sondern von allen drei Seiten gepresst, so ergibt sich $\Delta V/V=-3(1-2\mu)(1/E)\Delta F/A$, woraus mit $\Delta F/A=\Delta p$ und $E_b=(1/3)E/(1-2\mu)$ die Gl. (119) folgt.

Die vierte in Tab. 15 aufgelistete Größe (E_S) heißt **Torsions- oder Schubmodul** (shear modulus of elasticity). Die Definition folgt aus Fig. 34,

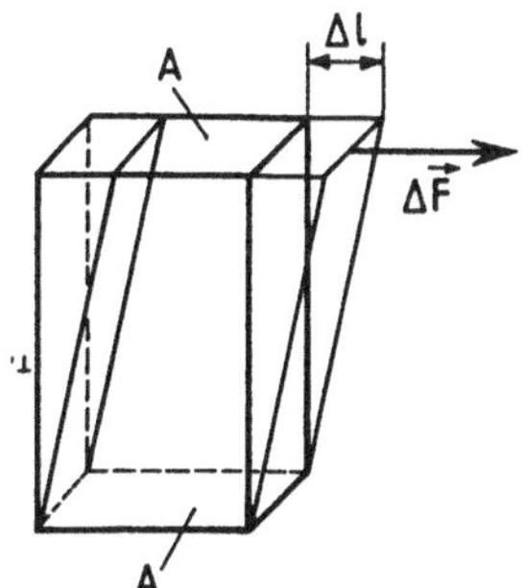

Fig. 34 Zur Definition des Torsionsmoduls. Unter der Einwirkung der Schubkraft ΔF längs der oberen Fläche A erfolgt eine Verschiebung um $\Delta\ell$

und zwar gilt bei nicht zu großen Schubkräften

$$\frac{\Delta \ell}{\ell_{\perp}} = \frac{1}{E_S}\,\frac{\Delta F}{A}\,. \tag{121}$$

In ähnlicher Weise wie beim Kompressionsmodul kann man zeigen, dass sich E_S aus dem Elastizitätsmodul E und der Poisson'schen Zahl μ berechnen lässt:

$$E_S = \frac{E}{2(1+\mu)}\,. \tag{122}$$

Das Verhalten fester Körper unter der Einwirkung größerer Kräfte ist relativ kompliziert und soll hier nur am Beispiel der Dehnung eines Stabes dargestellt werden. Für kleine Kräfte gilt das Hooke'sche Gesetz (s.Gl.(117), S.82), das wir in der Form $\epsilon = \sigma/E$ schreiben, wobei $\epsilon = \Delta\ell/\ell$ die Dehnung und $\sigma = \Delta F/A$ die Spannung bezeichnet. Leider ist es nun aber üblich geworden, mit dem sog. **Spannungs-Dehnungs-Diagramm** (stress-strain diagram) die Ursache (σ) über der Wirkung, d.h. der relativen Verlängerung (ϵ), aufzutragen. Fig.35 zeigt schematisch ein solches Diagramm. Bis zur **Proportionalitätsgrenze** (limit of proportionality) Pr

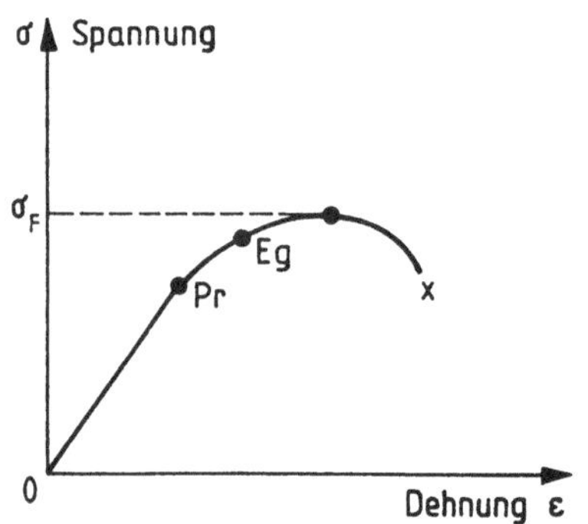

Fig.35 Schematische Darstellung eines Spannungs-Dehnungs-Diagramms. Pr kennzeichnet die Proportionalitätsgrenze, Eg die Elastizitätsgrenze und σ_F die Zugfestigkeit des Materials

gilt das Hooke'sche Gesetz (s.Gl.(117), S.82). Für Spannungen bis zur **Elastizitätsgrenze** (elastic limit) Eg nimmt der Stab nach Wegnahme der dehnenden Kraft ΔF seine ursprüngliche Länge ℓ wieder an, während er für noch höhere Spannungen eine dauernde Verlängerung erfährt. Das Material wird **plastisch** (plastic). Erreicht die Spannung den kritischen Wert σ_F (**Zugfestigkeit**, breaking stress), so dehnt sich der Stab trotz konstant gehaltener oder sogar geringfügig verkleinerter Kraft weiter aus, bis es zum Bruch des Materials kommt, was in

Fig.35 durch das Kreuz gekennzeichnet ist. Einige Zahlenwerte für σ_F sind in der Tab.15 auf S.83 aufgelistet. Das Verhalten jenseits des Elastizitätsbereichs bis zum Bruch wird als **Fließen** (plastic flow) des Materials bezeichnet.

Die **Härte** (hardness) fester Materialien kennzeichnet den Widerstand, den sie dem Eindringen eines anderen Festkörpers entgegensetzen. Bei den sog. statischen Eindringverfahren [HER89] wird ein Probekörper, z.B. eine gehärtete Stahlkugel (**Brinell-Härte**, Brinell hardness), mit einer Prüfkraft stoßfrei in einer bestimmten Zeit in das zu prüfende Material gedrückt und die erzeugte Verformung der Oberfläche gemessen. Eine andere Möglichkeit, die vor allem in der Mineralogie Verwendung findet, besteht in der Einordnung des Materials in die **Mohs'sche Härteskala** (Mohs hardness scale, Carl Friedrich Christian Mohs 1773-1839), s.Tab.16. Die Härte des zu prüfenden Materials liegt zwischen der Härte des Minerals der Skala, von dem es geritzt wird, und derjenigen, das es selber ritzt.

Tab.16 Härteskala nach Mohs

Härte	Mineral	Summenformel
1	Talk	$Mg_3\,[(Si_4\,O_{10})\,(OH)_2]$
2	Gips	$Ca\,SO_4\,[2H_2O]$
3	Kalkspat	$Ca\,CO_3$
4	Flussspat	$Ca\,F_2$
5	Apatit	$Ca_{10}\,(PO_4)_6\,F_2$
6	Feldspat	$K\,Al\,Si_3\,O_8$
7	Quarz	$Si\,O_2$
8	Topas	$Al_2\,[(Si\,O_4)\,F_2]$
9	Korund	$Al_2\,O_3$
10	Diamant	C (kubisch)

5   Schwingungen und Wellen

Carl Friedrich Gauß: Pauca sed matura
- Weniges, aber Ausgereiftes.

5.1   Schwingungen

Mechanische Schwingungen treten beim mathematischen oder physikalischen Pendel (s. S.23), beim linearen Oszillator, beim Drehpendel, in Luftsäulen usw. auf. Elektrische Schwingungen können in elektrischen Schwingkreisen, in elektrischen Leitungsstücken, in Hohlraumresonatoren und anderen elektrisch leitenden resonanzfähigen Systemen erzeugt werden. Die mathematische Behandlung und die auftretenden Effekte sind völlig analog. Im folgenden Abschnitt wird der **lineare Oszillator** (harmonic oscillator) behandelt, wobei das Adjektiv *linear* eine doppelte Bedeutung hat: Die Oszillation erfolgt in *einer* Richtung (z-Achse) und die zugrunde liegende Differentialgleichung enthält nur *lineare* Terme.

Freie Schwingungen des linearen Oszillators

Eine Masse m sei an einer senkrecht, d.h. in z-Richtung, hängenden Spiralfeder befestigt. Die mit $z=0$ bezeichnete Ruhelage ist dadurch gegeben, dass Federkraft und Schwerkraft dem Betrag nach gleich sind. Für kleine Auslenkungen gilt das Hooke'sche Gesetz (s.Gl.(117), S.82), das wir in der Form $F_z^{H}=-Dz$ schreiben, wobei D als **Federkonstante** (spring constant) bezeichnet wird. Für die Reibung nehmen wir eine Proportionalität zur Geschwindigkeit (Stokes'sche Reibung, s.S.38) an, also $F_z^{S}=-Rdz/dt$. Das 2.Newton'sche Axiom (s.Gl.(20), S.21) führt damit zur Differentialgleichung des linearen Oszillators

$$m\frac{d^2z}{dt^2} = - Dz - R\frac{dz}{dt} \ . \tag{123}$$

Für die Anfangsbedingungen $z_{(t=0)}=z_0$ und $(dz/dt)_{t=0}=0$ ergibt sich die Lösung zu

$$z = (z_0/2)\ e^{-[R/(2m)]t}\ (\ [\ 1+R/(2mK)\ ]e^{Kt} + [\ 1-R/(2mK)\ ]e^{-Kt}\ ) \tag{124}$$

mit

$$K = \sqrt{(R^2/(2m)^2-(D/m)} \ . \tag{125}$$

Der Lösungsansatz $z=a\exp(bt)$, eingesetzt in die Differentialgleichung (123), gibt $mb^2=-D-Rb$, woraus $b_{\pm}=-R/(2m)\pm[R^2/(2m)^2-D/m]^{1/2}$ folgt. Da es sich um eine *lineare* Differentialgleichung handelt, wird die allgemeine Lösung durch eine Linearkombination der beiden verschiedenen Lösungen gegeben: $z=a_+\exp(b_+t)+a_-\exp(b_-t)$ mit den zwei zunächst unbekannten Konstanten a_+ und a_-. Diese ergeben sich aus den Anfangsbedingungen $z_0=a_++a_-$ und $0=b_+a_++b_-a_-$ zu $a_{\pm}=\frac{1}{2}z_0[1\pm R/(2mK)]$ mit $K=\{(R^2/(2m)^2-D/m\}^{1/2}$.

Für diese durch die obigen Anfangsbedingungen gegebene spezielle Lösung wollen wir die folgenden drei Fälle betrachten:

(1) **Kleine Reibung** (small friction), d.h. $R^2/(2m)^2 \ll D/m$. Es ergibt sich die **periodische Lösung** (periodic solution)

$$z \approx z_0 \, e^{-[R/(2m)]t} \, \cos(\omega_0 t) \tag{126}$$

mit

$$\omega_0 = \sqrt{\frac{D}{m} - \frac{R^2}{4m^2}} \tag{127}$$

Unter der Voraussetzung $R^2/(2m)^2 \ll D/m$ folgt aus Gl.(125) $K = i\{(D/m)[1 - R^2/(4mD)]\}^{1/2} \approx i\omega_0$ mit $\omega_0 = (D/m)^{1/2}[1 - R^2/(8mD)]$. Diese Näherung wird in Gl.(124) eingesetzt, wobei die Terme $\pm R/(2mK)$ gegen eins zu vernachlässigen sind. Damit ergibt sich $z \approx \frac{1}{2}\{\exp(i\omega_0 t) + \exp(-i\omega_0 t)\}z_0 \exp\{-[R/(2m)]t\}$, was identisch mit Gl.(126) ist.

Der Oszillator schwingt also mit der durch Gl.(127) gegebenen Frequenz, wobei seine Amplitude aber exponentiell mit der **Zeitkonstanten** (time constant) $t_e^p = 2m/R$ abnimmt (s.Fig.36a auf der nächsten Seite).

(2) **Große Reibung** (large friction), d.h. $R^2/(2m)^2 \gg D/m$. Es ergibt sich die **aperiodische Lösung** (aperiodic solution)

$$z \approx z_0 \, \exp(-Dt/R) \, . \tag{128}$$

Unter der Voraussetzung $D/m \ll R^2/(2m)^2$ folgt aus der Gl.(125) $K = (1 - 4mD/R^2)^{1/2} R/(2m) \approx (1 - 2mD/R^2) \cdot R/(2m)$. Diese Näherung liefert nach Einsetzen in Gl.(124) die Beziehung $z \approx (z_0/2)\exp\{-[R/(2m)]t\} \cdot 2\exp\{(1 - 2mD/R^2)[R/(2m)]t\}$ oder $z \approx z_0 \exp(-Dt/R)$.

Die Masse m kriecht also exponentiell mit der **Zeitkonstanten** (time constant) $t_e^a = R/D$ aus der Anfangslage $z = z_0$ in den Endzustand $z = 0$ (s.Fig.36b, S.88). Um den Endzustand möglichst schnell zu erreichen, was z.B. bei Zeigerinstrumenten angestrebt wird, sollte R also möglichst klein sein. Dabei geht aber das System in den periodischen Grenzfall über, bei dem die Zeitkonstante mit kleiner werdendem R wieder anwächst ($t_e^p = 2m/R$, s.o.). Dazwischen, nämlich beim Übergang von der aperiodischen zur periodischen Lösung, wird das Minimum erreicht:

(3) **Kritische Reibung** (critical damping). Diese ist dadurch definiert, dass $R^2/(2m)^2 = D/m$ gilt. Dafür **(aperiodischer Grenzfall)** ergibt sich

$$z = z_0 \, e^{-[R/(2m)]t} \, [\, 1 + [R/(2m)]t \,] \, . \tag{129}$$

Nach Umformung der Gl.(124) in $z = (z_0/2)\exp[-Rt/(2m)]\{\exp(Kt) + \exp(-Kt) + [\exp(Kt) - \exp(-Kt)] \cdot R/(2mK)\}$ ergibt sich mit der Bedingung $R^2/(2m)^2 \to D/m$, die gemäß Gl.(125) $K \to 0$ entspricht, die Beziehung $z \rightarrow (z_0/2)\exp[-Rt/(2m)]\{2+[R/(2mK)]2Kt\}$. Der Grenzfall $K=0$ liefert dann die Gl.(129).

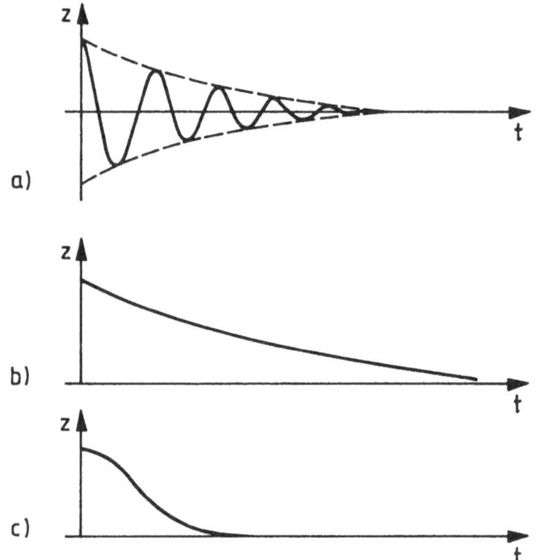

Fig.36 Die drei Spezialfälle für das
Verhalten des linearen Oszillators:
a) periodische Lösung,
b) aperiodische Lösung,
c) kritische Reibung

Erzwungene Schwingungen des linearen Oszillators

Eine erzwungene Schwingung tritt auf, wenn zur rücktreibenden Federkraft und der Reibung noch eine äußere periodische Kraft hinzukommt, für die wir $\hat{F}\cos\omega t$ schreiben. An Stelle von Gl.(123), S.86, lautet die Differentialgleichung des linearen Oszillators damit

$$m\frac{d^2z}{dt^2} = -Dz - R\frac{dz}{dt} + \hat{F}\cos\omega t \ . \tag{130}$$

Eine experimentelle Anordnung, die die periodische Kraft für kleine Auslenkungen z realisiert, zeigt Fig.37 auf der nächsten Seite. Für die stationäre Lösung, d.h. für Zeiten nach Einschalten des Exzenters, die groß gegen die Zeitkonstante t_e^p (s.S.87) sind, ergibt sich

$$z = \frac{\hat{F}}{\sqrt{(m\omega^2 - D)^2 + R^2\omega^2}}\ \cos(\omega t - \alpha) \tag{131}$$

mit

$$\alpha = \arctan\left(\frac{R\omega}{D-m\omega^2}\right) . \tag{132}$$

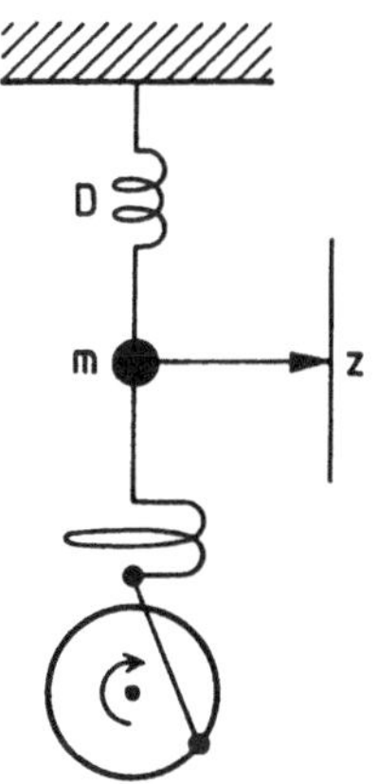

Fig.37 Experimentelle Anordnung zur Demonstration der erzwungenen Schwingungen eines linearen Oszillators. Die äußere periodische Kraft wird vom Exzenter über eine (schwache) Koppelfeder auf die Masse m übertragen

Der auf Grund experimenteller Beobachtungen nahegelegte Lösungsansatz $z=\hat{z}\cos(\omega t-\alpha)=\hat{z}\cos\omega t\cos\alpha+\hat{z}\sin\omega t\sin\alpha$ wird in die Differentialgleichung (130) eingesetzt. Die entstehende algebraische Gleichung muss zu jedem Zeitpunkt gelten: Für $\omega t=0$, d.h. für $\sin\omega t=0$ und $\cos\omega t=1$, folgt $-\hat{z}m\omega^2\cos\alpha=-D\hat{z}\cos\alpha-R\hat{z}\omega\sin\alpha+\hat{F}$, während sich für $\omega t=\pi/2$, d.h. für $\sin\omega t=1$ und $\cos\omega t=0$, die Gleichung $-\hat{z}m\omega^2\sin\alpha=-D\hat{z}\sin\alpha+R\hat{z}\omega\cos\alpha$ ergibt (**Methode des Koeffizientenvergleichs** für die Terme mit $\cos\omega t$ bzw. $\sin\omega t$). Aus diesen zwei Gleichungen lassen sich nun die beiden unbekannten Größen α und $\hat{z}$ berechnen: Mit der Abkürzung $q=R\omega/(D-m\omega^2)$ folgt aus der zweiten Gleichung $\sin\alpha/\cos\alpha=q$. Dies ist wegen $\tan\alpha=\sin\alpha/\cos\alpha$ identisch mit Gl.(132). Unter Beachtung der Beziehung $\sin^2\alpha+\cos^2\alpha=1$ folgt außerdem $\sin\alpha=q(1+q^2)^{-1/2}$ und $\cos\alpha=(1+q^2)^{-1/2}$. Diese Ausdrücke setzen wir in die erste Gleichung ein und erhalten $-\hat{z}m\omega^2(1+q^2)^{-1/2}=-D\hat{z}\,(1+q^2)^{-1/2}-R\hat{z}\omega q(1+q^2)^{-1/2}+\hat{F}$, woraus durch Auflösen nach $\hat{z}$ die Gl.(131) folgt.

Der Oszillator schwingt also mit der Frequenz ω der aufgeprägten Kraft (**erzwungene Schwingung**, forced oscillation). Die Amplitude $\hat{z}$ dieser Schwingung, d.h. der Faktor vor dem Kosinusterm in Gl.(131), besitzt ein Maximum, wenn ω mit

$$\omega_{\mathrm{r}} = \sqrt{\frac{D}{m} - \frac{R^2}{2m^2}} \tag{133}$$

übereinstimmt (**Resonanz**, resonance), wie man leicht durch Differenzieren von $\hat{z}$ nach ω und Nullsetzen der Ableitung zeigen kann. Die Abhängigkeit der Amplitude

$\hat{z}$ von der Frequenz ω (s.Fig.38a) bezeichnet man als **Resonanzkurve** (resonance curve) des Oszillators. Die Phase α wird für $\omega=0$ ebenfalls gleich null, da für kleine Winkel der arctan gleich seinem Argument sein muss. Für $\omega=\omega_\alpha$ mit

$$\omega_\alpha = \sqrt{D/m} \tag{134}$$

gilt $\alpha=\pi/2$ (s.Gl.(132)) und für $\omega\to\infty$ nähert sich α dem Wert π an (Fig.38b).

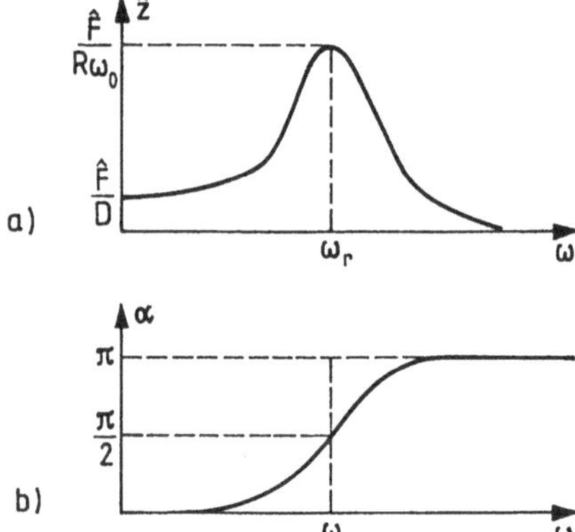

Fig.38 Erzwungene Schwingungen eines linearen Oszillators: (a) Abhängigkeit der Amplitude $\hat{z}$ bzw. (b) der Phase α von der Frequenz ω der äußeren Kraft

Wie ein Vergleich der Gln.(127), S.87, (133) und (134) zeigt, stimmen die drei charakteristischen Frequenzen des linearen Oszillators für kleine Reibung ($R^2 \ll mD$) überein: $\omega_0=\omega_r=\omega_\alpha=(D/m)^{1/2}$.

Überlagerung von Schwingungen

Wir betrachten mögliche Schwingungen eines Punktes $\vec{a}=(x,y,z)$ um den Koordinatenursprung. Man nennt eine Schwingung **harmonisch** (simple harmonic), wenn sie sich analytisch in der Form $\vec{a}(t)=\vec{e}_a\hat{a}\cos(\omega t+\alpha)$ darstellen lässt, wobei $\vec{e}_a$ der Einheitsvektor in Richtung von $\vec{a}$ ist. Damit wird eine harmonische Schwingung durch vier Parameter charakterisiert: Die **Polarisationsrichtung** (direction of polarization, Richtung von $\vec{e}_a$), die **Amplitude** (amplitude) $\hat{a}$, die **Kreisfrequenz** (angular frequency) ω und die **Nullphase** (phase constant) α. Im Folgenden betrachten wir die Überlagerung zweier Schwingungen, d.h. die Summe $\vec{a}_1(t)+\vec{a}_2(t)$, die wir mit $\vec{a}_s(t)$ bezeichnen, für vier Spezialfälle:

(1) *Gleiche Polarisation, gleiche Amplitude und gleiche Frequenz* ($\hat{a}_1=\hat{a}_2=\hat{x}$, $\omega_1=\omega_2=\omega$): Für die Überlagerung $x_s=\hat{x}\cos(\omega t+\alpha_1)+\hat{x}\cos(\omega t+\alpha_2)$ der beiden

Schwingungen folgt unter Verwendung eines einfachen Additionstheorems der Trigonometrie $\{\cos\alpha + \cos\beta = 2\cos[(\alpha-\beta)/2]\cos[(\alpha+\beta)/2]\}$

$$x_s = x_0 \cos(\omega t + \alpha_s) \tag{135}$$

mit $x_0 = 2\hat{x}\cos[(\alpha_1-\alpha_2)/2]$ und $\alpha_s = (\alpha_1+\alpha_2)/2$, d.h. die beiden Schwingungen löschen sich aus für $\alpha_1-\alpha_2 = \pi$, 3π, 5π usw., während sich die Amplitude $\hat{x}_s$, die gleich dem Betrag von x_0 ist, für $\alpha_1-\alpha_2 = 0$, 2π, 4π usw. verdoppelt.

(2) *Gleiche Polarisation und gleiche Amplitude* $(\hat{a}_1 = \hat{a}_2 = \hat{x})$. Unter Verwendung des gleichen Additionstheorems wie bei Gl. (135) ergibt sich

$$x_s = x_0(t) \cos(\omega_s t + \alpha_s) \tag{136}$$

mit $x_0(t) = 2\hat{x}\cos\{[(\omega_1-\omega_1)/2]t + (\alpha_1-\alpha_2)/2\}$, $\omega_s = (\omega_1+\omega_2)/2$ und $\alpha_s = (\alpha_1+\alpha_2)/2$, d.h. es entsteht eine Schwingung mit der mittleren Frequenz $(\omega_1+\omega_2)/2$ und einer Amplitude $\hat{x}_s = |x_0(t)|$, die periodisch zwischen 0 und dem Maximalwert $2\hat{x}$ schwankt. Diese Erscheinung nennt man **Schwebung** (beat phenomenon).

(3) *Senkrechte Polarisation* $(a_1(t) = x(t)$, $a_2(t) = y(t))$, gleiche Amplitude $(\hat{x} = \hat{y} = \hat{a})$ und gleiche Frequenz $(\omega_x = \omega_y = \omega)$. Es ergibt sich in der x-y-Ebene i.Allg. eine Ellipse (**elliptisch polarisierte Schwingung**, elliptically polarized oscillation), die für $\alpha_x-\alpha_y = 0$, π, 2π usw. zu einer linear polarisierten Schwingung und für $\alpha_x-\alpha_y = \pi/2$, $3\pi/2$, $5\pi/2$ usw. zu einer zirkular polarisierten Schwingung entartet (s.Fig.39).

(4) *Senkrechte Polarisation* $(a_1(t) = x(t)$, $a_2(t) = y(t))$, *gleiche Amplitude* $(\hat{x} = \hat{y} = \hat{a})$ *und* **kommensurable** (commensurate) Frequenzen *(d.h. der Quotient beider ist eine rationale Zahl)*. Es ergeben sich in der x-y-Ebene geschlossene Kurven, die man als

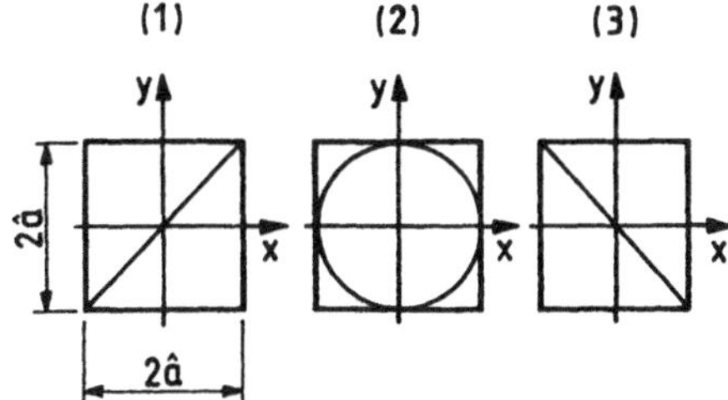

Fig.39 Lissajous-Figuren für ein Frequenzverhältnis 1, gleiche Amplituden, aber verschiedene Phasendifferenzen:
(1) $\alpha_x-\alpha_y = 0$,
(2) $\alpha_x-\alpha_y = \pi/2$,
(3) $\alpha_x-\alpha_y = \pi$

Lissajous-Figuren (Lissajous figures, Jules Antoine Lissajous 1822-1880) bezeichnet. Sie lassen sich einfach konstruieren und finden in der Messtechnik bei der Bestimmung von Frequenzverhältnissen Anwendung: *Die Zahl der Berührpunkte der Figur mit dem einhüllenden Quadrat der Kantenlänge 2â, die man in x-Richtung zählt, zu der entsprechenden Zahl in y-Richtung ist gleich dem Verhältnis* ω_y/ω_x. Als Beispiel zeigt Fig.40 die Lissajous-Figur für ein Frequenzverhältnis $\omega_y/\omega_x=2$.

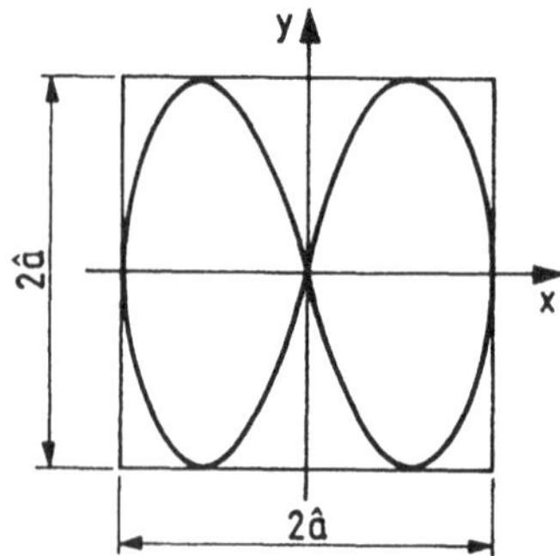

Fig.40 Lissajous-Figur für $x=\hat{a}\cos(\omega t+\alpha_x)$ und $y=\hat{a}\cos(2\omega t+\alpha_y)$ mit $\alpha_x-\alpha_y=\pi/4$

5.2   Wellen

Wenn man ein Teilchen eines Fluids oder eines Festkörpers zu einer erzwungenen Schwingung mit der Frequenz ω anregt, so erfahren infolge der Wechselwirkungskräfte zwischen den Teilchen zunächst die unmittelbaren Nachbarn eine aufgeprägte Kraft der gleichen Frequenz. Diese Nachbarn beginnen deshalb (phasenverschoben) ebenfalls mit erzwungenen Schwingungen, die sie analog an ihre nächsten Nachbarn übertragen, so dass schließlich die Auslenkungen aller Teilchen aus ihren Ruhelagen sowohl eine zeitliche als auch räumliche Periodizität aufweisen. Erfolgt die Auslenkung in der Ausbreitungsrichtung dieser Erregung, so spricht man von einer **longitudinalen Welle** (longitudinal wave) im Gegensatz zu den **transversalen Wellen** (transverse waves) bei senkrechter Auslenkung. Auf der nächsten Seite ist in Fig.41 die Entstehung einer harmonischen longitudinalen Welle in einem eindimensionalen Kristall, der sich in x-Richtung erstreckt, durch eine Folge von Momentaufnahmen dargestellt. Für die Zeitintervalle zwischen den Aufnahmen wurde eine Viertelperiode der harmonischen Schwingungen gewählt. Während also jedes einzelne Teilchen eine erzwungene Schwingung mit der gleichen **Periode** (period) T ausführt, hängt seine Nullphase vom Ort der Ruhelage des betreffenden Teilchens ab.

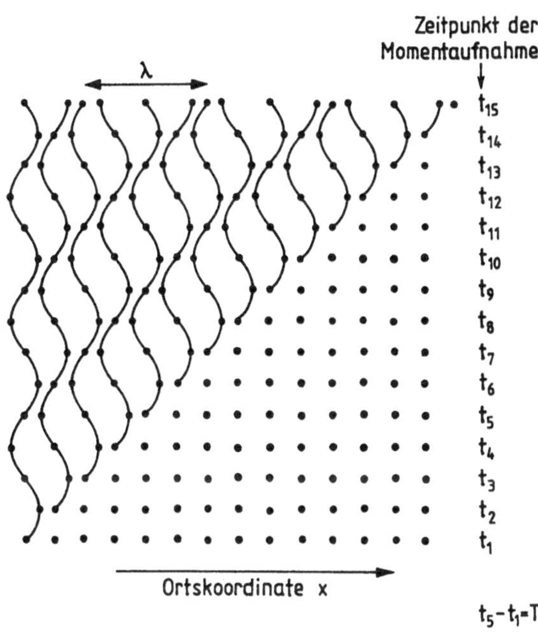

Fig.41 Ausbildung einer longitudinalen harmonischen Welle in einem eindimensionalen Kristall, der sich in x-Richtung erstreckt. Für die Zeitpunkte t_i der Momentaufnahmen gilt: $t_1=0$, $t_2=T/4$, $t_3=2T/4$, $t_4=3T/4$, $t_5=T$ usw.

Den kleinsten Abstand zwischen Teilchen mit gleicher Nullphase bezeichnet man als **Wellenlänge** (wave length oder wavelength) λ (s.Fig.41). Damit lässt sich eine eindimensionale harmonische longitudinale Welle in der Form

$$\xi(t,x) = \hat{\xi} \cos\left(\frac{2\pi}{T}t \mp \frac{2\pi}{\lambda}x\right) \tag{137}$$

schreiben, wobei $\xi(t,x)$ die Auslenkung in x-Richtung zur Zeit t für ein Teilchen bezeichnet, dessen Ruhelage die Koordinate x besitzt. Das Minuszeichen gilt für eine in positive x-Richtung fortschreitende Welle und das Pluszeichen für die entgegengesetzte Richtung. Führt man in Analogie zur **Kreisfrequenz** (angular frequency) $\omega=2\pi/T$ die **Kreiswellenzahl** (circular wave number) $k_x=2\pi/\lambda$ ein, so ergibt sich aus Gl.(137)

$$\xi(t,x) = \hat{\xi} \cos(\omega t \mp k_x x) \ . \tag{138}$$

Für eine Welle im dreidimensionalen Raum ist $k_x x$ durch $k_x x + k_y y + k_z z$ zu ersetzen, so dass sich an Stelle von Gl.(138) die allgemeine Gleichung $\xi(t, \vec{r}) = \xi \cos(\omega t - \vec{k} \vec{r})$ mit dem **Ausbreitungsvektor** (circular wave vector) $\vec{k} = k_x \vec{e}_x + k_y \vec{e}_y + k_z \vec{e}_z$ ergibt. Hierbei gilt $(k_x^2 + k_y^2 + k_z^2)^{1/2} = 2\pi/\lambda$.

Für die **Phasengeschwindigkeit** (phase velocity) v_P, das ist die Geschwindigkeit, mit der sich eine herausgegriffene Phase, z.B. ein Maximum einer harmonischen Welle, bewegt, gilt auf Grund der Definitionen von λ (Weg) und T (Zeit) $v_P = \lambda/T$. Dafür kann man mit $k_x = 2\pi/\lambda$ und $\omega = 2\pi/T$ auch

$$v_P = \frac{\omega}{k_x} \tag{139}$$

schreiben. Beim Übergang von einem Medium in ein anderes bleibt die Frequenz erhalten (*erzwungene* Schwingungen der Teilchen), jedoch wird sich i.Allg. die Wellenlänge, die von der Stärke der Wechselwirkung zwischen den Teilchen und ihrem mittleren Abstand abhängt, ändern. Wenn in einem Medium das Produkt aus Wellenlänge und Frequenz nicht konstant ist, sondern von der Frequenz abhängt, spricht man von **Dispersion** (dispersion). Diese Erscheinung führt zu der Notwendigkeit, eine weitere Geschwindigkeit einzuführen: Um Signale mit einer Welle zu übertragen, muss diese moduliert werden, denn eine harmonische Welle liefert beim Empfänger nur eine harmonische Schwingung mit den zeitlich konstanten Parametern Amplitude, Frequenz und Nullphase. Erst durch **Modulation** (modulation), d.h. durch zeitliche Variation einer dieser drei Größen, ist es möglich, Signale zu übermitteln. Wir betrachten als einfachstes Signal einen Rechteckimpuls, der durch Erhöhung der Amplitude einer harmonischen Welle über ein kurzes Zeitintervall realisiert wird (**Amplitudenmodulation**, amplitude modulation). Durch eine mathematische Operation, die sog. Fourierzerlegung, kann man diese Welle mit zeitabhängiger Amplitude in harmonische Wellen zerlegen, die unterschiedliche aber zeitlich konstante Amplituden, Frequenzen und Nullphasen besitzen. Wenn nun diese einzelnen Wellen infolge der Dispersion unterschiedliche Phasengeschwindigkeiten haben, so wird sich der Impuls im Laufe der Zeit verformen und sein Schwerpunkt wird sich mit einer Geschwindigkeit bewegen, die i.Allg. nicht mit der Phasengeschwindigkeit der unmodulierten Welle übereinstimmt. Diese Geschwindigkeit, mit der sich ein Signal fortpflanzt, das einer Welle aufmoduliert ist, nennt man **Gruppengeschwindigkeit** (group velocity) v_G. Eine einfache Rechnung liefert dafür eine zu Gl.(139) analoge Beziehung:

$$v_G = \frac{d\omega}{dk_x} \, . \tag{140}$$

Wir betrachten zwei harmonische Wellen mit den Frequenzen ω und $\omega + \Delta\omega$ und den zugehörigen Kreiswellenzahlen k_x und $k_x + \Delta k_x$. Die beiden Wellen verstärken sich (Maximum der Erregung), wenn die beiden Phasen gleich sind, d.h. für $\omega t - k_x x = (\omega + \Delta\omega)t - (k_x + \Delta k_x)x$. Daraus ergibt sich $0 = t\Delta\omega - x\Delta k_x$, oder für die Geschwindigkeit, mit der sich das Maximum fortbewegt, $x/t = \Delta\omega/\Delta k_x$. Nach dem Grenzübergang folgt die gesuchte Gl.(140).

In einem Fluid kann sich nur eine *longitudinale* Welle ausbilden. Die Ausbreitung dieser Welle erfolge in x-Richtung und wir betrachten ein Volumenelement, das zum Zeitpunkt t die Größe $A\Delta x$ (s.Fig.42 auf der nächsten Seite) besitze, wobei A die Querschnittsfläche senkrecht zu x bezeichnet. Mit der mittleren Dichte ρ des Fluids und den vom Ort (x) und der Zeit (t) abhängigen Größen Druck (p) und Geschwindigkeit (v_x) ergibt sich aus dem 2.Newton'schen Axiom

$$\frac{\partial v_x}{\partial t} \approx - \frac{1}{\rho} \frac{\partial p}{\partial x} \, . \tag{141}$$

Die Differentialquotienten wurden als partielle Ableitungen geschrieben, da bei den jeweiligen Differentiationen die anderen unabhängigen Variablen konstant zu halten sind.

Für die Kraft, die z.Zt. t auf das Massenelement $\rho A\Delta x$ wirkt, gilt $F_x = -[p(t,x+\Delta x) - p(t,x)]A$ oder $F_x = [-(\partial p/\partial x)\Delta x]A$. Einsetzen dieses Ausdrucks in das 2.Newton'sche Axiom $(\rho A\Delta x)(dv_x/dt) = F_x$ und Vernachlässigung des in der Geschwindigkeit quadratischen Terms $(dv_x/dt = \partial v_x/\partial t + (\partial v_x/\partial x)v_x \approx \partial v_x/\partial t)$ liefert die Gl.(141).

Um eine zweite Gleichung zu erhalten, betrachten wir den Zeitpunkt $t + dt$. Unter Verwendung der Definitionsgleichung für die Kompressibilität $\kappa = -(1/V)dV/dp$ (s.Gl.(80), S.61) folgt

$$\frac{\partial v_x}{\partial x} = - \kappa \frac{\partial p}{\partial t} \, . \tag{142}$$

Zur Zeit $t + dt$ befindet sich die linke Seite des Volumenelementes (s.Fig.42 auf der nächsten Seite) bei $x + v_x(x)dt$ und die rechte Seite bei $x + \Delta x + v_x(x+\Delta x)dt$. Wegen $v_x(x+\Delta x) = v_x(x) + (\partial v_x/\partial x)\Delta x$ ergibt sich für die Volumenänderung zwischen t und $t + dt$ der Wert $dV = A(\partial v_x/\partial x)\Delta x dt$. Einsetzen von dV und $V = A\Delta x$ in die Definitionsgleichung der Kompressibilität $\kappa = -(1/V)dV/dp$ (s.Gl.(80), S.61) liefert die Beziehung $\kappa = -(\partial v_x/\partial x)dt/dp$ oder mit $dp/dt = \partial p/\partial t$ die gesuchte Gl.(142).

Differenziert man die Gl.(141) nach x und die Gl.(142) nach t, so müssen die beiden Ausdrücke gleich sein, und man erhält

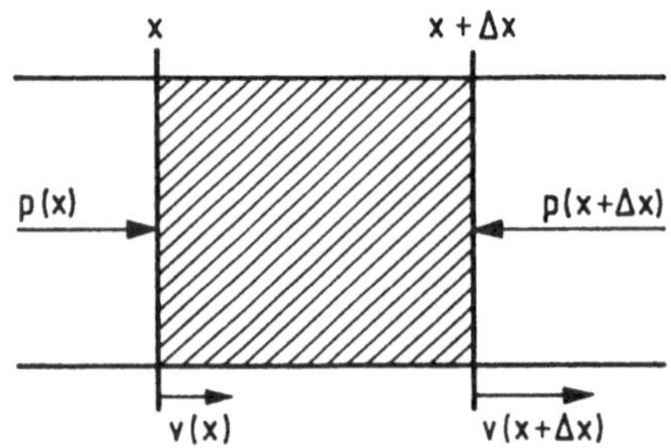

Fig.42 Zur Ableitung der Phasen- und Gruppengeschwindigkeit der longitudinalen Welle, die sich in x-Richtung in einem Fluid ausbreitet

die **eindimensionale Wellengleichung** (one-dimensional wave equation) für den Druck

$$\frac{\partial^2 p}{\partial t^2} = \frac{1}{\kappa\rho}\,\frac{\partial^2 p}{\partial x^2}\,. \tag{143}$$

Die allgemeine Lösung dieser Wellengleichung lautet $p(t,x)=p(u)$ mit $u=t\mp(\kappa\rho)^{1/2}x$, wie man leicht durch Einsetzen in Gl.(143) zeigen kann. Die spezielle Lösung $p(t,x)=\hat{p}\cos(\omega u)$ oder $p(t,x)=\hat{p}\cos[\omega t\mp\omega(\kappa\rho)^{1/2}x]$ stellt die **harmonische Welle** (harmonic wave) dar. Ein Vergleich mit der Gl.(138), S.93, liefert unter Verwendung der Formeln für die Phasengeschwindigkeit v_P (Gl.(139), S.94) bzw. die Gruppengeschwindigkeit v_G (Gl.(140), S.94) das Ergebnis

$$v_P = v_G = \frac{1}{\sqrt{\kappa\rho}}\,. \tag{144}$$

In ähnlicher Weise ergeben sich die in Tab.17 (s. nächste Seite) zusammengestellten Formeln für die Phasen- und Gruppengeschwindigkeiten mechanischer Wellen. Führen wir in Gl.(143) die Phasengeschwindigkeit v_P nach Gl.(144) ein und erweitern auf drei Dimensionen, so ergibt sich die **dreidimensionale Wellengleichung** (three-dimensional wave equation) für den Druck zu

$$\frac{\partial^2 p}{\partial t^2} = v_P^{\,2}\left(\frac{\partial^2 p}{\partial x^2} + \frac{\partial^2 p}{\partial y^2} + \frac{\partial^2 p}{\partial z^2}\right)\,. \tag{145}$$

Tab.17 Phasen- und Gruppengeschwindigkeiten mechanischer Wellen (κ=Kompressibilität, ρ=Dichte, E=Elastizitätsmodul, E_b=Kompressionsmodul, E_S=Torsionsmodul)

Wellenart	$v_\mathrm{P}=v_\mathrm{G}$	Beispiel
longitudinale Welle in einem Fluid	$(\kappa\rho)^{-\frac{1}{2}}$	Luftsäule in einem Rohr (Orgelpfeife)
longitudinale Welle in einem Stab	$(E/\rho)^{\frac{1}{2}}$	durch Eisenbahnschienen übertragener Schall
transversale Seilwelle (Spannkraft F, Querschnitt A)	$[F/(\rho A)]^{\frac{1}{2}}$	Saite eines Streichinstruments
longitudinale Welle in einem Festkörper	$[(E_\mathrm{b}+4E_\mathrm{S}/3)/\rho]^{\frac{1}{2}}$	longitudinale Erdbebenwellen
Torsionswelle (Scherwelle)	$(E_\mathrm{S}/\rho)^{\frac{1}{2}}$	periodische Verdrillung einer Achse

5.3 Wellenausbreitung

Stehende Wellen

Wenn eine in positive x-Richtung fortschreitende harmonische Welle $p(t,x)=\hat{p}\cos(\omega t-k_x x)$ an der Stelle $x=\ell$ auf ein anderes Medium trifft, kommt es i.Allg. zu einer Reflexion, d.h. es entsteht eine Welle, die sich von $x=\ell$ aus in negative x-Richtung ausbreitet. Die *Amplitude* $\hat{p}_\mathrm{r}$ dieser reflektierten Welle muss zwischen den Grenzwerten 0 und $\hat{p}$ liegen. $\hat{p}_\mathrm{r}=0$ bedeutet, dass die gesamte Leistung der Welle $p(t,x)$ in das andere Medium übergeht, d.h. es tritt keine Reflexion auf. In der Optik bezeichnet man dieses Medium dann als **schwarzen Körper** (black body), in der Nachrichtentechnik spricht man von **Anpassung** (matching). Der andere Grenzfall $\hat{p}_\mathrm{r}=\hat{p}$ heißt **Totalreflexion** (total reflection). Zur vollständigen Charakterisierung der reflektierten Welle muss außer ihrer Amplitude noch die *Nullphase* bekannt sein. Ist die Differenz der Nullphasen für die beiden Wellen $p(t,x)$ und $p_\mathrm{r}(t,x)$ an der Stelle $x=\ell$ null, so verstärken sie sich an dieser Stelle maximal (**Reflexion am losen Ende**, soft reflection), während sie sich bei einer Phasendifferenz π maximal schwächen (**Reflexion am festen Ende**, hard reflection). Zur Beschreibung der Effekte, die sich aus der Überlagerung einer hinlaufenden und einer reflektierten Welle ergeben, nehmen wir der Einfachheit halber an, dass bei $x=0$, von wo aus die Welle $p(t,x)$ startet, Anpassung vorliegt, so dass im Gebiet

$0 \le x \le \ell$ nur die beiden Wellen $p(t,x)$ und $p_r(t,x)$ existieren. Für den Spezialfall einer *Totalreflexion am losen Ende* gilt

$$p_r(t, x) = \hat{p} \cos(\omega t + k_x\, x - k_x 2\ell) \, . \tag{146}$$

Das positive Vorzeichen von $k_x x$ resultiert aus der Tatsache, dass die reflektierte Welle in negative x-Richtung läuft, während die Nullphase $-k_x 2\ell$ sichert, dass die beiden Wellen bei $x=\ell$ die gleiche Nullphase, nämlich $-k_x\ell$, besitzen. An der Stelle x gilt also zum Zeitpunkt t für die Gesamterregung, die man als **stehende Welle** (standing wave) bezeichnet,

$$p(t, x) + p_r(t, x) = 2\hat{p} \cos(k_x\, x - k_x\ell) \cos(\omega t - k_x\ell) \, . \tag{147}$$

Aus $p(t,x)+p_r(t,x)=\hat{p}\cos(\omega t-k_x x)+\hat{p}\cos(\omega t+k_x x-k_x 2\ell)$ folgt unter Verwendung des Additionstheorems $\cos\alpha+\cos\beta=2\cos[(\alpha-\beta)/2]\cos[(\alpha+\beta)/2]$ sofort die Gl.(147).

Gl.(147) beschreibt eine harmonische Schwingung mit einer vom Ort abhängigen Amplitude $|2\hat{p}\cos(k_x x-k_x\ell)|$. An den Stellen $x=\ell-\lambda/4$, $\ell-3\lambda/4$ usw. ist die Amplitude null. Man nennt diese Stellen die **Knoten** (nodes) der stehenden Welle, während für $x=\ell$, $\ell-\lambda/2$ usw. die Ampitude den Maximalwert $2\hat{p}$ besitzt (**Bäuche**, antinodes, der stehenden Welle). Eine analoge Überlegung liefert für die *Totalreflexion am festen Ende* Knoten an den Stellen $x=\ell$, $\ell-\lambda/2$ usw. und Bäuche bei $x=\ell-\lambda/4$, $\ell-3\lambda/4$ usw. Zusammengefasst ergeben sich aus diesen Ergebnissen die beiden folgenden Aussagen: (1) Der Abstand zwischen einem Bauch und einem benachbarten Knoten ist $\lambda/4$. (2) Bei Reflexion an einem festen (losen) Ende entsteht an der Reflexionsstelle ein Knoten (Bauch).
Wenn sowohl bei $x=0$ als auch bei $x=\ell$ eine Reflexion auftritt, so entsteht ein resonanzfähiges System. Im Gegensatz zum linearen Oszillator (s.S.88ff.) gibt es hier aber unendlich viele Resonanzen, die sog. Eigenschwingungen. Als erstes Beispiel betrachten wir die beidseitig eingespannte **Saite** (string) eines Streichinstrumentes. Aus der Forderung, dass sich an beiden Enden, d.h. bei $x=0$ und $x=\ell$, ein Knoten ausbilden muss, folgt die Resonanzbedingung zu $\ell=n\lambda/2$ mit $n=1, 2, 3$ usw. Die Erregung für $n=1$ nennt man die **Grundschwingung** (fundamental vibration) oder auch die **1.Eigenschwingung** (first harmonic). $n=2$ wird als **1.Oberschwingung** (first overtone) oder auch als **2.Eigenschwingung** (second harmonic) bezeichnet usw. Die Resonanzfrequenzen ergeben sich aus der Formel für die Phasengeschwindigkeit $v_P=\lambda f=(F/\rho A)^{1/2}$ (s.Tab.17, S.97) mit $\lambda=2\ell/n$ zu

$$f = \frac{n}{2\ell} \sqrt{\frac{F}{\rho A}} \, , \qquad (148)$$

wobei F die Kraft bezeichnet, mit der die Saite gespannt wird, deren Querschnitt A und deren Dichte ρ ist. Für die Eigenschwingungen einer **Luftsäule** (air filled pipe), die sich in einem Rohr der Länge ℓ befindet, das am einen Ende offen und am anderen Ende mit einem Deckel verschlossen ist (gedackte Orgelpfeife), muss ℓ gleich den möglichen Abständen zwischen Knoten und Bauch sein, d.h. $\ell = (2n-1)\lambda/4$ mit $n=1, 2, 3$ usw. Unter Verwendung der Formel für die Phasengeschwindigkeit (Gl.(144), S.96) ergeben sich die Resonanzfrequenzen zu

$$f = \frac{2n-1}{4\ell} \sqrt{\frac{1}{\kappa\rho}} \, . \qquad (149)$$

Eine einfache Überlegung zeigt, dass für die beidseitig offene Orgelpfeife der Faktor $(2n-1)$ in Gl.(149) durch $2n$ zu ersetzen ist.

Der Doppler-Effekt

Zur Behandlung des **Doppler-Effekts** (Doppler effect, Johann Christian Doppler 1803-1853) betrachten wir im Folgenden eine Schallquelle, die harmonische Wellen mit der Frequenz f aussendet. Wenn die Schallquelle in dem Medium ruht, in dem sich die Schallwellen ausbreiten, so sei deren Wellenlänge λ. Ein *Beobachter, der sich einer solchen Schallquelle mit der Geschwindigkeit v_B nähert* (moving detector), überstreicht in einer Sekunde $f + v_B/\lambda$ Wellenmaxima, d.h. er registriert eine erhöhte Frequenz $f_B = f + v_B/\lambda$. Diese Beziehung lässt sich wegen $v_P = \lambda f$ auch in der Form

$$f_B = f \left(1 + v_B / v_P \right) \qquad (150)$$

schreiben. Entfernt sich der Beobachter von der im Medium ruhenden Schallquelle, so ist v_B in Gl.(150) durch $-v_B$ zu ersetzen, d.h. die Frequenz verringert sich. In dem anderen Fall, bei dem der Beobachter im Medium ruht und sich die *Schallquelle mit der Geschwindigkeit v_S dem Beobachter nähert* (moving source), verkürzt sich die Wellenlänge der Schallwellen in dieser Richtung: Die Schallquelle verfolgt die von ihr ausgesandte Welle, so dass sich die Wellenlänge um diejenige Strecke reduziert, die die Schallquelle in der Zeit $T = 1/f$ zurücklegt. Es ergibt sich also $\lambda_S = \lambda - v_S T$, oder, wegen $f_S = v_P/\lambda_S$ und $f = v_P/\lambda$,

$$f_S = \frac{f}{1 - v_S/v_P} \,. \tag{151}$$

Bei Entfernung der Schallquelle ist v_S in Gl.(151) durch $-v_S$ zu ersetzen, d.h. der Beobachter registriert einen tieferen Ton. Diese Erscheinung ist dem Besucher von Motorrad- oder Autorennen wohlbekannt. Während der Annäherung des Fahrzeugs hört er einen höheren und beim Entfernen einen tieferen Ton als der Tourenzahl des Motors entspricht. Mit wachsender Geschwindigkeit v_S der Schallquelle wird die

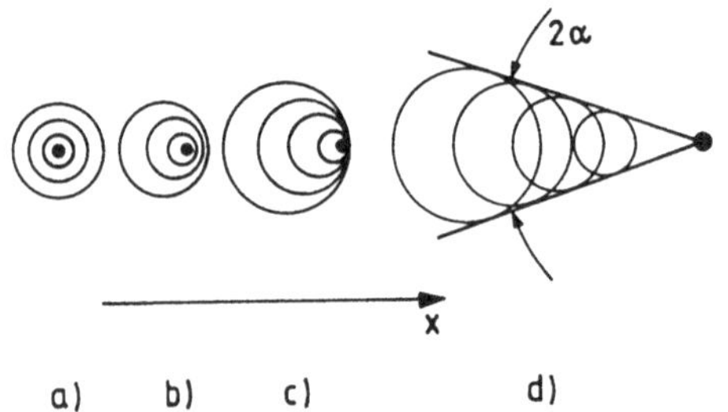

Fig.43 Ausbreitung der Schallwellen eines Flugzeugs, das sich mit der Geschwindigkeit v_S in x-Richtung bewegt:
a) $v_S = 0$, b) $v_S < v_P$, c) $v_S = v_P$, d) $v_S > v_P$, wobei v_P die Schallgeschwindigkeit bezeichnet

Wellenlänge $\lambda_S = \lambda - v_S T$ immer kleiner, bis sie für $\lambda = v_S T$, d.h. für $v_S = v_P$, verschwindet. Die Wellen drängen sich dabei an der Frontseite der Schallquelle zusammen und es entsteht die **Schallmauer** (sound barrier). In Fig.43 ist die Ausbreitung der Schallwellen für ein Flugzeug (Pfeifton des Motors) im Stand (a), bei Unterschallgeschwindigkeit (b), bei Erreichen der Schallgeschwindigkeit (c) und im Überschallbereich (d) dargestellt. Im Überschallflug bilden die zusammengedrängten Schallwellen einen **Mach'schen Kegel** (Mach cone, Ernst Mach 1838-1916), für dessen Öffnungswinkel α man leicht an Hand von Fig.43d die Beziehung

$$\sin\alpha = \frac{v_P}{v_S} \tag{152}$$

ableitet. Den Quotienten v_S/v_P, d.h. den Kehrwert von $\sin\alpha$, bezeichnet man als **Mach-Zahl** (Mach number). Das Auftreffen des Mach'schen Kegels, den z.B. ein mit Überschallgeschwindigkeit fliegendes Objekt erzeugt, wird am Erdboden akustisch als Knall registriert.

5.4 Schallwellen (Akustik)

Schallwellen (sound waves) sind longitudinale oder transversale mechanische Wellen, die sich in elastischen Medien ausbreiten. Für den Menschen liegt der **Hörbereich** (audible frequency range) zwischen 16Hz und 20kHz, wobei die obere Grenzfrequenz mit wachsendem Alter immer niedriger wird und in die Größenordnung von 10kHz kommt. Wellen mit Frequenzen im Gebiet zwischen 20kHz und 10GHz bezeichnet man als **Ultraschallwellen** (supersonic waves), solche oberhalb von 10GHz als **Hyperschallwellen** (hypersonic waves). Die letzteren treten als thermische Gitterschwingungen in Festkörpern auf. Eine *harmonische* Welle im Hörbereich nennt man einen **Ton** (sound). Ein **Klang** (musical sound) besteht aus einem Grundton und mehreren Obertönen. Sind einige Obertöne besonders intensiv, so spricht man von einem **Akkord** (accord). Töne, Klänge und Akkorde sind streng periodisch. Nichtperiodische akustische Erregungen nennt man **Geräusch** (noise). Für die Schallgeschwindigkeit in Luft gilt nach Gl.(144), S.96, $v_P = (\kappa\rho)^{-1/2}$, wobei ρ die Dichte der Luft und κ die durch Gl.(80), S.61, definierte Kompressibilität bezeichnet. Da bei den Schallwellen sehr schnelle Druckschwankungen auftreten, erfolgen diese nicht isotherm, sondern adiabatisch, d.h. ohne Austausch von Wärmeenergie mit der Umgebung. Deshalb ist in die Gleichung für v_P die **adiabatische Kompressibilität** (adiabatic compressibility) $(p\gamma)^{-1}$ und nicht die auf S.61 berechnete isotherme Kompressibilität (isothermal compressibility) p^{-1} idealer Gase einzusetzen.

Für adiabatische Vorgänge in idealen Gasen gilt die Poisson'sche Gleichung $pV^{\gamma}=B$ (s.Gl.(182), S.118), wobei γ und B Konstanten sind. Damit folgt $V=B^{1/\gamma}p^{-1/\gamma}$ und $dV/dp=-(1/\gamma)p^{-1-1/\gamma}B^{1/\gamma}$. Einsetzen in die Definitionsgleichung $\kappa=-(1/V)dV/dp$ liefert für die adiabatische Kompressibilität idealer Gase $\kappa=(p\gamma)^{-1}$. Für Luft als (im Wesentlichen) zweiatomiges Gas gilt $\gamma=1,4$ (s.Tab.23, S.115).

Ersetzt man noch die Dichte der Luft nach Gl.(91), S.66, so folgt

$$v_P - \sqrt{R\,T\,\gamma\,/\,M}\,. \tag{153}$$

Bei $T=273$K ergibt sich also für die Schallgeschwindigkeit in Luft ($M=28{,}96\cdot10^{-3}$kg/mol, sowie $\gamma=1{,}4$) 331,3m/s, was relativ gut mit dem experimentellen Wert von 331,45m/s für trockene Luft [LID90] übereinstimmt. Wesentlich ist auch, dass die Schallgeschwindigkeit nach Gl.(153) nicht vom Druck abhängt und dass sie mit der Wurzel aus der absoluten Temperatur zunimmt.

Größen des Schallfeldes

Nach Abschn.5.2, S.92ff., gilt für die Zeit- und Ortsabhängigkeit des Drucks bei einer harmonischen Welle, die sich in positiver x-Richtung bewegt, $p(t,x)=\hat{p}\cos[\omega(t-x/v_\mathrm{P})]$ mit $\omega=2\pi/T$ und $\omega/v_\mathrm{P}=2\pi/\lambda$. Da sich der Gesamtdruck aus der Summe von $p(t,x)$ und dem statischen Druck p_s zusammensetzt, bezeichnet man $p(t,x)$ genauer als den **Schallwechseldruck** (alternating pressure). Wie wir noch sehen werden, ist bei den üblichen Schallintensitäten die Amplitude $\hat{p}$ des Schallwechseldrucks um mehrere Zehnerpotenzen kleiner als der statische Luftdruck p_s. Durch die Schallwelle werden die Teilchen des Mediums, in dem sich der Schall ausbreitet, aus ihren jeweiligen Ruhelagen x periodisch um Strecken verschoben, die wir mit ξ bezeichnen und die unter der Annahme einer longitudinalen Welle ebenfalls in x-Richtung liegen. Die Zeitableitung $\mathrm{d}\xi/\mathrm{d}t=v_x$ nennt man **Verschiebungsgeschwindigkeit** oder **Schallschnelle** (speed of displacement). Eine einfache Rechnung liefert

$$v_x = \frac{\hat{p}}{\rho\,v_\mathrm{P}}\,\cos[\omega(t-x/v_\mathrm{P})]\ . \tag{154}$$

Die Ableitung von $p(t,x)=\hat{p}\cos[\omega(t-x/v_\mathrm{P})]$ nach dem Ort x liefert $\partial p/\partial x=\hat{p}(\omega/v_\mathrm{P})\sin[\omega(t-x/v_\mathrm{P})]$. Dies setzen wir in die Gl.(141), S.95, ein und erhalten $\partial v_x/\partial t=-\rho^{-1}\hat{p}(\omega/v_\mathrm{P})\sin[\omega(t-x/v_\mathrm{P})]$. Daraus folgt durch Integration $v_x=\rho^{-1}(\hat{p}/v_\mathrm{P})\cos[\omega(t-x/v_\mathrm{P})]+C$. Da für $\hat{p}=0$ auch $v_x=0$ gelten muss, verschwindet die Integrationskonstante C und es ergibt sich die Gl.(154).

Aus Gl.(154) erkennt man, dass die Verschiebungsgeschwindigkeit die gleiche Phase wie der Schallwechseldruck besitzt. Das Verhältnis aus der Amplitude $\hat{p}$ des Schallwechseldrucks und der Amplitude $\hat{v}_x=\hat{p}(v_\mathrm{P}\rho)^{-1}$ der Verschiebungsgeschwindigkeit nennt man **Schallwellenwiderstand** (acoustic resistance). Für Luft mit $\rho\approx$ $1{,}29\mathrm{kg/m^3}$ und $v_\mathrm{P}\approx333\mathrm{m/s}$ ergibt sich ungefähr $430\mathrm{kgm^{-2}s^{-1}}$. Die **Verschiebung** (displacement) ξ erhält man aus Gl.(154) durch Integration und unter Beachtung der Tatsache, dass ξ für $\hat{p}=0$ verschwinden muss, zu

$$\xi = \frac{\hat{p}}{\rho\,\omega\,v_\mathrm{P}}\,\sin[\omega(t-x/v_\mathrm{P})]\ . \tag{155}$$

Man ersieht daraus, dass die Verschiebungsamplitude $\hat{\xi}=\hat{p}(\rho\omega v_\mathrm{P})^{-1}$ mit wachsender Frequenz ω immer kleiner wird und dass ξ gegenüber dem Schallwechseldruck p und der Verschiebungsgeschwindigkeit v_x eine Phasenverschiebung von $\pi/2$ besitzt. Die Phasenverschiebung von $\pi/2$ zwischen ξ und v_x bedeutet, dass die Energie der Teilchen ständig zwischen maximaler potentieller Energie ($\xi=\hat{\xi}$) und maximaler kinetischer Energie ($v_x=\hat{v}_x$) pendelt. Da die Gesamtenergie konstant sein muss, können wir sie aus einem der beiden Maxima berechnen. Wir wählen die kinetische Energie, die für ein Massenelement $\mathrm{d}m$ die Größe $(\hat{v}_x^2/2)\mathrm{d}m$ besitzt. Die **Energiedichte** (energy density), die wir mit ρ_W bezeichnen wollen, ergibt sich daraus, indem man durch das Volumenelement $\mathrm{d}V$ dividiert. Mit der Dichte $\rho = \mathrm{d}m/\mathrm{d}V$ des Mediums folgt dann sofort

$$\rho_W = \rho\, \hat{v}_x^2 / 2 \; . \tag{156}$$

Analog zur Gl.(101), S.73, die die Massenstromdichte $\vec{j}_m$ mit der (Massen-) Dichte ρ verknüpft, ergibt sich die **Energieflussdichte** (energy flux density) $\vec{j}_W$, die auch **Schallintensität** oder **Schallstärke** (sound intensity) genannt wird, aus der Beziehung

$$\vec{j}_W = \rho_W\, \vec{v}_\mathrm{P} \; . \tag{157}$$

Die Energieflussdichte stellt also die Energie dar, die in 1 Sekunde durch $1\mathrm{m}^2$ senkrecht zur Strahlrichtung transportiert wird. In der Akustik ist es üblich, an Stelle der Energieflussdichte, den **Schallpegel** (sound level) L mit der Einheit **Dezibel** (dB) anzugeben:

$$\frac{L}{\mathrm{dB}} = 10 \lg \left(\frac{j_W}{j_{0W1000}} \right) . \tag{158}$$

lg bezeichnet den 10-er Logarithmus und die Größe j_{0W1000} die sog. Hörschwelle für 1000Hz (s.S.104), die gleich $10^{-12}\mathrm{W/m}^{-2}$ ist.

Als Beispiel, welche Werte die charakteristischen Größen eines Schallfeldes annehmen können, betrachten wir einen Lautsprecher, der in den vor ihm liegenden Halbraum gleichmäßig eine Leistung P von 100W abstrahlt. Im Abstand $x=2\mathrm{m}$ ergeben sich dann folgende Zahlenwerte: Für die Energieflussdichte folgt definitionsgemäß $j_W = P/(\tfrac{1}{2}4\pi x^2) \approx 4\mathrm{W/m}^2$ und für den Schallpegel nach Gl.(158) $L \approx$ 126dB. Gl.(157) liefert mit $v_\mathrm{P} \approx 333\mathrm{m/s}$ für die Energiedichte $\rho_W = j_W/v_\mathrm{P} \approx 12 \cdot 10^{-3}\mathrm{Ws/m}^3$. Die Amplitude $\hat{v}_x$ der Verschiebungsgeschwindigkeit ergibt sich aus Gl.(156) zu $\hat{v}_x = (2\rho_W/\rho)^{1/2} \approx 0{,}14\mathrm{m/s}$ und für die Druckamplitude $\hat{p}$ folgt aus Gl.(154) $\hat{p} = \rho v_\mathrm{P} \hat{v}_x \approx 60\mathrm{Pa}$, was um mehr als drei Zehnerpotenzen kleiner ist als der statische Luftdruck ($p_\mathrm{s} \approx 0{,}1\mathrm{MPa}$). Die Verschiebungsamplitude $\hat{\xi} = \hat{p}/(\rho\omega v_\mathrm{P})$ (s.Gl.(155)) hängt von der Frequenz ab. Für den **Kammerton a** (concert pitch) mit $f=440\mathrm{Hz}$ ergibt sich $\hat{\xi} \approx 50\mu\mathrm{m}$.

Die Lautstärke

In diesem Abschnitt beschäftigen wir uns mit der Frage, was wir empfinden, wenn auf unser Ohr eine bestimmte Energieflussdichte trifft. Wir nehmen zunächst an, es handele sich um eine harmonische Schallwelle, d.h. um einen Ton, mit der Frequenz 1000Hz. Gemittelt über eine große Anzahl von gesunden Personen stellt man fest, dass die sog. **Hörschwelle** (threshold of hearing) j_{0W1000} bei 10^{-12}W/m^2 liegt. Dies bedeutet, dass der Ton für Energieflussdichten j_W kleiner als 10^{-12}W/m^2 nicht mehr vernommen wird. Bezeichnen wir mit δj_W den *Unterschied* zwischen zwei Energieflussdichten, den man mit dem Ohr gerade noch feststellen kann, so findet man experimentell, dass diese Differenz mit der Größe der Energieflussdichte anwächst, d.h. es gilt $\delta j_W \propto j_W$. Diese Beziehung, die auch für optische Wahrnehmungen und andere Sinnesempfindungen Gültigkeit besitzt, heißt **Weber-Fechner'sches Grundgesetz** (Ernst Heinrich Weber 1795-1878, Gustav Theodor Fechner 1801-1887). Man definiert deshalb die Lautstärke für 1000Hz mit der Einheit **Phon** durch die Gleichung

$$\frac{\Lambda_{1000}}{\text{Phon}} = 10 \, \lg \left(\frac{j_{W1000}}{j_{0W1000}} \right) . \tag{159}$$

lg bezeichnet, wie auch in Gl.(158), den 10-er Logarithmus. Damit ergibt sich für den gerade noch wahrnehmbaren Unterschied in den Energieflussdichten, die von zwei Schallquellen mit der gleichen Frequenz (im vorliegenden Fall 1000Hz) herrühren, ein konstanter Wert, nämlich ca. 3 Phon.

Der Proportionalitätsfaktor im Weber-Fechner'schen Grundgesetz $\delta j_W \propto j_W$ kann gleich 1 gesetzt werden, da $\delta j_W = j_{0W}$ für $j_W = j_{0W}$ gilt. Die Differenz zweier Lautstärken, die gerade noch unterschieden werden können, ergibt sich deshalb nach Gl.(159) zu $10\lg[(j_{W1000} + \delta j_{W1000})/j_{0W1000}] - 10\lg[j_{W1000}/j_{0W1000}] = 10\lg[2j_{W1000}/j_{0W1000}] - 10\lg[j_{W1000}/j_{0W1000}] = 10\lg2 \approx 3{,}01\text{Phon}$.

Die **Lautstärke** (loudness), die ein Beobachter empfindet, wenn von einer Schallquelle mit der Frequenz f die Energieflussdichte j_W auf sein Ohr trifft, muss durch Vergleichsmessungen bestimmt werden. Das Ergebnis lässt sich in der Form

$$\frac{\Lambda}{\text{Phon}} = K_f \, 10 \, \lg \left(\frac{j_W}{j_{0Wf}} \right) \tag{160}$$

schreiben, wobei j_{0Wf} die Hörschwelle bei der Frequenz f bezeichnet und K_f ein ebenfalls von der Frequenz abhängiger empirischer Proportionalitätsfaktor ist. Auf der folgenden Seite sind in Fig.44 Kurven gleicher Lautstärke Λ in Abhängigkeit von der Frequenz f und der Energieflussdichte j_W bzw. dem Schallpegel L (s.Gl.(158)) dargestellt.

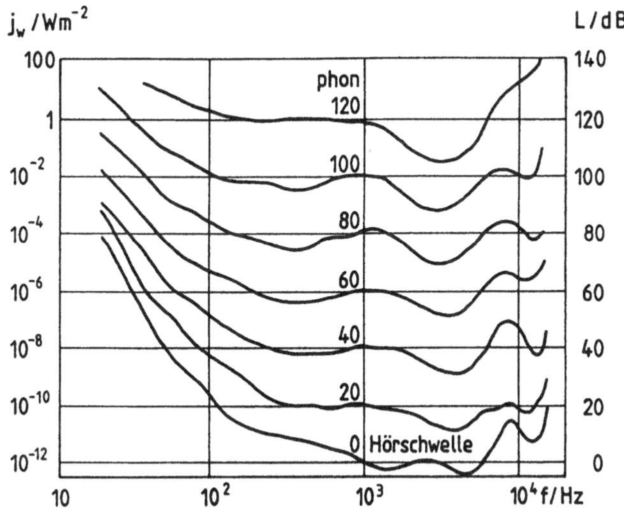

Fig.44 Kurven gleicher Lautstärke Λ in Abhängigkeit von der Frequenz f und der Energieflussdichte j_w bzw. dem Schallpegel L (s.Gl.(158), S.103).

Bei nichtharmonischen Schallwellen muss über die durch Fig.44 gegebenen Frequenzabhängigkeiten gemittelt werden. Einige Zahlenbeispiele für derartige gemittelte Lautstärken sind in Tab.18 zusammengestellt. Gehörschädigungen treten bereits ab ca. 85Phon auf. Oberhalb von 120Phon sind Gehörschädigungen sogar nach kurzer Einwirkung möglich.

Tab. 18 Einige Beispiele für gemittelte Lautstärken

	$\langle\Lambda\rangle$ / Phon
untere Hörschwelle	0
leises Uhrticken	15
gedämpfte Unterhaltungssprache	40
lautes Sprechen	60
Schreien	80
Niethämmer	110
Schmerzschwelle	130

6   Die Zustandsgleichung idealer Gase

Hermann Minkowski: Ach, der Einstein, der schwänzte immer die Vorlesungen - dem hätte ich das (die Relativitätstheorie) gar nicht zugetraut.

6.1   Ableitung der Zustandsgleichung, das Gleichverteilungsgesetz

Wir betrachten eine große Anzahl von Teilchen, die sich in einem Volumen V im thermischen Gleichgewicht mit der Umgebung bei der Temperatur T befinden sollen. Das Eigenvolumen der Teilchen sei vernachlässigbar und die Reichweite der Kräfte zwischen den Teilchen klein gegen ihren mittleren Abstand (verdünnte Gase). Um bestimmte Quanteneffekte auszuschließen, sei außerdem das Produkt aus mittlerem Impuls und mittlerem Abstand der Teilchen groß gegen die Planck'sche Konstante, d.h. die de Broglie'sche Wellenlänge (s.S.416) soll klein sein gegen den mittleren Abstand der Teilchen. Dann lässt sich die folgende **Zustandsgleichung des idealen Gases** (ideal gas law)

$$p\,V = n\,R\,T \tag{161}$$

ableiten, wobei p den Druck in Pa, V das Volumen in m³, T die Temperatur in K und n die Anzahl der Mole des Gases bezeichnet. R ist die **allgemeine Gaskonstante** (molar gas constant) ($R = 8{,}314510(70)\mathrm{Jmol^{-1}K^{-1}}$, [LID90]). Ein System, das der Gl.(161) genügt, heißt (klassisches) **ideales Gas** (ideal gas). Zur elementaren Ableitung der Zustandsgleichung betrachten wir den in Fig.45, S.107 dargestellten Quader mit dem Volumen $V = A\ell$, in dem sich die n Mole, d.h. nN_A Teilchen befinden sollen. N_A ist die Avogadro'sche Zahl ($N_A = 6{,}0221367(36)\cdot10^{23}$ mol⁻¹, [LID90]). Ein Teilchen, das mit dem Impuls mv_x auf die rechte Wand auftrifft, übt auf diese nach dem 2.Newton'schen Axiom im Mittel die Kraft $F_x^{(1)} = \Delta mv_x/\Delta t$ aus. Dabei bezeichnet Δt das Zeitintervall zwischen zwei aufeinander folgenden Stößen des Teilchens an diese Wand und Δmv_x die Änderung des Impulses beim Stoß. Da es sich um einen elastischen Stoß handeln soll, gilt $\Delta mv_x = mv_x - m(-v_x) = 2mv_x$. Mit $\Delta t = 2\ell/v_x$ (s.Fig.45) folgt $F_x^{(1)} = 2mv_x/(2\ell/v_x) = mv_x^2/\ell$ und für die mittlere Kraft F_x, die alle nN_A Teilchen auf die rechte Wand ausüben, gilt

$$F_x = nN_A\frac{m\langle v_x^2\rangle}{\ell}\,. \tag{162}$$

$\langle v_x^2\rangle$ stellt den Mittelwert des Quadrates der x-Komponente der Teilchengeschwindigkeit dar. Aus $v^2 = v_x^2 + v_y^2 + v_z^2$ folgt durch Mittelwertbildung

$\langle v^2 \rangle = \langle v_x^2 \rangle + \langle v_y^2 \rangle + \langle v_z^2 \rangle$ und, wegen der Isotropie ($\langle v_x^2 \rangle = \langle v_y^2 \rangle = \langle v_z^2 \rangle$), die Beziehung $\langle v_x^2 \rangle = \langle v^2 \rangle/3$.

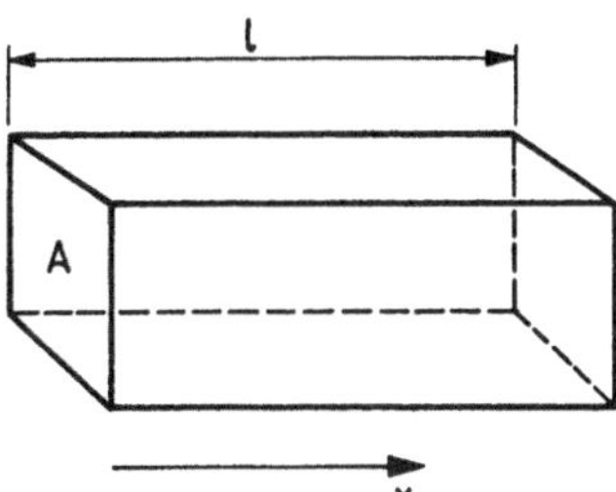

Fig.45 Zur Ableitung der Zustandsgleichung idealer Gase

Durch Einsetzen dieses Ausdrucks in Gl.(162) ergibt sich unter Beachtung von $V = A\ell$ für den Druck $p = F_x/A$ des Gases

$$p = \frac{1}{V}\, nN_A\, \frac{m\langle v^2 \rangle}{3}\,. \tag{163}$$

Ein Vergleich mit der Zustandsgleichung des idealen Gases, Gl.(161), liefert die Beziehung

$$T = \frac{N_A}{R}\, \frac{m\langle v^2 \rangle}{3}\,. \tag{164}$$

Damit wird die absolute Temperatur T mit einer mikroskopischen Größe, nämlich mit der mittleren kinetischen Energie $\langle E^{(1)} \rangle = m\langle v^2 \rangle/2$ *eines* Gasteilchens verknüpft. Unter Beachtung der Tatsache, dass der Quotient R/N_A als **Boltzmann-Konstante** (Boltzmann constant) k bezeichnet wird, lässt sich die Gl.(164) umschreiben zu

$$\langle E^{(1)} \rangle = 3\,kT/2. \tag{165}$$

Zur Erweiterung dieser Gleichung auf mehratomige Teilchen definieren wir die **Anzahl z_F der Freiheitsgrade** (degrees of freedom) als Anzahl derjenigen (linear voneinander unabhängigen) Orts- und Geschwindigkeitskomponenten, die quadratisch in die **mechanische Energie** (mechanical energy), d.h. in die Summe aus kinetischer und potentieller Energie, des Teilchens eingehen. Im vorliegenden Fall einatomiger, kräftefreier Teilchen besitzen diese nur translatorische kinetische Energie, die sich in der Form $E^{(1)} = (mv_x^2/2) + (mv_y^2/2) + (mv_z^2/2)$ schreiben lässt, woraus $z_F = 3$ folgt. Die Verallgemeinerung von Gl.(165), nämlich

$$\langle E^{(1)} \rangle = z_F\, kT/2 \, , \qquad\qquad\qquad\qquad (166)$$

wird als **Gleichverteilungsgesetz, Gleichverteilungssatz** oder auch **Äquipartitionsgesetz** (equipartition of energy) bezeichnet. Der Beweis lässt sich mit Hilfe der Formel für die Boltzmann-Verteilung (s.Gl.(171), S.111) führen. Man findet ihn z.B. in [HÄN93]. In Worten besagt das Gleichverteilungsgesetz, dass *ein Teilchen, das sich im thermischen Gleichgewicht bei der Temperatur T befindet, pro Freiheitsgrad die mittlere mechanische Energie kT/2 besitzt.* Dabei ist zu beachten, dass für eine lineare harmonische Schwingung nach der obigen Definition der Freiheitsgrade $z_F = 2$ gilt.

Es sei ℓ der momentane und ℓ_0 der Gleichgewichtsabstand der beiden gegeneinander schwingenden Massen eines zweiatomigen Teilchens. Aus der rücktreibenden Kraft $F = -K(\ell - \ell_0)$ ergibt sich für die potentielle Energie des zweiatomigen Teilchens $E^{(1)}_{pot} = K(\ell - \ell_0)^2/2$. Für die kinetische Energie gilt $E^{(1)}_{kin} = m[d(\ell - \ell_0)/dt]^2/4$, so dass sowohl $(\ell - \ell_0)$ als auch $d(\ell - \ell_0)/dt$ quadratisch in die Gesamtenergie eingehen, woraus $z_F = 2$ folgt.

In Tab.19, S.109, sind für einatomige, starre zweiatomige, starre dreiatomige und schwingende zweiatomige Teilchen die Freiheitsgrade und die daraus resultierenden mittleren Energien $\langle E^{(1)} \rangle$ aufgelistet.
Zusammengefasst ergeben sich folgende Aussagen zum Begriff der Temperatur: (1) Die absolute Temperatur in K ist durch die Festlegung definiert, dass der Tripelpunkt des Wassers (s.S.162) eine Temperatur von 273,16K besitzt. (2) Die absolute Temperatur kann gemäß Gl.(161), S.106, durch die Messung des Drucks eines idealen Gases bei konstanter Molzahl und konstantem Volumen (s. Gasthermometer, S.110) bestimmt werden. (3) Die absolute Temperatur stellt ein Maß für die innere mechanische Energie eines Körpers dar. (4) Besteht der Körper aus nN_A wechselwirkungsfreien Teilchen, so beträgt seine innere mechanische Energie (s.S.117), die man mit U bezeichnet,

$$U = nN_A\, z_F\, kT/2 \, . \qquad\qquad\qquad\qquad (167)$$

Daraus ergibt sich eine wichtige Schlußfolgerung für das ideale Gas: Wenn man das Volumen des Gases ohne Verrichtung von Arbeit vergrößert, z.B. dadurch, dass sich das Gas in einen evakuierten Raum ausdehnt, so bleibt die innere mechanische Energie und damit die Temperatur konstant. Wenn dieser Vorgang aber mit einer Arbeitsleistung verbunden ist, z.B. soll bei der Ausdehnung des Gases ein Kolben bewegt werden, der ein Gewicht hebt, so verringert sich die innere mechanische Energie und das Gas kühlt sich ab.

Tab.19 Freiheitsgrade und mittlere thermische Energien für ein-, zwei- und drei-atomige Teilchen. Die Geschwindigkeitskomponenten v_x, v_y, v_z beziehen sich auf den Schwerpunkt der Teilchen

		Freiheitsgrade	$\langle E^{(1)}\rangle$
		v_x, v_y, v_z	$3kT/2$
	konstantes l	v_x, v_y, v_z, $d\alpha/dt$, $d\beta/dt$	$5kT/2$
	konstante Abstände	v_x, v_y, v_z $d\alpha/dt$, $d\beta/dt$, $d\gamma/dt$	$6kT/2$
	variables l	v_x, v_y, v_z $d\alpha/dt$, $d\beta/dt$ $(\ell-\ell_0)$, $d(\ell-\ell_0)dt$	$7kT/2$

6.2 Spezialfälle der Zustandsgleichung, die Wärmeausdehnung

(1) Bei konstant gehaltener Molzahl und Temperatur (**isothermer Prozess**, isothermal transformation) ergibt sich aus Gl.(161), S.106 die Beziehung pV=const, die man als **Boyle-Mariotte'sches Gesetz** bezeichnet (Robert Boyle 1627-1691, Edmé Mariotte 1620-1684).

(2) Für konstante Molzahl und konstanten Druck (**isobarer Prozess**, isobaric transformation) folgt das **Gay-Lussac'sche Gesetz** V/T=const (Joseph Gay-Lussac 1778-1850). Bezeichnet man das Volumen des Gases bei 0°C, d.h. für $T=T_0=$ 273,15K, mit V_0, so folgt aus $V/T=V_0/T_0$ die Beziehung $V=V_0[1+\gamma_e^{\,i}(T-T_0)]$ mit dem kubischen Ausdehnungskoeffizienten des idealen Gases $\gamma_e^{\,i}=(273,15\text{K})^{-1}$. Wie man leicht sieht, ist die Differenz $(T-T_0)$ gerade die Temperatur in °C. Für beliebige Stoffe (Gase, Flüssigkeiten, Festkörper) führt man analog zu dieser Beziehung den **kubischen Ausdehnungskoeffizienten** (coefficient of cubic expansion) γ_e durch die Gleichung

$$V = V_0 \left[\, 1 + \gamma_e(T-T_0) \,\right] \tag{168}$$

ein, der i.Allg. noch von der Temperatur selbst und dem Druck abhängt. Einige

Zahlenwerte für γ_e sind in Tab.20 zusammengestellt.

Tab.20 Beispiele für kubische Ausdehnungskoeffizienten bei 25°C [LID90]

Substanz	γ_e / K^{-1}
ideales Gas ($\gamma_e = 1/273{,}15$K)	$3{,}661 \cdot 10^{-3}$
Luft (0,1MPa)	$3{,}340 \cdot 10^{-3}$
Aluminium	$0{,}075 \cdot 10^{-3}$
Platin	$0{,}027 \cdot 10^{-3}$

Bei Festkörpern definiert man noch den **linearen Ausdehnungskoeffizienten** (coefficient of linear expansion) α_e durch die Gleichung

$$\ell = \ell_0 \left[1 + \alpha_e(T - T_0) \right] , \tag{169}$$

wobei ℓ_0 bzw. ℓ die Länge bei der Temperatur T_0 bzw. T ist. Unter der Annahme kleiner Temperaturänderungen, d.h. $\alpha_e(T - T_0) \ll 1$, folgt durch Einsetzen von Gl.(169) in $\ell^3 = V$ und Vergleich mit Gl.(168) die Beziehung $\alpha_e = \gamma_e/3$.
(3) Bei konstant gehaltener Molzahl und konstant gehaltenem Volumen (**isochorer Prozess**, isochoric transformation) ergibt sich aus Gl.(161), S.106, die Beziehung $p/T = $const, die man auch als **Charles'sches Gesetz** (Alexander César Charles 1746-1823) bezeichnet. Wie schon erwähnt, kann man auf diese Weise die absolute Temperatur durch Druckmessungen bestimmen (**Gasthermometer**, constant-volume gas thermometer), sofern ein Gas, wie z.B. Helium, Verwendung findet, das dem idealen Gas möglichst nahe kommt.

6.3   Die Boltzmann-Verteilung

Bei der Ableitung der Zustandsgleichung für ideale Gase trat nur das **mittlere Quadrat der Geschwindigkeit** (mean square speed) $\langle v^2 \rangle$ auf, für das nach Gl.(164), S.107,

$$\langle v^2 \rangle = 3\,kT\,/\,m \tag{170}$$

gilt. Einige Zahlenwerte für die **Wurzel aus dem mittleren Quadrat** (rms, root mean square) von v und für die Schallgeschwindigkeit in den betreffenden Gasen findet man auf der nächsten Seite in Tab.21. Der offensichtliche Zusammenhang zwischen den beiden Größen ist nicht überraschend, wenn man bedenkt, dass sich Druckstörungen (Schall) höchstens so schnell ausbreiten können, wie sich die Teilchen bewegen.

Die Gl. (170) gilt auch für beliebig große Massen. Für Teilchen mit einem Radius R von 5 μm und einer Dichte $\rho=900$ kg/m^3 (dies entspricht einem mittleren Fetttröpfchen von Milch) ergibt sich die Masse aus $m=\rho\cdot4\pi R^3/3$ zu $4,7\cdot10^{-13}$kg. Mit $k\approx1,38\cdot10^{-23}$J/K und $T=300$K folgt $(\langle v^2\rangle)^{1/2}\approx0,2$ mm/s, was im Mikroskop als unregelmäßige Bewegung gut beobachtbar ist. Diese Erscheinung wird als **Brown'sche Bewegung** (Brownian motion, Robert Brown 1773-1858) bezeichnet.

Tab.21 Wurzel aus dem mittleren Quadrat der Teilchengeschwindigkeit und experimentelle Werte für die Schallgeschwindigkeit v_P in einigen Gasen bei 0˚C und 0,1 MPa [LID90]

Gas	$(\langle v^2\rangle)^{1/2}$ / ms^{-1}	v_P / ms^{-1}
Wasserstoff (H$_2$)	1839	1284
Stickstoff (N$_2$)	491,5	334
Chlor (Cl$_2$)	308,9	206

Im Weiteren fragen wir nicht mehr allein nach dem Mittelwert $\langle v^2\rangle$, sondern nach der Wahrscheinlichkeit, mit der eine bestimmte Geschwindigkeit auftritt. Diese beschreiben wir quantitativ durch die **Wahrscheinlichkeitsdichte** (probability density) $p(v)$, die dadurch definiert ist, dass *p(v)dv die relative Anzahl der Teilchen angibt, deren Betrag der Geschwindigkeit in das Intervall von v bis v+dv fällt.* Zur Ableitung verwenden wir die Formel für die **Boltzmann-Verteilung** (Boltzmann distribution, Ludwig Boltzmann 1844-1906, s.S.488): Es sei $P(E)dE$ die Wahrscheinlichkeit dafür, dass die Energie eines Teilchens in das Intervall von E bis $E+dE$ fällt. Dann gilt für die Wahrscheinlichkeitsdichte der Energie

$$P(E) = G(E) \exp[-E/(kT)] \ . \tag{171}$$

$G(E)$ heißt **statistisches Gewicht** (intrinsic probability) der Energie. Es ist dadurch definiert, dass $G(E)dE$ die relative Anzahl der möglichen Zustände eines Teilchens angibt, dessen Energie in das Intervall von E bis $E+dE$ fällt. Die Anwendung von Gl.(171) auf einatomige kräftefreie Teilchen führt zur **Maxwell'schen Geschwindigkeitsverteilung** (Maxwell speed distribution, James Clerk Maxwell 1831-1879)

$$p(v) = \sqrt{\frac{2}{\pi}} \left(\frac{m}{kT}\right)^{3/2} v^2 \, e^{-\frac{mv^2}{2kT}} \ . \tag{172}$$

Wir definieren $p(v)$ und $g(v)$ analog zu $P(E)$ und $G(E)$. Wegen $P(E)dE=p(v)dv$ folgt dann für einatomige, kräftefreie Teilchen, d.h. $E=mv^2/2$, die Beziehung $p(v)=mvP(E)$. Analog ergibt sich $g(v)=mvG(E)$. Damit lässt sich die Gl.(171) in der Form $p(v)=g(v)\exp[-mv^2/(2kT)]$ schreiben. Um die relative Anzahl $g(v)dv$ der Zustände für ein Teilchen zu ermitteln, dessen Betrag der Geschwindigkeit in das Intervall von v bis $v+dv$ fällt, betrachten wir den v_x-v_y-v_z-Raum. Dann ist $g(v)$ proportional zu dem Volumen, in dem die Pfeilspitzen aller Vektoren $\vec{v}$ liegen, deren Betrag in das Intervall von v bis $v+dv$ fällt. Da sich dieses Volumen aus der Differenz zwischen den Volumina der Kugeln mit den Radien $v+dv$ und v zu $4\pi v^2dv$ ergibt, muss $g(v)$ proportional zu v^2 sein. Es folgt somit $p(v)\propto v^2\exp[-mv^2/(2kT)]$. Die noch fehlende Proportionalitätskonstante bestimmt man leicht aus der Bedingung $\int_0^\infty p(v)dv=1$ unter Verwendung des bestimmten Integrals $\int_0^\infty x^2\exp(-x^2)dx=(\pi/16)^{1/2}$ und erhält damit die Gl.(172).

Das Maximum von $p(v)$ ergibt sich für die sog. **wahrscheinlichste Geschwindigkeit** (most probable speed) $v=v_w=(2kT/m)^{1/2}$, wie man leicht durch Nullsetzen der Ableitung zeigen kann. Für den durch $\langle v\rangle=\int_0^\infty vp(v)dv$ definierten **Mittelwert des Betrags der Geschwindigkeit** (average speed) folgt $\langle v\rangle=(8kT/\pi m)^{1/2}$ und für $\langle v^2\rangle=\int_0^\infty v^2p(v)dv$ der schon durch Gl.(170), S.110, bekannte Wert. Die Reihenfolge, dass die wahrscheinlichste Geschwindigkeit kleiner ist als der Mittelwert des Betrages der Geschwindigkeit und dieser wiederum kleiner als die Wurzel aus dem Mittelwert des Quadrates, ergibt sich aus der Asymmetrie der Verteilungsfunktion $p(v)$ um ihr Maximum. In Fig.46 sind die Geschwindigkeitsverteilungen für Helium und Luft dargestellt.

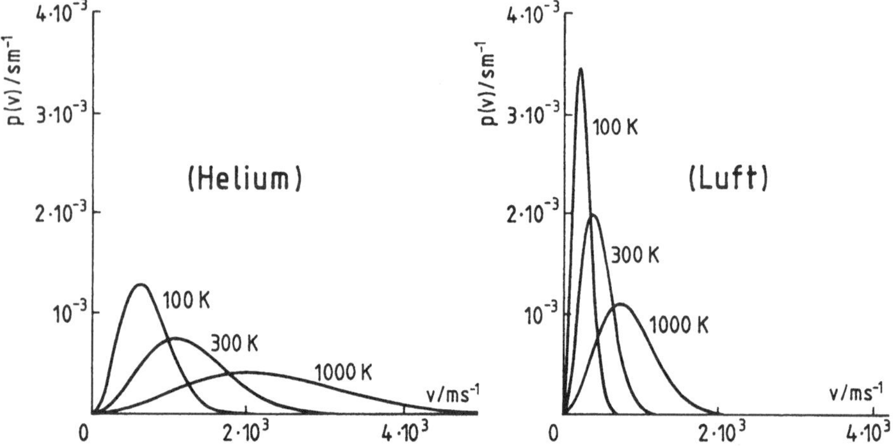

Fig.46 Maxwellsche Geschwindigkeitsverteilungen für Helium ($m_{\text{Helium}}\approx6{,}65\cdot10^{-27}$kg) und Luft ($m_{\text{Luft}}\approx0{,}75m_{\text{Stickstoff}}+0{,}25m_{\text{Sauerstoff}}\approx4{,}81\cdot10^{-26}$kg) bei verschiedenen Temperaturen

7 Wärmekapazitäten

Die wichtigsten Grundgesetze und Grundtatsachen der Physik sind alle schon entdeckt. ... Unsere künftigen Entdeckungen müssen wir in den 6. Dezimalstellen suchen (Albert Abraham Michelson 1903).

Den Begriff der **Wärmeenergie** (heat), die gewöhnlich mit dem Buchstaben Q bezeichnet wird, erläutern wir durch folgendes Gedankenexperiment: Ein heißer Körper mit der Temperatur T_1 und der inneren mechanischen Energie U_1 werde mit einem kalten Körper der Temperatur T_2 und der inneren mechanischen Energie U_2

in Kontakt gebracht. Dann stellt sich erfahrungsgemäß nach einiger Zeit eine mittlere Temperatur T_m ein. Unter der Voraussetzung konstanter Volumina bedeutet dies, dass sich U_1 auf $U_1 - \Delta Q$ verringert und U_2 auf $U_2 + \Delta Q$ vergrößert hat: Es ist die Wärmeenergie ΔQ vom heißen Körper zum kalten Körper übergegangen. Wenn man einem Körper bei konstant gehaltenem Volumen die Wärmeenergie ΔQ zuführt, so erhöht sich seine Temperatur um einen bestimmten Betrag ΔT, der von der Art des Körpers und seiner Masse abhängt. Man schreibt

$$\Delta T = \frac{1}{C_V}\, \Delta Q \qquad\qquad (173)$$

und nennt die Größe C_V die **Wärmekapazität** (heat capacity) des Körpers bei konstantem Volumen. Aus der Definitionsgleichung (173) folgt für die Einheit von C_V der Quotient J/K. Als **spezifische Wärmekapazität** (specific heat capacity) C_V^s bei konstantem Volumen definiert man den Quotienten aus Wärmekapazität C_V und Masse m, so dass sich

$$\Delta T = \frac{1}{m C_V^s}\, \Delta Q \qquad\qquad (174)$$

ergibt. C_V^s ist eine stoffspezifische Größe, die allerdings noch (wie z.B. auch die Dichte eines Stoffes) von der Temperatur und dem Druck abhängen kann. Die **molare Wärmekapazität** (molar heat capacity) C_V^m schließlich ist das Produkt aus Molmasse M und C_V^s. Damit lässt sich die Gl.(174) auch in der Form

$$\Delta T = \frac{M}{m C_V^m}\, \Delta Q \qquad\qquad (175)$$

schreiben. In Tab.22 sind experimentelle Ergebnisse für C_V^s und C_V^m von einigen Metallen bei 25°C zusammengestellt.

Tab.22 Experimentelle Werte für die spezifische (C_V^s) und die molare (C_V^m) Wärmekapazität bei konstantem Volumen von einigen Metallen bei 25°C [LID90]

Metall	C_V^s / J kg^{-1} K^{-1}	C_V^m / J mol^{-1} K^{-1}
Lithium	3490	24,2
Eisen	449,8	25,1
Blei	127,6	26,4

Die letzte Spalte zeigt einen nahezu konstanten Wert für C_V^m. Dieses Ergebnis bezeichnet man als **Dulong-Petit'sche Regel** (Dulong-Petit law, Pierre Louis Dulong 1785-1833, Alexis Thérèse Petit 1791-1820): *Atomare Festkörper besitzen* *bei nicht zu tiefen Temperaturen eine molare Wärmekapazität von ca.* $25 \mathrm{Jmol}^{-1}\mathrm{K}^{-1}$.

Unter der Voraussetzung, dass die Teilchen des atomaren Festkörpers um ihre im Raum fixierten Ruhelagen in allen drei senkrecht aufeinander stehenden Richtungen schwingen können, ergibt sich für die Anzahl der Freiheitsgrade $z_F=6$. Demzufolge ist eine Erhöhung der Temperatur um ΔT, s.Gl.(167), S.108, mit einer Erhöhung der inneren mechanischen Energie um $\Delta U=3nR\Delta T$ verknüpft. Andererseits folgt aus Gl.(175), S.113, $\Delta Q=(m/M)C_V^m\Delta T$, wofür man wegen $m/M=n$ und $\Delta Q=\Delta U$ (konstant gehaltenes Volumen) auch $\Delta U=nC_V^m\Delta T$ schreiben kann. Ein Vergleich der beiden Ausdrücke für ΔU liefert die Beziehung $C_V^m=3R\approx 25\mathrm{Jmol}^{-1}\mathrm{K}^{-1}$. Wenn nicht alle drei Schwingungen angeregt sind, d.h. $z_F<6$, ergeben sich entsprechend kleinere Werte für C_V^m.

Die Temperaturabhängigkeit von C_V^m ist in Fig.47 für einige atomare Festkörper dargestellt. Man erkennt daraus, dass der Übergang zu dem durch die Dulong-Petit'sche Regel gegebenen Grenzwert bei umso höheren Temperaturen erfolgt, je leichter das Element ist.

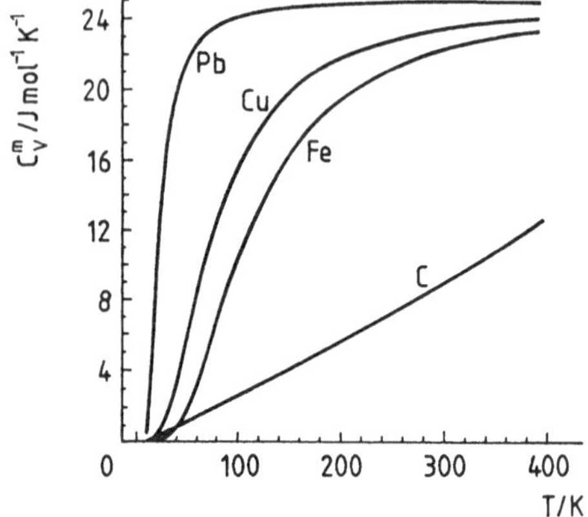

Fig. 47 Temperaturabhängigkeit der molaren Wärmekapazität C_V^m bei konstantem Volumen für einige atomare Festkörper

Im Prinzip muss man zwar stets zwischen Wärmekapazitäten bei konstantem Volumen (Index V) und konstantem Druck (Index p) unterscheiden, jedoch ist dies nur für Gase von praktischer Bedeutung. Für ideale Gase ergibt sich

$$C_p^m - C_V^m = R \tag{176}$$

mit

$$C_V^m = z_F\, R/2 \, , \tag{177}$$

wobei z_F die Anzahl der Freiheitsgrade der Gasteilchen bezeichnet.

Wir betrachten 1 Mol eines idealen Gases, das in einem Zylinder durch einen Kolben eingeschlossen ist. Um die Temperatur dieses Gases bei festgehaltenem Kolben um ΔT zu erhöhen, muss die Wärmeenergie $\Delta Q = \Delta U = z_F R \Delta T/2$ zugeführt werden (s.Gl.(167), S.108) mit $n=1$ und $N_A k = R$). Ein Vergleich mit Gl.(175), S.113, liefert dann sofort die Beziehung $C_V^m = z_F R/2$. Wird dagegen bei der Temperaturerhöhung um ΔT der Druck konstant gehalten, indem man dem Gas die Möglichkeit gibt, den Kolben entsprechend zu verschieben, so führt das zu einer Vergrößerung des Volumens um ΔV: Das Gas musste zusätzlich die Arbeit $p\Delta V$ verrichten, weshalb eine größere Wärmeenergie, nämlich $\Delta Q = \Delta U + p\Delta V$, zuzuführen ist. Ersetzt man noch $p\Delta V$ unter Verwendung der Zustandsgleichung für ideale Gase, Gl.(161), S.106, durch $R\Delta T$, so folgt $C_p^m = d(\Delta U + p\Delta V)/dT = C_V^m + R$.

Von praktischer Bedeutung für die Thermodynamik idealer Gase ist das Verhältnis $C_p^m/C_V^m = \gamma$, das man als **Adiabaten-Exponent** (heat capacity ratio) bezeichnet (s.S.118). Durch Einsetzen von C_p^m und C_V^m nach den Gln.(176) und (177) ergibt sich

$$\gamma = 1 + \frac{2}{z_F} . \tag{178}$$

In Tab.23 sind für einige einfache Gase der Adiabaten-Exponent nach Gl.(178) und experimentell ermittelte Werte gegenübergestellt.

Tab.23 Adiabaten-Exponenten γ nach Gl.(178) und experimentell ermittelte Werte γ_{exp} für einige einfache Gase bei 0,1 MPa und Temperaturen zwischen 15˚C und 20˚C [LID90]. Für die mehratomigen Gase wurde angenommen, dass keine Schwingungen angeregt sind (starre Moleküle)

Gas	z_F	$\gamma = 1 + 2/z_F$	γ_{exp}
Argon (Ar)	3	1,666...	1,67
Wasserstoff (H_2)	5	1,40	1,41
Ammoniak (NH_3)	6	1,333...	1,31

Die Gl.(177) kann verwendet werden, um die spezifische Wärmekapazität von flüssigem Wasser abzuschätzen. Das Wassermolekül (H_2O) im flüssigen Zustand besitzt eine so große Anzahl von Freiheitsgraden der Translation, Rotation und Schwingungen infolge der Wechselwirkung mit den Nachbarn, dass näherungsweise jedes Atom als unabhängig angesehen werden kann. Es gibt dann also je Atom 3 Freiheitsgrade der Geschwindigkeit und 3 der potentiellen Energie. Damit folgt $z_F = 3 \cdot (3+3) = 18$ und aus Gl.(177) ergibt sich $C_V^m = 9R$. Mit der Molmasse $M \approx 18 \cdot 10^{-3} \text{kgmol}^{-1}$ und $R \approx 8,315 \text{J/kg}$ erhält man für die spezifische Wärmekapazität des flüssigen Wassers $C_V' = C_V^m/M \approx 4160 \text{JK}^{-1}\text{kg}^{-1}$. Experimentell ergibt sich für Wasser bei 15˚C ein Wert von $4185,49 \text{JK}^{-1}\text{kg}^{-1}$. Dies bedeutet, dass $4,18549$J nötig sind, um 1g Wasser von 14,5˚C auf 15,5˚C zu erwärmen. Deshalb hat man früher diese Energie als Einheit der Wärmeenergie verwendet und ihr den Namen **Kalorie** (calorie, cal) gegeben. Streng genommen gibt es aber drei verschiedene Einheiten dieses Namens, die in Tab.24 auf der nächsten Seite zusammengestellt sind.

Tab.24 Definition der drei (veralteten) Einheiten der Wärmeenergie, die als Kalorie (cal) bezeichnet werden [LID90]

Bezeichnung	Einheit	Definition
15°-Kalorie	cal_{15}	4,18549 J
Intern.-Tabellen-Kalorie	cal_{IT}	4,1868 J
thermochemische Kalorie	cal_{th}	4,184 J

Wärmekapazitäten und damit auch spezifische und molare Wärmekapazitäten lassen sich unter Verwendung eines **Kalorimeters** (calorimeter) bestimmen, d.h. mit einem Gefäß, dessen Innenraum thermisch gut gegen die Umgebung isoliert ist. Als Beispiel beschreiben wir die Messung der spezifischen Wärmekapazität $C_p^s{}_{sol}$ eines Festkörpers mit Hilfe eines Kalorimeters, dessen Wärmekapazität C_p bekannt sei. Das Kalorimeter wird zunächst mit Wasser der Masse m_w gefüllt. Nach Einstellung des thermischen Gleichgewichts sollen die Innenwand des Kalorimeters und das Wasser die Temperatur T_1 besitzen. Danach wird der auf die Temperatur $T_2 > T_1$ erwärmte Festkörper mit der Masse m_{sol} hinzugegeben und nach Einstellung des thermischen Gleichgewichts die Temperatur T_m (Mischungstemperatur) gemessen. Die Bedingung, dass die abgegebene Wärmeenergie gleich der aufgenommenen Wärmeenergie sein muss, d.h. der Energiesatz, der bei derartigen Messungen auch als **Richmann'sche Mischungsregel** (Georg Wilhelm Richmann 1711-1755) bezeichnet wird, führt auf die Gleichung $(T_2 - T_m)m_{sol}C_p^s{}_{sol} = (T_m - T_1)(C_p + m_w C_p^s{}_w)$, wobei $C_p^s{}_w$ die (bekannte) spezifische Wärmekapazität des Wassers bezeichnet. In dieser Gleichung sind alle Größen bis auf die spezifische Wärmekapazität $C_p^s{}_{sol}$ bekannt, die damit einfach berechnet werden kann.

8   Der erste Hauptsatz der Wärmelehre

Albert Einstein: Wer es unternimmt, auf dem Gebiet der Wahrheit und Erkenntnis als Autorität aufzutreten, scheitert am Gelächter der Götter.

Der **Energiesatz der Mechanik** (s. S.28ff.) besagt, dass die Summe aus kinetischer und potentieller Energie bei Abwesenheit von Reibungskräften (dissipativen Kräften) eine Konstante ist. Der Arzt und Naturforscher Julius Robert Mayer (1814-1878) erkannte als erster, dass man diesen Satz erweitern kann, wenn man die Wärme, die erfahrungsgemäß immer im Zusammenhang mit der Reibung auftritt, als eine weitere Energieform auffasst. Es ergibt sich auf diese Weise der **1.Hauptsatz der Wärmelehre** (first law of thermodynamics). Die Einbeziehung *aller* möglichen Energieformen schließlich führt zum **allgemeinen Energiesatz** (law of conservation of energy). Die Berechtigung dafür leitet sich aus der Tatsache ab, dass es bisher keine experimentellen Befunde (Existenz eines **perpetuum mobile**, perpetual motion of the first kind) gibt, die dieser Behauptung widersprechen. Um zu einer quantitativen Formulierung des 1.Hauptsatzes zu kommen, definieren wir zunächst die **innere mechanische Energie** U (internal energy) eines makroskopischen Systems. Darunter versteht man *die Summe aus den kinetischen Energien der Translation der einzelnen Teilchen gegenüber dem Schwerpunkt des Systems, den kinetischen Energien der Rotation der Teilchen, ihren Schwingungsenergien und ihren potentiellen Energien.* Einem solchen System werde nun z.B. durch Reibung oder eine elektrische Heizung die Wärmeenergie ΔQ zugeführt und außerdem, z.B. durch Zusammenpressen, die mechanische Energie ΔW. Dann besagt der 1.Hauptsatz, dass sich die innere mechanische Energie des Systems erhöhen muss um

$$\Delta U = \Delta Q + \Delta W \, . \tag{179}$$

Ein Gas mit dem Druck p befinde sich in einem Zylinder, der durch einen Kolben mit der Querschnittsfläche A verschlossen ist. z sei die Richtung senkrecht zur Kolbenfläche nach außen, so dass das Gas auf den Kolben die Kraft $F_z = pA > 0$ ausübt. Bei einer Verschiebung des Kolbens um $\Delta z > 0$ *hat das Gas die Arbeit $F_z \Delta z$ verrichtet,* wodurch sich seine innere mechanische Energie um den gleichen Betrag verringert. Für $\Delta z < 0$ dagegen gilt $F_z \Delta z < 0$. In diesem Fall *hat der Experimentator die Arbeit $F_z \Delta z$* verrichtet und die innere mechanische Energie des Gases um $-F_z \Delta z$ erhöht. Die Größe ΔW in Gl.(179) ist demzufolge gleich $-F_z \Delta z$.

Gemäß Gl.(179) lässt sich also der Zustand des Systems, charakterisiert durch seine innere mechanische Energie U, verändern, indem man ihm Wärmeenergie und/oder mechanische Energie zuführt. Das "oder" bedeutet, dass weder die zugeführte Wärmeenergie noch die zugeführte mechanische Energie, sondern allein ihre Summe geeignet ist, den Zustand des Systems zu charakterisieren. Man nennt deshalb Q und W **Prozessgrößen** (path functions) im Gegensatz zu den **Zustandsgrößen** (point functions), wie z.B. U, p, T oder V. Beim Übergang zu differentiell kleinen Größen kennzeichnet man diesen Unterschied dadurch, dass man δQ bzw. δW an Stelle von dQ bzw. dW schreibt, womit sich aus Gl.(179) die differentielle Form des 1.Hauptsatzes der Wärmelehre

$$dU = \delta Q + \delta W \tag{180}$$

ergibt. Mathematisch bedeutet diese Formulierung, dass dU ein vollständiges Differential ist. Im Folgenden wollen wir den 1.Hauptsatz auf Gase anwenden. Es seien n Mole eines Gases mit dem Druck p in einem Zylinder mit dem Querschnitt A durch einen Kolben eingeschlossen (s.Fig.48). Wenn sich das Gas um $dV = A d\ell$ ausdehnt, verrichtet es die Arbeit $p A d\ell = p dV$, d.h. es gilt $\delta W = -p dV$. Andererseits folgt aus der Definitionsgleichung von C_V^{m} (s. Gl.(175), S.113) unter Beachtung der Tatsache, dass bei konstant gehaltenem Volumen $\delta Q = dU$ gilt, $dU = nC_V^{\mathrm{m}} dT$.

Einsetzen dieser beiden Ausdrücke in Gl.(180) liefert die Beziehung

$$n\ C_V^{\,m}\ dT = \delta Q - p\mathrm{d}V\ . \tag{181}$$

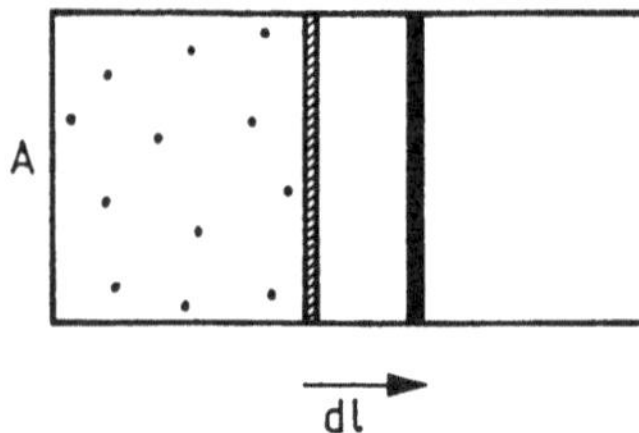

Fig.48 Zur Anwendung des 1.Hauptsatzes auf die Ausdehnung eines Gases. Wenn sich das Gas um $\mathrm{d}V=A\mathrm{d}\ell$
ausdehnt, verrichtet es die Arbeit $p\mathrm{d}V$, d.h. es gilt für
die zugeführte mechanische Energie $\delta W=-p\mathrm{d}V$

Als **adiabatisch** bezeichnet man eine Zustandsänderung (adiabatic process), wenn
sie ohne Austausch von Wärmeenergie mit der Umgebung erfolgt ($\delta Q=0$). Dies ist
der Fall, wenn eine gute thermische Isolation vorliegt oder wenn der Vorgang so
schnell erfolgt, dass ein Wärmeaustausch nicht erfolgen kann. Dabei ist die
Bezeichnung "schnell" relativ zu sehen; denn Luft hat z.B. eine so geringe
Wärmeleitfähigkeit, dass größere auf- oder absteigende Luftmassen in der
Atmosphäre kaum Wärmeenergie mit ihrer Umgebung austauschen können, d.h.,
dass die Druckverhältnisse durch die Adiabatengleichung (s.u.) und nicht durch das
Boyle-Mariotte'sche Gesetz (s.S.109) bestimmt werden. Wegen $\delta Q=0$ folgen aus
Gl.(181) für das ideale Gas nach einer einfachen Zwischenrechnung die drei
Poisson'schen Gleichungen (Siméon-Denis Poisson, 1781-1840), die auch als
Adiabatengleichungen (adiabatic equations) des idealen Gases bezeichnet werden:

$$
\begin{aligned}
p\ V^{\gamma} &= \text{const} \\
T\ p^{-1+1/\gamma} &= \text{const} \\
T\ V^{\gamma-1} &= \text{const} ,
\end{aligned}
\tag{182}
$$

wobei $\gamma=C_p^{\,m}/C_V^{\,m}$ das Verhältnis der molaren Wärmekapazitäten bei konstantem
Druck bzw. konstantem Volumen bezeichnet (**Adiabaten-Exponent,** heat capacity
ratio).

Aus Gl.(181) folgt $-p\mathrm{d}V=nC_V^{\,m}\mathrm{d}T$. Ersetzt man hier den Druck p durch Verwendung der Zustandsgleichung (Gl.(161), S.106), so ergibt sich $-(RT/V)\mathrm{d}V=C_V^m\mathrm{d}T$. Wegen $R=C_p^m-C_V^m$ (s.Gl.(176), S.114) und $\gamma=C_p^m/C_V^m$ erhält man $\mathrm{d}T/T=-(\gamma-1)\mathrm{d}V/V$. Die Integration liefert $\ln(T_2/T_1)=-(\gamma-1)\ln(V_2/V_1)$ oder $TV^{\gamma-1}=$const, d.h. die dritte der drei Gln.(182). Die anderen beiden folgen einfach durch Verwendung der Zustandsgleichung (161), S.106.

Fig.49 zeigt den qualitativen Verlauf von **Isothermen** ($p=nRT/V$, s.Gl.(161), S.106) und **Adiabaten** ($p\propto 1/V^\gamma$, s. die Gln.(182)) für ein ideales Gas. Wegen $\gamma>1$ verlaufen die letzteren immer steiler als die Isothermen, jedoch ist der Unterschied nur relativ gering (s.Fig.53, S.123).

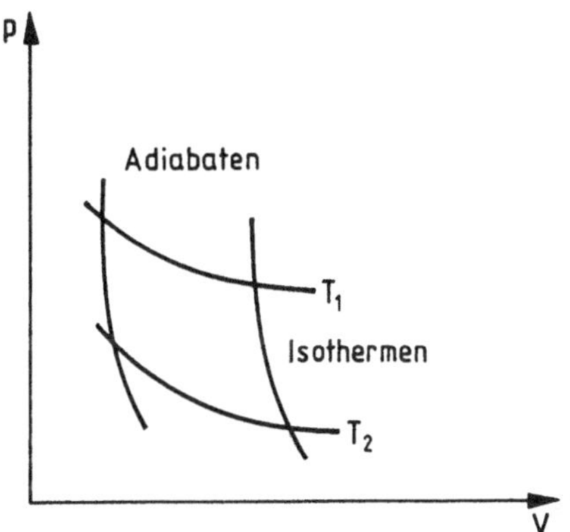

Fig.49 Qualitative Darstellung des Verlaufs von Isothermen ($T_1>T_2$)und Adiabaten bei einem idealen Gas

Der Adiabatenkoeffizient γ eines Gases lässt sich durch ein originelles Experiment bestimmen, das erstmalig von Clément und Desormes (Nicolas Clément 1779-1841, Charles Bernard Desormes 1777-1862) beschrieben wurde. In einem Gefäß mit dem Volumen V befinde sich das betreffende Gas zunächst unter einem geringfügig höheren Druck als der äußere Luftdruck p_{Lu}. Dies sei der Zustand 1 mit $p_1=p_{Lu}+ah_1$ und $T_1=T_{Zi}$, wobei h_1 die Steighöhe in einem U-Rohrmanometer, a eine Proportionalitätskonstante und T_{Zi} die Zimmertemperatur bezeichnet. Eine kurzzeitige Öffnung des Gefäßes verursacht eine adiabatische Zustandsänderung mit Abkühlung des Gases (dabei werde die Verringerung der Molzahl des Gases vernachlässigt) und führt zum Zustand 2 mit $p_2=p_{Lu}$ und $T_2=T_{Zi}\,(p_1/p_{Lu})^{-1+1/\gamma}$ (s. Gl.(182)). Bei geschlossenem Gefäß wird dann die Erwärmung auf Zimmertemperatur abgewartet, wobei sich der Druck erhöht. Es ergibt sich der Zustand 3 mit $p_3=p_{Lu}+ah_3$ und $T_3=T_{Zi}$. Unter Verwendung der Zustandsgleichung des idealen Gases (Gl.(161), S.106) $T_2=T_3p_2/p_3$ folgt $T_{Zi}(p_1/p_{Lu})^{-1+1/\gamma}=T_{Zi}p_{Lu}/p_3$. Diese Gleichung lässt sich durch Logarithmieren leicht umschreiben zu $(1/\gamma)\ln(p_1/p_{Lu})=\ln(p_1/p_3)$. Wegen $\ln(p_1/p_{Lu})=\ln(1+ah_1/p_{Lu})\approx ah_1/p_{Lu}$ und einer analogen Umformung für $\ln(p_3/p_{Lu})$ folgt $(1/\gamma)ah_1/p_{Lu}=ah_1/p_{Lu}-ah_3/p_{Lu}$ oder $\gamma=h_1/(h_1-h_3)$.

Als Anwendung der Adiabatengleichungen betrachten wir den **Ottomotor** (Nikolaus August Otto 1832-1896), dessen vier Takte im p-V-Diagramm in Fig.50 dargestellt sind. Im 1.Takt (1 → 2) wird frisches Kraftstoff-Luft-Gemisch angesaugt (der Kolben geht bei geöffnetem Einlaßventil nach unten, wobei der Druck geringfügig absinkt). Im 2.Takt (2 → 3) erfolgt eine adiabatische Kompression (der Kolben geht bei geschlossenen Ventilen nach oben). Der 3.Takt umfaßt die Verbrennung (3 →

4), die adiabatische Expansion (Arbeitstakt) (4 → 5) und das Ablassen des Drucks durch Öffnen des Auslassventils (5 → 6). Im 4.Takt schließlich (6 → 1) wird das verbrannte Gemisch ausgestoßen (der Kolben geht bei geöffnetem Auslassventil nach oben).

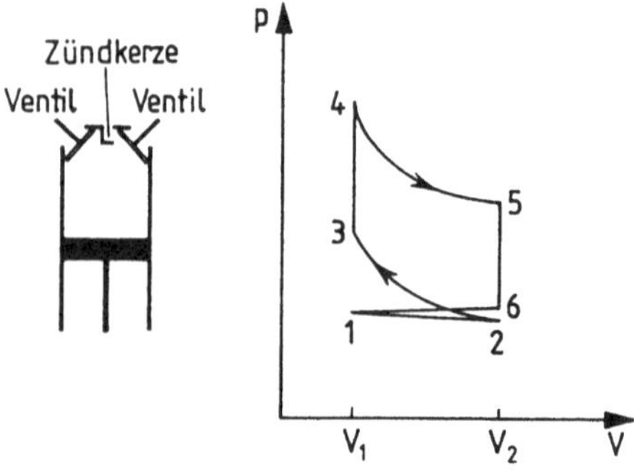

Fig.50 Die vier Takte des Ottomotors im p-V-Diagramm

Als **Wirkungsgrad** (efficiency) η des Motors definiert man das Verhältnis aus der vom Motor bei einem Zyklus verrichteten Arbeit $-\Delta W$ und der Wärmeenergie ΔQ_{34}, die für den Übergang 3 → 4 zugeführt werden muss (Verbrennungsenergie des Gemischs). Unter der Voraussetzung, dass sich das Arbeitsgas (Luft) als ideales Gas verhält und dass die Reibungs- und Wärmeverluste vernachlässigbar sind, ergibt sich die Beziehung

$$\eta = \frac{-\Delta W}{\Delta Q_{34}} = 1 - \left(\frac{V_1}{V_2}\right)^{\gamma-1} . \tag{183}$$

Für die zugeführte mechanische Energie bei der adiabatischen Kompression von V_2 auf V_1 gilt $\Delta W_K = -\int_{V_2}^{V_1} p\,dV$, woraus mit Hilfe von $pV^\gamma = p_3 V_1^\gamma$ folgt $\Delta W_K = p_3 V_1^\gamma (V_2^{-\gamma+1} - V_1^{-\gamma+1})/(-\gamma+1)$. Analog ergibt sich für die bei der adiabatischen Expansion von V_1 auf V_2 zugeführte mechanische Energie $\Delta W_E = -\int_{V_1}^{V_2} p\,dV = -p_4 V_1^\gamma (V_2^{-\gamma+1} - V_1^{-\gamma+1})/(-\gamma+1)$. Die gesamte zugeführte mechanische Energie ist die Summe aus diesen beiden Anteilen $\Delta W = \Delta W_K + \Delta W_E$ und man erhält nach Einsetzen der beiden Terme und unter Berücksichtigung der Beziehung $(p_3-p_4)V_1 = nR(T_3-T_4)$ (s.Gl.(161), S.106) den Ausdruck $\Delta W = nR(T_4-T_3)[(V_1/V_2)^{\gamma-1}-1]/(\gamma-1)$. Ersetzt man hier die Gaskonstante R durch $C_p^m - C_V^m$ (s.Gl.(176), S.114) und beachtet die Definition $\gamma = C_p^m/C_V^m$, so ergibt sich $\Delta W = nC_V^m(T_4-T_3)[(V_1/V_2)^{\gamma-1}-1]$. Die erforderliche Wärmeenergie ΔQ_{34} für den Übergang von 3 nach 4 ist gleich $nC_V^m(T_4-T_3)$, womit die gesuchte Gl.(183) folgt.

Aus Gl.(183) erkennt man, dass der Wirkungsgrad des Ottomotors mit wachsendem Verhältnis V_2/V_1, das man als **Verdichtung** (compression) bezeichnet, größer wird. Für eine Verdichtung von 8 folgt mit $\gamma=1{,}4$, da Luft zum größten Teil aus zweiatomigen Molekülen besteht (s.Gl.(178), S.115), $\eta=0{,}56$. Wie schon erwähnt, ist dies der Idealwert. Wegen der Reibungsverluste und der Tatsache, dass ein Teil der Wärmeenergie an das Kühlsystem übergeht, liegen die realen Wirkungsgrade bei nur ca. 35%. Dies bedeutet, dass aus einem Liter Benzin, das eine **Verbrennungsenergie** (energy of combustion) von ca. 10 kWh besitzt, nur etwa 3,5 kWh mechanische Energie gewonnen werden.

Die bisher behandelten isothermen ($pV=$const) und adiabatischen ($pV^\gamma=$const) Zustandsänderungen des idealen Gases stellen Grenzfälle dar, da sie exakte Isothermie bzw. eine vollständige Unterbindung des Wärmeaustauschs mit der Umgebung voraussetzen. Im allgemeinen Fall spricht man von einer **polytropen Zustandsänderung** (polytropic process), für die

$$p\,V^v = \text{const} \tag{184}$$

mit $1 \le v \le \gamma$ gilt.

9 Der zweite Hauptsatz der Wärmelehre

Albert Einstein: Es gibt die erstaunliche Möglichkeit, dass man einen Gegenstand mathematisch beherrschen kann, ohne den Witz der Sache wirklich erfasst zu haben.

9.1 Der Carnot'sche Kreisprozess

Wir beginnen mit der Definition von rechts- bzw. linksläufigen Kreisprozessen: Bei einem **rechtsläufigen Kreisprozess** (clockwise cycle) werden die verschiedenen Zustände im p-V-Diagramm im Uhrzeigersinn durchlaufen. Dies ist schematisch in Fig.51 dargestellt, wo man vom Ausgangszustand 1 zunächst über höhere Drücke

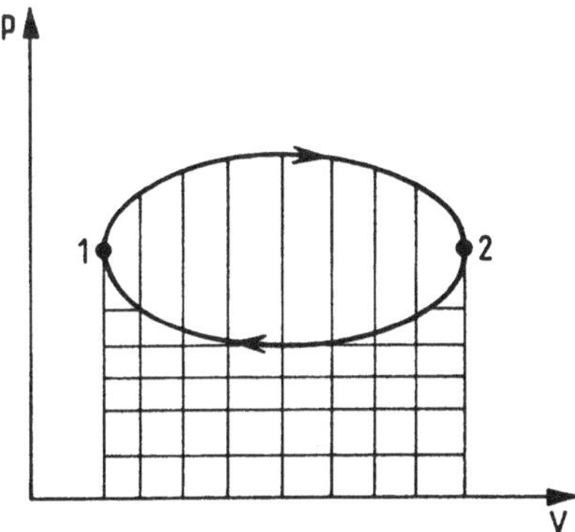

Fig.51 Beispiel eines rechtsläufigen Kreisprozesses

nach 2 und dann bei niedrigeren Drücken wieder zurück nach 1 gelangt. Die senkrecht schraffierte Fläche A_1 wird durch das Integral $\int_1^2 p\,dV$ auf dem oberen

Weg und die horizontal schraffierte Fläche $A_=$ durch das entsprechende Integral auf dem unteren Weg gegeben, so dass sich wegen $\delta W = -p\,dV$ (s.S.117) für die dem System insgesamt zugeführte mechanische Energie $\oint \delta W = -\oint p\,dV = -A_{\|} + A_= < 0$ ergibt: *Bei einem rechtsläufigen Kreisprozess gibt das System mechanische Energie ab*, d.h. es wandelt Wärmeenergie in mechanische Energie um (**Wärmekraftmaschine**, thermal engine). Wenn dagegen der Kreisprozess entgegen dem Uhrzeigersinn durchlaufen wird (**linksläufiger Kreisprozess**, anticlockwise cycle), folgt analog $\oint \delta W > 0$, was bedeutet, dass man dem System mechanische Energie zuführen muss. Diese wird verwendet, um Wärmeenergie zu transportieren. Dient der Transport zur Abkühlung eines Raumes, wobei die Wärmeenergie einem großen Reservoir, z.B. der Umgebung, zugeführt wird, so spricht man von einer **Kältemaschine** (refrigerator). Wenn man aber einem Raum auf diese Weise, d.h. durch periodische Wiederholung eines linksläufigen Kreisprozesses, Wärmeenergie zuführt, die einem großen Reservoir, z.B. dem Grundwasser, entzogen wird, so nennt man die Anlage eine **Wärmepumpe** (heat pump).

Beim **Carnot'schen Kreisprozess** (Carnot cycle, Sadi Carnot 1796-1832) wird vorausgesetzt, dass alle Zustandsänderungen reversibel erfolgen.

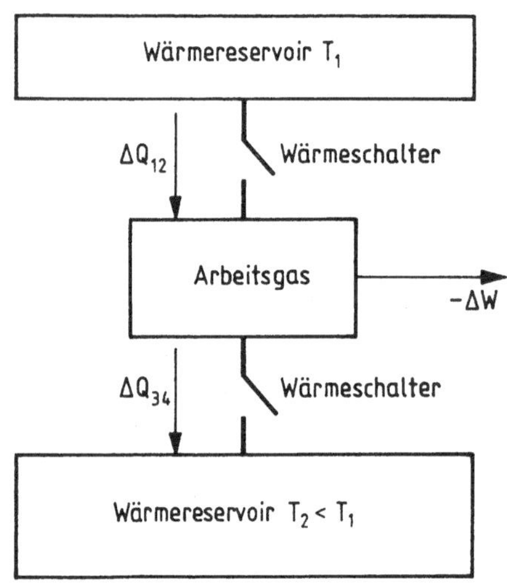

Fig.52 Schematische Darstellung einer Apparatur zur Realisierung des Carnot'schen Kreisprozesses. Ein Beispiel für den Verlauf von Druck und Volumen für 1Mol Luft als Arbeitsgas mit $T_1 = 1000K$ und $T_2 = 500K$ zeigt Fig.53

Einen Prozess bezeichnet man als **reversibel** (reversible transformation), wenn das System dabei nur Gleichgewichtszustände durchläuft. Dies bedeutet insbesondere, dass sich der Kolben, mit dem die Volumenänderungen bewirkt werden, nur unendlich langsam bewegt, so dass keine Wirbel entstehen und dass die Reibung vernachlässigbar ist; denn nur unter diesen Bedingungen wird verhindert, dass mechanische Energie **irreversibel** (irreversible transformation), d.h. unumkehrbar, in Wärmeenergie übergeht. Der Carnot'sche Kreisprozess besteht aus zwei isothermen (1→2 und 3→4) und zwei adiabatischen (2→3 und 4→1) Zustandsänderungen, also aus insgesamt vier Takten (s.Fig.53). Im 1.Takt (1→2) dehnt sich das Gas, das aus n Molen eines idealen Gases bestehe (die Erweiterung auf nichtideale Gase findet man im Abschn.9.2 auf S.128), isotherm vom Volumen V_1 auf V_2 im Kontakt mit einem heißen Reservoir der Temperatur T_1 aus (in Fig.52 ist der obere Wärmeschalter geschlossen). Für die dabei zugeführte Wärmeenergie ΔQ_{12} und die abgegebene mechanische Energie $-\Delta W_{12}$ folgt nach einer kleinen Zwischenrechnung

$$\Delta Q_{12} = -\ \Delta W_{12} = n\ R\ T_1\ \ln(V_2/V_1)\ . \tag{185}$$

Für die zugeführte mechanische Energie ΔW_{12} gilt (s.S.117) $\Delta W_{12}=-\int_{V_1}^{V_2} p\,\mathrm{d}V$. Unter Verwendung der Zustandsgleichung für ideale Gase (Gl.(161), S.106) $p=nRT_1/V$ liefert die Integration $\Delta W_{12}=-nRT_1\cdot \ln(V_2/V_1)$. Die zugeführte Wärmeenergie ΔQ_{12} ergibt sich aus dem 1.Hauptsatz (s.Gl.(179), S.117) mit $\Delta U_{12}=0$ (isotherme Zustandsänderung) zu $\Delta Q_{12}=-\ \Delta W_{12}$.

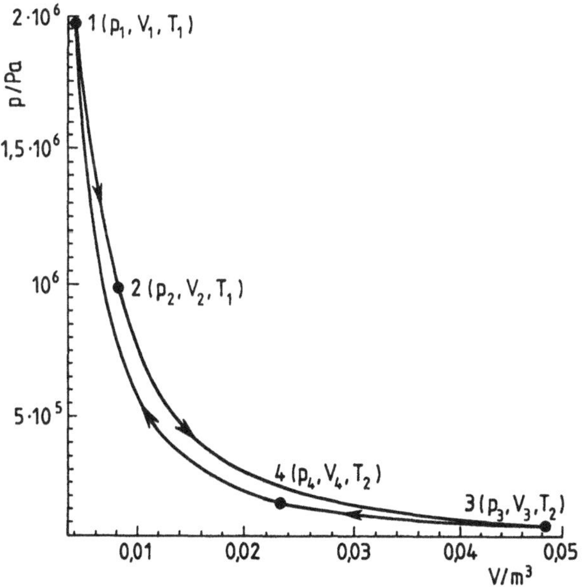

Fig.53 Beispiel eines Carnot'schen Kreisprozesses (Isothermen 1 → 2 und 3 → 4, Adiabaten 2 → 3 und 4 → 1) im p-V-Diagramm für 1 Mol Luft (Adiabatenkoeffizient $\gamma=1{,}4$) als Arbeitsgas mit $T_1=1000\,\mathrm{K}$ und $T_2=500\,\mathrm{K}$

Im 2.Takt (2→3) (beide Wärmeschalter in Fig.52 sind geöffnet) dehnt sich das Gas adiabatisch vom Volumen V_2 auf V_3 aus, wobei die Temperatur von T_1 auf T_2 absinkt. Wegen der adiabatischen Zustandsänderung, d.h. $\Delta Q_{23}=0$, folgt für die dabei zugeführte mechanische Energie ΔW_{23} aus Gl.(179), S.117, mit $\Delta U_{23}= nC_V^m(T_2-T_1)$

$$\Delta W_{23} = n\ C_V^m\ (T_2-T_1)\ . \tag{186}$$

Im 3.Takt wird das Gas isotherm vom Volumen V_3 auf ein bestimmtes Volumen V_4 (s.u.) im Kontakt mit einem kalten Reservoir der Temperatur T_2 komprimiert (in Fig.52 ist der untere Wärmeschalter geschlossen). Es ergibt sich analog zu Gl.(185)

$$\Delta Q_{34} = -\ \Delta W_{34} = n\ R\ T_2\ \ln\left(\frac{V_4}{V_3}\right)\ . \tag{187}$$

Der 4.Takt schließlich (beide Wärmeschalter in Fig.52 sind geöffnet) besteht aus einer adiabatischen Kompression von V_4 auf V_1. Dabei erwärmt sich das Gas. Die bisher noch nicht festgelegte Größe von V_4 muss nun so gewählt werden, dass die Erwärmung wieder auf die ursprüngliche Temperatur T_1 führt, damit der Kreisprozess geschlossen ist. Für die beim 4.Takt zugeführte mechanische Energie ΔW_{41} gilt analog zu Gl.(186)

$$\Delta W_{41} = n\ C_V^m\ (T_1-T_2)\ . \tag{188}$$

Für die gesamte zugeführte mechanische Energie $\Delta W = \Delta W_{12} + \Delta W_{23} + \Delta W_{34} + \Delta W_{41}$ folgt durch Einsetzen der Gln.(185)-(188) und unter Verwendung einer der Poisson'schen Gleichungen

$$\Delta W = -\ n\ R\ (T_1-T_2)\ \ln\left(\frac{V_2}{V_1}\right)\ . \tag{189}$$

Die dritte Poisson'sche Gleichung (s.Gl.(182), S.118) liefert für den 2.Takt $T_1V_2^{\gamma-1}= T_2V_3^{\gamma-1}$ und für den 3.Takt $T_2V_4^{\gamma-1}=T_1V_1^{\gamma-1}$. Die Division dieser beiden Gleichungen durcheinander gibt $V_2/V_1=V_3/V_4$. Andererseits folgt mit $\Delta W = \Delta W_{12} + \Delta W_{23} + \Delta W_{34} + \Delta W_{41}$ durch Einsetzen der Gln.(185)-(188) $\Delta W = -nRT_1\ln(V_2/V_1)-nRT_2\ln(V_4/V_3)$ und damit die Gl.(189).

Die von uns gewählte Umlaufsrichtung (rechtsläufiger Prozess) bedeutet, dass wir den Carnot'schen Kreisprozess als Wärmekraftmaschine behandelt haben. Für den **Wirkungsgrad** (efficiency) η_{WK} dieser Maschine, der als Quotient aus der abgegebenen mechanischen Energie $(-\Delta W)$ und der zugeführten Wärmeenergie $(+\Delta Q_{12})$ definiert ist, folgt durch Einsetzen der Gln.(189) und (185)

$$\eta_{\mathrm{WK}} = \frac{-\Delta W}{\Delta Q_{12}} = \frac{T_1 - T_2}{T_1} \, . \tag{190}$$

Von der zugeführten Wärmeenergie ΔQ_{12} wird also nur der Bruchteil η_{WK} in mechanische Energie umgewandelt, der Rest wird bei der Temperatur T_2 an das kalte Reservoir (Kühler) abgegeben. Dies erfolgt beim 3.Takt. Für diese Wärmeenergie ergibt sich aus Gl.(187) unter Verwendung der Beziehung $V_2/V_1 = V_3/V_4$ (s. den kleingedruckten Text nach Gl.(189))

$$\Delta Q_{34} = -nRT_2 \ln\left(\frac{V_2}{V_1}\right) . \tag{191}$$

Setzt man für T_1 und T_2 die Temperaturen ein, die beim Ottomotor auftreten (Kühlertemperatur $T_2 \approx 350\mathrm{K}$, Temperatur nach Zünden des Benzin-Luft-Gemisches $T_1 \approx 2700\mathrm{K}$), so würde sich nach Gl.(190) ein Wirkungsgrad von 0,87 ergeben, der noch deutlich über dem Idealwert von 0,56 für den Ottomotor bei einer Verdichtung von 8 liegt (s.S.120). Für die Verwendung des Carnot'schen Kreisprozesses als **Wärmepumpe** (heat pump) muss der Prozess entgegen dem Uhrzeigersinn durchlaufen und die an das wärmere Reservoir abgegebene Wärmeenergie $-\Delta Q_{12}$ möglichst groß gemacht werden. Der Wirkungsgrad η_{WP} in diesem Fall wird demnach durch das Verhältnis von $-\Delta Q_{12}$ und der zugeführten mechanischen Energie ΔW gegeben und es folgt aus Gl.(190)

$$\eta_{\mathrm{WP}} = \frac{-\Delta Q_{12}}{\Delta W} = \frac{T_1}{T_1 - T_2} \, . \tag{192}$$

Dieser Wirkungsgrad ist wegen $T_1 > T_2$ stets größer als 1.

Als Anwendungsbeispiel wollen wir die Wirkungsgrade für **Wohnungsheizungen** (apartment heating) betrachten: Für Öl-, Gas- oder Kohleheizungen liegt der Wirkungsgrad bei ca. 70%, d.h. 1J chemische Energie gibt 0,7J Wärmeenergie. Bei einer elektrischen Wohnungsheizung ist der Wirkungsgrad der Kraftwerke entscheidend. Er liegt bei der Verwendung von fossilen Brennstoffen in der Nähe von 40%, d.h. 1J chemische Energie liefert nur 0,4J Wärmeenergie. Bei einer elektrisch betriebenen Wärmepumpe mit einer gewünschten Zimmertemperatur von 23°C und unter Verwendung des Grundwassers mit z.B. 8°C als das kalte Reservoir folgt für den Wirkungsgrad 0,4·296/(296−281)=7,89 also 789%. Dies bedeutet, dass durch 1J chemische Energie 7,89J Wärmeenergie erzeugt werden.

Bei der Verwendung des Carnot'schen Kreisprozesses zur Kälteerzeugung (**Kälte-maschine**, refrigerator) muss der Prozess ebenfalls entgegen dem Uhrzeigersinn durchlaufen werden, jedoch soll hier die dem kalten Reservoir entzogene Wärmeenergie ΔQ_{34} möglichst groß sein. Der Wirkungsgrad η_{KM} wird demzufolge durch das Verhältnis von ΔQ_{34} und der zugeführten mechanischen Energie ΔW gegeben. Aus den Gln. (191) und (189) folgt

$$\eta_{KM} = \frac{\Delta Q_{34}}{\Delta W} = \frac{T_2}{T_1 - T_2} \,. \tag{193}$$

Für eine Kältemaschine zur Abkühlung von Zimmertemperatur (T_1=300K) auf die Temperatur des flüssigen Heliums (T_2=4K) ergibt sich nach Gl.(193) ein Wirkungsgrad von nur 0,014. Dies bestätigt die allgemeine Erfahrung, dass die Erzeugung tiefer Temperaturen kostenaufwendig ist.

Aus Gl.(190) folgt mit $-\Delta W = \Delta Q_{12} + \Delta Q_{34}$ (1.Hauptsatz) zunächst die Beziehung $(\Delta Q_{12} + \Delta Q_{34})/\Delta Q_{12} = (T_1 - T_2)/T_1$, woraus sich $1 + \Delta Q_{34}/\Delta Q_{12} = 1 - T_2/T_1$ oder $\Delta Q_{12}/T_1 + \Delta Q_{34}/T_2 = 0$ ergibt. Bezeichnen wir allgemein die bei einer Temperatur T_i zugeführte Wärmeenergie mit ΔQ_i , so lässt sich die letztere Gleichung in der Form

$$\frac{\Delta Q_1}{T_1} + \frac{\Delta Q_2}{T_2} = 0 \tag{194}$$

schreiben. Da man den Quotienten $\Delta Q_i/T_i$ als (zugeführte) **reduzierte Wärme-energie** bezeichnet, besagt Gl.(194), dass *beim Carnot'schen Kreisprozess die Summe der zugeführten reduzierten Wärmeenergien verschwindet.* Wenn aber beim Carnot'schen Kreisprozess irreversible Anteile, wie z.B. Reibungsverluste enthalten sind (es ist dann natürlich kein Carnot'scher Kreisprozess mehr), dann wird der Wirkungsgrad η_{WK} kleiner als $(T_1 - T_2)/T_1$ und die Summe der zugeführten reduzierten Wärmeenergien kleiner als null.

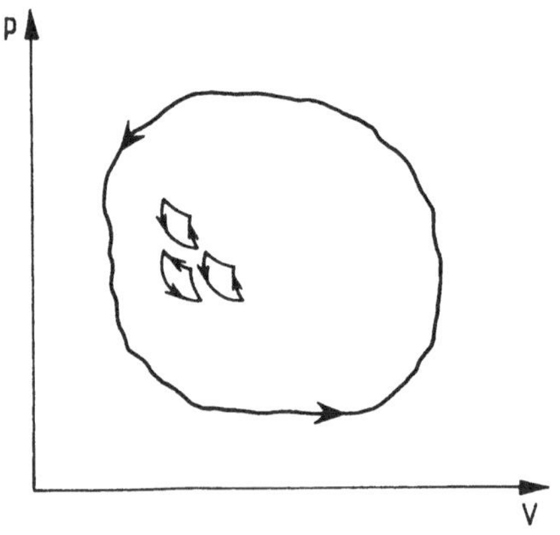

Fig.54 Zerlegung eines beliebigen Kreisprozesses im *p-V*-Diagramm in (differentiell) kleine Kreispro-zesse bestehend aus je 2 Isother-men und 2 Adiabaten (s.Fig.49, S.119)

Ein beliebiger Kreisprozess lässt sich im p-V-Diagramm durch ein hinreichend feines Netz (s.Fig.54) in lauter einzelne Kreisprozesse, bestehend aus zwei Isothermen und zwei Adiabaten entsprechend den 4 Takten beim Carnot'schen Kreisprozess, zerlegen.   Da sich aber auf den gemeinsamen Isothermen und Adiabaten benachbarter Teilprozesse die Beträge $\Delta Q/T$ kompensieren, weil sie entgegengesetzt durchlaufen werden, bleibt nur die Randkurve übrig und es folgt $\Sigma_i \Delta Q_i/T_i \leq 0$, oder nach dem Übergang zu differentiell kleinen Größen,

$$\oint \frac{\delta Q}{T} \leq 0 , \qquad\qquad\qquad (195)$$

wobei das "kleiner als" für irreversible und das Gleichheitszeichen für reversible Kreisprozesse steht.   Diese Beziehung gilt entsprechend der obigen Ableitung zunächst nur für ideale Gase. Nach dem 2.Hauptsatz der Wärmelehre besitzt sie aber allgemeine Gültigkeit.

9.2 Der zweite Hauptsatz der Wärmelehre

Der **2.Hauptsatz der Wärmelehre** (second law of thermodynamics) ist, ebenso wie der 1.Hauptsatz (der Energiesatz), ein Erfahrungssatz. Er ist nur scheinbar komplizierter als der 1.Hauptsatz, da er oft ganz verschieden formuliert wird. Wir werden im Folgenden vier äquivalente Formulierungen kennenlernen.
Die einfachste und aus der täglichen Erfahrung unmittelbar ableitbare Formulierung stammt von Rudolf Emanuel Clausius (1822-1888) und lautet: *Wärmeenergie geht ohne äußere Beeinflussung stets von dem wärmeren zum kälteren Körper über.* Als Ergebnis eines solchen Übergangs von Wärmeenergie erwärmt sich der kältere Körper auf Kosten des wärmeren Körpers, der sich dabei abkühlt, bis eine einheitliche Temperatur, die Mischungstemperatur, erreicht ist.
Zu einer zweiten Formulierung gelangen wir durch die Kopplung einer Wärmekraftmaschine (WK) mit einer Wärmepumpe (WP) entsprechend Fig.55 auf der nächsten Seite. ΔW_{WK} bzw. ΔW_{WP} bezeichnet die der Wärmekraftmaschine bzw. der Wärmepumpe zugeführte mechanische Energie, so dass $\Delta W_{WK} < 0$ und $\Delta W_{WP} > 0$ gelten muss. Die bei der Temperatur T_2 zugeführten Wärmeenergien ΔQ_2 und $\Delta Q_2'$ sind für das Folgende uninteressant und werden nicht weiter betrachtet. Die von der Wärmekraftmaschine abgegebene mechanische Energie $-\Delta W_{WK}$ wird benutzt, um die Wärmepumpe anzutreiben: $\Delta W_{WP} = -\Delta W_{WK}$. Damit gibt die Wärmepumpe, deren Wirkungsgrad η_{WP} sei, die Wärmeenergie $-\Delta Q_1' = \eta_{WP}\Delta W_{WP} = \eta_{WP}(-\Delta W_{WK})$ an das heiße Reservoir zurück.

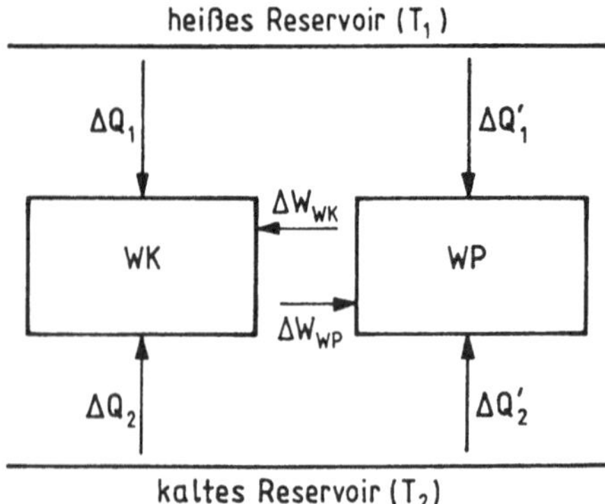

Fig.55 Kopplung von Wärmekraftmaschine (WK) und Wärmepumpe (WP). ΔW_{WK} bzw. ΔW_{WP} ist die der Wärmekraftmaschine bzw. der Wärmepumpe zugeführte mechanische Energie, d.h. es gilt $\Delta W_{WK} < 0$ und $\Delta W_{WP} > 0$

Wegen des 2.Hauptsatzes muss $\Delta Q_1 \geq -\Delta Q_1'$ gelten, woraus unter Verwendung der Definition des Wirkungsgrades der Wärmekraftmaschine $\eta_{WK} = -\Delta W_{WK}/\Delta Q_1$ folgt

$$\frac{1}{\eta_{WK}} \geq \eta_{WP} \, . \tag{196}$$

Diese Beziehung besagt, *dass alle Maschinen einen kleineren oder höchstens den gleichen Wirkungsgrad besitzen, wie die im Abschn.9.1, S.121ff., beschriebenen Carnot-Maschinen* (zweite Formulierung des 2.Hauptsatzes).

Für die Carnot-Maschinen (S.121ff.) wurden die Wirkungsgrade $\eta_{WKC} = (T_1 - T_2)/T_1$ (Gl.(190), S.125) und $\eta_{WPC} = 1/\eta_{WKC}$ (Gl.(192), S.125) abgeleitet, wobei der zusätzliche Index C darauf hinweisen soll, dass es sich um Carnot-Maschinen handelt. Wir betrachten nun 3 Fälle für die Maschinen in Fig.55. Fall(a): *WK* und *WP* seien beide Carnot-Maschinen. Dann ergibt sich Gl.(196) mit dem Gleichheitszeichen. Fall(b): Die Wärmekraftmaschine sei eine beliebige und die Wärmepumpe eine Carnot-Maschine. Dann folgt aus Gl.(196) $1/\eta_{WK} \geq \eta_{WPC}$ oder, wegen $\eta_{WPC} = 1/\eta_{WKC}$, die Beziehung $\eta_{WKC} \geq \eta_{WK}$. Fall(c): Die Wärmekraftmaschine sei eine Carnot-Maschine und die Wärmepumpe eine beliebige Maschine. Dann ergibt sich aus Gl.(196) $1/\eta_{WKC} \geq \eta_{WP}$ oder, wegen $1/\eta_{WKC} = \eta_{WPC}$, die Beziehung $\eta_{WPC} \geq \eta_{WP}$.

Aus der Beziehung (196) folgt außerdem, dass man beim Carnot'schen Kreisprozess die Voraussetzung über die Verwendung eines idealen Gases fallen lassen kann, indem man in Fig.55, analog zu der eben durchgeführten Betrachtung, Carnot-Maschinen vergleicht, die mit einem idealen Gas bzw. mit einem beliebigen Stoff arbeiten. Dies beweist die allgemeine Gültigkeit von Gl.(195).

Auf der Unabhängigkeit des Wirkungsgrades einer Carnot-Maschine vom Arbeitsgas gründet sich die thermodynamische Messung von Temperaturen (**thermodynamische Temperaturskala**, thermodynamic temperature scale). Die Gl.(190) führt eine Messung von Temperaturdifferenzen auf Energiemessungen (ΔW, ΔQ_{12}) zurück, ähnlich wie beim Gasthermometer, bei dem Drücke gemessen werden (s.S.110). Der Vorteil gegenüber dem Gasthermometer besteht darin, dass bei der Carnot-Maschine kein ideales Gas verwendet werden muss. Um Temperaturmessungen mit hoher Genauigkeit durchführen zu können, werden Fixpunkte für die thermodynamische Temperatur festgelegt. Einige definierende Fixpunkte der **Internationalen Temperaturskala von 1990** (ITS-90, international temperature scale of 1990) sind [LID90] die Erstarrungpunkte des Kupfers (1357,77K), des Aluminiums (933,473K) und des Indiums (429,7485K), die Tripelpunkte (s. S.162) von Wasser (273,16K), von Argon (83,8058K) und von Neon (24,5561K). Zwischen 0,65K und 5K wird die Temperatur durch den Dampfdruck des Heliums definiert.

Zu einer dritten Formulierung des 2.Hauptsatzes gelangt man unter Verwendung der Tatsache, dass der Wirkungsgrad η_{WK} einer realen Wärmekraftmaschine höchstens gleich dem Wirkungsgrad η_{WKC} einer Carnot-Maschine sein kann: Aus $\eta_{WK} \leq \eta_{WKC}$ folgt mit η_{WKC} nach Gl.(190), S.125, dass die von einer realen Wärmekraftmaschine abgegebene mechanische Energie kleiner oder gleich dem Produkt $\Delta Q_1(T_1-T_2)/T_2$ sein muss. Das Ergebnis, dass dieser Ausdruck für $T_1=T_2$ verschwindet, besagt in Worten: *Es gibt keine periodisch arbeitende Maschine, die in der Lage ist, mechanische Energie abzugeben und dabei lediglich ein Wärmereservoir abkühlt.* Eine solche Maschine würde man als **perpetuum mobile 2.Art** (perpetual motion of the second kind) bezeichnen. Die Formulierung des 2. Hauptsatzes, wonach ein perpetuum mobile 2.Art unmöglich ist, stammt von Lord Kelvin (=William Thomson 1824-1907). Sie schließt aus, dass beispielsweise ein Schiff für seine Fortbewegung das riesige Reservoir an Wärmeenergie der Weltmeere ausnutzt, indem es dieses Reservoir lediglich etwas abkühlt.

Der Zusatz "periodisch arbeitend" ist wichtig, denn für eine einmalige isotherme Expansion von z.B. n Molen eines idealen Gases vom Volumen V_1 auf V_2 gilt $\Delta W = -\int_{V_1}^{V_2} p\,dV = -nRT\ln(V_2/V_1)$. Diese Größe ist negativ, d.h. es wird mechanische Energie abgegeben, die aus der Wärmeenergie ΔQ stammt, die bei der Expansion zugeführt werden musste: Nach dem 1.Hauptsatz gilt $\Delta Q + \Delta W = \Delta U$ und wegen der Isothermie $\Delta U = 0$. Somit wird die gesamte dem Gas zugeführte Wärmeenergie ΔQ in die mechanische Energie $-\Delta W$ umgewandelt.

10 Die Entropie

Marie Curie: In der Naturwissenschaft geht es um Sachen
und nicht um Personen.

10.1 Definition und Eigenschaften der Entropie

Wir betrachten die beiden Zustände 1 und 2 im p-V-Diagramm (s.Fig.56, S.130) mit den Zustandsvariablen p_1, V_1, T_1 und p_2, V_2, T_2. Dabei ist zu beachten, dass jeweils nur zwei dieser Zustandsvariablen willkürlich gewählt werden können, die dritte ergibt sich aus der Zustandsgleichung, d.h. im Falle idealer Gase aus Gl.(161), S.106. Unter der Voraussetzung, dass sowohl der Übergang von 1 nach 2 über a als auch der Rückweg über b reversibel gestaltet werden, gilt nach Gl.(195), S.127

$$\int_1^2 \left(\frac{\delta Q}{T}\right)_{\text{rev, a}} + \int_2^1 \left(\frac{\delta Q}{T}\right)_{\text{rev, b}} = 0 \,, \tag{197}$$

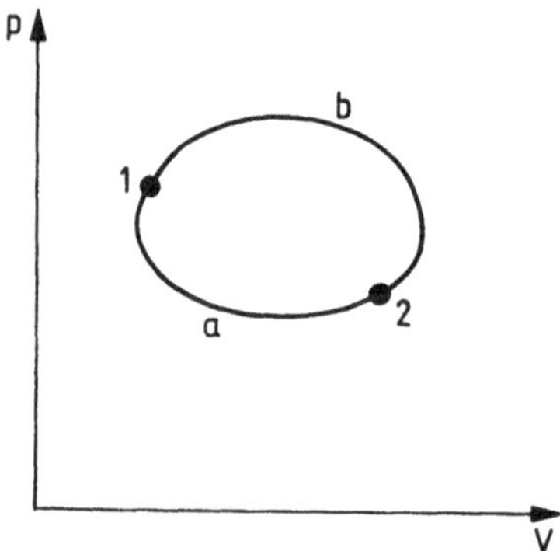

Fig.56 Zur Definition der Entropie

wobei die Indizes a bzw. b auf den entsprechenden Integrationsweg hinweisen sollen. Aus dieser Gleichung folgt

$$\int_1^2 \left(\frac{\delta Q}{T}\right)_{rev,\,a} = \int_1^2 \left(\frac{\delta Q}{T}\right)_{rev,\,b} , \tag{198}$$

so dass das Integral unabhängig vom Weg ist, auf dem man von 1 nach 2 gelangt. Damit kann man jedem Zustand des Systems eine Funktion S zuordnen, wenn man ihren Wert für einen Bezugszustand, z.B. $S=S_0$ für p_0, V_0, T_0, festlegt:

$$S_{(p,V,T)} = \int_{p_0 V_0 T_0}^{p,V,T} \left(\frac{\delta Q}{T}\right)_{rev} + S_0 . \tag{199}$$

Diese so definierte Zustandsgröße heißt **Entropie** (entropy, vom Griechischen *en=inner* und *trepein=Änderung*) nach Rudolf Emanuel Clausius (1822-1888). Für eine reversible adiabatische Zustandsänderung gilt $\delta Q=0$, weshalb man Adiabaten, sofern sie reversibel durchlaufen werden, auch als **Isentropen** (isentropic processes) bezeichnet.

Der Carnot'sche Kreisprozess stellt sich im **T- S- Diagramm** als ein Rechteck dar. Er lässt sich für einen beliebigen Stoff (und nicht nur für das ideale Gas, wie im Abschn.9.1, S.121ff.) in folgender Weise einfach behandeln: Im 1.Takt (isotherme Expansion) erhöht sich die Entropie des Systems bei der konstanten Temperatur T_1 von S_1 auf S_2. Im 2.Takt (adiabatische Expansion) verringert sich die Temperatur von T_1 auf T_2 bei konstanter Entropie (S_2). Im 3.Takt (isotherme Kompression) verringert sich die Entropie des Systems bei konstanter Temperatur (T_2) von S_2 auf S_1 und im 4.Takt (adiabatische Kompression) schließlich erhöht sich die Temperatur von T_2 wieder auf T_1 bei konstanter Entropie (S_1). Für die gesamte zugeführte mechanische Energie gilt nach dem 1.Hauptsatz $\Delta W=-\Delta Q_1-\Delta Q_2$. Wegen $\Delta S=\Delta Q_1/T_1 +\Delta Q_2/T_2=0$ folgt $\Delta W=-\Delta Q_1+\Delta Q_1 T_2/T_1$ oder $-\Delta W/\Delta Q_1=(T_1-T_2)/T_1$, was identisch ist mit der für das ideale Gas abgeleiteten Gl.(190), S.125.

Wir fragen nun danach, welche Beziehungen gelten, wenn der Übergang des Systems vom Zustand p_0,V_0,T_0 nach dem Zustand p,V,T irreversibel erfolgt. Zu diesem Zweck gehen wir von p,V,T reversibel zurück nach p_0,V_0,T_0. Der damit gebildete Kreisprozess ist irreversibel und es folgt deshalb aus Gl.(195), S.127,

$$\int_{p_0,V_0,T_0}^{p,V,T} \left(\frac{\delta Q}{T}\right)_{\text{irrev}} + \int_{p,V,T}^{p_0,V_0,T_0} \left(\frac{\delta Q}{T}\right)_{\text{rev}} < 0 \; , \tag{200}$$

oder, da das zweite Integral definitionsgemäß (Gl.(199)) gleich $S_0-S_{(p,V,T)}$ ist,

$$\int_{p_0,V_0,T_0}^{p,V,T} \left(\frac{\delta Q}{T}\right)_{\text{irrev}} < S_{(p,V,T)} - S_0 \; . \tag{201}$$

Damit muss also *bei einem irreversiblen Prozess die Entropiezunahme stets größer sein als das Integral über die zugeführte reduzierte Wärmeenergie*. Ist das System abgeschlossen, was man im Prinzip stets durch eine entsprechende Erweiterung des Systems erreichen kann, so gilt $\delta Q=0$ und aus Gl.(201) folgt

$$S_{(p,V,T)} > S_0 \; . \tag{202}$$

Diese Beziehung stellt eine weitere Formulierung des 2.Hauptsatzes dar und beinhaltet die folgenden drei (gleichwertigen) Aussagen für abgeschlossene Systeme: (1) Die Entropie nimmt beim Auftreten irreversibler Prozesse stets zu. (2) Es verlaufen von selbst nur solche Prozesse, bei denen die Entropie anwächst. (3) Der Zustand maximaler Entropie ist der Endzustand, dem das System zustrebt. Bei Anwendung des 2.Hauptsatzes auf den Kosmos spricht man vom **Wärmetod der Welt** (heat death of the universe).

10.2   Die Entropie des idealen Gases

Ausgangspunkt ist der 1.Hauptsatz der Wärmelehre in differentieller Schreibweise (s.Gl.(180), S.117)

$$\delta Q = - \delta W + dU \; . \tag{203}$$

Für $\delta W=-p\,dV$ (s.S.117) lässt sich unter Verwendung der Zustandsgleichung für ideale Gase (s.Gl.(161), S.106) schreiben $\delta W=-(nRT/V)\,dV$, wobei n die Anzahl der Mole des Gases bezeichnet. Andererseits gilt gemäß der Definition der molaren Wärmekapazität bei konstantem Volumen $dU = nC_V^m dT$ (s.Gl.(175), S.113, mit $\delta Q = dU$), so dass sich durch Einsetzen von δQ in die Gl.(199), S.130, und nachfolgende Integration ergibt

$$S_{(p,V,T)} = n\, C_V^{\;m}\, \ln\left(\frac{T}{T_0}\right) + n\, R \ln\left(\frac{V}{V_0}\right) + S_0 . \tag{204}$$

Würde man für T_0 immer kleinere Werte wählen ($T_0 \to 0K$), so müsste S_0 nach $-\infty$ gehen, damit S endlich bleibt. Deshalb gilt die Gl.(204) nicht mehr bei Temperaturen im Übergangsgebiet zum absoluten Nullpunkt.

Als Beispiel für die Anwendung von Gl.(204) betrachten wir die irreversible Ausdehnung eines idealen Gases vom Anfangsvolumen V_0 auf das Endvolumen V ohne Arbeitsleistung (Ausdehnung ins Vakuum) und ohne Wärmeaustausch mit der Umgebung (adiabatische irreversible Expansion). Damit verschwinden sowohl δW als auch δQ und es folgt aus dem 1.Hauptsatz (Gl.(203)) $dU = 0$. Dies bedeutet, dass die Ausdehnung ohne Temperaturänderung vor sich geht. Damit liefert die Gl.(204) für diesen Prozess eine Zunahme der Entropie um den Betrag $nR\ln(V/V_0)$.

10.3   Entropie und Wahrscheinlichkeit

Die **thermodynamische Wahrscheinlichkeit** (thermodynamic probability) P des Zustands eines makroskopischen Systems (**Makrozustand**, macro-state) ist als die *Anzahl* der Möglichkeiten (=Anzahl der **Mikrozustände**, micro-states) definiert, mit denen man den betreffenden Makrozustand realisieren kann. Im Gegensatz zur mathematischen Wahrscheinlichkeit ist also P eine i.Allg. sehr große Zahl. Zur Veranschaulichung dieser Definition betrachten wir folgendes Modell:

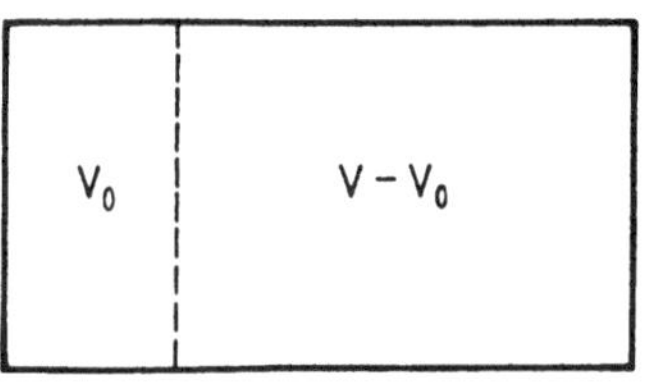

Fig.57 **Das** Verhältnis der thermodynamischen Wahrscheinlichkeiten für die beiden Zustände, bei dem alle N Teilchen über das gesamte Volumen V verteilt sind bzw. sich nur im Teilgebiet V_0 befinden, ist $(V/V_0)^N$

Ein makroskopisches Volumen V werde in differentiell kleine Kästchen vom Volumen v zerlegt, so dass der Zustand, bei dem sich 1Teilchen im Volumen V befindet, durch V/v Möglichkeiten realisiert werden kann. Für n Mole eines Gases, d.h. für $N=nN_A$ Teilchen, ist also die thermodynamische Wahrscheinlichkeit des Zustands, in dem sich alle Teilchen im Volumen V befinden, gleich $(V/v)^N$. Für das Verhältnis der thermodynamischen Wahrscheinlichkeiten der beiden Zustände, bei dem sich alle N Teilchen im gesamten Volumen V oder in einem Teilvolumen V_0 befinden (s.Fig.57), gilt also $P/P_0=(V/V_0)^N$, was unabhängig von der speziellen Wahl für die Größe v der Kästchen ist. Um einen Zusammenhang zwischen der thermodynamischen Wahrscheinlichkeit P und der Entropie S eines Systems zu finden, betrachten wir zwei voneinander unabhängige Systeme, die wir mit den Indizes 1 und 2 kennzeichnen wollen. Für die Gesamtentropie gilt $S=S_1+S_2$, da sich δQ in der Definitionsgleichung der Entropie (Gl.(199), S.130) additiv aus den Wärmeenergien δQ_1 und δQ_2 zusammensetzt, die dem System 1 bzw. 2 zugeführt werden. Dagegen ergibt sich die thermodynamische Wahrscheinlichkeit P als Anzahl der Realisierungsmöglichkeiten durch das Produkt $P_1 P_2$. Ein Vergleich von $S=S_1+S_2$ und $P=P_1 P_2$ liefert für den funktionalen Zusammenhang zwischen der Entropie und der thermodynamischen Wahrscheinlichkeit die Beziehung $S \propto \ln P$. Diese Beziehung muss allgemein gelten, so dass man die Proportionalitätskonstante durch Betrachtung eines beliebigen Systems ermitteln kann. Es ergibt sich die Gleichung

$$S = k \ln P \, , \tag{205}$$

die als **Boltzmann-Planck-Beziehung** bezeichnet wird (Ludwig Boltzmann 1844-1906, Max Planck 1858-1947).

Wir betrachten $n=N/N_A$ Mole eines idealen Gases, die entweder über das gesamte Volumen V verteilt sind, oder sich nur im Teilgebiet V_0 befinden (s.Fig.57). Die Differenz der Entropie für diese beiden Zustände ergibt sich gemäß Gl.(204) zu $S-S_0=nR\ln(V/V_0)$. Ersetzen wir hier das Verhältnis der beiden Volumina unter Verwendung der Beziehung $P/P_0=(V/V_0)^N$ durch das Verhältnis der thermodynamischen Wahrscheinlichkeiten und beachten, dass der Quotient aus R und N_A gleich der Boltzmann-Konstanten k ist, so ergibt sich die Gl.(205).

10.4 Entropie und Zeitumkehr

Die Newton'schen Bewegungsgleichungen für die Teilchen eines Gases sind **invariant gegen eine Zeitumkehr**. Am Beispiel des 2.Newton'schen Axioms für ein einzelnes Teilchen unter dem Einfluss einer ortsabhängigen Kraft $md^2z/dt^2=F_z(z)$ lässt sich die Invarianz gegenüber einer Zeitumkehr einfach dadurch zeigen, dass man t durch $-\tau$ ersetzt: Es entsteht der identische Ausdruck $md^2z/d\tau^2=F_z(z)$. Andererseits fordert der 2.Hauptssatz der Wärmelehre aber, dass in einem abgeschlossenen System (sofern irreversible Prozesse beteiligt sind) die Entropie ständig anwächst, bis sie ihren Maximalwert erreicht hat. Anschaulich sei diese Zunahme der Entropie an dem in Fig.57, S.132, dargestellten System erläutert: Zum Zeitpunkt $t=0$ sollen sich alle N Teilchen im Teilvolumen V_0 befinden. Im Laufe der Zeit, d.h. für $t>0$, verteilen sie sich allmählich auf das gesamte Volumen V, bis eine gleichmäßige Verteilung erreicht ist. Dies stellt den Zustand maximaler Entropie dar. Infolge der Tatsache, dass die Bewegungen der einzelnen Teilchen **ungeordnet** (random) verlaufen, werden aber durchaus auch Abweichungen von der gleichmäßigen Verteilung auftreten, bis hin zu dem Zustand, bei dem sich alle Teilchen wieder im Teilvolumen V_0 befinden. Die mathematische Wahrscheinlichkeit für das Auftreten dieses Zustands ergibt sich zu $(V_0/V)^N$. Bei makroskopischen Systemen, d.h. für große Zahlen N, ist diese Wahrscheinlichkeit aber extrem klein, so dass sich dieser Zustand praktisch nicht von selbst wieder einstellt.

Als Beispiel betrachten wir ein ideales Gas, das bei $T=300K$ ein Volumen von $0,42cm^3$ mit einem Druck von $0,1Pa$ gleichmäßig ausfüllt. Die Anzahl der Teilchen ergibt sich aus der Zustandsgleichung des idealen Gases (Gl.(161), S.106) zu $N=nN_A=pV/(kT)\approx10^{13}$. Damit folgt für die mathematische Wahrscheinlichkeit, dass sich alle diese Teilchen in einem Teilvolumen von 10% des Gesamtvolumens aufhalten, $(V_0/V)^N=10^{-10\,000\,000\,000\,000}$.

Die Frage, wie die Invarianz der Newton'schen Bewegungsgleichungen gegenüber einer Zeitumkehr mit dem zeitlichen Anwachsen der Entropie zu vereinbaren ist, kann also folgendermaßen beantwortet werden: In den Systemen, bei denen ein Anwachsen der Entropie beobachtet wird, wurde vor Beginn der Beobachtungen ein sehr unwahrscheinlicher Zustand erzwungen: Im obigen Beispiel befanden sich z.Zt. $t=0$ alle Teilchen im Teilvolumen V_0. Die Rückkehr zu diesem Zustand (Abnahme der Entropie) ist zwar möglich, aber wegen der großen Zahl der beteiligten Teilchen höchst unwahrscheinlich.

Als ein anderes Beispiel für die Wirkung großer Zahlen bei ungeordneten Prozessen betrachten wir einen Affen, der ungeordnet (statistisch) auf die Tasten einer Schreibmaschine schlägt. Wir nehmen an, es gäbe 27 Zeichen entsprechend den 26 Großbuchstaben des Alphabets und einem Leerzeichen (_). Außerdem brauche der Affe im Mittel 1 Sekunde, um 5 Zeichen zu schreiben. Für die mathematische Wahrscheinlichkeit w, dass die Zeichenfolge ENTROPIE_ produziert wird, folgt also, da es sich um 9 Zeichen handelt, die in bestimmter Reihenfolge auftreten sollen, $w=(1/27)^9$. Andererseits gilt $w=N_{pos}/N_{ges}$, wobei N_{pos} die Anzahl positiver Ereignisse (es erscheint die obige Zeichenfolge) und N_{ges} die Gesamtzahl der Ereignisse (es erscheint eine Folge von 9 beliebigen Zeichen) bezeichnet. Um im Mittel *einmal* ($N_{pos}=1$) die Zeichenfolge ENTROPIE_ zu produzieren, müssen also $1/w$ Experimente (bestehend aus je 9 Anschlägen) durchgeführt werden. Der Affe braucht dafür $27^9\cdot9/5$ Sekunden oder ca. $1,37\cdot10^{13}/(86400\cdot365)\approx435250$ Jahre. Um ein kurzes Gedicht, bestehend aus 200 Zeichen, zu schreiben, würde er $27^{200}\cdot200/5$ Sekunden oder ca. 10^{280} Jahre benötigen.

11 Thermodynamische Potentiale und der dritte Hauptsatz der Wärmelehre

Wilhelm Ostwald: Dem Forscher ist der Zweifel nicht nur erlaubt, sondern er ist ihm oberstes Gebot. Und Ehrfurcht ist ihm ein Kunstfehler.

11.1 Thermodynamische Potentiale

In diesem Abschnitt werden nur Systeme mit einer konstanten Anzahl von Teilchen betrachtet. Grundlage der Behandlung sind der 1. und der 2. Hauptsatz der Wärmelehre. Nach dem 1. Hauptsatz (s. Gl. (180), S. 117) gilt für den Zusammenhang zwischen zugeführter mechanischer Energie $\delta W = -p\,dV$, zugeführter Wärmeenergie δQ und der dadurch bedingten Erhöhung der inneren mechanischen Energie dU die Beziehung

$$\delta Q - p\,dV = dU \,, \tag{206}$$

wobei das δ an Stelle von d darauf hinweisen soll, dass es sich um das Differential einer Prozessgröße und nicht einer Zustandsgröße handelt (s. S. 117). Den 2. Hauptsatz schreiben wir in der Form (s. Gl. (201), S. 131)

$$\frac{\delta Q}{T} \leq dS \tag{207}$$

mit dem Gleichheitszeichen für reversible Prozesse. Im Folgenden werden wir zunächst die thermodynamischen Potentiale und die zugehörigen natürlichen Variablen definieren, danach die Bedeutung dieser thermodynamischen Potentiale erläutern und schließlich die Gleichgewichtsbedingungen für Systeme mit einer konstanten Anzahl von Teilchen formulieren.

(i) Definition der **thermodynamischen Potentiale** (thermodynamic potentials) und der zugehörigen natürlichen Variablen.
Durch Eliminieren von δQ in den Gln. (206), (207) folgt

$$dU \leq T\,dS - p\,dV \,. \tag{208}$$

Auf Grund dieser Beziehung bezeichnet man S und V als die **natürlichen Variablen** (natural variables) der inneren mechanischen Energie U.

Selbstverständlich kann man dU auch durch Differentiale anderer unabhängiger Zustandsgrößen (wie z.B. T und p) ausdrücken. Die Differentiale dS und dV der Beziehung (208) ergeben sich aber unmittelbar aus den beiden Hauptsätzen der Wärmelehre, weshalb S und V die *natürlichen* Variablen der inneren mechanischen Energie genannt werden.

Für die **freie Energie** $F=U-TS$ (free energy oder work function) ergibt sich zunächst $dF=dU-TdS-SdT$, woraus mit Gl.(208)

$$dF \leq - SdT - pdV \tag{209}$$

folgt. Die natürlichen Variablen von F sind demzufolge die Temperatur T und das Volumen V. Durch $H=U+pV$ wird die **Enthalpie** (enthalpy) definiert, so dass aus $dH=dU+pdV+Vdp$ unter Verwendung von Gl.(208) $dH-pdV-Vdp=dU\leq TdS-pdV$ folgt, oder

$$dH \leq TdS + Vdp \tag{210}$$

mit den natürlichen Variablen S und p. Die **freie Enthalpie** schließlich, die auch manchmal **Gibbs'sches Potential** (Gibbs free energy oder Gibbs function) genannt wird (Josiah Willard Gibbs 1839-1903), ist durch die Beziehung $G=H-TS$ definiert. Aus $dG=dU+pdV+Vdp-TdS-SdT$ folgt unter Verwendung von Gl.(208)

$$dG \leq - SdT + Vdp \tag{211}$$

mit den natürlichen Variablen T und p. Die Ableitung der freien Enthalpie nach der Anzahl der Mole bei konstanter Temperatur und konstantem Druck nennt man **chemisches Potential** (chemical potential)

$$\mu = \left(\frac{\partial G}{\partial n}\right)_{T,\,p}. \tag{212}$$

Diese Größe, deren Einheit sich aus der Definiton zu J/mol ergibt, spielt die entscheidende Rolle bei der Berechnung von Reaktionsgleichgewichten (s. z.B.[KIT73]).

(ii) Bedeutung der thermodynamische Potentiale.
Für eine **isochore Zustandsänderung** (isochoric transformation), d.h. $dV=0$, liefert der 1.Hauptsatz (Gl.(206)) die Beziehung $\delta Q=dU$: Die Wärmeenergie, die das System isochor abgibt ($-\delta Q$), ist gleich der Abnahme der inneren mechanischen Energie ($-dU$). Bei einer **isobaren Zustandsänderung** (isobaric transformation), d.h. $dp=0$, gilt $dH=dU+pdV$ und aus dem 1.Hauptsatz folgt $\delta Q=dH$: Die Wärmeenergie, die das System isobar abgibt ($-\delta Q$), ist gleich der Abnahme der Enthalpie ($-dH$). Für eine **isotherme Zustandsänderung** (isothermal transformation), d.h. $dT=0$, folgt aus Gl.(209) $-pdV\geq dF$ oder $\delta W\geq dF$: Die mechanische Energie, die

das System isotherm abgibt $(-\delta W)$, ist kleiner oder höchstens gleich der Abnahme der freien Energie $(-dF)$. Die Gleichheit gilt für den Fall, dass die Zustandsänderung reversibel erfolgt.

(iii) Die Bedingungen für **thermodynamisches Gleichgewicht** (thermodynamic equilibrium).
Für abgeschlossene (isolierte) Systeme gilt $\delta Q=0$, so dass der 2.Hauptsatz (Gl.(207), S.135) zu der schon erwähnten Aussage $dS \geq 0$ oder $S \to$ max führt. Für isotherm isochore Zustandsänderungen ($dT=0$, $dV=0$) folgt aus Gl.(209) $dF \leq 0$ oder $F \to$ min. Für isotherm isobare Zustandsänderungen ($dT=0$, $dp=0$) schließlich ergibt sich aus Gl.(211) $dG \leq 0$ oder $G \to$ min. Dies bedeutet, dass z.B. eine chemische Reaktion, die unter konstantem Druck (Luftdruck) und bei konstant gehaltener Temperatur abläuft, zu einem Minimum der freien Enthalpie führen muss.
In Tab.25 sind die wesentlichen Ergebnisse dieses Abschnitts zusammengefaßt.

Tab.25 Thermodynamische Potentiale und ihre Eigenschaften

Thermodyn. Potentiale Definition	Differentialbeziehungen	Gleichgewichtsbedingungen
Innere mechan. Energie U $dU=\delta Q-pdV$	$dU \leq TdS - pdV$	Für V und U konstant (d.h. $\delta Q=0$) $S = maximal$
Freie Energie $F=U-TS$	$dF \leq - SdT - pdV$	Für T und V konstant $F = minimal$
Enthalpie $H=U+pV$	$dH \leq TdS + Vdp$	Für p und H konstant (d.h. $\delta Q=0$) $S = maximal$
Freie Enthalpie $G=U+pV-TS$	$dG \leq - SdT + Vdp$	Für T und p konstant $G = minimal$

11.2   Der dritte Hauptsatz der Wärmelehre

Der **3.Hauptsatz der Wärmelehre** (third law of thermodynamics), der mitunter auch als **Nernst'sches Wärmetheorem** (Walther Nernst 1864-1941) bezeichnet wird, lautet: *Bei Annäherung an den absoluten Nullpunkt, d.h. für $T \to 0$, verschwindet die Entropie eines einheitlichen Körpers.* Das Adjektiv "einheitlich" ist notwendig, da bei Gemischen ein Zusatzterm auftritt, der die Entropievermehrung durch die Mischung beschreibt (**Mischungsentropie**, entropy of mixing) und der für $T \to 0$ nicht zu null wird.
Zu einer anderen Formulierung des 3.Hauptsatzes gelangen wir durch folgende Überlegung: Für reversible Prozesse gilt in Gl.(209) das Gleichheitszeichen, d.h.

$dF = -SdT - pdV$. Durch Vergleich dieser Beziehung mit $dF = (\partial F/\partial T)_V dT + (\partial F/\partial V)_T \, dV$ folgt $(\partial F/\partial T)_V = -S$ oder, da S für $T \to 0$ verschwinden muss,

$$\left(\frac{\partial F}{\partial T}\right)_V = 0 \qquad \text{für} \qquad T \to 0 \, . \tag{213}$$

Eine entsprechende Formel für U ergibt sich, indem man in der Beziehung $(\partial F/\partial T)_V = -S$ die Entropie durch $(U-F)/T$ (s.Tab.25) ersetzt. Da in diesem Quotienten sowohl der Zähler als auch der Nenner für $T \to 0$ verschwindet, hat man beim Übergang $T \to 0$ die Regel von l´Hospital (Differenzieren des Zählers und des Nenners nach T) anzuwenden und erhält $(\partial U/\partial T)_V = 0$. Das heißt, für $T \to 0$ geht die molare Wärmekapazität bei konstantem Volumen nach null (s. z.B. Fig.47, S.114).

Die Aussage $S=0$ bedeutet, dass ein einheitlicher Körper bei $T=0$ die größtmögliche Ordnung besitzen muss. Betrachten wir als Beispiel einen paramagnetischen Körper, d.h. einen Stoff, dessen Teilchen elementare magnetische Momente besitzen. Ohne ein äußeres Magnetfeld sind diese magnetischen Momente statistisch orientiert und der Körper ist unmagnetisch. Mit wachsendem Magnetfeld wird gegen die thermische Bewegung eine immer stärkere Orientierung erreicht (Boltzmann-Verteilung, s.Abschn.6.3, S.110ff.), bis schließlich alle magnetischen Momente parallel zum Magnetfeld ausgerichtet sind, d.h. es entsteht die Sättigungsmagnetisierung. Diese Sättigungsmagnetisierung muss sich nun aber nach dem dritten Hauptsatz für $T \to 0$ auch ohne ein äußeres Magnetfeld, d.h. spontan, einstellen. In analoger Weise muss ein amorpher Körper für $T \to 0$ in den kristallinen Zustand übergehen, da dieser eine höhere Ordnung besitzt. Allerdings macht der 3.Hauptsatz keine Aussage über die Zeitdauer, bis der Zustand größtmöglicher Ordnung erreicht ist, so dass beispielsweise Glas trotz Abkühlung auf Temperaturen bis in die Nähe von $T=0$ praktisch im amorphen Zustand verbleibt. Eine weitere Formulierung des 3.Hauptsatzes lautet: *Der absolute Nullpunkt (d.h. T=0) ist unerreichbar.* Dies wollen wir an einer der wichtigsten Methoden zur Erreichung tiefer Temperaturen, nämlich der reversiblen **adiabatischen Entmagnetisierung** (adiabatic demagnetization) paramagnetischer Stoffe, zeigen: Auf der nächsten Seite ist in Fig.58a die Entropie S_u des unmagnetisierten Stoffes bzw. die Entropie S_m bei Anliegen eines magnetischen Feldes als Funktion der Temperatur T dargestellt. Da der unmagnetisierte Stoff eine höhere Unordnung besitzt, muss $S_u(T) > S_m(T)$ gelten. Beim reversiblen adiabatischen Abschalten des Magnetfeldes ($\delta Q = 0$) darf sich die Entropie nicht ändern, wodurch es zu einer Abkühlung des Stoffes von der Temperatur T_{start} zu T_{end} kommt (horizontale Gerade in Fig.58a). Ohne den 3.Hauptsatz könnte S_u für $T=0$ einen endlichen Wert besitzen und der absolute Nullpunkt wäre erreichbar (Fig.58b). Wenn dagegen die Entropie für $T=0$ verschwindet, ist der absolute Nullpunkt nur asymptotisch, d.h. praktisch nicht erreichbar (s.Fig.58c).

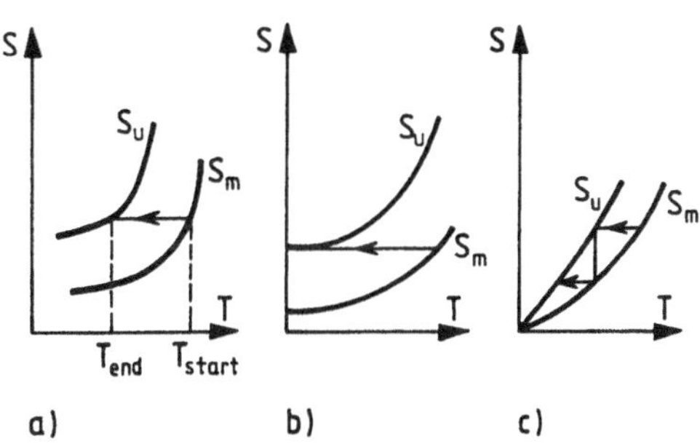

Fig.58
a) Die adiabatische Entmagnetisierung eines paramagnetischen Stoffes führt zur Abkühlung (von T_{start} nach T_{end}).
b) Wenn die Entropie S_u des unmagnetisierten Stoffes bei $T=0$ einen endlichen Wert besitzt, wäre der absolute Nullpunkt erreichbar.
c) Wenn dagegen die Entropie am absoluten Nullpunkt verschwindet, dann kann trotz wiederholter Anwendung der adiabatischen Entmagnetisierung der absolute Nullpunkt $T=0$ nicht erreicht werden

12 Wärmeleitung und Diffusion

Mathematik und Wein: Isolani im vierten Aufzug, siebenter Auftritt von Schillers 'Die Piccolomini': "Der Wein erfindet nichts, er schwatzt's nur aus."

Der Transport von Wärmeenergie kann durch **Wärmeleitung** (thermal conduction), durch **Konvektion** (convection), d.h. durch Massetransport, und durch **Strahlung** (heat radiation), s.S.398ff., erfolgen. Deshalb besitzen wärmeisolierte Gefäße, die im Laboratorium als **Dewar-Gefäße** (Dewar flasks, James Dewar 1842-1923) und im täglichen Leben als **Thermosflaschen** (thermos flasks) im Gebrauch sind, eine doppelte Wandung, deren Zwischenraum evakuiert (gegen Wärmeleitung und Konvektion) und deren innere Oberfläche verspiegelt ist (gegen Strahlung).
Pauschal beschreibt man den Transport von Wärmeenergie eines Körpers an die **Umgebung** (ambience) durch die **Wärmeübergangszahl** α: Der Körper besitze die Oberfläche S und eine Temperatur T, die nur geringfügig höher sei als die Temperatur T_a der **Umgebung** (ambience). Dann gilt für die sekundlich abgegebene Wärmeenergie, die man auch **mittlerer Wärmestrom** (mean energy current) nennt,

$$\frac{dQ}{dt} = \alpha\, S\, (T - T_a) \,. \tag{214}$$

Diese Beziehung wird als **Newton'sches Abkühlungsgesetz** (Newton's law of cooling) bezeichnet. Die Wärmeübergangszahl α hängt vom Material des Körpers, seiner Form und dem umgebenden Medium (Luft, Wasser o.ä.) ab und es ist eine Aufgabe der Physik, diese Größe berechenbar zu machen. Bezüglich des Anteils der Wärmeleitung findet man die Grundlagen im folgenden Abschnitt.

12.1 Die Wärmeleitungsgleichungen

Ein Stab, dessen Seitenflächen wärmeundurchlässig (isoliert) seien, habe die Länge ℓ und den Querschnitt A. Seine Enden (s.Fig.59) sollen durch Kontakt mit großen

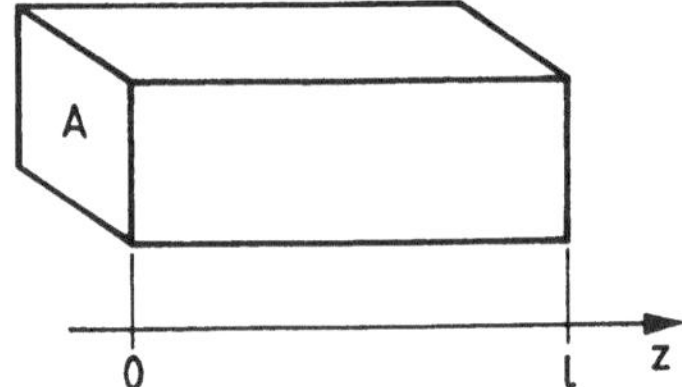

Fig.59 Zur Definition der Wärmeleitfähigkeit

Wärmevorratsgefäßen auf den konstanten Temperaturen T_0 und T_ℓ gehalten werden. Für $T_0 > T_\ell$ fließt dann ein Wärmestrom in z-Richtung, für den

$$\frac{dQ}{dt} = - \lambda A \frac{T_\ell - T_0}{\ell} \tag{215}$$

gilt. λ heißt **Wärmeleitfähigkeit** oder **Wärmeleitzahl** (thermal conductivity oder heat conductivity). Sie ist eine Materialkonstante, wie z.B. die Dichte, und hängt i.Allg. auch von der Temperatur ab. Ihre Einheit ergibt sich aus der Definitionsgleichung (Gl.(215)) zu $WK^{-1}m^{-1}$. In der Technik wird der Quotient λ/ℓ als **Wärmedurchgangskoeffizient** oder **k-Wert** (heat transition coefficient) bezeichnet. Er liegt bei technischen wärmeisolierenden Wänden zwischen 0,2 und 0,4 $WK^{-1}m^{-2}$. In Tab.26 auf der nächsten Seite sind einige Zahlenwerte für λ bei $0\,°C$ und Angaben über die Temperaturabhängigkeit zusammengestellt. Kristalle leiten die Wärme besser als die gleichen Stoffe im amorphen Zustand. Bei Quarz (quartz, SiO_2) macht dies etwa eine Größenordnung aus. Diamant (kubischer reiner Kohlenstoff) besitzt eine sehr große Wärmeleitfähigkeit, die mit der von Kupfer vergleichbar ist. Auf der außerordentlich geringen Wärmeleitfähigkeit von Luft beruht die isolierende Wirkung der Wolle, bei der die Fasern lediglich die Konvektion unterdrücken.

Tab.26 Experimentelle Werte für die Wärmeleitfähigkeit λ verschiedener Stoffe bei $0\,^\circ$C und ihre Temperaturabhängigkeit [LID90]

	λ / (W K^{-1} m^{-1})	λ^{-1} (dλ/dT)·K
Silber	428	$-\ 0{,}087\cdot10^{-3}$
Aluminium	236	$+\ 0{,}16\cdot10^{-3}$
Eisen	83,5	$-\ 1{,}4\cdot10^{-3}$
Glas	$0{,}9\pm0{,}4$	$+\ (2\pm1)\cdot10^{-3}$
Wasser (flüssig)	0,588	$-\ 2{,}5\cdot10^{-3}$
N$_2$ (0,1MPa) $\approx$ Luft	0,0238	$+\ 3{,}1\cdot10^{-3}$
Schaumplast	$0{,}025\pm\ 0{,}005$	$+\ (3\pm0{,}5)\cdot10^{-3}$

Führt man die **Wärmestromdichte** (energy current density) als einen Vektor ein, dessen Betrag durch

$$|\vec{j}| = \frac{1}{A}\frac{dQ}{dt} \tag{216}$$

und dessen Richtung durch die Transportrichtung der Wärmeenergie gegeben ist, so folgt aus Gl.(215) die Beziehung $j_z = -\lambda\Delta T/\Delta z$ oder, in differentieller Schreibweise, $j_z = -\lambda\partial T/\partial z$. Die Erweiterung auf alle drei Raumrichtungen führt zu

$$\vec{j} = -\lambda\ \mathrm{grad}\ T \tag{217}$$

mit

$$\mathrm{grad}\ T = \frac{\partial T}{\partial x}\,\vec{e}_x + \frac{\partial T}{\partial y}\,\vec{e}_y + \frac{\partial T}{\partial z}\,\vec{e}_z\ . \tag{218}$$

Die Gleichung (217) wird als **1.Wärmeleitungsgleichung** (Fourier's law, Joseph Fourier 1768-1830) bezeichnet. Sie verknüpft die Wärmestromdichte mit einer räumlich und zeitlich *vorgegebenen* Temperaturverteilung.

Die Frage, wie man eine solche Temperaturverteilung, d.h. die Funktion $T(t,x,y,z)$ findet, lässt sich durch Lösung der 2.Wärmeleitungsgleichung beantworten. Zur Ableitung dieser Gleichung betrachten wir eine dünne Scheibe des Stabes von Fig.59, S.140, die sich von z bis $z+\Delta z$ erstrecken soll (s.Fig.60).

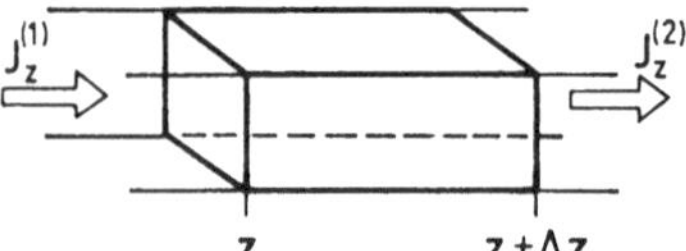

Fig.60 Zur Ableitung der 2.Wärmeleitungsgleichung

Eine kleine Zwischenrechnung liefert dann unter Berücksichtigung der Temperatur-erhöhung, die diese Schicht durch die Zufuhr von Wärmeenergie erfährt, die partielle Differentialgleichung

$$\frac{\lambda}{\rho C_V^s} \frac{\partial^2 T}{\partial z^2} = \frac{\partial T}{\partial t} . \tag{219}$$

ρ bezeichnet die Dichte und C_V^s die spezifische Wärmekapazität des Materials bei konstantem Volumen.

An der Stelle z (s.Fig.60) herrsche die Temperatur $T^{(1)}$ und bei $z+\Delta z$ die Temperatur $T^{(2)}$, so dass die 1.Wärmeleitungsgleichung (Gl.(217), S.141) auf die Beziehungen $j_z^{(1)}=-\lambda\partial T^{(1)}/\partial z$ und $j_z^{(2)}=-\lambda\partial T^{(2)}/\partial z$ führt. Die der Masse $\rho A\Delta z$ sekundlich zugeführte Wärmeenergie dQ/dt ist also gleich $(j_z^{(1)}-j_z^{(2)})A$, so dass sich, wenn man $T^{(2)}=T^{(1)}+(\partial T/\partial z)\Delta z$ einsetzt, $dQ/dt=\lambda(\partial^2 T/\partial z^2)A\Delta z$ ergibt. Mit der Definitionsgleichung für die spezifische Wärmekapazität bei konstantem Volumen (s.Gl.(174), S.113) kann dQ/dt durch $C_V'\rho A\cdot\Delta z\partial T/\partial t$ ersetzt werden und es folgt schließlich $C_V'\rho A\Delta z\partial T/\partial t=\lambda(\partial^2 T/\partial z^2)A\Delta z$.

Die Erweiterung von Gl.(219) auf alle drei Raumrichtungen ergibt die **2.Wärmeleitungsgleichung**

$$\frac{\partial T}{\partial t} = \frac{\lambda}{\rho C_V^s} \Delta T \tag{220}$$

mit

$$\Delta T = \frac{\partial^2 T}{\partial x^2} + \frac{\partial^2 T}{\partial y^2} + \frac{\partial^2 T}{\partial z^2} . \tag{221}$$

Den Quotienten $\lambda/(\rho C_V{}^s)$ bezeichnet man als **Temperaturleitzahl** (thermal diffusivity)

$$\lambda_T = \frac{\lambda}{\rho C_V{}^s} \, . \tag{222}$$

Die Einheit der Temperaturleitzahl ergibt sich aus dieser Gleichung zu m^2/s. Während λ die Stärke des Wärmestroms bei einem vorgegebenen Temperaturunterschied beschreibt, charakterisiert λ_T die Geschwindigkeit, mit der sich Temperaturänderungen in einem Körper ausbreiten. Einige Zahlenwerte findet man in Tab.27.

Tab.27 Wärmeleitzahl λ, Dichte ρ und spezifische Wärmekapazität bei konstantem Volumen $C_V{}^s$ für einige Substanzen bei 20°C [LID90] sowie die daraus nach Gl.(222) berechneten Werte für λ_T

Substanz	λ / (W K^{-1} m^{-1})	ρ / (kg m^{-3})	$C_V{}^s$ / (J K^{-1} kg^{-1})	λ_T / (m^2 s^{-1})
Eisen	81,2	7874	449,8	$23 \cdot 10^{-6}$
Wasser	0,5984	998,21	4182	$0,14 \cdot 10^{-6}$
Stickstoff	0,0253	1,25	743	$27 \cdot 10^{-6}$
($\approx$ Luft)				
(0,1 MPa)				

Es folgt daraus das überraschende Ergebnis, dass sich Temperaturänderungen in Metallen (Eisen) etwa gleichschnell ausbreiten wie in ruhender Luft, während im Wasser, ohne Berücksichtigung der Konvektion, die Vorgänge mehr als hundertmal langsamer ablaufen.

12.2 Die Diffusionsgleichungen

Während die Wärmeleitung den Ausgleich von Temperaturen bewirkt, führt die Diffusion zu einem Ausgleich von Konzentrationsunterschieden. In Fig.59, S.140, werde auf der linken Seite ($z=0$) eine konstante Konzentration c_0 und auf der rechten Seite ($z=\ell$) eine konstante Konzentration c_ℓ von Teilchen aufrechterhalten. Dann führt für $c_0 > c_\ell$ die **Diffusion** (diffusion) der Teilchen, d.h. ihre ständig den Betrag und die Richtung ändernde translatorische Wärmebewegung (s. Brown'sche Bewegung, S.111), zu einem Teilchenstrom von $z=0$ nach $z=\ell$. Zwar diffundieren sowohl Teilchen von rechts nach links, als auch von links nach rechts, jedoch kommt es insgesamt zu einem Teilchenstrom in positiver z-Richtung, da die Anzahl der Teilchen pro Volumen links größer ist als rechts. Offensichtlich wird der Teilchenstrom dN/dt umso größer sein, je größer die Querschnittsfläche A und je größer der Betrag des Konzentrationsgradienten $(c_l - c_0)/\ell$ ist. Man schreibt

$$\frac{dN}{dt} = - D A \frac{c_l - c_0}{\ell} \tag{223}$$

und bezeichnet den Proportionalitätskoeffizienten D als **Diffusionskoeffizient** (diffusion coefficient, diffusivity) der betreffenden Teilchen. Seine Einheit folgt aus Gl.(223) zu m^2/s. Auf Grund der Analogie zwischen den Gln.(223) und (215), S.140, ergeben sich zwei ähnliche Gleichungen wie bei der Wärmeleitung, nämlich

$$\vec{j}_N = - D \ \text{grad} \ c \tag{224}$$

und

$$\frac{\partial c}{\partial t} = D \, \Delta c \ , \tag{225}$$

die **1. und 2.Diffusionsgleichung** (diffusion equations) oder auch **1. und 2.Fick'- sches Gesetz** (Adolf Fick 1829-1901) genannt werden. $\vec{j}_N$ ist die **Teilchenstrom- dichte** (particle flux density), die analog zur Wärmestromdichte $\vec{j}$ definiert ist, wobei lediglich an Stelle der Wärmeenergie Q (s.Gl.(216), S.141) die Anzahl N der Teilchen steht.
Der Leser sollte selbst begründen, warum im Gegensatz zu den Wärmeleitungs- gleichungen in den Gln.(224) und (225) auf der rechten Seite der gleiche Faktor (D) steht. In Tab.28 auf der nächsten Seite sind einige Zahlenwerte für den Diffusions- koeffizienten aufgelistet.
Durch Lösung der 2.Diffusionsgleichung lässt sich zeigen, dass das mittlere Ver- schiebungsquadrat eines beliebig herausgegriffenen Teilchens verwendet werden kann, um den Diffusionskoeffizienten zu messen, sofern die Teilchen mikroskopisch sichtbar sind (z.B. bei Emulsionen). Das Teilchen befinde sich z.Zt. $t=t_0$ an der Stelle x_0, y_0, z_0 und sei zum Zeitpunkt $t > t_0$ an die Stelle x, y, z diffundiert. Dann gilt

$$\langle (\vec{r} - \vec{r}_0)^2 \rangle = 6 \, D \, (t - t_0) \ . \tag{226}$$

Wegen der Isotropie, d.h. $\langle(x\text{-}x_0)^2\rangle = \langle(y\text{-}y_0)^2\rangle = \langle(z\text{-}z_0)^2\rangle$, lässt sich die Gl.(226) auch in der Form

$$\langle(x\text{-}x_0)^2\rangle = \langle(y\text{-}y_0)^2\rangle = \langle(z\text{-}z_0)^2\rangle = 2\,D\,(t\text{-}t_0) \qquad (227)$$

schreiben, die für eine experimentelle Auswertung besonders geeignet ist, indem man nur eine der drei Ortskoordinaten registriert.

Tab.28 Beispiele für Diffusionskoeffizienten [LID90]

	ϑ / $^\circ$C	D / m^{2}s^{-1}
Leitungselektronen in Germanium Silizium	20 20	$9{,}6\cdot10^{-3}$ $4{,}8\cdot10^{-3}$
H$_2$ in Luft CO$_2$ in Luft	0 0	$63{,}4\cdot10^{-6}$ $13{,}9\cdot10^{-6}$
NH$_3$ in Wasser KBr in Wasser (0,01 molar)	25 25	$1{,}64\cdot10^{-9}$ $1{,}92\cdot10^{-9}$

Für den eindimensionalen Fall besitzt die 2.Diffusionsgleichung (Gl.(225), S.144) die einfache Form $\partial c/\partial t = D\partial^2 c/\partial x^2$. Zur Zeit $t=0$ sollen sich alle Teilchen an der Stelle $x=0$ mit einer Konzentration c_0 befinden. Das heißt, es gilt $c=c_0\delta(x)$, wobei $\delta(x)$ die **Deltafunktion** (Dirac delta function) bezeichnet. Diese ist definiert durch die Beziehungen $\delta(x)=0$ für $x\neq0$ und $\delta(x)=\infty$ für $x=0$ mit der Bedingung $\int_{-\infty}^{+\infty}\delta(x)\mathrm{d}x=1$. Dann ergibt sich als Lösung der eindimensionalen 2.Diffusionsgleichung $c(t,x)=c_0(4\pi Dt)^{-1}\exp[-x^2/(4Dt)]$, wie man leicht durch Einsetzen von $c(t,x)$ in diese Differentialgleichung zeigen kann. Das mittlere Verschiebungsquadrat $\langle x^2\rangle$ folgt aus der Definitionsgleichung $\langle x^2\rangle = \int_{-\infty}^{+\infty} x^2 c(t,x)\mathrm{d}x / \int_{-\infty}^{+\infty} c(t,x)\mathrm{d}x$ unter Verwendung der beiden bestimmten Integrale $\int_{-\infty}^{+\infty}\exp(-u^2)\mathrm{d}u=\pi^{\frac12}$ und $\int_{-\infty}^{+\infty} u^2\exp(-u^2)\mathrm{d}u=\pi^{\frac12}/2$ zu $\langle x^2\rangle=2Dt$. Die Substitution $x\rightarrow x-x_0$ und $t\rightarrow t-t_0$ schließlich liefert die gesuchte Beziehung (227).

Von **Selbstdiffusion** (self-diffusion) spricht man, wenn die Diffusion bei räumlich konstanter Konzentration der Teilchen erfolgt. Dazu ist es erforderlich, das betrachtete Teilchen, dessen Selbstdiffusion gemessen werden soll, so zu markieren, dass sich seine Diffusionseigenschaften nicht ändern. Dies kann entweder spektroskopisch (z.B. Orientierung der Kernspins in einem äußeren Magnetfeld [KAE88]) oder durch geeignete Isotopensubstitution erfolgen. So unterscheiden sich beispielsweise die Molmassen des mit einem Deuterium markierten Benzolmoleküls C$_6$H$_5$D und des unmarkierten Benzolmoleküls C$_6$H$_6$ um nur 1,3 %. Für Wassermoleküle im flüssigen Wasser bei 25 $^\circ$C und 0,1 MPa wurde ein Selbstdiffusionskoeffizient von $(2{,}30\pm0{,}04)\cdot10^{-9}$ m^{2}s^{-1} gemessen [KAE88].

12.3 Wärmeleitung und Selbstdiffusion in Gasen

Wir bezeichnen mit ℓ die **mittlere freie Weglänge** (mean free path) eines Gasteilchens zwischen zwei Stößen mit anderen Gasteilchen und betrachten drei parallele Schichten der Fläche A senkrecht zur z-Achse mit den Koordinaten $z-\ell$, z und $z+\ell$ (s.Fig.61).

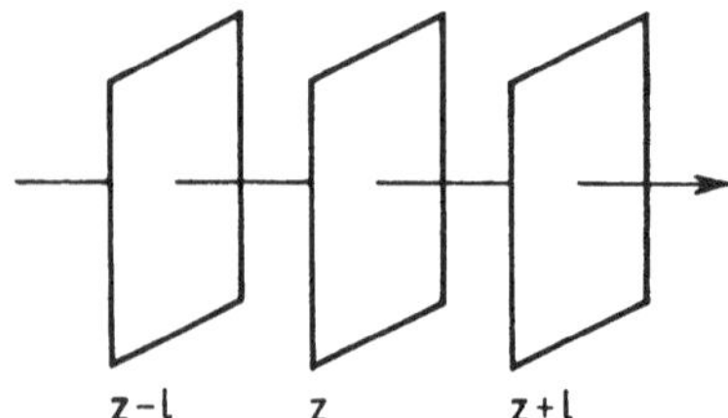

Fig.61 Zur Ableitung des Selbstdiffusionskoeffizienten D und der Wärmeleitfähigkeit λ von Gasen

Gasteilchen, die bei der mittleren Fläche eintreffen, stammen dann im Mittel von $z+\ell$ oder von $z-\ell$. Für die sekundlich von $z+\ell$ nach z gelangende Anzahl von Gasteilchen gilt

$$\frac{\mathrm{d}N_{\rightarrow}}{\mathrm{d}t} = \frac{1}{6}\, c_{(z+\ell)}\, \langle v_{(z+\ell)}\rangle\, A \; , \tag{228}$$

wobei $c_{(z+\ell)}$ bzw. $\langle v_{(z+\ell)}\rangle$ die Konzentration bzw. der Mittelwert des Betrags der Geschwindigkeit der Teilchen ist. Dann liefert eine einfache Rechnung für den Selbstdiffusionskoeffizienten

$$D = \frac{1}{3}\, \langle v\rangle\, \ell \; . \tag{229}$$

Für die sekundlich von $z-\ell$ nach z gelangende Anzahl von Gasteilchen gilt analog zu Gl.(228) $\mathrm{d}N_{\leftarrow}/\mathrm{d}t=(1/6)c_{(z-\ell)}\langle v_{(z-\ell)}\rangle A$. Damit folgt für die z-Komponente der Teilchenstromdichte $j_{Nz}=(1/A)\cdot(\mathrm{d}N_{\rightarrow}/\mathrm{d}t-\mathrm{d}N_{\leftarrow}/\mathrm{d}t)$. Mit $c_{(z\pm\ell)}=c\pm\ell\,\mathrm{d}c/\mathrm{d}z$ ergibt sich daraus $j_{Nz}=-(1/3)\langle v\rangle\ell\,\mathrm{d}c/\mathrm{d}z$. Ein Vergleich mit Gl.(224), S.144, liefert die gesuchte Gl.(229).

Um eine zu Gl.(229) analoge Beziehung für die Wärmeleitzahl λ abzuleiten, muss die z-Komponente der Energiestromdichte berechnet werden. Da nach dem Gleichverteilungssatz (s.Gl.(166), S.108) jedes Teilchen im Mittel die Energie

$z_F kT/2$ besitzt, kann man zeigen, dass gilt

$$\lambda = \frac{z_F}{12}\, k\, c\, \ell\, \langle v \rangle \,. \tag{230}$$

Für die z-Komponente der Energiestromdichte folgt unter Verwendung des Gleichverteilungssatzes und der Gl.(228) $j_z = (1/A)(z_F/2)k[T_{(z-\ell)}dN_-/dt - T_{(z+\ell)}dN_-/dt]$. Im vorliegenden Fall soll nun der Druck p konstant sein, aber die Temperatur T von z abhängen. Wegen $c = nN_A/V$ (mit n = Anzahl der Mole im Volumen V und N_A = Avogadro'sche Zahl) sowie $T = pV/(nR)$ (s.Gl.(161), S.106) folgt $cT = pN_A/R$, was bedeutet, dass auch das Produkt cT konstant sein muss. Einsetzen von Gl.(228) und der entsprechenden Beziehung für die Ableitung dN_-/dt in die obige Gleichung für j_z liefert $j_z = (z_F k/12)[T_{(z-\ell)}c_{(z-\ell)} \cdot \langle v_{(z-\ell)} \rangle - T_{(z+\ell)}c_{(z+\ell)}\langle v_{(z+\ell)} \rangle]$. Durch Entwicklung von $\langle v_{(z\pm\ell)} \rangle$ ergibt sich daraus $j_z = -(1/6)z_F kcT\ell d\langle v \rangle/dz$. Wegen $\langle v \rangle^2 \propto T$ (s.S.112) folgt $(2/\langle v \rangle)\, d\langle v \rangle/dz = (1/T)dT/dz$ und damit schließlich $j_z = -(z_F k/12)c\ell\langle v \rangle dT/dz$. Ein Vergleich mit Gl.(217), S.141, liefert die gesuchte Gl.(230).

Während die Wärmeleitung eine Folge des Energietransports durch die Gasteilchen ist, folgt die Viskosität η (s.S.77) aus dem Impulstransport. Eine analoge Überlegung, wie sie zur Ableitung von Gl.(230) angestellt wurde, ergibt die Gleichung

$$\eta = c\, m\, \langle v \rangle\, \ell\, /\, 3 \,. \tag{231}$$

Ein Vergleich mit Gl.(230) liefert unter Verwendung des Ausdrucks für die spezifische Wärmekapazität bei konstantem Volumen C_V^s die Beziehung

$$\lambda = C_V^s\, \eta\, /\, 2 \,. \tag{232}$$

Aus den Gln.(231) und (230) folgt zunächst $\lambda = z_F k(4m)^{-1}\eta$ und damit unter Verwendung der Gl.(177), S.114, und der Tatsache, dass $C_V^m = MC_V^s = mN_A C_V^s$ gilt (s.S.113), die Beziehung $\lambda = C_V^s\eta/2$. Die Gleichungen dieses Abschnitts gelten nur näherungsweise. Genauere Rechnungen berücksichtigen die Geschwindigkeitsverteilung der Gasmoleküle und führen auf der rechten Seite von Gl.(232) zu einem zusätzlichen Faktor, der 4,8, 3,8 bzw. 3,2 für ein-, zwei- bzw. dreiatomige Moleküle ist.

13   Dämpfe und reale Gase

13.1   Van-der-Waals'sche Gleichung, Virialentwicklung

Als **Dampf** (vapor), genauer gesagt als **gesättigten Dampf** (saturated vapor), bezeichnet man das Gas, das sich in einem abgeschlossenen Volumen über einer Flüssigkeit bildet. Für **Wasserdampf** gibt es im Englischen wegen der großen technischen Bedeutung ein eigenes Wort (steam). Ist alle Flüssigkeit verdampft, so spricht man von einem **realen Gas** (real gas). Synonyme sind **ungesättigter Dampf** (unsaturated vapor) oder auch **überhitzter Dampf** (superheated vapor). Mit Vergrößerung des Volumens bei konstanter Masse (Molzahl) erfolgt schließlich der Übergang zum **idealen Gas** (ideal gas). Den Druck des gesättigten Dampfes bezeichnen wir mit p_{sv}, wobei sv an saturated vapor erinnern soll. p_{sv} ist stoffspezifisch und hängt von der Temperatur ab, aber nicht vom Volumen. Den dampfförmigen, den flüssigen und den festen Zustand eines Stoffes nennt man seine drei **Aggregatzustände** (states of aggregation). Demgegenüber bezeichnet man als **Phasen** (phases) homogene Gebiete eines Stoffes, die durch unterschiedliche Anordnung der Teilchen charakterisiert sind. Zu den Phasen zählen also neben den drei Aggregatzuständen evtl. noch verschiedene **Modifikationen** (polymorphs) des Stoffes im festen Zustand. Beispielsweise sind Graphit und Diamant zwei Modifikationen des festen Kohlenstoffes.

In Fig.62 ist das p-V-Diagramm einer bestimmten Stoffmenge (z.B. 1kg) für den p-V-Bereich dargestellt, in dem nur der gasförmige oder der flüssige oder beide Aggregatzustände auftreten können.

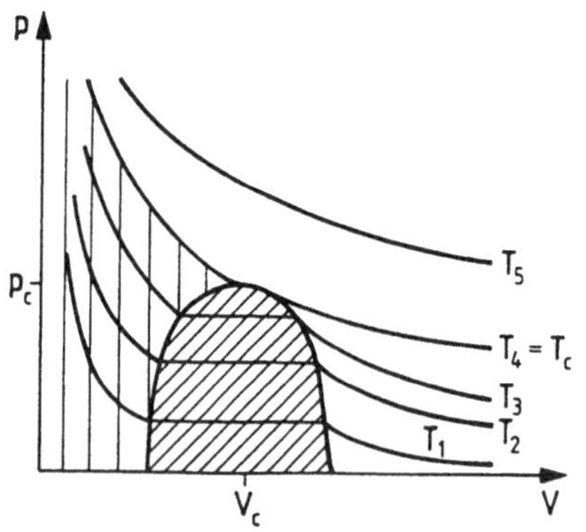

Fig.62 p-V-Diagramm eines Stoffes im Bereich flüssig/gasförmig. Für die Isothermen gilt $T_5 > T_4 > T_3 > T_2 > T_1$. Der kritische Punkt ist durch den Wendepunkt der Isothermen $T_4 = T_c$ mit dem kritischen Druck $p = p_c$ und dem kritischen Volumen $V = V_c$ gegeben

Im schräg schraffierten Gebiet liegt der Stoff in diesen beiden Zuständen vor, man spricht von der **Koexistenz** (coexistence) des flüssigen und des gasförmigen Aggregatzustandes. Demzufolge muss der Druck gleich dem Sättigungsdampfdruck p_{sv} und damit unabhängig vom Volumen sein (horizontale Geradenstücke in Fig.62). Im senkrecht schraffierten Gebiet ist das Volumen, das der vorgegebenen Stoffmenge zur Verfügung steht, so klein, dass der Stoff nur im flüssigen Aggregatzustand existieren kann. Dies bedingt einen sehr starken Anstieg des Drucks mit abnehmendem Volumen. Für große Volumina dagegen ($V\to\infty$) erfolgt der Übergang zum idealen Gas, so dass der Druck entsprechend Gl.(161), S.106, umgekehrt proportional zum Volumen abnehmen muss. Oberhalb einer bestimmten Temperatur, die man als **kritische Temperatur** (critical temperature) T_c des Stoffes bezeichnet, gibt es keinen Unterschied mehr zwischen dem flüssigen und dem gasförmigen Aggregatzustand. Der Druck, bei dem das Gebiet der Koexistenz verschwindet, nennt man den **kritischen Druck** (critical pressure) p_c. An dieser Stelle besitzt die Isotherme der kritischen Temperatur einen Wendepunkt. Da wir angenommen haben, dass in Fig.62 das p-V-Diagramm von 1kg des Stoffes dargestellt wurde, muss das zugehörige **kritische Volumen** (critical volume) V_c gleich dem reziproken Wert der **kritischen Dichte** (critical density) sein ($V_c=\rho_c^{-1}$). Mit anderen Worten, an dieser Stelle wird die Dichte der Flüssigkeit ρ_{liq} (reziproker Wert des Volumens an der *linken* Begrenzung des schräg schraffierten Gebietes) gleich der Dichte des gesättigten Dampfes ρ_{sv} (reziproker Wert des Volumens an der *rechten* Begrenzung des schräg schraffierten Gebietes). Die aus Fig.62 entnehmbare Abhängigkeit des Dampfdrucks p_{sv} von der Temperatur T ist schematisch in Fig.63 dargestellt.

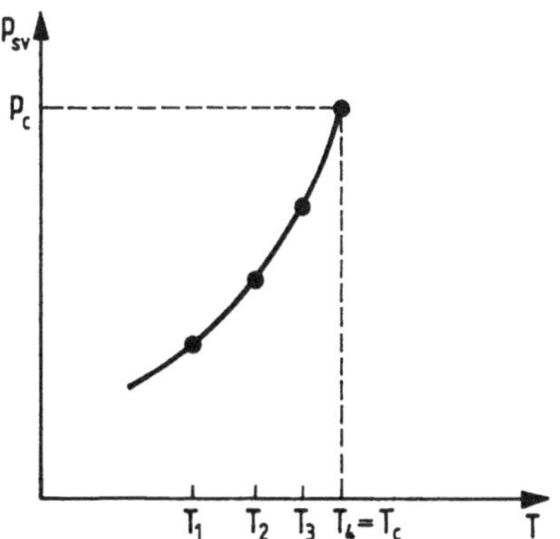

Fig.63 Dampfdruckkurve entsprechend den horizontalen Geradenstücken im p-V-Diagramm von Fig.62

Die Dampfdruckkurve endet bei der kritischen Temperatur T_c, da oberhalb davon kein Unterschied mehr zwischen Flüssigkeit und Dampf besteht. Bei $T=T_c$ wird $\rho_{liq}=\rho_{sv}$. Die Tab.29 enthält einige Zahlenwerte für den Dampfdruck von Wasser.

Tab.29 Temperaturabhängigkeit des Sättigungsdampfdrucks p_{sv} von Wasser [LID90]

ϑ / °C	T / K	p_{sv} / kPa
0	273,15	0,61129
25	298,15	3,1690
100	373,15	101,32
200	473,15	1553,6
300	573,15	8583,8
373,99	647,14	22064

Eine Flüssigkeit siedet, wenn ihr Dampfdruck gleich dem äußeren Luftdruck ist. Bei dieser Temperatur, die man als **Siedetemperatur** (boiling point) T_b bezeichnet, muss also die Dampfbildung nicht nur an der Oberfläche, sondern auch im Inneren erfolgen. Es bilden sich die bekannten Blasen, die allerdings bei einer gleichmäßigen Temperaturverteilung nur im oberen Teil der Flüssigkeit auftreten, da in den tieferen Schichten zum äußeren Luftdruck noch der Schweredruck der Flüssigkeit hinzukommt. Unter verringertem Luftdruck siedet die Flüssigkeit schon bei niedrigeren Temperaturen. Dies erklärt, warum man in den Bergen Speisen länger als im Tal kochen muss, bis sie gar sind und weshalb durch Kochen in Drucktöpfen Energie gespart werden kann. Das Sieden unter verringertem Druck wird in der Technik bei der sog. Vakuumdestillation verwendet. Auf der nächsten Seite sind in Tab.30 für Wasser (H_2O), schweres Wasser (D_2O), Ammoniak (NH_3), Kohlendioxid (CO_2) und Helium (^4He) die kritischen Drücke und Temperaturen sowie die Siedetemperaturen für einen äußeren Druck von 101,325kPa zusammengestellt.

Das in Fig.62 dargestellte Verhalten kann näherungsweise durch die empirische **van-der-Waals'sche Gleichung** (van der Waals´ equation, Johannes Diderik van der Waals 1837-1923)

$$(p + a(n/V)^2) (V - nb) = n R T \tag{233}$$

beschrieben werden. Hierin bezeichnet p den Druck in Pa, V das Volumen in m³, T die Temperatur in K, n die Anzahl der Mole des Gases und R die allgemeine Gaskonstante ($R=8,314510(70)$ Jmol⁻¹K⁻¹ [LID90]). a und b sind die **van-der-Waals-Konstanten** (van der Waals coefficients), für die man einige Zahlenwerte in Tab.31 findet.

Tab.30 Kritischer Druck p_c in MPa, kritische Temperatur in °C (ϑ_c) und Siedetemperatur bei einem äußeren Druck von 101,325kPa in °C (ϑ_b) [LID90]. Bei CO_2 bezeichnet ϑ_b die Sublimationstemperatur in °C (s. S.164). Man beachte die Umrechnung T / K = ϑ / °C + 273,15

Substanz	p_c / MPa	ϑ_c / °C	ϑ_b / °C
Wasser	22,064	373,99	100
schweres Wasser	21,671	370,74	101,42
Ammoniak	11,4	132,5	−33,35
Kohlendioxid	7,39	31	−78,5 (Subl.)
Helium	0,227	−267,96	−268,93

Tab.31 Van-der-Waals-Konstanten für Kohlendioxid (CO_2) und Wasser (H_2O) [LID90]

Substanz	a / Pa m^6 mol^{-2}	b / m^3 mol^{-1}
Kohlendioxid	0,364	$4,267 \cdot 10^{-5}$
Wasser	0,554	$3,049 \cdot 10^{-5}$

Zur Interpretation der Formel von van der Waals vergleichen wir sie mit der Zustandsgleichung des idealen Gases (Gl.(161), S.106). Es folgt

$$p_{\text{ideal}} = p + a\,(n/V)^2 \tag{234}$$

und

$$V_{\text{ideal}} = V - n\,b\,. \tag{235}$$

Der tatsächliche Druck p ist also um den Term $a(n/V)^2$, der **Binnendruck** genannt wird, kleiner als der des idealen Gases p_{ideal}. Die Ursache dafür sind die Anziehungskräfte zwischen den Teilchen, die beim idealen Gas vernachlässigt werden. Andererseits folgt aus Gl.(235), dass das tatsächliche Volumen V um den als **Kovolumen** bezeichneten Term nb größer ist als das Volumen des idealen Gases V_{ideal}. Dies wird verständlich, da beim idealen Gas angenommen wurde, dass die Teilchen kein Eigenvolumen besitzen, sondern punktförmig sind.
Der näherungsweise Charakter der van-der-Waals'schen Gleichung (Gl.(233)) äußert sich darin, dass sie das Verhalten im Gebiet der Koexistenz der beiden Aggregatzustände (schräg schraffiertes Gebiet in Fig.62, S.148) nicht richtig wiedergibt. In Fig.64 sind die nach Gl.(233) für ein Mol Wasser unter Verwendung der van-der-Waals-Konstanten nach Tab.31 berechneten Isothermen dargestellt.

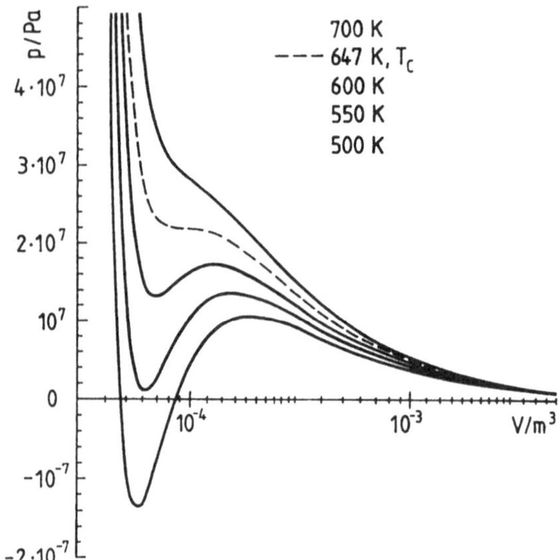

Fig.64 Isothermen für 1 Mol Wasser berechnet nach der van-der Waals'-schen Gleichung (s. Gl.(233), S.150) und unter Verwendung der Zahlenwerte von Tab.31, S.151

Man erkennt, dass die Ergebnisse im Gebiet der Koexistenz nicht richtig sein können. Einerseits sind negative Werte für den Druck physikalisch unsinnig und andererseits findet man experimentell auch nicht den S-förmigen Kurvenverlauf. Dieser Kurve kann man aber den Sättigungsdampfdruck p_{sv}, also die Ordinate des horizontalen Stückes des tatsächlichen Kurvenverlaufs (s.Fig.62, S.148) entnehmen, indem man eine horizontale Gerade für die betreffende Isotherme so zieht, dass der Inhalt der von der Horizontalen und dem oberen Schleifenstück begrenzten Fläche gleich dem Inhalt der Fläche zwischen der Horizontalen und dem unteren Schleifenstück ist. Geringe Teile der von der van-der-Waals'schen Gleichung gelieferten S-förmigen Schleife können bei entsprechender Sorgfalt (Beobachtung von labilen Zuständen) experimentell realisiert werden: Wenn bei Verringerung des Volumens infolge einer Abwesenheit von Kondensationskeimen keine Flüssigkeitsausscheidung (Tröpfchenbildung) stattfindet, kann das Gas einen höheren Druck als den Sättigungsdampfdruck annehmen (**übersättigter Dampf**, supersaturated vapor). Andererseits kann sich eine Flüssigkeit unter einem geringeren Druck als dem Sättigungsdampfdruck befinden, ohne zu sieden (**Siedeverzug**). Allerdings sind diese Zustände labil. Bei Gültigkeit der van-der-Waals'schen Gleichung lassen sich das kritische Volumen V_c und die kritische Temperatur T_c in einfacher Weise aus der Anzahl der Mole n, der Gaskonstanten R und den van-der-Waals-Konstanten a und b berechnen.

Die Differentiation der van-der-Waals'schen Gleichung (Gl.(233), S.150) $p=nRT(V-nb)^{-1}-a(n/V)^2$ nach dem Volumen liefert $dp/dV=-nRT(V-nb)^{-2}+2an^2V^{-3}$. Nullsetzen dieser Ableitung gibt die 1.Bedingung $(V-nb)^2(RT)^{-1}=V^3(2an)^{-1}$. Damit es sich um einen Wendepunkt handelt, muss auch die 2.Ableitung $d^2p/dV^2=2nRT(V-nb)^{-3}-6an^2/V^4$ verschwinden. Die daraus folgende 2.Bedingung $(V-nb)^3\cdot$

$(RT)^{-1}=V^4(3an)^{-1}$ dividieren wir durch die erste, womit sich $V=V_c=3nb$ ergibt. Dieses Ergebnis setzen wir in die 1.Bedingung ein und erhalten schließlich $T=T_c=8a/(27bR)$.

Neben der van-der-Waals'schen Gleichung gibt es noch eine andere, allgemeinere Möglichkeit, das Verhalten realer Gase analytisch zu beschreiben. Sie besteht darin, den Druck durch eine Reihenentwicklung nach dem Quotienten n/V darzustellen:

$$p = \frac{nRT}{V}\left(1 + A_{(T)}\ (n/V) + B_{(T)}\ (n/V)^2 + \ldots \right). \tag{236}$$

Man bezeichnet dies als **Virialentwicklung** (virial expansion) und die Koeffizienten $A_{(T)}$, $B_{(T)}$ usw. als **Virialkoeffizienten** (virial coefficients). Sie hängen nur von der Temperatur ab und sind charakteristische Größen des betreffenden Gases. Die Temperatur, für die der erste Virialkoeffizient verschwindet, nennt man die **Boyle-Temperatur** (Boyle´s temperature, Robert Boyle 1627-1691) T_B. Bei dieser Temperatur kann das reale Gas noch am ehesten durch die ideale Gasgleichung (Gl.(161), S.106) beschrieben werden. Für Wasser ergibt sich, wenn man die Gültigkeit der van-der-Waals'schen Gleichung voraussetzt, $T_B=2185K$.

Schreibt man die van-der-Waals'sche Gleichung (Gl.(233), S.150) in der Form $p=nRTV^{-1}(1-nb/V)^{-1}$ $-a(n/V)^2$, so liefert die Entwicklung des ersten Summanden $p=nRTV^{-1}[1+nb/V+(nb/V)^2+\ldots]$ $-nRTV^{-1}[an/(RTV)]$ oder $p=nRTV^{-1}[1+(b-a/RT)(n/V)+b^2(n/V)^2+\ldots]$, woraus man durch Vergleich mit der Virialentwicklung (Gl.(236)) $A_{(T)}=b-a/RT$ und $B_{(T)}=b^2$ erhält. Die erste Gleichung liefert für die Boyle-Temperatur $T_B=a/Rb$.

13.2 Der Joule-Thomson-Effekt

Die Anziehungskräfte zwischen den Teilchen eines realen Gases (Term a in der van-der-Waals'schen Gleichung, Gl.(233), S.150) und ihre Eigenvolumina (Term b) sind die Ursache für den **Joule-Thomson-Effekt** (Joule-Thomson effect, James Prescott Joule 1818-1889, William Thomson=Lord Kelvin 1824-1907), der bei der Kühlung und Gasverflüssigung eine wichtige Anwendung gefunden hat. Das reale Gas wird mit dem konstanten Anfangsdruck p_1 und der Anfangstemperatur T_1 mit dem Kolben 1 durch eine gedrosselte Leitung (z.B. eine Düse oder ein Rohrstück mit einem Wattepfropfen) hindurchgepresst. Auf der anderen Seite wird der Druck $p_2<p_1$ durch Verschiebung des Kolbens 2 aufrecht erhalten (s.Fig.65). Unter der Voraussetzung, dass dieser Vorgang adiabatisch (Wärmeisolation!) verläuft und dass keine Reibung sowie Wirbel auftreten, ergibt sich aus dem 1.Hauptsatz (Gl.(179), S.117) wegen $\Delta Q=0$ und $\Delta W=-p\Delta V$ (s.S.117) $U_2-U_1=(-p_2V_2)-(-p_1V_1)$. Diese Gleichung besagt, dass die Größe $U+pV$, die als Enthalpie H bezeichnet wird (s.S.136), konstant ist:

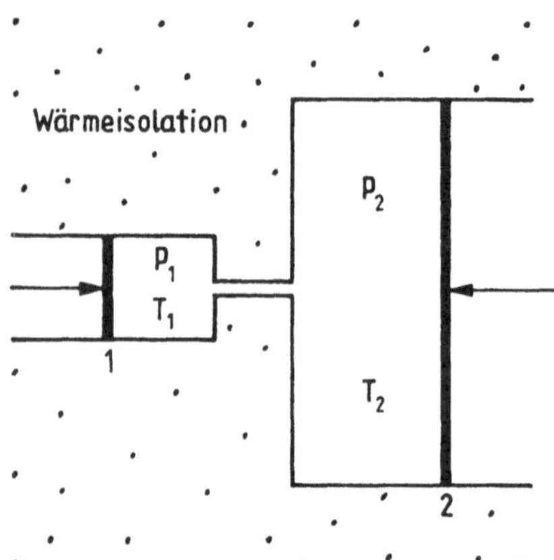

Fig.65 Experimentelle Anordnung zum
Nachweis des Joule-Thomson-Effektes

$$H = U + pV = \text{const}.$$
(237)

Aus dieser Gleichung ergibt sich für die Temperaturänderung

$$T_2-T_1 = - \frac{1}{nC_p^{\,m}} \left(T \left(\frac{\partial V}{\partial T}\right)_p - V \right) (p_1-p_2).$$
(238)

Wegen $H=U+pV$ gilt $\Delta H=\{\partial(U+pV)/\partial T\}_p\Delta T+\{\partial H/\partial p\}_T\Delta p$. Auf Grund der Definition der molaren Wärmekapazität bei konstantem Druck $C_p^{\,m}$ (s.S.113/114) kann man für den ersten Summanden $nC_p^{\,m}\Delta T$ schreiben, wobei n die Anzahl der Mole bezeichnet. Für den zweiten Summanden folgt unter Verwendung der Gl.(210), S.136, $T(\partial S/\partial p)_T\Delta p+V\Delta p$. Die partielle Ableitung der Entropie S nach dem Druck p bei konstant gehaltener Temperatur T lässt sich durch $-(\partial V/\partial T)_p$ ersetzen. Dies ist eine der sog. **Maxwell'schen Relationen** (Maxwell relations), die sich leicht folgendermaßen beweisen lässt: Nach Gl.(211), S.136, gilt $(\partial G/\partial T)_p=-S$ und $(\partial G/\partial p)_T=V$. Wegen der Vertauschbarkeit der Reihenfolge von partiellen Ableitungen muss also $-(\partial S/\partial p)_T=(\partial V/\partial T)_p$ gelten. Damit folgt für ΔH die Beziehung $\Delta H= nC_p^{\,m}\Delta T-T(\partial V/\partial T)_p\Delta p+V\Delta p$ und, wegen der Bedingung $\Delta H=0$, die gesuchte Gl.(238).

Bei Gültigkeit der van-der-Waals'schen Gleichung (Gl.(233), S.150) folgt

$$T_2-T_1 \propto - (2a -bRT) \, (p_1-p_2).$$
(239)

Für den Term zwischen den großen Klammern in Gl.(238) ergibt sich unter Verwendung von Gl.(233), S.150, $nRT\{[-2a(n/V)^2/V](V-nb)+[p+a(n/V)^2]\}^{-1}-V \approx nRT\{-a(n/V)^2+p\}^{-1}-V$. Dieser Ausdruck ist proportional zu $nRT-pV+an^2/V$. Durch die erneute Verwendung der Gl.(233), S.150, vereinfacht sich dieser Ausdruck unter Vernachlässigung des Produkts $a(n/V)^2nb$ (Term höherer Ordnung) zu $2an^2/V-nbp$. Mit der Näherung $pV\approx nRT$ ergibt sich schließlich der gesuchte Proportionalitätsfaktor $2a-bRT$.

Für hohe Temperaturen (man beachte $p_1 > p_2$) folgt $T_2 > T_1$, d.h. eine Erwärmung des Gases, während für niedrige Temperaturen eine Abkühlung auftritt. Die Temperatur, bei der sich $T_2 = T_1$ ergibt, nennt man die **Inversionstemperatur** (inversion temperature) T_i des betreffenden Gases. Aus Gl.(239) folgt $T_i = 2a/Rb$. Für Drücke zwischen 0,1 und 10 MPa liegen die Inversionstemperaturen von Kohlendioxid, Luft, Wasserstoff und Helium bei ca. 1900K, 660K, 180K bzw. 30K. Beim **Linde-Verfahren** (Linde process, Carl von Linde 1842-1934), s.Fig.66, entspannt man Luft von ca. 20MPa über ein Drosselventil auf etwa 2MPa. Hierbei tritt, da die Inversionstemperatur der Luft über der Zimmertemperatur liegt, eine Abkühlung ein. Sie beträgt ca. 45K. Die abgekühlte Luft wird zurückgeleitet und dient zur Kühlung der nächsten zu entspannenden Luftmenge (**Gegenstromverfahren**). Durch ständige Wiederholung wird die Luft schließlich so weit gekühlt, dass sie sich verflüssigt (**Luftverflüssigung**, liquefaction of air).

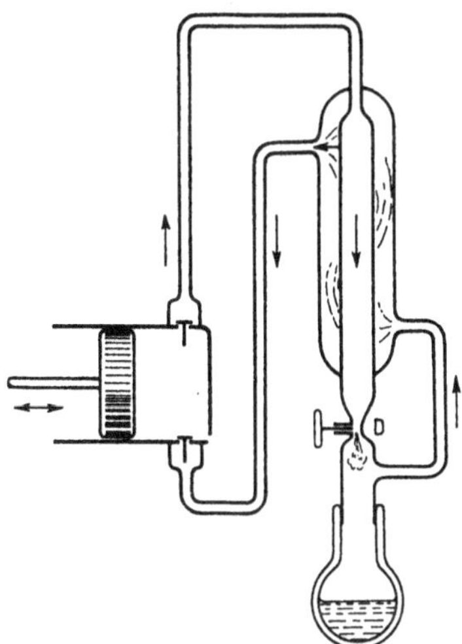

Fig.66 Schematische Darstellung einer Linde'schen Maschine zur Luftverflüssigung

13.3 Hygrometrie

Die **Hygrometrie** (hygrometry) befasst sich mit der Messung des Wassergehalts der Luft. Wegen der häufigen Temperaturänderungen in der freien Atmosphäre und der im Vergleich dazu langsamen Diffusion der Wassermoleküle in der Luft, wird i.Allg. die Sättigung entweder nicht erreicht oder die Atmosphäre sogar übersättigt. Als **maximale Feuchtigkeit** (maximum humidity) bezeichnet man die Dichte ρ_{sv} des Wasserdampfs in der Luft beim Sättigungsdampfdruck p_{sv} des Wassers. Unter der Annahme, dass der Wasserdampf als ideales Gas angesehen werden kann, gilt (s. Gl.(161), S.106) $p_{sv} = nRT/V$, woraus mit der Molmasse M des Wassers für die Dichte $\rho_{sv} = nM/V$ folgt

$$\rho_{sv} = p_{sv} \frac{M}{RT} \, . \tag{240}$$

In Tab.32 sind experimentelle Werte für die Dichte $\rho_{sv,exp}$ mit den nach Gl.(240) berechneten Werten $(M \approx 18 \cdot 10^{-3} \text{kg/mol})$ verglichen.

Tab.32 Experimentelle Werte $\rho_{sv,exp}$ [KOH86] und nach Gl.(240) berechnete Werte ρ_{sv} für die Dichte von gesättigtem Wasserdampf für verschiedene Temperaturen ϑ und die zugehörigen Dampfdrücke p_{sv}

ϑ / $^{\circ}$C	p_{sv} / kPa	$\rho_{sv,exp} \cdot 10^3$/ kgm^{-3}	$\rho_{sv} \cdot 10^3$/ kgm^{-3}
0	0,611	4,85	4,847
5	0,872	6,80	6,793
10	1,23	9,41	9,413
15	1,70	12,84	12,78
20	2,34	17,32	17,29
25	3,17	23,07	23,04
30	4,24	30,39	30,31
35	5,62	39,63	39,52

Man erkennt, dass die Gl.(240) eine relativ gute Näherung darstellt. Als **absolute Feuchtigkeit** (absolute humidity) bezeichnet man die tatsächliche Dichte ρ des Wasserdampfs in der Luft. Die **relative Feuchtigkeit** (relative humidity) ist definiert durch

$$r_h = 100 \left(\frac{\rho}{\rho_{sv}} \right) \% \tag{241}$$

und der **Taupunkt** (dew point) als diejenige Temperatur (man beachte, dass ja ρ_{sv} mit abnehmender Temperatur kleiner wird, s.Tab.32), bei der r_h den Wert 100% erreicht. Bei einer Temperaturabsenkung unter den Taupunkt kondensiert der Wasserdampf. Eine spiegelnde Metalloberfläche, die unter den Taupunkt abgekühlt wird, beschlägt sich mit feinen Wassertröpfchen und aus dem so bestimmten Taupunkt lässt sich dann unter Verwendung der Tab.32 die relative Feuchtigkeit r_h bestimmen (**Taupunkthygrometer**, dew-point hygrometer). In der Praxis verwendet man meist die Eigenschaft von organischen Fasern, ihre Länge in Abhängigkeit von der Feuchtigkeit zu ändern. Derartige **Haarhygrometer** (hair hygrometer) müssen aber kalibriert werden.

14   Koexistenz und Übergänge bei Aggregatzuständen

Albert Einstein: Alles, was irgendwie mit
Personenkultus zu tun hat, ist mir immer
peinlich gewesen.

14.1   Flüssigkeit und Dampf

In einem geschlossenen Raum bildet sich über einer Flüssigkeit ein Dampf aus, dessen Druck (p_{sv}) **Sättigungsdampfdruck** (saturated vapor pressure) genannt wird und der mit wachsender Temperatur T größer wird, bis bei der kritischen Temperatur T_c kein Unterschied mehr zwischen der Flüssigkeit und dem Dampf besteht. Bei der **Verdampfung** (vaporization, evaporation) ist Arbeit gegen die Anziehungskräfte zwischen den Teilchen zu verrichten und man definiert die **spezifische Verdampfungswärme** (specific heat of vaporization) Q_v^s durch den Quotienten

$$Q_v^{\,s} = \frac{\Delta Q}{\Delta m} \, , \qquad (242)$$

wobei ΔQ die Wärmeenergie bezeichnet, die man aufbringen muss, um die Masse Δm vom flüssigen in den dampfförmigen Zustand zu überführen. Das Produkt aus Q_v^s und Molmasse M nennt man **molare Verdampfungswärme** (molar heat of vaporization)

$$Q_v^{\,m} = M \, Q_v^{\,s} \, . \qquad (243)$$

Eine wichtige experimentelle Erkenntnis ist die Tatsache, dass sich beim Verdampfungsprozess unter konstantem Druck die Temperatur nicht ändert.

Auf Grund des experimentellen Befundes, dass beim Verdampfen, wie auch beim Schmelzen und Sublimieren die zugeführte Wärme nicht zu einer Temperaturänderung führt, hat man früher die Verdampfungs-, die Schmelz- und die Sublimationswärme als **latente Wärmen** bezeichnet.

Es handelt sich damit, ebenso wie beim Schmelzen und Sublimieren (s.S.164), um eine **isotherm isobare Phasenumwandlung** (isothermal isobaric phase transition). Nach dem 1.Hauptsatz (s.Gl.(179), S.117, wobei hier der hochgestellte Index m darauf hinweisen soll, dass sich die betreffende Größe auf 1 Mol bezieht) folgt $Q_v^m = \Delta U^m + p_{sv}\Delta V^m$, oder, unter Verwendung der durch $U + pV$ definierten Enthalpie H (s.S.136),

$$Q_v^{\,m} = \Delta H_v^{\,m} \, , \qquad (244)$$

weshalb man Q_v^m auch als **molare Verdampfungsenthalpie** (molar enthalpy of vaporization) und entsprechend Q_v^s als **spezifische Verdampfungsenthalpie** (specific enthalpy of vaporization) bezeichnet. Auf Grund der Definition der

Entropie S (s.S.129ff.) ergibt sich beim Verdampfen eines Mols Flüssigkeit bei der Temperatur T die Entropieänderung

$$\Delta S_v^m = \frac{Q_v^m}{T} , \tag{245}$$

die man **molare Verdampfungsentropie** (molar entropy of vaporization) nennt. Aus Gl.(245) folgt mit Gl.(244) $\Delta H_v^m = T\Delta S_v^m$. Diese Beziehung lässt sich nach Einführung der freien Enthalpie $G = H - TS$ (s.S.136) in der Form

$$\Delta G_v = 0 \tag{246}$$

schreiben, was bedeutet, dass sich bei einer isotherm isobaren Phasenumwandlung (hier die Verdampfung) die freie Enthalpie nicht ändert. Aus diesem Satz folgt unmittelbar die **Clausius-Clapeyron'sche Gleichung** (Clapeyron equation, Rudolf Emanuel Clausius 1822-1888, Emile Clapeyron 1799-1864)

$$Q_v^s = T \frac{dp_{sv}}{dT} \left(\frac{1}{\rho_{sv}} - \frac{1}{\rho_{liq}} \right) \tag{247}$$

mit ρ_{sv} und ρ_{liq} als Dichten des gesättigten Dampfes bzw. der Flüssigkeit .

Die Bedingung $\Delta G_v = 0$ liefert $d\Delta G_v/dT = (\partial \Delta G_v/\partial T)_p + (\partial \Delta G_v/\partial p)_T \cdot dp_{sv}/dT = 0$. Daraus ergibt sich mit der Gl.(211), S.136, $-\Delta S_v + (\Delta V)dp_{sv}/dT = 0$. Aus $\Delta S_v = Q_v/T$ (analog zu Gl.(245)) folgt $Q_v = T(dp_{sv}/dT)\Delta V$, woraus man nach Division dieser Gleichung auf beiden Seiten durch die Masse die Gl.(247) erhält.

Wenn der Dampfdruck p_{sv} und die Dichten ρ_{sv} und ρ_{liq} als Funktionen der Temperatur bekannt sind, lässt sich aus Gl.(247) die spezifische Verdampfungsenthalpie bei einer beliebigen Temperatur berechnen.

Als Beispiel wollen wir die spezifische Verdampfungsenthalpie von Wasser bei 99,63°C und 0,1MPa berechnen, wofür die Dichten $\rho_{sv} = 0,59021\text{kg/m}^3$ und $\rho_{liq} = 958,66\text{kg/m}^3$ gemessen wurden. Die Ableitung dp_{sv}/dT ermitteln wir aus den gemessenenen Sättigungsdampfdrücken von 97,759kPa und 101,32kPa bei 99°C bzw. 100°C. Damit ergibt sich aus Gl.(247) $Q_v^s = 2,2478\text{MJ/kg}$, was im Rahmen der Messgenauigkeit, die im wesentlichen durch den hier verwendeten Wert von dp_{sv}/dT bestimmt wird, mit dem experimentellen Ergebnis von 2,2576MJ/kg übereinstimmt [LID90].

Für Temperaturen weit unterhalb der kritischen Temperatur kann der Summand $1/\rho_{liq}$ in Gl.(247) vernachlässigt und $1/\rho_{sv}$ durch $RT(p_{sv}M)^{-1}$ (Gl.(240), S.156) ersetzt werden, so dass sich die Näherungsformel $Q_v^s = (R/M)T^2 d\ln p_{sv}/dT$ ergibt. Mit Annäherung an die kritische Temperatur wird der Unterschied zwischen ρ_{sv} und ρ_{liq} aber immer geringer und Q_v^s geht nach null. Tab.33a zeigt einige Zahlenwerte.

Tab.33a Sättigungsdampfdichte p_{sv}, Dichten des Dampfes ρ_{sv} und der Flüssigkeit ρ_{liq}, sowie die spezifische Verdampfungsenthalpie Q_v^s für Wasser als Funktion der Temperatur [LID90]

ϑ / °C	p_{sv} / MPa	ρ_{sv} / kg m^{-3}	ρ_{liq} / kg m^{-3}	Q_v^s / kJ kg^{-1}
99,63	0,1	0,59021	958,66	2257,59
179,92	1	5,1445	887,15	2014,82
311,03	10	55,477	688,63	1317,2
373,99	22,064	322	322	0

Entsprechend der Gleichung $Q_v^m = \Delta U^m + p_{sv}\Delta V^m$ (s. den Text auf S.157 vor Gl. (244)) besteht Q_v^m aus zwei Anteilen. Der erste Term (ΔU^m) dient der Überwindung der zwischenmolekularen Kräfte (**innere Verdampfungsenthalpie**), während der zweite Term ($p_{sv}\Delta V^m$) den Energieanteil beschreibt, der nötig ist, um das Flüssigkeitsvolumen gegen den Sättigungsdampfdruck auf das Volumen des Dampfes auszudehnen (**äußere Verdampfungsenthalpie**). Im Allgemeinen ist aber die äußere Verdampfungsenthalpie nur relativ klein.

Als Beispiel berechnen wir die spezifische äußere Verdampfungsenthalpie von Wasser bei 100°C. Mit $p_{sv} = 0,101$MPa und $\Delta V' = (1/\rho_{sv} - 1/\rho_{liq}) \approx (1,7 - 10^{-3})$m^3/kg folgt $p_{sv}\Delta V' \approx 170$kJ/kg, was ca. 7,5% des Wertes von Q_v^s ausmacht.

14.2 Festkörper und Flüssigkeit

Zum Übergang von einem kristallinen Festkörper zur Flüssigkeit wird Energie benötigt, um die Teilchen von ihren Gitterplätzen zu lösen. Man definiert die **spezifische Schmelzwärme** (specific heat of fusion) Q_f^s durch den Quotienten

$$Q_f^s = \frac{\Delta Q}{\Delta m} , \qquad\qquad (248)$$

wobei ΔQ die Wärmeenergie bezeichnet, die man aufbringen muss, um die Masse Δm vom kristallinen in den flüssigen Zustand zu überführen. Das Produkt aus Q_f^s und der Molmasse M nennt man **molare Schmelzwärme** (molar heat of fusion)

$$Q_f^m = M\, Q_f^s . \qquad\qquad (249)$$

Da sich auch beim Schmelzen, wie beim Verdampfen (s.S.157), die Temperatur bei konstantem p nicht ändert (**isotherm-isobare Phasenumwandlung**, isothermal isobaric phase transition), kann man, analog zu S.158, Q_f^m auch als **molare Schmelzenthalpie** (molar enthalpy of fusion) und Q_f^s als **spezifische Schmelzenthalpie** (specific enthalpy of fusion) bezeichnen. In Tab.33b sind einige Werte für die spezifische und die molare Schmelzenthalpie sowie für den **Schmelzpunkt** (melting point) unter Normaldruck (101,325kPa) zusammengestellt.

Tab.33b Experimentelle Werte für die spezifische und die molare Schmelzenthalpie sowie für den Schmelzpunkt unter Normaldruck (101,325kPa). $T/K = \vartheta/°C + 273,15$

Substanz	$Q_f^* / kJ\ kg^{-1}$	$Q_f^m / kJ\ mol^{-1}$	$\vartheta_f / °C$
Wasser	333,7	6,010	0
schweres Wasser	317,3	6,345	3,78
Kohlendioxid	181	7,95	−78,5 (Sublimation)

Schmelzenthalpien lassen sich leicht unter Verwendung eines Kalorimeters mit bekannter Wärmekapazität (C_p) messen. Für Eis würde eine solche Messung etwa folgendermaßen vor sich gehen: In das Kalorimeter, das mit Wasser der Masse m_W und der Umgebungstemperatur (ϑ_a) gefüllt sei, wird trockenes Eis der Masse m_E und der Temperatur ϑ_0 gegeben, von der wir der Einfachheit halber annehmen, dass sie gleich der Schmelztemperatur des Eises sei. Nach Abschluss des Schmelzvorgangs habe sich die Temperatur ϑ eingestellt. Dann gilt für die vom System abgegebene Wärmeenergie $C_p'{}_W \cdot m_W(\vartheta_a - \vartheta) + C_p(\vartheta_a - \vartheta)$, die für das Schmelzen und für die Erwärmung des geschmolzenen Eises auf die Endtemperatur ϑ benötigt wird. Es muss also gelten $C_p'{}_W m_W(\vartheta_a - \vartheta) + C_p(\vartheta_a - \vartheta) = Q_f'{}_W m_E + C_p'{}_W m_E(\vartheta - \vartheta_0)$. Daraus folgt für die spezifische Schmelzenthalpie des Eises $Q_f'{}_W = \{[C_p'{}_W m_W + C_p](\vartheta_a - \vartheta) - C_p'{}_W \cdot m_E(\vartheta - \vartheta_0)\}/m_E$. Bei 0°C und 101,325kPa ergibt sich für H_2O 333,7kJ/kg und für D_2O 317,3kJ/kg.

Die Gln. (245) und (246) (s.S.158) gelten analog für das Schmelzen, indem man den Index v (vaporization) durch f (fusion) ersetzt und es folgt die Beziehung

$$Q_f^s = T\,\frac{dp_e}{dT}\left(\frac{1}{\rho_{liq}} - \frac{1}{\rho_{sol}}\right). \tag{250}$$

ρ_{liq} und ρ_{sol} sind die Dichten der Flüssigkeit bzw. des Festkörpers und p_e ist derjenige von außen auf das System ausgeübte Druck, bei dem die feste und die flüssige Phase koexistieren (s.nächste Seite, Fig.67). Im Allgemeinen gilt $\rho_{liq} < \rho_{sol}$ (z.B. Paraffin), so dass, wegen $Q_f^s > 0$, die Ableitung dp_e/dT auch größer als null sein muss. Dies ist schematisch in Fig.67a dargestellt. Den anderen Fall ($\rho_{liq} > \rho_{sol}$), der bei Eis und einigen wenigen anderen Stoffen (z.B. Ga, Bi, Ge) vorliegt, zeigt Fig.67b. Dies bedeutet, dass die Schmelztemperatur von Eis mit Erhöhung des äußeren Drucks abnimmt. Quantitativ ergibt sich bei 0°C eine Erniedrigung um ca.0,07K pro 1MPa Druckerhöhung.

Aus Gl.(250) folgt $\Delta T/\Delta p = T(1/\rho_{liq} - 1/\rho_{sol})/Q_f^*$. Für $T = 273,15K$ gilt [LID90] $\rho_{liq} = 1000 kg/m^3$, $\rho_{sol} = 916,8 kg/m^3$ und $Q_f^* = 333,7 kJ/kg$. Damit folgt $\Delta T/\Delta p = -0,0743 K/MPa$.

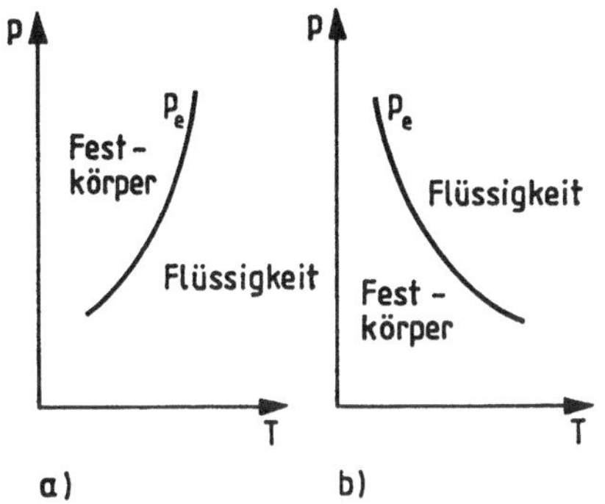

Fig.67 Wenn Wertepaare des (von außen auf das System ausgeübten) Drucks p und der Temperatur T auf der Kurve (p_e) liegen, koexistieren die flüssige und die feste Phase. Links davon existiert nur der Festkörper und rechts nur die Flüssigkeit. Fall a): für Stoffe mit $\rho_{liq} < \rho_{sol}$, Fall b): für Stoffe mit $\rho_{liq} > \rho_{sol}$

Auf diesem Effekt beruht die sog. **Regelation** (regelation) des Eises, die man auf folgende Weise demonstrieren kann: Ein mit Gewichten belasteter Stahldraht hängt über einem hochgelagerten Eisblock. Unter dem Stahldraht schmilzt das Eis, wobei es sich abkühlt, da Wärmeenergie für den Schmelzvorgang verbraucht wird. Deshalb gefriert das Wasser unmittelbar wieder hinter dem Stahldraht, der sich auf diese Weise durch den Eisblock hindurchbewegt, ohne ihn zu zerteilen. Die dünne Wasserschicht, die das Gleiten der Schlittschuhe bewirkt, ist jedoch nicht auf diesen Effekt zurückzuführen. Sie entsteht vielmehr durch die Reibungswärme.

Die Tatsache, dass Stoffe, für die $\rho_{liq} > \rho_{sol}$ gilt, unter dem Einfluss eines Drucks schmelzen, d.h. in einen Zustand übergehen, in dem sie ein kleineres Volumen einnehmen, lässt sich qualitativ durch das **Prinzip von Le Chatelier und Braun** erklären (Le Chatelier's principle, Henri Louis Le Chatelier 1850-1936, Ferdinand Braun 1850-1918). Dieses Prinzip gilt für beliebige Vorgänge in der Natur (einschließlich der Gesellschaft !) und besagt, dass das Verhalten der Systeme durch *"Die Flucht vor dem Zwang"* bestimmt wird.

14.3 Festkörper, Flüssigkeit und Dampf

Für das Folgende nehmen wir der Einfachheit halber an, dass der Stoff nur eine feste Phase besitzt, d.h. es gibt drei Phasen, die mit den drei Aggregatzuständen fest, flüssig und gasförmig identisch sind.

In einem geschlossenen Raum bildet sich auch über einem Festkörper ein Dampf aus, dessen Druck (Sättigungsdampfdruck des Festkörpers) wir mit p_σ bezeichnen wollen, um ihn vom Sättigungsdampfdruck p_{sv} der Flüssigkeit zu unterscheiden. Wenn die flüssige und die feste Phase des Stoffes bei der gleichen Temperatur stabil nebeneinander existieren sollen (**Koexistenz**, coexistence), müssen ihre Sättigungsdampfdrücke gleich sein, denn z.B. für $p_\sigma < p_{sv}$ (s.Fig.68a) würden ständig Teilchen von der flüssigen zur festen Phase diffundieren und für $p_\sigma > p_{sv}$ umgekehrt.

Das heißt, der Gleichgewichtszustand wird durch den Schnittpunkt der beiden Dampfdruckkurven (s.Fig.68b) gegeben.

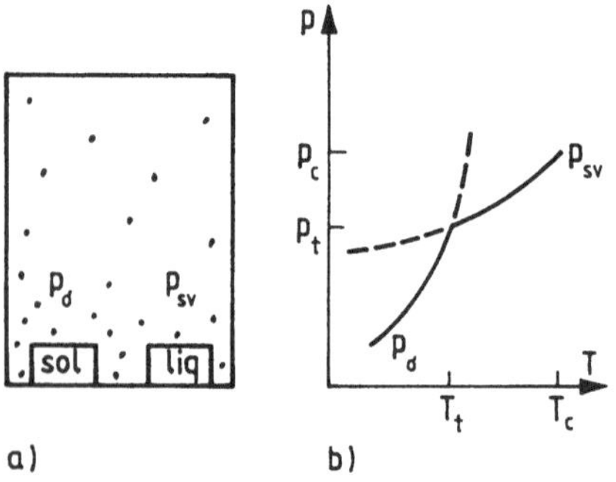

Fig.68 Zur Koexistenz der festen und flüssigen Phase eines Stoffes.
a) Schematische Darstellung für einen Nichtgleichgewichtszustand ($p_\sigma > p_{sv}$).
b) Verlauf der beiden Dampfdruckkurven $p_{sv}(T)$ und $p_\sigma(T)$. Ihr Schnittpunkt (Tripelpunkt) gibt den Zustand der Koexistenz

Diesen Schnittpunkt nennt man den **Tripelpunkt** (triple point) des betreffenden Stoffes. Zahlenwerte für Wasser, schweres Wasser und Kohlendioxid können der Tab.34 entnommen werden.

Tab.34 Experimentelle Werte für den Tripelpunkt und den kritischen Punkt von Wasser (H_2O), schwerem Wasser (D_2O) [LID90] und Kohlendioxid (CO_2). $T/K = \vartheta/\,^\circ C + 273{,}15$

Substanz	Tripelpunkt		kritischer Punkt	
	$\vartheta_t\,/\,^\circ C$	$p_t\,/\,kPa$	$\vartheta_c\,/\,^\circ C$	$p_c\,/\,kPa$
Wasser	0,01	0,61173	373,99	22064
schw. Wasser	3,82	0,661	370,74	21671
Kohlendioxid	− 56,6	527	31	7390

Nach dem bisher Gesagten (s.S.149) liegt im Gebiet $T > T_c$ nur der dampfförmige Zustand vor. Für $T_t < T < T_c$ existiert oberhalb der p_{sv}-Kurve die flüssige Phase (evtl. auch die feste Phase, s.u.) und darunter nur der Dampf. Für $T < T_t$ liegt der Stoff oberhalb der p_σ-Kurve als Festkörper (evtl. auch als Flüssigkeit, s.u.) und darunter ausschließlich als Dampf vor. Zur Abgrenzung der Gebiete, in denen der Stoff nur als Flüssigkeit oder nur als Festkörper existiert, muss Fig.68b noch durch die p_c-Kurve von Fig.67a bzw. Fig.67b ergänzt werden. Auf diese Weise entsteht das **Phasendiagramm** (phase diagram) des Stoffes. Die Phasendiagramme von Wasser und Kohlendioxid sind in Fig.69a und Fig.69b vereinfacht, d.h. unter der Annahme, dass nur *eine* feste Phase existiert, dargestellt.

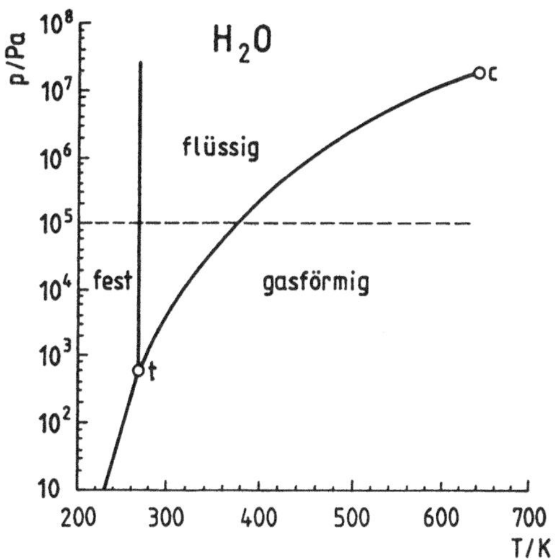

Fig.69a Vereinfachtes Phasendiagramm von Wasser. Die gestrichelte Linie entspricht dem normalen Luftdruck. t kennzeichnet den Tripelpunkt und c den kritischen Punkt

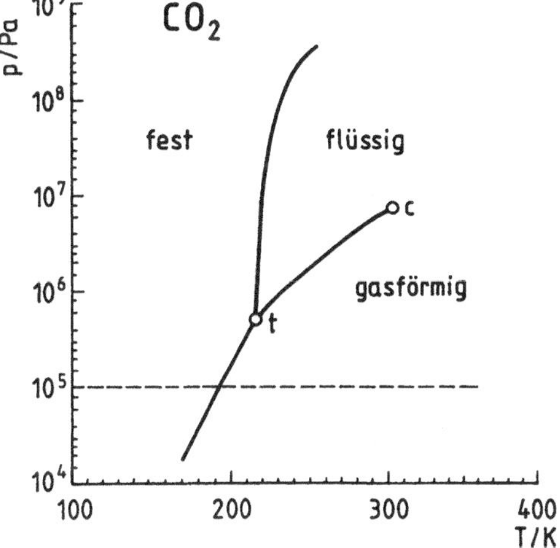

Fig.69b Vereinfachtes Phasendiagramm von Kohlendioxid. Die gestrichelte Linie entspricht dem normalen Luftdruck. t kennzeichnet den Tripelpunkt und c den kritischen Punkt

Zum Verständis eines solchen Phasendiagramms betrachten wir eine **isotherme Druckerhöhung**. Dies kann man dadurch realisieren, dass man bei konstant gehaltener Temperatur entweder in einem vorgegebenen Volumen V die Stoffmenge (Anzahl n der Mole) und damit den Druck p, der auf die Wand ausgeübt wird, kontinuierlich erhöht, oder indem man bei einer vorgegebenen Stoffmenge das Volumen reduziert. Dies entspricht einer Wanderung im Phasendiagramm senkrecht nach oben. Im *1.Fall* liege die Temperatur zwischen T_t und T_c: Beginnend beim idealen Gas gelangt man über das reale Gas zu dem Zustand, wo Dampf und Flüssigkeit koexistieren (Schnittpunkt mit der p_{sv}-Kurve), danach zur flüssigen Phase und schließlich evtl. (wie im Falle von Kohlendioxid, s.Fig.69b) zum Festkörper. Beim *2.Fall* liege die Temperatur unterhalb von T_t: Beginnend beim idealen Gas gelangt man über das reale Gas zu dem Zustand, wo Dampf und Festkörper koexistieren (Schnittpunkt mit der p_o-Kurve), danach zur festen Phase und unter Umständen (wie im Falle von Wasser für Temperaturen dicht unterhalb von T_t) schließlich zur flüssigen Phase.

Die gestrichelte Gerade in den beiden Figuren 69a und 69b entspricht dem normalen Luftdruck von ca. 0,1MPa. Im Falle von Wasser ergeben sich Schnittpunkte mit der p_c-Kurve (zur Bezeichnungsweise s.Fig.67, S.161) und der p_{sv}-Kurve. Diese Schnittpunkte liefern den Schmelzpunkt bzw. den Siedepunkt unter Normaldruck. Bei Kohlendioxid dagegen gibt es nur einen Schnittpunkt, nämlich mit der p_σ-Kurve: Festes Kohlendioxid geht unter Normaldruck unmittelbar in den gasförmigen Zustand über. Man bezeichnet diesen Vorgang als **Sublimation** (sublimation).
In den drei Gebieten, die in den Phasendiagrammen der Figuren 69a und 69b mit "fest", "gasförmig", "flüssig" gekennzeichnet sind, existiert jeweils nur eine Phase und es sind zwei Zustandsvariablen (p und T) frei wählbar. Auf den Kurven befinden sich jeweils zwei Phasen im Gleichgewicht und es ist nur eine Zustandsvariable frei wählbar (z.B. T ; denn der Druck ergibt sich aus der Kurve $p(T)$). Bei der Koexistenz aller drei Phasen schließlich (im Tripelpunkt) ist keine Zustandsvariable mehr frei wählbar. Bezeichnet man mit P die Anzahl der Phasen, die sich im Gleichgewicht befinden (koexistieren) und mit B die Anzahl der Bestandteile (Anzahl der chemisch unterschiedlichen Stoffe minus die Anzahl der Reaktionsgleichungen, die diese miteinander verbinden), so ergibt sich die Anzahl F der frei wählbaren Zustandsgrößen aus der Beziehung

$$P + F = B + 2 \, . \tag{251}$$

Diese Gleichung wird als **Gibbs'sche Phasenregel** (Gibb's phase rule, Josiah Willard Gibbs 1839-1903) bezeichnet. In unserem Fall gilt $B=1$ und es folgt $F=3-P$.

15   Lösungen, osmotischer Druck

Nach dem Talmud: Der Neid der Gelehrten fördert
die Wissenschaft

Wir beginnen mit dem in Fig.70 dargestellten Experiment. Die gestrichelte Linie kennzeichnet eine **semipermeable Schicht** (semipermeable membrane), d.h. eine Schicht, die zwar die Moleküle des **Lösungsmittels** (solvent), meist Wasser, aber nicht die des **gelösten Stoffes** (solute) hindurchdiffundieren lässt. Beispiele sind tierische und pflanzliche Membranen, Haushalt-Einmachfolien, gebrannter Ton u.a. Auf diese Weise erhöht sich der Druck in der **Lösung** (solution), was sich im Ansteigen der Flüssigkeitssäule auf die Höhe h über dem Niveau des Lösungsmittels äußert (s.Fig.70). Dieser Druck, für den man $\rho_L g h$, mit ρ_L als die Dichte der

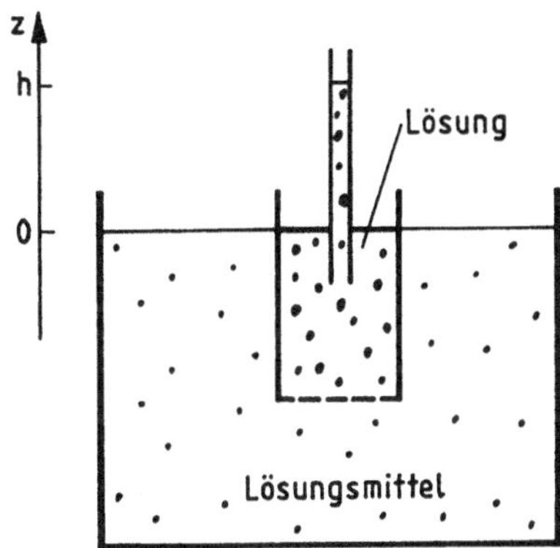

Fig.70 Zur Demonstration des osmotischen Drucks

Lösung, schreiben kann (s.S.63), wird **osmotischer Druck** π (osmotic pressure, griechisch: osmos=Stoß, Schub) genannt. Für verdünnte Lösungen gilt das **van´t-Hoff'sche Gesetz** (Jacobus Hendrikus van't Hoff 1852-1911)

$$\pi \, V_\mathrm{L} = n_\mathrm{g} \, R \, T \quad , \tag{252}$$

bei dem, analog zur Zustandsgleichung idealer Gase (Gl.(161), S.106), V_L das Volumen der Lösung in m³, n_g die Anzahl der Mole des gelösten Stoffes, R die allgemeine Gaskonstante (R=8,314510(70) Jmol⁻¹K⁻¹), T die Temperatur in K und π den osmotischen Druck in Pa darstellt.

Gerät eine Blutzelle in eine Lösung mit geringerem osmotischem Druck als in ihrem Inneren herrscht, so bläht sie sich auf und kann sogar platzen (**Hämolyse**). Aus diesem Grund werden in der Medizin größere Blutverluste von Patienten nicht mit destilliertem Wasser, sondern mit einer sog. isotonischen Kochsalzlösung ausgeglichen.

Der osmotische Druck führt zu einer Verringerung des Sättigungsdampfdrucks des Lösungsmittels, und zwar gilt (**Raoult'sches Gesetz**, Francois Marie Raoult 1830-1901)

$$p_\mathrm{sL} - p_\mathrm{sv} = - \frac{n_\mathrm{g}}{n} \, p_\mathrm{sv} \quad . \tag{253}$$

Hierbei bezeichnet p_sv den Sättigungsdampfdruck des reinen Lösungsmittels und p_sL die entsprechende Größe für die Lösung, in der n_g Mole des gelösten Stoffes auf n Mole des Lösungsmittels kommen.

Der Sättigungsdampfdruck p_sv, der definitionsgemäß unmittelbar über der Oberfläche des Lösungsmittels (in Fig.70, S.165, bei z=0) herrscht, nimmt mit wachsender Höhe entsprechend der barometrischen Höhenformel (s.Gl.(92), S.67) ab und besitzt bei z=h den Wert $p_\mathrm{sv}(h)=p_\mathrm{sv}\exp[-Mgh/(RT)]\approx p_\mathrm{sv}-p_\mathrm{sv}Mgh/(RT)$. Da der Dampf praktisch nur aus Molekülen des Lösungsmittels besteht, ist M deren Molmasse. Den Sättigungsdampfdruck unmittelbar über der Oberfläche der Lösung, d.h. ebenfalls bei z=h, nennen wir p_sL. Damit folgt $p_\mathrm{sL}=p_\mathrm{sv}-p_\mathrm{sv}Mgh/(RT)$. Andererseits ergibt sich aus Gl.(252) $\rho_\mathrm{L}gh=n_\mathrm{g}RT/V_\mathrm{L}$.

Damit kann in der Gleichung für p_{sL} die Höhe h eliminiert werden und es folgt $p_{sL}=p_{sv}-p_{sv}Mn_g/(V_L\rho_L)$. Einsetzen von $V_L\rho_L\approx nM$ (verdünnte Lösung) liefert schließlich die gesuchte Gl.(253).

Diese Erniedrigung des Sättigungsdampfdrucks bedingt eine Erhöhung der Siedetemperatur (Siedepunktserhöhung), da eine Flüssigkeit dann siedet, wenn ihr Sättigungsdampfdruck gleich dem äußeren Luftdruck p_{Lu} wird. Eine kleine Zwischenrechnung liefert unter Verwendung der Clausius-Clapeyron'schen Beziehung (s.Gl.(247), S.158) für die Siedepunktserhöhung

$$T_{bL} - T_b = \frac{n_g}{n}\,\frac{R\,T_b^2}{Q_v^m}\,. \tag{254a}$$

Nennen wir die Siedetemperatur der Lösung T_{bL}, so folgt aus $(p_{sv}-p_{sL})/(T_{bL}-T_b)=dp_{sv}/dT$ (die Sättigungsdampfdruckkurve in Fig.69a, S.163, verschiebt sich nach unten) unter Verwendung der Clausius-Clapeyron'schen Gleichung (Gl.(247), S.158) mit $\rho_{liq}\gg\rho_{sv}$ die Beziehung $T_{bL}-T_b=(p_{sv}-p_{sL})T_b\cdot(\rho_sQ_v')^{-1}$. Durch Einsetzen der Gl.(253) ergibt sich $T_{bL}-T_b=(n_g/n)p_{sv}T_b(\rho_{sv}Q_v')^{-1}$. Unter der Annahme, dass der Dampf näherungsweise als ideales Gas behandelt werden kann, ergibt sich aus Gl.(161), S.106, $p_{sv}=\rho_{sv}RT_b/M$, womit $T_{bL}-T_b=(n_g/n)RT_b^2(MQ_v')^{-1}$ folgt. Die Einführung der molaren Verdampfungsenthalpie $Q_v^m=MQ_v'$ schließlich führt auf die zu beweisende Gl.(254a).

Eine analoge Betrachtung gibt für die Erniedrigung der Temperatur des Tripelpunktes und damit für die Gefrierpunktserniedrigung die Beziehung

$$T_f - T_{fL} = \frac{n_g}{n}\,\frac{R\,T_f^2}{Q_f^m}\,. \tag{254b}$$

Für Wasser als Lösungsmittel ist die Gefrierpunktserniedrigung etwa 3- bis 4-mal größer als die Siedepunktserhöhung.

Für das Verhältnis der Gefrierpunktserniedrigung zur Siedepunktserhöhung ergibt sich aus den Gln.(254b) und (254a) $(T_f-T_{fL})/(T_{bL}-T_b)=(T_f/T_b)^2Q_v'/Q_f'$. Bei Wasser mit $Q_v'\approx 2{,}26$MJ/kg und $T_b\approx 373$K (s.Tab.33a, S.159) sowie $Q_f'\approx 0{,}33$MJ/kg und $T_f\approx 273$K (s.Tab.33b, S.160) folgt für dieses Verhältnis ein Wert von ca. 3,67.

16 Elektrische Gleichfelder (Elektrostatik)

Max von Laue: Wirklichkeit ist etwas, das Wirkungen ausübt.

16.1 Elektrische Ladungen

Elektrische Ladungen (electric charges) spielen eine wesentliche Rolle bei vielen, äußerlich ganz unterschiedlichen Erscheinungen. Zu diesen gehören die Gewitter, die Erzeugung von Licht, die Anziehung von Papierschnitzeln durch einen geriebenen Körper, die Rotation des Ankers bei einem Elektromotor usw. Die folgenden fünf Eigenschaften elektrischer Ladungen sind von besonderer Bedeutung:

(1) *Es gibt zwei Arten von elektrischen Ladungen.* Reibt man beispielsweise einen Porzellanstab mit Leder, so trägt danach das Porzellan die eine Sorte von Ladungen, die man als positive Ladungen bezeichnet. Ein mit Wolle geriebener Plaststab dagegen lädt sich negativ auf, denn seine Ladungen lassen sich durch die des Porzellans kompensieren und umgekehrt. Nach der **Coehn'schen Regel** (Alfred Coehn 1863-1938) entstehen positive Ladungen i.Allg. auf dem Stoff mit der höheren Dielektrizitätskonstante (s.S.180). Bereits Thales von Milet (um 600 v. Chr.) war die Eigenschaft des Bernsteins (griechisch=elektron) bekannt, nach dem Reiben leichte Körperchen anzuziehen. Entscheidend für die Entstehung dieser Ladungen ist aber nicht die Reibung, sondern die innige Berührung zwischen zwei Stoffen, weshalb man die Bezeichnung **Reibungselektrizität** (frictional electricity) nicht zu wörtlich nehmen sollte.

(2) *Die Summe der Ladungen bleibt in einem abgeschlossenen System immer erhalten.* Dieser **Ladungserhaltungssatz** (conservation of charge) ist stärker als der Satz von der Erhaltung der Masse, da diese im Gegensatz zur Ladung von der Bewegung abhängt (s.S.291).

(3) *Ladungen sind gequantelt.* Die **Elementarladung** (elementary charge, Betrag der Ladung eines Elektrons) gehört zu den Naturkonstanten, und zwar gilt [LID90]

$$e = 1{,}602\ 177\ 33(49) \cdot 10^{-19}\ \text{As} \ . \tag{255}$$

Die Einheit der elektrischen Ladung ist die Amperesekunde (As), für die man die Bezeichnung **Coulomb** (Symbol C, nach Charles Augustin de Coulomb 1736-1886) eingeführt hat. Das **Ampere** (Symbol A, nach André Marie Ampère 1775-1836) ist eine der Grundeinheiten des SI und wird durch die magnetische Kraft zwischen bewegten elektrischen Ladungen definiert (s.S.208). Den Quotienten 1Watt/Ampere nennt man 1**Volt** (Symbol V, nach Alessandro Volta 1745-1827). Die Ladung des Elektrons ist $-e$ und die des einfachsten Atomkerns, des Protons, $+e$.

In den letzten Jahren hat man die Existenz von Elementarteilchen nachgewiesen (Quarks), deren Ladung $\pm(2/3)e$ bzw. $\mp(1/3)e$ ist. Allerdings existieren diese Quarks nicht als freie Teilchen (s.S.545).

(4) *Gleichnamige Ladungen stoßen sich ab und ungleichnamige ziehen sich an mit einer Kraft, die umgekehrt proportional zum Quadrat ihres Abstands ist.* Quantitativ erhält man die Kraft, die eine **Punktladung** (point charge) q durch eine andere Punktladung Q erfährt, mit Hilfe des **Coulomb'schen Gesetzes** (Coulomb's law)

$$\vec{F} = \frac{1}{4\pi\epsilon_0} \frac{q\,Q}{r^2} \frac{\vec{r}}{r}, \tag{256}$$

wobei $\vec{r}$ den Ortsvektor von Q nach q (s.Fig.71) bezeichnet. ϵ_0 ist die **Influenzkonstante** oder **elektrische Feldkonstante** (permittivity of vacuum)

$$\epsilon_0 = \frac{1}{\mu_0 c_0^2} \approx 8{,}854\cdot 10^{-12}\ \frac{\text{As}}{\text{Vm}} \tag{257}$$

mit $c_0 = 299\ 792\ 458$ m/s (Lichtgeschwindigkeit im Vakuum) und der **Induktionskonstanten** oder **magnetischen Feldkonstanten** (permeability of vacuum)

$$\mu_0 = 4\pi\cdot 10^{-7}\ \frac{\text{Vs}}{\text{Am}} \approx 1{,}257\cdot 10^{-6}\ \frac{\text{Vs}}{\text{Am}}. \tag{258}$$

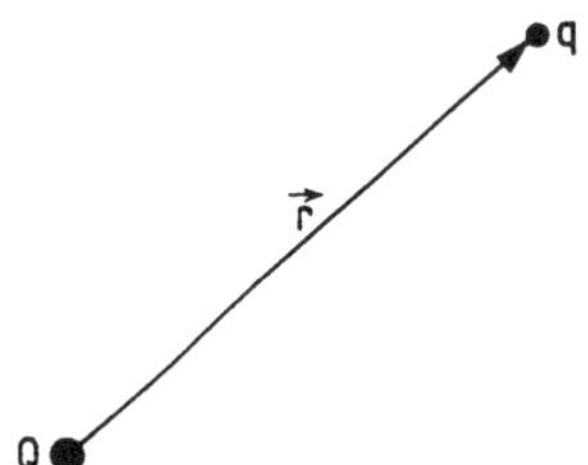

Fig.71 Zur Kraft (s.Gl.(256)), die von der Punktladung Q auf die Punktladung q ausgeübt wird

Für gleichnamige Ladungen ist das Produkt qQ größer als null, so dass $\vec{F}$ nach Gl.(256) die gleiche Richtung wie $\vec{r}$ besitzt, was einer Abstoßung entspricht. Die Proportionalitätskonstante $1/(4\pi\epsilon_0)$ in Gl.(256) legt die Einheit der elektrischen Ladung fest. Dass sie neben der Konstanten ϵ_0 noch den Faktor 4π enthält, hängt damit zusammen, dass das Coulomb'sche Gesetz im Gegensatz z.B. zum Gravitationsgesetz (Gl.(50), S.40) nicht zu den Grundgesetzen der Physik gehört. Gl.(256) folgt vielmehr, wie wir noch zeigen werden, aus einer der vier Maxwell'schen Gleichungen (s.Tab.55, S.273).

Bei der Strukturbildung der Materie aus Atomen und Molekülen sind die elektrischen Wechselwirkungen von wesentlicher Bedeutung. Demgegenüber wird die Bewegung der Himmelskörper durch das Gravitationsgesetz beherrscht. Es liegt also nahe, das Verhältnis der Coulomb-Kraft F_C zur Gravitationskraft F_G für das einfachste Atom, bestehend aus einem Proton als Kern und einem an diesem Kern gebundenen Elektron zu bestimmen. Aus den Gln.(50), S.40, und (256) folgt $F_C/F_G=e^2/(4\pi\epsilon_0 Gm_e m_p)$ und nach Einsetzen der Zahlenwerte für die Naturkonstanten (s.S.548ff.) $\lg(F_C/F_G)=39,4\approx40$. Diese Zahl 40 tritt auch bei den folgenden Vergleichen zwischen Weltall (Gravitation) und Atom (Coulomb-Kraft) auf. Das **Hubble'sche Gesetz** (Hubble's law, Edwin Powell Hubble 1889-1953) besagt, dass sich alle Objekte des Weltalls voneinander entfernen (Modell einer explodierenden Granate), wobei für die Fluchtgeschwindigkeit $v=H\cdot r$ gilt. r ist der Abstand des betreffenden Objekts von unserem Sonnensystem und $H=(2,4\pm0,5)\cdot10^{-18}\text{s}^{-1}$ die Hubblesche Konstante. Damit folgt für das Alter des Weltalls $T_W=1/H$ oder ca. $4,2\cdot10^{17}$s. Der Radius R_W des Weltalls kann aus dem Abstand des Objekts mit der größten beobachteten Fluchtgeschwindigkeit $v=2,7\cdot10^8\text{m/s}$ (Quasar OH471) zu $R_W=(2,7\cdot10^8\text{m/s})/H\approx10^{26}$m abgeschätzt werden. Die Masse M_W des Weltalls schließlich ergibt sich aus der Dichte $\rho_W\approx10^{-25}\text{kg/m}^3$, die man aus astrophysikalischen Messungen ermittelt hat, und dem Volumen $R_W^3\approx10^{78}\text{m}^3$ zu $M_W\approx10^{53}$kg. Mit der Masse des Protons $m_p\approx1,67\cdot10^{-27}$kg, seinem Radius $r_p=(1,5\pm0,3)\cdot10^{-15}$m und der Zeit t_p, die eine elektromagnetische Welle braucht, um die Strecke $2r_p$ zurückzulegen (Dauer der starken Wechselwirkung), d.h. $t_p\approx10^{-23}$s, ergibt sich $\lg(R_W/r_p)\approx40,8$; $\lg(T_W/t_p)\approx40,6$ und $\lg(M_W/m_p)\approx79,8=2\cdot39,9$. Gegenwärtig kann niemand sagen, ob dies eine bloße Zahlenspielerei (**Kabbalistik,** kabbalism) ist oder ob sich dahinter eine physikalische Gesetzmäßigkeit verbirgt, wie einige Wissenschaftler (Sir Arthur Stanley Eddington 1882-1944, u.a.) vermuten.

(5) *Bewegte elektrische Ladungen erzeugen ein Magnetfeld.* Diese Eigenschaft wird im Abschn.18, S.195ff., ausführlich behandelt.

16.2 Elektrische Feldstärke, elektrisches Potential, elektrische Spannung

Coulomb-Kräfte sind, wie die Gravitation, additiv. Das heißt, die Kraft $\vec{F}$, die auf eine Punktladung q durch mehrere Punktladungen Q_1, Q_2, ... ausgeübt wird, findet man durch vektorielle Addition der nach Gl.(256), S.168, berechneten Einzelkräfte $\vec{F}=\vec{F}_1+\vec{F}_2+...$ Bei einer stetigen Ladungsverteilung ist diese in differentielle Teilladungen dQ' zu zerlegen und die Summe durch das Integral zu ersetzen, so dass sich

$$\vec{F}(\vec{r}) = \frac{q}{4\pi\epsilon_0} \int (\vec{r}-\vec{r}')\cdot|\vec{r}-\vec{r}'|^{-3}\,\mathrm{d}Q' \qquad (259)$$

ergibt. $\vec{r}$ und $\vec{r}'$ sind (abweichend von der Bezeichnung in Fig.71) die Ortsvektoren der Punktladungen q bzw. dQ' von einem beliebigen Bezugspunkt aus. Nach Gl.(259) ist die auf q ausgeübte Kraft gleich dem Produkt aus q und einer Größe, die nur von der Ladungsverteilung und dem Ort $\vec{r}$ abhängt, an dem sich q befindet. Diese Größe, also der Quotient $\vec{F}/q$, wird **elektrische Feldstärke** (electric field strength, electric intensity) genannt und mit dem Symbol $\vec{E}$ bezeichnet:

$$\vec{E}(\vec{r}) = \frac{\vec{F}(\vec{r})}{q} \; . \tag{260}$$

Ihre Einheit ist 1V/m, denn dieser Quotient ergibt sich aus 1N(As)^{-1} durch Erweiterung mit m und unter Beachtung von $1\text{Nm} = 1\text{VAs}$. Zur anschaulichen Darstellung eines elektrischen Feldes zeichnet man **elektrische Feldlinien** (lines of force). Eine Feldlinie beschreibt den Weg, auf dem man fortschreiten muss, um immer der Richtung der Kraft zu folgen, die auf eine positive Punktladung ausgeübt wird. Demzufolge verlaufen elektrische Feldlinien von positiven zu negativen Ladungen. Wegen der Eindeutigkeit der Kraftrichtung können sich elektrische Feldlinien nicht schneiden. Einige Beispiele zeigt Fig.72.

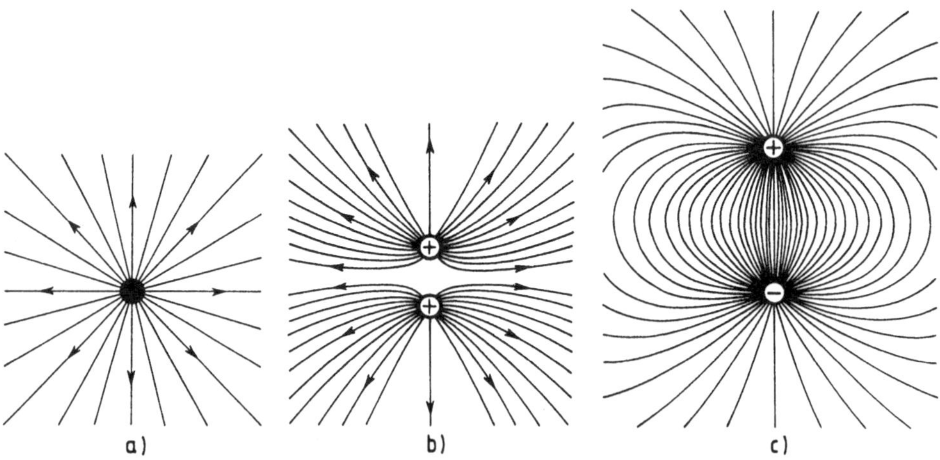

Fig.72 Elektrische Feldlinien für a) eine positive Punktladung, b) zwei gleichgroße positive Punktladungen (vektorielle Addition zweier in horizontalere Richtung gegeneinander verschobener Bilder wie bei a), c) eine positive und eine gleichgroße negative Punktladung (vektorielle Subtraktion zweier in vertikaler Richtung gegeneinander verschobener Bilder wie bei a)

Verschiebt man eine positive Punktladung q längs der differentiellen Wegstrecke $\mathrm{d}\vec{r}$, so gilt für die differentielle Arbeit $\mathrm{d}W$, die man dabei verrichten muss, $\mathrm{d}W = -\vec{F}\cdot\mathrm{d}\vec{r}$ oder, unter Verwendung von Gl.(260), $\mathrm{d}W = -q\vec{E}\cdot\mathrm{d}\vec{r}$. Wenn $\mathrm{d}W$ größer null ist, so bedeutet dies, dass sich die potentielle Energie der Ladung q um diesen Betrag vergrößert. Für die gesamte potentielle Energie der Ladung q an der Stelle $\vec{r}$ in Bezug auf $\vec{r}_0$ folgt demnach

$$E_{pot}(\vec{r},\, \vec{r_0}) = -q \int_{\vec{r_0}}^{\vec{r}} \vec{E}(\vec{r}')\cdot d\vec{r}'. \tag{261}$$

Der Quotient aus potentieller Energie und Ladung q heißt **elektrisches Potential** (electric potential), für das sich aus Gl.(261)

$$U(\vec{r},\, \vec{r_0}) = - \int_{\vec{r_0}}^{\vec{r}} \vec{E}(\vec{r}')\cdot d\vec{r}' \tag{262}$$

ergibt. Die Einheit des elektrischen Potentials ist das Volt (V). Für die Umkehrung von Gl.(262) gilt (s.S.30)

$$\vec{E}(\vec{r}) = - \ \text{grad}\ U(\vec{r},\, \vec{r_0})\ . \tag{263}$$

Die Differenz zweier elektrischer Potentiale heißt **elektrische Spannung** (voltage).

Als Beispiel betrachten wir das Feld, das von einer Punktladung $Q > 0$ erzeugt wird. Für die elektrische Feldstärke folgt aus Gl.(260), S.170, mit Gl.(256), S.168, $\vec{E}(\vec{r}) = (4\pi\epsilon_0)^{-1}(Q/r^3)\,\vec{r}$. Für das elektrische Potential mit dem Bezugspunkt im Unendlichen ($\vec{r}_0 = \infty$) ergibt sich durch Einsetzen dieses Ausdrucks in Gl.(262) $U(\vec{r},\infty) = (4\pi\epsilon_0)^{-1}Q/r$ und für die potentielle Energie einer Punktladung q die Gleichung $E_{pot} = (4\pi\epsilon_0)^{-1}Qq/r$ (**Coulomb-Energie**, Coulomb energy)

16.3   Leiter im elektrischen Feld

Unter einem elektrischen **Leiter** (conductor) wollen wir im Folgenden einen Körper verstehen, in dem elektrische Ladungen frei verschiebbar sind. Bei einem solchen Leiter müssen im Gleichgewichtszustand (Elektrostatik) die folgenden beiden Bedingungen erfüllt sein: *1.) Elektrische Ladungen, die auf den Leiter gebracht oder durch ein elektrisches Feld erzeugt wurden, sitzen nur an der Oberfläche des Körpers und 2.) Die elektrischen Feldlinien stehen senkrecht auf dieser Fläche.* Die 2.Bedingung, die auch besagt, dass die Oberfläche eine **Äquipotentialfläche** (equipotential surface) sein muss, ergibt sich daraus, dass jede Feldstärkekomponente parallel zur Oberfläche solange zu einer Verschiebung der Ladungen führen würde (Coulomb-Kraft), bis diese Feldstärkekomponente verschwindet. In analoger Weise lässt sich auch die 1.Bedingung begründen, d.h. das Fehlen von elektrischen Ladungen im Inneren des Leiters. Im Folgenden betrachten wir vier Anwendungen dieser beiden Bedingungen:

(1) Das elektrische Feld einer Ladung Q, die sich vor einer ebenen Leiterplatte befindet, kann einfach durch **elektrische Spiegelung** (electric mirror reflection)

konstruiert werden: Eine virtuelle Ladung entgegengesetzten Vorzeichens im gleichen Abstand hinter der Ebene der Leiterplatte sichert, dass die Feldlinien senkrecht auf dem Leiter stehen (s.Fig.73).

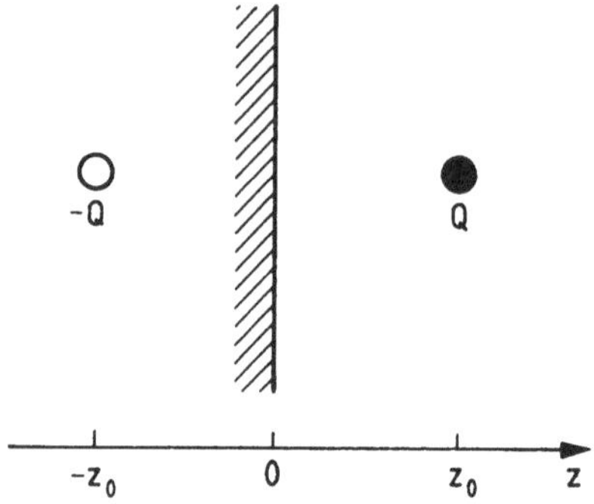

Fig.73 Das für $z \geq 0$ vorhandene elektrische Feld der Ladung Q, die sich im Abstand z_0 vor einer ebenen Leiterplatte befindet, ist das Gleiche, als ob die Leiterplatte nicht vorhanden wäre, aber dafür eine Ladung $-Q$ im gleichen Abstand hinter dieser Ebene sitzen würde

Für die Kraft, mit der die Ladung Q von der ebenen Leiterplatte angezogen wird, muss also gelten

$$F_z = -\frac{1}{4\pi\epsilon_0}\frac{Q^2}{(2z_0)^2}. \tag{264}$$

(2) Da sich in einem Leiter die elektrischen Ladungen auf der Oberfläche verteilen, kann man das Innere des Leiters entfernen, ohne dass sich an dieser Ladungsverteilung etwas ändert. Wegen der nicht vorhandenen Ladungen muss außerdem (s.Gl.(267), S.174) das elektrische Feld im Inneren eines hohlen Leiters null sein. Oft genügt es sogar, wenn die Oberfläche von einem Metallnetz gebildet wird. Derartige **Faraday'sche Käfige** (Faraday cages, Michael Faraday 1791-1867) werden zur Abschirmung elektrischer Felder verwendet.

Personen in Metallfahrzeugen (PKW, Bahnen, Flugzeuge) sind aus diesem Grund i.Allg. vor Gewittern geschützt. Allerdings kann der Blitzeinschlag mit einer starken lokalen Erhitzung verbunden sein und z.B. zu Löchern in der Außenwand eines Flugzeuges oder sogar zur Fluguntüchtigkeit führen.

(3) Ladungen, die man mit einer Metallkugel, die sich an einem isolierenden Griff befindet (elektrischer Löffel), durch eine Öffnung an die Innenwand eines hohlen Leiters bringt, wandern sofort an die Außenseite, so dass die Innenwand ladungsfrei bleibt. Durch Wiederholung kann man auf diese Weise im Prinzip sehr große Ladungen speichern (**Faraday'scher Becher**, Van de Graaff-Generator).
(4) An den Spitzen elektrischer Leiter treten bei entsprechend hohen Spannungen elektrische Entladungen auf, die man als **Spitzenentladungen** (corona discharges) bezeichnet. In der Natur beobachtet man sie als **St.-Elms-Feuer** (Saint Elmo's fire)

z.B. an den Schiffsmasten vor dem Einsetzen eines Gewitters. Dies beruht darauf, dass das elektrische Feld, das ja an jeder Stelle des Leiters senkrecht zur Oberfläche steht, ungefähr proportional zum reziproken Krümmungsradius der Oberfläche an der betreffenden Stelle ist ($E_\perp \propto 1/R$). Damit werden dann u.U. so hohe Feldstärken erreicht, dass eine selbständige Gasentladung (s.S.248) einsetzt.

Zur Begründung der Beziehung $E_\perp \propto 1/R$ gehen wir von den Gleichungen aus, die wir im kleingedruckten Text auf S. 171 abgeleitet hatten. Die Ladung der Kugel mit dem Radius R ergibt sich aus ihrem Potential U zu $Q = 4\pi\epsilon_0 R U$. Setzt man dies in die Beziehung für die elektrische Feldstärke $E_\perp = (4\pi\epsilon_0)^{-1} \cdot Q/R^2$ ein, so folgt $E_\perp = U/R$.

16.4 Kapazität, Energiedichte des elektrischen Feldes

Wenn man an zwei Leiter, die isoliert voneinander befestigt sind, eine Spannung U anlegt, so wird auf dem einen Leiter eine bestimmte positive Ladung Q und auf dem anderen eine gleichgroße negative Ladung $-Q$ gespeichert. Q wächst linear mit der Spannung U an. Der Proportionalitätsfaktor hängt nur von der Geometrie der beiden Leiter und der Art des isolierenden Materials ab und wird **Kapazität** (capacitance) C genannt

$$Q = C\,U\,. \tag{265}$$

Für die Einheit der Kapazität ergibt sich der Quotient As/V, wofür man die Bezeichnung **Farad** (Symbol F, nach Michael Faraday 1791-1867) eingeführt hat. Die beiden isoliert voneinander angebrachten Leiter bezeichnet man als **Kondensator** (capacitor). Für eine Metallkugel mit dem Radius R_1, die im Vakuum konzentrisch von einer zweiten Metallkugel mit dem Radius $R_2 > R_1$ umgeben ist (**Kugelkondensator**, spherical capacitor), ergibt sich die Kapazität zu

$$C = 4\pi\epsilon_0\,(1/R_1 - 1/R_2)^{-1}\,. \tag{266}$$

Wegen der Kugelsymmetrie besitzt die elektrische Feldstärke im Gebiet zwischen den beiden Kugeln ($R_1 < r < R_2$) nur eine r-Komponente, die den gleichen Wert besitzt, als wenn sich die gesamte Ladung (Q) der inneren Kugel im Mittelpunkt befinden würde, d.h. es gilt (s.den kleingedruckten Text auf S.171) $E_r = Q(4\pi\epsilon_0 r^2)^{-1}$. Damit folgt aus Gl.(262), S.171, $U(R_1,R_2) = Q(4\pi\epsilon_0)^{-1}(1/R_1 - 1/R_2)$ und wegen $C = Q/U$ die gesuchte Gl.(266).

Ein zweites einfaches Beispiel ist der **ideale Plattenkondensator** (parallel-plate capacitor). Den Feldlinienverlauf zeigt die Fig.74 auf der nächsten Seite. Unter der Voraussetzung, dass der Plattenabstand ℓ klein gegen den Durchmesser der Platten ist ($\ell \ll A^{1/2}$, idealer Plattenkondensator), kann man die Randgebiete vernachlässigen und das gesamte elektrische Feld als homogen annehmen. Ein elektrisches Feld heißt **homogen** (uniform electric field oder homogeneous electric field), wenn $\vec{E}$ im betrachteten Raumgebiet nicht vom Ort abhängt.

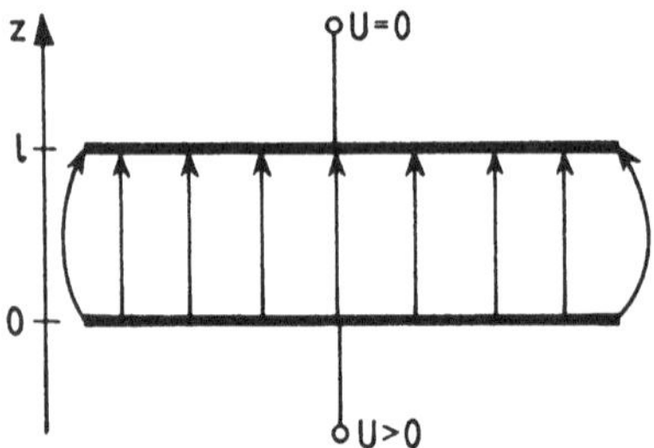

Fig.74 Bei einem idealen Plattenkondensator sind zwei gleich große Platten (die Fläche einer Platte sei A) mit einem sehr kleinen Abstand ($\ell \ll (A)^{1/2}$) parallel zueinander angeordnet

Obwohl damit beim idealen Plattenkondensator, ähnlich wie beim Kugelkondensator, eine sehr einfache elektrische Feldverteilung vorliegt, lässt sich aber hier das Coulomb'sche Gesetz nicht zur Berechnung der Kapazität verwenden. Es ist deshalb notwendig, jetzt diejenige Grundgleichung einzuführen, die das Coulomb'sche Gesetz als Spezialfall enthält und mit deren Hilfe die Kapazität beliebig komplizierter Kondensatoren berechnet werden kann. Sie lautet

$$\oint \epsilon_r \epsilon_0 \vec{E} \cdot d\vec{s} = Q \tag{267}$$

und ist eine der vier Maxwell'schen Gleichungen (James Clerk Maxwell 1831-1879). Sie wird im angloamerikanischen Schrifttum als Gauss´ law (Carl Friedrich Gauß 1777-1855) und im vorliegenden Buch als **verallgemeinertes Coulomb'sches Gesetz** bezeichnet. Ihre Bedeutung geht aus Fig.75 hervor:

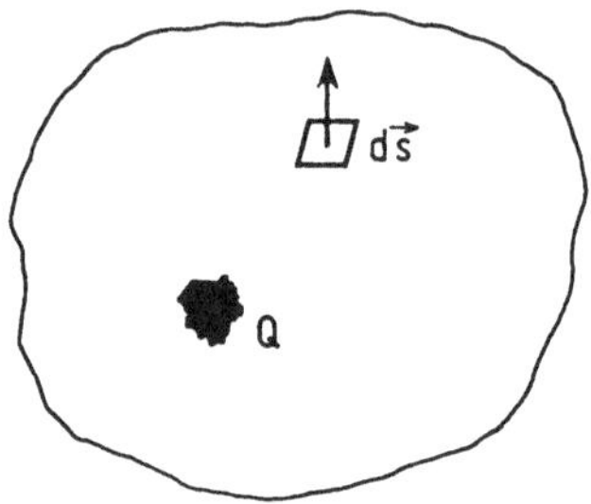

Fig.75 Zur Bedeutung bzw. Anwendung der Gl.(267). $d\vec{s}$ stellt ein Flächenelement auf der geschlossenen Fläche um die Ladung Q dar

Eine elektrische Ladung Q, die aus beliebig vielen punktförmigen Ladungen bestehen kann und/oder durch eine stetig verteilte Ladung gegeben ist, werde von einer Fläche (closed surface) umschlossen. Für jedes **Flächenelement** (surface element) $d\vec{s}$ (die Richtung von $d\vec{s}$ steht senkrecht auf der Fläche und ist nach außen gerichtet) wird dann das skalare Produkt mit der dort herrschenden elektrischen Feldstärke $\vec{E}$ gebildet und nach Multiplikation mit ϵ_0 über die gesamte Fläche integriert. Falls die Fläche nicht im Vakuum verläuft, ist der Term $\epsilon_0 \vec{E} \cdot d\vec{s}$ vorher noch mit der relativen Dielektrizitätskonstanten ϵ_r (s.S.180) des Materials an der betreffenden Stelle zu multiplizieren.

Zur Ableitung des Coulomb'schen Gesetzes aus Gl.(267) betrachten wir den Spezialfall, dass Q eine Punktladung ist und wählen als Fläche eine Kugel mit dem Radius r um Q als Mittelpunkt. Für Vakuum ($\epsilon_r = 1$) folgt dann aus Gl.(267), da $\vec{E}$ wegen der Symmetrie nur eine radiale Komponente E_r haben kann, $\epsilon_0 E_r 4\pi r^2 = Q$. Damit ergibt sich für die Kraft auf eine Punktladung q im Abstand r von der Punktladung Q der Ausdruck $F_r = qE_r = (4\pi\epsilon_0)^{-1} qQ/r^2$.

Für den idealen Plattenkondensator im Vakuum ($\epsilon_r = 1$) wählen wir die geschlossene Fläche als eine flache Dose, die die untere Platte umschließt. Da das elektrische Feld nur den oberen Deckel der Dose durchsetzt und die positive z-Richtung besitzt, ergibt sich aus Gl.(267) $\epsilon_0 E_z A = Q$ und unter Verwendung des Zusammenhangs zwischen dem elektrischen Feld und der Spannung

$$C = \frac{\epsilon_0 \, A}{\ell} \, . \tag{268}$$

Gemäß Fig.74, S.174, ist in Gl.(262), S.171, $\vec{r}_0 = (0,0,\ell)$ und $\vec{r} = (0,0,0)$ zu setzen. Damit ergibt sich $U = - \int_\ell^0 E_z dz$ oder $U = E_z \ell$. Mit $Q = \epsilon_0 E_z A$ folgt dann sofort für die durch Gl.(265), S.173, definierte Kapazität $C = Q/U$ die Gl.(268).

Als drittes Beispiel wollen wir die Kapazität eines **Koaxialkabels** (coaxial cable) berechnen, dessen Länge ℓ groß gegen den Radius r_a des Außenleiters sei (s.Fig.76). Für die geschlossene Fläche in Gl.(267) wählen wir den Mantel eines koaxialen Zylinders, dessen Radius r zwischen r_i und r_a liege.

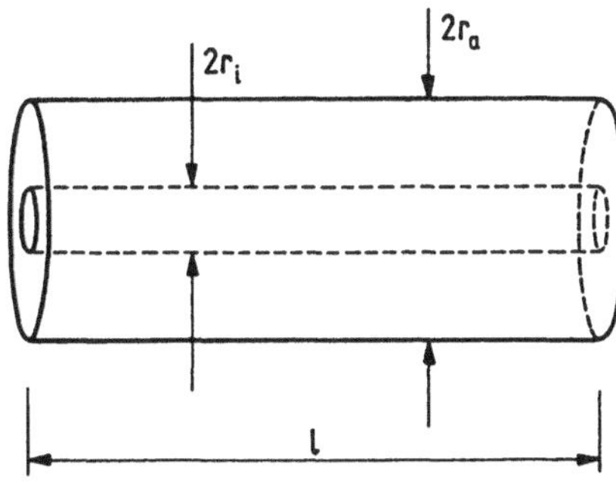

Fig.76 Koaxialkabel der Länge ℓ. Die Radien des Innen- bzw. des Außenleiters werden mit r_i bzw. r_a bezeichnet und es gelte $\ell \gg r_a$

Da die elektrische Feldstärke aus Symmetriegründen nur eine radiale Komponente E_r besitzt, folgt aus Gl.(267), S.174, für den Fall $\epsilon_r=1$(Vakuum) die Beziehung $\epsilon_0 E_r(r)2\pi r\ell=Q$, wobei Q die (positive) Ladung auf dem Innenleiter bezeichnet. Unter Verwendung des Zusammenhangs zwischen elektrischem Feld und Potential ergibt sich dann für die Kapazität

$$C = 2\pi\epsilon_0 \,\frac{\ell}{\ln(r_a/r_i)} \;. \tag{269}$$

Da auf dem Innenleiter die positive Ladung sitzt, gilt nach Gl.(262), S.171, für die elektrische Spannung U zwischen Innen- und Außenleiter $U\equiv U(r_i,r_a)=-\int_{r_a}^{r_i} E_r dr$, woraus sich nach Einsetzen von $E_r=Q/(\epsilon_0 2\pi r\ell)$ die Beziehung $U=Q(\epsilon_0 2\pi\ell)^{-1}\ln(r_a/r_i)$ ergibt. Damit folgt für die Kapazität $C=Q/U$ die Gl.(269).

Schaltet man mehrere Kondensatoren mit den Kapazitäten C_1, C_2, C_3, ... parallel (**Parallelschaltung**, parallel arrangement, s.Fig.77a), so verhält sich die Gesamtschaltung wie *ein* Kondensator mit der Kapazität

$$C = C_1 + C_2 + C_3 + \dots \,, \tag{270}$$

während sich für die **Serien-** oder **Reihenschaltung** (series arrangement, s.Fig.77b)

$$1/C = 1/C_1 + 1/C_2 + 1/C_3 + \dots \tag{271}$$

ergibt.

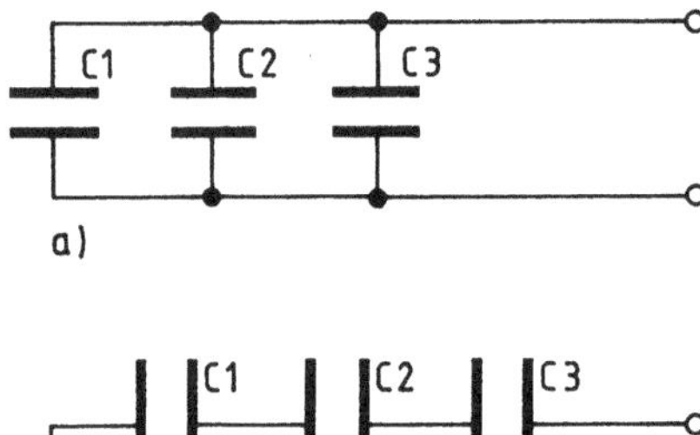

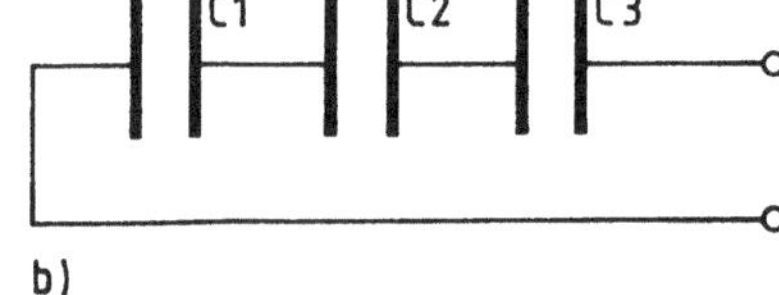

Fig.77 a) Parallelschaltung und b) Serienschaltung von Kondensatoren

Bei der Parallelschaltung liegt an jedem Kondensator die gleiche Spannung U an, so dass für die Ladung auf dem i-ten Kondensator $Q_i=C_i U$ gilt. Die Gesamtladung ergibt sich also zu $Q=\Sigma C_i U$, woraus $C=\Sigma C_i$ folgt. Bei der Serienschaltung sind die Ladungen auf den einzelnen Kondensatoren gleich. Dies folgt aus dem Satz von der Erhaltung der Ladung, angewandt auf die Schaltung vor und nach Anlegen der Spannung U. Danach muss z.B. die Ladung auf der rechten Platte von C_1 entgegengesetzt gleich der Ladung auf der linken Platte von C_2 sein. Andererseits addieren sich hier die einzelnen Spannungen, so dass $U=\Sigma U_i=\Sigma Q/C_i$ gilt, oder $U/Q=\Sigma(1/C_i)$.

Zur Berechnung der Energie, die in einem Kondensator bzw. in dem zugehörigen elektrischen Feld gespeichert ist, betrachten wir einen idealen Plattenkondensator (s.Fig.74, S.174), dessen Feldraum $V=A\ell$ mit einem Dielektrikum der relativen Dielektrizitätskonstante ϵ_r ausgefüllt sei und der auf der unteren Platte zunächst die Ladung Q' trage. Um eine differentielle Ladung dQ' von der oberen zur unteren Platte zu transportieren, muss die Arbeit $dW=-(E'_z dQ')\Delta z$ mit $\Delta z=-\ell$ verrichtet werden. Durch Anwendung der Gl.(267), S.174, und Integration folgt dann

$$W = Q^2/(2C) \; . \tag{272}$$

Mit $E'_z=Q'(\epsilon_r\epsilon_0 A)^{-1}$ (s.Gl.(267), S.174) folgt $dW=Q'\ell(\epsilon_r\epsilon_0 A)^{-1}dQ'$, woraus sich nach der Integration von $Q'=0$ bis $Q'=Q$ die Beziehung $W=Q^2/(2C)$ mit $C=\epsilon_r\epsilon_0 A/\ell$ ergibt.

Diese Energie steckt im elektrischen Feld, und zwar ergibt sich für die **Energiedichte** (energy density)

$$W/V = \int_0^{\vec{D}} \vec{E}'\cdot \; d\vec{D}' \; , \tag{273}$$

wobei $\vec{D}$ die elektrische Flussdichte $\vec{D}=\epsilon_r\epsilon_0 \vec{E}$ (s.S.182) bezeichnet.

In der Gleichung $dW=-(E'_z dQ')\Delta z$ mit $\Delta z=-\ell$ ersetzen wir Q' gemäß Gl.(267), S.174, durch die Beziehung $Q'=D'_z A$, so dass sich mit $V=A\ell$ und $E'_z dD'_z=\vec{E}'\cdot d\vec{D}'$ (skalares Produkt, s.S.28) die gesuchte Gl.(273) ergibt.

Für den Fall, dass ϵ_r eine Konstante ist, d.h. wenn ϵ_r nicht von der elektrischen Feldstärke abhängt, lässt sich Gl.(273) mit $\vec{D}=\epsilon_r\epsilon_0\vec{E}$ integrieren und es folgt

$$W/V = \vec{E}\cdot\vec{D}/2 \; . \tag{274}$$

Mit Hilfe von Gl.(272) lässt sich leicht die **Anziehungskraft** (attractive force) zwischen den beiden Platten des idealen Plattenkondensators berechnen. Der Einfachheit halber setzen wir $\epsilon_r=1$ (Vakuum). Die untere Platte (s.Fig.74, S.174) trage die positive Ladung Q. Sie sei im Raum bei $z=0$ fixiert. Nun verschieben wir die obere Platte um $\delta\ell$ nach oben (virtuelle Verrückung). Dazu muss die Arbeit $\delta W=-F_z\delta\ell$ verrichtet werden, wobei F_z die Kraft ist, mit der die obere Platte von der unteren angezogen wird. Andererseits folgt aus Gl.(272) mit Gl.(268), S.175, $\delta W=Q^2(2\epsilon_0 A)^{-1}\delta\ell$. Gleichsetzen dieser beiden

Ausdrücke (Prinzip der virtuellen Verrückung) gibt $F_z = -Q^2(2\epsilon_0 A)^{-1}$.

16.5   Elektrischer Dipol

Als **elektrischen Dipol** (electric dipole) bezeichnet man die Anordnung von zwei
Punktladungen Q und $-Q$, die voneinander einen (kleinen) Abstand ℓ besitzen. Den
Grenzfall eines **Punktdipols** (point dipole) erhält man, wenn ℓ nach null geht bei
einem endlichen Wert für das Produkt $Q\ell$. Das **elektrische Dipolmoment** (electric
dipole moment) $\vec{p}$ ist ein Vektor mit dem Betrag $Q\ell$ und der *Richtung von* $-Q$
nach $+Q$ (man beachte diese letztere Festlegung!). Für das elektrische Potential,
das ein elektrischer Dipol für $\epsilon_r = 1$ (Vakuum) an der Stelle $\vec{r}$ erzeugt (s.Fig.78),
ergibt eine einfache Rechnung für $r \gg \ell$

$$U(\vec{r}, \infty) = \frac{\vec{p} \cdot \vec{r}}{4\pi\epsilon_0 \, r^3} \, . \tag{275}$$

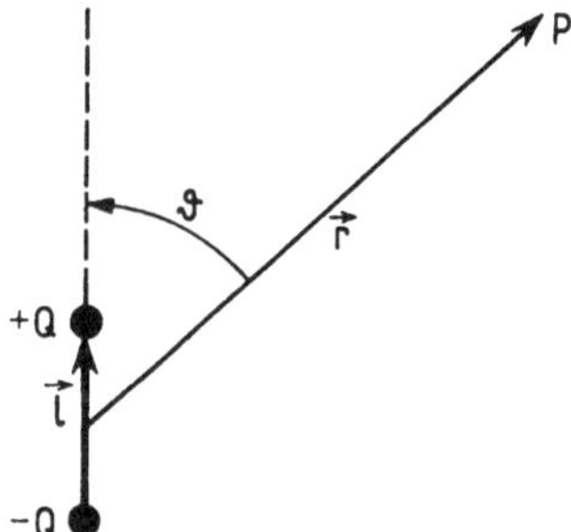

Fig.78 Zur Berechnung des elektrischen Potentials U und der elektrischen Feldstärke $\vec{E}$, die
von einem elektrischen Dipol an der Stelle $\vec{r}$
erzeugt wird

Für das elektrische Potential, das die Ladung $+Q$ an der Stelle P erzeugt, gilt nach dem kleingedruckten
Text auf S.171 $U_+(r_+, \infty) = (4\pi\epsilon_0)^{-1}Q/r_+$, wobei r_+ den Abstand zwischen der Punktladung $+Q$ und dem
Punkt P bezeichnet. Mit dem Kosinussatz $r_+^2 = (\ell/2)^2 + r^2 - 2(\ell/2)r\cos\vartheta$ (s.Fig.78) erhält man unter
Berücksichtigung von $\ell/r \ll 1$ durch Reihenentwicklung $r_+ = r[1 - \ell(2r)^{-1}\cos\vartheta]$. Analog ergibt sich für das
Potential der Ladung $-Q$ die Beziehung $U_-(r_-, \infty) = -(4\pi\epsilon_0)^{-1}Q/r_-$ mit $r_- = r[1 + \ell(2r)^{-1}\cos\vartheta]$. Für das
Potential des Dipols $U(\vec{r}, \infty) = U_+(r_+, \infty) + U_-(r_-, \infty)$ folgt damit $U(\vec{r}, \infty) = Q(4\pi\epsilon_0 r^2)^{-1}\ell\cos\vartheta$, woraus
man unter Verwendung des durch $\vec{p} = Q\vec{\ell}$ definierten Dipolmomentes die Gl.(275) erhält.

Wichtig an dieser Formel ist neben der Winkelabhängigkeit die Tatsache, dass das
Potential quadratisch mit dem Abstand r abnimmt, während sich für eine Punkt-
ladung eine Abnahme proportional zu $1/r$ ergab (s. den kleingedruckten Text auf
S.171).

Unter Verwendung der Gl.(263), S.171, erhält man aus Gl.(275) für die Feldstärke des elektrischen Dipols

$$\vec{E}(\vec{r}) = -\frac{1}{4\pi\epsilon_0\,r^3}\left[\vec{p} - \frac{3(\vec{p}\cdot\vec{r})}{r^2}\,\vec{r}\right]\,. \tag{276}$$

Für die x-Komponente der elektrischen Feldstärke gilt nach Gl.(263), S.171, $E_x = -\partial U/\partial x$. Setzen wir hier das Potential nach Gl.(275) ein, so folgt unter Beachtung von $\vec{p}\cdot\vec{r} = p_x\,x + p_y\,y + p_z\,z$ und $r = (x^2+y^2+z^2)^{1/2}$ durch Differentiation nach x der Ausdruck $E_x = -(4\pi\epsilon_o r^3)^{-1}[p_x - 3(\vec{p}\cdot\vec{r})r^{-2}x]$. Analoge Beziehungen ergeben sich für E_y und E_z, womit Gl.(276) bewiesen ist.

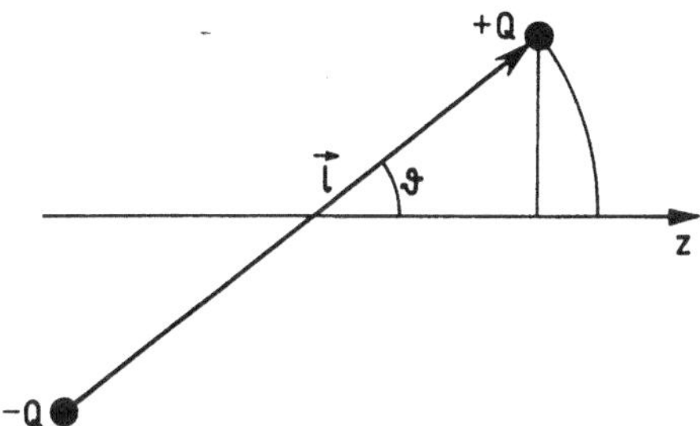

Fig.79 Elektrischer Dipol in einem homogenen elektrischen Feld, das parallel zur z-Richtung verläuft

Ein elektrischer Dipol $\vec{p}$ befinde sich in einem homogenen elektrischen Feld $\vec{E}$. Der Winkel zwischen beiden sei ϑ (s.Fig.79). Dann erfährt dieser Dipol ein Drehmoment

$$\vec{T} = \vec{p} \times \vec{E} \tag{277}$$

und besitzt bezüglich der senkrechten Orientierung die potentielle Energie

$$W_{\text{pot}} = -\vec{p}\cdot\vec{E}\,. \tag{278}$$

Die Ladung $+Q$ erfährt eine Kraft EQ in Richtung von $\vec{E}$ und die Ladung $-Q$ eine gleich große, aber entgegengesetzt gerichtete Kraft. Für den Betrag des dadurch erzeugten Drehmoments (s.S.48) folgt also $EQ(l/2)\sin\vartheta + EQ(l/2)\sin\vartheta$ oder $|\vec{E}|\cdot|\vec{p}|\cdot\sin\vartheta$, wobei ϑ den Winkel zwischen der Richtung des Dipolmoments und der elektrischen Feldstärke bezeichnet. Da das Drehmoment in die Abbildungsebene hineingerichtet ist (Rechtsschraube), kann man auf Grund der Definition des Vektorproduktes (s.S.19) schreiben $\vec{T} = \vec{p}\times\vec{E}$. Um den elektrischen Dipol aus der senkrechten Richtung zu $\vec{E}$ in die um den Winkel ϑ geneigte Richtung zu drehen, muss die Ladung $+Q$ um die Strecke $(l/2)\cos\vartheta$ in Richtung der wirkenden Kraft $Q\vec{E}$ bewegt werden. Dies führt zu einer Abnahme der potentiellen Energie um den Betrag $EQ(l/2)\cos\vartheta$. Ein gleichgroßer Term ergibt sich für die mit der Drehung verbundene Bewegung der Ladung $-Q$, so dass man - auf Grund der Definition des Skalarproduktes (s.S.28) - für die potentielle Energie des Dipols bezüglich seiner senkrechten Orientierung $W_{pot} = -\vec{p} \cdot \vec{E}$ schreiben kann.

16.6 Dielektrika

Wir beginnen mit zwei Experimenten: Ein idealer Plattenkondensator habe im Vakuum die Kapazität C_v. Im ersten Experiment bringen wir auf diesen Kondensator die Ladung Q_v. Dies bedeutet, dass die eine Platte die Ladung $+Q_v$ und die andere die Ladung $-Q_v$ erhält. Dann messen wir die Spannung, für die gemäß Gl.(265), S.173, $U_v = Q_v/C_v$ gelten muss. Nach Ausfüllung des Raumes zwischen den beiden Platten mit einem isolierenden Stoff, den man als **Dielektrikum** (dielectric) bezeichnet, verringert sich die Spannung auf $U < U_v$. Im zweiten Experiment legen wir an die Platten des Kondensators eine konstante Spannung U_v an und messen die von ihm gespeicherte Ladung. Im Vakuum muss nach Gl.(265), S.173, $Q_v = C_v U_v$ gelten. Nach Ausfüllung mit dem Dielektrikum erhöht sich die Ladung auf $Q > Q_v$, und zwar um den gleichen Faktor, um den die Spannung im ersten Experiment abnahm. Diese experimentellen Befunde lassen sich dadurch erklären, dass das Dielektrikum die Kapazität des Kondensators vergrößert. Man schreibt

$$C = \epsilon_r \, C_v \, , \tag{279}$$

wobei $\epsilon_r \geq 1$ die **relative Dielektrizitätskonstante** oder **Permittivitätszahl** oder **Dielektrizitätszahl** (relative permittivity oder dielectric constant) des Materials ist, sofern dieses den gesamten Feldraum ausfüllt. Einige Zahlenwerte sind in Tab.35 für zeitunabhängige Felder (U ist eine Gleichspannung) zusammengestellt.

Tab.35 Relative Dielektrizitätkonstante einiger Substanzen für zeitunabhängige elektrische Felder [LID90]

Substanz	Temperatur in °C	relative Dielektrizitätskonstante ϵ_r
Wasser	0	87,90
	20	80,20
	60	66,73
	100	55,51
Ethanol	25	24,30
Benzol	20	2,284
Polyethylen	23	2,26
Teflon	22	2,1
Luft (0,1 MPa)	20	1,000547

Insbesondere für Stoffe, die aus polaren Molekülen bestehen, wie z.B. Wasser oder Ethanol, nimmt die relative Dielektrizitätskonstante mit wachsender Frequenz ab.

So verringert sich die relative Dielektrizitätskonstante des Wassers auf ca. 1,8, wenn man zu Frequenzen von der Größenordnung 10^{14}Hz übergeht. Die Ursache dafür wird später (s.S.186) behandelt.

Für die Verringerung der elektrischen Spannung im ersten Experiment gilt gemäß Gl.(279) $U/U_v = 1/\epsilon_r$. Dies bedeutet, dass auch die elektrische Feldstärke um den Faktor $1/\epsilon_r$ verringert wird. Die Ursache dafür sind Ladungen, die durch das Anlegen des elektrischen Feldes an der Oberfläche des Dielektrikums erzeugt werden und die man **Polarisationsladungen** (polarization charges) nennt. Im Gegensatz dazu bezeichnet man die Ladungen auf den Kondensatorplatten (hier Q_v) als **freie Ladungen** (free charges). Die Größe Q_p der Polarisationsladungen ergibt sich aus der Bedingung (s.Fig.80) $Q_v - Q_p = Q_v/\epsilon_r$ zu

$$Q_p = Q_v(1 - 1/\epsilon_r) \ . \tag{280}$$

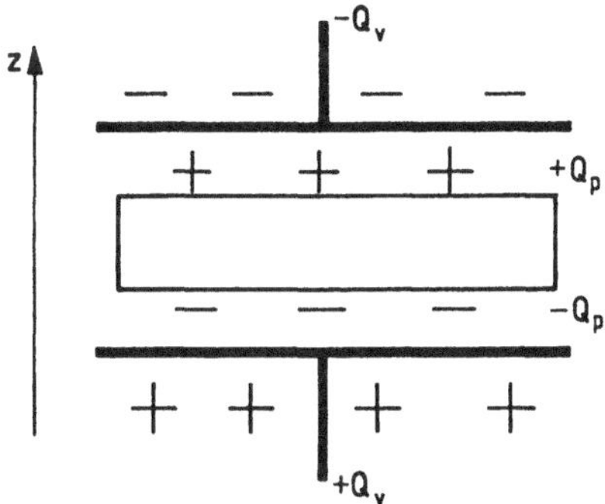

Fig.80 Die auf der Oberfläche des Dielektrikums durch Polarisation erzeugten Ladungen Q_p sind die Ursache für die Verringerung der elektrischen Feldstärke im Inneren des Dielektrikums

Polarisationsladungen in einem Leiter lassen sich experimentell leicht nachweisen, indem man zwei sich berührende Leiterplatten in das elektrische Feld bringt und so orientiert, dass die Platten senkrecht zur elektrischen Feldstärke stehen. Nach Trennung der beiden Platten im Feld sitzt dann auf der einen Platte die Polarisationsladung Q_p und auf der anderen $-Q_p$. Sind die Platten mit gut isolierenden Griffen versehen, so kann man die Ladungen mühelos aus dem Feld herausbringen und anschließend messen. Führt man das Experiment mit dem Feld eines idealen Plattenkondensators durch, so muss $Q_p = Q_v$ gelten, da im Inneren eines Leiters kein elektrisches Feld existieren darf. Dies bedeutet gemäß Gl.(280), dass die (statische) relative Dielektrizitätskonstante eines Leiters unendlich ist.

Das durch die Ladungen Q_p im Dielektrikum erzeugte Dipolmoment pro Volumen, d.h. die Größe $Q_p\ell/(A\ell)$, nennt man **dielektrische Polarisation** (dielectric polarization). Da die Richtung des Dipolmomentes von der negativen zur positiven Ladung (s.S.178) festgelegt wurde, kann man die dielektrische Polarisation als Vektor $\vec{P}$ definieren und man erhält nach einer kleinen Zwischenrechnung

$$\vec{P} = \epsilon_0 \, (\epsilon_r - 1) \, \vec{E} \; . \tag{281}$$

Für den Betrag der dielektrischen Polarisation gilt definitionsgemäß $P=Q_p\ell/(A\ell)$, woraus mit Gl.(280) und unter Verwendung der Beziehung $Q_v=\epsilon_0 A E_v$ (s.den kleingedruckten Text nach Gl.(268) auf S.175) folgt $P=\epsilon_0 E_v(1-1/\epsilon_r)$. Die Ersetzung von E_v durch $\epsilon_r E$ schließlich liefert die gesuchte Gl.(281).

Die Größe $\epsilon_r - 1$ wird **elektrische Suszeptibilität** (electric susceptibility) χ_e genannt. Die früher übliche **cgs-Suszeptibilität**, für die wir κ_e schreiben, wurde durch die Beziehung $\kappa_e=(\epsilon_r-1)/(4\pi)$ definiert, so dass $\chi_e=4\pi\kappa_e$ gilt. Korrekterweise muss man χ_e und entsprechend auch κ_e als **Volumensuszeptibilitäten** bezeichnen, da $\vec{P}$ als Dipolmoment pro Volumen definiert ist. Die Definitionen der **Massensuszeptibilität** und der **molaren Suszeptibilität** kann man der Tab.36 entnehmen.

Tab.36 Die drei verschiedenen elektrischen Suszeptibilitäten

Bezeichnung	Definition	Einheit
Volumensuszeptibilität	$\chi_e = \epsilon_r - 1$	1
Massensuszeptibilität	$\chi_{e,ma} = \chi_e/\rho$ (ρ=Dichte)	m^3/kg
molare Suszeptibilität	$\chi_{e,mo} = \chi_e M/\rho$ (M=Molmasse)	m^3/mol

Die Unterscheidung in freie Ladungen und Polarisationsladungen macht es notwendig, darauf hinzuweisen, dass die Größe Q im verallgemeinerten Coulomb'-schen Gesetz (s.Gl.(267), S.174) nur die *freien Ladungen* bezeichnet, die sich innerhalb der geschlossenen Fläche befinden, denn diese sind die Ursache der elektrischen Erregung des leeren Raumes und der Polarisation der Dielektrika. Führt man den als **elektrische Flussdichte** oder **dielektrische Verschiebung** (electric displacement) bezeichneten Vektor

$$\vec{D} = \epsilon_r \epsilon_0 \, \vec{E} \tag{282}$$

ein, so erhält das verallgemeinerte Coulomb'sche Gesetz die einfache Form

$$\oint \vec{D} \cdot d\vec{s} = Q \; . \tag{283}$$

Diese Gleichung besagt, dass der Fluss des Vektors $\vec{D}$ durch die Oberfläche, die das Volumen mit der freien Ladung Q umfasst, unabhängig davon ist, ob und in welcher Verteilung Dielektrika den Raum erfüllen. Der analoge Fluss der elektrischen Feldstärke $\vec{E}$ dagegen wird wegen Gl.(282) auch durch die Dielektrika und damit auch durch die Polarisationsladungen bestimmt.

Während man die elektrische Feldstärke $\vec{E}$ gemäß der Definition (s.Gl.(260), S.170) durch die Kraft auf eine Punktladung ermitteln kann, muss man zur Messung von $\vec{D}$ die Gl.(283) verwenden, da diese die elektrische Flussdichte mit einer direkt messbaren Größe, nämlich der elektrischen Ladung, verknüpft: Wir bringen an die betreffende Stelle, an der $\vec{D}$ gemessen werden soll, zwei sich berührende Leiterplatten gleicher Größe (Fläche A) und messen, wie im kleingedruckten Text auf S.181 beschrieben, die Ladung Q_p für verschiedene Orientierungen. Die Normale zu derjenigen Orientierung der Platten, für die Q_p maximal wird, gibt dann die Richtung von $\vec{D}$ an. Der Betrag von $\vec{D}$ folgt aus Gl.(283) zu $Q_\mathrm{p,max}/A$, indem wir mit dem Integral die Platte umschließen, die die Ladung $+Q_\mathrm{p,max}$ trägt.

Aus Gl.(283) folgt die wichtige Tatsache, dass die senkrechte Komponente $D_\perp$ der elektrischen Flussdichte stetig durch eine Grenzfläche zwischen Stoffen mit unterschiedlichen relativen Dielektrizitätskonstanten (ϵ_{r1} und ϵ_{r2}) hindurchgeht. Damit folgt aber aus Gl.(282), S.182, dass sich die senkrechte Komponente der elektrischen Feldstärke $E_\perp$ beim Übergang von 1 nach 2 sprunghaft um den Faktor $\epsilon_{r1}/\epsilon_{r2}$ ändern muss. Für die zur Grenzfläche parallelen Komponenten dagegen gilt das Umgekehrte: $E_=$ geht stetig hindurch, während $D_=$ springt.

Zum Beweis füllen wir die linke Hälfte eines idealen Plattenkondensators, an den eine konstante Spannung U angelegt wird (s.Fig.74, S.174), mit einem Dielektrikum der relativen Dielektrizitätskonstante ϵ_{r1} aus und die rechte Hälfte mit ϵ_{r2}. Die elektrische Feldstärke verläuft damit parallel zur Grenzfläche. Da andererseits die elektrische Feldstärke in beiden Hälften den gleichen Wert, nämlich U/ℓ besitzen muss, geht $E_=$ stetig durch die Grenzfläche hindurch, während nach Gl.(282) $D_=$ links den Wert $\epsilon_{r1}\epsilon_0 U/\ell$ und rechts den Wert $\epsilon_{r2}\epsilon_0 U/\ell$ besitzen muss, was bedeutet, dass $D_=$ beim Durchgang durch die Grenzfläche von 1 nach 2 um den Faktor $\epsilon_{r2}/\epsilon_{r1}$ springt.

Unter Verwendung dieser Aussagen ergibt sich aus Fig.81 die Beziehung

$$\frac{\tan\alpha_1}{\tan\alpha_2} = \frac{\epsilon_{r1}}{\epsilon_{r2}}\,, \tag{283a}$$

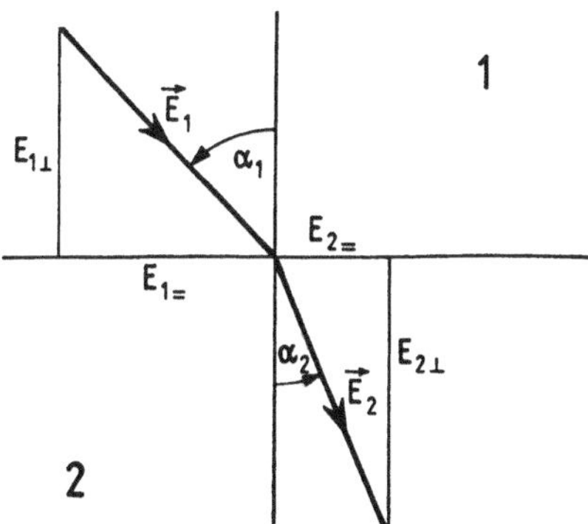

Fig.81 Zum Brechungsgesetz für elektrische Feldlinien beim Übergang von einem Dielektrikum (1) zu einem anderen (2)

die man als **Brechungsgesetz für elektrische Feldlinien** (law of refraction for lines of force) bezeichnet. Vom Snellius'schen Brechungsgesetz (Snell´s law) für Lichtstrahlen (s.S.300) unterscheidet es sich dadurch, dass der Tangens an Stelle des Sinus und die relative Dielektrizitätskonstante ϵ_r an Stelle des Brechungsindexes n steht und dass die Indizes auf der rechten Seite nicht vertauscht sind.

Aus Fig.81 liest man ab $\tan\alpha_1 = E_{1=}/E_{1\perp}$ und $\tan\alpha_2 = E_{2=}/E_{2\perp}$. Wegen $E_{1=} = E_{2=}$ folgt durch Division $\tan\alpha_1/\tan\alpha_2 = E_{2\perp}/E_{1\perp}$. Ersetzt man hier noch $E_\perp$ durch $D_\perp/\epsilon_r\epsilon_0$ (s.Gl.(282), S.182) und beachtet die Stetigkeitsbedingung $D_{2\perp} = D_{1\perp}$, so ergibt sich die Gl.(283a).

Wir kommen nun zurück zu dem Experiment, das auf S.180 beschrieben wurde. Durch Ausfüllen des Raumes zwischen den beiden Platten eines idealen Plattenkondensators mit einem isolierenden Stoff der relativen Dielektrizitätskonstante ϵ_r (s.Fig.80, S.181) verringert sich die elektrische Feldstärke von $\vec{E}_v = (U_v/\ell)\vec{e}_z$ auf $\vec{E} = \vec{E}_v/\epsilon_r$. Einsetzen dieser Beziehung in die Gl.(281), S.182, gibt

$$\vec{E} = \vec{E}_v - \vec{P}/\epsilon_0 \ . \tag{284}$$

Der zweite Summand auf der rechten Seite dieser Gleichung beschreibt die feldschwächende Wirkung der Polarisationsladungen Q_p. Allerdings gilt Gl.(284) nur unter der Voraussetzung, dass das Dielektrikum den gesamten Raum ausfüllt. Für eine beliebige Verteilung des Dielektrikums hängt sowohl $\vec{E}$ als auch $\vec{P}$ vom betrachteten Ort im Dielektrikum ab und es lässt sich keine zu Gl.(284) analoge Beziehung aufschreiben. In all den Fällen aber, bei denen man das vom Dielektrikum ausgefüllte Raumgebiet durch ein Rotationsellipsoid annähern kann, hängen $\vec{E}$ und $\vec{P}$ innerhalb des Dielektrikums nicht vom Ort ab (sie sind homogen). Für den Fall, dass die Symmetrieachse $\vec{a}$ des Rotationsellipsoids parallel oder senkrecht zu $\vec{E}_v$ gerichtet ist, gilt [SOM49]

$$\vec{E} = \vec{E}_v - N\,\vec{P}/\epsilon_0 \ . \tag{285}$$

N ist der **Entelektrisierungsfaktor** (depolarization factor), für den Zahlenwerte in Tab.37 auf der nächsten Seite angegeben sind. Für einen Stab ($p = \infty$), der parallel zum elektrischen Feld $\vec{E}_v$ orientiert ist, ergibt sich also $N = 0$ und für die senkrechte Anordnung $N = \frac{1}{2}$. Durch Einsetzen von Gl.(281), S.182, in Gl.(285) folgt

$$\vec{E} = \frac{\vec{E}_v}{1 + (\epsilon_r - 1)N} \ , \tag{286}$$

woraus man ersieht, dass der Feldschwächungsfaktor $1/(1 + (\epsilon_r - 1)N)$ ist.

Tab.37 Entelektrisierungsfaktor N für Rotationsellipsoide mit dem Achsenverhältnis $p=a/b$, wobei a die Länge der Rotationsachse und b die der dazu senkrechten Komponente bezeichnet. Die Formeln für beliebige Werte von p findet man bei [SOM49]

Rotationsellipsiod	Achsen-verhältnis	Entelektrisierungsfaktor N

stark abgeplattetes Rotationsellipsoid
    Rotationsachse parallel zum elektrischen Feld
    Rotationsachse senkrecht zum elektrischen Feld
	$p \ll 1$	$1 - \pi p/2$
		$\pi p/4$

Kugel	$p = 1$	$1/3$

stark gestrecktes Rotationsellipsoid
    Rotationsachse parallel zum elektrischen Feld
    Rotationsachse senkrecht zum elektrischen Feld
	$p \gg 1$	$p^{-2}\ln(2p)$
		$[1 - p^{-2}\ln(2p)]/2$

Nach Tab.37 besitzt ein dielektrischer Stab mit kreisförmigem Querschnitt ($p=\infty$) in einem elektrischen Feld bei paralleler Orientierung ein um den Faktor $1+(\epsilon_r-1)/2$ mal größeres elektrisches Dipolmoment als bei senkrechter Stellung. Dies entspricht einer um den gleichen Faktor verringerten potentiellen Energie (s.Gl.(278), S.179, mit $\cos\vartheta=1$), weshalb sich ein solcher Stab bei drehbarer Aufhängung parallel zum elektrischen Feld einstellt.

Je nach dem Mechanismus für das Entstehen der Polarisationsladungen spricht man von **Verschiebungspolarisation** (distortion polarization) oder **Orientierungspolarisation** (orientation polarization). Die Verschiebungspolarisation tritt bei allen Stoffen auf, während die Orientierungspolarisation noch bei denjenigen Stoffen hinzukommt, die aus polaren Molekülen aufgebaut sind.

Zur Verschiebungspolarisation: In isotropen Medien werden durch Anlegen eines elektrischen Feldes $\vec{E}$ die positiv geladenen Atomkerne gegenüber den Elektronenhüllen der Atome oder Moleküle in Richtung dieses elektrischen Feldes verschoben, so dass ein elektrisches Dipolmoment $\vec{p}_\alpha$ entsteht, für das man

$$\vec{p}_\alpha = \alpha\vec{E} \qquad (287)$$

schreiben kann. α besitzt die Einheit Asm^2/V und heißt **Polarisierbarkeit** (atomic bzw. molecular polarizability) des betreffenden Atoms bzw. Moleküls. Für die dielektrische Polarisation $\vec{P}$ ergibt sich, wenn c_α die Konzentration der Teilchen mit der Polarisierbarkeit α ist, gemäß der Definition von S.181 unten,

$$\vec{P} = c_\alpha\alpha\vec{E} \ . \qquad (288)$$

Die Konzentration c_α berechnet sich aus der Molmasse M_α und der Dichte ρ_α des Stoffes unter Verwendung der Avogadro'schen Zahl N_A (s.S.11) zu $c_\alpha=N_A\rho_\alpha/M_\alpha$. Ein Vergleich der Gln.(288) und (281), S.182, liefert die Beziehung $\epsilon_r-1=\alpha c_\alpha/\epsilon_0$.

Dies ist aber nur für verdünnte Systeme richtig, bei denen das von den Nachbardipolen erzeugte elektrische Feld am Ort des betrachteten Dipols klein gegen das von außen angelegte elektrische Feld $\vec{E}$ ist. Die Berücksichtigung dieser Wechselwirkung (s. z.B.[GRE84]) führt zu der Beziehung

$$\frac{\epsilon_r - 1}{\epsilon_r + 2} = \frac{c_\alpha}{3\epsilon_0}\,\alpha\ . \tag{289}$$

Sie wird **Clausius-Mosotti'sche Gleichung** (Clausius-Mosotti equation) genannt, da Rudolf Emanuel Clausius (1822-1888) und Ottaviano Fabricio Mosotti (1791-1863) halbempirisch einen Zusammenhang zwischen dem Quotienten $(\epsilon_r-1)/(\epsilon_r+2)$ und molekularen Konstanten gefunden hatten. Die Gl.(289) geht für verdünnte Systeme ($\epsilon_r \approx 1$) in die obige Näherungsformel $\epsilon_r - 1 = \alpha c_\alpha/\epsilon_0$ über.

Die *Orientierungspolarisation* kommt hinzu, wenn einige Teilchen ein permanentes elektrisches Dipolmoment $\vec{p}$ besitzen. Da die Orientierung dieser Dipolmomente zwei konkurrierenden Einflüssen unterliegt, nämlich der ausrichtenden Wirkung des elektrischen Feldes und der destruktiven Wirkung der thermischen Bewegung, ergibt sich auf Grund der Boltzmann-Verteilung (s.S.110) ein effektives elektrisches Dipolmoment in Richtung von $\vec{E}$ der Größe

$$\vec{p}_{\text{eff}} = \frac{p^2}{3kT}\,\vec{E}\ . \tag{290}$$

Für die Wahrscheinlichkeitsdichte der Energie W gilt (s.Gl.(171), S.111) $P(W)=G(W)\exp(-W/kT)$, wobei $G(W)$ das statistische Gewicht der Energie bezeichnet. Für W ist die Größe $Ep\cos\vartheta$ mit ϑ als dem Winkel zwischen $\vec{E}$ und $\vec{p}$ einzusetzen. Aus $G(W)\mathrm{d}W=G(\vartheta)\mathrm{d}\vartheta$ mit $G(W)=K$ ergibt sich $G(\vartheta)=Kp E\sin\vartheta$ für das statistische Gewicht von ϑ. Die Konstante K folgt aus der Bedingung $\int_0^\pi G(\vartheta)\,\mathrm{d}\vartheta=1$ zu $K=(2pE)^{-1}$. Damit erhält man $p_{\text{eff}}=\int_0^\pi (p\cos\vartheta)(1/2)\sin\vartheta\exp[(pE/kT)\cos\vartheta]\mathrm{d}\vartheta$ oder, unter der bei nicht zu tiefen Temperaturen gut erfüllten Näherung $\exp[(pE/kT)\cos\vartheta] \approx 1+(pE/kT)\cos\vartheta$, die Gl.(290).

Eine analoge Behandlung wie nach Gl.(287) führt dann in Erweiterung von Gl.(289) zur **Debye'schen Gleichung** (Debye equation, Peter Debye 1884-1966)

$$\frac{\epsilon_r - 1}{\epsilon_r + 2} = \frac{c_\alpha}{3\epsilon_0}\left[\alpha + (c_p/c_\alpha)\,\frac{p^2}{3kT}\right]\ , \tag{291}$$

wobei c_p die Konzentration der Teilchen mit permanentem Dipolmoment bezeichnet.

Die Ausrichtung eines polaren Moleküls nach Anlegen eines elektrischen Feldes erfolgt nicht momentan, sondern mit einer gewissen Zeitverzögerung. Die Zeitkonstante heißt **dielektrische Relaxationszeit**, (dielectric relaxation time). Wegen der Zeitverzögerung verringert sich der Beitrag der Orientierungspolarisation mit wachsender Frequenz und verschwindet schließlich vollständig. Dies ist die Ursache für die auf S.181 erwähnte Frequenzabhängigkeit der relativen Dielektrizitätskonstante.

17   Elektrische Gleichströme

*Erwin Schrödinger: Das erste Erfordernis für den Naturforscher ist,
er müsse fähig sein, sich zu wundern und versessen aufs Herausfinden.*

17.1   Grundbegriffe, Ohm'sches Gesetz, Kirchhoff'sche Regeln

Eine Gleichstromquelle, wie z.B. eine Batterie, erzeugt zwischen ihren beiden
Polen eine Potentialdifferenz U, die **Klemmenspannung** (potential difference)
genannt wird und deren Größe i. Allg. von der Stärke des Stromes abhängt, mit der
man die Stromquelle belastet. Als **elektrischen Strom** (electric current) I bezeichnet
man die pro Sekunde durch einen Querschnitt transportierte Ladung

$$I = \frac{dQ}{dt} \ . \tag{292}$$

Die Einheit des elektrischen Stromes ist das Ampere (André Marie Ampère 1775-
1836). Das **Schaltzeichen** (symbol) für eine beliebige Stromquelle ist in Fig.82a
und das einer Gleichstromquelle (Batterie) in Fig.82b dargestellt. Fig.82c zeigt die
Bezeichnungsweise für einen Strom, der durch einen elektrischen Leiter fließt. Die
Pfeilrichtungen neben den Symbolen für Spannung und Strom haben folgende
Bedeutung: *Für $U > 0$ besitzt die Klemme, von der der Pfeil ausgeht, das höhere
Potential, wobei es keine Rolle spielt, ob es sich um die Klemmenspannung einer
Stromquelle oder um einen Spannungsabfall an einem Widerstand handelt. Beim
Strom wandern für $I > 0$ positive Ladungsträger in Richtung des Pfeiles.* Da beim
Schaltzeichen einer Batterie vereinbarungsgemäß der längere Strich die Klemme mit
dem höheren Potential bezeichnet, muss in Fig.82b U stets größer als null sein.

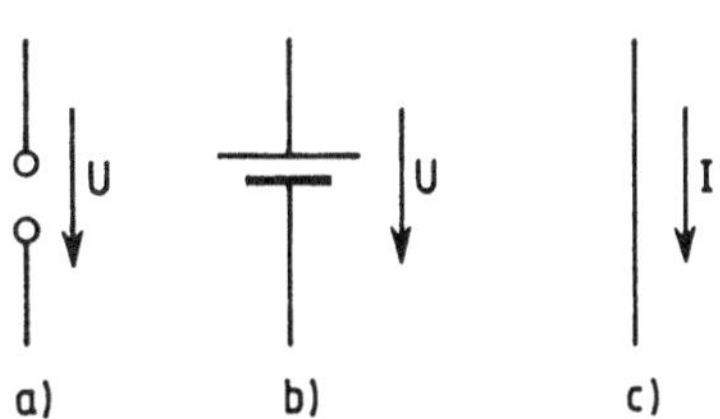

Fig.82 Zur Bedeutung der Pfeilrichtungen bei
Strömen und Spannungen. a) Schaltzeichen einer
beliebigen Stromquelle. Für $U > 0$ besitzt die
Klemme, von der der Pfeil ausgeht, das höhere
Potential. b) Schaltzeichen für eine Gleichstromquelle (Batterie). Hier muss $U > 0$ gelten, da vereinbarungsgemäß der längere Strich die Klemme
mit dem höheren Potential kennzeichnet. c) Für
$I > 0$ bewegen sich positive Ladungsträger in
Pfeilrichtung

Als **Stromdichte** (current density) $\vec{j}$ bezeichnet man den Vektor, dessen Betrag
gleich der Stromstärke I dividiert durch den Querschnitt A ist, durch den der Strom
fließt, und dessen Richtung die Bewegungsrichtung positiver Ladungsträger angibt.
Die Einheit ist A/m^2. Experimentell stellt man fest, dass in vielen Fällen der Strom

I, der durch einen Leiter fließt, linear mit der angelegten Spannung U anwächst. Diese Abhängigkeit nennt man **Ohm'sches Gesetz** (Ohm's law, Georg Simon Ohm 1787-1854) und den Proportionalitätsfaktor **Leitwert** (conductance) G. Der reziproke Wert von G heißt **Widerstand** (resistance) R, so dass gilt

$$I = GU = U/R \, . \tag{293}$$

Die Einheit des Widerstands ergibt sich damit zu V/A, wofür man die Bezeichnung **Ohm** (ohm) mit dem Symbol Ω eingeführt hat. Die Einheit des Leitwerts (A/V) heißt **Siemens** (Symbol S, Werner von Siemens 1816-1892). Dafür findet man in der angloamerikanischen Literatur mitunter die Bezeichnung **mho** (von ohm^{-1}). Für den Ohm'schen Widerstand R eines Leiters mit der Länge ℓ und dem Querschnitt A ergibt sich experimentell die Beziehung

$$R = \rho \, \frac{\ell}{A} \, , \tag{294}$$

wobei der Proportionalitätsfaktor ρ als **spezifischer Widerstand** (resistivity) und sein Kehrwert $\sigma = 1/\rho$ als **Leitfähigkeit** (conductivity) des betreffenden Materials bezeichnet wird. Einige Zahlenwerte sind in Tab.38 zusammengestellt.

Tab.38 Spezifischer Widerstand ρ für einige Materialien bei 0˚C und 20˚C [LID90]

Material	ρ / Ωm bei 0˚C	ρ / Ωm bei 20˚C
Silber (Ag)	$1{,}467 \cdot 10^{-8}$	$1{,}587 \cdot 10^{-8}$
Kupfer (Cu)	$1{,}534 \cdot 10^{-8}$	$1{,}678 \cdot 10^{-8}$
Aluminium (Al)	$2{,}417 \cdot 10^{-8}$	$2{,}650 \cdot 10^{-8}$
Nickel (Ni)	$6{,}16 \cdot 10^{-8}$	$6{,}93 \cdot 10^{-8}$
Kupfer-Nickel-Legierung (1:1)	$50{,}19 \cdot 10^{-8}$	$50{,}05 \cdot 10^{-8}$
Magnetit (Fe_3O_4)		$5200 \cdot 10^{-8}$
Diamant (C)		$2{,}7$
Bernstein		$> 10^{10}$

Man ersieht daraus, dass der spezifische Widerstand von Legierungen viel größer sein kann als der der Komponenten. Andererseits, und das ist von Vorteil, lässt sich die Temperaturabhängigkeit deutlich verringern. Die Legierung bestehend aus 54Masse%Cu, 45Masse%Ni und 1Masse%Mn besitzt einen besonders niedrigen **Temperaturkoeffizienten** (temperature coefficient) $(d\rho/dT)/\rho$ von nur ca. 10^{-5}K^{-1} gegenüber z.B. $6{,}5 \cdot 10^{-3}$K^{-1} für Eisen, weshalb diese Legierung unter der

Bezeichnung **Konstantan** (constantan) für Messwiderstände Verwendung findet. Der spezifische Widerstand von Halbleitern und Nichtleitern nimmt mit wachsender Temperatur stark ab. So kann man z.B. eine Glühlampe mit 220 V über einen in Reihe geschalteten kurzen Glasstab zum Leuchten bringen, wenn man diesen mit einem Bunsenbrenner auf Rotglut erhitzt.

Wenn man die Gl.(293) mit Gl.(294) auf einen differentiell kleinen Quader anwendet ($\ell \to 0$ und $A \to 0$), kann man $I=jA$ und $U=E/\ell$ (man beachte die Festlegung über das Vorzeichen von U auf S.187) schreiben, wobei j bzw. E die Beträge der in die gleiche Richtung (ℓ) zeigenden Stromdichte bzw. elektrischen Feldstärke sind. Wegen $\sigma=1/\rho$ folgt dann das **differentielle Ohm'sche Gesetz**

$$\vec{j} = \sigma \vec{E} \ . \tag{295}$$

Wenn der Strom I nichtlinear von der angelegten Spannung abhängt, definiert man den **differentiellen Widerstand** (differential resistance) durch den reziproken Wert des Differentialquotienten dI/dU:

$$R_{\mathrm{diff}} = \left[\frac{dI}{dU} \right]^{-1} \ . \tag{296}$$

Dieser Widerstand hängt natürlich vom Arbeitspunkt auf der Strom-Spannungs-Kennlinie ab. Einige typische nichtlineare Kennlinien sind in Fig.83 dargestellt.

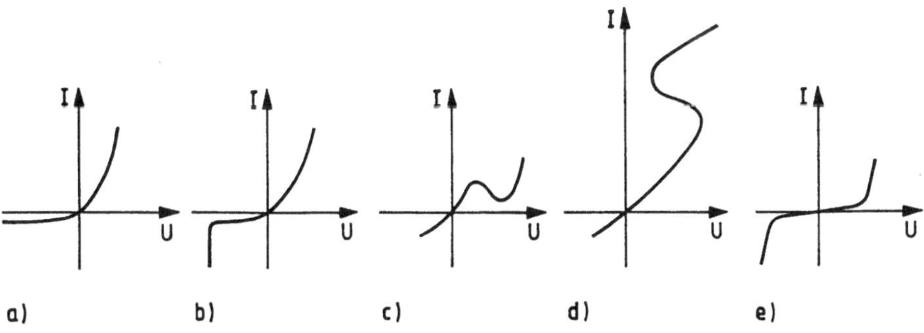

Fig.83 Schematische Darstellung einiger typischer nichtlinearer Strom-Spannungs-Kennlinien. a) Diode (Vakuumdiode, Metall-Halbleiter-Übergang oder Halbleiter-Halbleiter-Übergang) b) Z-Diode (Halbleiter-Halbleiter-Übergang) c) Tunneldiode (Halbleiter-Halbleiter-Übergang) d) Lichtbogen e) Varistor (gesintertes Halbleitermaterial)

Sowohl für die Tunneldiode als auch für den Lichtbogen gibt es ein Intervall, in dem der differentielle Widerstand negativ ist. Im ersteren Fall wird dieses Gebiet über $dU/dI=\infty$ und im zweiten Fall über $dU/dI=0$ erreicht, was für die Erzeugung harmonischer elektrischer Schwingungen von Bedeutung ist (s.S.266ff.).
Zur Berechnung elektrischer Schaltungen benötigt man die beiden **Kirchhoff'schen Regeln** (Kirchhoff´s rules, Gustav Robert Kirchhoff 1824-1887). Die **Knotenregel** (s.Fig.84) besagt, dass bei einer Leiterverbindung (**Knoten**, node) die *Summe der zufließenden Ströme gleich der Summe der abfließenden Ströme* sein muss. Für den Knoten von Fig.84 gilt also $I_1+I_2+I_3=I_4$.

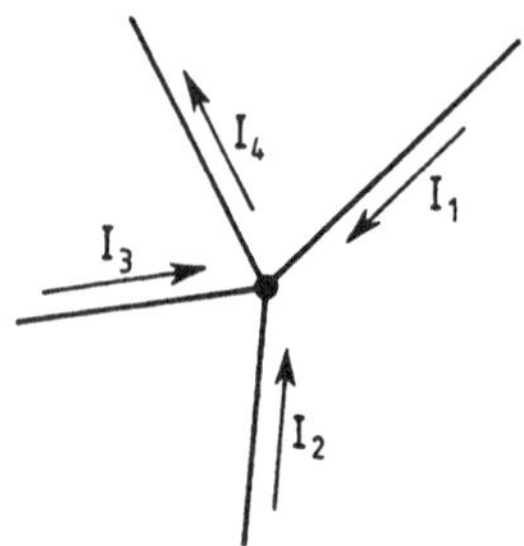

Fig.84 Beispiel für die Anwendung der Kirchhoff'schen Knotenregel: Es muss $I_1+I_2+I_3=I_4$ gelten

Zum Beweis nehmen wir an, dass die Knotenregel nicht erfüllt sei. Dann würde sich am Knoten gemäß Gl.(292), S.187, eine Ladung aufbauen, deren Betrag im Laufe der Zeit über alle Grenzen wächst, was nicht sein darf.

Nach der **Maschenregel** (s.Fig.85) muss die *Summe der Spannungen für einen geschlossenen Umlauf* (**Masche**, mesh loop) *in einer Schaltung gleich null* sein. Dabei sind die Spannungen positiv zu rechnen, wenn ihre Pfeilrichtung mit der Umlaufsrichtung übereinstimmt, ansonsten negativ.

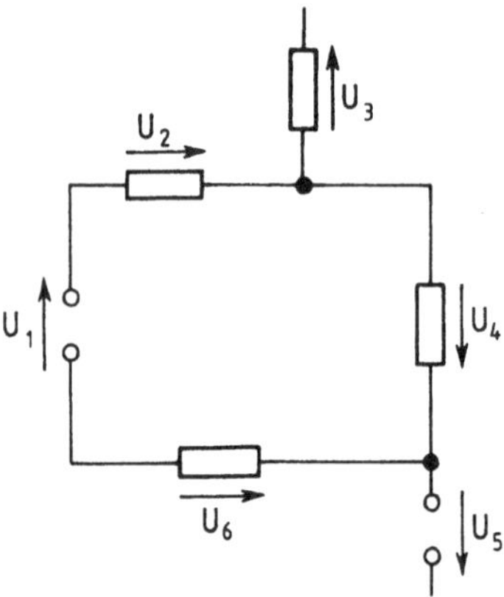

Fig.85 Beispiel für die Anwendung der Kirchhoff'schen Maschenregel: Es muss $U_1+U_2+U_4-U_6=0$ gelten

Für das in Fig.85 gezeigte Beispiel gilt demnach $U_1+U_2+U_4-U_6=0$. Es ist aber wichtig, darauf hinzuweisen, dass die Kirchhoff'sche Maschenregel nicht gilt, wenn die Masche von einem zeitlich veränderlichen Magnetfeld durchsetzt wird.

Die Kirchhoff'sche Maschenregel folgt aus der Tatsache, dass die elektrische Potentialdifferenz unabhängig davon ist, auf welchem Wege man von einem Punkt zum anderen gelangt.

17.2 Anwendungen

Der Innenwiderstand einer **Stromquelle** (current source) ergibt sich aus der Tatsache, dass die Klemmenspannung U umso kleiner wird, je größer der Strom I ist, den man der Stromquelle entnimmt. Experimentell findet man einen linearen Zusammenhang $U=a-bI$. Die Größe a, d.h. die Spannung der Stromquelle im Leerlauf, nennt man ihre **Urspannung** oder **EMK** (elektromotorische Kraft, emf = electromotive force) und bezeichnet sie mit U_i. b ist der **Innenwiderstand** (internal resistance) der Stromquelle, für den wir R_i schreiben. Fig.86 zeigt das Ersatzschaltbild einer Stromquelle, die mit einem äußeren Widerstand R belastet wird. U ist die Klemmenspannung. Auf Grund der Kirchhoff'schen Maschenregel ergibt sich $IR+IR_i-U_i=0$ oder, wegen $U=IR$, die obige Beziehung

$$U = U_i - IR_i .\tag{297}$$

Der Kreis mit dem danebengesetzten Pfeil und der Angabe U_i in Fig.86 stellt das Schaltzeichen für eine ideale Stromquelle dar, deren Innenwiderstand gleich null ist. Dafür hat man die (sprachlich verunglückte) Bezeichnung **Spannungsquelle** (voltage source) eingeführt.

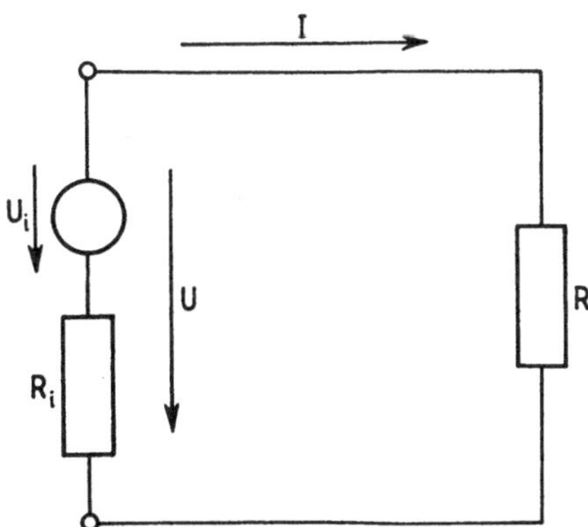

Fig.86 Ersatzschaltbild einer Stromquelle mit der Urspannung U_i und dem Innenwiderstand R_i, die durch einen äußeren Widerstand R belastet wird

Eine zweite Anwendung finden die Kirchhoff'schen Regeln bei der Zusammenschaltung von Widerständen. Eine **Reihenschaltung oder Serienschaltung** (series arrangement) von Widerständen (s.Fig.87a) verhält sich wie *ein* Widerstand der Größe

$$R_s = R_1 + R_2 + R_3 + \dots ,\tag{298}$$

während eine **Parallelschaltung** (parallel arrangement, s.Fig.87b) durch *einen* Widerstand R_p ersetzt werden kann, für den gilt

$$\frac{1}{R_\mathrm{p}} = \frac{1}{R_1} + \frac{1}{R_2} + \frac{1}{R_3} + \dots\tag{299}$$

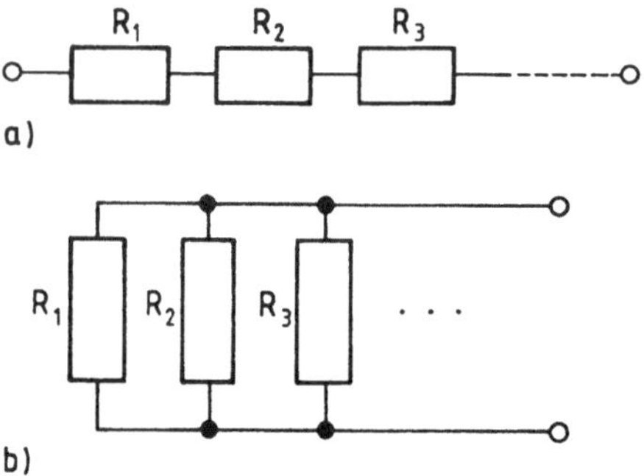

Fig.87 a) Serienschaltung, b) Parallelschaltung von Widerständen

Nennen wir den Strom, der durch die Widerstände in der Serienschaltung fließt, I, so gilt nach der Kirchhoff'schen Maschenregel für die Spannung U zwischen den Klemmen in Fig.87a $U=R_1I+R_2I+R_3I+\dots$ Damit folgt $R_s=U/I=R_1+R_2+R_3+\dots$ In Fig.87b sei I_1 der Strom durch R_1 und I_2 der Strom durch R_2 usw. Da die Spannungsabfälle an den parallel geschalteten Widerständen alle gleich sein müssen, und zwar gleich der Spannung U an den beiden Klemmen (dies folgt aus der Maschenregel), ergibt sich $I_1=U/R_1$, $I_2=U/R_2$ usw. Mit der Knotenregel $I=I_1+I_2+I_3+\dots$ folgt dann $I=U(1/R_1+1/R_2+1/R_3+\dots)$ oder, wegen $R_\mathrm{p}=U/I$, die Gl.(299).

Als dritte Anwendung der Kirchhoff'schen Regeln wollen wir die **Messbereichserweiterung** (measuring range extension) von Volt- und Amperemetern behandeln. Jedes **Voltmeter** (voltmeter) besitzt einen inneren Widerstand R_i, weshalb ein bestimmter Mindeststrom I_i erforderlich ist, um Vollausschlag zu erzeugen. Die dabei angezeigte Spannung sei U_v, so dass $U_\mathrm{v}=I_\mathrm{i}R_\mathrm{i}$ gilt.
Wenn man nun den Messbereich derart erweitern will, dass der Vollausschlag einer Spannung nU_v (mit $n>1$) entspricht, so muss ein Widerstand

$$R_s = (n-1)R_i \tag{300}$$

in Reihe zu dem Voltmeter geschaltet werden; denn aus der Bedingung $nU_v=(R_s+R_i)I_i$ folgt mit $U=I_iR_i$ die Beziehung $nR_i=R_s+R_i$ oder $R_s=(n-1)R_i$. Diese Messbereichserweiterung geschieht bei einem **Vielfachinstrument** (multimeter) durch Umschalten zwischen verschiedenen fest eingebauten Vorwiderständen.

An Stelle der verschiedenen resultierenden Innenwiderstände nR_i gibt man bei Vielfachinstrumenten zur Spannungsmessung den Wert $1/I_i$ in der Einheit Ω/V an (z.B. $1/I_i = 10^5\ \Omega/V$), da nR_i dann einfach durch Multiplikation dieser Größe mit dem entsprechenden Vollausschlag (nU_v) folgt.

In gleicher Weise besitzt jedes **Amperemeter** (ammeter) einen inneren Widerstand R_i, so dass bei Vollausschlag I_v eine Spannung $U_i=R_iI_v$ zwischen den Klemmen des Amperemeters abfällt. Um den Messbereich so zu erweitern, dass der Vollausschlag einem Strom nI_v (mit $n>1$) entspricht, muss ein Widerstand

$$R_p = \frac{R_i}{n-1} \tag{301}$$

parallel zum Amperemeter geschaltet werden, denn aus der Bedingung $nI_v=U_i(1/R_i+1/R_p)$ folgt mit $U_i=R_iI_v$ die Beziehung $n=1+R_i/R_p$, woraus sich Gl.(301) ergibt. Einen derartigen parallel zum Amperemeter geschalteten Widerstand nennt man einen **Shunt** (shunt). Bei Vielfachinstrumenten geschieht diese Messbereichserweiterung durch Umschalten zwischen verschiedenen fest eingebauten Shunts.

An Stelle der verschiedenen resultierenden Innenwiderstände R_i/n gibt man bei Vielfachinstrumenten zur Strommessung den Wert U_i an (z.B. $U_i=0{,}1$V), da R_i/n dann einfach durch Division dieser Größe durch den entsprechenden Vollausschlag (nI_v) folgt.

Als viertes Anwendungsbeispiel für die Kirchhoff'schen Regeln betrachten wir die **Wheatstone'sche Brücke** (Wheatstone bridge, Charles Wheatstone 1802-1875), die zur Messung von Widerständen (R_x in Fig.88 auf der nächsten Seite) durch Vergleich mit einem Normalwiderstand (R_n in Fig.88) verwendet wird. Nach Anlegen der Spannung U wird der Abgriff ($\downarrow$) solange verschoben, bis das Instrument, das lediglich eine Nullanzeige besitzen muss (**Nullanzeiger**, null indicator)), keinen Strom mehr anzeigt. Dies sei der Fall, wenn das Verhältnis der Widerstände zwischen den beiden Klemmen und dem Abgriff $R_1/R_2=\kappa$ ist. Dann gilt

$$R_x = \kappa\, R_n . \tag{302}$$

Da das Instrument stromlos ist, fließt durch R_x und R_n (oberer Zweig der Brücke) der gleiche Strom, den wir I_{ob} nennen wollen, und es gilt (Maschenregel) $-U+R_x I_{ob}+R_n I_{ob}=0$ oder $I_{ob}=U/(R_x+R_n)$. Bezeichnen wir mit I_{un} den Strom, der durch den unteren Zweig der Brücke, d.h. durch R_1 und R_2, fließt, so folgt analog $I_{un}=U/(R_1+R_2)$. Da an den Klemmen des Instruments keine Spannung anliegt, muss $I_{ob}R_x=I_{un}R_1$ gelten. Durch Einsetzen der Gleichungen für I_{ob} und I_{un} ergibt sich $R_x/(R_x+R_n)=R_1/(R_1+R_2)$, oder, nach Bildung des Kehrwertes auf beiden Seiten, $R_n/R_x=R_2/R_1$.

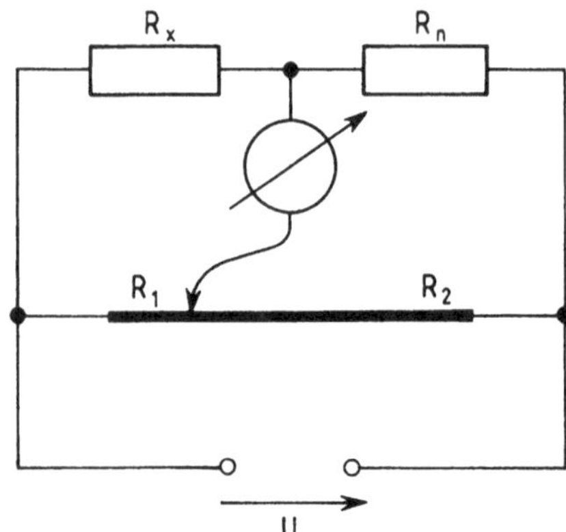

Fig.88 Wheatstone'sche Brücke zur Messung eines unbekannten Widerstandes R_x durch Vergleich mit einem Normalwiderstand R_n

Der untere Teil der Schaltung von Fig.88, d.h. die Zusammenschaltung einer Stromquelle (Klemmenspannung U) mit einem Widerstand, an dem eine Teilspannung abgenommen werden kann (Abgriff ↓), wird als **Potentiometer** (potentiometer) oder **Spannungsteiler** (voltage divider) bezeichnet, da man durch Verschieben des Abgriffs, d.h. durch Veränderung des Verhältnisses $R_1/(R_1+R_2)$, jede Spannung zwischen 0 und U einstellen kann. Die Messung einer unbekannten Spannung U_x erfolgt dann durch **Kompensation** (balance), indem man mit einem Nullanzeiger, wie in Fig.88, diejenige Position des Abgriffs ermittelt, für die das Instrument, das am anderen Ende mit der unbekannten Stromquelle verbunden wird, keinen Strom mehr anzeigt. Dann gilt $U_x=UR_1/(R_1+R_2)$.

17.3   Elektrische Leistung

Wenn eine elektrische Ladung q von einem höheren elektrischen Potential $(U+U_0)$ zu einem niedrigeren (U_0) gelangt, so wird die Energie $W=qU$ freigesetzt (s.S.171). Im Vakuum führt dies zu einer Beschleunigung der Ladung durch Umwandlung von W in kinetische Energie, während in Materie die Energie W durch Zusammenstöße mit den Atomen bzw. Molekülen in Wärmeenergie überführt wird (**Joule'sche Wärme**, Joule effect, James Prescott Joule 1818-1889). Für die

elektrische Leistung (electric power) $P=\mathrm{d}W/\mathrm{d}t$ folgt mit $I=\mathrm{d}Q/\mathrm{d}t$ (s.Gl.(292), S.187)

$$P = U\,I\ . \tag{303}$$

Wenn es sich um zeitabhängige Spannungen und Ströme handelt, wird die Leistung ebenfalls zeitabhängig. An Stelle dieser zeitabhängigen (momentanen) elektrischen Leistung $P_{(t)}=U_{(t)}I_{(t)}$ ist man aber bezüglich der Anwendungen (Heizofen, Glühlampe, Elektromotor usw.) vor allem an dem zeitlichen Mittelwert interessiert, den man **Wirkleistung** (average power)

$$P_{\mathrm{W}} = \langle P_{(t)}\rangle = \langle U_{(t)}\,I_{(t)}\rangle \tag{304}$$

nennt, wobei die eckigen Klammern die zeitliche Mittelwertbildung kennzeichnen. Bei Gültigkeit des Ohm'schen Gesetzes (s.Gl.(293), S.188) lässt sich Gl.(303) in der Form

$$P = R\,I^2 = U^2/R \tag{305}$$

schreiben, woraus sich für die Leistung pro Volumen, d.h. die elektrische **Leistungsdichte** (power density),

$$p = \sigma\,E^2 \tag{306}$$

ergibt.

Wenn man die Gleichung $P=U^2/R$ mit $R=\rho\,\ell/A$ (s.Gl.(294), S.188) auf einen differentiell kleinen Quader ($\ell\to 0$ und $A\to 0$) anwendet, kann man $U=E\ell$ schreiben und erhält damit für $p=P/(\ell A)$ die Beziehung $p=E^2/\rho$. Durch Einführen der Leitfähigkeit $\sigma=1/\rho$ (s.S.188) folgt Gl.(306).

18 Magnetfelder

Pjotr Kapitza: Wo die Zweifel aufhören, hört auch die Wissenschaft auf.

18.1 Das Biot-Savart'sche Gesetz und die Berechnung von Magnetfeldern

Eine nach allen Richtungen drehbar aufgehängte **Magnetnadel** (magnetic needle) orientiert sich unter dem Einfluss des magnetischen Erdfeldes so, dass das eine Ende der Nadel, das wir als Spitze bezeichnen wollen, nach Norden zeigt (**Magnetkompass**, magnetic compass). Ein beliebiges **Magnetfeld** (magnetic field) $\vec{H}$ lässt sich dann durch eine solche Nadel folgendermaßen charakterisieren: Die Spitze gibt die Richtung von $\vec{H}$ an, während das Drehmoment, mit dem die Magnetnadel ausgerichtet wird, proportional zum Betrag des Magnetfeldes ist. Auf diese Weise stellt man experimentell fest, dass ein langer, geradliniger Draht, der sich in z-Richtung erstreckt und der von einem Strom I in gleicher Richtung durchflossen wird (s.Fig.89), im Abstand r_0 ein Magnetfeld erzeugt, das nur eine ϕ-Komponente besitzt, für die $H_\phi \propto I/r_0$ gilt. Im SI wird die Proportionalitätskonstante zu $1/(2\pi)$ festgelegt, so dass sich

$$H_\phi = \frac{I}{2\pi r_0} \tag{307}$$

ergibt. Die Einheit der magnetischen Feldstärke 1A/m wird demnach im Abstand 1m von einem langen, geradlinigen Draht erzeugt, durch den ein Strom von 2π Ampere fließt. Die Gl.(307) nennen wir **integrales Biot-Savart'sches Gesetz** (Biot-Savart formula, Jean Baptiste Biot 1774-1862, Felix Savart 1791-1841).

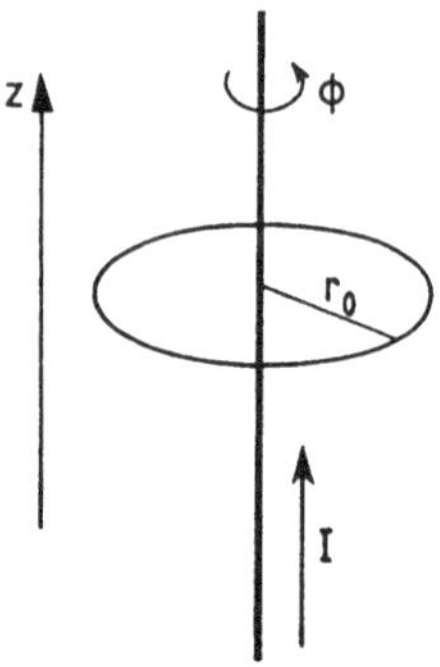

Fig.89 Zum Magnetfeld, das von einem langen, geradlinigen Leiter erzeugt wird, durch den ein Strom I in positiver z-Richtung fließt

Die Tatsache, dass das Magnetfeld und der Strom eine Rechtsschraube bilden, wird mitunter als **Korkenzieherregel** (corkscrew rule) bezeichnet. Das Magnetfeld gemäß Gl.(307) lässt sich als Überlagerung von Beiträgen der einzelnen differentiellen Leiterstücke des langen, geradlinigen Drahtes darstellen, wenn man für den Beitrag dH_ϕ, den das Leiterstück der Länge dz im Abstand r (s.Fig.90 auf der nächsten Seite) erzeugt,

$$dH_\phi = \frac{I \sin\vartheta}{4\pi r^2}\, dz \tag{308}$$

schreibt.

Ersetzt man in der Beziehung $H_\phi = \int_{-\infty}^{+\infty}(4\pi r^2)^{-1} I \sin\vartheta dz$, die sich aus Gl.(308) ergibt, den Abstand r durch $r_0/\sin\vartheta$ (s.Fig.90) und, wegen $z = -r_0/\tan\vartheta$ (s.Fig.90), das Differential dz durch $(r_0/\sin^2\vartheta)d\vartheta$, so folgt $H_\phi = I (4\pi r_0)^{-1} \int_0^\pi \sin\vartheta\, d\vartheta$ oder $H_\phi = I /(2\pi r_0)$.

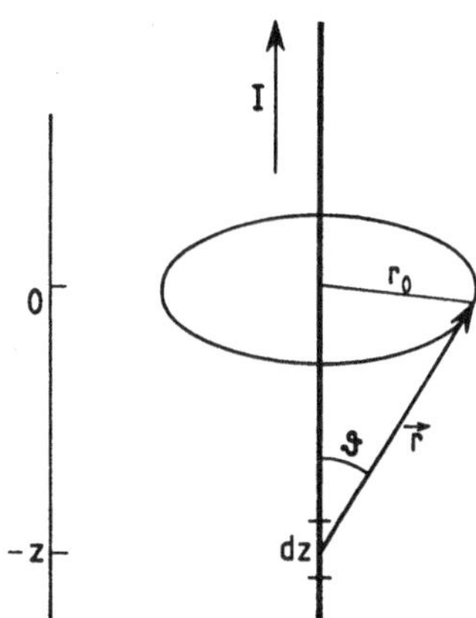

Fig.90 Zur Ableitung des differentiellen Biot-Savart'schen Gesetzes

Führt man noch den Vektor $\mathrm{d}\vec{l}$ ein, dessen Betrag $\mathrm{d}z$ ist und der in Stromrichtung zeigt, so lässt sich Gl.(308) unter Verwendung des Vektorproduktes zwischen $\mathrm{d}\vec{l}$ und $\vec{r}$ (s.S.19) in der Form

$$\mathrm{d}\vec{H} = \frac{I}{4\pi}\,\frac{\mathrm{d}\vec{l}\times\vec{r}}{r^3} \tag{309}$$

schreiben. Diese Gleichung bezeichnen wir als **differentielles Biot-Savart'sches Gesetz** (Ampère-Laplace law, André Marie Ampère 1775-1836, Pierre Simon Laplace 1749-1827). Es erlaubt die Berechnung des Magnetfeldes beliebiger Stromverteilungen und entspricht damit dem Coulomb'schen Gesetz (s.Gl.(256), S.168), das ja in Verbindung mit der Definitionsgleichung (Gl.(260), S.170) die Berechnung des elektrischen Feldes beliebiger Ladungsverteilungen ermöglicht. Die Fig.91 auf der nächsten Seite zeigt das Magnetfeld eines **Kreisstromes** (circular current), das mit Hilfe der Gl.(309) berechnet wurde. Für das Magnetfeld auf der Achse im Abstand z vom Mittelpunkt des Kreisstromes (s.Fig.91) findet man leicht

$$H_z = \frac{I}{2}\,\frac{R^2}{(R^2 + z^2)^{3/2}} \cdot \tag{310}$$

Der Vektor $\vec{r}$ von der Stelle z zu einem Längenelement $\mathrm{d}\vec{l}$ des Kreisstromes steht jeweils senkrecht auf diesem Längenelement. Deshalb ergibt sich aus Gl.(309) für die Feldstärkekomponente in z-Richtung (die dazu senkrechten Komponenten heben sich bei der Integration über alle Längenelemente auf) $\mathrm{d}H_z=(I/4\pi)r^{-2}(R/r)\mathrm{d}l$, woraus nach Integration über den Kreis $H_z=(I/2)R^2 r^{-3}$ folgt. Dies stimmt wegen $r^2=R^2+z^2$ mit der Gl.(310) überein.

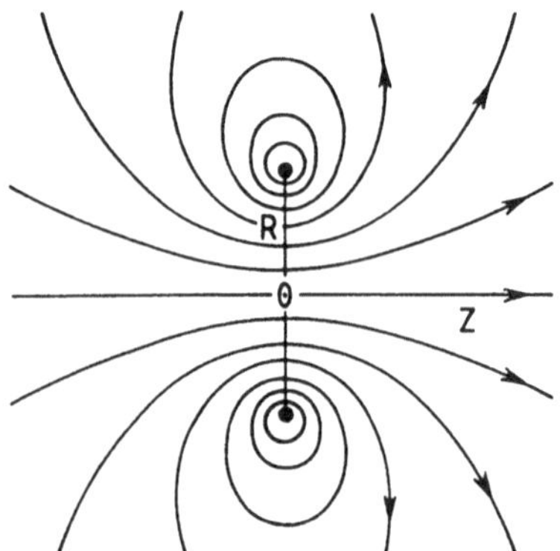

Fig.91 Magnetfeld eines Kreisstromes, dessen Ebene senkrecht auf der Zeichenebene steht. Der Radius des Kreisstromes ist R. Gl.(310) gilt für das Magnetfeld auf der z-Achse

Das integrale Biot-Savart'sche Gesetz stellt den Spezialfall einer allgemeineren Gleichung dar, zu der man durch folgende Betrachtungen kommt. Wir bezeichnen mit $\mathrm{d}\vec{\ell}$ das Längenelement auf einem konzentrischen Kreis um den langen geradlinigen Leiter von Fig.89, S.196. Dann ergibt sich für das skalare Produkt $\vec{H}\cdot\mathrm{d}\vec{\ell}$ (s.S.28) der Ausdruck $I(2\pi r_0)^{-1}r_0\mathrm{d}\phi$ und es folgt bei Integration über den Kreis $\oint \vec{H}\cdot\mathrm{d}\vec{\ell}=I$. Bemerkenswert an diesem Ergebnis ist, dass das Integral nicht vom Radius des Kreises abhängt. Da man außerdem eine *beliebige* geschlossene Kurve um den Leiter in Kreisstücke und radiale Strecken zerlegen kann (s.Fig.92) und da längs der radialen Strecken das skalare Produkt $\vec{H}\cdot\mathrm{d}\vec{\ell}$ verschwindet, gilt die Beziehung

$$\oint \vec{H} \cdot \mathrm{d}\vec{\ell} = I \tag{311}$$

nicht nur für Kreise, sondern auch für beliebige geschlossene Kurven um den langen, geradlinigen Leiter.

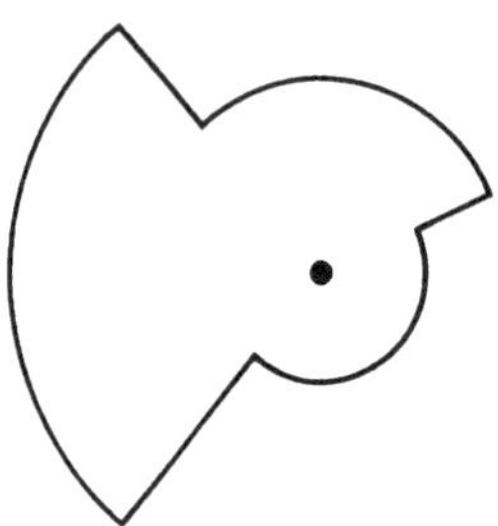

Fig.92 Zerlegung einer beliebigen, geschlossenen Kurve in Kreisstücke und radiale Strecken

Die Gl.(311) beinhaltet aber keine neue physikalische Erkenntnis. Sie ist lediglich eine andere mathematische Formulierung der Biot-Savart'schen Gesetze. Erst mit der durch Experimente gesicherten Aussage, dass Gl.(311) für jeden zeitunabhängigen Strom gilt, der die Fläche innerhalb der geschlossenen Kurve durchsetzt (s.Fig.93), sind wir zu einem neuen physikalischen Gesetz gelangt, das die Biot-Savart'schen Gesetze als Spezialfälle mit enthält. Die Gl.(311) - ohne die Beschränkung, dass I der Strom durch einen langen, geradlinigen Leiter sein muss - bezeichnen wir deshalb als **verallgemeinertes Biot-Savart'sches Gesetz**. Sie wird oft auch **Durchflutungsgesetz** (Ampère's law) genannt und ist eine der vier Maxwell'schen Gleichungen.

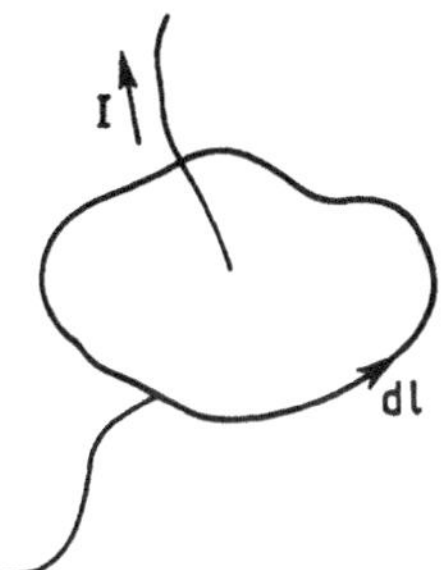

Fig.93 Zur Bedeutung des Durchflutungsgesetzes: Für jede geschlossene Kurve um den in einem beliebig gekrümmten Leiter fließenden Strom I gilt Gl.(311). Wegen der Ähnlichkeit mit den Wirbeln in einem Fluid sagt man, dass das Magnetfeld um den Strom wirbelt oder dass die Wirbel des Magnetfeldes durch den Strom bestimmt werden

Ein **Toroid** (toroid) ist eine eng gewickelte Spule, die zu einem Kreis (Radius R) zusammengebogen wird, so dass die Eingangsfläche der Spule mit der Ausgangsfläche zusammenfällt. Damit verläuft das Magnetfeld vollständig im Inneren der Spule. Bezeichnen wir den Strom, der im Toroid fließt, mit I, die Anzahl der Windungen mit n und die Länge des Toroids mit $\ell = 2\pi R$, so liefert die Gl.(311) bei einem Umlauf längs der Strecke $\ell = 2\pi R$ für das Magnetfeld

$$H = \frac{n\,I}{\ell}\,, \tag{312}$$

denn bei einem solchen Umlauf wird der Strom nI umschlossen. Als **ideale Spule** (ideal solenoid) bezeichnet man eine dünne Spule, die so lang ist, dass die Randeffekte, die an den Enden der Spule auftreten, vernachlässigt werden können. Für das Magnetfeld im Inneren einer derartigen Spule, d.h. weitab von den Enden, gilt dann ebenfalls Gl.(312), da eine solche Spule zu einem Toroid zusammengebogen werden kann, ohne dass sich an ihrem Magnetfeld im besagten Gebiet etwas ändern darf.

Für das Magnetfeld eines langen, geradlinigen, zylindrischen Leiters (Radius R), der homogen von einem Strom I durchflossen wird (dies ist für Gleichströme gewährleistet, während bei Wechselströmen der sog.

Skineffekt zu einer Vergrößerung der Stromdichte an der Oberfläche führt), lässt sich durch Anwendung von Gl.(311) leicht das Magnetfeld im Inneren $(r<R)$ und außerhalb $(r>R)$ berechnen. Bei einem Umlauf im Inneren gilt für den umfassten Strom $I(r/R)^2$, so dass aus Gl.(312) $H_\phi 2\pi r = I(r/R)^2$ folgt oder $H_\phi = Ir(2\pi R^2)^{-1}$. Das Magnetfeld wächst also linear mit dem Abstand von der Drahtachse an. Bei einem Umlauf außerhalb folgt aus Gl.(312) $H_\phi 2\pi r = I$ oder $H_\phi = I(2\pi r)^{-1}$, d.h. eine Abnahme $\propto 1/r$.

18.2   Messung von Magnetfeldern, das magnetische Erdfeld

Gemäß der Definition des Vektors $\vec{H}$ (s.S.195) und seiner Einheit durch die Gl.(307), S.196, kann man ein unbekanntes Magnetfeld im Prinzip mit Hilfe einer Magnetnadel und einem Kreisstrom messen: Die nach allen Richtungen drehbar gelagerte Magnetnadel befinde sich im Mittelpunkt des Kreisstromes, dessen Radius R sei. Zunächst fließe kein Strom, so dass die Magnetnadel mit ihrer Spitze die *Richtung von* $\vec{H}$ anzeigt. Dann orientiert man den Kreisstrom in der Weise, dass seine Fläche senkrecht zu dieser Richtung steht und variiert die Stromstärke so lange $(I=I_0)$, bis die Magnetnadel kein Drehmoment mehr erfährt (**Kompensationsmethode**, compensation method). Für den *Betrag von* $\vec{H}$ folgt damit aus Gl.(310), S.197, $|\vec{H}| = I_0(2R)^{-1}$.

Die Intensität von Magnetfeldern wird meist nicht in A/m, sondern in der Einheit Tesla (s.u.) angegeben. Dies liegt daran, dass für die Kraftwirkung, wie wir noch zeigen werden, nicht das magnetische Feld $\vec{H}$, sondern die Größe

$$\vec{B} = \mu_r \mu_0 \, \vec{H} \tag{313}$$

maßgebend ist, die man **magnetische Flussdichte** (magnetic flux density) oder auch **magnetische Induktion** (magnetic induction) nennt.

Da bei der oben beschriebenen Kompensationsmethode zur Messung der magnetischen Feldstärke auf null eingeregelt wird, ist diese Tatsache auf Grund der Proportionalität zwischen magnetischer Feldstärke und magnetischer Flussdichte ohne Bedeutung.

$\mu_0 = 4\pi \cdot 10^{-7} \text{Vs/Am}$ ist die schon auf S.168 eingeführte **Induktionskonstante** (permeability of vacuum) und μ_r eine dimensionslose Materialkonstante, die **relative Permeabilität** oder **Permeabilitätszahl** (relative permeability) genannt wird. Für Vakuum gilt $\mu_r = 1$ und für Luft ist μ_r nur unwesentlich größer ($\mu_{rLu} \approx 1 + 0,4 \cdot 10^{-6}$). Näheres findet man im Abschn. 18.4, S.215ff. Aus Gl.(313) ergibt sich für die Einheit der magnetischen Flussdichte der Quotient Vs/m^2, für den man die Bezeichnung **Tesla** (Symbol T, Nikola Tesla 1856-1943) eingeführt hat.

Leider findet man in der Literatur oft Aussagen wie "die magnetische Feldstärke beträgt 1T". Dies ist falsch, denn es handelt sich dabei um ein Feld mit einer magnetischen Flussdichte von 1T, die, sofern im Vakuum gemesssen wurde, einer magnetischen Feldstärke von $1T/\mu_0$ oder $10^7(4\pi)^{-1}A/m \approx 0,796 \cdot 10^6 A/m$ entspricht.

Den Verlauf der Feldlinien für das **magnetische Erdfeld** (earth's magnetic field) im erdnahen Raum zeigt Fig.94. In größeren Abständen überlagert sich ein Magnetfeld, das von geladenen Teilchen (Protonen, Elektronen) herrührt, die von der Sonnencorona emittiert werden (**Sonnenwind,** solar wind).

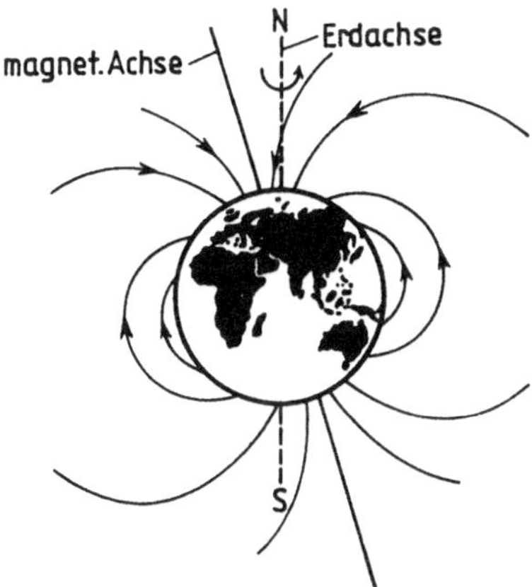

Fig.94 Verlauf der magnetischen Feldlinien im erdnahen Raum

Unglücklicherweise hat man in den Anfängen der Magnetostatik die Vereinbarung getroffen, das Gebiet, in dem die magnetischen Feldlinien aus einem Körper heraustreten, als **magnetischen Nordpol** (north-seeking pole) und analog das Eintrittsgebiet als **magnetischen Südpol** (south-seeking pole) des Körpers zu bezeichnen. Da sich aber eine Magnetnadel in Richtung der magnetischen Feldlinien einstellt und auf der Erde nach Norden zeigt (s.S.195), liegt der magnetische Südpol der Erde in der Nähe des geographischen Nordpols und umgekehrt.

Die auf S.195 definierte "Spitze" der Magnetnadel ist demzufolge ihr magnetischer Nordpol (north-seeking pole). Die Kennzeichnung erfolgt mit dem Buchstaben N oder dem Symbol +. Der magnetische Südpol (south-seeking pole) dagegen erhält das Zeichen −.

Die magnetischen Pole fallen nicht mit den geographischen Polen, die durch die Erdrotation definiert sind, zusammen. Ausserdem ändern sie im Laufe der Zeit auch ihre Lage. Der magnetische Südpol, der gegenwärtig in Norwestgrönland liegt, hat sich beispielsweise von 1830 bis 1965 um ca. 600km verschoben. Über Zeiträume von Millionen Jahren kommt es zu drastischen Änderungen des magnetischen Erdfeldes, sogar zu Änderungen der Polarität.
Die **Deklination** (declination) bezeichnet die Abweichung der Richtung der Magnetnadel von der geographischen Nord-Süd-Richtung (**Meridian**), wobei eine Abwei-

chung nach Osten das positive Vorzeichen erhält In der Tab.39 sind einige Zahlenwerte für die Deklination zusammengestellt, die in Freiberg/Sachsen zwischen 1550 und der Jetztzeit gemessen wurden. Als **Inklination** (magnetic dip, inclination) bezeichnet man den Winkel zwischen der Richtung des magnetischen Erdfeldes und der Horizontalen. 1975 betrug die Inklination in Niemegk bei Berlin 76°5'45''. Sie nimmt in unseren Breiten gegenwärtig um ca. 36'' pro Jahr ab. Aus der **Horizontalintensität** (horizontal component) B_{hor} der magnetischen Flussdichte des

Tab.39 Werte für die Deklination des magnetischen Erdfeldes in Freiberg/Sachsen

Jahr	1550	1650	1800	1900	(2000)
Deklination	+ 10°	±0°	− 18°	− 10°	± 0°

Erdfeldes (s.Fig.95) und der Inklination α läßt sich die **Totalintensität** (magnitude) mit Hilfe der Beziehung $B_{\text{tot}} = B_{\text{hor}}/\cos\alpha$ berechnen. Für unsere Breiten ergibt sich bei einer Horizontalintensität von ca. 20μT (s.Fig.95) und mit $\alpha = 67°$ ein Wert von ca. 50μT.

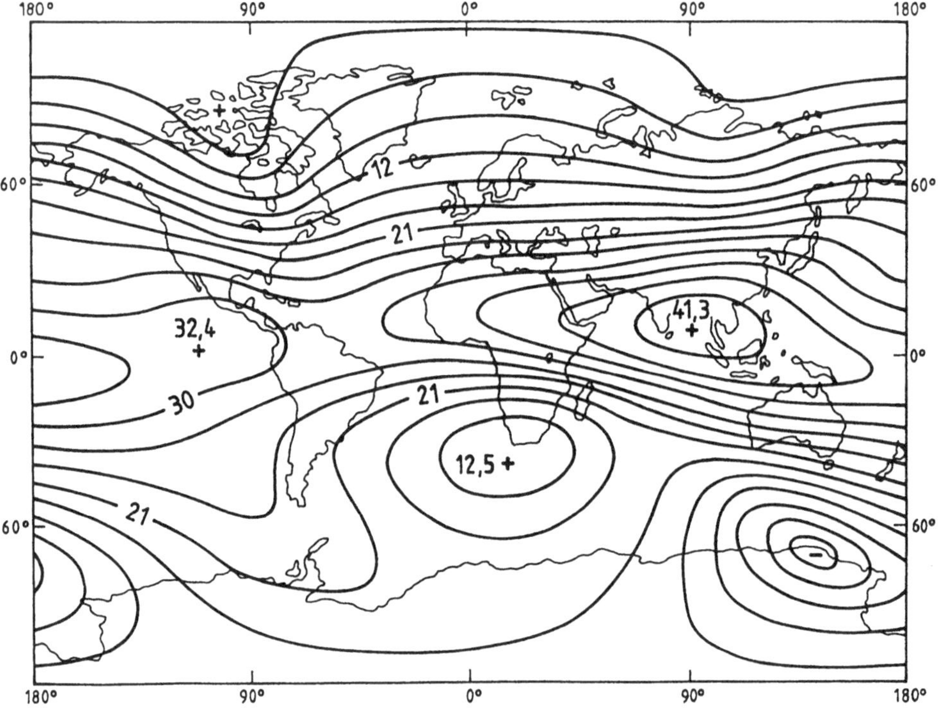

Fig.95 Horizontalintensität der magnetischen Flussdichte des Erdfeldes in μT

Zur Messung von Magnetfeldern mit hoher Präzision verwendet man die magnetische Kernresonanz (NMR, nuclear magnetic resonance, s.S.451), mit der man Genauigkeiten von ± 1nT erreicht, oder den Josephson-Effekt (SQUID, superconducting quantum interference device, s.S.229), durch den Änderungen bis zu $\pm 0,1$pT messbar werden. Abweichungen des magnetischen Erdfeldes vom Normalwert weisen auf magnetische Erzlagerstätten (z.B. 190μT im Gebiet von Kursk) oder andere Eisenmassen, wie z.B. auf getauchte Unterseeboote hin. Die Ursachen des magnetischen Erdfeldes sind bis heute noch nicht endgültig geklärt. Wahrscheinlich ist das Erdfeld eine Folge von Strömungen im flüssigen Erdkern (**Dynamotheorie**, geomagnetic dynamo).

Einige Zahlenwerte für die Größenordnung von Magnetfeldern sind in Tab.40 zusammengestellt und in Tab.41 Schutzvorschriften sowie mögliche Störungen durch Magnetfelder.

Tab.40 Größenordnung von Magnetfeldern

Vorkommen / Erzeugung	Magnetische Flussdichte
Totalintensität des Erdfeldes	ca. 50 μT
homogene, konstante Magnetfelder, erzeugt durch Gleichströme in 　　Eisenmagneten 　　supraleitenden Magneten	 bis ca. 3 T bis ca. 20 T
Impulsfelder, erzeugt durch Entladung von Kondensatoren und/oder Zusammenpressen des Spulenquerschnitts durch Sprengladungen	einige hundert T
Oberfläche von Neutronensternen	ca. 100 MT

Tab.41 Schutzvorschriften bei Magnetfeldern und mögliche Störungen

Magnetische Flussdichte	Schutzvorschrift	Störungen
0,05 mT	keine	bei speziellen Labormessungen
0,3 mT	keine	bei Farbbildschirmen
ab 0,5 mT	kein Zutritt für Träger von Herzschrittmachern	bei Schwarz-Weiß-Bildschirmen
ab 1 mT	Zutritt nur für Laborpersonal	Löschen von Kreditkarten, Beeinträchtigung von Uhren Löschen von Magnetbändern
ab 30 mT		Löschen von Disketten

Den **magnetischen Fluss** (magnetic flux) Φ durch eine vorgegebene Fläche A erhält man dadurch, dass man die Fläche in lauter einzelne Flächenelemente $d\vec{a}$ zerlegt, diese mit der jeweils dort herrschenden magnetischen Flussdichte $\vec{B}$ skalar multipliziert und alle diese Produkte summiert, d.h. über die Fläche integriert:

$$\Phi = \int\int_A \vec{B} \cdot \vec{da} \ . \tag{314}$$

Für die Einheit $Tm^2 = Vs$ hat man die Bezeichnung **Weber** (Symbol Wb, Wilhelm Eduard Weber 1804-1891) eingeführt.

Der magnetische Fluss durch die von einem supraleitenden Ring aufgespannte Fläche ist 1.) unabhängig von der Stärke eines äußeren Magnetfeldes (dieses ändert lediglich den Ringstrom, aber nicht den Fluss durch den Ring) und 2.) quantisiert, d.h. ein ganzzahliges Vielfaches des **magnetischen Flussquants** (magnetic flux quantum) $\Phi_0 = h/2e = 2,06783461(61) \cdot 10^{-15}$Wb. Diese Eigenschaften des magnetischen Flusses können ausgenutzt werden, um in einem gewissen Volumen das Magnetfeld nicht nur näherungsweise, sondern exakt gleich null zu machen (**magnetisches Nullfeld**, magnetic zero field): Wir betrachten mehrere konzentrische ausdehnbare Ringe aus supraleitendem Material und gehen in folgenden Schritten vor. 1.Schritt: Die Ringe sind zunächst noch normalleitend und nehmen die kleinstmögliche Fläche ein. Das Magnetfeld wird klassisch abgeschirmt, so dass die magnetische Flussdichte nur einige wenige μT beträgt. 2.Schritt: Der äußerste Ring wird durch Abkühlung supraleitend gemacht und danach sein Durchmesser vergrößert. Da der magnetische Fluss dabei konstant bleiben muss, verringert sich die magnetische Flussdichte $B = \Phi/A$ entsprechend der Vergrößerung der Fläche A. Im 3.Schritt wird dieselbe Prozedur mit dem nächstinneren Ring durchgeführt usw., bis schließlich der Fluss durch den letzten Ring kleiner als Φ_0 und damit exakt zu null wird. Um ein feldfreies *Volumen* zu erhalten, muss man an Stelle der Ringe aufblasbare Ballons (beschichtet mit Niob als supraleitendem Material) verwenden.

18.3   Induktion

Das Induktionsgesetz

Eine kleine Spule, die wir im Folgenden Induktionsspule nennen wollen, besitze die Windungszahl n und die Fläche A. Sie sei mit einem Verstärker verbunden, dessen Ausgangssignal $S(t)$ proportional dem Zeitintegral über den Spulenstrom I ist:

$$S(t) \propto \int_0^t I(t') \, dt' \ . \tag{315}$$

Einen solchen Verstärker bezeichnet man als **Integrationsverstärker** (integrator, integrating amplifier).

An Stelle eines Integrationsverstärkers verwendete man früher ein sog. **ballistisches Galvanometer** (ballistic galvanometer). Bei diesem Galvanometertyp erzeugt ein Stromimpuls der Dauer t einen stoßartigen Ausschlag, dessen Amplitude proportional zu dem Integral $\int_0^t I(t')dt'$ ist. Allerdings muss die Bedingung $t \ll T$ erfüllt sein, wobei T die Eigenschwingungsdauer des Galvanometers bezeichnet.

Nun bringen wir die Induktionsspule in das Innere einer zweiten Spule (Feldspule), deren Magnetfeld $\vec{H}$ durch den Spulenstrom z.Zt. $t=0$ eingeschaltet wird. Durch entsprechende Experimente mit gezielter Veränderung der Versuchsparameter läßt sich dann zeigen, dass $S \propto nBA\cos\vartheta$ gilt, wobei ϑ den Winkel zwischen der magnetischen Flussdichte $\vec{B}=\mu_r\mu_0\vec{H}$ und der Normalen auf der Fläche A bezeichnet. Unter Verwendung des skalaren Produkts (s.S.28) lässt sich dieses Ergebnis in der Form $S \propto n\iint_A \vec{B}\cdot\mathrm{d}\vec{a}$ schreiben. Schaltet man nun noch in Reihe mit der Induktionsspule einen veränderlichen Widerstand R_v, so dass der Gesamtwiderstand R der Anordnung, der sich aus R_v, dem Ohm'schen Widerstand der Spule und dem des Verstärkereingangs zusammensetzt, variiert werden kann, dann findet man $S \propto n\iint_A \vec{B}\cdot\mathrm{d}\vec{a}/R$. Mit Gl.(315) und dem Ohm'schen Gesetz ($U=RI$) folgt schließlich $\int_0^t U(t')\mathrm{d}t' \propto n\iint_A \vec{B}\cdot\mathrm{d}\vec{a}$ oder, da im SI die Einheiten so gewählt wurden, dass der Proportionalitätsfaktor gleich 1 ist,

$$U = +\frac{\mathrm{d}}{\mathrm{d}t}\left(n\int\int_A \vec{B}\cdot\mathrm{d}\vec{a}\right). \qquad\qquad (316)$$

Diese Beziehung wird **Induktionsgesetz** (Faraday law of induction, Michael Faraday 1791-1867) genannt und ist eine weitere der vier Maxwell'schen Gleichungen. Aus Gl.(316) geht hervor, dass eine Induktionsspannung nicht nur durch eine Zeitabhängigkeit von $\vec{B}$, sondern auch durch eine solche von n oder der Fläche A entsteht. Das positive Vorzeichen in Gl.(316) hängt mit der auf S.187 getroffenen Festlegung zur Bedeutung der Pfeilrichtung bei einer Spannung U zusammen: *Die Wirkung der magnetischen Induktion lässt sich durch eine Ersatzstromquelle darstellen, deren Urspannung U_i (s.S.191) durch Gl.(316) gegeben wird ($U_i=U$) und deren Pfeilrichtung mit $\mathrm{d}\vec{a}$ eine Rechtsschraube bildet.* Damit schwächt das durch den Induktionsstrom erzeugte Magnetfeld die Feldänderung, die die Ursache des Induktionsstromes ist: *Die Wirkung bremst die Ursache* (**Lenz'sche Regel**, Lenz's law, Heinrich Friedrich Emil Lenz 1804-1865).

Als Beispiel betrachten wir eine Leiterschleife in der Zeichenebene und legen als positive Richtung des Flächenelementes $\mathrm{d}\vec{a}$ diejenige fest, die aus der Zeichenebene herauszeigt (s.Fig.96 auf der nächsten Seite). Wenn jetzt die magnetische Flussdichte im Zeitintervall $\mathrm{d}t$ um $\mathrm{d}\vec{B}$ anwächst und die Komponente von $\mathrm{d}\vec{B}$ in Richtung von $\mathrm{d}\vec{a}$ positiv ist, ergibt sich aus Gl.(316) für die Spannung der Ersatzstromquelle $U>0$. Da der Spannungspfeil von U mit $\mathrm{d}\vec{a}$ eine Rechtsschraube bilden muss und da U größer als null ist, fließt in der Leiterschleife ein Induktionsstrom im Uhrzeigersinn, d.h. entgegen zur Richtung von $\mathrm{d}\vec{l}$ in Fig.96. Nach der Korkenzieherregel (s.S.196) erzeugt dieser Strom innerhalb der Leiterschleife ein Magnetfeld, das in die Zeichenebene hineingerichtet ist und demzufolge $\mathrm{d}\vec{B}$ schwächt.

Wenn für $\mathrm{d}\vec{a}$ die positive Richtung in die Zeichenebene hinein gewählt wird, ergibt sich zwar $U<0$, aber gleichzeitig auch eine Umkehrung des Spannungspfeils, so dass der Induktionsstrom wiederum im

Uhrzeigersinn fließt und damit $\mathrm{d}\vec{B}$ schwächt.

Wir betrachten jetzt eine Leiterschleife mit einer Windung ($n=1$), die in der Zeichenebene liege und wählen als positive Richtung von $\mathrm{d}\vec{a}$ diejenige, die aus der Zeichenebene herauszeigt (s.Fig.96).

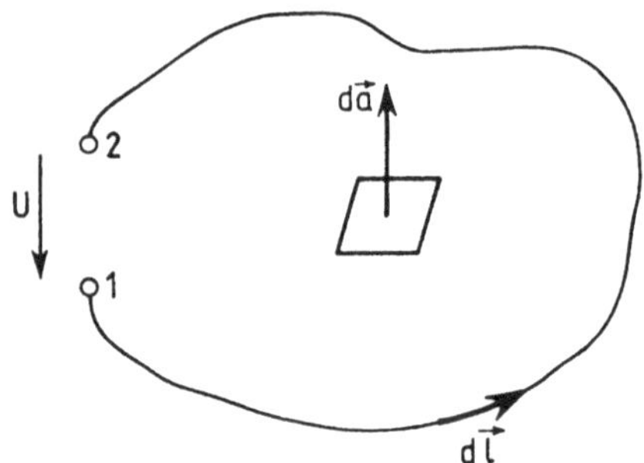

Fig.96 Zur Erläuterung der Ableitung der Lenz'-schen Regel aus Gl.(316), S.205, bzw. zur Ableitung von Gl.(317) aus Gl.(316) für $n=1$

Die Pfeilrichtung der Ersatzstromquelle U muss mit $\mathrm{d}\vec{a}$ eine Rechtsschraube bilden und zeigt deshalb in Fig.96 von 2 nach 1. Nennen wir $\vec{E}$ die elektrische Feldstärke längs der Leiterschleife, so gilt gemäß Gl.(262), S.171, $U=U_2-U_1=-\int_1^2 \vec{E}\cdot\mathrm{d}\vec{l}$ und, wenn wir noch $\oint \vec{E}\cdot\mathrm{d}\vec{l}$ für $\int_1^2 \vec{E}\cdot\mathrm{d}\vec{l}$ schreiben, so folgt $U=-\oint \vec{E}\cdot\mathrm{d}\vec{l}$. Einsetzen dieser Beziehung in die Gl.(316), S.205, liefert, wegen $n=1$, das Induktionsgesetz in der Form

$$\oint \vec{E}\cdot\mathrm{d}\vec{l} = -\frac{\mathrm{d}}{\mathrm{d}t}\int\int \vec{B}\cdot\mathrm{d}\vec{a}\,, \tag{317}$$

wobei $\mathrm{d}\vec{l}$ mit $\mathrm{d}\vec{a}$ eine Rechtsschraube bilden muss (s.Fig.96).

Die Lorentz-Kraft

Wir beginnen mit folgendem Gedankenexperiment: Die Leiterschleife in Fig.97 auf der nächsten Seite werde senkrecht von einer magnetischen Flussdichte $\vec{B}$ durchsetzt, die auf den Betrachter zu gerichtet sei. Es gilt also $B_x=B_y=0$ und

$B_z > 0$. Der bewegliche Drahtbügel, charakterisiert durch den Längenvektor $\vec{\ell}$ mit $\ell_x = \ell_z = 0$ und $\ell_y > 0$, werde mit der konstanten Geschwindigkeit v_x von x bis $x + \Delta x$ verschoben. Wählen wir für das Flächenelement $\mathrm{d}\vec{a}$ der Leiterschleife die Richtung aus der Zeichenebene heraus, d.h. $\mathrm{d}a_x = \mathrm{d}a_y = 0$ und $\mathrm{d}a_z > 0$, so folgt aus Gl.(316), S.205, $U = +B_z \ell_y v_x$. Da die Pfeilrichtung der Ersatzstromquelle (die in Fig.97 gestrichelt eingezeichnet ist) mit $\mathrm{d}\vec{a}$ eine Rechtsschraube bilden muss,

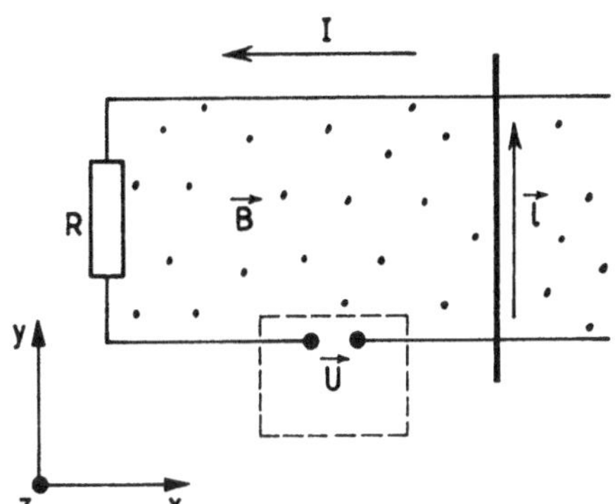

Fig.97 Zur Ableitung der Formel für die Lorentz-Kraft. Durch die Punkte (*Spitzen von Pfeilen*) wird angedeutet, dass die magnetische Flussdichte $\vec{B}$ aus der Zeichenebene herausgerichtet ist. Die entgegengesetzte Richtung würde durch kleine Kreuze ($\times$, *Federn am Ende der Pfeile*) gekennzeichnet. Die Ersatzstromquelle, durch die die Wirkung der Induktion beschrieben wird, ist gestrichelt eingezeichnet

entsteht ein Induktionsstrom, der die Leiterschleife im Uhrzeigersinn durchfließt. Mit der in Fig.97 gewählten Pfeilrichtung für den Strom folgt also $I = -B_z \ell_y v_x / R$. Dieser Strom erzeugt in dem Widerstand R die Wärmeenergie $I^2 R \Delta t$ mit $\Delta t = \Delta x / v_x$ (Joule'sche Wärme, s.S.194/195), die gleich der Arbeit sein muss, die beim Verschieben des Leiterstücks verrichtet wurde. Damit folgt für die Kraft, die ein Magnetfeld mit der Flussdichte $\vec{B}$ auf ein Leiterstück $\vec{\ell}$ ausübt, das von einem Strom I in Richtung von $\vec{\ell}$ durchflossen wird,

$$\vec{F} = I\,\vec{\ell} \times \vec{B}\,. \tag{318}$$

Diese Kraft wird als **Lorentz-Kraft** (Lorentz force, Hendrik Antoon Lorentz 1853-1928) bezeichnet.

Um den Drahtbügel der Länge ℓ_y von x nach $x + \Delta x$ zu bewegen, muss die Arbeit $-F_x \Delta x$ verrichtet werden. Diese Arbeit findet sich in der Wärmeenergie $I^2 R \Delta t$ wieder, für die man mit $I = -B_z \ell_y v_x / R$ und $\Delta t = \Delta x / v_x$ den Ausdruck $B_z^2 \ell_y^2 v_x R^{-1} \Delta x$ erhält, der sich durch Einführen des Stromes I in der Form $-B_z \ell_y I \Delta x$ schreiben lässt. Gleichsetzen mit $-F_x \Delta x$ gibt die Beziehung $F_x = I \ell_y B_z$ oder, als Vektorprodukt (s.S.19) geschrieben, $\vec{F} = I\,\vec{\ell} \times \vec{B}$.

Man kann sich die Richtung der Lorentz-Kraft mit Hilfe des Feldlinienbildes leicht merken. In Fig.98 auf der nächsten Seite fließt ein elektrischer Strom senkrecht zur

Zeichenebene und in diese hinein. Das von diesem Strom erzeugte Magnetfeld (Korkenzieherregel, s.S.196) erhöht links die Dichte der Feldlinien und verringert sie rechts. Andererseits ist die Lorentz-Kraft gemäß Gl.(318) nach rechts gerichtet, woraus man ersieht, dass ein *elektrischer Strom aus dem Gebiet hoher Feldliniendichte herausgedrückt wird.*

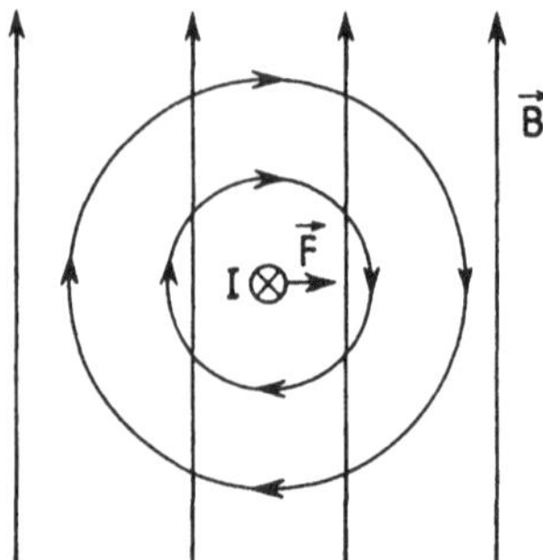

Fig.98 Zur anschaulichen Interpretation der Richtung der Lorentz-Kraft. Das Kreuz zeigt an, dass der Strom in die Zeichenebene hinein gerichtet ist. Auf Grund des Biot-Savart'schen Gesetzes (Korkenzieherregel) vergrößert der Strom die Feldliniendichte links, während sie rechts geringer wird. Da nach Gl.(318) die Lorentz-Kraft nach rechts zeigt, entspricht dies der Richtung vom Gebiet hoher nach niedriger Feldliniendichte

Zwei lange, gerade Leiter, die parallel zueinander im Abstand r verlaufen und die von dem gleichen Strom I in derselben Richtung durchströmt werden, erzeugen jeweils beim anderen Leiter ein Magnetfeld $H_\phi = I(2\pi r)^{-1}$ (s.Gl.(307), S.196). Aus Gl.(318), S.207, folgt damit, dass sie sich im Vakuum mit der Kraft $F_r = -I^2 \ell \mu_0 (2\pi r)^{-1}$ anziehen. Bei entgegengesetzter Stromrichtung erfolgt eine Abstoßung, d.h. es gilt $F_r = +I^2 \ell \mu_0 (2\pi r)^{-1}$. Für den Betrag der Kraft pro Drahtlänge ergibt sich also mit $\mu_0 = 4\pi \cdot 10^{-7}$ Vs/Am (s.S.168) $|F_r/\ell| = 2 \cdot 10^{-7} I^2/r$. Diese Beziehung wird zur **Definition des Ampere** verwendet: *Das Ampere ist derjenige Gleichstrom, der in zwei geraden, parallel im Abstand von* 1m *im Vakuum verlaufenden Leitern unendlicher Länge und mit vernachlässigbar kleiner Querschnittsfläche eine Kraft von* $2 \cdot 10^{-7}$ *Newton pro Meter Länge erzeugt.* Die Bedingung "vernachlässigbar kleine Querschnittsfläche" ist notwendig, da wegen der Lorentz-Kraft in benachbarten Leitern mit endlichem Querschnitt die Stromverteilung nicht homogen ist **(Proximity-Effekt)**.

Eine einlagige Drahtschleife der Fläche A, die von einem Strom I durchflossen wird, erfährt in einem Magnetfeld mit der Flussdichte $\vec{B}$ ein Drehmoment

$$\vec{T} = \vec{m_I} \times \vec{B} . \tag{319}$$

Der Vektor $\vec{m_I}$ hat die Einheit Am^2 und wird **magnetisches Moment** (magnetic moment) genannt. Sein *Betrag* ist gleich dem Produkt aus Strom und Fläche (IA). Seine *Richtung* wird durch die Senkrechte auf A gegeben, und zwar so, dass der Strom I und diese Richtung eine Rechtsschraube bilden.

Wir beweisen die Gl.(319) für den Spezialfall, dass die Fläche ein Rechteck mit den Kantenlängen ℓ und b ist. Die Drehachse soll parallel zu den Kanten ℓ verlaufen und die Kanten b halbieren. Wenn dann die Senkrechte auf dieser Fläche mit der Flussdichte $\vec{B}$ den Winkel α bildet, erfährt das Rechteck ein

Drehmoment $\vec{T}$ (zur Definition des Drehmomentes s. S.48), dessen Betrag sich aus Gl.(318), S.207, zu $2I\ell B(b/2)\sin\alpha$ oder $IA\sin\alpha$ ergibt. Mit Hilfe einer kleinen Skizze lässt sich außerdem leicht zeigen, dass die Richtung des Drehmomentes ebenfalls in Übereinstimmung mit Gl.(319) steht.

Die Tatsache, dass das Drehmoment linear mit dem Strom anwächst, wird beim **Drehspulinstrument** (moving-coil galvanometer) zur Messung von Strömen oder, nach Vorschalten entsprechend hoher Widerstände, zur Spannungsmessung verwendet.

Für das Drehmoment, das ein elektrischer Dipol $\vec{p}$ in einem elektrischen Feld $\vec{E}$ erfährt, hatten wir auf S.179 die Gl.(277) $\vec{T}=\vec{p}\times\vec{E}$ abgeleitet. Um im obigen Fall das Drehmoment mit dem *Magnetfeld* $\vec{H}$ zu verknüpfen, führt man das **magnetische Dipolmoment** (magnetic dipole moment) durch die Beziehung

$$\vec{p_m} = \mu_0\,\vec{m_I} \tag{320}$$

ein, so dass auf Grund der Gl.(313), S.200, im Vakuum ($\mu_r=1$)

$$\vec{T} = \vec{p_m} \times \vec{H} \tag{321}$$

folgt. Da $\vec{m_I}$ die Einheit Am^2 besitzt, ergibt sich die Einheit des magnetischen Dipolmomentes aus Gl.(320) zu Vsm.

Aus der Gl.(318), S.207, lässt sich die Lorentz-Kraft auf eine bewegte Punktladung q ableiten. Das Leiterstück $\vec{\ell}$, das von dem Strom I in positiver Richtung durchflossen wird, besitze den Querschnitt A. Die Ladungsträger, von denen wir annehmen, dass ihre Ladung q positiv sei, müssen sich damit ebenfalls in $\vec{\ell}$-Richtung bewegen. Ihre Geschwindigkeit sei $\vec{v}$ und ihre Dichte, d.h. ihre Anzahl pro m^3, sei c_q. Dann treten in der Zeit Δt gerade $c_q A\cdot(v\Delta t)$ Teilchen durch den Querschnitt A und es folgt für den Strom I gemäß der Definition von S.187

$$I = c_q\,Av\,q\;. \tag{321a}$$

Nennen wir $\vec{F}$ die Lorentz-Kraft auf das Leiterstück $\vec{\ell}$, so erhalten wir für die Kraft $\vec{F}_q$ auf *einen* Ladungsträger $\vec{F}_q=\vec{F}/(c_q A\ell)$, oder nach Einsetzen der Gl.(318), S.207, und unter Beachtung der Gl.(321)

$$\vec{F}_q = q\,\vec{v}\times\vec{B}\;. \tag{322}$$

Als eine *erste Anwendung* dieser Formel betrachten wir den **Hall-Effekt** (Hall effect, Edwin Herbert Hall 1855-1938). Durch ein leitendes Plättchen der Breite y_0 und der Dicke z_0 fließe in x-Richtung ein Strom I, der von positiven Ladungsträgern mit der Ladung q gebildet werde. Die Konzentration dieser Ladungsträger sei c_q und ihre Geschwindigkeit v_x. Senkrecht zu diesem Plättchen (s.Fig.99) wird ein Magnetfeld mit der Flussdichte B_z angelegt. Dann wirkt auf jeden Ladungsträger

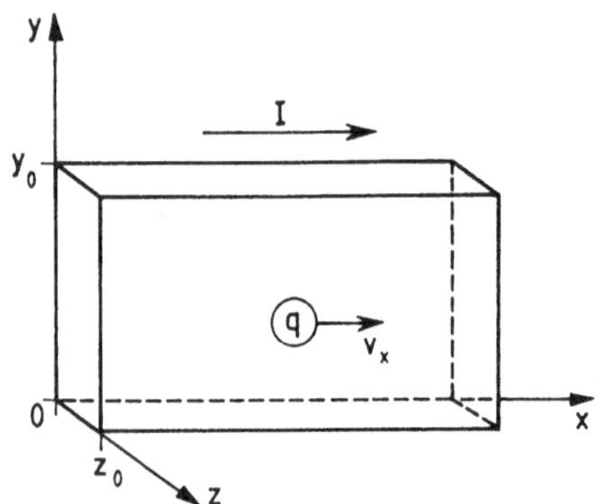

Fig.99 Durch ein leitendes Plättchen der Breite y_0 und der Dicke z_0 fließt ein Strom I positiver Ladungsträger in x-Richtung. Senkrecht dazu wird ein magnetisches Feld mit der Flussdichte B_z angelegt. Dadurch bildet sich zwischen der unteren ($y=0$) und der oberen ($y=y_0$) Kante eine Spannung U_H aus (Hall-Effekt)

gemäß Gl.(322) die Lorentz-Kraft $F_y = -qv_xB_z$. Die durch diese Kraft verursachte Bewegung der Ladungsträger in $-y$-Richtung kommt zum Stillstand, wenn das durch den Ladungsüberschuss entstehende elektrische Feld E_y so groß geworden ist, dass die elektrische Kraft qE_y die Lorentz-Kraft kompensiert. Ersetzen wir noch E_y durch U_H/y_0, wobei U_H die sich ausbildende Spannung (Hall-Spannung) zwischen den Kanten bei $y=0$ und $y=y_0$ bezeichnet, so folgt

$$U_H = v_x\, B_z\, y_0 \; . \tag{325}$$

Wenn der Strom I von Ladungsträgern gebildet wird, die eine negative Ladung ($q<0$) besitzen, so kehrt sich das Vorzeichen von U_H um, da die Ladungsträger in negative x-Richtung wandern ($v_x<0$). Diese Tatsache wird verwendet, um festzustellen, ob der Strom in dem leitenden Plättchen von negativen (Elektronen) oder positiven (Defektelektronen) Ladungsträgern gebildet wird. Die Gl.(325) lässt sich unter Verwendung von Gl.(321a), S.209, mit $A=z_0y_0$ und $v_x=v$ umschreiben in

$$U_H = \frac{1}{qc_q} \frac{IB_z}{z_0} \; . \tag{326}$$

Der Faktor $1/(qc_q)$ wird als **Hall-Koeffizient** (Hall coefficient) bezeichnet. Da in Metallen die Konzentration der Ladungsträger (Elektronen) erheblich größer ist als in Halbleitern (Elektronen und/oder Defektelektronen), erklärt Gl.(326), weshalb Halbleiter für eine Beobachtung bzw. Anwendung des Hall-Effektes wesentlich besser geeignet sind. Bei Zimmertemperatur beispielsweise ist der Hall-Koeffizient von Kupfer ($-5{,}5 \cdot 10^{-11}\,\mathrm{m^3/As}$) um vier Größenordnungen kleiner als der von Wismut ($-5 \cdot 10^{-7}\,\mathrm{m^3/As}$) . Da die Hall-Spannung proportional zur magnetischen Flussdichte ist, verwendet man **Hall-Sonden**, die mitunter auch **Hall-Generatoren** genannt werden, zur einfachen Messung von Magnetfeldern.

Unseren bisherigen Überlegungen zufolge hängt die Hall-Spannung linear von der magnetischen Flussdichte ab. Bei sehr tiefen Temperaturen und extrem starken Magnetfeldern gilt diese Proportionalität jedoch nicht mehr. Es zeigt sich vielmehr, dass der Quotient U_{H}/I, der **Hall-Widerstand** (Hall resistance) genannt wird, nur die diskreten Werte R_{K}/n mit $n=1,2,3,\ldots$ und $R_{\mathrm{K}}=h/e^2=25812{,}8056(12)\,\Omega$ (**von-Klitzing-Konstante**, Klaus von Klitzing, geb.1943, quantized Hall resistance) annehmen kann. Diese Erscheinung wird als **Quanten-Hall-Effekt** (quantum Hall effect) bezeichnet. Sie hängt mit der Quantisierung des magnetischen Flusses durch die Kreisbahnen zusammen, die die Elektronen unter dem Einfluss des magnetischen Feldes beschreiben. Wegen der extremen Genauigkeit, mit der die Größe R_{K} bekannt ist, lässt sich R_{K} als Widerstandsnormal verwenden. Neuere Untersuchungen haben gezeigt, dass n auch gebrochen rationale Werte annehmen kann.

Als *eine zweite Anwendung* der Gl.(322) seien die **Wirbelströme** (eddy currents) erwähnt. Wenn man ein Leiterblech durch ein inhomogenes Magnetfeld bewegt, so werden in dem Blech Ströme induziert, die man Wirbelströme nennt und deren Wechselwirkung mit dem Magnetfeld (Lorentz-Kraft) zu einer Bremswirkung führt. In Fig.100 soll die magnetische Flussdichte B_z in x-Richtung anwachsen und das Leiterblech, das in der x-y-Ebene liegt, mit der konstanten Geschwindigkeit $v_x>0$

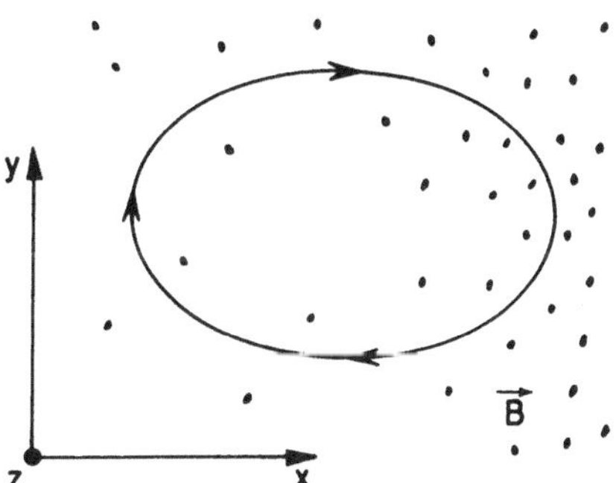

Fig.100 Zur Entstehung von Wirbelströmen bei der Bewegung eines Leiterblechs in einem inhomogenen Magnetfeld. Das Leiterblech wird in x-Richtung bewegt, d.h. in der Richtung, in der die magnetische Flussdichte B_z anwächst

bewegt werden. Wählen wir für das Flächenelement $\mathrm{d}\vec{a}$ die z-Richtung, so wächst der magnetische Fluss $\iint \vec{B} \cdot \mathrm{d}\vec{a}$ durch jede beliebige Teilfläche mit der Zeit an und nach dem auf S.205 Gesagten folgt, dass der Induktionsstrom diese Teilfläche im Uhrzeigersinn umfließen muss (s.Fig.100). Die Lorentz-Kraft nach Gl.(318) ist also nach dem Inneren der Teilfläche gerichtet. Da aber rechts, d.h. für größere Werte von x, die magnetische Flussdichte größer ist als links, entsteht eine resultierende Kraft in $-x$-Richtung, was besagt, dass die Wirbelströme die sie verursachende

Bewegung bremsen. Zum gleichen Ergebnis wären wir auch unmittelbar durch Anwendung der Lenz'schen Regel (s.S.205) gekommen. Die Wirbelströme finden technische Anwendung bei den **Wirbelstrombremsen** (short-circuit brakes), zur Erzeugung kuppelnder Drehmomente (**Tachometer**, speedometer, **kWh-Zähler**) oder bei der **induktiven Erwärmung** (induction heating). In der Wechselstromtechnik sind sie aber meist schädlich, da die von ihnen erzeugte Joule'sche Wärme einen unerwünschten Verlust an elektrischer Energie darstellt. Deshalb werden in Transformatoren, Elektromotoren und Generatoren die Wirbelstrombahnen durch Lamellierung räumlich begrenzt.

Selbstinduktion

Bei den bisherigen Betrachtungen wurde davon ausgegangen, dass die magnetische Flussdichte, die Ursache der Induktionsspannung ist, von einer anderen Spule (Feldspule) erzeugt wird oder irgendeine andere Ursache hat, wie z.B. das magnetische Erdfeld. Da aber jede stromdurchflossene Spule selbst ein Magnetfeld erzeugt, das wir in diesem Abschnitt $\vec{H}_s$ nennen wollen und das nach dem Durchflutungsgesetz (s.Gl.(311), S.198) die gleiche Zeitabhängigkeit besitzen muss wie der Strom I (dies gilt allerdings nur im Nahfeld, s.S.277), führt jeder zeitabhängige Strom zu einer zusätzlichen Induktionsspannung in der Spule. Diese Erscheinung nennt man **Selbstinduktion** (self-induction). Mit $\vec{B}_s=\mu_r\mu_0\vec{H}_s$ (s.Gl.(313), S.200) folgt für die Selbstinduktionsspannung durch Anwendung der Gl.(316), S.205, die Beziehung

$$ U = + \frac{\mathrm{d}}{\mathrm{d}t}\left(n\int\int_A \vec{B}_s \cdot \mathrm{d}\vec{a}\right), \tag{327} $$

wobei die Pfeilrichtung der Ersatzstromquelle, deren Urspannung U ist, mit $\mathrm{d}\vec{a}$ eine Rechtsschraube bilden muss. Wegen der strengen Proportionalität zwischen $\vec{H}_s$ und I (s.Gl.(311), S.198) und unter der Annahme, dass die relative Permeabilität μ_r des Materials, das die Spule ausfüllt, nicht von der magnetischen Feldstärke abhängt (dies ist nicht immer gewährleistet, s.S.220ff.), ist $\vec{B}_s$ auch proportional zu I und man kann dann Gl.(327) umschreiben zu

$$ U = + L\,\frac{\mathrm{d}I}{\mathrm{d}t}. \tag{328} $$

Die Größe L wird als **Induktivität** (inductance) der Spule bezeichnet. Sie hängt nur von der Geometrie der Spule ab und ist proportional zur relativen Permeabilität μ_r

des Materials, das die Spule ausfüllt. Die Einheit der Induktivität ergibt sich aus der Definitionsgleichung (328) zu Vs/A, wofür man die Bezeichnung **Henry** (Symbol H, Joseph Henry 1797-1878) eingeführt hat.
Die beiden Gln.(327) und (328) können zusammen mit dem Durchflutungsgesetz zur Berechnung von Induktivitäten verwendet werden. Auf diese Weise erhält man beispielsweise für die Induktivität der idealen Spule die Formel

$$L = \mu_r\mu_0\frac{n^2A}{\ell} \; . \tag{329}$$

Für das Magnetfeld der idealen Spule gilt (s.Gl.(312), S.199) $H_s=nI/\ell$. Damit folgt für die magnetische Flussdichte (s.Gl.(313), S.200) $B_s=\mu_r\mu_0nI/\ell$ und nach Einsetzen in die Gl.(327) $U=\mathrm{d}[n\mu_r\mu_0(nI/\ell)A]/\mathrm{d}t$ oder $U=(n^2\mu_r\mu_0A/\ell)\mathrm{d}I/\mathrm{d}t$. Durch Vergleich mit der Definitionsgleichung (328) ergibt sich damit die gesuchte Gl.(329). Eine Luftspule von 0,1m Länge mit 1000 Windungen und einer Querschnittsfläche von $(0{,}01)^2$ m^2 besitzt gemäß dieser Formel eine Induktivität von $4\pi\cdot10^{-4}$H, d.h. von ca. 1mH.

Eine andere Möglichkeit zur Berechnung von Induktivitäten werden wir noch auf S.215 kennen lernen. Mit ihrer Hilfe kann die Induktivität beliebiger Drahtverläufe einschließlich von geraden Leiterstücken berechnet werden.
Da beim idealen *Abschalten eines Stromes* die Stromstärke sprunghaft auf den Wert null sinken muss, würde die Ableitung $\mathrm{d}I/\mathrm{d}t$ und damit nach Gl.(328) die Induktionsspannung unendlich groß werden. Dies ist im Prinzip auch richtig, jedoch bildet sich durch die große Induktionsspannung beim Abheben des Schalterkontakts ein Funken, so dass der Strom nicht sprunghaft auf null zurückgeht. Abgesehen von der Tatsache, dass durch derartig hohe Abschaltspannungen Schäden, wie z.B. Kurzschlüsse in der Wicklung eines Elektromagneten, entstehen können, führt die Funkenbildung bei wiederholtem Schalten zu einer Korrosion der Kontakte. Deshalb legt man parallel zu dem Schalter einen geeigneten Widerstand, wie z.B. einen Varistor (s.Fig.83e, S.189) oder auch eine einfache Glühlampe, die allerdings eine entsprechend hohe Betriebsspannung besitzen muss.
Wir wollen jetzt den Strom $I(t)$ berechnen, der beim Anlegen einer Gleichspannung U_b an die Serienschaltung eines Ohm'schen Widerstandes R und einer Induktivität L fließt (*Einschaltvorgang*). In Fig.101 werde der Schalter S zum Zeitpunkt $t=0$ von der Stellung 0 nach 1 umgelegt. Auf Grund der Kirchhoff'schen Maschenregel (s.S.190) $RI+L\mathrm{d}I/\mathrm{d}t - U_b=0$ folgt dann

$$I(t) = \frac{U_b}{R}\left[1-\exp\left(-\frac{R}{L}t\right)\right] \; . \tag{330}$$

Da U_b und R nicht von der Zeit abhängen, lässt sich die Differentialgleichung $RI+L\mathrm{d}I/\mathrm{d}t-U_b=0$ in der Form $L\mathrm{d}(I-U_b/R)/\mathrm{d}t=-R(I-U_b/R)$ schreiben. Mit $y=(I-U_b/R)$ folgt $\mathrm{d}y/\mathrm{d}t=-(R/L)y$. Durch *Trennung der Variablen* ergibt sich daraus $dy/y = -(R/L)dt$. Die Integration dieser Beziehung liefert $\ln(y/y_0) = -(R/L)(t-t_0)$ oder, wegen $t_0=0$, den Ausdruck $y=y_0\exp(-Rt/L)$. Ersetzen wir hier noch y durch $I-U_b/R$ und beachten, dass $I=0$ für $t=0$ gelten muss, so folgt die gesuchte Gl.(330).

Der Quotient L/R wird **Zeitkonstante** (time constant) des Einschaltvorganges genannt.

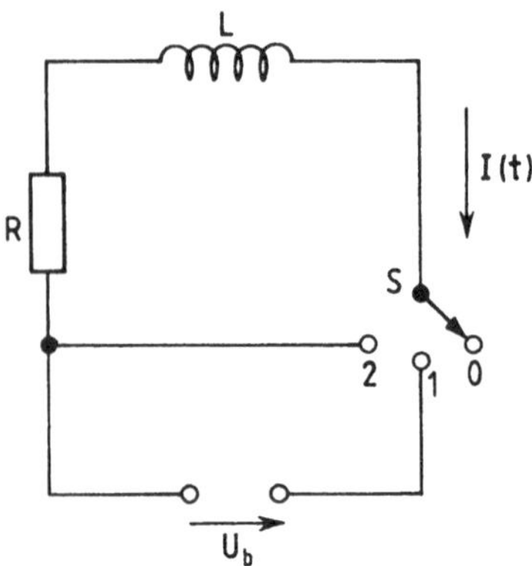

Fig.101 Zur Berechnung des Stromes $I(t)$, der durch die Serienschaltung eines Ohm'schen Widerstandes R und einer Induktivität L fließt.
(a) Einschaltvorgang: Der Schalter S wird von der Stellung 0 nach 1 umgelegt.
(b) Ausschaltvorgang: Der Schalter wird, nachdem der Strom den Endwert U_b/R erreicht hat, von der Stellung 1 nach 2 umgelegt

Irgendwann, nachdem der Strom I seinen Endwert U_b/R erreicht hat, legen wir den Schalter S von der Stellung 1 nach 2 um. Diesen Zeitpunkt nennen wir jetzt $t=0$. Dann gilt für $t \geq 0$ (*Ausschaltvorgang*) auf Grund der Kirchhoff'schen Maschenregel (s.S.190) $RI+LdI/dt=0$. Daraus folgt, analog zur Ableitung von Gl.(330),

$$I(t) = I_0 \exp\left(-\frac{R}{L}\,t\right) \qquad \text{mit} \qquad I_0 = \frac{U_b}{R}\,. \tag{331}$$

Der Strom nimmt also exponentiell ab, und zwar mit der gleichen Zeitkonstanten L/R wie beim Einschaltvorgang.
Die Gl.(331) kann benutzt werden, um eine zweite Formel zur Berechnung von Induktivitäten abzuleiten. In dem Ohm'schen Widerstand R wird beim Ausschaltvorgang Joule'sche Wärme erzeugt, für die auf Grund von Gl.(305), S.195, gilt $W=\int_0^\infty RI^2(t)dt$. Einsetzen der Gl.(331) liefert nach einer einfachen Integration die Beziehung

$$W = L\,I_0^2\,/2\,. \tag{332}$$

Diese Energie muss vor dem Umlegen des Schalters S von 1 nach 2 als magnetische Energie in der vom Strom I_0 durchflossenen Spule mit der Induktivität L enthalten sein. Da sich aber andererseits diese Energie auch analog zu der Gl.(274), S.177, berechnen lässt, indem man $\vec{E}$ durch $\vec{H}$ und $\vec{D}$ durch $\vec{B}$ ersetzt (s.S.217), liefert die Gleichsetzung

$$L = I_0^{-2} \int \int \int \vec{H}{\cdot}\vec{B}\ \mathrm{d}\tau \tag{333}$$

mit $\mathrm{d}\tau$ als Volumenelement.

Für die Induktivität eines geraden zylindrischen Leiterstücks mit dem Radius R und der Länge ℓ ergibt sich unter den Voraussetzungen $\ell \gg R$ und $\mu_r = 1$ die Beziehung [PFE77] $L = \mu_0 (2\pi)^{-1} \ell [\ln(2\ell/R) - 0{,}75]$. Dies bedeutet, dass ein Drahtstück der Länge $\ell = 0{,}01\,\mathrm{m}$ und mit einem Radius $R = 5{\cdot}10^{-4}\,\mathrm{m}$ eine Induktivität von ca. 6nH besitzt.

18.4 Magnetostatik

Bringt man Materie in ein Magnetfeld, so werden in den Elektronenhüllen der Atome und Moleküle **innere Ströme** (internal currents, s.Fig.102 und S.378) induziert, die nach der Lenz'schen Regel (s.S.205) das erzeugende Magnetfeld schwächen. Diese Erscheinung nennt man **Diamagnetismus** (diamagnetism).

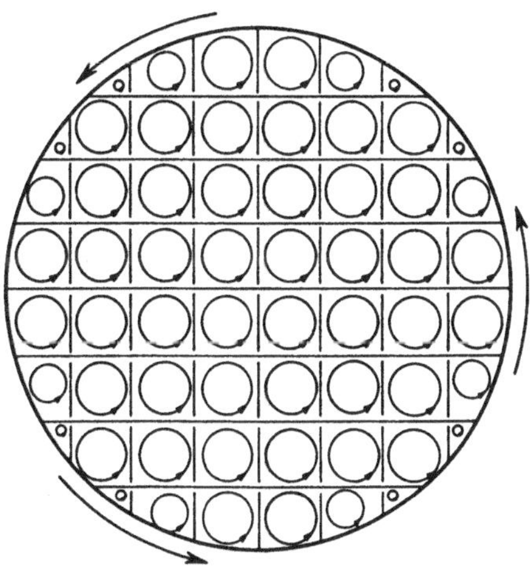

Fig.102 Innere Ströme in einem zylinderförmigen Stück Materie, die nach Anlegen eines Magnetfeldes, das in die Zeichenebene hinein gerichtet ist, senkrecht zum Querschnitt induziert werden. Die Ströme gleichen sich im Inneren aus, da an jeder Trennungsfläche beiderseits entgegengesetzt gleich große Ströme fließen. Damit bleibt nur an der Oberfläche ein effektiver Kreisstrom übrig, der rings um den Zylinder fließt

Im Gegensatz dazu nennen wir die bisher behandelten Ströme (s.Abschn.17, S.187ff.), die durch elektrische Leiter geführt und mit Amperemetern gemessen werden können, **freie Ströme** (free currents). Während die freien Ströme auf Grund des Durchflutungsgesetzes (s.Gl.(311), S.198) unmittelbar die Wirbel (s. die Legende zu Fig.93 auf S.199) der magnetischen Feldstärke $\vec{H}$ an einem beliebigen Ort $\vec{r}$ liefern, werden die Wirbel der magnetischen Flussdichte $\vec{B}$ an diesem Ort sowohl von den freien als auch von den inneren Strömen und damit von der relativen Permeablilität μ_r der Materie und ihrer Verteilung im Raum bestimmt. Dies ist analog zur Elektrostatik, wo die freien Ladungen Q gemäß dem verallgemeinerten Coulomb'schen Gesetz (Gl.(283), S.182) die Quellen der elektrischen Flussdichte $\vec{D}(\vec{r})$ sind, während die Quellen der elektrischen Feldstärke $\vec{E}(\vec{r})$ durch die freien Ladungen *und* die Polarisationsladungen und damit durch die relative Dielektrizitätskonstante ϵ_r der Materie und ihre Verteilung im Raum bestimmt werden. Da außerdem die elektrische Kraftwirkung durch die elektrische Feldstärke $\vec{E}$ (s.Gl.(260), S.170) und die magnetische Kraftwirkung durch die magnetische Flussdichte $\vec{B}$ (s.Gl.(318), S.207) bestimmt wird, ergibt sich die **physikalische Analogie** (physical analogy) der Tab.42.

Tab.42 Physikalische Analogie zwischen elektrischen und magnetischen Größen

Elektrische Größen	Magnetische Größen
elektrische Feldstärke $\vec{E}$	magnetische Flussdichte $\vec{B}$
elektrische Flussdichte $\vec{D}$	magnetische Feldstärke $\vec{H}$

Andererseits legen die Beziehungen $\vec{D}=\epsilon_r\epsilon_0\vec{E}$ (s.Gl.(282), S.182) und $\vec{B}=\mu_r\mu_0\vec{H}$ (s.Gl.(313), S.200) die auf der nächsten Seite in Tab.43 aufgelistete **formale Analogie** (formal analogy) nahe. Mit dieser Tabelle lassen sich Formeln, die in der Elektrostatik (s.Abschn.16, S.167ff.) abgeleitet wurden, einfach auf den magnetischen Fall übertragen. Einige Beispiele sind auf der nächsten Seite in Tab.44 zusammengestellt. In der vorletzten Spalte dieser Tabelle tritt der *gleiche* Faktor N bei der elektrischen und der magnetischen Feldstärke auf. Er wird deshalb sowohl Entelektrisierungsfaktor als auch **Entmagnetisierungsfaktor** (demagnetization factor) genannt. Zahlenwerte findet man in Tab.37, S.185. Beim magnetischen Analogon zum verallgemeinerten Coulomb'schen Gesetz (letzte Spalte in Tab.44)

$$\oint \vec{B} \cdot \mathrm{d}\vec{s} = 0 \tag{334}$$

steht auf der rechten Seite null, da es bis heute trotz intensiver Anstrengungen (noch?) nicht gelungen ist, **magnetische Ladungen**, die auch **magnetische Monopole** (magnetic monopoles) genannt werden, experimentell nachzuweisen.

Tab.43 Formale Analogie zwischen elektrischen und magnetischen Größen

	Elektrische Größen		Magnetische Größen	
Bezeichnung	Symbol	Einheit	Symbol	Einheit
Feldstärke	$\vec{E}$	V/m	$\vec{H}$	A/m
Flussdichte	$\vec{D}$	As/m^2	$\vec{B}$	Vs/m^2
Influenz- bzw. Induktionskonstante	ϵ_0	As/Vm	μ_0	Vs/Am
relative Dielektrizitätskonstante bzw. relative Permeabilität	ϵ_r $(\vec{D}=\epsilon_r\epsilon_0\vec{E})$	1	μ_r $(\vec{B}=\mu_r\mu_0\vec{H})$	1
Suszeptibilität	$\chi_e=\epsilon_r-1$	1	$\chi_m=\mu_r-1$	1
Polarisation	$\vec{P}_e$ $(\vec{P}_e=\chi_e\epsilon_0\vec{E})$	As/m^2	$\vec{P}_m$ $(\vec{P}_m=\chi_m\mu_0\vec{H})$	Vs/m^2
Magnetisierung	---	---	$\vec{M}=\chi_m\vec{H}$	A/m

Tab.44 Analogien zwischen Formeln der Elektrostatik und der Magnetostatik

	Elektrostatik	Magnetostatik
Energiedichte des Feldes	$\int_0^D \vec{E}'\cdot d\vec{D}'$ (s.Gl.(273), S.177), bzw. für $\epsilon_r=$const: $\vec{E}\cdot\vec{D}/2$ (s.Gl.(274), S.177)	$\int_0^B \vec{H}'\cdot d\vec{B}'$ bzw. für $\mu_r=$const: $\vec{H}\cdot\vec{B}/2$
Stetigkeit der Feldgrößen an Grenzflächen	$D_\perp,\ E_=$ (s.S.183)	$B_\perp,\ H_=$
Schwächung des Feldes durch Polarisation der Materie	$\vec{E}=\vec{E}_v-N\vec{P}_e/\epsilon_0$ (s.Gl.(285), S.184)	$\vec{H}=\vec{H}_v-N\vec{P}_m/\mu_0$
Oberflächenintegral der Flussdichte	$\oint \vec{D}\cdot d\vec{s}=Q$ (s.Gl.(267), S.174)	$\oint \vec{B}\cdot d\vec{s}=0$

Als Beispiel für die Anwendung der Tatsache, dass $B_\perp$ stetig durch eine Grenzfläche geht, wollen wir die Anziehungskraft eines **Elektromagnet**en (electromagnet, s.Fig.103 auf der nächsten Seite) berechnen. Der Luftspalt ℓ_{Lu} sei klein gegen die Wurzel aus der Querschnittsfläche A des Eisenjochs ($\ell_{Lu}\ll A^{1/2}$) und die relative

Permeabilität des Eisens μ_r groß gegen 1, so dass das magnetische Streufeld vernachlässigt werden kann. Dann folgt für die Anziehungskraft

$$F = \mu_0 \left[\frac{\mu_r\, n\, I}{\ell_\mu + 2\mu_r\, \ell_{Lu}} \right]^2 A \,, \tag{335}$$

wobei n die Windungszahl der Feldspule, I den Feldstrom und ℓ_μ die Weglänge der magnetischen Feldlinien im Eisen bezeichnet.

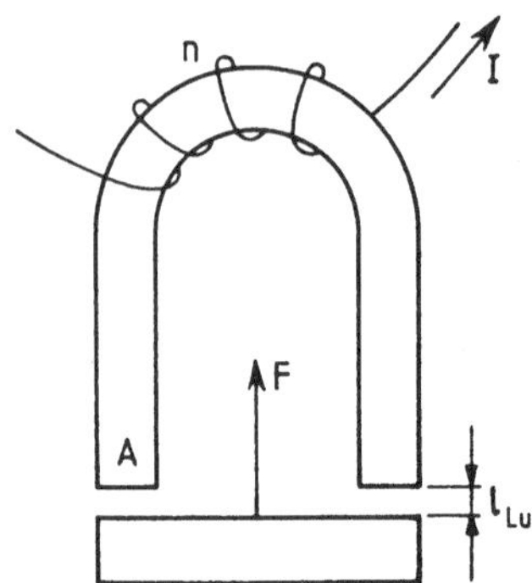

Fig.103 Zur Berechnung der Anziehungskraft eines Elektromagneten. A ist die Querschnittsfläche des Eisenjochs und ℓ_{Lu} die Dicke des Luftspaltes

Aus dem Durchflutungsgesetz (s.Gl.(311), S.198) folgt $H_\mu \ell_\mu + 2H_{Lu}\ell_{Lu} = nI$, wobei H_μ die magnetische Feldstärke im Eisen und H_{Lu} die magnetische Feldstärke im Luftspalt ist. Wegen der Stetigkeit von $B_\perp$ gilt $B_\mu = B_{Lu}$ oder (s.Gl.(313), S.200) $H_\mu = H_{Lu}/\mu_r$. Setzen wir dies in die Gleichung $H_\mu \ell_\mu + 2H_{Lu}\ell_{Lu} = nI$ ein, so ergibt sich $H_{Lu} = \mu_r nI/(\ell_\mu + 2\mu_r \ell_{Lu})$. Die Energie des magnetischen Feldes in den beiden Luftspalten wird damit zu (s.Tab.44) $W_{m,Lu} = 2\ell_{Lu}A(\mu_0/2)[\mu_r nI/(\ell_\mu + 2\mu_r \ell_{Lu})]^2$. Für die Energie des Magnetfeldes im Eisen erhalten wir $W_{m,\mu} = \ell_\mu A\mu_0\mu_r[nI/(\ell_\mu + 2\mu_r \ell_{Lu})]^2/2$, so dass sich für die Gesamtenergie des Magnetfeldes $W_m = W_{m,Lu} + W_{m,\mu} = (A/2)\mu_0\mu_r(nI)^2/(\ell_\mu + 2\mu_r \ell_{Lu})$ ergibt. Damit folgt für die Kraft $F = -dW_m/d\ell_{Lu} = A\mu_0(\mu_r nI)^2(\ell_\mu + 2\mu_r \ell_{Lu})^{-2}$. Für $n = 200$, $I = 10A$, $\ell_\mu = 0{,}25m$, $A = 2\cdot 10^{-4}m^2$, $\mu_r = 300$ und $\ell_{Lu} = 0$ beträgt somit die Anziehungskraft $F = 1448N$. Bei einem Luftspalt von nur 1mm verringert sich dieser Wert auf ungefähr 125N, d.h. auf $\leq 10\%$.

Der am Anfang dieses Abschnitts (s.S.215) beschriebene **Diamagnetismus** (diamagnetism) lässt sich makroskopisch dadurch nachweisen, dass die magnetische Suszeptibilität χ_m (s.Tab.43, S.217) kleiner als null (Lenz'sche Regel, s.S.205) und temperaturunabhängig ist. Der Diamagnetismus tritt bei allen Stoffen auf, er wird aber in den Fällen, bei denen der Stoff (permanente) elementare magnetische Dipole (z.B. Übergangsmetallionen) enthält, meist durch deren Wirkung völlig überdeckt. Es ergibt sich dann eine positive Suszeptibilität, die je nach der Stärke der

Wechselwirkung zwischen den Dipolen sogar sehr groß gegen eins werden kann. Bei vernachlässigbarer Wechselwirkung jedoch liegen die gleichen Bedingungen vor wie bei der Orientierungspolarisation in der Elektrostatik (s.S.186) und es ergibt sich durch Übertragung der Gl.(291), S.186,

$$\chi_m = \frac{C}{T} \qquad (336)$$

mit

$$C = c_p\mu_0 \frac{m_l^2}{3k} . \qquad (337)$$

c_p ist die Konzentration und m_l das magnetische Moment der elementaren Dipole.

Aus Gl.(291), S.186, folgt für den Anteil, der von den elementaren Dipolen herrührt ($\alpha=0$) und bei Vernachlässigung der Wechselwirkung zwischen den Dipolen ($\epsilon+2\approx3$) die Beziehung $\epsilon_r-1=c_p p^2/(3kT\epsilon_0)$. Die Übertragung auf den magnetischen Fall ($\epsilon_r\rightarrow\mu_r$; $\epsilon_0\rightarrow\mu_0$; $p\rightarrow p_m$) ergibt mit $p_m=\mu_0 m_l$ (s.Gl.(320), S.209) und $\chi_m=\mu_r-1$ (s.Tab.43, S.217) die gesuchten Gln.(336) und (337).

Die Gl.(336) wird als **Curie'sches Gesetz** (Curie's law, Pierre Curie 1859-1906) und die Konstante C als **Curie'sche Konstante** (Curie's constant) bezeichnet. In Tab.45 sind Zahlenwerte für die **magnetische Suszeptibilität** (magnetic susceptibility) χ_m von einigen diamagnetischen und paramagnetischen Stoffen zusammengestellt. Korrekterweise muss man χ_m magnetische *Volumen*suszeptibilität nennen, da in der Literatur, analog zum elektrischen Fall (s.Tab.36, S.182) auch die **magnetische Massensuszeptibilität** $\chi_{m,ma}=\chi_m/\rho$ und die **molare magnetische Suszeptibilität** $\chi_{m,mo}=\chi_m M/\rho$ verwendet werden, wobei ρ die Dichte und M die Molmasse der Substanz darstellt. Darüber hinaus ist es oft auch noch üblich, Messwerte für die **magnetische cgs-Suszeptibilität** $\kappa_m=\chi_m/(4\pi)$ anzugeben.

Tab.45 Experimentelle Werte für die magnetische Suszeptibilität $\chi_m=\mu_r-1$ einiger diamagnetischer und paramagnetischer Stoffe [LID90]

	$\chi_m \cdot 10^{-6}$	T / K
Wismut	− 165	293
Kupfer	− 9,68	296
Wasser	− 9,05	293
Aluminium	+ 20,7	293
Platin	+ 279	290
Sauerstoff (Gas, 0,1MPa)	+ 1,76	293
Sauerstoff (flüssig)	+3920	70,8

Eisen, Nickel, Kobalt und einige andere Stoffe zeigen **Ferromagnetismus** (ferromagnetism). Dieser beruht auf einer Kopplung zwischen den elementaren magnetischen Dipolen und ist damit eine kollektive Eigenschaft, d.h. es gibt keine ferromagnetischen Atome oder Moleküle. Ein ferromagnetischer Stoff, er wird auch als **Ferromagnetikum** (ferromagnet) bezeichnet, besitzt eine charakteristische Temperatur T_C, die sog. **Curie-Temperatur** (Curie temperature, Pierre Curie 1859-1906). Einige experimentelle Werte sind in Tab.46 zusammengestellt.

Tab.46 Curie-Temperatur für einige Ferromagnetika [HER94]]

Ferromagnetikum	chemisches Symbol	T_C / K
Eisen	Fe	1042
Kobalt	Co	1400
Nickel	Ni	631
Cu-Mn-Al-Legierung	Cu_2MnAl	603
Gadolinium	Gd	289
Dysprosium	Dy	87

Oberhalb der Curie-Temperatur gilt das **Weiss'sche Gesetz** (Curie-Weiss law, Pierre Weiss 1865-1940)

$$\chi_m = \frac{C}{T - T_C} , \tag{338}$$

so dass für $T \gg T_C$ paramagnetisches Verhalten vorliegt. Unterhalb der Curie-Temperatur dagegen (ferromagnetisches Verhalten) ist die magnetische Suszeptibilität χ_m sehr groß und hängt sowohl von der Größe der magnetischen Feldstärke H als auch von der Vorgeschichte ab. Die Fig.104 auf der nächsten Seite zeigt schematisch die Abhängigkeit der Magnetisierung $M=\chi_m H$ eines Ferromagnetikums von der magnetischen Feldstärke H. Eine solche Abhängigkeit nennt man **Hysterese-** oder **Hysteresis-Kurve** (hysteresis cycle). Der gestrichelte Teil in Fig.104 heißt **Neukurve** (virgin curve). Er gehört nicht zur Hysterese-Kurve und beschreibt die Abhängigkeit der Magnetisierung von der magnetischen Feldstärke für ein ursprünglich unmagnetisches Material. Die Pfeile an der Kurve geben die Umlaufsrichtung an. M_S heißt **Sättigungsmagnetisierung** (saturation magnetization), M_R **Remanenz** (remanence, residual magnetization, retentivity) und H_C **Koerzitivkraft** oder **Koerzitivfeldstärke** (coercive force, coercivity). **Permanentmagnete** (permanent magnets) sind magnetisierte Stäbe aus ferromagnetischem Material mit großer Remanenz. Aus Fig.104 geht hervor, dass man bei ferromagentischen Materialien eine magnetische Suszeptibilität i.Allg. nicht eindeutig angeben kann. Man definiert deshalb die **Anfangssuszeptibilität** (initial susceptibility) χ_m^a durch die Steigung der Neukurve am Nullpunkt

$$\chi_m^{\,a} = \left(\frac{dM_{neu}}{dH} \right)_{H=0} . \qquad\qquad (339)$$

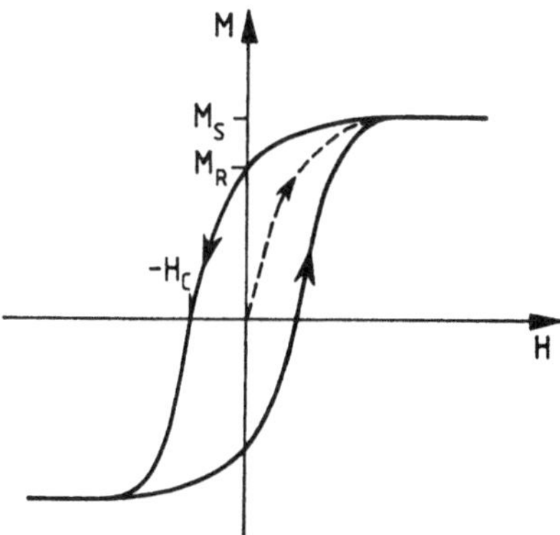

Fig.104 Hysterese-Kurve eines ferromagnetischen Materials

Trägt man nicht die Magnetisierung M, sondern die magnetische Flussdichte B als Funktion der magnetischen Feldstärke H auf, so ergibt sich eine ähnliche Kurve wie in Fig.104, jedoch mit dem Unterschied, dass keine Sättigung auftritt.

Nach Tab.43, S.217, gilt $B=\mu_r\mu_0 H$, woraus mit $\mu_r=\chi_m+1$ und $M=\chi_m H$ die Beziehung $B=\mu_0 M+\mu_0 H$ folgt. Selbst wenn die Magnetisierung ihren Sättigungswert M_S erreicht hat, wächst B wegen des zweiten Terms noch linear mit H an.

Beim einmaligen Durchlaufen der Hysterese-Kurve eines Ferromagnetikums mit dem Volumen V geht die magnetische Energie

$$\Delta W_m = \mu_0 V \oint \vec{H}\cdot d\vec{M} \qquad\qquad (340)$$

in Form von Wärme verloren.

Nach Tab.44, S.217, gilt für die magnetische Energie $V\int_o^B H'\cdot dB'$. Dies bedeutet, dass bei einem Durchlaufen der Hysterese-Kurve die Energie $\Delta W_m=V\oint H\cdot dB$ verloren geht. Mit $B=\mu_r\mu_0 H$ und $M=(\mu_r-1)H$ (s.Tab.43, S.217) folgt zunächst $B=\mu_0 H+\mu_0 M$ und nach Einsetzen in das Umlaufintegral und Durchführung der Integration $\Delta W_m=\mu_0 V\oint H\cdot dM$.

Aus diesem Grunde verwendet man in Transformatoren, Elektromotoren und Generatoren Ferromagnetika mit einer möglichst schmalen Hysterese-Schleife (**magnetisch weiches Material**, soft ferromagnetic material). Im Gegensatz dazu benötigt man für Permanentmagnete und vor allem für digitale magnetische

Informationsspeicher (Disketten, Festplatten) **magnetisch hartes Material** (hard ferromagnetic material), bei dem die Hysterese-Kurve näherungsweise zu einem Rechteck mit den Kanten parallel zu den *M-H*-Achsen entartet ist, so dass Remanenz und Koerzitivkraft maximale Werte annehmen. Die Ursache des Ferromagnetismus ist die Ausbildung von **Weiss'schen Bezirken** (magnetic domains, Pierre Weiss 1865-1940). Das sind Gebiete, in denen die elementaren magnetischen Dipole infolge ihrer Wechselwirkung untereinander parallel ausgerichtet sind. Jeder Weiss'sche Bezirk wirkt damit wie *ein* magnetischer Dipol, aber mit entsprechend größerem Dipolmoment. Für $M=0$ sind die Weiss'schen Bezirke statistisch im Raum orientiert. Nach Anlegen eines Magnetfeldes mit wachsender Intensität klappen immer mehr Bezirke in die Richtung des Magnetfeldes, was sich mit einer Induktionsspule und nach genügender Verstärkung akustisch durch Rauschen in einem Lautsprecher nachweisen läßt (**Barkhausen-Effekt**, Barkhausen effect, Heinrich Georg Barkhausen 1881-1956).

Beim **Antiferromagnetismus** (antiferromagnetism), den einige Festkörper, wie z.B. α-Fe$_2$O$_3$, MnO oder MnF$_2$ zeigen, existieren ebenfalls magnetische Bezirke, jedoch sind innerhalb eines Bezirks die elementaren magnetischen Dipole antiparallel ausgerichtet, so dass das resultierende Dipolmoment eines solchen Bezirks null ist. Mit wachsender Temperatur zerbrechen diese Bezirke. Es entsteht damit eine wachsende Zahl ungekoppelter elementarer magnetischer Dipole, die schließlich zu einem paramagnetischen Verhalten des Festkörpers führen. Die Temperaturabhängigkeit der magnetischen Suszeptibilität χ_m ist schematisch in Fig.105 dargestellt. Oberhalb der **Néel'schen Temperatur** (Néel's temperature, Louis Eugène Felix Néel, geb.1904) T_N, d.h. für $T > T_N$, gilt das **Néel'sche Gesetz** (Néel's law)

$$\chi_m = \frac{C}{T + \theta} \, , \tag{341}$$

wobei θ und T_N die beiden charakteristischen Temperaturen eines antiferromagnetischen Materials sind.

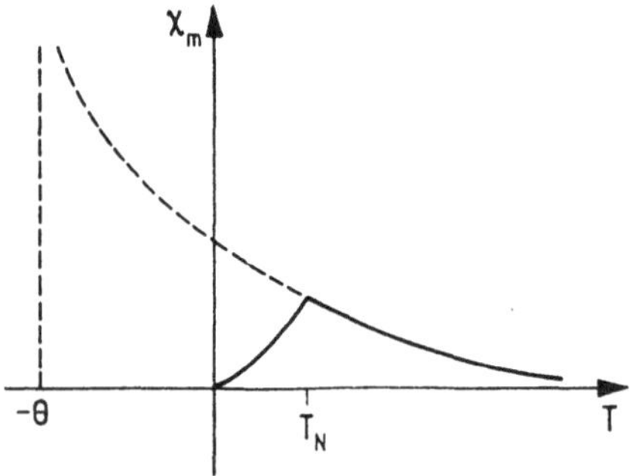

Fig.105 Temperaturabhängigkeit der magnetischen Suszeptibilität χ_m bei einem Antiferromagnetikum. Oberhalb der Néel-Temperatur T_N gilt Gl.(341)

Beim **Ferrimagnetismus** (ferrimagnetism) existieren, wie beim Antiferromagnetismus, Bezirke, in denen die elementaren magnetischen Dipole antiparallel ausgerichtet sind, jedoch haben jeweils benachbarte Dipole unterschiedliche Dipolmomente, so dass sie sich nur zu einem gewissen Bruchteil kompensieren. Damit verhalten sich ferrimagnetische Festkörper, wie z.B. Magnetit ($FeOFe_2O_3$), ähnlich wie Ferromagnetika. Durch Einbau von Fremdatomen an Stelle des Eisens ($XOFe_2O_3$ mit X = Mn, Co, Ni, Cu, Mg, Zn u.a.) kann man die Hysteresekurve geeignet verändern. Da diese Materialien, die man als **Ferrite** (ferrites) bezeichnet, außerdem nichtleitend sind und deshalb keine Wirbelstromverluste zeigen, finden sie in der Elektronik als Spulenkernmaterial breite Anwendung.

Die im vorliegenden Abschnitt beschriebenen magnetischen Erscheinungen treten auch in der Elektrostatik auf. **Ferroelektrika** (ferroelectrics) sind z.B. Seignettesalz ($COOK$-$CHOH$-$CHOH$-$COONa\cdot4H_2O$) oder Bariumtitanat ($BaTiO_3$), deren relative Dielektrizitätskonstante ϵ_r durchaus Werte über 1000 erreichen kann. Die Remanenz existiert auch, dem Permanentmagneten entspricht das **Elektret** (electret). Antiferroelektrische Eigenschaften besitzt z.B. WO_3 und auch Kristalle mit ferrielektrischen Eigenschaften sind bekannt.

19 Mechanismen der Elektrizitätsleitung

Werner Heisenberg: Wir werden vor jeder wesentlichen neuen Erkenntnis immer wieder in die Situation des Kolumbus kommen müssen, der den Mut besaß, alles bis dahin bekannte Land zu verlassen in der fast wahnsinnigen Hoffnung, jenseits der Meere doch wieder Land zu finden.

19.1 Metalle

Existenz und Beweglichkeit freier Elektronen in Metallen

Ein Metall besteht aus positiv geladenen **Metallionen** (metal ions), die, außer bei Quecksilber und Metallschmelzen, im Raum fixiert sind und zwischen denen sich frei bewegliche Elektronen befinden (**Elektronengas, Leitungselektronen,** conduction electrons). Die freie Beweglichkeit resultiert aus der Tatsache, dass die elektrische Anziehungskraft, die ein Elektron durch die positiv geladenen Ionen im Metallinneren erfährt, gleichmäßig nach allen Richtungen wirkt und sich damit aufhebt. Lediglich am Rand wird diese Symmetrie gestört und es ist Arbeit zu verrichten (s. Austrittspotential, S.499/500), um ein Elektron aus dem Metallinneren ins Vakuum zu transportieren. Bei n-wertigen Metallatomen hat jedes Atom im Metall i. Allg. n Elektronen abgegeben, so dass die Metallionen n-fach positiv geladen sind. Die Konzentration c_e der Leitungselektronen liegt bei einigen $10^{29}\,m^{-3}$.

Für das zweiwertige Kupfer mit einer Molmasse $M=63{,}55 \cdot 10^{-3}$kg/mol und einer Dichte $\rho=8920$kg/m^3 ergibt sich unter der vereinfachenden Annahme eines primitiven kubischen Gitters der Abstand r unmittelbar benachbarter Cu^{2+}-Ionen aus der Beziehung $\rho=(M/N_A)r^{-3}$ zu $r \approx 2{,}28 \cdot 10^{-10}$m, wobei für die Avogadro'sche Zahl (s.S.11/12) der Wert $6{,}02 \cdot 10^{23}$mol^{-1} eingesetzt wurde. Daraus folgt $c_e=2/r^3 \approx 1{,}7 \cdot 10^{29}$m^{-3}.

Der experimentelle Nachweis der Existenz frei beweglicher Elektronen in Metallen gelang erstmalig mit Hilfe der Trägheitskräfte, denen die Elektronen bei der Beschleunigung eines Metallstücks unterworfen sind (**Tolman-Versuch**, Tolman's experiment). Fig.106 zeigt schematisch den Aufbau einer **Elektronenzentrifuge** (electron centrifugal machine).

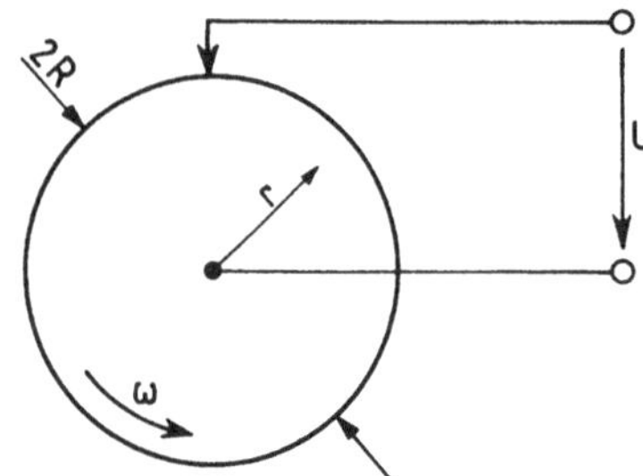

Fig.106 Elektronenzentrifuge zum Nachweis der freien Elektronen in Metallen

Durch die Rotation der Metallscheibe mit der Winkelgeschwindigkeit ω werden die Leitungselektronen nach außen getrieben und es entsteht eine Spannung U zwischen dem Rand ($r=R$) und der Achse ($r=0$)

$$U = \frac{m_e}{2e}\, \omega^2 R^2 \, , \tag{342}$$

die vom Verhältnis der Masse m_e zur Ladung e der Elektronen abhängt.

Durch Verschiebung der Leitungselektronen nach außen bildet sich im Metall eine elektrische Feldstärke $E_r(r)>0$ aus. Im stationären Zustand muss die elektrische Kraft auf ein Elektron $-eE_r(r)$ (s.Gl.(260), S.170 mit $q=-e$) gleich der Zentripetalkraft $-m_e\omega^2 r$ (s.Gl.(58), S.45) sein. Gleichsetzen dieser beiden Ausdrücke liefert für die elektrische Feldstärke die Beziehung $E_r(r)=m_e\omega^2 r/e$, woraus für die Potential-differenz (s.Gl.(262), S.171) folgt $U=- \int_o^R E_r(r)\mathrm{d}r=-(m_e/e)\omega^2 R^2/2$. Diese Spannung ist allerdings sehr klein, so dass sich dieser Versuch nicht für Demonstrationszwecke eignet: Mit $m_e \approx 9{,}1 \cdot 10^{-31}$kg, $e \approx 1{,}6 \cdot 10^{-19}$As, $R=0{,}1$m und $\omega=2\pi \cdot 200$s^{-1} ergäbe sich eine Spannung von nur ca. 0,045 μV.

Das wesentliche Ergebnis derartiger Experimente ist die Tatsache, dass sich für das Verhältnis m_e/e der gleiche Wert ergibt, den man experimentell für freie Elektronen im Vakuum erhält. Die **Wanderungsgeschwindigkeit (Driftgeschwindigkeit**, drift velocity) v_z der Elektronen in einem Metalldraht, durch den in z-Richtung ein elektrischer Strom der Stärke I fließt (s.Fig.107), lässt sich leicht durch folgende Überlegung ermitteln. Es sei c_e die Konzentration der Elektronen und A die Querschnittsfläche des Drahtes. Dann erfüllen die im Zeitintervall Δt durch A hindurch-

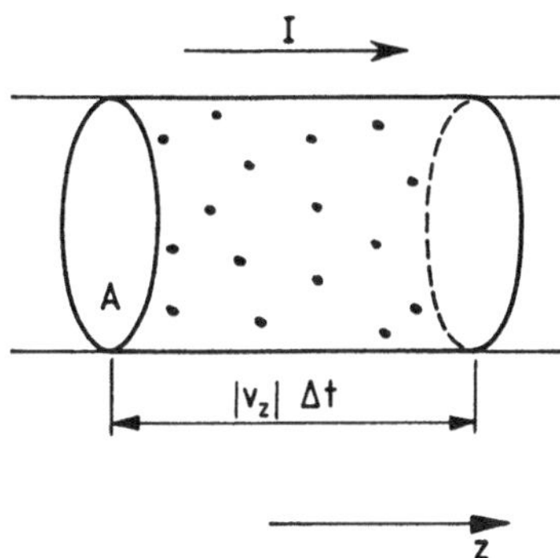

Fig.107 Zur Ableitung des Zusammenhangs zwischen Stromstärke I und Driftgeschwindigkeit v_z der Elektronen in einem Metall, s.Gl.(343)

getretenen Elektronen das Volumen $A\,|v_z|\,\Delta t$ (s.Fig.107), so dass sich ihre Anzahl zu $\Delta N = c_e A\,|v_z|\,\Delta t$ ergibt. Da die transportierte Ladung gleich $-e\Delta N$ ist, folgt für den Strom gemäß der Definitionsgleichung (292), S.187,

$$I = -\ e\ c_e\ A\ v_z\ .\tag{343}$$

Für $I>0$ bewegen sich also die Elektronen in negative z-Richtung. Ihre Geschwindigkeit ist um viele Größenordnungen kleiner als die Lichtgeschwindigkeit, mit der elektrische Signale, z.B. ein Spannungsimpuls, übertragen werden. Beispielsweise ergibt sich für $I=1$A, $A=1$mm^2 und $c_e=10^{29}$m^{-3} aus Gl.(343) $v_z=-0{,}06$mm/s. Ersetzen wir in Gl.(343) den Strom I durch das Produkt aus Stromdichte j_z und Querschnittsfläche A und verwenden das differentielle Ohm'sche Gesetz $j_z=\sigma E_z$ (s.Gl.(295), S.189), so folgt

$$v_z = -\ \mu_e\,E_z\tag{344}$$

mit $\mu_e=\sigma/(ec_e)$. Diese Größe, d.h. den Quotienten $|v_z/E_z|$, nennt man **Elektronenbeweglichkeit** (electron mobility). Mit der Elementarladung $e\approx1{,}6\cdot10^{-19}$As und einem Wert $c_e=10^{29}$m^{-3} ergibt sich für Kupfer ($\sigma\approx6{,}5\cdot10^{7}\Omega$m, s.Tab.38, S.188) $\mu_e\approx4\cdot10^{-3}$m^2/Vs. Die Tatsache, dass die Driftgeschwindigkeit v_z nach Gl.(344) proportional zu der auf das Elektron wirkenden Kraft $(-eE_z)$ ist, steht im scheinbaren Gegensatz zum 2.Newton'schen Axiom (s.Gl.(20), S.21), wonach eine konstante Kraft zu einer beschleunigten Bewegung führen muss. Die Ursache für diesen scheinbaren Widerspruch sind die unelastischen Stöße, die die Elektronen bei ihrer Wanderung durch das Metall infolge von Gitterstörungen (als **Gitter**, lattice, bezeichnet man die Gesamtheit der Bausteine eines Kristalls, d.h. hier der Metallionen), Verunreinigungen und der thermischen Bewegung der Metallionen erfahren. Fig.108 zeigt schematisch die Zeitabhängigkeit der *momentanen Driftgeschwindigkeit* $v_z(t)$, deren zeitlicher Mittelwert die obige Größe v_z ist.

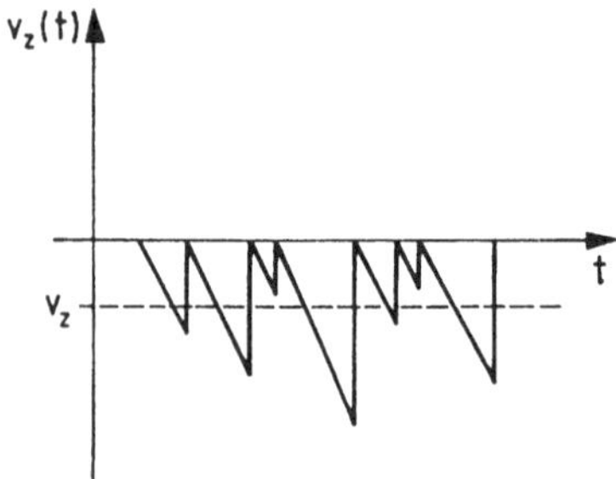

Fig.108 Zeitabhängigkeit der *momentanen Driftgeschwindigkeit* $v_z(t)$, deren zeitlicher Mittelwert v_z durch die Gl.(344) gegeben wird

Aus dem 2.Newton'schen Axiom $m\,dv_z/dt = F_z$ (s.Gl.(20), S.21) folgt mit $F_z = -eE_z$ für die *momentane Driftgeschwindigkeit* $v_z(t) = -(e/m_e)E_z t$. Nennen wir die mittlere Zeit zwischen zwei unelastischen Stößen τ, so ergibt sich die Driftgeschwindigkeit zu $v_z = -(e/m_e)E_z\tau/2$. Einsetzen dieser Beziehung in die Gl.(344) mit $\mu_e = \sigma/(ec_e)$ liefert für die Leitfähigkeit σ die Gleichung $\sigma = e^2 c_e \tau/(2m_e)$.
Andererseits wurde im Abschn.12.3 (s.Gl.(230), S.147, mit $z_F = 3$) für die Wärmeleitfähigkeit λ die Beziehung $\lambda = kc_e \ell\langle u\rangle/4$ abgeleitet, wobei $\langle u\rangle$ die mittlere thermische Geschwindigkeit der Teilchen (die viel größer ist als die Driftgeschwindigkeit) und ℓ ihre mittlere freie Weglänge bezeichnet. Mit $\ell = \tau\langle u\rangle$ und $\langle u\rangle = [8kT/(\pi m_e)]^{1/2}$, s.S.112, folgt $\lambda/\sigma = (4/\pi)(k/e)^2 T$. Die Proportionalität zwischen der Wärmeleitfähigkeit λ und der elektrischen Leitfähigkeit σ (genauer $\lambda/\sigma \propto T$) wird als **Wiedemann-Franz'sches Gesetz** (Wiedemann-Franz law, Gustav Heinrich Wiedemann 1826-1899, Rudolph Franz 1826-1902) bezeichnet. Bemerkenswert hierbei ist aber die Tatsache, dass die obige Ableitung von Gl.(230) für ein Gas erfolgte, das der Boltzmann-Statistik genügt. Tatsächlich unterliegt die Verteilung der Elektronen aber der Fermi-Statistik (s.S.485ff.), die erst bei höheren Temperaturen näherungsweise mit der Boltzmann-Statistik übereinstimmt.

Abhängigkeit des Widerstands von äußeren Parametern

Die **Temperaturabhängigkeit** (temperature dependence) des spezifischen Widerstands ρ lässt sich durch den Temperaturkoeffizienten (temperature coefficient) $(1/\rho)d\rho/dT$ beschreiben, der allerdings über größere Temperaturbereiche selbst noch von der Temperatur abhängt. Für Metalle ist er größer als null (s.Tab.38, S.188) und für Halbleiter meist negativ. Infolge dieser Temperaturabhängigkeit lassen sich Temperaturen durch Widerstandsmessungen ermitteln (**Widerstandsthermometer**, resistance thermometer), wobei die Widerstandsmessung meist mit Hilfe einer Wheatstone'schen Brücke (s.S.193) erfolgt. Selbstabgleichende kommerzielle Geräte zeigen nicht den Widerstand, sondern unmittelbar die Temperatur an. Als Widerstand wird wegen der Korrosionsfestigkeit meist Platindraht oder, wegen der sehr großen (negativen) Temperaturkoeffizienten $(-(1/\rho)\mathrm{d}\rho/\mathrm{d}T \geq 0{,}5\ \mathrm{K}^{-1})$, ein als **NTC-Widerstand** (negative temperature coefficient) oder **Thermistor** (thermistor) bezeichnetes Halbleiterbauelement verwendet. Es besteht aus Oxiden verschiedener Übergangsmetalle.

Unterhalb einer stoffspezifischen Temperatur, die man **Sprungtemperatur** oder **kritische Temperatur** (critical temperature) T_c nennt (s.Tab.47), wird der spezifische Widerstand ρ bei vielen Stoffen exakt null. Diese Erscheinung nennt man **Supraleitung** (superconductivity, Heike Kamerlingh Onnes 1853-1926).

Tab.47 Kritische Temperaturen für verschiedene Elemente und Legierungen [LID90] sowie für einige Oxide (keramische Materialien)

Element	T_c / K	Legierung	T_c / K	Oxid	T_c / K
Al	$1{,}175 \pm 0{,}002$	PbSb	6,6	$Y_2\,Ba_4\,Cu_8\,O_{16}$	81
Sn	$3{,}722 \pm 0{,}001$	Mn_3Si	12,5	$Y\,Ba_2\,Cu_3\,O_7$	94
Pb	$7{,}196 \pm 0{,}006$	$GeNb_3$	23,2	$T\ell_2\,Ba_2\,Ca_2\,Cu_3\,O_{10}$	125

Neben den Erscheinungen, die durch das Verschwinden des Ohm'schen Widerstandes und durch das Induktionsgesetz erklärt werden können, wie z.B. die Tatsache, dass der Strom, der in einer kurzgeschlossenen supraleitenden Spule einmal induziert wurde, ohne Energiezufuhr unendlich lange fließt, sofern die Temperatur nur hinreichend niedrig gehalten wird (Anwendung: **Supraleitender Magnet**, superconductive magnet), gibt es im Zusammenhang mit der Supraleitung noch zwei wichtige experimentelle Befunde: 1.) Der **Meissner-Ochsenfeld-Effekt** (Meissner effect, Fritz Walter Meissner 1882-1974, Robert Ochsenfeld, geb. 1901), der besagt, dass ein äußeres Magnetfeld, sofern es nicht die Supraleitung zerstört (s.u.), im Inneren des Supraleiters vollkommen abgeschirmt wird: Es entstehen beim Abkühlen spontan Ströme an der Oberfläche des Materials mit einer **Eindringtiefe** (penetration depth) von nur ca. 100nm, deren Magnetfeld die Abschirmung bewirkt (s.Fig.109 auf der nächsten Seite). 2.) Hinreichend große äußere Magnetfelder zerstören die Supraleitung, und zwar unterscheidet man je nach der Art dieses Übergangs zur Normalleitung **Supraleiter 1.Art** (superconductors type I) und **Supraleiter 2.Art** (superconductors type II). Die Phasendiagramme sind auf der nächsten Seite in Fig.110 schematisch dargestellt. Bei Supraleitern 1.Art, wie z.B. Blei, gibt es nur *eine* **kritische magnetische Flussdichte** (critical field) B_c, die relativ klein ist (bei Blei ca. 80mT). Magnetfelder mit $B > B_c$ zerstören selbst am absoluten Nullpunkt die Supraleitung.

Bei den Supraleitern 2.Art, zu denen die Legierungen und die keramischen Materialien, aber auch einige Metalle gehören, gibt es *zwei* kritische magnetische Flussdichten: B_{c1} ist ebenfalls klein, während B_{c2} in der Größenordnung von einigen hundert Tesla liegen kann. Im schraffierten Gebiet der Fig.110b) ist das Material zwar supraleitend, enthält aber eingeschlossene normalleitende Pfade (Flussschläuche), deren Anzahl mit Annäherung an die Grenzlinie zur Normalleitung anwächst. Bei Stromfluss können sich diese Flussschläuche unter dem Einfluss der Lorentz-Kraft bewegen, wodurch zusätzliche Verluste (Ohm'sche Widerstände) entstehen. Bei den harten Supraleitern wird die Bewegung der Flussschläuche durch Verankerung (pinning) an Gitterdefekten vermieden.

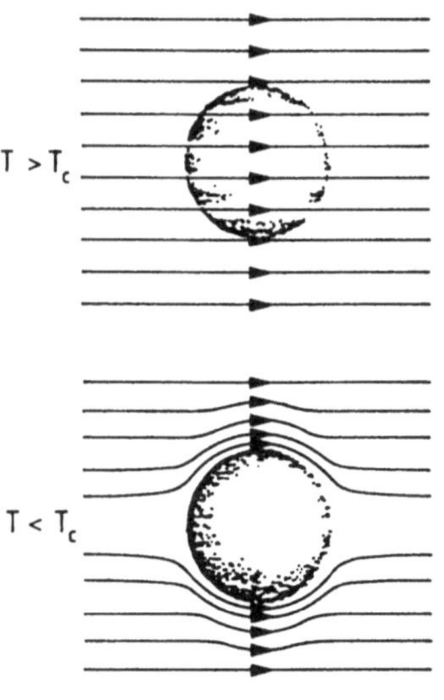

Fig.109 Eine Kugel aus supraleitendem Material wird in einem *konstanten* äußeren Magnetfeld abgekühlt. Sobald die Temperatur unter die kritische Temperatur T_c fällt, werden die Feldlinien aus der Kugel herausgedrängt (Meissner-Ochsenfeld-Effekt)

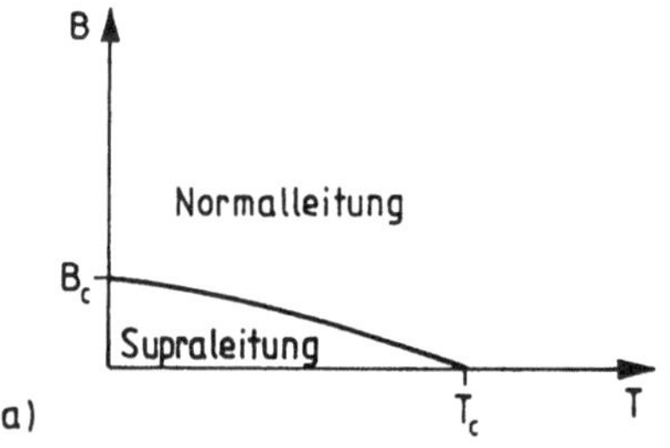

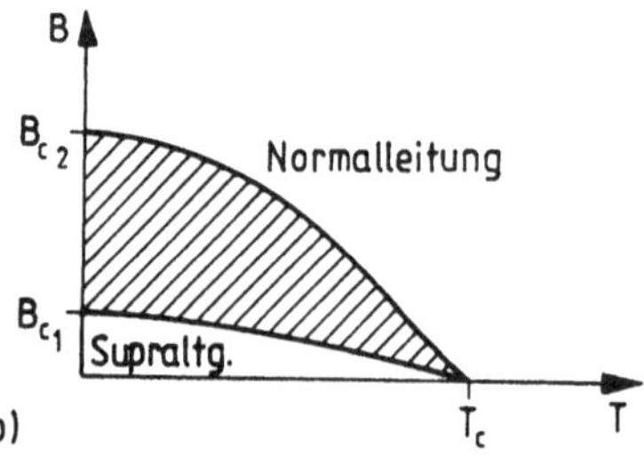

Fig.110 Phasendiagramme für a) Supraleiter 1.Art und b) 2.Art. *B* bezeichnet die Flussdichte eines äußeren Magnetfeldes und *T* die Temperatur

Wegen der absoluten Größe von B_{c1} und B_{c2} kommen nur Supraleiter 2.Art als Drahtmaterial für Supraleitungsmagnete in Frage.

Die Supraleitung wird nach der **BCS-Theorie** (BCS theory, John Bardeen, geb.1908, Leon Cooper, geb.1930, Robert Schrieffer, geb.1931) durch eine Bildung von Elektronenpaaren, bei denen die Impulse und die Eigendrehimpulse der beiden Elektronen entgegengesetzt gerichtet sind (**Cooper-Paare**, Cooper pairs), erklärt. Diese Paarbildung kommt durch eine Wechselwirkung der Elektronen über das Gitter zustande und ist für $T < T_c$ stärker als die direkte elektrische Abstoßung zwischen den beiden Elektronen. Die Tatsache, dass mit dem Eigendrehimpuls des Elektrons ein magnetisches Dipolmoment verbunden ist, erklärt die zerstörende Wirkung höherer Magnetfelder: Die Cooper-Paare, in denen die magnetischen Dipolmomente antiparallel stehen, werden durch das vom Magnetfeld ausgeübte Drehmoment (s.Gl.(321), S.209) aufgebrochen, wodurch Normalleitung entsteht. Die Supraleitung selbst lässt sich anschaulich folgendermaßen erklären: Ein Cooper-Paar erfährt keine unelastischen Stöße wie das Einzelelektron (s.Fig.108, S.226), da die Cooper-Paare als Gesamtheit wirken. Demzufolge wird auch keine Energie an das Gitter übertragen, d.h. es entsteht keine Joule'sche Wärme, was gleichbedeutend mit der Aussage ist, dass der Ohm'sche Widerstand den Wert null besitzen muss.

Zwei Supraleiter, die durch eine dünne Oxidschicht in der Größenordnung von 10^{-9}m getrennt sind, werden als **Josephson-Kontakt** (Josephson junction, Brian David Josephson, geb.1940) bezeichnet. Legt man an einen derartigen Kontakt eine kleine *Gleich*spannung U an, so fließt ein *Wechsel*strom mit der Frequenz $f = 2eU/h$, wobei e der Betrag der Ladung eines Elektrons und h die Planck'sche Konstante ist (**Wechselstrom-Josephson-Effekt**, ac Josephson effect). Für $U = 10\mu$V ergibt sich beispielsweise mit $h \approx 6{,}63 \cdot 10^{-34}$Js und $e \approx 1{,}60 \cdot 10^{-19}$As eine Frequenz von 4,8GHz. Damit bietet es sich an, den Josephson-Kontakt als Mikrowellengenerator oder auch zur Präzisionsbestimmung des Verhältnisses e/h zu benutzen. Die Parallelschaltung von zwei Josephson-Kontakten wird als **SQUID** (<u>s</u>uperconducting <u>qu</u>antum <u>i</u>nterference <u>d</u>evice) bezeichnet und zur hochempfindlichen Messung von Magnetfeldern verwendet. Wir nennen A die Fläche, die infolge der Parallelschaltung der beiden Josephson-Kontakte von den supraleitenden Drähten aufgespannt wird, und schicken durch diese Parallelschaltung einen Gleichstrom, der eine Mindestgröße besitzen muss. Dann entsteht eine Gleichspannung U_{SQUID}, die von dem magnetischen Fluss ϕ durch die Fläche A abhängt, und zwar in der Weise, dass sich U_{SQUID} periodisch mit einer Flussänderung um ein Flussquant $\phi_0 = h/2e \approx 2{,}07 \cdot 10^{-15}$Tm^2 (s.S.204) ändert. Bei einer Fläche A von 1mm^2 entspricht diese Flussänderung einer Änderung der magnetischen Flussdichte um $2 \cdot 10^{-9}$T. Durch Verwendung einer kleinen Hilfsspule zur Kompensation (Nullabgleich, Kompensationsmethode, s.S.200) lässt sich dieser Wert noch um einige Größenordnungen reduzieren, was zu einer Empfindlichkeit der SQUIDS von ca. 0,1pT führt. Dies reicht aus, um beispielsweise das Magnetfeld der menschlichen Gehirnströme quantitativ zu untersuchen.

Die **Druckabhängigkeit** (pressure dependence) des elektrischen Widerstands beruht auf der Tatsache, dass eine Deformation des Metallgitters zu einer Änderung der Elektronenbeweglichkeit und damit des elektrischen Stroms (s.S.225) führt. Dieser Effekt wird in der Technik mit Hilfe von **Dehnungsmessstreifen** (strain gauge) zur Registrierung von mechanischen Spannungen, z.B. an Rädern oder Werkstücken, verwendet. Die **Magnetfeldabhängigkeit** (magnetic field dependence) beruht auf der Lorentz-Kraft, wodurch die Elektronen von ihrer geradlinigen Bewegung abgelenkt werden, was zu einer Verringerung der Driftgeschwindigkeit in Richtung des elektrischen Feldes und damit (s.S.225) zu einer Erhöhung des elektrischen Widerstands führt. Die Magnetfeldabhängigkeit des elektrischen Widerstands ist besonders groß bei Wismut und wird zur Magnetfeldmessung benutzt. Eine **Strahlungsabhängigkeit** (radiation dependence) des elektrischen Widerstands tritt bei Halbleitern (s.Abschn.27.4) auf. Wenn es sich um Licht handelt, spricht man vom **inneren Photoeffekt** (photoconductive effect). Das entsprechende technische

Bauelement heißt **Photowiderstand** oder **Photoleiter** (photoconductive cell). Bei anderen Strahlungsarten, wie z.B. Röntgen-Strahlen oder radioaktiver Strahlung, nennt man das Bauelement **Halbleiterdetektor** (semiconductor counter). Die Ursache für die Strahlungsabhängigkeit ist die Erhöhung der Anzahl beweglicher Ladungsträger. Durch die Energie der auftreffenden Strahlung werden Elektronen und/oder Defektelektronen (s. Abschn. 27.4) in leitende Zustände gehoben, d.h. in die Lage versetzt, an der Stromleitung teilzunehmen. Das **Xerox-Kopierverfahren** (xerographic copying process) nutzt die Photoleitung in amorphem Selen aus, mit dem eine rotierende Trommel beschichtet wird. An den belichteten Stellen des vorher mit elektrischen Ladungen besprühten Selens werden die Ladungen abgeleitet, während an den dunklen Stellen die dort verbliebenen Ladungen das Schwärzungspulver (Toner) in das von der Trommel transportierte Papier saugen.

19.2   Elektrolyte

Grundlagen, die Faraday'schen Gesetze

Reines Wasser besitzt eine nur sehr geringe elektrische Leitfähigkeit. Durch Auflösen von Salzen, Säuren oder Basen erhöht sich die Leitfähigkeit je nach der Konzentration um viele Größenordnungen. Im Gegensatz zur Stromleitung in Metallen kommt es aber dabei neben der magnetischen und der thermischen Wirkung noch zu chemischen Veränderungen. Bevor wir auf diese etwas näher eingehen, wollen wir einige für das Verständnis notwendige Begriffe definieren. Die positive Elektrode nennt man **Anode** (anode) und die negative **Kathode** (cathode). Ein negativ geladenes Ion, wie z.B. Cl^- oder SO_4^{2-}, wird **Anion** (anion) genannt, da es zur Anode wandert, und entsprechend bezeichnet man ein positiv geladenes Ion, wie z.B. Na^+ oder Cu^{2+}, als **Kation** (cation). Eine Ionen enthaltende Lösung oder Schmelze heißt **Elektrolyt** (electrolyte). Die **Hydratation** (hydration) ist die Ursache für die Löslichkeit von Ionenkristallen in Wasser. Als Beispiel betrachten wir einen Kupfersulfatkristall. Ohne Anwesenheit von Wasser werden die Bausteine Cu^{2+} und SO_4^{2-} durch die elektrostatische Anziehungskraft zusammengehalten. Da das Wassermolekül (H_2O) aber ein relativ großes elektrisches Dipolmoment besitzt (in der Gasphase, d.h. für isolierte Wassermoleküle, beträgt es $(6{,}17\pm0{,}06)\cdot10^{-30}$Asm [LID90]), umgibt sich das Kupferion bei Anwesenheit von Wasser mit H_2O-Molekülen in der Weise, dass der Sauerstoff, der die negative Ladung des H_2O-Dipols trägt, dem Cu^{2+} zugewandt ist. Die umgekehrte Orientierung haben die H_2O-Moleküle in der Hydrathülle des SO_4^{2-}-Ions. Eine quantitative Behandlung zeigt nun, dass sich die freie Enthalpie (s. Tab. 25, S. 137) beim Auflösen eines Kupfersulfatkristalls in Wasser verringert, weshalb dieser Vorgang von selbst abläuft. Die dabei auftretende Zerlegung des Moleküls $CuSO_4$ in Cu^{2+} und SO_4^{2-} nennt man **Dissoziation** (dissociation).

Bei der Behandlung der chemischen Reaktionen, die in wässrigen Elektrolyten auftreten, muss man stets beachten, dass auch das Wasser dissoziiert:

$$2H_2O \rightleftharpoons H_3O^+ + OH^- \ . \tag{345}$$

Wir beginnen mit dem einfachsten Fall, dass die Elektroden aus einem Material bestehen, das keine chemischen Veränderungen erfährt. Beispiele für solche Elektroden, die man **inert** (inert) nennt, sind Platinbleche oder Kohlestäbe. Der Elektrolyt bestehe aus einer einwertigen Base M^+OH^-, die in Wasser gelöst ist. M^+ bezeichnet z.B. ein Natriumion. Bei einem Stromdurchgang gibt es dann für die auftretenden Reaktionen zwei mögliche Fälle:
1.Fall: Die OH^--Ionen, die an die Anode wandern, setzen sich dort um gemäß der Reaktion

$$OH^- \rightarrow \tfrac{1}{4}O_2 + e^- + \tfrac{1}{2}H_2O \ , \tag{346}$$

wobei der Sauerstoff ($\tfrac{1}{4}O_2$) in die Luft entweicht und das Elektron (e^-) in die Elektrode geht. An der Kathode, an die die Metallionen M^+ wandern, findet folgende Reaktion statt:

$$M^+ + H_2O + e^- \rightarrow M^+ + OH^- + \tfrac{1}{2}H_2 \ . \tag{347}$$

Das Elektron (e^-) auf der linken Seite stammt aus der Elektrode und der Wasserstoff ($\tfrac{1}{2}H_2$) entweicht in die Luft. Aus den Gln.(346) und (347) ersieht man also, dass die Anzahl der Mole M^+OH^- konstant bleibt und dass das Wasser in gasförmigen Wasserstoff und die halbe Menge gasförmigen Sauerstoff zerlegt wird, die an der Kathode bzw. der Anode aufgefangen werden können (**elektrolytische Wasserzerlegung**, hydrolysis of water).
2.Fall: Die OH^--Ionen, die an die Anode wandern, werden in gleicher Weise wie oben (Gl.(346)) umgesetzt. An der Kathode, an die die Metallionen M^+ wandern, findet dagegen folgende Reaktion statt:

$$M^+ + e^- \rightarrow M \ , \tag{348}$$

wobei das Elektron (e^-) aus der Elektrode stammt und das Metall (M) sich an dieser Elektrode niederschlägt. Damit verringert sich also hier die Anzahl der Mole M^+OH^- und an der Kathode wird Metall abgeschieden (**Metallisierung**, metallization), wie z.B. beim elektrolytischen Verkupfern eines Gegenstandes.
Welcher der beiden Fälle auftritt, hängt u.a. vom Standardpotential des Metalls ab (s.Tab.50, S.238). Im Allgemeinen gilt, dass der elektrische Strom durch einen wässrigen Elektrolyten, dessen Kationen ein negatives Standardpotential besitzen, zur Wasserzerlegung führt, während bei positivem Standardpotential die Kathode

metallisiert wird. Wir betrachten den letzeren Fall und nennen m_K die Masse des Metallkations und ez_K seine Ladung. Bei einem Strom I werden dann in der Zeit Δt an der Kathode $I\Delta t(ez_K)^{-1}$ Metallatome abgeschieden, so dass sich für die abgeschiedene Masse $\Delta m = m_K I\Delta t(ez_K)^{-1}$ ergibt. Durch Erweitern dieser Gleichung mit der Avogadro'schen Zahl N_A (s.S.11) und Einführung der Molmasse $M_K = m_K N_A$ sowie der **Faraday'schen Konstante** (Faraday constant, Michael Faraday 1791-1867)

$$F = eN_A = 96\ 485,\ 309(29)\quad \text{As/mol} \tag{348}$$

folgt

$$\Delta m = \frac{M_K}{z_K} \cdot \frac{I\Delta t}{F} . \tag{349}$$

Diese Beziehung beinhaltet die beiden **Faraday'schen Gesetze** (Faraday's laws):
1.) *Die abgeschiedene Masse Δm ist proportional zur transportierten Ladung $I\Delta t$.*
2.) *Um die Masse von einem Mol eines Stoffes (M_K) abzuscheiden, muss eine Ladung transportiert werden, die gleich dem Produkt $z_K F$ aus Wertigkeit (z_K) und Faraday'scher Konstante (F) ist.*

Die Leitfähigkeit von Elektrolyten

Der Einfachheit halber betrachten wir im Folgenden einen Elektrolyten mit *einwertigen* Ionen. Für den Stromanteil I_+, der von den Kationen getragen wird, ergibt sich analog zu den Gln.(343) und (344), S.225,

$$I_+ = e\ c_+\ A\ \mu_+\ U/\ell . \tag{350}$$

Dabei bezeichnet c_+ die Konzentration und μ_+ die Beweglichkeit der Kationen, A die Querschnittsfläche und ℓ die Länge des Elektrolyten, an dem die Spannung U anliegt. Für den Beitrag I_- der Anionen ergibt sich eine analoge Beziehung (in Gl.(350) ist der Index $+$ durch den Index $-$ zu ersetzen), so dass mit $c_- = c_+$ für den Gesamtstrom folgt

$$I = I_+ + I_- = e\ c_+\ (\mu_+ + \mu_-)\ A\ \frac{U}{\ell} . \tag{351}$$

Ein Vergleich mit den Gln.(293) und (294) und dem folgenden Text auf S.188 zeigt, dass die Größe $ec_+(\mu_+ + \mu_-)$ gleich der Leitfähigkeit σ des Elektrolyten sein muss. Durch eine Messung des Stromes I in Abhängigkeit von der angelegten Spannung U erhält man also lediglich die Summe $\mu_+ + \mu_-$ der beiden Ionenbeweglichkeiten. Um die einzelnen Werte zu erhalten, benötigt man noch eine weitere Messung, wozu die Konzentrationsänderung im Elektrolyten unmittelbar vor den Elektroden verwendet werden kann. Um das Prinzip zu verstehen, betrachten wir den Spezialfall, dass der Quotient μ_+/μ_- gerade den Wert 2 besitzt. In Fig.111 sind die Verhältnisse schematisch für jeweils 8 einwertige Kationen und 8 einwertige Anionen dargestellt.

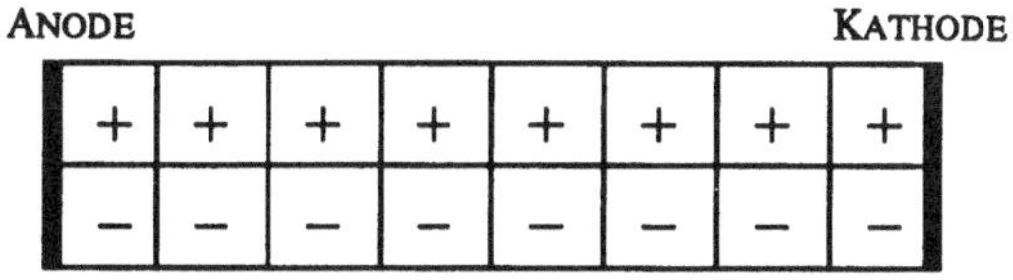

Fig.111a Verteilung der 8 Kationen (Ladung jeweils $+e$) und 8 Anionen (Ladung jeweils $-e$) im Elektrolyten zwischen Anode und Kathode

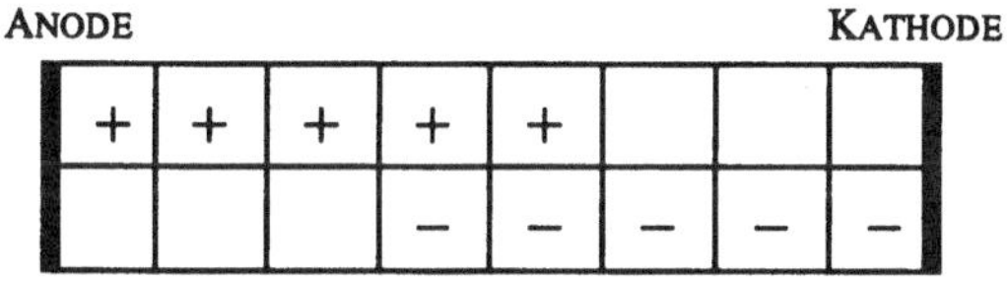

Fig.111b Nach Transport der Ladung $6e$ durch den Elektrolyten hat die Anode die Ladung $-3e$ und die Kathode die Ladung $+3e$ aufgenommen

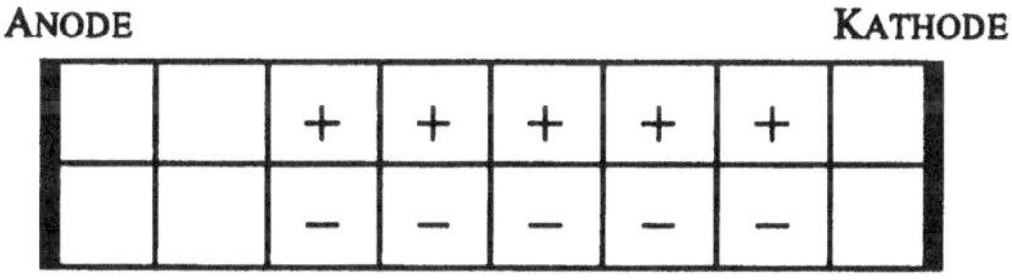

Fig.111c Da die Kationen eine doppelt so hohe Beweglichkeit wie die Anionen besitzen sollen ($\mu_+/\mu_-=2$), sind die Kationen ($+$) in Fig.111b um zwei Einheiten nach rechts und die Anionen ($-$) um eine Einheit nach links zu verschieben. Dies ergibt die Fig.111c, aus der hervorgeht, dass vor der Anode ein Defizit von 2 Ionenpaaren und vor der Kathode ein Defizit von 1 Ionenpaar entstanden ist

In Fig.111a ist die Verteilung vor Einsetzen des Stromes dargestellt. Nach der Zeit Δt, die so groß sei, dass gerade sechs Elementarladungen transportiert wurden ($I\Delta t = 6e$), ergibt sich die in Fig.111b gezeigte Ladungsbilanz. Die Konzentrationsbilanz schließlich, die durch die Verschiebung der Ionen in der Zeit Δt unter

Beachtung von $\mu_+/\mu_-=2$ bestimmt wird, ist in Fig.111c dargestellt. Die Verallgemeinerung dieser Betrachtung führt zu der Beziehung

$$\frac{|\Delta c_{\text{Anode}}|}{|\Delta c_{\text{Kathode}}|} = \frac{\mu_+}{\mu_-}, \tag{352}$$

so dass man aus den Konzentrationsänderungen des Elektrolyts im Gebiet vor den beiden Elektroden das Verhältnis μ_+/μ_- bestimmen kann. Durch Kombination mit Leitfähigkeitsmessungen, die die Summe $\mu_+ + \mu_-$ liefern (s.Gl.(351), S.233), erhält man die Einzelwerte (s.Tab.48). Zum Vergleich sei daran erinnert, dass die Beweglichkeit des Elektrons im Kupfer um fünf Größenordnungen größer ist (s.S.225).

Tab.48 Ionenbeweglichkeiten in Wasser bei unendlicher Verdünnung (infinite dilution) und einer Temperatur von 25 °C [LID90]

Kationen	μ_+ / (m²V⁻¹s⁻¹)	Anionen	μ_- / (m²V⁻¹s⁻¹)
H^+	$36{,}239 \cdot 10^{-8}$	OH^-	$20{,}5 \cdot 10^{-8}$
Li^+	$4{,}007 \cdot 10^{-8}$	Cl^-	$7{,}909 \cdot 10^{-8}$
Na^+	$5{,}190 \cdot 10^{-8}$	Br^-	$8{,}09 \cdot 10^{-8}$
K^+	$7{,}616 \cdot 10^{-8}$	NO_3^-	$7{,}402 \cdot 10^{-8}$

In der Literatur werden manchmal an Stelle der Ionenbeweglichkeiten die durch die folgenden Gleichungen definierten **Hittorf'schen Überführungszahlen** (Wilhelm Hittorf 1824-1914)

$$\nu_+ = \frac{\mu_+}{\mu_+ + \mu_-} \quad \text{und} \quad \nu_- = \frac{\mu_-}{\mu_+ + \mu_-} \tag{353}$$

verwendet. Als **Äquivalentleitfähigkeit** (equivalent conductivity) Λ bezeichnet man das Verhältnis aus der Leitfähigkeit σ und der **Molarität** (molarity) der Lösung, worunter man *die Anzahl der Mole des gelösten Stoffes in 1 Liter* $(1\ell = 10^{-3}\text{m}^3)$ *Lösung* versteht. Eine Lösung der Molarität n nennt man auch eine n-molare Lösung. Für Elektrolyte, bei denen sowohl die Kationen als auch die Anionen einwertig sind (ein-ein-wertige Elektrolyte) ergibt sich demnach unter Verwendung von Gl.(351), S.232, $\Lambda = ec_+(\mu_+ + \mu_-)/(1000c_+/N_A)$, wobei N_A die Avogadro'sche

Zahl, d.h. die Anzahl der Teilchen in einem Mol, bezeichnet. Mit der Faraday'schen Konstanten F (s. Gl. (348), S. 232) folgt

$$\Lambda = 1000 \, (\mu_+ + \mu_-)F \; . \tag{354}$$

Gemäß Gl. (354) sollte die Äquivalentleitfähigkeit unabhängig von der Konzentration des gelösten Stoffes sein. Tatsächlich beobachtet man aber eine deutliche Zunahme von Λ mit wachsender Verdünnung. Ein Beispiel zeigt die Tab. 49.

Tab. 49 Konzentrationsabhängigkeit der Äquivalentleitfähigkeit einer wässrigen Lösung von NaCl bei 25 °C [LID90]

Molarität	10^{-1}	10^{-2}	10^{-3}	0 (extrapoliert)
Λ / ($\ell\,\Omega^{-1}\mathrm{m}^{-1}\mathrm{mol}^{-1}$)	10,669	11,845	12,368	12,639

Für diese Abhängigkeit gibt es im Prinzip zwei Deutungsmöglichkeiten: 1.) Bei höheren Konzentrationen sind nicht alle Moleküle NaCl in die Ionen Na^+ und Cl^- dissoziiert, d.h. der **Dissoziationsgrad** (degree of dissociation)

$$\alpha = \frac{\text{Zahl der in Ionen gespaltenen Moleküle}}{\text{Gesamtzahl der gelösten Moleküle}} \tag{355}$$

ist kleiner als eins.

Dies ergibt sich aus dem **Massenwirkungsgesetz** (equilibrium law, law of chemical equilibrium), das im vorliegenden Fall die Form $c_{Na^+} \cdot c_{Cl^-}/c_{NaCl}=K$ hat, wobei K die **Dissoziationskonstante** (dissociation constant) für die Reaktion $NaCl \rightleftarrows Na^+ + Cl^-$ und c_{NaCl} die Konzentration der nichtdissoziierten Moleküle bezeichnet. Mit $c_{Na^+}=c_{Cl^-}$ und der Konzentration *aller* gelösten Moleküle $c = c_{Na^+} + c_{NaCl}$ folgt das **Ostwald'sche Verdünnungsgesetz** (Ostwald's dilution law, Wilhelm Ostwald 1853-1932) $\alpha=(K/2c)\cdot\{(1+4c/K)^{1/2}-1\}$, wonach tatsächlich der Dissoziationsgrad für höhere Konzentrationen abnimmt.

Diese Deutung gilt für schwache Elektrolyte. 2.) Starke Elektrolyte, wie beispielsweise NaCl, sind selbst bei hohen Konzentrationen vollständig dissoziiert ($\alpha=1$). Damit bleibt als einzige Erklärung eine Konzentrationsabhängigkeit der Ionenbeweglichkeiten. Die **Debye-Hückel-Theorie** (Debye-Hückel theory, Peter Debye 1884-1966, Erich Hückel 1896-1980) erklärt diese Abhängigkeit durch die elektrostatische Wechselwirkung zwischen den Kationen und den Anionen.

19.3   Galvani'sche Elemente

Wir betrachten zunächst die Prozesse, die beim Eintauchen von Metallen in Wasser bzw. in wässrige Elektrolytlösungen ablaufen.

(1) *Eintauchen eines Metallstabes in reines Wasser.* Das Metall bestehe, abgesehen von den Leitungselektronen, aus zweifach positiv geladenen Metallionen. Bei Metallen mit negativem Standardpotential (s. Tab. 50, S. 238) gehen M^{2+}-Ionen aus dem Metall in Lösung, indem sie sich mit einer Hydrathülle umgeben. Dadurch entsteht eine **elektrische Doppelschicht** (electric double layer), bei der das Metall negativ und die angrenzende Wasserschicht, wegen der gelösten M^{2+}-Ionen, positiv geladen ist. Mit wachsender Anzahl der in Lösung gehenden Metallionen wächst die elektrische Spannung der Doppelschicht an, bis sie schließlich den weiteren Übergang von Metallionen verhindert. Bei Metallen mit positivem Standardpotential dagegen werden die infolge der natürlichen Dissoziation ($2H_2O \rightleftarrows H_3O^+ + OH^-$) im Wasser vorhandenen Wasserstoffionen beim Kontakt mit dem Metall durch die Leitungselektronen neutralisiert, es bildet sich gasförmiger Wasserstoff (H_2), der in die Luft übergeht bzw. an den Elektroden haftet. Auf diese Weise entsteht ebenfalls eine elektrische Doppelschicht, wobei aber jetzt das Metall positiv und die angrenzende Wasserschicht, wegen der zurückgebliebenen OH^--Ionen, negativ geladen ist.

(2) *Eintauchen eines Metallstabes in einen wässrigen Elektrolyten, der Ionen eines anderen Metalls enthält.* Wenn dieses andere Metall ein größeres Standardpotential besitzt, dann überzieht sich der Metallstab mit einer Schicht dieses anderen Metalls. Als Beispiel tauche man einen blanken Eisennagel in eine wässrige $CuSO_4$-Lösung. Nach relativ kurzer Zeit nimmt dann der Nagel die rötliche Farbe metallischen Kupfers an, d.h. das Eisen wurde auch ohne einen äußeren elektrischen Strom verkupfert.

(3) *Eintauchen eines Metallstabes in einen wässrigen Elektrolyten, der Ionen des gleichen Metalls enthält.* Es bildet sich wie bei (1) eine elektrische Doppelschicht aus, deren Spannung sowohl von der Art des Metalls als auch von der Ionenkonzentration im Elektrolyten abhängt. Die Spannung einer solchen Doppelschicht kann man nicht messen; denn dazu wäre eine inerte Zuleitung zu der an das Metall angrenzenden Wasserschicht erforderlich. Dagegen sind Differenzmessungen relativ leicht möglich und man hat deshalb das **Standardpotential** (Redoxpotential, standard reduction potential) U_r durch die Festlegung eingeführt, dass U_r für die Normal-Wasserstoff-Elektrode gleich null ist.

Die Abgabe von einem oder mehreren Elektronen nennt man in der Chemie **Oxydation** (oxidation) und den umgekehrten Vorgang, d.h. die Aufnahme von einem oder mehreren Elektronen, **Reduktion** (reduction). Die Reaktion $M \rightleftarrows M^+ + e^-$ kann demzufolge als Oxydation des Metallatoms M oder auch als Reduktion des Metallions M^+ bezeichnet werden. M/M^+ ist ein "Redoxpaar".

Eine **Normal-Wasserstoff-Elektrode** (standard hydrogen electrode) besteht aus einer Platinelektrode, die von molekularem Wasserstoff unter Normaldruck (ca. 0,1MP) umspült wird und die in eine wässrige Lösung eintaucht, die 1 Mol H^+-Ionen im Liter enthält. Fig.112 zeigt die Anordnung zur Messung eines Standardpotentials am Beispiel von Kupfer, wobei wesentlich ist, dass bei derartigen Messungen die Metallelektrode in eine 1-normale wässrige Lösung des zugehörigen Metallions tauchen muss.

Definitionsgemäß (s. S.234 unten) erhält man eine **1-molare Lösung** durch Auflösen von 1 Mol des zu lösenden Stoffes in einer zunächst möglichst geringen Menge Wasser und anschließende Verdünnung mit Wasser auf 1 Liter ($10^{-3}m^3$) Lösung. Hat das Kation des zu lösenden Stoffes die Wertigkeit z, so muss man in gleicher Weise nicht 1 Mol, sondern $1/z$ Mole auflösen, um eine **1-normale Lösung** zu erhalten. Eine 1-molare $CuCl_2$-Lösung enthält demzufolge in einem Liter $(63,55+2\cdot35,45)\cdot10^{-3}kg \approx 134,45g$ Kupferchlorid, während in einer 1-normalen $CuCl_2$-Lösung nur halb soviel Kupferchlorid enthalten ist.

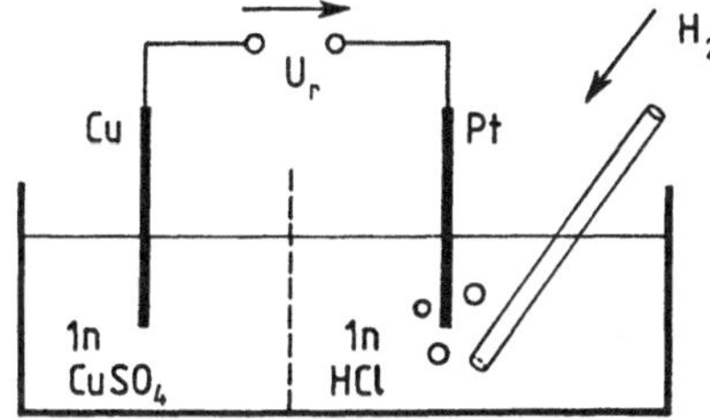

Fig.112 Anordnung zur Messung des Standardpotentials U_r von Kupfer. Die gestrichelte Gerade kennzeichnet eine semipermeable Schicht, mit der eine Durchmischung von $CuSO_4$ und HCl verhindert wird. 1n bedeutet, dass es sich um 1-normale Lösungen handelt (s.Text)

Auf der nächsten Seite sind in Tab.50 Standardpotentiale für einige Metalle sowie für die Sauerstoffelektrode, die analog zur Wasserstoffelektrode (rechte Elektrode in Fig.112) realisiert wird, zusammengestellt. Die Auflistung nach wachsenden Werten für das Standardpotential nennt man **elektrochemische Spannungsreihe** (electrochemical series). Wenn die Konzentration des Elektrolyten das v-fache einer 1-normalen Lösung beträgt, so ist U_r durch die Spannung

$$U_v = U_r + \frac{kT}{ze}\ln v \qquad\qquad (356)$$

zu ersetzen. Diese Beziehung wird als **Nernst'sche Gleichung** (Walther Nernst 1864-1941) bezeichnet.

Für die Konzentration c_+ der Metallionen M^{z+} in der Lösung muss nach der Boltzmann-Verteilung (s.S.111) $c_+ = \kappa \exp[(zeU_v)/(kT)]$ gelten, wobei κ eine Konstante ist, die vom gemeinsamen Potential der Lösung abhängt (Fig.112). Für eine 1-normale Lösung, bei der wir die Konzentration der Metallionen c_+/v nennen wollen, gilt also definitionsgemäß $c_+/v = \kappa \exp[(zeU_r)/(kT)]$. Die Division dieser beiden Gleichungen durcheinander gibt $v = \exp[ze(U_v - U_r)/kT]$ und damit die gesuchte Gl.(356).

Tab.50 Standardpotentiale U_r für 25 °C und 0,1MPa [LID90]

Elektrode	U_r / V	Elektrode	U_r / V
Al /Al^{3+}	− 1,662	Au / Au$^+$	+ 1,692
Zn / Zn^{2+}	− 0,7618	Pt / Pt^{2+}	+ 1,118
Fe / Fe^{2+}	− 0,447	Ag / Ag$^+$	+ 0,7996
Ni / Ni^{2+}	− 0,257	Hg / Hg^{2+}	+ 0,7973
Pb / Pb^{2+}	− 0,1262	¼O$_2$ / OH$^-$	+ 0,401
Fe / Fe^{3+}	− 0,037	Cu / Cu^{2+}	+ 0,345

Ersetzt man bei der Anordnung von Fig.112 die Wasserstoffelektrode durch eine Zinkelektrode, die in eine 1-normale ZnSO$_4$-Lösung taucht, so folgt nach Tab.50 für die sich ausbildende Spannung zwischen der Kupfer- und der Zinkelektrode ein Wert von ca.1,1V. Eine derartige Stromquelle, die ihre elektrische Energie aus chemischen Reaktionen in Elektrolyten gewinnt, nennt man eine **Batterie** oder **Galvani'sches Element** (voltaic cell oder galvanic cell). Im vorliegenden Fall spricht man von einem **Kupfer-Zink-Element** (copper zinc voltaic cell).

Dass die Urspannung, d.h. die Spannung ohne Stromentnahme, für das Kupfer-Zink-Element nicht exakt gleich der Differenz zwischen den Standardpotentialen des Kupfers und des Zinks ist, liegt an der Tatsache, dass sich auch an der Phasengrenze zweier Elektrolytlösungen verschiedener Konzentrationen und/oder verschiedener Zusammensetzung ein Potentialsprung ausbildet, der **Diffusionspotential** (diffusion potential) U_D genannt wird. Im Gegensatz zum Standardpotential U_r an der Phasengrenze Metall/ Elektrolyt wirken aber beim Diffusionspotential auch kinetische Einflüsse mit, so dass in den Formeln außer den Konzentrationen (c_1 und c_2) auch die Ionenbeweglichkeiten (μ_+ und μ_-) mit auftreten. Für *gleiche Zusammensetzung* der Elektrolyte gilt [BRD65] $U_D = (\mu_+ - \mu_-)(\mu_+ + \mu_-)^{-1}(kT/ze) \cdot \ln(c_2/c_1)$, wobei z die Wertigkeit der Ionen bezeichnet. Da K$^+$ und Cl$^-$ nahezu die gleiche Ionenbeweglichkeit besitzen, s.Tab.48, S.234, verschwindet bei diesem Elektrolyten das Diffusionspotential auch für $c_2 \neq c_1$. Das Vorzeichen von U_D kann man sich leicht überlegen, da die schneller wandernden Ionen die Aufladung bestimmen. An der Phasengrenze 1 n HCl/ 0,1 n HCl laden die beweglicheren H$^+$-Ionen ($\mu_+ > \mu_-$) die verdünnte Lösung (1) positiv auf, d.h. es muss U_D kleiner als null sein, was in Übereinstimmung mit der obigen Formel steht. Für zwei *verschiedene* Elektrolyte mit gemeinsamem Anion gilt bei gleichen Konzentrationen [BRD65] $U_D = (kT/ze)\ln[(\mu_{+,2} + \mu_-)/(\mu_{+,1} + \mu_-)]$. An der Phasengrenze CuSO$_4$/ZnSO$_4$ ergibt sich mit $z = 2$ und den (für kleine Konzentrationen gültigen) Beweglichkeiten für SO$_4^{2-}$ ($\mu_- \approx 8,0 \cdot 10^{-3} \mathrm{m^2V^{-1}m^{-1}}$), für Zn^{2+} ($\mu_{+,2} \approx 5,28 \cdot 10^{-3} \mathrm{m^2V^{-1}m^{-1}}$) und für Cu^{2+} ($\mu_{+,1} \approx 5,36 \cdot 10^{-3}$ $\mathrm{m^2V^{-1}m^{-1}}$) das sehr kleine Diffusionspotential $U_D = 0,26\mu V$. Es ist aber zu beachten, dass die hier angegebenen Formeln nur bei kleinen Konzentrationen gültig sind. Bezüglich der allgemeinen Beziehungen wird auf die Literatur [BRD65] verwiesen.

Beim Stromfluss durch einen Elektrolyten treten an den Elektroden Erscheinungen auf, die man als **Galvani'sche Polarisation** oder **elektrolytische Polarisation** (electrolytic polarization) bezeichnet. Wir betrachten der Einfachheit halber wieder gleiche und inerte Elektroden (s.Fig.113). Ohne Polarisation wäre die Strom-Spannungs-Kennlinie gemäß Gl.(351), S.232, eine Gerade.

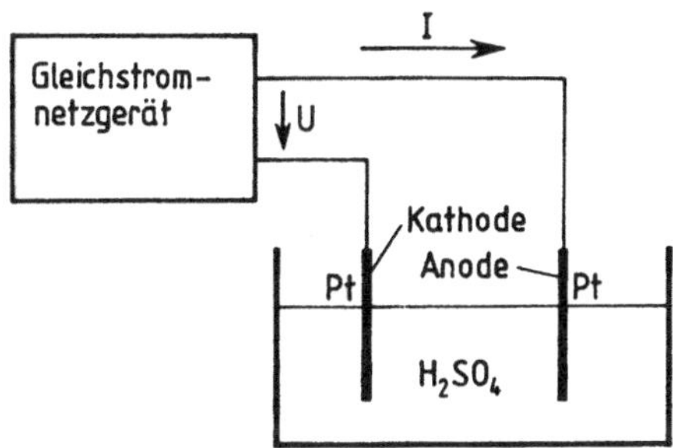

Fig.113 Messplatz zum Nachweis der elektrolytischen Polarisation

Dies ist auch richtig für sehr kleine Ströme, während sich bei Anlegen größerer Spannungen deutliche Abweichungen von der extrapolierten Geraden ergeben, die in Fig.114 gestrichelt gezeichnet ist. Allerdings verlaufen schließlich bei höheren

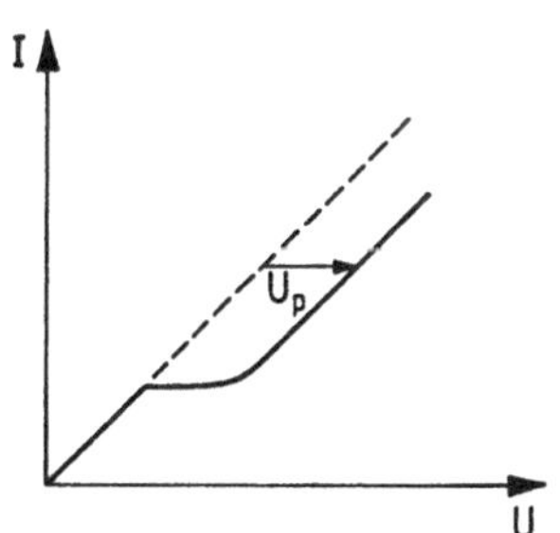

Fig.114 Strom-Spannungs-Kennlinie, die sich ergibt, wenn man bei der Anordnung von Fig.113 die Spannung allmählich vom Wert null an erhöht. Die Differenz der Spannungen für die tatsächliche und die extrapolierte (gestrichelt gezeichnete) Kurve ist die Polarisationsspannung U_p für den betreffenden Strom

Strömen die extrapolierte Gerade und die Strom-Spannungs-Kennlinie wieder parallel. Die Differenz der Spannungen zwischen der tatsächlichen Kurve und der extrapolierten Geraden nennt man die **Polarisationsspannung** U_p. Aus Fig.114 ersieht man, dass die Polarisationsspannung zunächst null ist, dann aber mit wachsendem Strom sehr schnell größer wird und schließlich einen konstanten Wert erreicht (die beiden Kurven verlaufen parallel). Die Ursache der Polarisationsspannung sind die chemischen Veränderungen, die der Strom an den Elektroden erzeugt. Im vorliegenden Fall ist es die elektrolytische Wasserzerlegung, wodurch die Kathode, an der sich H_2 abscheidet, zu einer Wasserstoffelektrode und die Anode zu einer Sauerstoffelektrode wird.

Die elektrolytische Polarisation ist bei Galvani'schen Elementen i.Allg. unerwünscht, da sie die Spannung des Galvani'schen Elements herabsetzt, sobald man ihm einen Strom entnimmt, d.h. die beiden Elektroden über einen Widerstand miteinander verbindet. Die Polarisation kann man verhindern, indem man durch Verwendung einer semipermeablen Trennschicht sichert, dass die Metallelektroden in Elektrolyten eintauchen, deren Kationen mit den Ionen des Elektrodenmetalls identisch sind (z.B. Cu-Elektrode in $CuSO_4$ und Zn-Elektrode in $ZnSO_4$). Allerdings wird durch eine solche Trennschicht der innere Widerstand der Stromquelle vergrößert. Eine andere, auch heute noch technisch genutzte Möglichkeit besteht darin, dass man die Abscheidung von Wasserstoff durch ein geeignetes Oxydationsmittel unterbindet. Dies wird beim **Zink-Kohle-Element** (Leclanché cell, Georges Leclanché 1839-1882) dadurch realisiert, dass man die stabförmige Kohleelektrode mit Braunstein (MnO_2) umgibt. Die Zinkelektrode umschließt diese Packung, die mit dem Elektrolyten (NH_4Cl) getränkt ist, koaxial. An ihr findet keine Polarisation statt, da mit der Stromentnahme Zinkatome als Kationen (Zn^{2+}) in Lösung gehen. Die Urspannung (s.S.191) dieser Stromquelle beträgt ca. 1,5V mit der Kohleelektrode als positivem Pol.

Als nützlich erweist sich die Galvani'sche Polarisation, wenn man sie benutzt, um elektrische Energie zu speichern. Einen solchen Speicher nennt man **Akkumulator** (accumulator) oder auch **sekundäres Galvani'sches Element** (secondary cell, storage battery). Als Beispiel betrachten wir den **Bleiakkumulator**. In ein Gefäß mit 20-prozentiger Schwefelsäure (H_2SO_4) tauchen zwei Bleielektroden ein, die sich im Laufe der Zeit mit $PbSO_4$ überziehen. Dies ist der ungeladene Zustand. Nach Anlegen einer Spannung an die Elektroden beginnt ein Strom zu fließen, der an der Kathode folgende Umsetzung bewirkt:

$$Pb^{2+}SO_4^{2-} + 2H^+ + 2e^- \rightarrow Pb + H_2^{2+}SO_4^{2-}. \tag{357}$$

Dabei stammen die beiden Elektronen ($2e^-$) aus der Elektrode und die beiden Wasserstoffionen ($2H^+$) aus dem Elektrolyten. An der Anode wird das Bleisulfat zu Bleidioxid umgewandelt:

$$Pb^{2+}SO_4^{2-} + 2\,O^{2-}H^+ - 2e^- \rightarrow Pb^{4+}O_2^{4-} + H_2^{2+}SO_4^{2-}. \tag{358}$$

Hier stammen die beiden Hydroxylgruppen ($2OH^-$) aus dem Elektrolyten und es werden zwei Elektronen an die Elektrode abgegeben. Im Ergebnis des Ladevorgangs wird also die Kathode zu metallischem Blei und die Anode mit einer Schicht Bleidioxid überzogen. Das damit entstandene (sekundäre) Galvani'sche Element hat eine Urspannung von 2,02V, wobei die PbO_2-Elektrode der positive Pol ist. Außerdem hat sich die Konzentration der Schwefelsäure und damit die Dichte des Elektrolyten erhöht, was zur Prüfung des Ladezustands mit einem **Aräometer** (hydrometer, die Eintauchtiefe einer schwimmenden Spindel wird umso geringer, je größer die Dichte ist) verwendet werden kann. Mit der Entladung des Akkumulators wandeln sich beide Elektroden wieder in $PbSO_4$ um und die Säurekonzentration nimmt ab. Der **Wirkungsgrad** (efficiency) des Bleiakkumulators bezüglich der gespeicherten Ladung, die i.Allg. nicht in As, sondern in Ah angegeben wird, ist etwas größer als 90%, während er für die Energie zwischen 70% und 80% liegt, da die Entladespannung etwas niedriger als die Ladespannung ist. Die Dichte der gespeicherten Energie liegt bei 80 - 120 kJ/kg.

19.4 Freie Elektronen

Obwohl die Leitungselektronen im Metall leicht beweglich sind, ist für den Austritt ins Vakuum eine Energiezufuhr (**Austrittsarbeit**, work function) erforderlich, die benötigt wird, um die elektrostatische Anziehungskraft der zurückbleibenden positiven Metallionen zu überwinden. Diese Energie kann in Form von Wärme (**thermische Emission**, thermionic emission), Licht (**Photoemission**, photoelectric effect), elektrostatischer Energie (**Feldemission**, field emission) oder durch Stöße von bereits ins Vakuum emittierten Elektronen oder Ionen (**Sekundärelektronenemission**, secondary emission) zugeführt werden.
Für die Ablenkung eines Elektronenstrahls durch ein homogenes elektrisches Feld (s.Fig.115) ergibt eine einfache Rechnung unter der Voraussetzung, dass die Elektronenmasse m_e konstant ist,

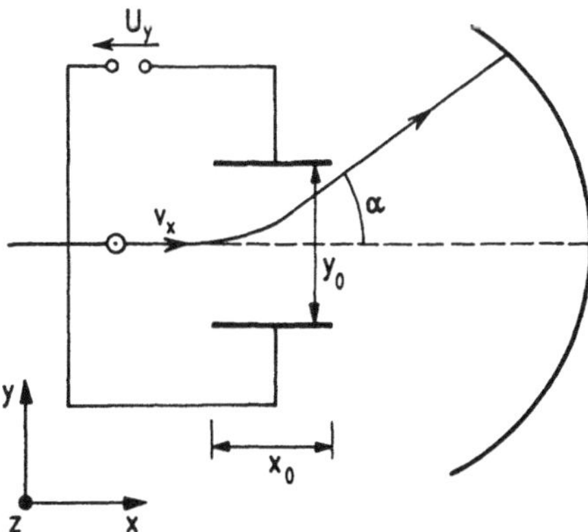

Fig.115 Zur Ablenkung eines Elektronenstrahls durch ein homogenes elektrisches Feld $E_y = -U_y/y_0$

$$\tan \alpha = \frac{e}{m_\mathrm{e}} \frac{U_y}{y_0} \frac{x_0}{v_x^2} . \tag{359}$$

Wir bezeichnen, wie üblich, mit $-e$ die Ladung eines Elektrons und nehmen an, dass seine Geschwindigkeit v_x klein gegen die Lichtgeschwindigkeit c_0 sei, so dass die Masse gleich der Ruhemasse m_e ist. Zum Durchlaufen der Strecke x_0 benötigt ein Elektron des Elektronenstrahls von Fig.115 die Zeit $\Delta t = x_0/v_x$ und erfährt dabei in y-Richtung die konstante Kraft $F_y = -eE_y$, wofür man mit $E_y = -U_y/y_0$ auch $F_y = +eU_y/y_0$ schreiben kann. Die Integration des zweiten Newton'schen Axioms $\mathrm{d}(m_\mathrm{e}v_y)/\mathrm{d}t = F_y$ (s.Gl.(20), S.21) liefert $v_y = (1/m_\mathrm{e})(eU_y/y_0)(x_0/v_x)$, so dass sich für $\tan\alpha = v_y/v_x$ die Gl.(359) ergibt.

Die Anordnung von Fig.115 wird sowohl zur Messung des Quotienten aus Ladung und Masse für freie Elektronen als auch zur Messung der Emissionsgeschwindigkeit v_x, d.h. als **Energieanalysator** (energy analyzer), verwendet.

Lässt man den Elektronenstrahl noch ein zweites Plattenpaar durchlaufen, das ein elektrisches Feld in z-Richtung erzeugt (Spannung U_z, Plattenabstand z_0), so kann man durch geeignete Wahl der Ablenkspannungen U_y und U_z den Elektronenstrahl auf jeden gewünschten Punkt des Bildschirmes dirigieren. Derartige Geräte spielen in der Messtechnik eine große Rolle und werden als **Oszillograph** oder **Oszilloskop** (mitunter auch als **Kathodenstrahl-Oszillograph** oder **Kathodenstrahl-Oszilloskop**, cathode-ray oscilloscope) bezeichnet. Nach dem gleichen Prinzip erzeugt man auch die Fernsehbilder bei den meisten Fernsehempfängern, wobei allerdings die Ablenkung des Elektronenstrahls magnetisch, d.h. mittels stromdurchflossener Spulen erfolgt.

Wenn Elektronen mit der Geschwindigkeit $\vec{v}$, von der wir wieder annehmen wollen, dass sie klein gegen die Lichtgeschwindigkeit c_0 sei, senkrecht in ein homogenes Magnetfeld $\vec{B}$ geschossen werden (s.Fig.116 auf der nächsten Seite), so bewegen sie sich auf einer Kreisbahn mit dem Radius

$$r = \frac{m_\mathrm{e}}{e} \frac{v}{B} \tag{360}$$

und der Kreisfrequenz

$$\omega_\mathrm{C} = \frac{e}{m_\mathrm{e}} B , \tag{361}$$

die man als **Zyklotronfrequenz** (cyclotron frequency) bezeichnet.

Da die magnetische Flussdichte $\vec{B}$ senkrecht auf der Abbildungsebene steht und aus ihr herausgerichtet ist (s.Fig.116), erfährt das Elektron auf Grund der Lorentz-Kraft $\vec{F} = -e\,\vec{v} \times \vec{B}$ (s.Gl.(322), S.209 mit $q = -e$) eine entsprechende Auslenkung und beschreibt damit die gezeichnete Kreisbahn. Der Radius r

dieser Kreisbahn ergibt sich aus der Gleichsetzung von Zentripetalkraft $m_e v^2/r$ (s.Gl.(58), S.45) und Lorentz-Kraft evB zu $r=(m_e/e)(v/B)$, woraus für die Zyklotronfrequenz $\omega_C=v/r$ die Gl.(361) folgt.

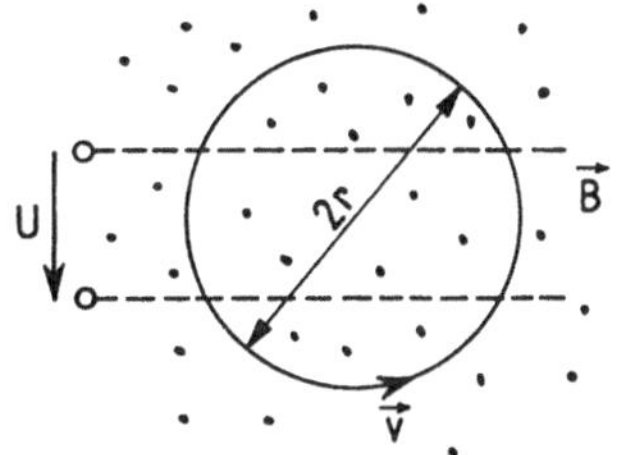

Fig.116 Zur Ablenkung von Elektronen mit der Geschwindigkeit $\vec{v}$ durch ein homogenes magnetisches Feld mit der Flussdichte $\vec{B}$, das senkrecht zu $\vec{v}$ steht. Die Elektronen beschreiben Kreisbahnen mit dem Radius r (Gl.(360)) und der Kreisfrequenz ω_C (Gl.(361)).
Durch zwei Gitter (gestrichelte Geraden), an die man eine phasensynchrone Wechselspannung U der Frequenz ω_C anlegt, lässt sich die Elektronenenergie bei jedem Umlauf vergrößern (Prinzip des Zyklotrons)

Bemerkenswert an Gl.(361) ist die Tatsache, dass die Kreisfrequenz ω_C nicht vom Radius r der Kreisbahn und damit nicht von der Energie der Elektronen abhängt. Dies wird bei dem als **Zyklotron** (cyclotron) bezeichneten Ringbeschleuniger für kernphysikalische Untersuchungen ausgenutzt: Durch eine phasensynchrone elektrische Wechselspannung U mit der Kreisfrequenz ω_C, die zwischen die beiden in Fig.116 gestrichelt gezeichneten Gitter angelegt wird, erhöht sich bei jedem Umlauf die Elektronenenergie und damit der Radius r der Kreisbahn. In Randnähe wird dann schließlich durch ein elektrisches Hilfsfeld der Elektronenstrahl auf die zu untersuchende Probe gelenkt.
Da nach der Relativitätstheorie die Masse keine Konstante ist, sondern mit wachsender Geschwindigkeit größer wird (s.S.291), verringert sich die Zyklotronfrequenz (Gl.(361)) und die Elektronen bleiben nicht mehr im Takt mit dem angelegten Wechselfeld. Dies begrenzt die Wirkungsweise des Zyklotrons auf Elektronenenergien von maximal einigen 100keV. Um höhere Teilchenenergien zu erreichen, muss man im Einklang mit der Massenzunahme die Frequenz des elektrischen Wechselfeldes zeitlich verringern (**Synchrozyklotron**, synchrocyclotron). Eine andere Möglichkeit besteht darin, die Flussdichte des magnetischen Feldes ortsabhängig zu machen, um die Massenzunahme der Teilchen (meist Elektronen oder Protonen) zu kompensieren. Einen derartigen Ringbeschleuniger bezeichnet man als **Synchrotron** (synchrotron).

Da jede Impulsänderung eines geladenen Teilchens mit einer Emission elektromagnetischer Wellen verbunden ist (s.S.272ff.), sind Ringbeschleuniger auch Strahlungsquellen. Das Spektrum reicht von den Hertz'schen Wellen bis zu den Röntgen-Strahlen (s.Tab.61, S.284), wobei die Intensität nach dem kurzwelligen Ende umso größer wird, je höher die Energie der Elektronen und je kleiner der Krümmungsradius ihrer Bahn ist. Durch Verwendung einer als **Monochromator** (monochromator) bezeichneten Anordnung, lässt sich aus dem breiten kontinuierlichen Spektrum elektromagnetische Strahlung im Bereich der Röntgen-Strahlen mit einer schmalen spektralen Verteilung herausfiltern. Diese **Synchrotronstrahlung** (synchrotron radiation) findet in zunehmendem Maße bei Kristallstrukturuntersuchungen an Stelle der konventionellen Röntgen-Strahlung (s.S.336) Verwendung.

Das **Magnetron** (magnetron) ist ein Mikrowellengenerator, bei dem sich Elektronen, die aus einer geheizten zylinderförmigen Kathode ins Vakuum austreten, unter dem kombinierten Einfluss eines radialen elektrischen und eines koaxialen magnetischen Feldes bewegen. Die Anode ist ebenfalls ein Zylinder, der die Kathode konzentrisch umgibt und eine Reihe von radialen Schlitzen oder Bohrungen enthält. Dadurch wird die Phasengeschwindigkeit einer umlaufenden elektromagnetischen Welle soweit reduziert, dass sie mit der Elektronengeschwindigkeit nahezu übereinstimmt. Dies führt zu einer Energieübertragung von den Elektronen auf die elektromagnetische Welle, die mit jedem Umlauf an Leistung gewinnt, bis die Sättigung erreicht ist. Die Anfangsamplitude der Welle wird durch statistische Schwankungen der Elektronendichte (**elektronisches Rauschen**, electronic noise) gegeben. Mit Magnetrons kann man im cm-Wellengebiet Mikrosekunden-impulse bis zu 10MW erzeugen. Sie finden vor allem in der Radartechnik (**Radar**=<u>ra</u>dio <u>d</u>etection <u>a</u>nd <u>r</u>anging), aber oft auch im Haushalt beim Mikro-wellenherd (microwave oven) Anwendung.

Die Ablenkung geladener Teilchen durch elektrische und magnetische Felder wird bei der **Massenspektrometrie** (mass spectrometry) benutzt, um Teilchen mit hoher Genauigkeit nach ihrer Masse zu sortieren: Nach Verdampfen der zu untersuchen-den Substanz werden die Atome bzw. Moleküle, deren Masse m_T sei, durch eine elektrische Entladung ionisiert, wobei sie die Ladung $z_T e$ (mit $z_T = +1$ oder -1, $+2$ usw.) erhalten. Danach durchlaufen sie elektrische und magnetische Felder, die so dimensioniert sind, dass die Ablenkung nur durch das Verhältnis m_T/z_T und nicht durch die Startgeschwindigkeit der Ionen bestimmt wird. Fig. 117 auf der nächsten Seite zeigt das Prinzip des **Aston'schen Massenspektrographen** (Aston's mass spectrograph, Francis William Aston 1877-1945): Die Ionen werden im elektrischen Feld $\vec{E}$ umgekehrt proportional zum Quadrat ihrer Geschwindigkeit abgelenkt (s.Gl.(359), S.242) und treten dann in das zu $\vec{E}$ senkrechte Magnetfeld mit der Flussdichte $\vec{B}$ ein, welches die Ablenkung zum Teil rückgängig macht, da die magnetische Ablenkung umgekehrt proportional zur Geschwindigkeit der Ionen ist (s.Gl.(360), S.242). Durch geeignete Dimensionierung der beiden Felder kann man erreichen, dass sich die Bahnen gleicher Ionen trotz verschiedener Startge-schwindigkeiten in der Ebene der Photoplatte (s.Fig.117) schneiden. Auf diese Weise erhält man das **Massenspektrum** (mass spectrum) der zu untersuchenden Substanz. Mit modernen Massenspektrometern kann man noch Teilchen getrennt nachweisen, deren Massenzahlen sich um weniger als 10^{-5} unterscheiden.

So liefert z.B. ^{17}ODH mit einer relativen Massenzahl von 20,0296 eine Linie, die noch gut getrennt ist von der des $^{16}OD_2$ mit 20,02292.

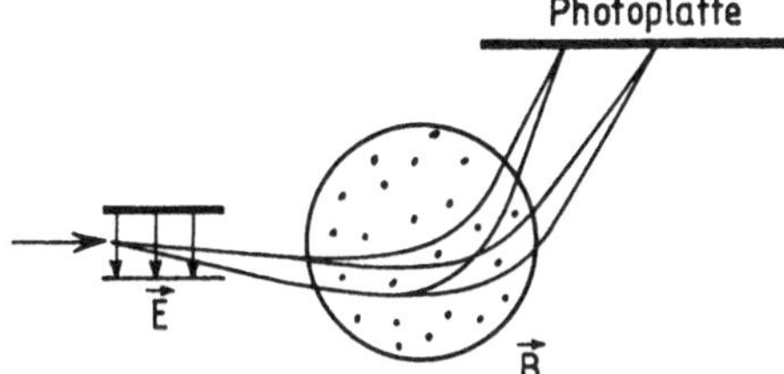

Fig.117 Prinzip des Aston'schen Massenspektrographen, mit dem von links ankommende Ionen der Ladung $z_\mathrm{T}e$ und der Masse m_T, unabhängig von ihren Startgeschwindigkeiten, auf der Photoplatte nach dem Verhältnis $m_\mathrm{T}/z_\mathrm{T}$ sortiert werden

19.5 Gasentladungen, Plasma

Gasentladungen

Gas ohne elektrisches Feld. In einem Gas werden durch die natürliche radioaktive Strahlung und die Höhenstrahlung ständig Ladungsträger (Elektronen und Ionen) erzeugt, die aber im Gegensatz zu denen in Elektrolyten nicht stabil sind, da die Hydratation fehlt. Wir betrachten im Folgenden der Einfachheit halber einwertige Ladungsträger. Die Konzentrationen c_+ und c_- müssen wegen des Satzes von der Erhaltung der Ladung gleich sein. Dann gilt für Konzentrationen, die klein sind gegen die der ungeladenen Teilchen, die folgende **Bilanzgleichung** (master equation)

$$\frac{dc_+}{dt} = g - rc_+^2 \ , \tag{362}$$

wobei g die **Generationsrate** (generation rate) für die Ladungsträger und r ihr **Rekombinationskoeffizient** (recombination coefficient) ist.

Für die sekundlich erzeugte Konzentration positiver Ladungsträger gilt $(dc_+/dt)_\mathrm{G}=g$. Die Konstante g heißt Generationsrate und ist proportional zur Intensität der ionisierenden Strahlung. Andererseits verringert sich die Konzentration durch Rekombination, d.h. durch Zusammenstöße zwischen positiven und negativen Ladungsträgern. Wegen $c_+=c_-$ ist die Wahrscheinlichkeit für einen solchen Zusammenstoß proportional zu c_+^2, so dass für die sekundliche Abnahme der Konzentration $(dc_+/dt)_\mathrm{R}=-rc_+^2$ geschrieben werden kann. Mit $(dc_+/dt)=(dc_+/dt)_\mathrm{G}+(dc_+/dt)_\mathrm{R}$ folgt dann die Gl.(362).

Für die stationäre Konzentration der Ladungsträger ergibt sich auf Grund der Bedingung $dc_+/dt=0$ aus Gl.(362) $c_{+stat}=(g/r)^{1/2}$. Wenn man die ionisierende Strahlung in der Zeit $t\geq 0$ abschirmt, folgt

$$c_+(t) = \frac{c_{+stat}}{1 + (gr)^{1/2}t} \;, \tag{363}$$

d.h. nach der Zeit $\tau=(gr)^{-1/2}$, die man als **mittlere Lebensdauer** (mean life time) der Ionen bezeichnet, ist die Konzentration auf die Hälfte des stationären Wertes abgesunken.

Aus Gl.(362) ergibt sich mit $g=0$ für $t\geq0$ die Differentialgleichung $(dc_+/dt)=-rc_+^2$. Durch Trennung der Variablen folgt $dc_+/c_+^2=-rdt$ und nach Integration zwischen den Grenzen 0 und t entsprechend c_{+stat} und $c_+(t)$ die Beziehung $-1/c_+(t) + 1/c_{+stat}=-rt$. Einsetzen von $c_{+stat}=(g/r)^{1/2}$ liefert die Gl.(363).

Löst man die Gleichung $\tau=(gr)^{-1/2}$ nach r auf und setzt dies in den Ausdruck $c_{+stat}=(g/r)^{1/2}$ ein, so erhält man die allgemeine Beziehung

$$c_{+stat} = g\,\tau \;, \tag{364}$$

die die mittlere Lebensdauer τ und die Generationsrate g mit der stationären Konzentration verknüpft.

Die Gl.(364) gilt z.B. auch für die Bevölkerung eines Landes. Mit einer Bevölkerungszahl von 80 Millionen und einem mittleren Lebensalter von 68 Jahren müssen also $80\cdot10^6/68$ Kinder pro Jahr geboren werden, um die Bevölkerungszahl stabil zu halten. Dies entspricht $1000/68\approx15$ Kindern pro 1000 Einwohner und Jahr.

Durch natürliche Ionisierung werden in $1m^3$ Luft bei Zimmertemperatur und einem Druck von $0,1MPa$ ungefähr $5\cdot10^6$ Ladungsträger pro Sekunde erzeugt. Die stationäre Konzentration beträgt ca. $2\cdot10^9$ Ladungsträger/m^3, so dass mit Gl.(364) für die mittlere Lebensdauer τ ein Wert von etwa 400s folgt.

Gas unter dem Einfluss eines schwachen elektrischen Feldes (**unselbständige Gasentladung**, non-self-maintained discharge). Die Strom-Spannungs-Kennlinie ist schematisch in Fig.118 auf der nächsten Seite dargestellt. Im **Proportionalitätsbereich** (proportional region) ist der Strom so gering, dass der Abtransport der Ladungsträger an die Elektroden die stationären Werte für die Konzentrationen ($c_{+stat}=c_{-stat}$) praktisch nicht verändert. Dann gilt analog zu Gl.(351), S.232,

$$I_{\text{Prop}} = e \, c_{+\text{stat}} \, (\mu_+ + \mu_-) \, A \frac{U}{\ell} \, , \tag{365}$$

wobei μ_+ bzw. μ_- die Beweglichkeit der positiven bzw. der negativen Ladungsträger des Gases bezeichnet.

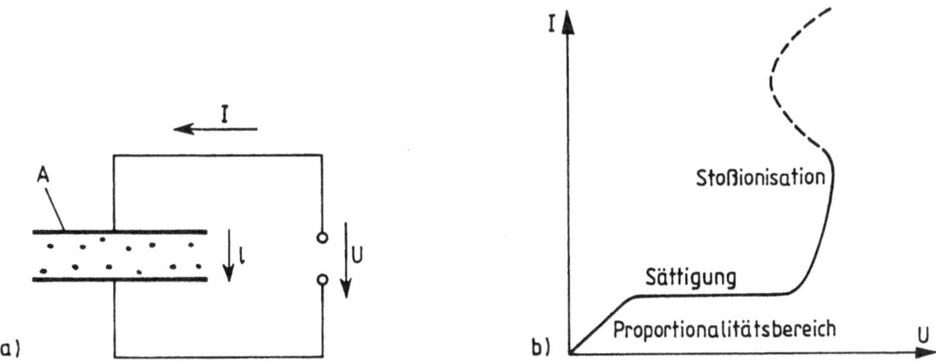

Fig.118 Schematische Darstellung (a) der experimentellen Anordnung und (b) der Strom-Spannungs-Kennlinie für die unselbständige Entladung. Der gestrichelte Verlauf gilt für die selbständige Entladung (s.u.).

Im **Sättigungsbereich** (saturation region) wird jedes durch die ionisierende Strahlung neu erzeugte Paar von Ladungsträgern an die Elektroden transportiert. Wenn man die Rekombination gegenüber diesem Abtransport vernachlässigen kann, folgt aus den Gln.(292), S.187, und (362), S.245,

$$I_{\text{Sätt}} = 2e \, A \ell \, g \, . \tag{366}$$

Beim Übergang zu noch höheren Spannungen tritt **Stoßionisation** (collision ionization) auf: Die Ladungsträger werden zwischen zwei aufeinander folgenden Stößen mit den neutralen Gasteilchen so stark beschleunigt, dass sie diese ionisieren, wodurch zusätzliche positive und negative Ladungsträger entstehen. Dafür sind vor allem die Elektronen wegen ihrer größeren Weglänge zwischen zwei Stößen verantwortlich. Zu diesem Effekt kommt aber noch hinzu, dass die positiven Ladungsträger bei ihrem Aufprall auf die Kathode Sekundärelektronen erzeugen, die den Strom weiter lawinenartig anwachsen lassen. Die **Townsend'sche Theorie** (Townsend theory, John Sealy Edward Townsend 1868-1957) liefert die Beziehung

$$I_{\text{Stoß}} = \frac{I_{\text{Sätt}} \exp(\alpha \ell)}{1 - \gamma \, [\exp(\alpha \ell) - 1]} \; . \tag{367}$$

Wir betrachten eine Entladung, bei der die primäre Ursache für den Strom Elektronen sind, die von der Kathode, z.B. lichtelektrisch, emittiert werden. Die Konzentration dieser "Mutterelektronen" unmittelbar vor der Kathode nennen wir c_0. Durch ionisierende Stöße mit den Gasteilchen auf dem Weg von der Kathode ($x=0$) zur Anode ($x=\ell$) erhöht sich die Elektronenkonzentration längs der Strecke dx um d$c=\alpha c$dx, wobei α als **Townsend'scher Ionisationskoeffizient der Elektronen** (Townsend (electron) ionization coefficient) bezeichnet wird. Diese Größe hängt von der Art des Gases, seinem Druck und der elektrischen Feldstärke ab. Die Integration zwischen $x=0$ und $x=\ell$ liefert für die von den Mutterelektronen an der Anode erzeugte Konzentration der Elektronen $c_{0,\ell}=c_0\exp(\alpha \ell)$. *Ein* Mutterelektron erzeugt damit an der Anode $[\exp(\alpha \ell)-1]$ zusätzliche Elektronen. Wegen der Ladungsneutralität muss eine gleichgroße Anzahl positiver Ladungsträger gebildet worden sein, die auf die Kathode aufprallen und dort durch Sekundäremission mit dem **Sekundäremissionskoeffizienten** γ (secondary electron emission coefficient) eine Konzentration von $\gamma c_0[\exp(\alpha \ell)-1]$ Tochterelektronen erzeugen. Für die Konzentration der Enkelelektronen an der Kathode ergibt sich analog $\gamma^2 c_0[\exp(\alpha \ell)-1]^2$ usw. Die Gesamtkonzentration der Elektronen an der Anode wird also durch die Summe $c_\ell=\{c_0\exp(\alpha \ell)\}\{1+q+q^2+...\}$ mit $q=\gamma[\exp(\alpha \ell)-1]$ gegeben. Unter der Voraussetzung $q<1$ lässt sich die Summe dieser geometrischen Reihe in der Form $c_\ell=\{c_0\exp(\alpha \ell)\} \cdot \{1-\gamma[\exp(\alpha \ell)-1]\}^{-1}$ schreiben. Da der Strom unmittelbar vor der Anode nur durch die Elektronen getragen wird, folgt $I=\{I_{\text{Sätt}}\exp(\alpha \ell)\}\{1-\gamma[\exp(\alpha \ell)-1]\}^{-1}$ mit $I_{\text{Sätt}}$ als dem Strom, der sich ohne Stoßionisation ($\alpha=0$) und ohne die Erzeugung von Sekundärelektronen an der Kathode ($\gamma=0$) ergeben würde.

Die Gl.(367) ist nur gültig für $\gamma[\exp(\alpha \ell)-1]<1$. Sie besagt, dass der Strom $I_{\text{Stoß}}$ wesentlich größer sein kann als der Strom $I_{\text{Sätt}}$, der sich beim bloßen Abtransport aller durch Fremdeinwirkung (ionisierende Strahlung, lichtelektrischer Effekt u.a.) erzeugten Ladungsträger ergibt. Das Verhältnis $I_{\text{Stoß}}/I_{\text{Sätt}}$ wird mitunter auch als **Gasverstärkung** (gas amplification factor) bezeichnet. Wesentlich an Gl.(367) ist die Tatsache, dass der Strom $I_{\text{Stoß}}$ verschwindet, wenn man die Fremdeinwirkung ausschaltet ($I_{\text{Sätt}}\to 0$). Deshalb fasst man den Proportionalitätsbereich, den Sättigungsbereich und den Bereich der Stoßionisation für $\gamma[\exp(\alpha \ell)-1]<1$ unter dem Begriff unselbständige Gasentladung zusammen.
Für $\gamma[\exp(\alpha \ell)-1]=1$ erfolgt der Übergang zur **selbständigen Gasentladung** (self-sustaining gas discharge). Der Strom wird sehr groß und kann nicht mehr durch Ausschalten der Fremdeinwirkung zu null gemacht werden. Die zugehörige Strom-Spannungs-Kennlinie wurde in Fig.118b, S.247, gestrichelt eingezeichnet. Charakteristisch ist das Gebiet mit negativem differentiellem Widerstand ($\mathrm{d}U/\mathrm{d}I<0$), wo der Spannungsabfall U mit wachsendem Strom I kleiner wird. Damit müsste die Stromstärke theoretisch über alle Grenzen anwachsen. Tatsächlich wird dies aber durch den Ohm'schen Widerstand der Zuleitungsdrähte oder besser noch durch

einen zusätzlich in Reihe zu schaltenden Schutzwiderstand verhindert. Wie schon auf S.190 erwähnt, erreicht man hier das Gebiet des negativen differentiellen Widerstandes über $dU/dI=0$ im Gegensatz zur Tunneldiode (s.Fig.83, S.189), wo der Übergang über $dU/dI=\infty$ erfolgt. Die Tab.51 gibt einen Überblick über die verschiedenen Typen von Gasentladungen, und zwar geordnet von oben nach unten mit wachsender Stromstärke.

Tab.51 Einteilung der Gasentladungen, geordnet nach Stromstärken, die von oben nach unten größer werden

<table>
<tr><td colspan="2" align="center">UNSELBSTÄNDIGE ENTLADUNG</td></tr>
<tr><td colspan="2" align="center">DUNKELENTLADUNG
Proportionalitätsbereich Gl.(365), S.247,   Sättigungsbereich Gl.(366), S.247,
Stoßionisation Gl.(367), S.248</td></tr>
<tr><td colspan="2" align="center">SELBSTÄNDIGE ENTLADUNG</td></tr>
<tr><td align="center">verdünnte Gase</td><td align="center">Gase bei mittleren und höheren Drücken</td></tr>
<tr><td>GLIMMENTLADUNG

Glimmlampen
   (10^3-10^4 Pa, Edelgasgemische)

Leuchtstofflampen
   (ca. 10^2Pa, Quecksilberdampf)</td><td>CORONA - ENTLADUNG

Entladung von Kunststoffkleidung,
Hochspannungskabel oberhalb 100kV,
St.-Elms-Feuer

FUNKEN / BLITZ

typischer Blitz: 500MV, 20kA, Zeit-
dauer 50μs, d.h. Energie nur ca.140kWh</td></tr>
<tr><td colspan="2" align="center">Erhitzung der Elektroden</td></tr>
<tr><td colspan="2" align="center">BOGENENTLADUNG
Quecksilber- und Xenonhochdrucklampen (1-10MPa),   Kohlelichtbögen (Luft von 0,1MPa),
Vakuumbögen (einige 10^2Pa)</td></tr>
</table>

Durch einen Lichtbogen zwischen Kohleelektroden lassen sich insbesondere an der positiven Elektrode (Kraterbildung) hohe Temperaturen erzeugen. Diese liegen unter Normaldruck bei ca. 4000°C und unter erhöhtem Druck sogar über 6000°C, d.h. höher als die Temperatur der Sonnenoberfläche.

Die Funkenbildung zwischen zwei gleichen Metallkugeln, die sich in trockener Luft befinden, wird zur Messung hoher Spannungen verwendet. Dabei ist die Abhängigkeit vom Kugelradius (s.Tab.52), vom Druck und der Temperatur zu beachten.

Tab.52 Erforderliche Spannung U zur Funkenbildung zwischen zwei Metallkugeln (Radius $R=25$mm) bzw. zwei Metallspitzen (Radius $R\rightarrow 0$) in trockener Luft bei 0,1MPa und 25°C [LID90]

U / kV	5	10	20	30	50	100
Abstand in mm für Metallkugeln	1,5	2,9	6,0	9,4	17,1	47,7
Abstand in mm für Metallspitzen	4,2	8,5	17,5	26,9	52	155

Um eine Funkenlänge von 1cm zu erzeugen, benötigt man also bei Metallkugeln ca. 32kV und bei Metallspitzen nur ca. 12kV.

Eine wichtige Anwendung findet die Stromverstärkung durch Stoßionisation beim **Geiger-Müller-Zählrohr** (Geiger-Müller counter, Hans Geiger 1882-1945, Walther Müller geb. 1905) zum Nachweis ionisierender Strahlung. Ein dünnwandiges, elektrisch leitendes Rohr mit einem Durchmesser in der Größenordnung cm umgibt konzentrisch einen nur wenige μm dicken Wolfram- oder Stahldraht (s.Fig.119).

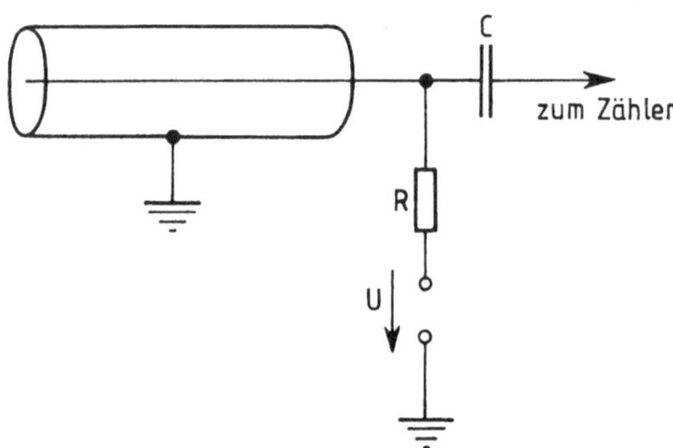

Fig.119 Geiger-Müller-Zählrohr

Der Raum zwischen den beiden Elektroden ist gewöhnlich mit Argon, Neon oder Methan (100 Pa bis 100kPa) gefüllt, dem einige Massenprozent Alkoholdampf zur Verringerung der Totzeit (s.u.) zugesetzt werden. Der Widerstand R liegt in der Größenordnung 10^6-$10^8\Omega$ und die Spannung U bei einigen hundert Volt. Bei der 1. Betriebsart (**Auslösebereich**, initiation region) wird die Spannung U so gewählt, dass die Entladung zwar noch unselbständig ist, sich aber dicht am Übergang zur selbständigen Entladung befindet. Wegen der Inhomogenität des elektrischen Feldes (s. z.B. S.175/176) muss dies in der Nähe des dünnen Drahtes gelten, da dort die elektrische Feldstärke und damit der Ionisationskoeffizient α (s.S.248) den größten

Wert besitzt. Ein ionisierendes Teilchen, das dann in dieses Gebiet gelangt, würde demzufolge einen sehr großen Strom ($I_{\text{Stoß}} \to \infty$) erzeugen. Dieser wird jedoch durch den Widerstand R begrenzt, so dass der Spannungsabfall an diesem Widerstand unabhängig von der Zahl der Ladungsträger ist, die das ionisierende Teilchen erzeugt. Die Dauer des Spannungsabfalls hängt u.a. von der Wanderungsgeschwindigkeit der positiven Ladungsträger und den Parametern der Schaltung ab. Eine solche kurzzeitig existierende Spannung nennt man einen **elektrischen Impuls** (pulse). Dieser wird von dem Kondensator C an den Zähler übertragen, an dessen Ausgang man dann die Anzahl der Impulse in einer vorgegebenen Zeit ablesen kann. Die Zeit, die vom Beginn eines Impulses vergehen muss, bis das Zählrohr wieder in der Lage ist, ein ionisierendes Teilchen nachzuweisen, d.h. einen erneuten Impuls an den Zähler abzugeben, bezeichnet man als **Totzeit** (dead time). Sie liegt in der Größenordnung 10^{-4}s. Als **Zählrohrcharakteristik** (characteristic curve) bezeichnet man die Anzahl z der pro Sekunde registrierten Zählrohrimpulse als Funktion der Spannung U. Dabei muss aber gewährleistet sein, dass die Anzahl z_0 der pro Sekunde eintreffenden ionisierenden Teilchen kleiner ist als die reziproke Totzeit, d.h., für den obigen Wert muss $z_0 < 10^4 \text{s}^{-1}$ gelten. Fig.120 zeigt schematisch eine Zählrohrcharakteristik.

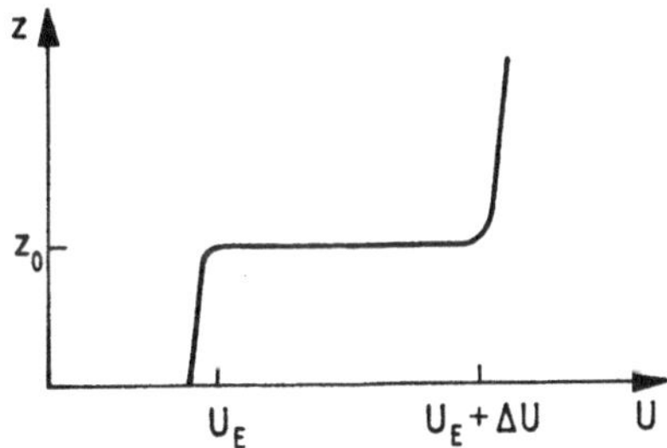

Fig.120 Zählrohrcharakteristik. U_E ist die Einsatzspannung und ΔU die Plateaubreite

Die Größe U_E bezeichnet man als **Einsatzspannung** (starting voltage) und ΔU als **Plateaubreite** (plateau width) des Zählrohrs. Der Arbeitsbereich liegt zwischen U_E und $U_E + \Delta U$. Gute Zählrohre besitzen eine Plateaubreite ΔU von einigen hundert Volt.

Bei der 2.Betriebsart (**Proportionalbereich**, proportional region) arbeitet man in einem schmalen Gebiet nahe der Einsatzspannung U_E. Für die dort registrierten Impulse ist die Amplitude nicht konstant, sondern proportional zur Anzahl der von dem ionisierenden Teilchen erzeugten primären Ladungsträger ($I \propto I_{\text{Sätt}}$).

Neben dem Geiger-Müller-Zählrohr gibt es noch eine Reihe anderer Methoden zum Nachweis ionisierender Strahlen. Drei der wichtigsten seien hier noch erwähnt. **Halbleiterdetektoren** (semiconductor detectors) sind in Sperrrichtung vorgespannte p-n-Dioden (s.S.508ff.). Durch die Strahlung entstehen in der Sperrschicht Elektron-Defektelektron-Paare, die Anlass zu elektrischen Impulsen von einigen ns Dauer geben. Vorteilhaft sind die sehr kurze Totzeit und ein gutes Energieauflösungsvermögen. Nachteilig ist die oft erforderliche Kühlung mit flüssigem Stickstoff. Bei einem **Szintillationszähler** (scintillation counter) wird die Energie der Strahlung an die Atome bzw. Moleküle des Szintillatormaterials (z.B. ZnS, NaJ oder Kunststoffe) abgegeben, die daraufhin Lichtblitze aussenden. Diese Lichtblitze sind nur 10^{-8} bis 10^{-6}s lang und werden mit einem Sekundärelektronen-Vervielfacher (**SEV**, photomultiplier) in elektrische Impulse umgewandelt. Die Amplitude dieser Impulse ist proportional zur Energie der ionisierenden Strahlung. Mit dem **Tscherenkow-Zähler** (Čerenkov counter, Pawel Alexejewitsch Tscherenkow, geb. 1904) können geladene Teilchen nachgewiesen werden, die sich mit einer Geschwindigkeit v_S durch eine Substanz bewegen, die größer ist die Lichtgeschwindigkeit c_0/n in dieser Substanz (c_0 ist die Lichtgeschwindigkeit im Vakuum und n der Brechungsindex der Substanz, s. S.300). Dabei wird nämlich, analog zum Mach'schen Kegel (s. S.100), eine kegelförmige elektromagnetische Welle (bläulich-grünliches Licht) emittiert, deren Öffnungswinkel α sich aus der Beziehung $\sin\alpha = c_0/(nv_S)$ ergibt. Wenn man dann z.B. einen Plexiglaszylinder ($n=1,49$) vor einem Sekundärelektronen-Vervielfacher so anordnet, dass dieser Licht nur für einen bestimmten Öffnungswinkel α registriert, ist eine Geschwindigkeitsanalyse möglich. Das zeitliche Auflösungsvermögen liegt bei 10^{-9}s.

Plasma

Bei hocherhitzten Gasen werden die Atome bzw. Moleküle durch thermische Stöße ionisiert und es entsteht ein neutrales Gemisch aus Elektronen und positiv geladenen Ionen, das man **Plasma** (plasma) nennt. Wegen der mit steigender Temperatur erfolgenden Übergänge *Festkörper→Flüssigkeit→Gas→Plasma* bezeichnet man mitunter das Plasma auch als 4.Aggregatzustand. Dies ist jedoch problematisch, da es im Gegensatz zum Schmelzen und Verdampfen keine definierte Umwandlungstemperatur gibt: Nach der Boltzmann-Verteilung (s.S.110ff.) muss für das Verhältnis der Konzentrationen der Elektron-Ionen-Paare (c_{ei}) und der neutralen Teilchen (c_n) gelten

$$\frac{c_{ei}}{c_n} = \frac{g_{ei}}{g_n} \exp\left(-\frac{W_I}{kT}\right) . \tag{368}$$

Hierbei ist W_I die **Ionisierungsenergie** (ionization energy), k die Boltzmann-Konstante und T die Temperatur. g_{ei} und g_n bezeichnen die statistischen Gewichte für ein Elektron-Ionen-Paar bzw. ein neutrales Teilchen. Der **Ionisierungsgrad** (degree of ionization) $c_{ei}/(c_n+c_{ei})$ kann als Maß für das Erreichen des Plasmazustandes benutzt werden. Er wächst kontinuierlich von nahezu 0 auf ca. eins, wenn T von Zimmertemperatur auf einige 1000K erhöht wird. Im Weltall ist das Plasma der häufigste Zustand der Materie. Die Konzentration c_{ei} liegt in der Ionosphäre, d.h. schon knapp 100km über der Erdoberfläche, bei 10^{10}m^{-3}, in der Atmosphäre von

Fixsternen bei 10^{20}m^{-3} und in ihrem Inneren bei über 10^{30}m^{-3}.

Zum Vergleich sei die Konzentration c_n der neutralen Teilchen eines idealen Gases angegeben. Dafür ergibt sich aus der Gasgleichung (s.Gl.(161), S.106) und unter Verwendung der Avogadro'schen Zahl N_A (s.S.106) die Beziehung $c_n = pN_A/RT$, d.h., bei $p=0,1\text{MPa}$ und $T=300\text{K}$, ein Wert von $2,4\cdot10^{25}\text{m}^{-3}$.

Plasmen besitzen bei hohen Temperaturen eine sehr große elektrische Leitfähigkeit (σ, s.S.188) und eine extrem große Wärmeleitfähigkeit (λ, s.S.140). Für $T=10^8\text{K}$ ist σ etwa 30mal und λ ca. 10^7mal höher als von metallischem Kupfer.
Von den möglichen technischen Anwendungen seien vor allem der MHD-Generator, die Plasma-Rakete und der Kernfusionsreaktor erwähnt. Beim **magnetohydrodynamischen Generator (MHD-Generator**, magnetohydrodynamic generator) wird ein thermisch erzeugter Plasmastrom durch ein senkrecht zur Stromrichtung stehendes Magnetfeld geleitet. Analog zum Hall-Effekt (s.S.210/211) werden die positiven und die negativen Ladungsträger getrennt, so dass eine elektrische Spannung entsteht. Damit wird thermische Energie direkt in elektrische Energie umgewandelt. Bei 3000K erwartet man Wirkungsgrade bis zu 60%. Die **Plasmarakete** (plasma rocket) stellt die Umkehrung des MHD-Prinzips dar: Durch Anlegen einer elektrischen Spannung wird ein Plasmastrom beschleunigt und erreicht theoretisch Geschwindigkeiten, die erheblich höher liegen als beim chemischen Antrieb. Im **Kernfusionsreaktor** (thermonuclear reactor, fusion reactor) müssen so hohe Temperaturen erzeugt werden, dass die thermische Energie der geladenen Teilchen ausreicht, um ihre elektrostatische Abstoßung zu überwinden. Die wahrscheinlich aussichtsreichste Reaktion

$$D^+ + T^+ \rightarrow He^{2+} + n + \Delta E , \tag{369}$$

bei der ein Deuteriumkern (D^+) und ein Tritiumkern (T^+) zu einem Heliumkern (He^{2+}) unter Abgabe eines Neutrons (n) und der Energie $\Delta E \approx 17,6\text{MeV} \approx 2,8\cdot10^{-12}\text{J}$ verschmelzen, setzt oberhalb von ca. 10^8K ein. Um die investierte Aufheizenergie aber mindestens wieder zu gewinnen, muss bei dieser Temperatur das Plasma mit der Konzentration c_{ei} der **Lawson-Bedingung** (Lawson criterion)

$$c_{ei}\,\tau \geq 10^{20}\ \text{sm}^{-3} \tag{370}$$

genügen. τ ist die erforderliche Lebensdauer des Plasmas, die man **Einschlusszeit** (confinement time) nennt.

Im Prinzip gibt es zwei verschiedene Wege, die Lawson-Bedingung zu erfüllen. Beim **Trägheitseinschluss** (pellet fusion) werden kleine Mengen aus festem Deuterium (D_2) und Tritium (T_2) durch kurzzeitige intensive Bestrahlung aufgeheizt. Das entstehende Plasma bleibt infolge seiner Massenträgheit eine bestimmte Zeit zusammen, so dass die Bedingung (370) erfüllt werden kann. Beim **magnetischen Einschluss** (magnetic confinement) wird das Plasma durch magnetische Felder entweder auf Kreisbahnen in einem Toroid (**Tokamak**) oder in einer Spule mit stark erhöhter magnetischer Feldstärke an den Enden (**magnetische Spiegel**, magnetic mirrors) gehalten.

20   Elektrische Wechselströme und elektromagnetische Wellen

Heinrich Hertz: Ob ich wohl auch so einer werde, der nach der Erlangung einer Professur aufhört, etwas zu leisten?

20.1   Elektrische Wechselströme

Grundlagen

Die Erzeugung einer **elektrischen Wechselspannung** (alternating emf) durch Rotation einer Leiterschleife in einem Magnetfeld (**Dynamo**, alternator, alternating current generator) ist schematisch in Fig.121 dargestellt.

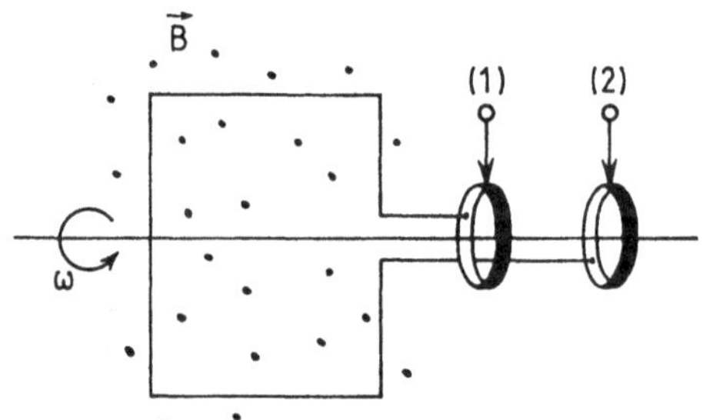

Fig.121 Erzeugung von elektrischen Wechselspannungen durch Rotation einer Leiterschleife in einem Magnetfeld, das senkrecht zur Drehachse gerichtet ist. Die Wechselspannung entsteht zwischen den Klemmen (1) und (2), die über Schleifkontakte ($\downarrow$) mit der Leiterschleife elektrisch verbunden sind

Wenn ω die Kreisfrequenz der Rotation, B die magnetische Flussdichte und A die Fläche der Leiterschleife bezeichnet, so ergibt sich für die Spannung $U(t)$ zwischen den Klemmen (1) und (2) aus dem Induktionsgesetz (s.Gl.(316), S.205)

$$U(t) = AB\omega \, \sin(\omega t + \alpha) . \tag{371}$$

Der Nullphasenwinkel α hängt von der Orientierung der Leiterschleife bezüglich der magnetischen Flussdichte zum Zeitpunkt $t=0$ ab. Die Größe $AB\omega$ nennt man **Amplitude** (amplitude) oder **Scheitelwert** (peak value) der Wechselspannung und bezeichnet sie mit dem Symbol $\hat{U}$.

Analog schreibt man für einen **Wechselstrom** (ac, alternating current. Gegensatz: **Gleichstrom**, dc, direct current)

$$I(t) = \hat{I} \sin(\omega t + \beta) \ . \tag{372}$$

Die Frequenz $\omega/(2\pi)$ der **Netzspannung** (line voltage) ist in Europa einheitlich 50Hz, während sie in den USA 60Hz beträgt. Zur Messung der Amplitude der Wechselspannung oder des Wechselstroms verwendet man meist Drehspulinstrumente (s.S.209), die in Reihe mit einer Gleichrichterdiode (s.Fig.83a, S.189) geschaltet sind. Allerdings ist zu beachten, dass diese, wie auch die anderen **Wechselstrom-** bzw. **Wechselspannungsinstrumente** (ac ammeter, ac voltmeter) so kalibriert sind, dass sie nicht die Amplitude, sondern den **Effektivwert** (effective value oder rms value) anzeigen. Der Effektivwert einer beliebigen Zeitfunktion $X(t)$ ist durch die Beziehung $X_{eff}=(\langle X^2(t)\rangle)^{1/2}$ definiert. Dabei kennzeichnen die eckigen Klammern das Zeitmittel. Für einen sinusförmigen Wechselstrom (s.Gl.(372)) ergibt sich

$$I_{eff} = \frac{\hat{I}}{\sqrt{2}} \ . \tag{373}$$

Nach der Definition des Effektivwertes gilt $I_{eff}=(\langle I^2(t)\rangle)^{1/2}$. Für $I(t)=\hat{I}\sin(\omega t+\beta)$ folgt also $I_{eff}^2=\hat{I}^2\cdot$ $(1/T)\int_0^T \sin^2(\omega t+\beta)\mathrm{d}t$ mit $T=2\pi/\omega$. Dies lässt sich umschreiben in $I_{eff}^2=\hat{I}^2(2\pi)^{-1}\int_0^{2\pi} \sin^2\xi\,\mathrm{d}\xi$. Einsetzen von $\sin^2\xi=\frac{1}{2}(1-\cos 2\xi)$ liefert $I_{eff}^2=\hat{I}^2/2$ und damit die Gl.(373).

Eine zweite Besonderheit dieser Instrumente ist die Tatsache, dass die Skalen bei analoger Anzeige nicht linear sind, sondern dass der Auslenkwinkel ϑ des Zeigers ungefähr proportional zum Quadrat des Effektivwertes ist.

An der Hintereinanderschaltung von Drehspulinstrument und Gleichrichterdiode liege die Wechselspannung $U(t)=\hat{U}\sin(\omega t+\alpha)$. Die Kennlinie der Diode (s.Fig.83a, S.189) nähern wir an durch $I=KU^2$ für $U>0$ und $I=0$ für $U<0$. Dann ergibt sich für den Mittelwert des Stromes durch das Drehspulinstrument $\langle I\rangle=K(2\pi)^{-1}\{\int_0^\pi \hat{U}^2\sin^2\xi\,\mathrm{d}\xi+0\}$ oder $\langle I\rangle=K\hat{U}^2/4$. Da der Auslenkwinkel ϑ des Drehspulinstruments wegen seiner Trägheit proportional zu $\langle I\rangle$ ist, folgt $\vartheta\propto\hat{U}^2\propto U_{eff}^2$.

Wie auf S.195 gezeigt wurde, ergibt sich die elektrische Leistung P als Produkt aus Spannung U und Strom I. Dies bedeutet, dass die Leistung bei zeitabhängigem U und I ebenfalls zeitabhängig wird. Man nennt

$$P(t) = U(t)\,I(t) \tag{374}$$

die **momentane elektrische Leistung** (time dependent electric power). Bezüglich der Anwendungen (Heizofen, Glühlampe, Elektromotor usw.) ist man aber vor allem am zeitlichen Mittelwert interessiert, den man **Wirkleistung** (active power)

$$P_{\mathrm{W}} = \langle P(t) \rangle \tag{375}$$

nennt, wobei die eckigen Klammern die zeitliche Mittelwertbildung kennzeichnen. Für eine sinusförmige Zeitabhängigkeit folgt

$$P_{\mathrm{W}} = U_{\mathrm{eff}}\, I_{\mathrm{eff}}\, \cos\phi \quad \text{mit} \quad U_{\mathrm{eff}} = \hat{U}/\sqrt{2} \quad \text{und} \quad I_{\mathrm{eff}} = \hat{I}/\sqrt{2} \tag{376}$$

sowie ϕ als der Phasenverschiebung zwischen Strom und Spannung.

Einsetzen von $U(t)=\hat{U}\sin(\omega t+\alpha)$ und $I(t)=\hat{I}\sin(\omega t+\beta)$ in die Gl.(375) gibt die Beziehung $P_{\mathrm{W}}=(1/T)\hat{U}\hat{I}$ $\int_0^T \sin(\omega t+\alpha)\sin(\omega t+\beta)\mathrm{d}t$. Mit dem Additionstheorem $\sin(\omega t+\alpha)\sin(\omega t+\beta)=(1/2)[\cos(\alpha-\beta)-\cos(2\omega t +\alpha+\beta)]$ folgt daraus $P_{\mathrm{W}}=(4\pi)^{-1}\hat{U}\hat{I}\ \int_0^{2\pi} [\cos(\alpha-\beta)-\cos(2\xi+\alpha+\beta)]\mathrm{d}\xi$ oder $P_{\mathrm{W}}=(1/2)\hat{U}\hat{I}\cos(\alpha-\beta)$. Ersetzt man hier noch $\hat{U}$ durch $U_{\mathrm{eff}}\sqrt{2}$ und $\hat{I}$ durch $I_{\mathrm{eff}}\sqrt{2}$ sowie $\alpha-\beta$ durch ϕ, so ergibt sich die gesuchte Gl.(376).

Das Produkt

$$P_{\mathrm{S}} = U_{\mathrm{eff}}\, I_{\mathrm{eff}} \tag{377}$$

nennt man **Scheinleistung** (apparent power) und die Größe

$$P_{\mathrm{B}} = U_{\mathrm{eff}}\, I_{\mathrm{eff}}\, \sin\phi \tag{378}$$

Blindleistung (reactive power oder wattless power), so dass $P_{\mathrm{S}}=(P_{\mathrm{W}}^2+P_{\mathrm{B}}^2)^{1/2}$ gilt. Wir wollen jetzt den Strom $I(t)$ berechnen, der sich ergibt, wenn man eine Wechselspannung $U=\hat{U}\cos\omega t$ an eine Spule mit der Induktivität L und dem Ohm'schen Widerstand R anlegt (s.Fig.122)

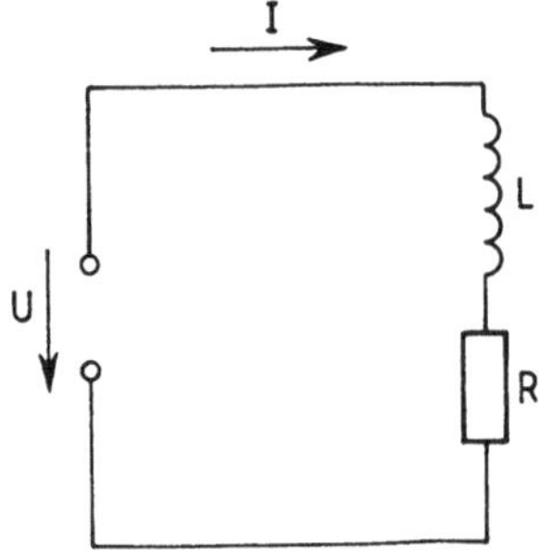

Fig.122 Zur Berechnung des Stromes $I(t)$, der sich ergibt, wenn man eine Wechselspannung $U=\hat{U}\cos\omega t$ an eine Spule mit der Induktivität L und dem Ohm'schen Widerstand R anlegt

Nach der Kirchhoff'schen Maschenregel (s.S.190) gilt unter Verwendung des Induktionsgesetzes (s.Gl.(328), S.212) und des Ohm'schen Gesetzes (s.Gl.(293), S.188)

$$L\frac{dI}{dt} + RI - \hat{U}\cos\omega t = 0 \quad . \tag{379}$$

Als Lösung dieser Differentialgleichung findet man

$$I(t) = \hat{I}\cos(\omega t + \phi) \tag{380}$$

mit

$$\hat{I} = \hat{U}\,(R^2 + \omega^2 L^2)^{-1/2} \tag{381}$$

und

$$\phi = \arctan\,(-\omega L/R) \quad . \tag{382}$$

Da die Erregung des Stromkreises mit der Frequenz ω erfolgt und da der Stromkreis nur lineare Bauelemente enthält, *muss* der Strom auch diese Frequenz besitzen. Wir machen deshalb den Lösungsansatz $I(t)=\hat{I}\cos(\omega t+\phi)$ mit den beiden unbekannten Größen $\hat{I}$ und ϕ. Durch Einsetzen dieses Lösungsansatzes in die Gl.(379) ergibt sich $-\omega L\hat{I}\sin(\omega t+\phi)+R\hat{I}\cos(\omega t+\phi)-\hat{U}\cos\omega t=0$. Mit den Additionstheoremen $\sin(\omega t+\phi)=\sin\omega t\cos\phi+\cos\omega t\sin\phi$ und $\cos(\omega t+\phi)=\cos\omega t\cos\phi-\sin\omega t\sin\phi$ erhält man die Beziehung $-(\omega L\hat{I}\cos\phi+R\hat{I}\sin\phi)\sin\omega t+(-\omega L\hat{I}\sin\phi+R\hat{I}\cos\phi-\hat{U})\cos\omega t=0$. Diese Gleichung muss zu jedem Zeitpunkt gelten, also insbesondere auch zu all den Zeitpunkten, für die $\sin\omega t=0$ bzw. $\cos\omega t=0$ gilt. Aus $\sin\omega t=0$ ergibt sich damit als 1.Bedingung $-\omega L\hat{I}\sin\phi+R\hat{I}\cos\phi-\hat{U}=0$ und analog aus $\cos\omega t=0$ als 2.Bedingung $\omega L\hat{I}\cos\phi+R\hat{I}\sin\phi=0$. Die 2.Bedingung führt nach Quadrieren und unter Verwendung der Beziehung $\sin^2\phi=1-\cos^2\phi$ zu $\cos\phi=\pm R(R^2+\omega^2 L^2)^{-1/2}$, wobei das Minuszeichen ausgeschlossen werden muss, damit sich $\phi=0$ für $\omega L=0$ ergibt. Einsetzen dieser Gleichung in die 2.Bedingung liefert $\sin\phi=-\omega L(R^2+\omega^2 L^2)^{-1/2}$ und wegen $\tan\phi=\sin\phi/\cos\phi$ die gesuchte Gl.(382). Setzen wir außerdem die Ausdrücke für $\sin\phi$ und $\cos\phi$ in die 1.Bedingung ein, so folgt schließlich auch noch die gesuchte Gl.(381).

Der Spezialfall $L=0$ gibt $\hat{I}=\hat{U}/R$ und $\phi=0$, also das Ergebnis, das man unmittelbar auch mit Hilfe des Ohm'schen Gesetzes ($I=U/R$) erhalten würde. Für den Spezialfall $R=0$ folgt $\hat{I}=\hat{U}/(\omega L)$ und $\phi=-\pi/2$. Dies bedeutet, dass sich die *Amplitude* des Stromes so berechnet, als ob an Stelle der Induktivität L ein Ohm'scher Widerstand der Größe ωL vorliegen würde. Strom und Spannung sind jedoch nicht in Phase, sondern der Strom läuft der Spannung um $\pi/2$ phasenverschoben hinterher.

Um den Strom $I(t)$ zu berechnen, der sich ergibt, wenn man eine Wechselspannung

$U(t)=\hat{U}\cos\omega t$ an die Hintereinanderschaltung einer Kapazität C und eines Ohm'-schen Widerstandes R anlegt (s.Fig.123), schreiben wir

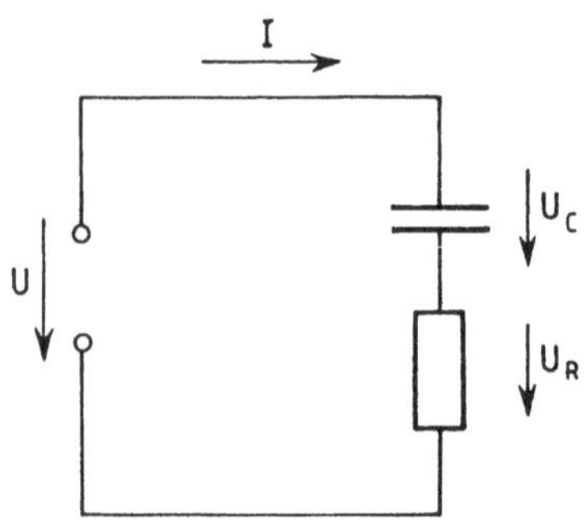

Fig.123 Zur Berechnung des Stromes $I(t)$, der sich ergibt, wenn man eine Wechselspannung $U(t)=\hat{U}\cos\omega t$ an die Hintereinanderschaltung einer Kapazität C und eines Ohm'schen Widerstandes R anlegt

wieder die Kirchhoff'sche Maschenregel $U_C+U_R-\hat{U}\cos\omega t=0$ (s.S.190) auf. Mit dem Ohm'schen Gesetz $U_R=RI$ (s.Gl.(293), S.188), der Definitionsgleichung der Kapazität $Q=CU_C$ (s.Gl.(265), S.173) und der Beziehung zwischen Strom und Ladung $I=dQ/dt$ (s.Gl.(292), S.187) folgt $(1/C)\int_0^t I(t')dt'+RI-\hat{U}\cos\omega t=0$. Die Differentiation nach der Zeit liefert die zu Gl.(379) analoge Differentialgleichung

$$\frac{I}{C} + R\frac{dI}{dt} + \hat{U}\omega\,\sin\omega t = 0 \quad . \tag{383}$$

Die Lösung ergibt sich auf die gleiche Weise wie bei Gl.(379) zu

$$I(t) = \hat{I}\cos(\omega t + \phi) \tag{384}$$

mit

$$\hat{I} = \hat{U}\left(R^2 + (\omega C)^{-2}\right)^{-1/2} \tag{385}$$

und

$$\phi = \arctan\left[(\omega CR)^{-1}\right] \quad . \tag{386}$$

Für den Spezialfall $R=0$ folgt $\hat{I}=\hat{U}\omega C$ und $\phi=+\pi/2$. Dies bedeutet, dass sich die *Amplitude* des Stromes so berechnet, als ob an Stelle der Kapazität C ein Ohm'-scher Widerstand der Größe $1/(\omega C)$ vorliegen würde. Jedoch sind auch hier Strom und Spannung nicht in Phase. Im Gegensatz zur Induktivität eilt aber der Strom der Spannung um $\pi/2$ phasenverschoben voraus. Dies lässt sich leicht merken, wenn man bedenkt, dass erst ein Strom fließen muss, ehe sich eine Ladung und damit eine Spannung an den Kondensatorplatten ausbilden kann.

Die Berechnung von Schaltkreisen, die nur **lineare Bauelemente** (linear components) enthalten, d.h. Bauelemente, bei denen Strom und Spannung linear miteinander verknüpft sind, vereinfacht sich wesentlich, wenn man mit komplexen Größen rechnet (**komplexe Wechselstromrechnung**, vector representation of impedances). Dazu geht man folgendermaßen vor:

1.) Man ersetze die Wechselspannungen $U(t)$ durch ihre **komplexen Amplituden** (phasors) $\underline{U}$, die sich aus der Definitionsgleichung $\mathrm{Re}\{\underline{U}e^{i\omega t}\}=U(t)$ ergeben. Dabei bedeutet der Operator $\mathrm{Re}\{...\}$, dass nur der Realteil der betreffenden Größe $\{...\}$ zu nehmen ist. Für $U(t)=\hat{U}\cos(\omega t+\alpha_c)$ folgt also $\underline{U}=\hat{U}\exp(i\alpha_c)$ und für $U(t)=\hat{U}\sin(\omega t+\alpha_s)$ die komplexe Amplitude $\underline{U}=-i\hat{U}\exp(i\alpha_s)$. Analog ersetze man die Ströme $I(t)$ durch die komplexen Amplituden $\underline{I}$.

2.) Man ersetze die Induktivitäten L, die Kapazitäten C und die Ohm'schen Widerstände R durch ihre **komplexen Widerstände** (complex impedances) $\underline{Z}_L=i\omega L$, $\underline{Z}_C=(i\omega C)^{-1}$ und $\underline{Z}_R=R$.

3.) Man berechne den Schaltkreis unter Verwendung der komplexen Größen in gleicher Weise wie einen Gleichstromkreis mit Gleichspannungen, Gleichströmen und Ohm'schen Widerständen und löse nach der gesuchten Größe, z.B. $\underline{I}$, auf. Dann erhält man mit Hilfe der Definitionsgleichung für die komplexen Amplituden die gesuchte Zeitfunktion, z.B. $I(t)=\mathrm{Re}\{\underline{I}e^{i\omega t}\}$.

Als Beispiel betrachten wir die Schaltung nach Fig.122, S.256. Dafür folgt $i\omega L\underline{I}+R\underline{I}-\underline{U}=0$ mit $\underline{U}=\hat{U}$. Die Auflösung nach der gesuchten Größe $\underline{I}$ gibt $\underline{I}=\hat{U}(R+i\omega L)^{-1}$. Durch Erweiterung mit der konjugiert komplexen Größe des Nenners macht man diesen reell und erhält $\underline{I}=\hat{U}[R^2+(\omega L)^2]^{-1}(R-i\omega L)$ oder $\underline{I}=\hat{U}[R^2+(\omega L)^2]^{-1/2}\exp(i\phi)$ mit $\phi=\arctan(-\omega L/R)$. Gemäß der Definitionsgleichung $I(t)=\mathrm{Re}\{\underline{I}e^{i\omega t}\}$ folgt schließlich $I(t)=\hat{U}[R^2+(\omega L)^2]^{-1/2}\cos(\omega t+\phi)$.

Elektrische Schwingkreise

Erzwungene Schwingungen eines Serienschwingkreises. Als **Serienschwingkreis** (series resonant circuit) bezeichnet man die Hintereinanderschaltung einer Induktivität L, einer Kapazität C und eines Ohm'schen Widerstandes R (s.Fig.124 auf der nächsten Seite). Von **erzwungenen Schwingungen** (forced oscillations) spricht man, wenn an den Kreis eine äußere Wechselspannung $U(t)$ angelegt wird, für die wir durch eine geeignete Wahl des Zeitnullpunktes $U(t)=\hat{U}\cos\omega t$ schreiben. Unter Verwendung der komplexen Wechselstromrechnung (s.oben) ergibt sich $\underline{I}=\underline{U}/\underline{Z}$ mit dem komplexen Gesamtwiderstand $\underline{Z}=\underline{Z}_R+\underline{Z}_L+\underline{Z}_C$. Durch Einsetzen von $\underline{U}=\hat{U}$, $\underline{Z}_R=R$, $\underline{Z}_L=i\omega L$ und $\underline{Z}_C=(i\omega C)^{-1}$ erhält man

$$\underline{I} = \frac{\hat{U}}{R + i\omega L + (i\omega C)^{-1}} \cdot \qquad (387)$$

Damit folgt

$$I(t) = \hat{I} \cos(\omega t + \phi) \qquad (388)$$

mit

$$\hat{I} = \hat{U} \left[R^2 + (\frac{1}{\omega C} - \omega L)^2 \right]^{-1/2} \qquad (389)$$

und

$$\phi = \arctan[(\frac{1}{\omega C} - \omega L) /R] \cdot \qquad (390)$$

Die Gl.(387) erweitern wir mit dem konjugiert komplexen Nenner. Dadurch ergibt sich $\underline{I} = \hat{U}\{R^2 + [\omega L - 1/(\omega C)]^2\}^{-1}\{R - i[\omega L - 1/(\omega C)]\}$. Dies schreiben wir in der Form $\underline{I} = \hat{U}\{R^2 + [\omega L - 1/(\omega C)]^2\}^{-1/2} \cdot [\cos\phi + i\cdot\sin\phi]$ mit $\tan\phi = -[\omega L - 1/(\omega C)]/R$. Wegen $I(t) = \mathrm{Re}\{\underline{I}e^{i\omega t}\}$ folgt $I(t) = \hat{U}\{R^2 + [\omega L - 1/(\omega C)]^2\}^{-1/2} \cdot \cos(\omega t + \phi)$, was mit den gesuchten Gln.(388)-(390) übereinstimmt.

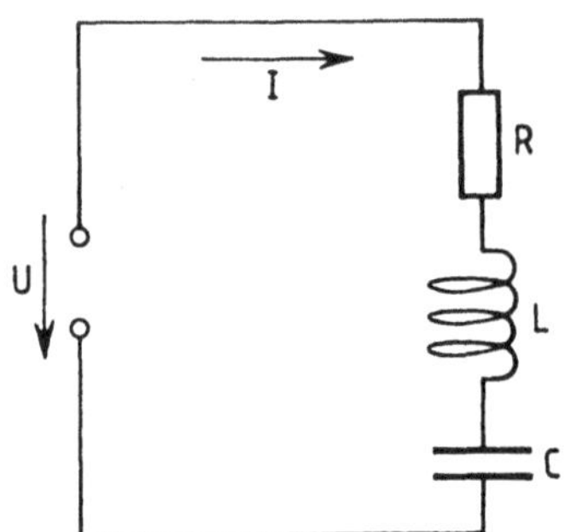

Fig.124 Erzwungene Schwingungen eines Serien-schwingkreises: Es wird $I(t)$ für $U(t) = \hat{U}\cos\omega t$ gemessen bzw. berechnet

Zur Diskussion der Gln.(388)-(390) betrachten wir zunächst drei Spezialfälle. Für $\omega \to 0$ folgt $\hat{I}/\hat{U} = \omega C$ und $\phi = +\pi/2$. Für $\omega \to \infty$ ergibt sich $\hat{I}/\hat{U} = (\omega L)^{-1}$ und $\phi = -\pi/2$ und für $\omega L = (\omega C)^{-1}$ oder $\omega = (LC)^{-1/2}$ folgt $\hat{I}/\hat{U} = 1/R$ und $\phi = 0$. Dies bedeutet, dass sich der Serienschwingkreis bei niedrigen Frequenzen wie eine Kapazität, bei hohen Frequenzen wie eine Induktivität und bei der charakteristischen Frequenz

$\omega_r = (LC)^{-1/2}$, die man **Resonanzfrequenz** (resonance frequency) nennt, wie ein Ohm'scher Widerstand verhält. Die Frequenzabhängigkeit des Quotienten $\hat{I}/\hat{U}$ (s.Gl.(389)) und der Phasenverschiebung ϕ (s.Gl.(390)) zeigt Fig.125a bzw. Fig.125b. Eine solche Abhängigkeit, wie sie in Fig.125a dargestellt ist, heißt **Resonanzkurve** (resonance curve). Als **Halbwertsbreite** (FWHM=full width half maximum) oder **Bandbreite** (bandwidth) bezeichnet man die Differenz der Frequenzen, für welche die Wirkleistung auf die Hälfte des Wertes im Resonanzfall

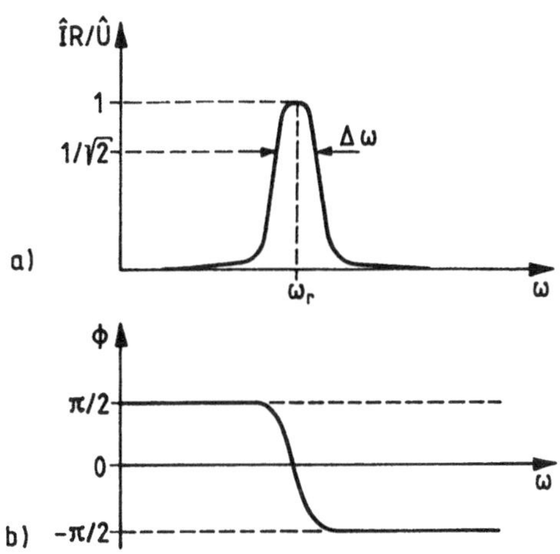

Fig.125 Frequenzabhängigkeit a) der normierten Amplitude $\hat{I}R/\hat{U}$ und b) der Phase ϕ des Stromes durch einen Serienschwingkreis. ω_r ist die Resonanzfrequenz und $\Delta\omega$ die Halbwertsbreite

abgesunken ist. Eine einfache Rechnung liefert

$$\Delta\omega = R/L \tag{391}$$

und für die durch das Verhältnis $\omega_r/\Delta\omega$ definierte **Güte** (quality) Q des Serienschwingkreises

$$Q \equiv \frac{\omega_r}{\Delta\omega} = \frac{\omega_r L}{R} . \tag{392}$$

Im Serienschwingkreis nach Fig.124, S.260, wird die Wirkleistung P_w an dem Widerstand R umgesetzt und es gilt deshalb $P_w = (\hat{I}^2/2)R$ (s.Gl.(376), S.256). Wir nennen nun die Frequenzen, für welche die Wirkleistung auf die Hälfte des Wertes im Resonanzfall abgesunken ist, ω_+ und ω_-. Dann muss nach Gl.(389) gelten $R^2 + [(\omega_\pm C)^{-1} - \omega_\pm L]^2 = 2R^2$. Daraus folgt $\omega_\pm^2 \mp \omega_\pm R/L = (LC)^{-1}$. Die Lösung dieser quadratischen Gleichung lautet $\omega_\pm = \pm R(2L)^{-1} + [(LC)^{-1} + R^2(2L)^{-2}]^{1/2}$, so dass sich für $\Delta\omega = \omega_+ - \omega_-$ die gesuchte Gl.(391) ergibt. Mit $\omega_r = (LC)^{-1/2}$ (s.o.) folgt für das Verhältnis $\omega_r/\Delta\omega$ der Ausdruck $\omega_r L/R$, womit auch Gl.(392) bewiesen ist.

Den Quotienten $\underline{U}/\underline{I} = \underline{Z}$ einer Schaltung nennt man ihren **komplexen Widerstand** (complex impedance), den Betrag **Scheinwiderstand** (impedance), den Realteil **Wirkwiderstand** (resistance) und den Imaginärteil **Blindwiderstand** (reactance), s.Tab.53.

Tab.53 Definition von Widerständen bei Wechselstromkreisen (zur Definition der komplexen Amplituden $\underline{U}$ und $\underline{I}$ s.S.259)

Definition	Bezeichnung
$\underline{U} / \underline{I} = \underline{Z}$	komplexer Widerstand
$\mid \underline{Z} \mid$	Scheinwiderstand (Impedanz)
Re $\{ \underline{Z} \}$	Wirkwiderstand (Resistanz)
Im $\{ \underline{Z} \}$	Blindwiderstand (Reaktanz)

Da bei Serienschwingkreisen der Scheinwiderstand im Resonanzfall ein Minimum besitzt (s.Fig.125a), nennt man sie mitunter auch **Saugkreise**, denn sie stellen bei geringen Verlusten ($R{\to}0$) für die betreffende Frequenz (ω_r) einen Kurzschluss dar. Man beachte aber, dass bei dieser Frequenz die Spannungen an der Spule und am Kondensator um ein Vielfaches, nämlich um den Faktor Q (s.Gl.(392)), größer sind als die angelegte Spannung (**Resonanzüberhöhung**, resonance ratio oder resonance sharpness).

Für die komplexe Amplitude der Spannung an der Induktivität L gilt $\underline{U}_L=i\omega L\underline{I}$. Im Resonanzfall ($\omega=\omega_r$, $\underline{I}=\hat{U}/R$) folgt also für die Amplitude dieser Spannung $\mid \underline{U}_L \mid = \hat{U}\omega_r L/R = \hat{U}Q$, die damit über alle Grenzen wächst, wenn R verschwindet. Analog ergibt sich $\mid \underline{U}_C \mid = \hat{U}Q$. Wegen der Phasenverschiebung zwischen $\underline{U}_L$ und $\underline{U}_C$ ist die Summe dieser beiden Spannungen aber (im Resonanzfall) gleich null und es bleibt nur der Spannungsabfall am Widerstand R übrig.

Freie Schwingungen eines Serienschwingkreises. In Fig.126 (s.nächste Seite) werde der Schalter S z.Zt. $t=0$ geschlossen und es fließe zu diesem Zeitpunkt ein Anfangsstrom, der z.B. durch eine Ladung auf der Kapazität oder durch einen Induktionsimpuls erzeugt wird. Dann muss für $t\geq 0$ gelten

$$L\frac{\mathrm{d}^2I}{\mathrm{d}t^2} + R\frac{\mathrm{d}I}{\mathrm{d}t} + \frac{1}{C}I = 0 \ . \tag{393}$$

Nach der Kirchhoff'schen Maschenregel (s.S.190) gilt bei geschlossenem Schalter $U_R+U_L+U_C=0$. Mit $U_R=IR$ (Ohm'sches Gesetz, s. Gl.(293), S.188), $U_L=L\mathrm{d}I/\mathrm{d}t$ (Induktionsgesetz, s.Gl.(328), S.212) und $U_C=U_C(0)+(1/C)\int_0^t I(t')\mathrm{d}t'$ (Definition der Kapazität, s.Gl.(265), S.173, mit Gl.(292), S.187) folgt $RI+L\mathrm{d}I/\mathrm{d}t+U_C(0)+(1/C)\int_0^t I(t')\mathrm{d}t'=0$, woraus sich durch Differenzieren nach der Zeit t die gesuchte Gl.(393) ergibt.

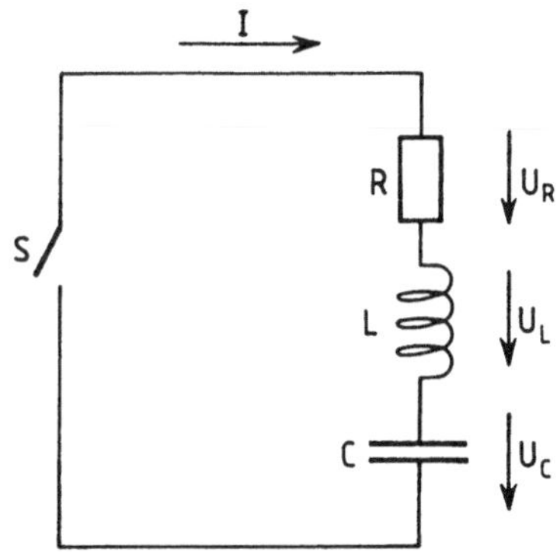

Fig.126 Zur Entstehung von freien elektrischen Schwingungen in einem Serienresonanzkreis. Zum Zeitpunkt $t=0$ werde der Schalter S geschlossen

Unter der Voraussetzung geringer Verluste ($(LC)^{-1} > (R/2L)^2$) ergibt sich als Lösung dieser Differentialgleichung

$$I(t) = I_0 \exp\left[-\frac{R}{2L}\,t\right]\cos(\omega_s t + \alpha) \tag{394}$$

mit der **Schwingungsfrequenz** (oscillation frequency) ω_s

$$\omega_s = \sqrt{\frac{1}{LC} - \left[\frac{R}{2L}\right]^2}\;. \tag{395}$$

Die Konstanten I_0 und α werden durch die Anfangsbedingungen gegeben. Die durch Gl.(394) beschriebene Zeitabhängigkeit des Stromes nennt man **freie Schwingungen** (free oscillations) des Serienschwingkreises.

Zur Lösung von Gl.(393) machen wir den Ansatz $I(t)=I_\lambda\exp(\lambda t)$, wobei I_λ und λ Konstanten sind, die i.Allg. komplex sein werden. Durch Einsetzen in die Gl.(393) folgt $L\lambda^2 I+R\lambda I+I/C=0$. Da diese Gleichung in jedem Zeitpunkt gelten muss, also auch für $I\neq0$, können wir durch I dividieren und erhalten für λ die quadratische Gleichung $\lambda^2+(R/L)\lambda+(LC)^{-1}=0$. Deren Lösung ergibt sich zu $\lambda_\pm=-R(2L)^{-1}\pm$ i$[(LC)^{-1}-R^2(2L)^{-2}]^{1/2}$. Für die allgemeine Lösung $I=I_+\exp(\lambda_+t)+I_-\exp(\lambda_-t)$ mit I_+ und I_- als (komplexe) Integrationskonstanten folgt also $I=I_+\exp\{-R(2L)^{-1}t+i[(LC)^{-1}-R^2(2L)^{-2}]^{1/2}t\}+I_-\exp\{-R(2L)^{-1}t-i[(LC)^{-1}-R^2(2L)^{-2}]^{1/2}t\}$. Damit die eckige Klammer größer als null ist (Bedingung für eine periodische Lösung), muss $(LC)^{-1}>R^2(2L)^{-2}$ gelten, was durch hinreichend kleine Ohm'sche Widerstände erfüllt werden kann. Auf Grund der Euler'schen Beziehung $\exp(i\phi)=\cos\phi+i\sin\phi$ lässt sich dann dieser Ausdruck auch in der Form $I=I_0\exp[-R(2L)^{-1}t]\cos\{[(LC)^{-1}-R^2(2L)^{-2}]^{1/2}t+\alpha\}$ schreiben, wobei I_0 und α die neuen Integrationskonstanten sind.

Die Zeitabhängigkeit des Stromes nach Gl.(394) ist für $\alpha=0$ in Fig.127 dargestellt. Die Einhüllende der oszillierenden Funktion, d.h. die Amplitude der Schwingung, nimmt exponentiell ab. Als **Zeitkonstante** (time constant) Δt definieren wir das Zeitintervall, in dem sich die Amplitude der Schwingung um den Faktor $1/e \approx 0,37$ verringert.

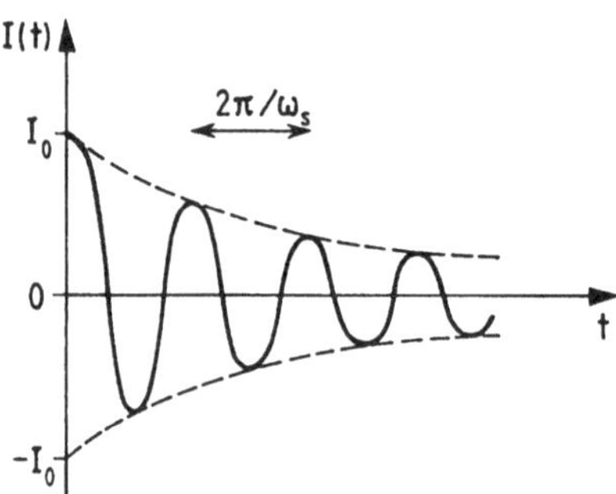

Fig.127 Freie Schwingungen eines Serienschwingkreises (s.Gl.(394) mit $\alpha=0$)

Dann folgt aus Gl.(394)

$$\Delta t = 2L/R \tag{396}$$

und mit Gl.(391), S.261, ergibt sich für das Produkt aus $\Delta f = \Delta\omega/2\pi$, d.h. der Bandbreite in Hz, und der Zeitkonstanten Δt die Gleichung

$$\Delta f \cdot \Delta t = 1/\pi \ . \tag{397}$$

Diese Beziehung gilt allgemein für Schaltungen, die aus linearen Bauelementen aufgebaut sind, wenn man auf der rechten Seite einen Zahlenwert zwischen 0,3 und 0,5 zulässt.

Die Schwingungsfrequenz ω_s der freien Schwingungen (s.Gl.(395)) ist i.Allg. kleiner als die Resonanzfrequenz $\omega_r = (LC)^{1/2}$ (s.S.261) und nur für kleine Verluste gilt $\omega_s \approx \omega_r$. Unter dieser Voraussetzung gibt es zwei gleichwertige Möglichkeiten, die charakteristischen Parameter eines Serienschwingkreises oder, ganz allgemein gesprochen, eines Resonators zu bestimmen. Entweder nimmt man die Resonanzkurve (s.Fig.125a, S.261) auf, aus der ω_r und $\Delta\omega$ ermittelt werden können (Messung im Frequenzbereich), oder man registriert das Abklingverhalten der freien Schwingungen, die durch einen kurzzeitigen Impuls angeregt werden

(Messung im Zeitbereich: **Impulsmethode**, pulse method). Aus dieser Zeitfunktion (s.Fig.127) kann man dann sofort die Größen ω_s und Δt und damit wegen Gl.(397) auch $\Delta\omega$ bestimmen. Das zuletzt genannte Verfahren, das wesentlich weniger Zeit erfordert, bezeichnet man bei Strukturuntersuchungen mit Hilfe von elektromagnetischen Wellen als **Fourierspektroskopie** (Fourier spectroscopy).

Erzwungene Schwingungen eines Parallelschwingkreises. Das Schaltbild eines **Parallelschwingkreises** (parallel resonant circuit) zeigt Fig.128.

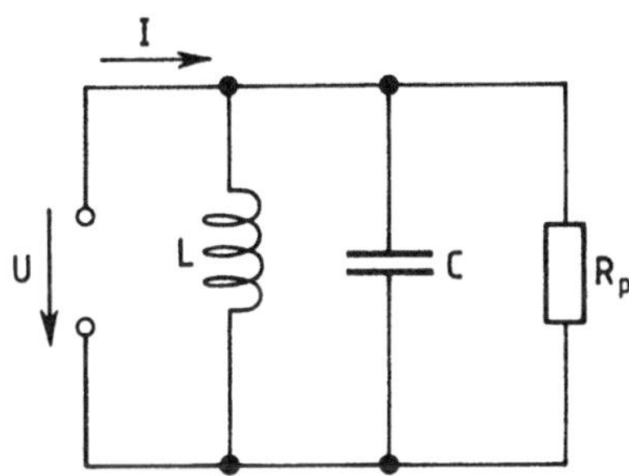

Fig.128 Erzwungene Schwingungen eines Parallelschwingkreises: Es wird $I(t)$ für $U(t)=\hat{U}\cos\omega t$ gemesssen bzw. berechnet

Eine analoge Rechnung wie beim Serienschwingkreis liefert

$$I(t) = \hat{I}\cos(\omega t + \phi) \tag{398}$$

mit

$$\hat{I} = \hat{U}\left[R_p^{-2} + \left[\omega C - \frac{1}{\omega L}\right]^2\right]^{1/2} \tag{399}$$

und

$$\phi = \arctan\left[R_p\left[\omega C - \frac{1}{\omega L}\right]\right]. \tag{400}$$

Für den komplexen Widerstand $\underline{Z}$ des Parallelschwingkreises gilt $\underline{Z}^{-1}=\underline{Z}_L^{-1}+\underline{Z}_C^{-1}+\underline{Z}_R^{-1}$ mit $\underline{Z}_L=i\omega L$, $\underline{Z}_C=(i\omega C)^{-1}$ und $\underline{Z}_R=R_p$. Damit folgt wegen $\underline{Z}=\underline{U}/\underline{I}$ und $\underline{U}=\hat{U}$ für die komplexe Amplitude des Stromes $\underline{I}=\hat{U}\{i[\omega C-(\omega L)^{-1}]+R_p^{-1}\}$. Dies schreiben wir um zu $\underline{I}=\hat{U}\{[\omega C-(\omega L)^{-1}]^2 +R_p^{-2}\}^{1/2}\exp(i\phi)$ mit $\tan\phi= R_p[\omega C-(\omega L)^{-1}]$. Wegen $I(t)=\mathrm{Re}\{\underline{I}\exp(i\omega t)\}$ ergibt sich $I(t)=\hat{U}\{[\omega C-(\omega L)^{-1}]^2+R_p^{-2}\}^{1/2}\cos(\omega t+\phi)$, d.h.

die Gl.(398) mit den Gln.(399) und (400).

Wenn die Verluste des Parallelschwingkreises ausschließlich auf dem Ohm'schen Widerstand R_s des Spulendrahtes der Induktivität beruhen, so ist in den Gln.(399) und (400) die Größe R_p durch den Quotienten $L/(R_s C)$ zu ersetzen. Allerdings gilt dies nur unter der Voraussetzung $R_s \ll (L/C)^{1/2}$.

Für den komplexen Widerstand $\underline{Z}$ der Parallelschaltung einer verlustbehafteten Spule (komplexer Widerstand $i\omega L + R_s$) und einer Kapazität (komplexer Widerstand $(i\omega C)^{-1}$) gilt $\underline{Z}^{-1} = (i\omega L + R_s)^{-1} + i\omega C$. Für $R_s \ll \omega L$ liefert die Taylorentwicklung $\underline{Z}^{-1} \approx i\omega C + (i\omega L)^{-1}[1 - R_s/(i\omega L)]$, wofür man in Resonanznähe $(\omega \approx \omega_r = (LC)^{-1/2})$ die Beziehung $\underline{Z}^{-1} \approx i\omega C + (i\omega L)^{-1} + R_s C/L$ erhält. Dies ist aber gleich dem komplexen Widerstand der Parallelschaltung einer Kapazität C, einer Induktivität L und eines Ohm'schen Widerstandes der Größe $L/(R_s C)$.

In Tab.54 sind die komplexen Widerstände von Parallel- und Serienschwingkreisen miteinander verglichen. Das Verhalten bei sehr kleinen und sehr großen Frequenzen folgt unmittelbar aus der Tatsache, dass bei Serienschaltungen der größte und bei Parallelschaltungen der kleinste Widerstand den Gesamtwiderstand bestimmt

Tab.54 Vergleich der komplexen Widerstände $\underline{Z} = \underline{U}/\underline{I}$ (s.S.259) von Parallel- (s.Fig.128, S.265) und Serienschwingkreisen (s.Fig.124, S.260). $\omega_r = (LC)^{-1/2}$ ist die Resonanzfrequenz der Schwingkreise. Geringe Verluste bedeutet, dass R und R_s klein sind, bzw. dass R_p groß ist

Frequenz	Parallelschwingkreis	Serienschwingkreis
$\omega \ll \omega_r$	$\underline{Z} = i\omega L$	$\underline{Z} = (i\omega C)^{-1}$
$\omega = \omega_r$ Resonanz	$\underline{Z} = R_p = L/(R_s C)$ Maximum des Scheinwiderstandes	$\underline{Z} = R$ Minimum des Scheinwiderstandes
$\omega \gg \omega_r$	$\underline{Z} = (i\omega C)^{-1}$	$\underline{Z} = i\omega L$

Freie Schwingungen eines Parallelschwingkreises werden im folgenden Abschnitt als Spezialfall mit behandelt.

Nichtlineare Theorie elektrischer Schwingungen

Mit dieser Theorie lässt sich die Erzeugung ungedämpfter elektrischer Schwingungen (**Sender**, transmitter) erklären. Wir schalten parallel zu einem Parallelschwingkreis ein nichtlineares Bauelement mit negativem differentiellem Widerstand (s.Fig. 129a auf der nächsten Seite) und setzen voraus, dass dieser über $dU/dI = \infty$ erreicht wird. Es soll sich also um eine Kennlinie vom Typ Tunneldiode (s.Fig.83c, S.189) handeln. Diese Kennlinie nähern wir an durch die Reihenentwicklung

$$I_n = -\alpha U + \gamma U^3 \;,\tag{401}$$

wobei α und γ positive Konstanten sind (s.Fig.129b).

Bei der Kennlinie nach Gl.(401) bzw. Fig.129b liegt das Gebiet, in dem der differentielle Widerstand (dU/dI_n) negativ ist, symmetrisch zum Ursprung des Strom-Spannungs-Diagramms ($U=0$, $I_n=0$). Tatsächlich befindet sich dieser Symmetriepunkt bei einer Tunneldiode aber im ersten Quadranten (s.Fig.83c, S.189) und es muss deshalb eine zusätzliche Gleichstromquelle angeschaltet werden, um ihn nach $U=0$ und $I_n=0$ zu verschieben, d.h. um die Gl.(401) zu erfüllen. Die für die Schwingungserzeugung erforderliche Leistung wird von dieser Gleichstromquelle geliefert.

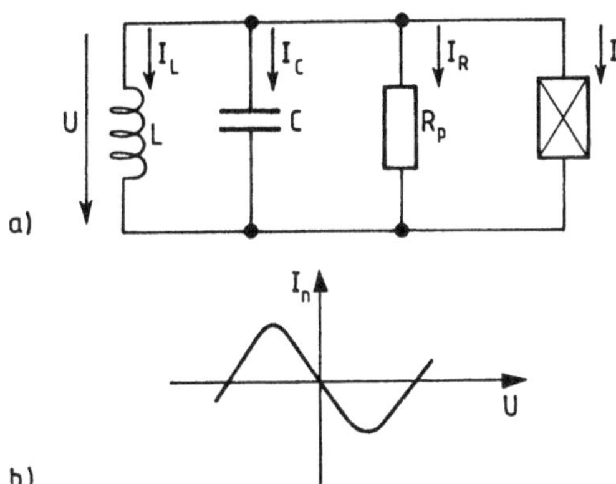

Fig.129 Nichtlineare Schwingungen eines Parallelschwingkreises.
a) Schaltbild (⊠ bezeichnet das nichtlineare Bauelement)
b) Kennlinie des nichtlinearen Bauelementes

Dann ergibt sich die nichtlineare Differentialgleichung

$$LC\frac{\mathrm{d}^2 U}{\mathrm{d}t^2} + L\left[\frac{1}{R_p} -\alpha + 3\gamma U^2\right]\frac{\mathrm{d}U}{\mathrm{d}t} + U = 0\;.\tag{402}$$

Nach der Kirchhoff'schen Knotenregel (s.S.190) gilt $I_L+I_C+I_R+I_n=0$. Mit $I_L=I_L(0)+(1/L)\int_0^t U(t')\mathrm{d}t'$ (Induktionsgesetz, s.Gl.(328), S.212), $I_C=C\mathrm{d}U/\mathrm{d}t$ (Definition der Kapazität, s.Gl.(265), S.173), $I_R=U/R_p$ (Ohm'sches Gesetz, s.Gl.(293), S.188) und der Gl.(401) folgt, wenn man noch nach der Zeit differenziert, $U/L+C\mathrm{d}^2U/\mathrm{d}t^2+(1/R_p)\mathrm{d}U/\mathrm{d}t-\alpha\mathrm{d}U/\mathrm{d}t+3\gamma U^2\mathrm{d}U/\mathrm{d}t=0$. Die Multiplikation dieser Beziehung mit L liefert die gesuchte Gl.(402).

Die Gl.(402) ist allgemein nur numerisch lösbar. Für $\gamma=0$ besitzt sie die gleiche Form wie die Gl.(393), S.262, d.h. sie liefert für $R_p^{-1}-\alpha>0$ eine mit der Zeit exponentiell abfallende Schwingung. Für $R_p^{-1}-\alpha=0$ bleibt die Amplitude konstant.

Für $R_p^{-1}-\alpha<0$ dagegen wächst sie exponentiell an und geht nach Unendlich. Dieser letzte Fall ist aber physikalisch unrealistisch. Er wird durch den Term $3\gamma U^2$ in Gl.(402) verhindert. Für eine schwache Entdämpfung (d.h. $0<\alpha-R_p^{-1}\ll(C/L)^{1/2}$) findet man die Näherungslösung

$$U(t) = U_\infty \frac{\cos\omega_s t}{\left(1 + \exp[-(1/C)(\alpha-1/R_p)(t-t_0)]\right)^{1/2}} \tag{403}$$

mit

$$U_\infty = \left[\frac{\alpha - 1/R_p}{3\gamma/4}\right]^{1/2} \tag{404}$$

und

$$\omega_s = (LC)^{-1/2} . \tag{405}$$

U_∞ ist die Amplitude im eingeschwungenen Zustand ($t\to\infty$) und t_0 der Zeitpunkt, zu dem die Amplitude etwa 71% (entsprechend dem Faktor $1/\sqrt{2}$) des Endwertes erreicht hat. Die Anfangsamplitude wird durch die natürlichen Spannungsschwankungen (elektronisches Rauschen) gegeben. Der Zeitverlauf der Funktion $U(t)$ ist in Fig.130 dargestellt.

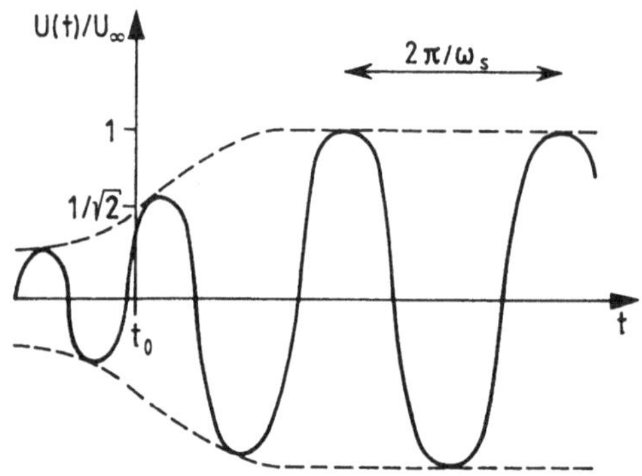

Fig.130 Nichtlineare Schwingungen eines schwach entdämpften Parallelschwingkreises. Die Endamplitude U_∞ ist durch die Gl.(404) und die Schwingungsfrequenz ω_s durch die Gl.(405) gegeben

Wir führen die folgenden dimensionslosen Größen ein: $x=t(LC)^{-1/2}$, $y=U(3\gamma)^{1/2}(\alpha-1/R_p)^{-1/2}$ und $\epsilon=(L/C)^{1/2}(\alpha-1/R_p)$. Dann vereinfacht sich die Gl.(402) zu $d^2y/dx^2-\epsilon(1-y^2)dy/dx+y=0$. Diese Differentialgleichung wird als **van der Pol'sche Differentialgleichung** bezeichnet. Für $0\le\epsilon\ll1$ machen wir den Lösungsansatz $y=a(x)\cos x$, wobei die Amplitude $a(x)$ wegen der Bedingung $\epsilon\ll1$ nur langsam mit

x variiert. Dies bedeutet, dass $(1/a)\mathrm{d}a/\mathrm{d}x \ll 1$ gelten muss und dass auch keine Oberwellen mit nennenswerter Amplitude auftreten dürfen. Im Folgenden kennzeichnen wir Terme 1.Ordnung durch die Klammer $\{\}$ und lassen Terme 2. und höherer Ordnung weg. Damit ergibt sich $\mathrm{d}y/\mathrm{d}x = -a\sin x + \{(\mathrm{d}a/\mathrm{d}x)\cos x\}$; $\mathrm{d}^2y/\mathrm{d}x^2 = -a\cos x - \{2(\mathrm{d}a/\mathrm{d}x)\sin x\}$ und $y^2(\mathrm{d}y/\mathrm{d}x) = (1/3)\mathrm{d}y^3/\mathrm{d}x$. Die letzte Beziehung lässt sich wegen $\cos^3 x = (3/4)\cos x + (1/4)\cos 3x$ umschreiben in $y^2(\mathrm{d}y/\mathrm{d}x) = -(1/4)a^3\sin x - \{(1/4)a^3\sin 3x\} + \{(3/4)a^2 \cdot (\mathrm{d}a/\mathrm{d}x) \cdot \cos x\}$. Einsetzen in die van der Pol'sche Differentialgleichung gibt $-\{2(\mathrm{d}a/\mathrm{d}x)\sin x\} + \{\epsilon a\sin x\} - \{(\epsilon/4)a^3\sin x\} = 0$. Da diese Beziehung für jedes x erfüllt sein muss, d.h. auch dann, wenn $\sin x \neq 0$ gilt, folgt $-2(\mathrm{d}a/\mathrm{d}x) + \epsilon(a - a^3/4) = 0$ oder $\mathrm{d}a^2/\mathrm{d}x = \epsilon(a^2 - a^4/4)$. Diese Differentialgleichung besitzt die Lösung $a(t) = 2(1 + \exp[-\epsilon(x-x_0)])^{-1/2}$, wie man leicht durch Einsetzen prüfen kann. Führt man in der Lösung $y = a(x)\cos x$ wieder die ursprünglichen Variablen ein, so erhält man die gesuchte Gl.(403) mit den Gln.(404) und (405).

Bei einem Parallelschwingkreis ist eine derartige Erzeugung sinusförmiger Schwingungen nur durch Parallelschaltung eines nichtlinearen Bauelements möglich, bei dem der negative differentielle Widerstand über $\mathrm{d}U/\mathrm{d}I = \infty$ erreicht wird. Im Gegensatz dazu muss einem Serienschwingkreis ein Bauelement in Reihe geschaltet werden, dessen negativer differentieller Widerstand über $\mathrm{d}U/\mathrm{d}I = 0$ erreicht wird (Kennlinie vom Typ Lichtbogen, s.Fig.83d, S.189) [PFE54].

Die Tatsache, dass die obige Lösung (s.Gl.(403)) eine Schwingungsfrequenz ergibt, die unabhängig von den Parametern des nichtlinearen Bauelementes ist, steht im Widerspruch zum Experiment und liegt an der Vernachlässigung der Terme höherer Ordnung. Bezüglich dieses Einflusses sowie der Lösung für starke Entdämpfung $(\alpha - R_\mathrm{p}^{-1} \geq (C/L)^{1/2})$, bei der die sinusförmigen Schwingungen zu einer Folge von Sprüngen zwischen zwei Gleichgewichtslagen (**Relaxationsschwingungen,** relaxation oscillations) entarten, und den erzwungenen Schwingungen eines entdämpften nichtlinearen Schwingkreises wird auf die Spezialliteratur verwiesen [KNE95].

Der Transformator

Die Fig.131 auf der nächsten Seite zeigt das Schaltschema eines **Transformators** (transformer) mit N_1 bzw. N_2 Windungen auf der Primär- bzw. der Sekundärseite. Die induktive Kopplung der beiden Spulen, die hier durch ein Eisenjoch bewirkt wird, kann aber auch über Ferrite oder Luft erfolgen, was sich wegen der Verluste vor allem bei höheren Frequenzen erforderlich macht. Der **ideale Transformator** (ideal transformer) ist durch die beiden Bedingungen charakterisiert, dass sowohl die Verluste als auch die Streuung gleich null sind. Die 1.Bedingung besagt, dass die Ohm'schen Widerstände der Spulen, die Hysterese- und die Wirbelstromverluste vernachlässigt werden können und die 2.Bedingung, dass der magnetische Fluss Φ (s.Gl.(314), S.204) ausschließlich im Eisenjoch verläuft, d.h. es muss

$$\Phi = \int\!\!\int_A \vec{B} \cdot \mathrm{d}\vec{a} = BA \qquad\qquad (406)$$

gelten, wobei A die Querschnittsfläche des Eisenjochs und B die mittlere Flussdichte im Eisenjoch bezeichnet. Aus dem Durchflutungsgesetz und dem Induktionsgesetz folgt dann im **Leerlauf** (no-load operation oder open-circuit operation), d.h. der Schalter S in Fig.131 ist geöffnet,

$$\hat{U}_1 / \hat{U}_2 = N_1 / N_2 \ . \tag{407}$$

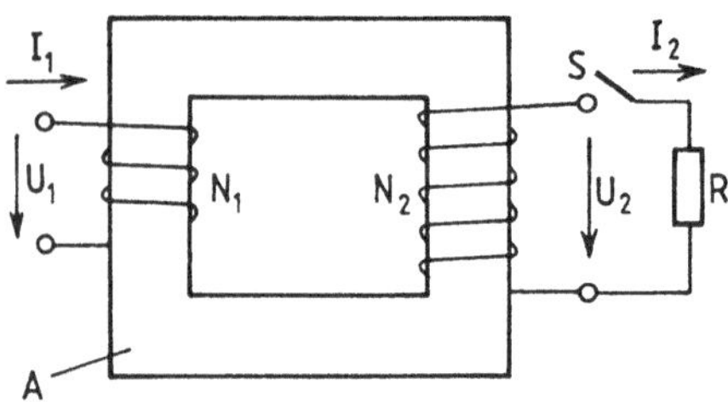

Fig.131 Schaltschema eines Transformators. Bei geöffnetem Schalter S spricht man vom Leerlauf, während bei geschlossenem Schalter elektrische Leistung an den Widerstand R abgegeben wird

Außerdem sind im Leerlauf die Spannung U_1 und der Strom $(I_{1,0})$ um $\pi/2$ phasenverschoben, da primärseitig die gleichen Verhältnisse vorliegen wie bei einer verlustfreien Spule.

Bezeichnen wir mit $\hat{I}_{1,0}\cos\omega t$ den Wechselstrom, der in der Primärspule bei geöffnetem Schalter S fließt, so folgt für das magnetische Wechselfeld auf Grund des Durchflutungsgesetzes (s.S.198ff.) $\hat{H}\cos\omega t = (N_1/\ell)\hat{I}_{1,0}\cos\omega t$, wobei ℓ die mittlere Länge für einen Umlauf im Eisenjoch bezeichnet. Für die Wechselspannung U_1 an der Primärspule ergibt sich aus dem Induktionsgesetz (Gl.(327), S.212) unter Verwendung der Gl.(313), S.200, $U_1 = N_1 d(\mu_r\mu_0\hat{H}A\cos\omega t)/dt$ oder $U_1 = -N_1^2(\mu_r\mu_0\omega A/\ell)\hat{I}_{1,0}\sin\omega t$, wofür man auch $U_1 = \hat{U}_1\sin(\omega t + \pi)$ mit $\hat{U}_1 = N_1^2(\mu_r\mu_0\omega A/\ell)\hat{I}_{1,0}$ schreiben kann. Analog folgt für die Amplitude der Spannung an der Sekundärwicklung $\hat{U}_2 = N_1 N_2(\mu_r\mu_0\omega A/\ell)\hat{I}_{1,0}$ und damit die Gl.(407).

Beim belasteten Transformator, d.h. nach Schließen des Schalters S, bleibt die Gl.(407) gültig, denn die Primär- und die Sekundärspule werden von dem gleichen magnetischen Fluss durchsetzt. Auf der Primärseite fließt jedoch zusätzlich zu dem Blindstrom $I_{1,0}$ noch ein Wirkstrom $I_{1,R}$, d.h. ein Strom, der mit U_1 in Phase ist.

Aus dem Energiesatz folgt $\hat{I}_2\hat{U}_2=\hat{I}_{1,R}\hat{U}_1$ und, wenn wir noch $\hat{U}_1/\hat{U}_2$ nach Gl.(407) durch N_1/N_2 ersetzen,

$$\hat{I}_{1,R}/\hat{I}_2 = N_2/N_1 \ . \tag{408}$$

Transformatoren finden vielfältige Anwendungen in der Elektrotechnik, u.a. auch bei der Übertragung elektrischer Energie durch Fernleitungen. Ohne auf die spezielle Rolle der Transformatoren einzugehen, soll hier noch abschließend die Bedeutung der Scheinleistung neben der Wirkleistung, d.h. des Faktors $\cos\phi$ (s.S.256), behandelt werden. In Fig.132 bezeichnet P^c die einem Kraftwerk zugeführte Primärleistung, z.B. charakterisiert durch die sekundlich verbrannte Gasmenge, und P^m die von einem Verbraucher genutzte Leistung, die z.B. zum Heben einer Last benötigt wird.

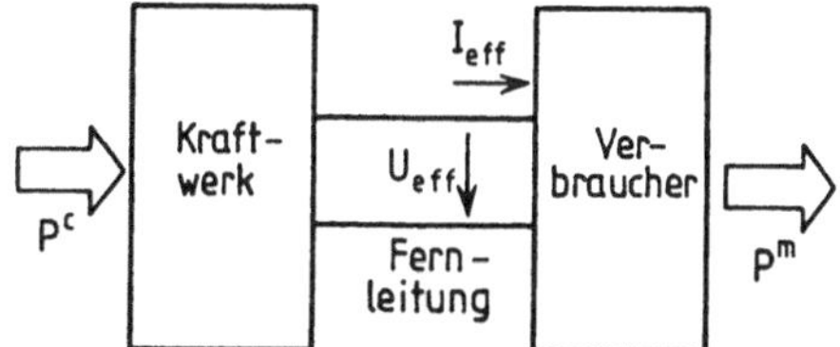

Fig.132 Übertragung elektrischer Energie durch Fernleitungen

Der Wirkungsgrad des Verbrauchers sei η. Wenn am Verbraucher ein Phasenwinkel $\phi\neq0$ vorhanden ist, wie z.B. bei einem Schwingkreis außerhalb der Resonanz, so gilt nach Gl.(376), S.256, $P^m=\eta U_{eff}I_{eff}\cos\phi$ oder

$$I_{eff} = \frac{P^m}{\eta U_{eff}\cos\phi} \ . \tag{409}$$

Wird dagegen beim Verbraucher durch einen Phasenschieber der Phasenwinkel ϕ zu null gemacht, so gilt, da die Netzspannung U_{eff} durch das Kraftwerk konstant gehalten wird, $P^m=\eta U_{eff}I_{eff}'$. Der Vergleich mit Gl.(409) liefert

$$I_{eff}' = I_{eff}\cos\phi \ . \tag{410}$$

Die gleiche mechanische Leistung P^m erfordert demnach bei einem Verbraucher mit

$\phi \neq 0$ einen höheren Strom als bei $\phi = 0$. Da aber die Wärmeverluste (Joule'sche Wärme, s.S.194ff.) in den Drähten der Fernleitung proportional zum Quadrat des Stromes sind, muss das Kraftwerk bei einem Verbraucher mit $\phi \neq 0$ trotz der gleichen Wirkleistung beim Verbraucher eine größere Leistung aufbringen (P^{C} erhöht sich trotz des gleichen P^{m}).

20.2   Elektromagnetische Wellen

Die Maxwell'schen Gleichungen

Wenn man eine elektrische Wechselspannung $U(t) = \hat{U}\cos\omega t$ an einen Kondensator mit der Kapazität C anlegt, so fließt ein Wechselstrom $I(t) = \hat{U}\omega C\cos(\omega t + \pi/2)$ (s.S.258). Dieser Wechselstrom erzeugt ein magnetisches Wechselfeld $\vec{H}(t)$, das man mit Hilfe des Durchflutungsgesetzes $\oint \vec{H} \cdot \mathrm{d}\vec{\ell} = I$ (s.Gl.(311), S.198) berechnen kann. Die Integration erfolgt dabei längs einer beliebigen geschlossenen Kurve um den Strom I.

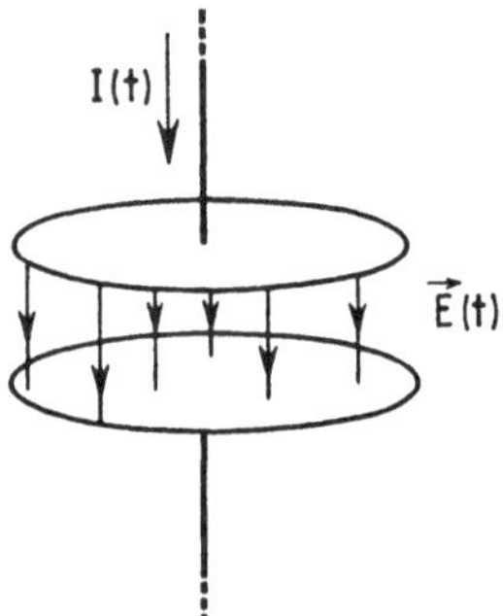

Fig.133 Zur Begründung der Maxwell'schen Ergänzung (Verschiebungsstrom) zum Durchflutungsgesetz. $I(t)$ ist der Wechselstrom, der die Ladungen auf den Kondensatorplatten und damit das elektrische Wechselfeld $\vec{E}(t)$ zwischen den Platten des Kondensators erzeugt

Im Gebiet zwischen den beiden Kondensatorplatten (s.Fig.133) existiert lediglich ein elektrisches Wechselfeld $\vec{E}(t)$, der Wechselstrom jedoch ist null, so dass das Integral $\oint \vec{H} \cdot \mathrm{d}\vec{\ell}$ nach dem Durchflutungsgesetz in diesem Gebiet verschwinden müsste. Diese unbefriedigende Situation führte Maxwell (James Clerk Maxwell 1831-1879) dazu, auf der rechten Seite des Durchflutungsgesetzes einen zusätzlichen Term, den **Verschiebungsstrom** (displacement current), anzufügen:

$$\oint \vec{H} \cdot \mathrm{d}\vec{\ell} = I + \frac{\mathrm{d}}{\mathrm{d}t} \int\int \vec{D} \cdot \mathrm{d}\vec{a} \,. \tag{411}$$

Im Integral auf der rechten Seite wird über die Fläche integriert, die von der Kurve $\oint \mathrm{d}\ell$ umschlossen wird. Dabei müssen das Längenelement $\mathrm{d}\vec{\ell}$ und das

Flächenelement $\mathrm{d}\vec{a}$ eine Rechtsschraube bilden (wie z.B. in Fig.96, S.206).

Wir nehmen der Einfachheit halber an, dass der Kondensator ein idealer Plattenkondensator mit der Plattenfläche A sei. Dann liefert das verallgemeinerte Coulomb'sche Gesetz $\oint \vec{D}\cdot\mathrm{d}\vec{s}=Q$ (s.Gl.(283), S.182), angewandt auf die obere Platte des Kondensators, die Beziehung $D(t)A=Q(t)$. Die Differentiation nach der Zeit ergibt unter Berücksichtigung von Gl.(292), S.187, die Beziehung $I(t)=A\mathrm{d}D/\mathrm{d}t$, die sich durch Einführung der Stromdichte $\vec{j}$ (s.S.189) auch in der Form $\vec{j}=\mathrm{d}\vec{D}/\mathrm{d}t$ schreiben lässt.

Mit Gl.(411) haben wir die letzte der vier **Maxwell'schen Gleichungen** (Maxwell equations) in der integralen Form kennengelernt (s.Tab.55).

Tab.55 Die vier Maxwell'schen Gleichungen in der integralen Form

Formel	Bezeichnung	Erklärung
$\oint \vec{D}\cdot\mathrm{d}\vec{s} = Q$	verallgemeinertes Coulomb'sches Gesetz	Gl.(267), S.174
$\oint \vec{B}\cdot\mathrm{d}\vec{s} = 0$	Nichtexistenz magnetischer Monopole	Gl.(334), S.216
$\oint \vec{E}\cdot\mathrm{d}\vec{l} = -\mathrm{d}\left(\iint\vec{B}\cdot\mathrm{d}\vec{a}\right)/\mathrm{d}t$	Induktionsgesetz	Gl.(317), S.206
$\oint \vec{H}\cdot\mathrm{d}\vec{l} = I + \mathrm{d}\left(\iint\vec{D}\cdot\mathrm{d}\vec{a}\right)/\mathrm{d}t$	Durchflutungsgesetz (=erweitertes Biot-Savart'sches Gesetz) ergänzt durch den Verschiebungsstrom	Gl.(411), S.272

Durch Verwendung zweier mathematischer Beziehungen, die als Gauß'scher bzw. Stokes'scher Satz bezeichnet werden, lassen sich die Maxwell'schen Gleichungen in die differentielle Form bringen (s.Tab.56 auf der nächsten Seite).

Der **Gauß'sche Satz** [BRO91] besagt, dass das skalare Produkt aus einem Vektor $\vec{v}$ und dem Oberflächenelement $\mathrm{d}\vec{s}$ integriert über eine geschlossene Fläche (s. z.B. Fig.75, S.174) gleich dem Integral von $\operatorname{div}\vec{v}$ über den von der Fläche eingeschlossenen Raum ist: $\oint \vec{v}\cdot\mathrm{d}\vec{s} = \iiint \operatorname{div}\vec{v}\,\mathrm{d}\tau$. Nach dem **Stokes'schen Satz** [BRO91] ist das skalare Produkt aus einem Vektor $\vec{v}$ und einem Längenelement $\mathrm{d}\vec{l}$ integriert über eine geschlossene Kurve (s. z.B. Fig.96, S.206) gleich dem Integral von $\operatorname{rot}\vec{v}$ über die von der Kurve eingeschlossene Fläche: $\oint \vec{v}\cdot\mathrm{d}\vec{l} = \iint \operatorname{rot}\vec{v}\,\mathrm{d}\vec{a}$.

Die Bedeutung der Differentialoperatoren $\operatorname{div}\vec{v}$ und $\operatorname{rot}\vec{v}$ eines Vektors $\vec{v}$ in **kartesischen Koordinaten** (rectangular coordinates x,y,z), in **Zylinderkoordinaten** (cylindrical coordinates z,r,ϕ) und in **Kugelkoordinaten** (spherical coordinates r, ϑ, ϕ) findet man in den Tabellen 57-59. In diesen Tabellen sind auch noch die Differentialoperatoren $\operatorname{grad}u$ und Δu (**Laplace-Operator**, Laplace operator) einer skalaren Größe u mit aufgeführt.

Tab.56 Die vier Maxwell'schen Gleichungen in der integralen und der differentiellen Form

Integrale Gleichung	Differentielle Gleichung	Erläuterung
$\oint \vec{D} \cdot \vec{ds} = Q$	$\operatorname{div} \vec{D} = \rho$	ρ = Raumladungsdichte
$\oint \vec{B} \cdot \vec{ds} = 0$	$\operatorname{div} \vec{B} = 0$	
$\oint \vec{E} \cdot \vec{dl} = -\,d\left(\iint \vec{B} \cdot \vec{da}\right)/dt$	$\operatorname{rot} \vec{E} = -\,\partial\vec{B}/\partial t$	
$\oint \vec{H} \cdot \vec{dl} = I + d\left(\iint \vec{D} \cdot \vec{da}\right)/dt$	$\operatorname{rot} \vec{H} = \vec{j} + \partial\vec{D}/\partial t$	$\vec{j}$ = Stromdichte (s.S.189)

Tab.57 Bedeutung der Differentialoperatoren $\operatorname{div}\vec{v}$, $\operatorname{rot}\vec{v}$, $\operatorname{grad}u$ und Δu in kartesischen Koordinaten. $\vec{v}$ bezeichnet einen Vektor und u eine skalare Größe, die von den Ortskoordinaten (x, y, z) abhängen

$\operatorname{div}\vec{v} = \partial v_x/\partial x + \partial v_y/\partial y + \partial v_z/\partial z$	Skalar
$(\operatorname{rot}\vec{v})_x = (\partial/\partial y)\,v_z - (\partial/\partial z)v_y$ $(\operatorname{rot}\vec{v})_y = (\partial/\partial z)\,v_x - (\partial/\partial x)v_z$ $(\operatorname{rot}\vec{v})_z = (\partial/\partial x)\,v_y - (\partial/\partial y)v_x$ (zyklische Vertauschung $x \to y \to z \to x \to \ldots$)	Vektor
$(\operatorname{grad}u)_x = \partial u/\partial x$ $(\operatorname{grad}u)_y = \partial u/\partial y$ $(\operatorname{grad}u)_z = \partial u/\partial z$	Vektor
$\Delta u = \partial^2 u/\partial x^2 + \partial^2 u/\partial y^2 + \partial^2 u/\partial z^2$	Skalar

Tab.58 Wie Tab.57, aber für Zylinderkoordinaten (z, r, ϕ)

$\operatorname{div}\vec{v} = \partial v_z/\partial z + (1/r)\,\partial(rv_r)/\partial r + (1/r)\,\partial v_\phi/\partial\phi$	Skalar
$(\operatorname{rot}\vec{v})_z = (1/r)\,\partial(rv_\phi)/\partial r - (1/r)\,\partial v_r/\partial\phi$ $(\operatorname{rot}\vec{v})_r = (1/r)\,\partial v_z/\partial\phi - \partial v_\phi/\partial z$ $(\operatorname{rot}\vec{v})_\phi = \partial v_r/\partial z - \partial v_z/\partial r$	Vektor
$(\operatorname{grad}u)_z = \partial u/\partial z$ $(\operatorname{grad}u)_r = \partial u/\partial r$ $(\operatorname{grad}u)_\phi = (1/r)\,\partial u/\partial\phi$	Vektor
$\Delta u = \partial^2 u/\partial z^2 + \partial^2 u/\partial r^2 + (1/r)\,\partial u/\partial r + (1/r^2)\,\partial^2 u/\partial\phi^2$	Skalar

Tab.59 Wie Tab.57, aber für Kugelkoordinaten (r, ϑ, ϕ)

$\operatorname{div}\vec{v} = r^{-2}\,\partial(r^2 v_r)/\partial r + (r\sin\vartheta)^{-1}\,\partial(v_\vartheta\sin\vartheta)/\partial\vartheta + (r\sin\vartheta)^{-1}\,\partial v_\phi/\partial\phi$	Skalar
$(\operatorname{rot}\vec{v})_r = (r\sin\vartheta)^{-1}\,[-\partial v_\vartheta/\partial\phi + \partial(v_\phi\sin\vartheta)/\partial\vartheta]$ $(\operatorname{rot}\vec{v})_\vartheta = (1/r)\,[-\partial(rv_\phi)/\partial r + (\sin\vartheta)^{-1}\partial v_r/\partial\phi]$ $(\operatorname{rot}\vec{v})_\phi = -(1/r)\,\partial v_r/\partial\vartheta + (1/r)\,\partial(rv_\vartheta)/\partial r$	Vektor
$(\operatorname{grad}u)_r = \partial u/\partial r$ $(\operatorname{grad}u)_\vartheta = (1/r)\,\partial u/\partial\vartheta$ $(\operatorname{grad}u)_\phi = (r\sin\vartheta)^{-1}\,\partial u/\partial\phi$	Vektor
$\Delta u = \partial^2 u/\partial r^2 + (2/r)\,\partial u/\partial r + r^{-2}\partial^2 u/\partial\vartheta^2 + r^{-2}(\cot\vartheta)\,\partial u/\partial\vartheta + (r\sin\vartheta)^{-2}\,\partial^2 u/\partial\phi^2$	Skalar

In den Maxwell'schen Gleichungen sind die Vektoren $\vec{D}$ mit $\vec{E}$, $\vec{B}$ mit $\vec{H}$ und $\vec{j}$ mit $\vec{E}$ durch die drei in Tab.60 aufgelisteten **Materialgleichungen** (material equations) verknüpft, die bei der Lösung der Maxwell'schen Gleichungen mit berücksichtigt werden müssen.

Tab.60 Die drei Materialgleichungen der Maxwell'schen Theorie

Gleichung	Erklärung
$\vec{D} = \epsilon_r\epsilon_0\vec{E}$	Beziehung zwischen der elektrischen Flussdichte $\vec{D}$ und der elektrischen Feldstärke $\vec{E}$, s.Gl.(282), S.182
$\vec{B} = \mu_r\mu_0\vec{H}$	Beziehung zwischen der magnetischen Flussdichte $\vec{B}$ und der magnetischen Feldstärke $\vec{H}$, s.Gl.(313), S.200
$\vec{j} = \sigma\vec{E}$	Beziehung zwischen der elektrischen Stromdichte $\vec{j}$ und der elektrischen Feldstärke $\vec{E}$, s.Gl.(295), S.189

Die Entstehung elektromagnetischer Wellen

Wir gehen von dem in Fig.124, S.260, dargestellten Serienschwingkreis aus und vernachlässigen der Einfachheit halber den Widerstand R. Um zu höheren Resonanzfrequenzen ($\omega_r = (LC)^{-1/2}$, s.S.261) zu gelangen, ziehen wir die Spule auseinander, so dass sich die Induktivität L verkleinert und schließlich nur noch durch den Leitungsdraht zwischen der Wechselstromquelle $U(t) = \hat{U}\cos\omega t$ und der

Kapazität C gegeben wird (s.Fig.134b). Eine weitere Erhöhung der Resonanzfrequenz erreichen wir dadurch, dass wir den Plattenabstand des Kondensators vergrößern und gleichzeitig die Plattenfläche verringern. Damit entsteht schließlich die Anordnung von Fig.134c, die man bei Abstimmung auf Resonanz als λ/2-**Dipol** (λ/2 dipole) bezeichnet. Die Resonanz ergibt sich, wie man sowohl experimentell als auch theoretisch [PFE70] zeigen kann, wenn die Bedingung $\omega = \pi c/\ell$ erfüllt wird. Die Größe

$$c = \frac{1}{\sqrt{\epsilon_r \epsilon_0 \mu_r \mu_0}} \tag{412}$$

stellt, wie wir noch beweisen werden, die Phasengeschwindigkeit der elektromagnetischen Wellen dar, die von dem λ/2-Dipol in das umgebende Medium mit der relativen Dielektrizitätskonstante ϵ_r und der relativen Permeabilität μ_r abgestrahlt werden. Man bezeichnet allgemein eine Leiteranordnung, die elektromagnetische Wellen abstrahlen oder empfangen kann, als **Antenne** (aerial, antenna). Durch Einführung der Wellenlänge $\lambda = c/f$ der elektromagnetischen Wellen

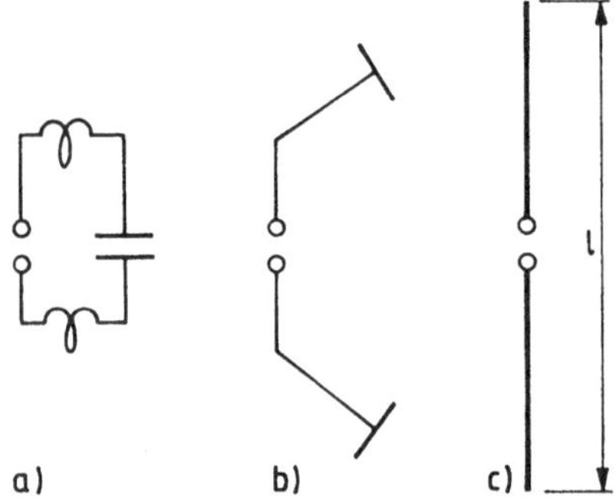

Fig.134 Übergang vom Serienschwingkreis (Fig.134a) zum λ/2-Dipol (Fig.134c)

lässt sich die Resonanzbedingung in der einfachen Form

$$\ell = \lambda/2 \tag{413}$$

schreiben, woraus die Bezeichnung λ/2-Dipol für diese Art von Antennen ersichtlich wird, die vor allem bei der Übertragung von Ultrakurzwellen (UKW-Radio, Fernsehen) verwendet werden. Die Strom- und Spannungsverteilung auf einem λ/2-Dipol zeigt die Fig.135 auf der nächsten Seite (s. z.B. [PFE70]).

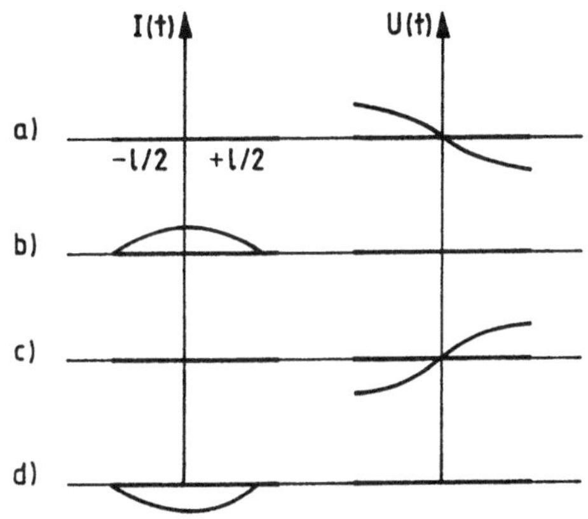

Fig.135 Momentaufnahmen für den Strom $I(t)$ und die Spannung $U(t)$ bei einem $\lambda/2$-Dipol zu den Zeitpunkten a) $t=0$, b) $t=T/4$, c) $t=T/2$, d) $t=3T/4$. Der Zeitnullpunkt ($t=0$) wurde so gewählt, dass dann der Strom im gesamten Leiter null ist. $T=2\pi/\omega=2l/c$ bezeichnet die Periode der Schwingung im Resonanzfall

Man erkennt also, dass an den Enden, d.h. bei $+l/2$ und $-l/2$, der Strom je einen Knoten und die Spannung je einen Bauch besitzt. Die Verhältnisse sind damit analog wie bei der Grundschwingung einer eingespannten Saite (s.S.98), wobei die Auslenkung aus der Ruhelage dem Strom beim $\lambda/2$-Dipol entspricht.

Um die Berechnung des elektromagnetischen Feldes zu vereinfachen, vernachlässigt man oft die endliche Länge der Antenne und rechnet mit einem elektrischen Punktdipol (s.S.178), dessen Dipolmoment proportional zu $\cos\omega t$ angesetzt wird. Wegen des Zusammenhangs zwischen Strom und Ladung (s.Gl.(292), S.187) ist damit aber auch ein um $\pi/2$ phasenverschobener Strom im Dipol verbunden. Diese hypothetische Antenne nennt man **Hertz'scher Dipol** (Hertzian dipole) nach Heinrich Hertz (1857-1894), der am 2. Dezember 1886 experimentell die von Maxwell (James Clerk Maxwell 1831-1879) theoretisch vorausgesagten elektromagnetischen Wellen nachgewiesen und damit die Entwicklung der drahtlosen Nachrichtentechnik begründet hat. Bezüglich des elektromagnetischen Feldes, das von einem Hertz'schen Dipol erzeugt wird, muss man zwischen dem Nahfeld und dem Fernfeld unterscheiden. Wenn der Abstand r vom Hertz'schen Dipol klein gegen die Wellenlänge $\lambda=c/f$ ist, spricht man vom **Nahfeld** (near field). Da die elektrische Feldstärke $\vec{E}$ mit dem elektrischen Dipolmoment und die magnetische Feldstärke $\vec{H}$ wegen des Durchflutungsgesetztes (s.Gl.(311), S.198) mit dem Strom verbunden ist, sind auch $\vec{E}$ und $\vec{H}$ im Nahfeld um $\pi/2$ phasenverschoben. Ihre Amplitude nimmt proportional zu $1/r^3$ ab (s. Gl.(276), S.179). Da aber der Aufbau der Felder nicht momentan erfolgt (die entscheidende Größe hierfür ist die Geschwindigkeit c), schnüren sich für $r\geq\lambda$ die elektrischen Feldlinien infolge der Oszillation des elektrischen Dipolmomentes ab und das Feldlinienbild (s.nächste Seite, Fig.136) unterscheidet sich wesentlich von dem eines statischen elektrischen Dipols. Es erfolgt der Übergang zum **Fernfeld** (far field), das durch $r\gg\lambda$ charakterisiert wird.

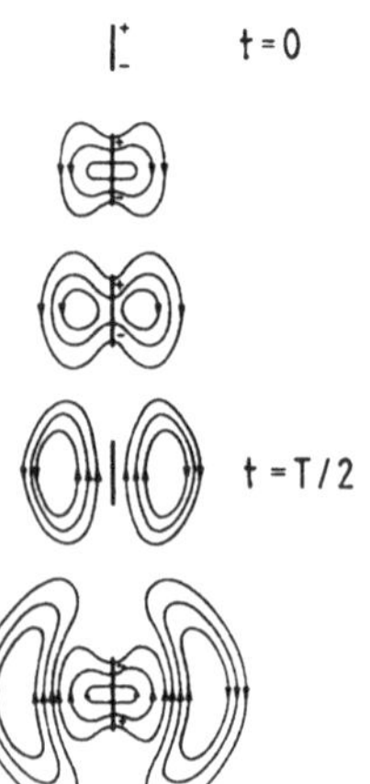

Fig.136 Ausbildung des elektrischen Feldes eines Hertz'schen Dipols. Zur Zeit $t=0$ werde das Dipolmoment angeschaltet. Während sich das elektrische Feld bildet, verringert sich das Dipolmoment wegen der Proportionalität zu $\cos\omega t$. Zum Zeitpunkt $t=T/2=\pi/\omega$ ist das Dipolmoment null und damit die elektrische Feldstärke im Nahfeld ebenfalls null. Für $t>T/2$ ändert das Dipolmoment sein Vorzeichen

Wenn sich das zeitlich veränderliche elektrische Dipolmoment $\vec{p}(t)$ (Hertz'scher Dipol) im Koordinatenursprung befindet, dann ist das Fernfeld am Ort $\vec{r}$ zur Zeit t gegeben durch (**elektrische Dipolstrahlung**, electric dipole radiation)

$$\vec{H}(\vec{r},\,t) = \frac{1}{4\pi c\,r}\left[\frac{d^2\vec{p}}{dt^2}\right]_{t_r} \times \vec{e}_r \tag{414}$$

und

$$\vec{E}(\vec{r},\,t) = \frac{1}{4\pi\epsilon_r\epsilon_0 c^2\,r}\left[\left[\frac{d^2\vec{p}}{dt^2}\right]_{t_r} \times \vec{e}_r\right] \times \vec{e}_r \tag{415}$$

mit

$$c = (\epsilon_r\epsilon_0\mu_r\mu_0)^{-1/2}\,, \qquad t_r = t - \frac{r}{c} \qquad \text{und} \qquad \vec{e}_r = \frac{\vec{r}}{r}\,, \tag{416}$$

wobei das $\times$ wie üblich das Vektorprodukt (s.S.19) bezeichnet.

Die Gln.(414)-(416) erhält man als Lösung der Maxwell'schen Gleichungen (s.Tab.56, S.274), wenn man annimmt, dass am Koordinatenursprung eine eng verteilte Ladungsverteilung mit der zeitabhängigen Dichte $\rho(\vec{r}\,',t)$ vorhanden ist. Das elektrische Dipolmoment dieser Ladungsverteilung ergibt sich zu $\vec{p}(t)=\iiint\vec{r}\,'\rho(\vec{r}\,',t)d\tau'$ mit $d\tau'$ als dem Volumenelement. In der Zeitableitung $d\vec{p}/dt=\iiint\vec{r}\,'\cdot$

$(\partial\rho/\partial t)\mathrm{d}\tau'$ tritt der Differentialquotient $(\partial\rho/\partial t)$ auf, den man durch die Stromdichte $\vec{j}$ in folgender Weise ersetzen kann: Da $\mathrm{div\,rot}\,\vec{v}=0$ für einen beliebigen Vektor $\vec{v}$ gilt (s. z.B. S.274), folgt aus Tab.56, S.274, durch Bildung von $\mathrm{div\,rot}\,\vec{H}$ und mit $\mathrm{div}\,\vec{D}=\rho$ die **Kontinuitätsgleichung der Elektrik** (equation of continuity) $(\partial\rho/\partial t)=-\mathrm{div}\,\vec{j}$. Damit folgt $\mathrm{d}\vec{p}/\mathrm{d}t=-\int\int\int\vec{r}\,'\mathrm{div}\,\vec{j}\,\mathrm{d}\tau'$ oder z.B. für die x-Komponente $\mathrm{d}p_x/\mathrm{d}t=-\int\int\int\mathrm{div}(x'\vec{j})\mathrm{d}\tau'+\int\int\int j_x\mathrm{d}\tau'$. Wie man durch Anwendung des Gauß'schen Satzes (s.S.273) zeigen kann, verschwindet der erste Term auf der rechten Seite und wir erhalten schließlich $\mathrm{d}\vec{p}/\mathrm{d}t=\int\int\int\vec{j}\,\mathrm{d}\tau'$. Diese Gleichung verknüpft das elektrische Dipolmoment mit der Stromdichte. Um die Maxwell'schen Gleichungen in der differentiellen Form (s.Tab.56, S.274) zu lösen, führen wir zunächst das **Vektorpotential** (vector potential) $\vec{A}(\vec{r},t)$ durch die Definitionsgleichung $\vec{B}=\mathrm{rot}\,\vec{A}$ ein, wodurch die 2.Maxwell'sche Gleichung (s.Tab.56, S.274) erfüllt wird. Mit diesem Vektorpotential erhält die 3.Maxwell'sche Gleichung (s.Tab.56, S.274) die Form $\mathrm{rot}\,\vec{E}=-\mathrm{rot}(\partial\vec{A}/\partial t)$ oder $\mathrm{rot}(\vec{E}+\partial\vec{A}/\partial t)=0$. Um diese Gleichung zu erfüllen, führen wir noch das **Skalarpotential** (scalar potential) $V(\vec{r},t)$ durch die Definition $\vec{E}+\partial\vec{A}/\partial t=-\mathrm{grad}\,V$ ein, denn für eine beliebige skalare Größe u gilt $\mathrm{rot\,grad}\,u=0$ (s. z.B. Tab.57, S.274). Es müssen also jetzt nur noch die 1. und die 4.Maxwell'sche Gleichung gelöst werden. Einsetzen in die 4.Maxwell'sche Gleichung (s.Tab.56, S.274) gibt $(\mu_r\mu_0)^{-1}\mathrm{rot}\,\vec{B}=(\mu_r\mu_0)^{-1}\mathrm{rot\,rot}\,\vec{A}=\vec{j}+\epsilon_r\epsilon_0\partial\vec{E}/\partial t$ oder $\mathrm{rot\,rot}\,\vec{A}=\mu_r\mu_0\vec{j}-c^{-2}\mathrm{grad}(\partial V/\partial t)+c^{-2}\partial^2\vec{A}/\partial t^2$ mit $c^{-2}=\epsilon_r\epsilon_0\mu_r\mu_0$. Zur Umformung der linken Seite verwenden wir die für einen beliebigen Vektor $\vec{v}$ gültige Beziehung $\mathrm{rot\,rot}\,\vec{v}=\mathrm{grad\,div}\,\vec{v}-\Delta\vec{v}$, wobei $\Delta\vec{v}$ ein Vektor ist, der in kartesischen Koordinaten die Komponenten $(\partial^2/\partial x^2+\partial^2/\partial y^2+\partial^2/\partial z^2)v_x$, $(\partial^2/\partial x^2+\partial^2/\partial y^2+\partial^2/\partial z^2)v_y$ und $(\partial^2/\partial x^2+\partial^2/\partial y^2+\partial^2/\partial z^2)v_z$ besitzt. Damit folgt $\mathrm{grad\,div}\,\vec{A}-\Delta\vec{A}=\mu_r\mu_0\vec{j}-c^{-2}\mathrm{grad}(\partial V/\partial t)+c^{-2}\partial^2\vec{A}/\partial t^2$. Als zusätzliche Bedingung für die Definition der Potentiale $\vec{A}$ und V fordern wir noch die Gültigkeit der Beziehung $\mathrm{div}\,\vec{A}+c^{-2}\partial V/\partial t=0$ (**Lorentzeichung**, Lorentz gauge), so dass sich schließlich für das Vektorpotential $\vec{A}$ die Differentialgleichung $c^{-2}\partial^2\vec{A}/\partial t^2-\Delta\vec{A}=\mu_r\mu_0\vec{j}$ ergibt. In der 1.Maxwell'schen Gleichung (s.Tab.56, S.274) $\mathrm{div}\,\vec{D}=\rho$ ersetzen wir $\vec{D}$ durch $\epsilon_r\epsilon_0\vec{E}$ (s.Tab.60, S.275) und verwenden die obige Definitionsgleichung für das Skalarpotential $\vec{E}+\partial\vec{A}/\partial t=-\mathrm{grad}\,V$. Damit ergibt sich $-\mathrm{div}(\partial\vec{A}/\partial t+\mathrm{grad}\,V)=\rho/(\epsilon_r\epsilon_0)$ oder, unter Verwendung der Lorentzeichung, $c^{-2}\partial^2 V/\partial t^2-\Delta V=\rho/(\epsilon_r\epsilon_0)$, wobei das Zeichen Δ den Operator divgrad bezeichnet, für den in kartesischen Koordinaten $\Delta=\partial^2/\partial x^2+\partial^2/\partial y^2+\partial^2/\partial z^2$ (s.Tab.57, S.274) gilt.

Die Maxwell'schen Gleichungen für die Felder $\vec{E}$, $\vec{D}$, $\vec{H}$ und $\vec{B}$ konnten somit in die **Wellengleichungen** (wave equations) $c^{-2}\partial^2\vec{A}/\partial t^2-\Delta\vec{A}=\mu_r\mu_0\vec{j}$ und $c^{-2}\partial^2 V/\partial t^2-\Delta V=\rho/\epsilon_r\epsilon_0$ für die im weiteren zu bestimmenden Potentiale $\vec{A}$ und V umgeformt werden. Sind, wie im vorliegenden Fall, die Quellen $\vec{j}$ und ρ gegeben, so werden diese Differentialgleichungen durch $\vec{A}(\vec{r},t)=\mu_r\mu_0(4\pi)^{-1}\int\int\int\vec{j}(\vec{r}\,',t_r')/|\vec{r}-\vec{r}\,'|\mathrm{d}\tau'$ und $V(\vec{r},t)=(4\pi\epsilon_r\epsilon_0)^{-1}\int\int\int\rho(\vec{r}\,',t_r')/|\vec{r}-\vec{r}\,'|\mathrm{d}\tau'$ mit $t_r'=t-|\vec{r}-\vec{r}\,'|/c$ gelöst, wie man durch Einsetzen nachprüfen kann. In Entfernungen, die groß sind gegen die Ausdehnung der Ladungsverteilung, gilt $|\vec{r}-\vec{r}\,'|\approx r-\vec{r}\,'\cdot\vec{e}_r$ (mit $\vec{e}_r=\vec{r}/r$) und $\rho(\vec{r}\,',t_r')\approx\rho(\vec{r}\,',t-(r-\vec{r}\,'\cdot\vec{e}_r)/c)$. Mit dieser Näherung vereinfachen sich die Lösungen für $\vec{A}$ und V zu $\vec{A}(\vec{r},t)=\mu_r\mu_0(4\pi r)^{-1}\int\int\int\vec{j}(\vec{r}\,',t_r)\mathrm{d}\tau'=\mu_r\mu_0(4\pi r)^{-1}(\mathrm{d}\vec{p}/\mathrm{d}t)_{t_r}$ (s. die obige Gleichung $\mathrm{d}\vec{p}/\mathrm{d}t=\int\int\int\vec{j}\,\mathrm{d}\tau'$) und $V(\vec{r},t)=(4\pi\epsilon_r\epsilon_0 r)^{-1}[Q+\vec{e}_r c^{-1}(\mathrm{d}\vec{p}/\mathrm{d}t)_{t_r}]$. Hierbei ist $t_r=t-r/c$ die **retardierte Zeit** (retarded time) und $Q=\int\int\int\rho(\vec{r}\,',t_r')\mathrm{d}\tau'$ die Gesamtladung, die nicht von der Zeit abhängen soll. Das Magnetfeld

$\vec{H}=\vec{B}\,(\mu_r\mu_0)^{-1}$ ergibt sich also zu $\vec{H}=\mathrm{rot}[(4\pi r)^{-1}(\mathrm{d}\vec{p}/\mathrm{d}t)_{tr}]$. Da aber $\mathrm{grad}\,r^{-1}$ quadratisch mit r abnimmt (s.Tab.57, S.274), können wir diese Gleichung für große r durch $\vec{H}=(4\pi r)^{-1}\mathrm{rot}[(\mathrm{d}\vec{p}/\mathrm{d}t)_{tr}]$ annähern, womit sich, wegen $t_r=t-r/c$, die gesuchte Gl.(414) ergibt. Das elektrische Feld $\vec{E}(\vec{r},t)$ berechnen wir gemäß $\vec{E}(\vec{r},t)=-\mathrm{grad}\,V-\partial\vec{A}/\partial t$ (s. die obige Definition des Skalarpotentials) zu $\vec{E}(\vec{r},t)=$ $-(4\pi\epsilon_r\epsilon_0)^{-1}\mathrm{grad}[\vec{e}_r r^{-1}c^{-1}(\mathrm{d}\vec{p}/\mathrm{d}t)_{tr}]-\mu_r\mu_0(4\pi r)^{-1}(\mathrm{d}^2\vec{p}/\mathrm{d}t^2)_{tr}$. Da, wie schon erwähnt, $\mathrm{grad}\,r^{-1}$ quadratisch mit r abnimmt, lässt sich der 1.Term auf der rechten Seite durch $-(4\pi\epsilon_r\epsilon_0)^{-1}\vec{e}_r r^{-1}c^{-1}\mathrm{grad}[(\mathrm{d}\vec{p}/\mathrm{d}t)_{tr}]$ annähern, wofür man wegen $t_r=t-r/c$ auch $-(4\pi\epsilon_r\epsilon_0 c^2 r)^{-1}\vec{e}_r[\vec{e}_r\cdot(\mathrm{d}^2\vec{p}/\mathrm{d}t^2)_{tr}]$ schreiben kann. Damit ergibt sich schließlich unter Beachtung von $c^{-2}=\epsilon_r\epsilon_0\mu_r\mu_0$ die Gleichung $\vec{E}(\vec{r},t)=(4\pi\epsilon_r\epsilon_0 c^2 r)^{-1}\cdot$ $\{\vec{e}_r[\vec{e}_r\cdot(\mathrm{d}^2\vec{p}/\mathrm{d}t^2)_{tr}]-(\mathrm{d}^2\vec{p}/\mathrm{d}t^2)_{tr}\}$. Wegen der Beziehung $\vec{a}\times(\vec{b}\times\vec{c})=\vec{b}\,(\vec{a}\cdot\vec{c})-\vec{c}\,(\vec{a}\cdot\vec{b})$ ist dies identisch mit der gesuchten Gl.(415).

Die Gln.(414)-(416) beinhalten die folgenden wesentlichen Aussagen über das Fernfeld eines zeitlich veränderlichen elektrischen Dipolmomentes $\vec{p}(t)$:

(1) *Die elektrische und die magnetische Feldstärke nehmen nur langsam mit dem Abstand, nämlich proportional zu $1/r$ ab*, im Gegensatz zu $1/r^2$ bzw. $1/r^3$ beim statischen Feld einer elektrischen Punktladung bzw. eines Punktdipols (s.S.171 bzw. S.179). Auf dieser Tatsache beruht die große Bedeutung der elektromagnetischen Wellen für die drahtlose Nachrichtenübertragung.

(2) *Die Phasengeschwindigkeit der elektromagnetischen Wellen ist gleich $c=(\epsilon_r\epsilon_0\mu_r\mu_0)^{-1/2}$.* Dies ergibt sich leicht aus den Gln.(414)-(416), indem man das Dipolmoment proportional zu $\cos\omega t$ ansetzt. Im Vakuum ($\epsilon_r=1$, $\mu_r=1$) folgt

$$c_0 = (\epsilon_0\mu_0)^{-1/2}\,. \tag{417}$$

(3) *Im Gegensatz zum Nahfeld gibt es keine Phasenverschiebung zwischen der elektrischen und der magnetischen Feldstärke.*

(4) *Die elektrische und die magnetische Feldstärke stehen senkrecht aufeinander und senkrecht zur Ausbreitungsrichtung*, weshalb man diesen Typ von elektromagnetischen Wellen auch als **TEM-Wellen** (TEM waves) bezeichnet.

Hohlleiter (wave guides) sind Rohre mit rechteckigem oder kreisförmigem Querschnitt, deren Mantel aus einem gut leitenden Material (z.B. Kupfer) besteht. Sie dienen zur Fortleitung elektromagnetischer Wellen, wobei allerdings deren Wellenlänge einen kritischen Wert (**Grenzwellenlänge**, threshold wave length) unterschreiten muss, der vom Rohrdurchmesser abhängt. Deshalb finden Hohlleiter nur in der Mikrowellentechnik (z.B. im X-Band, d.h. $\lambda\approx 3$cm) Verwendung. Es gibt in diesen Hohlleitern zwei Wellentypen, die als TE- bzw. TM-Wellen bezeichnet werden. Bei den **TE-Wellen** (TE waves) steht nur die elektrische Feldstärke senkrecht zur Ausbreitungsrichtung, die magnetische Feldstärke *kann* eine longitudinale Komponente besitzen. Bei den **TM-Wellen** (TM waves) sind die Verhältnisse umgekehrt. Hohlleiter, die am Anfang und am Ende durch eine leitende Wand abgeschlossen sind, nennt man **Hohlraumresonatoren** (resonating cavities). Sie entsprechen Schwingkreisen mit einer extrem hohen Güte. Bezüglich Details wird auf die Literatur, z.B. [PFE70], verwiesen.

Die Fig.137 zeigt eine Momentaufnahme des elektrischen Feldes eines Hertz'schen Dipols im oberen Halbraum. Das Feld ist rotationssymmetrisch um die Richtung des Dipols. Die entsprechende Momentaufnahme für das magnetische Fernfeld, in der Ebene senkrecht zum Hertz'schen Dipol, ist in Fig.138 dargestellt.

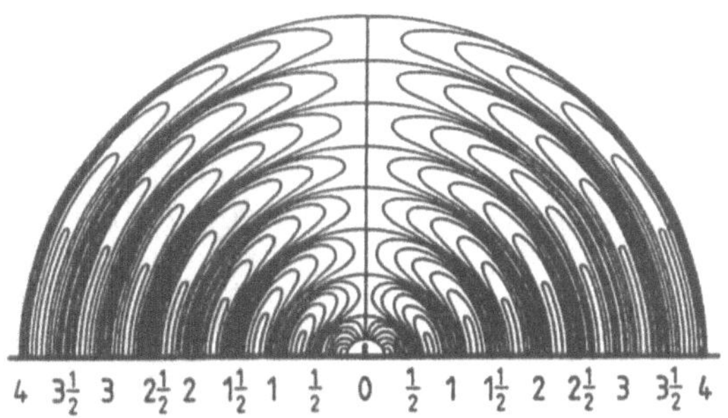

Fig.137 Momentaufnahme des elektrischen Fernfeldes eines Hertz'schen Dipols im oberen Halbraum. Das Feld ist rotationssymmetrisch um die durch den Dipol vorgegebene Achse

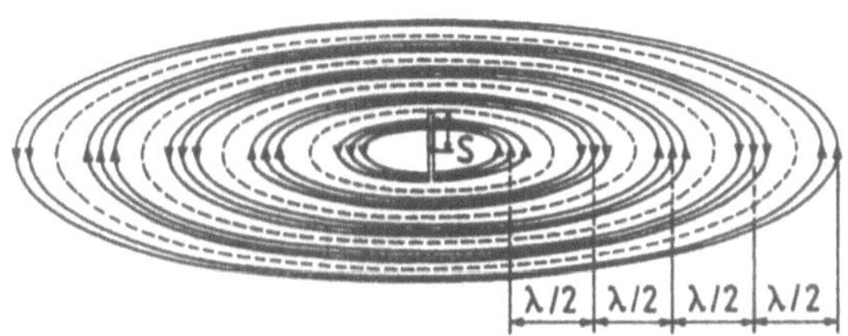

Fig.138 Momentaufnahme des magnetischen Fernfeldes in der Ebene senkrecht zum Hertz'schen Dipol

(5) *Das Verhältnis der elektrischen zur magnetischen Feldstärke bezeichnet man als* **Feldwellenwiderstand** (characteristic wave impedance) Z_F. Unter Verwendung der Gln.(414) - (416) ergibt sich

$$Z_F = |\vec{E}|/|\vec{H}| = (\mu_r\mu_0/\epsilon_r\epsilon_0)^{1/2} . \tag{418}$$

Wenn man die Werte für die Konstanten ϵ_0 und μ_0 (s.S.168) einsetzt, so folgt für $\epsilon_r=\mu_r=1$, d.h. für den Feldwellenwiderstand des Vakuums, $Z_F^V=\mu_0 c_0 \approx 376,7\Omega$. Zur Berechnung der Leistung, die von einer elektromagnetischen Welle übertragen wird, nehmen wir an, die durch die Gln.(414)-(416), S.278, beschriebene elektromagnetische Welle erreiche zum Zeitpunkt t das auf der Ausbreitungsrichtung $(\vec{r})$ senkrecht stehende Flächenelement $ds_\perp$. Während des folgenden Zeitintervalls dt erfüllt sie dann das Volumen $c\,dt\,ds_\perp$. Für die Energiedichte des elektrischen Feldes ergibt sich in diesem Fall nach Gl.(274), S.177, der Ausdruck $\langle\vec{E}\cdot\vec{D}\rangle/2$, wobei die eckigen Klammern, wie üblich, die zeitliche Mittelwertbildung kennzeichnen. Analog folgt nach Tab.44, S.217, für die Energiedichte des magnetischen Feldes $\langle \vec{H} \cdot \vec{B} \rangle/2$ und für die durch $ds_\perp$ transportierte Leistung

$$dP = \langle (\vec{E} \times \vec{H})_\perp \rangle \, ds_\perp \; . \tag{419}$$

Die im Volumen $cdt ds_\perp$ gespeicherte Energie dW ist die Summe aus elektrischer und magnetischer Energie, d.h. es gilt $dW=[(\langle \vec{E} \cdot \vec{D} \rangle/2)+(\langle \vec{H} \cdot \vec{B} \rangle)/2]cdt ds_\perp$. Wegen $\vec{D} = \epsilon_r \epsilon_0 \vec{E}$ und $\vec{B} = \mu_r \mu_0 \vec{H}$ (s.Tab.60, S.275) sowie $\vec{E}^2/\vec{H}^2 = \mu_r \mu_0/\epsilon_r \epsilon_0$ (s.Gl.(418), S.281) ergibt sich $dW=[(\epsilon_r \epsilon_0/2)\langle \vec{E}^2 \rangle + (\mu_r \mu_0/2)\langle \vec{H}^2 \rangle]cdt ds_\perp = \epsilon_r \epsilon_0 \langle \vec{E}^2 \rangle cdt ds_\perp$. Da $\vec{E}$ und $\vec{H}$ senkrecht aufeinander stehen, lässt sich diese Beziehung unter Verwendung des Vektorprodukts (s.S.19) und der Gl.(418), S.281, in der Form $dW = (\epsilon_r \epsilon_0 \mu_r \mu_0)^{1/2}\langle (\vec{E} \times \vec{H})_\perp \rangle cdt ds_\perp$ schreiben. Mit $dP=dW/dt$ und der ersten der Gln.(416), S.278, folgt schließlich die gesuchte Gl.(419).

Führt man noch den **Poynting-Vektor** (poynting vector, John Henry Poynting 1852-1914) durch die Definitionsgleichung

$$\vec{S} = \langle \vec{E} \times \vec{H} \rangle \tag{420}$$

ein, so lässt sich die Gl.(419) als Skalarprodukt (s.S.28)

$$dP = \vec{S} \cdot d\vec{s} \tag{421}$$

schreiben. Damit besitzt der Poynting-Vektor die folgenden beiden Eigenschaften: (1) *Die Richtung des Poyntingvektors gibt die Ausbreitungsrichtung der elektromagnetischen Welle an.* (2) *Der Betrag des Poyntingvektors ist gleich der Leistung, die von der elektromagnetischen Welle durch die Einheitsfläche senkrecht zur Ausbreitungsrichtung transportiert wird* (**Energiestromdichte**, energy flux density). Durch Einsetzen der Gln.(414) und (415), S.278, in Gl.(420) ergibt sich für den Hertz'schen Dipol

$$\vec{S} = (16\pi^2 c^3 \epsilon_r \epsilon_0 r^2)^{-1} \langle [(d^2\vec{p} / dt^2)_{t_r} \times \vec{e}_r]^2 \rangle \, \vec{e}_r \; . \tag{422}$$

Mit $(d^2\vec{p}/dt^2)_{t_r} = \vec{v}$ ergibt sich durch Einsetzen der Gln.(414) und (415), S.278, in Gl.(420) $\vec{S} = \langle (16\pi^2 c^3 \epsilon_r \epsilon_0 r^2)^{-1}[(\vec{v} \times \vec{e}_r) \times \vec{e}_r] \times (\vec{v} \times \vec{e}_r) \rangle$. Unter Verwendung der allgemeinen Beziehungen $\vec{a} \times (\vec{b} \times \vec{c}) = \vec{b}(\vec{a} \cdot \vec{c}) - \vec{c}(\vec{a} \cdot \vec{b})$ und $\vec{a} \times \vec{b} \cdot \vec{b} = 0$ folgt daraus die gesuchte Gl.(422).

Aus dieser Beziehung sieht man, dass die Energiestromdichte des Hertz'schen Dipols proportional zu $r^{-2}\sin^2\vartheta$ ist, wenn man mit ϑ den Winkel zwischen dem Dipolmoment $\vec{p}$ und dem Ortsvektor $\vec{r}$ bezeichnet. In Richtung des Dipolmoments wird also keine Energie abgestrahlt. Für die mittlere Strahlungsleistung $P = \oint \vec{S} d\vec{s}$ ergibt sich nach Einsetzen von Gl.(422) und Integration über eine konzentrische

Kugelfläche im großen Abstand vom Hertz'schen Dipol

$$P = (6\pi\epsilon_r\epsilon_0 c^3)^{-1} \left\langle (\mathrm{d}^2\vec{p} / \mathrm{d}t^2)^2 \right\rangle . \tag{423}$$

Es sei ϑ der Winkel zwischen $\vec{p}$ und $\vec{r}$. Dann lässt sich Gl.(422) in der Form $S_r = (16\pi^2 c^3 \epsilon_r\epsilon_0 r^2)^{-1} \cdot \langle(\mathrm{d}^2\vec{p}/\mathrm{d}t^2)^2\rangle \sin^2\vartheta$ schreiben. Damit folgt für $P = \oint \vec{S}\mathrm{d}\vec{s} = 2\pi \int_0^\pi S_r\, r^2\sin\vartheta\mathrm{d}\vartheta$ der Ausdruck $P = (8\pi c^3 \cdot \epsilon_r\epsilon_0)^{-1}\langle(\mathrm{d}^2\vec{p}/\mathrm{d}t^2)^2\rangle \int_0^\pi \sin^2\vartheta\sin\vartheta\mathrm{d}\vartheta$. Mit $\int_0^\pi \sin^2\vartheta\sin\vartheta\mathrm{d}\vartheta = 4/3$ ergibt sich die gesuchte Gl.(423).

Mit Hilfe des Poynting-Vektors lässt sich auch der **Strahlungswiderstand** (radiation resistance) R_S von Antennen berechnen. Es sei U_{eff} die Effektivspannung (s.S.256), die an die Klemmen einer Antenne angelegt wird, wodurch diese ein Fernfeld erzeugt, das zwar u. U. eine komplizierte Ortsfunktion sein kann, dessen Amplitude aber proportional zu U_{eff} ist. Die gesamte von der Antenne abgestrahlte Leistung P ergibt sich dann wieder dadurch, dass man Gl.(421) über eine konzentrische Kugelfläche im großen Abstand um die Antenne integriert: $P = \oint \vec{S}\mathrm{d}\vec{s}$. Gleichsetzen mit der elektrischen Leistung, die in einem Ohm'schen Widerstand der Größe R_S in Wärme umgesetzt würde (U_{eff}^2/R_S, s. Gl.(376), S.256, mit $\phi=0$), liefert für den Strahlungswiderstand die Formel

$$R_S = \frac{U_{eff}^2}{\oint \vec{S}\cdot\mathrm{d}\vec{s}} . \tag{424}$$

Auf diese Weise erhält man beispielsweise für den $\lambda/2$-Dipol einen Strahlungswiderstand von ca. $73\,\Omega$ (s. z.B.[PFE70]). Für den Druck, den eine elektromagnetische Welle im Vakuum auf eine senkrecht stehende Fläche ausübt (**Strahlungsdruck**, radiation pressure), ergibt sich bei vollständiger Absorption (Reflexionsfaktor null)

$$p = \frac{S}{c_0} , \tag{425}$$

während bei vollständiger Reflexion (Reflexionsfaktor eins) auf der rechten Seite noch der Faktor zwei anzufügen ist.

Eine elektromagnetische Welle im Vakuum, die ein senkrecht stehendes Flächenelement $\mathrm{d}s_\perp$ durchsetzt, erfüllt nach dem Zeitintervall $\mathrm{d}t$ das Volumen $c\mathrm{d}t\mathrm{d}s_\perp$. Auf Grund der Gl.(421) ist die darin enthaltene Energie gleich $S\mathrm{d}s_\perp\mathrm{d}t$, so dass für die **Energiedichte** (energy density) ρ_W die Beziehung $\rho_W = S/c_0$ folgt. Da nach der Relativitätstheorie bei hohen Geschwindigkeiten Impuls $\vec{p}$, Geschwindigkeit $\vec{v}$ und Energie W durch die Beziehung $\vec{p} = \vec{v}\,W/c_0^2$ miteinander verknüpft sind (s.Gln.(431) und (433), S.291/292), folgt mit $v=c_0$ für die **Impulsdichte** (pulse density) $\rho_p = S/c_0^2$. Im Zeitintervall dt trifft also auf eine senkrecht stehende Fläche $ds_\perp$ der Impuls $(S/c_0^2)c_0\,dt\,ds_\perp$. Nach dem zweiten Newton'schen Axiom (s.Gl.(20), S.21) ergibt sich für die Kraft auf die Fläche $ds_\perp$ bei vollständiger Absorption (der Impuls verschwindet) $F=(S/c_0)ds_\perp$ und damit erhält man für den Druck $F/ds_\perp$ die gesuchte Gl.(425). Bei vollständiger Reflexion ist die Impulsänderung doppelt so groß, weshalb sich der Druck verdoppelt.

Das elektromagnetische Spektrum, die Lichtgeschwindigkeit

Wenn man die Frequenz der Hertz'schen Wellen immer weiter erhöht, so kommt man in Bereiche, wo der Mensch derartige Wellen durch seine Sinne wahrnehmen kann, und zwar zunächst als Wärmestrahlung und dann als Licht.

Tab.61 Das elektromagnetische Spektrum dargestellt als Funktion der Frequenz f in Hz, der Vakuumwellenlänge $\lambda_0=c_0/f$ in m und der Quantenenergie $W=hf$ in der Einheit eV (s.S.553). c_0 ist die Lichtgeschwindigkeit im Vakuum, h die Planck'sche Konstante und e die Elementarladung

Bezeichnung	f / Hz	λ_0 / m	W / eV
	0	∞	0
Hertz'sche Wellen (Rundfunk, Fernsehen, Radar)			
	$0,3\cdot10^{12}$	10^{-3}	$1,24\cdot10^{-3}$
Infrarotes Licht			
	$0,4\cdot10^{15}$	$0,75\cdot10^{-6}$	$1,65$
Sichtbares Licht (rot, orange, gelb, grün, blau, indigo violett)			
	$8,3\cdot10^{14}$	$0,36\cdot10^{-6}$	$3,43$
Ultraviolettes Licht			
	$0,3\cdot10^{18}$	10^{-9}	$1,24\cdot10^{3}$
Röntgen-Strahlen, Synchrotronstrahlen			
	$30\cdot10^{18}$	$10\cdot10^{-12}$	$124\cdot10^{3}$
γ-Strahlen			
	$30\cdot10^{21}$	$10\cdot10^{-15}$	$124\cdot10^{6}$
Kosmische Strahlen			
	$30\cdot10^{27}$	$10\cdot10^{-21}$	$124\cdot10^{12}$

Bei noch kürzeren Wellen (ultraviolettes Licht, Röntgen-Strahlen, γ-Strahlen) können körperliche Schäden, wie Hautverbrennungen oder auch Zerstörungen des Gewebes im Körperinneren auftreten. Einen Überblick über das gesamte **elektromagnetische Spektrum** (electromagnetic spectrum) gibt die Tab.61.
Die Messung der Lichtgeschwindigkeit im Vakuum gehörte und gehört zu den großen experimentellen Herausforderungen der Physik. Heute würde aber eine Erhöhung der Genauigkeit nicht zu einer Veränderung des Zahlenwertes $c_0=299$ 792 458 ms^{-1} führen, sondern es müsste diejenige Länge geändert werden, die man als 1m bezeichnet (s.S.10). Die wichtigsten Methoden zur Messung von c_0 sind in Tab.62 zusammengestellt.

Tab.62 Die wichtigsten Methoden zur Messung der Lichtgeschwindigkeit

Astronomische Methoden	Periode der Verfinsterung des Jupitermondes Ganymed (Ole Rømer 1644-1710)
	Neigung des Fernrohrs bei der Beobachtung von Fixsternen (James Bradley 1692-1762)
Reflexionsmethoden	Zahnradmethode (Armand Hippolyte Fizeau 1819-1896)
	Drehspiegelmethode (Léon Foucault 1819-1868)
	Impulsradar (Messung der Zeit zwischen dem Aussenden und dem Empfang eines kurzen Wellenzuges)
	Phasenradar (Messung der Phasenverschiebung zwischen ausgestrahlter und empfangener Welle)
Messung der Wellenlänge bei bekannter Frequenz	Geometrische Daten von Hohlraumresonatoren (Prinzip s.Gl.(413), S.276)
	Interferenzmethoden, vor allem Michelson-Interferometer (Albert Abraham Michelson 1852-1931)

Auf der nächsten Seite zeigt die Fig.139 das Prinzip des **Michelson'schen Interferometers** (Michelson interferometer). Wir nehmen an, dass sich das Gerät im Vakuum befinde, d.h. dass die Geschwindigkeit c gleich der Lichtgeschwindigkeit c_0 im Vakuum ist. Die von dem Sender (Lichtquelle) ausgestrahlte elektromagnetische Welle habe die (bekannte) Frequenz f. S bezeichnet einen halbdurchlässigen Spiegel. Wenn die beiden Strecken ℓ_x und ℓ_y gleich lang sind, verstärken sich die beiden reflektierten Wellen, und der Empfänger registriert ein Maximum der Intensität. Bei Verlängerung der Strecke ℓ_y ergibt sich für $\ell_y - \ell_x = \lambda_0/4$ Auslöschung, dann folgt für $\ell_y - \ell_x = \lambda_0/2$ das nächste Maximum usw. Auf diese Weise lässt sich aus der gemessenen Verschiebung des Spiegels S$_y$ die Wellenlänge λ_0 und mit der bekannten Frequenz f die Lichtgeschwindigkeit $c_0 = \lambda_0 f$ bestimmen. Eine wichtige Anwendung fand das Michelsonsche Interferometer bei dem Versuch, die

Geschwindigkeit $\vec{v}$ zu messen, mit der sich die Erde um die Sonne bewegt. Es sei $\ell_x = \ell_y = \ell$ und das Interferometer so orientiert, dass die x-Achse parallel zu $\vec{v}$ steht.

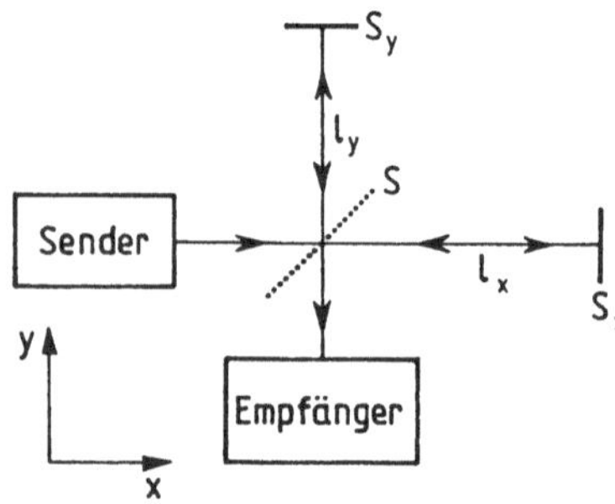

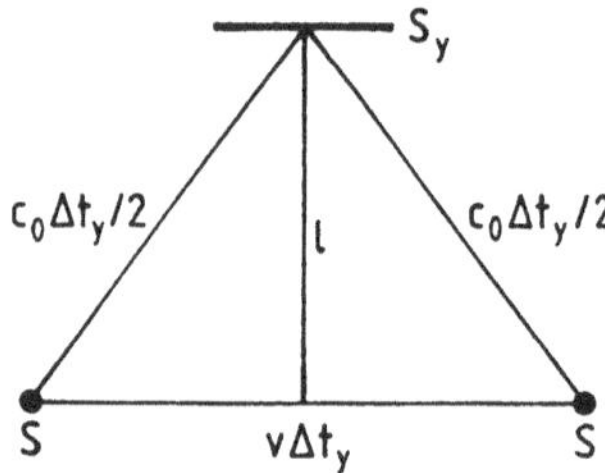

Fig.139 Prinzip des Michelson'schen Interferometers. S ist ein halbdurchlässiger Spiegel

Fig.140 Während der Zeit Δt_y bewegt sich das Interferometer auf Grund der Erdbewegung um die Strecke $v\,\Delta t_y$

Dann gilt für die Zeit, die vergeht, bis die am Spiegel S_x reflektierte Welle wieder bei S eintrifft, $\Delta t_x = \ell\,(c_0-v)^{-1} + \ell\,(c_0+v)^{-1}$. Wegen $v \approx 30\,\text{km/s}$ und $c_0 \approx 300000\,\text{km/s}$ kann man diesen Ausdruck entwickeln und erhält $\Delta t_x \approx (2\ell/c_0)[1+(v/c_0)^2]$. Die Zeit, die vergeht, bis die am Spiegel S_y reflektierte Welle wieder bei S eintrifft, ergibt sich nach Fig.140 zu $\Delta t_y = 2\ell(c_0^2 - v^2)^{-1/2} \approx (2\ell/c_0)[1+(v/c_0)^2/2]$. Damit folgt für die Zeitdifferenz Δt zwischen den beiden bei S eintreffenden Wellen $\Delta t = \Delta t_x - \Delta t_y \approx (\ell/c_0)(v/c_0)^2$. Dreht man das Michelson'sche Interferometer um 90°, so dass dann die y-Achse parallel zu $\vec{v}$ steht, so muss eine Verschiebung in der Lage der vom Empfänger registrierten Maxima und Minima auftreten. Es sei δ das Verhältnis aus dieser Verschiebung und dem Abstand zweier benachbarter Maxima. Dann gilt $\delta = 2\Delta t/T$. Einsetzen von $T = \lambda_0/c_0$ und $\Delta t = (\ell/c_0)(v/c_0)^2$ liefert die Beziehung $\delta = (2\ell/\lambda_0)(v/c_0)^2$. Bei dem ersten Versuch von Michelson im Jahre 1881 mit $\ell = 1,2\,\text{m}$ und $\lambda_0 = 589\,\text{nm}$ hätte sich für δ wegen $v/c_0 \approx 10^{-4}$ ein Wert von 0,04 ergeben müssen. Michelson fand aber keinen Effekt. Da der Wert $\delta = 0,04$ an der unteren Grenze der Messbarkeit lag, wurde das Experiment 1887 von **Michelson und Morley** (Edward Williams Morley 1838-1923) wiederholt. Mit einem durch Spiegelungen auf 11 m vergrößerten Wert von ℓ hätte sich $\delta \approx 0,4$ ergeben müssen, was mindestens 20-mal größer als die Messgenauigkeit war. Es wurde aber wieder kein Effekt gefunden. Die einzige widerspruchsfreie Erklärung dieser Experimente lieferte Albert Einstein (1879-1955) mit dem Postulat, dass die Lichtgeschwindigkeit unabhängig vom Bewegungszustand des Beobachters ist (**Einstein's Postulat, Einstein's postulate**). Für Bewegungen mit konstanter Geschwindigkeit führt dies auf die im nächsten Abschnitt beschriebene spezielle Relativitätstheorie.

Die spezielle Relativitätstheorie

Albert Einstein: Seitdem die Mathematiker über meine Relativitätstheorie hergefallen sind, verstehe ich sie selbst nicht mehr.

Wir betrachten zwei kartesische Koordinatensysteme x,y,z und x',y',z'. Das Koordinatensystem x',y',z' bewege sich gegenüber x,y,z mit der konstanten Geschwindigkeit v_x so, dass y' parallel y und z' parallel zu z bleibt (s. Fig. 141).

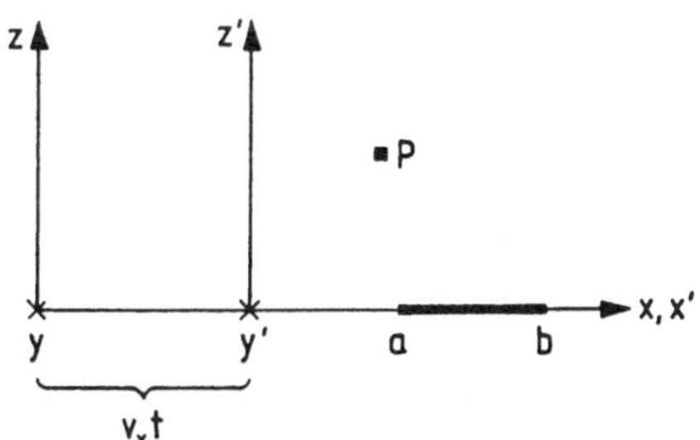

Fig.141 Das Koordinatensystem x',y',z' bewege sich gegenüber dem Koordinatensystem x,y,z mit der konstanten Geschwindigkeit v_x so, dass y' parallel zu y und z' parallel zu z bleibt. P ist ein beliebiger Punkt, der im Koordinatensystem x',y',z' ruht und a−b ein ebenfalls in diesem Koordinatensystem ruhender Stab

Die Uhren im System x,y,z sollen die Zeit t und die im System x',y',z' die Zeit t' anzeigen mit der Festlegung, dass $t'=t=0$ für $x'=x$ gilt. Bei der **Galilei-Transformation** (Galilean transformations, Galileo Galilei 1564-1642) wird vorausgesetzt, dass die Uhren in beiden Koordinatensystemen gleich schnell laufen. Dann folgt für die Beziehungen zwischen den Koordinaten des Punktes P

$$
\begin{aligned}
x' &= x - v_x t \\
y' &= y \\
z' &= z \ .
\end{aligned}
\tag{426}
$$

Bei der **Lorentz-Transformation** (Lorentz transformations), sie wurde von Albert Einstein (1879-1955) nach Hendrik Antoon Lorentz (1853-1928) benannt, wird dagegen vorausgesetzt, dass die Lichtgeschwindigkeit c_0 in beiden Koordinatensystemen gleich ist. Dann folgt

$$x' = \frac{x - v_x t}{[1 - (v_x/c_0)^2]^{1/2}}$$

$$y' = y$$

$$z' = z$$

$$t' = \frac{t - v_x x/c_0^2}{[1 - (v_x/c_0)^2]^{1/2}}$$

$$(427)$$

Man sieht, dass die Lorentz-Transformation für kleine Geschwindigkeiten ($v_x \ll c_0$) in die Galilei-Transformation übergeht, einschließlich der dort gemachten Voraussetzung $t'=t$.

Zur Zeit $t=0$ werde vom Ursprung $x=y=z=0$ ein Lichtblitz ausgesendet. Den Beobachter, der im Koordinatensystem x,y,z ruht, nennen wir B und den im Koordinatensystem x',y',z' ruhenden Beobachter B'. Der Beobachter B stellt fest, dass der Lichtblitz den Punkt P mit den Koordinaten x,y,z zum Zeipunkt t erreicht hat. Wegen $x^2+y^2+z^2=r^2$ gilt also $x^2+y^2+z^2=c_0^2t^2$. Der Beobachter B' stellt fest, dass der Lichtblitz den Punkt P zum Zeitpunkt t' erreicht hat und es muss demzufolge gelten $x'^2+y'^2+z'^2=c_0^2t'^2$. Wir fragen nun nach der Transformation, welche die Gültigkeit dieser beiden Gleichungen sichert. Aus Symmetriegründen gilt zunächst $y'=y$ und $z'=z$. Für x' machen wir den Ansatz $x'=\alpha(x-v_x t)$, da $x'=0$ für $x=v_x t$ gelten muss. Analog schreiben wir $t'=\beta(t-\gamma x)$ mit β und γ als zwei weiteren Konstanten, die zu bestimmen sind. Einsetzen von $y'=y$ und $z'=z$ sowie der beiden Ansätze in die Gleichung $x'^2+y'^2+z'^2=c_0^2t'^2$ gibt $\alpha^2(x^2-2xv_x t+v_x^2t^2)+y^2+z^2=c_0^2\beta^2(t^2-2\gamma xt+\gamma^2x^2)$ oder $x^2(\alpha^2-c_0^2\beta^2\gamma^2)+x(-\alpha^2 2v_x t+c_0^2\beta^2 2\gamma t)+y^2+z^2=c_0^2t^2(\beta^2-\alpha^2v_x^2/c_0^2)$. Der Vergleich mit $x^2+y^2+z^2=c_0^2t^2$ liefert die Gleichungen $\alpha^2-c_0^2\beta^2\gamma^2=1$; $-\alpha^2v_x+c_0^2\beta^2\gamma=0$ und $\beta^2-\alpha^2v_x^2/c_0^2=1$. Die Auflösung dieser drei Gleichungen nach α,β,γ gibt $\alpha=\beta=[1-v_x^2/c_0^2]^{-1/2}$ und $\gamma=v_x/c_0^2$, womit die Gln.(427) bewiesen sind.

Es sei dx/dt die Geschwindigkeit eines Körpers im System x,y,z. Dann ergibt sich für die Geschwindigkeit dieses Körpers, die im System x',y',z' gemessen wird,

$$\frac{dx'}{dt'} = \frac{dx/dt - v_x}{1-(v_x/c_0^2)dx/dt} \cdot$$

$$(428)$$

Aus der ersten der Gln.(427) folgt $dx'=[dx-v_x dt][1-(v_x/c_0)^2]^{-1/2}$ oder $dx'=[(dx/dt)-v_x][1-(v_x/c_0)^2]^{-1/2}dt$. Andererseits ergibt sich aus der vierten der Gln.(427) $dt'=[dt-(v_x/c_0^2)dx][1-(v_x/c_0)^2]^{-1/2}$ oder $dt'=[1-(v_x/c_0^2)(dx/dt)][1-(v_x/c_0)^2]^{-1/2}$. Die Division von dx' durch dt' liefert die gesuchte Gl.(428).

Für $|dx/dt| \ll c_0$ und $|v_x| \ll c_0$ folgt aus Gl.(428) $dx'/dt'=dx/dt-v_x$. Dieses Resultat (Galilei-Transformation der Geschwindigkeiten) stimmt mit den Beobachtungen im täglichen Leben überein: Wenn z.B. ein Fahrgast in einem Eisenbahnwagen mit der Geschwindigkeit 4km/h in Fahrtrichtung läuft und der Zug eine Geschwindigkeit von 80km/h besitzt, so misst man vom Bahndamm aus eine Geschwindigkeit von 84km/h. In dem Maße aber, wie sich die Geschwindigkeiten der Lichtgeschwindigkeit nähern, wie z.B. bei den schnell fliegenden Partikeln in der Höhenstrahlung oder in kernphysikalischen Beschleunigern, gilt diese einfache Addition oder Subtraktion der Geschwindigkeiten nicht mehr. Im Grenzfall, wenn dx/dt oder v_x die Lichtgeschwindigkeit erreicht, folgt aus Gl.(428) $|dx'/dt'| = c_0$ unabhängig von der Größe der anderen Geschwindigkeit, was nicht überrascht, denn dies war ja gerade die Bedingung für die Ableitung der Lorentz-Transformation.

Wir betrachten jetzt einen Stab, der im System x',y',z' ruhe und der parallel zur x'-Achse ausgerichtet sei (s.Fig.141, S.287). Seine Länge, gemessen im System x',y',z', ist $\ell' = x_b' - x_a'$. Für einen Beobachter, der im System x,y,z ruht, ergibt sich eine geringere Länge, nämlich

$$\ell = \ell' \, [1-(v_x/c_0)^2]^{1/2} \; . \tag{429}$$

Aus der ersten der Gln.(427) folgt $x_a' = (x_a - v_x t)[1-(v_x/c_0)^2]^{-1/2}$ und $x_b' = (x_b - v_x t)[1-(v_x/c_0)^2]^{-1/2}$. Daraus erhält man mit $\ell' = x_b' - x_a'$ und $\ell = x_b - x_a$ die gesuchte Gl.(429).

Wenn sich ein Körper gegenüber einem Beobachter mit der konstanten Geschwindigkeit v_x bewegt, so ist nach Gl.(429) die von dem Beobachter in Bewegungsrichtung gemessene Länge um den Faktor $[1-(v_x/c_0)^2]^{1/2}$ verringert (**Lorentz-Kontraktion**, Lorentz-Fitzgerald contraction, Hendrik Antoon Lorentz 1853-1928, George Francis Fitzgerald 1851-1901). Die Länge eines Körpers, der gegenüber dem Beobachter ruht, nennt man seine **wahre Länge** (proper length).

Als Nächstes betrachten wir ein Pendel, dessen Aufhängepunkt im System x',y',z' ruhe und das sich an einer Stelle mit der Koordinate x' befinde. t'_n sei der Zeitpunkt des n-ten und t'_{n+1} der des $(n+1)$-ten Nulldurchgangs des Pendels, gemessen im System x',y',z'. Die Pendeldauer in diesem System ist also $T' = t'_{n+1} - t'_n$. Für die Pendeldauer T, die ein Beobachter misst, der im System x,y,z ruht, folgt dann ein größerer Wert, nämlich

$$T = \frac{T'}{[1-(v_x/c_0)^2]^{1/2}} \; . \tag{430}$$

Für den Zeitpunkt t_{n+1} gilt nach nach der ersten der Gln.(427), S.288, $x' = (x - v_x t_{n+1})[1-(v_x/c_0)^2]^{-1/2}$ und nach der vierten der Gln.(427) $t'_{n+1} = (t_{n+1} - v_x x/c_0^2)[1-(v_x/c_0)^2]^{-1/2}$. Löst man die erste Beziehung nach x auf und setzt dies in den Ausdruck für t'_{n+1} ein, so folgt $t'_{n+1} = t_{n+1}[1-(v_x/c_0)^2]^{1/2} - v_x x'/c_0^2$. Analog folgt für den Zeitpunkt t_n die Gleichung $t'_n = t_n[1-(v_x/c_0)^2]^{1/2} - v_x x'/c_0^2$. Mit $T' = t'_{n+1} - t'_n$ und $T = t_{n+1} - t_n$ ergibt sich die gesuchte Gl.(430).

Wenn sich ein Pendel gegenüber einem Beobachter mit der konstanten Geschwindigkeit v_x bewegt, so misst dieser nach Gl.(430) eine um den Faktor $[1-(v_x/c_0)^2]^{-1/2}$ vergrößerte Pendeldauer (**Zeitdilatation**, time dilation). Diese Aussage gilt, wie man aus der Herleitung erkennt, nicht nur für die Schwingungsdauer eines Pendels, sondern für jede Uhr und für jede Zeitdifferenz. Das Zeitintervall zwischen zwei Ereignissen an einem Ort, der gegenüber dem Beobachter ruht, nennt man das **wahre Zeitintervall** oder **Eigenzeitintervall** (proper time interval).

Das **Myon** (muon) ist ein Elementarteilchen (s.S.534), dessen Ladung mit der des Elektrons $(-e)$ übereinstimmt und dessen Masse etwa 207 Elektronenmassen entspricht. Im Gegensatz zum Elektron ist das Myon aber instabil. Seine (wahre) **Halbwertszeit** (half-life), d.h. die Zeit, in der 50 % einer vorgegebenen Anzahl von ruhenden Myonen zerfallen, beträgt ungefähr $2,2 \mu s$. Durch Stöße zwischen kosmischen Strahlen und Atomen der Erdatmosphäre in einer Höhe von ca. 60 km werden Myonen erzeugt, deren Relativgeschwindigkeit (v_x) gegenüber der Erde nahe bei der Lichtgeschwindigkeit (c_0) liegt. Mit $v_x = 0,999 c_0$ erhöht sich also nach Gl.(430) die Halbwertszeit der Myonen für einen Beobachter auf der Erde auf $T = 2,2 \cdot 10^{-6}[1-(0,999)^2]^{-1/2} \text{s} \approx 49,2 \mu s$. Die Laufzeit der Myonen von ihrem Entstehungsort bis zum Auftreffen auf die Erdoberfläche beträgt $6 \cdot 10^4 \text{m}/(0,999 \cdot 3 \cdot 10^8 \text{m/s}) \approx 200 \mu s$. Diese Zeit entspricht $200/49,2 \approx 4$ Halbwertszeiten, d.h., die Anzahl der Myonen, die auf die Erdoberfläche gelangen, ist $(1/2)^4$, was ca. 6 % der ursprünglichen Anzahl entspricht. Ohne die Zeitdilatation wäre der Exponent nicht 4, sondern $(200/2,2) \approx 91$ und damit der Prozentsatz verschwindend gering, was im Gegensatz zu den experimentellen Beobachtungen steht.

Mit dem Michelson-Experiment (s.S.286ff.) war der Versuch unternommen worden, durch Messung der Lichtgeschwindigkeit ein ausgezeichnetes Koordinatensystem, nämlich dasjenige, gegenüber dem sich die Erde bewegt, zu finden. Der Misserfolg dieses Versuchs führte zu dem Einstein'schen Postulat von der Konstanz der Vakuumlichtgeschwindigkeit und damit zur Lorentz-Transformation, d.h. zu den Gln.(427), S.288.   Die **spezielle Relativitätstheorie** (special theory of relativity) schließlich, von Albert Einstein im Jahre 1905 veröffentlicht, war die konsequente Erweiterung dieser Interpretation durch das **Einstein'sche Relativitätsprinzip** (Einstein's principle of relativity), das besagt, dass *die Naturgesetze in allen gleichförmig geradlinig bewegten Bezugsystemen (Inertialsysteme) die gleiche mathematische Form besitzen.*

Zur Erläuterung betrachten wir das Induktionsgesetz. Im System x,y,z (s.Fig.141, S.287) sollen an der Stelle P zur Zeit t die elektrische Feldstärke $\vec{E}(\vec{r},t)$ und die magnetische Flussdichte $\vec{B}(\vec{r},t)$ gemessen werden, wobei $\vec{r}$ den Ortsvektor von P in diesem System bezeichnet. Dann muss auf Grund des Induktionsgesetzes (s.Tab.56, S.274) $\operatorname{rot}\vec{E}(\vec{r},t) = -\partial\vec{B}(\vec{r},t)/\partial t$ gelten. Ein Beobachter, der im System x',y',z' ruht, misst an der gleichen Stelle (P) die elektrische Feldstärke $\vec{E}'(\vec{r}',t')$ und die magnetische Flussdichte $\vec{B}'(\vec{r}',t')$. Nach dem Relativitätsprinzip muss dann das Induktionsgesetz für diese Größen die gleiche mathematische Form, nämlich $\operatorname{rot}'\vec{E}'(\vec{r}',t') = -\partial\vec{B}'(\vec{r}',t')/\partial t'$ besitzen, wobei rot' der mit den Koordinaten x',y',z' gebildete Differentialoperator (s.Tab.57, S.274) ist. Unter Verwendung mathematischer Beziehungen, wie $\partial/\partial t = (\partial x'/\partial t)\partial/\partial x' + (\partial y'/\partial t)\partial/\partial y' + (\partial z'/\partial t)\partial/\partial z' + (\partial t'/\partial t)\partial/\partial t'$, und Berechnung der partiellen Ableitungen $\partial x'/\partial t$ usw. mit Hilfe der Lorentz-Transformation (s.Gln.(427), S.288) lässt sich zeigen, dass dies tatsächlich der Fall ist, wenn die elektrische Feldstärke $\vec{E}' = \vec{E}'(\vec{r}',t')$ und die magnetische Flussdichte $\vec{B}' = \vec{B}'(\vec{r}',t')$ den Gleichungen $E'_x = E_x$, $E'_y = [E_y - v_x B_z] \cdot [1-(v_x/c_0)^2]^{-1/2}$, $E'_z = [E_z + v_x B_y][1-(v_x/c_0)^2]^{-1/2}$, $B'_x = B_x$, $B'_y = [B_y + (v_x/c_0^2)E_z][1-(v_x/c_0)^2]^{-1/2}$, $B'_z = [B_z - (v_x/c_0^2)E_y][1-(v_x/c_0)^2]^{-1/2}$ genügen. Das Induktionsgesetz ist damit, wie auch die anderen Maxwell'schen Gleichungen, **Lorentz-invariant** (Lorentz-invariant), im Gegensatz zum 2.Newton'schen Axiom.

Im Abschn.2.4, S.27, wurde der Impuls $\vec{p}$ einer Masse m_0, die sich mit der Geschwindigkeit $\vec{v}$ bewegt, durch die Gleichung $\vec{p} = m_0\vec{v}$ definiert. Für diesen Impuls galt das als 2.Newton'sches Axiom bezeichnete Naturgesetz $\vec{F} = d\vec{p}/dt$ (s.Gl.(20), S.21). Um dieses Gesetz gegenüber einer Lorentz-Transformation invariant zu machen, muss der Impuls neu definiert werden, und zwar durch die Gleichung

$$\vec{p} = \frac{m_0\vec{v}}{[1-(v/c_0)^2]^{1/2}} \ .\tag{431}$$

Eine Herleitung von Gl.(431) ist z.B. dadurch möglich, dass man den Stoß zwischen zwei gleichen Punktmassen betrachtet. Der Impuls muss dann so definiert werden, dass der Gesamtimpuls vor dem Stoß gleich dem Gesamtimpuls nach dem Stoß ist (Impulssatz), und zwar unabhängig von der Relativgeschwindigkeit des verwendeten Koordinatensystems gegenüber dem Schwerpunkt.

Für kleine Geschwindigkeiten ($v \ll c_0$) geht Gl.(431) in die klassische Definition $\vec{p} = m_0\vec{v}$ über. Da $\vec{p}$ und $\vec{v}$ parallel sind, können wir den Quotienten $\vec{p}/\vec{v}$ bilden. Diese Größe nennen wir **Impulsmasse** m zum Unterschied von m_0, die als **Ruhemasse** (rest mass) oder **wahre Masse** (proper mass) bezeichnet wird. Gl.(431) besagt dann, dass die Impulsmasse für $v=0$ gleich der Ruhemasse ist, dass sie aber mit wachsender Geschwindigkeit immer größere Werte annimmt und schließlich für $v=c_0$ unendlich groß wird.

Wir führen nun, analog wie in der klassischen Mechanik, S.30, eine Größe ein, die wir als kinetische Energie E_{kin} bezeichnen und die dadurch definiert ist, dass für einen Körper, der nur unter dem Einfluss konservativer Kräfte steht, die Summe aus potentieller und kinetischer Energie konstant ist. Unter Verwendung der Gl.(431) folgt dann

$$E_{kin} = \frac{m_0 c_0^2}{[1-(v/c_0)^2]^{1/2}} - m_0 c_0^2 \ .\tag{432}$$

Wir gehen aus von der Gl.(37), S.30, die wir in der Form $dE_{pot}/dt = (\mathrm{grad}E_{pot})\cdot(d\vec{r}/dt)$ oder $dE_{pot}/dt = -\vec{F}\cdot(d\vec{r}/dt)$ schreiben. Unter Verwendung des 2.Newton'schen Axioms folgt daraus $dE_{pot}/dt = -(d\vec{p}/dt)\cdot(d\vec{r}/dt)$. Die rechte Seite muss gleich der negativen zeitlichen Ableitung der zu definierenden kinetischen Energie sein, so dass sich die Bedingungsgleichung $(d\vec{p}/dt)\cdot(d\vec{r}/dt) = dE_{kin}/dt$ ergibt. Die Beziehung $E_{kin} = \int_0^1 (d\vec{p}/dt)\cdot(d\vec{r}/dt)dt$ schreiben wir mit $d\vec{r}/dt = \vec{v}$ um zu $E_{kin} = \int_0^{\vec{v}} \vec{v}\,d\vec{p} = \vec{v}\cdot\vec{p} - \int_0^{\vec{v}} \vec{p}\,d\vec{v}$. Durch Einsetzen von Gl.(431) folgt $E_{kin} = m_0 v^2[1-v^2/c_0^2]^{-1/2} - \int_0^v m_0 v[1-v^2/c_0^2]^{-1/2}d\vec{v}$. Die Integration liefert $E_{kin} = m_0 v^2[1-v^2/c_0^2]^{-1/2} + m_0 c_0^2[1-v^2/c_0^2]^{1/2} - m_0 c_0^2$, woraus man durch Erweitern des zweiten Terms mit $[1-v^2/c_0^2]^{1/2}$ die gesuchte Gl.(432) erhält.

Durch Entwicklung der Gl.(432) nach $(v/c_0)^2$ lässt sich leicht zeigen, dass diese Beziehung für $v \ll c_0$ in die bekannte klassische Gleichung $E_{kin}=m_0v^2/2$ (s.S.30) übergeht. Die Größe

$$E = E_{kin} + m_0c_0^2 = \frac{m_0c_0^2}{[1-(v/c_0)^2]^{1/2}} = mc_0^2 \tag{433}$$

nennt man die **Gesamtenergie** (total energy) des Teilchens mit der Ruhemasse m_0 und der Geschwindigkeit v. Die Energie eines ruhenden Teilchens ($v=0$) folgt aus Gl.(433) zu (**Ruheenergie**, rest energy)

$$E = m_0 \, c_0^2 \, . \tag{434}$$

Dies ist die berühmte **Einstein'sche Gleichung** (Einstein's equation) zur Äquivalenz von Masse und Energie. Danach entspricht einer Masse von 1kg die ungeheuer große Energie von ca. $9 \cdot 10^{16}$J, während die Massenzunahme, die ein Personenkraftwagen von 10^3kg nach Beschleunigung von null auf 100km/h erfährt, nur $4{,}3 \cdot 10^{-12}$kg beträgt.

Die Erweiterung des Relativitätsprinzips auf Systeme, die sich mit nichtkonstanter Geschwindigkeit bewegen, bildet die Grundlage der von Einstein 1916 veröffentlichten **allgemeinen Relativitätstheorie** (general theory of relativity). Ihre mathematische Formulierung ist wesentlich schwieriger, weshalb wir hier nur kurz einige qualitative Aspekte erwähnen wollen. Die Grundlage stellt das **Äquivalenzprinzip** (principle of equivalence) dar, wonach *ein homogenes Gravitationsfeld einem gleichmäßig beschleunigten Bezugssystem völlig äquivalent* ist. Dies bedeutet, dass ein Beobachter in einem geschlossenen Kasten prinzipiell keine Möglichkeit hat, zu unterscheiden, ob dieser Kasten gleichmäßig beschleunigt wird oder sich in einem homogenen Gravitationsfeld befindet. Einige Schlussfolgerungen daraus sind die Existenz von Gravitationswellen, die Ablenkung von Lichtstrahlen in einem Gravitationsfeld, die Periheldrehung von Planetenbahnen, die Gravitationsrotverschiebung und die schwarzen Löcher: Während das Newton'sche Gravitationsgesetz (s.Gl.(50), S.40) impliziert, dass die Anziehungskraft zwischen zwei Massen momentan, d.h. ohne Zeitverzögerung, wirkt, fordert die allgemeine Relativitätstheorie die Ausbreitung dieser Wirkung durch **Gravitationswellen** (gravitational waves), die z.B. durch eine periodisch variierende Masse erzeugt werden können und die sich im Vakuum mit Lichtgeschwindigkeit ausbreiten. Derzeit werden weltweit Anstrengungen unternommen, um empfindliche Methoden zum Nachweis dieser Wellen zu entwickeln bzw. zu verfeinern. Wenn das Licht, das von einem Fixstern emittiert wird, auf dem Wege zur Erde das Graviationsfeld in unmittelbarer Nähe der Sonne passiert, tritt eine von der allgemeinen Relativitätstheorie vorausgesagte **Gravitationsablenkung der Lichtstrahlen** (gravitational deviation of light rays) auf, die 1917 erstmalig bei einer Sonnenfinsternis beobachtet werden konnte. Eine weitere experimentell bestätigte Folgerung aus dem Äquivalenzprinzip ist die **Drehung des Merkurperihels** (precession of the perihelion of Mercury) um etwa 0,01° pro Jahrhundert - ein Effekt, der bereits lange bekannt war, aber nicht erklärt werden konnte. Nach der allgemeinen Relativitätstheorie sollte die Frequenz elektromagnetischer Strahlung vom Gravitationspotential an der betreffenden Stelle abhängen. Insbesondere muss danach ein bestimmtes Atomspektrum, das im starken Gravitationsfeld eines Fixsterns entsteht, gegenüber dem entsprechenden Atomspektrum auf der Erde nach niedrigeren Frequenzen verschoben sein. Da im sichtbaren Licht aber das Rot die niedrigste Frequenz besitzt, spricht man von der **Gravitationsrotverschiebung** (gravitational red shift) der Spektren. Bei Himmelskörpern extrem hoher Dichte wird die Gravitationskraft innerhalb eines kritischen Radius (**Schwarzschild-Radius**, Schwarzschild radius, Martin Schwarzschild, geb. 1912) so groß, dass weder Licht noch andere Strahlung aus diesem Gebiet entweichen kann. Man nennt solche Himmelskörper **schwarze Löcher** (black holes), da bei diesen keinerlei Information aus dem Inneren nach außen gelangt.

21   Geometrische Optik

Demokrit: Strebe nicht, alles zu wissen, damit du nicht in allem unwissend wirst.

21.1   Reflexion und Brechung

Die Ausbreitung des Lichtes kann man in Dimensionen, die groß gegen die Wellenlänge sind, durch **Lichtstrahlen** (rays) beschreiben, die sich in homogenen Medien geradlinig ausbreiten und wechselseitig nicht beeinflussen.

Wie in der allgemeinen Relativitätstheorie (s.S.292/293) gezeigt wird, gilt die geradlinige Ausbreitung der Lichtstrahlen allerdings nicht mehr in extrem starken Gravitationsfeldern. Auch die Aussage, wonach die Ausbreitung eines Lichtstrahls unabhängig davon erfolgt, ob ein zweiter Lichtstrahl dessen Weg kreuzt, gilt nicht uneingeschränkt. Zum Beispiel ist in verschiedenen Medien die relative Dielektrizitätskonstante ϵ_r für die sehr großen elektrischen Wechselfelder, die beim Laserlicht (s.S.325) auftreten können, nicht mehr konstant, sondern eine Funktion dieses Feldes, so dass die Ausbreitung eines zweiten Lichtstrahls beeinflusst wird (**nichtlineare Optik**, nonlinear optics).

Diese Lichtstrahlen dienen in der **geometrischen Optik** (geometrical optics) zur Beschreibung der Lichtausbreitung und der Abbildung von Objekten. Der Bezug zur Theorie elektromagnetischer Wellen wird dadurch hergestellt, dass Lichtstrahlen in jedem Raumpunkt die Richtung des Poynting-Vektors, d.h. des Energietransports, angeben (s.Gl.(420), S.282). Der Verlauf der Lichtstrahlen wird durch das **Fermat'sche Prinzip** (Fermat's principle, Pierre Fermat 1601-1665) bestimmt: *Licht wählt zwischen zwei vorgegebenen Punkten stets den Weg, bei dem die Laufzeit ein Minimum (allgemein ein Extremum) ist.* In homogenen Medien verlaufen die Lichtstrahlen deshalb geradlinig. Beispiele für die geradlinige Ausbreitung der Lichtstrahlen zeigt die Fig.142.

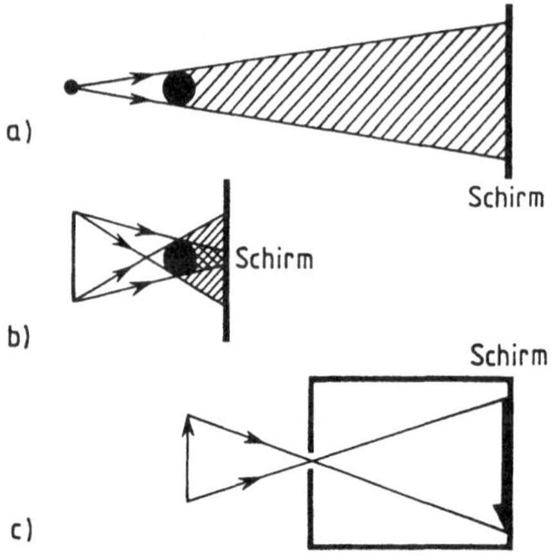

Fig.142 Zur geradlinigen Ausbreitung von Lichtstrahlen.
a) Schatten eines Gegenstandes (Kugel) bei punktförmiger Lichtquelle,
b) **Kernschatten** (complete shadow oder umbra) (doppelt schraffiert) und **Halbschatten** (half-shadow oder penumbra) (einfach schraffiert) eines Gegenstandes (Kugel) bei einer flächenhaften Lichtquelle,
c) Abbildung eines leuchtenden Gegenstandes (Pfeil) durch eine Lochblende: **Camera obscura** (pinhole camera)

Reflexion

Das **Reflexionsgesetz** (law of reflection) beschreibt das Verhalten von Lichtstrahlen an der Grenzfläche eines isotropen Mediums. Es besteht aus zwei Teilen und lautet (s.Fig.143 auf der nächsten Seite): (1) *Einfallender Strahl, Spiegelnormale und reflektierter Strahl liegen in einer Ebene.* Diese Ebene nennt man die **Einfallsebene** (plane of incidence). (2) *Der **Einfallswinkel** (angle of incidence) ist gleich dem* **Ausfallswinkel** *(angle of reflection).* Der erste Teil des Reflexionsgesetzes folgt aus einer einfachen Symmetriebetrachtung, denn es gibt keinen Grund, wonach der reflektierte Strahl aus der Einfallsebene in der einen oder anderen Richtung heraustreten sollte. Der zweite Teil folgt aus dem Fermat'schen Prinzip.

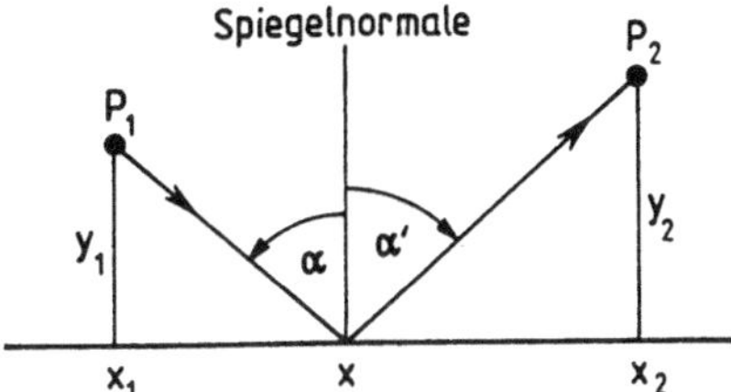

Fig.143 Zum Reflexionsgesetz: α ist der Einfallswinkel, α' der Ausfalls- oder Reflexionswinkel und es gilt $\alpha=\alpha'$

Für die Laufzeit von P_1 nach P_2 gilt $t=c^{-1}[(x-x_1)^2+y_1^2]^{1/2}+c^{-1}[(x_2-x)^2+y_2^2]^{1/2}$, wobei c die Lichtgeschwindigkeit bezeichnet. Aus der Bedingung $dt/dx=0$ folgt $(x-x_1)[(x-x_1)^2+y_1^2]^{-1/2}-(x_2-x)[(x_2-x)^2+y_2^2]^{-1/2}=0$ oder $\sin\alpha-\sin\alpha'=0$ und damit $\alpha=\alpha'$.

Wenn man den Spiegel um einen Winkel δ um eine Achse dreht, die senkrecht auf der Einfallsebene steht, so ändert sich die Richtung des reflektierten Strahles nach dem Reflexionsgesetz um den Winkel 2δ. Dies ist zu beachten, wenn man beispielsweise bei einem analog anzeigenden Messgerät den materiellen **Zeiger** (pointer) durch einen kleinen Spiegel ersetzt, an dem ein Lichtstrahl reflektiert wird (**Lichtzeiger**, light pointer), um auf diese Weise die Zeigerlänge und damit die Ablesegenauigkeit zu vergrößern.

Ein **ebener Spiegel** (plane mirror) bildet, wie man aus der täglichen Erfahrung weiß, den gesamten Halbraum vollkommen, d.h. überall scharf und unverzerrt, ab (s.Fig.144). Er ist das einzige optische Gerät, das dies leistet.

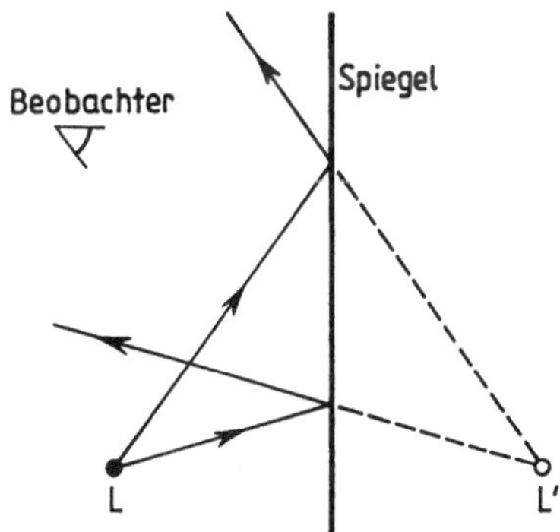

Fig.144 L' ist das virtuelle Bild von L (z.B. eine punktförmige Lichtquelle), das von dem ebenen Spiegel entworfen wird und das der Beobachter sieht, auf dessen Auge die reflektierten Strahlen treffen

Allerdings handelt es sich bei der Abbildung um **virtuelle Bilder** (virtual images),

denn sie entstehen durch die Kreuzung der *rückwärtigen Verlängerungen* von Lichtstrahlen (s.Fig.144). Bilder, die durch die Kreuzung von Lichtstrahlen selbst
entstehen (s.z.B. Fig.146, S.297), nennt man dagegen **reelle Bilder** (real images).

Als **Tripelspiegel** (corner reflector) bezeichnet man drei senkrecht zueinander stehende Spiegel, die so
angeordnet sind, dass sie eine Würfelecke bilden. Eine einfache geometrische Betrachtung zeigt dann,
dass ein Lichtstrahl, der so einfällt, dass er an allen drei Spiegeln reflektiert wird, parallel zum
einfallenden Strahl zurückläuft. Dies ist das Prinzip der Rückstrahler ("Katzenaugen"), die z.B. bei
Fahrrädern Verwendung finden. Tripelspiegel wurden auch auf der Mondoberfläche ausgestreut, um
einen von der Erde zur Entfernungsmessung ausgesandten Lichtstrahl in sich zu reflektieren.

Verspiegelt man die Innenseite, d.h. die konkave Seite, einer Kugelkappe
(Kugelkalotte), so entsteht ein **Hohlspiegel** (concave mirror), während man bei der
Verspiegelung der Außenseite, d.h. der konvexen Seite, einen Wölbspiegel (convex
mirror) erhält. Mit Hohlspiegeln lassen sich reelle und virtuelle Bilder von Gegenständen erzeugen. Um dies zu beweisen, führen wir zunächst die **optische Achse**
(optical axis, optic axis, principal axis) ein, s.Fig.146, S.297. Damit bezeichnet
man die Achse der Rotationssymmetrie des Systems. Außerdem setzen wir voraus,
dass an der Abbildung nur achsennahe Strahlen beteiligt sind, was man durch
Blenden erreichen kann. Achsennah bedeutet im vorliegenden Fall, dass der
Abstand von der optischen Achse klein gegen den Krümmungsradius r des
Hohlspiegels ist. Dann entsteht von einem Gegenstand, wenn er sich im Abstand
$g > r/2$ vor dem Hohlspiegel befindet, ein reelles Bild an der Stelle b (s.Fig.146,
S.297). Für den Zusammenhang zwischen der Gegenstandweite g und der Bildweite
b gilt die **Hohlspiegelgleichung** (Descartes formula, René Descartes (Cartesius)
1596-1650)

$$\frac{1}{g} + \frac{1}{b} = \frac{1}{f} \qquad \text{mit} \qquad \frac{1}{f} = \frac{2}{r} . \tag{435}$$

Zur Ableitung dieser Gleichung betrachten wir die Fig.145. Da die Winkelsumme im Dreieck gleich π

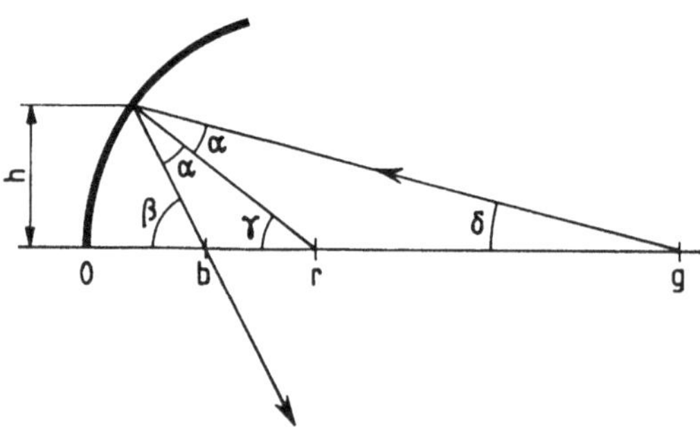

Fig.145 Zur Ableitung von Gl.(435)

sein muss, gilt für das obere Dreieck $\alpha+(\pi-\gamma)+\delta=\pi$ und für das mittlere Dreieck $\alpha+(\pi-\beta)+\gamma=\pi$. Die Differenz dieser beiden Gleichungen gibt die Beziehung $\beta+\delta=2\gamma$. Weil aber nur achsennahe Strahlen betrachtet werden sollen ($h\ll r$), kann man schreiben $\beta=h/b$, $\delta=h/g$ sowie $\gamma=h/r$ und erhält damit $1/b+1/g=2/r$.

Wenn die optische Achse des Hohlspiegels auf eine Lichtquelle orientiert ist, die sich, wie z.B. die Sonne, im Unendlichen befindet ($g=\infty$), so sind die einfallenden Strahlen alle achsenparallel. Andererseits müssen sich aber nach Gl.(435) von diesen Strahlen alle diejenigen, die achsennah sind, an der gleichen Stelle, nämlich bei $b=f$, schneiden. Deshalb bezeichnet man diesen Punkt als **Brennpunkt** (focus) und f als **Brennweite** (focal length) des Hohlspiegels. Die Tatsache, dass *achsenparallele Strahlen nach der Reflexion durch den Brennpunkt gehen* und dass, wegen der Umkehrbarkeit der Lichtwege, *Strahlen durch den Brennpunkt achsenparallel reflektiert werden*, bildet die Grundlage für die in Fig.146 dargestellte Bildkonstruktion. Wenn sich der Gegenstand G außerhalb der Brennweite befindet ($g>f$),

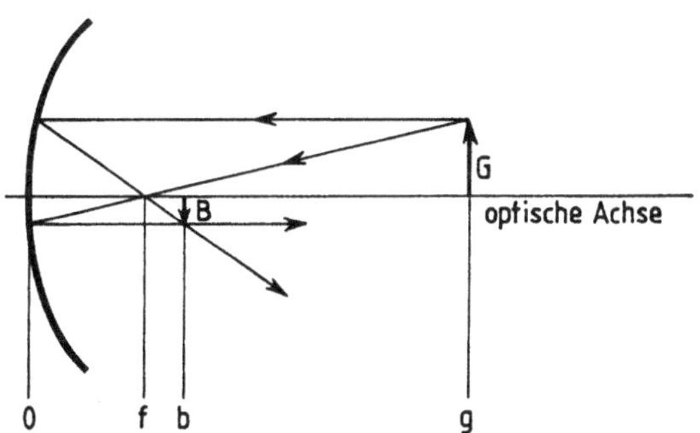

Fig.146 Konstruktion des Bildes, das ein Hohlspiegel mit der Brennweite f von einem Gegenstand der Größe G erzeugt, der sich im Abstand g vom Hohlspiegel befindet. B und b bezeichnen analog die Größe und den Abstand des Bildes

so entsteht offensichtlich ein reelles und umgekehrtes Bild. Die Größe B dieses Bildes muss nach Fig.146 der Beziehung $G/(g-f)=B/f$ genügen. Daraus folgt $G/B=(g/f)-1$ oder, wenn wir noch $1/f$ durch die Gl.(435) ersetzen,

$$\frac{B}{G} = \frac{b}{g} \ . \tag{436}$$

Den Betrag des Quotienten aus Bildgröße B und Gegenstandsgröße G nennt man **Abbildungsmaßstab** (lateral magnification) und *nicht* Vergrößerung, da die letztere Bezeichung für das Verhältnis von Sehwinkeln (s.S.317) vorbehalten ist. Löst man die linke Gl.(435) nach dem Bildabstand b auf, so folgt $b=gf/(g-f)$. Der Bildabstand b wird also für $0<g<f$ negativ. Dies bedeutet, dass das Bild hinter

dem Spiegel entsteht. Eine zu Fig.146 analoge Bildkonstruktion zeigt, dass dieses Bild virtuell ist und aufrecht steht. Für den Abbildungsmaßstab $|B/G|$ ergibt sich der Quotient $|b|/g$. Eine Übersicht über die Lage (b) der Bilder und ihre relative Größe, d.h. den Abbildungsmaßstab $|B/G|$, zeigt Tab.63 bei Verschiebung des Gegenstandes vom Unendlichen ($g=\infty$) bis an den Hohlspiegel ($g\to 0$).

Tab.63 Die Lage des Bildes (b) und seine relative Größe ($|B/G|$) bei einem Hohlspiegel mit der Brennweite f in Abhängigkeit von der Gegenstandsweite g

Gegenstands-weite g	Bildweite b s.Gl.(435), S.296	rel. Bildgröße $|B/G|=|b|/g$	Bemerkung
∞	f	0	Fokussierung der Parallelstrahlen im Brennpunkt
$\infty > g > 2f$	$f < b < 2f$	<1	reelles, umgekehrtes und verkleinertes Bild
$2f$	$2f$	1	reelles, umgekehrtes Bild gleicher Größe
$2f > g > f$	$2f < b < \infty$	>1	reelles, umgekehrtes und vergrößertes Bild
$f > g > 0$	$-\infty < b < 0$	>1	virtuelles, aufrechtes und vergrößertes Bild hinter dem Spiegel ($b<0$)

Die Bildkonstruktion für einen **Wölbspiegel** (convex mirror) zeigt Fig.147: Der achsenparallele Strahl wird so reflektiert, als käme er von dem virtuellen Brennpunkt, der hinter dem Spiegel liegt ($f=r/2<0$). Der auf diesen Brennpunkt gerichtete Strahl wird achsenparallel reflektiert. Damit entsteht ein virtuelles, aufrechtes und verkleinertes Bild hinter dem Spiegel. In Übereinstimmung damit folgt, wegen $f<0$ und $g>0$, aus Gl.(435), S.296, $b=-g|f|(g+|f|)^{-1}<0$. Der Abbildungsmaßstab $|B/G|$ ist gleich $|b|/g$.

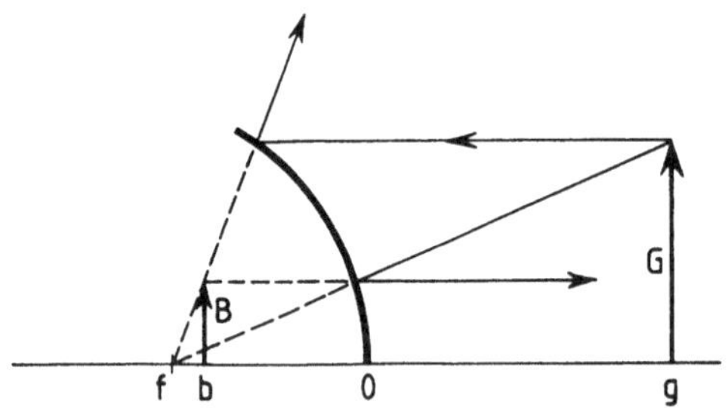

Fig.147 Konstruktion des virtuellen Bildes, das ein Wölbspiegel mit der Brennweite $f=r/2<0$ von einem Gegenstand erzeugt, der sich im Abstand g vor dem Wölbspiegel befindet. Die Bildweite b ist negativ, d.h. das Bild befindet sich hinter dem Spiegel

Ein **Parabolspiegel** (parabolic reflector) entsteht dadurch, dass man eine Parabel $y=ax^2$ um die y-Achse rotiert und von der so entstehenden Fläche die Innenseite verspiegelt. Bei diesem Spiegel gehen *alle* achsenparallelen Strahlen, und nicht nur die achsennahen Strahlen, nach der Reflexion durch den Brennpunkt, der bei $y=(4a)^{-1}$ liegt. Deshalb werden Parabolspiegel sowohl bei Scheinwerfern (punktförmige Lichtquelle im Brennpunkt) als auch bei Sonnenkollektoren (Erhitzung eines Verdampfers im Brennpunkt bzw. in der Brennebene bei Rinnenspiegeln mit parabelförmigem Querschnitt) verwendet.

Wir betrachten einen beliebigen Punkt x,y auf der Parabel $y=ax^2$. Den Winkel, den die Tangente an die Parabel an dieser Stelle mit der x-Achse bildet, nennen wir β (s.Fig.148). Dieser Winkel ist gleich dem Einfallswinkel α, unter dem die zur y-Achse parallelen Strahlen auf diese Stelle treffen. Von dort werden sie nach dem Punkt y_0 auf der Ordinate reflektiert, der, wie wir im Folgenden zeigen werden, unabhängig von y und damit gleich dem Brennpunkt ist. Wegen $\tan\beta=dy/dx$ folgt mit $\beta=\alpha$ und $y=ax^2$

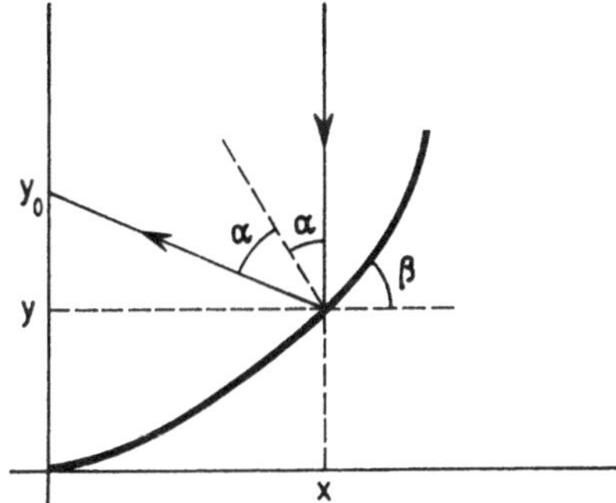

Fig.148 Zur Ableitung der Reflexion von achsenparallelen Strahlen bei einem Parabolspiegel

die Gleichung $\tan\alpha=2ax$. Andererseits gilt nach Fig.148 $\tan[(\pi/2)-2\alpha]=(y_0-y)/x$ oder $\tan2\alpha=x/(y_0-y)$. Durch Einsetzen dieser beiden Gleichungen in das Additionstheorem $\tan2\alpha=(2\tan\alpha)/(1-\tan^2\alpha)$ ergibt sich die Beziehung $x/(y_0-y)=(4ax)/(1-4a^2x^2)$, woraus mit $y=ax^2$ das Ergebnis $y_0=(4a)^{-1}$ folgt.

Brechung

Fällt ein Lichtstrahl aus einem **Stoff** (medium, material) 1 unter dem Einfallswinkel α_1 auf die **Grenzfläche** (interface) zu einem Stoff 2, so wird ein Teil des Lichtes nach dem Reflexionsgesetz an dieser Grenzfläche reflektiert. Der Rest tritt unter dem **Brechwinkel** (angle of refraction) α_2 in den Stoff 2 ein (s.Fig.149 auf der nächsten Seite). Das **Brechungsgesetz** (law of refraction), das dieses Verhalten beschreibt, besteht, ebenso wie das Reflexionsgesetz, aus zwei Teilen. Unter der Voraussetzung, dass die beiden Stoffe **isotrop** (isotropic) sind, d.h. dass ihre Eigenschaften nicht von der Richtung abhängen, in der man sie misst, gilt: (1) *Einfallender Strahl, Grenzflächennormale und gebrochener Strahl liegen in einer*

Ebene gemeinsam mit dem reflektierten Strahl (Einfallsebene) und (2)

$$\frac{\sin\alpha_1}{\sin\alpha_2} = \frac{n_2}{n_1}, \tag{437}$$

wobei n eine Materialgröße ist, die man **Brechungsindex** oder **Brechzahl** (index of refraction) nennt. Die Gl.(437) stellt das **Snellius'sche Brechungsgesetz** (Snell's law, Willbrord Snell van Rojen (Snellius) 1581-1626) dar.

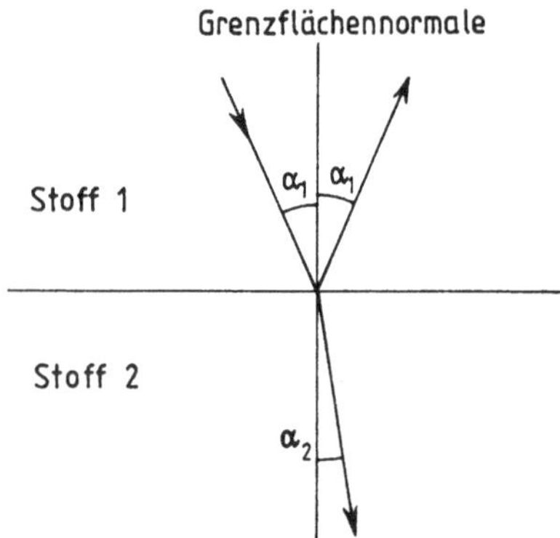

Fig.149 Zum Brechungsgesetz: α_1 ist der Einfallswinkel und α_2 der Brechwinkel. Die Grenzflächennormale steht senkrecht auf der Grenzfläche zwischen den beiden Stoffen

Um absolute Werte für n angeben zu können, legt man fest, dass der Brechungsindex des Vakuums gleich 1 ist. Auf der nächsten Seite sind in Tab.64 die Brechungsindizes einiger Stoffe für gelbes Licht mit einer Wellenlänge von 589,3nm (Natrium D-Linie) angegeben. Zur Abhängigkeit von der Wellenlänge s.S.305ff. Der Brechungsindex n eines Stoffes hängt direkt mit der Phasengeschwindigkeit des Lichts c in diesem Stoff zusammen, und zwar gilt

$$n = \frac{c_0}{c}, \tag{438}$$

wobei c_0 die Lichtgeschwindigkeit im Vakuum (s.S.548) bezeichnet. Unter Verwendung dieser Gleichung lässt sich das Snellius'sche Brechungsgesetz unmittelbar aus dem Fermat'schen Prinzip (s.S.294) ableiten.

Wir nennen c_1 bzw. c_2 die Lichtgeschwindigkeit im Stoff 1 bzw. 2. Dann gilt nach Fig.150 (s.nächste Seite) für die Laufzeit t von P_1 nach P_2 die Gleichung $t = c_1^{-1}[(x-x_1)^2+y_1^2]^{1/2} + c_2^{-1}[(x_2-x)^2+y_2^2]^{1/2}$. Das Fermat'sche Prinzip fordert $dt/dx = 0$, so dass sich die Beziehung $c_1^{-1}(x-x_1)[(x-x_1)^2+y_1^2]^{-1/2} - c_2^{-1}(x_2-x)[(x_2-x)^2+y_2^2]^{-1/2} = 0$ oder $c_1^{-1}\sin\alpha_1 - c_2^{-1}\sin\alpha_2 = 0$ und damit $\sin\alpha_1/\sin\alpha_2 = c_1/c_2$ ergibt.

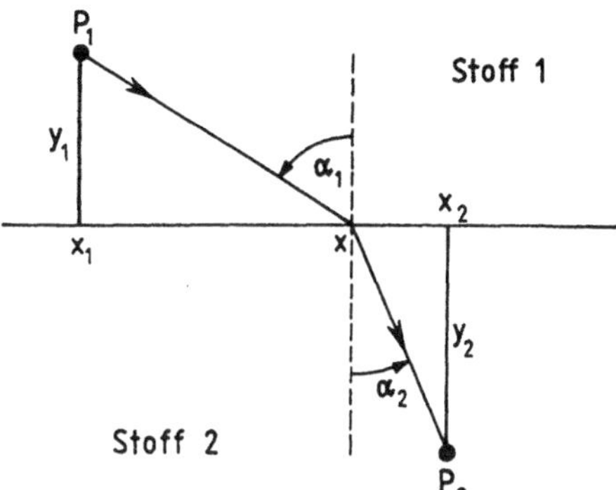

Fig.150 Zur Ableitung des Snellius'schen Brechungsgesetzes mit der Gl.(438) unter Verwendung des Fermat'schen Prinzips

Tab.64 Brechungsindizes einiger Stoffe für gelbes Licht mit einer Wellenlänge von 589,3nm [LID90]

Stoff	Temperatur in °C	Brechungsindex n
Luft (bei $p=0,1013$MPa)	15	1,000277
Wasser	0 20 100	1,33346 1,33283 1,31766
Quarzglas (fused quartz)	18	1,45845
Benzol	20	1,5011
leichtes Kronglas (zinc crown)	20	1,517
Steinsalz	20	1,5442
schweres Flintglas (heavy flint)	20	1,650
Diamant	20	2,4175

Auf Grund der Gln.(414) und (415), S.278, ändert sich beim Übergang von einem Stoff in einen anderen zwar die Phasengeschwindigkeit (c), aber nicht die Frequenz. Da die Phasengeschwindigkeit gleich dem Produkt aus Frequenz und Wellenlänge ist (s. z.B. S.93ff.), lässt sich Gl.(438) auch in der Form

$$\lambda = \frac{\lambda_0}{n} \tag{439}$$

schreiben, die besagt, dass die Wellenlänge λ in einem Stoff mit dem Brechungsindex n um den Faktor $(1/n)$ kleiner ist als die Vakuumwellenlänge λ_0. Von zwei Stoffen nennt man denjenigen optisch dichter, der den größeren Brechungsindex besitzt. Für $n_1 > n_2$ ist also 1 der **optisch dichte** (optically thick) und 2 der **optisch dünne** (optically thin) Stoff. In diesem Fall gilt also beim Übergang von 1 nach 2 gemäß Gl.(437), S.300, $\alpha_2 > \alpha_1$ (s.Fig.151a). Vergrößert man dann allmählich den Einfallswinkel α_1, so wird bei einem kritischen Wert, den wir mit α_{1T} bezeichnen, der Brechwinkel gleich $\pi/2$ (s.Fig.151b). Für $\alpha_1 > \alpha_{1T}$ schließlich gibt es keinen gebrochenen Strahl mehr, die gesamte Leistung des einfallenden Strahles wird reflektiert (s.Fig.151c). Diese Erscheinung nennt man **Totalreflexion** (total internal reflection). Wegen der Bedingung $\alpha_2 = \pi/2$

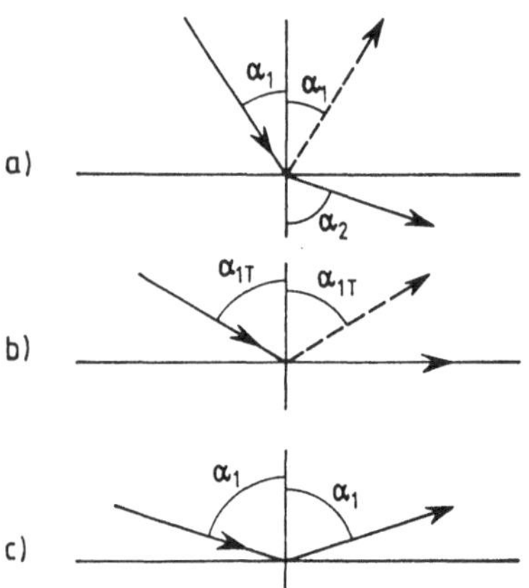

Fig.151 Reflexion und Brechung beim Übergang von einem optisch dichteren in einen optisch dünneren Stoff ($n_1 > n_2$).
a) $\alpha_1 < \alpha_{1T}$ (Brechung und Reflexion)
b) $\alpha_1 = \alpha_{1T}$ (Grenzfall)
c) $\alpha_1 > \alpha_{1T}$ (Totalreflexion)

ergibt sich der **kritische Winkel** (critical angle) α_{1T} aus Gl.(437), S.300, zu

$$\alpha_{1T} = \arcsin\,(n_2/n_1)\ . \tag{440}$$

Diese Gleichung wird zur Messung von Brechungsindizes verwendet. Die entsprechenden Instrumente bezeichnet man als **Refraktometer** (refractometer). Die große praktische Bedeutung der Totalreflexion besteht aber darin, dass das Licht zu 100% und damit vollkommener als mit dem besten Spiegel reflektiert wird. Die Fig.152a) auf der nächsten Seite zeigt die Anwendung als **Umkehrprisma** (total reflection prism), das z.B. zur Vertauschung von rechts/links oder oben/unten bei Bildern verwendet wird (s.Fig.164, S.319).
Der Strahlengang in einer **lichtleitenden Faser** (optical fiber), die im Deutschen oft

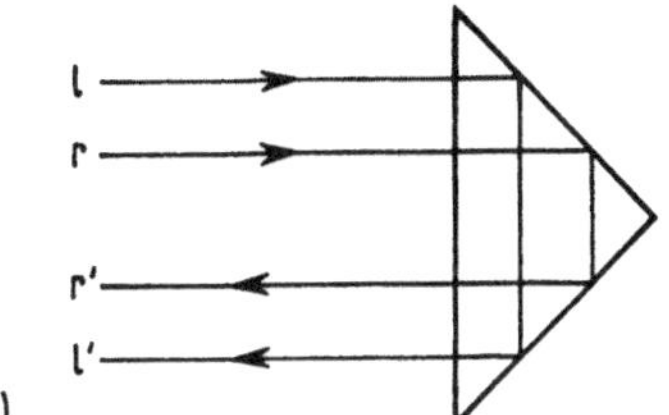

Fig.152 Zur Anwendung der Totalreflexion.
a)Umkehrprisma. Der in Strahlrichtung linke
Strahl (l) wird zum rechten Strahl (l') und
umgekehrt.
b) Lichtleitung durch wiederholte Totalreflexion in einer Glasfaser

als **Glasfaser** bezeichnet wird, obwohl das Material durchaus nicht immer Glas zu sein braucht, ist schematisch in Fig.152b) dargestellt. Ein Kabel, bestehend aus vielen Glasfasern, die wie bei einem Strick untereinander verdrillt sein können, nennt man **Lichtleitkabel** (light guide). Solche Lichtleitkabel werden zur Beleuchtung schwer zugänglicher Stellen, wie z.B. von Skalen, verwendet. Sind die einzelnen Glasfasern alle untereinander parallel, so hat man es mit einem **Bildleitkabel** (image line) zu tun: Ein Bild, das auf die Querschnittsfläche des Kabeleingangs projiziert wird, entsteht, indem jeder Bildpunkt durch *eine* Glasfaser übertragen wird, auf der Querschnittsfläche des Kabelausgangs. Bildleitkabel finden u.a. in der Medizin zur visuellen Untersuchung von Körperhöhlen (**Endoskopie,** endoscopy) Verwendung. Einzelglasfasern hoher Präzision bezeichnet man auch als **Lichtwellenleiter.** Sie ersetzen in der modernen Nachrichtentechnik in zunehmendem Maße elektrische Leitungen. Die Übertragung des Lichts erfolgt analog zur Führung elektromagnetischer Wellen in Hohlleitern (s.S.280). Die Information wird dabei dem Licht digital, d.h. im Prinzip durch programmiertes Ein- und Ausschalten des Lichtstrahls, aufgeprägt.

Die **Stufenindexfaser** (step index fiber) besteht aus einer inneren Faser (Kern) mit dem Radius r_K und dem Brechungsindex n_K, die konzentrisch von einem Mantel mit dem äußeren Radius r_M und dem Brechungsindex n_M umgeben ist (s.Fig.153 auf der nächsten Seite). Nur solches Licht, das unter einem Winkel $\gamma \leq \gamma_{max}$ einfällt, wird von der Stufenindexfaser übertragen. Aus Gl.(440) folgt die Bedingung $\sin\alpha_{lT}=n_M/n_K$ oder $\cos\alpha_{lT}=[1-(n_M/n_K)^2]^{1/2}$. Andererseits muss auf Grund der allgemeinen Gl.(437), S.300, $\sin\gamma_{max}/\sin\beta_{max}=n_K$ gelten. Setzt man hier die Beziehung $\beta_{max}=(\pi/2)-\alpha_{lT}$ (s.Fig.153) ein, so folgt $\sin\gamma_{max}=n_K\cos\alpha_{lT}$ oder $\sin\gamma_{max}=n_K[1-(n_M/n_K)^2]^{1/2}$ und damit $\gamma_{max}=\arcsin(n_K^2-n_M^2)^{1/2}$. Für $n_K=1{,}476$ (Quarzglas dotiert mit GeO_2) und $n_M=1{,}458$ (Quarzglas) ergibt sich $\gamma_{max}=13{,}3°$.
Licht, das unter verschiedenen Winkeln mit $0\leq\gamma\leq\gamma_{max}$ einfällt, besitzt unterschiedliche Laufzeiten durch die Faser. Um dies zu vermeiden, verwendet man innere Fasern, bei denen n_K nicht konstant ist, sondern

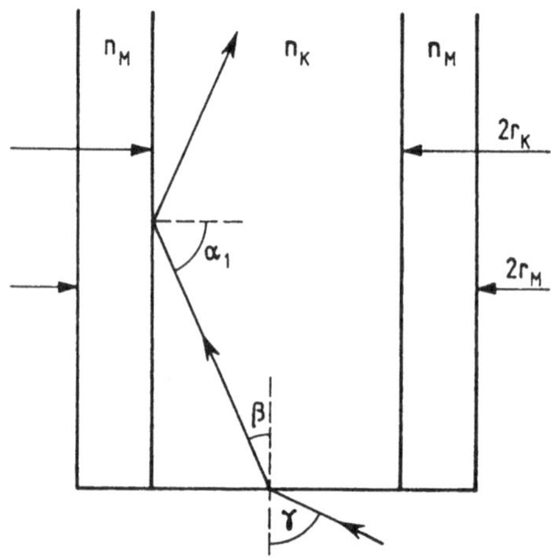

Fig.153 Querschnitt durch eine Stufenindexfaser. Licht, das unter einem Winkel $\gamma \leq \gamma_{max}$ einfällt, wird durch Totalreflexionen von der Faser weitergeleitet. Die Radien liegen in der Größenordnung μm

von $r=0$ bis $r=r_K$ nach einer vorgegebenen Funktion monoton abnimmt. Auf diese Weise wird die Lichtgeschwindigkeit umso kleiner, je kürzer die Weglängen ($\gamma \rightarrow 0$) sind. Im Idealfall erreicht man für alle Einfallswinkel $0 \leq \gamma \leq \gamma_{max}$ die gleichen Laufzeiten (**Gradientenfaser**, graded index fiber).

Eine bemerkenswerte Erscheinung bei der Totalreflexion ist die Tatsache, dass das Licht nicht unmittelbar an der Grenzfläche reflektiert wird. Die elektromagnetische Welle dringt vielmehr eine gewisse Strecke, die in der Größenordnung der Wellenlänge liegt, in den optisch dünneren Stoff ein. Experimentell lässt sich dies leicht mit Mikrowellen demonstrieren, indem man in Fig.151c, S.302, von unten eine dicke Platte bestehend aus dem optisch dichteren Stoff nähert: Die Totalreflexion verschwindet schon, obwohl noch ein dünner Spalt vorhanden ist. Näheres zur Theorie findet man im Abschn.23.1, S.357ff.
Beim Durchstrahlen eines **Prismas** (prism) wird das Licht von der brechenden Kante weg abgelenkt. Im Falle des symmetrischen Durchgangs (s.Fig.154 auf der nächsten Seite) wird der Ablenkwinkel δ minimal, und zwar gilt, wenn der Brechungsindex der Umgebung 1 ist,

$$\sin\left[\frac{\gamma+\delta}{2}\right] = n \sin\frac{\gamma}{2} . \tag{441}$$

n bezeichnet den Brechungsindex des Materials, aus dem das Prisma gefertigt ist, und γ seinen Öffnungswinkel. Die Angabe *eines* n setzt voraus, dass das Licht **monochromatisch** (monochromatic) ist, d.h. dass es eine elektromagnetische Welle mit einer bestimmten Frequenz darstellt.

Zur Ableitung von Gl.(441) verwenden wir den Satz, wonach die Winkelsumme in einem Dreieck gleich π sein muss und betrachten in Fig.154 zunächst das Dreieck, dessen untere Seite durch den Strahl im

Prisma gebildet wird und dessen gegenüberliegender Winkel γ ist. Dafür ergibt sich $[\pi-(\pi/2)-\alpha_2]+$ $[\pi-(\pi/2)-\alpha_2]+\gamma=\pi$ oder $\gamma=2\alpha_2$. Für das entsprechende Dreieck mit $\pi-\delta$ als gegenüberliegendem Winkel folgt $(\alpha_1-\alpha_2)+(\alpha_1-\alpha_2)+(\pi-\delta)=\pi$ oder $\delta=2(\alpha_1-\alpha_2)$. Durch Addition dieser beiden Gleichungen ergibt sich $\gamma+\delta=2\alpha_1$. Das Snellius'sche Brechungsgesetz (Gl.(437), S.300), angewandt auf den vorliegenden Fall, liefert die Beziehung $\sin\alpha_1/\sin\alpha_2=n$. Ersetzen wir hier α_1 durch $(\gamma+\delta)/2$ und α_2 durch $\gamma/2$, so folgt die gesuchte Gl.(441).

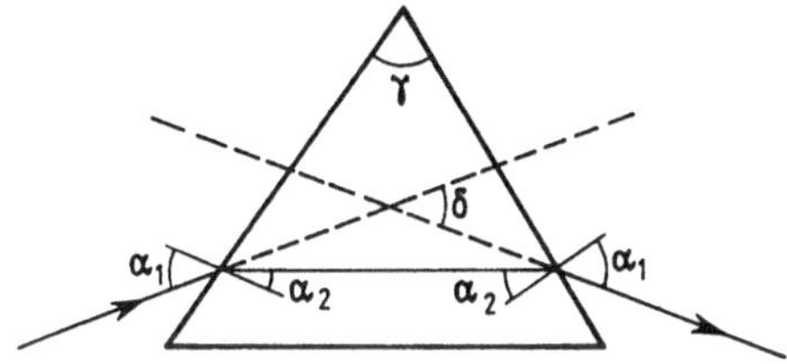

Fig.154 Symmetrischer Durchgang von Licht durch ein Prisma. Die Ablenkung erfolgt von der brechenden Kante weg. γ ist der Öffnungswinkel des Prismas und δ der Ablenkwinkel

Für kleine Winkel (γ, $\delta\ll 1$) vereinfacht sich die Gl.(441) zu

$$\delta = (n-1)\gamma \ . \tag{442}$$

Diese Beziehung gilt auch für den nichtsymmetrischen Durchgang durch das Prisma. Experimentell findet man, dass der Ablenkwinkel δ von der Frequenz f des monochromatischen Lichtes abhängt. Nach Gl.(441) muss also der Brechungsindex n eine Funktion der Frequenz f bzw. der Vakuumwellenlänge $\lambda_0=c_0/f$ sein. Lässt man weißes Licht auf das Prisma fallen, so findet man eine Aufspaltung in die **Spektralfarben** (spectral colors) *rot, orange, gelb, grün, blau, indigo* und *violett*. Weißes Licht stellt also ein Farbengemisch oder, mit anderen Worten, eine Überlagerung von elektromagnetischen Wellen mit verschiedenen Wellenlängen dar. Rotes Licht besitzt die größte Wellenlänge (ca. 750nm, s.Tab.61, S.284) und wird am wenigsten abgelenkt im Gegensatz zum violetten Licht mit $\lambda\approx 360$nm. Die Erscheinung, dass der Brechungsindex für kurzwelliges Licht größer ist als für langwelliges Licht, nennt man **normale Dispersion** (normal dispersion). Die umgekehrte Abhängigkeit tritt seltener auf und heißt **anomale Dispersion** (anomalous dispersion, s.S.310/311). Die Fig.155 auf der nächsten Seite zeigt die Abhängigkeit des Brechungsindexes n von der Vakuumwellenlänge λ_0 für schwerstes Flintglas und leichtes Kronglas. Je steiler derartige Kurven verlaufen, desto stärker wird das Spektrum gespreizt. Um die Steilheit solcher Kurven im Gebiet des sichtbaren Lichtes durch *einen* Parameter charakterisieren zu können, hat man die *mittlere Dispersion* eingeführt. Dabei bezieht man sich auf Wellenlängen charakteristischer dunkler Linien im Sonnenspektrum. Diese nach ihrem Entdecker

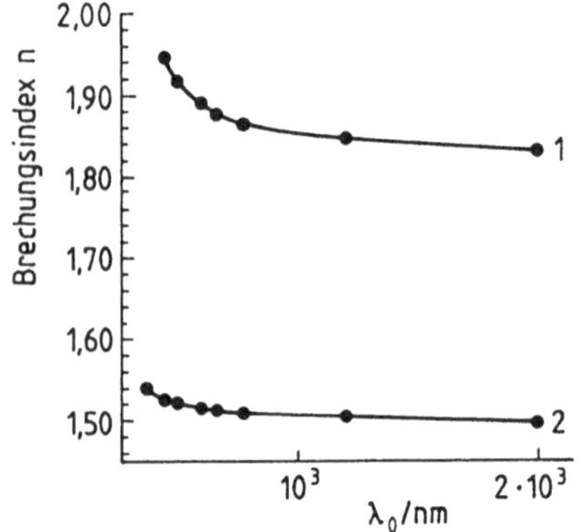

Fig.155 Abhängigkeit des Brechungsindexes n von der Vakuumwellenlänge λ_0 für schwerstes Flintglas (obere Kurve) und leichtes Kronglas (untere Kurve) [LID90]

benannten **Fraunhofer'schen Linien** (Fraunhofer lines, Joseph von Fraunhofer 1787-1826) sind eine Folge der selektiven Absorption des Sonnenlichts durch freie Atome, Moleküle und Ionen in der Sonnen- und Erdatmosphäre. Einige dieser Linien, die man durch Großbuchstaben kennzeichnet, sind in Tab.65 aufgelistet.

Tab.65 Einige Fraunhofer'sche Linien, die zugehörigen Vakuumwellenlängen und die sie verursachenden selektiven Absorber

Fraunhofer'sche Linie	Vakuumwellenlänge λ_0/nm	selektive Absorber	
A	759,31	O_2	Erdatmosphäre
C	656,3	H	
D1	589,6	Na	Sonnen-
D2	589,0	Na	atmosphäre
F	486,1	H	

Als charakteristische Größe für den Mittelwert der Funktion $n(\lambda_0)$ im sichtbaren Spektralbereich verwendet man meist den Brechungsindex für die beiden D-Linien und kennzeichnet ihn mit n_D. Die Steilheit der Funktion $n(\lambda_0)$, d.h. die Spreizung des sichtbaren Spektrums, wird durch die Differenz $n_F - n_C$ charakterisiert, die man **mittlere Dispersion** nennt. Der Quotient $(n_F - n_C)/(n_D - 1)$ heißt **relative Dispersion** (dispersive power) (s.Tab.66, S.307 und Tab.70, S.346). Durch geeignete Kombinationen von Prismen aus Materialien mit unterschiedlichen mittleren Dispersionen lassen sich weiße Lichtstrahlen ohne Zerlegung in die Spektralfarben ablenken (**achromatische Prismen**, achromatic prisms). Es ist aber auch möglich, durch derartige Kombinationen zu erreichen, dass der Ablenkwinkel δ für kurze Wellenlängen positiv, für mittlere null und für große Wellenlängen negativ wird (**Geradsichtprismen** oder **Amicische Prismen**, Giovanni Battista Amici 1786-1863).

Tab.66 Brechungsindex für die D-Linien (n_D), mittlere Dispersion (n_F-n_C) und relative Dispersion ($n_F-n_C)/(n_D-1)$ einiger Gläser bei Zimmertemperatur [LID90]

Material	n_D	n_F-n_C	$(n_F-n_C)/(n_D-1)$
leichtes Kronglas	1,517	0,009	0,017
leichtes Flintglas	1,575	0,014	0,024
schweres Flintglas	1,650	0,020	0,031
schwerstes Flintglas	1,890	0,040	0,045

Atomistische Deutung der Dispersion

In diesem Abschnitt wird die Frequenzabhängigkeit des Brechungsindexes klassisch, d.h. ohne Berücksichtigung von Quanteneffekten, behandelt. Insbesondere werden die folgenden Ergebnisse aus der Mechanik und Elektrik verwendet: (1) Die Differentialgleichung für die erzwungenen Schwingungen des linearen Oszillators, (2) der Zusammenhang zwischen elektrischem Dipolmoment und relativer Dielektrizitätskonstante und (3) die Abhängigkeit des Fernfeldes vom elektrischen Dipolmoment. Da Vorgänge im atomaren Bereich aber eine quantenphysikalische Behandlung erfordern (s.S.410ff.), ist die klassische Beschreibung nur als eine Näherung anzusehen.

Für das Folgende nehmen wir an, dass das Material, dessen Brechungsindex wir berechnen wollen, aus isolierten, d.h. nicht miteinander wechselwirkenden, Atomen bestehe.

(1) Erzwungene Schwingungen des linearen Oszillators. Die Verschiebung z des elektrischen Schwerpunktes der Elektronenhülle des Atoms gegen den Atomkern werde durch die Differentialgleichung des linearen Oszillators (s.Gl.(130), S.88)

$$\frac{d^2z}{dt^2} + \rho\frac{dz}{dt} + \omega_r^2 z = \kappa_1\hat{E}_z\cos\omega t \qquad (443)$$

beschrieben. Dabei charakterisiert ρ die als klein vorausgesetzte Dämpfung des Systems, ω_r ist die Resonanzfrequenz und κ_1 eine Konstante, da die Kraft proportional dem elektrischen Feld der elektromagnetischen Welle sein muss, die auf das Atom einwirkt. Durch die Verschiebung z entsteht ein elektrisches Dipolmoment, für das wir $p_z=\kappa_2 z$, mit κ_2 als einer zweiten Konstante, schreiben. Setzen wir dies in die Gl.(443) ein, so folgt mit $\kappa=\kappa_1\kappa_2$

$$\frac{d^2 p_z}{dt^2} + \rho \frac{dp_z}{dt} + \omega_r^2 p_z = \kappa \hat{E}_z \cos\omega t \ . \tag{444}$$

Diese Differentialgleichung lösen wir, analog wie bei der komplexen Wechselstromrechnung, S.259, durch Übergang zur komplexen Darstellung, d.h. wir führen die komplexe Amplitude $\underline{p}_z$ ein durch

$$p_z(t) = \mathrm{Re}\{\ \underline{p}_z e^{i\omega t}\ \} \ . \tag{445}$$

Einsetzen dieser Gleichung und der Identität $\hat{E}_z\cos\omega t = \mathrm{Re}\{\hat{E}_z e^{i\omega t}\}$ in die Gl.(444) liefert das Ergebnis

$$\underline{p}_z = \frac{\kappa \hat{E}_z}{(\omega_r^2 - \omega^2) + i\omega\rho} \ . \tag{446}$$

(2) Zusammenhang zwischen elektrischem Dipolmoment und relativer Dielektrizitätskonstante. Für den Zusammenhang zwischen elektrischer Polarisation P_z und elektrischer Feldstärke E_z wurde die Beziehung $P_z = \epsilon_0(\epsilon_r - 1)E_z$ abgeleitet (s. Gl.(281), S.182). Diese Gleichung gilt allerdings nur für zeitunabhängige Felder. Bei einer sinusförmigen Zeitabhängigkeit von E_z ergibt sich zwar für P_z auch eine sinusförmige Zeitabhängigkeit, jedoch mit einer zusätzlichen Phasenverschiebung. In der komplexen Darstellung mit $P_z(t) = \mathrm{Re}\{\underline{P}_z e^{i\omega t}\}$ und $E_z(t) = \mathrm{Re}\{\underline{E}_z e^{i\omega t}\}$, wobei wir den Zeitnullpunkt so wählen, dass $\underline{E}_z = \hat{E}_z$ gilt, führt dies zu der Gleichung

$$\underline{P}_z = \epsilon_0(\underline{\epsilon}_r - 1)\hat{E}_z \ , \tag{447}$$

in der $\underline{\epsilon}_r$ eine komplexe und von der Frequenz ω abhängige Größe ist (**komplexe relative Dielektrizitätskonstante**, complex relative dielectric constant). Die obige Annahme, wonach die elektrischen Dipole (Atome) isoliert sein sollen, bedeutet, dass zwischen der elektrischen Polarisation P_z und der Konzentration c_α der elektrischen Dipole sowie ihrem Dipolmoment p_z die einfache Beziehung $P_z = c_\alpha p_z$ (s.Gl.(288), S.185) besteht. In der komplexen Darstellung gilt damit $\underline{P}_z = c_\alpha \underline{p}_z$ oder, nach Einsetzen in die Gl.(447) und Auflösung nach $\underline{\epsilon}_r$,

$$\underline{\epsilon}_r = 1 + c_\alpha \frac{\underline{p}_z}{\epsilon_0 \hat{E}_z} \ . \tag{448}$$

Es ist üblich, den Realteil von $\underline{\epsilon}_r$ mit $\epsilon_r{}'$ und den Imaginärteil mit $-\epsilon_r{}''$ zu bezeichnen, d.h. es gilt

$$\underline{\epsilon}_r = \epsilon_r{}' - i\epsilon_r{}'' \;. \tag{449}$$

Durch Einsetzen von Gl.(446) in Gl.(448) folgt

$$\epsilon_r{}' = 1 + \frac{\kappa C_\alpha}{\epsilon_0} \frac{(\omega_r{}^2 - \omega^2)}{(\omega\rho)^2 + (\omega_r{}^2 - \omega^2)^2} \tag{450}$$

und

$$\epsilon_r{}'' = \frac{\kappa C_\alpha}{\epsilon_0} \frac{\omega\rho}{(\omega\rho)^2 + (\omega_r{}^2 - \omega^2)^2} \;. \tag{451}$$

Man kann leicht zeigen, dass $\epsilon_r{}''$ quantitativ die dielektrischen Verluste eines Kondensators beschreibt.

Ohne Dielektrikum sei die Kapazität des Kondensators C_V. Nach Ausfüllung des Raumes zwischen den Platten mit dem Dielektrikum wird die Kapazität zu $C = \epsilon_r C_V$. Wenn die Dielektrizitätskonstante komplex ist, ergibt sich auch eine komplexe Kapazität $\underline{C} = \underline{\epsilon}_r C_V$. Bei Anlegen einer Wechselspannung $U(t) = \mathrm{Re}\{\hat{U}e^{i\omega t}\}$ folgt damit für die komplexe Amplitude des Stromes (s.S.259) $\underline{I} = i\omega \underline{C}\hat{U}$ oder, nach Einsetzen von $\underline{C} = (\epsilon_r{}' - i\epsilon_r{}'')C_V$, die Beziehung $\underline{I} = i\omega C_V \epsilon_r{}'\hat{U} + \omega C_V \epsilon_r{}''\hat{U}$. Der zweite Summand stellt einen Strom dar, der, wie bei einem Ohm'schen Widerstand, in Phase mit der angelegten Spannung ist, so dass sich für die Wirkleistung (s.S.256) die Beziehung $P_W = (\omega/2)C_V \epsilon_r{}''\hat{U}^2$ ergibt.

(3) Für die zur Ausbreitungsrichtung senkrechte Komponente der elektrischen Feldstärke eines Hertz'schen Dipols $p = \hat{p}\cos\omega t$ gilt im Fernfeld (s. die Gln.(415) und (416), S.278)

$$E_\perp \propto (d^2p/dt^2)_{t_r} \tag{452}$$

mit $t_r = t - (\epsilon_r \epsilon_0 \mu_r \mu_0)^{1/2}r$. Die durch $E_\perp = \mathrm{Re}\{\underline{E}_\perp \exp(i\omega t)\}$ definierte komplexe Amplitude ergibt sich damit zu

$$\underline{E}_\perp \propto \exp\{-i\omega\,(\underline{\epsilon}_r \epsilon_0 \mu \mu_0)^{1/2}\,r\,\} \;. \tag{453}$$

Wir werden weiter unten sehen, dass der Realteil von der Wurzel aus der komplexen relativen Dielektrizitätskonstante gleich dem Brechungsindex n ist. Für den Imaginärteil von $\sqrt{\underline{\epsilon}_r}$ schreiben wir $-iu$, d.h.

$$\sqrt{\underline{\epsilon}_r} = n - iu \ . \tag{454}$$

Bei geringen Konzentrationen c_α, dies entspricht der obigen Voraussetzung, wonach die elektrischen Dipole isoliert sein sollen, gilt $|\underline{\epsilon}_r| - 1 \ll 1$ und wir erhalten aus den Gln. (449) und (454)

$$n = 1 + (\epsilon_r' - 1)/2 \qquad \text{und} \qquad u = \epsilon_r''/2 \ . \tag{455}$$

Nehmen wir an, dass die relative Permeabilität des Materials eins ist, so folgt für $E_\perp(t) = \mathrm{Re}\{\underline{E}_\perp \exp(i\omega t)\}$ unter Beachtung von $c_0 = (\epsilon_0\mu_0)^{-1/2}$ (s.Gl.(417), S.280) der Ausdruck

$$E_\perp(t) \propto \exp(-u\omega r/c_0) \cos(\omega t - n\omega r/c_0) \ . \tag{456}$$

Die Gl.(456) besagt, dass die Wechselwirkung einer elektromagnetischen Welle mit harmonischen Oszillatoren sowohl zu einer Veränderung der Lichtgeschwindigkeit als auch zu einer Dämpfung dieser Welle führt. Die Lichtgeschwindigkeit erhält den Wert c_0/n, so dass n tatsächlich mit dem auf S.300 eingeführten Brechungsindex identisch ist. Die Größe u bewirkt, dass sich längs der Strecke $c_0/(\omega u)$ die Amplitude der elektromagnetischen Welle um den Faktor $1/e \approx 0,37$ verringert. Die Frequenzabhängigkeit von n und u, die man durch Einsetzen der Gln.(450) und (451) in die Gln.(455) erhält, ist schematisch in Fig.156 dargestellt.

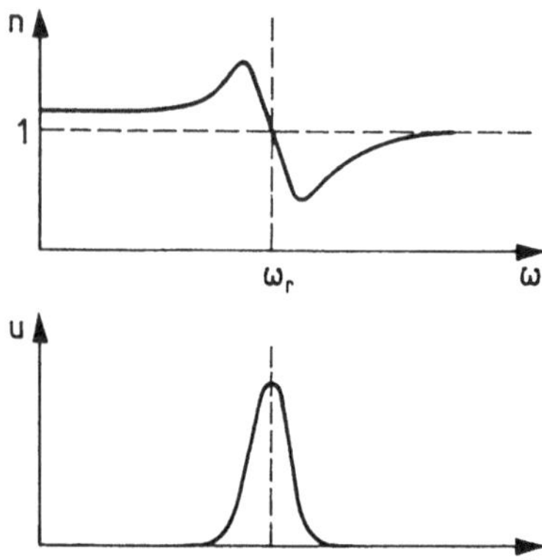

Fig.156 Frequenzabhängigkeit des Brechungsindexes n und des Dämpfungsfaktors u einer elektromagnetischen Welle infolge Wechselwirkung mit harmonischen Oszillatoren der Resonanzfrequenz ω_r

Man ersieht aus dieser Darstellung, dass hinreichend weit unterhalb und oberhalb der Resonanzstelle der Brechungsindex mit wachsender Frequenz zunimmt (normale Dispersion) und dass nur in unmittelbarer Nähe der Resonanz anomale Dispersion auftritt. Bei realen Stoffen gibt es i.Allg. mehrere Resonanzstellen, die sich überlagern, so dass man nur selten ein Spektralgebiet mit $n<1$ findet. Lediglich oberhalb der höchsten Resonanzfrequenz, die gewöhnlich im Gebiet der Röntgen-Strahlen liegt, ist $n<1$ die Regel. Dies bedeutet, dass der betreffende Stoff für Röntgen-Strahlung optisch dünner ist als das Vakuum oder dass die Phasengeschwindigkeit (c_0/n) der Röntgen-Wellen in diesem Stoff die Vakuumlichtgeschwindigkeit (c_0) überschreitet. Die Differenz zwischen den Brechungsindizes aller bisher bekannten Stoffe und Luft im Röntgen-Gebiet ist allerdings so klein ($<10^{-4}$), dass man für Röntgen-Strahlen keine Linsen und damit auch keine Mikroskope und Fernrohre mit Linsen (s. den folgenden Abschn.21.2) herstellen kann.

21.2 Optische Instrumente

Eine optische **Linse** (lens) besteht aus einem durchsichtigen Material, meist Glas. Aus fertigungstechnischen Gründen werden Linsen i.Allg. durch Kugelkappen (Kugelkalotten) begrenzt. Ist die Linse in der Mitte dicker als am Rande, so spricht man von einer **Sammellinse** (converging lens), im anderen Fall heißt sie **Zerstreuungslinse** (diverging lens). Sammellinsen wirken wie Hohlspiegel (s.S.296ff.). Wir betrachten als einfachsten Fall die Brechung an einer *dünnen, symmetrischen* Linse für *achsennahe* Strahlen. Symmetrisch ist eine Linse dann, wenn die Krümmungsradien der beiden Kugelkappen gleich sind ($r_1=r_2=r$). Dünn bedeutet, dass die Dicke der Linse klein gegen r ist, und achsennah sind die Strahlen dann, wenn ihre Abstände von der Achse der Rotationssymmetrie (optische Achse) am Ort der Linse ebenfalls klein gegen r sind. Unter diesen beiden letzten Voraussetzungen entsteht von einem Gegenstand, der sich im Abstand $g>r/(2n-2)$ von der Linse entfernt befindet, auf der anderen Seite im Abstand b ein reelles Bild (s.Fig.159 auf der nächsten Seite). Für den Zusammenhang zwischen der Gegenstandsweite g und der Bildweite b gilt die **Linsengleichung** (Descartes formula, René Descartes (Cartesius) 1596-1650)

$$\frac{1}{g} + \frac{1}{b} = \frac{1}{f} \qquad \text{mit} \qquad \frac{1}{f} = (n-1)\frac{2}{r} \; . \tag{457}$$

Zur Ableitung dieser Gleichung betrachten wir die Fig.157 auf der nächsten Seite und zerlegen die Linse in einzelne differentielle Prismenstücke (s.Fig.158). Aus der Fig.158 folgt $\tan\beta=y/r$. Wegen der Beschränkung auf achsennahe Strahlen ($y\ll r$) und wegen $\beta=\gamma/2$ ergibt sich die Beziehung $\gamma=2y/r$. Andererseits lesen wir aus Fig.157 ab $\tan\alpha_1=y/g$, $\tan\alpha_2=y/b$ und $\alpha_1+\alpha_2=\delta$. Mit $y\ll g,b$ (achsennahe Strahlen) lassen sich diese drei Gleichungen zusammenfassen zu $y/g+y/b=\delta$. Ersetzen wir hier noch δ durch $(n-1)\gamma$ (s.Gl.(442), S.305) und γ durch $2y/r$, so folgt schließlich $y/g+y/b=(n-1)2y/r$, d.h. die gesuchte Gl.(457).

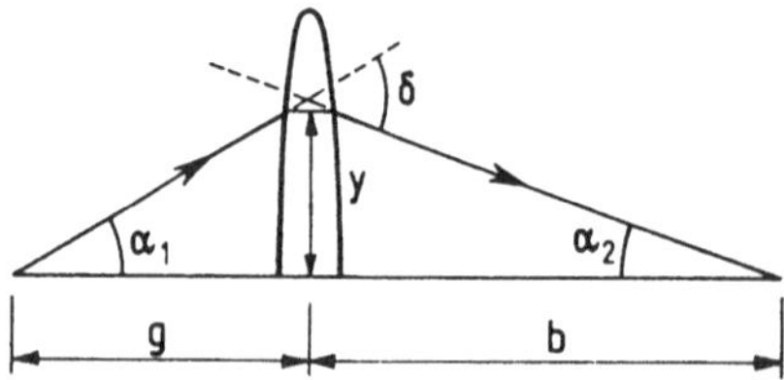

Fig.157 Zur Ableitung von Gl.(457)

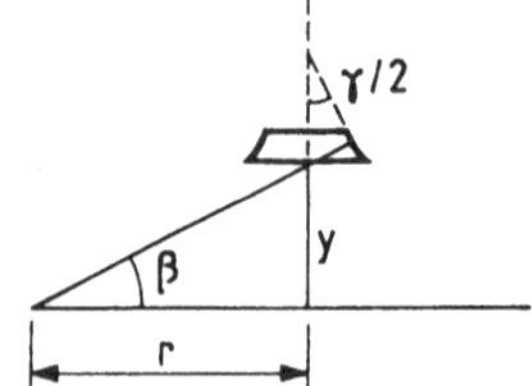

Fig.158 Der Teil der Linse, der den in Fig.157 gezeichneten Strahl bricht, wird durch ein Prismenstück ersetzt

Nach Gl.(457) müssen sich alle achsennahen Strahlen, die von links achsenparallel einfallen ($g=\infty$), rechts von der Sammellinse an der Stelle $b=f$ schneiden. Deshalb bezeichnet man diesen Punkt, wie beim Hohlspiegel (s.S.297), als **Brennpunkt** (focus) und f als **Brennweite** (focal length) der Sammellinse. Die Tatsache, dass ein **achsenparalleler Strahl** (parallel ray) nach der Brechung durch den Brennpunkt geht und dass, wegen der Umkehrbarkeit der Lichtwege, ein **Brennpunktstrahl** (focal ray), d.h. ein Strahl, der durch den Brennpunkt geht, auf der anderen Seite achsenparallel verläuft, bildet die Grundlage für die in Fig.159 dargestellte Bildkonstruktion.

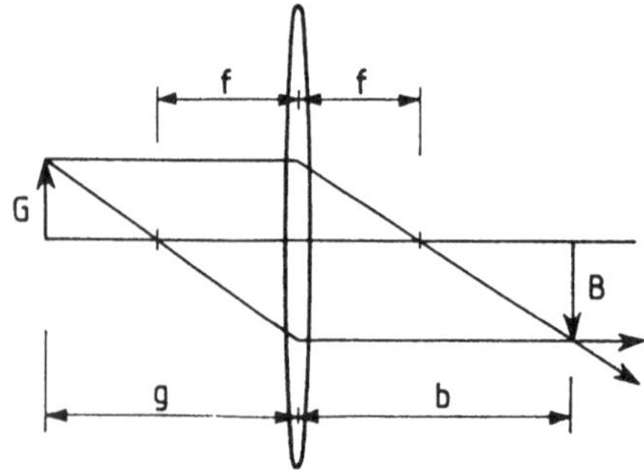

Fig.159 Konstruktion des Bildes, das eine dünne Sammellinse mit der Brennweite f von einem Gegenstand der Größe G erzeugt, der sich im Abstand g links von der Linse befindet. Das für $g>f$ reelle Bild entsteht im Abstand b rechts von der Linse und hat die Größe B

Man erkennt daraus, dass ein reelles und umgekehrtes Bild entsteht. Die Größe B dieses Bildes muss nach Fig.159 der Beziehung $G/(g-f)=B/f$ genügen. Daraus folgt $G/B=(g/f)-1$ oder, wenn wir noch $1/f$ durch die Gl.(457), S.311, ersetzen,

$$\frac{B}{G} = \frac{b}{g} \, . \tag{458}$$

Aus Gl.(457), S.311, folgt, dass die Bildweite b für $0<g<f$ negativ wird. Dies bedeutet, dass das Bild auf der gleichen Seite entsteht, auf der sich der Gegenstand befindet. Eine zu Fig.159 analoge Bildkonstruktion zeigt, dass dieses Bild virtuell ist und aufrecht steht. Die Verhältnisse sind analog wie beim Hohlspiegel (s.Tab.63, S.298).
Die Brennweite für die dünne, *nichtsymmetrische* Sammellinse kann man analog zu Gl.(457) ableiten. Es ergibt sich

$$\frac{1}{f} = (n-1)\left[\frac{1}{r_1} + \frac{1}{r_2}\right] \, , \tag{459}$$

wobei r_1 und r_2 die Krümmungsradien der beiden Kugelkappen sind. Für konkav gewölbte Kugelkappen sind die Radien mit negativem Vorzeichen einzusetzen. Linsen, die in der Mitte dünner sind als außen (Zerstreuungslinsen), besitzen also negative Brennweiten. Das Bild entsteht in ähnlicher Weise wie beim Wölbspiegel (s.S.298). Die drei möglichen Typen von Zerstreuungs- und Sammellinsen sind in Fig.160a bzw. Fig.160b dargestellt.

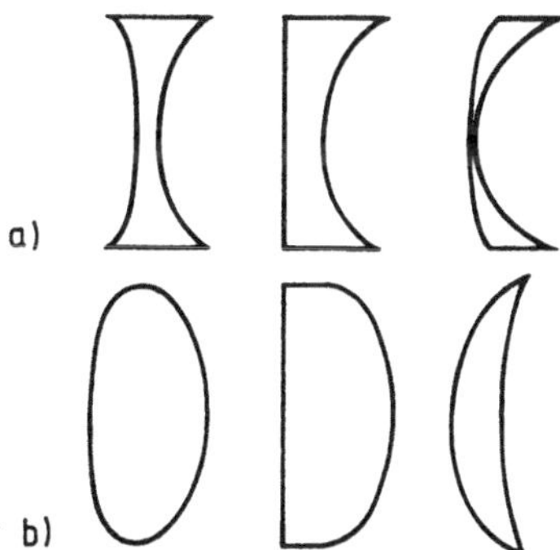

Fig.160 a) Zerstreuungslinsen ($f<0$): **bikonkav** (biconcave), **plankonkav** (plano-concave), **konvexkonkav** (convex-concave).
b) Sammellinsen ($f>0$): **bikonvex** (biconvex), **plankonvex** (plano-convex), **konkavkonvex** (concave-convex)

Die Brennweite f_K, die sich ergibt, wenn zwei dünne Linsen mit den Brennweiten f_1 und f_2 eng beieinander stehen, erhält man durch die folgende einfache Überlegung. Das Licht einer punktförmigen Lichtquelle, die sich im linken Brennpunkt der linken Linse (1) befinde, wird durch diese Linse achsenparallel gemacht. Dieses achsenparallele Licht trifft auf die unmittelbar neben (1) befindliche rechte Linse

(2), die dieses Licht in ihrem Brennpunkt fokussiert. Die Kombination der beiden Linsen bildet also den Gegenstand, der sich bei $g=f_1$ befindet, an der Stelle $b=f_2$ ab. Damit folgt durch Anwendung der Linsengleichung auf die Kombination der beiden Linsen $1/g+1/b=1/f_K$ die Beziehung

$$\frac{1}{f_K} = \frac{1}{f_1} + \frac{1}{f_2} , \tag{460}$$

die besagt, dass sich die "Brechkräfte" $1/f_i$ der beiden Linsen addieren. Die Maßeinheit der **Brechkraft** (power of a lens), d.h. des *reziproken Wertes der in Metern gemessenen Brennweite*, ist die **Dioptrie** (dioptre), die mit dpt abgekürzt wird. Die Brechkraft einer Zerstreuungslinse mit einer Brennweite $f=-0,4\mathrm{m}$ beträgt also $-2,5\mathrm{dpt}$. Die Gl.(460) kann zur Bestimmung der Brennweite von Zerstreuungslinsen verwendet werden, indem man sie mit einer Sammellinse zusammenfügt, deren Brennweite kleiner ist als der Betrag der Brennweite der Zerstreuungslinse; denn dann wirkt die Kombination wie eine Sammellinse.

Zur **Messung der Brennweite** von dünnen Sammellinsen kann man, wenn paralleles Licht, wie z.B. Sonnenlicht, zur Verfügung steht, einfach die Lage des Brennpunktes verwenden. Ist dies nicht der Fall, so bietet es sich an, die Linsengleichung (Gl.(457), S.311) zu benutzen, indem man einen Gegenstand, der sich außerhalb der Brennweite befinden muss, scharf abbildet und g sowie b misst. Wenn man die genaue Lage der Linsenmitte, von der aus g und b zu messen sind, aber nicht kennt (dies ist z.B. der Fall, wenn die Linse in einem breiten Metallring gefasst ist), so empfiehlt sich die **Bessel'sche Methode** (Friedrich Wilhelm Bessel 1784-1846). Hierbei wird gegenüber einem Gegenstand G in einem festen Abstand ℓ, der größer sein muss als die vierfache Brennweite, ein Schirm aufgestellt. Dann werden die zwei Positionen für die Sammellinse zwischen dem Gegenstand und dem Schirm ermittelt, für die ein scharfes Bild B entsteht. Bei der ersten Lage (1) ist B/G größer als eins, bei der zweiten (2) gilt $B/G<1$. Der Abstand zwischen den beiden Lagen, die symmetrisch zur Mitte von ℓ liegen, sei s. Dann muss gelten $g_1+b_1=\ell$ und $s=\ell-g_1-b_2$. Wegen der Symmetrie ($b_2=g_1$) folgt aus der zweiten Gleichung $g_1=(\ell-s)/2$. Einsetzen in die erste Gleichung gibt $b_1=(\ell+s)/2$. Durch Anwendung der Linsengleichung $1/g_1+1/b_1=1/f$ erhält man damit $1/f=2/(\ell-s)+2/(\ell+s)$ oder $f^{-1}=4\ell/(\ell^2-s^2)$.

Die Bildkonstruktion für eine **dicke Sammellinse** (thick converging lens) unter Beschränkung auf achsennahe Strahlen zeigt die Fig.161 auf der nächsten Seite. Die Begründung dafür findet man in den Lehrbüchern der Theoretischen Physik, z.B. [JOO45]. H und H' bezeichnen die **Hauptebenen** (principal planes), deren Schnittpunkte mit der optischen Achse **Hauptpunkte** (principal points) genannt werden. Aus dieser Darstellung folgen die beiden Beziehungen

$$(g-f)(b-f') = f f' \tag{461}$$

und

$$\frac{B}{G} = \frac{f}{g-f} \; .$$ (462)

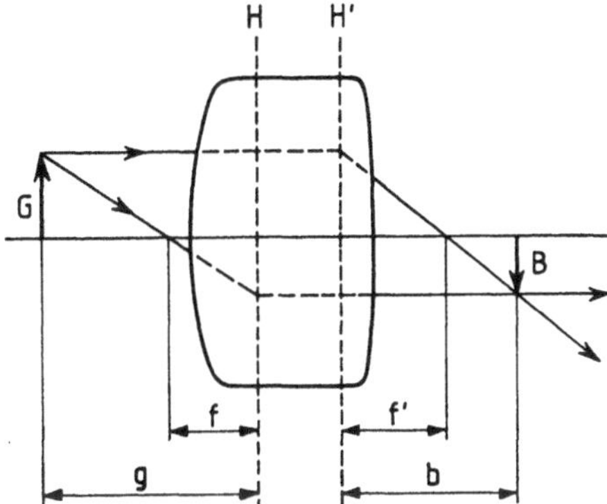

Fig.161 Konstruktion des Bildes, das eine dicke Sammellinse mit den Brennweiten f und f' von einem Gegenstand der Größe G erzeugt, der sich im Abstand g links von der Hauptebene H befindet. Das für $g>f$ reelle Bild entsteht im Abstand b rechts von der Hauptebene H' und hat die Größe B

Aus Fig.161 liest man ab $G/(g-f)=B/f$ und $B/(b-f')=G/f'$. Die erste Gleichung ist identisch mit Gl. (462). Einsetzen von B nach der zweiten Gleichung in die erste liefert die Gl.(461) $(g-f)(b-f')=ff'$, die man für $f'=f$ auch als **Newton'sche Form der Linsengleichung** (Isaac Newton 1643-1727) bezeichnet.

Die beiden Brennweiten sind gleich ($f=f'$), wenn auf beiden Seiten der Linse der gleiche Brechungsindex vorliegt, wie z.B. bei einer Linse, die sich in Luft befindet. Unter dieser meist erfüllten Bedingung kann man leicht zeigen, dass die Gln.(461) und (462) in die von dünnen Linsen her bekannten Beziehungen

$$\frac{1}{g} + \frac{1}{b} = \frac{1}{f} \qquad \text{und} \qquad \frac{B}{G} = \frac{b}{g}$$ (463)

übergehen. Es ist aber dabei zu beachten, dass die Strecken g, b und f nicht von der Linsenmitte, sondern von den beiden Hauptebenen H und H' aus zu messen sind. Der in Fig.161 gestrichelt gezeichnete Verlauf für die achsenparallelen bzw. die Brennpunktstrahlen hat nichts mit dem tatsächlichen Lichtweg innerhalb der dicken Linse zu tun; es sind lediglich extrapolierte Geraden, die zur Konstruktion des Bildes dienen.

Um die Gln.(461) und (462) anwenden zu können, müssen sowohl die Lagen der beiden Hauptebenen H und H' als auch die zugehörigen Brennweiten f und f' bekannt sein. Die Berechnung dieser Größen ist eine Aufgabe der Theoretischen Physik. Die **experimentelle Bestimmung** ist relativ leicht möglich, wenn paralleles Licht zur Verfügung steht: Von links falle auf die dicke Sammellinse ein achsenparalleles Lichtbündel mit kreisförmigem Querschnitt und dem Radius R. Nähert man dann der Linse von rechts kommend einen Schirm, so entsteht auf diesem Schirm ein Lichtkreis. Wenn dieser auf einen Punkt zusammenschrumpft, hat man den rechten Brennpunkt erreicht. Danach vergrößert sich der Radius dieses Kreises wieder monoton. Die Extrapolation auf die Stelle, wo der Radius R erreicht würde, gibt die Lage der Hauptebene H'. Der Abstand zwischen der Position des Brennpunktes und der Hauptebene H' ist die gesuchte Brennweite f'. Die Lage der Hauptebene H und die Brennweite f bestimmt man analog mit achsenparallelem Licht, das man von rechts auf die Linse fallen lässt. Auf diese Weise lässt sich beispielsweise der folgende Satz beweisen: *Bei einer symmetrischen Bikonvexlinse, die aus einem Material mit $n=1,5$ besteht und die sich in Luft befindet, teilen die beiden Hauptebenen die Linsendicke in drei gleich lange Abschnitte.*

Die wichtigsten **Linsenfehler** (lens aberrations) sind in Tab.67 zusammengefaßt.

Tab.67 Die wichtigsten Linsenfehler

(1) **Sphärische Aberration** (spherical aberration) Achsenferne Strahlen besitzen eine kleinere Brennweite als achsennahe Strahlen.
(2) **Chromatische Aberration** (chromatic aberration) Kurzwelliges (blaues) Licht hat i.Allg. eine kürzere Brennweite als langwelliges (rotes) Licht (normale Dispersion, s.S.305).
(3a) **Astigmatismus** (astigmatism) nichtrotationssymmetrischer Linsen Statt eines Brennpunktes gibt es zwei senkrecht aufeinander stehende Brennlinien mit unterschiedlicher Brennweite. Der Extremfall ist die Zylinderlinse, die *eine* Brennlinie besitzt, die andere befindet sich im Unendlichen.
(3b) **Astigmatismus** (astigmatism) schiefer Bündel Trotz exakter Rotationssymmetrie treten Effekte wie bei (3a) auf, wenn das Lichtbündel, das vom Gegenstand stammt, gegen die optische Achse geneigt ist.
(4) **Koma** (coma) Strahlenbündel mit großer Öffnung bilden einen Punkt, der außerhalb der optischen Achse liegt, wie ein Komma ab.

Um einen Gegenstand mit monochromatischem Licht exakt abzubilden, muss die Anzahl der Wellenlängen für die verschiedenen möglichen Lichtwege, die von einem beliebigen Punkt P des Gegenstandes zu dem entsprechenden Punkt P' des Bildes führen, gleich sein. Dies entspricht der Aussage, dass die **optische Weglänge** (optical path), d.h. das Integral $\int_P^{P'} n\, d\ell$, für alle Strahlen des abbildenden Lichtbündels gleich sein muss. Bei einer Sammellinse wird diese Bedingung für achsennahe Strahlen dadurch erfüllt, dass bei den geometrisch kürzeren Wegen - es sind dies diejenigen, die durch die Linsenmitte gehen - die relativen Beiträge der Wegstrecken mit kleinerer Wellenlänge (d.h. mit größerem Brechungsindex) an der Gesamtstrecke größer sind. Eine andere Möglichkeit besteht darin, dass man an Stelle der Sammellinse eine gleichmäßig dicke durchsichtige Scheibe benutzt, deren Brechungsindex von innen nach außen monoton abnimmt (**Gradientenplatte,** graded index lens).

Zur quantitativen Behandlung der im Folgenden beschriebenen optischen Instrumente führen wir zunächst die deutliche und die minimale Sehweite des unbewaffneten menschlichen Auges ein. Die **deutliche Sehweite** (minimal distance of distinct vision) ℓ_d ist der kleinste Abstand, bei dem man einen Gegenstand ohne Anstrengung scharf sehen kann. Für normalsichtige Menschen beträgt diese Sehweite 0,25m. Die **minimale Sehweite** (minimal distance of vision) ℓ_m ist der kleinste Abstand, bei dem man einen Gegenstand mit Anstrengung gerade noch scharf sieht. Man sagt dann, der Gegenstand befindet sich im **Nahpunkt** (near point) des Auges. Für normalsichtige Menschen gilt $\ell_m = 0,1$m.

Als **Lupe** (magnifying glass oder simple microscope) bezeichnet man eine Sammellinse, mit der man einen Gegenstand so betrachtet, dass ein virtuelles, vergrößertes Bild entsteht. Ohne Lupe erscheint der Gegenstand G, den man im Abstand ℓ_d betrachtet, unter dem Sehwinkel $\alpha_0 = \arctan(G/\ell_d)$. Bei der Anwendung der Lupe wird diese unmittelbar vor das Auge gehalten und der Abstand zum Gegenstand (G) solange variiert, bis das virtuelle Bild (B) in der deutlichen Sehweite entsteht. Für den Sehwinkel in diesem Fall (Sehwinkel mit Instrument) gilt $\alpha = \arctan(B/\ell_d)$. Die **Vergrößerung** (angular magnification) v eines optischen Instruments ist definiert als der *Betrag des Quotienten aus Sehwinkel mit Instrument und Sehwinkel ohne Instrument*. Für die Lupe mit der Brennweite f ergibt sich

$$v = \frac{\ell_d}{f} + 1 \ . \tag{464}$$

Die Gl.(458), S.313, liefert unter Verwendung der linken Gl.(457), S.311, die Beziehung $B/G = b(1/f - 1/b)$. Ersetzt man hier b durch $-\ell_d$, so folgt für den Abbildungsmaßstab $|B/G| = \ell_d/f + 1$. Da andererseits bei kleinen Winkeln der arctan gleich dem Argument ist, gilt $\alpha_0 = G/\ell_d$ und $\alpha = B/\ell_d$. Die durch $v = |\alpha/\alpha_0|$ definierte Vergrößerung ist damit gleich dem Abbildungsmaßstab und es folgt Gl.(464).

Eine Lupe ist also besonders nützlich für weitsichtige Personen, d.h. solche, bei denen ℓ_d größer ist als 0,25m. Betrachtet man Gegenstand und Bild in der minimalen Sehweite, so ist in Gl.(464) ℓ_d durch ℓ_m zu ersetzen, wodurch sich die Vergrößerung entsprechend verkleinert. Bei kommerziellen Lupen gibt man als "Vergrößerung" meist den Quotienten ℓ_d/f mit $\ell_d = 0,25$m an. Übliche Werte liegen zwischen 5 und 20.

Ein **Mikroskop** (compound microscope) besteht aus zwei Sammellinsen, die **Objektiv** (objective) und **Okular** (eyepiece) genannt werden. Die Brennweite des Ojektivs f_{ob} ist viel kleiner als die des Okulars f_{ok} und des Abstands ℓ_i der beiden benachbarten Brennpunkte (s.Fig.162 auf der nächsten Seite). Die Größe ℓ_i heißt **innere Tubuslänge** des Mikroskops. Das Objektiv entwirft von dem Gegenstand G ein reelles, vergrößertes Bild G' (Zwischenbild), das mit dem Okular als Lupe betrachtet wird. Für die maximale Vergrößerung des Mikroskops ergibt sich

$$v = \frac{\ell_d\,\ell_i}{f_{ok}\,f_{ob}} \cdot \tag{465}$$

Um ein möglichst großes reelles Zwischenbild G' zu erzeugen, muss der Gegenstand nahe an den Brennpunkt des Objektivs gerückt werden ($g \approx f_{ob}$, s.Gl.(458), S.313). Andererseits soll auch die Vergrößerung durch die Lupe (Okular) so groß wie möglich gemacht werden. Nach Gl.(464), S.317, bedeutet dies, dass die Bedingung $f_{ok} \ll \ell_d$ zu erfüllen ist und dass damit das Zwischenbild nahe dem Brennpunkt des Okulars entstehen muss. Auf Grund dieser beiden Bedingungen erhält man aus Fig.162 die Beziehung $G'/\ell_i = G/f_{ob}$. Für die Vergrößerung des Gegenstandes folgt also $v = v_{ok}G'/G$, woraus sich mit $v_{ok} = \ell_d/f_{ok}$ (s.Gl.(464) mit $f_{ok} \ll \ell_d$) die gesuchte Gl.(465) ergibt.

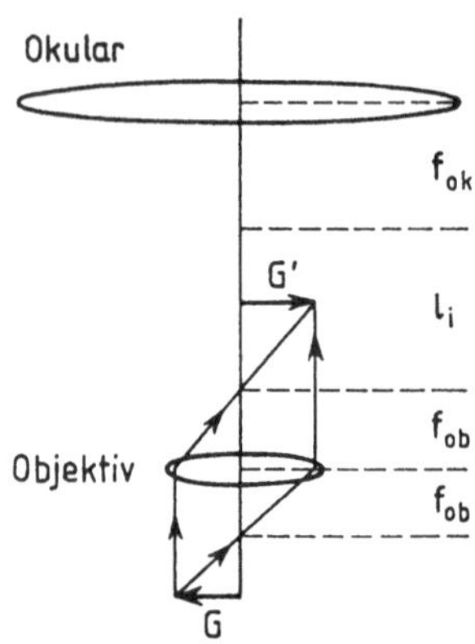

Fig.162 Zur Wirkungsweise eines Mikroskops. Das Objektiv entwirft von dem Gegenstand G ein reelles vergrößertes Bild G' (Zwischenbild), das mit dem Okular als Lupe betrachtet wird (der Strahlengang durch das Okular wurde hier nicht mit eingezeichnet). Bei realen Mikroskopen gilt $f_{ob} \ll \ell_i, f_{ok}$

Nach Gl.(465) lassen sich durch Verringerung der Brennweiten f_{ob} und f_{ok} im Prinzip beliebig hohe Vergrößerungen erreichen. Tatsächlich beschränkt man sich aber beim Bau von Mikroskopen auf Werte unter ca.2000, da darüber liegende Vergrößerungen wegen der Wellennatur des Lichtes (Beugung) optisch leer sind, d.h. sie lassen keine weiteren Details erkennen (s.S.347).

Das **Kepler'sche Fernrohr** (Johannes Kepler 1571-1630) gehört zu den **Linsenteleskopen** (refracting telescopes). Es besteht, wie das Mikroskop, aus zwei Sammellinsen. Im Gegensatz zum Mikroskop ist jedoch die Brennweite des Objektivs viel größer als die des Okulars und außerdem ist die innere Tubuslänge null (s.Fig.163 auf der nächsten Seite). Anders als bei den vorhergehenden Betrachtungen verfolgen wir hier den Strahl, der, vom Gegenstand kommend, durch den Mittelpunkt der Linse verläuft. Dieser **Mittelpunktstrahl** (central ray) erfährt, wie man sich leicht überlegen kann, keine Richtungsänderung. Aus Fig.163 folgt dann $\tan\alpha_0 = y/f_{ob}$ und $\tan\alpha = y/f_{ok}$, so dass sich unter der Voraussetzung kleiner Winkel für die Vergrößerung $v = |\alpha/\alpha_0|$ die Beziehung

$$v = \frac{f_{ob}}{f_{ok}} \qquad\qquad (466)$$

ergibt. Die Länge des Kepler'schen Fernrohrs ist gleich der Summe aus den beiden Brennweiten. Für nichtastronomische Anwendungen ist die Tatsache, dass ein

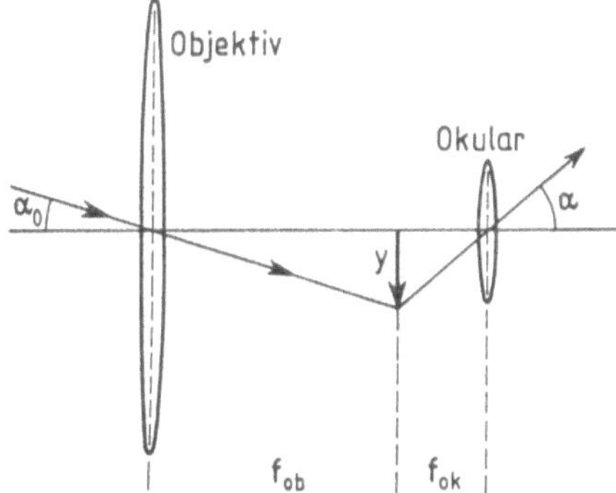

Fig.163 Das Kepler'sche Fernrohr mit dem Verlauf des Mittelpunktstrahles. y ist das reelle Zwischenbild des (weit entfernten und nicht gezeichneten) Gegenstandes

umgekehrtes (und seitenvertauschtes) Bild entsteht, von Nachteil. Dies kann man durch die Verwendung von zwei Umkehrprismen (s.S.302,303) umgehen, die man, senkrecht zueinander orientiert, zwischen Objektiv und Okular setzt, wodurch sich auch die Länge des Fernrohrs verringert. Beim **Prismenfernglas** (binocular field glass) werden zwei derartige Fernrohre kombiniert (s.Fig.164).

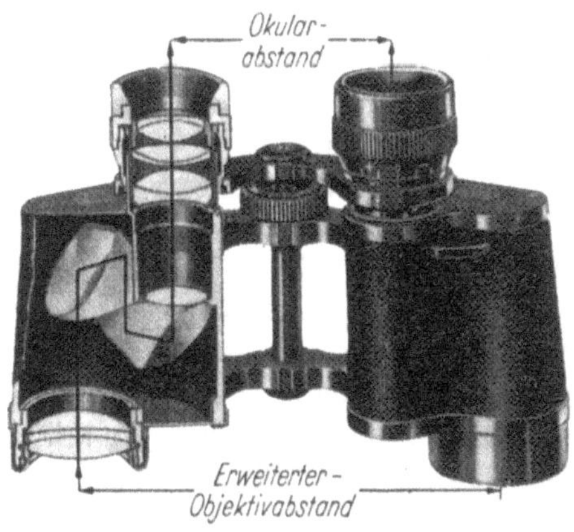

Fig.164 Prismenfernglas [BER56, S.120]

Der erweiterte Objektivabstand hat den Vorteil, dass sich dadurch das räumliche Sehen verbessert. Von den bei kommerziellen Prismenferngläsern angegebenen beiden Zahlen, wie z.B. 10×50, bezeichnet die erste die Vergrößerung und die zweite den Durchmesser der Objektive in mm, der für die Benutzung des Instruments bei schlechten Lichtverhältnissen wichtig ist ("Nachtgläser").
Das **Holländische** oder **Galilei'sche Fernrohr** (Galilean telescope, Galileo Galilei 1564-1642) hat als Okular eine Zerstreuungslinse (s.Fig.165). Der Mittelpunktstrahl durch das Objektiv würde, ohne das Okular, zur Pfeilspitze von y gelangen. Tatsächlich wird er aber vom Okular nach außen abgelenkt und zwar in der Weise, dass er parallel zu der in Fig.165 gepunktet gezeichneten Geraden (Mittelpunktstrahl) verläuft.

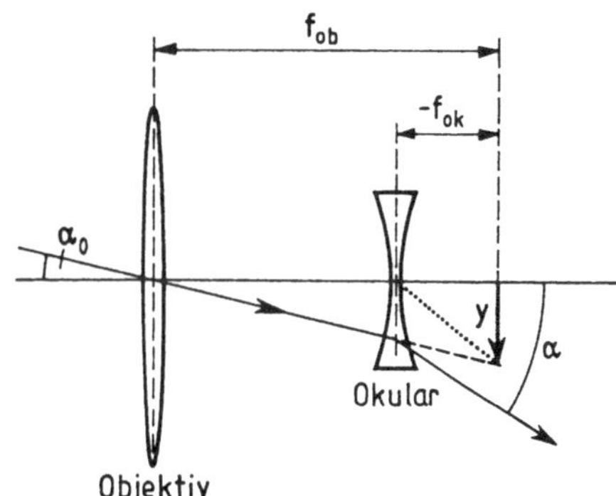

Fig.165 Das Holländische oder Galilei'sche Fernrohr

Damit folgt $\tan\alpha_0 = y/f_{ob}$ sowie $\tan\alpha = y/|f_{ok}|$ und für die Vergrößerung ergibt sich unter der Voraussetzung kleiner Winkel

$$v = \frac{f_{ob}}{|f_{ok}|} \; . \tag{467}$$

Vorteilhaft gegenüber dem Kepler'schen Fernrohr ist die geringere Länge ($\ell = f_{ob} - |f_{ok}|$) und die Tatsache, dass ein aufrecht stehendes und seitenrichtiges Bild entsteht. Ersetzt man beim Keplerschen Fernrohr das Objektiv durch einen Hohlspiegel, so erhält man ein **Spiegelteleskop** (reflecting telescope), das je nach der geometrischen Ankopplung des Okulars verschiedene Bezeichnungen trägt. Die historisch erste Ausführungsform, bei der das Okular durch einen unter 45° geneigten Planspiegel angekoppelt wird, stammt von Newton (Isaac Newton 1643-1727) und heißt deshalb **Newton'sches Fernrohr**. Spiegelteleskope haben u.a. den Vorteil, dass die chromatische Aberration des Objektivs entfällt. Auf Details soll hier aber nicht weiter eingegangen werden.

Die Vergrößerung von Fernrohren lässt sich im Prinzip nach Gl.(466), S.319, durch das Verhältnis der beiden Brennweiten beliebig erhöhen. Wegen der Wellennatur des Lichtes (Beugung) ist dem jedoch, wie beim Mikroskop, eine praktische Grenze gesetzt. Diese wächst mit dem Durchmesser des Objektivs linear an und liegt für 1m-Objektive bei ca. 400 (s.S.347). Beim Einsatz in der Astronomie ist jedoch weniger die Vergrößerung entscheidend, als vielmehr die **Lichtstärke** (luminous power), die mit der Querschnittsfläche des Objektivs (s. Poynting-Vektor, S.282), also sogar quadratisch mit dem Durchmesser anwächst. Einer Vergrößerung des Objektivdurchmessers über 1m setzen aber Probleme bei der Herstellung von Linsen und die ungenügende zeitliche Stabilität der Linsenform eine Grenze. Deshalb kommen heute in den großen Sternwarten fast ausschließlich Spiegelteleskope zu Anwendung.

Derartige Probleme treten aber auch bei Hohlspiegeln mit Durchmessern ab ca. 5m auf. Deshalb wurden in den letzten Jahrzehnten neue Technologien entwickelt. Sie bestehen darin, größere Spiegel entweder aus kleineren, leichten und einzeln justierbaren Spiegeln zusammenzusetzen (**Vielfachspiegel-Teleskop**, multiple mirror telescope) oder eine dünne flexible Spiegelschicht (**Meniskus-Teleskop**, meniscus telescope) durch eine Vielzahl beweglicher Stempel von der Rückseite her geeignet zu verformen. Die Computersteuerung ermöglicht in beiden Fällen nicht nur die Korrektur von Spiegelfehlern, sondern auch die von lokalen Schwankungen des Brechungsindexes in der Atmosphäre (**adaptive Optik**, adaptive optics).

Einen Querschnitt durch das menschliche **Auge** (human eye) zeigt Fig.166.

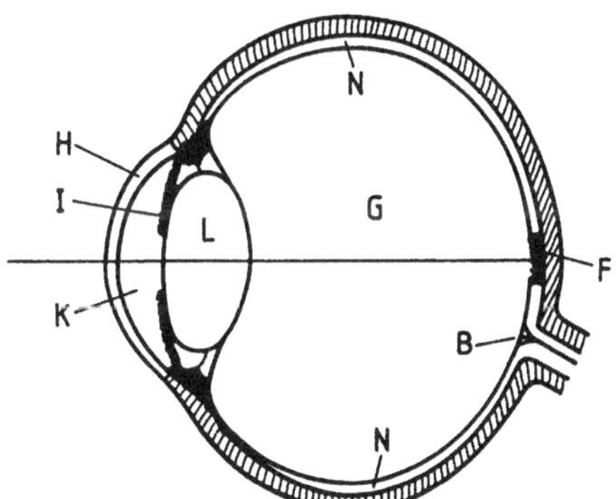

Fig.166 Querschnitt durch das menschliche Auge. Die horizontale Gerade ist die optische Achse, H die **Hornhaut** (cornea), K das **Kammerwasser** (aqueous humour), I die **Iris** (iris), L die **Linse** (lens), N die **Netzhaut** (retina), B der **blinde Fleck** (blind spot), F der **gelbe Fleck** (fovea) und G der **Glaskörper** (vitreous humour)

Die Iris wirkt als Lochblende, ihre Öffnung nennt man die **Pupille** (pupil). Die Netzhaut trägt die lichtempfindlichen Sensoren (s.u.), deren Signale über den Sehnerv, der am blinden Fleck ansetzt, an das Gehirn weitergeleitet werden. Durch einen Ringmuskel wird die Brennweite der Linse variiert (**Akkomodation,** accomodation), so dass auf der Netzhaut ein reelles, umgekehrtes und seitenvertauschtes Bild des betrachteten Gegenstandes entsteht.

Bei **Kurzsichtigkeit** (short-sightedness) können ferne Gegenstände nicht scharf gesehen werden. Wegen der Linsengleichung $1/g + 1/b = 1/f$ (s.S.311), in der b den konstanten Augendurchmesser bezeichnet, bedeutet dies, dass die Brennweite f des Auges zu klein ist. Abhilfe schafft man deshalb durch Kombination mit einer Zerstreuungslinse (s.Gl.(460), S.314), d.h. durch eine Brille mit negativer Dioptrie. Bei **Weitsichtigkeit** (long-sightedness), die meistens als Alterserscheinung auftritt, ist der Ringmuskel erschlafft, so dass die Linse keine kleinen Brennweiten mehr realisieren kann. Abhilfe schafft eine Sammellinse, d.h eine Brille mit positiver Dipotrie. Hat das Auge in zwei zueinander senkrechten Richtungen verschiedene Brennweiten, so muss das Brillenglas zur Korrektur in diesen Richtungen ebenfalls unterschiedlich gekrümmt sein (**astigmatische Gläser,** astigamtic glasses).

Einige Zahlenwerte zum menschlichen Auge sind in Tab.68 zusammengestellt.

Tab.68 Einige Zahlenwerte zum menschlichen Auge

Augendurchmesser	ca. 24mm
Pupillendurchmesser	1 - 8 mm (regelbar)

Brechungsindex
    Kammerwasser und Glaskörper
    Linse
	
	1,3365
	1,358

Brennweite im Augeninneren	18,93 - 22,79 mm (regelbar)

In der Netzhaut sind zwei Arten von lichtempfindlichen Sensoren enthalten, die Zäpfchen und die Stäbchen. Die **Zäpfchen** (cones) sind vor allem in der Nähe des gelben Flecks konzentriert. Sie dienen dem Farbsehen, weshalb es auch drei Arten gibt, deren maximale Empfindlichkeit bei unterschiedlichen Wellenlängen liegt. Die **Stäbchen** (rods) sind nahezu gleichmäßig über die Netzhaut verteilt, aber nicht im gelben Fleck enthalten. Sie besitzen eine viel höhere Lichtempfindlichkeit, reagieren jedoch nur auf hell-dunkel-Unterschiede. Deshalb kann man im Dämmerlicht keine Farben erkennen ("In der Nacht sind alle Katzen grau"). Im Dunkeln reichern sich die Stäbchen mit dem lichtempfindlichen roten Pigment **Rhodopsin** (rhodopsin) an, das bei Lichteinwirkung abgebaut wird. Aus diesem Grund haben Personen, die mit Blitzlicht photographiert werden, meist rote Augen. Das **Auflösungsvermögen des Auges** (resolving power of the eye), d.h. der Winkel, unter dem zwei einfallende Lichtstrahlen noch getrennt wahrgenommen werden können, beträgt etwa 1/60 Grad (s.S.347). Diesen Winkel nennt man eine **Bogenminute** (minute of arc). Eine einfache geometrische Überlegung zeigt dann, dass in der deutlichen Sehweite (0,25m) zwei Punkte gerade noch getrennt gesehen werden können, wenn ihr Abstand ca. 0,07mm beträgt. Auf der Netzhaut ($b \approx 0,02$m, s.Tab.68) entspricht dies einem Abstand von ca. 6μm.

Man könnte vermuten, dass diese 6μm mit dem mittleren Abstand zweier Zäpfchen im gelben Fleck übereinstimmen. Tatsächlich muss aber dieser Abstand noch kleiner sein; denn neuere Ergebnisse der Raumfahrt haben gezeigt, dass das menschliche Auge im schwerelosen Zustand ein höheres Auflösungsvermögen als 1/60 Grad besitzt. Die Ursache dafür ist wahrscheinlich die erst in letzter Zeit erkannte Tatsache, dass die Augen des Menschen und der Säugetiere (nicht aber die der Amphibien, Reptilien und Vögel) sehr feine und schnelle Zitterbewegungen, im Mittel etwa 50 pro Sekunde, ausführen. Dadurch entsteht das Bild ständig an anderen Stellen auf der Netzhaut und es kommt zu keiner Erschöpfung der Zäpfchen. Bei Unterdrückung dieser Zitterbewegung, z.B. durch Lähmung der Augenmuskeln, verblassen *ruhende* Gegenstände und werden nach einiger Zeit gar nicht mehr wahrgenommen. Die Entstehung des Bildes an ständig wechselnden Stellen auf der Netzhaut wird durch das Gehirn korrigiert. Die Verbesserung der Sehschärfe der Astronauten kommt wahrscheinlich dadurch zustande, dass dieses Augenzittern im Zustand der Schwerelosigkeit in seinem Ausmaß und seiner Schnelligkeit zunimmt.

22   Wellenoptik

Bertrand Russell: Auch wenn alle Fachleute einer Meinung sind, können sie doch irren.

22.1   Kohärenz

Nach der Quantenphysik wird eine elektromagnetische Welle dann abgestrahlt, wenn ein System, z.B. ein Atom, aus einem **angeregten Zustand** (excited state) in einen energetisch tiefer liegenden Zustand, z.B. den **Grundzustand** (ground state), d.h. den tiefsten stabilen Energiezustand, übergeht. Die Frequenz f der Welle folgt aus der Beziehung $f = \Delta W/h$, wobei h die Planck'sche Konstante (s.S.548) und ΔW den Energieunterschied zwischen den beiden Zuständen bezeichnet. Die Dauer τ des Emissionsvorgangs nennt man auch **mittlere Lebensdauer** (mean life time) des angeregten Zustandes. Mit den Methoden der Quantenphysik ist es möglich, sowohl die Energiedifferenz ΔW als auch die zugehörige Lebensdauer τ zu berechnen. Wir nehmen diese Größen hier als gegeben an. Aus τ ergibt sich mit der Lichtgeschwindigkeit c für die Länge ℓ_c des Wellenzuges (**Kohärenzlänge**, coherence length)

$$\ell_c = c\tau \tag{468}$$

und für die Halbwertsbreite der zugehörigen Spektrallinie

$$\Delta f \approx \frac{1}{\tau} . \tag{469}$$

Zum Beweis dieser letzteren Gleichung verwenden wir das **Fourier-Theorem** (Fourier's theorem, Joseph Fourier 1768-1830), wonach sich *jede beliebige Zeitfunktionen E(t)* (abgesehen von exotischen Fällen) *durch eine Überlagerung von harmonischen Schwingungen darstellen* lässt, und zwar gilt (**Fourier-Transformation**, Fourier transformation)

$$E(t) = \int_0^\infty [E_c(\omega)\cos\omega t + E_s(\omega)\sin\omega t]\, d\omega \tag{470}$$

mit

$$E_c(\omega) = \frac{1}{\pi}\int_{-\infty}^{+\infty} E(t)\cos\omega t\, dt \quad \text{und} \quad E_s(\omega) = \frac{1}{\pi}\int_{-\infty}^{+\infty} E(t)\sin\omega t\, dt \;. \tag{471}$$

Die Größe

$$\hat{E} = (E_c^2 + E_s^2)^{1/2} \tag{472}$$

bezeichnet man als das **Amplitudenspektrum** der Zeitfunktion $E(t)$. Die Anwendung dieser Beziehungen auf den in Fig.167a dargestellten **Wellenzug** (wavetrain) liefert unter der Voraussetzung,

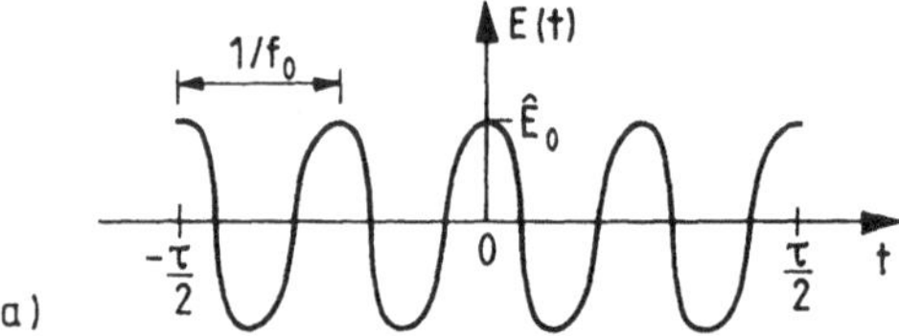

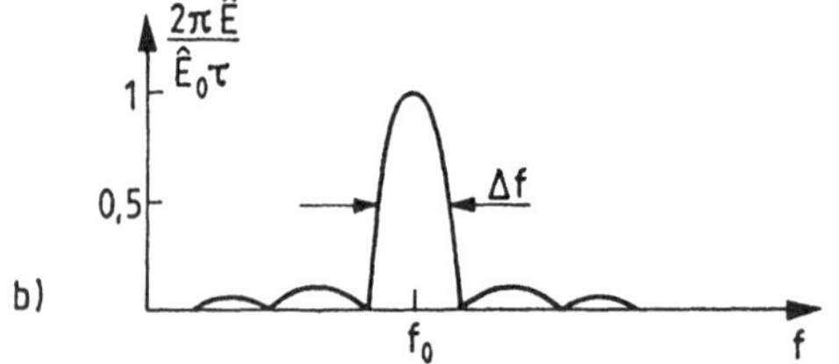

Fig.167 a) Wellenzug $E(t)$ der Dauer τ, der Amplitude $\hat{E}_0$ und der Frequenz f_0 b) Amplitudenspektrum $\hat{E}$ des Wellenzuges $E(t)$. Δf ist die Halbwertsbreite der Spektrallinie

dass der Wellenzug aus einer großen Anzahl von Perioden besteht ($\omega_0\tau \gg 1$), für das Amplitudenspektrum, das in Fig.167b dargestellt ist,

$$\hat{E} = \frac{\hat{E}_0\tau}{2\pi}\left|\frac{\sin[(\omega_0-\omega)\tau/2]}{[(\omega_0-\omega)\tau/2]}\right| \;. \tag{473}$$

Einsetzen von $E(t)=\hat{E}_0\cos\omega t$ für $-\tau/2\leq t\leq\tau/2$ und $E(t)=0$ für $|t| >\tau/2$ in die beiden Gln.(471) liefert $E_c=(1/\pi)\int_{-\tau/2}^{+\tau/2}\hat{E}_0\cos\omega_0 t\cos\omega t\,dt$ und (wegen der Symmetrie) $E_s=0$. Das Integral formen wir unter Verwendung des Additionstheorems $\cos\alpha\cos\beta=(1/2)\cos(\alpha+\beta)+(1/2)\cos(\alpha-\beta)$ um zu $E_c=\hat{E}_0(2\pi)^{-1}\int_{-\tau/2}^{+\tau/2}[\cos(\omega_0+\omega)t+\cos(\omega_0-\omega)t]dt$. Unter der Voraussetzung $\omega_0\tau\gg 1$ folgt $E_c=(\hat{E}_0/\pi)\{\sin[(\omega_0-\omega)\tau/2]\}/(\omega_0-\omega)$, womit sich nach Einsetzen in die Gl.(472) und mit $E_s=0$ die gesuchte Gl.(473) ergibt.

Das Hauptmaximum wird umso größer und schmaler, je länger die mittlere Lebensdauer τ des angeregten Zustands ist. Gleichzeitig rücken die Nebenmaxima immer enger zusammen und können schließlich neben dem Hauptmaximum vernachlässigt werden. Sie treten gar nicht erst in Erscheinung, wenn die Amplitude $\hat{E}_0$ des Wellenzuges nicht konstant ist, sondern exponentiell abnimmt. Die **Halbwertsbreite** (full width half maximum, abgekürzt mit FWHM) Δf der Spektrallinie ergibt sich aus der Bedingung $\{\sin[\pi(\tau/2)\Delta f]\}/[\pi(\tau/2)\Delta f] = 1/2$ (s.Gl.(473)) zu $\Delta f = 1{,}21/\tau$, womit die Gl.(469) bewiesen ist.

Für isolierte Atome und Übergänge im sichtbaren Licht ist τ von der Größenordnung 10ns. Dieser Wert verkürzt sich aber mit zunehmender Dichte des Gases und mit wachsender Temperatur durch die Stöße zwischen den Atomen. Die entsprechende Vergrößerung der Linienbreite nach Gl.(469), S.323, heißt **Stoßverbreiterung** (impact broadening oder collisional broadening). Wenn die auftretenden Energieunterschiede ΔW (s.S.323) nicht alle gleich, sondern über einen gewissen Bereich verteilt sind, ergibt sich die beobachtete Spektrallinie als Überlagerung von Spektrallinien mit verschiedenen Resonanzfrequenzen. Die dadurch bedingte Vergrößerung der Linienbreite nennt man **inhomogene Linienverbreiterung** (inhomogeneous line broadening). In Gasen führt der Doppler-Effekt zu einer inhomogenen Verbreiterung der Spektrallinien. Bei den als **Laser** (light amplification by stimulated emission of radiation) bezeichneten Lichtquellen werden Atome, Ionen oder Moleküle durch äußere Anregung, z.B. durch Fremdlicht, in angeregte Zustände mit einer langen Lebensdauer gepumpt. Der Übergang zum Grundzustand (Energiedifferenz ΔW) erfolgt dann nicht spontan, sondern stimuliert durch das im Lasermaterial zwischen zwei Spiegeln hin- und herlaufende Licht (Frequenz $\Delta W/f$), das auf diese Weise verstärkt und z.B. durch ein Loch in einem der beiden Spiegel abgestrahlt wird. Die Anfangsamplitude wird, wie bei jedem selbsterregten Oszillator (s. z.B. S.268), durch natürliche Schwankungserscheinungen, im vorliegenden Fall beispielsweise durch einen spontanen Übergang, gegeben. Auf der nächsten Seite sind in Tab.69 experimentell bestimmte Linienbreiten Δf für verschiedene Lichtquellen angegeben. Die daraus mit den Gln.(469) bzw. (468), S.323, berechneten Werte für die mittlere Dauer (τ) und Länge (Kohärenzlänge ℓ_c) der emittierten Wellenzüge besitzen nur dann eine physikalische Bedeutung, wenn die Linien homogen verbreitert sind. Außer für das farbige Licht und die Spektrallampe bei Zimmertemperatur kann dies näherungsweise angenommen werden.

Eine Analogie zum Schall soll schließlich noch die Bedeutung der verschiedenen Arten von Licht erläutern: Wir betrachten eine größere Anzahl im Raum verteilter Lautsprecher (Lichtquellen). *Natürliches weißes Licht* entspricht dann dem Schall, der entsteht, wenn jeder Lautsprecher zu statistisch verteilten Zeiten einen Hupton abgibt, der nur kurz ist und dessen Frequenzen über ein breites Intervall verteilt sind. *Natürliches farbiges Licht*, wie man es nach dem Durchgang durch ein Farbfilter erhält, bedeutet, dass die Hupfrequenzen auf ein mehr oder weniger schmales Intervall beschränkt sind. Das Licht, das von einer *Spektrallinie* herrührt, entspricht dem Schall, bei dem alle Hupfrequenzen gleich sind. Die Analogie zum

Laserlicht schließlich ist der Schall, der entsteht, wenn alle Lautsprecher phasengleich den gleichen und relativ langen Hupton abgeben.

Tab.69 Linienbreite Δf und daraus berechnete mittlere Dauer (τ) und Länge (ℓ_c) der emittierten Wellenzüge für einige Lichtquellen. ℓ_c ist die Kohärenzlänge der betreffenden Lichtquelle (s.S.323)

Lichtquelle	Δf	$\Delta t = 1/\Delta f$	$\ell_c = c\Delta t$
weißes Licht mit Farbfilter	ca. 10^{14} Hz	(0,01 ps)	(3 μm)
Spektrallampe bei Zimmertemperatur	1,5 GHz	(0,67 ns)	(0,2 m)
Spektrallampe gekühlt (77K)	500 MHz	2 ns	0,6 m
Halbleiterlaser	2 MHz	0,5 μs	150 m
Frequenzstabilisierter Helium-Neon-Laser	150 kHz	6,7 μs	2 km

22.2 Interferenz

Die Überlagerung kohärenter Lichtstrahlen nennt man **Interferenz** (interference). Handelt es sich um parallele Strahlen, so spricht man von **Fraunhofer'scher Interferenz** (Fraunhofer interference, Joseph von Fraunhofer 1787-1826), ansonsten von **Fresnel'scher Interferenz** (Fresnel interference, Jean Augustin Fresnel 1788-1827). Räumliche Hindernisse, wie z.B. eine Kante oder ein Schirm mit einem Spalt, geben Anlass zu Interferenzen, deren Gesamtheit man als **Beugung** (diffraction) bezeichnet. **Interferenzfarben** (interference colors) treten dann auf, wenn von einfallendem weißem Licht ein gewisser Wellenlängenbereich durch Interferenz ausgelöscht wird. Auf diese Weise entstehen z.B. die schillernden Farben der Seifenblasen, der dünnen Ölschichten auf regennassen Fahrbahnen oder auch der (sich beim Erhitzen bildenden) dünnen Oxidschichten auf blanken Metalloberflächen (**Anlauffarben**, annealing colors). Die Ursache ist die Interferenz zwischen dem an der Vorder- und der Rückseite einer durchsichtigen Schicht reflektierten Licht. Als Beispiel für Fraunhofer'sche Interferenzen betrachten wir die **Newton'schen Ringe** (Newton rings, Isaac Newton 1643-1727). Auf eine plankonvexe Linse, die auf einer ebenen Glasplatte liegt (s.Fig.168 auf der nächsten Seite), falle von oben senkrecht paralleles Licht mit der Wellenlänge λ. Dann sieht man (bei Betrachtung von oben) konzentrische dunkle Ringe, die nach außen hin in ihrer Intensität umso stärker abnehmen, je kleiner die Kohärenzlänge des Lichtes ist. Für den Radius dieser Ringe ergibt sich die einfache Beziehung

$$r = (\kappa\, R\, \lambda)^{1/2} \tag{474}$$

mit $\kappa = 0,1,2,\ldots$, die bei bekanntem Krümmungsradius R der Linse zur Wellenlängenmessung benutzt werden kann.

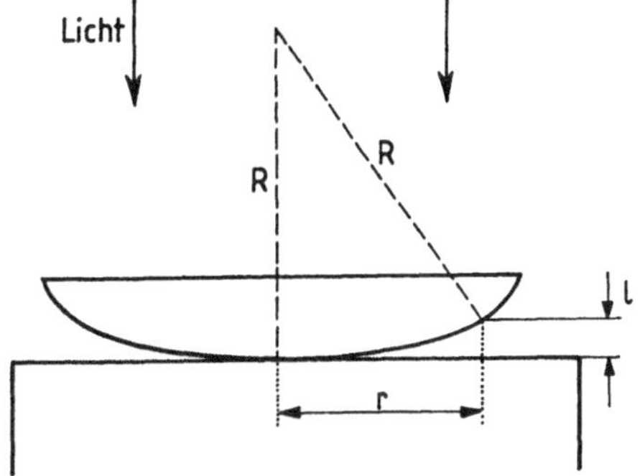

Fig.168 Zur Entstehung der Newton'schen Ringe. R ist der Krümmungsradius der plankonvexen Linse und 2ℓ der Wegunterschied zwischen den beiden Strahlen, die, im Absrtand r von der Mitte, an der Unterseite der Linse bzw. der Oberseite der Glasplatte reflektiert werden

Der Wegunterschied zwischen den beiden Strahlen, die an der Unterseite der Linse bzw. an der Oberseite der Glasplatte reflektiert werden, ist nach Fig.168 gleich 2ℓ. Diese Größe ergibt sich aus der Beziehung $r^2+(R-\ell)^2=R^2$ und unter der Voraussetzung $\ell \ll R$ zu $2\ell=r^2/R$. Da bei der Reflexion an der Oberseite der Glasplatte (d.h. an der Grenze von einem optisch dünneren (Luft) zu einem optisch dichteren Stoff (Glas)) ein Phasensprung π auftritt (s.S.359/360), beträgt die gesamte Phasenverschiebung zwischen den beiden reflektierten Strahlen $(2\ell/\lambda)2\pi+\pi$. Auslöschung tritt auf, wenn diese Phasenverschiebung gleich $(2\kappa+1)\pi$ mit $\kappa=0, 1, 2, \ldots$ ist. Damit folgt $2\ell/\lambda=\kappa$. Einsetzen von $2\ell=r^2/R$ ergibt $r^2=\kappa R\lambda$, d.h. die gesuchte Gl.(474).

Fresnel'sche Interferenzen kann man beispielsweise mit zwei punktförmigen Lichtquellen erzeugen. Allerdings müssen die beiden Lichtquellen kohärentes Licht ausstrahlen. Diese Bedingung erfüllt man am einfachsten dadurch, dass man mit Hilfe der geometrischen Optik von einer realen punktförmigen Lichtquelle L zwei virtuelle Bilder L_1 und L_2 entwirft, die dann Fresnel'sche Interferenzen erzeugen (s.Fig.169 sowie die Fig.170 auf der nächsten Seite).

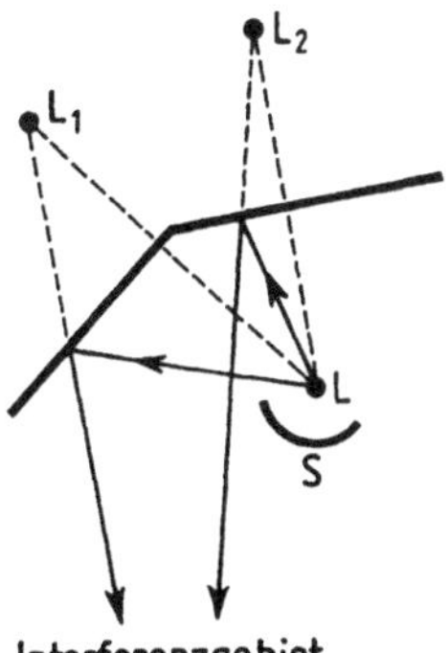

Fig.169 **Fresnel'scher Doppelspiegel** (Fresnel mirrors). S ist ein Schirm, mit dem die Lichtquelle L gegenüber dem Interferenzgebiet abgedeckt wird, so dass dort nur die beiden virtuellen Lichtquellen L_1 und L_2 interferieren

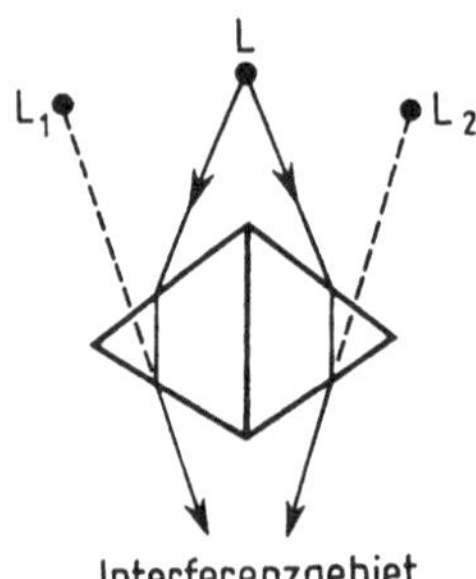

Fig.170 **Fresnel'sches Biprisma** (Fresnel biprism)

Die mitunter für *kohärent* verwendete Bezeichnung *interferenzfähig* sollte man nach Möglichkeit vermeiden, da sich, wie im nächsten Abschnitt gezeigt wird, auch mit nichtkohärenten Lichtquellen Interferenzen erzeugen lassen.

22.3 Interferenz inkohärenter Strahlungsquellen

In Fig.171 bezeichnen L_1 und L_2 zwei punktförmige Lichtquellen mit dem Abstand ℓ, die Licht der gleichen Frequenz und Intensität abstrahlen sollen. Das Licht sei jedoch inkohärent.

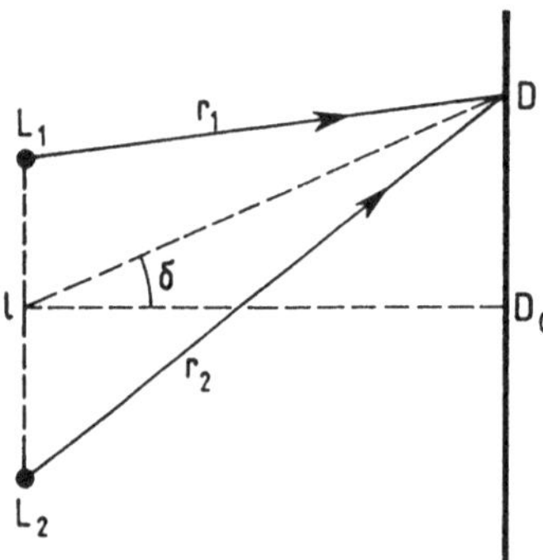

Fig.171 Intensitätsinterferometrie. L_1 und L_2 sind zwei inkohärente Lichtquellen. Die von den beiden Detektoren D_0 und D gleichzeitig gemessenen Intensitäten werden multipliziert und das Produkt wird über eine große Anzahl von Experimenten gemittelt

Der Schirm, auf dem die Interferenzen gemessen werden sollen, stehe parallel zu ℓ. Da es sich um inkohärentes Licht handelt, kommt es nicht zur Ausbildung von Fresnel'schen Interferenzen: Die von einem Detektor D gemessene Intensität I zeigt bei einer Verschiebung auf dem Schirm parallel zu ℓ keinerlei Periodizitäten. Wenn man aber *zwei* Detektoren D_0 und D einsetzt und deren jeweils zum gleichen Zeitpunkt gemessenen Intensitäten I_0 und I miteinander multipliziert, so ergibt sich nach Mittelung über eine große Anzahl von Einzelmessungen

$$\langle I_0 I \rangle = (1/3)I_0^2 \{ 2 + \cos[(2\pi\ell/\lambda)\sin\delta] \} . \tag{475}$$

Für die an der Stelle des Detektors D herrschende elektrische Feldstärke gilt $E(t)=\hat{E}\cos(\omega t - kr_1)+ \hat{E}\cos(\omega t - kr_2 - \psi)$, wobei k für $2\pi/\lambda$ steht und die Inkohärenz durch die statistisch von der Zeit abhängige Phase ψ charakterisiert wird. Unter Verwendung des Additionstheorems $\cos\alpha+\cos\beta=2\cos\{[\alpha+\beta]/2\}$ $\cos\{[\alpha-\beta]/2\}$ folgt $E(t)=2\hat{E}\cos\{[k(r_1+r_2)-2\omega t+\psi]/2\}\cos\{[k(r_1-r_2)-\psi]/2\}$. Für die Intensität, die der Detektor D misst, ergibt sich, da diese proportional zu dem über eine Periode $(2\pi/\omega)$ gemittelten Quadrat der elektrischen Feldstärke ist, $I=C\langle E^2(t)\rangle_t=2C\hat{E}^2\cos^2\{[k(r_1-r_2)-\psi]/2\}$. Eine einfache geometrische Betrachtung zeigt nun (s.Fig.171), dass die Differenz r_1-r_2 für $(r_1+r_2)/2 \gg \ell$ durch $\ell\sin\delta$ ersetzt werden kann. Damit folgt $I=2C\hat{E}^2\cos^2[(\phi-\psi)/2]$ mit $\phi=(2\pi\ell/\lambda)\sin\delta$. Analog erhält man für den Detektor D_0, der sich bei $\delta=0$ befindet, $I_0=2C\hat{E}^2\cos^2(\psi/2)$ und für das Produkt $I_0 I$ den Ausdruck $I_0 I=4C^2\hat{E}^4$ $\cos^2[(\phi-\psi)/2]\cos^2(\psi/2)$. Mit dem Additionstheorem $\cos^2(\alpha/2)=(1+\cos\alpha)/2$ lässt sich dies umschreiben in $I_0 I=C^2\hat{E}^4[1+\cos(\phi-\psi)][1+\cos\psi]$. Die Mittelung von $I_0 I$ über eine große Anzahl von Einzelexperimenten entspricht einer Mittelung über ψ, so dass sich $\langle I_0 I\rangle=\langle C^2\hat{E}^4[1+\cos(\phi-\psi)][1+\cos\psi]\rangle_\psi$ ergibt. Mit $\cos(\phi-\psi)=\cos\phi\cos\psi+\sin\phi\sin\psi$ und $\langle\cos\psi\rangle_\psi=\langle\sin\psi\cos\psi\rangle_\psi=0$ sowie $\langle\cos^2\psi\rangle_\psi=1/2$ folgt schließlich $\langle I_0 I\rangle=C^2\hat{E}^4[1+(1/2)\cos\phi]$ oder, wegen $\langle I_0^2\rangle=(3/2)C^2\hat{E}^4$, die gesuchte Gl.(475).

Man erhält also ein typisches Interferenzmuster, bei dem sich die Messgröße $\langle I_0 I\rangle$ periodisch mit dem Winkel δ ändert (**Intensitätsinterferometrie**, intensity interferometry). Voraussetzung für die Gültigkeit von Gl.(475) ist allerdings, dass die Zeitkonstanten der Detektoren und der elektronischen Schaltung, mit der die Produktbildung bewerkstelligt wird, klein sind gegen die mittlere Dauer τ der von den Lichtquellen emittierten Wellenzüge. Als Anwendung von Gl.(475) betrachten wir zwei Radioteleskope, die auf eine Wellenlänge $\lambda=0{,}3\,m$ abgestimmt sind und die Strahlung von einem Doppelstern empfangen, dessen Entfernung $10^{15}\,km$ betrage. Das gemessene mittlere Intensitätsprodukt zeige in Abhängigkeit vom Abstand zwischen den beiden Radioteleskopen ein erstes Minimum bei 2km. Daraus folgt für den Abstand zwischen den beiden Doppelsternen $\ell=7{,}5\cdot10^{10}\,km$.

Nach Gl.(475) gilt für das erste Minimum $(2\pi\ell/\lambda)\sin\delta=\pi$ mit $\sin\delta\approx\delta=2/10^{15}$. Die Auflösung nach ℓ gibt die Beziehung $\ell=\lambda/(2\delta)$ oder $\ell=7{,}5\cdot10^{10}\,km$.

22.4 Zwei- und dreidimensionale Gitter

Optische Gitter (2-dimensionale Gitter)

Als **optisches Gitter** (diffraction grating) bezeichnet man eine große Anzahl (N) paralleler Spalte gleichen Abstands (g) und gleicher Breite (b). Der Abstand zweier benachbarter Spalte (g, s.Fig.172) heißt **Gitterkonstante** (grating spacing). Auf ein solches Gitter, das man auch als **Transmissionsgitter** (transmission diffraction grating) bezeichnet, falle senkrecht paralleles Licht der Wellenlänge λ.

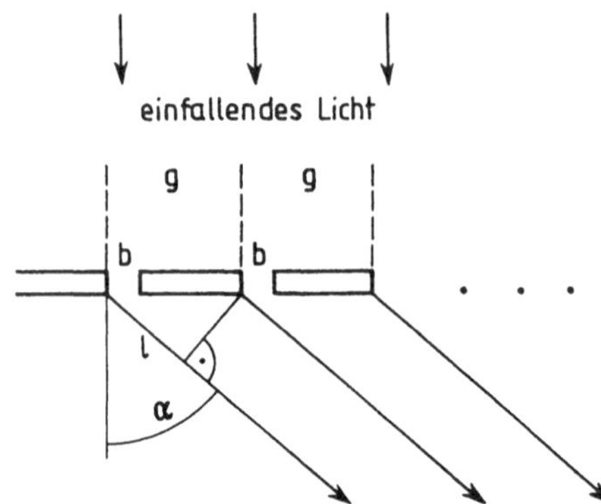

Fig.172 Optisches Transmissionsgitter. Die Pfeile unterhalb des Gitters kennzeichnen das Licht, das von dem Gitter in die Richtung α abgestrahlt wird

Die Interferenzen des hindurchgetretenen Lichtes sollen in einem großen Abstand vom Gitter oder, was gleichbedeutend damit ist, in der Brennebene einer hinter dem Gitter aufgestellten Sammellinse betrachtet werden. Dies bedeutet, dass man nur die Überlagerung *paralleler* Lichtstrahlen zu untersuchen hat (**Fraunhofer'sche Beugung**, Fraunhofer diffraction, Joseph von Fraunhofer 1787-1826).
Für das Weitere nehmen wir zunächst an, dass die Breite der Spalte vernachlässigbar klein sei ($b \ll g$). Dann ergibt sich aus Fig.172 als Bedingung für maximale Helligkeit $\ell = \kappa\lambda$ mit $\kappa = 0,1,2\ldots$ oder, wegen $\sin\alpha = \ell/g$,

$$\sin\alpha = \kappa\ \lambda/g \ . \tag{476}$$

Auslöschung tritt auf für $\ell = (2\kappa + 1)\lambda$ mit $\kappa = 0,1,2\ldots$ oder

$$\sin\alpha = (\kappa + \tfrac{1}{2})\ \lambda/g \ . \tag{477}$$

Diese beiden Gleichungen folgen auch aus der allgemeinen Beziehung für die Intensität I des Lichtes, das von dem Gitter in der Richtung α abgestrahlt wird. Dafür ergibt sich

$$I = I_0\ \frac{\sin^2 N\pi\xi}{\sin^2\pi\xi} \quad \text{mit} \quad \xi = (g/\lambda)\sin\alpha \ . \tag{478}$$

Aus Fig.172 folgt für die Phasenverschiebung ϕ zwischen zwei benachbarten Strahlen $\phi = 2\pi\,\ell/\lambda = 2\pi(g\sin\alpha)/\lambda$. Für die resultierende elektrische Feldstärke infolge der Überlagerung aller Strahlen in

Richtung α gilt $E(t)=\Sigma\hat{E}\cos(\omega t+n\phi)$, wobei die Summe von $n=0$ bis $n=N-1$ zu erstrecken ist und ω die zur Wellenlänge λ gehörige Kreisfrequenz ($\omega=2\pi c/\lambda$) bezeichnet. Zur Berechnung der Summe $\Sigma\cos(\omega t+n\phi)$ verwenden wir die Euler'sche Beziehung $\exp(i\beta)=\cos\beta+i\sin\beta$, d.h. wir schreiben $\Sigma\cos(\omega t+n\phi)=\mathrm{Re}\{\Sigma\exp(i\omega t+in\phi)\}$. Wegen $\Sigma\exp(i\omega t+in\phi)=[\exp(i\omega t)]\Sigma\exp(in\phi)$ ist es erforderlich, die Summe Σq^n mit $q=\exp(in\phi)$ zu berechnen. Dazu gehen wir folgendermaßen vor. Wir multiplizieren $\Sigma q^n=1+q+q^2+q^3+...+q^{N-1}$ auf beiden Seiten mit q und subtrahieren auf beiden Seiten Σq^n. Damit folgt $q\Sigma q^n-\Sigma q^n=-1+q^N$, woraus sich $\Sigma q^n=(q^N-1)/(q-1)$ ergibt. Unter Verwendung dieser Beziehung erhalten wir $E(t)=\hat{E}\mathrm{Re}\{[\exp(i\omega t)][\exp(iN\phi)-1]/[\exp(i\phi)-1]\}$. Die Amplitude von $E(t)$ ist demnach gleich $\hat{E}|[\exp(iN\phi)-1]/[\exp(i\phi)-1]|$, wofür wir nach der Euler'schen Beziehung $\hat{E}|[\cos N\phi-1+i\sin N\phi]/[\cos\phi-1+i\sin\phi]|$ oder auch $\hat{E}\{[(\cos N\phi-1)^2+\sin^2 N\phi]/[(\cos\phi-1)^2+\sin^2\phi]\}^{1/2}$ schreiben können. Wegen $\sin^2\beta+\cos^2\beta=1$ und $1-\cos\beta=2\sin^2\beta/2$ erhalten wir für das *Quadrat* dieser Amplitude den einfachen Ausdruck $\hat{E}^2[\sin^2(N\phi/2)]/(\sin^2\phi/2)$. Da die Intensität I des Lichtes proportional dem Quadrat der Amplitude der elektrischen Feldstärke ist, folgt $I=I_0[\sin^2(N\phi/2)]/(\sin^2\phi/2)$, wobei I_0 den Wert von I für $\alpha=0$ bezeichnet. Unter Beachtung von $\phi=2\pi(g\sin\alpha)/\lambda$ ist dieses Ergebnis identisch mit der gesuchten Gl.(478).

In Fig.173 ist die relative Lichtintensität I/I_0 nach Gl.(478) für ein Gitter mit $N=1000$ Spalten als Funktion der Größe $\xi=(g/\lambda)\sin\alpha$ dargestellt. Fig.174 zeigt die entsprechende Abhängigkeit für $N=10$.

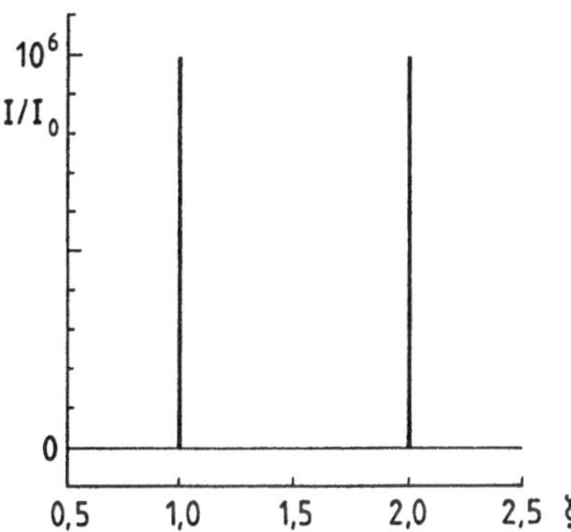

Fig.173 Relative Lichtintensität I/I_0 bei der Fraunhofer'schen Beugung an einem Gitter bestehend aus $N=1000$ Spalten als Funktion der Größe $\xi=(g/\lambda)\sin\alpha$ (s.Fig.172, S.330)

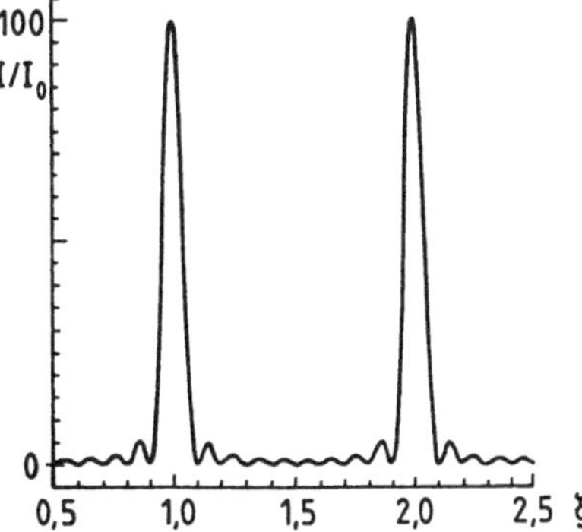

Fig.174 Wie Fig.173, aber für $N=10$

Hauptmaxima (principla maxima) entstehen nach Gl.(478), S.330, dann, wenn der Nenner verschwindet. Diese Bedingung führt zu der Gl.(476) auf S.330. Die Zahl κ wird als **Ordnung** (order of diffraction) des betreffenden Hauptmaximums bezeichnet. Die relative Intensität eines Hauptmaximums ergibt sich zu $I/I_0 = N^2$.

Da für $\xi = 0,1,2,...$ Nenner und Zähler verschwinden, der Quotient also unbestimmt ist, muss die Regel von L´Hospital angewendet werden. Dies bedeutet, Zähler und Nenner der Gl.(478), S.330, solange nach dem Argument zu differenzieren, bis der Quotient nicht mehr unbestimmt ist. Die erste Differentiation nach ξ liefert $[2N\pi\sin N\pi\xi\cos N\pi\xi]/[2\pi\sin\pi\xi\cos\pi\xi]$. Da auch dieser Quotient für $\xi = 0,1,2,...$ noch unbestimmt ist, differenzieren wir ein zweites Mal und erhalten $[2(N\pi)^2\cos^2 N\pi\xi - 2(N\pi)^2\sin^2 N\pi\xi]/[2\pi^2\cos^2\pi\xi - 2\pi^2\sin^2\pi\xi]$, woraus sich mit $\xi = 0,1,2,...$ das Resultat $I/I_0 = N^2$ ergibt.

Das nullte Hauptmaximum, d.h. $\kappa = 0$, liegt bei $\alpha = 0$. Es entspricht der Lichtausbreitung nach der geometrischen Optik. Mit größer werdendem α nimmt I/I_0 sehr schnell ab und besitzt eine erste Nullstelle bei $\sin\alpha = \lambda/(gN)$. Danach kommt es zur Ausbildung eines ersten Nebenmaximums bei $N\pi\xi = 3\pi/2$ oder $\sin\alpha = (3/2)\lambda/(gN)$. Dessen relative Intensität I/I_0 ergibt sich aus Gl.(478), S.330, zu $I/I_0 = \sin^{-2}(3\pi/2N)$. Dies sind ca. 4,5 % der Intensität eines Hauptmaximums. Ohne Beweis soll hier noch die zu Gl.(478), S.330, entsprechende Beziehung für eine endliche Breite b der Spalte angegeben werden. Es gilt

$$I = I_0 \, \frac{\sin^2[(\pi b/\lambda)\sin\alpha]}{(\pi b/\lambda)^2\sin^2\alpha} \, \frac{\sin^2 N\pi\xi}{\sin^2\pi\xi} \qquad \text{mit} \quad \xi = (g/\lambda)\sin\alpha \, . \tag{479}$$

Man sieht leicht, dass diese Beziehung für $\pi b \ll \lambda$ in die Gl.(478), S.330, übergeht. Der Vorfaktor in Gl.(479) bewirkt, dass die relative Intensität der Hauptmaxima nicht konstant ist, sondern mit wachsender Ordnung kleiner wird.

Reflexionsgitter (reflection gratings) entstehen dadurch, dass man z.B. in eine rauhe Oberfläche parallele, reflektierende Furchen einritzt (s.Fig.175, S.333), die im Prinzip die gleiche Wirkung wie die Spalte beim Transmissionsgitter (s.Fig.172, S.330) haben. Reflexionsgitter besitzen aber folgende drei Vorteile:
(1) Durch Krümmung der Oberfläche (Hohlspiegelwirkung) wird die Sammellinse entbehrlich und damit entfallen die mit der Lichtabsorption im Linsenmaterial verbundenen Intensitätsprobleme.
(2) Durch eine geeignete Neigung der reflektierenden Furchen, d.h. in Fig.175, S.333, sind die schwarzen Rechtecke um einen bestimmten Winkel (**Blazewinkel**) gegenüber der Horizontalen zu drehen, lässt sich erreichen, dass praktisch die gesamte reflektierte Intensität im Spektrum einer bestimmten Ordnung konzentriert wird (**Echelette Gitter**, reflection grating with blazing).
(3) Durch **streifenden Einfall** (grazing incidence) lässt sich die Gitterkonstante eines Reflexionsgitters effektiv verkleinern und damit der Anwendungsbereich nach kürzeren Wellenlängen bis in das Gebiet langwelliger Röntgen-Strahlen erweitern.

Den Strahlengang zeigt Fig.175. Um einen Vergleich mit der Fig.172 auf S.330 zu ermöglichen, führen wir die Größe $\alpha = \phi' - \phi$ ein, da dann $\alpha = 0$ in beiden Fällen

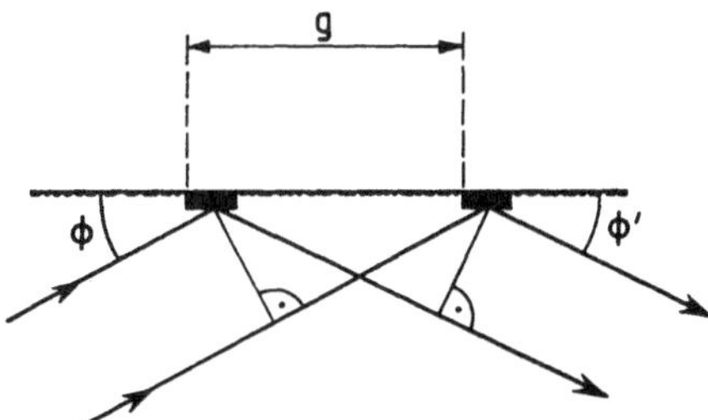

Fig.175 Strahlengang bei einem Reflexionsgitter für streifenden Einfall ($\phi \rightarrow 0$). ▬ bezeichnet die reflektierenden Furchen

das Ergebnis der geometrischen Optik liefert, das als Hauptmaximum nullter Ordnung bezeichnet wird. Das Hauptmaximum erster Ordnung ergibt sich bei streifendem Einfall ($\phi \rightarrow 0$) für

$$\alpha = \frac{\lambda}{g\phi} \ . \tag{480}$$

Beim Transmissionsgitter ergab sich als Bedingung für das erste Hauptmaximum (s.Gl.(476), S.330, mit $\kappa = 1$ und $\alpha \ll 1$) die Gleichung $\alpha = \lambda/g$. Aus einem Vergleich mit Gl.(480) folgt, dass bei streifendem Einfall die Gitterkonstante g verkürzt wird auf

$$g_{\text{eff}} = g\phi \ , \tag{481}$$

d.h. wegen $\phi \rightarrow 0$ auf einen viel kleineren Wert.

Aus Fig.175 liest man ab, dass sich die beiden reflektierten Strahlen verstärken, wenn der Wegunterschied $g\cos\phi - g\cos\phi'$ gleich null oder ein ganzes Vielfaches der Wellenlänge λ ist. Das heißt, es muss gelten $g\cos\phi - g\cos\phi' = \kappa\lambda$ mit $\kappa = 0,1,2,\ldots$ Für $\kappa = 0$ ergibt sich das Resultat der geometrischen Optik $\phi = \phi'$, das wir als nulltes Hauptmaximum bezeichnet haben. Für das erste Hauptmaximum folgt wegen ϕ, $\phi' \ll 1$ die Beziehung $g[1 - \phi^2/2] - g[1 - (\phi')^2/2] = \lambda$ oder $(\phi')^2 - \phi^2 = 2\lambda/g$. Mit $(\phi')^2 - \phi^2 = (\phi' - \phi) \cdot (\phi' + \phi) \approx (\phi' - \phi)2\phi$ und $\alpha = \phi' - \phi$ ergibt sich die gesuchte Gl.(480).

Dieses Prinzip, Strahlung streifend in der Richtung einfallen zu lassen, in der eine Periodizität vorliegt, wird bei der **Kleinwinkelstreuung** von Röntgen-Strahlen (small-angle X-ray scattering) ausgenutzt, um periodische Strukturen auszumessen, deren Periode g groß gegen die verwendete Wellenlänge λ ist.

Kristallgitter (3-dimensionale Gitter)

Lässt man Röntgen-Strahlen mit einem kontinuierlichen Spektrum, z.B. von $\lambda = 0{,}02$nm bis $0{,}2$nm, auf einen Einkristall fallen, der nicht größer zu sein braucht als ca. 1mm, so entsteht auf einem senkrecht dahinter stehenden Schirm ein System von Intensitätsmaxima, das in Bezug auf den zentralen Strahl, d.h. das Hauptmaximum nullter Ordnung, die gleiche Symmetrie aufweist, wie der Kristall in der betreffenden Richtung. Die Versuchsanordnung ist schematisch in Fig.176 dargestellt. Man bezeichnet sie als **Laue-Verfahren** und die entstehenden Intensitätsmaxima als **Laue-Interferenzen** (Laue patterns, Max von Laue 1879-1960).

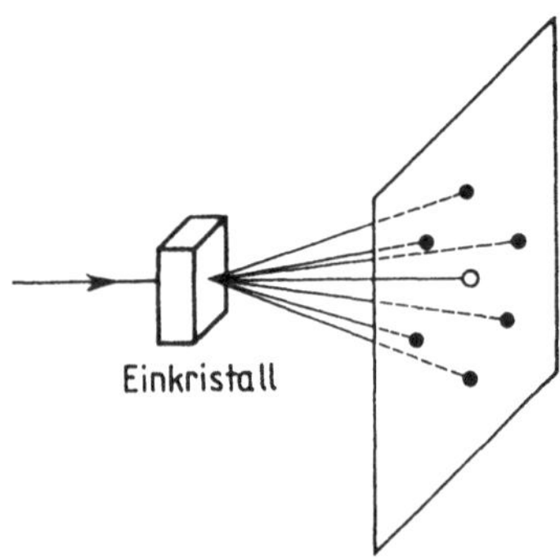

Fig.176 Röntgen-Beugung an einem feststehenden Einkristall (Laue-Verfahren). o bezeichnet das Hauptmaximum nullter Ordnung (zentraler Strahl)

Es scheint so, als ob in dem Kristall viele kleine Spiegel mit diskreten Orientierungen existieren würden. Nach Bragg *Vater und Sohn* (William Henry Bragg 1862-1942, William Lawrence Bragg 1890-1971) handelt es sich dabei um die **Netzebenen** (scattering planes) des Einkristalls. Um diesen Begriff zu erläutern, betrachten wir als einfachstes Beispiel einen kubischen Kristall. Ein solcher Kristall entsteht durch räumliche Wiederholung der auf der nächsten Seite in Fig.177a) dargestellten Einheitszelle, die aus einem Würfel besteht, in dessen Ecken die Atome sitzen. Die Kantenlänge a heißt Einheitslänge. Fig.177b) zeigt die Anordnung der Kristallatome in einer Ebene, die durch eine der Würfelseiten gegeben ist. Eine erste Sorte von Netzebenen wird durch die horizontalen Schichten (ausgezogene Linien in Fig.177b) gebildet, eine zweite durch die vertikalen Schichten (unterbrochene Linien in Fig.177b), eine dritte durch die um 45° geneigten Schichten (gestrichelte Linien in Fig.177b) usw. Der Abstand d zwischen zwei benachbarten Netzebenen der gleichen Sorte ist i.Allg. von der Einheitslänge a verschieden. Lediglich für die beiden ersten genannten Sorten von Netzebenen gilt $d = a$. Durch selektive Reflexion des Primärstrahls an diesen verschiedenen Sorten von Netzebenen ergeben sich die in Fig.176 dargestellten Laue-Interferenzen. Die

Selektivität der Reflexion folgt aus Fig.178, in der der Primärstrahl unter dem Einfallswinkel $\alpha = (\pi/2) - \vartheta$ auf eine bestimmte Sorte von Netzebenen mit dem Abstand d falle. Die Intensität der reflektierten Strahlen wird dann maximal,

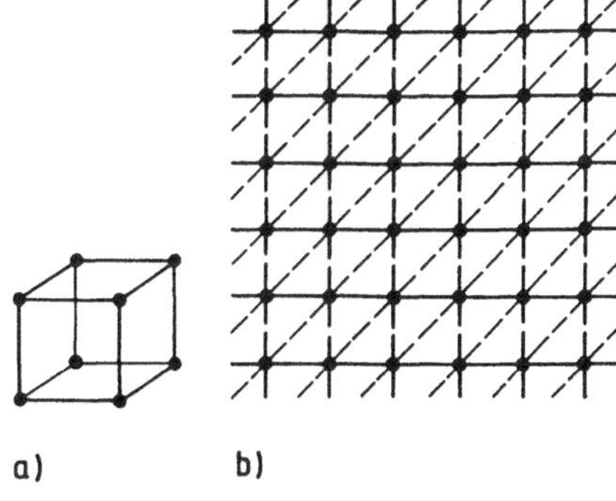

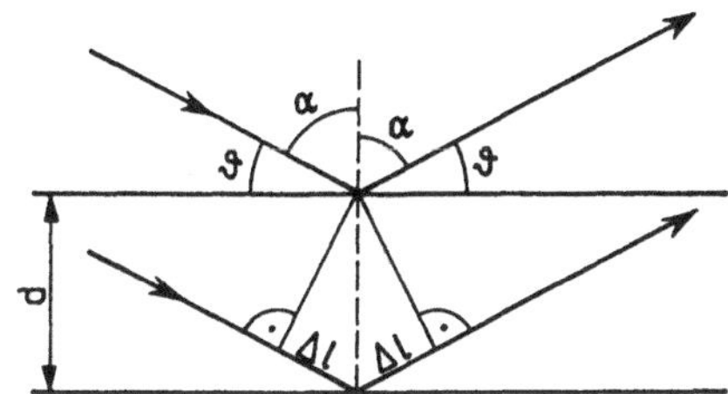

Fig.177 a) Einheitszelle eines kubischen Kristalls. Die Atome sitzen in den Ecken eines Würfels, dessen Kantenlänge a sei. b) Anordnung der Atome des Kristalls in einer Ebene, die durch eine der Würfelseiten gegeben ist

Fig.178 Zur Ableitung der Bragg'schen Beziehung (Gl.(482))

wenn die **Bragg'sche Beziehung** (Bragg equation)

$$2d \sin\vartheta = \kappa\lambda \tag{482}$$

mit $\kappa = 1, 2, 3, \ldots$ erfüllt ist. Man beachte hierbei, dass ϑ nicht der Einfallswinkel, sondern die Differenz zu $\pi/2$ ist und dass κ nicht beliebig groß sein kann, sondern durch die Bedingung $\sin\vartheta \leq 1$ begrenzt wird.

Der Gangunterschied zwischen den beiden reflektierten Strahlen ist $2\Delta\ell$. Damit folgt als Bedingung für maximale Intensität $2\Delta\ell = \kappa\lambda$ mit $\kappa = 1, 2, 3, \ldots$ Andererseits gilt $\sin\vartheta = \Delta\ell/d$ oder $\Delta\ell = d\,\sin\vartheta$, so dass sich nach Einsetzen dieser Beziehung in die Bedingung $2\Delta\ell = \kappa\lambda$ die gesuchte Gl.(482) ergibt.

Das Laue-Verfahren ist gut geeignet zur schnellen Bestimmung einer Kristallorientierung und der Kristallsymmetrie. Auch der Anteil von Kristallfehlern oder amorphem Material lässt sich auf diese Weise gut ermitteln. Da es aber wegen der spektralen Breite der verwendeten Röntgen-Strahlen zur Überlagerung von Beugungsmaxima verschiedener Ordnung (verschiedene Werte für κ) kommen kann, verwendet man das Laue-Verfahren praktisch nie, um Kristallstrukturen zu bestimmen. Beim **Bragg'schen Drehkristallverfahren** (rotating crystal method) wird ein Einkristall, der ebenfalls nicht größer als ca. 1mm zu sein braucht, in einem **monochromatischen Röntgen-Strahl** (monochromatic X-ray), d.h. einem Röntgen-Strahl mit geringer spektraler Breite, um eine feste Achse gedreht (s.Fig.179).

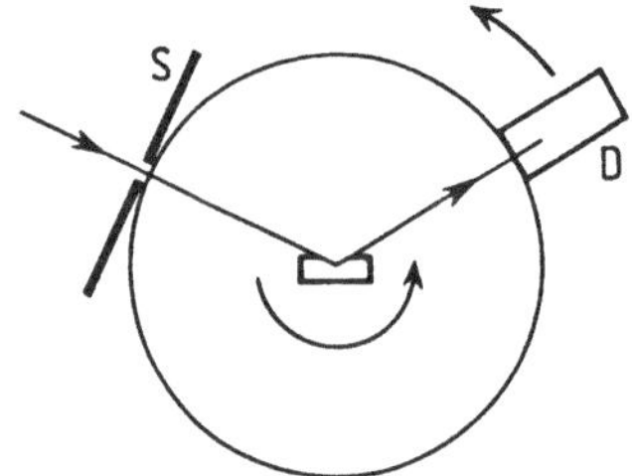

Fig.179 Bragg'sches Drehkristallverfahren. S bezeichnet den Spalt, der die einfallende monochromatische Röntgen-Strahlung räumlich begrenzt. Mit dem Detektor D wird die Intensität des gebeugten Röntgen-Strahls gemessen

Gleichzeitig wird der Detektor D, der die Intensität des gebeugten Strahles misst, nachgedreht. Auf diese Weise tritt nacheinander, und zwar jeweils bei Erfüllung der Bragg'schen Bedingung (s.Gl.(482), S.335) Reflexion an verschiedenen Sorten von Netzebenen ein. Damit lassen sich Kristallstrukturen bestimmen. Die Genauigkeit wird umso größer, je geringer die spektrale Breite der "monochromatischen" Röntgen-Strahlung ist, weshalb man diese bei komplizierten Strukturen in zunehmendem Maße durch die Synchrotronstrahlung (s.S.244) ersetzt.
Wenn monochromatische Röntgen-Strahlen eine Probe durchsetzen, die aus einer großen Anzahl von statistisch orientierten kleinen Kristallen (**Kristallite**, crystallites) bestehen, eine solche Probe bezeichnet man als **Pulverprobe** (powder sample), dann finden die Strahlen unter den vielen ungeordneten Kristalliten immer solche vor, deren Orientierung der Bragg'schen Bedingung (s.Gl.(482), S.335) genügt. Die Intensitätmaxima liegen demzufolge auf Kegelmänteln um den Primärstrahl. Dieses nach Peter Debye und seinem Schüler Paul Scherrer (Peter Debye 1884-1966, Paul Scherrer 1890-1979) benannte **Debye-Scherrer-Verfahren** (Debye-Scherrer method) ist auf der nächsten Seite schematisch in Fig.180 dargestellt.

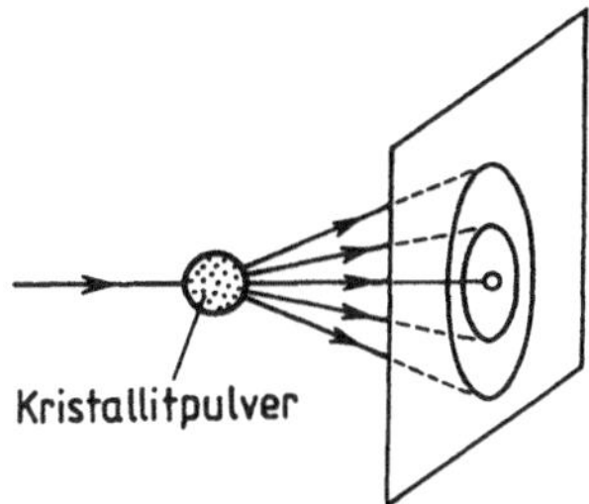

Fig.180 Beugung monochromatischer Röntgen-Strahlen an einer Pulverprobe (Debye-Scherrer-Verfahren). o bezeichnet das Hauptmaximum nullter Ordnung (zentraler Strahl)

Die Schnitte der Kegelmäntel mit dem Schirm (photographischer Film) geben Kreise, die durch Zahlentripel, wie z.B. (113), charakterisiert werden. Sie heißen **Laue-Indizes** (Laue indices) und stellen das Produkt aus der Zahl κ in der Bragg'schen Bedingung (s.Gl.(482), S.335) und den Miller'schen Indizes der betreffenden Sorte von Netzebenen dar.

Mit den **Miller'schen Indizes** (Miller indices, William Hallowes Miller 1801-1880) wird die Lage einer beliebigen Ebene in einem Kristall charakterisiert. Um dies zu verstehen, definieren wir zunächst die **Einheitszelle** (unit cell) eines Kristalls als *die kleinste Einheit, aus der sich der Kristall durch räumliche Wiederholung aufbauen lässt.* Eine solche Einheitszelle wird durch ihre Basisvektoren $\vec{a}$, $\vec{b}$ und $\vec{c}$ aufgespannt (s.S.362), die durchaus nicht senkrecht aufeinander stehen müssen, wie bei einem kubischen Kristall, bei dem außerdem die drei Längen gleich sind ($|\vec{a}| = |\vec{b}| = |\vec{c}| = a$). Dann werden die Miller'schen Indizes durch folgende Vorschrift ermittelt: (1) Bestimme die Schnittpunkte der zu charakterisierenden Ebene mit den durch $\vec{a}$, $\vec{b}$ und $\vec{c}$ vorgegebenen Achsen. Die entstehenden Streckenabschnitte seien $n_a|\vec{a}|$, $n_b|\vec{b}|$ und $n_c|\vec{c}|$. (2) Bilde das Zahlentripel $1/n_a$, $1/n_b$, $1/n_c$ und suche die kleinsten ganzen Zahlen, die im gleichen Verhältnis stehen. Diese sind die Miller'schen Indizes der betreffenden Ebene.

Beispiele für die Miller'schen Indizes von drei verschiedenen Ebenen in einem kubischen Kristall zeigen die Fig.181-183.

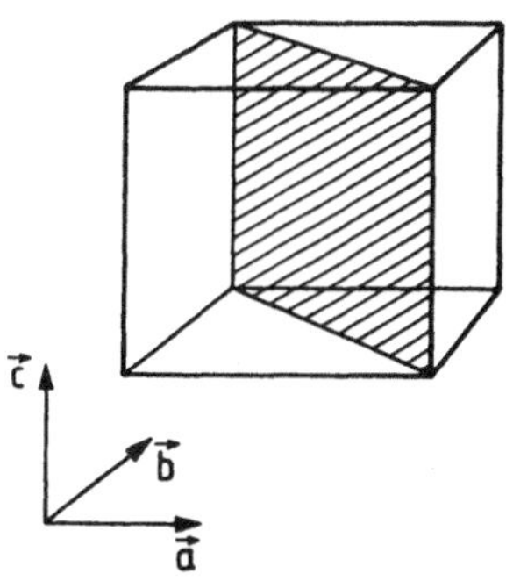

Fig.181 Ermittlung der Miller'schen Indizes für die gestrichelt gezeichnete Ebene in einem kubischen Kristall. Es ergibt sich $n_a=1$, $n_b=1$, $n_c=\infty$, also $1/n_a=1$, $1/n_b=1$, $1/n_c=0$. Damit folgt für die Miller'schen Indizes (110)

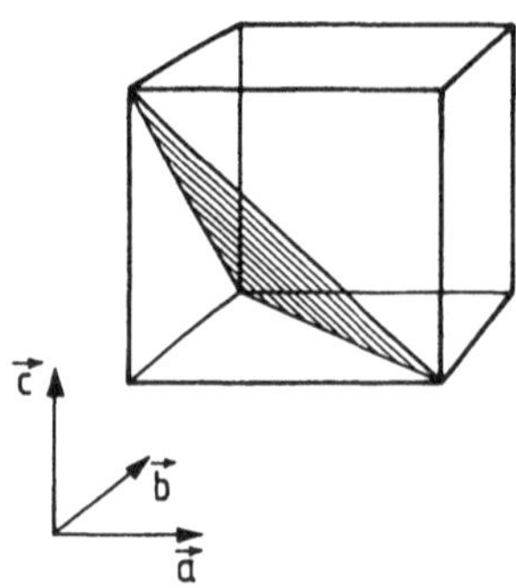

Fig.182 wie Fig.181, jedoch ergibt sich hier $n_a=1$, $n_b=1$, $n_c=1$, also $1/n_a=1$, $1/n_b=1$, $1/n_c=1$. Damit folgt für die Miller'schen Indizes (111)

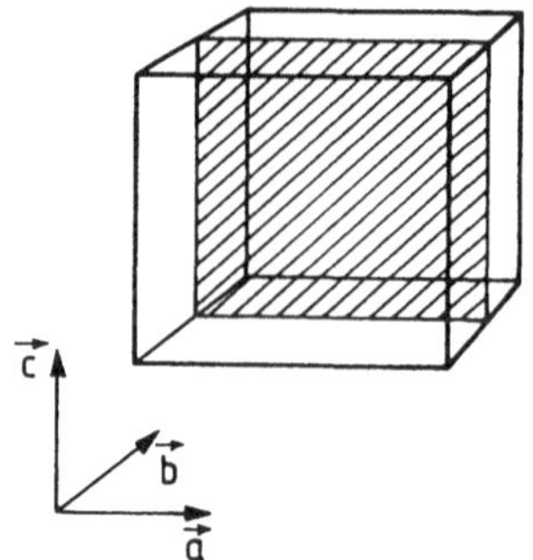

Fig.183 wie Fig.181, jedoch ergibt sich hier $n_a=\infty$, $n_b=1/2$, $n_c=\infty$, also $1/n_a=0$, $1/n_b=2$, $1/n_c=0$. Damit folgt für die Miller'schen Indizes (020)

22.5 Der Spalt

Auf einen Spalt der Breite b falle senkrecht paralleles Licht der Wellenlänge λ (s.Fig.184).

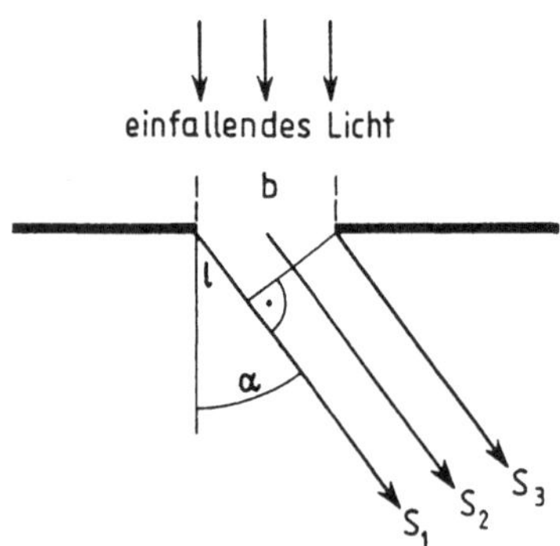

Fig.184 Fraunhofer'sche Beugung am Spalt. Die Pfeile unterhalb des Spaltes kennzeichnen das Licht, das von dem Spalt in die Richtung α abgestrahlt wird

Die Interferenzen des hindurchgetretenen Lichtes sollen in einem großen Abstand vom Spalt oder, was gleichbedeutend damit ist, in der Brennebene einer hinter dem Spalt aufgestellten Sammellinse betrachtet werden. Dies bedeutet, dass man nur die Überlagerung *paralleler* Lichtstrahlen zu untersuchen hat (**Fraunhofer'sche**

Beugung, Fraunhofer diffraction, Joseph von Fraunhofer 1787-1826). Aus Fig.184 ergibt sich als Bedingung für die Auslöschung $\ell = \kappa\lambda$ mit $\kappa = 1, 2, 3, \ldots$ oder, wegen $\sin\alpha = \ell/b$,

$$\sin\alpha = \kappa\lambda/b \ . \tag{483}$$

Wir beweisen die Gl.(483) zunächst für $\kappa = 1$, d.h. $\ell = \lambda$. In diesem Fall zerlegen wir das Lichtbündel zwischen den Strahlen S1 und S3 (s.Fig.184) in zwei gleich breite parallele Lichtbündel, die von den Strahlen S1 und S2 bzw. S2 und S3 begrenzt werden. Für jeden Strahl im ersten Lichtbündel findet man dann einen entsprechenden Strahl im zweiten Lichtbündel, der eine um $\ell/2$ längere Wegstrecke durchlaufen hat und sich mit diesem wegen $\ell/2 = \lambda/2$ auslöscht. Für $\kappa = 2$, d.h. $\ell = 2\lambda$, wird das Lichtbündel zwischen den Strahlen S1 und S3 in vier gleich breite parallele Lichtbündel zerlegt usw.

Ein Maximum der Helligkeit ergibt sich zunächst für $\alpha = 0$. Wenn aber α größer als null ist, muss die Bedingung

$$\sin\alpha = (\kappa - \tfrac{1}{2})\lambda/b \tag{484}$$

mit $\kappa = 1, 2, 3, \ldots$ erfüllt sein, um maximale Helligkeit zu erhalten.

Die Gl.(484) lässt sich analog wie die Gl.(483) begründen. Als Beispiel betrachten wir den Fall $\kappa = 2$, d.h. $\sin\alpha = (3/2)\lambda/b$, wofür wir wegen $\ell = b\sin\alpha$ auch $\ell = (3/2)\lambda$ schreiben können. Das Lichtbündel zwischen den Strahlen S1 und S3 (s.Fig.184) wird dann in *drei* gleich breite parallele Lichtbündel zerlegt. Von diesen löschen sich zwei benachbarte aus, das dritte verursacht das Helligkeitsmaximum.

Ein Vergleich der Gln.(483) und (484) mit den entsprechenden Formeln für das Gitter (s. die Gln.(476) und (477), S.330) zeigt, dass die Bedingungen für Auslöschung bzw. maximale Helligkeit (bis auf den Fall $\alpha = 0$) gerade vertauscht sind. Die beiden Gln.(483) und (484) folgen auch aus der allgemeinen Beziehung für die Intensität I des Lichtes, das von dem Spalt in der Richtung α abgestrahlt wird. Dafür ergibt sich

$$I = I_0 \left(\frac{\sin\pi\zeta}{\pi\zeta}\right)^2 \quad \text{mit} \quad \zeta = (b/\lambda)\sin\alpha \ . \tag{485}$$

Zur Berechnung der Intensität I des Lichtes, das von dem Spalt in der Richtung α abgestrahlt wird, zerlegen wir das Lichtbündel zwischen den Strahlen S1 und S3 (s.Fig.184) in eine sehr große Anzahl (N) von gleich breiten parallelen Lichtbündeln und verwenden die Gl.(478), S.330, $I \propto \{\sin[N\pi(g/\lambda) - \sin\alpha]\}^2/\{\sin[\pi(g/\lambda)\sin\alpha]\}^2$. Mit $Ng = b$ folgt daraus $I \propto \{\sin[\pi(b/\lambda)\sin\alpha]\}^2/\{\sin[\pi(b/\lambda)N^{-1}\sin\alpha]\}^2$. Da N eine sehr große Zahl sein soll, kann der Term $\sin[\pi(b/\lambda)N^{-1}\sin\alpha]$ durch $\pi(b/\lambda)N^{-1}\sin\alpha$ ersetzt werden und es ergibt sich $I \propto \{\sin[\pi(b/\lambda)\sin\alpha]\}^2/\{\pi(b/\lambda)\sin\alpha\}^2$. Der Proportionalitätsfaktor schließlich folgt aus der Bedingung, dass I für $\alpha = 0$ gleich I_0 sein muss, womit die Gl.(485) bewiesen ist.

Auf der nächsten Seite ist in Fig.185 die relative Lichtintensität I/I_0 nach Gl.(485) als Funktion der Größe $\zeta = (b/\lambda)\sin\alpha$ dargestellt.

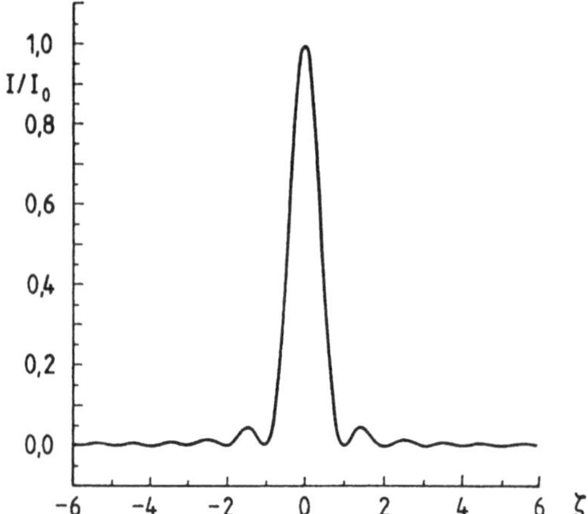

Fig.185 Relative Lichtintensität I/I_0 bei der Fraunhofer'schen Beugung an einem Spalt der Breite b als Funktion der Größe $\zeta=(b/\lambda)\sin\alpha$ (s.Fig.184, S.338)

Ein Vergleich mit der Fraunhofer'schen Beugung am Gitter (s. Fig. 173 und 174, S.331) zeigt, dass die Helligkeitsmaxima viel breiter sind und dass ihre Intensität mit der Ordnung (bei $\zeta=0$ liegt das Maximum 0.Ordnung, bei $\zeta=1{,}5$ das 1.Ordnung usw.) stark abnimmt. Die große Breite der Helligkeitsmaxima beim Spalt bedingt, dass eine Bestimmung der Wellenlänge aus Gl.(484) bzw. (485) nur relativ ungenau möglich ist. Man sagt, der Spalt besitzt ein geringes spektrales Auflösungsvermögen.

22.6   Auflösungsvermögen optischer Geräte

Spektrales Auflösungsvermögen

Wenn ein Spektralapparat zwei benachbarte Spektrallinien λ und $\lambda+\Delta\lambda$ gerade noch auflöst, d.h. zwei getrennte Helligkeitsmaxima liefert, dann besitzt er ein **spektrales Auflösungsvermögen** (spectral resolving power) der Größe

$$A_s = \frac{\lambda}{|\Delta\lambda|} \; . \tag{486}$$

(1) **Das optische Gitter** (grating). Für die Intensität des Lichtes, das unter dem Winkel α abgestrahlt wird, gilt (s.Gl.(478), S.330)

$$I = I_0 \, \sin^2[N\pi(g/\lambda)\sin\alpha] \, / \, \sin^2[\pi(g/\lambda)\sin\alpha] \; . \tag{487}$$

Daraus folgt

$$A_s^{\text{Gi}} = \kappa N \, , \tag{488}$$

wobei κ die Ordnung des verwendeten Hauptmaximums (s.S.332) und N die Anzahl der Spalte des Gitters bezeichnet.

Das κ-te Hauptmaximum für die Spektrallinie mit der Wellenlänge λ tritt auf, wenn der Nenner in Gl.(487) zum κ-ten Male verschwindet, d.h. für $\alpha=\alpha_\kappa$ mit $\pi g\lambda^{-1}\sin\alpha_\kappa=\kappa\pi$. Das Argument des Zählers von Gl.(487) wird an dieser Stelle gleich $N\kappa\pi$. Die 1.Nullstelle nach diesem Maximum ($\alpha=\alpha_{\kappa,0}>\alpha_\kappa$) folgt aus der Bedingung, dass sich das Argument des Zählers um π vergrößert hat. Es muss also gelten $N\pi g\lambda^{-1}\sin\alpha_{\kappa,0}=(N\kappa+1)\pi$ oder $\sin\alpha_{\kappa,0}=(\lambda/g)(\kappa+1/N)$. Analog tritt das κ-te Hauptmaximum für die Spektrallinie mit der größeren Wellenlänge $\lambda+\Delta\lambda$ auf für $\alpha=\alpha_\kappa'$ mit $\pi g(\lambda+\Delta\lambda)^{-1}\sin\alpha_\kappa'=\kappa\pi$. Der entscheidende Punkt der Argumentation ist nun, dass die beiden Spektrallinien dann noch getrennt wahrnehmbar sind, wenn $\sin\alpha_\kappa'\geq\sin\alpha_{\kappa,0}$ gilt. Daraus folgt $\kappa(\lambda+\Delta\lambda)/g\geq(\lambda/g)(\kappa+1/N)$ oder $\Delta\lambda\geq\lambda/(\kappa N)$, was gleichbedeutend mit Gl.(488) ist.

Es ist bemerkenswert, dass das Auflösungsvermögen des optischen Gitters nicht von der Gitterkonstanten g, sondern, abgesehen von der Ordnung κ, nur von der Anzahl N der Spalte abhängt. Allerdings muss man, um dieses Auflösungsvermögen zu erreichen, das gesamte Gitter ausleuchten, da anderenfalls in Gl.(488) für N nur die Anzahl der beleuchteten Spalte einzusetzen ist. Fig.186 zeigt das Spektrum 1.Ordnung für ein Modellgitter ($N=10$, $g=5\mu$m) und zwei Spektrallinien mit $\lambda=500$nm und $\lambda+\Delta\lambda=505$nm, 550nm sowie 595nm.

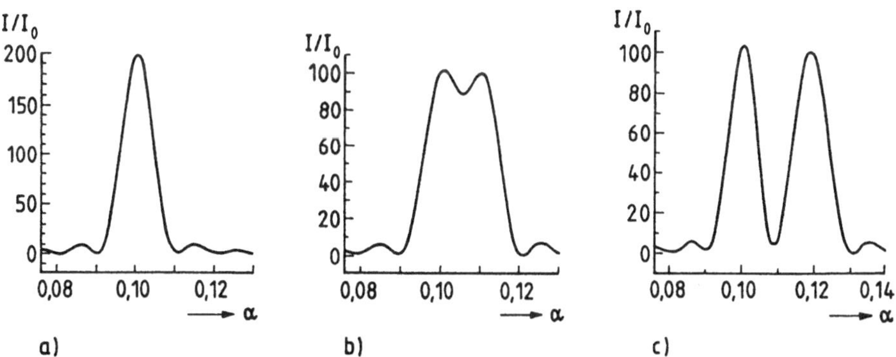

Fig.186 Berechnetes Spektrum 1.Ordnung für ein Modellgitter (s.Fig.172, S.330, mit $b\to0$) mit $N=10$ Spalten und einer Gitterkonstanten $g=5\mu$m als Funktion des Winkels α im Bogenmaß. Die Wellenlängen des einfallenden Lichtes sind $\lambda=500$nm und $\lambda+\Delta\lambda$ mit $\lambda/\Delta\lambda=100$ (Fig.186a), 10 (Fig.186b) und 5,26 (Fig.186c). Das Auflösungsvermögen des Modellgitters ist nach Gl.(488) gleich 10

Für ein typisches optisches Gitter mit einer Gitterkonstanten $g=1{,}5\mu$m, das auf einer Breite von 0,01m ausgeleuchtet wird, ergibt sich ein spektrales Auflösungsvermögen im Spektrum 3.Ordnung von 20 000. Das heißt, bei einer Wellenlänge λ von 600nm kann man damit noch Spektrallinien trennen, deren Wellenlängenunterschied $\Delta\lambda$ nur 0,03nm beträgt.

(2) **Das Fabry-Pérot'sche Interferometer** (Fabry Pérot interferometer, Charles Fabry 1867-1945, Alfred Pérot 1863-1925). Das in Fig.187 schematisch dargestellte Fabry-Pérot'sche-Spektrometer besteht aus zwei Glasplatten, deren Innenseiten durchlässig verspiegelt sind (Reflexionsfaktor ca. 95%-99%) und die einen exakt planparallelen Luftspalt der Dicke d begrenzen. Um störende Reflexe an den Außenseiten der beiden Glasplatten zu vermeiden, werden diese mit einer Antireflexionsschicht (s.S.360/361) versehen und so geschliffen, dass sie gegen die Innenseiten leicht geneigt sind. Auf diese Weise kommt es ausschließlich zur Interferenz der im Gebiet des Luftspaltes mehrfach reflektierten Wellen (s.Fig.187), und Licht wird nur hindurchgelassen, wenn die Bedingung

$$2d\,\cos\alpha \ = \ \kappa\lambda \tag{489}$$

mit $\kappa=1, 2, 3, \dots$ erfüllt ist.

Diese Gleichung ergibt sich in ähnlicher Weise wie die Bragg'sche Beziehung auf S.335, nur dass ϑ in Gl.(482) durch $\alpha=(\pi/2)-\vartheta$ zu ersetzen ist.

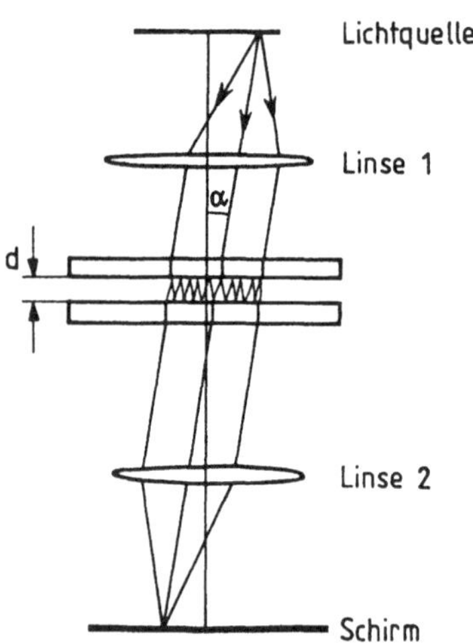

Fig.187 Zur Entstehung des Ringsystems bei einem Fabry-Pérot'schen Interferometer. Eine flächenhafte monochromatische Lichtquelle, die sich in der Brennweite der Sammellinse 1 befindet, erzeugt paralleles Licht, das von oben unter dem Winkel $0\le\alpha\le\alpha_{max}$ auf das Interferometer fällt. Dieses Licht wird zwischen den durchlässig verspiegelten Innenseiten der beiden Glasplatten mehrfach reflektiert (s.Fig.188). Die durch die untere Glasplatte hindurchtretenden Lichtstrahlen interferieren und es entsteht wegen der Rotationssymmetrie der Anordnung in der Brennebene der Linse 2 (Schirm) ein Ringsystem. Dieses Ringsystem spaltet auf, wenn das einfallende Licht aus Spektrallinien unterschiedlicher Wellenlänge besteht. Aus der Größe der Aufspaltung ergibt sich der Wellenlängenunterschied

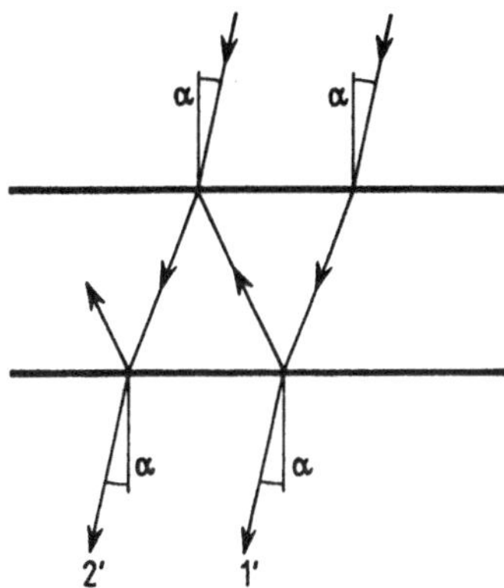

Fig. 188 Der Strahlengang zwischen den durchlässig verspiegelten Innenseiten der beiden Glasplatten des Fabry-Pérot'schen Interferometers

Für einen vorgegebenen Wert von α folgt aus Gl.(489), dass monochromatisches Licht der Wellenlänge λ nur dann hindurchgelassen wird, wenn eine ganze Zahl κ existiert, die der Gleichung $\lambda = (2d\cos\alpha)/\kappa$ genügt. Wir nehmen an, dies sei der Fall und nennen die betreffende Wellenlänge λ_κ. Nun vergrößern wir die Wellenlänge um die kleine Differenz $\Delta\lambda$. Dann wird dieses Licht gesperrt, bis $\Delta\lambda$ einen solchen Wert ($\Delta\lambda = \Delta\lambda_n$) erreicht hat, dass die Beziehung $\lambda_\kappa + \Delta\lambda_n = (2d\cos\alpha)/(\kappa-1)$ erfüllt ist. $\Delta\lambda_n$ nennt man den nutzbaren Spektralbereich des Fabry-Pérot'schen Interferometers. In Frequenzen ausgedrückt ergibt sich dafür

$$\Delta f_n = \frac{c}{2d\cos\alpha} . \tag{490}$$

Wegen $f = c/\lambda$ gilt $\Delta f_n = c\lambda_\kappa^{-2}\Delta\lambda_n$ mit c als der Lichtgeschwindigkeit. Nach Einsetzen von $\Delta\lambda_n = -\lambda_\kappa + (2d\cos\alpha)/(\kappa-1)$ folgt $\Delta f_n = c\lambda_\kappa^{-2}\{-\lambda_\kappa + (2d\cos\alpha)/(\kappa-1)\}$, woraus man unter Verwendung der Beziehung $\lambda_\kappa = (2d\cos\alpha)/\kappa$ (s.Gl.(489)) die Gleichung $\Delta f_n = -c\kappa(2d\cos\alpha)^{-1} + c\kappa^2(2d\cos\alpha)^{-1}(\kappa-1)^{-1}$ erhält. Diese Gleichung lässt sich leicht umschreiben in $\Delta f_n = c(2d\cos\alpha)^{-1}\kappa/(\kappa-1)$, womit sich für $\kappa \gg 1$ (d.h. d ist groß gegen λ) die gesuchte Gl.(490) ergibt.

Um Mehrdeutigkeiten zu vermeiden, muss also die spektrale Breite des auf das Fabry-Pérot'sche Interferometer einfallenden Lichtes auf einen Wert kleiner als Δf_n verringert werden. Dies lässt sich z.B. durch Vorschalten eines optischen Gitters erreichen. Die Halbwertsbreite $\Delta f_{1/2}$ für monochromatisches Licht, dessen Frequenz in den nutzbaren Spektralbereich Δf_n fällt, ergibt sich zu

$$\Delta f_{1/2} = \frac{(1-R)}{\pi}\Delta f_n , \tag{491}$$

wobei R der **Schwächungsfaktor** (attenuation coefficient) ist, um den sich die Amplitude der elektromagnetischen Welle nach je einer Reflexion an der unteren und der oberen Glasplatte (s.Fig.188) reduziert.

Für die resultierende elektrische Feldstärke $E(t)$ bei der Überlagerung der N Wellen ($N\to\infty$), die aus der unteren Glasplatte in Fig.187 austreten, gilt $E(t)=\Sigma\hat{E}R^n\cos(\omega t+n\phi)$, wobei die Summation von $n=0$ bis $n=N-1$ zu erstrecken ist. ϕ bezeichnet die Phasenverschiebung zwischen zwei benachbarten Wellen, z.B. $2'$ und $1'$ in Fig.188 und R die Reduzierung der Amplitude durch die zwei zusätzlichen Reflexionen, die der Strahl $2'$ erfahren hat. R wird Schwächungsfaktor genannt. Bis auf den Faktor R^n ist dies die gleiche Beziehung wie bei der Behandlung der Fraunhofer'schen Beugung am optischen Gitter (s.S.331). Zur Berechnung der Summe verwenden wir die Euler'sche Beziehung $\exp(i\beta)=\cos\beta+i\sin\beta$, d.h., wir schreiben $E(t)=\mathrm{Re}\{\hat{E}\Sigma R^n\exp(i\omega t+in\phi)\}=\mathrm{Re}\{\hat{E}\exp(i\omega t)\Sigma[R\exp i\phi]^n\}$. Wegen $\Sigma q^n=(q^N-1)/(q-1)$ (s.S.331) folgt $E(t)=\mathrm{Re}\{[\hat{E}\exp(i\omega t)][R^N\exp(i\phi N)-1][R\exp(i\phi)-1]^{-1}\}$. Mit $R^N\to0$ ergibt sich für die Amplitude von $E(t)$ der Ausdruck $|[R\exp(i\phi)-1]^{-1}|$. Da die Intensität I proportional zum Quadrat dieser Größe ist, folgt $I\propto[(R\cos\phi-1)^2+R^2\sin^2\phi]^{-1}$ oder schließlich $I=I_0[(R^2-2R\cos\phi+1]^{-1}$ (Formel von Airy, G. B. Airy 1801-1892). Die Intensität I besitzt als Funktion von ϕ Maxima, und zwar ergibt sich $I_{max}=I_0(1-R)^{-2}$ für $\phi=0$, 2π, 4π, ... Zur Berechnung der Halbwertsbreite $\phi_{\frac12}$ (full width at half maximum) dieser Maxima betrachten wir das Maximum bei $\phi=0$. Dann muss gelten $I_0[(R^2-2R\cos(\phi_{\frac12}/2)+1]^{-1}=(I_0/2)(1-R)^{-2}$. Mit $\cos(\phi_{\frac12}/2)\approx1-(\phi_{\frac12}/2)^2/2$ folgt $\phi_{\frac12}=2(1-R)/R^{\frac12}$oder $\phi_{\frac12}=2(1-R)$ wegen $R\approx1$. Da sich zwei benachbarte Maxima um $\Delta\phi=2\pi$ unterscheiden und da wir ihren Frequenzabstand mit Δf_n bezeichnet haben (s.Gl.(490)), ergibt sich für die Halbwertsbreite $\Delta f_{\frac12}=2(1-R)(2\pi)^{-1}\Delta f_n$, was identisch mit der gesuchten Gl.(491) ist.

Für das spektrale Auflösungsvermögen (s.Gl.(486), S.340) des Fabry-Pérot'schen Interferometers folgt aus Gl.(491)

$$A_S^{\,FP} = \frac{2\pi d\,\cos\alpha}{(1-R)\lambda}\ .\tag{492}$$

Wegen $\lambda f=c$ lässt sich die Gl.(486), S.340, umschreiben in $A_S^{FP}=f/\Delta f$. Setzen wir $\Delta f=\Delta f_{\frac12}$ und verwenden die Gln.(491) und (490), so ergibt sich $A_S^{FP}=(f\pi2d\cos\alpha)/[(1-R)c]$, d.h. die gesuchte Gl.(492).

Das spektrale Auflösungsvermögen A_S^{FP} von Fabry-Pérot'schen Interferometern kann Werte bis zu 10^{11} erreichen.

Da der Brechungsindex n von Luft nahezu gleich eins ist (s.Tab.64, S.301), kann man in Gl.(489), S.342, und den daraus abgeleiteten Beziehungen die Wellenlänge $\lambda=\lambda_0/n$ näherungsweise durch die Vakuumwellenlänge λ_0 ersetzen. Wenn man aber den Luftspalt zwischen den beiden Glasplatten mit einer Substanz ausfüllt, deren Brechungsindex n merklich größer als eins ist, muss man Gl.(489) in der Form $2nd\cos\alpha=\kappa\lambda_0$ schreiben. Diese Beziehung führt möglicherweise zu einer interessanten technischen Entwicklung. Der Brechungsindex n lässt sich nämlich bei geeigneten Substanzen durch eine Bestrahlung mit Laserlicht nahezu trägheitslos ändern (s.S.293/294), so dass man auf diese Weise die Intensität eines Lichtstrahls mit einer Schnelligkeit schalten kann, wie sie für Hochleistungcomputer benötigt wird.

Bei der **Lummer-Gehrcke-Platte** (Otto Lummer 1860-1925, Ernst Gehrcke 1878-1960) wird an Stelle der zwei Glasplatten *eine* planparalle Glasplatte verwendet (s.Fig.189 auf der nächsten Seite). Im Gegensatz zum Fabry-Pérot'schen Interferometer brauchen die beiden Flächen der Glasplatte nicht verspiegelt zu werden, da man den inneren Reflexionswinkel nahezu gleich dem kritischen Winkel der Totalreflexion (s.S.302) machen kann, so dass der Schwächungsfaktor R nur wenig unter 100% liegt. Allerdings kann man wegen der endlichen Plattenlänge nur eine

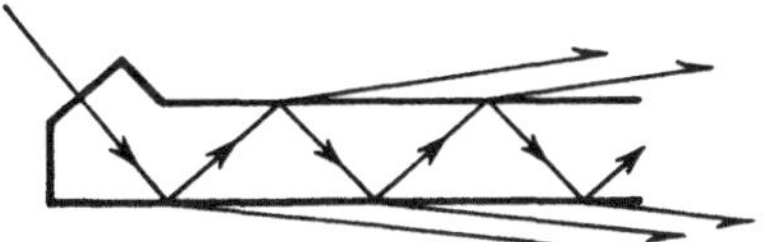

Fig.189 Lummer-Gehrcke-Platte. Wenn der inner Reflexionswinkel nahezu gleich dem kritischen Winkel der Totalreflexion (s.S.302) gewählt wird, erreicht man auch ohne Verspiegelung der Oberflächen einen Schwächungsfaktor R, der nur wenig unter 100% liegt

begrenzte Anzahl (N ist endlich) von Wellen zur Interferenz bringen. Damit ist das erreichbare spektrale Auflösungsvermögen kleiner als A_s^{FP} nach Gl.(492).

(3) **Das Prisma** (prism). Der Einfachheit halber betrachten wir den symmetrischen Durchgang durch ein gleichseitiges Prisma, dessen Seitenlänge a sei (s.Fig.190).

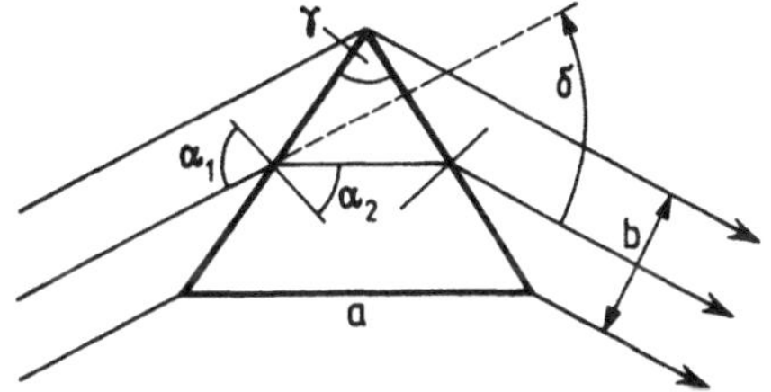

Fig.190 Symmetrischer Durchgang von Licht durch ein gleichseitiges Prisma ($\gamma = \pi/3$). b bezeichnet die Breite des parallelen Lichtbündels. Da die Winkelsumme im Dreieck gleich π sein muss, gilt $\alpha_2 = \pi/6$

Unter Verwendung der Gl.(441), S.304, für den Ablenkungswinkel δ und der Bedingung für das Auftreten der ersten Nullstelle bei einem Spalt der Breite b (Gl.(483), S.339) folgt für das spektrale Auflösungsvermögen des Prismas

$$A_s^{\ P} = a\ \left|\frac{dn}{d\lambda}\right|\ . \tag{493}$$

Wir berechnen zunächst die Abhängigkeit des Ablenkwinkels δ von der Wellenlänge λ des Lichtes. Durch Differentiation nach λ erhält man aus der Beziehung $\sin[(\gamma+\delta)/2] = n\sin(\gamma/2)$ (s.Gl.(441), S.304) den Ausdruck $\frac{1}{2}\cos[(\gamma+\delta)/2]d\delta/d\lambda = \sin(\gamma/2)dn/d\lambda$ oder $d\delta/d\lambda = [2\sin(\gamma/2)][\cos[(\gamma+\delta)/2]^{-1}dn/d\lambda$. Wegen $\cos[(\gamma+\delta)/2] = \{1-\sin^2[(\gamma+\delta)/2]\}^{1/2} = [1-n^2\sin^2(\gamma/2)]^{1/2}$ und $\gamma = \pi/3$ (gleichseitiges Dreieck) lässt sich dieser Ausdruck vereinfachen zu $d\delta/d\lambda = (1-n^2/4)^{-1/2}dn/d\lambda$. Das zum Ablenkwinkel δ gehörige Signal (Maximum nullter Ordnung in der Sprache der Wellenoptik) besitzt eine bestimmte Breite, die wir durch den Abstand ($\Delta\delta$) der ersten Nullstellen rechts und links vom Maximum definieren. Dafür gilt nach Gl.(483), S.339, $b\sin(\Delta\delta/2)=\lambda$. Wegen $\Delta\delta \ll 1$ können wir dafür schreiben $\Delta\delta = 2\lambda/b$. Mit $b = a\cos\alpha_1$ (s.Fig.190) und $\cos\alpha_1 = (1-\sin^2\alpha_1)^{1/2} = (1-n^2\sin^2\alpha_2)^{1/2}$ sowie $\alpha_2 = \pi/6$ (s.Fig.190) folgt $\Delta\delta = (2\lambda/a)(1-n^2/4)^{-1/2}$. Ersetzen wir nun in der Beziehung $\Delta\delta = |d\delta/d\lambda|\Delta\lambda$ (die Betragstriche sind erforderlich, da $\Delta\delta$ eine positive Größe sein muss) $\Delta\delta$ durch $(2\lambda/a)(1-n^2/4)^{-1/2}$ und $|d\delta/d\lambda|$ mit Hilfe der oben abgeleiteten Gleichung $d\delta/d\lambda = (1-n^2/4)^{-1/2}dn/d\lambda$, so ergibt sich $(2\lambda/a)(1-n^2/4)^{-1/2}/\Delta\lambda = (1-n^2/4)^{-1/2}|dn/d\lambda|$ oder schließlich $\lambda/\Delta\lambda = a|dn/d\lambda|$.

Die Ableitung $dn/d\lambda$ kann in guter Näherung durch den Quotienten $(n_F - n_C)/(\lambda_F - \lambda_C)$ ersetzt werden. Einige Zahlenwerte sind in Tab.70 enthalten.

Tab.70 Mittlere Dispersion $(n_F - n_C)$ und die daraus mit $\lambda_F = 486,1\,\mathrm{nm}$ und $\lambda_C = 656,3\,\mathrm{nm}$ (s.S.306) berechneten Quotienten $(n_F - n_C)/(\lambda_F - \lambda_C)$ für einige Substanzen bei Zimmertemperatur

Substanz	$n_F - n_C$	$(n_F - n_C)/(\lambda_F - \lambda_C) \approx dn/d\lambda$
Wasser	0,0059	$-3,467\cdot 10^4\,\mathrm{m}^{-1}$
leichtes Kronglas	0,009	$-5,288\cdot 10^4\,\mathrm{m}^{-1}$
Schwefelkohlenstoff	0,0341	$-20,04\ \cdot 10^4\,\mathrm{m}^{-1}$
schwerstes Flintglas	0,040	$-23,5\ \ \cdot 10^4\,\mathrm{m}^{-1}$

Für ein gleichseitiges Prisma mit einer Kantenlänge $a = 0,01\,\mathrm{m}$, das mit Wasser bzw. Schwefelkohlenstoff gefüllt ist, ergibt sich also ein spektrales Auflösungsvermögen A_S^P von ca. 350 bzw. 2000. Für die beiden Quecksilberlinien, die bei $\lambda_1 = 576,95\,\mathrm{nm}$ bzw. $\lambda_2 = 579,06\,\mathrm{nm}$ auftreten, muss das spektrale Auflösungsvermögen $0,5(\lambda_1 + \lambda_2)/(\lambda_2 - \lambda_1)$ also mindestens gleich 274 sein. Es genügt damit schon das mit Wasser gefüllte Prisma.

Räumliches Auflösungsvermögen

Die Beugung einer monochromatischen ebenen Welle, die senkrecht auf einen Schirm mit einer kreisförmigen Öffnung fällt, führt zu einer Verteilung der Intensität des Lichtes hinter dem Schirm, die rotationssymmetrisch um die Symmetrieachse ist und die damit nur vom Winkel ϑ bezüglich dieser Achse abhängt. Eine etwas aufwendigere Rechnung [KLE88] zeigt, dass die erste Nullstelle auftritt, wenn ϑ den durch

$$\sin\vartheta_0 = \frac{1,22\lambda}{2R} \tag{494}$$

bestimmten Wert ϑ_0 annimmt, wobei R den Radius der Öffnung bezeichnet. Diese Gleichung steht an Stelle der entsprechenden Bedingung $\sin\alpha = \lambda/b$ (s.Gl.(483),

S.339) für die Beugung an einem Spalt der Breite b. Eine Sammellinse, deren Durchmesser $2R$ und deren Brennweite f sei, erzeugt also von achsenparallel einfallendem Licht an der Stelle des Brennpunktes ein Beugungsscheibchen mit dem Durchmesser $2f\vartheta_0$. Deshalb führt paralleles Licht, das unter dem Winkel δ gegenüber der optischen Achse einfällt, nur dann zu einem getrennten Beugungsscheibchen, wenn δ größer ist als ϑ_0 (**Rayleigh-Kriterium**, Rayleigh's rule, Lord Rayleigh=John William Strutt 1842-1919). Wegen $R \gg \lambda$ kann man in Gl.(494) $\sin\vartheta_0$ durch ϑ_0 ersetzen, so dass sich für den kleinsten messbaren Winkel

$$\delta_{min} = \vartheta_0 = \frac{1{,}22\lambda}{2R} \tag{495}$$

ergibt. Als Anwendung von Gl.(495) wollen wir das Auflösungsvermögen des menschlichen Auges sowie die sinnvolle **Maximalvergrößerung** (maximum magnification) von astronomischen Fernrohren und von Mikroskopen berechnen. Der Durchmesser $2R$ der Pupille des *menschlichen Auges* liegt je nach Helligkeit zwischen ca. 1mm und 8mm. Für $2R=2$mm und Licht der Wellenlänge 500nm, die im Glaskörper des Auges ($n=1{,}3365$, s.S.322) auf ca. 370nm reduziert wird, ergibt sich also aus Gl.(495) für δ_{min} im Bogenmaß ein Wert von ungefähr $2{,}3\cdot10^{-4}$, was ca. 1 Bogenminute (s.S.322) entspricht. Für ein *astronomisches Fernrohr* mit einem Objektivdurchmesser $2R$ und Licht der Wellenlänge 500nm beträgt der minimal messbare Winkel im Bogenmaß nach Gl.(495) ca. $6\cdot10^{-7}(2R/$m$)$. Ein Vergleich mit dem durch das Auge minimal noch registrierbaren Winkel von $2{,}3\cdot10^{-4}$ zeigt also, dass es keinen Gewinn bringt, die Vergrößerung des Fernrohrs über den Wert $2{,}3\cdot10^{-4}[6\cdot10^{-7}/(2R/m)]^{-1} \approx 400(2R/m)$ (sinnvolle Maximalvergrößerung) hinaus zu erhöhen. Der mit einem *Mikroskop* minimal messbare Abstand Δx_{min} zweier Objektpunkte P_1 und P_2 ergibt sich aus Fig.191(s. nächste Seite) und durch Anwendung der Gl.(495) zu

$$\Delta x_{min} = 0{,}61\frac{\lambda}{\tan\alpha_0} \tag{496}$$

mit $\tan\alpha_0=R/f$. Der doppelte Wert dieser Größe, also $2R/f$, wird als **relative Öffnung** (relative aperture), ihr Kehrwert - vor allem bei Photoapparaten - als **Blendenzahl** (focal ratio) des Objektivs bezeichnet.

Das Objektiv in Fig.191 erzeugt von dem Punkt P_1 ein Beugungsscheibchen $P_1{'}$ mit dem Durchmesser $2b(1{,}22\lambda/2R)$. Das Gleiche gilt für den Punkt P_2. Damit $P_1{'}$ und $P_2{'}$ getrennt beobachtbar sind, muss ihr Abstand $\Delta x'$ mindestens gleich dem Radius der Beugungsscheibchen sein, also $\Delta x'_{min}=b(1{,}22\lambda/2R)$. Wegen $\Delta x'/\Delta x=b/g$ (s.Gl.(458), S.313) und $g \approx f$ ergibt sich $\Delta x_{min}=f(1{,}22\lambda/2R)$, woraus mit $R/f=\tan\alpha$ die gesuchte Gl.(496) folgt.

Gemäß Fig.191 bestimmt der Durchmesser des Objektivs die kleinste messbare

Länge und, wie man sich leicht überlegen kann (Poynting-Vektor), auch die Helligkeit des Bildes. Durch Anbringen einer Blende verkleinert sich die relative Öffnung und das Auflösungsvermögen sowie die Helligkeit verringern sich. Man bezeichnet den begrenzenden Querschnitt für den Lichtstrom auf der Objektseite als **Eintrittspupille** (entrance pupil) und auf der Bildseite als **Austrittspupille** (exit pupil). In Fig.191 ist demzufolge der Linsenquerschnitt die gemeinsame Eintritts- und Austrittspupille. Eine zweite Gleichung für Δx_{min} erhält man relativ leicht durch Verwendung des **Abbe'schen Satzes** (Abbe's rule, Ernst Abbe 1840-1905, der sich ein Leben lang gegen die Schreibweise Abbé gewehrt hat):

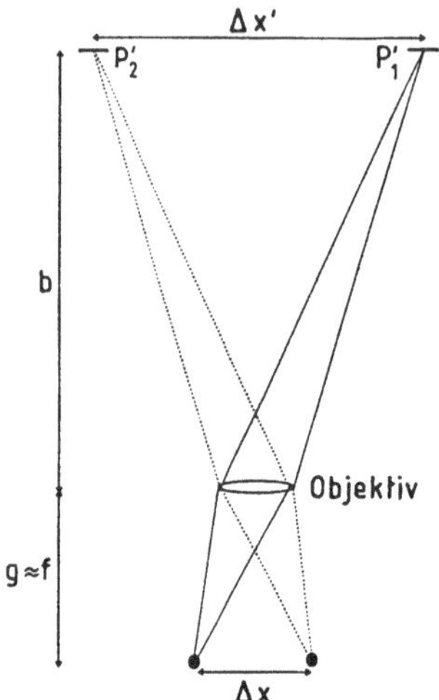

Fig.191 Zum Auflösungsvermögen eines Mikroskops, dessen Objektiv den Durchmesser $2R$ und die Brennweite f hat

Um einen leuchtenden Gegenstand (z.B. einen Spalt) abzubilden, muss das optische Instrument außer den Strahlen für das Beugungsmaximum nullter Ordnung auch die für die erste Nullstelle mit übertragen.

Zur Abbildung eines nichtleuchtenden Gegenstandes (z.B. eines dünnen Fadens) müssen neben den Strahlen für die Nullstelle nullter Ordnung auch diejenigen Strahlen übertragen werden, die das erste Beugungsmaximum erzeugen. Diese Ergänzung zum Abbeschen Satz folgt unmittelbar aus dem **Babinet'schen Prinzip** (Babinet principle, Jacques Babinet 1794-1872), wonach die Beugungsbilder eines leuchtenden und des entsprechenden nichtleuchtenden Gegenstandes (z.B. Spalt und Faden gleicher Geometrie) zueinander komplementär sind. Das heißt, ihre Überlagerung muss im gesamten Raum einer ungestörten Ausbreitung der erregenden elektromagetischen Welle entsprechen.

Wir betrachten die Abbildung eines Spaltes durch das gleiche Mikroskop wie in Fig.191. Die Spaltbreite sei Δx und α_0 der vom Objektiv erfasste maximale Öffnungswinkel (s.Fig.192 auf der nächsten Seite). Damit die erste Nullstelle des gebeugten Lichtes noch übertragen wird, muss nach Gl.(483), S.339, $\sin\alpha_0 \geq \lambda/\Delta x$ gelten, so dass man für die minimal sichtbare Spaltbreite die Beziehung

$$\Delta x_{min} = \frac{\lambda}{\sin\alpha_0} \qquad\qquad (497)$$

erhält. Für praktische Fälle stimmt diese Gleichung bis auf einen Faktor von der Größenordnung eins mit der Gl.(496) auf S.347 überein. Die Wellenlänge λ in Gl.(497) ist die Wellenlänge des Lichts in Luft, die in sehr guter Näherung mit der Vakuumwellenlänge λ_0 übereinstimmt (s.Tab.64, S.301).

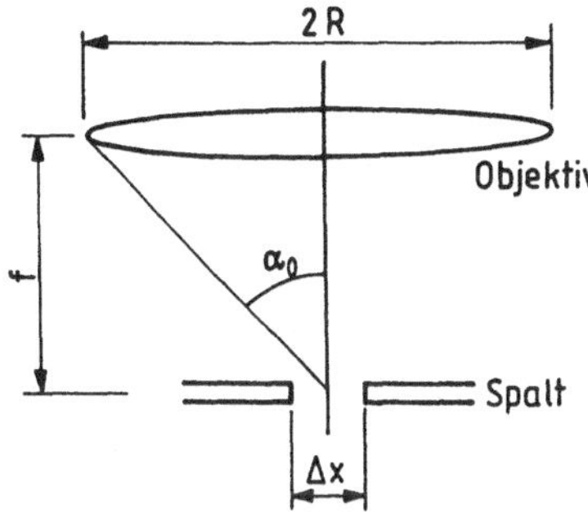

Fig.192 Zur Ableitung des Auflösungsvermögens eines Mikroskops unter Verwendung des Abbeschen Satzes

Wenn aber das Volumen zwischen Objekt (Spalt) und Objektiv mit einer Flüssigkeit (**Immersionsflüssigkeit**, immersion liquid) ausgefüllt wird, deren Brechungsindex n sei, dann verringert sich die Wellenlänge auf den Wert λ_0/n (s.Gl.(439), S.301) und Δx_{min} reduziert sich auf

$$\Delta x_{min} = \frac{\lambda_0}{n\,\sin\alpha_0}\,. \qquad\qquad (498)$$

Die Größe $n\sin\alpha_0$ heißt **numerische Apertur** (numerical aperture) des Mikroskops. Ein Beispiel möge die Bedeutung der Immersion erläutern. Bei einem Trockensystem, d.h. $n=1$, gelangt das Licht nicht, wie in Fig.192 dargestellt, geradlinig zum Objektiv, sondern wird durch die Brechung an dem Glasplättchen, das man meist zur Abdeckung des Objektes, d.h. hier des Spaltes, verwendet, nach außen abgelenkt (dieses "Deckglas" wurde in Fig.192 nicht mit eingezeichnet). Deshalb hat man in Gl.(498) an Stelle von α_0, das z.B. gleich 70° sei, einen kleineren Wert einzusetzen, beispielsweise 40°. Für $\lambda=500$nm folgt dann $\Delta x_{min}=800$nm. Bei Verwendung von Zedernholzöl als Immersionsflüssigkeit mit $n=1{,}51$ wird α_0 erreicht und aus Gl.(498) ergibt sich $\Delta x_{min}\approx 350$nm. Wenn diese Strecke auf eine Länge vergrößert wird, die mit dem Auge gut sichtbar ist, z.B. 0,3-0,4mm, dann besitzt das Mikroskop die sinnvolle Maximalvergrößerung v_{smax}.

Im vorliegenden Beispiel, das als typisch für ein modernes Immersionssystem angesehen werden kann, ergibt sich $v_{smax} \approx 1000$. Das Attribut "sinnvoll" ist dabei wesentlich, da man ja im Prinzip die Vergrößerung beliebig erhöhen kann, indem man z.B. die Brennweiten des Objektivs und des Okulars (s.Gl.(465), S.318) verringert oder eine elektronische Nachvergrößerung (TV-Kamera mit TV-Bildschirm) verwendet. Eine solche Vergrößerung $v > v_{smax}$ liefert aber keine weiteren Informationen über das Objekt. Man spricht von einer optisch leeren Vergrößerung, da lediglich die Beugungsscheibchen größer dargestellt werden. Die Situation ist ähnlich wie bei dem Versuch, in einem Photo, das z.B. in einer Tageszeitung mit entsprechend großen Rasterpunkten abgedruckt ist, feinere Einzelheiten durch Verwendung einer Lupe oder gar eines Mikroskops erkennen zu wollen. Der einzige Weg, den minimal messbaren Abstand Δx_{min} zu verringern und damit die sinnvolle Maximalvergrößerung entsprechend zu erhöhen, besteht darin, die Wellenlänge λ der verwendeten Strahlung zu verkleinern. Dies bedeutet zunächst den Übergang vom Licht- zum **Ultraviolettmikroskop** (ultraviolet microscope), bei dem, wegen der starken Absorption des ultravioletten Lichtes im Glas, als Linsenmaterial Quarz verwendet werden muss. Der weitere Schritt zum Röntgen-Mikroskop ist aber auf diese Weise nicht möglich (s. jedoch S.353/354), da hierfür kein geeignetes Linsenmaterial existiert. Deshalb verwendet man Elektronenstrahlen, die sich sowohl elektrisch als auch magnetisch leicht ablenken lassen und deren Wellenlänge (s.Abschn.26.2, S.416) durch die Beschleunigungsspannung hinreichend klein gemacht werden kann (Elektronenmikroskop, s.S.417).

22.7   Das Huygens'sche Prinzip

Das **Huygens'sche Prinzip** (Huygens principle, Christiaan Huygens 1629-1695) besagt, dass *jeder Punkt, der von einer Welle getroffen wird, Ausgangspunkt einer Kugelwelle ist und dass die Überlagerung dieser **sekundären Wellen** (secondary waves) das resultierende Wellenfeld ergibt*. Das Verdienst von Fresnel (Jean Augustin Fresnel 1788-1827) besteht darin, dass er auf die Bedeutung der Phasendifferenzen bei dieser Überlagerung hingewiesen hat, weshalb man mitunter auch vom **Huygens-Fresnel'schen Prinzip** spricht. Dieses Prinzip lässt sich qualitativ auf tiefer liegende physikalische Gesetze, und zwar in der Optik auf die Maxwell'schen Gleichungen, zurückführen. Es hat sich bei der Erklärung vieler Phänomene hervorragend bewährt. Die Fig.193 auf der nächsten Seite zeigt schematisch die Ausbreitung einer ebenen Welle, die sich in z-Richtung ausbreitet. Zum Zeitpunkt t_0 habe die von unten kommende Welle die Ebene $z = 0$ erreicht. Von den unendlich vielen Punkten in dieser Ebene wurden nur drei ausgewählt und die von ihnen erzeugten sekundären Wellen zum Zeitpunkt $t > t_0$ dargestellt. Der Übersichtlichkeit halber sind aber die Teile in der unteren Halbebene ($z < 0$) nicht mit gezeichnet. Im Einzelnen kann man sich überlegen, dass die Überlagerung der sekundären

Kugelwellen eine ebene Wellenfront an der Stelle $z=c(t-t_0)$ ergibt, wobei c die Phasengeschwindigkeit der Wellen bezeichnet.

Fig.193 Zur Erkärung der Ausbreitung einer ebenen Welle durch das Huygens'sche Prinzip

In ähnlicher Weise lassen sich das Reflexions- (s.S.294/295) und das Brechungsgesetz (s.S.300/301) begründen. Auch die Argumentation bei der Ableitung der Formeln für die Beugung am Gitter (s. S.330/331) oder am Spalt (s.S.339) basiert auf dem Huygens'schen Prinzip. Es ergibt sich aber nun folgendes Problem: Wenn man zwischen eine punktförmige Lichtquelle L und das Auge A einen konzentrischen kreisförmigen Schirm mit dem Radius ρ bringt (s.Fig.194), dann gelangt, wie man aus Erfahrung weiß, kein Licht nach A. Die nach dem Huygens'schen Prinzip von allen Punkten in der gestrichelt gezeichneten Ebene $(r>\rho)$ ausgehenden Kugelwellen können aber auf das Auge treffen, das damit die Lichtquelle sehen müsste. Der Widerspruch löst sich,

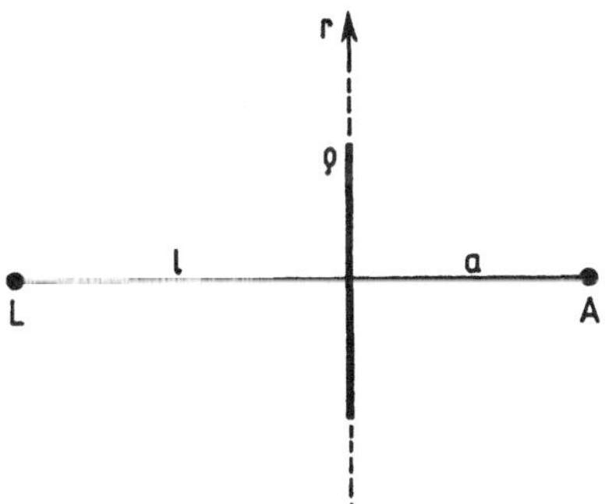

Fig.194 Zwischen einer punktförmigen Lichtquelle L und dem Auge A befinde sich, konzentrisch angeordnet, ein kreisförmiger Schirm mit dem Radius ρ. Die von den Punkten in der gestrichelt gezeichneten Ebene $(r>\rho)$ ausgehenden Kugelwellen können A treffen

wenn man annimmt, dass die Überlagerung aller dieser Kugelwellen an der Stelle A zur Auslöschung führt. Um dies quantitativ zu erfassen, entfernen wir den Schirm und teilen die gesamte Ebene (d.h. $0 \le r \le \infty$) an dieser Stelle in einen inneren Kreis und konzentrische Kreisscheiben ein. Ihre Größe wählen wir so, dass der Gangunterschied für den Weg von L nach A über den jeweils äußeren Radius gegenüber dem direkten Weg, der die Länge $\ell + a$ besitzt, gleich $\kappa\lambda/2$ ist, mit $\kappa = 1$ für den inneren Kreis und $\kappa = 2, 3, 4, \ldots$ für die folgenden Kreisscheiben (s.Fig.195). Man bezeichnet den inneren Kreis als 1.Fresnel'sche Zone und die

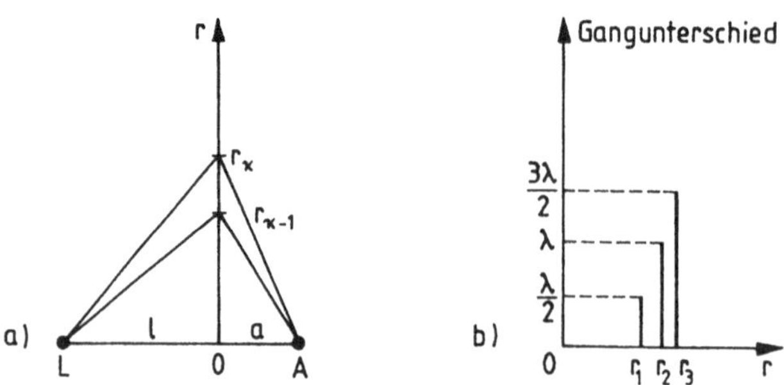

Fig.195 Die Fresnel'schen Zonen. a) Die κ-te Fresnel'sche Zone erstreckt sich von $r_{\kappa-1}$ bis r_κ. Der Radius r_κ wird durch die Gl.(499) gegeben mit $r_0 = 0$. b) Gangunterschied für den Weg von L nach A über r_κ gegenüber der Strecke $\ell + a$

folgenden Kreisscheiben entsprechend als 2., 3., 4., ... **Fresnel'sche Zone** (Fresnel zone). Der äußere Radius r_κ der κ-ten Fresnel'schen Zone ergibt sich für nicht zu große Werte von κ aus der Beziehung

$$r_\kappa = [\kappa\lambda\,(1/\ell + 1/a)^{-1}]^{1/2} \; . \tag{499}$$

Dies bedeutet, dass alle Fresnel'schen Zonen die gleiche Fläche besitzen.

Aus Fig.195a folgt die Bedingung $(\ell^2 + r_\kappa^2)^{1/2} + (a^2 + r_\kappa^2)^{1/2} - (\ell + a) = \kappa\lambda/2$. Unter der Voraussetzung $r_\kappa \ll \ell, a$ (bei großen Werten von κ ergibt sich für r_κ praktisch ein Kontinuum) vereinfacht sich diese Gleichung zu $\ell[1 + \frac{1}{2}(r_\kappa/\ell)^2] + a[1 + \frac{1}{2}(r_\kappa/a)^2] - \ell - a = \kappa\lambda/2$ oder $r_\kappa = [\kappa\lambda(1/\ell + 1/a)^{-1}]^{1/2}$. Da die Fläche A_κ der κ-ten Fresnel'schen Zone gleich $\pi r_\kappa^2 - \pi r_{\kappa-1}^2$ ist (dies gilt auch für $\kappa = 1$, sofern man r_0 gleich null setzt), folgt $A_\kappa = \pi\lambda(1/\ell + 1/a)^{-1}$ oder $A_\kappa = \text{const.}$

Wenn man zwischen L und A einen unendlich ausgedehnten Schirm setzt, der eine konzentrische kreisförmige Öffnung mit dem Radius R besitzt, man nennt dies eine **Blende** (diaphragm), dann sollte das Auge für $R = r_1$ maximale Helligkeit und für $R = r_2$ Dunkelheit registrieren, da im letzteren Fall zu jeder Kugelwelle, die aus der 1.Fresnel'schen Zone stammt, eine entsprechende Kugelwelle mit der Phasenverschiebung $\lambda/2$ aus der 2.Fresnel'schen Zone nach A gelangt. Mit wachsendem Radius der Blende wiederholt sich dieser Wechsel von Helligkeit und Dunkelheit periodisch, was man auch experimentell relativ leicht zeigen kann. Die Integration über alle Kugelwellen liefert für die Lichtintensität an der Stelle A unter der schon bei der Ableitung von Gl.(499) gemachten Voraussetzung $r_\kappa \ll \ell, a$ die Beziehung (s. z.B. [JOO45])

$$I = 4I_0 \sin^2[(\pi/2)(R^2/\lambda)(1/\ell+1/a)] \, , \tag{500}$$

wobei I_0 die Lichtintensität ohne Blende ist. In Übereinstimmung mit dem oben Gesagten liefert Gl.(500) eine periodische Abhängigkeit der Lichtintensität I von R.

Das 1.Maximum tritt auf, wenn die eckige Klammer in Gl.(500) den Wert $\pi/2$ annimmt, d.h. für $R=[\lambda(1/\ell+1/a)^{-1}]^{1/2}$ oder $R=r_1$ (s.Gl.(499)). Die 1.Nullstelle ergibt sich, wenn die eckige Klammer gleich π ist, also für $R=[2\lambda(1/\ell+1/a)^{-1}]^{1/2}$ oder $R=r_2=2^{1/2}r_1$.

Eine solche Periodizität wird man i.Allg. erwarten; denn sie ist typisch für Beugungserscheinungen (s. z.B. Fig.185, S.340). Betrachtet man aber die Intensitäten, so ergibt sich aus Gl.(500) das überraschende Ergebnis, dass die Lichtintensität durch Zwischenschalten eines Schirmes mit einer konzentrischen Öffnung nicht in jedem Fall geschwächt, sondern bei geeignet gewähltem Radius der Öffnung ($R=r_1$) sogar um den Faktor vier (!) vergrößert werden kann. Der Grund dafür ist die Verhinderung der destruktiven Interferenz mit Wellen, die von anderen Fresnel'schen Zonen ausgehen. Man kann diesen Gedanken weiterführen und an Stelle des Schirmes eine durchlässige Platte verwenden, auf die undurchsichtige Kreisringe so aufgedampft sind, dass sie die geradzahligen Fresnel'schen Zonen ($\kappa=2, 4, 6, \ldots$) abdecken. Damit bleiben nur die Wellen von den ungeradzahligen Fresnel'schen Zonen ($\kappa=1, 3, 5, \ldots$) übrig. Die Gangunterschiede zwischen diesen Wellen sind aber ganzzahlige Vielfache von λ, weshalb es zu einer wesentlichen Verstärkung der Lichtintensität an der Stelle A kommt. Eine solche **Fresnel'sche Zonenplatte** (zone plate) wirkt also wie eine Sammellinse. Fresnel'sche Zonenplatten sind leicht und flach, sie finden vor allem dort Anwendung, wo es nicht auf eine hohe Qualität der optischen Abbildung ankommt. Ihr Hauptnachteil ist die starke chromatische Aberration.

Die Fresnel'sche Zonenplatte, deren Wirkung auf der Interferenz beruht, darf nicht mit der **Fresnel'schen Linse** (Fresnel lens) verwechselt werden. Bei der letzteren handelt es sich um eine extrem dünne Sammellinse, die dadurch entsteht, dass ihr Querschnitt stufenförmig strukturiert wird. (Bei den Prismenstücken, in die man die Sammellinse nach Fig.158, S.312, zerlegen kann, werden die inneren Glasteile weggelassen, d.h. die schrägen Flächen durch Parallelverschiebung aneinandergerückt.) Die Fresnel'schen Linsen sind leicht und robust, sie haben aber relativ schlechte optische Eigenschaften, weshalb sie meist nur in Kamerasuchern und Scheinwerfern Verwendung finden.
Um eine **Fresnel'sche Zonenplatte** mit der Brennweite f zu konstruieren, ersetzen wir in Gl.(499), S.352, den Term $(1/\ell+1/a)^{-1}$ gemäß der Linsengleichung (s. die linke Gl.(457), S.311) durch f. Damit sind die Kreisringe zwischen $r_1=(\lambda f)^{1/2}$ und $r_2=r_1\sqrt{2}$, sowie zwischen $r_3=r_1\sqrt{3}$ und $r_4=r_1\sqrt{4}$ usw. zu schwärzen. Man erkennt hieraus, dass Fresnel'sche Zonenplatten eine sehr starke chromatische Aberration besitzen; denn für eine gegebene Zonenplatte, d.h. r_1 hat einen bestimmten Wert, gilt $f=r_1^2/\lambda$. Eine einfache Überlegung zeigt, dass man auch eine Fresnel'sche Zonenplatte erhält, wenn die geschwärzten und die durchlässigen Flächen vertauscht werden.

In den letzten Jahren haben Fresnel'sche Zonenplatten große Bedeutung für die Abbildung durch Röntgen-Strahlen gewonnen. Man benutzt dabei dünne, für Röntgen-Strahlen durchlässige Folien, auf die aus Schwermetallen bestehende undurchlässige Zonen aufgedampft werden.

22.8   Holografie

Die **Holografie** (holography) ist eine Methode, mit der man räumliche Bilder von Gegenständen erzeugen kann. Voraussetzung ist die Verfügbarkeit von kohärentem Licht (s.Abschn.22.1, S.323), das am einfachsten mit Hilfe eines Lasers (s.S.325) erzeugt wird. Fig.196 zeigt schematisch die Herstellung eines Hologramms.

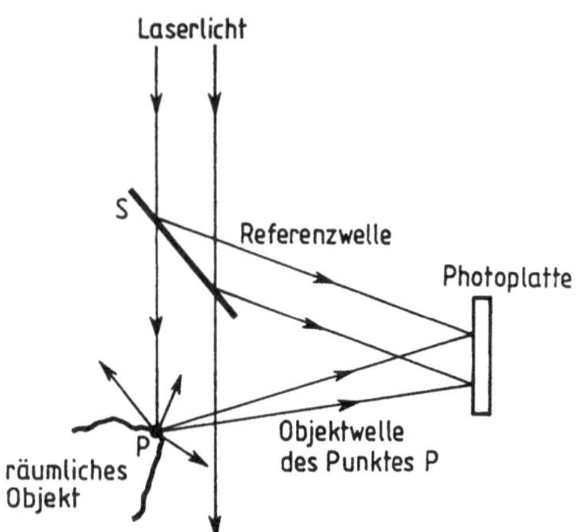

Fig.196 Aufnahme eines Hologramms. S bezeichnet einen halbdurchlässigen Spiegel. In der Photoplatte (Träger des Hologramms) wird durch die Interferenz mit der Referenzwelle auch die Phaseninformation über das von dem räumlichen Objekt abgestrahlte Licht (Objektwellen) gespeichert

Das von oben kommende Laserlicht wird an einem halbdurchlässigen Spiegel S zum Teil reflektiert und bildet die **Referenzwelle** (reference beam). Das hindurchtretende Licht beleuchtet das räumliche Objekt, das dadurch die **Objektwellen** (scattered rays) abstrahlt. Die Interferenz von Referenz- und Objektwellen - in Fig.196 ist nur die Objektwelle des Punktes P dargestellt - erzeugt in der Photoplatte ein Schwärzungsmuster, das als **Hologramm** (hologram) des räumlichen Objekts bezeichnet wird. Dieses Muster unterscheidet sich qualititativ von einem normalen Photo und erlaubt bei Betrachtung mit dem üblicherweise vorhandenen inkohärenten Licht keine Rückschlüsse auf das räumliche Objekt. Erst durch Bestrahlung des Hologramms mit *Laserlicht der gleichen Wellenlänge* erhält man eine räumliche Darstellung des Objekts, und zwar sowohl ein virtuelles als auch ein reelles Bild (s.Fig.197 auf der nächsten Seite). Das von links einfallende Laserlicht besteht nach Durchstrahlung des Hologramms aus drei Anteilen:

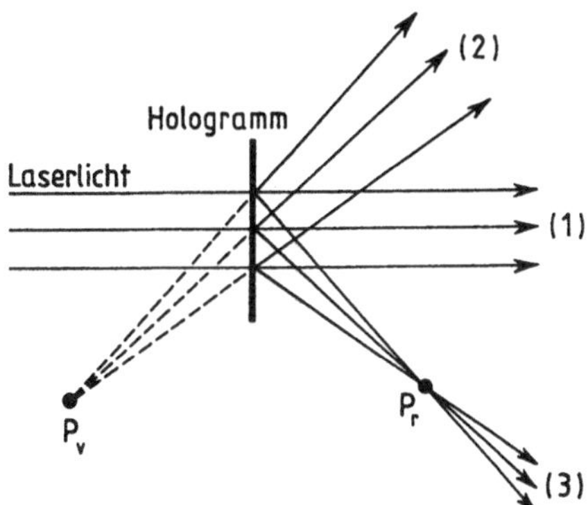

Fig.197 Betrachtung eines Hologramms. Das Hologramm wird von links mit Laserlicht bestrahlt, der Betrachter blickt von rechts auf das Hologramm. P_v ist das virtuelle und P_r das reelle Bild des Punktes P von Fig.196

(1) dem nicht abgelenkten Anteil, der uninteressant ist, (2) einem divergenten Anteil, dessen rückwärtige Verlängerung das virtuelle Bild gibt und (3) einem konvergenten Anteil, durch den das reelle Bild entsteht. Wenn das räumliche Objekt in Fig.196 nur aus dem Punkt P besteht, dann entspricht das Hologramm einer Fresnel'schen Zonenplatte; denn nach Fig.197 wird achsenparalleles Licht in dem Punkt P_r konzentriert. Der senkrechte Abstand dieses Punktes P_r (und damit auch des Punktes P) vom Hologramm ist somit gleich der Brennweite der Fresnel'schen Zonenplatte.

Die Holografie hat gegenüber der normalen Photographie im Wesentlichen drei Vorteile: 1.) Die Holografie liefert räumliche Bilder. 2.) Die Information zu jedem Objektpunkt ist über das gesamte Hologramm verteilt, so dass man sogar mit Bruchstücken der Photoplatte das gesamte Bild erhält. Allerdings ist dann der Kontrast geringer. 3.) Die Holografie benötigt keine Linsen, die ja stets mit Fehlern behaftet sind. Hauptnachteil ist die Notwendigkeit, bei der Herstellung von Hologrammen Laserlicht zu verwenden.

Ein **Weißlichthologramm** (white light hologram) kann auch mit weißem Licht betrachtet werden. Bei der Herstellung eines Weißlichthologramms lässt man die Objektwelle z.B. von vorn und die Referenzwelle von hinten auf die Photoplatte fallen. Dadurch bilden sich stehende Wellen aus, die im Abstand $\lambda/2$ (s.S.97ff.) die Emulsion schwärzen. Auf diese Weise entstehen in der Photoplatte mehrere übereinander liegende Hologramme. Bei der Bestrahlung einer solchen Photoplatte mit weißem Licht wird infolge der Interferenz nur einfarbiges Licht reflektiert, analog zur Reflexion an den Netzebenen eines Kristalls (s.Gl.(482), S.335) und das Bild erscheint je nach der Blickrichtung in einer anderen Farbe. Verwendet man bei der Aufnahme drei Laser mit den Farben rot, grün und blau, so lassen sich auch farbige holographische Bilder erzeugen.

23   Polarisation des Lichtes

Marie von Ebner-Eschenbach: Wer nichts weiß, muss alles glauben.

Licht gehört zu den **elektromagnetischen Wellen** (electromagnetic waves). Diese ergeben sich als Lösung der Maxwell'schen Gleichungen beispielsweise für das Feld eines elektrischen Dipols, dessen Dipolmoment eine Funktion der Zeit ist (s.S.275). Nehmen wir eine sinusförmige Zeitabhängigkeit mit der Frequenz f an und betrachten Abstände vom Dipol, die groß sind gegen die Wellenlänge $\lambda = c/f$, wobei c die Lichtgeschwindigkeit in dem betreffenden Dielektrikum (Medium) bezeichnet (s. die linke Gl.(416), S.278), so liefert die Maxwell'sche Theorie die für das Folgende wesentlichen Aussagen: (1) Die elektrische $\vec{E}(t)$ und die magnetische Feldstärke $\vec{H}(t)$ stehen senkrecht aufeinander und senkrecht auf der Ausbreitungsrichtung der elektromagnetischen Wellen (s.S.280). (2) Die durch eine Fläche $\mathrm{d}\vec{a}$ transportierte Leistung ist $\vec{S} \cdot \mathrm{d}\vec{a}$, wobei sich der Vektor $\vec{S}$ (Poynting-Vektor, s.S.282) aus dem über die Zeit gemittelten Vektorprodukt der elektrischen und magnetischen Feldstärke ergibt, d.h. es gilt $\vec{S} = \langle \vec{E}(t) \times \vec{H}(t) \rangle_t$. (3) Die elektrische und die magnetische Feldstärke sind in Phase. Für den Zusammenhang zwischen ihren Beträgen gilt (s.Gl.(418), S.281) $|\vec{E}(t)|(\epsilon_r \epsilon_0)^{1/2} = |\vec{H}(t)|(\mu_r \mu_0)^{1/2}$. *Wir brauchen also im Weiteren zur Beschreibung der elektromagnetischen Wellen nur den Vektor $\vec{E}(t)$ anzugeben.* Außerdem kann man für die meisten Stoffe, die in der Optik eine wesentliche Rolle spielen, $\mu_r = 1$ setzen.

Zur Definition der **Polarisation des Lichtes** (polarization of light) betrachte man die Fig.198. Die Ausbreitung der elektromagnetischen Welle mit der Frequenz f und der Wellenlänge λ erfolge in z-Richtung, d.h. senkrecht zur Zeichenebene auf den Beobachter zu. Wenn dann die elektrische Feldstärke ständig in einer

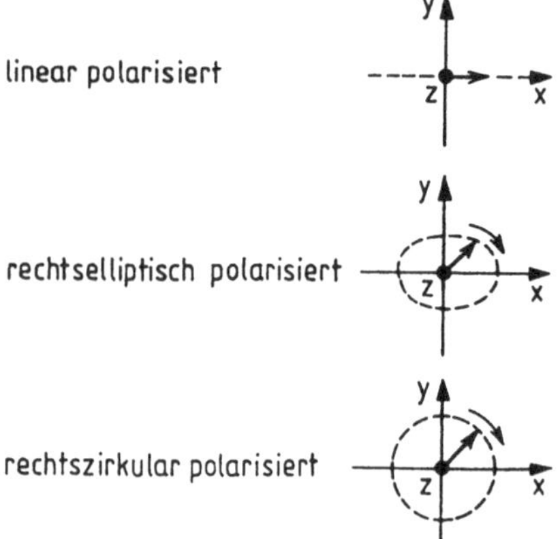

Fig.198 Zur Definition der Polarisation einer elektromagnetischen Welle. Der Pfeil stellt die elektrische Feldstärke $\vec{E}(t)$ dar. Die Ausbreitung der Welle erfolgt in z-Richtung, d.h. senkrecht zur Zeichenebene auf den Betrachter zu

die z-Richtung enthaltenden, vorgegebenen Ebene senkrecht zu z liegt, z.B. $\vec{E}(t) = \vec{e}_x \hat{E}_x \sin[\omega t - (2\pi/\lambda)z]$ mit $\omega = 2\pi f$ und $\vec{e}_x$ als dem Einheitsvektor in x-Richtung, dann spricht man von einer **linear polarisierten Welle** (plane-polarized wave). Diese Ebene, in Fig.198 ist es die x-z-Ebene, nennt man die **Schwingungsebene** (plane of oscillation). Die dazu senkrechte Ebene, in der der Vektor der magnetischen Feldstärke liegt, heißt **Polarisationsebene** (plane of polarization). Addiert man zu dieser Welle eine zweite, senkrecht dazu linear polarisierte Welle (ihre Schwingungsebene ist die y-z-Ebene in Fig.198) mit einer Phasenverschiebung von $+\pi/2$, so ergibt sich eine **rechtselliptisch polarisierte Welle** (right-handed elliptically polarized wave) $\vec{E}(t) = \vec{e}_x \hat{E}_x \sin[\omega t - (2\pi/\lambda_D)z] + \vec{e}_y \hat{E}_y \cos[\omega t - (2\pi/\lambda_D)z]$, die im Spezialfall gleicher Amplituden $(\hat{E}_x = \hat{E}_y = \hat{E})$ **rechtszirkular polarisierte Welle** (right-handed circularly polarized wave) heißt. Für eine Phasenverschiebung von $-\pi/2$ kehrt sich die Umlaufsrichtung in Fig.198 um und man spricht von einer **linkselliptisch** (left-handed) bzw. **linkszirkular** (left-handed circularly) polarisierten Welle.

Für eine rechtszirkular polarisierte Welle gilt demzufolge: (1) *Die Momentaufnahme des elektrischen Feldes stellt eine Rechtsschraube dar.* (2) *In einer festen Ebene senkrecht zur Ausbreitungsrichtung dreht sich die elektrische Feldstärke bei Betrachtung entgegen der Strahlrichtung im Uhrzeigersinn (s.Fig.198)* und damit bei Betrachtung in Strahlrichtung entgegen dem Uhrzeigersinn.
Anschaulich gesprochen besteht also die Wellenausbreitung der rechtszirkular polarisierten Welle in einer Parallelverschiebung der Rechtsschraube, d.h. ohne Drehung, längs ihrer Achse.

23.1 Die Fresnel'schen Formeln

Wir betrachten Licht, das auf die ebene Grenzfläche zwischen zwei verschiedenen Medien treffe und nehmen zunächst an (*1.Fall*), dass das Licht linear polarisiert sei mit der elektrischen Feldstärke senkrecht zur Einfallsebene (s.Fig.199). Durch die Indizes e, r und g kennzeichnen wir die einfallende, die reflektierte bzw. die gebrochene Welle. Dann ergibt sich aus der Forderung nach der

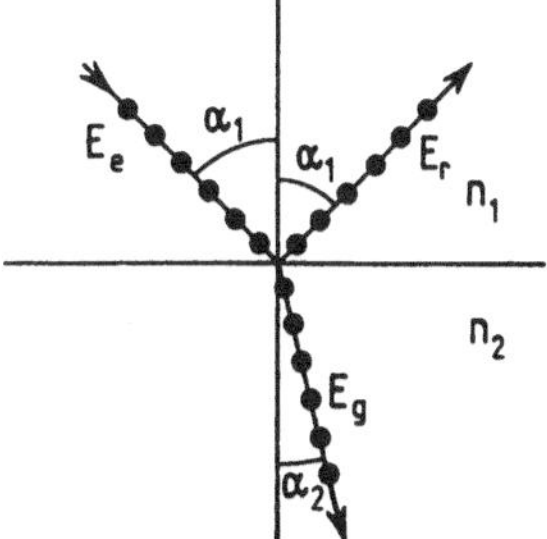

Fig.199 Eine linear polarisierte elektromagnetische Welle trifft auf die ebene Grenzfläche zwischen zwei Medien mit den Brechungsindizes n_1 und n_2. Die Polarisationsebene stehe senkrecht auf der Einfallsebene, was durch die Punkte angezeigt wird. E_e, E_r und E_g bezeichnen die elektrische Feldstärke für die einfallende, die reflektierte bzw. die gebrochene Welle

Stetigkeit der tangentiellen Komponente der elektrischen Feldstärke (s.S.183) eine erste Gleichung, nämlich

$$E_e + E_r = E_g \,.$$

(501)

Eine zweite Gleichung folgt aus der Tatsache, dass in der Grenzfläche keine Energieanreicherung oder Energieverarmung stattfinden darf. Da der Poynting-Vektor proportional zu nE^2 ist, wobei n den Brechungsindex des betreffenden Mediums bezeichnet, ergibt sich

$$(E_e^2 - E_r^2)\, n_1 \, \cos\alpha_1 = E_g^2 \, n_2 \, \cos\alpha_2 \,.$$

(502)

Für den Poynting-Vektor $\vec{S}=\langle \vec{E}(t)\times\vec{H}(t)\rangle_t$, (s.S.356) können wir schreiben $S \propto E(t)H(t)$, da $\vec{E}(t)$ und $\vec{H}(t)$ senkrecht aufeinander stehen und in Phase sind (s.S.356). Wegen $E(\epsilon_r\epsilon_0)^{1/2}=H(\mu_r\mu_0)^{1/2}$ (s.S.356) sowie der Beziehung $n=(\epsilon_r\mu_r)^{1/2}$ (s.S.300) folgt, dass S in jedem Zeitpunkt proportional zu $nE^2(t)$ sein muss.

Die dritte Gleichung schließlich ist das Brechungsgesetz (s.Gl.(437), S.300)

$$\frac{\sin\alpha_1}{\sin\alpha_2} = \frac{n_2}{n_1} \,.$$

(503)

Aus diesen drei Gleichungen folgen nach einer einfachen Zwischenrechnung die Beziehungen

$$E_r = - E_e \, \frac{\sin(\alpha_1 - \alpha_2)}{\sin(\alpha_1 + \alpha_2)}$$

(504)

und

$$E_g = E_e \, \frac{2\sin\alpha_2\cos\alpha_1}{\sin(\alpha_1 + \alpha_2)} \,.$$

(505)

Die Gl.(502) dividiert durch die Gl.(501) gibt wegen $a^2-b^2=(a-b)(a+b)$ die Beziehung $(E_e-E_r)n_1 \cdot \cos\alpha_1 = E_g n_2\cos\alpha_2$. Mit Gl.(503) folgt $(E_e-E_r)\cos\alpha_1 = (E_g\cos\alpha_2)\sin\alpha_1/\sin\alpha_2$. Hier ersetzen wir E_g nach Gl.(501) und erhalten $(E_e-E_r)\cos\alpha_1\sin\alpha_2 = (E_e+E_r)\cos\alpha_2\sin\alpha_1$. Die Auflösung dieses Ausdrucks nach E_r gibt $E_r=E_e[\cos\alpha_1\sin\alpha_2 - \sin\alpha_1\cos\alpha_2]/[\cos\alpha_1\sin\alpha_2 + \sin\alpha_1\cos\alpha_2]$. Unter Beachtung des Additionstheorems $\sin(\alpha_1\pm\alpha_2)=\sin\alpha_1\cos\alpha_2\pm\sin\alpha_2\cos\alpha_1$ ist dies identisch mit der gesuchten Gl.(504). Setzen wir die Gl.(504) in Gl.(501) ein, so folgt $E_g=E_e[\sin(\alpha_1+\alpha_2)-\sin(\alpha_1-\alpha_2)]/\sin(\alpha_1+\alpha_2)$. Für den Zähler ergibt sich unter Verwendung des erwähnten Additionstheorems $2\sin\alpha_2\cos\alpha_1$ und damit die gesuchte Gl.(505).

Im *2.Fall* liegt die elektrische Feldstärke in der Einfallsebene (s.Fig.200).

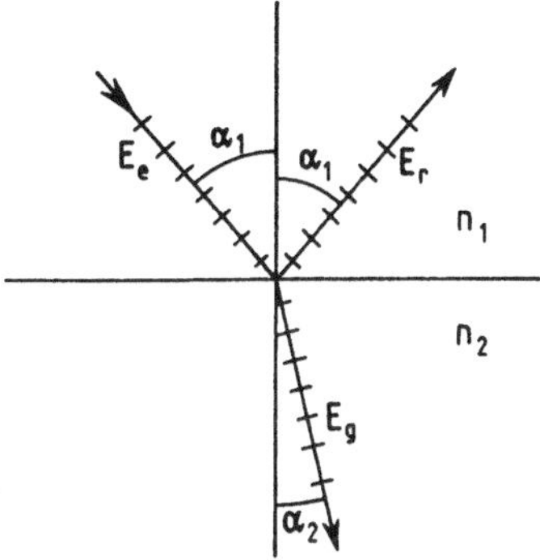

Fig.200 Eine linear polarisierte elektromagnetische Welle trifft auf die ebene Grenzfläche zwischen zwei Medien mit den Brechungsindizes n_1 und n_2. Die Schwingungsebene liege in der Einfallsebene, was durch die Querstriche angezeigt wird. E_e, E_r und E_g bezeichnen die elektrische Feldstärke für die einfallende, die reflektierte bzw. die gebrochene Welle

Die Forderung nach der Stetigkeit der tangentiellen Komponente der elektrischen Feldstärke liefert hier an Stelle von Gl.(501) die Beziehung

$$E_e\cos\alpha_1 + E_r\cos\alpha_1 = E_g\cos\alpha_2 \ . \tag{506}$$

Die beiden anderen Bedingungen sind identisch mit den Gln.(502) und (503). Durch Auflösung dieser Gleichungen nach E_r und E_g analog zu dem kleingedruckten Text auf S.358 ergeben sich die Beziehungen

$$E_r = - E_e \, \frac{\tan(\alpha_1-\alpha_2)}{\tan(\alpha_1+\alpha_2)} \tag{507}$$

und

$$E_g = E_e \, \frac{2\sin\alpha_2\cos\alpha_1}{\sin(\alpha_1+\alpha_2)\,\cos(\alpha_1-\alpha_2)} \ . \tag{508}$$

Die Gln.(504), (505), (507) und (508) werden als **Fresnel'sche Formeln** (Fresnel equations) bezeichnet. Sie wurden 1822 von Jean Augustin Fresnel (1788-1827) ohne Kenntnis der Theorie der elektromagnetischen Wellen auf viel kompliziertere Weise abgeleitet.

Wir wollen im Folgenden drei wichtige Schlussfolgerungen bzw. Anwendungen der Fresnel'schen Formeln behandeln.

(1) Die Gln.(504) und (507) besagen, *dass bei der Reflexion an einem optisch dichteren Medium ($n_2 > n_1$) die Phase der reflektierten Welle um π springt, während sie sich für $n_2 < n_1$ nicht ändert.*

Aus $n_2 > n_1$ folgt nach Gl.(503) die Ungleichung $\alpha_1 > \alpha_2$. Setzt man dies in die Gln.(504) und (507) ein, so ergibt sich eine Vorzeichenumkehr ($E_r \propto -E_e$), was einem Phasensprung um den Winkel π entspricht. Bei $n_2 < n_1$ folgt $\alpha_1 < \alpha_2$ und damit $E_r \propto +E_e$.

(2) Aus der Gl.(507) folgt, dass E_r verschwindet, sobald der reflektierte und der gebrochene Strahl einen Winkel $\pi/2$ miteinander bilden ($\alpha_1 + \alpha_2 = \pi/2$, s.Fig.200), da dann der Term in Nenner unendlich wird. Es bleibt also bei einfallendem natürlichem, d.h. unpolarisiertem Licht im reflektierten Strahl nur die Komponente E_r nach Gl.(504) übrig. Dies bedeutet: *Wenn der reflektierte und der gebrochene Strahl senkrecht aufeinander stehen, so ist das reflektierte Licht zu 100% linear polarisiert, und zwar in der Weise, dass die elektrische Feldstärke senkrecht auf der Einfallsebene steht* (**Brewster'sches Gesetz**, Brewster law, David Brewster 1781-1868). Der gebrochene Strahl ist dagegen nur zum Teil linear polarisiert; denn es gibt sowohl eine Komponente der elektrischen Feldstärke senkrecht (E_g nach Gl.(505)) als auch parallel (E_g nach Gl.(508)) zur Einfallsebene. Allerdings muss die letztere Komponente überwiegen, da ja dem natürlichen Licht durch die Reflexion ein linear polarisierter Anteil entzogen ist. Das Brewster'sche Gesetz lässt sich anschaulich verstehen, wenn man den Übergang des Lichtes vom Vakuum ($n_1 = 1$) zu einem Medium ($n_2 > 1$) betrachtet und bedenkt, dass eine linear schwingende Ladung (Hertz'scher Dipol) nicht in ihrer Schwingungsrichtung strahlt (s.S.282 unten). Da nun die am Auftreffpunkt des einfallenden Strahles im Medium sitzenden Ladungen zu erzwungenen Schwingungen in Richtung der elektrischen Feldstärke (Richtung der Striche am gebrochenen Strahl in Fig.200) angeregt werden, muss E_r für $\alpha_1 + \alpha_2 = \pi/2$ verschwinden.

(3) *Reflexminderung durch Beschichtung.* Durch Bedampfung einer Linse mit einer dünnen durchsichtigen Schicht geeigneter Dicke ℓ und mit einem geeigneten Brechungsindex n_A (s.u.) lässt sich erreichen, dass praktisch das gesamte auffallende Licht in die Linse eintritt. Auf diese Weise erhöht man bei modernen Objektiven von Ferngläsern, Photoapparaten usw. die Lichtstärke (**Antireflexionsschicht, T-Optik, Vergütung von Linsen**, antireflection coating). Eine vollständige Unterdrückung der Reflexion gelingt allerdings nur für senkrechten Einfall und eine bestimmte Wellenlänge des Lichtes. Durch Übereinanderdampfen von Antireflexionsschichten für verschiedenen Wellenlängen lässt sich aber die Reflexion auch in gewissen Wellenlängenbereichen weitestgehend unterdrücken. Wenn man die Dicke ℓ der Antireflexionsschicht so wählt, dass

$$\ell = \lambda_A / 4 \tag{509}$$

gilt, wobei λ_A die Wellenlänge des Lichtes in der Antireflexionsschicht bezeichnet, so löscht sich die an der oberen Grenzfläche der Schicht reflektierte Welle (0 in Fig.201) mit der an der unteren Grenzfläche reflektierten Welle (1 in Fig.201) aus.

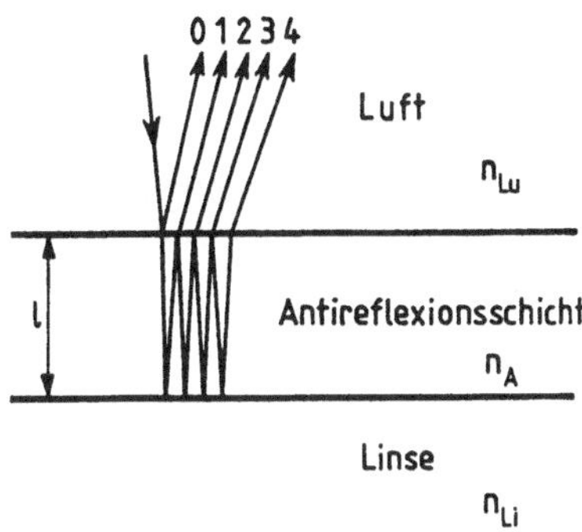

Fig.201 Zur Wirkungsweise einer Antireflexionsschicht. n_{Li}, n_A und n_{Lu} bezeichnen
die Brechungsindizes des Linsenmaterials,
der Antireflexionsschicht bzw. der Luft

Allerdings muss dafür die Beziehung $n_{Li} > n_A > n_{Lu}$ erfüllt sein, da nur dann in
beiden Fällen die Reflexion an einem optisch dichteren Medium erfolgt und damit
der Phasenunterschied lediglich durch die Wegdifferenz $2l = \lambda_A/2$ gegeben wird. An
der Interferenz mit der Welle 0 ist aber nicht nur die Welle 1 beteiligt, die einmal
durch die Schicht hin- und hergegangen ist, sondern es tragen auch alle diejenigen
Wellen zur Interferenz bei, die das zweimal (Welle 2 in Fig.201), dreimal usw.
getan haben. Damit es zur Auslöschung zwischen der Welle 0 und der Summe der
Wellen 1, 2, 3, … kommt, muss neben Gl.(509) noch die Bedingung

$$n_A = \sqrt{n_{Lu}n_{Li}} \qquad\qquad (510)$$

erfüllt werden.

Aus Gl.(504) ergibt sich unter Verwendung des Additionstheorems $\sin(\alpha_1 \pm \alpha_2) = \sin\alpha_1\cos\alpha_2 \pm \sin\alpha_2\cos\alpha_1$
und unter der Annahme eines nahezu senkrechten Einfalls ($\cos\alpha_1 \approx \cos\alpha_2 \approx 1$) die Gleichung $E_r =$
$-E_e(\sin\alpha_1 - \sin\alpha_2)/(\sin\alpha_1 + \sin\alpha_2)$. Mit dem Brechungsgesetz (Gl.(503), S.358) vereinfacht sich diese
Beziehung zu $E_r = -E_e(n_2 - n_1)/(n_2 + n_1)$. Das gleiche Resultat ergibt sich für E_r nach Gl.(507), S.359, da
bei kleinen Winkeln (senkrechter Auffall) der Tangens durch den Sinus ersetzt werden kann. Damit
ergibt sich für den Reflexionsfaktor (E_r/E_e) an der Grenzfläche Luft/Antireflexionsschicht $\rho = -(n_A -$
$n_{Lu})/(n_A + n_{Lu})$, an der Grenzfläche Antireflexionsschicht/Linse $\sigma = -(n_{Li} - n_A)/(n_{Li} + n_A)$ und an der Grenzfläche Antireflexionsschicht/Luft $-(n_{Lu} - n_A)/(n_{Lu} + n_A) = -\rho$. Die relative elektrische Feldstärke der Welle
0 ist damit ρ. Für die der Welle 1 folgt $(-1)(1+\rho)\sigma(1-\rho)$, wobei der erste Faktor die Weglänge berücksichtigt. Der zweite Faktor ergibt sich aus der Stetigkeit der tangentiellen Komponente der elektrischen
Feldstärke, die auf der Seite der Luft gleich $E_e + \rho E_e$ ist. Der dritte Faktor berücksichtigt die Reflexion
an der unteren Grenzfläche der Antireflexionsschicht und der vierte Faktor die Reflexion an der oberen
Grenzfläche. Analog ergibt sich $(-1)^2(1+\rho)\sigma^2(-\rho)(1-\rho)$ für die relative elektrische Feldstärke der Welle
2 usw. Die Summe der relativen elektrischen Feldstärken für die Wellen 1, 2, 3, … ist also
$(-1)(1-\rho)(1+\rho)\sigma[1+\rho\sigma+(\rho\sigma)^2+…]$, wofür sich unter Verwendung der Summenformel $\sum_{n=0}^{\infty} q^n =$
$(1-q)^{-1}$ (gültig für $0 < q < 1$) der Ausdruck $(-1)(1-\rho^2)\sigma(1-\rho\sigma)^{-1}$ ergibt. Die Bedingung $\rho + (-1)\cdot$
$(1-\rho^2)\,\sigma(1-\rho\sigma)^{-1} = 0$ (Auslöschung der Welle 0 durch die Summe der Wellen 1, 2, 3, …) wird erfüllt
für $\rho = \sigma$. Einsetzen der obigen Beziehungen für ρ und σ liefert die Gleichung $(n_A - n_{Lu})(n_{Li} + n_A)$
$= (n_{Li} - n_A)(n_A + n_{Lu})$ oder $n_A^2 = n_{Lu}n_{Li}$.

23.2   Natürliche Doppelbrechung

Wie schon auf S.337 erwähnt, entsteht ein **Kristall** (crystal) durch die dreidimensionale Aneinanderreihung der kleinsten Einheit der betreffenden Kristallstruktur, die man **Elementarzelle** oder **Einheitszelle** (unit cell) nennt. Jede Einheitszelle wird durch die drei **Basisvektoren** (unit vectors) $\vec{a}$, $\vec{b}$ und $\vec{c}$ aufgespannt. Man teilt alle Kristalle in sieben **Kristallsysteme** (crystal systems) ein, die in Tab.71 zusammengestellt sind.

Tab.71 Die sieben Kristallsysteme. Durch Kombination mit den in der letzten Spalte angegebenen Zentrierungstypen entstehen die vierzehn Bravais-Gitter (s.Fig.202). $\vec{a}$, $\vec{b}$ und $\vec{c}$ sind die drei Basisvektoren der Einheitszelle. Vereinbarungsgemäß zeichnet man $\vec{c}$ nach oben (s.Fig.202 auf der nächsten Seite). In der Spalte "Winkel zwischen den Basisvektoren" stellt die erste Angabe den Winkel zwischen $\vec{b}$ und $\vec{c}$ dar, die zweite betrifft $\vec{a}$, $\vec{c}$ und die dritte $\vec{a}$, $\vec{b}$

Kristallsystem	Einheitszelle		Zentrierungstyp (zusammen mit dem Kristallsystem liefern sie die Bravais-Gitter)
	Länge der Basisvektoren	Winkel zwischen den Basisvektoren	
kubisch (cubic)	a, a, a	$\pi/2$, $\pi/2$, $\pi/2$	P, I, F
trigonal (trigonal)	a, a, a	α, α, α	P
tetragonal (tetragonal)	a, a, c	$\pi/2$, $\pi/2$, $\pi/2$	P, I
hexagonal (hexagonal)	a, a, c	$\pi/2$, $\pi/2$, $2\pi/3$	P
rhombisch (rhombic)	a, b, c	$\pi/2$, $\pi/2$, $\pi/2$	P, I, F, C
monoklin (monoclinic)	a, b, c	$\pi/2$, β, $\pi/2$	P, C
triklin (triclinic)	a, b, c	α, β, γ	P

Der Würfel gehört zum kubischen und der Ziegelstein zum rhombischen Kristallsystem. Das kubische Kristallsystem besitzt die größte und das trikline Kristallsystem die geringste Symmetrie. Das trigonale Kristallsystem wird mitunter auch als **rhomboedrisch** (rhombohedral), das rhombische als **orthorhombisch** (orthorhombic) bezeichnet. Wenn die Einheitszelle nur an den Ecken besetzt ist, nennt man sie **primitiv** (simple, Symbol P bzw. s); ist noch der Schnittpunkt der Raumdiagonalen besetzt, so heißt sie **innenzentriert** (body-centred, Symbol I bzw. b.c.). Sind neben den Ecken noch die Zentren der Flächen besetzt, so wird die Einheitszelle **flächenzentriert** (face-centred, Symbol F bzw. f.c.) genannt. Das Symbol C ist für die Fälle vorgesehen, bei denen die Flächen nicht gleichwertig sind und nur die von $\vec{a}$,$\vec{b}$ aufgespannte Fläche zentriert ist (A und B betreffen die Flächen $\vec{b}$,$\vec{c}$ bzw. $\vec{a}$,$\vec{c}$). Ein Kristall, der aus primitiven Einheitszellen (P) besteht, enthält also, da hier alle Gitterpunkte den benachbarten Einheitszellen gemeinsam sind, nur einen Gitterpunkt pro Einheitszelle. Bei A,B,C,I sind es zwei und bei F vier. Da nicht alle Kombinationen der sieben Kristallsysteme mit jedem **Zentrierungstyp** (packing type) P,I,F, A,B und C sinnvoll sind (s. Tab.71), entstehen die vierzehn in Fig.202 dargestellten **Bravais-Gitter** (Bravais-lattices, Auguste Bravais 1811-1863).

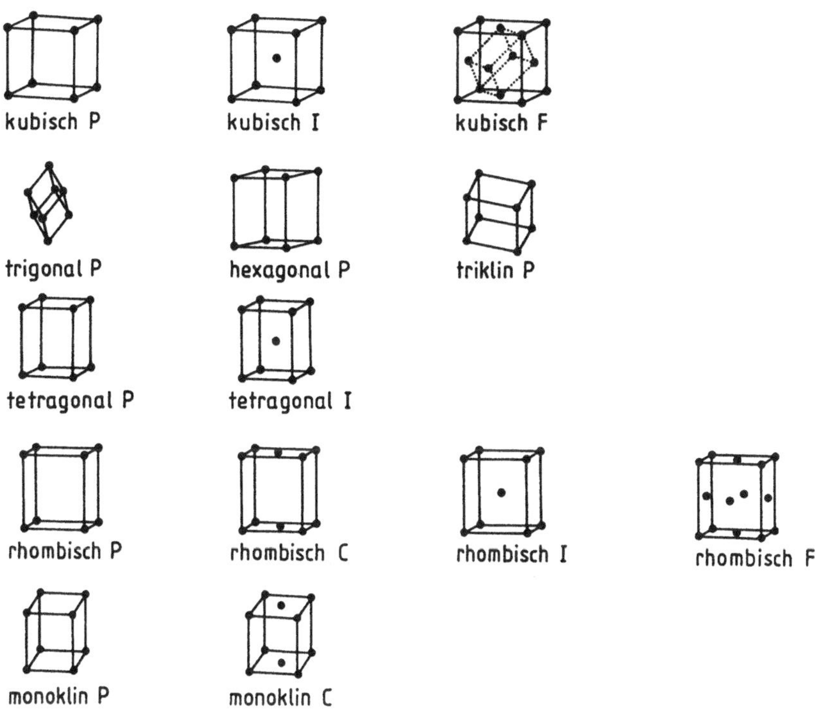

Fig.202 Die vierzehn Bravais-Gitter (s. auch Tab.71 auf der vorhergehenden Seite)

In Kristallen, die zum kubischen Kristallsystem gehören, wie z.B. Steinsalz oder Diamant, und in amorphen Stoffen (z.B. Glas) hängt die relative Dielektrizitätskonstante ϵ_r nicht von der Richtung des elektrischen Feldes ab. Für die elektromagnetischen Wellen bedeutet dies (s.Gl.(438), S.300), dass der Brechungsindex n unabhängig von der Ausbreitungsrichtung der Wellen ist. Man spricht von einem optisch **isotropen Medium** (isotropic medium). In allen anderen Fällen kann eine optische **Anisotropie** (anisotropy) auftreten, die meist mit einer Anisotropie anderer Eigenschaften, wie z.B. der Wärmeleitfähigkeit oder des Elastizitätsmoduls verknüpft ist. Die optische Anisotropie bedeutet, dass der Brechungsindex von der

Ausbreitungsrichtung des Lichtes bezüglich der Einheitszelle des Kristalls abhängt, oder, mit anderen Worten, dass der Brechungsindex ein Tensor sein muss. Bei Kristallen, die zum trigonalen, tetragonalen oder hexagonalen Kristallsystem gehören, ist dieser Tensor axialsymmetrisch, d.h. zwei seiner drei Hauptwerte sind gleich (s. Tab. 72). Man spricht dann von optisch **einachsigen Kristallen** (uniaxial crystals). Die Richtung der Symmetrieachse des Tensors wird als **optische Achse** (optic axis) und jede Ebene, die zur optischen Achse parallel ist, als **Hauptschnitt** (principal section) des Kristalls bezeichnet. Die optische Achse stimmt mit der Symmetrieachse der betreffenden Elementarzelle überein. Bei Kristallen, die zum rhombischen, monoklinen oder triklinen Kristallsystem gehören, können die drei Hauptwerte verschieden sein, so dass der Kristall zwei optische Achsen besitzt (optisch **zweiachsige Kristalle**, biaxial crystals).

Wir behandeln zunächst die Ausbreitung einer ebenen, linear polarisierten, elektromagnetischen Welle in einem optisch einachsigen Kristall, indem wir *den* Hauptschnitt betrachten, in dem der Vektor der Ausbreitungsrichtung (Poynting-Vektor, Lichtstrahl) liegt. Dann gibt es zwei Möglichkeiten. Bei der einen steht die elektrische Feldstärke senkrecht auf diesem Hauptschnitt (**ordentliche Welle**, ordinary wave, s. Fig. 203 auf der nächsten Seite), bei der anderen liegt sie in dieser Ebene (**außerordentliche Welle**, extraordinary wave, s. Fig. 204 auf der nächsten Seite).

Tab. 72 Hauptwerte des Brechungsindexes verschiedener Kristalle für gelbes Licht mit einer Vakuumwellenlänge von 589,3 nm (Natrium D-Linie) bei Zimmertemperatur

Kristall	Kristallsystem	$n_=$	$n_\perp$		Bezeichnung
Quarz	trigonal	1,5534	1,5443		einachsig-positiv
Kalkspat	trigonal	1,4864	1,6584		einachsig-negativ
Apatit	hexagonal	1,6417	1,6461		einachsig-positiv
		n_1	n_2	n_3	
Gips	monoklin	1,5206	1,5227	1,5297	zweiachsig
Glimmer	monoklin	1,5692	1,6049	1,6117	zweiachsig

Bei der ordentlichen Welle steht die elektrische Feldstärke stets senkrecht auf der optischen Achse (s. Fig. 203), so dass die in Frage kommende relative Dielektrizitätskonstante und damit der zugehörige Brechungsindex $n_\perp$ unabhängig vom Winkel ϑ zwischen der Ausbreitungsrichtung und der optischen Achse ist: Das Licht breitet sich in allen Richtungen mit der gleichen Geschwindigkeit ($c_0/n_\perp$) aus. Im Gegensatz dazu (s. Fig. 204) hängt bei der außerordentlichen Welle die relative Dielektrizitätskonstante in Richtung des elektrischen Feldes von ϑ ab. Dies bedeutet, dass auch der Brechungsindex n und damit die Lichtgeschwindigkeit (c_0/n) von ϑ abhängen, woraus die Bezeichnung "außerordentlich" resultiert. Wie man aus Fig. 204 leicht ablesen kann, folgt für die Lichtgeschwindigkeit der außerordentlichen Welle in Richtung der optischen Achse $c_0/n_\perp$ und senkrecht dazu $c_0/n_=$. In Richtung der optischen Achse ($\vartheta=0$) besitzt die außerordentliche Welle also die gleiche Geschwindigkeit wie die ordentliche Welle ($c_0/n_\perp$). Wenn die Geschwindigkeit der außerordentlichen Welle in allen anderen Richtungen größer ist, dies bedeutet $n_= < n_\perp$, dann nennt man den Kristall **einachsig-negativ** (negative uniaxial), ansonsten einachsig-positiv (s. Tab. 72 auf der vorhergehenden Seite). Die Fig. 204 zeigt demzufolge die Verhältnisse für einen einachsig-negativen Kristall.

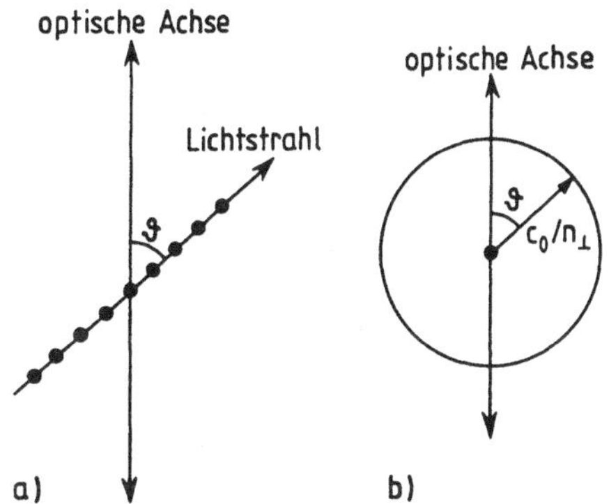

Fig. 203 a) Zur Ausbreitung linear polarisierten Lichtes in einem optisch einachsigen Kristall. Die elektrische Feldstärke stehe senkrecht auf der durch die optische Achse und die Ausbreitungsrichtung aufgespannten Ebene, was durch die Punkte angedeutet wird (ordentliche Welle). In diesem Fall ist die Lichtgeschwindigkeit unabhängig vom Winkel ϑ zwischen der Ausbreitungsrichtung und der optischen Achse (s. Fig. b)

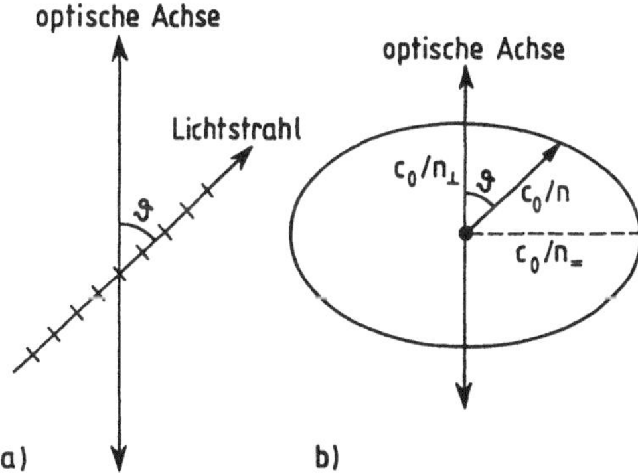

Fig. 204 a) Zur Ausbreitung linear polarisierten Lichtes in einem optisch einachsigen Kristall. Die elektrische Feldstärke liege in der durch die optische Achse und die Ausbreitungsrichtung aufgespannten Ebene, was durch die Striche angedeutet wird (außerordentliche Welle). In diesem Fall hängt die Lichtgeschwindigkeit vom Winkel ϑ zwischen der Ausbreitungsrichtung und der optischen Achse ab (s. Fig. b). Da $n_= < n_\perp$ gilt, handelt es sich um einen einachsig-negativen Kristall

In optisch zweiachsigen Kristallen gibt es keine ordentliche Welle, sondern zwei außerordentliche Wellen. Diese sind senkrecht zueinander linear polarisiert und ihre Geschwindigkeiten stimmen in *zwei* Richtungen, den beiden optischen Achsen, überein.

Um die Brechung des Lichtes beim Eintritt vom Vakuum in einen optisch einachsigen Kristall zu behandeln, betrachten wir *den* Hauptschnitt, der senkrecht zur Kristalloberfläche steht. Das heißt, die optische Achse liegt in der Einfallsebene und bildet mit der Oberflächennormalen einen beliebigen Winkel γ (s.Fig.205).

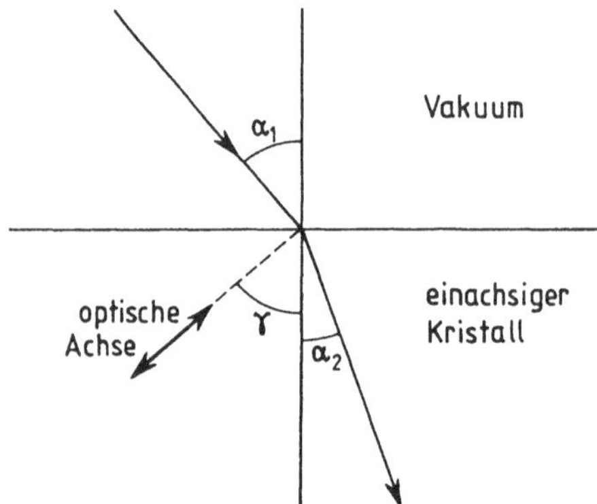

Fig.205 Zur Brechung des Lichtes beim Eintritt in einen optisch einachsigen Kristall

Wenn das einfallende Licht linear polarisiert ist, und zwar in der Weise, dass die elektrische Feldstärke senkrecht zur Einfallsebene steht, so muss sich das Licht im Kristall als ordentliche Welle fortpflanzen. Im Snellius'schen Brechungsgesetz (s.Gl.(437), S.300) ist also $n_1=1$ (Vakuum) und $n_2=n_\perp$ (ordentliche Welle) einzusetzen, d.h. es gilt $\sin\alpha_1/\sin\alpha_2=n_\perp$. Liegt dagegen die elektrische Feldstärke in der Einfallsebene, so folgt $\sin\alpha_1/\sin\alpha_2=n$, wobei n nach Fig.204b eine Funktion des Winkels zwischen der Ausbreitungsrichtung und der optischen Achse ($\vartheta=\gamma+\alpha_2$) ist.

Da man natürliches, d.h. unpolarisiertes Licht stets in zwei senkrecht zueinander linear polarisierte Wellen zerlegen kann, ergibt sich bei der Brechung von natürlichem Licht die folgende Erscheinung, die man als **Doppelbrechung** (birefringence oder double refraction) bezeichnet: *Ein einfallender Lichtstrahl spaltet in zwei gebrochene Strahlen auf, die beide linear polarisiert sind.* Der eine Strahl, bei dem die elektrische Feldstärke senkrecht zur Einfallsebene steht, gehorcht dem Snellius'schen Brechungsgesetz ($\sin\alpha_1/\sin\alpha_2=n_\perp$, s.o.). Er wird deshalb als ordentlicher Strahl bezeichnet. Bei dem anderen Strahl liegt die elektrische Feldstärke in der Einfallsebene und der Quotient $\sin\alpha_1/\sin\alpha_2$ ist nicht konstant (außerordentlicher Strahl). Den Verlauf dieses außerordentlichen Strahls kann man mit Hilfe des Huygens'schen Prinzips (s.S.350ff.) konstruieren. Die Fig.206 auf der nächsten Seite zeigt dies für den Spezialfall $\alpha_1=0$.

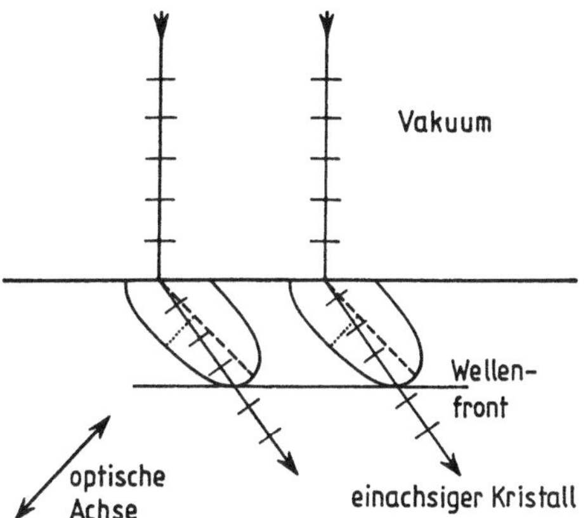

Fig.206 Konstruktion des außerordentlichen Strahls (+++++>) unter Verwendung des Huygens'schen Prinzips. Eine linear polarisierte Welle, deren elektrische Feldstärke in der Einfallsebene liegt, treffe senkrecht auf die Oberfläche eines einachsig-negativen Kristalls. Die Strecken $\cdots$ bzw. $---$ entsprechen den Lichtgeschwindigkeiten $c_0/n_\perp$ bzw. $c_0/n_=$. Während sich die Wellenfronten (= Flächen gleicher Phase) im Kristall in die gleiche Richtung wie im Vakuum bewegen ($\alpha_1=\alpha$), weicht die Strahlrichtung (= Richtung des Energietransports = Richtung des Poynting-Vektors) davon ab

Die Doppelbrechung kann benutzt werden, um linear polarisiertes Licht zu erzeugen. Dies ist am einfachsten dann möglich, wenn der ordentliche und der außerordentliche Strahl unterschiedlich stark von dem betreffenden Kristall absorbiert werden (**Dichroismus**, dichroism). Ein klassischer Vertreter dieser Gruppe ist der grüne **Turmalin** (tourmaline). Bestrahlt man eine ca. 1mm dicke Turmalinplatte senkrecht mit natürlichem Licht, dann wird der ordentliche Strahl praktisch vollständig absorbiert und nur der außerordentliche hindurchgelassen. Als **Polaroid-Filter** (polaroid) bezeichnet man eine Kunststofffolie, in die langgestreckte, dichroitische Moleküle eingelagert sind. Durch Dehnung oder Einwirkung elektrischer Felder werden diese Moleküle bei der Herstellung der Folie so ausgerichtet, dass das Material als Ganzes wie ein dichroitischer Kristall wirkt. Solche Polaroid-Filter lassen sich großflächig herstellen, jedoch liegt der **Polarisationsgrad** (degree of polarization), d.h. der prozentuale Anteil der Intensität des linear polarisierten Lichtes, meist unter 99%. Für exakte Messungen reicht dies nicht aus. Man muss dann **Polarisationsprismen** (polarization prisms) verwenden, bei denen durch eine geeignete geometrische Anordnung der ordentliche und der außerordendliche Strahl räumlich voneinander getrennt werden. Das erste brauchbare Polarisationsprisma wurde von William Nicol (1768-1851) entwickelt. Dieses **Nicol'sche Prisma** (Nicol prism) hat, infolge der schräg stehenden Endflächen, den Nachteil, dass der durchgehende außerordentliche Strahl parallel verschoben ist. Außerdem sind diese Prismen relativ lang. Am häufigsten wird heute das auf der nächsten Seite in Fig.207 dargestellte **Glan-Thompson-Prisma** (Glan-Thompson prism, Paul Glan 1846-1898, Silvanus Philipps Thompson 1851-1916) benutzt, das senkrecht stehende Endflächen besitzt. Es handelt sich um einen Kalkspatkristall, den man zunächst so schleift, dass die Endflächen parallel zur optischen Achse stehen. Danach wird er diagonal durchgeschnitten und anschließend wieder mit einem durchsichtigen Klebstoff verkittet, dessen Brechungsindex zwischen den beiden Werten für Kalkspat (1,4864 und 1,6584, s.Tab.72, S.364) liegen muss. Gut geeignet dafür ist **Kanadabalsam** (Canada balsam) mit einem Brechungsindex $n=1{,}542$.

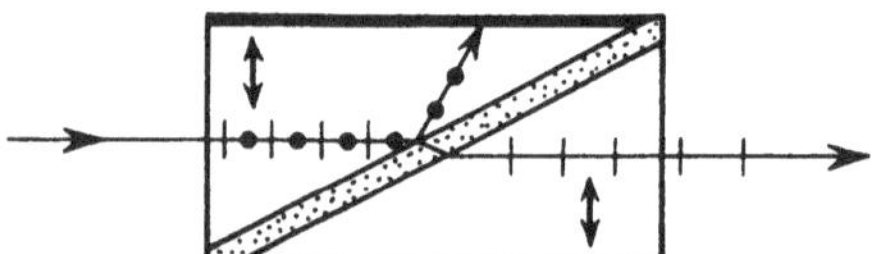

Fig.207 Glan-Thompson-Prisma. Der Doppelpfeil bezeichnet, wie üblich, die optische Achse. Der an der Schicht (Kanadabalsam) zwischen den beiden Kalkspatkristallen total reflektierte ordentliche Strahl wird an der geschwärzten Seitenwand absorbiert, so dass nur der außerordentliche Strahl hindurchtritt

Treffen der parallel verlaufende ordentliche und außerordentliche Strahl an die verkittete Grenzfläche, so wird der ordentliche Strahl (wegen $n_\perp > n$) total reflektiert und der außerordentliche Strahl infolge der normalen Brechung (wegen $n_= < n$) an der dünnen Schicht Kanadabalsam nur geringfügig seitlich versetzt. Durch Schwärzung der Seitenwand des Prismas erreicht man eine fast vollständige Absorption des ordentlichen Strahls und damit einen Polarisationsgrad von nahezu 100%.

23.3 Zirkular und elliptisch polarisiertes Licht

Wir betrachten eine Platte, die aus einem optisch einachsigen Kristall so herausgeschnitten ist, dass die optische Achse parallel zur Oberfläche liegt. Damit geht senkrecht auffallendes Licht unabhängig von seiner Polarisationsrichtung ungebrochen durch diese Platte hindurch, jedoch besitzen der ordentliche und der außerordentliche Strahl, in den das Licht durch den Kristall zerlegt wird, beim Austritt aus der Platte eine Phasenverschiebung α (**Verzögerungsplatte**, retardation plate). Nennen wir die Vakuumwellenlänge des Lichtes λ_0, die Dicke der Platte ℓ, den Brechungsindex für den ordentlichen Strahl $n_\perp$ und für den außerordentlichen Strahl $n_=$, so gilt

$$\alpha = 2\pi(\ell/\lambda_0)(n_\perp - n_=) . \tag{511}$$

Wir bezeichnen mit λ_{or} die Wellenlänge des ordentlichen Strahles in dem Kristall, aus dem die Platte gefertigt wurde. Dann erfährt der ordentliche Strahl beim Durchlaufen dieser Platte die Phasenverschiebung $2\pi\ell/\lambda_{or}$. Analog folgt für den außerordentlichen Strahl, dessen Wellenlänge λ_{au} genannt werde, $2\pi\ell/\lambda_{au}$. Wegen $\lambda_{or}=\lambda_0/n_\perp$ und $\lambda_{au}=\lambda_0/n_=$ (s.S.364) ergibt sich für die Differenz α dieser beiden Phasenverschiebungen die Gl.(511).

Im Spezialfall $|\alpha|=\pi/2$ spricht man von einem **$\lambda/4$-Plättchen** (quarter-wave plate) und bei $|\alpha|=\pi$ von einem **$\lambda/2$-Plättchen** (half-wave plate).
Ein $\lambda/4$-Plättchen verwandelt i.Allg. linear polarisiertes in elliptisch polarisiertes Licht. Bei entsprechender Justierung ist dieses Licht zirkular polarisiert. Umgekehrt entsteht linear polarisiertes Licht, wenn man zirkular polarisiertes Licht durch das $\lambda/4$-Plättchen schickt.

Wir lassen das linear polarisierte Licht so auf das $\lambda/4$-Plättchen fallen, dass die elektrische Feldstärke um $\pi/4$ gegenüber der optischen Achse geneigt ist. Dann besitzen der ordentliche und der außerordentliche Strahl die gleiche Amplitude. Beim Austritt aus dem $\lambda/4$-Plättchen überlagern sich also zwei Wellen, die die gleiche Ausbreitungsrichtung, die gleiche Amplitude und eine Phasenverschiebung von $\pi/2$ besitzen Dies ist aber gerade eine zirkular polarisierte Welle (s.S.357). Umgekehrt ergibt sich beim Auftreffen einer zirkular polarisierten Welle nach dem Durchgang durch das $\lambda/4$-Plättchen linear polarisiertes Licht. Wenn der Winkel zwischen der elektrischen Feldstärke der einfallenden Welle und der optischen Achse zwischen 0 und $\pi/4$ liegt, entsteht am Ausgang elliptisch polarisiertes Licht.

Um ein $\lambda/4$-Plättchen herzustellen, muss dieses nach Gl.(511) eine Dicke $\ell=(\lambda_0/4)\cdot|n_\perp-n_=|^{-1}$ besitzen. Für Kalkspat und $\lambda_0=589{,}3\,\text{nm}$ bedeutet dies (s.Tab.72, S.364) $\ell=0{,}86\,\mu\text{m}$, während sich für Quarz $\ell=16{,}4\,\mu\text{m}$ ergibt. Da die Herstellung sehr dünner Plättchen technisch schwieriger ist, bestehen die $\lambda/4$-Plättchen meist aus Quarz.
Durch Verwendung eines **Polarisationsfilters** (polarizing filter), wie z.B. eines Polarisationsprismas, und eines $\lambda/4$-Plättchens lässt sich feststellen, ob ankommendes Licht linear polarisiert (ℓ), zirkular polarisiert (z), elliptisch polarisiert (e) oder unpolarisiert (n) ist oder welche Mischung aus diesen verschiedenen Lichtarten vorliegt (**Polarisationsanalyse**, polarization analysis, s.Tab.73 auf der nächsten Seite).
Mit Hilfe eines $\lambda/2$-Plättchens kann man die Polarisationsebene linear polarisierten Lichtes um einen vorgegeben Winkel $\Delta\phi$ drehen. Eine einfache Überlegung zeigt, dass dies erreicht wird, wenn der Winkel β zwischen der elektrischen Feldstärke des einfallenden Lichtes und der optischen Achse der Beziehung

$$\beta = \Delta\phi / 2 \qquad\qquad\qquad (512)$$

genügt.

Die elektrische Feldstärke des einfallenden Lichtes besitze die Amplitude $\hat{E}$ und bilde mit der optischen

Achse den Winkel β. Dann folgt für die Amplitude des ordentlichen Strahles $\hat{E}_\perp = \hat{E}\sin\beta$ und für die des außerordentlichen Strahles $\hat{E}_= = \hat{E}\cos\beta$. Nach Durchlaufen des $\lambda/2$-Plättchens gilt für die Komponente der elektrischen Feldstärke senkrecht bzw. parallel zur optischen Achse $E_\perp = \hat{E}\sin\beta\cos(\omega t - 2\pi\, \ell n_\perp/\lambda_0)$ bzw. $E_= = \hat{E}\cos\beta\cos(\omega t - 2\pi\, \ell n_=/\lambda_0)$. Wegen $\pi = 2\pi(\ell/\lambda_0)(n_\perp - n_=)$ lässt sich die Gleichung für $E_\perp$ umschreiben in $E_\perp = \hat{E}\sin\beta\cos[\omega t - 2\pi(\ell n_=/\lambda_0) - \pi]$, woraus man wegen $\cos(\gamma - \pi) = -\cos\gamma$ die Beziehung $E_\perp = -\hat{E}\sin\beta\cos(\omega t - 2\pi\, \ell n_=/\lambda)$ erhält. Die Richtung der elektrischen Feldstärke hat sich also nach Durchgang durch das $\lambda/2$-Plättchen um den Winkel 2β gedreht.

Tab.73 Schema einer Polarisationsanalyse zur Feststellung, ob Licht linear polarisiert (ℓ), zirkular polarisiert (z), elliptisch polarisiert (e) oder unpolarisiert (n) ist oder welche Mischung aus diesen verschiedenen Lichtarten vorliegt

1. Experiment: Verwendung eines Polarisationsfilters	
Änderung der Lichtintensität bei Drehung des Polarisationsfilters	Lichtart
Auslöschung keine Abhängigkeit Minimum	ℓ n, z oder (n+z) e, (n+e) oder (n+ℓ)
2.Experiment: Vor das Polarisationsfilter wird ein $\lambda/4$-Plättchen gesetzt, das um die Richtung des einfallenden Strahles gedreht werden kann (Drehwinkel β)	
Im 1.Experiment hat sich keine Abhängigkeit ergeben, d.h. es liegt n, z oder (n+z) vor	
Änderung der Lichtintensität bei Drehung des Polarisationsfilters für beliebige Werte von β	Lichtart
keine Abhängigkeit Auslöschung Minimum	n z n+z
Im 1.Experiment hat sich ein Minimum ergeben, d.h. es liegt e, (n+e) oder (n+ℓ) vor	
Änderung der Lichtintensität bei Drehung des Polarisationsfilters für einen bestimmten Wert von β	Lichtart
Auslöschung Minimum keine Abhängigkeit	e n+e n+ℓ

23.4 Künstliche Doppelbrechung

Stoffe, die von Natur aus optisch isotrop sind, können durch die Einwirkung äußerer Kräfte (mechanische Verformung, Strömung, elektrische oder magnetische Felder) doppelbrechend werden. Die **Spannungsdoppelbrechung** (strain birefringence) wird vor allem bei Kunststoffen und Gläsern beobachtet. In der Zugrichtung vergrößert sich der Abstand der Moleküle, wodurch der Brechungsindex kleiner wird, wogegen er sich senkrecht dazu vergrößert. Zur experimentellen Untersuchung des Spannungszustandes mechanisch belasteter Bauteile, wie z.B. eines Kranhakens, stellt man ein Modell aus durchsichtigem Kunststoff her. Bringt man dieses Modell zwischen gekreuzte Polarisationsfilter, so wird bei Belastung das ansonsten schwarze Gesichtsfeld an den kritischen Stellen aufgehellt. Eine andere Anwendung findet die Spannungsdoppelbrechung bei der Untersuchung von gläsernen Bauteilen (Linsen, Glasküvetten usw.), da rasch abgekühlte Gläser unter permanenten inneren Spannungen stehen. Die Verringerung dieser Spannungen durch wiederholtes langsames Aufheizen und Abkühlen (**Anlassen**, annealing) lässt sich mit Hilfe der Spannungsdoppelbrechung kontrollieren.

Legt man ein elektrisches Feld an eine Substanz an, die aus polaren, beweglichen Molekülen besteht, wie z.B. Nitrobenzol oder Schwefelkohlenstoff, so wird diese doppelbrechend mit der optischen Achse in Richtung des elektrischen Feldes (**Kerr-Effekt**, Kerr effect, John Kerr 1824-1907). Für die Differenz aus dem Brechungsindex der ordentlichen ($n_\perp$) und der außerordentlichen ($n_=$) Welle gilt

$$n_\perp - n_= = K_E \lambda_0 E^2 \, , \tag{513}$$

wobei E die elektrische Feldstärke und λ_0 die Vakuumwellenlänge bezeichnet. K_E nennt man **Kerr-Konstante** (Kerr constant). Sie hängt vom Material ab und verringert sich mit wachsender Temperatur (s. Boltzmann-Verteilung, S.110). Für Nitrobenzol ($C_6H_5NO_2$) bei Zimmertemperatur und $\lambda_0 = 589{,}3$nm findet man $K_E = 2{,}48 \cdot 10^{-12}$m/V^2. Die Zeitkonstante für die Ausbildung und den Abbau der Doppelbrechung ist sehr kurz, sie liegt in der Größenordnung der thermischen Umorientierungszeiten der Moleküle (10^{-10}s). Aus diesem Grund lassen sich, indem man eine Kerr-Zelle zwischen gekreuzte Polarisationsfilter setzt, **Lichtschalter** oder **Lichtmodulatoren** (Kerr shutter) bis zu Modulationsfrequenzen von mehreren hundert MHz realisieren.

Legt man an Stelle des elektrischen Feldes E ein Magnetfeld H an, so entsteht ebenfalls eine Doppelbrechung (**Cotton-Mouton-Effekt**, Cotton-Mouton effect, Aimé Cotton 1869-1951). Für diese gilt analog zu Gl.(513)

$$n_\perp - n_= = K_C \lambda_0 H^2 \, . \tag{514}$$

K_C heißt **Cotton-Mouton'sche Konstante** (Cotton-Mouton constant). Allerdings ist dieser Effekt wesentlich schwächer ($K_C = 3{,}81 \cdot 10^{-14}$mA^{-2} für Nitrobenzol bei Zimmertemperatur und $\lambda_0 = 589{,}3$nm) und langsamer, so dass er praktisch keine Anwendung gefunden hat.

Abschließend sei erwähnt, dass sowohl die natürliche als auch die künstliche Doppelbrechung in der Mikroskopie zur Erhöhung von Kontrasten Verwendung findet, indem man das Objekt zwischen gekreuzte Polarisationsfilter bringt (**Polarisationsmikroskop**, polarization microscope).

23.5   Optische Aktivität

Drehung der Polarisationsebene

Unter **optischer Aktivität** (optical activity) versteht man die Fähigkeit bestimmter Stoffe, die Schwingungsebene linear polarisierten Lichtes beim Durchgang durch diese Stoffe zu drehen. Zur Messung verwendet man ein **Polarimeter** (polariscope oder polarimeter). Die einfachste Ausführungsform besteht aus einer Lichtquelle, deren Licht durch eine geeignete Optik parallel gemacht wird (**Kollimator**, collimator), einem ersten Polarisationsfilter (**Polarisator**, polarizer) und einem zweiten, drehbar angeordneten, Polarisationsfilter (**Analysator**, analyzer). Die zu untersuchende Substanz wird zwischen den Polarisator und den zunächst um 90° gedrehten Analysator gebracht, so dass es zu einer Aufhellung des Gesichtsfeldes kommt. Durch Nachdrehen des Analysators um einen Winkel α wird wieder Dunkelheit erzeugt. Erfolgt die Drehung für den dem Lichtstrahl entgegenblickenden Beobachter im Uhrzeigersinn (der Drehwinkel α ist negativ), so nennt man die Substanz **rechtsdrehend** (dextrorotatory) und im anderen Fall **linksdrehend** (laevo-rotatory). Auf diese Weise lassen sich Drehungen der Polarisationsebene mit einer Genauigkeit von ca. $0,1°$ messen. Drehungen der Polarisationsebene werden bei einigen Festkörpern beobachtet, bei Lösungen optisch aktiver Moleküle, bei Flüssigkristallen und bei beliebigen Stoffen, wenn man in Strahlrichtung ein Magnetfeld anlegt. Da sich eine linear polarisierte Welle in eine rechtszirkular und eine linkszirkular polarisierte Welle gleicher Amplitude zerlegen lässt, kann man die Drehung dadurch erklären, dass diese beiden Wellen unterschiedliche Geschwindigkeiten (c_R und c_L) besitzen. Führt man noch unter Verwendung der Vakuumlichtgeschwindigkeit c_0 die Brechungsindizes $n_R = c_0/c_R$ und $n_L = c_0/c_L$ ein, so ergibt sich für den Winkel α, um den die Schwingungsebene nach Durchlaufen der Strecke ℓ gedreht ist,

$$\alpha = (\pi \ell / \lambda_0)(n_R - n_L) \,, \tag{515}$$

wobei λ_0 die Vakuumwellenlänge des Lichtes darstellt.

Für die elektrische Feldstärke $\vec{E}_R$ der sich entlang der z-Achse ausbreitenden rechtszirkular polarisierten Welle gilt (s.S.357) $\vec{E}_R(t,z) = \vec{e}_x \hat{E}\sin[\omega t - (2\pi n_R/\lambda)z] + \vec{e}_y \hat{E}\cos[\omega t - (2\pi n_R/\lambda)z]$ und analog für die linkszirkular polarisierte Welle $\vec{E}_L(t,z) = \vec{e}_x \hat{E}\sin[\omega t - (2\pi n_L/\lambda)z] - \vec{e}_y \hat{E}\cos[\omega t - (2\pi n_R/\lambda)z]$. Nach Durchlaufen der Strecke z ergibt sich also $\vec{E}(t,z) = \vec{E}_R(t,z) + \vec{E}_L(t,z)$. Unter Verwendung der Additionstheoreme $\sin\beta + \sin\gamma = 2\sin[(\beta+\gamma)/2]\cos[(\beta-\gamma)/2]$ und $\cos\beta - \cos\gamma = -2\sin[(\beta+\gamma)/2]\sin[(\beta-\gamma)/2]$ folgt damit $\vec{E}(t,z) = 2\hat{E}\sin[\omega t - \pi z(n_R+n_L)/\lambda_0]\{\vec{e}_x\cos[\pi z(n_R - n_L)/\lambda_0] + \vec{e}_y\sin[\pi z(n_R - n_L)/\lambda_0]\}$. Für $z=0$ ist die Amplitude demzufolge gleich $2\hat{E}\vec{e}_x$ und für $z=\ell$ gleich $2\hat{E}\{\vec{e}_x\cos[\pi\ell(n_R - n_L)/\lambda_0] + \vec{e}_y\sin[\pi\ell(n_R - n_L)/\lambda_0]\}$, so dass die Schwingungsebene um den Winkel $\alpha = \pi\ell(n_R - n_L)/\lambda_0$ gedreht wurde (s.Fig.208).

Die experimentell gefundene Tatsache, dass die Differenz der Brechungsindizes $n_R - n_L$ von der Vakuumwellenlänge abhängt, bezeichnet man als **optische Rotationsdispersion** (optical rotary dispersion, abgekürzt mit ORD).

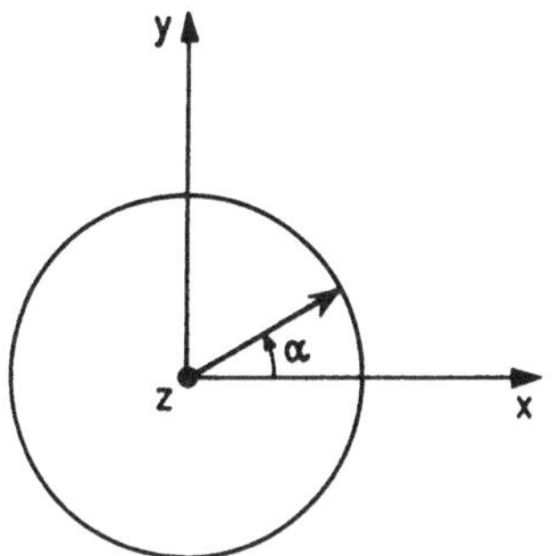

Fig.208 Eine linear polarisierte Welle, deren Schwingungsebene mit der x-z-Ebene zusammenfalle, breite sich in z-Richtung aus, d.h. auf den Beobachter zu. Nach Durchlaufen einer optisch aktiven Schicht mit der Dicke ℓ sei die Schwingungsebene um Winkel α gedreht. Für $\alpha > 0$ ist die Substanz definitionsgemäß (s.S.372) linksdrehend und es gilt nach Gl.(515) $n_R > n_L$

Es ist üblich, an Stelle der Größe $n_R - n_L$ den Drehwinkel in Grad anzugeben, der sich beim Durchstrahlen einer Schichtdicke von 1mm ergibt. Diese Größe (K_α) wird **Drehvermögen** (optical rotation) genannt. Nach Gl.(515) gilt

$$K_\alpha = (0{,}18\mathrm{m}/\lambda_0)(n_R - n_L) \,. \tag{516}$$

Einige Messwerte für **optisch aktive Festkörper** zeigt Tab.74. Dabei erfolgt die Drehung nur dann, wenn die Strahlrichtung mit der optischen Achse zusammenfällt. Bei Quarz existieren sowohl rechts- als auch linksdrehende Kristalle.

Tab.74 Das Drehvermögen K_α einiger optisch aktiver Festkörper bei 20˙C

Festkörper	λ_0/nm			
	486,1	589,3	686,7	760,8
Zinnober (HgS)				325
Quarz (SiO₂)	32,8	21,7	15,7	12,7
Natriumchlorat (NaClO₃)	4,67	3,13	2,27	

Eine Drehung der Schwingungsebene zeigen auch **Flüssigkeiten oder Lösungen**, sofern sie asymmetrische Moleküle enthalten. Die Asymmetrie muss aber derart beschaffen sein, dass von dem Molekül ein **Spiegelbildisomer** (optical isomer oder enantiomer) existiert, wie dies schematisch in Fig.209 auf der nächsten Seite dargestellt ist. Das eine Isomer dreht die Schwingungsebene des Lichtes in der einen, das andere in der entgegengesetzten Richtung, jedoch um den gleichen Betrag. Beispiele sind der **Traubenzucker** (glucose, dextrose), der rechts dreht, und der linksdrehende **Fruchtzucker** (fructose oder levulose). Beide Zucker besitzen die gleiche Summenformel $C_6H_{12}O_6$. Ein Gemisch rechts- und linksdrehender Isomere gleicher Konzentration nennt man **Racemat** (racemate); es bewirkt keine Drehung der Schwingungsebene.

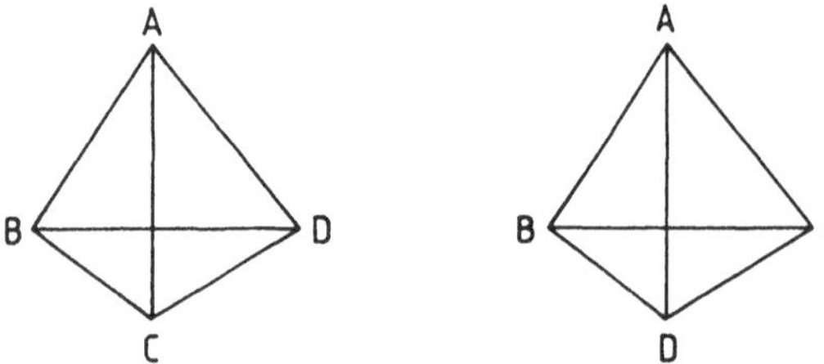

Fig.209 Spiegelbildisomere eines Moleküls bestehend aus den Bauteilen (Atome, Molekülgruppen) A, B, C und D in tetraedrischer Anordnung

Rohrzucker (saccharose, sucrose), der durch chemische Verbindung von Trauben- und Fruchtzucker unter Wasseraustritt entsteht ($C_{12}H_{22}O_{11}$), dreht die Schwingungsebene nach rechts. Der Drehwinkel von Lösungen ist proportional zur Konzentration der optisch aktiven Moleküle. Dies nutzt man aus, um z.B. bei zuckerkranken Personen die Konzentration des Zuckers (Traubenzucker) im Harn zu bestimmen. Besonders starke Drehungen der Schwingungsebene werden bei optisch anisotropen Flüssigkristallen beobachtet. **Flüssigkristalle** (liquid crystals) sind Flüssigkeiten, die aus langgestreckten Molekülen bestehen, die in gewissen Temperaturbereichen geordnet sind. Es gibt im wesentlichen drei Typen, die man als **nematische** (nematic), **smektische** (smectic) und **cholesterische** (cholesteric) Flüssigkristalle bezeichnet.

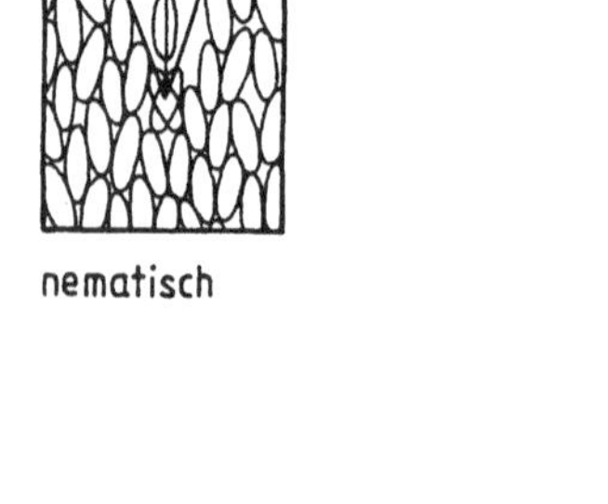

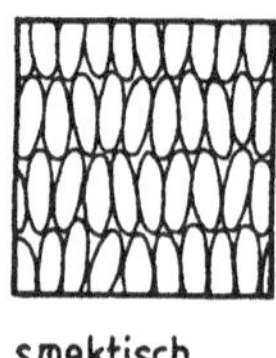

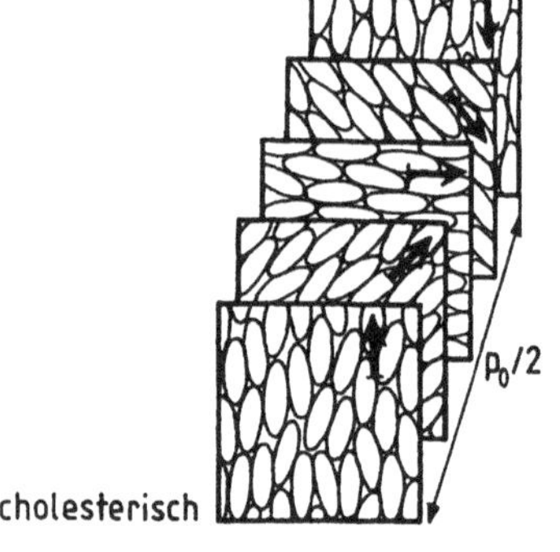

Fig.210 Molekülorientierung in nematischen, smektischen und cholesterischen Flüssigkristallen

Wenn bei einem cholesterischen Flüssigkristall die Wellenlänge λ des Lichtes klein gegen das Produkt p aus **Ganghöhe** p_0 (pitch) und Brechzahlanisotropie $|n_\perp - n_=|$ ist, dann dreht sich die Schwingungsebene entsprechend der Schraubung (adiabatischer Fall). Für $\lambda \approx p$ wird diejenige zirkular polarisierte Welle, deren Drehsinn mit der der Molekülordnung übereinstimmt, reflektiert. Wenn schließlich die Wellenlänge λ groß gegen p ist, kommt es wieder zu einer Drehung der Schwingungsebene, jedoch hängen Drehsinn und Betrag der Drehung in komplizierter Weise von λ und p_0 sowie den Brechungsindizes für die ordentliche und die außerordentliche Welle ab, wobei die optische Achse durch die Schraubenrichtung gegeben ist [DEG 74]. Cholesterische Flüssigkristalle besitzen Ganghöhen von ca $0{,}2\mu$m bis ∞. Bei $p = 3{,}6\mu$m gilt für sichtbares Licht $\lambda \ll p$ und es ergibt sich ein Drehwinkel von 10^5 Grad pro mm Schichtdicke (!).

Bei den heute weit verbreiteten **Flüssigkristallanzeigen** (liquid crystal displays, abgekürzt mit LCD) befindet sich ein nematischer Kristall in einer 5μm bis 15μm dicken Schicht zwischen zwei Glasplättchen. Diese sind innen mit lichtdurchlässigen Elektroden überzogen, die so präpariert wurden, z.B. durch Einritzen von Furchen, dass sich die Moleküle in einer Vorzugsrichtung anlagern. Sind die beiden Vorzugsrichtungen um 90° gegeneinander verdreht, dann ordnen sich die Moleküle in der Schicht schraubenförmig, wie bei einem cholesterischen Flüssigkristall, an. Setzt man nun noch vor dieses Plättchenpaar eine Polarisationsfolie (Polarisator) und dahinter eine zweite aber um 90° gedrehte Polarisationsfolie (Analysator), so geht das Licht durch diese Zelle (**TN-Zelle**, twisted nematic cell) hindurch, da der Flüssigkristall die Schwingungsebene ja gerade um 90° dreht. Wenn man aber zwischen die beiden Elektroden eine geringe Spannung von ca. 1,5V bis 5V anlegt, dann orientieren sich die Moleküle in Richtung des elektrischen Feldes, also senkrecht zu den Plättchen. Die Drehung der Schwingungsebene entfällt und die TN-Zelle wird lichtundurchlässig. Man kann aber auch - und dies ist meist der Fall - in Reflexion arbeiten, indem man unmittelbar hinter die Analysatorfolie einen Aluminiumspiegel setzt. Werden die Elektroden schließlich noch in einzelne geometrische Segmente mit getrennten Spannungszuführungen unterteilt, so lassen sich die bekannten dunklen Ziffernsymbole vor einem grauen Hintergrund (diffus von dem Aluminiumspiegel reflektiertes Licht) erzeugen. Der besondere Vorteil der LCD's ist der geringe Leistungsbedarf von nur etwa 5μW/m^2.

Bringt man eine isotrope Substanz, wie z.B. Glas oder Schwefelkohlenstoff, in eine stromdurchflossene Spule und schickt einen linear polarisierten Lichtstrahl hindurch, so wird die Schwingungsebene gedreht. Diese Erscheinung nennt man **Magnetorotation** oder **Faraday-Effekt** (Faraday effect, Michael Faraday 1791-1867). Der Drehwinkel α ist proportional zur Dicke ℓ der durchstrahlten Substanz und zur Komponente B_S der magnetischen Flussdichte in Strahlrichtung. Man schreibt

$$\alpha = K_\text{V}\, \ell\, B_\text{S} \ . \tag{517}$$

Die Größe K_V heißt **Verdet'sche Konstante** (Verdet constant), Marcel Emile Verdet 1824-1866). Sie ist eine von der Wellenlänge und der Temperatur abhängige Stoffkonstante (s. Tab. 75 auf der nächsten Seite).

Die Gl.(517) besagt, dass für $K_V > 0$ die Schwingungsebene die gleiche Schraubung erfährt wie der felderzeugende Strom.

Wir betrachten einen linear polarisierten Lichtstrahl, der eine Spule in positiver z-Richtung durchsetzt. Der felderzeugende Strom soll mit der Strahlrichtung eine Rechtschraube bilden, so dass nach der Korkenzieherregel (s.S.196) B_S größer als null ist. Damit ergibt sich aus Gl.(517) $\alpha > 0$, was nach der Festlegung von S.372 einer Linkschraubung der Schwingungsebene entspricht (s.Fig.208, S.373).

Bei diamagnetischen Stoffen lässt sich die Drehung klassisch auf die Beeinflussung der Elektronenbewegung durch das magnetische Feld zurückführen. Es ergibt sich für die Verdet'sche Konstante eine Proportionalität zur negativen Ableitung des Brechungsindexes nach der Vakuumwellenlänge (s.Gl.(520), S.379). Im Spektralbereich normaler Dispersion, d.h. wenn $\mathrm{d}n/\mathrm{d}\lambda_0 < 0$ gilt (s.S.305), folgt damit $K_V > 0$.

Tab.75 Verdet'sche Konstante K_V für einige Substanzen bei Zimmertemperatur und $\lambda_0 = 589{,}3\,\mathrm{nm}$

Substanz	K_V / (rad $T^{-1}m^{-1}$)
Steinsalz (NaCl)	10,8
Schwefelkohlenstoff (CS2)	12,3
Wasser (H2O)	3,8
Kohlendioxid (CO2) bei 0,1MPa	0,0025

Für paramagnetische oder ferromagnetische Stoffe, d.h. Substanzen mit ungepaarten Elektronen, wie z.B. Salze von Übergangsmetallionen sowie ihre Lösungen, ist die Verdet'sche Konstante meist negativ.

Die Tatsache, dass beim Faraday-Effekt, im Gegensatz zu den bisher behandelten Drehungen der Polarisationsebene, der Drehwinkel sein Vorzeichen ändert, wenn man die Strahlrichtung umkehrt (B_S in Gl.(517), S.375, wird zu $-B_S$), hat interessante Konsequenzen, auf die im nächsten Abschnitt näher eingegangen wird.

Nichtreziproke Bauelemente

Ein ideales **nichtreziprokes Bauelement** (nonreciprocal element) überträgt einen Energiestrom in der einen Richtung ungeschwächt, in der anderen jedoch gar nicht. Das bekannteste Beispiel aus der Mechanik ist das Ventil (valve). Ein **optisches Ventil** (optical valve) lässt sich unter Verwendung des Faraday-Effektes durch folgende Anordnung realisieren: Die magnetische Flussdichte B_S der Feldspule und die Dicke ℓ der durchstrahlten Substanz werden so gewählt, dass der Drehwinkel α (s.Gl.(517), S.375) für die beiden Strahlrichtungen $\pi/4$ bzw. $-\pi/4$ beträgt. Links und rechts von der Feldspule werden außerdem Polarisationsfilter angebracht, deren Durchlassrichtungen gegeneinander um den Winkel $\pi/4$ verdreht sind. Auf diese Weise wird unpolarisiertes Licht, wenn es von der einen Richtung kommt, als linear polarisiertes Licht hindurchgelassen, in der anderen Richtung jedoch gesperrt. Praktische Anwendung findet dieses Prinzip in der Mikrowellentechnik beim **Richtungsleiter** (isolator). Da in Hohlleitern (s.S.280) mit rechteckigem Querschnitt die elektromagnetische Welle ohnehin linear polarisiert ist, entfallen die Polarisationsfilter; die Hohlleiter müssen lediglich um $\pi/4$ gegeneinander verdreht werden (s.Fig.211). Als drehende Substanz wird meist ein Ferrit (s.S.223) benutzt.

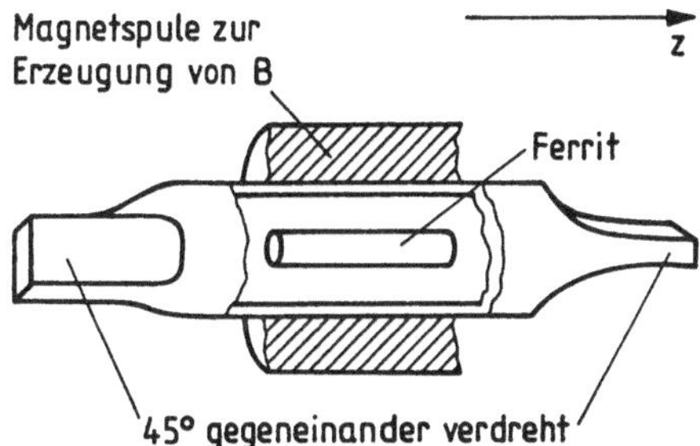

Fig.211 Verwendung des Faraday-Effektes beim Richtungsleiter in der Mikrowellentechnik

Richtungsleiter werden in der Mikrowellentechnik häufig eingesetzt, und zwar dann, wenn man an einen Verbraucher, unabhängig von dessen innerem Widerstand, die vom Sender maximal abgebbare Leistung übertragen will: Durch Zwischenschaltung eines Richtungsleiters wird die reflektierte Welle und damit der Rückfluss von Energie unterbunden.

Ein elektrisches oder elektronisches Bauelement, das zwei Eingangs- und zwei Ausgangsklemmen besitzt, wie z.B. ein Transformator, nennt man einen **Vierpol** (four-terminal network). Unter einem **Gyrator** (gyrator) versteht man einen Vierpol, bei dem eine Wechselspannung in der einen Richtung mit der Phasenverschiebung null und in der anderen (Eingangs- und Ausgangsklemmen sind vertauscht) mit der Phasenverschiebung π übertragen wird (nichtreziproker Phasenschieber). Ein Gyrator lässt sich z.B. mit Hilfe des Hall-Effektes (s.S.209ff.) realisieren, indem man die beiden Elektroden, die beim Hall-Effekt zur Stromzuführung dienen, als Ausgangsklemmen und die beiden Hallelektroden als Eingangsklemmen verwendet. Durch Anschalten von zwei zusätzlichen, geeignet dimensionierten Ohm'schen Widerständen zwischen je eine Hall- und eine Stromelektrode erhält man einen Vierpol, der als **elektronisches Ventil** (electronic valve) wirkt. Andere Beispiele für elektronische Ventile sind vor allem die im Abschn.27.4 (S.510ff.) näher beschriebenen Transistoren.

Klassische Interpretation der Verdet'schen Konstanten und des Zeeman-Effektes

Beim klassischen Atommodell umkreisen die Elektronen der Atomhülle den wegen seiner viel größeren Masse raumfesten Atomkern. Bezeichnen wir mit m_e bzw. $-e$ die Ruhemasse bzw. die Ladung eines Elektrons und mit $+Ze$ die Ladung des Atomkerns, so ergibt sich für die Kreisfrequenz des Elektronenumlaufs auf einer Kreisbahn mit dem Radius r

$$\omega_0 = \left(\frac{Ze^2}{4\pi\,\epsilon_0 m_e r^3} \right)^{1/2} . \tag{518}$$

Für die Zentripetalkraft, die bei der (nichtrelativistischen) Kreisbewegung des Elektrons wirken muss, gilt $m_e\omega_0^2 r$ (s.Gl.(58), S.45). Gleichsetzen mit der elektrostatischen Anziehungskraft $Ze^2/(4\pi\epsilon_0 r^2)$ (s.Gl.(256), S.168) liefert die gesuchte Gl.(518).

Aus der Lenz'schen Regel (s.S.205) folgt nun, dass sich bei Anlegen eines magnetischen Feldes mit der Flussdichte $\vec{B}$ in Richtung des Vektors $\vec{\omega}_0$ die Umlaufsfrequenz erhöhen muss (auf $\omega > \omega_0$). Unter Verwendung der Formel für die Lorentz-Kraft (s.Gl.(322), S.209) findet man leicht $\omega = \omega_0 + (e/2m_e)B$.

Bei Anwesenheit der magnetischen Flussdichte B kommt zur elektrostatischen Anziehungskraft $Ze^2/(4\pi\epsilon_0 r^2)$ noch die Lorentz-Kraft ωreB (s.Gl.(322), S.209) hinzu. Gleichsetzen der Summe dieser beiden Kräfte mit der Zentripetalkraft $m_e\omega^2 r$ liefert die Beziehung $Ze^2/(4\pi\epsilon_0 r^2)+\omega reB=m_e\omega^2 r$. Ersetzen wir hier den 1.Term links mit Hilfe von Gl.(518) durch $m_e\omega_0^2 r$, so folgt $\omega eB=m_e(\omega^2-\omega_0^2)$. Mit $(\omega^2-\omega_0^2)=(\omega+\omega_0)(\omega-\omega_0)$ und unter der Voraussetzung $\omega-\omega_0 \ll \omega_0$ ergibt sich $\omega=\omega_0+(e/2m_e)B$.

Bei einer beliebigen Orientierung von $\vec{B}$ liefert eine analoge, aber etwas längere Rechnung die Aussage, dass die Bewegung des Elektrons durch eine Kreisfrequenz $\vec{\omega}=\vec{\omega}_0+\vec{\omega}_{LF}$ beschrieben werden kann mit

$$\vec{\omega}_{LF} = \frac{e}{2m_e}\,\vec{B} . \tag{519}$$

$\vec{\omega}_{LF}$ heißt **Larmor-Frequenz** (Larmor frequency, Joseph Larmor 1857-1942) und die damit verbundene Bewegung **Larmor-Präzession** (Larmor precession). *Nach dem klassischen Atommodell führt also die gesamte Elektronenhülle eines Atoms unter der Einwirkung eines äußeren Magnetfeldes eine zusätzliche Rotation mit der Larmor-Frequenz ω_{LF} um die Richtung des Magnetfeldes aus.* Dies ist die Ursache des auf S.215 beschriebenen Diamagnetismus.

Zur Berechnung der Verdet'schen Konstante betrachten wir einen linear polarisierten Lichtstrahl, dessen Richtung mit der des Magnetfeldes übereinstimme und dessen Kreisfrequenz ω sei. Dann zerlegen wir dieses Licht in eine rechtszirkular und eine linkszirkular polarisierte Welle gleicher Amplitude. Außerdem wollen wir voraussetzen, dass der durchstrahlte Stoff isotrop sei, so dass für $B_S=0$ die Lichtgeschwindigkeiten der beiden Wellen übereinstimmen und gleich c_0/n sind. c_0 bezeichnet die Lichtgeschwindigkeit im Vakuum und n den Brechungsindex für die Kreisfrequenz ω. Wie auf S.307ff. gezeigt wurde, ergibt sich die Verringerung der Lichtgeschwindigkeit, die durch den Brechungsindex n beschrieben wird, aus der Wechselwirkung der elektromagnetischen Welle mit den Atomhüllen des durchstrahlten Stoffes. Da unter dem Einfluss des Magnetfeldes die Atomhüllen aber mit der Larmorfrequenz $\vec{\omega}_{\mathrm{LF}}$ um die Richtung von $\vec{B}$ und damit in unserem Fall um die Strahlrichtung rotieren, wirkt der rechtszirkular polarisierte Strahl (s.S.357) mit der Kreisfrequenz $\omega+\omega_{\mathrm{LF}}$ und der linkszirkular polarisierte Strahl mit der Kreisfrequenz $\omega-\omega_{\mathrm{LF}}$ auf die Atomhüllen. Infolge der Frequenzabhängigkeit des Brechungsindexes ergibt sich ein Unterschied in den beiden Lichtgeschwindigkeiten und damit eine Drehung der Schwingungsebene. Auf diese Weise erhält man für die Verdet'sche Konstante die Beziehung

$$K_{\mathrm{V}} = -\,\frac{e\lambda_0}{2m_e c_0}\,\frac{\mathrm{d}n}{\mathrm{d}\lambda_0}\ . \tag{520}$$

Für den Brechungsindex n_{R} der rechtszirkular polarisierten Welle gilt $n+(\mathrm{d}n/\mathrm{d}\omega)\omega_{\mathrm{LF}}$, wobei n den Brechungsindex für die Kreisfrequenz ω bezeichnet. Analog folgt für die linkszirkular polarisierte Welle $n_{\mathrm{L}}=n-(\mathrm{d}n/\mathrm{d}\omega)\omega_{\mathrm{LF}}$. Der Drehwinkel α ergibt sich durch Anwendung der Gl.(515), S.372, zu $\alpha=(\pi\ell/\lambda_0)2(\mathrm{d}n/\mathrm{d}\omega)\omega_{\mathrm{LF}}$. Ersetzt man hier noch ω_{LF} durch Gl.(519), S.378, und beachtet, dass wegen $\omega=2\pi c_0/\lambda_0$ die Beziehung $\mathrm{d}\omega=-2\pi c_0\lambda_0^{-2}\mathrm{d}\lambda_0$ gilt, so folgt $\alpha=-\,\ell B_S e\lambda_0/(2m_e c_0)\mathrm{d}n/\mathrm{d}\lambda_0$. Ein Vergleich mit Gl.(517), S.375, liefert die Gl.(520).

Zum Vergleich der hier klassisch abgeleiteten Formel für die Verdet'sche Konstante mit experimentellen Werten betrachten wir als Beispiel Wasser. Die mittlere Dispersion $(n_{\mathrm{F}}-n_{\mathrm{C}})$ des Wassers beträgt bei Zimmertemperatur 0,0059 (s.Tab.70, S.346). Mit $\lambda_{\mathrm{F}}-\lambda_{\mathrm{C}}=-170,2\,\mathrm{nm}$ (s.Tab.65, S.306) ergibt sich für $\mathrm{d}n/\mathrm{d}\lambda_0$ ein Wert von ca. $-34700\,\mathrm{m}^{-1}$. Damit folgt aus Gl.(520) mit den bekannten Werten für die Naturkonstanten (s.A1, S.548) $K_{\mathrm{V}}\approx 5{,}8$. Experimentell findet man für die etwas größere Wellenlänge von 589nm (s.Tab.75, S.376) $K_{\mathrm{V}}\approx 3{,}8$, so dass die Gl.(520) zumindest die richtige Größenordnung liefert.
Hendrik Antoon Lorentz (1853-1928) sagte 1895 auf Grund der im Folgenden beschriebenen Überlegungen eine Aufspaltung und Polarisation der Spektrallinien voraus, wenn sich die strahlenden Atome in einem äußeren Magnetfeld befinden. Sein Mitarbeiter Pieter Zeeman (1865-1943) bestätigte ein Jahr später experimentell diese Erscheinung, die man seitdem als **Zeeman-Effekt** (Zeeman effect)

bezeichnet. Im klassischen Modell wird die Emission von Licht durch eine lineare harmonische Schwingung der negativ geladenen Elektronenhülle gegenüber dem positiv geladenen Atomkern, d.h. durch einen Hertz'schen Dipol (s.S.277) beschrieben. Das Dipolmoment, dessen Kreisfrequenz ω_0 sei, zerlegen wir bei Anwesenheit eines Magnetfeldes in eine Komponente parallel (π-Komponente) und eine Komponente senkrecht (σ-Komponente) zum Magnetfeld mit der Flussdichte $\vec{B}$. Die σ-Komponente wird dann noch in zwei zirkular polarisierte Komponenten zerlegt, so dass die eine die Richtung von $\vec{B}$ mit $+\omega_0$ und die andere mit $-\omega_0$ umkreist. Infolge der Larmor-Präzession (s.S.378), die eine zusätzliche Rotation der Elektronenhülle um die Richtung von $\vec{B}$ mit der Kreisfrequenz $\omega_{LF}=eB/(2m_e)$ (s.S.378) darstellt, werden die beiden Kreisfrequenzen zu $\omega_0+\omega_{LF}$ und $-\omega_0+\omega_{LF}$. Die π-Komponente dagegen wird durch das Magnetfeld nicht beeinflusst (s.Fig212).

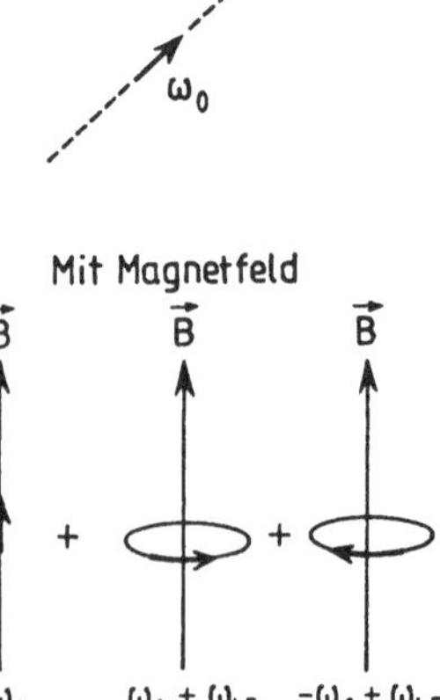

Fig.212 Ohne Magnetfeld führt die Elektronenhülle bei der Lichtemission eine lineare harmonische Schwingung mit der Kreisfrequenz ω_0 gegenüber dem Atomkern aus (Hertz'scher Dipol). Unter dem Einfluss eines Magnetfeldes mit der Flussdichte $\vec{B}$ lässt sich die resultierende Bewegung beschreiben durch (1) eine lineare harmonische Schwingung (ω_0) in Richtung von $\vec{B}$ (π-Komponente des Dipolmoments) und (2) zwei zirkular polarisierte Schwingungen, deren Umlauf in der Ebene senkrecht zu $\vec{B}$ erfolgt (σ-Komponenten des Dipolmoments) und deren Kreisfrequenzen $\omega_0+\omega_{LF}$ bzw. $-\omega_0+\omega_{LF}$ sind

Daraus ergibt sich folgender experimenteller Befund: Ohne Magnetfeld beobachtet man *eine* Spektrallinie (**Singulett**, singlet) mit der Frequenz ω_0. Diese Linie ist unpolarisiert, da die Schwingungsrichtungen der Atomhüllen statistisch verteilt sind. Unter dem Einfluss eines Magnetfeldes spaltet das Singulett bei Beobachtung in Richtung des Magnetfeldes (**longitudinaler Zeeman-Effekt**, longitudinal Zeeman effect) in ein Linienpaar (**Dublett**, doublet) auf. Die beiden Linien sind links-zirkular ($\omega_0+\omega_{LF}$) bzw. rechtszirkular ($\omega_0-\omega_{LF}$) polarisiert, wenn man dem Magnet-feld entgegenschaut. Von der π-Komponente kommt keine Strahlung, da der Hertz'-sche Dipol ja nicht in Schwingungsrichtung strahlt (s.S.282 unten). Bei Beobach-tung senkrecht zum Magnetfeld (**transversaler Zeeman-Effekt**, transverse Zeeman effect) erhält man eine Zentrallinie bei ω_0 und zwei Satellitenlinien bei $\omega_0 \pm \omega_{LF}$ (**Triplett**, triplet). Die Satellitenlinien besitzen je die halbe Intensität der Zentral-linie. Alle drei Linien sind linear polarisiert. Bei der Zentrallinie liegt die Schwin-gungsebene parallel zum Magnetfeld, bei den Satellitenlinien steht sie senkrecht dazu (s.Fig.212). Beobachtet man die hier beschriebenen Erscheinungen, so spricht man vom **normalen Zeeman-Effekt** (normal Zeeman effect). Voraussetzung dafür ist, dass sich die Eigendrehimpulse (Spins) der Elektronen in der Elektronenhülle wechselseitig kompensieren, d.h. dass sie jeweils antiparallel stehen. Wenn dies nicht zutrifft, treten i.Allg. mehr als drei Linien auf, deren Abstände auch nicht gleich der Larmor-Frequenz, sondern ein rationales Vielfaches davon sind (**anoma-ler Zeeman-Effekt**, anomalous Zeeman effect).

24   Absorption und Streuung

Gaius Lucilius: Non omnia possumus omnes
(Keiner kann alles).

24.1   Absorption

Die Abnahme dI der Intensität eines monochromatischen Lichtstrahls nach Durch-laufen einer differentiellen Schichtdicke dx ist proportional zu dx und zur Licht-intensität I selbst. Diese Schwächung kann zwei Ursachen haben: Die **Absorption** (absorption) des Lichtes und damit letztlich eine Umwandlung der elektromagne-tischen Energie in Wärme und die **Streuung** (scattering), d.h. eine Richtungsablen-kung mit und ohne Energietransfer. Aus der Proportionalität von dI zu I folgt das **Lambert'sche Absorptionsgesetz** (Lambert's law of absorption, Johann Heinrich Lambert 1728-1777, Bouguer's law, Pierre Bouguer 1698-1758)

$$I(x) = I_0 \exp(-\alpha x) , \tag{521}$$

wobei I_0 die Anfangsintensität des Lichtes und $I(x)$ die Intensität nach Durchlaufen der Strecke x bezeichnet. α ist eine von der Wellenlänge und der Temperatur abhängige Materialkonstante, die **Extinktionskoeffizient** oder **materieller Schwä-**

chungskoeffizient (linear absorption coefficient) genannt wird.

Aus $dI \propto -I dx$ folgt, wenn man die Proportionalitätskonstante mit α bezeichnet, $dI/I = -\alpha dx$. Die Integration zwischen $x=0$ und $x=x$ liefert $\ln I(x) - \ln I_0 = -\alpha x$ oder $\ln[I(x)/I_0] = -\alpha x$ und damit die Gl.(521).

Für Stoffe, die in einem durchsichtigen Medium, wie z.B. Wasser oder Luft, gelöst sind, gilt bei nicht zu hohen Konzentrationen

$$\alpha = \alpha_m c_K \ . \tag{522}$$

Es ist üblich, hierbei die Konzentration c_K in Anzahl der gelösten Mole pro *Liter* Lösung anzugeben. α_m heißt **molarer Extinktionskoeffizient** (molar linear absorption coefficient). Durch Einsetzen von Gl.(522) in die Gl.(521) erhält man das **Lambert-Beer'sche Absorptionsgesetz** (August Beer 1825-1863).
Wie schon erwähnt, hängt der Extinktionskoeffizient von der Wellenlänge ab. Bei NaCl beispielsweise ist α im Gebiet des sichtbaren Lichtes und darüber hinaus bis $\lambda_0 \approx 8\mu m$ sehr klein, nimmt dann aber mit wachsender Wellenlänge ab ca.15μm stark zu (s.Tab.76).

Tab.76 Extinktionskoeffient α für NaCl bei Zimmertemperatur als Funktion der Vakuumwellenlänge λ_0

λ_0 / μm	0,4 - 8	11	15	19
α/m^{-1}	$\leq$ 0,1	0,5	17	234

Bei KBr liegt diese Grenze deutlich höher, und zwar bei ca.25μm. Diese Tatsache ist ein Hinweis darauf, dass für die Absorption die mechanischen Schwingungen der Atome gegeneinander verantwortlich sind; denn die beiden Wellenlängen verhalten sich ungefähr wie die Wurzeln aus den reduzierten Massen.

Das Koordinatensystem für ein zweiatomiges Molekül werde so gelegt, dass sich die Punktmasse m_1 bei $x=x_1$, $y=0$, $z=0$ und m_2 bei $x=x_2>x_1$, $y=0$, $z=0$ befinde. Der Schwerpunkt (s.S.27) liegt demzufolge bei $x_S=(m_1 x_1 + m_2 x_2)/(m_1 + m_2)$. Mit den Gleichgewichtskoordinaten $\langle x_1 \rangle$ und $\langle x_2 \rangle$ und unter der Annahme einer zur Auslenkung proportionalen Kraft (**harmonischer Oszillator**, simple harmonic oscillator) mit dem Proportionalitätsfaktor κ (**Federkonstante** oder **Direktionskraft**, spring constant) ergeben sich aus dem 2.Newton'schen Axiom (s.S.20) die Gleichungen $m_1 d^2[(x_S - x_1) - (x_S - \langle x_1 \rangle)]/dt^2 = -\kappa[(x_2 - x_1) - (\langle x_2 \rangle - \langle x_1 \rangle)]$ und $m_2 d^2[(x_2 - x_S) - (\langle x_2 \rangle - x_S)]/dt^2 = -\kappa[(x_2 - x_1) - (\langle x_2 \rangle - \langle x_1 \rangle)]$. Nach Division durch m_1 bzw. m_2 und Addition dieser beiden Gleichungen folgt $d^2[(x_2 - x_1) - (\langle x_2 \rangle - \langle x_1 \rangle)]/dt^2 = -\kappa[(x_2 - x_1) - (\langle x_2 \rangle - \langle x_1 \rangle)]/\mu$ mit der **reduzierten Masse** (reduced mass) $\mu = m_1 m_2/(m_1 + m_2)$. Als Lösung dieser Differentialgleichung ergibt sich $(x_2 - x_1) - (\langle x_2 \rangle - \langle x_1 \rangle) \propto \cos(\kappa/\mu)^{1/2}t$, wie man leicht durch Einsetzen nachprüfen kann. Für das Verhältnis v der Schwingungsfrequenzen von NaCl und KBr gilt also, wenn man annimmt, dass die beiden Direktionskräfte gleich sind, $v=(\mu_{KBr}/\mu_{NaCl})^{1/2}$. Wegen $\mu_{KBr} \approx 39,1 \cdot 79,9/(39,1+79,9)$ und $\mu_{NaCl} \approx 23 \cdot 35,5/(23+35,5)$ (s.A4, S.556ff.) folgt $v \approx 1,4$, was näherungsweise mit dem Verhältnis $25/15 \approx 1,7$ übereinstimmt.

Im Allgemeinen ist α eine komplizierte Funktion der Wellenlänge. Als Beispiel zeigt Fig.213 den Extinktionskoeffizienten α von flüssigem Wasser als Funktion der Vakuumwellenlänge λ_0.

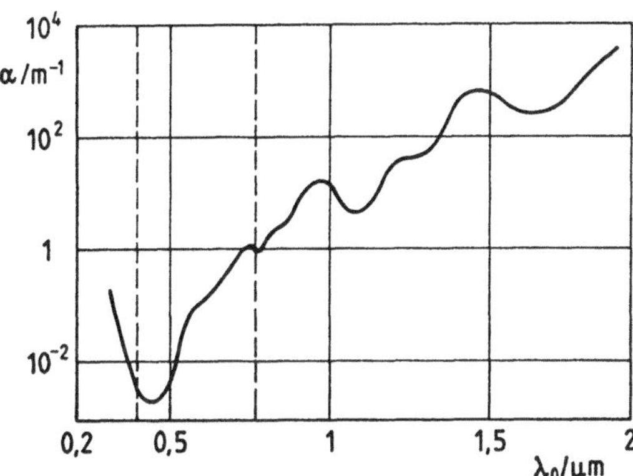

Fig.213 Extinktionskoeffizient α von flüssigem Wasser als Funktion der Vakuumwellenlänge λ_0 in doppeltlogarithmischer Darstellung (nach G. Dietrich)

Der Anstieg von α nach kürzeren Wellenlängen ($\lambda_0 \leq 400\,\text{nm}$) beruht auf energetischen Übergängen in den Elektronenhüllen (**uv/vis-Spektroskopie**, ultraviolet/visible spectroscopy), während bei längeren Wellenlängen die Wechselwirkung der elektromagnetischen Strahlung mit den mechanischen Schwingungen elektrisch geladener Atome (im obigen Beispiel sind es die Ionen Na^+ und Cl^-) bzw. elektrisch geladener Atomgruppen in den Molekülen zu einem Anwachsen von α führt. Es bilden sich Maxima aus, die umso schärfer werden, je verdünnter das System ist. Man spricht dann von **Bandenspektren** (band spectra). Die Untersuchung dieser Resonanzen (**Infrarotspektroskopie**, ir spectroscopy) spielt in der Strukturforschung und der Analytik eine hervorragende Rolle. Dabei wird aber meist an Stelle der Vakuumwellenlänge λ_0 die **Wellenzahl** (wave number) ν^* in der Einheit cm^{-1} angegeben, die als *Anzahl der Wellenlängen pro 1cm* definiert ist. Es gilt also

$$\frac{\nu^*}{cm^{-1}} = \frac{0,01\,\text{m}}{\lambda_0} . \tag{523}$$

Auf der nächsten Seite sind in der Tab.77 die Spektralbereiche der uv-, vis- und ir-Spektroskopie sowie die Durchlässigkeiten von einigen optischen Materialien zusammengestellt. Als Beispiel für eine Anwendung der Infrarotspektroskopie betrachten wir die Oberflächenhydroxylgruppen von **Zeolithen** (zeolites). Zeolithe sind poröse Alumosilikatkristalle, die u.a. als Katalysatoren in der Petrolchemie Verwendung finden, da sie leicht die Protonen der OH-Gruppen an adsorbierte Moleküle abgeben können, die dadurch gespalten werden (Verfahren zur Erhöhung

Tab.77 Spektralbreiche der Ultraviolett- (uv), der Licht- (vis) und der Infrarotspektroskopie (ir) sowie der Durchlässigkeiten verschiedener optischer Materialien

$\lambda_0/\mu m$	ν^*/cm^{-1}	Spektralbereiche					Durchlässigkeiten			
0,4	25000	uv								
0,8	12500		vis				Glas	Quarz		
2,5	4000			nahes ir					NaCl	
4	2500				mitt-leres ir					KBr
15	667									
25	400									
10^3	10					fernes ir				

der Klopffestigkeit von Vergaserkraftstoffen). Fig.214 zeigt schematisch eine solche OH-Gruppe und die drei möglichen Schwingungen des (positiv geladenen) H-Atoms, die als **Valenz-** oder **Dehnungsschwingung** (stretching vibration, ν) bzw. als **Deformations-** oder **Biegungsschwingungen** (bending vibrations, δ und γ) bezeichnet werden.

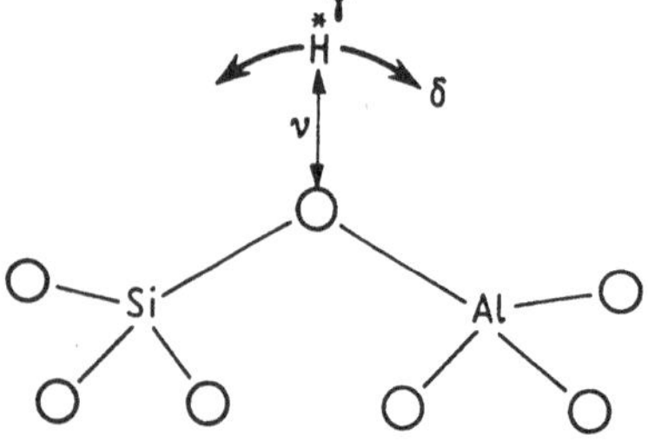

Fig.214 Schematische Darstellung der Oberflächenhydroxylgruppen eines Zeoliths. ν kennzeichnet die Dehnungsschwingung, δ die Biegungsschwingung in der SiOAl-Ebene und γ die Biegungsschwingung senkrecht dazu (gekennzeichnet durch den Stern)

Das Infrarotspektrum (s.Fig.215) zeigt, dass es bei dem betreffenden Katalysator (HY-Zeolith) zwei Sorten von Oberflächenhydroxylgruppen geben muss, da bei $3550\,\mathrm{cm}^{-1}$ und $3640\,\mathrm{cm}^{-1}$ zwei gut getrennte Banden auftreten, die den Dehnungsschwingungen (ν) zuzuordnen sind. Infolge der Tatsache, dass die rücktreibende Kraft für die Schwingungen nichtlinear von der Auslenkung abhängt, findet man auch die ersten Oberschwingungen (bei $6940\,\mathrm{cm}^{-1}$ bzw. $7130\,\mathrm{cm}^{-1}$) sowie die Kombinationsschwingungen $\nu+\delta$ (bei $4610\,\mathrm{cm}^{-1}$ bzw. $4670\,\mathrm{cm}^{-1}$) und $\nu+\gamma$, die allerdings nicht aufgelöst sind ($3950\,\mathrm{cm}^{-1}$).

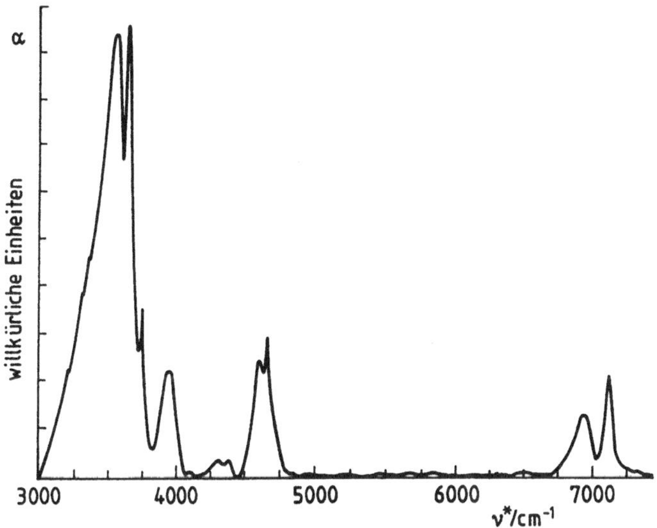

Fig.215 Infrarotspektrum eines Katalysators (HY-Zeolith), der zwei Sorten von Oberflächenhydroxylgruppen enthält (s.Text)

24.2 Streuung an isolierten Teilchen

Teilchen werden als isoliert bezeichnet, wenn ihr gegenseitiger Abstand so groß ist, dass ihre Wechselwirkung vernachlässigt werden kann. Beispiele sind Gase bei geringen Drücken sowie verdünnte Lösungen in inerten Lösungsmitteln. Im Folgenden betrachten wir zunächst die beiden Grenzfälle, dass der Teilchenradius r_T klein bzw. groß gegen die Wellenlänge λ der elektromagnetischen Strahlung ist. Der *erste Grenzfall* ($r_\mathrm{T}\ll\lambda$) tritt bei der Streuung von sichtbarem Licht an kleinen Molekülen auf, deren Radius in der Größenordnung von einigen hundert pm liegt und damit um ca. 3 Größenordnungen kleiner ist als die Wellenlänge.
Wir nehmen zunächst an, dass die Atome bzw. Atomgruppen der Moleküle keine mechanischen Schwingungen ausführen. Dann entsteht die Lichtstreuung ausschließ-

lich dadurch, dass das elektrische Feld der ankommenden elektromagnetischen Welle durch Ladungsverschiebung in jedem Molekül ein elektrisches Dipolmoment erzeugt, das die gleiche Zeitabhängigkeit wie das elektrische Feld besitzt. Die Strahlung aller dieser Dipole (Hertz'sche Dipole, s.S.277) stellt das gestreute Licht dar, das demzufolge *die gleiche Frequenz wie das einfallende Licht* besitzt und *dessen Intensität proportional zur vierten Potenz dieser Frequenz ist* (**Rayleigh'sche Streuung**, Rayleigh scattering, Lord Rayleigh 1842-1919).

Die elektrische Feldstärke $\vec{E}(t)$ der einfallenden elektromagnetischen Welle verschiebt die negativ geladene Elektronenhülle des Moleküls gegenüber den positiv geladenen Atomkernen, so dass ein elektrisches Dipolmoment $\vec{p}_\alpha(t) = \alpha_P \vec{E}(t)$ entsteht, wobei α_P die Polarisierbarkeit des Moleküls bezeichnet (gegenüber Gl.(287), S.185, wurde hier der Index P angefügt, um eine Verwechslung mit dem Extinktionskoeffizienten α zu vermeiden). Wegen $E(t) = \hat{E}\cos\omega t$ wird also das Molekül zu einem Hertz'schen Dipol, dessen abgestrahlte Leistung sich nach Gl.(423), S.283, zu $P \propto \omega^4 \alpha_P^2 \hat{E}^2$ ergibt.

Beim Übergang von rotem ($\lambda_0 \approx 800\text{nm}$) zu blauem Licht ($\lambda_0 \approx 400\text{nm}$) erhöht sich demnach die relative Intensität des gestreuten Lichtes um den Faktor 16. Da dieses Streulicht dem einfallenden Strahl verloren geht, vergrößert sich der Extinktionskoeffizient α (s.S.381) um den gleichen Faktor. Die Rayleigh'sche Streuung ist die Ursache für das **Himmelsblau** und erklärt zusammen mit der Brechung des Sonnenlichtes in der Lufthülle der Erde das **Morgen-** und **Abendrot.**
Wenn die Atome bzw. Atomgruppen der Moleküle mechanische Schwingungen ausführen und wenn durch diese Schwingungen die Polarisierbarkeit des Moleküls (s.S.185) moduliert wird, so kommt zur Rayleigh'schen Streuung noch die **Raman-Streuung** (Raman scattering, Chandrasekhara Vankata Raman 1888-1970) hinzu. Die Intensität des gestreuten Lichtes ist allerdings um mehrere Größenordnungen geringer als bei der Rayleigh'schen Streuung, weshalb erst durch den Einsatz von Lasern (s.S.325) eine praktische Anwendung möglich wurde: Das gestreute Licht weist nämlich scharfe Intensitätsmaxima bei Frequenzen auf, die sich von der Frequenz des einfallenden (monochromatischen) Lichtes um die Schwingungsfrequenzen der Moleküle unterscheiden.

Von der einfallenden elektromagnetischen Welle wird im Molekül ein elektrisches Dipolmoment $\vec{p}_\alpha(t) = \alpha_P \vec{E}(t)$ (s. den obigen kleingedruckten Text) induziert. Wenn sich die Polarisierbarkeit mit der Verschiebung der Atome bzw. Atomgruppen im Molekül ändert, so wird beim Auftreten einer mechanischen Schwingung mit der Kreisfrequenz ω_S auch α_P zeitabhängig, d.h. es gilt in erster Näherung $\alpha_P = \langle\alpha_P\rangle + \hat{\alpha}_P\cos\omega_S t$. Damit folgt $\vec{p}_\alpha(t) = (\langle\alpha_P\rangle + \hat{\alpha}_P\cos\omega_S t)\vec{E}(t)$. Durch Einsetzen von $E(t) = \hat{E}\cos\omega t$ und unter Verwendung des Additionstheorems $\cos x \cos y = \frac{1}{2}\cos(x+y) + \frac{1}{2}\cos(x-y)$ ergibt sich daraus $p_\alpha(t) = \langle\alpha_P\rangle\hat{E}\cos\omega t + \frac{1}{2}\hat{\alpha}_P\hat{E}\cos(\omega+\omega_S)t + \frac{1}{2}\hat{\alpha}_P\hat{E}\cos(\omega-\omega_S)t$. Der erste Term liefert die Rayleighsche Streuung, während die beiden folgenden Terme die Raman-Streuung bewirken. Die Linie mit der niedrigeren Frequenz $(\omega-\omega_S)$ bezeichnet man als **Stokes'sche** (Stokes line), die mit der höheren Frequenz $(\omega+\omega_S)$ als **anti-Stokes'-sche Linie** (anti-Stokes line, George Gabriel Stokes 1819-1903).

Diese **Raman-Spektroskopie** (Raman spectroscopy) stellt eine wichtige Ergänzung zur Infrarotspektroskopie dar, da - abgesehen von der Einwirkung einer elektromagnetischen Welle - die Schwingungen der Atome bzw. Atomgruppen im Molekül nicht notwendigerweise mit einem periodisch variierenden elektrischen Dipolmoment verbunden sein müssen.

Wenn der Teilchenradius r_T groß gegen die Wellenlänge des Lichtes ist (*zweiter Grenzfall* $r_T \gg \lambda$), kann man die Streuung als Reflexion an der Oberfläche der Teilchen beschreiben. Die Frequenz des Streulichtes stimmt demzufolge mit der des einfallenden Lichtes überein, und seine Intensität ist unabhängig von der Frequenz (**Tyndall'sche Streuung**, Tyndall scattering, John Tyndall 1820-1893). Im Übergangsgebiet zwischen den beiden Grenzfällen ($r_T \approx \lambda$) spricht man von **Mie'scher Streuung** (Gustav Mie 1868-1957). Die Tatsache, dass in Industriegegenden mit starker Luftverschmutzung das Himmelsblau in eine weißlich-graue Farbe übergeht, ist auf den zunehmenden Anteil der Tyndall'schen Streuung zurückzuführen. Während Magermilch infolge der Kleinheit der Fetttröpfchen eine leicht bläuliche Farbe zeigt (Rayleigh'sche Streuung), erscheint Vollmilch mit einem höheren Prozentsatz größerer Fetttröpchen tiefweiß (Tyndall'sche Streuung). Auch die weiße Farbe der Wolken wird durch die Tyndall'sche Streuung bedingt.

Wenn die Wellenlänge λ klein gegen den *Radius der Atome* wird (Übergang vom Licht zur Röntgen-Strahlung), treten nicht mehr die Elektronenhüllen als Ganzes, sondern die einzelnen Elektronen als Streuzentren auf. Neben Effekten wie Ionisation (Photoeffekt), elastischem Teilchenstoß (Compton-Effekt, s.S412.) und Teilchenwandlung (Paarbildung, s.S.522) kommt es auch zur Rayleigh'schen Streuung: Ein infolge der kleinen Wellenlänge und damit der hohen Photonenenergie als frei zu betrachtendes Elektron der Hülle wird von der elektrischen Feldstärke $E = \hat{E}\cos\omega t$ der einfallenden Welle zum Mitschwingen angeregt. Damit emittiert dieses Elektron die (totale) Strahlungsleistung $P = (6\pi\epsilon_0 c^3)^{-1} \cdot \langle (d^2(ex)/dt^2)^2 \rangle$ (s.Gl.(423), S.283 mit $p = ex$). Nach dem zweiten Newton'schen Axiom (s.S.20) gilt $m_e d^2x/dt^2 = e\hat{E}\cos\omega t$, wobei m_e die Elektronenmasse ist. Einsetzen in die Gleichung für P liefert $P = e^4(12\pi\epsilon_0 c^3 m_e^2)^{-1}\hat{E}^2$. Als **totalen Wirkungsquerschnitt** (total cross section) σ_{tot} dieses Prozesses bezeichnet man den Quotienten aus P und der Energiestromdichte der einfallenden Welle $S = \epsilon_0 \langle E^2 \rangle c$ (s. den kleingedruckten Text nach Gl.(419) auf S.282). Unter Verwendung der Formeln für P und S folgt $\sigma_{tot} = e^4(6\pi\epsilon_0^2 c^4 m_e^2)^{-1}$. Diese Gleichung lässt sich auch in der Form $\sigma_{tot} = (8\pi/3)r_e^2$ schreiben, wenn man die als **klassischer Elektronenradius** (classical electron radius) bezeichnete Größe $r_e = e^2(4\pi\epsilon_0 c^2 m_e)^{-1}$ einführt. Ihr aktueller Wert für $c = c_0$ [LID90] ist $r_e = 2,81794092(38) \cdot 10^{-15}$m. Der zu dem betrachteten Effekt gehörige materielle Schwächungskoeffizient (Extinktionskoeffizient, s.S.381/382) ist mit σ_{tot} über $\alpha = \sigma_{tot} n_e$ verknüpft, wobei n_e die Anzahl der Elektronen pro m³ bedeutet. Für flüssiges Wasser (H_2O) gilt $n_e \approx 3,3 \cdot 10^{29}$m^{-3} und damit $\alpha \approx 22$m^{-1}, so dass (medizinische) Röntgen-Strahlen durch eine Muskelschicht ($\approx$ Wasser) von 1cm Dicke zu $100 \cdot \exp(-0,22) \approx 80\%$ geradlinig hindurchgehen. Experimentell beobachtet man mit abnehmender Wellenlänge ("härtere" Röntgen-Strahlen) eine stetige Abnahme von σ_{tot}, die durch relativistische Effekte bedingt ist.

24.3 Streuung in kondensierter Materie

Unter **kondensierter Materie** (condensed matter) verstehen wir *Systeme, bei denen das Verhalten der Teilchen wesentlich durch ihre Wechselwirkung bestimmt wird.* Dazu zählen Gase bei höheren Drücken, Flüssigkeiten und Festkörper. Wir behandeln zunächst die **Streuung in Gasen bei höheren Drücken** und **in Flüssigkeiten**. In diesen Systemen sind nur longitudinale mechanische Wellen, d.h. Dichtewellen (density waves) möglich, die auch Schallwellen (s.S.101) genannt werden. Die Schwingungen, die die einzelnen Teilchen auch ohne eine äußere Anregung infolge der thermischen Energie um ihre momentanen Gleichgewichtslagen ausführen, stellen wir als Überlagerung von stehenden (s.S.97) Dichtewellen dar, deren Ausbreitungsrichtungen im Raum gleichmäßig verteilt sind (isotrope Systeme) und von denen jede, abgesehen von der Richtung, durch ihre Frequenz f_S und ihre Phasengeschwindigkeit v_S charakterisiert ist. Die Streuung des Lichtes an diesen stehenden Wellen bezeichnet man als **Brillouin'sche Streuung** (Brillouin scattering, Léon Brillouin 1889-1969). Sie lässt sich klassisch durch Gitterbeugung beschreiben, jedoch ist die quantenphysikalische Behandlung wesentlich einfacher.

Bei der quantenphysikalischen Behandlung wird die Tatsache verwendet, dass sich Wellen mit der Frequenz f und der Wellenlänge λ auch wie Teilchenstrahlen verhalten, wenn man diesen Teilchen die Energie hf und den Impuls h/λ zuschreibt (s.S.416). h ist die Planck'sche Konstante (s.A1, S.548). Im Falle des Lichtes nennt man die Teilchen **Photonen** (photons) und bei den Schallwellen (Dichtewellen) **Phononen** (phonons). Die Streuung des Lichtes an den Schallwellen wird dann als Absorption bzw. Emission eines Phonons durch ein Photon beschrieben. Wir betrachten zunächst den Fall, dass ein Phonon absorbiert wird ($(p_S)_y > 0$ in Fig.216). Aus dem Energiesatz $hf+hf_S=hf'$ folgt $f'=f+f_S$. Der Impulssatz für die x-Komponentenen lautet $(h/\lambda)\sin\alpha=(h/\lambda')\sin\alpha'$ und für die y-Komponenten $-(h/\lambda)\cos\alpha+h/\lambda_S=(h/\lambda')\cos\alpha'$. Wegen $1/\lambda=f/c$ und $1/\lambda'=f'/c=(f+f_S)/c$ folgt aus dem Impulssatz für die x-Komponenten $f\sin\alpha=(f+f_S)\sin\alpha'$. Unter Beachtung von $f_S \ll f$ ergibt sich $\alpha \approx \alpha'$. Aus dem Impulssatz für die y-Komponenten erhalten wir analog $-f\cos\alpha+f_S(c/v_S)=(f+f_S)\cos\alpha'$. Wegen $\alpha \approx \alpha'$ und $c \gg v_S$ lässt sich die letzte Gleichung vereinfachen zu $2f\cos\alpha=f_S(c/v_S)$, woraus mit $\vartheta=\pi-2\alpha$ (s.Fig.216) folgt $f_S/f=(2v_S/c)\sin(\vartheta/2)$. Für den Fall der Emission eines Phonons durch ein Photon, d.h. $(p_S)_y<0$ in Fig.216, ergibt sich $f_S/f=-(2v_S/c)\sin(\vartheta/2)$.

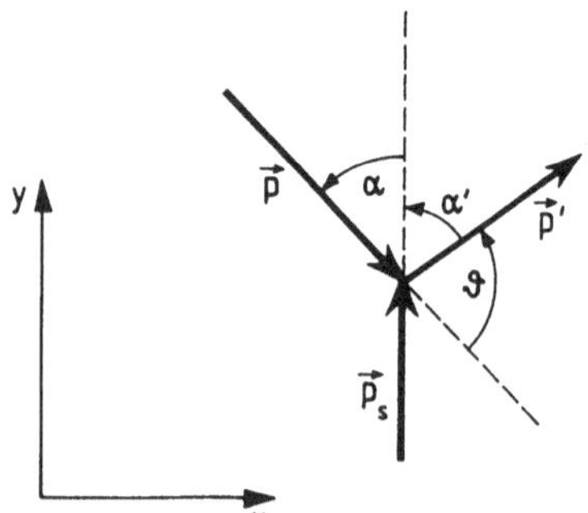

Fig.216 Zur Beschreibung der Brillouin'schen Streuung als Veränderung des Photonenimpulses (aus $\vec{p}$ wird $\vec{p}\,'$) durch Absorption bzw. Emission eines Phonons, dessen Impuls $\vec{p}_S$ ist. Im Fall der Absorption gilt $(p_S)_y>0$ und im Fall der Emission $(p_S)_y<0$

Das unter dem Winkel ϑ (s.Fig.216) gestreute Licht besteht aus zwei Anteilen mit den Frequenzen $f \pm f_s$ und es gilt

$$\frac{f_s}{f} = \frac{2v_s}{c} \sin\frac{\vartheta}{2} \; . \tag{524}$$

Dabei bezeichnet f die Frequenz des einfallenden Lichtes und v_s die zu der Frequenz f_s gehörige Phasengeschwindigkeit der Dichtewellen. Für Toluol, das bei Zimmertemperatur mit monochromatischem Licht der Wellenlänge $\lambda=500\,nm$ bestrahlt wird, findet man beispielsweise bei $\vartheta=116°$ einen Wert für f_s von $4{,}5\cdot10^9\,Hz$. Aus Gl.(524) folgt damit für die Phasengeschwindigkeit der Dichtewellen (Schallwellen) bei dieser Frequenz $v_s=f_s\lambda/(2\sin\vartheta/2) \approx 1327\,m/s$.
Die Brillouin'sche Streuung stellt die wichtigste Methode zur Messung des Phononenspektrums dar. Es ist aber auch möglich, die Lichtstreuung an Schallwellen zu messen, die man der Flüssigkeit von außen aufprägt. Die Anordnung zur Beobachtung dieses Effektes (**Debye-Sears-Effekt**, Raman-Nath diffraction, Peter Debye 1884-1966) zeigt die Fig.217. Die Quarzplatte wird durch Anlegen einer elektrischen Wechselspannung (Frequenz f_s) zu mechanischen Schwingungen angeregt (**piezoelektrischer Effekt**, piezoelectric effect) und sendet eine ebene Schallwelle gleicher Frequenz aus. Die dadurch in der Flüssigkeit erzeugten Dichteschwankungen machen die Probe zu einem optischen Gitter mit der Gitterkonstanten $g=\lambda_s$, wobei es keine Rolle spielt, ob es sich um eine fortschreitende oder um eine stehende Welle (Überlagerung zweier in entgegengesetzter Richtung fortschreitender Wellen) handelt. Da aus dem Beugungsspektrum bei bekannter Wellenlänge des einfallenden Lichtes die Gitterkonstante bestimmt werden kann (s.Gl.(476), S.330),

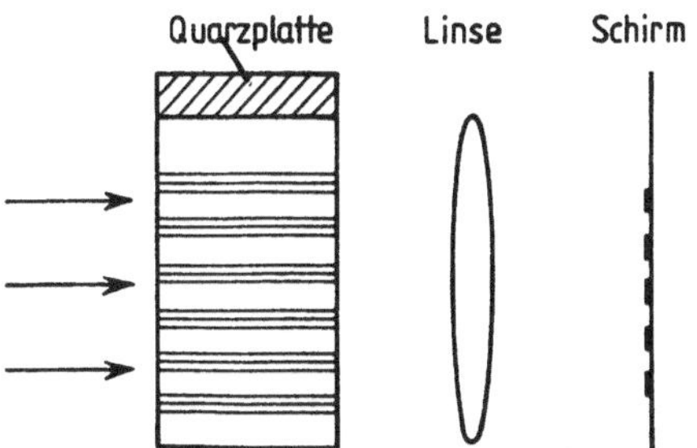

Fig.217 Anordnung zur Beobachtung des Debye-Sears-Effektes. Der Schirm befindet sich in der Brennweite der Linse (Fraunhofer'sche Beugung an dem durch die Schallwellen erzeugten Gitter)

liefert das Experiment zu einer vorgegebenen Frequenz f_S die zugehörige Wellenlänge λ_S und damit die Schallgeschwindigkeit v_S. Derartige Experimente zeigen, dass v_S in Flüssigkeiten nur wenig von der Frequenz abhängt.
Bei der **Streuung in Festkörpern** treten gegenüber Gasen bei höheren Drücken und Flüssigkeiten die folgenden drei Besonderheiten auf: (1) Neben den longitudinalen mechanischen Wellen (Dichtewellen) gibt es noch Transversalwellen, und zwar für jede Frequenz zwei, deren Schwingungsebenen senkrecht zueinander stehen. (2) Die Phasengeschwindigkeit der Wellen hängt von der Richtung im Kristall ab. (3) Von jeder Transversalwelle gibt es zwei Arten, die als **akustische** (acoustic) bzw. **optische** (optical) **Wellen** bezeichnet werden (s.Fig.218).

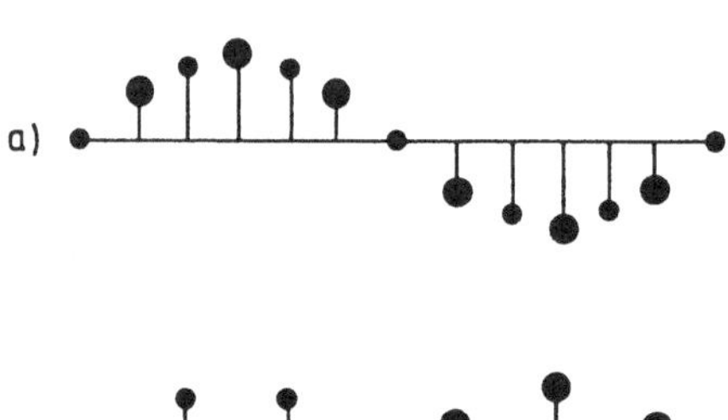
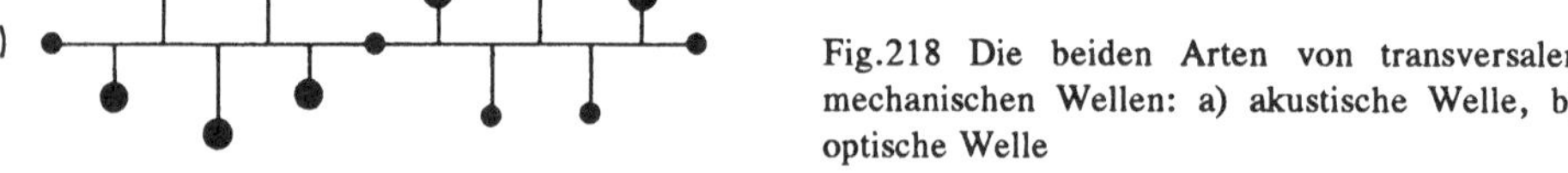

Fig.218 Die beiden Arten von transversalen mechanischen Wellen: a) akustische Welle, b) optische Welle

Die akustischen Wellen tragen zur Brillouin'schen Streuung bei. Die optischen Wellen besitzen i.Allg. viel höhere Frequenzen und verursachen die **Festkörper-Raman-Streuung** (solid state Raman scattering).
Einen Überblick über die verschiedenen Arten der Lichtstreuung, die in diesem und dem vorhergehenden Abschnitt behandelt wurden, vermittelt die Tab.78 auf der nächsten Seite.

Tab. 78 Streuung von monochromatischem Licht der Wellenlänge λ

	Isolierte Teilchen (Teilchenradius r_T)			Kondensierte Materie		
	$r_T \ll \lambda$		$r_T \gg \lambda$	Gase bei hohen Drücken, Flüssigkeiten	Festkörper	
Intensität des gestreuten Lichtes	$\propto \lambda^{-4}$, λ ungeändert	Maxima bei geändertem λ	unabhängig von λ, λ bleibt ungeändert	abhängig vom Streuwinkel, λ geändert		
Ursache	Polarisation der Moleküle	Molekülschwingungen	Reflexion an den Teilchen	Streuung an den Dichtewellen	Streuung an den akustischen Wellen	Streuung an den optischen mechanischen Wellen
Bezeichnung	Rayleigh-Streuung	Raman-Streuung	Tyndall-Streuung	Brillouin-Streuung		Festkörper-Raman-Streuung

25 Wärmestrahlung

Albert Einstein: Als ich zwanzig war dachte ich nur ans Lieben, heute liebe ich nur noch das Denken.

25.1 Grundbegriffe, Photometrie

Unter **Wärmestrahlung** (heat radiation, radiant heat) versteht man die Gesamtheit der elektromagnetischen Wellen, die von einem makroskopischen Körper infolge der thermischen Bewegung seiner Bausteine abgestrahlt wird. Die **Photometrie** (photometry) befasst sich mit der quantitativen Charakterisierung dieser elektromagnetischen Strahlung. Bei der **subjektiven Photometrie** wird das menschliche Auge als Detektor verwendet. Die auf diese Weise erhaltenen **visuellen** oder **lichttechnischen Größen** (luminous quantities) kennzeichnen wir im Folgenden durch den Index v. Bei der **objektiven Photometrie** ergeben sich dagegen die von der spektralen Empfindlichkeit des menschlichen Auges unabhängigen **strahlungsphysikalischen Größen** (radiant quantities), die keinen besonderen Index erhalten. Die Empfindlichkeit des menschlichen Auges (s.S.395) zeigt bei höheren Lichtintensitäten (Tagsehen) ein Maximum in der Nähe von 555nm und geht nach null für $\lambda_0 \geq 750$nm und $\lambda_0 \leq 350$nm.

Wenn man eine gelblichgüne Lichtquelle ($\lambda_0 \approx 555$nm) genauso hell empfindet wie eine rote Lichtquelle ($\lambda_0 \approx 750$nm), so strahlt die rote eine um viele Größenordnungen höhere Leistung ab. Wir müssen also streng zwischen visuellen und strahlungsphysikalischen Größen unterscheiden.

Die Einheit der **Lichtstärke** (luminous intensity) I_v, die zu den Grundeinheiten des SI gehört, ist die **candela** (cd). Sie wird folgendermaßen definiert: *Eine Lichtquelle, die monochromatisches Licht der Frequenz* $5,4 \cdot 10^{14}$*Hz (entsprechend einer Vakuumwellenlänge* λ_0 *von 555nm) emittiert, besitzt die Lichtstärke 1cd, wenn sie in der betreffenden Richtung in den differentiellen Raumwinkel* $d\Omega$ *die Leistung* $(d\Omega/683)$*W abstrahlt.*

Bezeichnet man mit dS ein differentielles Flächenelement auf der Oberfläche einer Kugel mit dem Radius r um die betrachtete Lichtquelle, so ist der differentielle Raumwinkel $d\Omega$ durch die Beziehung $d\Omega = r^{-2}dS$ mit $dS = (r\sin\vartheta)d\phi \cdot rd\vartheta$ definiert (s.Fig.219). Die Einheit des **Raumwinkels** (solid angle) heißt **Steradiant** (steradian, sr).

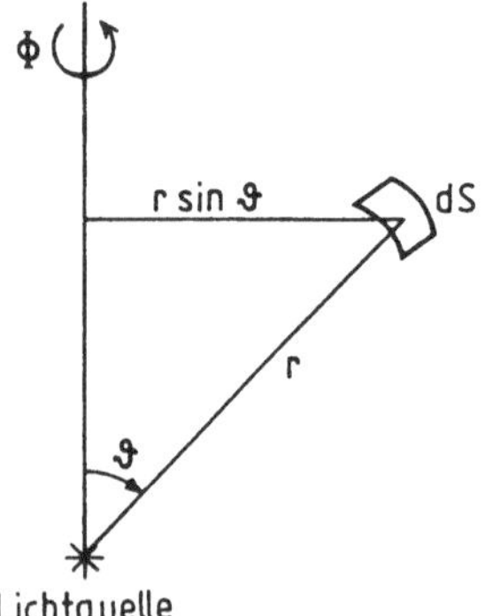

Fig.219 Zur Definition der Lichtstärke einer Lichtquelle

Im Allgemeinen ist die Lichtstärke einer Lichtquelle abhängig von der Richtung, aus der man sie betrachtet. Eine **punktförmige Lichtquelle** (point light source) stellt eine Idealisierung in der Hinsicht dar, dass ihre Lichtstärke unabhängig von der Richtung ist. Nach dem bisher Gesagten besitzt also eine monochromatische punktförmige Lichtquelle mit der Vakuumwellenlänge $\lambda_0 = 555$nm und der Strahlungsleistung Φ eine von der Richtung unabhängige Lichtstärke I_v, für die $I_v/\text{cd} = (683/4\pi)\Phi/\text{W}$ gilt.

Die Messung von Lichtstärken erfolgt oft durch Vergleich mit einer Lichtquelle bekannter Lichtstärke (einem "Normal"). Relativ einfach sind die Verhältnisse dann, wenn die unbekannte Lichtquelle und das Normal die gleiche Farbe besitzen. Bei nicht zu hohen Ansprüchen an die Messgenauigkeit ist das in Fig.220 schematisch dargestellte **Fettfleckphotometer** nach Bunsen (grease spot photometer oder Bunsen photometer, Robert Wilhelm Bunsen 1811-1899) gut geeignet.

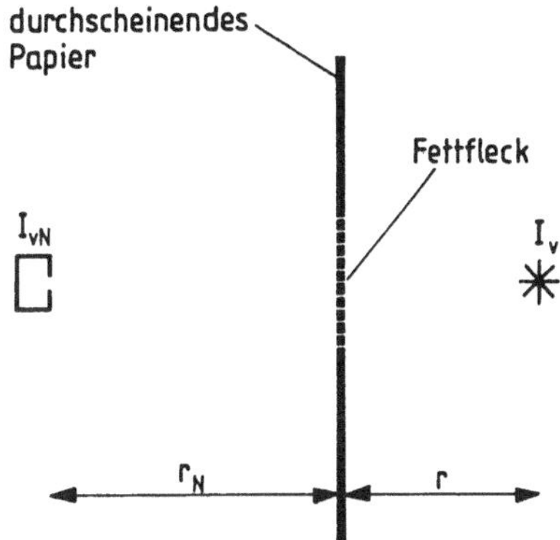

Fig.220 Fettfleckphotometer nach Bunsen. I_{vN} ist die Lichtstärke des Normals und I_v die zu messende Lichtstärke. Der Fettfleck wird unsichtbar, wenn die Gl.(525) erfüllt ist

Wenn die Lichtquelle mit der bekannten Lichtstärke I_{vN} sehr nahe an das mit einem Fettfleck versehene durchscheinende Papier herangebracht wird, erscheint der Feckfleck, von der Seite der zu messenden Lichtquelle aus gesehen, hell auf dunklem Untergrund. Bei großer Entfernung dagegen sieht man ihn dunkel auf hellem Untergrund. Er verschwindet, wenn die von beiden Seiten auf den Fleck der Fläche dS einfallenden Strahlungsleistungen (s.Poynting-Vektor, S.282) gleich sind. Es muss damit gelten $I_{vN}r_N^{-2}\mathrm{d}S = I_v r^{-2}\mathrm{d}S$ oder

$$I_v = I_{vN}\left(\frac{r}{r_N}\right)^2 . \tag{525}$$

Besitzen das Normal und die zu messende Lichtquelle unterschiedliche Farben, so versagt dieses Verfahren, da der Fettfleck für keine Stellung zum Verschwinden gebracht werden kann. Relativ gute Ergebnisse liefert in einem solchen Fall das in Fig.221 auf der nächsten Seite schematisch dargestellte **Flimmerphotometer** (flicker photometer). Die zwei Spiegel und das Fernrohr sind so eingerichtet, dass man von den beiden Lichtquellen nur einen räumlich nicht aufgelösten Farbeindruck in der Mitte des Gesichtsfeldes erhält. Die rotierenden Lochscheiben blenden abwechselnd das Normal (I_{vN}) bzw. die zu messende Lichtquelle (I_v) ab und man beobachtet bei nicht zu hohen Tourenzahlen (≤ 10Hz) ein Flimmern, das verschwindet, wenn die Gl.(525) erfüllt ist.
Um einen Begriff von der Größe der Einheit candela zu vermitteln, sei erwähnt, dass eine 40W-Glühlampe eine Lichtstärke von ca. 40cd, eine 40W-Leuchtstofflampe von ca. 200cd und eine 100W-Glühlampe von ca. 130cd besitzt.

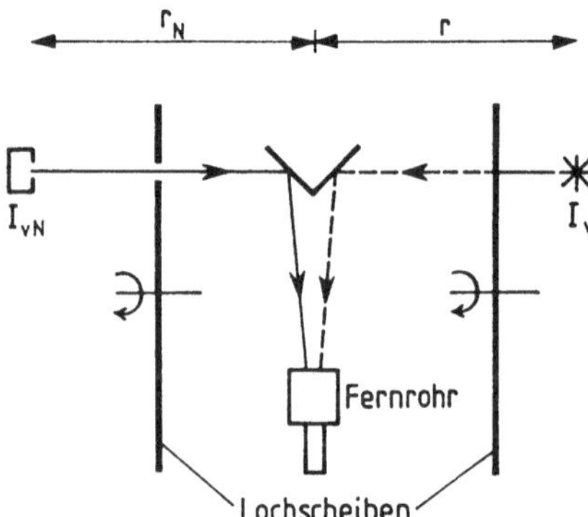

Fig.221 Flimmerphotometer. Das im Fernrohr sichtbare Flimmern zwischen den Farben des Normals und der zu messenden Lichtquelle verschwindet, wenn die Gl.(525) erfüllt ist

Der **Lichtstrom** (luminous flux) Φ_v wird dadurch definiert, dass eine Lichtquelle mit der Lichtstärke I_v in den differentiellen Raumwinkel $d\Omega$ (s.Fig.219, S.392) den Lichtstrom $d\Phi_v = I_v d\Omega$ abstrahlt. Für den gesamten Lichtstrom Φ_v einer Lichtquelle mit der vom Raumwinkel Ω (Einheit sr, s.S.392) abhängigen Lichtstärke $I_v(\Omega)$ gilt also

$$\Phi_v = \oint I_v(\Omega)\, d\Omega \; . \tag{526}$$

Die Einheit des Lichtstromes ist $1\,cd \cdot sr$, wofür man die Bezeichnung **Lumen** (lumen, lm) eingeführt hat. Der gesamte Lichtstrom, den eine Leuchtdiode abstrahlt, ist ca. $10^{-2}\,lm$. Bei einer 60W-Glühlampe beträgt er ca. 730lm und bei einer 40W-Leuchtstofflampe ca. 2300lm.

Wenn eine monochromatische Lichtquelle mit der Vakuumwellenlänge $\lambda_0 = 555\,nm$ einen **Energiestrom** (eine **Strahlungsleistung**, radiant flux, radiant power) Φ aussendet, so gilt für den zugehörigen Lichtstrom Φ_v auf Grund der Definition der candela

$$\Phi_v = K_m \Phi \qquad \text{mit} \qquad K_m = 683\, \frac{lm}{W} \; . \tag{527}$$

K_m wird als **photometrisches Strahlungsäquivalent** (visibility factor) bezeichnet. Für andere Wellenlängen ist der Proportionalitätsfaktor zwischen Φ_v und Φ kleiner. Er ergibt sich aus der Empfindlichkeitskurve des menschlichen Auges für Helladaption und nimmt, wie man aus der Kurve 2 von Fig.222 ersieht, sowohl nach größeren als auch nach kleineren Wellenlängen hin stark ab.

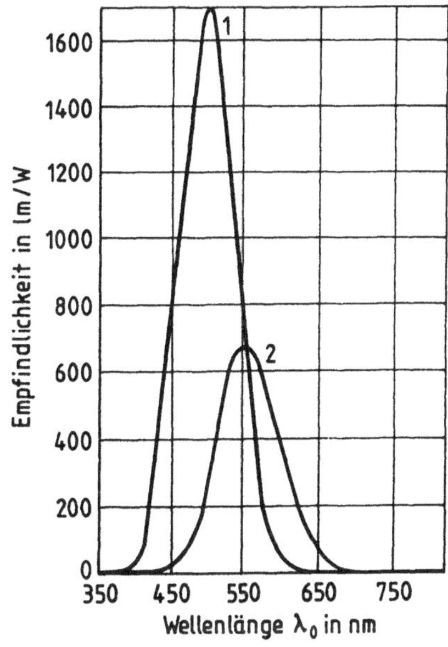

Fig.222 Empfindlichkeit des menschlichen Auges in Abhängigkeit von der Vakuumwellenlänge λ_0. Kurve 1 ist für Dunkeladaption (Stäbchensehen, s. S.322). Ihr Maximum liegt bei 507nm. Kurve 2 gilt für Helladaption (Zäpfchensehen, s.S.322) mit dem Maximum bei 555nm

Wenn auf ein Flächenelement dA der Lichtstrom $d\Phi_v$ (unter einem beliebigen Winkel) auffällt, dann wird die **Beleuchtungsstärke** (illuminance) E_v dieser Fläche definiert durch

$$E_v = \frac{d\Phi_v}{dA} \; . \tag{528}$$

Ihre Einheit $1\text{lm/m}^2 = 1\text{cd}\cdot\text{sr/m}^2$ nennt man 1 **Lux** (lux, lx).

Eine punktförmige Lichtquelle mit der Lichtstärke I_v befinde sich im Abstand a vor einer ebenen Fläche. Wir betrachten ein Flächenelement dA dieser Ebene, das von der Projektion der Lichtquelle auf die Ebene den Abstand b besitze. Dann beträgt der Abstand r zwischen der Lichtquelle und dA nach Pythagoras $r=(a^2+b^2)^{1/2}$. Der Lichtstrom durch dA ist $I_v d\Omega$ mit $d\Omega = r^{-2}(dA)\cos\vartheta$ und $\cos\vartheta = a/r$, so dass sich für die Beleuchtungsstärke $E_v = I_v d\Omega/dA = I_v ar^{-3}$ ergibt.

Charakteristische Zahlenwerte für die Beleuchtungsstärke findet man in Tab.79 auf der nächsten Seite.

Während bei einer punktförmigen Lichtquelle die Lichtstärke definitionsgemäß unabhängig von der Richtung ist, gilt dies bei flächenhaften Lichtquellen i.Allg. nicht mehr. Wir nehmen an, dass die strahlende Fläche eben sei, dass sie die Größe dA besitze und fragen nach der Lichtstärke I_v, die in *der* Richtung gemessen wird, die gegenüber der Senkrechten auf dA um den Winkel ϑ (Polarwinkel) geneigt ist. Dann lassen sich drei Fälle unterscheiden.

Tab.79 Charakteristische Zahlenwerte für Beleuchtungsstärken

Lichtquelle bzw. Bedingungen	Beleuchtungsstärke
Nachthimmel, weitab von Städten, kein Mond, Wolkendecke	30 μlx Grenze des menschlichen Sehens
Vollmond	0,2 lx • Auflösungsvermögen des Auges (s.S.322) um den Faktor 10 verringert • Empfindlichkeit von guten Videokameras
Licht zum Arbeiten	30 lx
sehr helles Zimmer	1 klx
Mittagssonne im Sommer, keine Wolken	70 klx

1.Fall: Die Lichtstärke I_v hängt nicht von ϑ ab. Dies lässt sich z.B. dadurch realisieren, dass man die Fläche gleichmäßig mit punktförmigen Lichtquellen belegt. Die resultierende Lichtstärke ist dann gleich der Summe der Lichtstärken der einzelnen Lichtquellen.

2.Fall: Die Fläche ist mattweiß (z.B. Gipskarton) und wird von Fremdlicht beleuchtet; oder der Strahler ist ein schwarzer Körper, der z.B. durch ein Loch der Fläche dA in einem innen geschwärzten Kasten angenähert werden kann (s. den kleingedruckten Text auf S.401 oben).   Dann gilt das **Lambert'sche Gesetz** (Lambert's law, Johann Heinrich Lambert 1728-1777)

$$I_v = I_{v0}\cos\vartheta \ . \tag{529}$$

Flächenhafte Lichtquellen, die das Lambert'sche Gesetz befolgen, heißen **Lambert'sche Strahler** (lambertian radiator).

Im 3., dem allgemeinen Fall ist I_v weder unabhängig von ϑ noch proportional zu $\cos\vartheta$. Zum Beispiel zeigen Projektionsleinwände, Leuchtdioden, die Antikathode von Röntgen-Röhren oder auch die Sonnenoberfläche eine stärkere Abnahme der Lichtstärke mit wachsendem ϑ als nur nach dem Kosinus. Die letztere Tatsache folgt aus der leicht nachprüfbaren Beobachtung, dass die Sonnenscheibe am Rand dunkler ist als in der Mitte.
Die **Leuchtdichte** (luminance, photometric brightness) L_v eines Flächenelementes dA wird folgendermaßen definiert: Wenn man in der Richtung ϑ die Lichtstärke dI_v misst, dann besitzt dA die Leuchtdichte

$$L_v = \frac{1}{\cos\vartheta}\,\frac{dI_v}{dA}\;. \tag{530}$$

Mit dieser Definition wird die Leuchtdichte für einen Lambert'schen Strahler unabhängig von ϑ. Die Einheit der Leuchtdichte ergibt sich aus Gl.(530) zu $1cd/m^2$. Sie besitzt keinen besonderen Namen. Die früher übliche Einheit $1cd/cm^2$ wurde **Stilb** (sb, vom Griechischen "glänzen") genannt.

Wir betrachten eine Fläche, die alles auffallende Licht diffus reflektiert (ideale mattweiße Fläche) und fragen nach ihrer Leuchtdichte, wenn sie mit der Beleuchtungsstärke E_v bestrahlt wird. Für den Lichtstrom, den die Fläche dA in den Raumwinkel $d\Omega=\sin\vartheta d\vartheta d\phi$ abstrahlt, gilt $d\Phi_{v,refl}=(dI_v)d\Omega$ mit $dI_v=L_v(dA)\cos\vartheta$ (Lambert'scher Strahler, s.S.396). Der gesamte Lichtstrom $d\Phi_{v,refl}^{tot}$ wird damit zu $d\Phi_{v,refl}^{tot}=L_v(dA)\int_0^{\pi}\int_0^{2\pi}\cos\vartheta\sin\vartheta d\vartheta d\phi$. Das Integral lässt sich leicht mit Hilfe der Substitution $\xi=\cos\vartheta$ lösen und es ergibt sich $d\Phi_{v,refl}^{tot}=L_v(dA)\pi$. Andererseits folgt aus der Definition der Beleuchtungsstärke E_v (s.S.395) für den auf die Fläche dA einfallenden Lichtstrom $d\Phi_v=E_v dA$. Gleichsetzen der Ausdrücke für $d\Phi_v$ und $d\Phi_{v,refl}^{tot}$ liefert das Ergebnis $L_v=E_v/\pi$.

Für den Lichtstrom Φ_v, den ein Lambert'scher Strahler in den Halbraum ($0\le\vartheta\le\pi/2$; $0\le\phi\le2\pi$) abstrahlt, wenn man für seine Lichtstärke senkrecht zur Fläche ($\vartheta=0$) den Wert I_{v0} misst, ergibt sich durch Einsetzen von Gl.(529) in die Gl.(526), S.394, und Integration die Beziehung

$$\Phi_v = I_{0v}\,\pi\;. \tag{531}$$

Der Gesamtstrom von Lichtquellen Φ_v lässt sich leicht mit Hilfe einer **Ulbricht'schen Kugel** (integrating sphere) ermitteln. Diese besteht aus einer Hohlkugel (Radius R), in die die zu messende Lichtquelle gebracht wird. Die Kugelinnenwand ist mit einer möglichst idealen mattweißen Schicht überzogen. Typische Werte für den Bruchteil ρ der auffallenden Strahlung, der diffus reflektiert wird, liegen zwischen 0,9 und 0,99. Die Beleuchtungsstärke E_v einer kleinen Fläche $A\ll4\pi R^2$ (Fenster in der Kugelwand), die durch einen Schirm vor der Bestrahlung durch die Lichtquelle geschützt wird, ist dann proportional zu Φ_v, und zwar folgt aus dem Energiesatz $E_v=\rho\Phi_v[(4\pi R^2-A)(1-\rho)+A]^{-1}$. Die Ulbricht'sche Kugel kann auch verwendet werden, um Lichtströme zu messsen, die durch das Fenster A eintreten, indem man einen Detektor verwendet, der sich an einer anderen Stelle der inneren Kugeloberfläche befindet.

Der von $1m^2$ in den Halbraum abgestrahlte Lichtstrom wird als **spezifische Lichtausstrahlung** (luminous exitance) M_v bezeichnet. Auf der nächsten Seite sind in Tab.80 die im vorliegenden Abschnitt behandelten visuellen Größen (Index v) den strahlungsphysikalischen Größen gegenübergestellt.

Tab.80 Vergleich der visuellen und der entsprechenden strahlungsphysikalischen Größen (sr ist die Einheit des Raumwinkels, s.S.392)

Visuelle Größen (Index v)	Strahlungsphysikalische Größen
Lichtstärke I_v Defin: s. S.392 Einheit: cd	**Strahlstärke** (radiant intensity) I Defin: $I = d\Phi/d\Omega$ Einheit: W/sr
Lichtstrom Φ_v Defin: $\Phi_v = \oint I_v d\,\Omega$ Einheit: cd sr = lm	**Energiestrom** (Strahlungsleistung) Φ Defin: Die von der Strahlung übertragene Leistung Einheit: W
Beleuchtungsstärke E_v Defin: $d\Phi_v/dA$ Einheit: cd sr/m^2 = lx	**Bestrahlungsstärke** (irradiance) E Defin: $E = d\Phi/dA$ Einheit: W/m^2
Leuchtdichte L_v Defin: $L_v = (\cos\vartheta)^{-1} dI_v/dA$ Einheit: cd/m^2 *früher*: 1cd/cm^2 = 1 **Stilb**	**Strahldichte** (radiance) L Defin: $L = (\cos\vartheta)^{-1} dI/dA$ Einheit: Wm^{-2}sr^{-1}
Spezifische Lichtausstrahlung M_v Defin: Der von 1m^2 in den Halbraum abgestrahlte Lichtstrom Einheit: lm/m^2 *früher*: 1lm/cm^2 = 1 **Phot**	**Spezifische Ausstrahlung** (radiant exitance) M Defin: Die von 1m^2 in den Halbraum abgestrahlte Leistung Einheit: W/m^2

Durch Kombination der Beziehungen für die Strahlstärke I und die Strahldichte L ergibt sich für die Leistung, die von einem Flächenelement dA in den differentiellen Raumwinkel $d\Omega$ abgestrahlt wird, die Beziehung

$$d\Phi = L \cos\vartheta \; dA \; d\Omega \; . \tag{532}$$

25.2 Strahlungsformeln

Die **spektrale Strahldichte** (spectral concentration of luminance) $L_f(\vartheta,T)$ ist dadurch definiert, dass das Produkt $L_f \cos\vartheta dA df d\Omega$ die Leistung bezeichnet, die von einem Flächenelement dA im Frequenzintervall von f bis $f+df$ bei der Temperatur T in den Raumwinkel $d\Omega$ abgestrahlt wird. Der Zusammenhang mit der in Tab.80 definierten Strahldichte L ergibt sich unter Beachtung von Gl.(532) zu

$$\int_0^\infty L_f \, \mathrm{d}f = L \; . \tag{533}$$

Der **spektrale Absorptionskoeffizient** (spectral absorptance) $\beta_f(\vartheta, T)$, der nicht mit dem auf S.381 eingeführten Extinktionskoeffizienten α verwechselt werden darf, ist das Verhältnis aus der Strahlungsleistung, die von einem Körper bei der Temperatur T im Frequenzintervall von f bis $f+\mathrm{d}f$ absorbiert wird, zu der Strahlungsleistung, die im gleichen Frequenzintervall unter dem Winkel ϑ auf den Körper fällt. Analog definiert man den **spektralen Reflexionskoeffizienten** (spectral reflectance) $\gamma_f(\vartheta, T)$, so dass

$$\beta_f + \gamma_f = 1 \tag{534}$$

gilt. Ein **schwarzer Körper** (black body) absorbiert per definitionem *alle* auffallende Strahlung. Für derartige Körper, die wir im Folgenden mit dem Index s kennzeichnen wollen, gilt also

$$\beta_{f\,s} = 1 \; . \tag{535}$$

Ein schwarz gestrichener oder berußter Körper erfüllt die Bedingung (535) nur unvollkommen, sehr gut dagegen ein kleines Loch in der Wand eines innen geschwärzten Hohlkörpers (s.Fig.223). Lichtstrahlen, die durch das Loch ins Innere

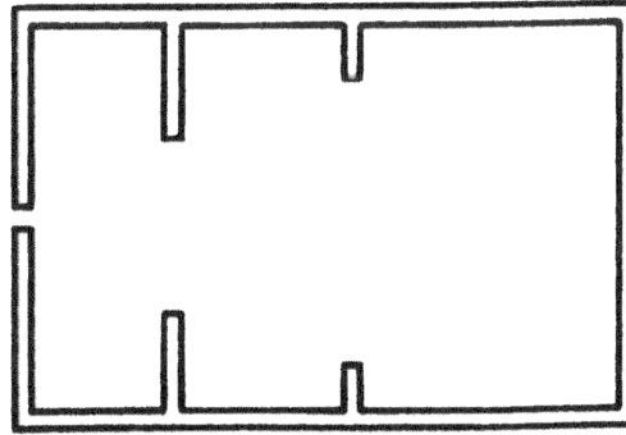

Fig.223 Praktische Realisierung eines schwarzen Körpers durch das Loch in der Wand eines innen geschwärzten Hohlkörpers. Die Seitenbleche sind ebenfalls geschwärzt und reduzieren zusätzlich die Wahrscheinlichkeit, dass einfallendes Licht wieder durch das Loch austritt. Wenn die absolute Temperatur T des Körpers größer als null ist, wirkt der schwarze Körper selbst als Strahler (**Hohlraumstrahler,** complete radiator)

gelangen, werden vielfach reflektiert und wegen der Schwärzung der Wände jedesmal stark in ihrer Intensität geschwächt, weshalb nur eine geringe Wahrscheinlichkeit besteht, dass einfallendes Licht durch das Loch wieder nach außen gelangt. Dieses erscheint daher absolut schwarz. Heizt man aber die Wände der Hohlraums auf, so tritt aus der Öffnung Strahlung aus, die bei höheren Temperaturen vom menschlichen Auge wahrgenommen werden kann: Das Loch beginnt bei Temperaturen ab ca. 650°C zu leuchten, zuächst tiefrot und schließlich grellweiß (Wien'sches Verschiebungsgesetz, s.S.404). Wegen der Realisierung des schwarzen Körpers durch derartige Hohlräume bezeichnet man die Strahlung des schwarzen Körpers, die **schwarze Strahlung** (blackbody radiation), auch oft als **Hohlraumstrahlung** (cavity radiation).

Das **Kirchhoff'sche Strahlungsgesetz** (Kirchhoff's law of radiation, Gustav Robert Kirchhoff 1824-1887) besagt, dass die spektrale Strahldichte L_f eines beliebigen Körpers proportional zu seinem spektralen Absorptionskoeffizienten β_f ist und dass die Proportionalitätskonstante für alle Körper den gleichen Wert besitzt. Auf Grund der Definition des schwarzen Körpers (s.Gl.(535) auf der vorhergehenden Seite) folgt, dass diese Proportionalitätskonstante gleich der spektralen Strahldichte L_{fs} des schwarzen Körpers sein muss. Damit lässt sich das Kirchhoff'sche Strahlungsgesetz in der folgenden Form schreiben

$$\frac{L_f}{\beta_f} = L_{fs} \, . \tag{536}$$

Das Kirchhoff'sche Strahlungsgesetz beweisen wir für den Spezialfall senkrechter Strahlung ($\vartheta = 0$). Das betrachtete System bestehe aus einem Lichtwellenleiter (s.S.303), der auf der einen Seite senkrecht an die Oberfläche eines schwarzen Körpers und auf der anderen Seite senkrecht an die Oberfläche eines beliebigen Körpers angekoppelt ist. Beide Körper sollen nur über den Lichtwellenleiter Energie austauschen können und sich im thermischen Gleichgewicht bei der Temperatur T befinden. Der schwarze Körper emittiert dann im Frequenzintervall df die Strahlungsleistung $\Delta\Phi_{fs} = L_{fs}Adf\Delta\Omega$, wobei A die Querschnittsfläche des Lichtwellenleiters und $\Delta\Omega$ das Intervall des Raumwinkels bezeichnet, in dem der Lichtwellenleiter die Strahlung überträgt (s. den kleingedruckten Text auf S.303/304). Von dieser Leistung absorbiert der nichtschwarze Körper den Anteil $\beta_f\Delta\Phi_{fs}$ und reflektiert den Rest $(1-\beta_f)\Delta\Phi_{fs}$. Außerdem emittiert der nichtschwarze Körper im gleichen Frequenzintervall df die Strahlungsleistung $\Delta\Phi_f = L_fAdf\Delta\Omega$. Wegen des vorausgesetzten thermischen Gleichgewichts muss gelten $\Delta\Phi_{fs} = (1-\beta_f)\Delta\Phi_{fs} + \Delta\Phi_f$. Nach Einsetzen der Ausdrücke für $\Delta\Phi_{fs}$ und $\Delta\Phi_f$ folgt $L_{fs} = (1-\beta_f)L_{fs} + L_f$ und damit die gesuchte Gleichung $L_f = \beta_f L_{fs}$.

Die **spektrale Energiedichte** (monochromatic energy density) $\rho_s(f,T)$ der schwarzen Strahlung wird folgendermaßen definiert: Wir betrachten einen Hohlraum, der von schwarzen Wänden begrenzt wird und der sich im thermischen Gleichgewicht bei der Temperatur T befindet. Dann ist $\rho_s(f,T)dfdV$ die Energie, die das Volumenelement dV infolge der elektromagnetischen Strahlung mit Frequenzen zwischen f und $f+df$ enthält. Es lässt sich zeigen, dass ρ_s mit der spektralen Strahldichte L_{fs} des schwarzen Körpers (s.S.398) in folgender Weise zusammenhängt:

$$\rho_s(f,\,T) = \frac{4\pi}{c_0} L_{fs} \, , \tag{537}$$

wobei c_0 die Lichtgeschwindigkeit im Vakuum bezeichnet.

Ein kleines Loch der Fläche dA in der Wand des Hohlraums soll das thermische Gleichgewicht nicht stören. Da die Hohlraumstrahlung über den Raumwinkel 4π isotrop verteilt ist und sich mit Lichtgeschwindigkeit ausbreitet, folgt für die Leistung, die durch das Loch im Frequenzintervall von f bis $f+df$ in den Raumwinkel dΩ abgestrahlt wird, $d\Phi_{fs}=(dA\cdot\cos\vartheta)c_0(d\Omega/4\pi)\rho_s df$. Wegen der durch die Gleichung $d\Phi_f=L_f(\vartheta,f,T)\cos\vartheta dA d\Omega df$ definierten spektralen Strahldichte (s.S.398) folgt $L_{fs}=(c_0/4\pi)\rho_s$, d.h. die gesuchte Gl.(537). Außerdem ersieht man, dass L_{fs} nicht von ϑ abhängt, oder, mit anderen Worten, dass dA ein Lambert'scher Strahler ist.

Mit Hilfe dieser Gleichung findet man leicht für die Strahlungsleistung, die von der schwarzen Fläche dA im Frequenzintervall von f bis $f+df$ in den Halbraum abgestrahlt wird

$$\left(\iint_{2\pi} L_{fs}\cos\vartheta d\Omega\right)\, dA\; df = \frac{c_0}{4}\,\rho_s(f,\,T)\, dA\; df\;.\tag{538}$$

Für die gesuchte Strahlungsleistung gilt auf Grund der Definition der spektralen Strahldichte L_f (s.S.398) ($\int_0^{\pi/2}\int_0^{2\pi}L_{fs}\cos\vartheta\sin\vartheta d\vartheta d\phi)dAdf$. Einsetzen von Gl.(537) führt auf das Integral ($\int_0^{\pi/2}\int_0^{2\pi}\cos\vartheta\sin\vartheta d\vartheta d\phi)\cdot c_0(4\pi)^{-1}\rho_s dAdf$. Wegen $\int_0^{\pi/2}\int_0^{2\pi}\cos\vartheta\sin\vartheta d\vartheta d\phi=\pi$ ergibt sich daraus die Gl.(538).

Da diese Strahlungsleistung messtechnisch gut zugänglich ist, kann man auf diese Weise auch die spektrale Energiedichte $\rho_s(f,T)$ der schwarzen Strahlung experimentell bestimmen. Das Ergebnis zeigt die Fig.224.

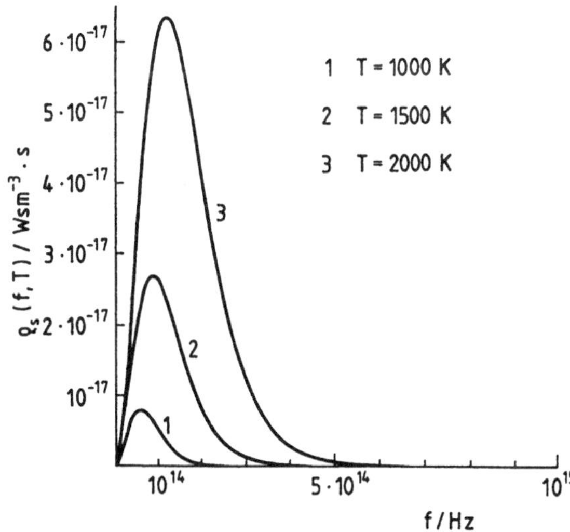

Fig.224 Spektrale Energiedichte $\rho_s(f,T)$ der schwarzen Strahlung als Funktion der Frequenz für verschiedene Temperaturen

Bei großen und kleinen Frequenzen wird ρ_s sehr klein. Dazwischen besitzt es ein Maximum, das sich mit wachsender Temperatur nach höheren Frequenzen (kürzeren Wellenlängen) verschiebt (Wien'sches Verschiebungsgesetz, s.S.404).
Nachdem alle Versuche zur Erklärung der Frequenz- und Temperaturabhängigkeit von ρ_s aus den bisher bekannten Gesetzen der Physik gescheitert waren, trat Max Planck (1858-1947) am 14. Dezember 1900 im Hörsaal des Physikalischen Instituts der Berliner Universität vor die Mitglieder der Deutschen Physikalischen Gesellschaft und zeigte, dass sich eine theoretische Begründung für die Funktion $\rho_s(f,T)$ nur finden lässt, wenn man eine der bisherigen Physik gänzlich fremde Annahme macht, nämlich, dass gewisse physikalische Größen, im vorliegenden Fall die Energie, quantisiert sind. Mit der hierdurch begründeten Quantentheorie und der 1905 von Albert Einstein (1879-1955) entwickelten Relativitätstheorie (s.S.287ff.) begann eine neue Ära der Physik und man bezeichnet heute die Gesamtheit der ohne Berücksichtigung von Quanteneffekten gültigen physikalischen Erkenntnisse und Gesetze als **klassische Physik** (classical physics).
Der wesentliche Punkt bei der von Max Planck vorgestellten Ableitung der Formel für $\rho_s(f,T)$ war die Forderung, dass ein Resonator mit der Frequenz f Energie nicht in beliebigen Portionen abgeben oder aufnehmen kann, sondern nur in ganzzahligen Vielfachen des Energiequants (quantum of energy) hf, wobei die Naturkonstante h die Größe

$$h = 6{,}62\ 560\ 755(40) \cdot 10^{-34}\ \text{Js} \tag{539}$$

besitzt [LID90] und als **Planck'sche Konstante** (Planck constant) bezeichnet wird. Mit dieser Forderung ergibt sich die **Planck'sche Strahlungsformel** (Planck's radiation law)

$$\rho_s(f,T) = \frac{8\pi h f^3}{c_0^{\,3}} \frac{1}{\exp(hf/kT) - 1} . \tag{540}$$

Die Bedingung für die Ausbildung stehender (elektromagnetischer) Wellen in *einer* Dimension der Länge ℓ lautet $\ell = n\lambda_0/2$ (s.S.97ff.), wobei n eine ganze Zahl und λ_0 die zur Frequenz f gehörige Vakuumwellenlänge $\lambda_0 = c_0/f$ ist. Damit folgt für die Anzahl der stehenden Wellen (=Anzahl der Resonatoren) dieses Systems bei vorgegebener Länge ℓ und Frequenz f die Gleichung $n = 2\ell f/c_0$. Die Erweiterung auf ein dreidimensionales System (Würfel mit der Kantenlänge ℓ) führt auf die Beziehung $n_1^2 + n_2^2 + n_3^2 = (2\ell f/c_0)^2$. Mit dieser Gleichung lässt sich die Anzahl der stehenden Wellen im Frequenzintervall von f bis $f + df$ berechnen. Zu diesem Zweck gehen wir in das durch n_1, n_2 und n_3 aufgespannte kartesische Koordinatensystem. Das Volumen zwischen den Radien $2\ell f/c_0$ und $2\ell(f+df)/c_0$ ist $4\pi(2\ell f/c_0)^2 2(\ell/c_0)df$. Da n_1, n_2 und n_3 nur positiv sein dürfen, kommt lediglich der entsprechende Kugelschalenoktant in Frage und es ergibt sich für die Anzahl der stehenden Wellen $(1/8)4\pi(2\ell f/c_0)^2 2(\ell/c_0)df$. Diese Zahl ist noch mit dem Faktor 2 zu multiplizieren, da die elektromagnetischen Wellen zu den Transversalwellen gehören (es sind jeweils zwei Wellen gleicher Frequenz aber unterschiedlicher Polarisationsrichtungen möglich). Damit folgt für die Anzahl der stehenden Wellen pro m^3 der Ausdruck $8\pi f^2 c_0^{-3} df$. Dieses Ergebnis ist unabhängig von der Form des Hohlraumes, für den im vorliegenden Fall ein Würfel gewählt wurde. Die Planck'sche Quantisierungsbedingung besagt, dass ein Resonator nur die diskreten Energien $E_v = vhf$ mit $v=0, 1, 2, \ldots$ annehmen kann, so dass sich für die mittlere Energie (s. Boltzmann-Verteilung, S.110ff.) die Beziehung $\langle E \rangle = [\Sigma_v vhf \exp(-vhf/kT)] \cdot [\Sigma_v \exp(-vhf/kT)]^{-1}$ ergibt, wobei k die Boltzmann-Konstante und T die Temperatur bezeichnet. Nun gilt $\Sigma_v \exp(-vhf/kT) = [1-\exp(-hf/kT)]^{-1}$ (s.S.563, Geometrische Reihe mit $a_1=1$ und $n=\infty$). Differenziert man die linke und die rechte Seite dieser Gleichung nach $-1/(kT)$, so folgt außerdem $\Sigma_v vhf \cdot \exp(-vhf/kT) = [hf \exp(-hf/kT)][1-\exp(-hf/kT)]^{-2}$. Einsetzen dieser beiden Gleichungen in die Beziehung für $\langle E \rangle$ liefert $\langle E \rangle = [hf \exp(-hf/kT)][1-\exp(-hf/kT)]^{-1}$ oder $\langle E \rangle = hf[\exp(hf/kT)-1]^{-1}$. Wir sehen, dass sich dieser Audruck für $hf \ll kT$ vereinfacht zu $\langle E \rangle = kT$, dem Ergebnis der klassischen Physik. Unter Verwendung der oben abgeleiteten Anzahl $8\pi f^2 c_0^{-3} df$ der stehenden Wellen pro m^3 und der Formel für die mittlere Energie $\langle E \rangle$ jeder dieser Wellen, folgt $\rho_s(f,T)df = (8\pi f^3 h c_0^{-3} df)[\exp(hf/kT)-1]^{-1}$ oder $\rho_s(f,T) = 8\pi f^3 h c_0^{-3}[\exp(hf/kT)-1]^{-1}$, d.h. die Gl.(540).

Von Albert Einstein (1879-1955) stammt eine Ableitung der Planck'schen Strahlungsformel, die davon ausgeht, dass die Teilchen der Hohlraumwand, die mit der schwarzen Strahlung in Wechselwirkung stehen, ständig Photonen (s. den kleingedruckten Text auf S.388) emittieren und absorbieren. Die mittlere Dichte (mittlere Anzahl pro m^3) der dadurch im Hohlraum vorhandenen Photonen mit Frequenzen zwischen f und $f+df$ ist dann bis auf eine Proportionalitätskonstante gleich der gesuchten Größe $\rho_s(f,T)df$. Bei dieser Ableitung musste Einstein allerdings eine Annahme über die Emission von Photonen machen, die damals eine reine Hypothese darstellte und deren Richtigkeit erst Jahrzehnte später durch die Entwicklung des Lasers (s.S.325) bestätigt wurde: Wenn sich ein Teilchen in einem Zustand mit der Energie E befindet, dann kann es bekanntlich ein auftreffendes Photon der Energie hf absorbieren, indem es in einen angeregten Zustand mit der Energie $E+hf$ übergeht. Nach Einstein kann das auftreffende Photon aber auch mit der *gleichen* Wahrscheinlichkeit das Teilchen vom angeregten Zustand in den Ausgangszustand der Energie E versetzen, wobei ein zweites Photon gleicher Frequenz und Phase entsteht (**induzierte Emission**, stimulated emission). Die bis dahin allein bekannte **spontane Emission** (spontaneous emission) von Photonen, d.h. der Übergang eines Teilchens von $E+hf$ nach E *ohne* äußere Einwirkung, dominiert allerdings bei den üblichen thermischen Lichtquellen (Glühlampen, Gasentladungen usw.), da sich für den relativen Anteil r_{ind} der induzierten Emissionsübergänge der Ausdruck

$$r_{ind} = \exp(-hf / kT) \tag{541}$$

ergibt, der bei einer thermischen Lichtquelle mit $T \approx 2200K$ und $\lambda_0 \approx 550nm$ kleiner als 10^{-5} ist.

Es sei $n(f)$ bzw. $n^*(f)$ die Dichte (Anzahl pro m^3) der mit der Strahlung wechselwirkenden Teilchen in der Hohlraumwand, deren Resonanzfrequenz f ist und die sich im Grundzustand mit der Energie E_0, bzw. im angeregten Zustand mit der Energie E_0+hf befinden. Für das Verhältnis dieser beiden Größen liefert die Boltzmann-Verteilung (s.S.110ff.) den Ausdruck $n^*(f)/n(f) = \exp(-hf/kT)$. Für die Anzahl der pro

Sekunde und pro m^3 absorbierten Photonen der Energie hf schreiben wir $K_1 n(f)\rho_s(f,T)$, wobei K_1 eine Konstante ist. Die Anzahl der pro Sekunde und pro m^3 emittierten Photonen der Energie hf ergibt sich als Summe aus dem Beitrag der spontanen Emission $K_2 n^*(f)$, mit K_2 als einer zweiten Konstanten, und dem der induzierten Emission $K_1 n^*(f)\rho_s(f,T)$. Im thermischen Gleichgewicht muss demnach gelten $K_1 n(f)\rho_s(f,T) = K_1 n^*(f)\rho_s(f,T) + K_2 n^*(f)$. Unter Verwendung der obigen Formel für das Verhältnis $n^*(f)/n(f)$ folgt $\rho_s(f,T) = (K_2/K_1)[\exp(hf/kT)-1]^{-1}$. Die Einstein'sche Ableitung liefert also die Planck'sche Strahlungsformel (s.Gl.(540), S.402), wenn man für den Quotienten der beiden Konstanten K_2/K_1 die Größe $8\pi hf^3/c_0^3$ einsetzt. Diese Tatsache erlaubt eine Berechnung des relativen Anteils r_{ind} der induzierten Emissionsübergänge an der Gesamtemission. Definitionsgemäß gilt $r_{ind} = [K_1 n^*(f)\rho_s(f,T)] \cdot [K_1 n^*(f)\rho_s(f,T) + K_2 n^*(f)]^{-1}$. Setzen wir hier die obige Gleichung $\rho_s(f,T) = (K_2/K_1)[\exp(hf/kT)-1]$ ein, so folgt $r_{ind} = \exp(-hf/kT)$, d.h. die Gl.(541).

Um die spektrale Energiedichte der schwarzen Strahlung nach Gl.(540), S.402, als Funktion der Vakuumwellenlänge λ_0 darzustellen, genügt es nicht, f durch c_0/λ_0 zu ersetzen; denn es muss ja außerdem die Bedingung $\int_0^\infty \rho_s(f,T)df = \int_0^\infty \rho_s(\lambda_0,T)d\lambda_0$ (Gleichheit der Energiedichten) erfüllt werden. Man erhält

$$\rho_s(\lambda_0,T) = \frac{8\pi hc_0}{\lambda_0^5} \; \frac{1}{\exp[hc_0/(\lambda_0 kT)] - 1} \; . \tag{542}$$

Die Bedingung für die Gleichheit der Energiedichten $\int_0^\infty \rho_s(f,T)df = \int_0^\infty \rho_s(\lambda_0,T)d\lambda_0$ wird erfüllt durch $\rho_s(\lambda_0,T) = \rho_s(f,T)|df/d\lambda_0|$. Wegen $f = c_0/\lambda_0$ oder $|df/d\lambda_0| = c_0/\lambda_0^2$ folgt $\rho_s(\lambda_0,T) = \rho_s(f,T)c_0/\lambda_0^2$ und damit nach Einsetzen von Gl.(540), S.402, die gesuchte Gl.(542). Das Produkt $2\pi hc_0^2$ wird mitunter als **erste Strahlungskonstante** (first radiation constant) und der Quotient hc_0/k als **zweite Strahlungskonstante** (second radiation constant) bezeichnet.

Das Maximum dieser Funktion tritt auf, wenn die Bedingung $d\rho_s(\lambda_0,T)/d\lambda_0 = 0$ erfüllt ist. Einsetzen von Gl.(542) führt auf die Beziehung $5\{1-\exp[-hc_0/(\lambda_{0,max}kT)]\} = hc_0/(\lambda_{0,max}kT)$. Das Ergebnis der numerischen Lösung [LID90]

$$\lambda_{0,max}T = 2{,}897\,756(24) \cdot 10^{-3} \; \text{m·K} \tag{543}$$

wird **Wien'sches Verschiebungsgesetz** (Wien's displacement law, Wilhelm Wien 1864-1928) genannt.

Als Nächstes wollen wir die Gesamtleistung berechnen, die von einem Quadratmeter eines schwarzen Körpers in den Halbraum abgestrahlt wird. Nach Tab.80, S.398, ist dies gleich der spezifischen Ausstrahlung einer schwarzen Fläche (M_s). Unter Verwendung des Ausdrucks (538), S.401, und der Planck'schen Strahlungsformel erhält man nach Integration über den gesamten Frequenzbereich von 0 bis ∞ das **Stefan-Boltzmann'sche Gesetz** (Stefan-Boltzmann law, Joseph Stefan 1853-

1893, Ludwig Boltzmann 1844-1906)

$$M_s = \sigma\, T^4 .\tag{544}$$

Die dabei auftretende Größe [LID90]

$$\sigma = \frac{2\pi^5}{15}\,\frac{k^4}{c_0^2 h^3} = 5{,}67\ 051(19)\cdot 10^{-8}\ \mathrm{Wm^{-2}K^{-4}}\tag{545}$$

wird **Stefan-Boltzmann'sche Konstante** (Stefan-Boltzmann constant) genannt.

Der Ausdruck (538), S.401, liefert die Gleichung $M_s=(c_0/4)\int_0^\infty \rho_s(f,T)\mathrm{d}f$. Mit der Planck'schen Strahlungsformel (s. Gl.(540), S.402) folgt $M_s=2\pi hc_0^{-2}\int_0^\infty f^3\,[\exp(hf/kT)-1]^{-1}\mathrm{d}f$. Die Substitution $hf/kT=\xi$ führt auf die Beziehung $M_s=2\pi hc_0^{-2}(kT/h)^4\int_0^\infty \xi^3\,[\exp\xi-1]^{-1}\mathrm{d}\xi$. Mit dem bestimmten Integral $\int_0^\infty \xi^3\,[\exp\xi-1]^{-1}\mathrm{d}\xi=\pi^4/15$ ergibt sich $M_s=(2\pi^5/15)h^{-3}c_0^{-2}k^4T^4$.

Unter der Annahme, dass die Sonne ein schwarzer Strahler ist, lässt sich die Oberflächentemperatur T_S der Sonne sowohl mit Hilfe des Stefan-Boltzmann'schen als auch des Wien'schen Verschiebungsgesetzes berechnen. Die **extraterrestrische Solarkonstante** (solar constant) S_S, d.h. die Leistung, die an der äußeren Grenze der Erdatmosphäre beim mittleren Sonnenabstand senkrecht auf $1\mathrm{m^2}$ einfällt (Energiestromdichte), hat den Wert [LID90]

$$S_S = (1395 \pm 30)\ \mathrm{W/m^2} .\tag{545}$$

Nennen wir den Sonnenradius r_S, so folgt aus dem Stefan-Boltzmann'schen Gesetz (s.Gl.(544)) für die von der Sonnenoberfläche nach außen abgestrahlte Gesamtleistung $\sigma T_S^4 4\pi r_S^2$. Dieser Wert muss gleich dem Produkt aus S_S und der Kugeloberfläche $4\pi r_{SE}^2$ sein, wenn r_{SE} den mittleren Abstand der Erde von der Sonne bezeichnet. Daraus folgt $T_S\approx 5800\mathrm{K}$.

Aus der Gleichung $\sigma T_S^4 4\pi r_S^2=S_S 4\pi r_{SE}^2$ ergibt sich $T_S=(S_S/\sigma)^{1/4}(r_{SE}/r_S)^{1/2}$. Einsetzen der Zahlenwerte $S_S=1395\mathrm{W/m^2}$, $\sigma=5{,}6705\cdot10^{-8}\mathrm{Wm^{-2}K^{-4}}$, $r_{SE}=149{,}6\cdot10^9\mathrm{m}$ und $r_S=696\cdot10^6\mathrm{m}$ liefert $T_S=5806\mathrm{K}$.

Das Maximum der spektralen Verteilung des Sonnenlichtes liegt bei einer Wellenlänge, für die das menschliche Auge unter ungünstigen Lichtverhältnissen (Dunkeladaption) seine maximale Empfindlichkeit besitzt (ca. 500nm nach Fig.222, S.395). Mit Hilfe des Wien'schen Verschiebungsgesetzes (Gl.(543), S.404) erhält man daraus $T_S\approx 5800\mathrm{K}$.

Das Sonnenspektrum stimmt in seiner Intensitätsverteilung für $\lambda_0 \geq 600$nm recht gut mit dem Planck'-schen Strahlungsgesetz (Gl.(542), S.404) überein. Im kurzwelligen Teil treten jedoch merkliche Abweichungen sowohl nach niedrigeren als auch nach höheren Intensitäten auf, da sich hier einerseits die vielen eng zusammenliegenden Absorptionslinien (Fraunhofer'sche Linien, s.S.306) bemerkbar machen und da sich andererseits eine zusätzliche Strahlung aus den äußeren Schichten des Sonnenatmosphäre überlagert.

25.3   Pyrometrie / Farben

Die **Pyrometrie** (pyrometry) befasst sich mit der Messung von Temperaturen durch die von dem betreffenden Körper ausgesandte Wärmestrahlung. Moderne **Schmal-band- oder Spektralpyrometer** (narrow-band or spectral pyrometers) verwenden infrarotempfindliche photoelektrische Zellen (s.S.229/230) mit vorgeschalteten optischen Filtern. Bei den **optischen Pyrometern** (optical pyrometers) wird das Bild des strahlenden Körpers in einer Ebene erzeugt, in der sich ein Wolframfaden befindet. Dieser wird durch einen elektrischen Strom soweit aufgeheizt, bis er sich bei der Betrachtung durch ein Okular und Rotfilter nicht mehr von dem Bild des strahlenden Körpers abhebt. Bei den **Gesamtstrahlungspyrometern** (total-radiation pyrometers) schließlich wird die Wärmestrahlung über einen Hohlspiegel auf eine geschwärzte Folie fokussiert, die mit einer **Thermosäule** (thermopile) verbunden ist. Thermosäulen bestehen aus mehreren Thermoelementen (s.S.503/504), die zur Erhöhung der pro vorgegebener Temperaturdifferenz erzeugten Spannung in Reihe geschaltet sind. Alle Pyrometer müssen kalibriert werden. Dies geschieht durch Verwendung eines schwarzen Strahlers mit regelbarer Temperatur. Das Anzeigeinstrument des Pyrometers, dessen Ausschlag proportional zu dem erzeugten Strom ist, liefert dann unmittelbar eine Temperatur, die man als **schwarze Temperatur** (brightness temperature oder luminance temperature oder radiance temperature) T_s bezeichnet. Bei der Anwendung von Pyrometern muss man beachten, dass nur in den Fällen, bei denen der zu messende Körper ein schwarzer Strahler ist, T_s mit der wahren Temperatur T übereinstimmt. Wie man sich unter Verwendung des Kirchhoff'schen Strahlungsgesetzes (s.Gl.(536), S.400) leicht überlegen kann, gilt i.Allg. $T \geq T_s$. Neben der schwarzen Temperatur T_s wird mitunter auch die **Farbtemperatur** (color temperature) T_F eines strahlenden Körpers angegeben. Es ist diejenige Temperatur eines schwarzen Strahlers, bei der er in der gleichen Farbe leuchtet wie der strahlende Körper. Ein **grauer Strahler** (grey body) ist ein Körper, bei dem der spektrale Absorptionskoeffizient β_f (s.S.399) zwar kleiner als 1, aber keine Funktion der Frequenz ist. Für graue Strahler gilt demnach $T_s < T$, jedoch $T_F = T$.

Als **Grundfarben** (primary colors) bezeichnet man jeden Satz von drei Farben, durch deren Mischung der Farbeindruck "weiß" und - zumindest näherungsweise - jede beliebige Farbe des Spektrums erzeugt werden kann. Es gibt im Prinzip unendlich viele solche Sätze. Das menschliche Auge enthält drei Sorten von farbempfindlichen Sensoren (Zäpfchen, s.S.322), für die man Absorptionsmaxima bei ca. 600nm (rot), 550nm (grün) und 450nm (blau) gemessen hat. Ob die Erregung dieser Sensoren allerdings auch bei diesen Wellenlängen ein Maximum besitzt, ist nicht sicher. In der Technik werden ebenfalls drei Grundfarben benutzt. Wir bezeichnen mit I_r, I_g, I_b die Lichtstärken der bei TV-Bildröhren verwendeten Grundfarben mit den Vakuumwellenlängen 610nm (rot), 537nm (grün) bzw. 472nm (blau) und führen deren relative Intensitäten

$$r = \frac{I_r}{I_r+I_g+I_b} \quad ; \quad g = \frac{I_g}{I_r+I_g+I_b} \quad ; \quad b = \frac{I_b}{I_r+I_g+I_b} \qquad (546)$$

ein, so dass

$$r + g + b = 1 \qquad (547)$$

gilt. Jede beliebige Farbe, die aus diesen drei Grundfarben erzeugt wird, lässt sich damit durch drei Größen charakterisieren, die Helligkeit, Sättigung und Farbton genannt werden. Die **Helligkeit** (luminosity) einer Farbe ist einfach die Summe aus den drei Lichtstärken $I_r+I_g+I_b$. Um die beiden anderen Größen zu definieren, wählen wir von den drei relativen Intensitäten r, g und b zwei willkürlich aus, da sich die dritte mit Hilfe von Gl.(547) ergibt. Wir wählen r und g und erhalten wegen der Bedingungen $0 \leq r \leq 1$ und $0 \leq g \leq 1$ das in Fig.225 dargestellte **Farbdreieck** (chromaticity diagram).

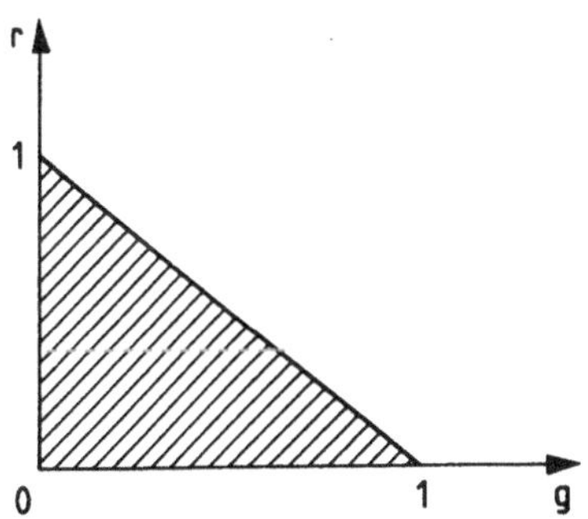

Fig.225 Das mit den relativen Intensitäten r und g gebildete Farbdreieck (r-g-Farbdreieck)

Durch jeden Punkt innerhalb dieses Dreiecks ist ein Wertetripel r, g und b, letzteres wegen Gl.(547), festgelegt. Je *reiner* eine Farbe ist, desto weiter außen liegt sie im Farbdreieck. Der Eindruck "weiß" ergibt sich für den Schwerpunkt des Dreiecks, d.h. bei $r=g=1/3$, da dann $r=g=b$ gilt. Als **Sättigung** (saturation) der Farbe bezeichnet man demzufolge den Ausdruck $(r-1/3)^2+(g-1/3)^2+(b-1/3)^2$.
Der **Farbton** (hue) wird durch den Quotienten aus zwei der drei relativen

Intensitäten, z.B. durch die Größe r/g, bestimmt.

Der hier mit "weiß" bezeichnete Farbeindruck entsteht durch Mischung der drei gewählten Grundfarben mit gleicher Lichtstärke. Wenn andererseits im sichtbaren Bereich des Spektrums eine kontinuierliche Verteilung von elektromagnetischen Wellen wie beim Sonnenlicht vorliegt, so entsteht ebenfalls der Farbeindruck weiß. Man muss also konsequenterweise das eine als *Grundfarbenweiß* und das andere als *Allfarbenweiß* bezeichnen, obwohl das menschliche Auge, im Gegensatz zu einem Spektrometer, nicht in der Lage ist, zwischen diesen beiden Fällen zu unterscheiden.

Das Prinzip einer experimentellen Anordnung zur Erzeugung von Farben durch Addition der drei Grundfarben mit vorgegebener relativer Intensität zeigt die Fig.226. Es ist dies ein Beispiel für eine **additive Farbmischung** (additive mixing of colors).

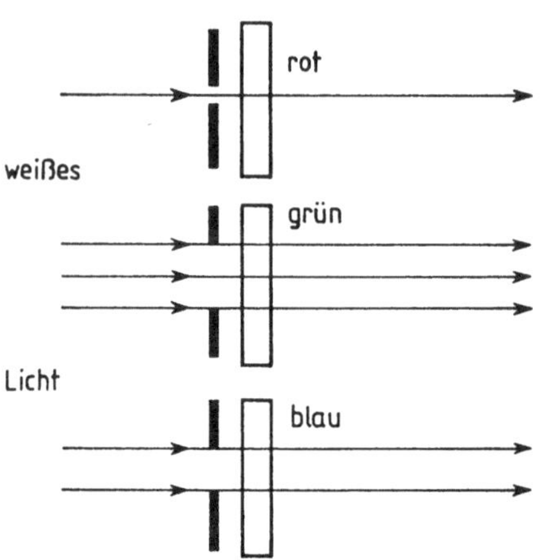

Fig.226 Erzeugung von Farben durch Addition der drei Grundfarben mit vorgebenen relativen Intensitäten. Von links fällt weißes Licht auf die drei Farbfilter. Mit den Blenden (s.S.352) werden die relativen Intensitäten r, g und b eingestellt. Eine nicht gezeichnete Anordnung führt die drei farbigen Lichtbündel zusammen (additive Farbmischung)

Die additive Farbmischung wird beim **Farbfernsehen** (color television) verwendet. Die Farbbildwiedergaberöhren (Dreistrahl-Lochmaskenröhren) arbeiten mit drei Elektronenstrahlen, deren Intensitäten durch die drei vom Sender ausgestrahlten Farbsignale gesteuert werden. Man unterscheidet Lochmasken- und Schlitzmaskenröhren. Bei den ersteren sitzt dicht vor der Bildschirmschicht eine Lochmaske mit ebenso vielen Löchern, wie es Bildpunkte (Europa: 625×625, USA: 525×525) gibt. Hinter jedem Loch befinden sich auf der Bildschirmschicht in jedesmal gleicher Anordnung drei Kriställchen, die beim Auftreffen von Elektronen rot, grün bzw. blau leuchten (**Lumineszenz**, luminescence). Die drei Elektronenstrahlen schneiden sich in der Lochmitte, bringen das jeweilige Kriställchen in entsprechender Stärke zum Leuchten und springen danach zum nächsten Loch weiter.

Wenn dagegen aus einem Farbgemisch, z.B. aus weißem Licht, verschiedene Farben entfernt werden, spricht man von **subtraktiver Farbmischung** (subtractive mixing of colors). In Fig.227 auf der nächsten Seite soll von links weißes Licht einfallen. Das Rotfilter lässt nur die rote Komponente hindurch, d.h. es absorbiert die Grundfarben grün und blau. Das anschließende Grünfilter absorbiert rot und blau und würde nur grünes Licht hindurchlassen. Da dieses aber schon vom Rotfilter absorbiert wurde, ergibt sich Dunkelheit.

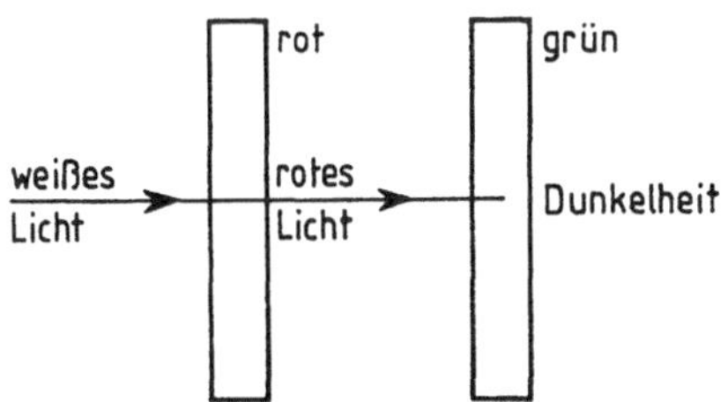

Fig.227 Beispiel einer subtraktiven Farbmischung. Das Rotfilter absorbiert die grünen und blauen Komponenten des weißen Lichtes und lässt damit nur die rote Komponente hindurch, die vom grünen Filter absorbiert wird

Die rote Farbe einer Autokarosse beispielsweise entsteht dadurch, dass von dem auffallenden weißen Licht die grünen und blauen Komponenten absorbiert ("subtrahiert") werden, so dass nur rotes Licht reflektiert wird.

Die subtraktive Farbmischung wird bei der **Farbphotographie** (color photography) technisch angewandt. Ein Farbfilm besteht im Prinzip aus drei dicht übereinander liegenden Schichten, die jeweils für eine der drei Grundfarben lichtempfindlich sind. Der Farbeindruck entsteht dann dadurch, dass bei der Beleuchtung des entwickelten Papierbildes mit weißem Licht an den Stellen des Bildes, die beispielsweise rot erscheinen sollen, die grünen und blauen Komponenten des Lichtes absorbiert werden.

Wenn man aus weißem Licht eine bestimmte Farbe absorbiert ("subtrahiert"), so erhält man die zugehörige **Komplementärfarbe** (complementary color). Zur Grundfarbe rot ist die Komplementärfarbe die Summe aus grün und blau, die man als *cyan* bezeichnet. Die Komplementärfarbe zu grün, d.h. die Summe aus rot und blau, heißt *purpur* und die Komplementärfarbe zu blau, d.h. die Summe aus rot und grün, nennt man *ockergelb*. Ein **Farbstoff** (dye) ist dadurch charakterisiert, dass er in einem bestimmten Wellenlängenbereich des sichtbaren Spektrums Licht absorbiert. Für die Breite dieses Bereichs gibt es ein Optimum, da eine zu große Breite zu einem hohen Grauanteil in der Farbe führt, während eine zu geringe Breite die betreffende Farbe verblassen lässt.

26   Welle-Teilchen-Dualismus

Albert Einstein an Max Born über De Broglie:
Das musst Du lesen, wenn es auch verrückt aus-
sieht, so ist es doch durchaus gediegen.

26.1   Das Photon

Eigenschaften des Photons

Wie im Abschn.5.2 auf S.402 schon dargelegt wurde, lässt sich die experimentell gefundene Frequenz- und Temperaturabhängigkeit der spektralen Energiedichte der schwarzen Strahlung theoretisch begründen, wenn man fordert, dass ein strahlungsfähiges System mit der Schwingungsfrequenz f Energie nicht in beliebigen Portionen abgeben oder aufnehmen kann, sondern nur in ganzzahligen Vielfachen des Energiequants hf, wobei h die Planck'sche Konstante (s.S.402) ist. Für makroskopisch schwingende Systeme besitzt diese Quantisierung i.Allg. keine Bedeutung.

Wir betrachten als Beispiel ein Fadenpendel der Länge $\ell = 1\,\text{m}$ und der Masse $m = 0,1\,\text{kg}$. Letztere sei elektrisch geladen, damit das System strahlungsfähig ist. Für die Frequenz f ergibt sich aus der Gleichung $f = (2\pi)^{-1}(g/\ell)^{1/2}$ (s.S.24) mit $g = 9,81\,\text{m/s}^2$ ein Wert von ca. $0,5\,\text{Hz}$ und damit folgt für das Energiequant $\Delta E = hf \approx 3,3 \cdot 10^{-34}\,\text{J}$. Die Gesamtenergie E_{ges} des Pendels hängt von der Pendelamplitude $\hat{\alpha}$ ab, und zwar gilt, da für $\alpha = \hat{\alpha}$ die potentielle Energie gleich der Gesamtenergie ist, $E_{ges} = mg\ell(1 - \cos\hat{\alpha})$. Für $\hat{\alpha} = 5°$ ergibt sich $E_{ges} \approx 3,7 \cdot 10^{-3}\,\text{J}$ und damit $\Delta E / E_{ges} \approx 10^{-31}$. Die Quantisierung der Gesamtenergie des Pendels erfolgt also in Schritten von $10^{-31}E_{ges}$, was bedeutet, dass sich E_{ges} praktisch stetig ändern kann.

Für atomare und subatomare Systeme bestimmt die Quantisierung entscheidend deren Verhalten.

Ein Elektron der Masse m_e und der Ladung $-e$ umkreise ein Proton mit der Masse m_p und der Ladung $+e$ (klassisches Modell des Wasserstoffatoms). Aus der Forderung, dass die elektrische Anziehungskraft $e^2(4\pi\epsilon_0 r^2)^{-1}$ (s.Gl.(256), S.168) gleich der Zentripetalkraft $m_e\omega^2 r$ (s.Gl.(58), S.45) sein muss, ergibt sich für die Umlaufsfrequenz $f = \omega/(2\pi)$ die Beziehung $f = e(16\pi^3\epsilon_0 m_e r^3)^{-1/2}$. Mit $r \approx 0,1\,\text{nm}$ und den Zahlenwerten für die Naturkonstanten (s.S.548ff.) folgt für das Energiequant $\Delta E = hf \approx 1,68 \cdot 10^{-18}\,\text{J}$. Die Gesamtenergie E_{ges} des Systems setzt sich zusammen aus der elektrostatischen Energie $-e^2(4\pi\epsilon_0 r)^{-1}$ und der kinetischen Energie $m_e(\omega r)^2/2$, so dass sich $E_{ges} \approx 1,15 \cdot 10^{-18}\,\text{J}$ ergibt. Damit besitzt das Energiequant sogar einen größeren Wert als die (klassisch berechnete) Gesamtenergie, woraus man schließen muss, dass die klassische Behandlung des Problems nicht zulässig ist.

Das von einem strahlungsfähigen System mit der Schwingungsfrequenz f emittierte Energiequant hf liegt als Energie der abgestrahlten elektromagnetischen Welle vor und wird deshalb **Photon** (photon, vom Griechischen photos = "des Lichtes") genannt. Da sich Photonen mit sehr hoher Geschwindigkeit (Lichtgeschwindigkeit) bewegen, müssen zu ihrer Charakterisierung die Ergebnisse der Relativitätstheorie herangezogen werden. Danach ist die Masse m eines Teilchens von seiner

Geschwindigkeit v abhängig und es gilt für die Gesamtenergie des Teilchens (s. Gl.(433), S.292)

$$E = m \, c_0^2 \tag{548}$$

und für seinen Impuls (s. Gl.(431), S.291)

$$\vec{p} = m \, \vec{v} \, . \tag{549}$$

Wenn das Teilchen eine endliche Ruhemasse ($m_0 \neq 0$) besitzt, wächst seine Masse m mit Annäherung seiner Geschwindigkeit v an die Lichtgeschwindigkeit c_0 sehr stark an und wird für $v=c_0$ unendlich groß (s.S.291). Deshalb müssen die Photonen die Ruhemasse $m_0^\gamma=0$ besitzen. Die Photonenmasse m^γ, die sich mit $E^\gamma=hf$ aus Gl.(548) zu

$$m^\gamma = \frac{hf}{c_0^2} \tag{550}$$

ergibt, entspricht damit einer reinen Strahlungsenergie. Für den Betrag des Photonenimpulses p^γ folgt aus Gl.(549) mit $v=c_0$ und $m=m^\gamma$

$$p^\gamma = \frac{hf}{c_0} = \frac{h}{\lambda_0} \, , \tag{551}$$

wobei $\lambda_0=c_0/f$ die Vakuumwellenlänge bezeichnet. Die Richtung des Photonenimpulses wird durch die des Poynting-Vektors (s.S.282) der zugehörigen elektromagnetischen Welle gegeben.

Anwendungen

Der **Strahlungsdruck** (radiation pressure). Gemäß der Definition der Energiestromdichte, die durch den Poynting-Vektor $\vec{S}$ (s.S.282) gegeben ist, muss gelten

$$|\vec{S}| = nhf \, , \tag{552}$$

wobei n die Anzahl der Photonen pro s und pro m^2 senkrecht zur Strahlrichtung ist. Damit folgt für den Strahlungsdruck p_{Str} auf eine schwarze Oberfläche, da von dieser definitionsgemäß keine Photonen reflektiert werden (unelastischer Stoß),

$p_{Str}=np^{\gamma}$ oder, unter Verwendung der Gln.(551) und (552),

$$p_{Str} = \frac{|\vec{S}|}{c_0}\,. \qquad\qquad (553)$$

Für den Druck auf eine spiegelnde Oberfläche (elastische Reflexion der Photonen) ergibt sich ein um den Faktor 2 größerer Wert.

Als Beispiel betrachten wir die **Strahlungskühlung** (beam cooling) von Atomen. Ein Teilchenstrahl bestehend aus Atomen mit der Masse m_A, dem Radius r_A und der Geschwindigkeit v laufe gegen eine elektromagnetische Welle, deren Frequenz so gewählt sei, dass sie von den Atomen absorbiert wird. Damit erfährt jedes Atom eine abbremsende Kraft $F=p_{Str}\pi r_A^2$. Diese bewirkt eine negative Beschleunigung (Verzögerung) vom Betrag $a=F/m_A$, so dass sich für den Bremsweg ℓ bis zum Stillstand $\ell=v^2/(2a)$ ergibt. Wenn die Atome die thermische Geschwindigkeit $v=(3kT/m_A)^{1/2}$ besitzen, so folgt für $T=290K$, $r_A=10^{-10}$m und $|\vec{S}|=10^8$Wm^{-2} das Ergebnis $\ell=3kTc_0(2\pi|\vec{S}|r_A^2)^{-1}\approx0{,}6$m.

Wenn man einen Röntgen-Strahl der Wellenlänge λ_0 auf einen Festkörper (z.B. einen Graphitblock) fallen läßt, so beobachtet man (s.Fig.228a), dass die unter dem Winkel ϑ gestreute Röntgen-Strahlung eine größere Wellenlänge λ_0' besitzt (**Compton-Effekt**, Compton effect, Arthur Holly Compton 1892-1962).

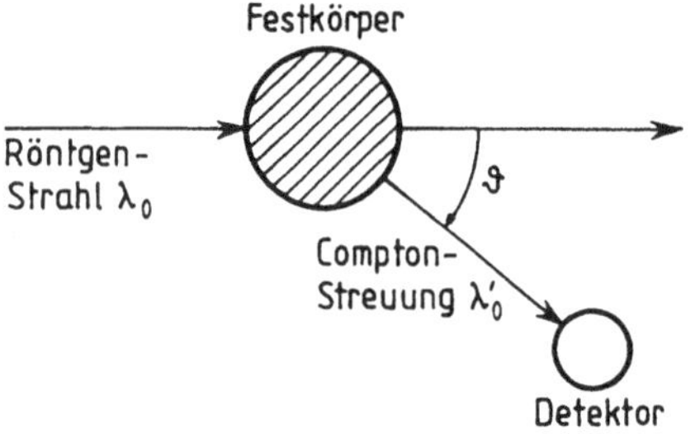

Fig.228a) Schema der experimentellen Anordnung zur Messung des Compton-Effektes. Der von links einfallende Röntgen-Strahl mit der Wellenlänge λ_0 geht zum Teil ohne Richtungs- und Wellenlängenänderung durch den Festkörper ($\vartheta=0$, $\lambda_0'=\lambda_0$). Die andere, unter dem Winkel ϑ gestreute Strahlung besitzt eine größere Wellenlänge ($\lambda_0'>\lambda_0$), wobei die Differenz $\lambda_0'-\lambda_0$ eine Funktion des Ablenkwinkels ϑ ist (s.Gl.(554) auf der nächsten Seite)

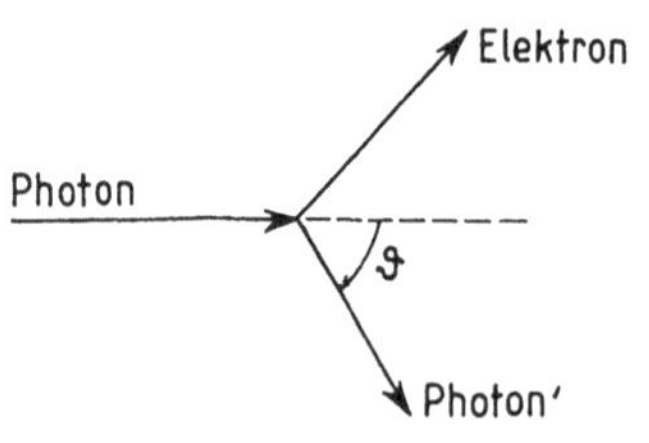

Fig.228b) Erklärung des Compton-Effektes durch den Stoß zwischen einem Photon des einfallenden Röntgen-Strahls und einem Elektron des Festkörpers

Durch Anwendung des Impuls- und des Energiesatzes auf den Stoß zwischen dem einfallenden Photon und einem ruhenden Elektron ergibt sich die Beziehung

$$\lambda_0' - \lambda_0 = \lambda_C (1 - \cos\vartheta) ,\tag{554}$$

wobei die Größe

$$\lambda_C = \frac{h}{m_e c_0} = 2{,}42631058(22)\cdot 10^{-12}\ \text{m}\tag{555}$$

[LID90] als **Compton-Wellenlänge** (Compton wavelength), genauer Compton-Wellenlänge des Elektrons, bezeichnet wird. Die Annahme eines ruhenden Elektrons bei dieser Ableitung ist gerechtfertigt, da die Energie der einfallenden Photonen der Röntgen-Strahlung (für $\lambda_0 = 70\text{pm}$ gilt $hc_0/\lambda_0 \approx 2{,}8\cdot 10^{-15}\text{J}$) die Bindungsenergie der Elektronen in den Atomen des Festkörpers, die in der Größenordnung von 10^{-18}J liegt (s.Tab.98, S.501), um mehrere Zehnerpotenzen übertrifft. Aus Gl.(554) ergibt sich für $\vartheta = 0$ keine Wellenlängenänderung ($\lambda_0' = \lambda_0$), während die Differenz $\lambda_0' - \lambda_0$ für $\vartheta = 90°$ gleich der Compton-Wellenlänge ist.

Bezeichnen wir, wie üblich, mit m_e die Ruhemasse des Elektrons und mit m bzw. $\vec{p}$ seine Masse bzw. seinen Impuls nach dem Stoß mit dem einfallenden Photon, so lautet der Energiesatz (s.Gl.(433), S.292) $E^\gamma + m_e c_0^2 = E^{\gamma\prime} + mc^2$ mit $E^\gamma = hc_0/\lambda_0$ und $E^{\gamma\prime} = hc_0/\lambda_0'$. Den Term mc^2 schreiben wir unter Beachtung von $m = m_e[1-(v/c_0)^2]^{-1/2}$ (s.S.291) in folgender Weise um: $mc_0^2 = c_0^2 m_e[1-(v/c_0)^2]^{-1/2} = c_0 m_e\{c_0^2[1-(v/c_0)^2] + v^2\}^{1/2}[1-(v/c_0)^2]^{-1/2} = c_0\{m_e^2 c_0^2 + m_e^2 v^2[1-(v/c_0)^2]^{-1}\}^{1/2} = c_0\{m_e^2 c_0^2 + p^2\}^{1/2}$ mit $p = |\vec{p}|$. Damit lässt sich der Energiesatz in der Form $hc_0/\lambda_0 + m_e c_0^2 = hc_0/\lambda_0' + c_0\{m_e^2 c_0^2 + p^2\}^{1/2}$ schreiben. Für p^2 ergibt sich aus dem Impulssatz $\vec{p}^\gamma = \vec{p}^{\gamma\prime} + \vec{p}$ der Ausdruck $p^2 = (\vec{p}^\gamma - \vec{p}^{\gamma\prime})^2 = (p^\gamma)^2 + (p^{\gamma\prime})^2 - 2(\vec{p}^\gamma)\cdot(\vec{p}^{\gamma\prime})$ oder, unter Beachtung von Gl.(551), S.411, und von Fig.228b, $p^2 = (h/\lambda_0)^2 + (h/\lambda_0')^2 - 2(h/\lambda_0)(h/\lambda_0')\cos\vartheta$. Einsetzen in den Energiesatz liefert die Gleichung $(hc_0/\lambda_0 - hc_0/\lambda_0' + m_e c_0^2)^2 = c_0^2[m_e^2 c_0^2 + (h/\lambda_0)^2 + (h/\lambda_0')^2 - 2(h/\lambda_0)(h/\lambda_0')\cos\vartheta]$, woraus $-2(hc_0/\lambda_0)(hc_0/\lambda_0') + 2m_e c_0^2(hc_0/\lambda_0 - hc_0/\lambda_0') = -2c_0^2(h/\lambda_0)(h/\lambda_0')\cos\vartheta$ oder $\lambda_0' - \lambda_0 = h(m_e c_0)^{-1}(1 - \cos\vartheta)$, d.h. die gesuchte Gl.(554) folgt.

Die **Compton-Wellenlänge des Protons** (proton Compton wavelength)

$$\lambda_{C,p} = \frac{h}{m_p c_0} = 1{,}32141002(12)\cdot 10^{-15}\ \text{m}\tag{556}$$

ist wegen der viel größeren Ruhemasse m_p des Protons um ca. drei Größenordnungen kleiner als die des Elektrons. Dies bedeutet, dass zur Beobachtung des entsprechenden Compton-Effektes elektromagnetische Wellen mit wesentlich kürzerer Wellenlänge verwendet werden müssen. Tatsächlich sind derartige Experimente durchgeführt worden, bei denen man die Streuung von γ-Strahlen an freien

Protonen untersucht und die Gültigkeit von Gl.(554) mit $\lambda_{C,p}$ an Stelle von λ_C bestätigt hat.

Die Emission eines Photons führt infolge des Impulssatzes zu einem Rückstoß bei dem emittierenden Teilchen, womit ein Energieverlust für das Photon verbunden ist. Bei großen Photonenenergien (γ-Strahlen) ergibt sich ein messbarer Effekt. Nennen wir m_T die Masse des emittierenden Teilchens, v seine durch den Rückstoß erhaltene Geschwindigkeit und f die Frequenz des Photons, so gilt

$$\frac{f_\infty - f}{f} = \frac{hf}{2m_T c_0{}^2} , \tag{556}$$

wobei f_∞ der rückstoßfreie Wert, d.h. die Frequenz f für $m_T = \infty$, ist.

Da der Gesamtimpuls nach der Emission gleich dem Gesamtimpuls vor der Emission und damit im Schwerpunktsystem gleich null sein muss (Impulssatz, s.S.27), gilt (s.Gl.(551), S.411) $hf/c_0 = m_T v$ oder $v = hf(mc_0)^{-1}$. Setzen wir dies in den Energiesatz $hf_\infty = hf + (m_T/2)v^2$ ein, so folgt $f_\infty - f = (m_T/2)hf^2 \cdot (m_T c_0)^{-2}$ und damit die Gl.(556).

Die Photonenenergie der γ-Strahlen liegt oberhalb von ca. 10keV (s.Tab.61, S.284). Für ^{57}Fe, bei dem die Linienbreite der emittierten γ-Strahlen besonders gering ist, beträgt die Energie 14,4keV oder $2,3 \cdot 10^{-15}$J (s.A3, S.553), was einer Frequenz $f = E/h$ von ca. $3,5 \cdot 10^{18}$Hz entspricht. Auf Grund der relativen Atommasse 57 gilt $m_T \approx 9,46 \cdot 10^{-26}$kg (s.S.12). Damit folgt für die relative Frequenzverschiebung $(f_\infty - f)/f$ nach Gl.(556) ein Wert von $1,4 \cdot 10^{-7}$, der zwar klein erscheint, der aber noch wesentlich größer ist als die relative Linienbreite $\delta f/f$ der 14,4keV Strahlung (s.u.). Die Relation $|f_\infty - f| \gg \delta f$ gilt praktisch für die gesamte γ-Spektroskopie und hat folgende Konsequenz: Da die Frequenz f der emittierten Photonen außerhalb des Frequenzbereichs $f_\infty \pm \delta f$ liegt, in dem eine Resonanz möglich ist, kommt es zu keiner Absorption durch Atomkerne der gleichen Sorte. Erst bei höheren Temperaturen, bei denen infolge der verstärkten thermischen Bewegung und des Doppler-Effektes (s.Gln.(150) und (151), S.99/100) sowohl die Bandbreite der emittierten Photonen als auch die Resonanzbandbreite vergrößert ist, beobachtet man eine Absorption, die umso stärker wird, je mehr sich die beiden Kurven überlappen. Dieser an sich bekannte Effekt sollte von Rudolf Mößbauer (geb.1929) im Rahmen seiner Dissertation näher untersucht werden. Obwohl bei tiefen Temperaturen nichts zu erwarten war, dehnte er seine Experimente auch auf diesen Temperaturbereich aus und entdeckte die *rückstoßfreie γ-Emission*, die seitdem als **Mößbauer-Effekt** (Mößbauer effect) bezeichnet wird: Wenn das Atom mit der Masse m_T in einem Festkörper (Kristall) eingebaut ist, kann das Atom und damit auch der Atomkern nur diskrete Energiedifferenzen entsprechend den möglichen mechanischen Schwingungen von m_T um seine Ruhelage im Kristall (s.S.390) aufnehmen oder abgeben. Für den meist vorliegenden Fall, dass $hf_\infty - hf$ nicht gerade mit einer solchen Energiedifferenz übereinstimmt, muss der Kristall dann als Ganzes den Rückstoß aufnehmen, so dass in Gl.(556) an Stelle von m_T die Masse des Kristalls m_K einzusetzen ist. Wegen $m_K \gg m_T$ folgt damit praktisch $f = f_\infty$ (rückstoßfreie Emission). Die γ-Spektrallinien, die man auf diese Weise in Emission wie auch in Absorption erhält, sind extrem scharf. Ihre relative Linienbreite $\delta f/f$ kann durchaus kleiner als 10^{-13} sein.

Bewegt man den γ-Strahlen aussendenden Kristall mit der Geschwindigkeit v_x, so besitzen die in x-Richtung emittierten Photonen auf Grund des Doppler-Effektes (s.Gl.(151), S.100) die Frequenz

$$f_\infty' = \frac{f_\infty}{1 - v_x / c_0} \, . \tag{557}$$

Dieser Effekt ist selbst bei sehr kleinen Geschwindigkeiten nachweisbar. Beispielsweise ergibt sich für ein v_x von nur $3 \cdot 10^{-2}$m/s eine relative Frequenzverschiebung $|f_\infty' - f_\infty|/f_\infty$ von 10^{-10}, die immer noch groß ist gegen die relative Linienbreite $\delta f/f$. Die Gl.(557) wird verwendet, um die Photonenenergie definiert zu verändern oder Änderungen der Photonenenergie zu messen. Zwei Beispiele mögen dies erläutern:

(1) Ein Photon, das an der Erdoberfläche ($z=0$) senkrecht nach oben mit der Frequenz f_0 emittiert wird, sollte auf Grund der Schwerkraft in der Höhe z eine geringere Frequenz

$$f_z = f_0 \left(1 - \frac{gz}{c_0^2}\right) \tag{558}$$

besitzen.

Die Energie des Photons an der Erdoberfläche ist hf_0 und in der Höhe z gleich hf_z. Die Differenz $hf_0 - hf_z$ muss gleich der potentiellen Energie $m^\gamma gz$ sein. Mit $m^\gamma = (h/2)(f_0 + f_z)/c_0^2 \approx hf_0/c_0^2$ (s.Gl.(550), S.411) folgt $hf_0 - hf_z = (hf_0/c_0^2)gz$ oder $f_z = f_0(1 - gz/c_0^2)$.

Experimentell ließ sich die Gültigkeit der Gl.(558) mit einer Höhe z von nur 45m, entsprechend einer relativen Frequenzänderung von $0,5 \cdot 10^{-14}$, nachweisen [POU60].

(2) Die Frequenz der γ-Strahlung wird durch den Übergang des Atomkerns von einem energetischen Zustand in einen anderen bestimmt. Die Lage dieser Zustände ist in erster Linie durch den Aufbau des Atomkerns gegeben. Es besteht jedoch ein geringer Einfluss der den Kern umgebenden Elektronenhülle, der als **chemische Verschiebung** (chemical shift) bezeichnet wird, da die Elektronenhülle die

chemischen Eigenschaften der betreffenden Substanz bestimmt. Bei Verwendung einer Substanz als Emitter und einer zweiten als Absorber kann man durch gegenseitige Bewegung beider (Anwendung von Gl.(557)) die Resonanzverschiebung mit hoher Genauigkeit messen (**Mößbauer-Spektroskopie**, Mößbauer spectroscopy).

^{153}Eu emittiert γ-Strahlen mit einer Energie von 37keV. Maximale Absorption der von einer metallischen Europiumprobe emittierten γ-Strahlung durch eine Probe von Europiumoxid (Eu_2O_3) tritt dann auf, wenn man diese mit einer Geschwindigkeit von 1cm/s gegeneinander bewegt.

26.2 Materiewellen

Aus der Tatsache, dass sich elektromagnetische Wellen wie Teilchenstrahlen (Photonenstrahlen) verhalten können, leitete de Broglie (Louis Victor de Broglie 1892-1987) den Analogieschluss ab, dass Teilchenstrahlen auch Welleneigenschaften besitzen müssen (**Welle-Teilchen-Dualismus**, wave-particle duality). Da ein Photon mit der Wellenlänge λ_0 den Impuls $p^\gamma = h/\lambda_0$ (s.Gl.(551), S.411) besitzt, sollte demnach ein Teilchen mit dem Impuls $\vec{p}$ die Wellenlänge (beachte $|\vec{p}| = p$)

$$\lambda_0 = \frac{h}{p} \tag{559}$$

(**de Broglie'sche Wellenlänge**, de Broglie wavelength) besitzen. Die Frequenz ergibt sich aus der kinetischen Energie E_{kin} des Teilchens zu

$$f = \frac{E_{kin}}{h} \tag{560}$$

(**Materiewellen**, de Broglie waves). Wie die Teilcheneigenschaften elektromagnetischer Wellen, z.B. die Aufnahme und Abgabe elektromagnetischer Energie in Quanten (Photonen), nur für atomare und subatomare Systeme wesentlich ist (s.S.410), besitzen die Welleneigenschaften von bewegten Teilchen nur in diesen Dimensionen eine wesentliche Bedeutung.

Ein zu Beginn ruhendes Elektron besitzt nach Durchlaufen einer elektrischen Potentialdifferenz (Spannung) U von 200V eine Geschwindigkeit v, die sich aus dem Energiesatz $m_e v^2/2 = eU$ (wir können hier nichtrelativistisch rechnen, da bei dieser relativ geringen Spannung $v \ll c_0$ gilt) zu $v = (2eU/m_e)^{1/2}$ ergibt. Einsetzen in die Gl.(559) liefert die Beziehung $\lambda_0 = h(2eUm_e)^{-1/2}$. Mit $U = 200V$ und den bekannten Werten für die Naturkonstanten (s.S.548ff.) folgt $\lambda_0 = 8,67 \cdot 10^{-11}$m $\approx 0,1$nm, was ungefähr dem Durchmesser eines Atoms entspricht.
Ein Ball mit der Masse $m = 0,2$kg und einer Geschwindigkeit $v = 30$m/s besitzt dagegen die Wellenlänge

$\lambda_0 = h/mv \approx 1{,}1 \cdot 10^{-34}$m, die so verschwindend klein ist, dass Interferenzen, deren räumlicher Abstand in der Größenordnung von λ liegt, praktisch unbeobachtbar sind.

Im Jahre 1927 gelang es Davisson und Germer (Clinton Joseph Davisson 1881-1958, Lester Halbert Germer 1896-1971) als ersten, die Welleneigenschaften von Elektronenstrahlen und die Gültigkeit der Gl.(559) experimentell nachzuweisen.

Bei diesem Experiment wurde ein Elektronenstrahl, der eine Beschleunigungsspannung von 54V durchlaufen hatte, senkrecht auf einen Nickeleinkristall gerichtet, bei dem der Abstand zwischen benachbarten Atomreihen in der Oberfläche ((111)-Ebene) bekannt war ($d=215{,}6$pm). Bei einem Winkel ϑ (s.Fig.229) von $(50 \pm 1)^\circ$ besaß die Intensität des reflektierten Strahls ein erstes Maximum. Aus Fig.229 ersieht man, dass dann die Bedingung $l = \lambda_0$ oder $d\sin\vartheta = \lambda_0$ erfüllt sein muss.

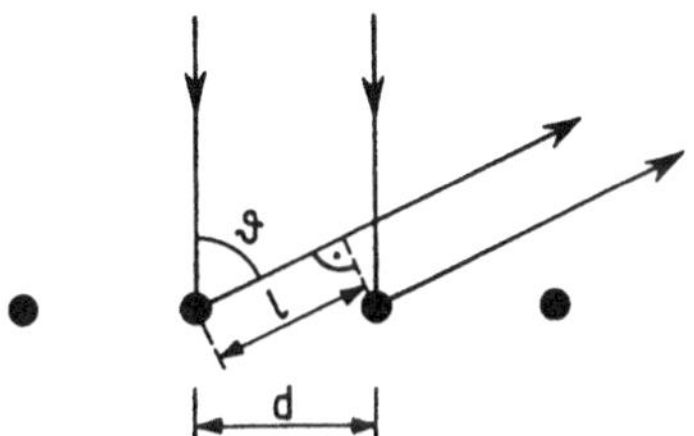

Fig.229 Zum Davisson-Germer'schen Experiment. Von oben fällt der Elektronenstrahl senkrecht auf einen Nickeleinkristall, bei dem der Atomreihenabstand d bekannt ist. Aus dem Winkel ϑ, für den die Intensität des reflektierten Strahles ein erstes Maximum besitzt, lässt sich die Wellenlänge λ_0 berechnen

Mit $d=215$pm und $\vartheta=(50 \pm 1)^\circ$ folgt $\lambda_0=(165 \pm 2)$pm. Andererseits ergibt sich aus Gl.(559) (s. den kleingedruckten Text auf S.416 unten) $\lambda_0 = h(2eUm_e)^{-1/2}$. Dies liefert mit $U=54$V und den bekannten Werten für die Naturkonstanten (s.S.548ff.) $\lambda_0=166{,}9$pm in guter Übereinstimmung mit dem experimentellen Ergebnis.

Auf S.349 wurde gezeigt, dass das räumliche Auflösungsvermögen eines Mikroskops umso besser wird, je kleiner die Wellenlänge ist. Da sich für Elektronenstrahlen durch Elektroden bzw. Magnetspulen geeigneter Dimensionierung sowohl **elektrische Linsen** (electric lenses) als auch **magnetische Linsen** (magnetic lenses) realisieren lassen, wurde das **Elektronenmikroskop** (electron microscope), genauer **Transmissions-Elektronenmikroskop** (transmission electron microscope), entwickelt. Der Aufbau ähnelt dem des Lichtmikroskops (s.Fig.164, S.318), wobei aber das Okular durch eine (elektrische oder magnetische) Projektionslinse ersetzt ist, die ein reelles Bild auf einem Fluoreszenzschirm oder einem photographischen Film erzeugt. Elektronen, die durch 100kV beschleunigt werden, haben eine Wellenlänge von 3,7pm und erlauben eine räumliche Auflösung von 0,2 - 0,5nm. Diese ist nicht durch die Wellenlänge, sondern durch die Linsenfehler (sphärische Aberration) bestimmt, sie reicht aber aus, um einzelne Atome sichtbar zu machen.
Eine andere wesentliche Anwendung finden die Materiewellen, wenn Teilchenstrahlen an Stelle der Röntgen-Strahlen zu Strukturanalysen (s.S.334ff.) eingesetzt

werden. Vor allem sind hier die Elektronen- und die Neutronenstreuung zu erwähnen. Die **Elektronenstreuung** (electron diffraction) wird wegen der geringen Eindringtiefe i.Allg. nicht zur Kristallstrukturanalyse verwendet. Sie kann jedoch eingesetzt werden, um Bindungslängen und Bindungswinkel von Molekülen in Gasen zu bestimmen. Außerdem wird sie häufig verwandt, um Festkörperoberflächen und Adsorptionsvorgänge zu untersuchen (**LEED**, low-energy electron diffraction). Bei der **Neutronenstreuung** (neutron diffraction) wird die Geschwindigkeit der Neutronen, die aus einem Kernreaktor austreten, zunächst durch Stöße auf einen Wert reduziert, der in der Größenordnung der thermischen Geschwindigkeit bei Zimmertemperatur liegt. Diese **thermischen Neutronen** (thermal neutrons) besitzen eine kinetische Energie von ca. $6 \cdot 10^{-21}$J entsprechend einer Wellenlänge von etwa 0,15nm.

Die mittlere kinetische Energie einatomiger Teilchen bei der Temperatur T ist $(3/2)kT$ (s.S.107). Mit $T=290$K und $k \approx 1,38 \cdot 10^{-23}$J/K (s.S.548) folgt $6 \cdot 10^{-21}$J. Bezeichnen wir die Neutronenmasse mit m_n, so gilt $(m_n/2)\langle v^2 \rangle = (3/2)kT$, und für den Neutronenimpuls $p_n = m_n \langle v^2 \rangle^{1/2}$ ergibt sich $p_n = (3kTm_n)^{1/2}$. Einsetzen in die Gl.(559), S.416, liefert $\lambda_0 = h(3kTm_n)^{-1/2}$ oder, mit $T=290$K sowie den Naturkonstanten nach S.548/549, $\lambda_0 \approx 0,15$nm.

Da die Photonen der Röntgen-Strahlen in erster Linie an den Hüllenelektronen und, wegen der großen Masse, kaum an den Atomkernen gestreut werden (s.S.32ff.), liefert die Röntgen-Strukturanalyse Aussagen über die Elektronendichteverteilung und praktisch keine Informationen über die Lage leichter Kerne wie z.B. Wasserstoff. Im Gegensatz dazu werden die Neutronen vor allem an den Atomkernen und hier besonders an leichten Atomkernen gestreut, weil deren Masse vergleichbar mit der der Neutronen ist. Strukturanalysen mit Neutronen sind deshalb komplementär zu Röntgen-Strukturanalysen und damit ein unentbehrliches Hilfsmittel der Strukturforschung geworden.

26.3 Quantenmechanik

Axiome der Quantenmechanik

Es gibt verschiedene, theoretisch begründbare, Zugänge zur Quantenmechanik. Wir wählen den relativ einfachen Weg durch die Formulierung von Axiomen analog zur Newton'schen Mechanik (s.S.20ff.). Ausgangspunkt ist die de Broglie'sche Vorstellung von der Wellennatur bewegter Teilchen (s.S.416).

(1) An Stelle der Aussage, *ein Teilchen befindet sich zur Zeit t an der Stelle* $\vec{r}$, wird eine (i.Allg. komplexe) Orts- und Zeitfunktion $\Psi(\vec{r},t)$ eingeführt. Diese Funktion heißt **Wellenfunktion** (wavefunction) oder **Zustandsfunktion** (state function). Sie besitzt die Eigenschaft, dass $\Psi^*\Psi d\tau$ die Wahrscheinlichkeit angibt,

das Teilchen zur Zeit t im Volumenelement dτ an der Stelle $\vec{r}$ zu finden, wobei Ψ^* die **konjugiert komplexe** (conjugated complex) Funktion zu Ψ ist (d.h. für $\Psi = a + b$i gilt $\Psi^* = a - b$i). Das Produkt $\Psi^*\Psi$ nennt man die **Wahrscheinlichkeitsdichte** des Ortes (position probability density).

(2) Die (nichtrelativistische) Wellenfunktion $\Psi(\vec{r},t)$ von Elektronen gewinnt man in drei Schritten: (i) Aufstellung und Lösung der **Schrödinger-Gleichung** (Schrödinger wave equation, Erwin Schrödinger 1887-1961), die ohne ein äußeres Magnetfeld die Form

$$\left(\frac{1}{2m_e}(-i\hbar\ \mathrm{grad})^2 + E_{pot} \right) \Psi(\vec{r},t) = i\hbar\ \frac{\partial}{\partial t}\ \Psi(\vec{r},t) \tag{561}$$

besitzt. m_e bezeichnet die Ruhemasse und E_{pot} die potentielle Energie des Elektrons. $\hbar$ ist die durch 2π geteilte Planck'sche Konstante (s.S.548) und grad ein Vektoroperator (s.Tab.57-59, S.274/275). (ii) Auswahl derjenigen Lösungen, die eindeutig und stetig sind und die die Randbedingungen erfüllen. (iii) **Normierung** (normalization), d.h. Multiplikation der ausgewählten Lösungen mit einem solchen Faktor, dass das Integral $\Psi^*\Psi = |\Psi|^2$ über den gesamten Raum den Wert 1 besitzt:

$$\iiint \Psi^*\Psi\ d\tau = 1\ . \tag{562}$$

(3) Es sei G das Ergebnis eines Einzelexperimentes zur Bestimmung einer physikalischen Größe. Dann bezeichnet man den Mittelwert aus einer großen Anzahl derartiger Messungen als **Erwartungswert** (expectation value) $\langle G \rangle$. Er ergibt sich aus der Beziehung

$$\langle G \rangle = \iiint \Psi^*\hat{G}\Psi\ d\tau\ , \tag{563}$$

wobei $\hat{G}$ der **Operator** (operator) der betreffenden Größe ist (s.Tab.81 auf der nächsten Seite). Wenn sich das System in einem **Eigenzustand** (eigenstate) befindet, d.h. eine solche Zustandsfunktion Ψ besitzt, dass die Anwendung des Operators $\hat{G}$ auf Ψ eine Funktion liefert, die proportional zu Ψ ist, wenn also $\hat{G}\Psi(\vec{r},t) = G_e\Psi(\vec{r},t)$ gilt, so bezeichnet man $\Psi(\vec{r},t)$ als **Eigenfunktion** (eigenfunction) und G_e als den zugehörigen **Eigenwert** (eigenvalue) des Operators $\hat{G}$. Nur in diesen Fällen lässt sich G mit der Streuung null messen. Das Ergebnis ist G_e.

Für das Quadrat der Streuung (s.S.13) $\sigma_G^2 = \langle (G - \langle G \rangle)^2 \rangle$ oder $\sigma_G^2 = \langle G^2 \rangle - \langle G \rangle^2$ gilt nach Gl.(563) $\sigma_G^2 = \iiint \Psi^*\hat{G}\hat{G}\Psi d\tau - (\iiint \Psi^*\hat{G}\Psi d\tau)^2$ und wir sehen, dass dieser Ausdruck verschwindet, wenn Ψ eine Eigenfunktion von $\hat{G}$ ist. In diesen Fällen stimmen alle Messwerte G mit G_e überein, d.h. es gilt $\langle G \rangle = G = G_e$.

Mit diesen Operatoren lässt sich die Schrödinger-Gleichung (Gl.(561)) in der Form $(\hat{E}_{kin}+\hat{E}_{pot})\Psi=\hat{E}\Psi$ schreiben. Nach Multiplikation mit Ψ^* von links und Integration über den gesamten Raum ergibt sich daraus (s.Gl.(563)) der Energiesatz

$$\langle E_{kin}\rangle + \langle E_{pot}\rangle = \langle E\rangle \ . \tag{564}$$

Tab.81 Einige physikalische Größen (G) und die zugehörigen Operatoren ($\hat{G}$). Zur Bedeutung des Operators grad s. Tab.57-59, S.274/275

Physikalische Größe (G)	Operator ($\hat{G}$)
potentielle Energie $E(\vec{r})$	$E(\vec{r})$
Impuls $\vec{p}$	$-\,i\,\hbar$ grad
nichtrelativistische kinetische Energie $E_{kin}=(2m_e)^{-1}p^2$	$(2m_e)^{-1}(-\,i\,\hbar$ grad$)^2$
Gesamtenergie E	$i\,\hbar\,\partial/\partial t$
Drehimpuls $\vec{L}=\vec{r}\times\vec{p}$	$\vec{r}\times(-\,i\,\hbar$ grad$)$
z-Komponente des Drehimpulses (L_z) in kartesischen Koordinaten in Kugelkoordinaten	$-\,i\,\hbar(x\partial/\partial y-y\partial/\partial x)$ $-\,i\,\hbar\,\partial/\partial\phi$

Zur Berechnung des Drehimpulsoperators $(-\,i\,\hbar\,\vec{r}\times$ grad$)$ in Kugelkoordinaten verwenden wir $\vec{r}=\vec{e}_r r$ und grad$=\vec{e}_r(\partial/\partial r)+\vec{e}_\vartheta r^{-1}(\partial/\partial\vartheta)+\vec{e}_\phi(r\sin\vartheta)^{-1}(\partial/\partial\phi)$ (s. Tab.59, S.275), wobei $\vec{e}_r$, $\vec{e}_\vartheta$ und $\vec{e}_\phi$ die Einheitsvektoren der Kugelkoordinaten sind. Wegen $\vec{e}_r\times\vec{e}_r=0$, $\vec{e}_r\times\vec{e}_\vartheta=\vec{e}_\phi$ und $\vec{e}_r\times\vec{e}_\phi=-\vec{e}_\vartheta$ ergibt sich für den Drehimpulsoperator $-i\hbar[\vec{e}_\phi(\partial/\partial\vartheta)-\vec{e}_\vartheta(\sin\vartheta)^{-1}(\partial/\partial\phi)]$. Die z-Komponente folgt daraus durch Multiplikation mit $\vec{e}_z$ zu $\hat{L}_z=-i\hbar[\vec{e}_z\vec{e}_\phi(\partial/\partial\vartheta)-\vec{e}_z\vec{e}_\vartheta(\sin\vartheta)^{-1}(\partial/\partial\phi)]$. Wegen $\vec{e}_z\vec{e}_\phi=0$ und $\vec{e}_z\vec{e}_\vartheta=-\sin\vartheta$ ergibt sich schließlich $\hat{L}_z=-i\,\hbar(\partial/\partial\phi)$.

Kräftefreie Teilchen

Ein Teilchen ist **kräftefrei** (free particle), *wenn seine potentielle Energie nicht vom Ort abhängt.* Bezeichnen wir mit x die Koordinate in Richtung der Bewegung des Teilchens und mit m_e seine Ruhemasse, so vereinfacht sich die Schrödinger-Gleichung (Gl.(561), S.419) zu

$$- \frac{\hbar^2}{2m_e} \frac{\partial^2 \Psi}{\partial x^2} = i\hbar \frac{\partial \Psi}{\partial t} \, . \tag{565}$$

Für ein Teilchen, dessen Impuls p_x vorgegeben ist, ergibt sich daraus

$$\Psi(x,t) = a \, \exp\!\left(- i[(E/\hbar)t - (p_x/\hbar)x] \right) \, . \tag{566}$$

Die komplexe Konstante a muss dabei so gewählt werden, dass die Normierungs-bedingung (s. Gl. (562), S. 419) erfüllt wird.

Mit dem Lösungsansatz $\Psi(x,t)=\psi(x)f(t)$ folgt aus Gl. (565) $-\hbar^2(2m_e)^{-1}f(t)\partial^2\psi/\partial x^2=i\hbar\psi(x)\partial f/\partial t$ oder $i\hbar(2m_e)^{-1}\psi^{-1}\partial^2\psi/\partial x^2=f^{-1}\partial f/\partial t$. Die linke Seite dieser Gleichung ist unabhängig von der Zeit und die rechte unabhängig vom Ort. Also müssen beide Seiten gleich einer Konstanten (K) sein. Aus $f^{-1}\partial f/\partial t=K$ folgt $f(t)=f(0)\exp(Kt)$ und aus $i\hbar(2m_e)^{-1}\psi^{-1}\partial^2\psi/\partial x^2=K$ ergibt sich $\psi(x)=\psi(0)\exp[\pm(2m_eK)^{1/2}(i\hbar)^{-1/2}x]$. Damit erhalten wir $\Psi(x,t)=\psi(0)f(0)\exp[Kt\pm(2m_eK)^{1/2}(i\hbar)^{-1/2}x]$. Wenn wir voraussetzen, dass das Teilchen einen vorgegebenen Impuls p_x besitzt, so muss nach Gl. (563), S. 419, und unter Beachtung von Tab. 81 gelten $p_x\equiv\langle p_x\rangle= \int \Psi^*(-i\hbar\partial/\partial x)\Psi\,dx$ oder $p_x= \mp i\hbar(2m_eK)^{1/2}(i\hbar)^{-1/2}$. Beachten wir noch, dass die Gesamt-energie E gleich der kinetischen Energie $p_x^2/(2m_e)$ ist, so folgt $E=-(\hbar^2/2)2m_eK/(i\hbar m_e)$ oder $E=i\hbar K$. Damit ergibt sich $(\Psi(x,t)=\psi(0)f(0)\exp[-i(E/\hbar)t+i(p_x/\hbar)x]$ oder $\Psi(x,t)=a\exp\{-i[(E/\hbar)t-(p_x/\hbar)x]\}$ mit $a=\psi(0)f(0)$.

Ein Vergleich von Gl. (566) mit der Gl. (137) auf S. 93 zeigt, dass $\Psi(x,t)$ für $p_x>0$ eine in positive x-Richtung fortschreitende Welle beschreibt, deren Frequenz f durch E/h und deren Wellenlänge λ_0 durch h/p_x gegeben wird. *Die de Broglie'schen Formeln (Gln. (559) und (560), s. S. 416) folgen also unmittelbar aus den Axiomen der Quantenmechanik für kräftefreie Teilchen.*
Wie oben gezeigt, stellt $\Psi(x,t)$ die Lösung der Schrödinger-Gleichung für ein kräftefreies Teilchen dar, das einen vorgegebenen Impuls p_x besitzt. Für die Wahrscheinlichkeit $\Psi^*\Psi d\tau$, dass sich dieses Teilchen zur Zeit t im Intervall von x bis $x+dx$ befindet, ergibt sich durch Einsetzen von Ψ nach Gl. (566) a^*a, d. h. ein vom Ort und der Zeit unabhängiger Wert. Das Teilchen ist über den gesamten Raum "verschmiert". Mit anderen Worten: Diese Lösung beschreibt ein **delokali-siertes Teilchen** (delocalized particle).
Um ein lokalisiertes Teilchen zu beschreiben, das sich in x-Richtung bewegt, müssen wir eine geeignete Linearkombination von Wellenfunktionen der Form Ψ nach Gl. (566) bilden. Man nennt dies ein **Wellenpaket** (wave packet). Der Impuls p_x des Teilchens ist in diesem Fall nicht fest vorgegeben, sondern genügt einer Verteilungsfunktion, für die wir eine Kastenfunktion wählen. Dann folgt für die Wahrscheinlichkeitsdichte

$$\Psi_P^* \, \Psi_P \propto \frac{\sin^2\xi}{\xi^2} \qquad \text{mit} \qquad \xi = \left(\frac{x}{\hbar} - \frac{p_0}{m_e\hbar}t\right)\Delta p_0 \,, \qquad (567)$$

wobei der Index P auf Wellenpaket hinweisen soll und der Proportionalitätsfaktor durch die Normierungsbedingung $\iiint\Psi_P^*\Psi_P d\tau = 1$ gegeben ist.

Mit dem Gewichtsfaktor nach Fig.230 gilt für die Linearkombination Ψ_P von Lösungen der Form nach Gl.(566), S.421, $\Psi_P \propto \int_{p0-\Delta p0}^{p0+\Delta p0} \exp\{-ip_x^2(2m_e\hbar)^{-1}t + i(p_x/\hbar)x\}dp_x$ oder, bei Vernachlässigung des in Δp quadratischen Terms (dies ist nur für hinreichend kleine t erlaubt, wogegen bei großen t das Wellenpaket "zerläuft") $\Psi_P \propto \int_{-\Delta p0}^{+\Delta p0} \exp\{-ip_0^2(2m_e\hbar)^{-1}t - ip_0\Delta p(m_e\hbar)^{-1}t + i(p_0/\hbar)x + i(\Delta p/\hbar)x\}d\Delta p$. Die Integration liefert das Ergebnis $\Psi_P \propto \{\exp[-ip_0^2(2m_e\hbar)^{-1}t + i(p_0/\hbar)x]\}\{\sin[(x/\hbar - p_0(m_e\hbar)^{-1}t)\Delta p_0]\}\{[(x/\hbar - p_0(m_e\hbar)^{-1}t)\cdot \Delta p_0]\}^{-1}$, woraus unmittelbar die gesuchte Gl.(567) folgt.

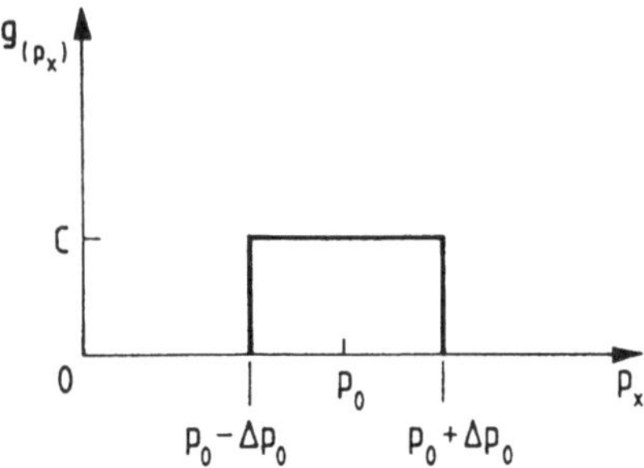

Fig.230 Zur Bildung eines Wellenpakets (Wellenfunktion Ψ_P). $g(p_x)dp_x$ ist der Gewichtsfaktor, mit der die Wellenfunktion nach Gl.(566) zu Ψ_P beiträgt. Die Konstante C folgt aus der Normierungsbedingung für Ψ_P

Wir nennen den Wert von x, für den die Wahrscheinlichkeitsdichte nach Gl.(567) das (Haupt)Maximum besitzt, x_0. Dafür muss gelten $x_0/\hbar - p_0(m_e\hbar)^{-1}t = 0$ oder

$$x_0 = (p_0/m_e)\,t \,. \qquad (568)$$

Das Teilchen ist also im Wesentlichen an der Stelle x_0 lokalisiert und diese Stelle bewegt sich für $p_0 > 0$ mit der Geschwindigkeit p_0/m_e in positive x-Richtung. Die wichtigste Erkenntnis bei diesem Ergebnis ist die Tatsache, dass *der Begriff Lokalisierung (localization) in der Quantenmechanik lediglich einem Maximum der Aufenthaltswahrscheinlichkeit an der betreffenden Stelle entspricht.* Die Schärfe dieser Lokalisierung kann man aus Gl.(567) abschätzen, indem man den Wert von $|x - x_0|$ bestimmt, für den die Wahrscheinlichkeitsdichte auf die Hälfte ihres Maximalwertes abgesunken ist. Nennen wir diesen Wert Δx_0, so liefert eine kleine Zwischenrechnung die Beziehung $\Delta x_0 \Delta p_0 \approx 1{,}39\hbar$.

Setzen wir $x_0 = (p_0/m_e)t$ (s.Gl.(568)) in die Gl.(567) ein, so folgt $\Psi_P^*\Psi_P \propto (\sin\xi)^2/\xi^2$ mit $\xi = (x - x_0)\Delta p_0/\hbar$. Die Funktion $(\sin\xi)^2/\xi^2$ hat ihren größten Wert, nämlich 1, an der Stelle $\xi = 0$ (Hauptmaximum). Der

Wert 1/2 wird für $\xi \approx \pm 1,39$ erreicht, oder für $(x-x_0)_{1/2} \approx \pm 1,39\hbar/\Delta p_0$. Mit $\Delta x_0 = |(x-x_0)_{1/2}|$ ergibt sich $\Delta x_0 \Delta p_0 \approx 1,39\hbar$.

Die Zahl 1,39 hängt mit der von uns gewählten Verteilung von p_x-p_0 (Kastenfunktion) und der gewählten Definition der Verteilungsbreite Δx_0 des Ortes (Wert von $|x-x_0|$, für den die Wahrscheinlichkeitsdichte auf 50% abgesunken ist) zusammen. Definiert man aber allgemein Δx bzw. Δp_x als Streuung der Messwerte (s.Gl.(3), S.13) von x bzw. von p_x, so ergibt die Rechnung

$$\Delta x \; \Delta p_x \geq \frac{\hbar}{2} \; . \tag{569}$$

Dies ist die berühmte **Heisenberg'sche Unschärferelation** (Heisenberg uncertainty principle, principle of indeterminism, Werner Heisenberg 1901-1976). Anschaulich lässt sie sich folgendermaßen verstehen: Um den Ort eines Teilchens zu messen, muss es ein Photon aussenden oder mit einem Photon zusammenstoßen. Dieser Messprozess ändert aber den Ort des Teilchens durch den vom Photon übertragenen Impuls. Um den Ort genau zu ermitteln, muss man Photonen möglichst kleiner Wellenlänge (s. Auflösungsvermögen, S.349) verwenden. Kleine Wellenlängen entsprechen aber andererseits einem großen Impuls (s.Gl.(551), S.411) und damit einer starken Ortsveränderung. Verringert man deshalb den Impuls, so wird die Wellenlänge größer und das Auflösungsvermögen schlechter. Dies bedeutet, dass es keinen Zustand gibt, in dem das Produkt aus den Streuungen der Messwerte für den Ort und den Impuls beliebig klein gemacht werden kann.

Teilchen im Kasten

Die auf S.419 eingeführte Schrödinger-Gleichung

$$\left(\frac{1}{2m_e}(-i\hbar \, \text{grad})^2 + E_{pot} \right) \Psi(\vec{r},t) = i\hbar \, \frac{\partial}{\partial t} \, \Psi(\vec{r},t) \tag{570}$$

wird meistens auch als **zeitabhängige Schrödinger-Gleichung** (time-dependent Schrödinger equation) bezeichnet, da die hier auftretende Wellenfunktion $\Psi(\vec{r},t)$ vom Ort und der Zeit abhängt. Bei zeitunabhängiger potentieller Energie erhält man mit dem Lösungsansatz

$$\Psi(\vec{r},t) = \psi(\vec{r}) \, \exp\left(-\mathrm{i}\frac{E}{\hbar}\,t\right) , \tag{571}$$

die **zeitunabhängige Schrödinger-Gleichung** (time-independent Schrödinger equation)

$$\left(\frac{1}{2m_\mathrm{e}}(-\mathrm{i}\hbar\ \mathrm{grad})^2 + E_\mathrm{pot}\right)\psi(\vec{r}) = E\ \psi(\vec{r}) , \tag{572}$$

deren Lösung die Eigenfunktionen und die Eigenwerte der Energie liefert. Befindet sich das System in einem solchen Zustand, so spricht man von einem **stationären Zustand** (stationary state).

Wir werden die zeitunabhängige Schrödinger-Gleichung verwenden, um das Verhalten eines Teilchens in einem Kasten zu behandeln. Unter einem **Teilchen im Kasten** (particle in a box) versteht man ein Teilchen, dessen potentielle Energie innerhalb des Kastens null und außerhalb unendlich groß ist. Wir betrachten zunächst den eindimensionalen Fall, bei dem sich der Kasten von $x=0$ bis $x=x_0$ erstrecken soll. In diesem Gebiet vereinfacht sich die Gl.(572) zu $-\hbar^2(2m_\mathrm{e})^{-1}\cdot$ $\mathrm{d}^2\psi(x)/\mathrm{d}x^2=E\psi(x)$ mit der Lösung

$$\psi(x) = a_+\exp[\mathrm{i}(2m_\mathrm{e}E)^{1/2}x/\hbar] + a_-\exp[-\mathrm{i}(2m_\mathrm{e}E)^{1/2}x/\hbar] . \tag{573}$$

Außerhalb des Kastens muss (wegen $E_\mathrm{pot}=\infty$) die Aufenthaltswahrscheinlichkeit des Teilchens und damit seine Wellenfunktion null sein. Die Stetigkeitsbedingung für $\psi(x)$ an der Stelle $x=0$ wird dadurch erfüllt, dass man $a_-=-a_+$ setzt, so dass sich Gl.(573) in der Form

$$\psi(x) = b\,\sin[(2m_\mathrm{e}E)^{1/2}x/\hbar] \tag{574}$$

mit $b=2\mathrm{i}a_+$ schreiben lässt.

Um die Stetigkeitsbedingung $\psi(0)=0$ zu erfüllen, muss $a_-=-a_+$ gesetzt werden. Damit folgt aus $\psi(x)=$ $a_+\exp[+\mathrm{i}(2m_\mathrm{e}E)^{1/2}x/\hbar]-a_+\exp[-\mathrm{i}(2m_\mathrm{e}E)^{1/2}x/\hbar]$ wegen $\sin\alpha=(2\mathrm{i})^{-1}[\exp(\mathrm{i}\alpha)-\exp(-\mathrm{i}\alpha)]$ sofort die Beziehung $\psi(x)=2\mathrm{i}a_+\sin[(2m_\mathrm{e}E)^{1/2}x/\hbar]$.

Weil $\psi(x)$ auch an der Stelle $x=x_0$ verschwinden muss, ergibt sich die Bedingung $\sin[(2m_\mathrm{e}E)^{1/2}x_0/\hbar]=0$, die aber nur erfüllt werden kann, wenn E nicht beliebig ist, sondern einen der folgenden diskreten Werte (Eigenwerte) besitzt (Quantisierung der Energie)

$$E_n = n^2 \frac{\pi^2 \hbar^2}{2m_e x_0^2} \qquad \text{mit} \qquad n = 1, 2, 3, \ldots \qquad (575)$$

Mit $n=0$ würde zwar auch die Bedingung $\sin[(2m_e E)^{1/2} x_0/\hbar]=0$ erfüllt werden, jedoch bedeutet dies nach Gl.(574) eine Aufenthaltswahrscheinlichkeit von null, d.h. kein Teilchen im Kasten.

Mit der Compton-Wellenlänge λ_C (s.Gl.(555), S.413) wird die Gl.(575) zu

$$E_n = \frac{n^2}{8}\left(\frac{\lambda_C}{x_0}\right)^2 m_e c^2 \; . \qquad (576)$$

Die Wellenfunktion für $E=E_n$ folgt aus Gl.(571) unter Beachtung der Gln.(574) und (575), und zwar ergibt sich

$$\Psi_n(x,t) = b \, \exp\left(-\,\mathrm{i}\frac{n^2\pi^2\hbar}{2m_e x_0^2}\,t\right) \sin\left(\frac{n\pi x}{x_0}\right) \; . \qquad (577)$$

Die kleinstmögliche Energie, die ein Teilchen im Kasten nach Gl.(575) annehmen kann, ist nicht etwa null, wie man nach der klassischen Physik erwarten würde, sondern gleich $\pi^2\hbar^2(2m_e x_0^2)^{-1}$. Man nennt sie die **Nullpunktsenergie** (zero-point energy). Für ein Elektron ($m_e \approx 9{,}11\cdot 10^{-31}$kg), das in einen Kasten mit $x_0=3\cdot 10^{-10}$m (Größenordnung eines Atomdurchmessers) eingeschlossen ist, ergibt sich eine Nullpunktsenergie von ca. $6{,}7\cdot 10^{-19}$J oder ungefähr $4{,}18$eV (s.S.553).

Im dreidimensionalen Fall, d.h. wenn sich ein kräftefreies Teilchen mit der Ruhemasse m_e in einem Kasten mit den Kantenlängen x_0, y_0 und z_0 befindet, ergibt sich analog zu Gl.(575)

$$E_{n_x n_y n_z} = \frac{\pi^2\hbar^2}{2m_e}\left(\frac{n_x^2}{x_0^2} + \frac{n_y^2}{y_0^2} + \frac{n_z^2}{z_0^2}\right) \; . \qquad (578)$$

Mit dieser Gleichung lässt sich eine für die statistische Physik wichtige Größe, nämlich die **Zustandsdichte** (density of states) $g(E)$ berechnen. Diese wird folgendermaßen definiert: Wenn die Energie eines Teilchens in das Intervall von E bis

$E+\mathrm{d}E$ fällt, dann ist die Anzahl der Eigenwerte der Energie dieses Teilchens $g(E)\mathrm{d}E$. Bei Gültigkeit von Gl.(578) ergibt sich die Beziehung

$$g(E) = \frac{2\pi V}{h^3}\,(2m_e)^{3/2}\sqrt{E} \qquad\qquad (579)$$

mit $V=x_0 y_0 z_0$ als dem Volumen, in das das kräftefreie Teilchen mit der Ruhemasse m_e eingeschlossen ist.

Mit $\xi=n_x/x_0$, $\eta=n_y/y_0$, $\zeta=n_z/z_0$ und $r^2=2m_eE(\hbar\pi)^{-2}$ erhält Gl.(578) die Form $\xi^2+\eta^2+\zeta^2=r^2$. Dies ist aber die Kugelgleichung im ξ-η-ζ-Raum. Für die Anzahl der Eigenwerte $g(E)\mathrm{d}E$, die das Teilchen besitzt, wenn seine Energie in das Intervall von E bis $E+\mathrm{d}E$ fällt, ergibt sich also $g(E)\mathrm{d}E=(1/8)(4\pi r^2\mathrm{d}r)/$ $(x_0y_0z_0)^{-1}$, wobei der Faktor 1/8 die Tatsache berücksichtigt, dass ξ, η und ζ positiv sein müssen. Einsetzen von r liefert $g(E)\mathrm{d}E=(1/8)(x_0y_0z_0)4\pi(2m_eE)(\hbar\pi)^{-2}[2m_e(\hbar\pi)^{-2}]^{1/2}(2\sqrt{E})^{-1}\mathrm{d}E$. Mit $V=x_0y_0z_0$ ergibt sich daraus die gesuchte Gl.(579).

Der Tunneleffekt

Wir behandeln den **Tunneleffekt** (tunnel effect) für den eindimensionalen Fall. Die potentielle Energie des Teilchens mit der Ruhemasse m_e sei für $x<0$ (Bereich I, s.Fig.231) und für $x>d$ (Bereich III) null ($E_{pot}=0$). Diese beiden Bereiche werden durch einen **Potentialwall** (potential barrier) der Höhe $E_{pot}=E_0$ und der Breite d getrennt (Bereich II). Außerdem nehmen wir an, dass sich das Teilchen ursprünglich im Bereich I befinden soll.

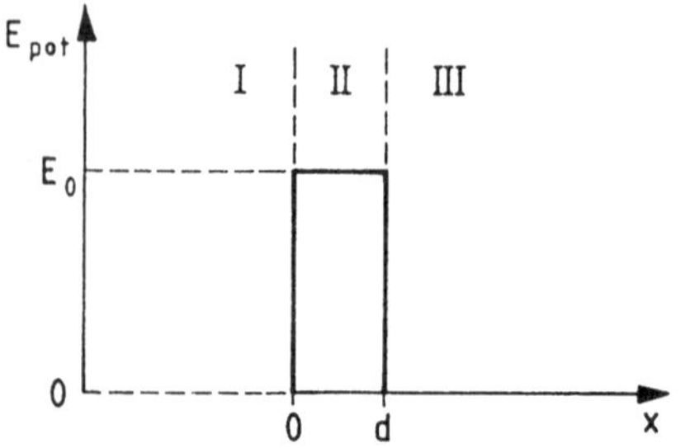

Fig. 231 Die beiden Bereiche I und III, in denen die potentielle Energie des Teilchens null ist, werden durch einen Potentialwall der Höhe $E_{pot}=E_0$ und der Breite d (Bereich II) getrennt

Als Lösung der zeitunabhängigen Schrödinger-Gleichung (s.Gl.(572), S.424 mit $\psi(\vec{r})=\psi(x)$ und $\mathrm{grad}^2=\mathrm{d}^2/\mathrm{d}x^2$) für den Bereich I ergibt sich

$$\psi_I(x) = a_{+,I}\,\exp[+\,i(2m_eE)^{1/2}x/\hbar\,] + a_{-,I}\,\exp[-\,i(2m_eE)^{1/2}x/\hbar\,] \tag{580}$$

mit den beiden Konstanten $a_{+,I}$ und $a_{-,I}$. Für den Bereich II erhalten wir unter der Annahme $E < E_0$

$$\psi_{II}(x) = a_{+,II}\,\exp\{+[2m_e(E_0-E)]^{1/2}x/\hbar\} + a_{-,II}\,\exp\{-[2m_e(E_0-E)]^{1/2}x/\hbar\}, \tag{581}$$

wobei $a_{+,II}$ und $a_{-,II}$ ebenfalls zwei Konstanten sind. Für nicht zu dünne Potential-wälle, d.h. wenn $[2m_e(E_0-E)]^{1/2}d/\hbar \gg 1$ gilt, können wir $a_{+,II}=0$ setzen; denn es muss dann $\psi_{II}^*\psi_{II}$ mit wachsendem x abnehmen.

Für ein Elektron ($m_e \approx 9{,}11\cdot10^{-31}$kg) und $E_0-E=1{,}6\cdot10^{-18}$J, d.h. ca. 10eV (s.S.553), bedeutet diese Bedingung, dass d groß gegen $\hbar[2m_e(E_0-E)]^{-1/2}\approx6{,}18\cdot10^{-11}$m oder ca. 0,6Å sein muss.

Im Bereich III schließlich ergibt sich die Lösung

$$\psi_{III}(x)=a_{+,III}\,\exp[+\,i(2m_eE)^{1/2}(x-d)/\hbar\,]+a_{-,III}\,\exp[-\,i(2m_eE)^{1/2}(x-d)/\hbar\,], \tag{582}$$

wobei wir $a_{-,III}=0$ setzen, da in diesem Bereich, wenn überhaupt, dann nur ein in positive x-Richtung vom Potentialwall wegwanderndes Teilchen auftreten darf. Aus der Forderung nach der Stetigkeit der Wellenfunktionen (s.S.419) folgt dann für das Verhältnis r der Wahrscheinlichkeitsdichten des Teilchens rechts und links vom Potentialwall (**Transmissionskoeffizient**, transmission coefficient)

$$r = \exp\left(-\,4\pi\sqrt{2}\;\frac{d}{\lambda_C}\left(\frac{E_0-E}{m_ec_0^{\,2}}\right)^{1/2}\right). \tag{583}$$

Wegen der Stetigkeit bei $x=d$ gilt $\psi_{III}(d)=\psi_{II}(d)$, woraus man durch Einsetzen von $\psi_{II}(d)$ nach Gl.(581) die Beziehung $\psi_{III}(d)=a_{-,II}\exp\{-[2m_e(E_0-E)]^{1/2}d/\hbar\}$ erhält. Die Bedingung für die Stetigkeit bei $x=0$ lautet $\psi_I(0)=\psi_{II}(0)$. Daraus folgt durch Einsetzen von $\psi_{II}(0)$ nach Gl.(581) $\psi_I(0)=a_{-,II}$ und es ergibt sich $\psi_{III}(d)/\psi_I(0)=\exp\{-[2m_e(E_0-E)]^{1/2}d/\hbar\}$ oder nach Quadrieren und Einführung der Compton-Wellenlänge $\lambda_C=h(m_ec_0)^{-1}$ die gesuchte Gl.(583).

Die Bedeutung der Gl.(583) wollen wir an folgendem Beispiel erläutern. Ein Teilchen mit der Ruhemasse m_e befinde sich in einem Kasten der Breite x_0, der links von einer unendlich hohen Barriere und rechts von einem Potentialwall der Höhe E_0 und der Dicke d begrenzt wird. Im tiefsten energetischen Zustand besitzt das Teilchen die Nullpunktsenergie $E=(1/8)(\lambda_C/x_0)^2m_ec_0^{\,2}$ (s.Gl.(576), S.425). Damit folgt für den Betrag seiner Geschwindigkeit $|v_x|$ aus $E=m_ev_x^{\,2}/2$ die Beziehung $|v_x|=(c_0/2)(\lambda_C/x_0)$. Für die Zeit Δt zwischen zwei aufeinander folgenden Stößen des Teilchens an den Potentialwall gilt $\Delta t=2x_0|v_x|^{-1}$ und wir erhalten somit für die z zugehörige Frequenz $f=\Delta t^{-1}=(1/4)(c_0/x_0)(\lambda_C/x_0)$. Unter Verwendung von Gl.(583) folgt für die mittlere Verweilzeit $\tau=(fr)^{-1}$ des Teilchens in dem Kasten

$$\tau = \frac{4x_0}{c_0}\,\frac{x_0}{\lambda_C}\,\exp\left(4\pi\sqrt{2}\,\frac{d}{\lambda_C}\left(\frac{E_0-E}{m_e c_0^2}\right)^{\!1/2}\right). \qquad (584)$$

Wegen $E_0>E$ dürfte nach den Vorstellungen der klassischen Physik das Teilchen nicht in der Lage sein, den Potentialwall zu überschreiten ($\tau=\infty$). Der endliche Wert von τ nach Gl.(584) zeigt dagegen, dass das Teilchen eine Möglichkeit besitzt, den Kasten zu verlassen. Man sagt, das Teilchen durchtunnelt den Potentialwall.

Ein Zahlenbeispiel möge die Bedeutung von Gl.(584) und insbesondere die starke Abhängigkeit der Verweilzeit τ von der Dicke des Potentialwalls d demonstrieren. Ein Elektron mit der Ruheenergie $m_e c_0^2\approx 8{,}19\cdot 10^{-14}$J befinde sich in einem Kasten der Größe $x_0=3\cdot 10^{-10}$m. Die zugehörige Nullpunktsenergie E beträgt ca. $6{,}7\cdot 10^{-19}$J (s.S.425). Wählen wir $E_0-E=1{,}6\cdot 10^{-18}$J und $d=2\cdot 10^{-10}$m, ein Wert, der noch hinreichend groß ist, um die Voraussetzung für die Gültigkeit von Gl.(584) zu erfüllen (s. den kleingedruckten Text auf S.427 oben), so folgt aus Gl.(584) $\tau\approx 4{,}95\cdot 10^{-16}\exp(6{,}480)\approx 3{,}2\cdot 10^{-13}$s. Erhöhen wir die Dicke des Potentialwalls um den Faktor 5, so folgt $\tau\approx 0{,}06$s. Bei einem Faktor 10, d.h. für $d=2\cdot 10^{-9}$m, ergibt sich $\tau\approx 6{,}9\cdot 10^{12}$s.

Mit dem Tunneleffekt lässt sich u.a. der α-Zerfall (s.S.517ff.), das Zustandekommen der Kernfusion (s.S.529/530), die **Feldemission** (field emission, das ist die Elektronenemission aus einem Metall ins Vakuum bei Anlegen eines hinreichend starken elektrischen Feldes) und die Strom-Spannungs-Kennlinie von Tunneldioden (s.Fig.83, S.189) erklären. Eine wichtige Anwendung hat der Tunneleffekt beim Tunnelmikroskop gefunden. Um das Prinzip zu verstehen, erläutern wir zunächst die Wirkungsweise des **Raster-Elektronenmikroskops** (scanning electron microscope). Hier handelt es sich nicht um Abbildungen im üblichen Sinne, wie beim optischen Mikroskop (s.S.318) oder dem Transmissions-Elektronenmikroskop (s.S.417), sondern um eine zeilenförmige Abtastung der Objektoberfläche durch einen feinen Elektronenstrahl. Durch diesen Elektronenstrahl angeregt, emittiert die Oberfläche Elektronen, die von einer positiv vorgespannten Elektrode abgesaugt werden (**Sekundärelektronenstrom**, secondary emission current). Die Intensität des für jeden Objektpunkt gemessenen Sekundärelektronenstroms wird registriert und, analog wie beim (schwarz-weiß) Fernsehen, mit Hilfe einer Kathodenstrahlröhre wieder zum Bild zusammengesetzt. Auf diese Weise erhält man Darstellungen, die einen verblüffenden räumlichen Eindruck von der Oberfläche des Objekts vermitteln. Das räumliche Auflösungsvermögen entspricht dem der Transmissions-Elektronenmikroskope (0,2 - 0,5nm).

Mit dem **Tunneleffekt-Rastermikroskop** oder kurz **Tunnelmikroskop** (tunnel microscope) erreicht man, insbesondere senkrecht zur Oberfläche, ein noch höheres

Auflösungsvermögen: Eine ultrafeine Metallelektrode, deren Spitze im Idealfall durch *ein* Atom gebildet wird, befindet sich auf einem Positioniersystem bestehend aus drei piezoelektrischen Kristallen (**piezoelektrische Kristalle**, piezoelectric crystals, sind solche Kristalle, deren Dicke sich in Abhängigkeit von einer angelegten Spannung ändern lässt). Damit wird die Spitze zeilenförmig über die Oberfläche geführt und dem Objekt jeweils so weit genähert, dass ein konstanter Tunnelstrom entsteht. Da die Stärke dieses Tunnelstromes exponentiell vom Abstand d zwischen Spitze und Objekt (s. Gl.(583), S.427) abhängt, folgt die Spitze mit hoher Genauigkeit allen Unebenheiten auf der Oberfläche. Mit modernen Tunnelmikroskopen lassen sich Oberflächen von einigen μm^2 mit einer Auflösung des Abstands d von 0,01nm und von 0,2 - 0,5nm senkrecht dazu abtasten.

27 Atome, Moleküle und Festkörper

Wolfgang Pauli (1931): Über Halbleiter sollte man nicht arbeiten, das ist eine Schweinerei, wer weiß, ob es überhaupt Halbleiter gibt.

27.1 Das Wasserstoffatom

Die Schrödinger-Gleichung

Das **Wasserstoffatom** (hydrogen atom) ist das einfachste Atom. Es besteht aus einem Proton als Atomkern und einem Elektron. Es stellt damit ein **Zweiteilchensystem** (two-particle system) dar. Die im Abschn.26.3, S.418ff., für *ein* Teilchen formulierten Axiome sind für Mehrteilchensysteme entsprechend zu erweitern. An Stelle von Gl.(561), S.419, gilt für ein Zweiteilchensystem

$$\left(\frac{1}{2m_1}(-i\hbar\,\mathrm{grad}_1)^2 + \frac{1}{2m_2}(-i\hbar\,\mathrm{grad}_2)^2 + E_{pot}(\vec{r}_1,\vec{r}_2) \right) \Psi(\vec{r}_1,\vec{r}_2,t) = i\hbar\,\frac{\partial}{\partial t}\,\Psi(\vec{r}_1,\vec{r}_2,t) \ , \quad (585)$$

wobei der Operator grad_i nur auf die Koordinaten $\vec{r}_i$ des Teilchens i mit der Ruhemasse m_i wirkt ($i=1,\ 2$). Das Produkt $\Psi^*\Psi d\tau_1 d\tau_2 = |\Psi|^2 d\tau_1 d\tau_2$ stellt die Wahrscheinlichkeit dar, z.Zt. t das Teilchen 1 im Volumenelement $d\tau_1$ an der Stelle $\vec{r}_1$ und gleichzeitig das Teilchen 2 im Volumenelement $d\tau_2$ an der Stelle $\vec{r}_2$ zu finden. Beim Wasserstoffatom setzen wir $m_1=m_e$, $\vec{r}_1=\vec{r}_e$ und $m_2=m_p$, $\vec{r}_2=\vec{r}_p$, wobei m_e bzw. m_p die Ruhemasse des Elektrons bzw. des Protons bezeichnet.

$\vec{r} = \vec{r}_e - \vec{r}_p$ ist der Abstandsvektor des Elektrons vom Proton (s.Fig.232). Auf Grund des 3.Newton'schen Axioms kann man das Zweikörperproblem auf die Bewegung *eines* Teilchens mit der reduzierten Masse

$$\mu = \frac{m_e m_p}{m_e + m_p} \approx 0{,}9995\, m_e \tag{586}$$

und dem Abstandsvektor $\vec{r}$ zurückführen.

Es gilt $\vec{r} = \vec{r}_e - \vec{r}_p$. Für $m_p = \infty$ ist $\vec{r}_p$ konstant und somit folgt aus $m_e \mathrm{d}^2\vec{r}_e/\mathrm{d}t^2 = \vec{F}(\vec{r})$ (2.Newton'sches Axiom, s.S.20/21) die Beziehung $\mathrm{d}^2\vec{r}/\mathrm{d}t^2 = m_e^{-1}\vec{F}(\vec{r})$. Für endliche Werte von m_p gilt auf Grund des 3.Newton'schen Axioms (s.S.21) $m_e \mathrm{d}^2\vec{r}_e/\mathrm{d}t^2 = -m_p \mathrm{d}^2\vec{r}_p/\mathrm{d}t^2 = \vec{F}(\vec{r})$. Wegen $\vec{r} = \vec{r}_e - \vec{r}_p$ erhält man daraus $\mathrm{d}^2\vec{r}/\mathrm{d}t^2 = (m_e^{-1} + m_p^{-1})\vec{F}(\vec{r})$ oder $\mathrm{d}^2\vec{r}/\mathrm{d}t^2 = \mu^{-1}\vec{F}(\vec{r})$ mit $\mu^{-1} = m_e^{-1} + m_p^{-1}$.

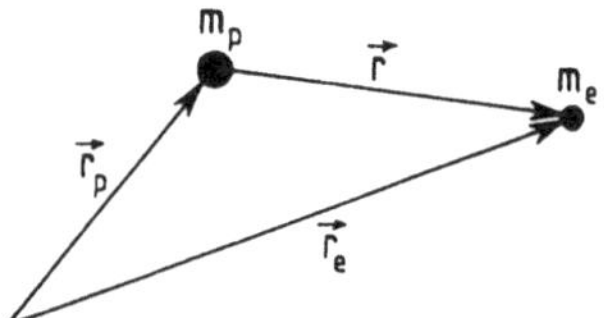

Fig.232 Das Wasserstoffatom bestehend aus einem Proton (Ruhemasse m_p, Ladung $+e$) und einem Elektron (Ruhemasse m_e, Ladung $-e$). Die Durchmesser der gezeichneten Kugeln für das Proton und das Elektron entsprechen nicht den tatsächlichen Relationen

Damit lässt sich das Wasserstoffatom als Einteilchensystem behandeln. Wir schreiben aber weiterhin m_e an Stelle von μ. Um die stationären Zustände des Wasserstoffatoms zu finden, müssen wir die zeitunabhängige Schrödinger-Gleichung (s.Gl.(572), S.424) lösen, wobei wir für die potentielle Energie E_{pot} die Coulomb-Energie $-e^2(4\pi\epsilon_0 r)^{-1}$ (s.S.171) einzusetzen haben. Außerdem beachten wir, dass der Operator $(\mathrm{grad})^2$ gleich dem Laplace-Operator Δ (s.S.273ff.) ist. Damit folgt

$$\left(-\frac{\hbar^2}{2m_e}\Delta - \frac{e^2}{4\pi\epsilon_0 r}\right)\psi(\vec{r}) = E\psi(\vec{r})\ . \tag{587}$$

Zur Lösung machen wir den Ansatz

$$\psi(\vec{r}) = R(r)\ Y_\ell^m(\vartheta,\phi)\ . \tag{588}$$

Hierbei bezeichnen r, ϑ, ϕ die Kugelkoordinaten des Abstandsvektors $\vec{r}$ und die $Y_\ell^m(\vartheta,\phi)$ mit $\ell=0$, 1, 2, ... und $m=0$, ±1, ±2, ... $\pm\ell$ bestimmte Funktionen von ϑ und ϕ, die man **Kugelfunktionen** (spherical harmonics) nennt (s.Tab.82).

Tab.82 Kugelfunktionen für $\ell=0$, 1, 2. Zur Bildungsvorschrift vgl. z.B. [KNE90]. Vor allem in der amerikanischen Literatur enthalten die Y_ℓ^m für $m>0$ noch den Faktor $(-1)^m$, so dass in der vorliegenden Tabelle bei Y_1^{+1} und Y_2^{+1} auf der rechten Seite ein Minuszeichen zu ergänzen ist

ℓ	m	Kugelfunktionen Y_ℓ^m
0	0	$Y_0^0 = (4\pi)^{-1/2}$
1	0	$Y_1^0 = (4\pi/3)^{-1/2}\ \cos\vartheta$
	±1	$Y_1^{\pm1} = (8\pi/3)^{-1/2}\ \sin\vartheta\ \exp(\pm i\phi)$
2	0	$Y_2^0 = (16\pi/5)^{-1/2}\ (3\cos^2\vartheta - 1)$
	±1	$Y_2^{\pm1} = (8\pi/15)^{-1/2}\ \sin\vartheta\ \cos\vartheta\ \exp(\pm i\phi)$
	±2	$Y_2^{\pm2} = (32\pi/15)^{-1/2}\ \sin^2\vartheta\ \exp(\pm 2i\phi)$

Diese Kugelfunktionen wurden so gebildet, und das rechtfertigt den Lösungsansatz Gl.(588), dass die Anwendung des Produktes aus r^2 und dem Laplace-Operator Δ in Kugelkoordinaten (s.Tab.59, S.275) auf $Y_\ell^m(\vartheta,\phi)$ lediglich den Faktor $-\ell(\ell+1)$ vor $Y_\ell^m(\vartheta,\phi)$ erzeugt

$$r^2\ \Delta Y_\ell^m = -\ \ell\,(\ell+1)\ Y_\ell^m\ . \tag{589}$$

Außerdem sind die $Y_\ell^m(\vartheta,\phi)$ normiert, d.h. sie erfüllen die Bedingung

$$\int_0^\pi \int_0^{2\pi} Y_\ell^{m\,*} Y_\ell^m\ \sin\vartheta\ d\vartheta\ d\phi = 1\ . \tag{590}$$

Setzen wir den Lösungsansatz Gl.(588) in die Gl.(587) ein, so ergibt sich mit dem Laplace-Operator Δ in Kugelkoordinaten (s.Tab.59, S.275) und unter Berücksichtigung von Gl.(589) die folgende Differentialgleichung für $R(r)$:

$$- \frac{\hbar^2}{2m_e} \left(\frac{d^2}{dr^2} + \frac{2}{r} \frac{d}{dr} - \frac{\ell(\ell+1)}{r^2} \right) R(r) - \frac{e^2}{4\pi\epsilon_0 r} R(r) = E\, R(r) \, . \tag{591}$$

Wir sehen, dass die Lösung $R(r)$ dieser Differentialgleichung von der Größe von ℓ abhängen wird. Außerdem wird es für das gleiche ℓ verschiedene Lösungen geben, die wir mit $n=1, 2, 3, \ldots$ *in der Weise durchnummerieren, dass die zugehörigen Energieeigenwerte anwachsen,* d.h. $E_1 < E_2 < E_3$ usw. Wir müssen also die Lösungen $R(r)$ der Gl.(591) mit zwei Indizes (n, ℓ) und, wegen der Gl.(588), die Wellenfunktionen $\psi(\vec{r})$ mit den drei Indizes n, ℓ und m versehen. An Stelle von Gl.(588) schreiben wir deshalb

$$\psi_{n,\ell,m}(\vec{r}) = R_{n,\ell}(r)\, Y_\ell^m(\vartheta,\phi) \, . \tag{592}$$

Die drei Indizes n, ℓ und m heißen aus Gründen, die später ersichtlich werden, **Hauptquantenzahl** (principal quantum number n), **Drehimpulsquantenzahl** oder **Nebenquantenzahl** (orbital quantum number ℓ) und **Richtungsquantenzahl** oder **magnetische Quantenzahl** (magnetic quantum number m).
Wir beginnen mit einer Diskussion der *kugelsymmetrischen Lösungen*. Nach Tab.82 sind das die Wellenfunktionen (Eigenfunktionen) mit $\ell=0$. Für den niedrigsten Energieeigenwert $E_{1,0,0}$ und die zugehörige Eigenfunktion $\psi_{1,0,0}$ ergibt sich

$$E_{1,0,0} = - \frac{m_e e^4}{8\epsilon_0^2 h^2} = - 2{,}1\ 798\ 741(13) \cdot 10^{-18}\ \text{J} \tag{593}$$

oder $E_{1,0,0} = -13{,}6\ 056\ 981(40)\text{eV}$ (s.S.553) und

$$\psi_{1,0,0} = 2a_0^{-3/2}\,(4\pi)^{-1/2}\,\exp(-\,r/a_0) \tag{594}$$

mit

$$a_0 = 4\pi\epsilon_0\ \hbar^2 m_e^{-1} e^{-2} = 0{,}529\ 177\ 249(24) \cdot 10^{-10}\ \text{m} \, . \tag{595}$$

Bezüglich der Zahlenwerte wird auf [LID90] verwiesen. Den Betrag von $E_{1,0,0}$ nennt man **Ionisierungsenergie** (ionization energy) des Wasserstoffatoms und die Größe a_0 **Bohr'scher Radius** (Bohr radius, Niels Hendrik David Bohr 1885-1962).

Wird der Lösungsansatz $R_{1,0}=c_1\exp(-r/c_2)$ in Gl.(591) mit $\ell=0$ eingesetzt, so ergibt sich $-\hbar^2(2m_e)^{-1} \cdot [c_2^{-2}-2(rc_2)^{-1}] - e^2(4\pi\epsilon_0 r)^{-1} = E_{1,0,0}$. Diese Beziehung muss für beliebige Werte von r gelten. Für $r\to\infty$

folgt $-\hbar^2(2m_e)^{-1}c_2^{-2}=E_{1,0,0}$ und für $r\to0$ erhält man $\hbar^2(m_ec_2)^{-1}=e^2(4\pi\epsilon_0)^{-1}$. Die zweite Gleichung liefert $c_2=4\pi\epsilon_0\hbar^2(m_ee^2)^{-1}$ und damit, wegen $c_2\equiv a_0$, die Gl.(595). Durch Einsetzen von c_2 in die erste Gleichung folgt $-\hbar^2(2m_e)^{-1}(4\pi\epsilon_0)^{-2}\hbar^{-4}(m_ee^2)^2=E_{1,0,0}$ oder (beachte $\hbar=h/2\pi$) $E_{1,0,0}=-m_ee^4(8\epsilon_0^2h^2)^{-1}$, d.h. die Gl.(593). Die Normierungsbedingung $\int_0^\infty\int_0^\pi\int_0^{2\pi}\psi_{1,0,0}^*\psi_{1,0,0}r^2\sin\vartheta drd\vartheta d\phi=1$ mit $\psi_{1,0,0}=Y_0^0c_1\exp(-r/a_0)$ und $Y_0^0=(4\pi)^{-1/2}$ (s.Tab.82, S.431) führt auf die Beziehung $1=c_1^*c_1\int_0^\infty\exp(-2r/a_0)r^2dr$. Unter Verwendung des bestimmten Integrals $\int_0^\infty\exp(-\xi)\xi^2d\xi=2$ ergibt sich daraus $c_1^*c_1=4a_0^{-3}$. Wenn wir c_1 als reelle Größe annehmen, folgt $c_1=2a_0^{-3/2}$ und wegen $Y_0^0=(4\pi)^{-1/2}$ der vorexponentielle Faktor in Gl.(594).

Analog findet man die nächsten beiden Eigenfunktionen für $\ell=0$ zu

$$\psi_{2,0,0} = 2(2a_0)^{-3/2}(4\pi)^{-1/2}\left(1-\frac{r}{2a_0}\right)\exp\left(-\frac{r}{2a_0}\right) \tag{596}$$

mit dem Eigenwert

$$E_{2,0,0} = -2^{-2}\,|E_{1,0,0}| \tag{597}$$

und

$$\psi_{3,0,0} = 2(3a_0)^{-3/2}(4\pi)^{-1/2}\left(1-\frac{2r}{3a_0}+\frac{2r^2}{27a_0^2}\right)\exp\left(-\frac{r}{3a_0}\right) \tag{598}$$

mit

$$E_{3,0,0} = -3^{-2}\,|E_{1,0,0}|\ . \tag{599}$$

Auf der nächsten Seite ist in der Fig. 233 das Produkt aus der Wahrscheinlichkeitsdichte $\psi^*\psi$ und a_0^3 als Funktion des Quotienten r/a_0 dargestellt. Man erkennt die bemerkenswerte Tatsache, dass für diese Zustände, bei denen die Drehimpulsquantenzahl ℓ gleich null ist und die man als s-Zustände bezeichnet (s.Tab.84, S.436), die Wahrscheinlichkeitsdichte, das Elektron am Ort des Atomkerns zu finden, einen endlichen Wert besitzt.
Bei der Lösung der Differentialgleichung Gl.(591), S.432, zeigt sich, dass die Eigenwerte der Energie $E_{n,\ell,m}$ nicht von ℓ und damit auch nicht von m abhängen und dass $n\geq\ell+1$ gelten muss. Das letztere Ergebnis schreiben wir als Bedingung für die erlaubten Werte von ℓ, wenn der Eigenwert der Energie und damit die Hauptquantenzahl n vorgegeben ist,

$$\ell \leq n-1\ . \tag{600}$$

Diese Beziehung besagt, dass ℓ nur die Werte $\ell=0, 1, 2, \ldots n-1$ annehmen kann.

In der Tab. 83 sind die Funktionen $R_{n,\ell}$ für die ersten drei Hauptquantenzahlen ($n=1$, 2 und 3) aufgelistet.

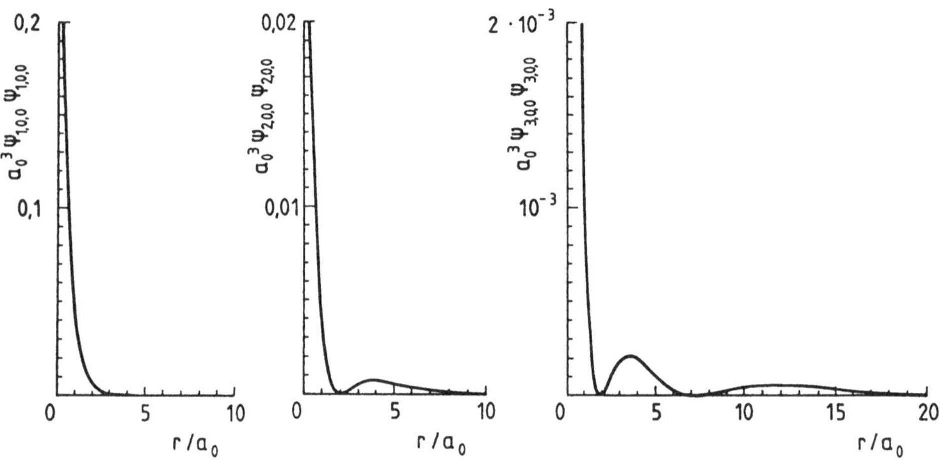

Fig.233 Elektronendichteverteilung in einem Wasserstoffatom für die ersten drei ($n=1$, 2, 3) kugelsymmetrischen Zustände ($\ell=0$). Das Produkt $a_0^3\psi^*\psi$ besitzt den größten Wert für $r=0$. Er beträgt ca. 0,318, 0,0398 bzw. $11{,}8\cdot10^{-3}$

Tab.83 Der Radialanteil $R_{n,\ell}(r)$ der Eigenfunktionen $\psi_{n,\ell,m}(\vec{r})$ (s.Gl.(592), S.432) des Wasserstoffatoms

n	ℓ	Radialanteil $R_{n,\ell}(r)$	Bedeutung von ξ
1	0	$2\,a_0^{-3/2}\ \exp(-\xi)$	$\xi=r/a_0$
2	0	$2\,(2a_0)^{-3/2}\,(1-\xi)\,\exp(-\xi)$	$\xi=r/(2a_0)$
	1	$(4/3)^{1/2}\,(2a_0)^{-3/2}\,\xi\,\exp(-\xi)$	
3	0	$2\,(3a_0)^{-3/2}\,[1-2\xi+(2/3)\,\xi^2]\,\exp(-\xi)$	$\xi=r/(3a_0)$
	1	$(32/9)^{1/2}\,(3a_0)^{-3/2}\,\xi\,[1-(1/2)\xi]\,\exp(-\xi)$	
	2	$(8/45)^{1/2}\,(3a_0)^{-3/2}\,\xi^2\,\exp(-\xi)$	

Die Wahrscheinlichkeitsdichte $\psi_{n,\ell,m}^*\psi_{n,\ell,m}$, die sich aus Gl.(592), S.432, mit Y_ℓ^m nach Tab.82, S.431, und $R_{n,\ell}$ nach Tab.83 ergibt, ist in der Fig.234 auf der nächsten Seite dargestellt.

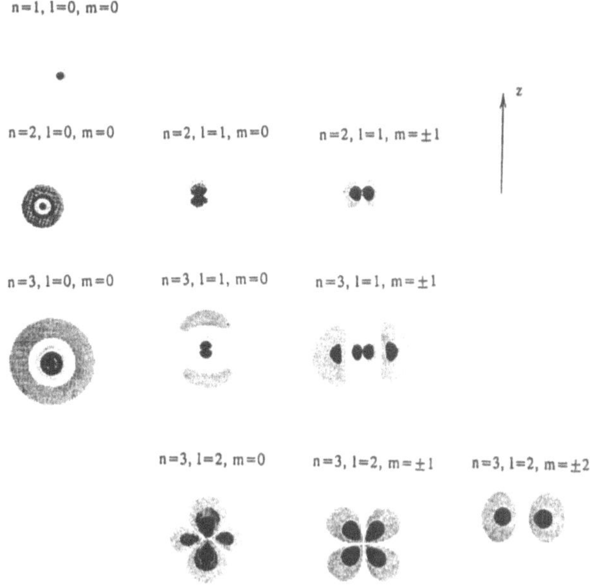

Fig.234 Elektronendichteverteilung im Wasserstoffatom. Die Dichte der Schattierung entspricht der Wahrscheinlichkeitsdichte $\psi_{n,\ell,m}^{*}\psi_{n,\ell,m}$, mit der das Elektron an der betreffenden Stelle $(\vec{r})$ auftritt. Alle Bilder sind rotationssymmetrisch um die z-Achse

Diskussion der Lösungen

Die Ergebnisse des vorhergehenden Abschnitts lassen sich im Wesentlichen in den folgenden beiden Aussagen zusammenfassen: (1) Die (stationären) Zustände eines Wasserstoffatoms oder, mit anderen Worten, die Energieeigenfunktionen des Elektrons $\psi_{n,\ell,m}(\vec{r})$ werden durch die drei Quantenzahlen $n=1, 2, 3, \dots$ (Hauptquantenzahl), $\ell=0, 1, 2, \dots (n-1)$ (Drehimpulsquantenzahl oder Nebenquantenzahl) und $m=0, \pm1, \pm2, \dots \pm\ell$ (Richtungsquantenzahl oder magnetische Quantenzahl) gekennzeichnet. (2) Im Zustand n,ℓ,m besitzt das Elektron die Energie

$$E_{n,\ell,m} = -\frac{1}{n^2}\,|E_{1,0,0}| = -\frac{1}{n^2}\,\frac{m_e e^4}{8\epsilon_0^2 h^2}\,. \tag{601}$$

$|E_{1,0,0}|$ nennt man die Ionisierungsenergie (s.S.432) des Wasserstoffatoms. Da demnach die Energie nicht von den Quantenzahlen ℓ und m abhängt, schreiben wir im Folgenden E_n an Stelle von $E_{n,\ell,m}$. Solche Systeme, bei denen verschiedene Zustände die gleiche Energie besitzen, nennt man **entartete Systeme** (degenerated systems). Zustände werden oft nach dem Wert von ℓ benannt (s. Tab. 84).

Tab. 84 Buchstabenbezeichnung für Zustände

Drehimpulsquantenzahl ℓ	0	1	2	3
Bezeichnung	s	p	d	f

Demnach bezeichnet man beispielsweise die drei Zustände ($\ell=1$, $m=0$), ($\ell=1$, $m=-1$) und ($\ell=1$, $m=+1$) als p-Zustände. Die Gesamtzahl aller Zustände, die beim Wasserstoffatom zu einer vorgegebenen Hauptquantenzahl n gehören, ergibt sich zu n^2. Man sagt, das Energieniveau E_n ist n^2-fach entartet.

Wegen $m=0$, ± 1, ... $\pm\ell$ gibt es $2\ell+1$ Zustände zu einem vorgegebenen Wert von ℓ. Da ℓ andererseits die Werte 0, 1, ... $(n-1)$ annehmen kann, folgt für die Gesamtzahl der Zustände $1+3+5+...+[2(n-1)+1]$. Dies ist aber eine arithmetische Reihe, bestehend aus n Gliedern mit dem Anfangswert $a_1=1$ und dem Endwert $a_n=2n-1$. Für die Summe S ergibt sich $S=n(a_1+a_n)/2$ oder $S=n^2$.

Beim Übergang eines Wasserstoffatoms von einem Anfangszustand ($n=n_a$) nach einem Endzustand ($n=n_e$) wird für $n_a>n_e$, d.h. für $E_{na}>E_{ne}$ (s. Gl. (601), S. 435, mit $E_{n,\ell,m}=E_n$), die Energiedifferenz in Form eines Quants der Frequenz

$$f_{na,ne} = \frac{E_{na} - E_{ne}}{h} \tag{602}$$

abgestrahlt, während für $n_a<n_e$ die Absorption eines Quants der Frequenz $|f_{na,ne}|$ erforderlich ist. Einsetzen der Gl. (601), S. 435, liefert die Beziehung

$$f_{na,ne} = \frac{m_e e^4}{8\epsilon_0^2 h^3} \left(\frac{1}{n_e^2} - \frac{1}{n_a^2} \right). \tag{603}$$

Für den Vorfaktor schreibt man meist $R_\infty c_0$ und bezeichnet [LID90]

$$R_\infty = \frac{m_e e^4}{8\epsilon_0^2 h^3 c_0} = 10\ 973\ 731,\ 534(13)\ \text{m}^{-1} \tag{604}$$

als **Rydberg-Konstante** (Rydberg constant, Janne Rydberg 1854-1919).

Der Index ∞ soll darauf hinweisen, dass man die Masse des Atomkerns als unendlich groß angenommen hat; denn sonst müsste in Gl.(603) an Stelle von m_e die reduzierte Masse μ (s.Gl.(586), S.430) stehen. Die Größe $R_\infty c_0$ wird mitunter auch "Rydberg-Konstante in Hz", das Produkt $R_\infty hc_0$ "Rydberg-Konstante in Joule" und demzufolge der Ausdruck $R_\infty hc_0/e$ "Rydberg-Konstante in eV" genannt.

Das Emissionsspektrum des Wasserstoffs (**Wasserstoffspektrum**, hydrogen spectrum) ist besonders einfach, wenn es im heißen Lichtbogen angeregt wird. Ein solches **Bogenspektrum** (arc spectrum) kann nämlich i.Allg. den *isolierten* Atomen zugeschrieben werden, da bei diesen hohen Temperaturen praktisch alle Moleküle gespalten sind. Im Sichtbaren findet man vier scharfe Linien, die als H_α (rot), H_β (blau), H_γ (blau) und H_δ (violett) bezeichnet werden und die sich im Ultravioletten zu einer vollständigen Serie fortsetzen. Diese Linien entstehen durch Übergänge von $n_a=2+\kappa$ mit $\kappa=1,\ 2,\ 3,\ \dots$ nach $n_e=2$, d.h. es gilt

$$f_\kappa = c_0 R_\infty \left(\frac{1}{2^2} - \frac{1}{(2+\kappa)^2} \right). \tag{605}$$

Die Gesamtheit dieser Linien heißt Balmer-Serie. In Übereinstimmmung mit Gl.(605) wird der Abstand benachbarter Linien immer geringer, je größer κ ist. Die Seriengrenze ($\kappa=\infty$) liegt bei der Frequenz $f_{gr}=c_0 R_\infty/4$. Einen Überblick über diese und die anderen Wasserstoff-Serien vermittelt die folgende Tab.85.

Tab.85 Die Wasserstoff-Serien. κ steht für 1, 2, ..., uv für ultraviolett, vis für sichtbar und ir für infrarot

$f_\kappa / (c_0 R_\infty)$	Bezeichnung	Wellenlängenbereich
$1^{-2} - (1+\kappa)^{-2}$	**Lyman-Serie** (Lyman series, Theodore Lyman 1874-1954)	121,6nm - 91,2nm (fernes uv)
$2^{-2} - (2+\kappa)^{-2}$	**Balmer-Serie** (Balmer series, Johann Jakob Balmer 1825-1898)	656,2nm - 364,7nm (uv / vis)
$3^{-2} - (3+\kappa)^{-2}$	**Paschen-Serie** (Paschen series, Friedrich Paschen 1865-1947)	1875nm - 820,6nm (ir)
$4^{-2} - (4+\kappa)^{-2}$	**Brackett-Serie** (Brackett series, F. P. Brackett 1865-1953)	4052nm - 1459nm (ir)
$5^{-2} - (5+\kappa)^{-2}$	**Pfund-Serie** (Pfund series, A. H. Pfund 1879-1949)	7459nm - 2279nm (ir)

Das Bohr'sche Atommodell und das Korrespondenzprinzip

Das **Bohr'sche Atommodell** (Bohr atom model, Niels Hendrik David Bohr 1885-1962) geht von der Vorstellung aus, dass, wie bei der Bewegung eines Planeten um die Sonne, das Elektron den Atomkern auf einer Ellipsenbahn umkreist. Betrachten wir der Einfachheit halber eine Kreisbahn mit dem Radius r, so folgt durch Gleichsetzen von Zentripetalkraft (s.Gl.(58), S.45) und Coulomb-Kraft (s.Gl.(256), S.168) die Beziehung

$$m_e \frac{v^2}{r} = \frac{e^2}{4\pi\epsilon_0\, r^2}\,. \tag{606}$$

Diese Gleichung erlaubt jede beliebige Kreisbahn (Energie), was im Gegensatz zu den scharfen diskreten Linien im Wasserstoffspektrum steht. Deshalb stellte Bohr die Forderung auf (**1.Bohr'sches Postulat**), dass der Betrag des Drehimpulses der Bahnbewegung des Elektrons (**Bahndrehimpuls**, orbital angular momentum) $\vec{L}$ nur ein ganzzahliges Vielfaches von $\hbar = h/2\pi$ sein darf:

$$|\vec{L}| = n\,\hbar\,. \tag{607}$$

Mit den 10 Jahre später (1923) von de Broglie eingeführten Materiewellen erhält das 1.Bohr'sche Postulat eine anschauliche Bedeutung. Das Elektron (Ruhemasse m_e) umkreise (Radius r) den Atomkern mit der Geschwindigkeit $\vec{v}$. Dann gilt für die Beträge des Impulses $\vec{p}$ bzw. des Drehimpulses $\vec{L}$ (s.S.50) $p = m_e v$ und $L = m_e vr$. Wegen $p = h/\lambda_0$ (s.Gl.(559), S.416) und $L = nh/2\pi$ (s.Gl.(607)) folgt $nh/2\pi = rh/\lambda_0$ oder $2\pi r = n\lambda_0$. Das heißt: *Die Länge der erlaubten Umlaufbahnen ist ein ganzzahliges Vielfaches der Elektronenwellenlänge* (Ausbildung stehender Wellen).

Mit dem **2.Bohr'schen Postulat** wird gefordert, dass das Elektron bei der Bewegung auf den erlaubten Bahnen keine elektromagnetische Energie abstrahlen darf, was im Gegensatz zur Maxwell'schen Theorie (elektrische Dipolstrahlung, s.S.278) steht. Nur dann, wenn das Elektron von einer Bahn höherer Energie (E_{na}) in eine andere mit niedrigerer Energie (E_{nc}) springt, wird elektromagnetische Energie durch Emission eines Quants $hf = E_{na} - E_{nc}$ abgestrahlt. Bezeichnen wir diese Frequenz mit $f_{na,nc}$, so ergibt sich exakt die quantenmechanisch abgeleitete Beziehung (s.Gl.(603), S.436)

$$f_{na,nc} = \frac{m_e e^4}{8\epsilon_0^2 h^3}\left(\frac{1}{n_c^2} - \frac{1}{n_a^2}\right)\,. \tag{608}$$

Aus der Quantisierungsbedingung Gl.(607) folgt mit $|\vec{L}| = rm_e v$ die Gleichung $v = n\hbar(rm_e)^{-1}$. Setzen wir dies in Gl.(606) ein, so ergibt sich $m_e r^{-1}(n\hbar)^2(rm_e)^{-2}=e^2(4\pi\epsilon_0 r^2)^{-1}$. Diese Gleichung liefert, wenn wir den zu n gehörigen Radius mit r_n bezeichnen, $r_n=n^2 4\pi\epsilon_0\hbar^2(m_e e^2)^{-1}$. Ein Vergleich mit der Gl.(595), S.432, zeigt, dass der Radius r_1 mit dem Bohr'schen Radius a_0 identisch ist. Für die potentielle Energie (s.S.430) $E_{n,\text{pot}}=-e^2(4\pi\epsilon_0 r_n)^{-1}$ folgt damit $E_{n,\text{pot}}=-e^2(4\pi\epsilon_0 n^2 a_0)^{-1}$. Die kinetische Energie $E_{n,\text{kin}}=(m_e/2)v^2$ ergibt sich, wenn wir v^2 mit Hilfe der Gl.(606) durch $e^2(m_e 4\pi\epsilon_0 r_n)^{-1}$ ersetzen, zu $E_{n,\text{kin}}=(1/2)e^2(4\pi\epsilon_0 r_n)^{-1}$. Ein Vergleich mit der Formel für die potentielle Energie liefert die Gleichung $E_{n,\text{kin}}=-(1/2)E_{n,\text{pot}}$. Diese Beziehung gilt allgemein für Systeme aus beliebig vielen Teilchen, zwischen denen Kräfte wirken, die quadratisch mit dem Abstand abnehmen, wie z.B. die Gravitationskraft oder die Coulomb-Kraft. Sie wird **Virialsatz** (virial theorem) genannt. Für die Gesamtenergie $E_n=E_{n,\text{kin}}+E_{n,\text{pot}}$ ergibt sich $E_n=-e^2\cdot(8\pi\epsilon_0 n^2 a_0)^{-1}$. Mit $hf_{n1,n2}=E_{n1}-E_{n2}$ und $a_0=4\pi\epsilon_0\hbar^2(m_e e^2)^{-1}$ folgt dann schließlich die gesuchte Gl.(608).

Das Verhältnis aus der Umlaufsgeschwindigkeit des Elektrons auf der Kreisbahn mit dem Bohrschen Radius a_0 (s.Gl.(595), S.432) zur Lichtgeschwindigkeit c_0 bezeichnet man als **Feinstrukturkonstante** (fine structure constant) α. Aus Gl.(606) ergibt sich $\alpha=e^2(2\epsilon_0 hc_0)^{-1}\approx 1/137$ (s.S.550).

Das **Bohr'sche Korrespondenzprinzip** (Bohr's correspondence principle) besagt, dass bei hohen Quantenzahlen die Ergebnisse der Quantenphysik in die der klassischen Physik übergehen müssen. Dies ist verständlich, da große Werte von n großen Energien (s.Gl.(601), S.435) entsprechen und da für diese die Quantisierung praktisch keine Rolle spielt (s.S.410). Als Beispiel betrachten wir den Übergang von E_{n+1} nach E_n. Die Frequenz der dabei emittierten elektromagnetischen Strahlung ergibt sich aus Gl.(603), S.436, für $n\gg 1$ zu

$$f_{n+1,n} = \frac{m_e e^4}{4\epsilon_0^2 h^3 n^3} \, . \tag{609}$$

Aus Gl.(603), S.436, folgt zunächst $f_{n+1,n}=m_e e^4(8\epsilon_0^2 h^3)[n^{-2}-(n+1)^{-2}]$. Die Entwicklung $(n+1)^{-2}=n^{-2}(1+n^{-1})^{-2}\approx n^{-2}(1-2n^{-1})$ eingesetzt, liefert $f_{n+1,n}=m_e e^4(8\epsilon_0^2 h^3)^{-1}2n^{-3}$.

Die gleiche Beziehung ergibt sich für die klassische Umlaufsfrequenz f_U des Elektrons auf der Bahn mit dem Radius r_n.

In der Formel für die klassische Umlaufsfrequenz $f_U=v(2\pi r)^{-1}$ ersetzen wir v zunächst durch den Betrag des Drehimpulses $|\vec{L}|$ dividiert durch rm_e, so dass sich $f_U=|\vec{L}|(2\pi r^2 m_e)^{-1}$ ergibt. Mit $|\vec{L}|=n\hbar$ (s.Gl.(607)) und $r=r_n=n^2 4\pi\epsilon_0\hbar^2(m_e e^2)^{-1}$ (s. den kleingedruckten Text nach Gl.(608)) folgt daraus $f_U=n\hbar(2\pi m_e)^{-1}(4\pi\epsilon_0)^{-2}\hbar^{-4}(m_e e^2)^2 n^{-4}$ oder, wegen $\hbar=h/2\pi$, die Gleichung $f_U=m_e e^4(4\epsilon_0^2 h^3 n^3)^{-1}$.

Für große Quantenzahlen emittiert das Atom also eine elektromagnetische Welle, deren Frequenz gleich der Frequenz des vom Elektron und dem Proton gebildeten elektrischen Dipols ist.

Das Korrespondenzprinzip hat bei der Entwicklung der Quantenmechanik gute Dienste geleistet. Zum Beispiel erlaubt es Aussagen über die Intensität und die Polarisation der Spektrallinien. Wie man leicht zeigen kann, werden bei einem

Übergang von $n+\kappa$ nach n mit $1 < \kappa \ll n$ Quanten der Energie $h\kappa f_U$ emittiert, was den klassisch zu erwartenden Oberschwingungen der Umlaufsfrequenz f_U entspricht.

Der Drehimpuls der Elektronenbahnbewegung

Bei der Bezeichnung **Drehimpuls der Elektronenbahnbewegung** (orbital angular momentum) ist die Spezifizierung *Bahnbewegung* wichtig, da das Elektron auch einen Eigendrehimpuls besitzt (s.S.442). Für den Erwartungswert der z-Komponente des Bahndrehimpulses folgt nach Gl.(563), S.419, und mit dem Operator $\hat{L}_z$ nach Tab.81, S.420,

$$\langle L_z \rangle = \iiint \psi^*(-i\hbar\ \partial/\partial\phi)\psi\ d\tau\ . \tag{610}$$

Befindet sich das Elektron in einem der stationären Zustände $\psi_{n,\ell,m}$, so ergibt sich nach Einsetzen der Gl.(588), S.431, mit $Y_\ell^m \propto \exp(im\phi)$ (s.Tab.82, S.431) $\langle L_z \rangle = m\hbar$ mit $m=0,\ \pm1,\ \dots\ \pm\ell$. Wegen $\hat{L}_z\psi_{n,\ell,m}=m\hbar\psi_{n,\ell,m}$, *sind die* $\psi_{n,\ell,m}$ *nicht nur Eigenfunktionen der Energie, sondern auch der z-Komponente des Bahndrehimpulses.* Für die Eigenwerte der z-Komponente des Bahndrehimpulses gilt also

$$L_z = m\ \hbar \qquad\qquad \text{mit} \qquad m = 0,\ \pm1,\ \dots\ \pm\ell\ . \tag{611}$$

Die Eigenwerte der Energie werden durch die Gl.(601), S.435, gegeben. Es lässt sich aber außerdem noch zeigen, dass die $\psi_{n,\ell,m}$ auch Eigenfunktionen zum Quadrat des Bahndrehimpulses sind mit den Eigenwerten

$$L^2 = \ell\,(\ell + 1)\ \hbar^2\ . \tag{612}$$

Mit der auf S.420 im kleingedruckten Text abgeleiteten Beziehung $-i\hbar[\vec{e}_\phi(\partial/\partial\vartheta)-\vec{e}_\vartheta(\sin\vartheta)^{-1}(\partial/\partial\phi)]$ für den Operator des Bahndrehimpulses ergibt sich $\hat{L}^2=-\hbar^2[\vec{e}_\phi(\partial/\partial\vartheta)-\vec{e}_\vartheta(\sin\vartheta)^{-1}(\partial/\partial\phi)][\vec{e}_\phi(\partial/\partial\vartheta)-\vec{e}_\vartheta(\sin\vartheta)^{-1}(\partial/\partial\phi)]$. Dabei wirken die Differentialoperatoren in der linken eckigen Klammer auch auf die Faktoren, die vor den Differentialoperatoren in der rechten eckigen Klammer stehen. Bei der Auswertung beachten wir $\partial\vec{e}_\phi/\partial\vartheta=0$, $\vec{e}_\phi\partial\vec{e}_\vartheta/\partial\vartheta=\vec{e}_\phi(-\vec{e}_r)=0$, $\vec{e}_\vartheta\partial\vec{e}_\phi/\partial\phi=-\cos\vartheta$, $\vec{e}_\vartheta\partial\vec{e}_\vartheta/\partial\phi=\vec{e}_\vartheta(\cos\vartheta)\vec{e}_\phi$ $=0$ und erhalten $\hat{L}^2=-\hbar^2[(\partial^2/\partial\vartheta^2)+(\cos\vartheta/\sin\vartheta)(\partial/\partial\vartheta)+(\sin\vartheta)^{-2}(\partial^2/\partial\phi^2)]$. Die eckige Klammer ist gleich dem Winkelanteil des Laplace-Operators (s.Tab.59, S.275).

Wenn man bei einem Wasserstoffatom eine Richtung auszeichnet, indem man z.B. ein Magnetfeld anlegt, so ist gemäß Gl.(611) der Bahndrehimpuls in dieser Richtung, die wir als z-Richtung bezeichnet haben, quantisiert. Deshalb wird m meist Richtungsquantenzahl genannt. Die Quantisierung des Bahndrehimpulses für ein Wasserstoffatom, das sich im p-Zustand befindet, zeigt die folgende Fig.235.

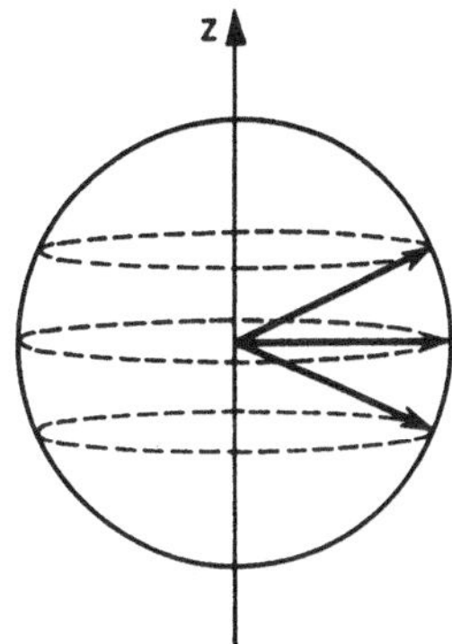

Fig.235 Zur Quantisierung des Bahndrehimpulses eines Wasserstoffatoms im p-Zustand. p heißt $\ell=1$ (s.Tab.84, S.436), so dass sich für den Betrag des Bahndrehimpulses (Länge der Pfeile) nach Gl.(612) $[1(1+1)]^{1/2}\hbar \approx 1{,}41\hbar$ ergibt. Die z-Komponente (Projektion der Pfeile auf die z-Achse) kann nur die Werte $\hbar$, 0 oder $-\hbar$ annehmen (s.Gl.(611))

Der Bahndrehimpuls $\vec{L}$ ist mit einem magnetischen Moment $\vec{\mu}_{L}$ verbunden, und zwar gilt

$$\vec{\mu}_{L} = -\frac{\mu_{B}}{\hbar}\,\vec{L} \tag{613}$$

mit der Naturkonstanten [LID90]

$$\mu_{B} = \frac{e\hbar}{2m_{e}} = 9{,}2\;740\;154(31)\cdot 10^{-24}\;\mathrm{JT}^{-1}, \tag{614}$$

die als **Bohr'sches Magneton** (Bohr magneton, Niels Hendrik David Bohr 1885-1962) bezeichnet wird.

Nach S.208 unten gilt für den Betrag des magnetischen Momentes eines Kreisstromes mit der Stromstärke I und dem Kreisradius r die Beziehung $|\vec{\mu}_{L}|=\pi r^{2}I$. (Wir verwenden hier $\vec{\mu}_{L}$ an Stelle von $\vec{m}_{I}$, um Verwechslungen mit der Richtungsquantenzahl m zu vermeiden.) Wird der Strom I durch ein Elektron der Ladung $-e$ gebildet, das mit der Geschwindigkeit v auf der Kreisbahn umläuft, so folgt wegen $I=-ve(2\pi r)^{-1}$ die Gleichung $|\vec{\mu}_{L}|=ver/2$. Der Betrag des Bahndrehimpulses dieses Elektrons ist $|\vec{L}|=m_{e}vr$, wobei m_{e} die Ruhemasse des Elektrons bezeichnet. Somit folgt $|\vec{\mu}_{L}|=e|\vec{L}|(2m_{e})^{-1}$. Da $\vec{\mu}_{L}$ senkrecht auf der Kreisfläche steht und mit dem Strom eine Rechtsschraube bildet (s.S.208), erhalten wir schließlich $\vec{\mu}_{L}=-e\vec{L}(2m_{e})^{-1}$, d.h. die gesuchte Gl.(613).

Die Existenz des magnetischen Momentes hat zur Folge, dass ein Wasserstoffatom, das sich im Zustand n,ℓ,m befindet, nach Anlegen eines Magnetfeldes mit der Flussdichte B die folgende Gesamtenergie besitzt

$$E_{\text{ges}} = -\frac{1}{n^2}\,|E_{1,0,0}| + m\mu_{\text{B}}B \quad \text{mit} \quad m = 0, \pm 1, \dots \pm \ell. \tag{615}$$

Der erste Term stellt die Energie des wechselwirkungsfreien Wasserstoffatoms (s.Gl.(601), S.435) dar. Der zweite Term ergibt sich durch folgende Überlegung: Für das Drehmoment $\vec{T}$, das von einem Magnetfeld mit der Flussdichte $\vec{B}$ auf ein magnetisches Moment $\vec{\mu}_L$ ausgeübt wird, gilt nach Gl.(319), S.208, $\vec{T} = \vec{\mu}_L \times \vec{B}$. Daraus folgt, analog zur Behandlung des elektrischen Dipols in einem elektrischen Feld (s. die Gln.(277) und (278), S.179), für die potentielle Energie $E_{\text{pot},B} = -\vec{\mu}_L \cdot \vec{B}$. Setzen wir hier $\vec{\mu}_L$ nach Gl.(613) und $\vec{B} = B\,\vec{e}_z$ ein ($\vec{e}_z$ ist der Einheitsvektor in z-Richtung), so erhalten wir unter Beachtung von Gl.(611), S.440, den zweiten Term auf der rechten Seite von Gl.(615).

Die m-Entartung des Wasserstoffatoms, d.h. die Tatsache, dass seine Energie nicht von der Richtungsquantenzahl m abhängt, wird also durch ein äußeres Magnetfeld aufgehoben. Wie man aus den Gln.(613) und (612) ersieht, sollte ein Wasserstoffatom für $\ell = 0$ kein magnetisches Moment besitzen. Im nächsten Abschnitt wird gezeigt, dass auf Grund experimenteller Ergebnisse auch Elektronen ohne Bahndrehimpuls ein magnetisches Moment besitzen.

Der Eigendrehimpuls des Elektrons und der Atomkerne

Die Tatsache, dass Elektronen auch ohne einen Bahndrehimpuls (s-Elektronen, s. Tab.84, S.436) ein magnetisches Moment besitzen, wurde erstmalig 1921 im **Stern-Gerlach-Experiment** (Stern-Gerlach experiment, Otto Stern 1888-1969, Walther Gerlach 1889-1979) nachgewiesen. Ein thermisch erzeugter und damit unpolarisierter Teilchenstrahl bestehend aus Silberatomen

Bei den Silberatomen sind die 46 kernnahen Elektronen paarweise angeordnet, so dass sich ihre magnetischen Momente kompensieren. Damit werden die magnetischen Eigenschaften der Silberatome nur durch das 47. Elektron bestimmt, das sich auf einer äußeren Bahn (Zustand $n=5$, $\ell=0$) befindet (s.S.559).

wird durch ein inhomogenes Magnetfeld geleitet. Wenn die Silberatome unmagnetisch wären, dürfte es zu keiner Ablenkung kommen (gestrichelte Linie in Fig.236 auf der nächsten Seite). Tatsächlich wurde aber eine symmetrische Aufspaltung in zwei Strahlen beobachtet, was nur zu erklären ist, wenn die s-Elektronen ein magnetisches Moment besitzen, das sich mit gleicher Wahrscheinlichkeit parallel bzw. antiparallel zum Magnetfeld ausrichtet (man überlege sich die Kraft, die ein inhomogenes elektrisches Feld auf einen elektrischen Dipol ausüben würde (s. S.178ff.) und übertrage das Ergebnis auf den vorliegenden magnetischen Fall).

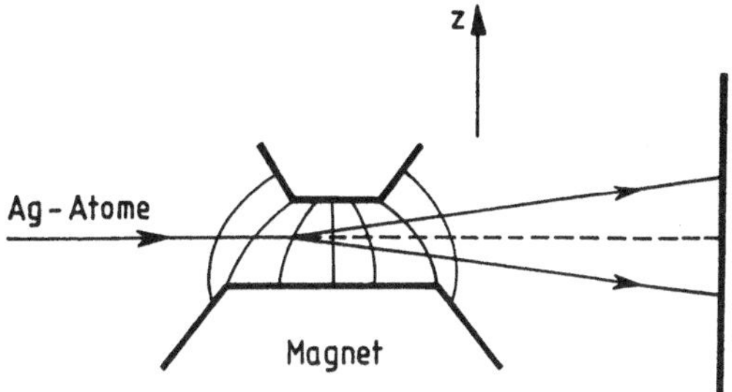

Fig.236 Zum Stern-Gerlach-Experiment. Ein Teilchenstrahl bestehend aus Silberatomen durchläuft ein inhomogenes Magnetfeld (B wächst in z-Richtung). Dadurch kommt es zu einer symmetrischen Aufspaltung in zwei Strahlen

Dieses magnetische Moment des Elektrons bildet die Grundlage der **elektronenparamagnetischen Resonanz** (Electron Paramagnetic Resonance, EPR), die auch **Elektronenspinresonanz** (Electron Spin Resonance, ESR) genannt wird. Das Prinzip ist schematisch in Fig.237 dargestellt.

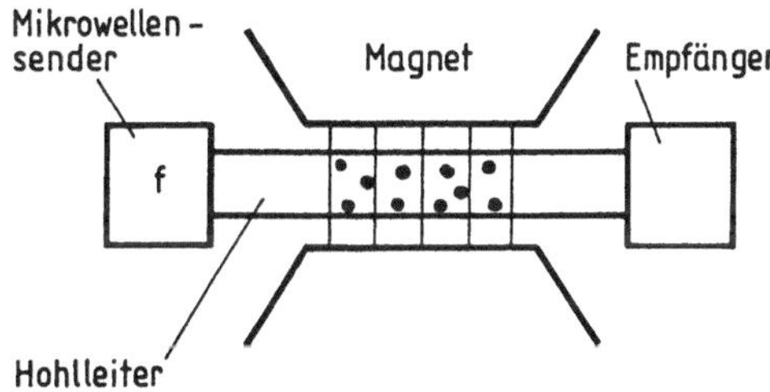

Fig.237 Prinzip eines EPR-Spektrometers. Mikrowellen werden von einem Sender mit der Frequenz f durch einen Hohlleiter (s.S.280) zu einem Empfänger geleitet. Dabei durchsetzen sie eine Probe, die unter dem Einfluss eines homogenen Magnetfeldes (Flussdichte B) steht. Mit dem Empfänger wird die Stärke der Absorption in der Probe als Funktion der Frequenz f bei konstant gehaltener magnetischer Flussdichte B (bzw. umgekehrt) gemessen

Die Teilchen, die in der Probe enthalten sind, müssen magnetisch nicht gepaarte Elektronen besitzen. Dies ist der Fall bei den **Übergangselementen** (transition elements, s.A5, S.558ff.) oder bei den freien Radikalen (als **freie Radikale** (free radicals) bezeichnet man Atome oder Atomgruppen, die ein ungepaartes Valenzelektron enthalten, wie z.B. atomarer Wasserstoff). Dann tritt ein Maximum der Absorption auf, wenn die Resonanzbedingung

$$f = f_{res} = \frac{g\mu_B}{h} B \tag{616}$$

erfüllt ist. μ_B bezeichnet das Bohr'sche Magneton (s.Gl.(614), S.441), h die Planck' sche Konstante (s.S.548) und g eine von dem betreffenden Teilchen und der Probe abhängige dimensionslose Größe, die **g-Faktor** (*g*-factor) genannt wird. Ihr Wert liegt in der Nähe von 2.

Der g-Faktor für das freie Elektron ist 2,002 319 304 386(20) [LID90], für atomaren Wasserstoff eingelagert in festem Xenon bei 4,2K beträgt er 2,00170, für das Hydroxylradikal im Eis bei 77K 2,0094 und für das DPPH-Radikal (1,1 Diphenyl-2-picryl-hydrazyl), eine bei Zimmertemperatur feste Verbindung, 2,0036.

Die zu der Photonenergie hf_{res} gehörige Energieaufspaltung zeigt die Fig.238.

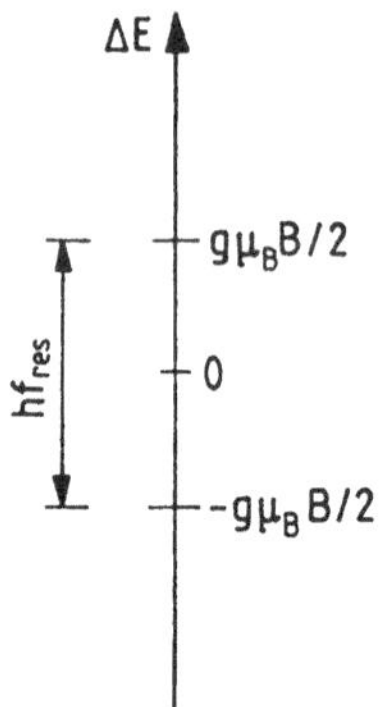

Fig.238 Änderung der Energie eines s-Elektrons unter dem Einfluss eines Magnetfeldes mit der Flussdichte B

Daraus muss man schließen, dass das Elektron einen **Eigendrehimpuls** $\vec{S}$, der meist **Spin** (spin) genannt wird, besitzt, dessen z-Komponente nur die Werte $\pm\hbar/2$ annehmen kann, und dass der Proportionalitätsfaktor zwischen dem magnetischen Moment und dem Eigendrehimpuls $-g\mu_B/\hbar$ ist.

Die Beziehung $\Delta E = E_{ges} + n^{-2}|E_{1,0,0}| = m\mu_B B$ mit $m = 0, \pm 1, \ldots \pm \ell$ (s.Gl.(615)) ergab sich aus der Gleichung $\vec{\mu}_L = -\mu_B \vec{L}/\hbar$ (s.Gl.(613), S.441) mit $L_z = m\hbar$ (s.Gl.(611), S.440). Wenn wir für die Energiedifferenz nach Fig.238 $\Delta E = m_s g\mu_B B$ mit $m_s = \pm\frac{1}{2}$ schreiben, so muss dies eine Folge der zu Gl.(613) analogen Beziehung $\vec{\mu}_s = -g\mu_B \vec{S}/\hbar$ mit $S_z = m_s\hbar$ sein, wobei $\vec{S}$ den Eigendrehimpuls bezeichnet und m_s **Richtungsquantenzahl des Spins** genannt wird.

Eine Zusammenfassung der Beziehungen, die für den Bahn- und den Eigendrehimpuls sowie die zugehörigen magnetischen Momente des Elektrons gelten, zeigt die Tab.86 auf der nächsten Seite.

Tab.86 Quantisierung von Bahn- und Eigendrehimpuls sowie der magnetischen Momente des Elektrons

	Bahndrehimpuls	Eigendrehimpuls (Spin)
Drehimpuls	$\vec{L}$	$\vec{S}$
Quadrat des Drehimpulses	$\ell(\ell+1)\,\hbar^2$ mit $\ell=0, 1, \dots (n-1)$	$s(s+1)\,\hbar^2$ mit $s=\frac{1}{2}$
z-Komponente des Drehimpulses	$m\,\hbar$ mit $m=0, \pm 1, \dots \pm\ell$	$m_s\,\hbar$ mit $m_s=\pm\frac{1}{2}$
magnetisches Moment	$\vec{\mu}_L = -\,\mu_B\,\vec{L}/\hbar$	$\vec{\mu}_s = -\,g\mu_B\,\vec{S}/\hbar$
gyromagnetisches Verhältnis (magnetogyric ratio) = magn. Moment/Drehimpuls	$-\,\mu_B/\hbar$	$-\,g\mu_B/\hbar$

Bevor wir die Bedeutung des Elektronenspins für die Charakterisierung der Zustände des Wasserstoffatoms behandeln, wollen wir uns kurz mit der Frage befassen, wie man sich die Quantisierung des Quadrats und der z-Komponente von Drehimpulsen vorstellen kann und welcher Zusammenhang mit der klassischen Beschreibung besteht. Der Einfachheit halber betrachten wir ein Elektron im s-Zustand, das im klassischen Bild einem Kreisel mit einem magnetischen Moment parallel zur Drehachse entspricht. Dieses Elektron soll sich in einem Magnetfeld mit der Flussdichte $\vec{B}$ befinden. Im *quantenmechanischen Bild*, das im Vektormodell (Fig.239) veranschaulicht wird, kann der Elektronenspin nur die zwei gezeigten stationären Zustände annehmen.

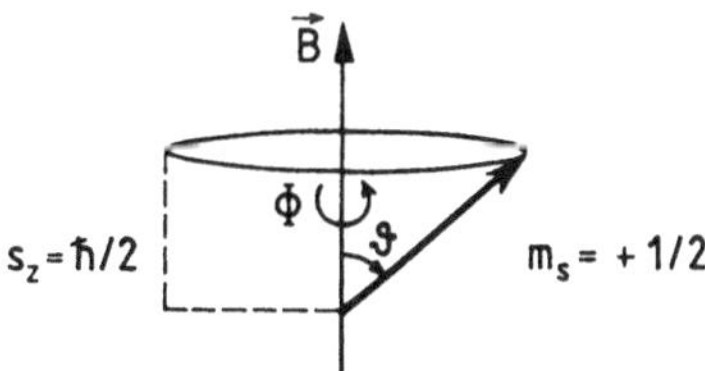

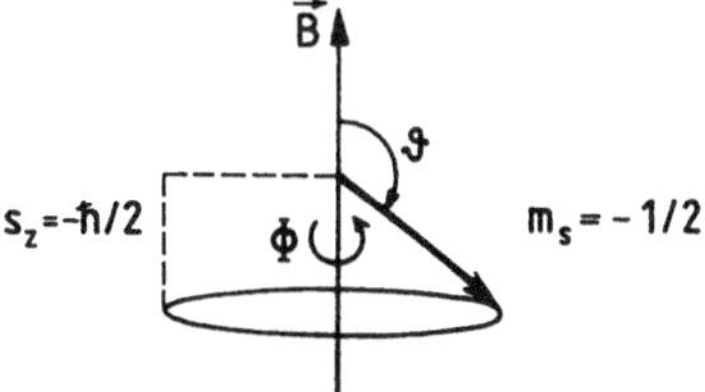

Fig.239 Vektormodell für das Verhalten eines s-Elektrons in einem magnetischen Feld mit der Flussdichte $\vec{B}$. Der Betrag des Drehimpulses (Pfeillänge) ist $3^{1/2}\hbar/2$ und es gibt im stationären Fall nur die zwei Zustände $m_s = 1/2$ mit $S_z = \hbar/2$ und $m_s = -1/2$ mit $S_z = -\hbar/2$

Der Übergang vom Zustand mit der niedrigeren Energie ($m_S = -1/2$) nach dem mit der höheren Energie ($m_S = +1/2$) erfolgt, wenn ein Quant mit der Energie $hf_{res} = g\mu_B B$ (s.Gl.(616), S.444) absorbiert wird, und entsprechend erfolgt die Emission eines Quants der gleichen Energie beim umgekehrten Übergang.
Im *klassischen Bild* (s.Fig.240) präzediert der Elektronenspin mit der Frequenz

$$f_{präz} = \frac{g\mu_B}{h} B \, , \tag{617}$$

die ebenfalls **Larmor-Frequenz** (Larmor frequency, Joseph Larmor 1857-1942) genannt wird, um die Richtung des Magnetfeldes.

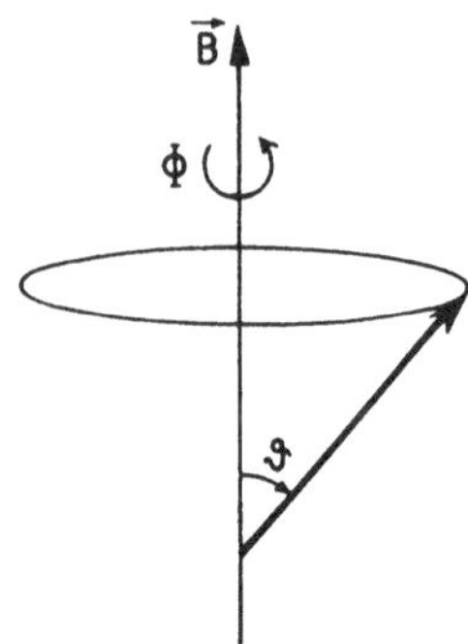

Fig.240 Klassisches Bild für das Verhalten eines s-Elektrons in einem magnetischen Feld mit der Flussdichte $\vec{B}$. Der Polarwinkel ϑ verringert sich allmählich infolge der Abstrahlung elektromagnetischer Energie. Der Azimutwinkel ϕ ist proportional zu $\cos[2\pi f_{präz}(t-t_0)]$

Für den Zusammenhang zwischen Drehimpuls $\vec{S}$ und Drehmoment $\vec{T}$ gilt (s.Gl.(68), S.50) $d\vec{S}/dt = \vec{T}$. Wegen $\vec{T} = \vec{\mu}_s \times \vec{B}$ (s.Gl.(319), S.208) ergibt sich mit $\vec{\mu}_s = -g\mu_B \vec{S}/\hbar$ (s.Tab.86) die Differentialgleichung $d\vec{S}/dt = -(g\mu_B/\hbar)\vec{S} \times \vec{B}$ oder $d\vec{S}/dt = +(g\mu_B/\hbar)\vec{B} \times \vec{S}$. Nennen wir die zeitliche Ableitung von $\vec{S}$ in einem mit der Kreisfrequenz $\vec{\omega}$ rotierenden Koordinatensystem $(d\vec{S}/dt)_{rot}$, so folgt wegen $(d\vec{S}/dt) = (d\vec{S}/dt)_{rot} + \vec{\omega} \times \vec{S}$ (s.Gl.(61), S.46) $(d\vec{S}/dt)_{rot} + \vec{\omega} \times \vec{S} = (g\mu_B/\hbar)\vec{B} \times \vec{S}$. Das heißt, $(d\vec{S}/dt)_{rot}$ verschwindet, wenn das Koordinatensystem mit der Kreisfrequenz $\vec{\omega} = (g\mu_B/\hbar)\vec{B}$ rotiert. Also ist $(g\mu_B/\hbar)\vec{B}$ die Präzessionskreisfrequenz der Spins.

Als Folge der Abstrahlung elektromagnetischer Energie (magnetische Dipolstrahlung) verringert sich der Winkel ϑ allmählich, bis das magnetische Moment parallel zum Magnetfeld steht. Das klassische Bild beschreibt also einen instationären Zustand, d.h. den Übergang von einer höheren zur niedrigsten Energie. Aus den Gln.(617) und (616) ersieht man, *dass die Präzessionsfrequenz $f_{präz}$ im klassischen Bild mit der Resonanzfrequenz f_{res} der quantenmechanischen Behandlung übereinstimmt.*
Der instationäre Zustand der Präzession lässt sich in der Quantenmechanik durch eine Linearkombination der beiden stationären Zustände (s.Fig.239) beschreiben.

Wir kommen nun zurück zur Charakterisierung der Zustände, die das Elektron des Wasserstoffatoms annehmen kann. Die *Hauptquantenzahl* $n = 1, 2, 3, \ldots$ ist mit der Gesamtenergie des Atoms (s.Gl.(601), S.435) verknüpft, sofern keine äußeren Felder einwirken und sofern die Spin-Bahn-Wechselwirkung (s.u.) vernachlässigt werden kann. Die *Drehimpulsquantenzahl* $\ell = 0, 1, \ldots (n-1)$ kennzeichnet den Betrag des Bahndrehimpulses (s.Tab.86, S.445), die *Richtungsquantenzahl* $m = 0, \pm 1, \ldots \pm \ell$ liefert die z-Komponente des Bahndrehimpulses (s.Tab.86) und die *Richtungsquantenzahl des Spins* $m_S = \pm 1/2$ gibt an, wie groß die z-Komponente des Eigendrehimpulses ist (s.Tab.86).

Die Quantenzahlen m und m_S haben allerdings nur dann die genannte Bedeutung, wenn das Atom unter der Einwirkung eines so starken Magnetfeldes steht, dass die Wechselwirkung der magnetischen Momente $\vec{\mu}_L$ bzw. $\vec{\mu}_S$ mit dem Magnetfeld groß ist gegen die Wechselwirkung zwischen $\vec{\mu}_L$ und $\vec{\mu}_S$, die man **Spin-Bahn-Wechselwirkung** (spin-orbit coupling) nennt; denn nur dann orientieren sich Bahndrehimpuls und Spin unabhängig voneinander im Magnetfeld (**Paschen-Back-Effekt**, Paschen-Back effect, Friedrich Paschen 1865-1947, Ernst Back geb. 1881). Im Allgemeinen bilden aber, wie in Fig.241 dargestellt, der Bahndrehimpuls $\vec{L}$ und der Spin $\vec{S}$ einen **Gesamtdrehimpuls** (total angular momentum)

$$\vec{J} = \vec{L} + \vec{S}, \tag{618}$$

der in gleicher Weise quantisiert ist wie $\vec{L}$, d.h. es gilt in den Eigenzuständen von J^2 und J_z

$$J^2 = j(j + 1)\, \hbar^2 \tag{619}$$

und

$$J_z = m_j\, \hbar \qquad \text{mit} \qquad m_j = 0, \pm 1, \ldots \pm j \,. \tag{620}$$

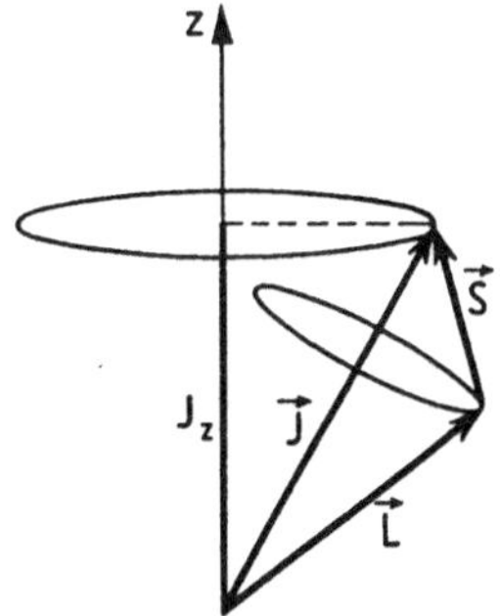

Fig.241 Die Beträge des Gesamtdrehimpulses $\vec{J}$, des Bahndrehimpulses $\vec{L}$ und des Spins $\vec{S}$ sind $[j(j+1)]^{1/2}\hbar$, $[\ell(\ell+1)]^{1/2}\hbar$ bzw. $[s(s+1)]^{1/2}\hbar$ mit $s=1/2$. Für die Komponente des Gesamtdrehimpulses in der z.B. durch ein Magnetfeld ausgezeichneten z-Richtung gilt $J_z = m_j\hbar$, s.Gl.(620)

Die Quantenzahl j ergibt sich aus der Beziehung

$$j = |\ell \pm \tfrac{1}{2}| \, . \tag{621}$$

Die Gl.(621) lässt sich im Prinzip anschaulich begründen. Bezüglich des strengen Beweises muss aber auf die Lehrbücher der Quantenmechanik (z.B.[LIB92]) verwiesen werden, da er über den Rahmen des vorliegenden Buches hinausgehen würde.

Es ist üblich, den Zustand des Wasserstoffatoms und allgemein aller atomarer Einelektronensysteme durch das Symbol

$$n^{\,2s+1}\ell_j \tag{622}$$

(**Termsymbol**, term symbol) zu charakterisieren, wobei man aber für den Wert von ℓ die Buchstabenbezeichnung nach Tab.84, S.436, verwendet. Die Zahl $2s+1$ nennt man die **Multiplizität** (multiplicity) des Zustandes. Für Einelektronensysteme ist die Multiplizität wegen $s=\tfrac{1}{2}$ immer gleich 2 (s.Tab.87).

Tab.87 Termbezeichnungen für die ersten möglichen Zustände von Einelektronensystemen, wie z.B. Wasserstoff. Der Einfachheit halber wurde die Hauptquantenzahl n weggelassen.

	$j=1/2$	$j=3/2$	$j=5/2$	$j=7/2$
$\ell=0$	$^2s_{1/2}$	–	–	–
$\ell=1$	$^2p_{1/2}$	$^2p_{3/2}$	–	–
$\ell=2$	–	$^2d_{3/2}$	$^2d_{5/2}$	–
$\ell=3$	–	–	$^2f_{5/2}$	$^2f_{7/2}$
$\ell=4$	–	–	–	$^2g_{7/2}$

Als Folge der Spin-Bahn-Wechselwirkung verändern sich die Energieeigenwerte, d.h. es erfolgt eine zumindest teilweise Aufhebung der ℓ-Entartung und die Spektrallinien spalten auf. Man nennt diese Aufspaltung **Feinstruktur der Spektren** (fine structure). Als Beispiel betrachten wir die Feinstruktur der H_α-Linie. Es ist dies die Spektrallinie mit der längsten Wellenlänge in der Balmer-Serie (s.S.437). Sie entsteht beim Übergang von $n=3$ nach $n=2$. In Fig.242 auf der nächsten Seite sind schematisch die Energieeigenwerte (das **Termschema**, term diagram) ohne und mit Spin-Bahn-Wechselwirkung dargestellt. Die Pfeile bezeichnen diejenigen Übergänge (**erlaubte Übergänge**, allowed transitions), die mit der Emission elektromagnetischer Strahlung infolge des elektrischen Dipolmomentes des Wasserstoffatoms (**elektrische Dipolstrahlung**, electric dipole radiation) verbunden sind.

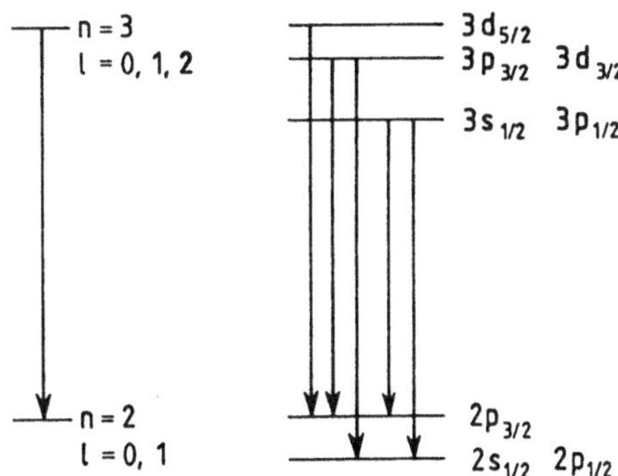

Fig.242 Termschema des Wasserstoffatoms. Links ohne und rechts bei qualitativer Berücksichtigung der Spin-Bahn-Wechselwirkung. Bei den Termsymbolen wurde die Multiplizität weggelassen, sie ist immer gleich 2. Die Pfeile stellen diejenigen Übergänge dar, die mit der Emission elektromagnetischer Strahlung verbunden sind

Für diese Übergänge gelten die folgenden **Auswahlregeln** (selection rules)

$$\Delta \ell = \pm 1 \qquad \text{und} \qquad \Delta m = 0, \pm 1 \qquad \text{bzw.} \qquad \Delta j = 0, \pm 1 \ . \tag{623}$$

Der Atomkern (Proton) und das Elektron des Wasserstoffatoms bilden einen elektrischen Dipol, der beim Übergang von einem stationären Zustand (n, ℓ, m) in einen anderen (n', ℓ', m') mit niedrigerer Energie (d.h. $n' < n$) die Energiedifferenz in Form elektromagnetischer Strahlung abgibt (elektrische Dipolstrahlung, s.Hertz'scher Dipol, S.278). Die Frequenz dieser Strahlung ergibt sich einfach aus der Beziehung $f = (E_n - E_{n'})/h$. Die Leistung ist, wie in Lehrbüchern der Quantenmechanik (s. z.B. [LIB92]) gezeigt wird, proportional zu $|\vec{r}_{nn'}|^2$ mit $\vec{r}_{nn'} = \iiint \psi^*_{n,\ell,m} \vec{r} \psi_{n',\ell',m'} d\tau$, wobei $\vec{r}$ den Ortsvektor vom Proton zum Elektron darstellt. Setzt man die Wellenfunktionen nach Gl.(592), S.432, ein, so folgt, dass $\vec{r}_{nn'}$ nur dann nicht verschwindet, wenn $\Delta m = m - m' = 0, \pm 1$ und $\Delta \ell = \ell - \ell' = \pm 1$ gilt. Für die in Tab.82, S.431, aufgelisteten Kugelfunktionen kann man dies relativ leicht beweisen. Da das elektrische Dipolmoment den Spin nicht mit beinhaltet, ändert sich auch die Komponente des Spins in Richtung des Bahndrehimpulses nicht, weshalb man ebenso gut $\Delta j = 0, \pm 1$ an Stelle von $\Delta m = 0, \pm 1$ schreiben kann.

Demzufolge spaltet die H$_\alpha$-Linie in 5 Linien auf (Feinstruktur der H$_\alpha$-Linie), die man experimentell auch nachweisen kann, obwohl der Abstand dieser Linien um ca. 4 Größenordnungen geringer ist als der zwischen der H$_\alpha$- und der H$_\beta$-Linie.

Die Aufspaltung in 5 Linien gilt, wenn man wie in Fig.242 annimmt, dass die Niveaus $ns_{1/2}$ und $np_{1/2}$ die gleiche Energie besitzen. In Wirklichkeit gibt es jedoch eine winzige Aufspaltung ("Lambverschiebung"), die für die Niveaus $2s_{1/2} - 2p_{1/2}$ experimentell zu 1057,9 MHz bestimmt wurde und die erst nach der Enwicklung der Quantentheorie des elektromagnetischen Feldes (**Quantenelektrodynamik**, quantum electrodynamics) ihre Erkärung gefunden hat.

Mit optischen Spektrometern, die eine um etwa 3 Größenordnungen noch höhere Auflösung besitzen müssen, findet man weitere Aufspaltungen (**Hyperfeinstruk-**

tur, hyperfine structure). Diese beruhen auf dem Eigendrehimpuls $(\vec{I})$ und dem damit verbundenen magnetischen Moment $(\vec{\mu}_I)$, das einige Atomkerne besitzen. In Analogie zu Tab.86, S.445, gilt für das Quadrat des Kernspins

$$I^2 = I(I + 1)\,\hbar^2 \tag{624}$$

mit der **Kernspinquantenzahl** (nuclear spin quantum number) I. Man beachte, dass mit dem gleichen Buchstaben I sowohl der Kernspin (Einheit kgm^2s^{-1}) als auch die Kernspinquantenzahl (dimensionslos) bezeichnet wird. Für den Eigenwert der z-Komponente des Kernspins gilt analog

$$I_z = m_I\,\hbar \qquad \text{mit} \qquad m_I = -I,\ (-I+1),\ \dots\ +I \tag{625}$$

und für das magnetische Kernmoment

$$\vec{\mu}_I = \frac{g_I\,\mu_N}{\hbar}\,\vec{I}\,, \tag{626}$$

wobei g_I den **Kern-g-Faktor** (nuclear g-factor) und

$$\mu_N = \frac{e\hbar}{2m_p} = 5{,}0\ 507\ 866(17)\cdot10^{-29}\ \mathrm{JT}^{-1} \tag{627}$$

das **Kernmagneton** (nuclear magneton) [LID90] darstellt, das sich aus dem Bohr'schen Magneton (s.Gl.(614), S.441) ergibt, indem man die Ruhemasse des Elektrons (m_e) durch die des Protons (m_p) ersetzt. Die magnetischen Kernmomente sind um ca. 3 Größenordnungen kleiner als das magnetische Moment des Elektrons. In den EPR-Spektren führt der Kernspin zu einer leicht messbaren Aufspaltung der durch Gl.(616), S.444, gegebenen Resonanz in $2I+1$ Linien. An Stelle des Kern-g-Faktors gibt man meist das **gyromagnetische Verhältnis** (magnetogyric ratio)

$$\gamma_I = +\,\frac{g_I\mu_N}{\hbar} \tag{628}$$

an. Das positive Vorzeichen gegenüber dem gyromagnetischen Verhältnis für den Spin des Elektrons (s.Tab.86, S.445) resultiert aus der Tatsache, dass die Atomkerne eine positive Ladung besitzen. Einige Zahlenwerte sind in der Tab.88 auf der nächsten Seite zusammengestellt.

Tab.88 Relative natürliche Häufigkeit, Kernspinquantenzahl I und gyromagnetisches Verhältnis γ_I für einige stabile Atomkerne. Die Zahl links oben am chemischen Symbol bezeichnet die **Nukleonenzahl** (nucleon number), d.h. die Anzahl der Protonen und Neutronen im Atomkern. Eine ausführliche Tabelle findet man z.B. in [LID90]

Atomkern	relative natürliche Häufigkeit in %	Kernspinquantenzahl I	gyromagn. Verhältnis $\gamma_I \cdot 10^{-8}$ sT
^{1}H	99,985(1)	1/2	2,67 522 128(81)
^{2}H	0,015(1)	1	0,41067
^{12}C	98,90(3)	0	0
^{13}C	1,10(3)	1/2	0,67266
^{14}N	99,63(2)	0	0
^{15}N	0,37(2)	1	0,27108
^{16}O	99,76(1)	0	0
^{17}O	0,04	5/2	0,36268
^{40}Ca	96,941(13)	0	0
^{43}Ca	0,135(3)	7/2	0,1799

Wenn die Probe nur gepaarte Elektronen besitzt, kommt es nach Anlegen eines konstanten Magnetfeldes mit der Flussdichte $\vec{B}$ zu einer Aufspaltung der Energien in je $2I+1$ äquidistante Energieniveaus, so dass eine Absorption elektromagnetischer Energie bei der Resonanzfrequenz

$$f_{\text{res}} = \frac{\gamma_I}{2\pi} B \tag{629}$$

zu erwarten ist.

Für die potentielle Energie des magnetischen Kernmomentes $\vec{\mu}_I$ in einem Magnetfeld mit der Flussdichte $\vec{B}$ gilt (s. den kleingedruckten Text auf S.442) $E_{\text{pot},B} = -\vec{\mu}_I \cdot \vec{B}$. Setzen wir hier $\vec{\mu}_I$ nach Gl.(626) und $\vec{B} = B\,\vec{e}_z$ ein, wobei $\vec{e}_z$ der Einheitsvektor in z-Richtung ist, so erhalten wir unter Beachtung von Gl.(625) $E_{\text{pot},B} = -m_I g_I \mu_N B$ oder (s.Gl.(628)) $E_{\text{pot},B} = -m_I \gamma_I \hbar B$ mit $m_I = -I, (-I+1), \ldots +I$. Wegen der für die **magnetische Dipolstrahlung** (magnetic dipole radiation) gültigen Auswahlregel $\Delta m_I = \pm 1$ werden nur Quanten der Energie $hf_{\text{res}} = \gamma_I \hbar B$ absorbiert, woraus die Gl.(629) folgt.

Tatsächlich konnte dieser als **kernmagnetische Resonanz** (Nuclear Magnetic Resonance, NMR) bezeichnete Effekt kurz nach dem Ende des zweiten Weltkriegs von Felix Bloch (1905-1983) und unabhängig davon durch Edward Mills Purcell (geb. 1912) entdeckt werden. Das Prinzip ist schematisch in Fig.243 dargestellt.

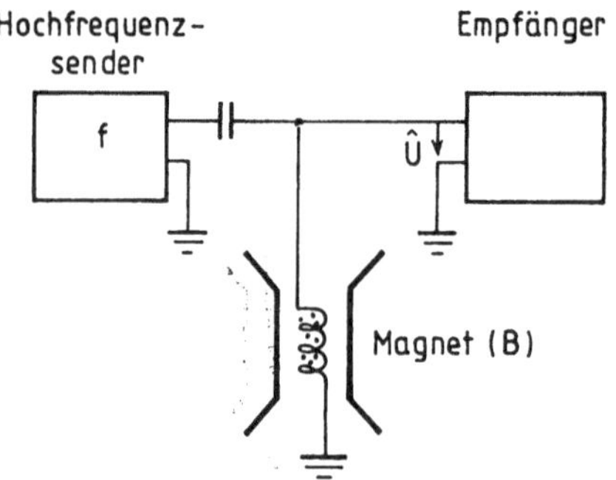

Fig.243 Prinzip eines NMR-Spektrometers. Die Hochfrequenzspule, in der sich die zu untersuchende Probe, z.B. einige Tropfen einer Flüssigkeit, unter dem Einfluss eines konstanten, homogenen Magnetfeldes befindet, ist lose über den (kleinen) Kondensator an den Hochfrequenzsender angekoppelt. Je größer die Energieabsorption in der Spule ist, umso geringer wird die Amplitude $\hat{U}$ der Hochfrequenzspannung am Eingang des Empfängers. Maximale Absorption tritt auf, wenn die Frequenz f bzw. die Flussdichte B des Magnetfeldes so verändert wird, dass die Gl.(629) erfüllt ist

Während in den ersten Jahren nach der Entdeckung des kernmagnetischen Resonanzeffektes die Resonanzbedingung Gl.(629) benutzt wurde, um gyromagnetische Verhältnisse von Atomkernen zu bestimmen, hat die NMR heute zwei ganz verschiedene, aber gleichermaßen bedeutsame Anwendungen gefunden. Es sind dies (1) die hochauflösende magnetische Kernresonanz in der Strukturforschung und Analytik und (2) die Magnetresonanz-Tomographie in der Medizin. Bei der **hochauflösenden magnetischen Kernresonanz** (high-resolution NMR) wird die Tatsache ausgenutzt, dass die magnetische Flussdichte B, die der Magnet erzeugt, durch die Elektronenhüllen der Atome bzw. Moleküle etwas abgeschirmt wird, so dass in Gl.(629) an Stelle von B die am Kernort herrschende geringere Flussdichte $B_{loc}=(1-\sigma)B$ einzusetzen ist. Die Größe σ heißt **chemische Abschirmung** (chemical shielding), da die chemischen Eigenschaften mit den Elektronenhüllen verknüpft sind. Auf der nächsten Seite ist in Fig.244 schematisch das hochaufgelöste ^{1}H NMR-Spektrum von Ethylalkohol (CH_3CH_2OH) dargestellt.

Die chemischen Abschirmungen für die drei Sorten von Wasserstoff im Ethylalkohol (CH_3CH_2OH) sind unterschiedlich, so dass sich drei Linien (Resonanzen) ergeben. Zum Beispiel gilt $f_{res,CH3}=(\gamma_I/2\pi)\cdot(1-\sigma_{CH3})B$ mit σ_{CH3} als der chemischen Abschirmung für die Atomkerne der Wasserstoffatome in der CH_3-Gruppe. Die Intensität der Linien ist direkt proportional zur Anzahl der resonierenden Atomkerne, weshalb das Intensitätsverhältnis im vorliegenden Fall 3:2:1 sein muss. Da die chemischen Abschirmungen aber nur sehr klein sind (für ^{1}H liegen sie in der Größenordnung 10^{-5} oder darunter, für ^{13}C sind sie ca. zehnmal größer wegen der größeren Elektronenhülle), werden Magnetfelder mit extremen Anforderungen an die Homogenität benötigt. Moderne NMR-Spektrometer verwenden supraleitende Magnete mit Flussdichten in der Größenordnung von 10T, was nach Gl.(629) und Tab.88 ^{1}H-Resonanzfrequenzen von mehreren hundert MHz entspricht.

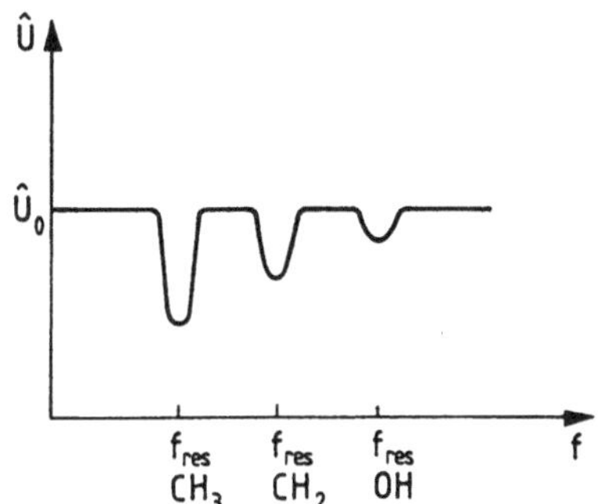

Fig.244 Schematische Darstellung des hochaufgelösten ^{1}H NMR Spektrums von Ethylalkohol (CH_3CH_2OH). $\hat{U}$ bezeichnet die Amplitude der Hochfrequenzspannung am Eingang des Empfängers von Fig.243

Bei der **Magnetresonanz-Tomographie** (NMR tomography) werden die folgenden beiden für die NMR charakteristischen Tatsachen ausgenutzt, dass nämlich erstens die Intensität des ^{1}H NMR-Signals direkt proportional zur Anzahl (Konzentration) der Protonen (Wasserstoffatome) ist und dass zweitens die Resonanzfrequenz linear von der magnetischen Flussdichte abhängt. Verwendet man dann Magnetfelder, die nicht homogen sind, sondern in definierter Weise von Ort zu Ort variieren, so lässt sich durch Auswertung der ^{1}H NMR-Spektren (wobei die chemischen Verschiebungen wegen ihrer Kleinheit keine Rolle spielen) die räumliche Verteilung der Wasserstoffatome mit einer räumlichen Auflösung ermitteln, die nicht schlechter ist als die der schweren Kerne bei Röntgenaufnahmen.

Das Prinzip zeigt die Fig.245. In diesem Fall wächst die magnetische Flussdichte B linear mit der Ortskoordinate x an, d.h. es gilt $B = B_0 + g_x x$, wobei g_x der durch Zusatzspulen erzeugte Feldgradient in x-Richtung ist. Wegen Gl.(629), S.451, lässt sich damit die Frequenzachse des ^{1}H NMR-Spektrums in die

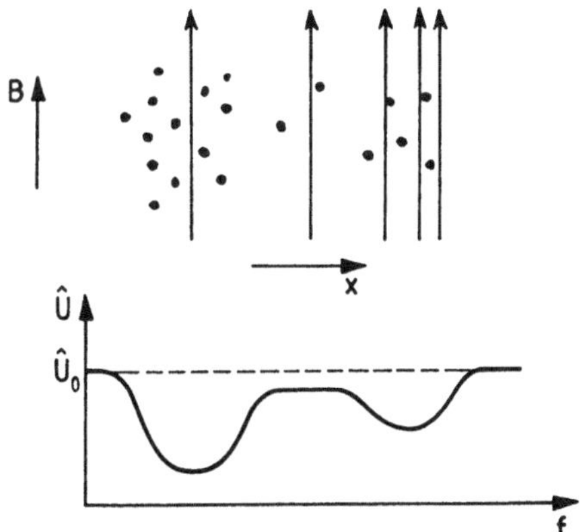

Fig.245 Prinzip der Magnetresonanz-Tomographie. Die Konzentration der Wasserstoffatome (Protonen) sei links groß, in der Mitte klein und habe rechts einen mittleren Wert. Da B von links nach rechts anwächst, ergibt sich für das ^{1}H NMR-Spektrum (Amplitude $\hat{U}$ der Hochfrequenzspannung am Eingang des Empfängers als Funktion der Senderfrequenz f) der im unteren Teil gezeichnete Verlauf

x-Achse umwandeln. Bei einem zweiten Experiment mit einem Feldgradienten in y-Richtung (g_y) erhält man die y-Abhängigkeit der Konzentration. Trägt man dann in einem x-y-Diagramm die Größe $(\hat{U}_0 - \hat{U})$ als Schwärzung ein, so ergibt sich das Magnetresonanz-Tomogramm, das ähnlich aussieht wie eine Röntgen-Aufnahme. Während aber bei Röntgen-Aufnahmen vor allem die schweren Kerne, die in den Knochen konzentriert sind, Kontraste bilden und die Weichteile, wie z.B. Tumoren, schlecht dargestellt werden, ist es bei der Magnetresonanz-Tomographie gerade umgekehrt.

27.2   Atombau und Atomspektren

Das Pauli-Verbot und der Bau der Atome

Wenn mehrere Elektronen im Atom vorhanden sind, dann enthält die Schrödinger-Gleichung neben dem Coulomb-Potential des Kerns noch die elektrostatische Wechselwirkung der Elektronen untereinander. Die Wellenfunktion hängt damit von allen Elektronenkoordinaten ab und kann nur näherungsweise bestimmt werden. Eine recht gute Beschreibung erhält man mit der **Einelektronennäherung** (one-electron approximation). Man nimmt dabei an, dass sich die Elektronen der Atomhülle unabhängig voneinander im elektrischen Feld einer (für das betrachtete Elektron charakteristischen) Punktladung $+Z'e$ (**effektive Kernladung**, effective nuclear charge) bewegen. Z' ist eine positive Zahl, die kleiner sein muss als die Anzahl Z der Protonen im Kern (**Kernladungszahl** oder **Ordnungszahl**, atomic number), da die anderen Elektronen die Kernladung teilweise abschirmen. Statt der potentiellen Energie $E_{pot} = -e^2(4\pi\epsilon_0 r)^{-1}$ beim Wasserstoffatom (s.S.430) ist also in die Schrödinger-Gleichung $E_{pot}' = -e^2 Z'(4\pi\epsilon_0 r)^{-1}$ einzusetzen und es folgt für die Energieeigenwerte des betrachteten Elektrons an Stelle von E_n nach Gl.(601), S.435,

$$E_n' = - \frac{1}{n^2} \frac{m_e e^4}{8\epsilon_0^2 h^2} Z'^2 . \tag{630}$$

Im Rahmen dieser Einelektronennäherung besagt das **Pauli-Verbot** (Pauli-exclusion principle, Wolfgang Pauli 1900-1958), das eine Erfahrungstatsache vom Rang des Energiesatzes ist, dass *innerhalb eines Atoms nie zwei oder mehr Elektronen in allen vier Quantenzahlen (n, ℓ, m, m_S) übereinstimmen dürfen*. (Zum Pauli-*Prinzip* s. S.466.)
Als 1.Näherung nehmen wir an, dass das Z-te Elektron, das man um einen Atomkern mit der Kernladungszahl Z gruppiert, sich vollständig außerhalb der schon vorhandenen $(Z-1)$ Elektronen befinden soll. Damit gilt für dieses Z-te Elektron $Z'=1$ und es ergäbe sich der auf der nächsten Seite in Tab.89 dargestellte Aufbau der Atome (Elemente). Von den Elektronen mit der gleichen Hauptquantenzahl n sagt man, sie befinden sich in der gleichen **Schale** (shell). Die Schalen

bezeichnet man allerdings nicht durch den Wert von n, sondern durch die Buchstaben K, L, M usw. (s. Tab. 89).

Tab. 89 Atomaufbau unter der Annahme einer effektiven Kernladungszahl $Z'=1$ (1. Näherung). n bezeichnet die Hauptquantenzahl. Die relative Energie eines Elektrons ist $E_n'/E_{1,0,0}$ mit $E_{1,0,0}$ nach Gl. (593), S. 432. Die maximale Anzahl der Elektronen pro Schale beträgt $2n^2$, wobei der Faktor 2 gegenüber dem Ergebnis von S. 436 durch den Elektronenspin bedingt ist. In der 4. Spalte steht die Schalenbezeichnung und in der 5. Spalte die Elektronenkonfiguration

n	$E_n'/E_{1,0,0}$	$2n^2$	Schalen-bezeich-nung	Elektronenkonfiguration (in Klammern gesetzte Konfigurationen sind bis $Z=105$ nicht voll aufgefüllt)
1	1	2	K	$1s^2$
2	1/4	8	L	$2s^2 2p^6$
3	1/9	18	M	$3s^2 3p^6 3d^{10}$
4	1/16	32	N	$4s^2 4p^6 4d^{10} 4f^{14}$
5	1/25	50	O	$5s^2 5p^6 5d^{10} 5f^{14} (5g^{18})$
6	1/36	72	P	$6s^2 6p^6 (6d^{10})(6f^{14})(6g^{18})(6h^{22})$

Nun zeigt aber die Lösung der Schrödinger-Gleichung, dass die Wahrscheinlichkeit, ein Elektron in der Nähe des Atomkerns zu finden, umso größer ist, je kleinere Werte die Impulsquantenzahl ℓ annimmt. (Um dies zu sehen, betrachte man den Radialanteil der Eigenfunktionen nach Tab. 83, S. 434.) Qualitativ ergibt sich deshalb für das Z-te Elektron $Z' \approx Z$, wenn ℓ klein ist, und $Z' \approx 1$ bei großen Werten von ℓ. Daraus leitet sich die 2. Näherung ab, die besagt, dass Z' in Gl. (630) von ℓ abhängt und dass deshalb E_n' durch $E_{n,\ell}'$ (Aufhebung der ℓ-Entartung) zu ersetzen ist, wobei die $E_{n,\ell}'$ mit kleineren ℓ-Werten tiefer liegen müssen. Dies führt zu den nachstehenden Aufbauregeln: (1) *Zunächst erfolgt die Besetzung der Schale mit der kleinsten Hauptquantenzahl ($n=1$), danach die mit der nächst höheren ($n=2$) usw.* (s. Tab. 89). (2) *Innerhalb einer Schale werden erst die Zustände mit der kleinsten Drehimpulsquantenzahl ($\ell=0$), danach die mit der nächst größeren ($\ell=1$) usw. besetzt.* (3) *Bei Elektronen mit der gleichen Drehimpulsquantenzahl werden solche Zustände bevorzugt, bei denen der Abstand zwischen den Elektronen möglichst groß ist* (was durch unterschiedliche Werte für m realisiert wird); denn ein großer Abstand bedeutet eine geringe elektrostatische Abstoßung und damit eine kleine potentielle Energie.

Als Beispiel betrachten wir $\ell=1$, d.h. die Auffüllung der p-Zustände bei vorgegebener Hauptquantenzahl n. Die ersten drei Elektronen besetzen die Zustände $m=1$, 0, -1 mit beliebigen Werten für m_S. Erst danach werden diese Zustände mit den nach dem Pauli-Verbot vorgegebenen Werten für m_S besetzt.

Den Aufbau der Elektronenhüllen (**Elektronenkonfiguration**, electron configuration) aller neutralen Atome im Grundzustand findet man im Anhang A5, S.558ff. Oft wird anstatt dieser Darstellung eine verkürzte Schreibweise verwendet, indem man für κ Elektronen mit der Hauptquantenzahl n und der Impulsquantenzahl ℓ das Symbol

$$n\ \ell^{\kappa} \tag{631}$$

schreibt, wobei wieder an Stelle des Wertes von ℓ die Buchstabenbezeichnung (s.Tab.84, S.436) Verwendung findet. Die Elektronenkonfiguration von Natrium ist also $1s^2\ 2s^2\ 2p^6\ 3s$. Im Allgemeinen folgt die Elektronenkonfiguration den obigen drei Aufbauregeln. Beispielsweise wird beim Schwefel mit 16 Elektronen zunächst die K-Schale und dann die L-Schale aufgebaut. Die verbleibenden 6 Elektronen kommen in die M-Schale, besetzen dort erst die beiden Zustände mit $\ell = 0$ (entsprechend $m_S = +\frac{1}{2}$ und $m_S = -\frac{1}{2}$) und danach vier der sechs Zustände mit $\ell = 1$ (s.S.559). Bedingt durch diesen Aufbau ergibt sich eine Periodizität der chemischen und derjenigen physikalischen Eigenschaften der Atome (Elemente), die im Wesentlichen von der jeweiligen äußeren Schale bestimmt werden. Die **Ionisierungsenergie** (ionization energy), d.h. die Energie, die man einem neutralen Atom im Grundzustand zufügen muss, damit es ein Elektron abgibt, stellt ein typisches Beispiel dar (s.Fig.246).

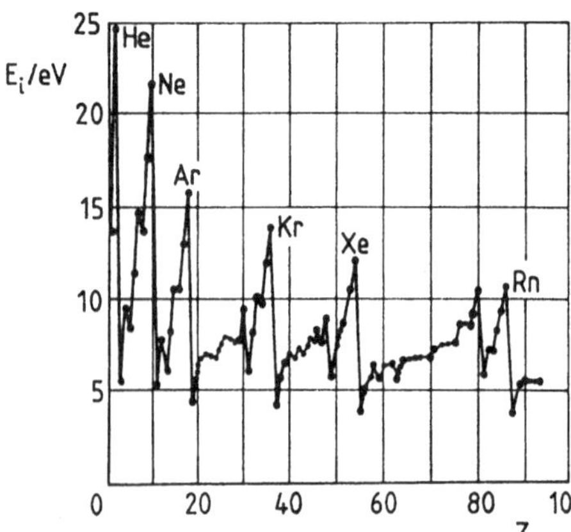

Fig.246 Ionisierungsenergie E_i der neutralen Atome im Grundzustand in der Einheit eV (s.S.553) als Funktion der Kernladungszahl Z [LID90]

Beim Aufbau der Elektronenhüllen gibt es aber auch Ausnahmen von den obigen drei Regeln. Diese treten vor allem bei den **Übergangselementen** (transition elements) auf (s.S.558ff.). Je nachdem, wie man diese Ausnahmen in eine periodische Anordnung der Elemente mit fortlaufender Ordnungszahl Z einbaut, gibt es verschiedene Darstellungen des **Periodischen Systems der Elemente**

(**Periodensystem**, periodic table). Die Periodizität der chemischen und gewisser physikalischer Eigenschaften der Elemente wurde erstmalig 1869 von Julius Lothar Meyer (1830-1895) und unabhängig davon im gleichen Jahr von Dmitri Iwanowitsch Mendelejew (1834-1907) beschrieben. Die von der IUPAC (International Union of Pure and Applied Chemistry) empfohlene Darstellung des Periodensystems findet man im Anhang A4 auf S.556-558. Physikalische Eigenschaften der Atome, die nicht von den äußeren Elektronenschalen abhängen, wie z.B. die charakteristischen Röntgen-Spektren, deren Frequenzen durch die Energieniveaus der inneren Schalen bestimmt werden (s.S.462), zeigen keine Periodizität bezüglich der Ordnungszahl.

Atomspektren

Unter einem **Emissionsspektrum** (emission spectrum) versteht man die Frequenzabhängigkeit der Intensität der von einer Probe emittierten elektromagnetischen Strahlung. **Absorptionsspektren** (absorption spectra) ergeben sich, wenn man durch eine Probe elektromagnetische Wellen schickt und deren Absorption als Funktion der Frequenz misst. Absorptionslinien erscheinen als schwarze Streifen in einem Spektrum genau an den gleichen Stellen, an denen die entsprechenden Emissionslinien auftreten würden. Wegen dieser Identität wird im Folgenden nur von *Spektren* gesprochen, wobei es offen bleibt, ob sie durch Emission oder durch Absorption entstanden sind. Insbesondere werden vier typische Arten von Atomspektren behandelt: (1) Funkenspektren, (2) Alkalispektren, (3) Mehrelektronenspektren und (3) Röntgen-Spektren.

(1) Die *einfachsten Atomspektren* treten auf, wenn die Atome so hoch ionisiert sind, dass sich im Feld des Atomkerns mit der Ladung Ze nur noch *ein* Elektron befindet. Die Spektren entsprechen dann denen des Wasserstoffatoms (s.S.436ff.), wobei aber in Gl.(605), S.437, auf der rechten Seite noch der Faktor Z^2 anzufügen ist, wodurch die Linien nach wesentlich kürzeren Wellenlängen verschoben werden. Derartige Spektren bezeichnet man als **Funkenspektren** (spark spectra), da hochionisierte Atome bei den in Funken herrschenden hohen Temperaturen entstehen können.

(2) Die *nächst einfacheren Atomspektren* sind die der Alkaliatome (Lithium bis Francium, s.S.556)). Diese Atome sind chemisch *ein*wertig und treten in der Elektrolyse und bei Gasentladungen *ein* Elektron ab. Es ist dasjenige Elektron, das nach Abzug voll gefüllter Schalen in der Elektronenhülle übrig bleibt. Es wird Valenzelektron (s.S.480) oder auch **Leuchtelektron** genannt und liefert die wasserstoffähnlichen **Alkalispektren** (single valence electron spectra). Im Vergleich zum Wasserstoffspektrum gibt es aber eine größere Anzahl von Serien. Als Beispiel betrachten wir das Kaliumatom, für das $Z=19$ gilt. Die Elektronenkonfiguration des neutralen Atoms im Grundzustand ist (s.S.559) $1s^2\ 2s^2\ 2p^6\ 3s^2\ 3p^6\ 4s$. Dies

bedeutet, dass der Grundzustand des Valenzelektrons 4s ist und daß dieses bei Anregung die darüber liegenden Terme 5s, 6s, ... ; 4p, 5p, ... ; 3d, 4d, ... ; 4f, 5f, ... besetzen kann, s. Fig.247. In dieser Darstellung sind die Energieaufspaltungen infolge der Spin-Bahn-Wechselwirkung, außer für die p-Terme, vernachlässigt, da sie nur bei den p-Termen zu einer mit einfachen Spektrometern beobachtbaren Aufspaltung der Linien führen.

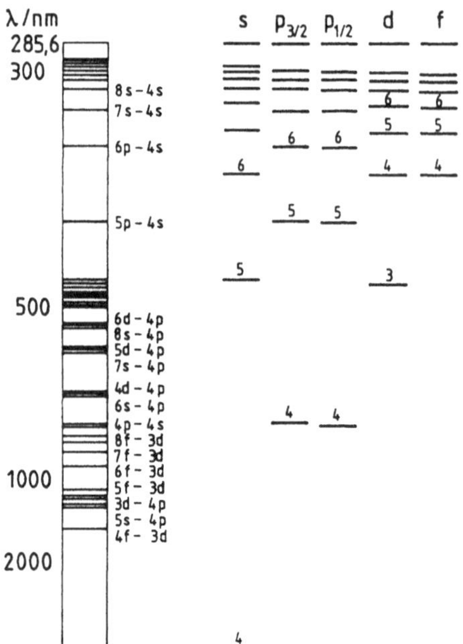

Fig.247 Spektrum (links) und Termschema des Kaliums. Im Termschema wurden Energieaufspaltungen infolge der Spin-Bahn-Wechselwirkung nur bei den p-Termen berücksichtigt

Ein Vergleich dieses Termschemas mit den durch Gl.(601), S.435, gegebenen Termen für das Wasserstoffatom zeigt, dass erstens die f-Termserie praktisch identisch ist mit der Termserie des Wasserstoffs für $n \geq 4$ und dass zweitens in der Reihenfolge f, d, p, s der Abstand zu den Termen des Wasserstoffs mit der gleichen Hauptquantenzahl immer größer wird, wobei die Kaliumterme zu immer niedrigeren Werten verschoben sind (man vergleiche z.B. 4f mit 4d, 4p und 4s).

Bei der Betrachtung derartiger Termschemata, die man in der Literatur findet, kann es leicht zu Missverständnissen kommen, da es zwei Bezeichnungsweisen für die Terme gibt. Die erste ist die von uns bisher verwendete **atomphysikalische Termbezeichnung** (physical term notation) (622), S.448, wobei man oft, wie in Fig.247, die Multiplizität 2s+1 weglässt, da sie für alle Terme gleich (nämlich 2) ist. Die zweite ist die **empirisch-spektroskopische Termbezeichnung** (empirical term notation), bei der man das Valenzelektron mit dem Rumpfatom als ein wasserstoffähnliches System auffasst. Kennzeichnen wir die Zustände für diese Systeme mit einem Strich, so ergeben sich die Zuordnungen 4s → (1s)', 5s → (2s)', 6s → (3s)', ... ; 4p → (2p)', 5p → (5p)' usw. Der Vorteil dieser Bezeichnungsweise besteht darin, dass einander entsprechende Linien bei allen Alkaliatomen das gleiche Symbol erhalten.

Der Nachteil ist, dass die physikalischen Ursachen für die Lage dieser Terme nicht mehr erkennbar sind.

Wegen der Auswahlregeln $\Delta\ell=\pm1$ und $\Delta j=0,\ \pm1$ (s. die Gln.(623), S.449) ergeben sich die vier wichtigsten Serien des Kaliumspektrums zu

$$4p,\ 5p,\ \ldots\ \rightarrow\ 4s \quad \textbf{(Hauptserie, principal series)}$$
$$3d,\ 4d,\ \ldots\ \rightarrow\ 4p \quad \textbf{(1. Nebenserie, diffuse series)}$$
$$5s,\ 6s,\ \ldots\ \rightarrow\ 4p \quad \textbf{(2. Nebenserie, sharp series)}$$
$$4f,\ 5f,\ \ldots\ \rightarrow\ 3d \quad \textbf{(Bergmann-Serie, fundamental series)}$$

(Ludwig Bergmann geb. 1898). Von den englischen Bezeichnungen stammt die Zuordnung s für $\ell=0$ usw. (s.Tab.84, S.436).

(3) Die größte Vielfalt an Linien gibt es bei den **Mehrelektronenspektren** (many valence electron spectra). Diese treten auf, wenn bei einem Atom nach Abzug der Elektronen, die sich in den voll gefüllten Schalen (s.Tab.89, S.455) sowie den voll gefüllten **Unterschalen** (subshells, das sind die $2(2\ell+1)$ Zustände für Elektronen mit der gleichen Impulsquantenzahl ℓ) befinden, mehr als ein Elektron übrig bleibt. Als Beispiel betrachten wir Silizium ($Z=14$), dessen Elektronenkonfiguration $1s^2$, $2s^2$, $2p^6$, $3s^2$, $3p^2$ ist (s.S.559). Hier sind die K- und die L-Schale sowie die ($n=3$, $\ell=0$)-Unterschale gefüllt. Das optische Spektrum wird also durch die zwei 3p-Elektronen bestimmt.

Für die Kopplung der magnetischen Momente und damit auch der Drehimpulse gibt es zwei Möglichkeiten. Bei der **jj-Kopplung** (j-j coupling) ist die Spin-Spin-Wechselwirkung klein gegen die Spin-Bahn-Wechselwirkung des Einzelelektrons, so dass sich der Gesamtdrehimpuls des Mehrelektronensystems $\vec{J}_M$ als Summe der Einelektronendrehimpulse $\vec{J}$ (s.S.447) ergibt. Diese Art der Kopplung tritt bei den schwersten Atomen auf. Bei der **LS-Kopplung** (L-S coupling) dagegen, bei der die Spin-Spin-Wechselwirkung dominiert, werden zunächst aus den Einelektronendrehimpulsen $\vec{L}$, $\vec{S}$ und $\vec{J}$ (s.S.447) die Mehrelektronendrehimpulse $\vec{L}_M=\sum_i\vec{L}_i$, $\vec{S}_M=\sum_i\vec{S}_i$ und $\vec{J}_M=\sum_i\vec{J}_i$ gebildet (z.B. unter Verwendung der Hund'schen Regeln, s.u.), wobei die Summation über diejenigen Elektronen erfolgt, die sich nicht in voll gefüllten Schalen sowie voll gefüllten Unterschalen befinden. Aus diesen Größen ergeben sich dann die Quantenzahlen L, S und J durch die Beziehungen

$$L_M{}^2=L(L+1)\hbar^2,\qquad S_M{}^2=S(S+1)\hbar^2,\qquad J_M{}^2=J(J+1)\hbar^2. \tag{632}$$

Analog zu den Einelektronensystemen (s.(622), S.448) bezeichnet man den Zustand eines Mehrelektronensystems durch das Symbol

$$^{2S+1}L_J\,, \tag{633}$$

wobei für L der analog zu Tab.84, S.436, gebildete Großbuchstabe einzusetzen ist (d.h. P für $L=2$ usw.). Der energetisch tiefste Zustand (**Grundzustand**, ground state) ergibt sich durch Anwendung der **Hund'schen Regeln** (Hund's rules, Friedrich Hund geb.1896): *Im Rahmen der durch das Pauli-Verbot (s.S.454) gegebenen Möglichkeiten ist im Grundzustand (1) S maximal, (2) L maximal, (3) J=L−S bei weniger als halb gefüllter (Unter)Schale und sonst J=L+S* .

Die beiden ersten Hund'schen Regeln lassen sich qualitativ wie folgt begründen: Die elektrostatische Abstoßung der Elektronen ist kleiner, wenn sie den Kern gleichsinnig umkreisen, da sie sich im anderen Fall oft sehr nahe kommen würden (Bohr'sches Atommodell). Deshalb ist es energetisch günstiger, wenn L maximal wird (2.Hund'sche Regel). Elektronen mit parallelem Spin müssen einander bei einer Begegnung wegen des Pauli-Verbots ausweichen. Elektronen mit antiparallelem Spin dagegen haben das nicht nötig. Ihre Wechselwirkungsenergie infolge der elektrostatischen Abstoßung wird deshalb im Mittel größer sein. Daher ist es günstiger, wenn möglichst viele Spins parallel stehen, d.h. wenn S maximal wird (1.Hund'sche Regel).

Als Beispiel betrachten wir wieder Silizium, d.h. wir fragen nach der Anordnung der zwei 3p-Elektronen. Der maximale Wert von S wird erreicht, wenn beide Spins parallel stehen, also folgt $S=\frac{1}{2}+\frac{1}{2}=1$. Auf Grund des Pauli-Verbots müssen die beiden Elektronen unterschiedliche m-Werte besitzen. Wegen $\ell=1$ kommen $m=1$, 0, -1 in Frage. Um für L den Maximalwert zu erreichen, haben wir $m=1$ und $m=0$ auszuwählen. Damit ergibt sich $L=1+0=1$. Da schließlich die 3p-Unterschale des Siliziums weniger als halb gefüllt ist (die maximale Besetzungszahl beträgt 6), folgt $J=L-S$ oder $J=0$. Der Grundzustand des Siliziums ist demzufolge $^3P_0$. Für die Übergänge, die mit elektrischer Dipolstrahlung verbunden sind (erlaubte Übergänge, s.S.448), gelten die Auswahlregeln

$$\Delta L = 0, \pm 1 \;\; ; \;\; \Delta J = 0, \pm 1 \;\; ; \;\; \Delta S = 0 . \tag{634}$$

Diese stimmen, bis auf $\Delta L=0$, mit den Auswahlregeln für Einelektronensysteme (s.S.449) überein. Wegen der Auswahlregel $\Delta S=0$ gibt es beispielsweise beim Helium, das zwei Elektronen besitzt (s.S.558), keine mit elektromagnetischer Strahlung verbundenen Übergänge zwischen $S=1$ (parallele Spins) und $S=0$ (antiparallele Spins). Man nennt dies das **Interkombinationsverbot** (forbidden intercombination). Daher erscheint das Helium spektroskopisch als Mischung von **Parahelium** (parahelium, $S=0$) und **Orthohelium** (orthohelium, $S=1$). Die zugehörigen Zustände bezeichnet man als **Triplettzustände** (triplet states, $S=1$) bzw. als **Singulettzustände** (singlet states, $S=0$). Bei der Elektronenkonfiguration $1s^2$ des Heliums gilt für beide Elektronen $\ell=0$. Damit folgt auch $L=0$. Auf Grund des Pauli-Verbots müssen die Spins beider Elektronen antiparallel stehen, so dass auch $S=0$ gilt. Mit $J=L+S=0$ entspricht diese Elektronenkonfiguration damit dem Zustand $^1S_0$ (Grundzustand des Paraheliums). Wenn eines der beiden Elektronen in der L-Schale sitzt ($n=2$) und dort den Zustand mit der geringsten Energie ($\ell=0$)

einnimmt, so folgt nach der Hund'schen Regel $S=1$, und es ergibt sich für den Grundzustand des Orthoheliums $^3S_1$. Das Termschema des Para- und des Orthoheliums ist in Fig.248 dargestellt.

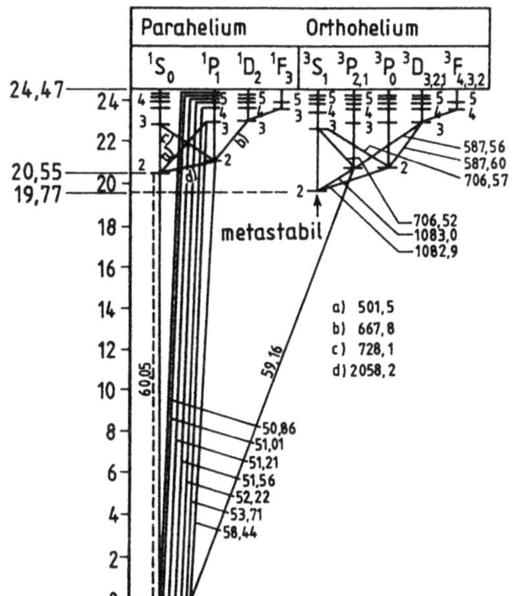

Fig.248 Termschema des Para- und des Orthoheliums. Die Energien sind in der Einheit eV (s.S.553) und die Wellenlängen in nm angegeben. Unter gewissen Bedingungen findet trotz des Interkombinationsverbots der Übergang $1^1S_0 \rightarrow 2^3P_{2,1}$ statt. Das Quecksilberatom ($Z=80$) besitzt ebenfalls zwei äußere Elektronen (s.S. 560), jedoch ist hier wegen der beginnenden jj-Kopplung das Interkombinationsverbot generell verletzt

In Übereinstimmung mit den Hund'schen Regels liegen die einander entsprechenden Terme beim Orthohelium ($S=1$) tiefer als beim Parahelium ($S=0$).

(4) Röntgen-Spektren sind mit Vorgängen in den inneren Schalen der Atome verknüpft. Damit entfällt erstens jegliche periodische Abhängigkeit von der Ordnungszahl Z und zweitens treten viel höhere Energiedifferenzen als bei den bisher behandelten Atomspektren auf. Für ein Elektron der K-Schale des Wolframs ($Z=74$) beispielsweise gilt auf Grund der Gl.(630), S.454, mit $Z'=Z$ und $n=1$ nach Einsetzen der bekannten Werte für die Naturkonstanten (s.S.548ff.) $|E_1/e| \approx$ 74,51kV, was einer Wellenlänge $\lambda_0 = |hc_0/E_1|$ von ca. 16,6pm entspricht, die in den Bereich der Röntgen-Strahlen fällt (s.Tab.61, S.284). Je nach der Art des Spektrums unterscheidet man zwei Arten von Röntgen-Strahlen, nämlich solche mit einem kontinuierlichen Spektrum (Bremsstrahlung) und solche, bei denen diskrete Linien auftreten (charakteristische Röntgen-Strahlen). **Röntgen-Strahlen** (X-rays, Wilhelm Conrad Röntgen 1845-1923, erster Nobelpreisträger für Physik 1901) entstehen, wenn man Elektronen, die z.B. aus einer beheizten Kathode ins Vakuum ausgetreten sind, durch Anlegen einer Spannung U von ca. 20kV bis 250kV mit der dadurch entstandenen hohen Geschwindigkeit auf die Anode (**Antikathode**, anticathode) auftreffen lässt. Wenn ein solches Elektron ein Atom der Antikathode

(z.B. Molybdän) in der Nähe des Atomkerns durchfliegt, erfährt es durch das elektrische Feld des Atomkerns eine Änderung der Geschwindigkeit, die mit der Aussendung elektromagnetischer Strahlung verbunden ist. Die Emission eines Röntgen-Quants (Photons) der Energie hf entspricht einem Energieverlust $\Delta W=hf$ des Elektrons (s.Fig.249).

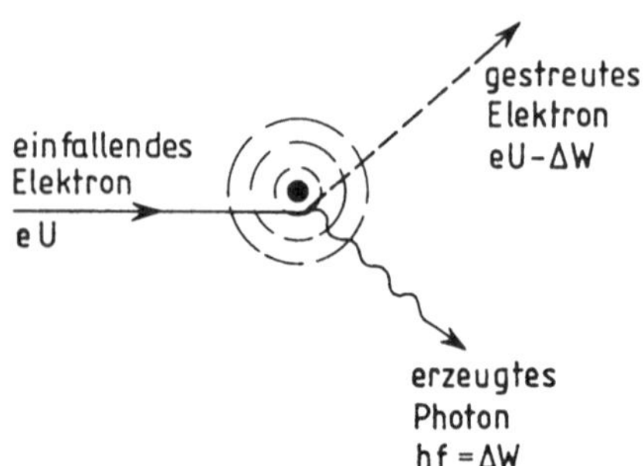

Fig.249 Zur Entstehung der Röntgen-Bremsstrahlung. Ein Elektron mit der Energie eU wird im elektrischen Feld eines Atomkerns abgebremst und verliert dadurch die Energie ΔW, die in Form eines Röntgen-Quants abgestrahlt wird

Da es sich um freie Elektronen handelt, deren Energie nicht gequantelt ist, besitzt diese **Röntgen-Bremsstrahlung** (bremsstrahlung) ein kontinuierliches Spektrum. Allerdings bricht dieses Spektrum nach kurzen Wellenlängen hin bei der **Grenzwellenlänge** (threshold wavelength)

$$\lambda_{gr} = \frac{hc_0}{eU} \tag{635}$$

ab, da bei vollständiger Abbremsung des Elektrons $eU=hf_{gr}$ gelten muss. Die Abbremsung der Elektronen im elektrischen Feld der Atomkerne ist der vorherrschende Mechanismus bei der Erzeugung von Röntgen-Strahlen für physikalische, medizinische und technische Anwendungen. In den meisten Fällen sind aber diesen kontinuierlichen Spektren einige scharfe, diskrete Linien überlagert, deren Gesamtheit man als **charakteristische Röntgen-Strahlung** (characteristic X-ray spectrum) bezeichnet, da sie für das betreffende Atom charakteristisch sind. Die Fig.250 auf der nächsten Seite zeigt das Röntgenspektrum bei Bestrahlung von Molybdän ($Z=42$) mit 35keV Elektronen. Die charakteristische Röntgen-Strahlung entsteht dadurch, dass Elektronen aus den inneren Schalen der Atome des Antikathodenmaterials durch die auftreffenden Elektronen herausgeschlagen werden. Die auf diese Weise entstandenen unbesetzten Zustände werden anschließend sofort von Elektronen aus weiter außen liegenden Schalen besetzt und die dabei frei werdenden Energiedifferenzen in Form von Röntgen-Quanten abgestrahlt. Erfolgt der Sprung von $n=2$ nach $n=1$, d.h. in die K-Schale von der nächst höheren Schale aus, so bezeichnet man die entsprechende Linie als K_α-Linie.

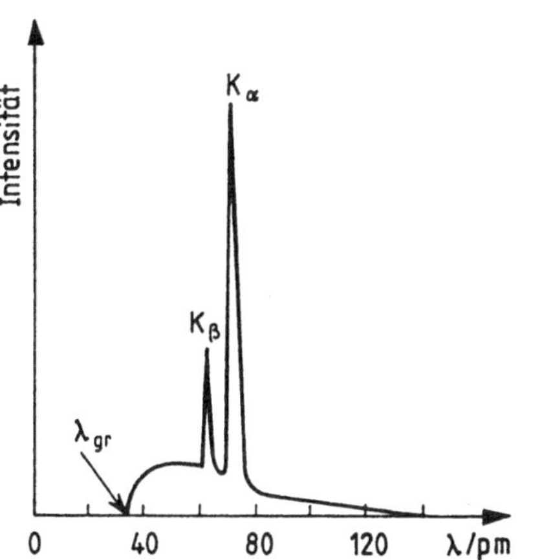

Fig.250 Röntgen-Spektrum bei Bestrahlung von Molybdän mit Elektronen, die eine Spannung von 35kV durchlaufen haben. Die Grenzwellenlänge λ_{gr} ergibt sich aus Gl.(635) zu 35,4pm. Dem kontinuierlichen Spektrum der Röntgen-Bremsstrahlung sind die beiden diskreten Linien K_α und K_β überlagert, die zum charakteristischen Spektrum des Molybdäns gehören

Allgemein gibt der Großbuchstabe die Schalenbezeichnung des Endzustands (K, L, M, ... s.Tab.89, S.455) und der tiefgesetzte griechische Buchstabe die Schalenherkunft (α entspricht $\Delta n=1$, β entspricht $\Delta n=2$ usw.) an. Die L_β-Linie entsteht somit durch einen Sprung von $n=4$ nach $n=2$.

Das **Moseley'sche Gesetz** (Moseley's law, Henry Gwyn Jeffreys Moseley, geb. 1887, gefallen mit 28 Jahren im 1. Weltkrieg) besagt, dass die Frequenz $f_{K\alpha}$ der K_α-Linie verwendet werden kann, um die Ordnungszahl Z des betreffenden Atoms zu bestimmen, und zwar gilt

$$f_{K\alpha} = \frac{3}{4} R_\infty c_0 (Z-1)^2 \,, \tag{636}$$

wobei R_∞ die Rydberg-Konstante (s.Gl.(604), S.436) ist. Die Fig.251 auf der nächsten Seite zeigt, dass die experimentellen Ergebnisse in sehr guter Übereinstimmung mit Gl.(636) stehen.

Für die Frequenz des emittierten Photons bei einem Elektronensprung im Wasserstoffatom von $n_1=2$ nach $n_2=1$ (K_α-Linie) gilt auf Grund der Gln.(603) und (604), S.436, $f_{K\alpha}=R_\infty c_0(1-1/4)$. Für ein Atom mit der Ordnungszahl Z ist auf der rechten Seite dieser Gleichung der Faktor Z'^2 anzufügen, wobei das Produkt $Z'e$ die effektive Kernladung ist (s.S.454). Da der Atomkern durch das zweite Elektron der K-Schale (ein 1s-Elektron) abgeschirmt wird, ist $Z'=Z-1$ zu setzen und es folgt $f_{K\alpha}=R_\infty c_0(Z-1)^2(1-1/4)$, d.h. das Moseley'sche Gesetz.

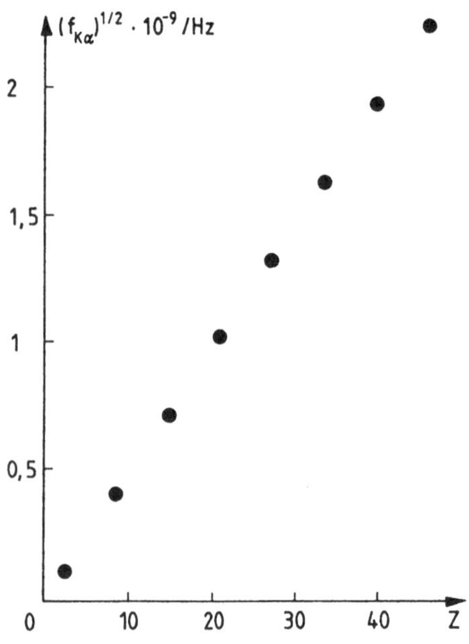

Fig.251 Nach dem Moseley'schen Gesetz (s. Gl.(636)) muss die Wurzel aus der Frequenz der K_α-Linie eine lineare Funktion der Ordnungszahl Z sein mit der Steigung $(3R_\infty c_0/4)^{1/2} \approx 0,0497 \cdot 10^9$ $Hz^{1/2}$. Dies steht in sehr guter Übereinstimmung mit den in dieser Graphik dargestellten experimentellen Ergebnissen für einige Atome mit $Z = 3$, 9, 15, ... 45 [LID90]

27.3 Moleküle

Heteropolare und homöopolare Bindung

Ein **Molekül** (molecule) besteht aus mindestens zwei Atomen, die gleich oder unterschiedlich sein können. Während die Schrödinger-Gleichung im Fall des Wasserstoffatoms noch exakt gelöst werden kann, ist dies selbst für die einfachsten Moleküle nicht mehr möglich. Man ist deshalb auf Näherungen angewiesen. Die wichtigsten sind die Valenzbindungstheorie und die Molekülorbitaltheorie. Beide beginnen mit der gleichen Vereinfachung, die als **Born-Oppenheimer-Näherung** (Born-Oppenheimer approximation, Max Born 1882-1970, Robert Oppenheimer 1904-1967) bezeichnet wird. Da die Atomkerne viel schwerer sind als die Elektronen und daher ihre Positionen viel langsamer ändern als die Elektronen, wird die Schrödinger-Gleichung für die Elektronen bei vorgegebenen festen Positionen der Atomkerne gelöst. Die auf diese Weise für den Grundzustand des Moleküls erhaltene Gesamtenergie (Summe aus der elektronischen Energie und der Energie der Coulomb'schen Wechselwirkung zwischen den beiden Atomkernen), die wir aus einem später ersichtlichen Grund (s.S.472) mit E_{pot} bezeichnen, trägt man dann als Funktion der Positionen der Atomkerne auf. Das Minimum dieser als **Potentialkurve** (potential curve) bezeichneten Funktion liefert die Gleichgewichtslagen der Atomkerne und damit die Struktur des Moleküls. Die Fig.252 zeigt schematisch die Potentialkurve eines zweiatomigen Moleküls. r_0 ist die **Bindungslänge** (bond length) und $E_0 < 0$ die **Gleichgewichtsenergie** (equilibrium energy).

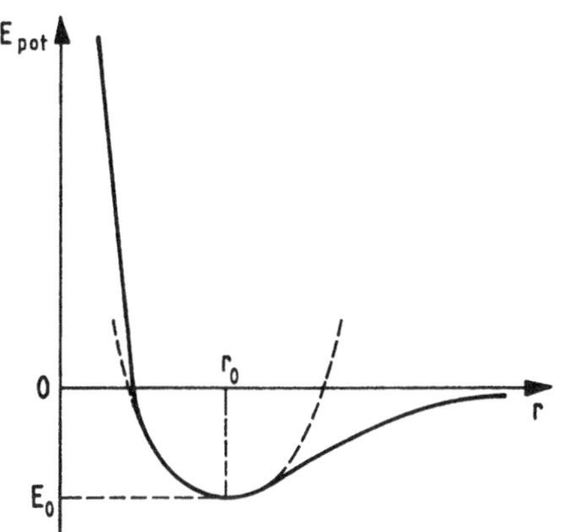

Fig.252 Schematische Darstellung der Potentialkurve, d.h. der Gesamtenergie E_{pot} eines zweiatomigen Moleküls im Grundzustand als Funktion des Kernabstands r. Die gestrichelte Kurve stellt die Parabel dar, durch die E_{pot} in der Nähe des Minimums angenähert wird. Die Abweichung der tatsächlichen Kurve von der Parabel bedingt die Anharmonizität der Schwingung bei größeren Amplituden

Die Bindungslängen liegen in der Größenordnung von 10^{-10}m$=1$Å$=0{,}1$nm. Zahlenwerte findet man z.B. in [LID90]. Die Energie, die nötig ist, um das Molekül zu spalten, nennt man **Dissoziationsenergie** (dissociation energy) E_d oder auch **Bindungsstärke** (bond strength). Wegen der Nullpunktsenergie (s.S.425), die wir hier mit E_z bezeichnen wollen, gilt

$$E_d = |E_0| - E_z . \tag{637}$$

Tab.90 Dissoziationsenergien für einige zweiatomige Moleküle [LID90]

Molekül	H_2	HF	HCl	NaCl	N_2	O_2
E_d / (kJ mol^{-1})	433,3	566,6	427,9	408,4 ± 8	941,6 $\pm 0{,}6$	494,6 $\pm 0{,}2$

Oft gibt man an Stelle der Energie E_d die freie Enthalpie G_d (s.S.136) an, und zwar für die Temperatur, bei der die Dissoziation gemessen wurde. Um E_d zu erhalten, muss man G_d auf $T=0$ extrapolieren. Für zweiatomige Moleküle gilt in guter Näherung $G_d=E_d+(3/2)RT$ mit R als der allgemeinen Gaskonstante.

Bei der **Molekülorbitaltheorie** (MO-Theorie, molecular orbital theory) werden Einelektronenwellenfunktionen berechnet, die sich über das gesamte Molekül erstrecken (**Molekülorbitale**, molecular orbitals, MO's). Die potentielle Energie in der Schrödinger-Gleichung wird demzufolge durch das elektrische Feld aller Atomkerne bzw. Atomrümpfe des Moleküls gegeben. Meist werden die Molekülorbitale durch eine Linearkombination von Atomorbitalen angenähert. Man nennt ein solches Molekülorbital deshalb ein **LCAO-MO**. Die MO-Theorie ist die am häufigsten angewandte Methode in der Quantenchemie. Bei der **Valenzbindungstheorie (VB-Theorie**, valence bond theory) geht man von den Elektronenwellenfunktionen der isolierten Atome aus (**Atomorbitale**, atomic orbitals, AO's) und betrachtet solche, die sich im Molekül wechselseitig überlappen (**Überlappung**, overlap). Damit werden also nur die individuellen Bindungen in den Molekülen behandelt.

Zur Erläuterung der VB-Theorie betrachten wir das H_2-Molekül. Es sei $\psi_A(1)$ die Wellenfunktion für das Elektron 1, das sich im Feld des Protons A befindet, wenn das Elektron 2 und das Proton B sehr weit davon entfernt sind. Analog sind die anderen Atomorbitale $\psi_A(2)$, $\psi_B(1)$ und $\psi_B(2)$ definiert. Wegen der Ununterscheidbarkeit der Elektronen gibt es die zwei Näherungslösungen $\psi_\pm \propto (\psi_A(1)\psi_B(2) \pm \psi_A(2)\psi_B(1))$ für die Schrödinger-Gleichung $\hat{H}\psi = E\psi$ mit $\hat{H} = -\hbar^2(2m_e)^{-1}\Delta_1 - \hbar^2(2m_e)^{-1}\Delta_2 - e^2(4\pi\epsilon_0)^{-1}(r_{A1}^{-1} + r_{A2}^{-1} + r_{B1}^{-1} + r_{B2}^{-1} - r_{12}^{-1} - r_{AB}^{-1})$. Hierbei bezeichnet r_{A1} den Abstand des Elektrons 1 vom Proton A usw. Die Berechnung der beiden Erwartungswerte der Energie $E_\pm = \iiint \psi_\pm^* \hat{H}\psi_\pm \, d\tau$ liefert das Ergebnis $E_+ < E_-$, weshalb man ψ_+ **bindendes Orbital** (bonding orbital) und ψ_- **antibindendes Orbital** (antibonding orbital) nennt. Man kann sich leicht davon überzeugen, dass ψ_+ eine erhöhte Aufenthaltswahrscheinlichkeit für die beiden Elektronen zwischen den Protonen des H_2-Moleküls beschreibt. Außerdem müssen die Spins dieser beiden Elektronen antiparallel stehen. Dies folgt aus dem Pauli-Prinzip, wonach die Wellenfunktion unter Einbeziehung der Spinfunktion ihr Vorzeichen ändern muss, wenn man die beiden Elektronen vertauscht. Auf diese Weise beschreibt die VB-Theorie die Bildung von Molekülen durch bindende Elektronenpaare mit antiparallelen Spins. Das auf S.454 formulierte Pauli-Verbot folgt aus dem allgemeinen **Pauli-Prinzip** (Pauli principle, Wolfgang Pauli 1900-1958), wonach *die Gesamtwellenfunktion zweier Elektronen ihr Vorzeichen ändern muss, wenn man die beiden Elektronen vertauscht.* Wir zeigen dies für zwei Elektronen, deren Quantenzahlen n, ℓ, m (s. S.435) gleich sind und deren Wechselwirkung vernachlässigbar sei. Ohne Berücksichtigung des Elektronenspins gilt dann für die Einelektronenwellenfunktionen $\hat{H}_1\psi(1) = E\psi(1)$ und $\hat{H}_2\psi(2) = E\psi(2)$ und für die Zweielektronenwellenfunktion $(\hat{H}_1 + \hat{H}_2)\psi(1,2) = 2E\psi(1,2)$. Man sieht, dass die letztere Gleichung durch $\psi(1,2) = \psi(1)\cdot\psi(2)$ erfüllt wird. Bezüglich des Spins gibt es für die zwei Elektronen vier Möglichkeiten, die mit den Spinwellenfunktionen α (diese entspricht $m_S = +\frac{1}{2}$, s.S.444) und β (entsprechend $m_S = -\frac{1}{2}$) folgendermaßen zu beschreiben sind: $\alpha(1)\alpha(2)$, $\beta(1)\beta(2)$, $2^{-\frac{1}{2}}[\alpha(1)\beta(2) + \alpha(2)\beta(1)]$, $2^{-\frac{1}{2}}[\alpha(1)\beta(2) - \alpha(2)\beta(1)]$, wobei die Linearkombinationen gebildet werden mussten, da die beiden Elektronen ununterscheidbar sind. Die Zweielektronen-Gesamtwellenfunktionen ergeben sich also zu $\psi(1,2)\alpha(1)\alpha(2)$, $\psi(1,2)\beta(1)\beta(2)$, $\psi(1,2)2^{-\frac{1}{2}} \cdot [\alpha(1)\beta(2) + \alpha(2)\beta(1)]$ und $\psi(1,2)2^{-\frac{1}{2}}[\alpha(1)\beta(2) - \alpha(2)\beta(1)]$. Von diesen genügt aber nur die letztere dem Pauli-Prinzip. Das heißt, die beiden Elektronen, die die gleichen Quantenzahlen n, ℓ, m besitzen, müssen sich in der vierten Quantenzahl m_S unterscheiden. Dies ist aber die Aussage des Pauli-Verbots, nach dem es nicht zwei Elektronen mit den gleichen Quantenzahlen geben darf.

Von einer σ**-Bindung** (σ bond) spricht man, wenn die Elektronendichteverteilung rotationssymmetrisch um die Kernverbindungsachse ist. In Fig.253 auf der nächsten Seite sind Beispiele für σ-Bindungen zwischen s-Elektronen (H_2), p-Elektronen (F_2) und s-p-Elektronen (HF) dargestellt. Den Gegensatz zur σ-Bindung bildet die π**-Bindung** (π bond). Fig.254, ebenfalls auf der nächsten Seite, zeigt die Bildung eines π-Orbitals aus zwei p-Orbitalen. Da die beiden Hälften der p-Orbitale sich nur seitlich überlappen, ist der Bereich der Überlappung kleiner als bei der σ-Bindung und damit die π-Bindung schwächer als die σ-Bindung. Außerdem verhindert eine

π-Bindung im Gegensatz zur σ-Bindung die freie Drehbarkeit der Atome um die Bindungsachse.

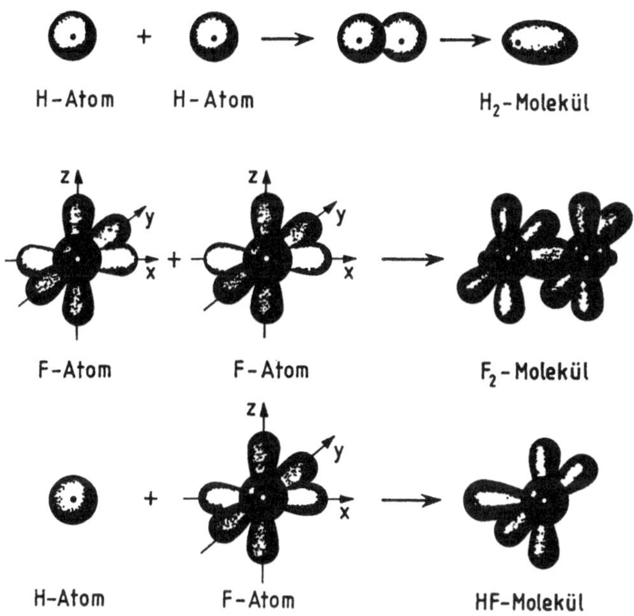

Fig. 253 Beispiele für σ-Bindungen zwischen den s-Elektronen zweier H-Atome, zwischen p-Elektronen zweier F-Atome und zwischen dem s-Elektron eines H-Atoms und einem p-Elektron des F-Atoms

Fig. 254 Bildung einer π-Bindung (eines π-Orbitals) durch Überlappung der p-Orbitale zweier Atome

Für das Verständnis von Molekülstrukturen auf der Basis der Valenzbindungstheorie spielt die **Hybridisierung** (hybridization) eine wesentliche Rolle. Dabei werden Linearkombinationen aus den äußersten Atomorbitalen derart gebildet, dass die Aufenthaltswahrscheinlichkeit des die chemische Bindung verursachenden Valenzelektrons in Richtung der Bindung maximal wird. Begründet wird die Hybridierung durch die Tatsache, dass jede Linearkombination von Eigenfunktionen mit gleicher Energie wieder eine Lösung der Schrödinger-Gleichung darstellt. Als Beispiel betrachten wir die Eigenfunktionen $\psi_{n,\ell,m}(\vec{r})$ des Wasserstoffatoms für $n=2$ (s.Gl.(592), S.432, und Tab.82, S.431) $\psi_{2,0,0}=R_{2,0}(r)(4\pi)^{-1/2}$, $\psi_{2,1,0}=R_{2,1}(r)\cdot(4\pi/3)^{-1/2}\cos\vartheta$, $\psi_{2,1,\pm1}=R_{2,1}(r)\,(8\pi/3)^{-1/2}\sin\vartheta\,\exp(\pm i\phi)$ und bilden daraus durch Linearkombination die reellen Funktionen

$$\begin{aligned}
\psi_{2s} &= \psi_{2,0,0}\\
\psi_{2px} &= 2^{-1/2}(\psi_{2,1,1}+\psi_{2,1,-1})\\
\psi_{2py} &= (-2)^{-1/2}(\psi_{2,1,1}-\psi_{2,1,-1})\\
\psi_{2pz} &= \psi_{2,1,0}.
\end{aligned}$$

Ein Elektron, das sich beispielsweise im Zustand $\psi_{2px}(\vec{r})$ befindet, bezeichnet man dann als $2p_x$-Elektron und die Wellenfunktion $\psi_{2px}(\vec{r})$ als $2p_x$-Orbital. Man erkennt, dass die Elektronendichteverteilung für ein $2p_x$-Elektron proportional zu $(\sin\vartheta\cos\phi)^2$, für ein $2p_y$-Elektron proportional zu $(\sin\vartheta\sin\phi)^2$ und für ein $2p_z$-Elektron proportional zu $(\cos\vartheta)^2$ ist. Eine schematische Darstellung zeigt die Fig.255.

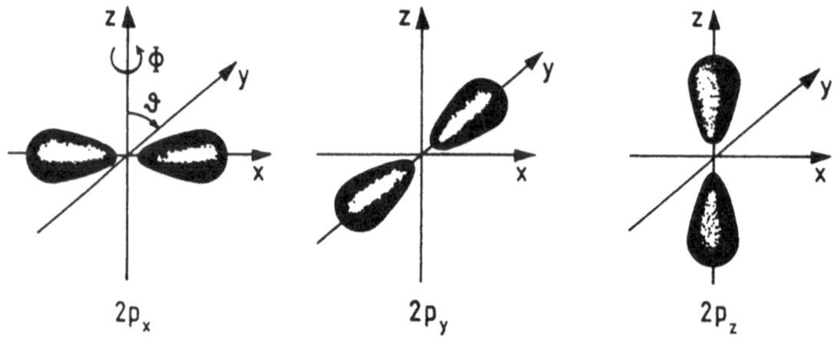

Fig.255 Elektronendichteverteilung für $2p_x$-, $2p_y$- und $2p_z$-Elektronen (-Orbitale)

Als Anwendung betrachten wir das Methanmolekül (CH_4). Die Elektronenkonfiguration des Kohlenstoffatoms ist (s.A5, S.558) $1s^2 2s^2 2p^2$. Die Orbitale für die nicht aufgefüllte Schale ($n=2$) sind damit die obigen Funktionen ψ_{2s}, ψ_{2px}, ψ_{2py} und ψ_{2pz}. Beim Kohlenstoff besitzen die 2s- und die 2p-Elektronen in erster Näherung die gleiche Energie (beim Wasserstoff sind sie exakt gleich). Wir können also an Stelle von $2s^2 2p^2$ die Elektronenkonfiguration $2s 2p^3$ zugrunde legen und bilden den folgenden Satz von Linearkombinationen, der als **sp³-Hybridisierung** (sp³ hybridization) bezeichnet wird:

$$\begin{aligned}
\psi^{(1)} &= 4^{-1/2}(\psi_{2s}+\psi_{2px}+\psi_{2py}+\psi_{2pz})\\
\psi^{(2)} &= 4^{-1/2}(\psi_{2s}-\psi_{2px}-\psi_{2py}+\psi_{2pz})\\
\psi^{(3)} &= 4^{-1/2}(\psi_{2s}+\psi_{2px}-\psi_{2py}-\psi_{2pz})\\
\psi^{(4)} &= 4^{-1/2}(\psi_{2s}-\psi_{2px}+\psi_{2py}-\psi_{2pz})
\end{aligned}$$

Der Faktor $4^{-1/2}$ sichert die Normierung der Wellenfunktionen $\psi^{(i)}$; ihre **Orthogonalität** (orthogonality), d.h. $\iiint\psi^{(i)*}\psi^{(j)}d\tau=0$ für $i\neq j$, lässt sich leicht überprüfen. Für die Elektronendichte $\psi^{(i)*}\psi^{(i)}$ ergibt sich eine keulenförmige Anordnung in den vier Richtungen ($i=1,2,3,4$) eines regulären Tetraeders (s.Fig 256 links). Deshalb nennt man die sp³-Hybridierung auch **tetraedrische Hybridisierung** (tetrahedral hybridization). Sie erklärt die tetraedrische Struktur des CH_4-Moleküls (s.Fig.256 rechts) und allgemein die vierfache Koordination des Kohlenstoffs. Das Gleiche gilt für Silizium wegen dessen analoger Elektronenkonfiguration ($1s^2 2s^2 2p^6 3s^2 3p^2$, s.S.558).

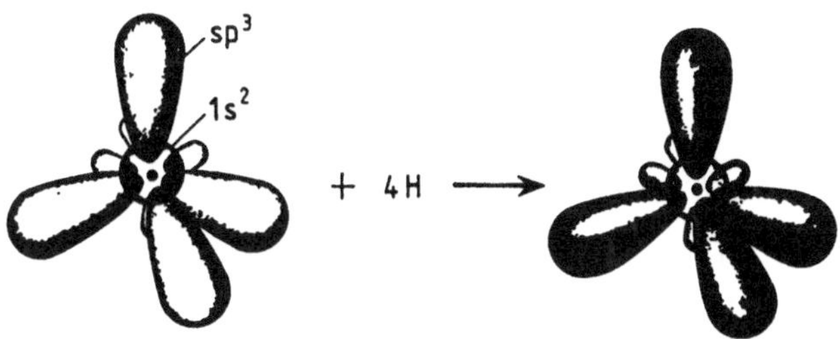

Fig.256 Zur Erklärung der tetraedrischen Struktur des CH_4-Moleküls durch Hybridisierung der 2p-Elektronen des Kohlenstoffs

Während bei der Bindung zwischen gleichen Atomen die Aufenthaltswahrscheinlichkeit der an der Bindung beteiligten Elektronen in beiden Atomen gleich ist, gilt dies i.Allg. nicht für unterschiedliche Atome (**heteropolare Bindung**, heteropolar bond). Die Übertragung einer Nettoladung kann soweit gehen, dass beide Atome vollständig ionisiert sind, d.h. dass das eine Atom als positiv geladenes Ion und das andere als negativ geladenes Ion vorliegt. Man spricht dann von einer **ionischen Bindung** (ionic bond). Der andere Grenzfall, bei dem keine Nettoladungsübertragung stattfindet, wird als **kovalente Bindung** (covalent bond) oder auch **homöopolare Bindung** (homopolar bond) bezeichnet.

Die ionische Bindung lässt sich klassisch verstehen. Als Beispiel betrachten wir NaCl. Zur klassischen Berechnung der Bindungsenergie sind neben den Ionenradien zwei Größen erforderlich, nämlich die Elektronenaffinität und die Ionisierungsenergie. Die **Elektronenaffinität** (electron affinity) E_a ist die Energiedifferenz zwischen den tiefsten Zuständen (Grundzuständen) eines Atoms und des entsprechenden negativen Ions. Demgegenüber definiert man als **Ionisierungsenergie** (ionization potential) E_i die Energiedifferenz zwischen den tiefsten Zuständen (Grundzuständen) eines positiven Ions und des entsprechenden Atoms. Einige Zahlenwerte sind auf der nächsten Seite in der Tab.91 zusammengestellt.

Tab.91 Elektronenaffinität E_a und Ionisierungsenergie E_i für einige Atome in der Einheit eV (s.S.553). Bei der Ionisierungsenergie sind nur die Werte bis zur Abtrennung von drei Elektronen angegeben [LID90]

Atom	E_a / eV	E_i / eV		
A	A$^-$	A$^+$	A^{2+}	A^{3+}
H	0,754 209(3)	13,598	—	—
Li	0,6 180(5)	5,392	75,638	122,451
F	3,401 190(4)	17,422	34,970	62,707
Na	0,547 926(25)	5,139	47,286	71,64
Cl	3,61 269(6)	12,967	23,81	39,61
Fe	0,151	7,870	30,651	54,8

Für den Übergang von Na zu Na$^+$ wird die Energie $E_i=5,139\text{eV}$ benötigt, während beim Übergang von Cl zu Cl$^-$ die Energie $E_a \approx 3,613\text{eV}$ abgegeben wird. Bei der Annäherung des Na$^+$ an das Cl$^-$ auf den Gleichgewichtsabstand von 0,278nm wird ebenfalls Energie frei, und zwar 5,180eV.

Als Gleichgewichtsabstand r setzen wir die Summe aus den Ionenradien $r_{Na+}=0,097\text{nm}$ und $r_{Cl-}=0,181\text{nm}$ [LID90], also $r=0,278\text{nm}$ ein. Damit folgt für die Coulomb-Energie der Ausdruck (s.S.171) $-e^2(4\pi\epsilon_0 r)^{-1}$. Mit dem Wert für r und den bekannten Naturkonstanten (s.A1, S.548ff.) ergibt sich $-5,180\text{eV}$.

Damit ist die Bildung des NaCl aus Na und Cl mit der Freisetzung von Energie in Höhe von $(-5,139+3,613+5,180)\text{eV} \approx 3,65\text{eV}$ verbunden. Diese bezeichnet man als **ionische Bindungsenergie** (cohesive energy) des NaCl. Die ionische Bindung ist *nicht gerichtet*, sie führt deshalb zu ausgedehnten Aggregaten von Ionen, den **ionischen Festkörpern** (ionic solids), im vorliegenden Fall den Kochsalzkristallen.

Molekülspektren

Molekülspektren (molecular spectra) besitzen im Vergleich zu den Atomspektren eine viel größere Anzahl von Linien, die oft sehr dicht liegen, so dass der Eindruck kontinuierlicher Banden (**Bandenspektren**, band spectra) entsteht. Dies beruht darauf, dass den Elektronenanregungsenergien (s. Atomspektren S.457) die Schwingungs- und Rotationsenergien überlagert sind, die allerdings spektroskopisch nur dann wirksam werden, wenn die bewegten Molekülteile elektrische Nettoladungen tragen. Wir werden im Folgenden zunächst die Schrödinger-Gleichung für ein zweiatomiges Molekül aufstellen (1), diese näherungsweise lösen (2), die Lösungen diskutieren (3) und schließlich die daraus folgenden Molekülspektren behandeln (4).

(1) *Aufstellung der Schrödinger-Gleichung für ein zweiatomiges Molekül.* Die beiden Atomkerne sollen die Massen m_1 und m_2 besitzen und sich an den Stellen $\vec{r}_1$ und $\vec{r}_2$ befinden (s.Fig.257).

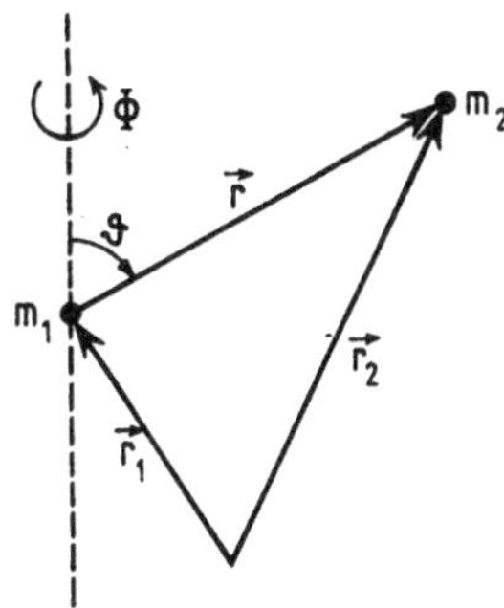

Fig.257 m_1 und m_2 sind die Massen der Atomkerne eines zweiatomigen Moleküls. Für den Abstandsvektor $\vec{r}$ gilt $\vec{r} = \vec{r}_2 - \vec{r}_1$. Seine Kugelkoordinaten sind r, ϑ, ϕ

Die zugehörige Wellenfunktion dieses Zweiteilchensystems sei $\Psi(\vec{r}_1, \vec{r}_2, t)$, so dass $\Psi^*\Psi \, d\tau_1 d\tau_2$ die Wahrscheinlichkeit angibt, z.Zt. t den Atomkern m_1 im Volumenelement $d\tau_1$ an der Stelle $\vec{r}_1$ und den Atomkern m_2 im Volumenelement $d\tau_2$ an der Stelle $\vec{r}_2$ zu finden. Mit $(\text{grad})^2 = \Delta$ (Laplace-Operator, s.S.273ff.) ergibt sich für die Schrödinger-Gleichung

$$\left(- \frac{\hbar^2}{2m_1}\Delta_1 - \frac{\hbar^2}{2m_2}\Delta_2 + E_{pot}(\vec{r}_1,\vec{r}_2) \right) \Psi(\vec{r}_1,\vec{r}_2,t) = i\hbar \frac{\partial}{\partial t} \Psi(\vec{r}_1,\vec{r}_2,t) \; . \tag{638}$$

Dabei wirkt Δ_1 nur auf $\vec{r}_1$ und Δ_2 nur auf $\vec{r}_2$. Unter der Voraussetzung, dass die potentielle Energie E_{pot} allein eine Funktion des Abstandsvektors $\vec{r} = \vec{r}_2 - \vec{r}_1$ ist und dass der Schwerpunkt ruht, lässt sich die Gl.(638) (s. den kleingedruckten Text auf S.430) umformen in

$$\left(- \frac{\hbar^2}{2\mu}\Delta + E_{pot}(\vec{r}) \right) \Psi(\vec{r},t) = i\hbar \frac{\partial}{\partial t} \Psi(\vec{r},t) \tag{639}$$

mit der reduzierten Masse

$$\mu = \frac{m_1 m_2}{m_1 + m_2} \; . \tag{640}$$

Die Größe $\Psi(\vec{r},t)^* \Psi(\vec{r},t) r^2 \sin\vartheta \, d\vartheta \, d\phi \, dr$ gibt die Wahrscheinlichkeit an, dass der Abstand der beiden Atomkerne zwischen r und $r+dr$ liegt und dass die Richtung von $\vec{r}$ in den differentiellen Raumwinkel $\sin\vartheta \, d\vartheta \, d\phi$ mit dem Polarwinkel ϑ und dem Azimutwinkel ϕ fällt.

(2) *Näherungsweise Lösung der Schrödinger-Gleichung.* Mit dem Ansatz

$$\Psi(\vec{r},t) = \psi(\vec{r}) \exp\left(-\mathrm{i}\frac{Et}{\hbar}\right) \tag{641}$$

geht Gl.(639) über in die zeitunabhängige Schrödingergleichung

$$\left(-\frac{\hbar^2}{2\mu}\Delta + E_{\mathrm{pot}}(r)\right)\psi(\vec{r}) = E\psi(\vec{r}) \; , \tag{642}$$

die, wie die Schrödinger-Gleichung für das Elektron im Wasserstoffatom (s.Gl.(587), S.430) ein kugelsymmetrisches Potential enthält. Wir machen deshalb den gleichen Lösungsansatz (s.Gl.(588), S.431)

$$\psi(\vec{r}) = R(r) \, Y_\ell^m(\vartheta,\phi) \; , \tag{643}$$

wobei $Y_\ell^m(\vartheta,\phi)$ wieder die Kugelfunktionen (s.Tab.82, S.431) sind, so dass sich für den Radialanteil $R(r)$ die Differentialgleichung (s.Gl.(591), S.432)

$$\left(-\frac{\hbar^2}{2\mu}\left(\frac{\mathrm{d}^2}{\mathrm{d}r^2} + \frac{2}{r}\frac{\mathrm{d}}{\mathrm{d}r}\right) + E_{\mathrm{pot}}(r) + \frac{\hbar^2}{2\mu}\frac{\ell(\ell+1)}{r^2}\right)R(r) = E\,R(r) \tag{644}$$

ergibt. Die Funktion $E_{\mathrm{pot}}(r)$ haben wir schon eingeführt (Potentialkurve, s.S.465). Ihr Minimum tritt beim Gleichgewichtsabstand r_0 auf. Für die weitere Behandlung definieren wir die effektive potentielle Energie $E_{\mathrm{pot,e}}(r)$ durch die Beziehung

$$E_{\text{pot},e}(r) = E_{\text{pot}}(r) + \frac{\hbar^2}{2\mu} \frac{\ell\,(\ell+1)}{r^2} \,, \tag{645}$$

in der der zweite Summand den Einfluss der Zentrifugalkraft beschreibt; denn er bewirkt, dass sich das Minimum von $E_{\text{pot},e}$ mit wachsendem ℓ nach immer größeren Werten von r verschiebt. Wir bezeichnen diesen Abstand mit r_ℓ und nennen ihn den **dynamischen Gleichgewichtsabstand** (dynamic equilibrium distance). Ohne Rotation des Moleküls ($\ell=0$) wird der dynamische Gleichgewichtsabstand gleich r_0; mit immer schnellerer Rotation, d.h. mit wachsenden Werten von ℓ, vergrößert er sich, bis das Molekül zerreißt ($r_\ell=\infty$). Für kleine Werte von $r-r_\ell$ können wir schreiben

$$E_{\text{pot},e}(r) = E_{\text{pot},e}(r_\ell) + \mu\,\omega_v^{\,2}(r-r_\ell)^2/2 \,, \tag{646}$$

wobei ω_v die klassisch berechnete Kreisfrequenz der harmonischen Molekülschwingung ist und der Index v bei ω_v auf Vibration hinweisen soll.

Durch Entwicklung von $E_{\text{pot},e}(r)$ an der Stelle $r=r_\ell$ ergibt sich $E_{\text{pot},e}(r)=E_{\text{pot},e}(r_\ell)+(\mathrm{d}^2E_{\text{pot},e}/\mathrm{d}r^2)(r-r_\ell)^2/2$, da die erste Ableitung dort verschwindet. Die rücktreibende Kraft für $r>r_\ell$ ist also $-(\mathrm{d}^2E_{\text{pot},e}/\mathrm{d}r^2)(r-r_\ell)$ und wir erhalten auf Grund des zweiten Newton'schen Axioms die Beziehung $\mu\mathrm{d}^2(r-r_\ell)/\mathrm{d}t^2=-(\mathrm{d}^2E_{\text{pot},e}/\mathrm{d}r^2)\,(r-r_\ell)$. Die Lösung dieser Differentialgleichung ist eine harmonische Schwingung mit der Kreisfrequenz $\omega_v=[(\mathrm{d}^2E_{\text{pot},e}/\mathrm{d}r^2)/\mu]^{1/2}$, wie man leicht durch Einsetzen von $r-r_\ell\propto\sin(\omega_v t+\alpha)$ nachprüfen kann.

Für das Trägheitsmoment I des Moleküls beim dynamischen Gleichgewichtsabstand r_ℓ der beiden Atomkerne ergibt eine einfache Rechnung

$$I = \mu\,r_\ell^2 \,. \tag{647}$$

Für das Trägheitsmoment bei Rotation um eine Achse durch den Schwerpunkt und senkrecht zum Kernverbindungsvektor gilt $I=m_1(\vec{r}_1-\vec{r}_s)^2+m_2(\vec{r}_2-\vec{r}_s)^2$, wobei $\vec{r}_s$ der Ortsvektor des Schwerpunkts ist. Unter Verwendung von $\vec{r}_s=m_1\vec{r}_1(m_1+m_2)^{-1}+m_2\vec{r}_2(m_1+m_2)^{-1}$ (s.Gl.(31), S.27) folgt $I=m_1[\vec{r}_1-m_1\vec{r}_1(m_1+m_2)^{-1}-m_2\vec{r}_2(m_1+m_2)^{-1}]^2+m_2[\vec{r}_2-m_1\vec{r}_1(m_1+m_2)^{-1}-m_2\vec{r}_2(m_1+m_2)^{-1}]^2$ oder $I=m_1m_2(m_1+m_2)^{-1}(\vec{r}_1-\vec{r}_2)^2$. Mit den Gleichungen $\mu=m_1m_2(m_1+m_2)^{-1}$ und $\vec{r}_\ell=\vec{r}_1-\vec{r}_2$ ergibt sich die Gl.(647).

Unter Verwendung der Gln.(646) und (647) erhält die Schrödinger-Gleichung (644) die Form

$$\left(-\frac{\hbar^2}{2\mu}\left(\frac{d^2}{dr^2}+\frac{2}{r}\frac{d}{dr}\right)+E_{pot}(r_l)+\frac{(r-r_l)^2}{2}\mu\omega_v{}^2+\frac{\hbar^2}{2I}\ell(\ell+1)\right)R(r)=ER(r)\ . \tag{648}$$

Im Folgenden wollen wir I und ω_v als konstante Größen annehmen. Durch Einführung der Funktion

$$\rho(r) = r\,R(r) \tag{649}$$

sowie der Variablen

$$\xi = (r-r_l)\left(\frac{\mu\omega_v}{\hbar}\right)^{1/2} \tag{650}$$

und der Größe

$$\epsilon = \frac{2}{\hbar\omega_v}\left(E - E_{pot}(r_l) - \frac{\hbar^2}{2I}\ell\,(\ell+1)\right) \tag{651}$$

vereinfacht sich die Gl.(648) zu

$$\frac{d^2\rho}{d\xi^2} + (\epsilon - \xi^2)\rho = 0\ . \tag{652}$$

Mit $\rho(r)$ nach Gl.(649) ergibt sich aus Gl.(648) $-\hbar^2(2\mu)^{-1}(d/dr)[(-\rho/r^2)+(1/r)d\rho/dr]-\hbar^2(2\mu)^{-1}(2/r)\cdot$ $[(-\rho/r^2)+(1/r)d\rho/dr]+\mu\omega_v{}^2(r-r_l)^2\rho/2=(\rho/r)[E-E_{pot,e}(r_l)-\hbar^2\ell(\ell+1)(2I)^{-1}]$ oder $-\hbar^2(2\mu)^{-1}d^2\rho/dr^2+\mu\cdot$ $\omega_v{}^2(r-r_l)^2\rho(2r)^{-1}=\rho[E-E_{pot,e}(r_l)-\hbar^2\ell(\ell+1)(2I)^{-1}]$. Diese Gleichung vereinfacht sich durch Einführen von ϵ nach Gl.(651) zu $-\hbar^2(2\mu)^{-1}d^2\rho/dr^2+\mu\omega_v{}^2(r-r_l)^2\rho/2=\rho\epsilon\hbar\omega_v/2$. Ersetzen wir hier schließlich noch $r-r_l$ durch $\xi(\mu\omega_v/\hbar)^{-1/2}$ (s.Gl.(650)), so folgt $-d^2\rho/d\xi^2+\xi^2\rho=\epsilon\rho$ und damit die Gl.(652).

Gl.(652) ist die (dimensionslose) Schrödinger-Gleichung für den **linearen harmonischen Oszillator** (linear harmonic oscillator). Durch den Ansatz

$$\rho = \exp(-\xi^2/2)\,H(\xi) \tag{653}$$

geht Gl.(652) über in die **Hermite'sche Differentialgleichung** (Hermite's equation)

$$\frac{d^2 H}{d\xi^2} - 2\xi\frac{dH}{d\xi} + (\epsilon - 1)H = 0 \ . \tag{654}$$

Diese besitzt für $\epsilon = 2v+1$ mit $v=0, 1, 2, \ldots$ die **Hermite'schen Polynome** (Hermitian polynomials) $H_v(\xi)$ als Lösung, von denen die ersten fünf in Tab.92 aufgelistet sind (s. z.B.[KNE90]).

Tab.92 Die ersten fünf Hermite'schen Polynome (Lösungen der Differentialgleichung (654))

v	$\epsilon = 2v + 1$	$H_v(\xi) = (-1)^v \exp(\xi^2)\, d^v[\exp(-\xi^2)]d\xi^v$
0	1	1
1	3	2ξ
2	5	$-2 + 4\xi^2$
3	7	$-12\xi + 8\xi^3$
4	9	$-12 - 48\xi^2 + 16\xi^4$

Für die Gesamtenergie E des zweiatomigen Moleküls ergibt sich also aus Gl.(651) unter Verwendung der Beziehung $\epsilon = 2v+1$ (s.Tab.92)

$$E = E_{\text{pot}}(r_e) + \hbar\omega_v(v + \tfrac{1}{2}) + \frac{\hbar^2}{2I}\ell(\ell + 1) \tag{655}$$

mit $v=0, 1, 2, \ldots$ und $\ell=0, 1, 2, \ldots$.

(3) *Diskussion der Lösungen der Schrödinger-Gleichung.* Wegen des Ansatzes Gl.(646), S.473, der einer harmonischen Schwingung entspricht, gilt die Gl.(655) nur für kleine Werte von v und ℓ. In der nächsten Näherung kommen noch Terme hinzu, die proportional zu $(v+\tfrac{1}{2})^2$ und zu $[\ell(\ell+1)]^2$ sind. Den 1.Term in Gl.(655) bezeichnen wir als **elektronische Energie** (electronic energy). Er liefert die elektronischen Spektren des Moleküls. Der 2.Term stellt die **Schwingungsenergie** (vibration energy) und der 3.Term die **Rotationsenergie** (rotational energy) des Moleküls dar. Während die Rotationsenergie im tiefsten Zustand ($\ell=0$) verschwindet, behält die Schwingungsenergie einen endlichen Wert ($\hbar\omega_v/2$), nämlich die schon früher (s.S.425) erwähnte **Nullpunktsenergie** (zero-point energy). Bei Elektronenübergängen in den äußeren Schalen gilt $\Delta E_{\text{pot,e}} \approx 10^{-18}$J, was Wellenlängen ($\lambda_0 = hc_0/\Delta E_{\text{pot,e}} \approx 0{,}2\mu$m) im Übergangsgebiet vom sichtbaren zum ultravioletten Licht entspricht. Die Schwingungsenergien $\hbar\omega_v$ liegen in der Größenordnung von 10^{-20}J entsprechend Wellenlängen von ca. 20μm (infrarotes Gebiet) und die Rotationsenergien $\hbar^2/(2I)$ bei 10^{-22}J oder ca.2mm (fernes Infrarot, ultrakurze Mikro-

wellen). Diese Abschätzung besagt, dass *sich die Rotationsniveaus jeweils auf den Schwingungsniveaus und diese wiederum auf den Elektronenniveaus aufbauen* werden.

Für die Rotation eines zweiatomigen Moleküls um die Kernverbindungsachse und nicht senkrecht dazu, was wir bisher betrachtet haben (s.Gl.(647), S.473), ist das Trägheitsmoment $(I_=)$ sehr klein; denn es wird nur durch die Elektronenmassen bestimmt. Deshalb ist der energetische Abstand vom Grundzustand $(\ell = 0)$ bis zum ersten angeregten Rotationszustand $(\ell = 1)$, für den sich nach Gl.(655) der Wert $\hbar^2/I_=$ ergibt, sehr groß. Das hat zur Folge, dass diese Rotation bei den üblicherweise zur Verfügung stehenden Temperaturen $(kT \ll \hbar^2/I_=)$ thermisch nicht angeregt werden kann, so dass die Anzahl der Freiheitsgrade (s.S.107) des starren zweiatomigen Moleküls nur 5 und nicht 6 ist.

(4) *Molekülspektren.* Die Frequenzen f der einzelnen Linien ergeben sich, wie bei den Atomspektren, aus der Differenz von zwei Energieeigenwerten dividiert durch die Planck'sche Konstante h. Wir kennzeichnen wieder, wie auf S.436, die Anfangsenergie durch den Index a und die Endenergie durch den Index e. Dann erhalten wir aus Gl.(655) mit $f_v = \omega_v/2\pi$ und $\hbar = h/2\pi$

$$f = f_{el} + f_{v,a}(v_a + \tfrac{1}{2}) - f_{v,e}(v_e + \tfrac{1}{2}) + \frac{\hbar}{4\pi I_a}\ell_a(\ell_a+1) - \frac{\hbar}{4\pi I_e}\ell_e(\ell_e+1) , \qquad (656)$$

wobei f_{el} die Frequenz bezeichnet, die aus der Differenz der elektronischen Energien des Anfangs- und des Endzustands des Moleküls folgt.

Rotationsspektren (rotational spectra) ergeben sich, wenn die Bedingungen $f_{el} = 0$ und $v_a = v_e$ erfüllt sind. Wegen $f_{el} = 0$ bleiben das Trägheitsmoment und die Schwingungsfrequenz des Moleküls ungeändert $(I_a = I_e = I$ und $f_{v,a} = f_{v,e} = f_v)$. Unter Beachtung der Auswahlregel $\Delta\ell = \pm 1$ folgt für das Rotationsspektrum in Emission $(\ell_a - \ell_e = +1)$ aus Gl.(656)

$$f = \frac{\hbar}{2\pi I}\,z \qquad\qquad \text{mit} \qquad\qquad z = 1, 2 , \dots \qquad\qquad (657)$$

Das Spektrum besteht also aus äquidistanten Linien. Aus dem Frequenzabstand benachbarter Linien lässt sich das Trägheitsmoment I des Moleküls mit hoher Genauigkeit bestimmen.

Schwingungs-Rotations-Spektren (vibration-rotation spectra) ergeben sich, wenn $f_{el} = 0$ erfüllt ist. Wegen dieser Bedingung gilt wieder $I_a = I_e = I$ und $f_{v,a} = f_{v,e} = f_v$. Die Auswahlregeln lauten hier

$$\Delta \ell = \pm 1 \qquad \text{und} \qquad \Delta v = \pm 1 \ . \tag{658}$$

Da die Rotationsenergien viel kleinere Werte besitzen als die Schwingungsenergie, der sie überlagert sind, ergibt sich Emission für $v_a - v_e = +1$, wobei $\ell_a - \ell_e = +1$ mit $\ell_e = 0$, 1, 2, ... oder $\ell_a - \ell_e = -1$ mit $\ell_e = 1$, 2, ... sein kann. Einsetzen dieser Bedingungen in die Gl.(656) liefert für die Schwingungs-Rotations-Spektren in Emission die beiden Zweige (s.Tab.93)

$$f = f_v \pm \frac{\hbar}{2\pi I}\, z \qquad \text{mit} \qquad z = 1, 2, \dots \ . \tag{659}$$

Elektronen-Schwingungs-Rotations-Spektren (electronic-vibration-rotation spectra) ergeben sich aus Gl.(656) für $f_{el} \neq 0$, weshalb in dieser Formel auch $f_{va} \neq f_{ve}$ und $I_a \neq I_e$ zu setzen ist. Emission bedeutet in diesem Formalismus, dass lediglich f_{el} größer als null sein muss. Es gelten die Auswahlregeln

$$\Delta \ell = 0, \pm 1 \qquad \text{und} \qquad \Delta v = \pm 1 \ . \tag{660}$$

Eine Elektronen-Schwingungs-Bande, die nach Gl.(656) durch die Frequenz $f_A = f_{el} + f_{v,a}(v_a + \frac{1}{2}) - f_{v,e}(v_e + \frac{1}{2})$ charakterisiert wird, besteht aus einer Überlagerung vieler Linien, die sich in drei Zweige gruppieren lassen, die man als R-, Q- und P-Zweige bezeichnet (s.Tab.93). Die Wahl dieser Buchstaben ist historisch bedingt und hat keine tiefere Bedeutung.

Tab.93 Die drei Zweige einer Elektronen-Schwingungs-Bande (f_A) infolge der Molekülrotation. f ist die Frequenz nach Gl.(656). e bezeichnet den End- und a den Anfangszustand

ℓ_e	f	Bezeichnung
$\ell_a - 1$	$f_A + f_B \ell_a + f_C \ell_a^2$	**R-Zweig** (R branch)
ℓ_a	$f_A + f_C \ell_a + f_C \ell_a^2$	**Q-Zweig** (Q branch)
$\ell_a + 1$	$f_A - f_B(\ell_a + 1) + f_C(\ell_a + 1)^2$	**P-Zweig** (P branch)
$f_A = f_{el} + f_{v,a}(v_a + \frac{1}{2}) - f_{v,e}(v_e + \frac{1}{2});$ $f_B = (\hbar/4\pi)(I_a^{-1} + I_b^{-1});$ $f_C = (\hbar/4\pi)(I_a^{-1} - I_b^{-1})$		

Zur anschaulichen Darstellung trägt man für die betreffende Elektronen-Schwingungsbande (f_A) die Quantenzahl ℓ über f auf (**Fortrat-Diagramm**, Fortrat diagram). Ein Beispiel zeigt die folgende Fig.258.

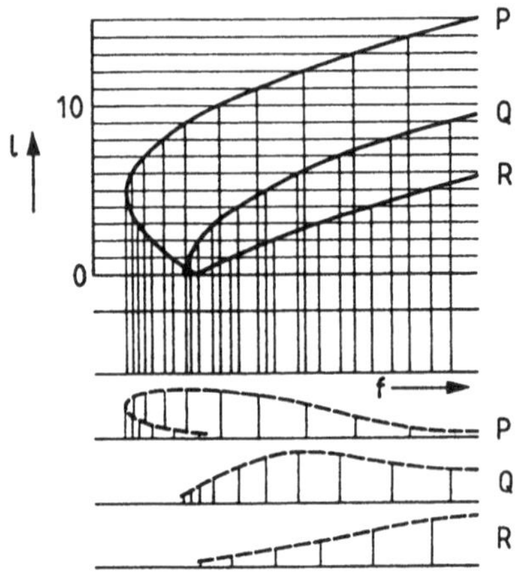

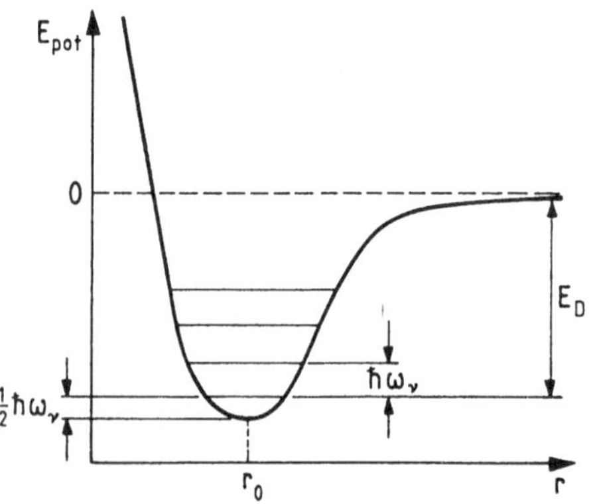

Fig.258 Fortrat-Diagramm für $f_C > 0$ (s.Tab.93).
Die Länge der Striche im unteren Teil der
Abbildung kennzeichnet die Intensität der
Rotationslinien der einzelnen Zweige

Trägt man die Energieeigenwerte der Schwingungen eines zweiatomigen Moleküls,
die durch den zweiten Summanden in Gl.(655), S.475, gegeben werden, in die
Potentialkurve nach Fig.252, S.465, ein, so ergibt sich folgende Darstellung
(Fig.259).

Fig.259 Potentialkurve eines zweiatomigen Moleküls nach Fig.252, S.465. Der Abstand benachbarter Eigenwerte der Schwingungsenergie ist
nach Gl.(655), S.475, konstant gleich $\hbar\omega_\nu$. E_D
bezeichnet die Dissoziationsenergie

Das Ergebnis, wonach der Abstand benachbarter Eigenwerte konstant gleich $\hbar\omega_\nu$ ist,
hängt damit zusammen, dass die Potentialkurve in der Nähe des Gleichgewichts-
abstands r_0 bzw. r_t durch eine Parabel angenähert wurde (s.Gl.(646), S.473). Bei
größeren Abständen vom Gleichgewichtsabstand gilt dies nicht mehr, was zur Folge
hat, dass erstens die Schwingungsniveaus enger zusammenrücken (in Fig.259 nicht
dargestellt) und dass zweitens die Auswahlregel $\Delta v = \pm 1$ (s. die Gln.(658) und

(660) auf S.477) verletzt werden kann, so dass auch Übergänge mit $\Delta v = \pm 2$, ± 3, ... auftreten. Wenn ein Elektron im Molekül aus dem Grundzustand in einen Zustand mit einem höheren Energieeigenwert gehoben wird, verändert sich die Form der Potentialkurve. Die Elektronen-Schwingungs-Banden entstehen also durch Übergänge zwischen den Schwingungsniveaus *unterschiedlicher* Potentialkurven. Welche Übergänge auftreten, wird durch das **Franck-Condon-Prinzip** (Franck-Condon principle, James Franck 1882-1964, Edward Uhler Condon 1902-1974) bestimmt. Dieses Prinzip besagt, dass *während eines Elektronenübergangs die viel schwereren Atomkerne ihre Lage praktisch nicht ändern.* Der Übergang erfolgt also in der üblichen Darstellung der Potentialkurven (E_{pot} als Funktion des Kernabstands r) senkrecht, und zwar zwischen solchen Punkten, für welche die Wahrscheinlichkeit für das Auftreten des betreffenden Abstands der Atomkerne am größten ist. Nach Gl.(653), S.474, und Tab.92, S.475, gilt dies für die Ränder der Potentialkurve (klassisch: Umkehrpunkte der Schwingung), außer für $v=0$, wo das Maximum in der Mitte (bei $\xi=0$) liegt. Als Beispiel ist in Fig.260 der Übergang von $v_a=3$ nach $v_e=0$ dargestellt.

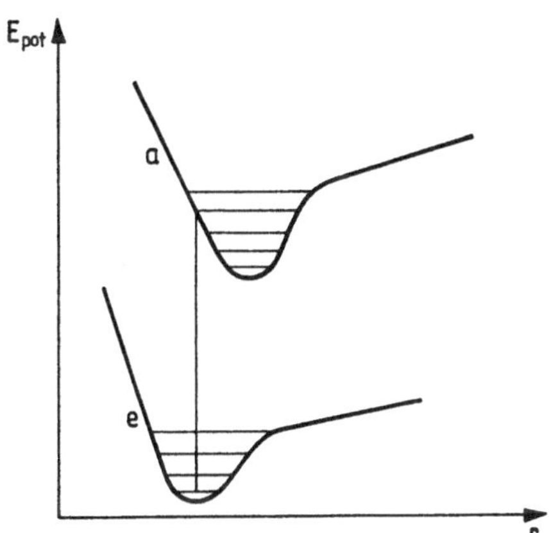

Fig.260 Zum Franck-Condon-Prinzip. Für die gezeichneten Potentialkurven des Anfangs- ($E_{pot,a}$) und des Endzustands ($E_{pot,e}$) ist die Intensität der Elektronen-Schwingungs-Bande mit $v_a=3$ und $v_e=0$ am größten

27.4 Festkörper

Von den Erkenntnissen der Festkörperphysik haben zweifellos die über die Elektrizitätsleitung in elektronischen Halbleitern am nachhaltigsten das menschliche Leben beeinflusst. Man denke nur an die Kommunikationstechnik und an die ständig wachsende Bedeutung der Computer. Deshalb befassen sich die folgenden Abschnitte vorwiegend mit der Elektrizitätsleitung in elektronischen Halbleitern.

Das Bändermodell

Die Elektronen in einem Kristall sind nicht frei, sondern stehen untereinander und mit den Atomkernen in Wechselwirkung. Demzufolge wäre bei einem Kristall, bestehend aus N_k Atomkernen mit je N_e Elektronen, ein $(N_k + N_k N_e)$-Teilchen-System zu lösen. Vernachlässigt man die Bewegung der Atomkerne wegen ihrer großen Masse und der Tatsache, dass sie bei einem Kristall - abgesehen von den thermischen Schwingungen - im Raum fixiert sind, so reduziert sich die Aufgabe zunächst auf ein $N_k N_e$-Teilchen-System. Als nächste Vereinfachung betrachtet man von jedem Atom nur die **Valenzelektronen** (valence electrons), d.h. diejenigen Elektronen, die nicht in abgeschlossenen Schalen oder abgeschlossenen Unterschalen sitzen und die deshalb leicht abgetrennt werden können. Außerdem berücksichtigt man die Wechselwirkung dieser Elektronen untereinander nur pauschal durch einen mittleren Wert, so dass die Ortsabhängigkeit der potentiellen Energie eines Valenzelektrons allein durch die im Raum fixierten Restatome (**Atomrümpfe**, atomic cores) gegeben wird. Man nennt dies die **Einelektronennäherung** (one-electron approximation) des Festkörpers.

Im Folgenden verwenden wir diese Näherung und betrachten außerdem zunächst einen *ein*dimensionalen Kristall, der sich in x-Richtung erstrecken soll und dessen Gitterkonstante a sei. Die Energieeigenwerte des Elektrons unter dem Einfluss *eines* Atomrumpfs (s.Gl.(630), S.454) sind schematisch in Fig.261 dargestellt. Charakteristisch dabei ist, dass sie mit wachsender Energie immer näher aneinander rücken. Die Bezeichnung der einzelnen Energieeigenwerte ist die Gleiche wie bei den Atomen, wobei man sich meist mit der Angabe der Haupt- und der Drehimpulsquantenzahl durch das Symbol $n\ell$ (s.S.456) begnügt.

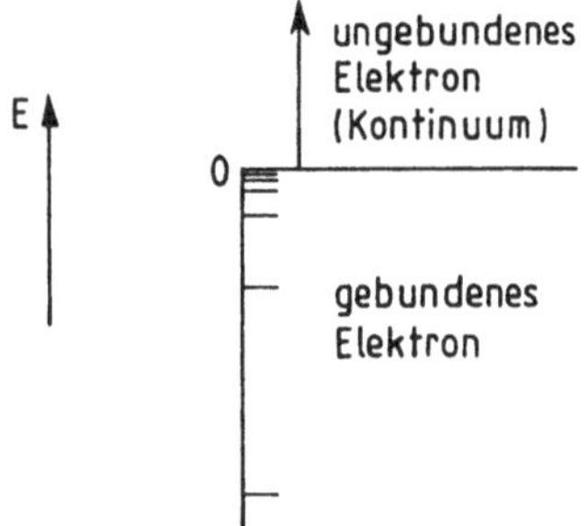

Fig.261 Schematische Darstellung der Energieeigenwerte eines Elektrons unter dem Einfluss *eines* Atomrumpfs. Dies entspricht dem Grenzfall der Einelektronennäherung für einen Kristall mit der Gitterkonstante $a = \infty$

Infolge der Wechselwirkung mit allen N_k Atomrümpfen spaltet jeder Energieeigenwert, analog zu der Niveauverdopplung beim H_2-Molekül infolge des bindenden und des antibindenden Orbitals (s.S.466), in N_k Terme auf, die u.U. sehr dicht beieinander liegen können.   Die Abhängigkeit dieser Aufspaltung von der

Gitterkonstanten a zeigt schematisch die Fig.262. Wenn die Energieniveaus mit Elektronen z.B. bis zu der in Fig.262 eingezeichneten Grenzenergie E_F besetzt sind (s.S.489), so verhält sich der Kristall für $a \geq a_i$ als Isolator. Für $a \approx a_s$, d.h. wenn es auch noch keine Energieeigenwerte mit $E = E_F$ gibt, der energetische Abstand von E_F aber nur gering ist, kann er ein Halbleiter sein. Für $a \approx a_c$ ist er ein Leiter.

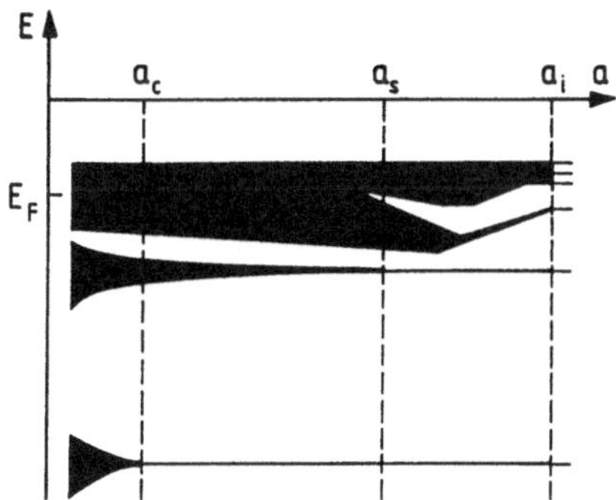

Fig.262 Schematische Darstellung der Energieeigenwerte eines Elektrons in einem (eindimensionalen) Kristall als Funktion der Gitterkonstante a. Die ausgefüllten Flächen, in die die Energieniveaus mit abnehmenden Werten von a übergehen, werden durch die dicht beieinander liegenden jeweils N_k Niveaus gebildet. E_F bezeichnet die Energie, bis zu der bei $T=0$ alle Energieniveaus mit Elektronen besetzt sind (Fermi'sche Grenzenergie, s.Fig.266, S.489)

Während die Aufenthaltswahrscheinlichkeit der Elektronen bei niedrigen Energien nur in den Gebieten in unmittelbarer Nähe der Atomkerne verschieden von null ist (wie bei einem isolierten Atom), vergrößern sich diese Gebiete mit wachsender Elektronenenergie und verschmelzen schließlich. Es kommt zur Ausbildung von **Energiebändern** (energy bands). Formal kann man deshalb von einer Ortsabhängigkeit der Energieeigenwerte sprechen. Diese ist schematisch für einen Isolator in Fig.263 und für einen Halbleiter bzw. ein Metall in den Fig.264 bzw. 265 auf der nächsten Seite dargestellt, wobei d den mittleren Durchmesser eines Atomrumpfs bezeichnet.

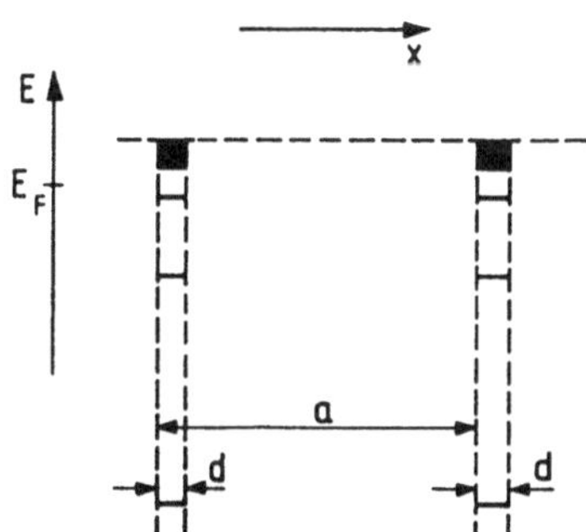

Fig.263 Schematische Darstellung der Lage der Energieeigenwerte bei einem Isolator $(a \geq a_i)$

Im Folgenden werden wir zwei wesentliche Ergebnisse der theoretischen Behandlung (Lösung der Schrödinger-Gleichung) verwenden. Das erste betrifft die

Form der Wellenfunktion für ein Elektron, dessen Energie in ein Energieband fällt.

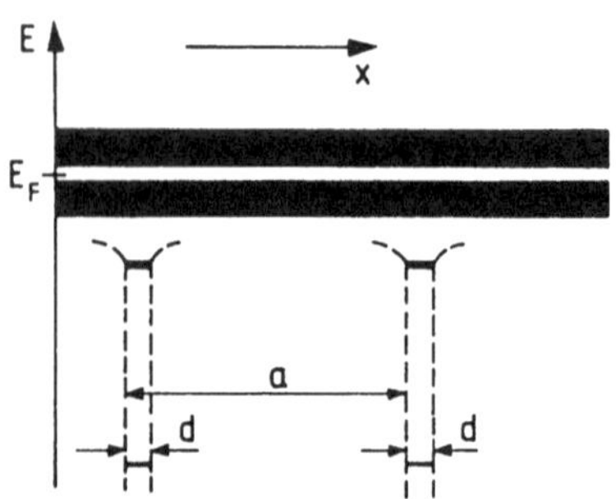

Fig.264 Schematische Darstellung der Lage der Energieeigenwerte bei einem Halbleiter ($a \approx a_s$)

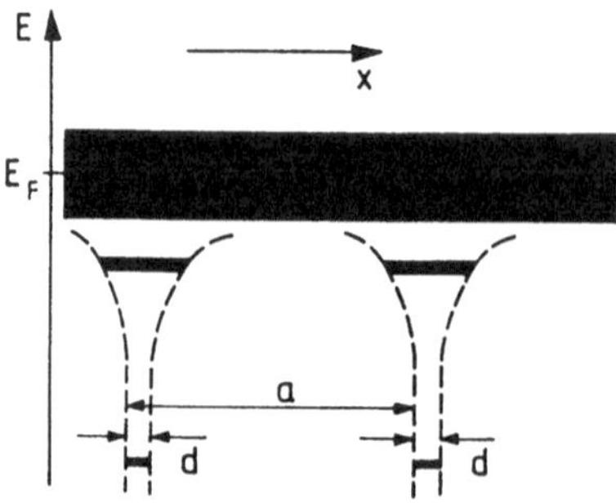

Fig.265 Schematische Darstellung der Lage der Energieeigenwerte bei einem Leiter ($a \approx a_c$)

Es gilt (**Bloch'sche Funktion** oder **Bloch-Welle**, Bloch function, Felix Bloch 1905-1983)

$$\Psi(x,t) = U_{kx}(x) \, \exp\left(-i\left(\frac{E}{\hbar}t - k_x x\right)\right) , \tag{661}$$

wobei $U_{kx}(x)$ eine gitterperiodische Funktion ist und k_x als **Kreiswellenzahl** (circular wavenumber) der Bloch-Welle bezeichnet wird. Nennen wir ℓ_x die Ausdehnung des Kristalls, so folgt für $\ell_x \gg a$, dass die Kreiswellenzahl k_x nur die folgenden diskreten Werte annehmen darf

$$k_x = 2\pi \frac{n_x}{\ell_x} \qquad \text{mit} \qquad n_x = 0, \pm1, \pm2, \dots \tag{662}$$

Um mögliche Randeffekte auszuschließen, biegen wir den (eindimensionalen) Kristall zu einem Kreis zusammen, so dass wir nach Durchlaufen der Strecke ℓ_x wieder an dieselbe Stelle im Kristall gelangen. Damit ergibt sich die Bedingung $\Psi(x+\ell_x,t)=\Psi(x,t)$. Einsetzen in die Gl.(661) führt auf die Beziehung $\exp[i(k_x \ell_x)]=1$ oder $k_x \ell_x=2\pi n_x$ mit $n_x =0, \pm1, \pm2, \dots$ Die durch Gl.(661) beschriebenen Zustände stellen ebene Wellen mit einer gitterperiodischen Amplitude dar und unterscheiden sich deshalb von den stationären Zuständen freier Teilchen (s.S.421). Daher spricht man hier oft von Quasiteilchen und nennt die Größe $\hbar k_x$, die bei freien Teilchen den Impuls darstellt, **Quasiimpuls** (quasi-momentum).

Die Gl.(661) beschreibt ein delokalisiertes Elektron. Bildet man aber (s.S.421ff.) eine Linearkombination von Bloch'schen Funktionen mit einem Gewichtsfaktor $g(k_x)$, der im Bereich $k_0 - \Delta k_0$ bis $k_0 + \Delta k_0$ (mit $|k_0^{-1}\Delta k_0| \ll 1$) einen konstanten Wert besitzt und außerhalb verschwindet, so erhält man analog zur der Ableitung von Gl.(567) auf S.422

$$\Psi_\mathrm{P}^* \Psi_\mathrm{P} \propto |U_{kx}(x)|^2 \, \frac{\sin^2 \xi}{\xi^2} \quad \text{mit} \quad \xi = \left(x - \frac{1}{\hbar}\left(\frac{dE}{dk_x}\right)_{k_0} t \right) \Delta k_0 \; . \tag{663}$$

Der Index P soll darauf hinweisen, dass es sich um ein Paket von Bloch-Wellen handelt. Die Wahrscheinlichkeitsdichte $\Psi_\mathrm{P}^* \Psi_\mathrm{P}$ besitzt demzufolge neben den durch den Faktor $|U_{kx}(x)|^2$ gegebenen Maxima mit der Periode a (Gitterperiodizität) ein Hauptmaximum an der Stelle

$$x = \frac{1}{\hbar} \frac{dE}{dk_x} t \tag{664}$$

(lokalisiertes Elektron). Die Geschwindigkeit des Elektrons, d.h. die Gruppengeschwindigkeit des Wellenpakets, ist also $v_x = \hbar^{-1}(dE/dk_x)$. Unter der Einwirkung einer äußeren Kraft F_x verändert sich die Kreiswellenzahl k_x, und zwar gilt

$$F_x = \hbar \frac{dk_x}{dt} \; . \tag{665}$$

Für den Energiezuwachs ΔE, den ein lokalisiertes Elektron unter der Einwirkung einer äußeren Kraft F_x während des Zeitintervalls Δt erfährt, gilt $\Delta E = F_x \Delta x$, oder, unter Verwendung von Gl.(664), $\Delta E = F_x \hbar^{-1}(dE/dk_x)\Delta t$. Da E eine Funktion von k_x ist, können wir auch $\Delta E = (dE/dk_x)\Delta k_x$ schreiben. Durch Gleichsetzen folgt $F_x \hbar^{-1}(dE/dk_x)\Delta t = (dE/dk_x)\Delta k_x$ oder $F_x = \hbar(\Delta k_x/\Delta t)$. Der Grenzübergang $\Delta t \to 0$ liefert die Gl.(665).

Für die Beschleunigung a_x des Elektrons unter der Einwirkung der äußeren Kraft F_x folgt

$$a_x = \frac{1}{\hbar^2} \frac{d^2E}{dk_x^2} F_x \; . \tag{666}$$

Aus Gl.(664) folgt für die Geschwindigkeit $v_x = \hbar^{-1}(dE/dk_x)$. Durch Ableitung dieses Ausdrucks nach der Zeit ergibt sich die Beschleunigung $a_x = dv_x/dt$ zu $a_x = \hbar^{-1}(d^2E/dk_x^2)(dk_x/dt)$. Einsetzen von dk_x/dt nach Gl.(665) liefert $a_x = \hbar^{-2}(d^2E/dk_x^2)F_x$, d.h. die gesuchte Gl.(666).

Andererseits besagt das 2.Newton'sche Axiom (s.S.20), dass die Beschleunigung, die ein Teilchen unter der Einwirkung einer äußeren Kraft erfährt, gleich dieser Kraft dividiert durch seine Masse ist. Deshalb schreibt man für die Gl.(666) $a_x = m_{\mathrm{eff}}^{-1} F_x$ und nennt die Größe

$$m_{\mathrm{eff}} = \hbar^2 \left(\frac{\mathrm{d}^2 E}{\mathrm{d}k_x^2} \right)^{-1} \tag{667}$$

effektive Masse (effective mass) des Elektrons. Die Tatsache, dass diese Masse i.Allg. verschieden von der Ruhemasse m_e des Elektrons ist, beruht auf der Wechselwirkung des Elektrons mit den Atomrümpfen des Kristalls.

Das zweite Ergebnis der theoretischen Behandlung, von dem wir in diesem Abschnitt Gebrauch machen wollen, besagt, dass *in der Nähe der oberen bzw. der unteren Grenze (Kante) eines Energiebandes die Energieeigenwerte $E(k_x)$ im Band quadratisch von der Kreiswellenzahl k_x abhängen.* Nennen wir die Energie an der unteren Kante eines Bandes E_u und die zugehörige Kreiswellenzahl $k_{x,u}$, so muss also gelten

$$E = E_u + \frac{\hbar^2}{2m_{\mathrm{eff,u}}}(k_x - k_{x,u})^2 \, , \tag{668}$$

wobei $m_{\mathrm{eff,u}}$ die effektive Masse des Elektrons an der unteren Kante dieses Bandes ist und einen positiven Wert besitzt.

Das Ergebnis der theoretischen Behandlung lässt sich in der Form $E - E_u = K(k_x - k_{x,u})^2$ mit $E \geq E_u$, d.h. $K > 0$, schreiben. Einsetzen dieser Beziehung in die Gl.(667) liefert $m_{\mathrm{eff,u}} = \hbar^2 (2K)^{-1}$ oder $K = \hbar^2 (2m_{\mathrm{eff,u}})^{-1}$, da wir für die effektive Masse an der unteren Bandkante $m_{\mathrm{eff,u}}$ schreiben wollen.

Analog ergibt sich für die obere Kante

$$E = E_o + \frac{\hbar^2}{2m_{\mathrm{eff,o}}}(k_x - k_{x,o})^2 \tag{669}$$

mit der effektiven Masse $m_{\mathrm{eff,o}}$, die aber kleiner als null ist.

Das Ergebnis der theoretischen Behandlung lässt sich in der Form $E_o - E = K(k_x - k_{x,o})^2$ mit $E < E_o$, d.h. $K > 0$, schreiben. Daraus folgt $E = E_o - K(k_x - k_{x,o})^2$ oder, wenn wir dies in die Gl.(667) einsetzen, $m_{\mathrm{eff,o}} = -\hbar^2 (2K)^{-1}$.

Die als nichtrelativistisch vorausgesetzte Bewegung eines Elektrons, dessen Energie in ein Energieband fällt und das unter dem Einfluss einer äußeren Kraft steht, kann also mit der klassischen Bewegungsgleichung (2.Newton'sches Axiom) beschrieben werden, indem man in dieser Bewegungsgleichung nur die äußere Kraft berücksichtigt und die Wechselwirkung mit den Atomrümpfen durch eine effektive Elektronenmasse m_{eff} erfasst. Dies führt auf einfachere Beziehungen als die exakte quantenmechanische Behandlung, jedoch muss man in Kauf nehmen, dass m_{eff} unter Umständen stark von der Ruhemasse m_e des Elektrons abweichen und sogar negativ und richtungsabhängig werden kann. Im Allgemeinen ist m_{eff}^{-1} ein Tensor, dessen Orientierung durch die Kristallsymmetrie bestimmt wird.

Es ergibt sich nun die Frage, wie die im vorliegenden Abschnitt beschriebenenen Energieniveaus von den Elektronen besetzt werden.

Boltzmann-, Bose- und Fermi-Statistik

Es sollen wechselwirkungsfreie und gleiche Teilchen auf vorgegebene Zustände verteilt werden. Insbesondere nehmen wir an, dass die Teilchen nur die diskreten Energien (Energieeigenwerte) E_1, E_2, ... annehmen können, zu denen jeweils g_1, g_2, ... verschiedene Zustände (Eigenzustände, d.h. linear unabhängige Lösungen der Schrödinger-Gleichung für den betreffenden Energieeigenwert) gehören. Gesucht wird dann die **Verteilungsfunktion** (distribution function), d.h. die Anzahl N_i der Teilchen, welche die Energie E_i besitzen. Wenn die Gesamtzahl $N=\Sigma_i N_i$ der Teilchen und die Gesamtenergie $E=\Sigma_i N_i E_i$ des Systems vorgegeben sind, nennt man das Ergebnis eine **mikrokanonische Verteilung** (microcanonical distribution). Bei vorgegebener Gesamtzahl $N=\Sigma_i N_i$ der Teilchen und vorgegebener Temperatur T des Systems heißt sie **kanonische Verteilung** (canonical distribution) und bei vorgegebenem chemischem Potential (s.S.136) und vorgegebener Temperatur des Systems **makrokanonische** oder **großkanonische Verteilung** (macrocanonical distribution). Wir befassen uns im Folgenden ausschließlich mit der kanonischen Verteilung. Je nach dem Verteilungsprinzip erhält man drei unterschiedliche (kanonische) Verteilungsfunktionen: Bei der **Boltzmann-Verteilung** (Boltzmann distribution, Ludwig Eduard Boltzmann 1844-1906) sind die *Teilchen unterscheidbar*, bei der **Bose-Einstein-Verteilung** (Bose-Einstein distribution, Satyendra Nath Bose 1894-1974, Albert Einstein 1879-1955) sind die *Teilchen ununterscheidbar* und bei der **Fermi-Dirac-Verteilung** (Fermi-Dirac distribution, Enrico Fermi 1901-1954, Paul Adrien Maurice Dirac 1902-1984) sind sie zwar ebenfalls *ununterscheidbar*, aber es darf ein Zustand immer nur von *einem* Teilchen besetzt werden (Pauli-Verbot).

Als einfaches Beispiel betrachten wir den Fall, dass zwei Teilchen auf vier Zustände gleicher Energie (E_i) verteilt werden sollen, d.h. es gelte $N_i=2$ und $g_i=4$. Die dann vorhandenen Möglichkeiten (**Mikroverteilungen**) zeigt die Tab.94 auf der folgenden Seite.

Tab.94 Die verschiedenen möglichen Verteilungen (Mikroverteilungen) von zwei Teilchen auf vier Zustände nach Boltzmann, Bose-Einstein und Fermi-Dirac

Boltzmann

●○			
●	○		
●		○	
●			○
○	●		
	●○		
	●	○	
	●		○
○		●	
	○	●	
		●○	
		●	○
○			●
	○		●
		○	●
			●○

Anzahl: 16

Bose-Einstein

○○			
○	○		
○		○	
○			○
	○○		
	○	○	
	○		○
		○○	
		○	○
			○○

Anzahl: 10

Fermi-Dirac

○	○		
○		○	
○			○
	○	○	
	○		○
		○	○

Anzahl: 6

Nach Boltzmann gibt es also 16 oder allgemein $g_i^{N_i}$ Mikroverteilungen, nach Bose-Einstein 10 oder allg. $\binom{N_i + g_i - 1}{N_i}$ und nach Fermi-Dirac 6 oder allg. $\binom{g_i}{N_i}$ Mikroverteilungen.

Für eine positive, ganze Zahl n ist die **Fakultät** (factorial) $n!$ definiert durch $n! = 1 \cdot 2 \cdot 3 \cdot \ldots \cdot n$. Für zwei positive, ganze Zahlen n und $m < n$ ist der **Binomialkoeffizient** (binomial coefficient) $\binom{n}{m}$ definiert durch $\binom{n}{m} = n! [(n-m)! m!]^{-1}$. Außerdem hat man festgelegt, dass $\binom{n}{n} = \binom{n}{0} = 1$ gilt.

Da bei der Boltzmann-Verteilung die Teilchen unterscheidbar sind, entstehen beim Austausch von Teilchen, die zu verschiedenen Energien E_i gehören, noch zusätzlich

$N!(\Pi_i\, N_i!)^{-1}$ mögliche Mikroverteilungen (Π ist das Produktzeichen analog zum Summenzeichen Σ). Die Gesamtzahl der Mikroverteilungen für eine bestimmte **Makroverteilung**, d.h. für vorgebene Werte für N_1, N_2, ... , ist deshalb nach Boltzmann

$$P_B = \frac{N!}{\Pi_i\, N_i!}\; \Pi_i\, g_i^{N_i}\,, \tag{670}$$

nach Bose-Einstein

$$P_{BE} = \Pi_i \binom{N_i+g_i-1}{N_i} \tag{671}$$

und nach Fermi-Dirac

$$P_{FD} = \Pi_i \binom{g_i}{N_i}\,. \tag{672}$$

P_B, P_{BE} und P_{FD} nennt man die **thermodynamischen Wahrscheinlichkeiten** (thermodynamic probabilities) der betreffenden Makroverteilung. Wie im Abschn. 10.3, S.133, gezeigt wurde, gilt für den Zusammenhang zwischen der thermodynamischen Wahrscheinlichkeit P und der Entropie S die Boltzmann-Planck-Beziehung (s.Gl.(205), S.133)

$$S = k \ln P\,, \tag{673}$$

wobei k die Boltzmann-Konstante ist (s.A.1, S.548). Damit folgt

$$\frac{\partial S_B}{\partial N_i} = k\,\frac{\partial}{\partial N_i}\,(\ln N! - \Sigma_i\, \ln N_i! + \Sigma_i\, N_i \ln g_i)\,. \tag{674}$$

Unter Verwendung der **Stirling'schen Formel** (Stirling formula)

$$\ln (x!) \approx x \ln x - x\,, \tag{675}$$

die gilt, wenn x eine große, ganze Zahl ist, vereinfacht sich die Gl.(674) zu

$$\frac{\partial S_B}{\partial N_i} = k\,(\ln g_i - \ln N_i)\,. \tag{676}$$

Analog ergibt sich

$$\frac{\partial S_{BE}}{\partial N_i} = k \, [\ln(N_i + g_i - 1) - \ln N_i] \tag{677}$$

und

$$\frac{\partial S_{FD}}{\partial N_i} = k \, [-\ln N_i + \ln(g_i - N_i)] \; . \tag{678}$$

Da im thermischen Gleichgewicht unter der Bedingung $T=$const und $N=$const die freie Energie $F = E - TS$ ein Minimum annehmen muss (s.S.137), folgt

$$N_i = \frac{g_i}{\exp\left(\dfrac{E_i + \alpha}{kT}\right) + \epsilon} \tag{679}$$

mit $\epsilon = 0$ für Boltzmann, $\epsilon = -1$ für Bose-Einstein und $\epsilon = +1$ für Fermi-Dirac. Die Konstante α ergibt sich aus der Bedingung $\Sigma_i N_i = N$.

Um $F = E - TS$ mit den Nebenbedingungen $T=$const und $\Sigma_i N_i = N=$const zu einem Minimum zu machen, muss (Langrange'sche Methode) $\delta(E - TS + \alpha N) = 0$ oder $\Sigma_i[(\partial E/\partial N_i) - T(\partial S/\partial N_i) + \alpha]\delta N_i = 0$ gelten, wobei α eine Konstante ist und δ eine Variation der folgenden Größe bedeutet. Wegen $\Sigma_i N_i = N=$const sind $n-1$ von den δN_i frei wählbar, wenn n die Gesamtzahl der möglichen Energien ($i = 1, 2, ... n$) bezeichnet. Wir wählen diese δN_i z.B. alle positiv und α so, dass die eckige Klammer vor dem übrig bleibenden δN_i verschwindet. Damit müssen *alle* eckigen Klammern verschwinden, d.h. es muss gelten $(\partial E/\partial N_i) - T(\partial S/\partial N_i) + \alpha = 0$. Wegen $E = \Sigma_i N_i E_i$ folgt weiter $E_i - T(\partial S/\partial N_i) + \alpha = 0$ oder $\partial S/\partial N_i = (E_i + \alpha)/T$. Setzen wir dies in Gl.(676) ein, so folgt $(E_i + \alpha)/T = k(\ln g_i - \ln N_i)$ oder $N_i = g_i \exp[-(E_i + \alpha)(kT)^{-1}]$ (Boltzmann). Durch Einsetzen in Gl.(677) ergibt sich $(E_i + \alpha)/T = k[\ln(N_i + g_i - 1) - \ln N_i]$ oder $N_i = (g_i - 1)\{\exp[(E_i + \alpha)(kT)^{-1}] - 1\}^{-1}$ (Bose-Einstein) und durch Einsetzen in Gl.(678) $(E_i + \alpha)/T = k[-\ln N_i + \ln(g_i - N_i)]$ oder $N_i = g_i\{\exp[(E_i + \alpha)(kT)^{-1}] + 1\}^{-1}$ (Fermi-Dirac). Für $g_i \gg 1$ lassen sich die drei abgeleiteten Gleichungen durch die Gl.(679) zusammenfassen.

Teilchen, die ununterscheidbar sind und nicht dem Pauli-Verbot unterliegen (solche Teilchen haben den Spin 0 oder einen ganzzahligen Spin), heißen **Bosonen** (bosons). Wenn ununterscheidbare Teilchen dagegen dem Pauli-Verbot unterliegen (solche Teilchen haben einen halbzahligen Spin), so nennt man sie **Fermionen** (fermions). Bei der Fermi-Dirac-Verteilung schreibt man an Stelle von $-\alpha$ meist die Größe E_F, die **Fermi-Energie, Fermi'sche Grenzenergie** oder auch **Fermi-Niveau** (Fermi level) genannt wird. Damit folgt aus Gl.(679) mit $\epsilon = +1$ die Beziehung

$$\frac{N_i}{g_i} = \frac{1}{\exp\left(\dfrac{E_i - E_F}{kT}\right) + 1} \, , \tag{680}$$

die in Fig.266 graphisch dargestellt ist.

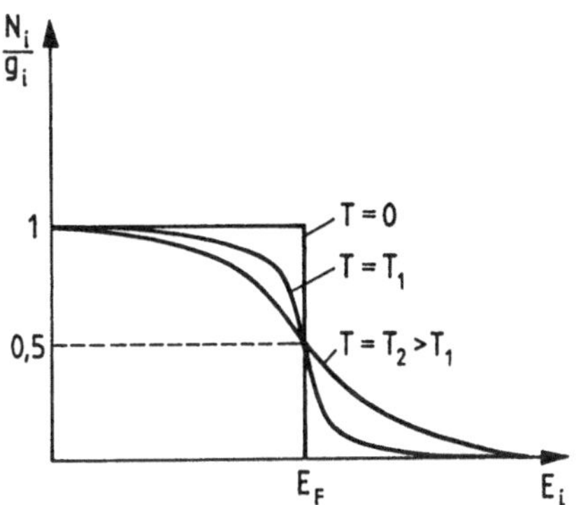

Fig.266 Die Fermi-Dirac'sche Verteilungsfunktion (s.Gl.(680)) mit der Temperatur T als Parameter. E_F ist die Fermi'sche Grenzenergie, die in erster Näherung als temperaturunabhängig angenommen werden kann, g_i bezeichnet die Anzahl der Zustände, welche die Energie E_i besitzen, und N_i die Anzahl der Teilchen mit der Energie E_i. Für $kT \ll E_F$ weichen nur Zustände in einem Streifen der Breite $\approx kT$ um E_F von der Idealbesetzung (0 bzw. 1) ab

Für $T=0$ werden also alle vorhandenen stationären Zustände, deren Energien kleiner als E_F sind, besetzt, während Zustände mit höheren Energien unbesetzt bleiben.

Die Fermi'sche Grenzenergie E_F ist bei vorgegebener Temperatur T und vorgegebener Teilchenzahl $N=\Sigma_i N_i$ durch die Bedingung $N=\Sigma_i g_i\{\exp[(E_i-E_F)/(kT)]+1\}^{-1}$ festgelegt. Damit hängt E_F sowohl von der Temperatur als auch (über E_i und g_i) von der Teilchenkonzentration N/V ab. Für die Besetzungswahrscheinlichkeit, d.h. für den Quotienten N_i/g_i, von Zuständen mit Energien $E_i \gg E_F + kT$ ergibt sich aus Gl.(680) $N_i/g_i \approx \exp[-(E_i-E_F)/kT] \propto \exp(-E_i/kT)$, also das gleiche Resultat wie bei der Boltzmann-Verteilung.

Elektronen und Defektelektronen

Auf S.480ff. wurde gezeigt, dass die Energieniveaus für die Elektronen in einem Kristall bei höheren Quantenzahlen ihre Ortsabhängigkeit, d.h. die Beschränkung auf das vom Atom erfüllte Raumgebiet, verlieren. Es kommt zur Ausbildung ortsunabhängiger Energieniveaus, die man Energiebänder nennt. Da die Verteilung der Elektronen, die wegen ihres Spins ½ Fermionen sind, durch die Fermi-Dirac'sche Funktion (Gl.(680)) gegeben wird, ist bei $T=0$ die Besetzungswahrscheinlichkeit für Zustände mit Energien $E_i < E_F$ gleich 1, für Zustände mit der Energie $E_i = E_F$ gleich ½ und für Zustände mit $E_i > E_F$ gleich null. Liegt die

Fermi'sche Grenzenergie in einem Band, so handelt es sich um einen elektrischen Leiter. Liegt E_F zwischen zwei Bändern, so bezeichnet man das unmittelbar darüber liegende Band als **Leitungsband** (conduction band) und das unmittelbar darunter liegende Band als **Valenzband** (valence band). Der energetische Abstand zwischen der unteren Kante (E_L) des Leitungsbandes und der oberen Kante (E_V) des Valenzbandes, also die Größe $E_L - E_V$, heißt **Bandlücke** (band gap) oder **Energielücke** (energy gap) des betreffenden Materials. Für $E_L - E_V \gg kT$ ist der Festkörper ein **Isolator** (insulator), für $E_L - E_V = 0$ ein **Leiter** (conductor) und für $E_L - E_V \approx kT$ ein **Halbleiter** (semiconductor) oder genauer **elektronischer Halbleiter** (electronic semiconductor), da die elektrische Leitung auf der Bewegung von Elektronen beruht. Wenn die Fermi'sche Grenzenergie dicht unterhalb von E_L (genauer $E_L - E_F \leq kT$) oder dicht oberhalb von E_V (genauer $E_F - E_V \leq kT$) liegt, spricht man von einem **entarteten Halbleiter** (degenerated semiconductor).

Für $T = 0$ ist bei einem Halbleiter das Valenzband vollständig besetzt und das Leitungsband völlig leer. Unter diesen Bedingungen kann keine Elektrizitätsleitung stattfinden; denn die Bewegung eines Elektrons würde eine Zunahme seiner Energie, d.h. den Übergang zu einem der höheren Energieniveaus bedeuten. Diese sind aber im Valenzband alle besetzt und der Abstand zum Leitungsband ist zu groß. Deshalb verhält sich der Halbleiter als Isolator. Für höhere Temperaturen dagegen flacht sich die steile Flanke der Verteilungsfunktion bei E_F ab (s.Fig.266 auf der vorhergehenden Seite), was bedeutet, dass Elektronen im Leitungsband auftreten, die dafür im Valenzband fehlen. Die dadurch ermöglichte Elektrizitätsleitung heißt **Eigenleitung** (intrisic conductivity).

Ein Elektron mit einer Energie, die kleiner ist als die Energie der höchsten noch voll besetzten Zustände, kann keine Bewegungen ausführen. Neben der schon erwähnten Tatsache, dass deshalb ein Halbleiter bei tiefen Temperaturen zum Isolator wird, erklärt dies auch, weshalb die Leitungselektronen eines Metalls i.Allg. nur einen relativ geringen Beitrag zu seiner Wärmekapazität liefern: Für den Beitrag der um ihre Ruhelagen schwingenden Atomrümpfe zur molaren Wärmekapazität gilt $C_V^{m\prime} = z_F R/2$ mit $z_F = 6$ (s.S.114). Wären die Elektronen im Leitungsband des Metalls frei, so würden sie infolge ihrer translatorischen Bewegung den Beitrag $C_V^{m\prime\prime} = z_F R/2$ mit $z_F = 3$ (s.Tab.19, S.109) liefern. Die gesamte molare Wärmekapazität $C_V^m = C_V^{m\prime} + C_V^{m\prime\prime}$ wäre also gleich $4{,}5R$, was im Gegensatz zum experimentellen Wert von ca. $3R$ (s. Dulong-Petit'sche Regel, S.113/114) steht. Nimmt man aber an, dass $E_F - E_L \gg kT$ gilt, dann ist nur der Bruchteil $r \approx kT/(E_F - E_L)$ der Leitungselektronen beweglich (s. die Legende zu Fig.266, S.489) und für $C_V^{m\prime\prime}$ folgt an Stelle von $3R/2$ der Ausdruck $(3R/2)kT/(E_F - E_L)$, der wegen $E_F - E_L \gg kT$ gegenüber $C_V^{m\prime} = 3R$ vernachlässigt werden kann.

Zur quantitativen Behandlung der Eigenleitung berechnen wir zunächst mit Hilfe der Fermi-Dirac-Verteilung die Dichte (Anzahl pro m³) n_0 der Elektronen im Leitungsband, wobei der Index 0 darauf hinweisen soll, dass es sich um die Dichte im thermischen Gleichgewicht handelt. Dafür ergibt sich

$$n_0 = 4\pi(2m_{e,L})^{3/2} \, h^{-3} \int_{E_L}^{\infty} (E - E_L)^{1/2} \left(\exp[(E - E_F)(kT)^{-1}] + 1\right)^{-1} \mathrm{d}E \; . \tag{681}$$

$m_{\text{e,L}}$ ist die effektive Masse der Elektronen an der unteren Kante des Leitungsbandes (Zahlenwerte s. Tab. 95, S. 494).

Für den Zusammenhang zwischen der Energie E und dem Impuls $\vec{p}$ eines kräftefreien Teilchens mit der Ruhemasse m_{e} gilt bei nichtrelativistischen Geschwindigkeiten $E=(2m_{\text{e}})^{-1}\vec{p}^{\,2}$ oder $E=\hbar^2(2m_{\text{e}})^{-1}\vec{k}^{\,2}$ mit $\vec{k}=\vec{p}/\hbar$. Befindet sich ein solches Elektron in einem Kasten mit dem Volumen V, so ergibt sich für die Anzahl der Zustände, wenn die Energie des Elektrons in das Intervall von E bis $E+\mathrm{d}E$ fällt (s. Gl. (579), S. 426, wobei aber wegen des Elektronenspins auf der rechten Seite noch ein Faktor 2 hinzugefügt werden muss), $g(E)\mathrm{d}E=4\pi V(2m_{\text{e}})^{3/2}h^{-3}E^{1/2}\mathrm{d}E$. Andererseits gilt für ein Elektron an der unteren Kante des Leitungsbandes gemäß Gl. (668), S. 484, wenn wir noch den Index u durch L, sowie $m_{\text{eff,u}}$ durch $m_{\text{e,L}}$ ersetzen und auf drei Dimensionen erweitern, $E-E_{\text{L}}=\hbar^2(2m_{\text{e,L}})^{-1}(\vec{k}-\vec{k}_{\text{L}})^2$. Ein Vergleich mit dem kräftefreien Elektron liefert $g(E)\mathrm{d}E=4\pi V(2m_{\text{e,L}})^{3/2}h^{-3}(E-E_{\text{L}})^{1/2}\mathrm{d}E$. Die Dichte der Elektronen im Leitungsband ergibt sich aus Gl. (680), S. 489, zu $n_0=V^{-1}\int_{E_{\text{L}}}^{\infty}\{\exp[(E-E_{\text{F}})(kT)^{-1}]+1\}^{-1}g(E)\mathrm{d}E$. Durch Einsetzen von $g(E)\mathrm{d}E$ erhält man die gesuchte Gl. (681), wobei der Einfachheit halber angenommen wird, dass die effektive Masse des Elektrons nicht nur an der unteren Kante des Leitungsbandes, sondern auch bei den höheren noch von Elektronen besetzten Energien gleich $m_{\text{e,L}}$ ist.

Unter der Voraussetzung, dass es sich um einen nichtentarteten Halbleiter handelt, vereinfacht sich die Gl. (681) zu

$$n_0 = n_{\text{eff}}\,\exp[-(E_{\text{L}}-E_{\text{F}})(kT)^{-1}] \tag{682}$$

mit der Größe

$$n_{\text{eff}} = 2\,(2\pi m_{\text{e,L}}kT)^{3/2}\,h^{-3}\,, \tag{683}$$

die als **effektive Zustandsdichte** (effective density of states) im Leitungsband bezeichnet wird (Zahlenwerte s. Tab. 95, S. 494).

Führen wir in Gl. (681) die Integrationsvariable $\xi=(E-E_{\text{L}})(kT)^{-1}$ ein und setzen voraus, dass es sich um einen nichtentarteten Halbleiter $(E_{\text{L}}-E_{\text{F}}\gg kT)$ handelt, so ergibt sich $n_0=4\pi(2m_{\text{e,L}}kT)^{3/2}h^{-3}\cdot\int_0^{\infty}\xi^{1/2}\exp(-\xi)\mathrm{d}\xi\cdot\exp[-(E_{\text{L}}-E_{\text{F}})(kT)^{-1}]$. Da das bestimmte Integral $\int_0^{\infty}\xi^{1/2}\exp(-\xi)\mathrm{d}\xi$ den Wert $(\tfrac{1}{2})\pi^{1/2}$ besitzt, folgt unmittelbar die Gl. (682) mit n_{eff} nach Gl. (683).

Die Verhältnisse im Valenzband, das ja definitionsgemäß bei $T=0$ voll mit Elektronen besetzt ist, beschreiben wir auf folgende Weise: Jedes zur Vollbesetzung fehlende Elektron wird als ein scheinbares Teilchen (**Quasiteilchen**, quasi-particle) aufgefaßt, das man **Defektelektron** oder **Loch** (hole) nennt. Ein einfaches Beispiel soll diese Art der Beschreibung erläutern:
In der Fig. 267 seien alle Stühle bis auf einen besetzt. Wenn dann auf der linken Seite ein interessantes Ereignis stattfindet (wenn man an den Halbleiter eine

elektrische Gleichspannung anlegt), dann springt zunächst die Person 4 auf den Stuhl 3, danach rückt 5 auf 4 vor und schließlich 6 nach 5 (die Elektronen bewegen sich auf die positiv geladene Elektrode zu).

Fig.267 Zur Beschreibung von Systemen durch Verwendung von Quasiteilchen. Anstatt die Bewegung aller Personen bei dem Wechsel von einem Stuhl zum anderen zu registrieren, genügt es, den Ortswechsel des freien Stuhls ("Defektmensch") zu verfolgen

Diesen Vorgang kann man aber einfacher dadurch beschreiben, dass man sagt, der freie Stuhl bewegt sich nach rechts (die Defektelektronen bewegen sich von der positiv geladenen Elektrode weg).
Für die Dichte (Anzahl pro m³) der Defektelektronen im Valenzband ergibt eine analoge Überlegung wie bei der Ableitung von Gl.(682)

$$p_0 = 4\pi(-2m_{\mathrm{e,v}})^{3/2}\, h^{-3} \int_{-\infty}^{E_{\mathrm{V}}} (E_{\mathrm{V}}-E)^{1/2}\big(1-(\exp[(E-E_{\mathrm{F}})(kT)^{-1}]+1)^{-1}\big)\mathrm{d}E \ , \qquad (684)$$

wobei $m_{\mathrm{e,v}}$ die effektive Masse der Elektronen an der oberen Kante des Valenzbandes bezeichnet. Da $m_{\mathrm{e,v}}$ negativ ist (s.Gl.(669), S.484), führt man die effektive Masse der Defektelektronen an der oberen Kante des Valenzbandes ($m_{\mathrm{p,v}}$) durch die Definition

$$m_{\mathrm{p,v}} = -\,m_{\mathrm{e,v}}$$

ein (Zahlenwerte s.Tab.95, S.494). Für nichtentartete Halbleiter, d.h. für $E_{\mathrm{F}}-E_{\mathrm{V}} \gg kT$, lässt sich Gl.(684) analog zu dem kleingedruckten Text nach Gl.(683) vereinfachen zu

$$p_{\text{eff}} = 2 \, (2\pi m_{\text{p,V}} kT)^{3/2} \, h^{-3} \tag{687}$$

mit der effektiven Zustandsdichte im Valenzband

$$p_0 = p_{\text{eff}} \exp[-(E_F - E_V)(kT)^{-1}] \tag{686}$$

(Zahlenwerte s.Tab.95, S.494). Für das Produkt $n_0 p_0$ folgt aus den Gln.(682) und (686)

$$n_0 \, p_0 = n_i^2 \, , \tag{688}$$

wobei die Größe

$$n_i = 2(2\pi kT)^{3/2}(m_{\text{e,L}} m_{\text{p,V}})^{3/4} h^{-3} \exp[-(E_L - E_V)(2kT)^{-1}] \tag{689}$$

als **intrinsische Trägerdichte** (intrinsic carrier density) bezeichnet wird (Zahlenwerte s.Tab.95, S.494). Da bei der hier betrachteten Eigenleitung die Elektronen im Leitungsband ausschließlich vom Valenzband stammen, gilt

$$n_0 = p_0 = n_i \, . \tag{690}$$

Durch Bildung des Quotienten von n_0 und p_0 erhält man für die Lage der Fermi'schen Grenzenergie die Beziehung

$$E_F = (1/2)(E_L + E_V) + (3/4)kT \, \ln(m_{\text{p,V}}/m_{\text{e,L}}) \, . \tag{691}$$

Für n_0/p_0 folgt unter Verwendung der Gln.(682) und (686) $n_0/p_0 = (n_{\text{eff}}/p_{\text{eff}}) \exp[-(E_L + E_V - 2E_F)(kT)^{-1}]$. Wegen $n_0/p_0 = 1$ ergibt sich daraus $E_F = (1/2)(E_L + E_V) - kT \ln(n_{\text{eff}}/p_{\text{eff}})$ und nach Einsetzen der Gln.(683), S.491, und (687) die gesuchte Gl.(691).

Bei den in Tab.95 auf der nächsten Seite aufgelisteten Halbleitern ist die mittlere thermische Energie kT selbst bei Zimmertemperatur ($T = 300K$) noch klein gegen die Bandlücke; denn dafür gilt $kT/e \approx 26 \cdot 10^{-3} V$. Da außerdem die effektiven Massen $m_{\text{p,V}}$ und $m_{\text{e,L}}$ nicht sehr verschieden voneinander sind, liegt bei diesen Halbleitern die Fermi'sche Grenzenergie ziemlich genau in der Mitte der Bandlücke. Damit ergibt sich auch $E_L - E_F \gg kT$ und $E_F - E_V \gg kT$ (nichtentartete Halbleitung).

Tab.95 Gitterkonstante (a), Bandlücke ($E_L - E_V$) in der Einheit eV (s.S.553), effektive Massen der Elektronen ($m_{e,L}$) und der Defektelektronen ($m_{p,V}$) an den Bandkanten für die Halbleiter Germanium (Ge), Silizium (Si) und Galliumarsenid (GaAs) bei 300K [LID90]. m_e ist die Ruhemasse des Elektrons (s.A1, S.549)

	Ge	Si	GaAs
a / (10^{-10} m)	5,65754	5,43072	5,65315
($E_L - E_V$) / eV	0,67	1,107	1,35
$m_{e,L}$ / m_e	0,55	1,1	0,068
$m_{p,V}$ / m_e	0,3	0,56	0,5
n_{eff}/ m^{-3} s. Gl.(683), S.491	$1,0 \cdot 10^{25}$	$2,9 \cdot 10^{25}$	$0,045 \cdot 10^{25}$
p_{eff}/ m^{-3} s. Gl.(687), S.493	$0,41 \cdot 10^{25}$	$1,1 \cdot 10^{25}$	$0,89 \cdot 10^{25}$
n_i /m^{-3} s. Gl.(689), S.493	$15\,300 \cdot 10^{15}$	$8,8 \cdot 10^{15}$	$0,0091 \cdot 10^{15}$

Die Bandlücke ($E_L - E_V$) kann man experimentell aus der Temperaturabhängigkeit der elektrischen Leitfähigkeit σ bestimmen, da diese Größe proportional zur Dichte der Ladungsträger ist. Trägt man $\ln\sigma$ über der reziproken absoluten Temperatur $1/T$ auf, so ergibt sich nach Gl.(690) und unter Beachtung von Gl.(689) eine Gerade mit der Steigung $(E_L - E_V)(2k)^{-1}$. Eine andere Möglichkeit zur Bestimmung von $E_L - E_V$ bieten optische Absorptionsmessungen. Ab einer bestimmten kritischen Frequenz f_k des eingestrahlten monochromatischen Lichtes tritt eine erhöhte Absorption auf, da dann die Quantenenergie hf_k ausreicht, um Elektronen vom Valenzband in das Leitungsband zu heben ($hf_k = E_L - E_V$).

Den Gegensatz zur Eigenleitung (s.S.490) bildet die **Störstellenleitung** (impurity conduction), bei der die Elektronen im Leitungsband nicht notwendigerweise vom Valenzband stammen und die Defektelektronen des Valenzbandes nicht notwendigerweise von denjenigen Elektronen herrühren müssen, die zum Leitungsband übergegangen sind. Es braucht also nicht $n_0 = p_0$ zu gelten. Für $n_0 > p_0$ spricht man von einem **Überschusshalbleiter** oder **n-Halbleiter** (n-type semiconductor) und für $n_0 < p_0$ von einem **Mangelhalbleiter** oder **p-Halbleiter** (p-type semiconductor). Die Elektrizitätsleiter, die im Überschuss vorhanden sind, heißen **Majoritätsträger** (majority carriers), die anderen **Minoritätsträger** (minority carriers). Im n-Halbleiter sind also die Elektronen die Majoritätsträger und die Defektelektronen die Minoritätsträger, während es im p-Halbleiter gerade umgekehrt ist. Die Erzeugung von Störstellenhalbleitern erfolgt bei Kristallen, die aus Verbindungen von verschiedenen Sorten von Atomen bestehen, durch Abweichungen von der stöchiometrischen Zusammensetzung. Dazu gehören die **III-V-Verbindungen** (III V compounds), wie beispielsweise GaAs, GaP usw., die **II-VI-Verbindungen** (II VI compounds), aber auch die Ionenkristalle Cu_2O, TiO_2 usw. Der spezifische

Widerstand von TiO_2 ist ca. $10^8 \Omega m$, der von $TiO_{1,9995}$ nur etwa $0,01 \Omega m$. Bei Kristallen, die nur aus einer Sorte von Atomen bestehen, werden **Störstellen** (impurity centres) durch den Einbau von Fremdatomen erzeugt. Die wichtigsten Halbleiter dieses Typs sind Germanium und Silizium. Diese stehen in der 14. Gruppe (früher 4A-Gruppe) des Periodischen Systems der Elemente (s.S.556ff.) und besitzen vier äußere Elektronen, die sie mit den vier Nachbaratomen im Kristallgitter (tetraedrische Anordnung infolge sp^3-Hybridisierung, s.S.468) teilen. Der Einbau eines Atoms der 15. Gruppe (die fünf äußere Elektronen besitzen, wie z.B. P, As, Sb, Bi) an Stelle eines Germanium- oder Siliziumatoms liefert ein Zentrum mit *einem* überschüssigen, lose gebundenen, Elektron. Ein solches Zentrum wird **Donator** (donor) genannt, da es leicht ein Elektron abgibt (donare=geben). Der Einbau eines Atoms der 13. Gruppe (die drei äußere Elektronen besitzen, wie z.B. B, Al, Ga, In) liefert ein Zentrum, dem *ein* Elektron fehlt (**Akzeptor**, acceptor von acceptare= empfangen). Die energetische Lage einiger Donatoren (E_D) und Akzeptoren (E_A) bezüglich der unteren Kante des Leitungsbandes (E_L) bzw. der oberen Kante des Valenzbandes (E_V) kann der Tab.96 entnommen werden.

Tab.96 Lage der Energieniveaus in der Einheit eV (s.S.553) für einige Donatoren (E_D) und Akzeptoren (E_A) bezüglich der unteren Kante des Leitungsbandes (E_L) bzw. der oberen Kante des Valenzbandes (E_V). Die Bandlücke ($E_L - E_V$) beträgt 0,67eV für Germanium und 1,107eV für Silizium [HER89]

	Germanium	Silizium
Donatoren	$(E_L - E_D)$ / eV	
P	0,01276	0,044
As	0,01404	0,049
Sb	0,01019	0,039
Akzeptoren	$(E_A - E_V)$ / eV	
B	0,0104	0,045
Al	0,0102	0,057
Ga	0,0108	0,065
In	0,0110	0,160

Es lassen sich aber auch Fremdatome einbauen, deren Energie weder dicht unterhalb der unteren Kante des Leitungsbandes noch dicht oberhalb der oberen Kante des Valenzbandes, sondern z.B. ungefähr in der Mitte der Bandlücke liegt. Diese nennt man **Rekombinationszentren** (recombination centres). Wir nehmen an, ein solches Niveau sei nicht mit einem Elektron besetzt. Dann wird ein Elektron des Leitungsbandes, das in die Nähe des Rekombinationszentrums gelangt, auf dieses Niveau herabspringen und dort solange verweilen, bis ein Defektelektron im

Valenzband an eben diese Stelle gelangt, so dass das Elektron auf das noch tiefer liegende Niveau (obere Kante des Valenzbandes) springen kann. Man sagt, ein Elektron des Leitungsbandes und ein Defektelektron des Valenzbandes rekombinieren mit Hilfe des Rekombinationszentrums. Dieser Prozess erfolgt bei nicht zu geringer Konzentration der Rekombinationszentren häufiger als die **direkte Rekombination** (direct transition), d.h. der Sprung eines Elektrons vom Leitungs- in das Valenzband.

Die Lage der Fermi'schen Grenzenergie bei n- bzw. p-Halbleitern ist für die Grenzfälle niedriger und hoher Temperaturen in Fig.268 bzw.269 dargestellt.

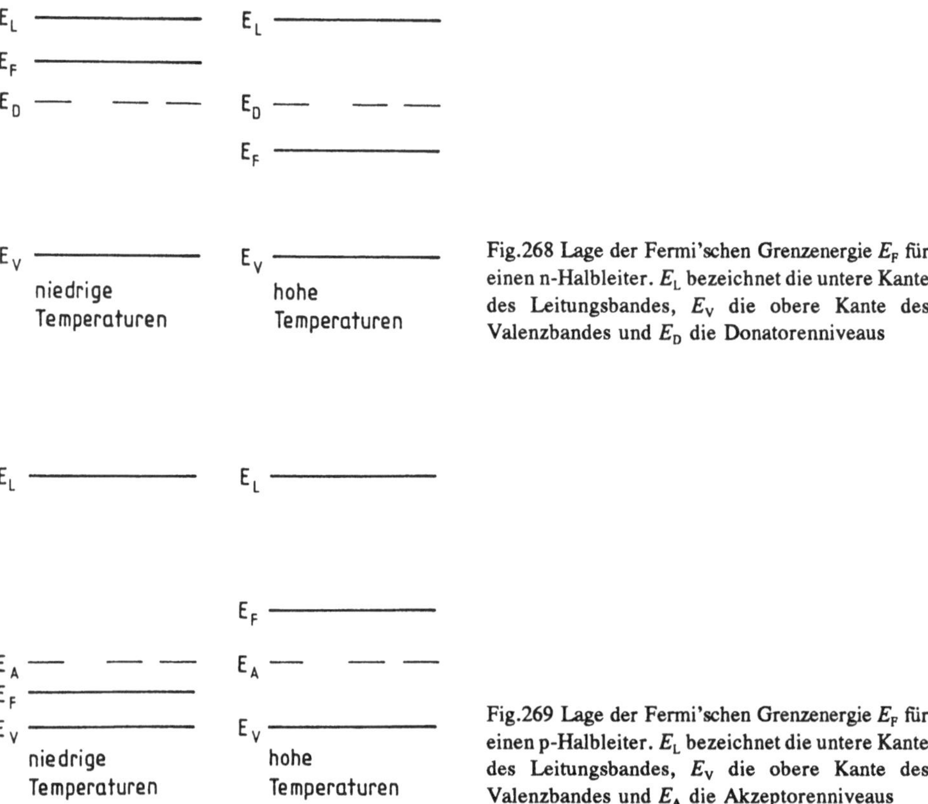

Fig.268 Lage der Fermi'schen Grenzenergie E_F für einen n-Halbleiter. E_L bezeichnet die untere Kante des Leitungsbandes, E_V die obere Kante des Valenzbandes und E_D die Donatorenniveaus

Fig.269 Lage der Fermi'schen Grenzenergie E_F für einen p-Halbleiter. E_L bezeichnet die untere Kante des Leitungsbandes, E_V die obere Kante des Valenzbandes und E_A die Akzeptorenniveaus

Zur Berechnung der Lage der Fermi'schen Grenzenergie E_F für einen n-Halbleiter gehen wir von der zu Gl.(682), S.491, analogen Beziehung $n_i + n_D^+ = n_{eff} \exp[-(E_L - E_F)(kT)^{-1}]$ aus, wobei n_i die intrinsische Trägerdichte (s.Gl.(689), S.493) und n_D^+ die Konzentration derjenigen Donatoren ist, die ihr Elektron an das Leitungsband abgegeben haben. Unter der Voraussetzung, dass die Störstellenleitung dominiert $(n_D^+ \gg n_i)$, folgt $n_D^+ = n_{eff} \exp[-(E_L - E_F)(kT)^{-1}]$. Andererseits stellt der Quotient $(n_D - n_D^+)n_D^{-1}$ die Wahrscheinlichkeit dar, dass das Donatorenniveau mit einem Elektron besetzt ist. Es muss also nach Gl.(680), S.489, gelten $(n_D - n_D^+)n_D^{-1} = \{1 + \exp[(E_D - E_F)(kT)^{-1}]\}^{-1}$. Durch Einsetzen von $n_D^+ = n_{eff}\exp[-(E_L - E_F)(kT)^{-1}]$ in diese Beziehung und Auflösung nach der Größe $\eta = \exp[(E_D - E_F)(kT)^{-1}]$ ergibt sich $\eta = \xi + (\xi^2 + 2\xi)^{1/2}$ mit $\xi = (1/2)(n_{eff}/n_D)\exp[-(E_L - E_D)(kT)^{-1}]$. Für hohe Temperaturen, d.h. $\xi \gg 1$, folgt $\eta = 2\xi$ oder $E_F = E_L - kT\ln(n_{eff}/n_D)$, und für niedrige Temperaturen, d.h. $\xi \ll 1$, ergibt sich $\eta = (2\xi)^{1/2}$ oder $E_F = (1/2)(E_L + E_D) - (kT/2)\ln(n_{eff}/n_D)$. Durch eine analoge Ableitung erhält man die Lage der Fermi'schen Grenzenergie für einen p-Halbleiter.

Unter dem Einfluss eines äußeren elektrischen Feldes mit der Feldstärke E_x erfährt ein Elektron, das sich an der unteren Kante des Leitungsbandes befindet, eine Beschleunigung $a_x = -(m_{e,L})^{-1}eE_x$, wobei $m_{e,L}$ seine effektive Masse und $-e$ seine Ladung ist. Diese beschleunigte Bewegung würde aber über längere Zeiten nur in idealen Kristallen auftreten. Tatsächlich wird die beschleunigte Bewegung jedoch ständig unterbrochen durch unelastische Stöße mit (1) den Rumpfatomen infolge deren thermischer Schwingungen um die Ruhelage und (2) mit Störstellen, d.h. Fremdatomen und Gitterdefekten. Aus diesem Grund (s. z.B. Fig.108, S.226) bildet sich eine konstante mittlere Geschwindigkeit

$$v_n = \mu_n E_x \qquad (692)$$

aus, die man **Driftgeschwindigkeit** (drift velocity) nennt. μ_n wird als **Beweglichkeit** (mobility) der Elektronen an der unteren Kante des Leitungsbandes bezeichnet. Es gilt

$$\frac{1}{\mu_n} = \frac{1}{\mu_{n,G}} + \frac{1}{\mu_{n,S}}, \qquad (693)$$

wobei $\mu_{n,G}$ den Gitteranteil (Anteil infolge der thermischen Schwingungen) und $\mu_{n,S}$ den Anteil infolge der Störstellen darstellt. In ähnlicher Weise ergibt sich für die Defektelektronen an der oberen Kante des Valenzbandes

$$v_p = \mu_p E_x \qquad (694)$$

mit

$$\frac{1}{\mu_p} = \frac{1}{\mu_{p,G}} + \frac{1}{\mu_{p,S}}. \qquad (695)$$

Die Störstellenanteile an den Beweglichkeiten sind umgekehrt proportional zur Konzentration (c_S) der Störstellen und nehmen mit wachsender Temperatur ab ($\mu_S \propto c_S^{-1}T^{-3/2}$). Zahlenwerte für die Gitteranteile bei Zimmertemperatur ($T = 300K$) und für die Temperaturabhängigkeit in der Nähe von 300K findet man in Tab.97.

Tab.97 Beweglichkeiten von Elektronen ($\mu_{n,G}$) an der unteren Kante des Leitungsbandes und von Defektelektronen ($\mu_{p,G}$) an der oberen Kante des Valenzbandes für störstellenfreie Kristalle bei Zimmertemperatur ($T=300K$). x bezeichnet den durch die Gleichung $\mu_{(T)}=\mu_{(300)}(T/300)^x$ definierten Exponenten [LID90]

Halbleiter	$\mu_{n,G}$ / (m^{2}V^{-1}s^{-1})	$x_{n,G}$	$\mu_{p,G}$ / (m^{2}V^{-1}s^{-1})	$x_{p,G}$
Germanium	0,380	$-1,66$	0,182	$-2,33$
Silizium	0,190	$-2,6$	0,050	$-2,3$
Galliumarsenid	0,900	$-1,0$	0,050	$-2,1$

Für die Leitfähigkeit σ des Halbleiters, die durch $\sigma=(I/U)(\ell/A)$ definiert ist (s. S.188), ergibt eine analoge Überlegung wie auf S.232

$$\sigma = e(p_0\mu_p + n_0\mu_n) , \tag{696}$$

wobei p_0 die Konzentration der Defektelektronen im Valenzband und n_0 die Konzentration der Elektronen im Leitungsband ist. Den mit Gl.(696) verbundenen Strom nennt man **Driftstrom** (drift currrent).

Die Beweglichkeit eines Ladungs-trägers (μ_p bzw. μ_n) hängt unmittelbar mit seinem Diffusionskoeffizienten (D_p bzw. D_n) zusammen. Durch eine einfache Überlegung gelangte Einstein (Albert Einstein 1879-1955) zu der Beziehung

$$\mu = \frac{e}{kT} D . \tag{697}$$

Wir leiten die Gl.(697) für Defektelektronen ab. Bei dem in Fig.270 auf der nächsten Seite dargestellten n-Halbleiter, dessen Querschnittsfläche A und dessen Dicke ℓ sei, soll auf der linken Seite eine höhere Konzentration an Defektelektronen vorliegen als rechts. Bedingt durch den Konzentrationsgradienten $dp/dx<0$, wandern Defektelektronen von links nach rechts. Ihre sekundliche Anzahl ist auf Grund des 1.Fick'schen Gesetzes (s.Gl.(223), S.144) gleich $-D_pA(dp/dx)$. Für den damit verbundenen elektrischen Strom, der **Diffusionsstrom** (diffusion current) genannt wird, gilt wegen der in Fig.270 getroffenen Wahl für die positive Richtung des Stromes $I_D=+eD_pA(dp/dx)$. Nun werde die rechte Seite ($x=\ell$) um eine positive Spannung U gegenüber der linken Seite ($x=0$) vorgespannt, so dass auf die Defektelektronen die elektrische Feldstärke $E_x=-U/\ell$ wirkt und ein Driftstrom $I_E=-ep\mu_pAE_x=ep\mu_pAU/\ell$ entsteht. Diese Spannung U stellen wir so ein, dass der **Gesamtstrom** (total current) $I=I_D+I_E$ verschwindet. Dann muss gelten $eD_pA(dp/dx)=-ep\mu_pAU/\ell$. Führen wir noch das elektrische Potential ϕ durch die Beziehung $U/\ell=d\phi/dx$ ein, so folgt $D_pdp=-p\mu_pd\phi$ oder $-(\mu_p/D_p)d\phi=p^{-1}dp$. Die Integration zwischen $x=0$ und $x=\ell$ ergibt die Gleichung $p(\ell)/p(0)=\exp[-(\mu_p/D_p)U]$. Verschwindender Gesamtstrom ($I=0$) bedeutet thermisches Gleichgewicht, so dass für das Konzentrationsverhältnis $p(\ell)/p(0)=\exp[-(eU)(kT)^{-1}]$ gelten muss (s. den letzten Satz im kleingedruckten Text auf S.489). Ein Vergleich der beiden Ausdrücke für $p(\ell)/p(0)$ liefert $\mu_p/D_p=e/(kT)$, d.h. die gesuchte Gl.(697).

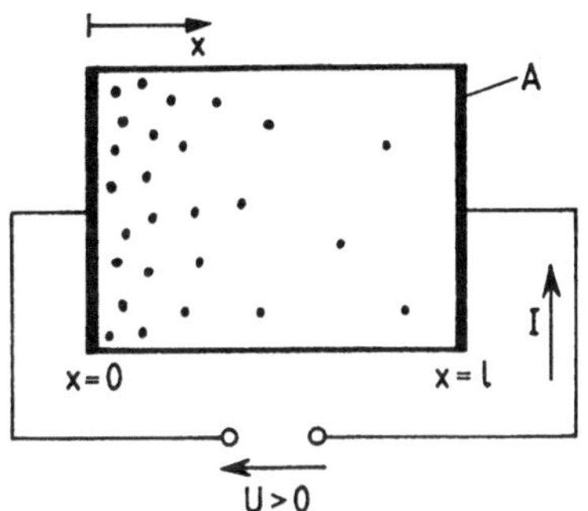

Fig.270 An den n-Halbleiter mit der Dicke l und der Querschnittsfläche A, bei dem links eine größere Konzentration an Defektelektronen vorliegen soll als rechts, wird eine solche Gleichspannung U angelegt, dass der Gesamtstrom I, der aus dem Driftstrom I_E und dem Diffusionsstrom I_D besteht (s. Text), verschwindet

Elektrizitätsleitung durch Grenzflächen

In diesem Abschnitt wird der Stromverlauf bei folgenden Übergängen behandelt: Metall - Vakuum, Metall - Metall, Metall - Halbleiter und Halbleiter - Halbleiter. **Metall - Vakuum.** Den Übergang von Elektronen aus einem Metall ins Vakuum behandeln wir unter der Voraussetzung, dass jedes in das Vakuum emittierte Elektron sofort durch eine Elektrode mit hinreichend großer positiver Vorspannung abtransportiert wird (**thermische Emission**, thermionic emission). Das Energieschema für eine ebene Metalloberfläche senkrecht zur x-Achse zeigt Fig.271.

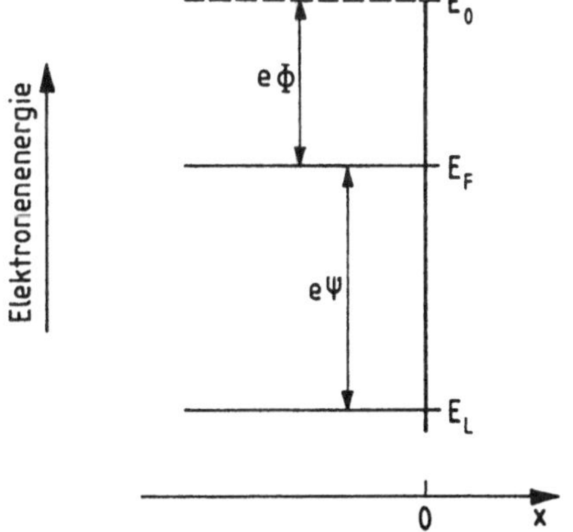

Fig.271 Energieschema für Elektronen am Übergang von einem Metall ($x<0$) zum Vakuum ($x>0$). E_L ist die untere Kante des Leitungsbandes, E_F die Fermische Grenzenergie, ϕ das Austrittspotential und ψ das innere Potential des Metalls

Damit die Elektronen aus dem Metall austreten können, müssen sie eine Mindestenergie E_0 besitzen, um die rücktreibende Kraft infolge der positiv geladenen Atomrümpfe zu überwinden. Die Größe

$$\Phi = \frac{E_0 - E_F}{e} \tag{698}$$

heißt **Austrittspotential** (work function potential), während

$$\Psi = \frac{E_F - E_L}{e} \tag{699}$$

als **inneres Potential** (internal potential) bezeichnet wird. Für die Stromdichte j_s senkrecht zur Metalloberfläche ergibt sich unter der Voraussetzung $E_0 - E_F \gg kT$ die Beziehung

$$j_s = C_s\, T^2 \exp\left(-\frac{e\Phi}{kT}\right) \tag{700}$$

mit

$$C_s = 4\pi m_e k^2 e h^{-3} \approx 120{,}4\cdot10^4 \ \mathrm{Am^{-2}K^{-2}} . \tag{701}$$

Die Gl.(700) wird **Sättigungsstromgesetz** (Richardson equation, Owen Williams Richardson 1879-1959) genannt.

Auf Grund des Energieschemas von Fig.271 können nur Elektronen mit einer Geschwindigkeit $v_x \geq (2E_0/m_{eff})^{1/2} = v_{cr}$ das Metall verlassen. Wir fassen die Elektronen als wechselwirkungsfrei in einem Kasten (s.S.423) auf und ersetzen m_{eff} durch die Ruhemasse m_e der Elektronen. Für die Sättigungsstromdichte folgt damit $j_S = e \int_{v\,cr}^{\infty} \int_{-\infty}^{+\infty} \int_{-\infty}^{+\infty} v_x \kappa dv_x dv_y dv_z$, wenn $\kappa dv_x dv_y dv_z$ die Konzentration derjenigen Elektronen im Leitungsband bezeichnet, deren Geschwindigkeitskomponenten in die Intervalle von v_x bis $v_x + dv_x$, v_y bis $v_y + dv_y$ und v_z bis $v_z + dv_z$ fallen. Um $\kappa dv_x dv_y dv_z$ zu berechnen, gehen wir von der Beziehung $\ell_x k_x = 2\pi n_x$ mit $n_x = 0$, ± 1, ± 2, ... und $\hbar k_x = m_e v_x$ aus (s. den kleingedruckten Text auf S.482). Für die Anzahl der Zustände eines Elektrons, dessen Geschwindigkeitskomponente v_x in die Intervalle von v_x bis $v_x + dv_x$ fällt, ergibt sich deshalb $\ell_x m_e (2\pi\hbar)^{-1} dv_x$. Die Erweiterung auf drei Dimensionen liefert für die Anzahl der Zustände eines Elektrons, dessen Geschwindigkeitskomponenten in die Intervalle von v_x bis $v_x + dv_x$, v_y bis $v_y + dv_y$ und v_z bis $v_z + dv_z$ fallen, $g(v_x,v_y,v_z)dv_x dv_y dv_z = 2V(m_e/h)^3 dv_x dv_y dv_z$, wobei $V = \ell_x \ell_y \ell_z$ das Volumen des Kristalls darstellt und rechts auf Grund des Elektronenspins noch der Faktor 2 hinzugefügt wurde. Unter Verwendung der Fermi-Dirac'schen Verteilungsfunktion (s.Gl.(680), S.489) folgt $\kappa dv_x dv_y dv_z = \{1 + \exp[(E - E_F)/(kT)]\}^{-1} 2(m_e/h)^3 dv_x dv_y dv_z$ mit $E = (m_e/2)(v_x^2 + v_x^2 + v_x^2)$. Durch Einsetzen dieser Beziehung in die obige Gleichung für die Stromdichte ergibt sich $j_S = 2e(m_e/h)^3 \cdot \int_{v\,cr}^{\infty} \int_{-\infty}^{+\infty} \int_{-\infty}^{+\infty} v_x \{1 + \exp[m_e(v_x^2 + v_y^2 + v_z^2)/(2kT) - E_F/(kT)]\}^{-1} dv_x dv_y dv_z$. Mit der Näherung $E_0 - E_F \gg kT$ vereinfacht sich dieser Ausdruck zu $j_S = 2e(m_e/h)^3 \exp[E_F/(kT)] \int_{v\,cr}^{\infty} \int_{-\infty}^{+\infty} \int_{-\infty}^{+\infty} \exp[-m_e(v_x^2 + v_x^2 + v_x^2)/(2kT)]dv_x dv_y dv_z$. Die Integration über v_y und v_z liefert unter Beachtung des Integrals $\int_{-\infty}^{+\infty} \exp(-\xi^2)d\xi = \pi^{1/2}$ (s.A6.3, S.562) $j_S = e2\pi kT m_e^2 h^{-3} \exp[E_F/(kT)] \int_{v\,cr^2}^{\infty} \exp[-m_e/(2kT)v_x^2]dv_x^2$. Die Integration über v_x^2 gibt schließlich mit $v_{cr}^2 = 2(E_0/m_e)$ die gesuchte Gl.(700).

Die Temperaturabhängigkeit der Sättigungsstromdichte nach Gl.(700) wird im Wesentlichen durch die Exponentialfunktion gegeben, so dass man $\ln j_\mathrm{s} = a - e\phi/(kT)$ mit $a \approx \mathrm{const}$ schreiben kann. Die Auftragung von $\ln j_\mathrm{s}$ über $1/T$ liefert also, da e und k bekannt sind (s.Tab.A1, S.548), das Austrittspotential ϕ. Dieses hängt nicht nur von der Art des betreffenden Metalls, sondern auch stark von der Anwesenheit fremder Atome auf der Oberfläche ab (s.Tab.98).

Tab.98 Austrittspotentiale ϕ von verschiedenen reinen Metallen in polykristalliner Form [LID90] und von Kathodenmaterialien. Zur Bedeutung von ϕ s.Gl.(698)

	Pt	W	Th	Ba	Cs-Film auf W	Ba-Film auf BaO
ϕ / V	5,65	4,55	3,4	2,7	1,36	0,99

Metall-Metall (metal-metal). Die Fermi'sche Grenzenergie E_F stellt bei vorgegebener Zustandsdichte ein Maß für die mittlere Energie der Elektronen dar; denn für $T=0$ ist E_F die höchste Energie, bis zu der alle Zustände von Elektronen besetzt sind. Für $T>0$ gibt es zwar auch Elektronen mit $E>E_\mathrm{F}$, jedoch bleibt E_F die Grenze, ab der die Besetzungswahrscheinlichkeit kleiner als 1/2 wird (s.Gl.(680) und Fig.266, S.489). Bringt man nun zwei Körper mit verschiedenen Fermi'schen Grenzenergien in Kontakt, so dass die in den Bändern frei verschiebbaren Elektronen durch die Grenzfläche hindurchtreten können - sofern die Lage der Bänder dies erlaubt - so werden Elektronen von den höheren Niveaus des einen Körpers in die unbesetzten tieferen Niveaus des anderen Körpers fließen, da sich hierdurch die Energie (genauer die freie Enthalpie, s.Tab.25, S.137) des Gesamtsystems verringert. Dieser Prozess dauert so lange, bis die durch den Elektronenübergang entstandene Potentialdifferenz einen solchen Wert erreicht hat, dass die Fermi'schen Grenzenergien der beiden Körper auf gleicher Höhe liegen. Dies ist schematisch in den Fig. 272 bis 275 dargestellt. Dabei wurde angenommen, dass sowohl

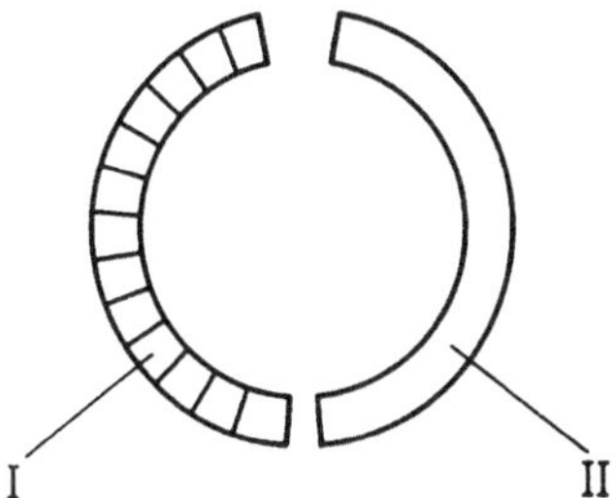

Fig.272 Gewählte Form für die beiden Metallstücke I und II. Lage vor der Berührung

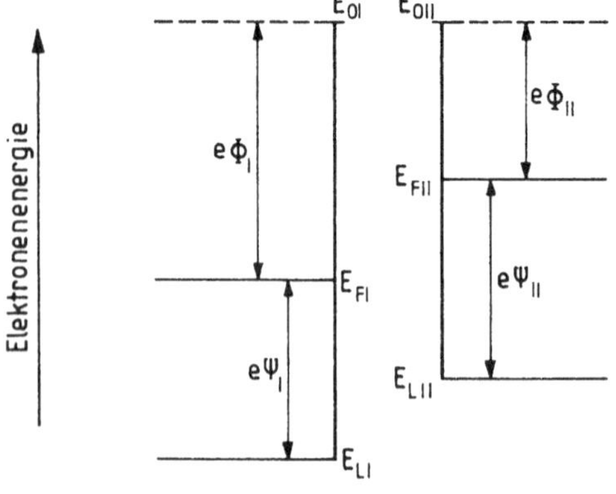

Fig.273 Energieschemata für die bei-
den Metalle I und II vor der Berührung.
Die Niveaus E_{0I} und E_{0II} müssen auf
gleicher Höhe liegen, da zwischen den
Metallen vor der Berührung keine
Spannung anliegen soll

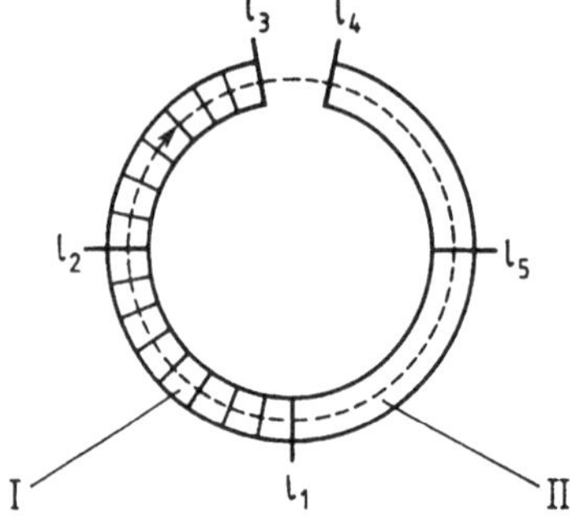

Fig.274 Die beiden Metallstücke I und
II von Fig.272 nach der Berührung
(Kontaktstelle bei ℓ_1). Die gestrichelte
Linie stellt die in Fig.275 verwendete
Ortskoordinate ℓ dar

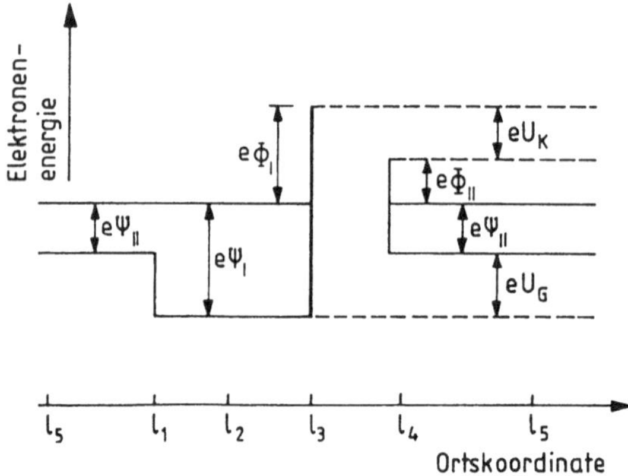

Fig.275 Energieschema für die beiden
Metalle I und II nach der Berührung
bei ℓ_1 (s.Fig.274). U_K ist die Kontaktspannung und U_G die Galvanispannung
des Kontakts

das Austrittspotential (ϕ) als auch das innere Potential (ψ) des Metalls I größer ist
als die entsprechenden Potentiale des Metalls II. Die Differenz

$$\Phi_{\mathrm{I}} - \Phi_{\mathrm{II}} = U_{\mathrm{K}} \tag{702}$$

heißt **Kontaktspannung** (contact potential difference) oder **Volta-Spannung** (Alessandro Volta 1745-1827) und

$$\Psi_{\mathrm{I}} - \Psi_{\mathrm{II}} = U_{\mathrm{G}} \tag{703}$$

Galvani-Spannung (Aloisio Luigi Galvani 1737-1798). Die Kontaktspannung bildet sich demnach aus, wenn zwei Metalle zur Berührung gebracht werden, die vorher das gleiche Potential besaßen. Bringt man die Flächen bei ℓ_3 und ℓ_4, zwischen denen man die Kontaktspannung messen kann (s.Fig.274), auch noch zur Berührung, so fließt kein Strom, da die Fermischen Grenzenergien in den Metallen I und II auf gleicher Höhe liegen (s.Fig.275). Wenn aber die jetzt vorhandenen beiden Kontakte (bei ℓ_1 bzw. $\ell_3 = \ell_4$) unterschiedliche Temperatur besitzen, so beginnt ein Strom zu fließen, der **Thermostrom** (thermoelectric current) genannt wird (**Seebeck-Effekt**, Seebeck effect, thermoelectric effect, Thomas Johann Seebeck 1770-1831).

Wie schon im kleingedruckten Text auf S.489 erwähnt wurde, hängt die Fermi'sche Grenzenergie E_{F} auch von der Temperatur ab. Allerdings ist die Temperaturabhängigkeit relativ gering. Sie reicht aber aus, um einen Elektronentransport zwischen den beiden Kontakten bei unterschiedlicher Temperatur zu bewirken.

Trennt man einen der beiden Leiter, z.B. das Metall I an der Stelle ℓ_2 (s.Fig.274 mit $\ell_3 = \ell_4$) auf, so entsteht dort eine Spannung U_{T}, die **Thermospannung** (thermoelectric e.m.f, thermal electromotive force) genannt wird. Die experimentelle Anordnung (**Thermoelement**, thermocouple) zeigt die Fig.276.

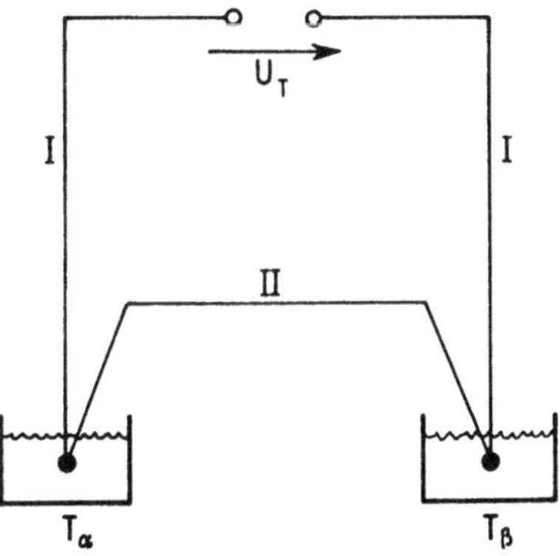

Fig.276 Thermoelement. Die Thermospannung U_{T} entsteht, wenn die beiden Kontakte zwischen den Metallen I und II unterschiedliche Temperaturen (T_α und T_β) besitzen

Für kleine Temperaturdifferenzen gilt

$$U_{\text{T}} = (a_{\text{I}} - a_{\text{II}})(T_\alpha - T_\beta) \ . \tag{704}$$

Die Materialkonstante a heißt **Thermokraft** (thermo-e.m.f.). Sie besitzt die Einheit V/K. Da man nur Differenzen zweier Thermokräfte messen kann, hat man die Thermokraft von Blei willkürlich gleich null gesetzt und erhält auf diese Weise die in Tab.99 dargestellte **thermoelektrische Spannungsreihe** (thermoelectric series).

Tab.99 Thermoelektrische Spannungsreihe. Die Werte gelten für Zimmertemperatur

Metall	a / VK^{-1}	Metall	a / VK^{-1}
Sb	$35 \cdot 10^{-6}$	Al	$-\ 0,5 \cdot 10^{-6}$
Fe	$16 \cdot 10^{-6}$	Pt	$-\ 3,1 \cdot 10^{-6}$
Cu	$2,8 \cdot 10^{-6}$	Ni	$-\ 17,6 \cdot 10^{-6}$
Pb	0 (Defin.)	Bi	$-\ 70 \cdot 10^{-6}$

Thermoelemente werden zur Temperaturmessung verwendet, da sie eine geringe Wärmekapazität besitzen und da elektrische Signale gut zu verarbeiten sind. In der Technik finden vor allem Kombinationen von Metallen und Metalllegierungen Anwendung, wie z.B. Eisen - Konstantan (100%Fe - 45%Ni55%Cu) bis ca. 700°C und Platin - Platin/Rhodium (100%Pt - 90%Pt10%Rh) bis ca. 1500°C. Da der Wirkungsgrad der Umwandlung von Wärmeenergie in elektrische Energie nur gering ist (mit Halbleitern erreicht man noch die günstigsten Werte, die allerdings auch unter ca. 10% liegen), finden **Thermogeneratoren** (thermoelectric generators) bisher lediglich in der Raumfahrt Verwendung.

Der **Peltier-Effekt** (Peltier effect, Jean Charles Athanase Peltier 1785-1845) ist die Umkehrung des Seebeck-Effektes. Schickt man durch den Kontakt zweier Metalle bei der Temperatur T einen Strom I, so führt dies je nach der Richtung zu einer Abkühlung oder einer zur Joule'schen Wärme zusätzlichen Erwärmung des Kontakts. Für die absorbierte bzw. zusätzlich erzeugte Wärmeleistung gilt

$$P \propto (a_{\text{I}} - a_{\text{II}})T \, I \ . \tag{705}$$

Peltier-Elemente werden im Labor zur Kühlung kleiner Körper, wie z.B. von elektronischen Bauelementen, verwendet.

Metall-Halbleiter (metal-semiconductor). Bei der Berührung zwischen einem Metall und einem Halbleiter müssen wir zwischen vier Möglichkeiten unterscheiden; denn beim Halbleiter kann es sich um einen n- oder p-Halbleiter handeln, dessen Austrittspotential ϕ_{H} größer oder kleiner als das des Metalls ϕ_{M} ist. Wir betrachten zunächst den Kontakt zwischen einem Metall und einem n-Halbleiter mit

$\phi_H < \phi_M$. Die Koordinate senkrecht zur Kontaktfläche sei wieder x. Das Energieschema vor der Berührung zeigt die Fig.277.

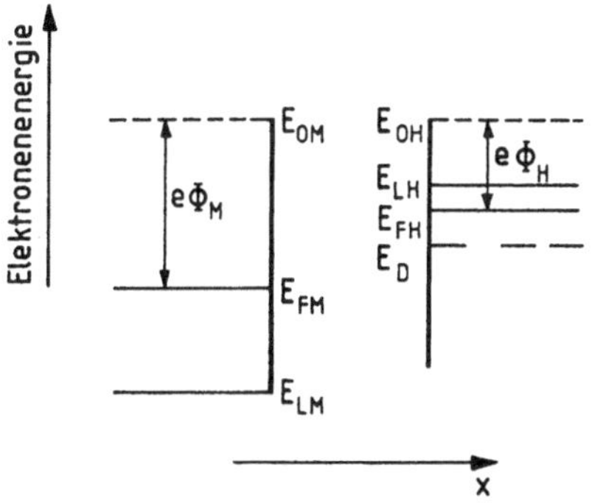

Fig.277 Energieschema für ein Metall und einen n-Halbleiter mit $\phi_H < \phi_M$ vor der Berührung. x ist die Koordinate senkrecht zur Kontaktfläche. E_D bezeichnet die Energieniveaus der Donatoren, E_{FH} die Fermi'sche Grenzenergie und E_{LH} die untere Kante des Leitungsbandes im n-Halbleiter. E_{FM} und E_{LM} sind die entsprechenden Größen für das Metall. Zur Bedeutung von E_{OM} und E_{OH} s.S.499

Nach der Berührung fließen Elektronen aus dem Leitungsband des n-Halbleiters solange zum Metall, bis die dadurch entstehende Potentialdifferenz die Fermi'schen Grenzenergien auf gleiches Niveau gebracht hat. Während die negative Ladung der zugewanderten Elektronen wegen der großen Dichte der Elektronzustände im Leitungsband auf dem Metall praktisch als **Oberflächenladung** (surface charge) vorliegt, bildet sich im n-Halbleiter eine positive **Raumladung** (space charge) aus. Sie wird von denjenigen Donatoren gebildet, deren positive Ladung nicht mehr durch Elektronen des Leitungsbandes neutralisiert ist. Diese Raumladung erstreckt sich umso tiefer in den n-Halbleiter hinein, je geringer die Donatorenkonzentration ist. Die Verschiebung der Energieniveaus, die erforderlich ist, um die Fermi'schen Grenzenergien auf gleiche Höhe zu bringen, erfolgt also auf der Seite des n-Halbleiters nicht sprunghaft, sondern allmählich (s.Fig.278).

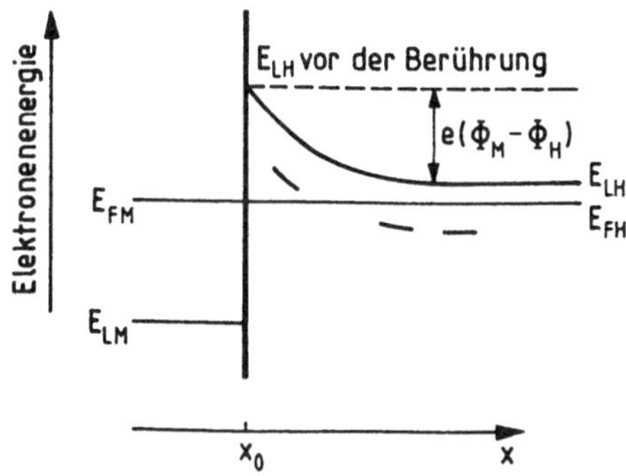

Fig.278 Energieschema für ein Metall und einen n-Halbleiter, die sich bei $x = x_0$ berühren. Wie in Fig.277 wurde $\phi_H < \phi_M$ angenommen

Die Kontaktspannung $U_K = \phi_M - \phi_H$ wird in diesem Fall auch als **Diffusionsspannung** (diffusion potential) des Metall-Halbleiter-Kontakts bezeichnet. Infolge der thermischen Bewegung gibt es auch nach Einstellung des Gleichgewichtszustandes ($E_{FM} = E_{FH}$) noch Elektronen, deren Energie so groß ist, dass sie aus dem Leitungsband des n-Halbleiters kommend zum Metall übertreten. Unter Beachtung der Festlegung, dass die Richtung eines elektrischen Stromes durch die Bewegungsrichtung positiver Ladungsträger gegeben ist, entspricht dies einem elektrischen Strom vom Metall zum n-Halbleiter. Da aber im thermischen Gleichgewicht die sekundliche Anzahl der Elektronen, die vom n-Halbleiter zum Metall übertreten, gleich der sekundlichen Anzahl von Elektronen sein muss, die sich in entgegengesetzter Richtung bewegen, existiert auch ein gleichgroßer elektrischer Strom vom n-Halbleiter zum Metall, der mit I_S bezeichnet wird und den man aus gleich ersichtlichen Gründen **Sperrstrom** (reverse current) nennt. Wir legen jetzt an den n-Halbleiter eine Spannung U gegenüber dem Metall an. Für $U < 0$ werden dann, wegen der negativen Ladung des Elektrons $(-e)$, alle Energieniveaus im n-Halbleiter um den Betrag $-eU > 0$ nach höheren Werten verschoben. Damit verringert sich die Potentialstufe für den Übergang der Elektronen vom n-Halbleiter zum Metall, während die Potentialstufe in der entgegengesetzten Richtung erhalten bleibt (s. Fig. 279).

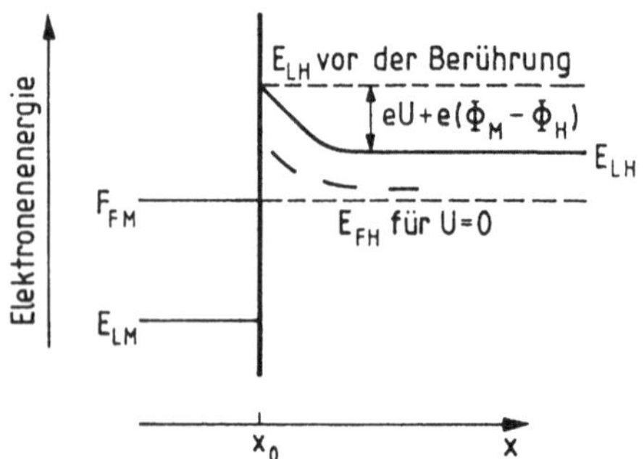

Fig. 279 Energieschema entsprechend Fig. 278, jedoch nach Anlegen einer Spannung $U < 0$ an den n-Halbleiter gegenüber dem Metall. Für $U \neq 0$ liegt kein thermisches Gleichgewicht vor, weshalb E_{FH} nicht mehr definiert ist und punktiert gezeichnet wurde

Es fließt also vom Metall zum n-Halbleiter ein gegenüber I_S vergrößerter elektrischer Strom. Man sagt deshalb, der Kontakt ist für $U < 0$ in **Durchlassrichtung** vorgespannt (forward biased). Im anderen Fall, d.h. für $U > 0$, vergrößert sich die Potentialstufe vom n-Halbleiter zum Metall und die Zahl der Elektronen, die sich in dieser Richtung bewegen, geht nach null. Der elektrische Strom wird also nur noch von *den* Elektronen gebildet, die vom Metall zum n-Halbleiter übertreten. Dieser elektrische Strom wurde schon oben als Sperrstrom (I_S) bezeichnet. In diesem Fall ist der Kontakt in **Sperrrichtung** (backward direction) vorgespannt (s.Fig.280).

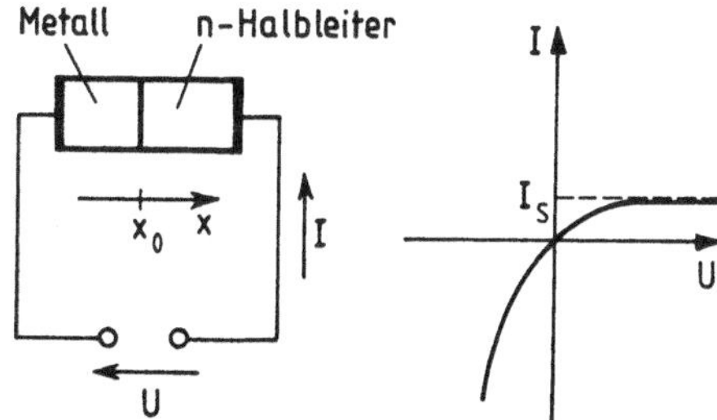

Fig.280 Experimentelle Anordnung (links) zu dem Energieschema von Fig.279 und die zugehörige Strom-Spannungs-Kennlinie (rechts)

Wenn das Austrittspotential ϕ_H des n-Halbleiters nicht kleiner, sondern größer ist als das des Metalls ($\phi_H > \phi_M$), dann gehen bei der Kontaktierung Elektronen vom Leitungsband des Metalls in das des n-Halbleiters über. Sie bilden auf der Halbleiterseite des Kontakts eine negative Oberflächenladung. Aber auch auf der Metallseite entsteht eine Oberflächenladung. Sie wird von *den* Atomrümpfen gebildet, deren positive Ladung durch das Abwandern der Elektronen nicht mehr neutralisiert ist und die sich wegen der hohen Dichte der Atomrümpfe in unmittelbarer Nähe der Oberfläche befinden. An Stelle einer Bandverbiegung bildet sich ein Sprung aus (s.Fig.281), der kein Hindernis für den Elektronentransport darstellt, so dass der Kontakt wie ein einfacher Ohm'scher Widerstand wirkt **(Ohm'scher Kontakt**, ohmic contact).

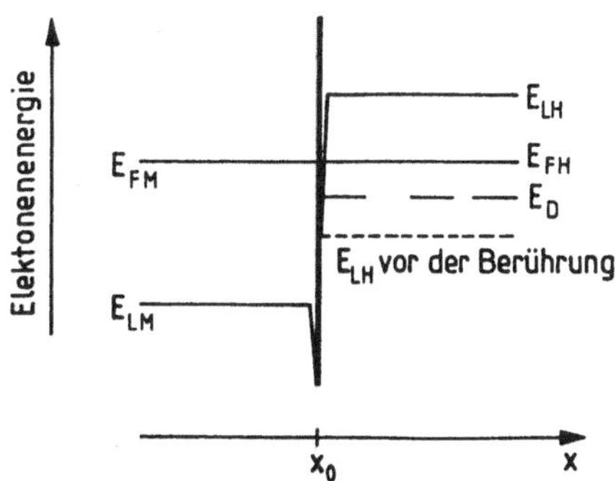

Fig.281 Energieschema für ein Metall und einen n-Halbleiter, die sich bei $x=x_0$ berühren. Im Gegensatz zu Fig.278 gilt hier $\phi_H > \phi_M$

Ähnliche Überlegungen lassen sich für den Kontakt zwischen einem Metall und einem p-Halbleiter anstellen. Die Ergebnisse sind in Tab.100 zusammengefaßt.

Tab.100 Eigenschaften von Kontakten zwischen Metall und Halbleiter

Metall / n-Halbleiter	Metall / p-Halbleiter	Eigenschaft
$\phi_H < \phi_M$	$\phi_H > \phi_M$	gleichrichtender Kontakt
$\phi_H > \phi_M$	$\phi_H < \phi_M$	Ohmscher Kontakt
n-Halbleiter negativ vorgespannt*)	p-Halbleiter positiv vorgespannt*)	Durchlaßrichtung
*) Zum Merken beachte man n- / negativ und p- / positiv		

Gleichrichtende Metall-Halbleiter-Kontakte finden vor allem Anwendung in der Form von **Spitzendioden** (point contact diodes). Dabei drückt eine dünne Metallspitze, z.B. aus Wolfram, auf einen Siliziumeinkristall. Die Vorteile sind sehr geringe Kapazitäten ($\leq 0{,}1\,\mathrm{pF}$) und eine praktisch trägheitslose Wirkungweise. Deshalb werden Spitzendioden als Gleichrichter oder Mischglied bis zu sehr hohen Frequenzen (cm-Wellengebiet) verwendet. Der Ohm'sche Kontakt am Silizium lässt sich einfach durch Lötzinn realisieren.

Halbleiter-Halbleiter (semiconductor-semiconductor). Wir betrachten einen Halbleitereinkristall (z.B. Silizium), der durch Dotierung mit Akzeptoren bzw. Donatoren auf der einen Seite p- und auf der anderen Seite n-leitend ist. Deshalb nennt man einen derartigen Kontakt **pn-Übergang** (p-n junction). Das Bänderschema zeigt Fig.282.

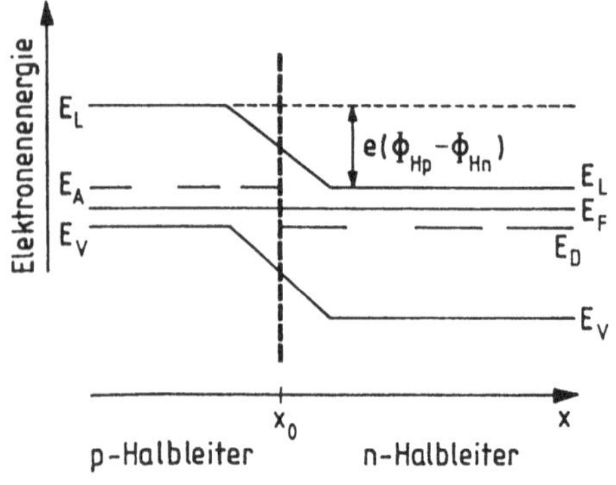

Fig.282 Energieschema (Bänderschema) für einen pn-Übergang. Das Halbleitermaterial ist links ($x < x_0$) mit Akzeptoren und rechts ($x > x_0$) mit Donatoren dotiert. E_L bezeichnet die untere Kante des Leitungsbandes und E_V die obere Kante des Valenzbandes. E_A bzw. E_D sind die Energieniveaus der Akzeptoren bzw. der Donatoren. E_F ist die Fermi'sche Grenzenergie

Dieses Bänderschema kommt in gleicher Weise zustande wie bei den gleichrichtenden Metall-Halbleiter-Kontakten, wobei aber hier die Bandverbiegung sowohl durch die Abwanderung von Elektronen vom n- zum p-Halbleiter als auch von Defektelektronen vom p- zum n-Halbleiter bewirkt wird (**bipolares Bauelement,** bipolar electronic component). Die Höhe der Potentialstufe ist, wie man sich leicht überlegen kann, gleich der Differenz der Austrittspotentiale für den n- und den p-Halbleiter, also gleich $\phi_{Hp} - \phi_{Hn}$. Man bezeichnet diese Differenz

$$U_D = \phi_{Hp} - \phi_{Hn} \tag{706}$$

als **Diffusionsspannung** (diffusion potential) des pn-Übergangs. Das Gebiet, in dem die Bänder nicht horizontal verlaufen, heißt **Sperrschicht** (barrier layer) oder **Raumladungsgebiet** (space-charge region), da dort positiv geladene Donatoren bzw. negativ geladene Akzeptoren sitzen, deren Ladung nicht durch Elektronen bzw. Defektelektronen neutralisiert ist.

Wir fragen nun nach der Wirkung einer Spannung U, die an den n-Halbleiter gegenüber dem p-Halbleiter angelegt wird und bezeichnen mit I den elektrischen Strom, der vom n-Halbleiter zum p-Halbleiter fließt. Gemäß Definition entspricht $I > 0$ also einem Transport positiver Ladungsträger vom n- zum p-Halbleiter. Für $U = 0$, d.h. für thermisches Gleichgewicht, muss I verschwinden. Für $U < 0$ verringert sich die Höhe der Potentialstufe auf den Wert $U_D - |U|$. Dadurch bedingt wandern mehr Elektronen vom n- zum p-Halbleiter als umgekehrt und mehr Defektelektronen vom p- zum n-Halbleiter als in der entgegengesetzten Richtung. Dies bewirkt insgesamt einen elektrischen Strom vom p- zum n-Halbleiter. Es gilt also $I < 0$, wobei der Betrag von I stark anwächst, wenn man $|U|$ vergrößert (Durchlassrichtung). Für $U > 0$ dagegen erhöht sich die Potentialstufe auf den Wert $U_D + U$ und es ergibt sich ein allerdings kleiner, aber positiver Strom ($I > 0$). Der Grenzwert I_S (**Sperrstrom,** reverse current), dem I für große Spannungen zustrebt, wird durch *die* Elektronen und Defektelektronen gebildet, die im Gebiet der Sperrschicht durch spontane Übergänge von Elektronen aus dem Valenz- in das Leitungsband (Elektron-Defektelektron-Paarbildung) entstehen. Die geschilderte Spannungsabhängigkeit des Stromes bedeutet, dass pn-Übergänge als Gleichrichter wirken. Wegen der großen realisierbaren Querschnittsfläche und der damit möglichen großen Ströme finden pn-Übergänge vor allem als **Leistungsgleichrichter** (high-power rectifier), z.B. in Stromversorgungsgeräten, Verwendung.

Ein pn-Übergang, der in Durchlassrichtung betrieben wird, kann bei entsprechender Dimensionierung sichtbares Licht aussenden. Man bezeichnet ihn dann als **Leuchtdiode (LED,** light emitting diode). Die Vorteile gegenüber einem Glühlämpchen sind erstens der geringe Leistungsbedarf und zweitens die Möglichkeit, die Lichtintensität schnell zu ändern (Lichtmodulation). Das Prinzip besteht darin, dass beim Betrieb in Durchlassrichtung ein Überschuss an Elektronen in das Leitungsband des p-Halbleiters gelangt. Dieser Überschuss wird durch Übergänge in das Valenzband (Rekombination von Elektronen und Defektelektronen) mit wachsendem Abstand vom Kontakt, der bei $x = x_0$ liegt (s.Fig.282), immer mehr abgebaut, so dass sich schließlich weit links im p-Halbleiter ($x \ll x_0$) der thermische Gleichgewichtswert für die Elektronenkonzentration im Leitungsband einstellt. Gleiches gilt für den Überschuss an Defektelektronen, der in das Valenzband des n-Halbleiters gelangt. Die bei der Rekombination frei werdende Energie $E_L - E_V$ wird entweder in thermische Energie umgesetzt, wie z.B. bei den Siliziumgleichrichterdioden, oder führt zur Emission von Photonen.

Kommerzielle Leuchtdioden, die für die Emission von sichtbarem Licht entwickelt wurden, basieren meist auf Gallium-Arsen-Phosphor-Verbindungen mit einer Bandlücke $(E_L - E_V)/e$ von ca. 1,8V. Dies entspricht einer Wellenlänge $\lambda_0 = hc_0(E_L - E_V)^{-1}$ von ungefähr $0{,}69 \cdot 10^{-6}$m. Der Übergang eines Elektrons von der unteren Kante des Leitungsbandes E_L zur oberen Kante des Valenzbandes E_V kann entweder spontan erfolgen oder durch die elektromagnetische Strahlung induziert werden, die von einem schon gesprungenen Elektron emittiert wurde. Im ersteren Fall handelt es sich um eine normale Leuchtdiode, im zweiten Fall spricht man von einem **Halbleiterlaser** (semiconductor laser).

Transistoren

Transistoren (transistors) sind Halbleiterbauelemente, die als Verstärker wirken können und die die früher dafür verwendeten Elektronenröhren fast vollständig abgelöst haben. Es gibt zwei Arten, die Flächentransistoren und die Feldeffekttransistoren.
Flächentransistoren oder **bipolare Transistoren** (bipolar junction transistors) bestehen aus einem Halbleitereinkristall, in dem zwei pn-Übergänge sehr dicht benachbart sind (Abstand ca. 1μm). Je nach der Zonenfolge unterscheidet man zwischen npn- und pnp-Transistoren. Wir erläutern die Wirkungsweise an einem npn-Transistor (s.Fig.283). Die drei Elektroden heißen **Emitter** (emitter) e, **Basis** (base) b und **Kollektor** (collector) c.

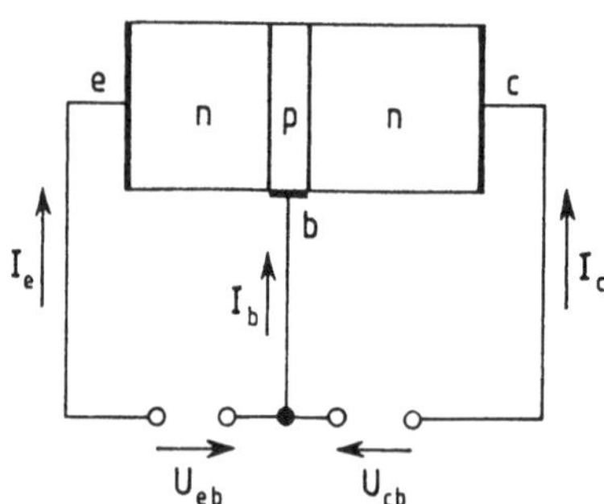

Fig.283 npn-Transistor. Die drei Elektroden e, b, c heißen Emitter, Basis bzw. Kollektor. Für den Betrieb als Verstärker muss die Emitterspannung negativ ($U_{eb} < 0$) und die Kollektorspannung positiv ($U_{cb} > 0$) sein

Für den Betrieb als Verstärker muss der np-Übergang in Durchlassrichtung ($U_{eb} < 0$) und der pn-Übergang in Sperrrichtung ($U_{cb} > 0$) vorgespannt werden. Da die Basiselektrode dem Eingangskreis (U_{eb}, I_e) und dem Ausgangskreis (U_{cb}, I_c) gemeinsam ist, heißt diese Schaltung **Basisschaltung** (common-base configuration). Wegen $U_{eb} < 0$ (Durchlassrichtung) diffundieren sehr viele Elektronen vom Emittergebiet in die Basisschicht. Da diese aber extrem dünn ist, gelangen nur wenige Elektronen zur Elektrode b, die meisten durchwandern den pn-Übergang und erreichen die Elektrode c. Auf diese Weise ergibt sich für den Betrag der **Gleichstromverstärkung** (dc gain) ein Wert knapp unterhalb eins. Streng genommen müsste man also von einer Gleichstromschwächung sprechen, was aber nicht üblich ist. Die **Leistungsverstärkung** (power gain) dagegen kann, wegen $U_{cb} \gg |U_{eb}|$, Werte in der Größenordnung 100 annehmen.

Für die durch I_c/I_e definierte Gleichstromverstärkung schreiben wir V_I. Diese Größe liegt bei kommerziellen Transistoren im Bereich von ca. $-0{,}9$ bis ca. $-0{,}995$. Auf Grund der Bedingung $I_e + I_b + I_c = 0$ (s.Fig.283) folgt $I_b = -(1 + V_I)I_e$. Da die Elektronen eine negative Ladung ($-e$) besitzen, gilt $I_e < 0$, während I_c und I_b positiv sind. Die Sperrspannung U_{cb} kann man viel größer machen (ca. 2V bis mehrere 100V) als die zur Erzeugung des Emitterstroms erforderliche Durchlassspannung $-U_{eb}$, die meist unter 1V liegt. Damit führt eine Änderung der Eingangsleistung um $\Delta(I_e U_{eb})$ zu einer Änderung der Ausgangsleistung um $\Delta(I_c U_{cb}) = V_I \Delta(I_e U_{cb})$, woraus für die Leistungsverstärkung $V_P = \Delta(I_c U_{cb})/\Delta(I_e U_{eb})$ folgt $V_P = V_I U_{cb}/U_{eb}$.

Bei der **Emitterschaltung** (common-emitter configuration) haben der Eingangs- und der Ausgangskreis den Emitter als gemeinsame Elektrode. Im Eingangskreis fließt also nur der kleine Basisstrom $I_b = -I_e - I_c$, so dass Stromverstärkungen in zweistelliger Höhe realisiert werden. Da außerdem der kleine Basisstrom die Signalquelle, die man an den Transistoreingang (Basiselektrode) anlegt, nur gering belastet, werden Flächentransistoren meist in Emitterschaltung betrieben.
Noch wesentlich geringere Belastungen, d.h. viel höhere Eingangswiderstände, erreicht man mit **Feldeffekttransistoren** (junction field-effect transistors). Diese werden auch als **unipolare Transistoren** (unipolar transistors) bezeichnet, da der Strom lediglich auf dem Transport von Majoritätsträgern beruht. Zu den wichtigsten Typen gehört der **MOS-FET** (<u>m</u>etal-<u>o</u>xide-<u>s</u>emiconductor <u>f</u>ield-<u>e</u>ffect <u>t</u>ransistor), der schematisch in Fig.284 auf der nächsten Seite dargestellt ist. Die Eingangselektrode g ist durch eine isolierende Schicht (SiO_2) vom Halbleiter getrennt, weshalb der MOS-FET einen sehr hohen Eingangswiderstand (bis zu ca. $10^{15}\Omega$) besitzt. Für $U_{ds} > 0$ wird der np-Übergang vom **Kanal** (channel) zum Substrat in Sperrrichtung vorgespannt, so dass der Elektronenstrom von s nach d nur in diesem Kanal fließen kann. Mit den in Fig.284 gewählten positiven Stromrichtungen gilt $I_d = -I_s > 0$. Bei Anlegen einer negativen Spannung an die Eingangselektrode g, d.h. für $U_{gs} < 0$, werden die Elektronen durch das elektrische Feld aus dem schwach n-dotierten Siliziumkanal in das Substrat (schwach p-dotiertes Silizium) gedrängt und der Strom I_d sinkt. Für $U_{gs} > 0$ dagegen gelangen, wegen der elektrostatischen Anziehung,

zusätzliche Elektronen aus dem Substrat in den Kanal und I_d wächst.

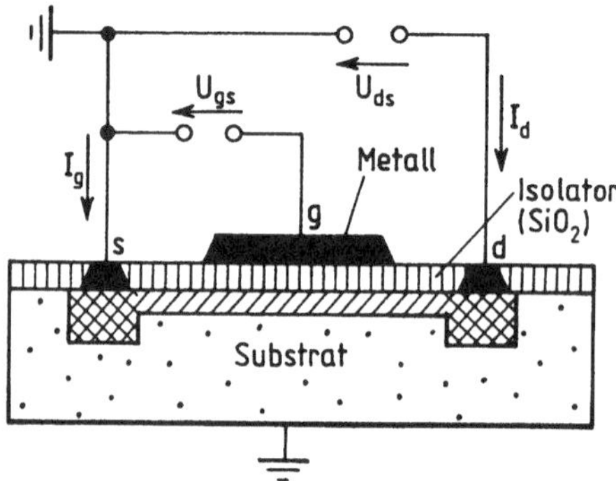

Fig.284 MOS-FET. Die drei Elektroden heißen **Quelle** (source) s, **Gatter** (gate) g und **Abzug** (drain) d. Die doppelt schraffierten Gebiete sind stark n-dotiert, der schräg schraffierte Kanal ist schwach n- und das gepunktete Gebiet (Substrat) schwach p-dotiert. Die senkrecht schraffierte Schicht ist ein Isolator (SiO₂)

Auf diese Weise ist eine nahezu leistungslose Steuerung des Drainstroms I_d durch die Gatespannung U_{gs} möglich. Das Verhalten ähnelt damit der Wirkungsweise einer Elektronenröhre (Triode), wo durch Änderung der Spannung eines Gitters, das sich zwischen der Kathode und der Anode befindet, der Anodenstrom gesteuert wird.

28   Der Atomkern

Pierre Curie: Wollen Sie bitte die Güte haben, dem Herrn Minister zu danken und ihm mitzuteilen, dass ich gar kein Bedürfnis habe, einen Orden, aber ein umso größeres, ein Laboratorium zu bekommen.

28.1   Kernstruktur

Ein Atom besteht aus der Elektronenhülle und dem **Atomkern** (atomic nucleus), in dem praktisch die gesamte Masse des Atoms konzentriert ist. Atomkerne sind aus **Protonen** (protons, p) und **Neutronen** (neutrons, n) zusammengesetzt. Man bezeichnet diese Teilchen als **Nukleonen** (nucleons). Protonen und Neutronen haben den gleichen Spin ($I=1/2$). Die Masse des Neutrons m_n ist um ca. 0,14% größer als die des Protons m_p (s.S.549). Im Gegensatz zum Proton, das die Ladung $+e$ aufweist, ist das Neutron elektrisch neutral. Trotzdem besitzt es ein von null verschiedenes magnetisches Moment (s.S.550). Die Anzahl der Protonen im Atomkern nennt man **Ordnungszahl** (atomic number Z). Die Anzahl A aller

Nukleonen im Kern bestimmt seine Masse und wird deshalb **Massenzahl** (mass number) genannt. Die Differenz aus Massenzahl A und Ordnungszahl Z ergibt die Neutronenzahl N. *Atome* mit gleicher Ordnungszahl, aber verschiedener Massenzahl heißen **Isotope** (isotopes), solche mit gleicher Massenzahl und verschiedener Ordnungszahl **Isobare** (isobares). Der Oberbegriff von Isotopen und Isobaren ist **Nuklid** (nuclide). Zur eindeutigen Charakterisierung eines Kerns genügt die Angabe von zwei der drei Zahlen Z, A und N. Es ist üblich, an Stelle der Protonenzahl Z das Symbol des Elementes zu verwenden und das entsprechende Isotop durch die hoch vorangesetzte oder mit Bindestrich nachgestellte Massenzahl zu bezeichnen. ^{13}C oder C-13 kennzeichnet demzufolge einen Atomkern mit $Z=6$ (Kohlenstoff, s.S.557) und $A=13$, d.h. $N=A-Z=7$ Neutronen. Manchmal, vor allem bei der Beschreibung von Kernreaktionen, wird noch dem Symbol des Elements die Ordnungszahl tief vorangesetzt. Im vorliegenden Fall würde man also $^{13}_{6}$C zu schreiben haben. Atomkerne können näherungsweise als kugelförmig angesehen werden. Ihr Radius r_K ergibt sich aus Streuexperimenten zu

$$ r_\mathrm{K} = r_0 \, A^{1/3} \qquad \text{mit} \qquad r_0 \approx 1{,}4 \cdot 10^{-15} \text{ m} . \tag{707}$$

Dies bedeutet, dass die Dichte ρ der Atomkerne nahezu konstant ist; und zwar folgt aus der Beziehung $\rho = A m_\mathrm{u} (4\pi r_\mathrm{K}^3/3)^{-1}$ durch Einsetzen der atomaren Masseneinheit m_u (s.S.549) und r_K nach Gl.(707) $\rho \approx 1{,}4 \cdot 10^{17} \text{kg/m}^3 = 140\ 000 \text{ t/mm}^3$. Die Konstanz der Dichte kann durch die Annahme erklärt werden, dass die Nukleonen in den Kernen so dicht gepackt sind wie beispielsweise die Moleküle in einem Flüssigkeitstropfen (**Tropfenmodell des Atomkerns**, drop nuclear model). Wegen der gleichnamigen Ladung müssen sich die Protonen in einem Atomkern abstoßen. Der Zusammenhalt eines Atomkerns erfordert deshalb die Existenz einer anderen Wechselwirkung, die für kleine Abstände viel stärker als die Coulomb-Kraft ist. Man bezeichnet sie als **starke Wechselwirkung** (strong interaction). Diese hat folgende Eigenschaften: (1) Kurze Reichweite, (2) Unabhängigkeit von der Ladung der Nukleonen, (3) Abhängigkeit von der relativen Spinorientierung der wechselwirkenden Nukleonen und (4) Abstoßung bei sehr kleinen Abständen. Die Abstandsabhängigkeit der potentiellen Energie der starken Wechselwirkung zwischen zwei Nukleonen ist auf der nächsten Seite qualitativ in Fig.285 dargestellt. Die Abstoßung tritt also für Abstände auf, die kleiner als ca. $0{,}5 \cdot 10^{-15}$m sind. Rechts vom Minimum, d.h. im Gebiet der Anziehung, kann die potentielle Energie durch das **Yukawa-Potential** (Yukawa potential, Hideki Yukawa 1907-1981)

$$ E_\mathrm{pot} = - \frac{E_0 a}{r} \exp\left(- \frac{r}{a}\right) \tag{708}$$

angenähert werden. Dabei sind E_0 und a zwei empirische Konstanten. a charakterisiert die Reichweite und E_0 die Stärke der Wechselwirkung.

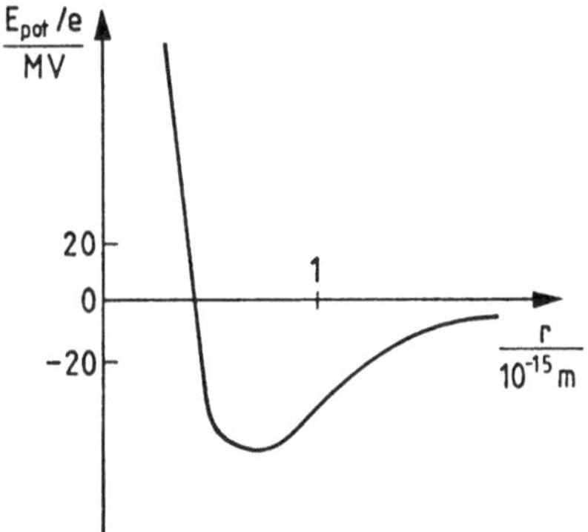

Fig.285 Abstandsabhängigkeit der potentiellen Energie E_{pot} für die starke Wechselwirkung zwischen zwei Nukleonen

Der Exponentialfaktor in Gl.(708) bewirkt, dass die starke Wechselwirkung kurzreichweitig ist, im Gegensatz zur Coulomb'schen Wechselwirkung, für die $E_{pot} \propto r^{-1}$ gilt. Die Masse $m_{A;Z}$ eines Atomkerns, bestehend aus Z Protonen und $(A-Z)$ Neutronen ist kleiner als die Summe der Einzelmassen $Zm_p + (A-Z)m_n$. Die Differenz wird als **Massendefekt** (mass defect) bezeichnet. Wegen der Einstein'schen Formel (s.Gl.(434), S.292) stellt der mit c_0^2 multiplizierte Massendefekt

$$\Delta E = c_0^{\,2} \left(Zm_p + (A-Z)m_n - m_{A;Z} \right) \tag{709}$$

die **Bindungsenergie des Atomkerns** (nuclear binding energy) dar. Die mittlere Bindungsenergie pro Nukleon, d.h. der Quotient $\Delta E/A$, wächst als Funktion der Massenzahl A zunächst stark an, erreicht ein Maximum bei $A \approx 60$ und nimmt dann allmählich wieder ab. Dies bedeutet, dass sowohl bei der Verschmelzung kleiner Kerne (**Kernfusion**, nuclear fusion) als auch bei der Spaltung großer Kerne (**Kernspaltung**, nuclear fission) Energie frei wird.

Bei der Verschmelzung eines Protons (Masse m_p) mit einem Neutron (Masse m_n) zu einem Deuteron (Masse m_d) wird nach Gl.(709) die Energie $\Delta E = c_0^2 (m_p + m_n - m_d)$ frei. Mit den bekannten Zahlenwerten (s.S.548ff.) folgt $\Delta E/e = 2{,}225\text{MV}$. Die Energie, die bei der Umwandlung von $^{232}_{92}\text{U}$ in $^{228}_{90}\text{Th}$ und ^4_2He frei wird, berechnet sich zu $\Delta E = c_0^2 (m_{232;92} - m_{228;90} - m_{4;2})$. Bei der Berechnung von ΔE kann man anstelle der Kernmassen $m_{A;Z}$ die entsprechenden **Atommassen** (atomic masses) $M_{A;Z}$ verwenden, da sich die Massen der Elektronen bei der Differenzbildung herausheben und die Bindungsenergien der Elektronen in den Atomen klein gegen die Kernbindungsenergien sind. Mit $M_{232;92} = 232{,}037130 m_u$, $M_{228;90} = 228{,}028715 m_u$ und $M_{4;2} = 4{,}00260 m_u$ [LID90] und dem Zahlenwert für die atomare Masseneinheit m_u (s.S.549) folgt $\Delta E/e = 5{,}42\text{MV}$. In Übereinstimmung damit ist das Isotop $^{232}_{92}\text{U}$ nicht stabil, sondern wandelt sich unter Aussendung von α-Strahlen (^4_2He-Kerne) in $^{228}_{90}\text{Th}$ um.

Elektronenhülle und Atomkern sind in verschiedener Hinsicht ähnlich. Analog zur Einelektronennäherung bei der Atomhülle (s.S.454) geht man im **Schalenmodell** (shell model) des Atomkerns davon aus, dass sich die Nukleonen in einem effektiven kugelsymmetrischen Potential der Kernkräfte bewegen, dessen genaue Form aber - im Gegensatz zur Situation in der Elektronenhülle - nicht bekannt ist. Als erste Näherung wird ein kastenförmiges (Anziehungs-)Potential angenommen. Die Lösung der Schrödinger-Gleichung ergibt stationäre Nukleonenzustände mit einer Hauptquantenzahl n und einer Drehimpulsquantenzahl ℓ. Das heißt, 1s, 2s, 3s usw. bezeichnet das 1., 2., 3. usw. Energieniveau mit $\ell=0$ in der Reihenfolge wachsender Energien. In gleicher Weise, wie die Elektronenhülle eine Schalenstruktur (K-Schale, L-Schale usw., s.S.455) besitzt, gilt dies auch für den Atomkern, woher die Bezeichnung *Schalenmodell* rührt. Da es zwei Sorten von Nukleonen gibt, die jede für sich dem Pauli-Verbot genügen müssen, zeigen die Atomkerne eine Doppel-Schalen-Anordnung, eine für die Protonen, die andere für die Neutronen. Für Werte von Z oder N, die voll gefüllten Schalen entsprechen, sind die Atomkerne besonders stabil, analog zu den Elektronenhüllen bei den Edelgasen. Die entsprechenden Werte für Z oder N sind 2, 8, 20, 28, 50, 82 und 126. Sie heißen **magische Zahlen** (magic numbers). Diese lassen sich im Schalenmodell unter der Annahme einer genügend starken Spin-Bahn-Kopplung begründen. Atomkerne mit magischen Zahlen zeigen Maxima für den energetischen Abstand ΔE_1 zwischen dem 1. angeregten Zustand und dem Grundzustand. Beispielsweise gilt für $^{16}_{8}O$, d.h. $Z=8$ und $N=8$, $\Delta E_1=6{,}8$MeV im Vergleich zu Werten von weniger als 2MeV für Kerne mit nichtmagischen Nukleonenzahlen. Neben den Energieniveaus eines Atomkerns, die durch Anregung eines oder mehrerer Nukleonen entstehen (**Nukleonenanregungen**, particle excitations), gibt es noch die **kollektiven Anregungen** (collective excitations). Sie beruhen auf den Rotationen und/oder Schwingungen der Atomkerne. Ihre Anregungsenergien δE sind aber wesentlich kleiner, und zwar liegt δE in der Größenordnung von einigen keV. Übergänge zwischen den verschiedenen Energieniveaus eines Atomkerns sind meist mit der Emission oder Absorption von γ-Strahlen (s.S.284) verbunden.

28.2 Radioaktivität

Die meisten Atomkerne in unserer natürlichen Umgebung sind stabile Kombinationen von Protonen und Neutronen. Instabile Atomkerne, d.h. solche, die ohne äußeren Anlaß zerfallen, nennt man **radioaktiv** (radioactive). Radioaktive Kernumwandlungen (s. auch [STO96]) sind mit der Emission ionisierender Strahlung verbunden, vor allem von α-, β- und γ-Strahlen (s.u.). Deren Energie rührt von der Bindungsenergie her, die bei der Kernumwandlung frei wird. Außer den künstlich durch Kernreaktionen erzeugten radioaktiven Kernen gibt es solche, die in der Natur vorkommen. Es handelt sich vor allem um Isotope von Uran, Aktinium und Thorium mit ihren Folgeprodukten (s.S.518). Daneben gibt es einige wenige leichtere Kerne mit natürlicher Radioaktivität, wie z.B. $^{14}_{6}C$ und $^{40}_{19}K$.

Alle radioaktiven Prozesse verlaufen nach einem Exponentialgesetz, sofern man große Zahlen von Teilchen betrachtet. Wenn $N_0 \gg 1$ die Anfangszahl der instabilen Kerne bezeichnet, so gilt für die mittlere Anzahl der Kerne, die nach der Zeit t noch nicht zerfallen sind,

$$N = N_0\, e^{-\lambda t} . \tag{710}$$

λ heißt **Zerfallskonstante** (disintegration constant). Die Zeit, in der die Hälfte der anfänglich vorhandenen Kerne zerfällt, nennt man **Halbwertszeit** (half-life) $T_{1/2}$. Aus der Bedingung $N_0/2 = N_0\exp(-\lambda T_{1/2})$ folgt

$$T_{1/2} = \frac{\ln 2}{\lambda} \approx \frac{0{,}693}{\lambda} . \tag{711}$$

Daneben wird manchmal auch die **mittlere Lebensdauer** (mean life time) τ eines Kerns angegeben. Es gilt

$$\tau = \frac{1}{\lambda} . \tag{712}$$

Die Wahrscheinlichkeit, dass einer der ursprünglich vorhandenen N_0 Kerne im Zeitintervall von t bis $t+dt$ zerfällt, ergibt sich unter Verwendung von Gl.(710) zu $-dN(t)/N_0 = \exp(-\lambda t)\lambda dt$. Damit folgt für die mittlere Lebensdauer die Beziehung $\tau = \int_0^\infty t\exp(-\lambda t)\lambda dt$ oder, wenn wir $\xi = \lambda t$ einführen, $\tau = \lambda^{-1} \int_0^\infty \xi\exp(-\xi)d\xi$. Dies ist, wegen $\int_0^\infty \xi\exp(-\xi)d\xi = 1$, identisch mit Gl.(712).

Die Anzahl der Zerfälle pro Sekunde bezeichnet man als **Aktivität** (activity) A_r des radioaktiven Präparats. Mit $A_r = -dN/dt$ folgt aus den Gln.(710) und (711)

$$A_r = \lambda N = \frac{N \ln 2}{T_{1/2}} . \tag{713}$$

Die Einheit der Aktivität ist das **Becquerel** (Bq, Alexandre Edmond Becquerel 1820-1891). 1Bq bedeutet also 1 Zerfall pro Sekunde. Früher war es üblich, die Aktivität in **Curie** (Ci, Marie Curie 1867-1934, Pierre Curie 1859-1906) anzugeben, und zwar gilt

$$1\ \text{Ci} = 3{,}7{\cdot}10^{10}\ \text{Bq} = 3{,}7{\cdot}10^{10}\ \text{Zerfälle pro Sekunde} . \tag{714}$$

Die Einheit Curie wurde gewählt, da in 1g Radium ca. $3{,}7{\cdot}10^{10}$ Atomkerne pro Sekunde zerfallen; denn die Halbwertszeit von $^{226}_{88}Ra$ beträgt 1600 Jahre, d.h. ca. $5{,}05{\cdot}10^{10}$s, und in 1Gramm $^{226}_{88}Ra$ befinden sich

ungefähr $(1/226)\cdot6{,}023\cdot10^{23}$ Atomkerne. Damit ergibt sich aus Gl.(713) $A_r\approx3{,}66\cdot10^{10}\mathrm{s}^{-1}$.
Die exponentielle Abhängigkeit der Anzahl radioaktiver Kerne von der Zeit wird bei der **radiometrischen Altersbestimmung** (radiometric age determination) verwendet. Große Bedeutung hat das **C-14 Verfahren** (radiocarbon method) erlangt. Durch Einfang von Neutronen aus der Höhenstrahlung wird atmosphärischer Stickstoff in das radioaktive Isotop $^{14}_{6}\mathrm{C}$ verwandelt, das ein β^--Strahler ist und eine Halbwertszeit von 5715 Jahren [LID90] besitzt. Ein Teil dieser C-14 Atome verbindet sich mit dem Sauerstoff der Atmosphäre zu CO_2. Dieses radioaktive CO_2 wird von den Pflanzen mit aufgenommen und zum Aufbau ihrer Kohlenwasserstoffe verwendet, die damit C-14 im gleichen Mengenverhältnis zu C-12 enthalten wie in der Atmosphäre. Mit dem Absterben der Pflanze, d.h. sobald kein C-14 mehr assimiliert wird, sinkt das Mengenverhältnis C-14/C-12 exponentiell mit der Halbwertszeit von 5715 Jahren ab. Aus der verbliebenen β^--Aktivität ergibt sich somit nach Gl.(710) das Alter der organischen Fundstücke. Auf diese Weise lassen sich Altersbestimmungen im Bereich von ca. 500-50 000 Jahren durchführen.

Der α-Zerfall

Beim **α-Zerfall** (α-decay) emittiert der instabile Kern ein **α-Teilchen** (α-particle). Dieses ist identisch mit dem Atomkern des Nuklids $^{4}_{2}\mathrm{He}$ und besitzt mit zwei magischen Zahlen ($Z=2$ und $N=2$) eine hohe Bindungsenergie, was erklärt, warum radioaktive Nuklide viel eher α-Teilchen als einzelne Protonen oder Neutronen emittieren. Wegen $A=4$ und $Z=2$ muss der Tochterkern eine um 4 verringerte Massenzahl und eine um 2 verkleinerte Ordnungszahl besitzen. Als Beispiel betrachten wir den α-Zerfall des Uranisotops $^{238}_{92}\mathrm{U}$, das eine Halbwertszeit von $4{,}46\cdot10^9$ Jahren besitzt,

$$^{238}_{92}\mathrm{U} \;\rightarrow\; ^{234}_{90}\mathrm{Th} \;+\; ^{4}_{2}\mathrm{He} \;+\; \Delta E\,. \tag{715}$$

ΔE ist die beim Zerfall frei werdende Bindungsenergie.

Aus der Beziehung $\Delta E = c_0^{2}(m_{238;92} - m_{234;90} - m_{4;2})$ folgt mit den Atommassen (s. den kleingedruckten Text auf S.514) $M_{238;92}=238{,}050784m_\mathrm{u}$, $M_{234;90}=234{,}043593m_\mathrm{u}$, $M_{4;2}=4{,}00260m_\mathrm{u}$ [LID90] und den Zahlenwerten für m_u, c_0 und e (s.S.548ff.) $\Delta E/e \approx 4{,}28\mathrm{MV}$ oder $\Delta E \approx 4{,}28\mathrm{MeV}$.

Da bei einem derartigen Zerfall ein Teil der frei werdenden Bindungsenergie als kinetische Energie des Tochterkerns abgeführt wird, ist die kinetische Energie $E_{\mathrm{kin},\alpha}$ der α-Teilchen etwas kleiner als ΔE. Sie besitzt aber einen diskreten Wert. In einigen Fällen findet man mehrere diskrete Werte für $E_{\mathrm{kin},\alpha}$, und zwar dann, wenn der Tochterkern nicht nur im Grundzustand, sondern auch in angeregten Kernzuständen gebildet wird. Beispielsweise besitzen 77% der vom Uranisotop $^{238}_{92}\mathrm{U}$ emittierten α-Teilchen eine kinetische Energie von 4,196MeV, 23% haben 4,147MeV und 0,23% haben 4,039MeV. Der Übergang der angeregten Tochterkerne in den Grundzustand erfolgt durch Emission von γ-Strahlen.
Alle Kerne mit $Z>83$ sind instabil und zerfallen unter Aussendung von α- bzw. β-Teilchen. Da sich die Massenzahl A bei der Emission eines α-Teilchens um vier verringert und beim β-Zerfall gleich bleibt und da die vier stabilen Nuklide $^{206}_{82}\mathrm{Pb}$,

$^{207}_{82}$Pb, $^{208}_{82}$Pb und $^{209}_{83}$Bi existieren, gibt es vier natürliche Zerfallsreihen mit den in Tab. 101 aufgeführten **Mutternukliden** (parent nuclides).

Tab. 101 Die vier natürlichen Zerfallsreihen [LID90]

stabiles Tochter-nuklid (natürl. Häufigkeit)	Massenzahl des Mutternuklids	Mutternuklid	Halbwertszeit des Mutternuklids	Name der Zerfallsreihe
$^{206}_{82}$Pb (24,1 %)	206 + 8·4	$^{238}_{92}$U	4,46·10⁹Jahre	**Uranreihe** (uranium series)
$^{207}_{82}$Pb (22,1 %)	207 + 7·4	$^{235}_{92}$U	7,04·10⁹Jahre	**Aktiniumreihe** (actinium series)
$^{208}_{82}$Pb (52,4 %)	208 + 6·4	$^{232}_{90}$Th	1,4·10¹⁰Jahre	**Thoriumreihe** (thorium series)
$^{209}_{83}$Bi (100 %)	209 + 7·4	$^{237}_{93}$Np	2,14·10⁶Jahre	**Neptuniumreihe** (neptunium series)

Da die Halbwertszeit von $^{237}_{93}$Np klein ist gegenüber dem geologischen Alter der Erde (ca. $4{,}5\cdot10^9$ Jahre), kommen die Nuklide dieser Reihe im Gegensatz zu denen der anderen drei Zerfallsreihen nicht mehr natürlich vor. Die Halbwertszeiten der aus den Mutternukliden (M) entstehenden instabilen Folgeprodukte (Nuklide N_1, N_2, ...) sind viel kürzer als die der jeweiligen Mutternuklide. In der Reihe $M \rightarrow N_1 \rightarrow N_2 \rightarrow ... N_n \rightarrow T$, wobei T für das stabile Tochternuklid steht, stellt sich ein Gleichgewicht ein, so dass sich die Konzentrationen (c) wie die mittleren Lebensdauern (τ) verhalten, d.h. es gilt $c_M : c_{N1} : c_{N2} :$ $... c_{Nn} = \tau_M : \tau_{N1} : \tau_{N2} : ... \tau_{Nn}$. Diese Beziehung kann vorteilhaft zur Bestimmung der mittleren Lebensdauern bzw. der entsprechenden Halbwertszeiten (s. S. 516) sowohl sehr kurzlebiger als auch sehr langlebiger Radionuklide verwendet werden.

Um den α-Zerfall theoretisch zu erklären, nimmt man an, dass das α-Teilchen schon im instabilen Kern vorhanden ist und sich in einem Potentialtopf befindet, der von der starken Wechselwirkung und dem Coulomb-Potential gebildet wird. Die Energie der α-Teilchen im Kern (ca. 4 bis 9MeV) ist kleiner als die Höhe des Potentialwalls, die für die meisten α-Strahler bei etwa 30MeV liegt. Deshalb kann das α-Teilchen den Kern nur auf Grund des Tunneleffekts (s. S. 426) verlassen. Die auf diese Weise quantenmechanisch berechneten Halbwertszeiten stimmen relativ gut mit den experimentellen Werten überein, die durch die **Geiger-Nuttall-Regel** (Geiger-Nuttall rule, Hans Geiger 1882-1945)

$$\lg T_{1/2} = A + B \lg \Delta E \tag{716}$$

mit den empirisch bestimmten Konstanten A und B beschrieben werden. In der ursprünglichen Form dieser Beziehung stand allerdings an Stelle der frei werdenden Bindungsenergie ΔE die Reichweite der α-Strahlen in Luft. Als Beispiel für

Gl.(716) zeigt die Fig.286 den Zusammenhang zwischen $T_{1/2}$ und ΔE für den α-Zerfall von Uranisotopen ($Z=92$) mit gerader Massenzahl (A).

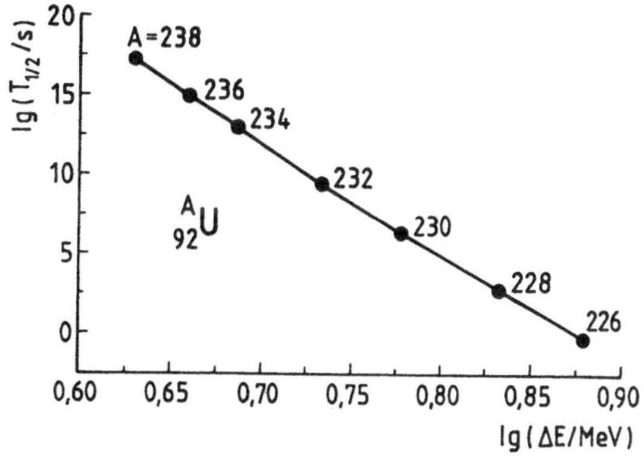

Fig.286 Die Geiger-Nuttall-Regel (s. Gl.(716)) für den α-Zerfall von Uranisotopen $_{92}^A$U mit gerader Massenzahl A. lg bezeichnet, wie üblich, den Logarithmus zur Basis 10

Die β-Zerfälle

Atomkerne, die eine größere Anzahl von Neutronen als Protonen besitzen, sind meist instabil und zerfallen unter Aussendung von Elektronen (β^--**Zerfall**, β^--decay). Auch im umgekehrten Fall sind die Atomkerne meist instabil, jedoch werden dann **Positronen** (positrons) emittiert (β^+-**Zerfall**, β^+-decay). Positronen kennzeichnet man zur Unterscheidung von Elektronen (e^-) durch das Symbol e^+. Sie haben die gleiche Masse (m_e) und den gleichen Spin ($I=\frac{1}{2}$) wie Elektronen, jedoch das entgegengesetzte Vorzeichen bei der Ladung ($+e$) und dem magnetischen Moment ($-\mu_e$). Beispiele für β-Zerfälle zeigt die Fig.287.

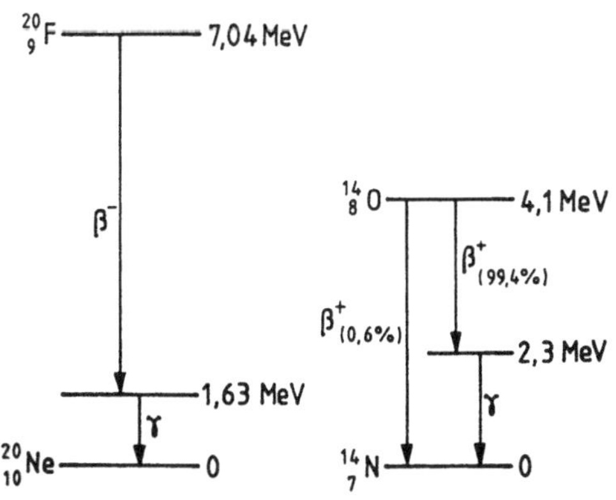

Fig.287 Der β^--Zerfall des $^{20}_{9}$F (linkes Termschema) führt zunächst zu einem angeregten Zustand des $^{20}_{10}$Ne. Dieser geht unter Emission eines γ-Quants in den Grundzustand über. Beim β^+-Zerfall des $^{14}_{8}$O (rechtes Termschema) entsteht in 0,6% aller Fälle unmittelbar das Isotop $^{14}_{7}$N im Grundzustand

Eine charakteristische Eigenschaft der β-Zerfälle ist die Tatsache, dass die Elektronen bzw. Positronen kontinuierlich verteilte kinetische Energien besitzen, die das gesamte Intervall von null bis nahe an die Zerfallsenergie überstreichen. Um den Widerspruch zum Energie- und Impulssatz zu beseitigen, schlug Wolfgang Pauli (1900-1958) im Jahre 1930 vor, dass beim β^+-Zerfall neben dem Positron e^+ ein weiteres Teilchen emittiert wird, dem man den Namen **Neutrino** (neutrino) und das Symbol ν_e gegeben hat. Damit wird die Zerfallsenergie von drei Teilchen aufgenommen, was eine kontinuierliche Verteilung erlaubt. Das beim β^--Zerfall erforderliche dritte Teilchen ist das **Antineutrino** (antineutrino) $\bar{\nu}_e$. Neutrino und Antineutrino sind elektrisch neutral. Ihre Masse muss um mehrere Größenordnungen kleiner sein als die des Elektrons (s. Tab. 105, S. 541). Sie besitzen den Spin ½, der beim Neutrino antiparallel und beim Antineutrino parallel zum Impuls steht. Die mit dem Spin verbundene Drehrichtung bildet daher beim Neutrino mit der Impulsrichtung eine Linksschraube, beim Antineutrino eine Rechtsschraube. Die β^--Umwandlung wird also durch die Reaktion

$$n \;\rightarrow\; p \;+\; e^- \;+\; \bar{\nu}_e \;+\; \Delta E_{np} \tag{717}$$

beschrieben und die β^+-Umwandlung durch

$$p \;\rightarrow\; n \;+\; e^+ \;+\; \nu_e \;+\; \Delta E_{pn}. \tag{718}$$

Da die Masse des Neutrons größer ist als die Summe aus den Massen des Protons und des Elektrons, wird beim Prozess (717) Energie frei ($\Delta E_{np} > 0$), während der Prozess (718) nur stattfinden kann, wenn Energie zugeführt wird ($\Delta E_{pn} < 0$). Deshalb zerfällt ein freies Neutron spontan nach dem Schema (717). Die mittlere Lebensdauer τ beträgt (896 ± 10)s, d.h. ca. eine Viertelstunde. Die Umwandlung eines Protons in ein Neutron (Prozess (718)) ist dagegen nur in einem Atomkern möglich, der die erforderliche Energie aus dem Reservoir seiner Bindungsenergie abgibt. Dies erklärt auch die Tatsache, dass Wasserstoff im Weltall häufig anzutreffen ist, während freie Neutronen fehlen. Beim **Elektroneneinfang** (electron capture) absorbiert der Kern ein Elektron aus seiner eigenen Atomhülle, und zwar meist ein K-Elektron (s. Tab. 89, S. 455), weshalb man auch vom **K-Einfang** (K-capture) spricht. Dadurch wandelt sich im Kern ein Proton in ein Neutron um. Ein Beispiel ist der Elektroneneinfang beim Isotop $^{37}_{18}\text{Ar}$:

$$^{37}_{18}\text{Ar} \;+\; e^- \;\rightarrow\; ^{37}_{17}\text{Cl} \;+\; \nu_e. \tag{719}$$

Die entstandene Lücke in der K-Schale wird durch ein anderes Elektron unter Emission charakteristischer Röntgen-Strahlung aufgefüllt.

Die Umkehrreaktion von Gl.(719), d.h. die Erzeugung von $^{37}_{18}\text{Ar} + e^-$ durch die Bestrahlung von $^{37}_{17}\text{Cl}$ mit den von der Sonne emittierten Neutrinos (s.S.529) wurde in einem über 18 Jahre dauernden Experiment zur Zählung dieser "solaren" Neutrinos benutzt. Man hat dabei deutlich weniger Neutrinos nachgewiesen als theoretisch vorhergesagt. Die Diskrepanz ist bis heute noch ungeklärt.

Bei der theoretischen Behandlung der β-Zerfälle hat sich gezeigt, dass dafür eine neue Art von Wechselwirkungen verantwortlich sein muss, die **schwache Wechselwirkung** (weak interaction) genannt wird. Sie ist um einen Faktor von der Größenordnung 10^{-14} schwächer als die starke Wechselwirkung. *Mit den vier Wechselwirkungen: Gravitation, elektromagnetische Wechselwirkung, schwache Wechselwirkung und starke Wechselwirkung werden alle heute bekannten Kräfte erfasst.* Vorgänge, die unter Kontrolle der schwachen Wechselwirkung ablaufen, verletzen das **Gesetz von der Erhaltung der Parität** (conservation of parity), das besagt, dass das Spiegelbild eines physikalischen Prozesses wieder einen physikalischen Prozess darstellt und dass beide nach den gleichen Gesetzen ablaufen. Die Verletzung der Paritätserhaltung wurde 1957 experimentell von Chien-Shiung Wu (geb.1912) und ihren Mitarbeitern bewiesen.

Die Parität beschreibt das Verhalten eines Objekts bei der Spiegelung an einer Ebene oder durch einen Punkt. Wir beschränken uns auf den ersten Fall, d.h. auf die Reflexion an einem ebenen Spiegel. Betrachten wir zunächst einen Massenpunkt mit der Geschwindigkeit $\vec{v}$, deren Komponente senkrecht zur Spiegelebene $v_\perp$ sei. Dann gilt für das Spiegelbild, das wir hier und im Folgenden mit einem Strich kennzeichnen wollen, $v_\perp'=-v_\perp$. Für einen Massenpunkt, der sich auf einer *Kreisbahn* mit der Winkelgeschwindigkeit $\vec{\omega}$ bewegt, gilt dann $\omega_\perp'=+\omega_\perp$, da das Spiegelbild den gleichen Drehsinn besitzt. Man bezeichnet deshalb $\vec{v}$ als **polaren Vektor** (polar vector) und $\vec{\omega}$ als **axialen Vektor** (axial vector). Alle Vektoren der Physik sind entweder polar oder axial. Wegen der Vorzeichenänderung sagt man, *polare Vektoren haben eine negative und axiale Vektoren eine positive Parität.* Nach dem Gesetz von der Erhaltung der Parität sollten bei einer physikalischen Erscheinung polare und axiale Vektoren nur in der Weise beteiligt sein, dass das Spiegelbld eine mit gleicher Wahrscheinlichkeit auftretende Erscheinung darstellt. Als Beispiel für eine Verletzung der Paritätserhaltung betrachten wir das Experiment von Wu und Mitarbeitern. In der Mitte eines von einem Strom I durchflossenen Kreisleiters befinde sich eine Probe des Nuklids $^{60}_{27}$Co, dessen β^--Zerfall $^{60}_{27}$Co $\rightarrow$ $^{60}_{28}$Ni$+e^-+\bar{\nu}_e$ (s.S.527) beobachtet

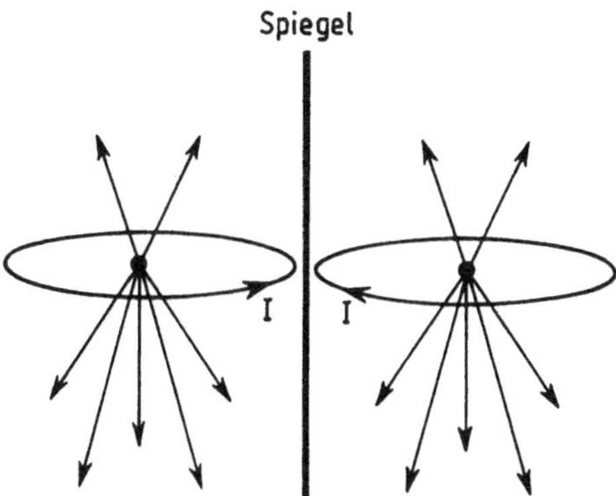

Fig.288 Zur Verletzung der Paritätserhaltung beim β^--Zerfall. Links ist der in der Natur auftretende Zerfall und rechts das Spiegelbild dargestellt

wird. Das von dem Strom I erzeugte Magnetfeld sei so stark und die Temperatur so niedrig, dass im Wesentlichen nur das niedrigste Zeeman-Niveau der $^{60}_{27}$Co-Kerne (Kernspin $I_K=5$) besetzt ist. Bei dem Experiment (s.Fig.288 links) beobachtet man dann, dass mehr Elektronen in den unteren Halbraum als nach oben emittiert werden. Der spiegelbildliche Prozess (s.Fig.288 rechts) tritt dagegen nicht auf. Die Ursache dafür ist die Rechts-Links-Unsymmetrie von Neutrino und Antineutrino. Bei einer Spiegelung wird aus einem Neutrino ein Antineutrino und umgekehrt. Bei dem obigen Zerfall sind dagegen nur Antineutrinos beteiligt.

Die γ-Strahlung

Die γ-Strahlung (gamma radiation) tritt, wie schon erwähnt, bei Übergängen zwischen den verschiedenen Energieniveaus der Atomkerne auf. Sie ist eine elektromagnetische Strahlung (s.Tab.61, S.284), die durch ihre Wechselwirkung mit Materie nachgewiesen werden kann, wie z.B. bei den Geiger-Müller-Zählrohren, den Halbleiterdetektoren, den Szintillationzählern und den Tscherenkov-Zählern (s.S.252). Hinzu kommt der Nachweis durch Paarbildung: Wenn die Energie hf_γ eines Quants größer ist als die doppelte Ruheenergie ($2m_e c_0^2$) eines Elektrons, d.h. wenn (s.S.548/549)

$$hf_\gamma/e \;\geq\; 2m_e c_0^2/e \;\approx\; 1{,}022 \text{ MV} \tag{720}$$

gilt, kann es zur simultanen Bildung eines Elektron-Positron-Paares kommen (**Paarbildung**, pair production). Dieser Prozess findet aber nur in Anwesenheit eines Stoßpartners, z.B. eines Atomkerns, statt, der den überschüssigen Impuls des γ-Quants übernimmt. Die **Annihilation** (annihilation) ist die Umkehrung der Paarbildung. Dabei verschwindet ein Elektron-Positron-Paar und es entstehen im Schwerpunktsystem wegen der Impulssatzes zwei gleiche γ-Quanten mit entgegengesetzter Richtung. Sie besitzen die Energie von je 0,511MeV (s.Gl.(720)) plus die Hälfte der kinetischen Energie des Elektron-Positron-Paares.

Die Annihilation verwendet man bei der **Positron-Emissions-Tomographie** (PET, Positron-Emission Tomography) zur Lokalisierung von chemischen Verbindungen, z.B. im menschlichen Gehirn. Die betreffende Verbindung wird vor der Einnahme durch die Versuchsperson mit einem radioaktiven Nuklid markiert, das β^+-Strahlen emittiert, die dann mit den unmittelbar beim Nuklid vorhandenen Elektronen annihilieren. Aus dem Schnittpunkt der Richtungen, in welche die γ-Quanten-Paare emittiert werden, erhält man den Ort der markierten Verbindung.

Strahlendosimetrie

Wenn eine ionisierende Strahlung auf ein Material der Masse dm die Energie dE überträgt, so bezeichnet man

$$E_D = \frac{dE}{dm} \tag{721}$$

als **Energiedosis** (absorbed dose). Die Einheit J/kg wird **Gray** (Symbol Gy) genannt (Louis Harold Gray 1905-1965). Die früher übliche Einheit **Rad** (Symbol rd) ist gleich 0,01Gy (s.Tab.102). Die durch Ionisation in einem Material der Masse dm erzeugte Ladung beiderlei Vorzeichens sei $+dQ$ und $-dQ$. Dann wird die **Ionendosis** (exposure of X or γ radiation) definiert durch

$$Q_D = \frac{dQ}{dm} \tag{722}$$

mit der Einheit As/kg, die keinen besonderen Namen trägt. Die Ionendosis von Röntgen- und γ-Strahlen wurde früher in der Einheit **Röntgen** (Symbol R, Wilhelm Conrad Röntgen 1845-1923) angegeben, für die die Umrechnung $1R = 2,58 \cdot 10^{-4}$As pro kg Luft gilt.

Bei einer Ionendosis von 1R werden definitionsgemäß in 1,293mg Luft (entsprechend 1cm^3 Luft bei 0°C und 0,1013MPa) Ionen mit der Ladung $+1$esE und ebenso viele mit der Ladung -1esE erzeugt. esE bezeichnet die früher übliche **elektrostatische Ladungseinheit** (electrostatic cgs unit), die dadurch definiert ist, dass man im Coulomb'schen Gesetz (s.S.168) die Kraft in dyn$=10^{-5}$N misst und den Proportionalitätsfaktor gleich eins setzt. Daraus folgt 1esE$=(0,1/c_0)$As und es ergibt sich $1R=(0,1/c_0)/(1,293 \cdot 10^{-6}) \approx 2,58 \cdot 10^{-4}$As/kg.

Tab.102 Einheiten der Strahlendosimetrie

Größe	SI-Einheit	Symbol	alte Einheit	Symbol	Umrechnung
Energiedosis E_D	Gray	Gy	Rad	rd	$1rd = 10^{-2}$Gy
Ionendosis Q_D	As/kg	As/kg	Röntgen	R	$1R = 2,58 \cdot 10^{-4}$As/kg
Äquivalentdosis H_D	Sievert	Sv	Rem	rem	$1rem = 10^{-2}$Sv
Aktivität A_r (s.S.516)	Becquerel	Bq	Curie	Ci	$1Ci = 3,7 \cdot 10^{10}$Bq

Zur Dosismessung werden Detektoren eingesetzt, die entweder direkt auf die Ionisation des Detektormaterials oder auf Nachfolgeprozesse, wie z.B. Lichtemission, chemische Reaktionen oder Erwärmung ansprechen.
Die biologische Wirkung einer Strahlung wird jedoch weder durch die Energiedosis noch durch die Ionendosis ausreichend gut beschrieben. Um die unterschiedliche biologische Wirkung quantitativ zu erfassen, muss man die Energiedosis E_D mit einem **Äquivalentfaktor** (RBE, Relative Biological Effectiveness) f_e multiplizieren

(s.Tab.103) und erhält damit die **Äquivalentdosis** (dose equivalent)

$$H_D = f_e\, E_D \; .$$

(723)

Die Einheit J/kg wird **Sievert** (Symbol Sv) genannt (Rolf Sievert 1896-1966). Die früher übliche Einheit **Rem** (<u>R</u>oentgen <u>e</u>quivalent <u>m</u>an) ist gleich 0,01 Sv (s.Tab.102). Einige durchschnittliche Äquivalentdosen für die menschliche Strahlenbelastung während eines Jahres sind in Tab.104 zusammengestellt. *Die mittlere Äquivalentdosis für einen Europäer beträgt somit 1,5 bis 3mSv pro Jahr.* Die maximale berufliche Belastung soll 50mSv pro Jahr nicht überschreiten. Äquivalentdosen über 1000 mSv schädigen akut die blutbildenden Organe und den Magen-Darm-Trakt. Äquivalentdosen oberhalb von 5000mSv sind i.Allg. tödlich.

Tab.103 Äquivalentfaktor f_e und mittlere Reichweite in Wasser/organischem Gewebe für verschiedene Strahlen

Strahlung	Energie	Äquivalentfaktor f_e	mittlere Reichweite
α-Strahlen	5 MeV	10	40 μm
β-Strahlen	20 keV 1 MeV	1 1	10 μm 7 mm
Röntgenstrahlen γ-Strahlen	20 keV 1 MeV	1 1	6,4 cm 65 cm
schnelle Neutronen	1 MeV	15	20 cm

Tab.104 Durchschnittliche Äquivalentdosen für die menschliche Strahlenbelastung während eines Jahres

Strahlungsquelle	mittlere Äquivalentdosis in einem Jahr
kosmische Strahlung	0,45 mSv
natürliche radioaktive Isotope	1,5 mSv
Röntgenuntersuchung (Diagnose)	1,8 mSv
TV- und PC-Bildschirme	0,01 mSv

Die Äquivalentdosis für einen Erwachsenen, der Nahrungsmittel mit einer Aktivität von 1MBq aufgenommen hat, zeigt die Tabelle für einige vor allem bei Reaktorunfällen emittierte Nuklide

Nuklid	I-131	Cs-134	Cs-137
Äquivalentdosis	13 mSv	20 mSv	14 mSv

Nach dem Reaktorunfall von Tschernobyl war in Deutschland im Sommer 1986 die Aktivität verschiedener Lebensmitttel deutlich erhöht. Typische Werte aus dieser Zeit, die aber regional stark schwankten, sind in der folgenden Tabelle aufgelistet.

	I-131	Cs-134	Cs-137
Salat	220 Bq/kg	25 Bq/kg	45 Bq/kg
Milch	270 Bq/kg	30 Bq/kg	60 Bq/kg
Rindfleisch	30 Bq/kg	40 Bq/kg	120 Bq/kg

Neben den akuten Strahlenwirkungen, die bisher behandelt wurden, sind die Spätschäden zu beachten, die u.U. eine noch größere Gefährdung des menschlichen Lebens bedeuten. Der wichtigste Spätschaden ist die Entstehung von Tumoren. Durch Äquivalentdosen von etwa 1000-2000mSv wird die Wahrscheinlichkeit von Tumorerkrankungen gegenüber dem Wert ohne Bestrahlung etwa verdoppelt. Verlässliche quantitative Aussagen zu den Erbschäden, die nachgewiesenermaßen ebenfalls auftreten, können z.Zt. nicht gemacht werden. Vermutlich sind die Verhältnisse ähnlich wie bei der Tumorbildung.

28.3 Kernreaktionen

Kernreaktionen (nulear reactions) werden meist durch Beschuss von Atomkernen mit Nukleonen (Neutronen, Protonen) oder leichten Atomkernen, wie z.B. Deuteronen oder α-Teilchen, ausgelöst. Schwere Kerne finden als Projektile wegen der größeren Coulomb-Abstoßung und der Vielfalt der Zerfallsprodukte seltener Anwendung. Wir bezeichnen mit ϕ die **Teilchenflussdichte** (particle flux density), d.h. die Anzahl der Projektile, die pro Sekunde senkrecht durch $1m^2$ hindurchtreten, und mit N_K die Anzahl der Atomkerne in der bestrahlten Probe, die man oft auch als **Target** (target) bezeichnet. Dann gilt für die im Target sekundlich erzeugte Anzahl von Kernreaktionen

$$\frac{dN}{dt} = \sigma \, \Phi \, N_K \, . \tag{724}$$

Der Proportionalitätsfaktor σ hat die Dimension einer Fläche und wird **Wirkungsquerschnitt** (cross section) genannt.

Der Teilchenstrom sei homogen und habe die x-Richtung. Wenn dann die Projektilteilchen, die eine Kernreaktion ausgelöst haben, aus dem Teilchenstrom verschwinden, so gilt nach Durchlaufen eines Targets mit der Schichtdicke Δx für die Abnahme der Teilchenflussdichte $\Delta\phi = -(dN/dt)/A$, wobei A die Querschnittsfläche senkrecht zur x-Richtung ist. Einsetzen von Gl.(724) liefert $\Delta\phi = -\sigma\phi N_K/A$. Durch Einführung der Anzahl der Atomkerne in $1m^3$ des Targets $n_K = N_K/(A\Delta x)$ folgt $\Delta\phi = -\sigma\phi n_K\Delta x$ oder $\phi^{-1}d\phi = -\sigma n_K dx$. Für die Flussdichte $\phi(\ell)$ hinter dem Target mit der Dicke ℓ ergibt sich durch Integration $\phi(\ell) = \phi(0)\exp(-\sigma n_K\ell)$.

Es ist üblich, σ in der Einheit **Barn** (Symbol b) anzugeben, und zwar gilt

$$1 \text{ b} = 10^{-28} \text{ m}^2 \ . \tag{725}$$

Man kann sich leicht überlegen, dass σ gleich der Querschnittsfläche des Kerns ist, wenn man punktförmige Projektile annimmt und voraussetzt, dass jeder geometrische Treffer zu einer Reaktion führt. Tatsächlich beträgt aber σ oft ein Vielfaches der Kernquerschnittsfläche, wobei der Wert von der Art und Energie der Projektile, von der Art der Atomkerne und der Reaktion abhängt. Als Beispiel ist in Fig.289 der Wirkungsquerschnitt für den Neutroneneinfang durch Bor ($^{10}_{5}\text{B}+\text{n}\rightarrow^{7}_{3}\text{Li}+^{4}_{2}\text{He}+\gamma$) sowie durch Cadmium ($^{113}_{48}\text{Cd}+\text{n}\rightarrow^{114}_{48}\text{Cd}+\gamma$) dargestellt.

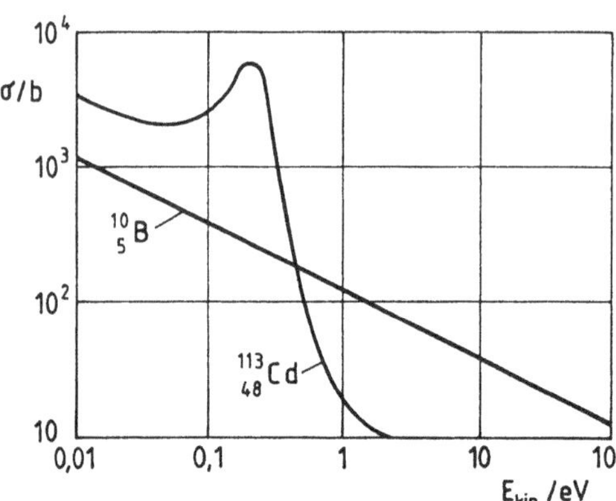

Fig.289 Wirkungsquerschnitt für den Neutroneneinfang durch Bor und Cadmium als Funktion der Neutronenenergie E_{kin}. Im betrachteten Energiebereich ist der Wirkungsquerschnitt von Bor umgekehrt proportional zur Geschwindigkeit ($\sigma \propto E_{kin}^{-1/2}$), während bei Cadmium dieser Abhängigkeit noch eine Resonanz überlagert ist

Diese Reaktionen sind für die Regelung des Neutronenflusses und für den Strahlenschutz bei Kernreaktoren (s.S.528) von großer Bedeutung.
Eine Kernreaktion verläuft im allgemeinen in zwei Stufen. Zunächst wird beim Eindringen des Teilchens in den Kern ein **Zwischenkern** (intermediate nucleus) gebildet, den man auch **Compound-Kern** (compound nucleus) nennt und der anschließend zerfällt. Der Beschuss von $^{14}_{7}\text{N}$ mit α-Teilchen beispielsweise führt zu folgendem Ablauf

$$^{14}_{7}\text{N} \ + \ ^{4}_{2}\text{He} \ \rightarrow \ [^{18}_{9}\text{F}]^* \ \rightarrow \ ^{1}_{1}\text{H} \ + \ ^{17}_{8}\text{O} \ , \tag{726}$$

wobei $^{18}_{9}\text{F}$ der Zwischenkern ist. Der Zerfall eines Zwischenkerns kann auf verschiedene Weise erfolgen. Wenn das ankommende Teilchen und das vom Zwischenkern emittierte Teilchen gleich sind, spricht man von einem **Streuprozess** (scattering process). Eine **unelastische Streuung** (inelastic scattering) liegt vor, wenn sich der bestrahlte Kern nach der Reaktion in einem anderen Zustand befindet als vorher. Ansonsten spricht man von einer **elastischen Streuung** (elastic scattering). Wenn bei einer Kernreaktion Energie freigesetzt wird, nennt man sie **exoergisch** (exoergic) oder auch **exotherm** (exothermic), im anderen Fall **endoergisch** (endoergic) oder auch **endotherm** (endothermic). Da Neutronen elektrisch neutral sind, dringen sie leicht bis zum Kern vor. Deshalb eignen sich Neutronen gut für Kernreaktionen. Dies gilt besonders für solche Neutronen, deren kinetische Energie durch elastische Stöße, z.B. mit den Deuteronen des schweren Wassers (D_2O) oder den Kohlenstoffkernen von Graphit, auf die mittlere thermische Energie bei Zimmertemperatur reduziert wird ($E_{kin}=kT$ mit $kT/e \approx 26\,mV$ für $T=$ 300K, s.S.548). Diese sog. **thermischen Neutronen** (thermal neutrons) sind deshalb von großer Bedeutung, weil der Wirkungsquerschnitt σ für den Neutroneneinfang mit wachsender kinetischer Energie der Neutronen monoton abnimmt (s.Fig.289 auf S.526). Diesem Abfall sind häufig einige mehr oder weniger scharfe Resonanzen überlagert, die Resonanzanregungen des entstehenden Zwischenkerns entsprechen. Bei der Neutronenbestrahlung von $^{59}_{27}Co$ wird das radioaktive Isotop $^{60}_{27}Co$ (**Kobalt-60**, cobalt-60) gebildet, das mit einer Halbwertszeit von 5,272 Jahren zu $^{60}_{28}Ni$ unter Ausstrahlung eines Elektrons, eines Antineutrinos und zweier γ-Quanten mit den Energien 1,173MeV und 1,332MeV zerfällt

$$^{60}_{27}Co \rightarrow {}^{60}_{28}Ni + e^- + \bar{\nu}_e + \gamma_1 + \gamma_2 \,. \tag{727}$$

Das Isotop $^{60}_{27}Co$ wird sowohl in der Medizin (Strahlentherapie) als auch in der Materialforschung angewandt.

Der Wirkungsquerschnitt σ einer endothermen Kernreaktion, ausgelöst durch die Bestrahlung mit *geladenen* Teilchen weist gegenüber Neutronenstrahlen zwei wesentliche Unterschiede auf: (1) Der Wirkungsquerschnitt σ wächst mit größer werdender kinetischer Energie an und (2) für kinetische Energien, die kleiner sind als ein bestimmter Wert (ΔE_S), den man **Reaktionsschwelle** (reaction threshold) nennt, ist σ gleich null.

Kernspaltung

Wenn bei einer Kernreaktion größere Bruchstücke entstehen, spricht man von **Kernspaltung** (nuclear fission). Die erste Kernspaltung wurde 1938/39 von Otto Hahn (1879-1968) und Fritz Straßmann (1902-1971) entdeckt:

$$^{235}_{92}U + n_{th} \rightarrow [{}^{236}_{92}U]^* \rightarrow X' + X'' + z\,n + \Delta E \,. \tag{728}$$

Dabei bezeichnet n_{th} ein thermisches Neutron, $[{}^{236}_{92}U]^*$ den Zwischenkern, X' und X'' primäre Spaltprodukte, wie z.B. $^{90}_{36}Kr$ und $^{143}_{56}Ba$, die ihrerseits instabil sind, $z\,n$ eine von der Art der Spaltprodukte abhängige Anzahl z (z.B. $z=3$) von schnellen Neutronen und ΔE die frei werdende Primärenergie. Man nennt z den **Vermeh-**

rungsfaktor (multiplication factor) der Kernspaltung. Wegen $z > 1$ ist eine **Kettenreaktion** (chain reaction) möglich. Allerdings müssen dazu die entstehenden schnellen Neutronen auf thermische Geschwindigkeit abgebremst werden. Zur Verringerung der Neutronenkonzentration bei der kontrollierten Kernspaltung (**Kernspaltreaktor**, nuclear fission reactor) verwendet man Stäbe mit Bor oder Cadmium, da diese Materialien Neutronen stark absorbieren. Ohne Absorber würde eine einzige Kernspaltung eine Kettenreaktion auslösen (**Atombombe**, atomic bomb). Allerdings ist dafür eine Mindestmenge an spaltbarem Material, die sog. **kritische Masse** (critical mass), erforderlich, da ein Teil der bei der Kernspaltung frei werdenden Neutronen durch Entweichen aus dem Material verloren geht. Werte für die kritische Masse liegen in der Größenordnung Kilogramm. Die bei der Spaltung eines Kerns $^{235}_{92}\text{U}$ frei werdende Gesamtenergie (Summe aus der Primärenergie und den frei werdenden Energien beim Zerfall der Folgeprodukte) beträgt ca. 220MeV. Für 1kg $^{235}_{92}\text{U}$ gibt das ungefähr 25 Millionen Kilowattstunden.

In Deutschland erfolgt die öffentliche Stromversorgung zu etwa einem Dritttel aus **Atomkraftwerken** (atomic piles). Am häufigsten kommen hier **Druckwasserreaktoren** (pressurized water reactors) zum Einsatz, bei denen die über 300°C heißen Kernbrennelemente durch das unter hohem Druck (ca. 15MPa zur Vermeidung von Dampfbildung) stehende Wasser des Primärkreislaufs gekühlt werden. Dieses Wasser wird zur Dampferzeugung in einem Sekundärkreislauf verwendet, in dem die Turbinen angetrieben werden, die mit den Generatoren zur Stromerzeugung gekoppelt sind. Die Kernbrennelemente bestehen aus ca. 4m langen und etwa bleistiftdicken, gasdicht verschweißten Metallrohren, die mit Urandioxid-Tabletten gefüllt sind. Während natürlich vorkommendes Uran nur zu 0,702% das spaltbare $^{235}_{92}\text{U}$ enthält (der Rest besteht im Wesentlichen aus $^{238}_{92}\text{U}$), verwendet man für die in Sinteröfen bei 1700°C gebackenen UO_2-Tabletten *angereichertes* Uran (2,3% bis 3,2% $^{235}_{92}\text{U}$). Diese Anreicherung ist notwendig, weil das Wasser des Primärkreislaufs über die Reaktion n+p → d Neutronen absorbiert. Daneben wirkt dieses Wasser auch als Moderator zur Abbremsung der bei der Kernspaltung entstehenden schnellen Neutronen. Die Kernspaltung wird, wie schon erwähnt, über Regelstäbe gesteuert, die Neutronen absorbierendes Material (B, Cd) enthalten und die im Normalbetrieb zu etwa 4/5 aus dem durch die zahlreichen Brennelemente gebildeten Reaktorkern herausragen. Bei einer Schnellabschaltung fallen sie durch ihr eigenes Gewicht in den Reaktorkern und stoppen die Kernspaltung. Die Konzentration von $^{235}_{92}\text{U}$ in den Brennelementen nimmt mit wachsender Betriebsdauer ständig ab. Dafür entstehen immer mehr Spaltprodukte, durch deren radioaktiven Zerfall ebenfalls Wärme frei wird (Nachwärme). Außerdem bildet sich, z.B. über die Reaktion $n+^{238}_{92}\text{U} \rightarrow ^{239}_{93}\text{Np}+e^-+\bar{\nu}_e$ und $^{239}_{93}\text{Np} \rightarrow ^{239}_{94}\text{Pu}+e^-+\bar{\nu}_e$, Plutonium, das als Kernbrennstoff weiter verwendbar ist. Da einige der Spaltprodukte starke Neutronenabsorber sind, müssen die Brennelemente nach 3 bis 4 Betriebsjahren aus dem Reaktor genommen werden. Zur Abführung der Nachwärme und zum Abklingen der starken Radioaktivität werden sie zunächst wenigstens 1 Jahr in einem Wasserbecken des Kraftwerks gelagert, bevor sie in ein Zwischenlager (zur Vorbereitung der Endlagerung) oder zu einer Wiederaufbereitungsanlage transportiert werden. In der Wiederaufbereitung extrahiert man die wertvollen Brennstoffe Uran und Plutonium. Das übrig bleibende Material wird einer Glasschmelze beigemischt und das erstarrte, auslaugbeständige Glas in korrosionsfesten Behältern in tiefen geologischen Schichten (z.B. in Salzstöcken) gelagert.
Ein Kernreaktor, der so konzipiert ist, dass er mehr $^{239}_{94}\text{Pu}$ erzeugt, als er $^{235}_{92}\text{U}$ verbraucht, heißt **schneller Brüter** (breeder reactor). Die in diesem Fall bei der $^{235}_{92}\text{U}$-Spaltung entstehenden schnellen Neutronen brauchen keinen Moderator, sondern werden zum größten Teil für die Kernumwandlung des $^{238}_{92}\text{U}$ zu $^{239}_{93}\text{Np}$ verwendet. Die Technik der schnellen Brüter ist aber längst nicht so ausgereift, wie die der Druckwasserreaktoren.

Kernfusion

Da die Bindungsenergie pro Nukleon bei einer Massenzahl $A \approx 60$ ein Maximum besitzt, kann man Energie nicht nur durch die Spaltung großer Kerne, sondern auch durch die Verschmelzung kleiner Kerne (**Kernfusion**, nuclear fusion) gewinnen. Solche Prozesse laufen ständig in der Sonne und in Fixsternen ab. Solange ausschließlich Protonen zur Verfügung stehen, ist es der **Deuterium-Zyklus** (proton-proton cycle)

$$\begin{aligned}
{}^{1}_{1}H + {}^{1}_{1}H &\rightarrow {}^{2}_{1}H + e^{+} + \nu_{e} \\
{}^{1}_{1}H + {}^{2}_{1}H &\rightarrow {}^{3}_{2}He \\
{}^{3}_{2}He + {}^{3}_{2}He &\rightarrow {}^{4}_{2}He + 2\,{}^{1}_{1}H \,.
\end{aligned} \qquad (729)$$

Dieser Zyklus entspricht der Verschmelzung von vier Protonen (${}^{1}_{1}H$) zu einem Heliumkern (${}^{4}_{2}He$), 2 Positronen und 2 Neutrinos. Aus der Massendifferenz $(4m_{p} - m_{4,2} - 2m_{e})$ ergibt sich die frei werdende Energie zu 24,7 MeV. Wenn im Laufe der Zeit durch weitere Kernverschmelzungen insbesondere das Nuklid ${}^{12}_{6}C$ gebildet wurde, setzt der **Kohlenstoff-Zyklus** (carbon cycle) ein

$$\begin{aligned}
{}^{12}_{6}C + {}^{1}_{1}H &\rightarrow {}^{13}_{7}N &\rightarrow {}^{13}_{6}C + e^{+} + \nu_{e} \\
{}^{13}_{6}C + {}^{1}_{1}H &\rightarrow {}^{14}_{7}N \\
{}^{14}_{7}N + {}^{1}_{1}H &\rightarrow {}^{15}_{8}O &\rightarrow {}^{15}_{7}N + e^{+} + \nu_{e} \\
{}^{15}_{7}N + {}^{1}_{1}H &\rightarrow {}^{12}_{6}C + {}^{4}_{2}He \,,
\end{aligned} \qquad (730)$$

der ebenfalls der Verschmelzung von vier Protonen (${}^{1}_{1}H$) zu einem Heliumkern (${}^{4}_{2}He$) und 2 Positronen entspricht. Die frei werdende Energie ist deshalb die Gleiche wie beim Deuterium-Zyklus. ${}^{12}_{6}C$ wirkt aber beschleunigend, d.h. als Katalysator für diese Fusion. Ein **Katalysator** (catalyst) *erhöht die Reaktionsgeschwindigkeit ohne das Reaktionsgleichgewicht zu verändern und ohne selbst eine bleibende Veränderung durch die Reaktion zu erfahren.* Für eine Nutzung der Kernfusion zur Energiegewinnung auf der Erde (**Fusionsreaktor**, nuclear fusion reactor) bieten sich verschiedene Reaktionen an (s. auch S.253/254), deren Ausgangsmaterialien auf der Erde in praktisch unbegrenzter Menge zur Verfügung stehen. Ein weiterer Vorteil gegenüber den Kernkraftwerken, die die Kernspaltung ausnutzen, ist, dass keine oder nur sehr geringe Mengen radioaktiver Abfälle entstehen. Aus diesen Gründen arbeitet man intensiv daran, die kontrollierte Kernfusion zur Energiegewinnung auf der Erde nutzbar zu machen. Dabei sind Bedingungen zu realisieren, wie sie etwa im Zentrum der Sonne herrschen. Die extrem hohen Temperaturen (einige 10^{6} K), die über eine gewisse Mindestzeit existieren müssen, versucht man auf zwei Arten zu erreichen. Beim **magnetischen Einschluss** (magnetic confinement) wird ein Plasma (s.S.252) durch magnetische

Kräfte von den die Energie verzehrenden Wänden ferngehalten (z.B. bei der Tokamak-Anlage). Beim **Trägheitseinschluss** (inertial confinement) dagegen werden durch konzentrierte Laserstrahlen schockartig so hohe Leistungen (über 10^{12}W während 1ns) zugeführt, dass die Reaktanten vor dem Auseinanderfliegen die erforderliche hohe Temperatur erfahren (Impulsbetrieb). Von einer wirtschaftlichen Energiegewinnung durch die kontrollierte Kernfusion ist man jedoch noch weit entfernt. Bedauerlicherweise steht aber die nichtkontrollierte Kernfusion schon seit Ende 1952 in der Form der **Wasserstoffbombe** (hydrogen bomb) für militärische Zwecke zur Verfügung. Dabei werden die für die Kernfusion erforderlichen hohen Temperaturen durch eine Kernspaltung erzeugt.

29   Elementarteilchen

Wolfgang Pauli: Es stört mich nicht, wenn Sie langsam denken. Aber ich habe etwas dagegen, wenn Sie schneller veröffentlichen, als Sie denken.

29.1 Entdeckung neuer Teilchen

Mit der Aufstellung des Periodensystems der Elemente wurde die schon von der griechischen Naturphilosophie stammende Vorstellung gestärkt, dass die Welt nur aus relativ wenigen, unteilbaren, elementaren Bausteinen zusammengesetzt ist, den Atomen. Die Entdeckung des Elektrons (e^-) und des Atomkerns zeigte jedoch, dass die im Periodensystem der Elemente aufgelisteten Atome in Elektronen und Kerne zerlegt werden können. Danach fand man bei der Auswertung der radioaktiven Zerfälle und der künstlichen Kernumwandlungen, dass auch die Atomkerne strukturiert sind und aus Protonen (p) und Neutronen (n) bestehen.
Das Neutron war 1932 durch Chadwick (James Chadwick 1891-1974) entdeckt worden, der erkannte, dass die beim Beschuss von Beryllium mit α-Teilchen entstehende neutrale Strahlung, die Bleiplatten durchdringen und aus Paraffin Protonen bis zu Energien von 5,7MeV herausschlagen konnte, keine Photonen waren, wie von den Curies zuerst vermutet, sondern aus neutralen Teilchen bestand, deren Masse etwa so groß war, wie die der Protonen. Die beobachtete Kernreaktion muss man demzufolge als $^{9}_{4}Be + ^{4}_{2}He \rightarrow ^{12}_{6}C + n$ schreiben. Die Frage nach den elementaren Bausteinen der Natur war also wieder offen. Ungeklärt war auch, wie das von A. Einstein 1905 zur Erklärung des Photoeffekts eingeführte Photon (γ), das von W. Pauli 1930 zur Energie- und Impulserhaltung beim β-Zerfall eingeführte Neutrino (ν_e) und das 1931 von P. Dirac vorhergesagte und 1932 von Anderson (Carl Anderson 1905-1991) in der Höhenstrahlung entdeckte Positron (e^+) in ein Aufbauschema der Welt aus wenigen Elementarteilchen eingeordnet werden konnten. Die naive Vorstellung von einer aus unteilbaren und damit unzerstörbaren elementaren Teilchen zusammengesetzten Welt musste schließ-

lich mit der Entdeckung der Paarerzeugung und der Annihilation (s.S.522) endgültig revidiert werden. Man entwickelte das Konzept der **Antimaterie** (antimatter), *bei dem jedem Teilchen ein Antiteilchen zugeordnet wird, das die gleiche Ruhemasse und den gleichen Spin, aber entgegengesetzte Ladung und entgegengesetztes magnetisches Moment besitzt und wobei der Stoß Teilchen-Antiteilchen zu einer Annihilation führen kann.* Teilchen-Antiteilchen-Paare können andererseits auch durch Umwandlung von Bewegungsenergie beliebiger Teilchen in Ruheenergie der betreffenden Teilchen-Antiteilchen-Paare erzeugt werden. Das Antiteilchen des Protons z.B., das Antiproton ($\bar{p}$), wurde 1955 von Chamberlain und Segré (Owen Chamberlain geb. 1920, Emilio Segré 1906-1989) in Berkeley unter den Teilchen beobachtet, die beim Beschuss eines Cu-Targets mit 6,3GeV-Protonen entstanden. Die hohe Energie erhielten die Protonen in einem eigens hierfür entwickelten Beschleuniger. 1953 gelang der experimentelle Nachweis des Antineutrinos ($\bar{\nu}_e$) durch Reines und Cowan (Frederic Reines geb. 1918, Clyde F. Cowan geb. 1920). Bei dem von ihnen 1956 mit technischen Verbesserungen wiederholten Experiment wird der intensive Antineutrinostrahl eines Kernreaktors (pro $^{235}_{92}$U-Kernspaltung entstehen ca. 6 $\bar{\nu}_e$) auf einen Bottich geleitet, der 1400 Liter Trieethylbenzol mit einem darin gelösten Cadmiumsalz enthält. Das bei der Reaktion

$$p + \bar{\nu}_e \rightarrow n + e^+ \tag{731}$$

entstehende Positron annihiliert und emittiert in entgegengesetzten Richtungen zwei γ-Quanten mit einer Energie von je ca. 0,5MeV (s.S.522), die von zwei in Koinzidenz geschalteten Detektoren registriert werden. Den Ausgangsimpuls dieser Koinzidenzschaltung bezeichnen wir mit $U_K(0)$.

Eine **Koinzidenzschaltung** (coincidence circuit) liefert ein Ausgangssignal nur dann, wenn die an die Eingänge geschalteten beiden Detektoren *gleichzeitig* ein Signal abgeben. Bei einer **Antikoinzidenzschaltung** (anticoincidence circuit) dagegen muss einer und nur einer der beiden Detektoren ein Signal abgeben, um ein Ausgangssignal zu erzeugen.

Das entstandene Neutron wird von den Protonen des Trieethylbenzols abgebremst und nach einer Zeit $\Delta t \approx 1 \dots 30\mu s$ von einem Cadmiumkern absorbiert, der dadurch in einen angeregten Zustand gelangt, aus dem er praktisch sofort durch Emission eines γ-Quants mit einer Energie von ca. 9,1MeV wieder in den Grundzustand zurückkehrt. Dieses γ-Quant wird von einem dritten Detektor registriert, der mit den anderen beiden Detektoren in Antikoinzidenz geschaltet ist. Nur wenn diese Antikoinzidenzschaltung einen Impuls $U_A(\Delta t)$ nach dem Ausgangsimpuls $U_K(0)$ der Koinzidenzschaltung liefert, hat die Reaktion (731) tatsächlich stattgefunden. Die Antikoinzidenz dient dabei zur Unterdrückung störender Untergrundsignale, die von der durchdringenden kosmischen Strahlung (s.u.) verursacht werden. Bei diesem Experiment wurden im Mittel drei derartige

Ereignisse pro Stunde registriert, was auf den winzigen Wirkungsquerschnitt $\sigma_\nu = 10^{-47}\mathrm{m}^2$ für die Antineutrinostreuung an Protonen führte. Dieser extrem kleine Wirkungsquerschnitt hat zur Folge, dass die Flussdichte eines Antineutrinostrahls erst nach Durchlaufen einer Wasserschicht mit einer Dicke von ca. $10^{18}\mathrm{m}$ (s. den kleingedruckten Text auf S.525), also von ca. 100 Lichtjahren, auf die Hälfte abgesunken ist und verdeutlicht den Begriff der schwachen Wechselwirkung, die das Verhalten der Neutrinos bestimmt. In späteren Experimenten fand man, dass die Bestrahlung von Neutronen mit Antineutrinos nicht zu der Reaktion $n + \bar{\nu}_e \rightarrow p + e^-$, die auch $^{37}_{17}\mathrm{Cl} + \bar{\nu}_e \rightarrow ^{37}_{18}\mathrm{Ar} + e^-$ entsprechen würde, führt. Verwendet man dagegen an Stelle der Antineutrinos ($\bar{\nu}_e$) Neutrinos (ν_e), die z.B. bei der β^+-Umwandlung (s.(718), S.520) gebildet werden, so kommt es zu der entsprechenden Reaktion. Damit wurde bewiesen, dass Neutrinos und Antineutrinos unterschiedliche Teilchen sind.

Bei der Auffindung weiterer Teilchen spielte die Untersuchung der **kosmischen Strahlen** (cosmic rays) eine große Rolle. Diese Strahlung wurde 1912 durch V. Hess (Viktor Franz Hess 1883-1964) entdeckt, als er bei der Messung der Ionisation der Atmosphäre in einem Ballon mit steigender Höhe einen deutlichen Anstieg feststellte. Heute weiß man, dass die auf die Erdatmosphäre aus dem Weltall einfallende kosmische Primärstrahlung im Wesentlichen aus Protonen besteht, die zum Teil eine sehr hohe Energie E besitzen. Für $E > 10\,\mathrm{GeV}$ nimmt die Anzahl der pro Sekunde und pro m^2 auf die oberen Schichten der Atmosphäre auftreffenden Protonen etwa wie $E^{-2,7}$ ab. Diese hochenergetischen Protonen können bei einem Stoß mit den Atomkernen der Atmosphäre Prozesse auslösen, bei denen der Kern zertrümmert wird und/oder zahlreiche neue Teilchen entstehen (**Kaskadenschauer**, cascade shower). In Fig.290 sind diese Prozesse, die zur Entstehung

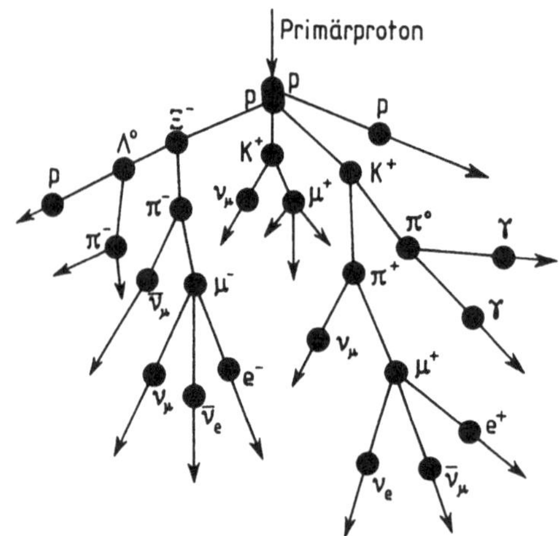

Fig.290 Kaskadenschauer, der beim Auftreffen eines Primärprotons der kosmischen Strahlung auf ein Proton der Atmosphäre entsteht. Neben den schon behandelten Elementarteilchen (p = Proton, ν_e = Neutrino, $\bar{\nu}_e$ = Antineutrino, e^- = Elektron, γ = γ-Quant) treten u.a. noch Xi-Teilchen (Ξ^-), Lambda-Teilchen (Λ^0), Kaonen (K^+), Pionen ($\pi^\pm, \pi^0$) und Myonen ($\mu^\pm$) sowie die Myon-Neutrinos (ν_μ) und die Myon-Antineutrinos ($\bar{\nu}_\mu$) auf (s.Text)

der in den unteren Schichten der Atmosphäre beobachtbaren sekundären kosmischen Strahlung führen, schematisch für den einfachen Fall dargestellt, dass der Stoßpartner des primären Protons ebenfalls ein Proton ist. Die Identifikation der neu entstehenden Teilchen erfolgte durch eine Analyse der Spuren, die diese Teilchen in Nebel- oder Blasenkammern (s. den kleingedruckten Text auf S.535) oder in **Photoemulsionen** (photographic emulsions) hinterlassen. Beim Durchlaufen einer Photoemulsion ionisieren die geladenen Teilchen entlang ihres Weges die Atome der Photoschicht und erzeugen damit eine latente Abbildung ihrer Bahn, die nach dem photographischen Entwicklungsprozess umso schwärzer ist, je intensiver die Ionisation erfolgte. Wenn ein Teilchen mit der Ladung ze, der Masse $M \gg m_e$ und der Geschwindigkeit v_x ein Medium (z.B. eine Photoemulsion) mit n_K Atomkernen pro m^3 durchläuft, deren Ordnungszahl Z sei, so ergibt sich für den Energieverlust dE infolge Ionisation längs der Strecke dx

$$\frac{dE}{dx} = - \frac{z^2 e^4 n_K Z}{4\pi \epsilon_0{}^2 m_e v_x{}^2}\left(\ln\left(\frac{2 m_e v_x{}^2}{E_i(1-(v_x/c_0)^2)} \right) - \left(\frac{v_x}{c_0}\right)^2 \right), \tag{732}$$

wobei E_i die mittlere Ionisationsenergie der Moleküle des Mediums ist (Hans Albrecht Bethe geb.1906).

An Stelle einer exakten Ableitung von Gl.(732) schätzen wir dE/dx unter Vernachlässigung relativistischer Effekte ab, d.h. wir setzen $v_x \ll c_0$ voraus. Das Teilchen mit der Ladung ze und der Masse M fliege mit der Geschwindigkeit v_x entlang der x-Achse, die sich im Abstand a von einem Elektron (Masse m_e, Ladung $-e$) des Mediums befindet (s.Fig.291). Für die y-Komponente der Coulomb-Kraft gilt $F_y = -ze^2(4\pi\epsilon_0)^{-1}a(x^2+a^2)^{-3/2}$. Daher ergibt sich für den auf das Elektron übertragenen Impuls $\Delta p_y = \int F_y dt$. Wegen $dx = v_x dt$ folgt $\Delta p_y = -\int_{-\infty}^{+\infty} ze^2(4\pi\epsilon_0)^{-1}a(x^2+a^2)^{-3/2}v_x^{-1}dx$. Mit dem Integral $\int (x^2+a^2)^{-3/2} \cdot dx = a^{-2}x(x^2+a^2)^{-1/2}$ erhalten wir $\Delta p_y = -2ze^2(4\pi\epsilon_0 v_x a)^{-1}$. Die von dem vorbeifliegendenTeilchen

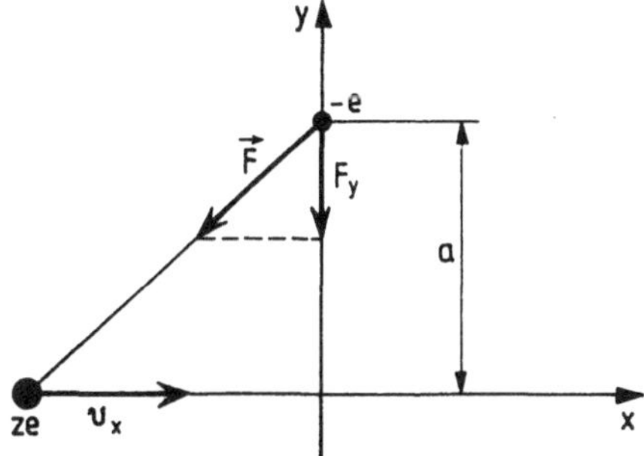

Fig.291 Zur Begründung der Gl.(732)

auf das Elektron übertragene (kinetische) Energie beträgt also $(\Delta p_y)^2(2m_e)^{-1} = z^2 e^4 (8\pi^2\epsilon_0{}^2 v_x{}^2 a^2 m_e)^{-1}$. Besteht das Medium aus n_K Kernen pro m^3 mit der Kernladungszahl Z, so ist die Anzahl n_e der Elektronen pro m^3 gleich $n_K Z$ und für den gesamten Energieverlust des Teilchens längs der Strecke dx ergibt sich $dE=$

$-n_K Z \int z^2 e^4 (8\pi^2 \epsilon_0^2 v_x^2 m_e a^2)^{-1} 2\pi a \, da \, dx$ oder $dE/dx = -n_K Z z^2 e^4 (4\pi \epsilon_0^2 v_x^2 m_e)^{-1} \ln(a_{max}/a_{min})$. Die Integrationsgrenzen a_{max} und a_{min} ergeben sich qualitativ aus den folgenden Überlegungen. Eine Ionisation kommt nur dann zustande, wenn die auf das Elektron übertragene Energie mindestens gleich der Ionisationsenergie E_i (s.S.456) ist. Diese Bedingung liefert a_{max}; denn der Vorbeiflug des geladenen Teilchens entspricht der Übertragung eines Quants $\hbar/\Delta t$ auf das Elektron, wobei $\Delta t \approx a/v_x$ die effektive Flugdauer ist. Damit es zu einer Ionisation kommt, muss also $\hbar v_x/a \geq E_i$ gelten. Dies liefert $a_{max} = \hbar v_x/E_i$. Andererseits divergiert der oben klassisch abgeleitete Ausdruck für $(\Delta p_y)^2 (2m_e)^{-1}$, wenn a nach null geht, weshalb eine untere Grenze (a_{min}) für a existieren muss. Diese wird durch die Heisenberg'sche Unschärferelation gegeben. Wegen $M \gg m_e$ gilt für die reduzierte Masse μ (s.S.430) des Zweiteilchensystems bestehend aus M und m_e näherungsweise $\mu \approx m_e$, so dass die Heisenberg'sche Unschärferelation (s.Gl.(569), S.423) $m_e v_x a_{min} \approx \hbar/2$ den Ausdruck $a_{min} \approx \hbar(2m_e v_x)^{-1}$ liefert. Damit erhalten wir $dE/dx = -n_K Z z^2 e^4 (4\pi \epsilon_0^2 v_x^2 m_e)^{-1} \ln(2m_e v_x^2/E_i)$. Für $v_x \ll c_0$ stimmt dies mit Gl.(732) überein.

An Hand der Gl.(732) erkennt man, dass bei gleicher Energie $(Mv_x^2/2)$ und gleicher Ladung (ze) ein schwereres Teilchen (kleineres v_x) mehr ionisiert als ein leichtes und dass es damit eine dickere Spur in der Photoemulsion hinterlässt. Auf diese Weise gelang Powell (Cecil Frank Powell 1903-1969) im Jahre 1947 die Entdeckung der geladenen **Pionen** (pions) π^+ und π^-. Diese Pionen besitzen die gleiche Masse $m_{\pi^+} = m_{\pi^-} \approx 273 m_e$ (s.Tab.106, S.542) und zerfallen mit der gleichen mittleren Lebensdauer von ca. 26ns (s.Tab.106, S.542) entsprechend $\pi^+ \to \mu^+ + \nu_\mu$ bzw. $\pi^- \to \mu^- + \bar{\nu}_\mu$ in ein Myon und ein **Myon-Neutrino** (muonic neutrino) bzw. **Myon-Antineutrino** (muonic antineutrino). Dass es sich hierbei um eine andere Art als die bisher behandelten Neutrinos $(\nu_e, \bar{\nu}_e)$ handelt, lässt sich folgendermaßen beweisen. Das beim Zerfall des Pions π^+ gebildete Neutrino ist nämlich nicht in der Lage, mit einem Neutron zu einem Proton und einem Elektron zu reagieren, was auf Grund der Reaktion (717), S.520, möglich sein müsste, wenn es sich um das Neutrino ν_e handeln würde. Deshalb musste man das Myon-Neutrino ν_μ und das entsprechende Antiteilchen $\bar{\nu}_\mu$ einführen. Die **Myonen** (muons) μ^+ und μ^- mit $m_{\mu^+} = m_{\mu^-} \approx 207 m_e$ (s.Tab.105, S.541) sowie mit einer mittleren Lebensdauer $\tau_{\mu^\pm}$ von ca. 2,2µs (s.Tab.105, S.541) waren bereits 1936/37 von Anderson und Neddermeyer (Carl Anderson 1905-1991, Seth Henry Neddermeyer geb.1907) in der Höhenstrahlung entdeckt worden. Die relativ schwache Wechselwirkung der Myonen mit Materie ist der Grund dafür, weshalb die an der Erdoberfläche gemessene durchdringende ("harte") Komponente der Höhenstrahlung aus Myonen besteht, die man noch viele 100m unter der Meeresoberfläche nachweisen kann. Bis zu Energien von 10^{11} bis 10^{12} eV verlieren die Myonen ihre Energie hauptsächlich nur durch Ionisation, während bei den viel leichteren Elektronen noch Bremsstrahlungsverluste und bei den γ-Strahlen Energieverluste durch Paarerzeugung hinzukommen. Im Jahre 1950 wurde auch noch das neutrale Pion (π^0) entdeckt, das nach der Reaktion $\pi^0 \to \gamma_1 + \gamma_2$ in zwei γ-Quanten zerfällt, die im Ruhesystem des π^0 gleiche Energie und entgegengesetzte Impulse besitzen. Die Bestimmung der Masse des π^0 ergibt einen nur um 3% niedrigeren Wert als für die geladenen Pionen (s.Tab.106, S.542).

Auf die Existenz des π^0 wurde aus der Lage des Maximums der Energieverteilung der γ-Quanten in einer Höhe von ca. 20km geschlossen. Aus dem Energie- und dem Impulssatz folgt, dass im Laborsystem die Energien der γ-Quanten über ein von der Geschwindigkeit des Pions abhängiges Intervall verteilt sind, dass aber das Maximum dieser Verteilung stets bei $E=m_{\pi 0}c_0^2/2$ liegt.

Die mittlere Lebensdauer $\tau_{\pi 0}$ ist jedoch um ca. acht Größenordnungen kleiner (s.Tab.106, S.542). Dies wird dem elektromagnetischen Charakter des Zerfalls dieser Teilchen zugeschrieben im Gegensatz zum "schwachen" Zerfall der geladenen Pionen, bei dem Neutrinos beteiligt sind. Ende der 40er Jahre entdeckte man an Hand der durch Höhenstrahlen in Nebelkammern

Eine **Nebelkammer** (cloud chamber, expansion chamber) besteht aus einem mit wasserdampfgesättigter Luft gefüllten zylindrischen Gefäß. Die eine Stirnfläche ist mit einer Glasplatte, die andere mit einem verschiebbaren Kolben verschlossen. Durch schnelles Zurückziehen des Kolbens kommt es zu einer adiabatischen Abkühlung, wodurch die Luft mit Wasserdampf übersättigt wird. Die Kondensation erfolgt in Form von feinen Nebeltröpfchen, und zwar bei Abwesenheit von Staubteilchen vor allem an Ionen, wodurch die Bahn ionisierender Teilchen markiert wird.
Weil schwach ionisierende Teilchen wegen der geringen Dichte der wasserdampfgesättigten Luft nur wenige Ionen erzeugen, hat man die **Blasenkammer** (bubble chamber) entwickelt. Diese ist mit einer kurz vor dem Siedepunkt stehenden Flüssigkeit (meist flüssiger Wasserstoff mit einer Dichte von $70 \mathrm{kgm}^{-3}$) gefüllt, so dass bei plötzlicher Expansion kurzzeitig Überhitzung eintritt. Dabei bilden sich an den Ionen Dampfbläschen, die, in gleicher Weise wie die Nebeltröpfchen in der Nebelkammer, die Bahn des ionisierenden Teilchens markieren.

erzeugten Spuren neue Teilchen, die später in systematischen Experimenten an Beschleunigern genauer untersucht wurden und die wegen ihrer seltsamen Eigenschaften den Namen **seltsame Teilchen** (strange particles) erhielten. Dazu gehören das **Kaon** (kaon) K, das auch als **K-Meson** (K-meson) bezeichnet wird, und die **Hyperonen** (hyperons). Man kennt das Lambda (Λ)-, das Sigma (Σ)-, das Xi (Ξ)- und das Omega (Ω)-Hyperon, die, ebenso wie das Kaon, in verschiedenen Ladungszuständen ($+e$, $-e$, 0) und als Teilchen oder Antiteilchen vorkommen können. Das Seltsame bei diesen Teilchen war, dass sie einerseits durch die starke Wechselwirkung erzeugt werden konnten und auch wieder in stark wechselwirkende Teilchen zerfielen, dass sie aber andererseits eine für die starke Wechselwirkung viel zu lange Lebensdauer von $10^{-8} \ldots 10^{-10}\mathrm{s}$ aufwiesen. Außerdem konnten sie nur in Paaren erzeugt werden, zerfielen aber einzeln. Auf der nächsten Seite ist in Fig.292 die Erzeugung eines Paares seltsamer Teilchen (K^0 und Λ^0) an Hand von schematisch gezeichneten Nebelkammerspuren dargestellt. Dabei stößt ein hochenergetisches Proton auf einen Atomkern. Dieser zerfällt in mehrere Bruchstücke, unter denen die beiden seltsamen Teilchen K^0 und Λ^0 wegen der fehlenden elektrischen Ladung keine Spuren hinterlassen. Sie sind aber an ihren Zerfallsreaktionen $\mathrm{K}^0 \rightarrow \pi^+ + \pi^-$ und $\Lambda^0 \rightarrow \mathrm{p} + \pi^-$ zu erkennen.

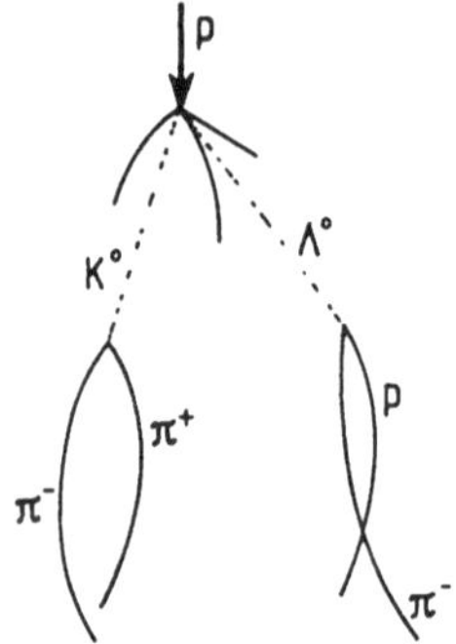

Fig.292 Schematische Darstellung von Nebelkammerspuren bei der Erzeugung eines Paares seltsamer Teilchen (K^0 und Λ^0) durch den Stoß eines energiereichen Protons (p) der kosmischen Strahlung mit einem Atomkern. Ein senkrecht zur Zeichenebene angelegtes Magnetfeld krümmt die Bahnen der geladenen Teilchen umso stärker, je geringer ihr Impuls ist

Aus dem Krümmungsradius R der Bahn eines Teilchens, das sich senkrecht zu einem äußeren Magnetfeld mit der Flussdichte B bewegt und dessen Ladung ze sei, kann man den Betrag p seines Impulses aus der Gleichung $p=|z|eRB$ (s.Gl.(360), S.242) bestimmen. Die Richtung des Impulses folgt aus dem Verlauf der Bahn und die Energie E des Teilchens aus der Intensität der Ionisierung. Hat man auf diese Weise die Impulse $\vec{p}_1$ und $\vec{p}_2$ und die Energien E_1 und E_2 von zwei Zerfallsprodukten (z.B. von π^+ und π^-) bestimmt, so lässt sich die Ruhemasse m_M des Mutterteilchens berechnen. Wir zeigen zunächst, dass die Größe $(E/c_0)^2 - \vec{p}^{\,2}$ in allen Inertialsystemen den gleichen Wert besitzt. Für ein Teilchen mit der Ruhemasse m_0 gilt $E=m_0 c_0^2 [1-(v/c_0)^2]^{-1/2}$ (s.Gl.(433), S.292) und $\vec{p}=m_0 \vec{v}[1-(v/c_0)^2]^{-1/2}$ (s.Gl.(431), S.291). Damit ergibt sich für die Größe $(E/c_0)^2 - \vec{p}^{\,2}$ der vom Inertialsystem unabhängige Wert $m_0^2 c_0^2$. Man sagt deshalb, $(E/c_0)^2 - \vec{p}^{\,2}$ ist eine **Lorentz-Invariante** (Lorentz-invariant) im Gegensatz z.B. zur Energie E. Unter Verwendung dieser Tatsache folgt dann sofort $m_M^2 c_0^2 = (E_1+E_2)^2 c_0^{-2} - (\vec{p}_1 + \vec{p}_2)^2$.

Die Entwicklung der Beschleunigertechnik und verbesserter Detektoren seit Beginn der 50er Jahre führte in der Folgezeit zur Entdeckung einer Flut neuer Teilchen. Die meisten von ihnen besitzen so kurze Lebensdauern, dass sie nur an Hand von mehr oder minder deutlich ausgeprägten Maxima der Streuquerschnitte als Funktion der Energie nachgewiesen werden können. Teilchen mit extrem kurzen Lebensdauern (typischerweise 10^{-23}s) bezeichnet man als **Resonanzteilchen** (resonance particles) oder **Resonanzen.** In Fig.293 auf der nächsten Seite ist der Wirkungsquerschnitt (s. den kleingedruckten Text auf S.525) für die Streuung (s.S.526) der geladenen Pionen π^+ bzw. π^- an Protonen als Funktion der kinetischen Energie der Pionen im Laborsystem dargestellt. Die auftretenden Maxima kann man als Erzeugung bestimmter angeregter Zustände des Protons auffassen. In der Umgebung eines Maximums lässt sich der Streuquerschnitt σ oft durch eine Lorentz-Kurve

$$\sigma(E) = \sigma_0 \frac{(\Gamma/2)^2}{(E_0-E)^2 + (\Gamma/2)^2} \tag{733}$$

annähern, wobei E die Gesamtenergie der Teilchen im Schwerpunktsystem darstellt.

E_0/c_0^2 ist die Ruhemasse des Resonanzteilchens, das dem Zwischenkern (s.S.526) bei Kernreaktionen entspricht.

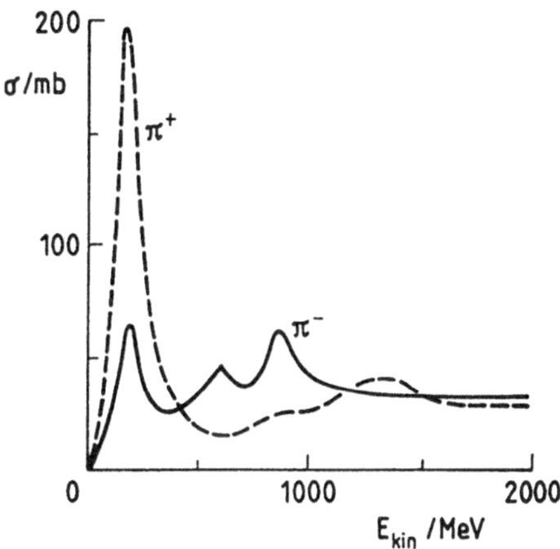

Fig.293 Wirkungsquerschnitt σ für die Streuung der geladenen Pionen π^+ bzw. π^- an Protonen als Funktion der kinetischen Energie E_{kin} der Pionen im Laborsystem

Die Lebensdauer des Resonanzteilchens ergibt sich mit Hilfe der Unschärferelation aus der Halbwertsbreite Γ (full width at half maximum) der Lorentz-Kurve zu

$$\tau = \frac{\hbar}{\Gamma} \, . \tag{734}$$

Aus dem in Fig.293 dargestellten Maximum des Wirkungsquerschnitts für die Streuung des positiv geladenen Pions an Protonen schließt man deshalb auf ein Resonanzteilchen, für das die Auswertung eine Ruhemasse von ca. $1230(e/c_0^2)$MV und eine mittlere Lebensdauer $\tau \approx 5{,}7 \cdot 10^{-24}$s ergibt.
Resonanzen ermittelt man häufig auch aus der Verteilungsfunktion der sog. invarianten Masse der Zerfallsteilchen. Auf der nächsten Seite sind in Fig.294 links die Spuren in einer Blasenkammer für den Prozess $\pi^- + p \rightarrow n + \pi^- + \pi^+$ schematisch dargestellt. Mit den aus der Intensität der Ionisierung bestimmten Energien (E_1, E_2) und den aus den Krümmungsradien der Bahnen ermittelten Impulsen $(\vec{p}_1, \vec{p}_2)$ der beiden Pionen bildet man die **invariante Masse** (invariant mass)

$$m_{12} = \left((E_2 + E_2)^2 c_0^{-2} - (\vec{p}_1 + \vec{p}_2)^2\right)^{1/2} c_0^{-1} \tag{735}$$

der beiden Pionen und trägt deren relative Häufigkeit $N(m_{12})$ über $m_{12}c_0^2/e$ auf (s. Fig.294). Aus der Tatsache, dass sich an Stelle einer breiten strukturlosen Verteilungsfunktion ein ausgeprägtes Maximum bei (770 ± 3)MV ergibt, folgt, dass bei der obigen Reaktion die beiden Pionen Zerfallsprodukte eines sehr kurzlebigen

Teilchens mit der Ruhemasse $m_0 \approx (770 \pm 3)(e/c_0^2)$MV sein müssen.

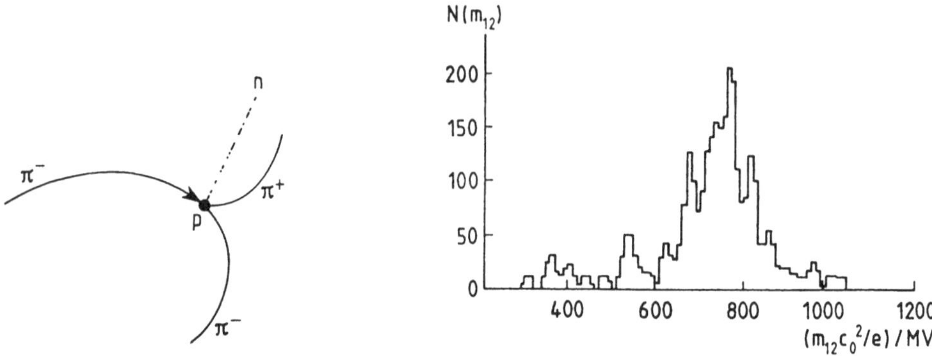

Fig.294. Links: Schematische Darstellung der Spuren in einer Blasenkammer für die Reaktion $\pi^- + p \to n + \pi^- + \pi^+$ unter dem Einfluss eines senkrecht zur Zeichenebene angelegten Magnetfeldes. Die Intensität der Ionisierung blieb in der Zeichnung unberücksichtigt. Rechts: Relative Häufigkeit $N(m_{12})$ der Werte für die invariante Masse m_{12} der beiden erzeugten Pionen

Dieses Teilchen erhielt die Bezeichnung ρ^0-Meson. Aus der Breite der Verteilungsfunktion von (153 ± 2)MV ergibt sich nach Gl.(734) eine mittlere Lebensdauer τ von ca. $4,3 \cdot 10^{-24}$s.

Die Fülle der gefundenen Elementarteilchen teilt man nach der Art ihrer Wechselwirkung (s.S.521) ein. Teilchen, die nur der Gravitation, der elektromagnetischen und der schwachen Wechselwirkung unterliegen, heißen **Leptonen** (leptons) und solche die zusätzlich noch an der starken Wechselwirkung teilnehmen, nennt man **Hadronen** (hadrons). Hadronen mit halbzahligem Spin heißen **Baryonen** (baryons). Man kann sie deshalb (s.S.488) auch als **hadronische Fermionen** (hadronic fermions) bezeichnen. Hadronen mit ganzzahligem Spin nennt man **Mesonen** (mesons) oder **hadronische Bosonen** (hadronic bosons). Baryonen zerfallen stets direkt oder über einen Umweg in Nukleonen, d.h. in Protonen oder Neutronen. Die Mehrzahl der bis heute entdeckten Elementarteilchen sind Hadronen, wobei das 1974 nachgewiesene **J/Ψ-Meson** (J/Ψ meson) mit der Masse $m_{J/\Psi} = (3096,9 \pm 0,1)(e/c_0^2)$MV und das 1977 gefundene **Υ-Meson** (Υ meson) mit der Masse $m_\Upsilon = (9640,3 \pm 0,2)(e/c_0^2)$MV für die Entwicklung der Elementarteilchentheorie eine besondere Rolle spielten. Zu den bekannten geladenen Leptonen ($e^\pm$, $\mu^\pm$) kamen 1975 noch die $\tau^\pm$-**Leptonen** (tauons) hinzu, die eine ca. doppelt so große Masse wie die Protonen besitzen (s.Tab.105, S.541 und Tab.107, S.543). In einfachen Fällen zerfällt das τ^--Lepton gemäß $\tau^- \to e^- + \bar{\nu}_e + \nu_\tau$ oder $\tau^- \to$

$\mu^- + \bar{\nu}_\mu + \nu_\tau$, wobei ein den τ-Leptonen zugeordnetes Neutrino ν_τ (τ-**Neutrino**, tauonic neutrino) entsteht. Im Jahre 1983 schließlich gelang einem Forscherteam unter Leitung von Carlo Rubbia (geb.1934) der Nachweis der als **Eichbosonen** (gauge bosons) bezeichneten Teilchen $W^\pm$ und Z^0, deren Masse etwa 90 Protonenmassen entspricht ($m_{W\pm} = (81{,}0 \pm 1{,}3)(e/c_0^2)$GV, $m_{Z0} = (92{,}4 \pm 1{,}8)(e/c_0^2)$GV) und die eine mittlere Lebensdauer τ von 10^{-25}s besitzen. Sie sind weder Hadronen noch Leptonen, sondern vermitteln die schwache Wechselwirkung (s.S.521).

29.2 Eigenschaften und Klassifikation der Elementarteilchen

Eine wesentliche Eigenschaft der Elementarteilchen ist die Möglichkeit, sie durch Stöße von Teilchen zu erzeugen, wobei die Ruheenergie der neu erzeugten Teilchen von der kinetischen Energie der stoßenden Teilchen aufgebracht werden muss. So lässt sich z.B. ein π^0-Meson durch die Reaktion $p+p \rightarrow p+p+\pi^0$ nur erzeugen, wenn die kinetische Energie der stoßenden Protonen im Schwerpunktsystem größer als $m_{\pi^0}c_0^2$ ist. Bei einem Stoß auf ein *ruhendes* Teilchen dagegen muss i.Allg. eine erheblich höhere Energie aufgebracht werden. Zur Erläuterung betrachten wir die Reaktion, bei der ein Projektilteilchen 1 mit der Ruhemasse m_1 und dem Impuls $\vec{p}_1$ auf ein ruhendes Teilchen 2 mit der Ruhemasse m_2 trifft. Nach dem Stoß sollen die beiden Teilchen 3 und 4 mit den Impulsen $\vec{p}_3$ bzw. $\vec{p}_4$ und den Ruhemassen m_3 bzw. m_4 vorliegen. Für die Mindestenergie, die zur Erzeugung der Teilchen 3 und 4 erforderlich ist, gilt

$$Q = (m_3 + m_4 - m_1 - m_2)c_0^2 \tag{736}$$

(**Reaktionsschwelle**, reaction threshold). Daraus erhält man für die kinetische Energie, die das Projektilteilchen 1 zur Erzeugung der Teilchen 3 und 4 mindestens haben muss, wenn es auf ein *ruhendes* Teilchen 2 trifft,

$$E_{\text{kin1}} = Q\left(1 + \frac{m_1}{m_2} + \frac{Q}{2m_2c_0^2}\right). \tag{737}$$

Auf Grund des Energiesatzes $E_1 + E_2 = E_3 + E_4$ und des Impulssatzes $\vec{p}_1 + \vec{p}_2 = \vec{p}_3 + \vec{p}_4$ gilt auch $(E_1 + E_2)^2 c_0^{-2} - (\vec{p}_1 + \vec{p}_2)^2 = (E_3 + E_4)^2 c_0^{-2} - (\vec{p}_3 + \vec{p}_4)^2$. Andererseits ist aber die Größe $E^2 c_0^{-2} - \vec{p}^2$ eine Lorentz-Invariante (s. den kleingedruckten Text auf S.536), so dass wir die linke Seite im Laborsystem $(E_1 = E_{1L}, \; E_2 = m_2 c_0^2; \; \vec{p}_1 = \vec{p}_{1L}, \; \vec{p}_2 = 0)$ und die rechte Seite im Schwerpunktsystem $(\vec{p}_3 + \vec{p}_4 = 0)$ aufschreiben können. Damit folgt $(E_{1L} + m_2 c_0^2)^2 c_0^{-2} - \vec{p}_{1L}^2 = (E_3 + E_4)^2 c_0^{-2}$ und bei der Reaktionsschwelle $(E_{1L} + m_2 c_0^2)^2 c_0^{-2} - \vec{p}_{1L}^2 = (m_3 + m_4)^2 c_0^2$. Wegen $E_{1L}^2 c_0^{-2} - \vec{p}_{1L}^2 = m_1^2 c_0^2$ (s.Gl.(433), S.292, und Gl.(431), S.291) ergibt sich $m_1^2 c_0^2 + 2E_{1L}m_2 + m_2^2 c_0^2 = (m_3 + m_4)^2 c_0^2$ oder $E_{1L} - m_1 c_0^2 = [(m_3 + m_4)^2 - (m_1 + m_2)^2]\cdot$

$c_0^2(2m_2)^{-1}$. Die Substitution $m_3+m_4=Qc_0^{-2}+(m_1+m_2)$ und die Berücksichtigung der Tatsache, dass $E_{1L}-m_1c_0^2$ die kinetische Energie E_{kin1} des Teilchens 1 im Laborsystem ist (s.Gl.(432), S.291), liefert $E_{kin1}=[Q^2c_0^{-2}+2(m_1+m_2)Q](2m_2)^{-1}$, d.h. die gesuchte Gl.(737).

Man erkennt aus Gl.(737), dass die zur Erzeugung schwerer Elementarteilchen ($Q\gg m_2c_0^2$) in einem ruhenden Target durch einen Beschleuniger aufzubringende kinetische Energie $E_{kin1}\approx Q^2/(2m_2c_0^2)$ quadratisch mit Q und demzufolge quadratisch mit der Masse der zu erzeugenden Teilchen anwächst. Zur Überwindung hoher Reaktionsschwellen werden daher Beschleuniger mit gegenläufigen Teilchenstrahlen (**Kollider**, collider) verwendet.

Für einen Kollider, bei dem zwei Protonenstrahlen frontal mit je 150GeV (s.S.553) pro Proton zusammenstoßen, gilt $Q\approx2\cdot150\cdot10^9\cdot1,60\cdot10^{-19}$J. Mit der Protonenmasse $m_p\approx1,67\cdot10^{-27}$kg und $c_0\approx3\cdot10^8$m/s (s.S.548/549) folgt für die Energie, die ein Proton besitzen müsste, das auf ein ruhendes Proton trifft, $E_{kin1}\approx Q^2/(2m_2c_0^2)\approx7,7\cdot10^{-6}$J oder ca. $48\cdot10^{12}$eV$=48$TeV. Der größte Teil dieser sehr hohen Energie würde nach dem Stoß nicht als Ruheenergie neu erzeugter Teilchen, sondern als unerwünschte kinetische Energie der Reaktionsprodukte vorliegen. Diesem Nachteil bei einem Experiment mit ruhendem Target steht aber der Vorteil gegenüber, dass wesentlich höhere Dichten erreicht werden können, als mit gegenläufigen Teilchenstrahlen, so dass Intensitätsprobleme eine geringere Rolle spielen als bei Kollidern. Einen Kollider mit kreisförmigem Strahlverlauf nennt man auch **Speicherring** (storage ring).

Nicht alle Reaktionen, die energetisch erlaubt sind, werden beobachtet. So kann z.B. die Reaktion p+p $\rightarrow$ p+p+π^+ nicht ablaufen, da die Summe der elektrischen Ladungen der Teilchen vor und nach der Reaktion nicht übereinstimmt. Der Satz von der **Erhaltung der Ladung** (conservation of charge) gehört zu den **strengen Erhaltungssätzen** (conservation laws of universal application), d.h. er gilt für *alle* Reaktionen. Aber warum laufen Reaktionen wie p+p $\rightarrow$ p+p+n oder $\mu^- \rightarrow$ e$^-$+γ auch nicht ab? Man kann diese und ähnliche Fragen beantworten, wenn man annimmt, dass die Elementarteilchen neben der elektrischen Ladung, die in Einheiten von e quantisiert ist und die mit beiderlei Vorzeichen auftreten kann, noch andere quantisierte Größen besitzen. So ordnet man jedem Elementarteilchen außer der elektrischen Ladung noch eine **Baryonenladung (Baryonenzahl**, baryon charge) B und drei **Leptonenladungen** (leptonic charges) L_e, L_μ und L_τ zu, für die ebenfalls strenge Erhaltungssätze gelten. Auf der nächsten Seite sind in der Tab.105 die Leptonenladungen sowie einige andere charakteristische Größen für die heute bekannten Leptonen ($B=0$) zusammengestellt.
Bei den Hadronen (s.S.538) mussten noch weitere Quantenzahlen eingeführt werden. Es sind dies vor allem die Seltsamkeit S, die Hyperladung Y und der Isospin I. Die **Seltsamkeit** (strangeness) S wurde eingeführt, um zu erklären, warum manche Zerfälle, an denen nur Hadronen beteiligt sind, wie z.B. $\Lambda^0 \rightarrow$ p+π^-, sehr langsam im Vergleich zu den für die starke Wechselwirkung typischen Zerfallszeiten von $\leq10^{-22}$s vonstatten gehen und warum bestimmte Teilchen nur paarweise über die starke Wechselwirkung erzeugt werden können. Die Summe der Quantenzahlen S bleibt bei Reaktionen, die von der starken und der elektromagne-

tischen Wechselwirkung bestimmt werden, erhalten, wohingegen die Seltsamkeit für die schwache Wechselwirkung keine Erhaltungsgröße ist. Für S gilt also kein strenger Erhaltungssatz.

Tab.105 Charakteristische Größen [LID90] für Leptonen, d.h. für Elementarteilchen mit der Baryonenladung $B=0$. Die Antiteilchen zu den in der Tabelle aufgeführten Leptonen besitzen entgegengesetzte elektrische Ladungen und entgegengesetzte Leptonenladungen. In der Elementarteilchenphysik bezeichnet man die Spinquantenzahl mit J und nicht mit I, da der letztere Buchstabe für den Isospin (s.u.) verwendet wird

Symbol	Masse $\times (c_0^2/e)$	mittlere Lebensdauer τ	Ladung	Spinquantenzahl J	Leptonenladungen		
					L_e	L_μ	L_τ
e^-	$(510\,999{,}06 \pm 0{,}15)$V	∞	$-e$	$1/2$	1	0	0
ν_e	<18V	∞	0	$1/2$	1	0	0
μ^-	$(105\,658{,}39 \pm 0{,}06)$kV	$(2197{,}03 \pm 0{,}04)$ns	$-e$	$1/2$	0	1	0
ν_μ	<250kV	∞	0	$1/2$	0	1	0
τ^-	$(1\,784 \pm 3)$MV	$(30{,}4 \pm 0{,}9) \cdot 10^{-14}$s	$-e$	$1/2$	0	0	1
ν_τ	<35MV	?	0	$1/2$	0	0	1

Den Hadronen p, n, π wird die Quantenzahl $S=0$ zugeordnet. In dem durch die starke Wechselwirkung bestimmten Prozess $p+p \rightarrow p+\Lambda^0+K^0+\pi^+$ bleibt dann mit der Zuordnung $S_{\Lambda 0}=-1$ und $S_{K0}=+1$ die Seltsamkeit $S=0$ erhalten. Bei den schwachen Zerfällen $\Xi^- \rightarrow \Lambda^0+\pi^-$ und $\Lambda^0 \rightarrow p+\pi^-$ dagegen ändert sich die Seltsamkeit jeweils um $\Delta S=+1$. Allgemein gilt die Auswahlregel $\Delta S=0, \pm 1$. Die als **Hyperladung** (hypercharge) bezeichnete Quantenzahl Y ist einfach als

$$Y = B + S \tag{738}$$

definiert. Weil B streng erhalten bleibt, gilt für Y die gleiche Auswahlregel wie für S. Der **Isospin** (isospin) mit den Quantenzahlen I und I_z wurde 1932 von Heisenberg (Werner Heisenberg 1901-1976) eingeführt. Man hatte nämlich festgestellt, dass die Energieniveaus von Atomkernen mit gleicher Massenzahl und vertauschten Protonen- und Neutronenzahlen nahezu gleich sind und fasste deshalb p und n als zwei unabhängige Zustände eines abstrakten Teilchens auf, das **Nukleon** (nucleon) genannt wird. Der allgemeine Zustand eines Nukleons ergibt sich damit als Linearkombination dieser beiden Zustände, ähnlich wie sich ein beliebiger Zustand eines Teilchens mit $J=\frac{1}{2}$ aus den beiden Eigenzuständen von J_z, d.h. den Zuständen mit $J_z=+\frac{1}{2}$ und $J_z=-\frac{1}{2}$, ergibt.

Wie schon in der Legende zu Tab.105 erwähnt, wird in der Elementarteilchenphysik die Spinquantenzahl mit J und nicht mit S oder I bezeichnet, um Verwechslungen mit der Seltsamkeit S bzw. dem Isospin I zu vermeiden.

Für die z-Komponente I_z des Isospins setzt man $I_z = +\frac{1}{2}$ bzw. $I_z = -\frac{1}{2}$, wenn es sich um ein Proton bzw. ein Neutron handelt. p und n bilden das Nukleonendublett mit $I=\frac{1}{2}$. Auch die anderen Hadronen können in Multipletts eingeteilt werden, deren Mitglieder den gleichen Spin J, nahezu die gleiche Masse, aber unterschiedliche elektrische Ladungen besitzen. Zu einem **Isospinmultiplett** (isospin multiplet) gehören $2I+1$ Teilchen. Die drei Pionen (π^0, π^+, π^-), deren Spin J gleich null ist und deren Massenunterschiede gering sind, werden als Isospintriplett ($I=1$) aufgefasst. Die drei Σ-Hyperonen (Σ^0, Σ^+, Σ^-) bilden ein weiteres Isospintriplett. Die Kaonen (K^0, K^+) und die Xi-Hyperonen (Ξ^0, Ξ^-) sind Beispiele für Isospindubletts ($I=\frac{1}{2}$). In Tab.106 sind charakteristische Größen für einige Mesonen und in Tab.107 auf der nächsten Seite für einige Baryonen zusammengestellt. In beiden Fällen wurden aber nur solche Hadronen ausgewählt, die bezüglich der starken Wechselwirkung stabil sind.

Tab.106 Charakteristische Größen [LID90] für Mesonen (hadronische Bosonen), d.h. Elementarteilchen mit ganzzahliger Spinquantenzahl ($J=0, 1, \ldots$) und verschwindenden Baryonen- und Leptonenladungen ($B=L_e=L_\mu=L_\tau=0$). In dieser Tabelle wurden nur Mesonen aufgenommen, die nicht über die starke Wechselwirkung zerfallen. Die Angabe von zwei Werten für die mittlere Lebendauer des K^0-Mesons bezieht sich auf die Zerfälle in $\pi^+ + \pi^-$ bzw. in $3\pi^0$. S ist die Seltsamkeit, $Y=B+S$ die Hyperladung und I sowie I_z sind die Quantenzahlen des Isospins

Symbol	Masse $\times (c_0^2/e)$	mittlere Lebensdauer τ	Ladung	J	S	Y	I	I_z
$\pi^{+/-}$	(139 567,6 $\pm 0,3$) kV	(26 029 ± 23)$\cdot 10^{-12}$s	$+/- e$	0	0	0	1	$+/-1$
π^0	(134 973,4 $\pm 2,5$) kV	$(84\pm 6)\cdot 10^{-18}$s	0	0	0	0	1	0
$K^{+/-}$	(493 646± 9)kV	(12 371 ± 28)$\cdot 10^{-12}$s	$+/- e$	0	$+/-1$	$+/-1$	$\frac{1}{2}$	$+/-\frac{1}{2}$
$K^0/\overline{K}^0$	(497 671 ± 30)kV	(89,22 $\pm 0,2$)$\cdot 10^{-12}$s (51,8 $\pm 0,4$)$\cdot 10^{-9}$s	0	0	$+/-1$	$+/-1$	$\frac{1}{2}$	$-/+\frac{1}{2}$
η	(548,8$\pm 0,6$)MV	(0,61 $\pm 0,11$)$\cdot 10^{-18}$s	0	0	0	0	0	0

Die **Gell-Mann-Nishijima-Formel** (Gell-Mann-Nishijima formula, Murray Gell-Mann geb.1929, Kasuhiko Nishijima geb.1926) beschreibt einen Zusammenhang zwischen der elektrischen Ladung q und den Quantenzahlen I_z, B und S

$$q = e(I_z + B/2 + S/2) \, . \tag{739}$$

Aus dieser Gleichung folgt, dass für I_z die gleiche Auswahlregel wie für S gelten muss ($\Delta S=0$, ± 1, s.S.541), da B und q strengen, d.h. für alle Wechselwirkungen gültigen, Erhaltungssätzen genügen. Als Beispiel betrachten wir die Reaktion p+p $\rightarrow$ p+Λ^0+K^0+π^+. Für diese gilt links $\Sigma I_z=1$ (s.Tab.107) und rechts ebenfalls $\Sigma I_z=1$(s.Tab.106 und Tab.107), also die Erhaltung von I_z.

Tab.107 Charakteristische Größen [LID90] für Baryonen (hadronische Fermionen), d.h. Elementarteilchen mit halbzahliger Spinquantenzahl ($J=1/2$, $3/2$, ...), der Baryonenladung $B=1$ und verschwindenden Leptonenladungen ($L_e=L_\mu=L_\tau=0$). In der Tabelle wurden einige gegenüber der starken Wechselwirkung stabile Baryonen aufgelistet. S ist die Seltsamkeit, $Y=B+S$ die Hyperladung und I sowie I_z sind die Quantenzahlen des Isospins

Symbol	Masse $\times (c_0^2/e)$	mittlere Lebens-dauer τ	Ladung	J	S	Y	I	I_z
p	(938,27231 $\pm$0,00028)MV	stabil	e	½	0	1	½	½
n	(939,56563 $\pm$0,00028)MV	(896$\pm$10)s	0	½	0	1	½	$-$½
Λ^0	(1115,63 $\pm$0,05)MV	(263,1$\pm$2)$\cdot 10^{-12}$s	0	½	-1	0	0	0
Σ^+	(1189,37 $\pm$0,06)MV	(79,9$\pm$0,4)$\cdot 10^{-12}$s	e	½	-1	0	1	1
Σ^0	(1192 $\pm$0,09)MV	(7,4$\pm$0,7)$\cdot 10^{-20}$s	0	½	-1	0	1	0
Σ^-	(1197,43 $\pm$0,06)MV	(147,9$\pm$1,1)$\cdot 10^{-12}$s	$-e$	½	-1	0	1	-1
Ξ^0	(1314,9 $\pm$0,6)MV	(290$\pm$10)$\cdot 10^{-12}$s	0	½	-2	-1	½	½
Ξ^-	(1321,32 $\pm$0,13)MV	(163,9$\pm$1,5)$\cdot 10^{-12}$s	$-e$	½	-2	-1	½	$-$½
Ω^-	(1672,43 $\pm$0,32)MV	(82,2$\pm$1,2)$\cdot 10^{-12}$s	$-e$	3/2	-3	-2	0	0

Dagegen ergibt sich bei dem von der schwachen Wechselwirkung bestimmten Zerfall $\Lambda^0\rightarrow$p+π^-, dass weder I_z noch I erhalten bleibt (s. Tab.106 und 107).
Das Konzept des Isospins hat sich bei der Entwicklung eines Ordnungsprinzips für die Hadronen als äußerst fruchtbar erwiesen. In Fig.295 auf der nächsten Seite ist das sog. **Supermultiplett** (supermultiplet) der Mesonen nach Tab.106 mit dem Spin

$J=0$, das sind die Mesonen $\pi^{\pm}$, π^0, $K^{\pm}$, $K^0/\overline{K}{}^0$ und η, in der Y-I_z-Ebene dargestellt. Es ergibt sich ein Oktett, das π-**Oktett** (π-octet) genannt wird. Das Supermultiplett für die Baryonen mit $J=\frac{1}{2}$ (s.Tab.107) zeigt die Fig.296. Es wird als **Nukleonen-Oktett** (nucleon octet) bezeichnet.

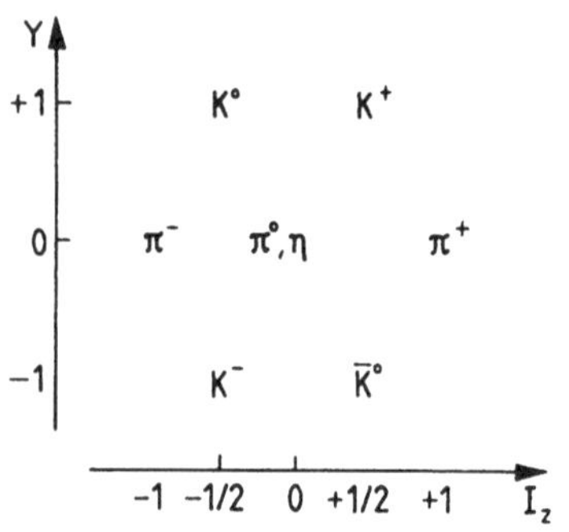

Fig.295 Supermultiplett (π-Oktett) der Mesonen mit dem Spin $J=0$ in der Y-I_z-Ebene. Es enthält neben den Teilchen π^-, K^- und K^0 auch ihre Antiteilchen π^+, K^+ und $\overline{K}{}^0$. π^0 und η sind Teilchen und Antiteilchen zugleich, d.h. dass sie spontan in zwei γ-Quanten zerfallen können

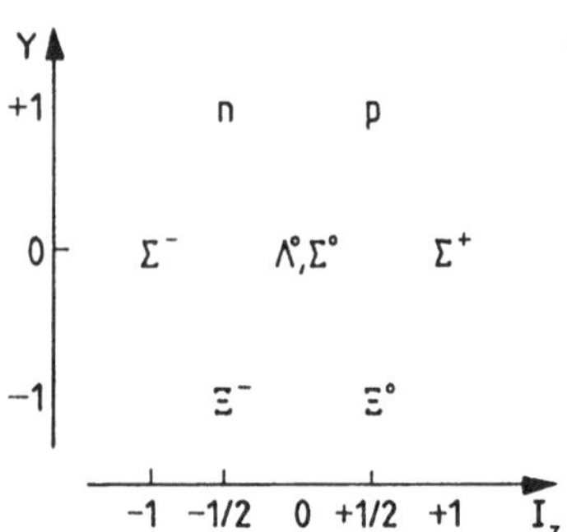

Fig.296 Supermultiplett (Nukleonen-Oktett) der Baryonen mit dem Spin $J=\frac{1}{2}$ in der Y-I_z-Ebene. Die dazugehörigen Antiteilchen (mit $B=-1$ statt $B=+1$) bilden ein eigenes Supermultiplett

Zur Erklärung der Symmetrie derartiger Supermultipletts führte 1963 Murray Gell-Mann (geb.1929) drei hypothetische Teilchen (**Quarks**, quarks) ein, die mit u (**up**), d (**down**) und s (**strange**) bezeichnet wurden. Ihre Spinquantenzahl ist $J=1/2$, sie besitzen die Baryonenladung $B=1/3$ und die in Fig.297 dargestellten Werte für die

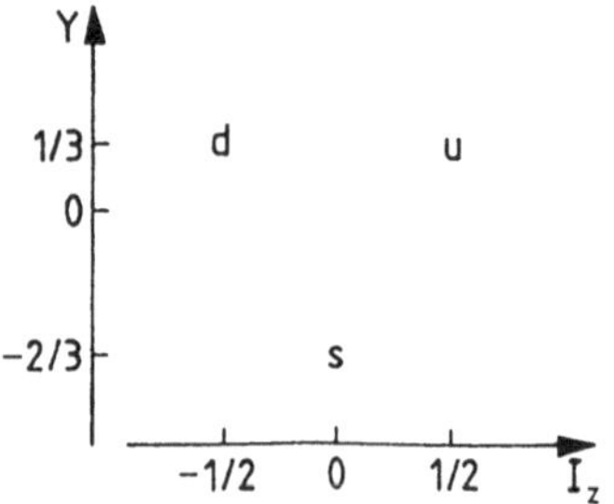

Fig.297 Die Quantenzahlen Y und I_z der drei Quarks u, d und s

Quantenzahlen Y und I_z. Die elektrische Ladung q der Quarks lässt sich mit Hilfe der Gl.(739), S.543, aus ihren übrigen Quantenzahlen ($S=Y-B$, s.Gl.(738), S.541, und $B=1/3$) berechnen. Das Ergebnis ist mit in der Tab.108 enthalten.

Tab.108 Charakteristische Größen der drei Quarks u, d und s. Die entsprechenden Größen für die Antiquarks erhält man durch Vorzeichenumkehr der elektrischen Ladungen und der Quantenzahlen B, Y, S und I_z

Quark	Spinquan-tenzahl J	Baryonen-ladung B	Hyperla-dung Y	Seltsam-keit S	Isospin I	I_z	Ladung
u	1/2	1/3	1/3	0	1/2	1/2	$(2/3)e$
d	1/2	1/3	1/3	0	1/2	$-1/2$	$-(1/3)e$
s	1/2	1/3	$-2/3$	-1	0	0	$-(1/3)e$

Die Gesamtheit der in Tab.108 angegebenen Quantenzahlen, die ein Quark kennzeichnen, nennt man seinen **Flavor** (flavor). Mit diesen drei Quarks und ihren Antiteilchen lassen sich die Mesonen der Tab.106, S.542, durch jeweils ein Quark-Antiquark-Paar und die Baryonen der Tab.107, S.543, durch jeweils drei Quarks darstellen (s.Tab.109).

Tab.109 Aufbau der Mesonen von Tab.106, S.542, und der Baryonen von Tab.107, S.543, aus Quarks (u, d, s) und Antiquarks ($\bar{u}$, $\bar{d}$, $\bar{s}$)

Meson	K^0	K^+	π^-	π^+	K^-	$\overline{K}^0$	π^0	η
Quarks	$d\bar{s}$	$u\bar{s}$	$\bar{u}d$	$u\bar{d}$	$\bar{u}s$	$\bar{d}s$	$u\bar{u}-d\bar{d}$	Mischung aus $u\bar{u}$, $d\bar{d}$, $s\bar{s}$
Baryon	p	n	Σ^-	Σ^0	Λ^0	Σ^+	Ξ^-	Ξ^0
Quarks	uud	udd	dds	uds	uds	uus	dss	uss

Die Annahme, dass die Erzeugung oder Vernichtung eines Quark-Antiquark-Paares möglich ist, während *ein Quark nicht einzeln erzeugt oder vernichtet werden kann*, erklärt die Erhaltung der Baryonenzahl. Da Mesonen aus einem Quark-Antiquark-Paar bestehen, muss es bei Gültigkeit der aus der Atomphysik bekannten Regeln zur Drehimpulsaddition zweier Spin-½-Teilchen neben den in Tab.106, S.542, aufgelisteten Mesonen mit $J=0$ auch solche geben, bei denen die Spins des Quarks und des Antiquarks parallel stehen. Tatsächlich existieren Mesonen mit $J=1$ und Ruheenergien unterhalb von 1GeV. Bei höheren Energien gibt es auch Mesonen mit $J>1$, da die Quarks/Antiquarks dann noch Bahndrehimpulse besitzen, die zum Gesamtdrehimpuls beitragen. Ebenso ist leicht einzusehen, dass die Spinquantenzahl der aus drei Quarks zusammengesetzten Baryonen halbzahlig sein muss.
Ein wesentlicher Mangel dieses sog. **einfachen Quarkmodells** (simple quark

model) war, dass die Quarks/Antiquarks, obwohl sie Spin-½-Teilchen sind, scheinbar nicht dem Pauli-Prinzip genügten. Zum Beispiel ist die Quarkzusammensetzung des Ω^--Hyperons (s. Tab. 107, S. 543) sss bei einer Spinquantenzahl $J=3/2$. Damit befinden sich sogar *drei* Quarks im gleichen Zustand. Um das Pauli-Prinzip zu retten, war man zu der Annahme gezwungen, dass die Zustände der Quarks außer ihrem Flavor (die Gesamtheit der in Tab. 108 angegebenen Quantenzahlen) noch eine weitere Quantenzahl besitzen, in der sie sich dann z. B. im Zustand sss unterscheiden. Diese weitere Quantenzahl bekam den Namen **Farbe** (color), weil sie drei unterschiedliche Werte (r, g, b) annehmen kann, ähnlich wie es die drei Grundfarben *rot, grün* und *blau* gibt. Mit dem Postulat, dass freie Teilchen nur in "farblosen" Zuständen auftreten können, lässt sich begründen, dass man niemals freie Quarks beobachten wird. Die "Farblosigkeit" der Mesonen entsteht dadurch, dass dort Quark und Antiquark in Komplementärfarben auftreten, die sich zu "weiß", d. h. zur Farblosigkeit, ergänzen. Mit dem so **erweiterten Quarkmodell** (extended quark model) war es möglich, die bis 1974 bekannten Hadronen in Supermultipletts einzuordnen und viele ihrer Eigenschaften zumindest qualitativ zu erklären. Die mit der Beschleunigertechnik wachsende Stoßenergie führte dann aber zur Entdeckung neuer Teilchen, die auf die Existenz dreier weiterer Quarks (und der entsprechenden Antiquarks) hinwiesen. Diese erhielten die Bezeichnungen c (**charm**), b (**bottom** oder **beauty**) und t (**top** oder **truth**) (s. Tab. 109).

Tab. 109 Eigenschaften der Quarks/Antiquarks. Für die Baryonenladung gilt $B=(+/-)1/3$, während die Spinquantenzahl J für alle Quarks/Antiquarks gleich 1/2 ist. Jedes Quark wird außerdem noch durch die Quantenzahl "Farbe" (r, g, b) und jedes Antiquark durch die "Komplementärfarbe" ($\bar{r}$, $\bar{g}$, $\bar{b}$) charakterisiert

Quark/ Antiquark	Ladung	Isospin		Seltsamkeit S	Charm	Bottomness (Beauty)	Topness
		I	I_z				
u / $\bar{u}$	$(+/-)(2/3)e$	½	$(+/-)$½	0	0	0	0
d / $\bar{d}$	$(-/+)(1/3)e$	½	$(-/+)$½	0	0	0	0
s / $\bar{s}$	$(-/+)(1/3)e$	0	0	$(-/+)1$	0	0	0
c / $\bar{c}$	$(+/-)(2/3)e$	0	0	0	$(+/-)1$	0	0
b / $\bar{b}$	$(-/+)(1/3)e$	0	0	0	0	$(-/+)1$	0
t / $\bar{t}$	$(+/-)(2/3)e$	0	0	0	0	0	$(+/-)1$

Obwohl Quarks noch nie direkt beobachtet wurden, hat man doch aus Streuexperimenten experimentelle Hinweise auf ihre Existenz erhalten.

Die bisher erfolgreichste Theorie zur Beschreibung der starken Wechselwirkung zwischen den "farbigen" Quarks heißt **Quantenchromodynamik** (quantum chromodynamics). Hierbei gibt es 9 Teilchen, genannt **Gluonen** (gluons), die als Überträger der starken Wechselwirkung zwischen den Quarks fungieren, ähnlich wie die Eichbosonen (s.S.538/539) bei der schwachen Wechselwirkung.

Nach dem gegenwärtigen Stand der Erkenntnis spricht man von drei **Generationen elementarer Teilchen** (generations of elementary particles). Jede Generation besteht aus je zwei Leptonen und zwei Quarks, die sämtlich Spin-½-Teilchen sind (s.Tab.110).

Tab.110 Die drei Generationen elementarer Teilchen (s.Tab.105, S.541 und Tab.109, S.546)

1.Generation		2.Generation		3.Generation	
e	u	μ	c	τ	t
ν_e	d	ν_μ	s	ν_τ	b

Die 1.Generation bildet im Wesentlichen unsere Umwelt. Sie besteht aus Elektronen, den zugehörigen Neutrinos sowie dem u- und dem d-Quark, die genügen, um Protonen und Neutronen und damit die Atomkerne aufzubauen. Die 2. und 3.Generation wird an den heute vorhandenen Beschleunigern erzeugt. An der genaueren Erforschung der 3.Generation arbeitet man gegenwärtig durch den Aufbau noch leistungsfähigerer Beschleuniger.

Bezüglich der vier grundlegenden Wechselwirkungen, Gravitation, elektromagnetische, schwache und starke Wechselwirkung (s.S.521), gibt es Bemühungen, diese im Rahmen einer allumfassenden, großen Theorie zu vereinigen (**große Vereinheitlichung**, grand unification), da man experimentelle Hinweise gefunden hat, dass bei sehr hohen Energien die Unterschiede zwischen den Wechselwirkungen immer geringer werden.

Anhang

A 1   Konstanten der Experimentalphysik

Größe	Symbol	Zahlenwert	Einheit	relativer Fehler in ppm $= 10^{-6}$
Lichtgeschwindigkeit im Vakuum (speed of light in vacuum)	c_0	299 792 458	m s^{-1}	exakt
Induktionskonstante (permeability of vacuum)	μ_0	$4\pi\cdot10^{-7} \approx 1{,}257 \cdot 10^{-6}$	V s A^{-1}m^{-1}	exakt
Influenzkonstante (permittivity of vacuum)	ϵ_0	$1/(\mu_0 c^2) \approx 8{,}854 \cdot10^{-12}$	A s V^{-1}m^{-1}	exakt
Gravitationskonstante (constant of gravitation)	G	$6{,}67\ 259(85) \cdot 10^{-11}$	m^3 kg^{-1} s^{-2}	128
Planck'sche Konstante (Planck constant)	h $\hbar=h/2\pi$	$6{,}6\ 260\ 755(40) \cdot 10^{-34}$ $1{,}05\ 457\ 266\ (63)\cdot10^{-34}$	J s J s	0,60 0,60
Avogadro'sche Zahl (Avogadro constant)	N_A	$6{,}0\ 221\ 367(36) \cdot 10^{23}$	mol^{-1}	0,59
allgemeine Gaskonstante (molar gas constant)	R	8,314 510(70)	J mol^{-1} K^{-1}	8,4
Boltzmann-Konstante (Boltzmann constant)	$k=R/N_A$	$1{,}380\ 658(12) \cdot 10^{-23}$	J K^{-1}	8,5
Elementarladung (elementary charge)	e	$1{,}60\ 217\ 733(49) \cdot10^{-19}$	A s	0,30

atomare Masseneinheit $(m_{C12}/12)$ (atomic mass constant), s.S.12	m_u	$1{,}6\ 605\ 402(10)\cdot 10^{-27}$	kg	0,59
Faraday-Konstante (Faraday constant)	$F=eN_A$	$96\ 485{,}309(29)$	A s mol^{-1}	0,30
Ruhemasse des Elektrons (electron mass)	m_e	$9{,}1\ 093\ 897(54)\cdot 10^{-31}$	kg	0,59
magn. Moment des Elektrons (electron magnetic moment)	μ_e	$928{,}47\ 701(31)\cdot 10^{-26}$	J T^{-1}	0,34
Ruhemasse des Myons (muon mass)	m_μ	$1{,}8\ 835\ 327(11)\cdot 10^{-28}$	kg	0,61
magn. Moment des Myons (muon magnetic moment)	μ_μ	$4{,}4\ 904\ 514(15)\cdot 10^{-26}$	J T^{-1}	0,33
Ruhemasse des Protons (proton mass)	m_p	$1{,}6\ 726\ 231(10)\cdot 10^{-27}$	kg	0,59
magn. Moment des Protons (proton magnetic moment)	μ_p	$1{,}4\ 106\ 0761(47)\cdot 10^{-26}$	J T^{-1}	0.34
gyromagn. Verhältnis des Protons (proton magnetogyric ratio)	γ_p	$2{,}67\ 522\ 128(81)\cdot 10^{8}$	s^{-1} T^{-1}	0,30
Ruhemasse des Neutrons (neutron mass)	m_n	$1{,}6\ 749\ 286(10)\cdot 10^{-27}$	kg	0,59

Magn. Moment des Neutrons (neutron magnetic moment)	μ_n	$0{,}96\ 623\ 707(40)\cdot 10^{-26}$	J T^{-1}	0,41
Ruhemasse des Deuterons (deuteron mass)	m_d	$3{,}3\ 435\ 860(20)\cdot 10^{-27}$	kg	0,59
magn. Moment des Deuterons (deuteron magnetic moment)	μ_d	$0{,}43\ 307\ 375(15)\cdot 10^{-26}$	J T^{-1}	0,34
Bohr'sches Magneton (Bohr magneton)	$\mu_\text{B}=e\hbar/(2m_\text{e})$	$927{,}40\ 154(31)\cdot 10^{-26}$	J T^{-1}	0,34
Kernmagneton (nuclear magneton)	$\mu_\text{N}=e\hbar/(2m_\text{p})$	$0{,}50\ 507\ 866(17)\cdot 10^{-26}$	J T^{-1}	0,34
magn. Flussquant (magnetic flux quantum)	$\Phi_0=h/2e$	$2{,}06\ 783\ 461(61)\cdot 10^{-15}$	Wb	0,30
Stefan-Boltzmann-Konstante (Stefan-Boltzmann constant)	$\sigma=2\pi^5 k^4/(15h^2 c_0^2)$	$5{,}67\ 051(19)\cdot 10^{-8}$	W m^{-2} K^{-4}	34
Bohr'scher Radius (Bohr radius)	$a_0=4\pi\epsilon_0\hbar^2/(m_\text{e}e^2)$	$0{,}529177249(24)\cdot 10^{-10}$	m	0,045
Feinstrukturkonstante (fine-structure constant)	$\alpha=e^2(2\epsilon_0 hc_0)^{-1}$	$7{,}29\ 735\ 308(33)\cdot 10^{-3}$ $\approx 1/137$	-	0,045
Rydberg-Konstante (Rydberg constant)	$R_\infty=m_\text{e}c_0\,\alpha^2/2h$	$10\ 973\ 731{,}534(13)$	m^{-1}	0,0012

A 2 Abgeleitete Einheiten des SI mit besonderen Namen

Physikalische Größe	Name der SI-Einheit	Symbol	Zusammenhang mit den Grundeinheiten s.Tab.1,S.9
Aktivität (activity)	Becquerel	Bq	s^{-1}
Energie, Arbeit (energy, work)	Joule	J	$N\,m = m^2\,kg\,s^{-2}$
Energiedosis (absorbed dose)	Gray	Gy	$J\,kg^{-1} = m^2\,s^{-2}$
Dosisäquivalent (dose equivalent)	Sievert	Sv	$J\,kg^{-1} = m^2\,s^{-2}$
magn. Fluss (magn. flux)	Weber	Wb	$V\,s = m^2\,kg\,s^{-2}\,A^{-1}$
magn. Flussdichte (magn. flux density)	Tesla	T	$V\,s\,m^{-2} = kg\,s^{-2}\,A^{-1}$
Frequenz (frequency)	Hertz	Hz	s^{-1}
Ladung (electric charge)	Coulomb	C	$A\,s$
Leistung (power)	Watt	W	$J\,s^{-1} = m^2\,kg\,s^{-3}$
Kraft (force)	Newton	N	$m\,kg\,s^{-2}$
Druck (pressure)	Pascal	Pa	$N\,m^{-2} = m^{-1}\,kg\,s^{-2}$
Potential, Spannung (el. potential, electro-motive force)	Volt	V	$W\,A^{-1} = m^2\,kg\,s^{-3}\,A^{-1}$
Widerstand (el. resistance)	Ohm	Ω	$V\,A^{-1} = m^2\,kg\,s^{-3}\,A^{-2}$
Leitwert (el. conductance)	Siemens	S	$\Omega^{-1} = m^{-2}\,kg^{-1}\,s^3\,A^2$
Kapazität (el. capacity)	Farad	F	$As\,V^{-1} = m^{-2}\,kg^{-1}\,s^4\,A^2$
Induktivität (inductance)	Henry	H	$V\,A^{-1}s = m^2\,kg\,s^{-2}\,A^{-2}$

ebener Winkel (plane angle)	Radiant (radian)	rad	$m\ m^{-1}$
Raumwinkel (solid angle)	Steradiant (steradian)	sr	$m^2\ m^{-1}$
Lichtstrom (luminous flux)	Lumen	lm	cd sr
Beleuchtungsdichte (illuminance)	Lux	lx	$cd\ sr\ m^{-2}$

A 3 Definition von Einheiten, die nicht zum SI gehören

Einheit	Definition
acre	$4\ 046{,}856\ 42\ m^2$
acre (U.S. survey)	$4\ 046{,}872\ 61\ m^2$
Ångström	$10^{-10}\ m$
atmosphere	$1{,}013\ 25 \cdot 10^5\ Pa$
atmosphere (tech.)	$0{,}980\ 665 \cdot 10^5\ Pa$
atomic mass unit	$1{,}660\ 5402(10) \cdot 10^{-27}\ kg$
bar	$10^5\ Pa$
barn	$10^{-28}\ m^2$
barrel (petroleum)	$0{,}158\ 9873\ m^3$
barrel (U.S., dry)	$0{,}115\ 6271\ m^3$
barrel (U.S., liquid)	$0{,}119\ 2405\ m^3$
Bohr radius	$4\pi\epsilon_0\hbar^2/(m_e e^2) \approx 5{,}292 \cdot 10^{-11}\ m$
btu	$1\ 055{,}056\ J$
caliber	$254 \cdot 10^{-6}\ m$
calorie (int. table)	$4{,}186\ 8\ J$
calorie (15 °C)	$4{,}185\ 49\ J$
calorie (thermochem.)	$4{,}184\ J$
carat (metric)	$0{,}2 \cdot 10^{-3}\ kg$
centipoise	$10^{-3}\ Pa\ s$

centistokes	10^{-6} m² s⁻¹
cubic foot	0,028 316 847 m³
cubic inch	1,638 7064·10^{-5} m³
Curie	3,7·10^{10} Bq
day (mean solar)	86 400 s
day (sideral)	86 164,09 s
degree (angular)	$2\pi/360 \approx 0,017\ 45$ radian
degree centigrade (˙C)	$\vartheta/\text{˙C} = T/K - 273,15$
degree Fahrenheit (˙F)	$\vartheta/\text{˙F} = (T/K - 273,15)9/5 + 32$
dyne	10^{-5} N
electron volt (eV)	1,602 177 33 (49)·10^{-19} J
erg	10^{-7} J
Fermi	10^{-15} m
foot	0,304 8 m
foot (U.S. survey)	0,304 800 609 60 m
gallon (Brit.)	4,546 09·10^{-3} m³
gallon (U.S., dry)	4,404 884·10^{-3} m³
gallon (U.S., liquid)	3,785 412·10^{-3} m³
gamma	10^{-9} T
Gauss	10^{-4} T
grain	64,798 91·10^{-6} kg
Hartree	$e^2\, m_e^{-3}(4\pi\epsilon_0)^{-1} \approx 4,359\ 8\cdot10^{-18}$ J
hectare	10^4 m²
horsepower	745,700 W
horsepower (metric)	735,499 W
inch	2,54·10^{-2} m
kilogram-force = kilopond	9,806 65 N
knot = mile (nautical) / hour	0,514 444 4 m s⁻¹
Lambert	3 183,099 cd m⁻²

light year	$9{,}460\ 53\cdot10^{15}$ m
liter	10^{-3} m^3
liter (1901 - 1964)	$1{,}000\ 028\cdot10^{-3}$ m^3
Maxwell	10^{-8} Wb
mho	1 A V^{-1}
micron	10^{-6} m
mil	$25\cdot10^{-6}$ m
mile (nautical)	1 852 m
mile (statute)	1 609,344 m
mile (U.S. survey)	1 609,347 218 7 m
millimicron	10^{-9} m
month (mean of 4-year period)	$30{,}437\ 5 \times 86\ 400 = 2{,}6298\cdot10^{6}$ s
Neper	8,685 890 dB
Oersted	79,577 47 A m^{-1}
ounce (avoirdupois)	$28{,}349\ 523\cdot10^{-3}$ kg
ounce (troy or ap.)	$31{,}103\ 476\ 8\cdot10^{-3}$ kg
ounce (Brit., fluid)	$28{,}413\ 06\cdot10^{-3}$ kg
ounce (U.S., fluid)	$29{,}573\ 53\cdot10^{-3}$ kg
parsec	$3{,}085\ 7\cdot10^{15}$ m
pint (Brit.)	$568{,}261\ 25\cdot10^{-6}$ m^3
pint (U.S., dry)	$550{,}610\ 5\cdot10^{-6}$ m^3
pint (U.S., liquid)	$473{,}176\ 5\cdot10^{-6}$ m^3
poise	0,1 Pa s
pond = gram-force	$9{,}806\ 65\cdot10^{-3}$ N
pound (avoirdupois)	0,453 923 7 kg
pound (troy)	0,373 241 721 6 kg
psi	6 894,76 Pa
quart (Brit.)	$1{,}136\ 522\ 5\cdot10^{-3}$ m^3
quart (U.S., dry)	$1{,}101\ 221\cdot10^{-3}$ m^3
quart (U.S., liquid)	$0{,}946\ 352\ 95\cdot10^{-3}$ m^3

rad	0,01 Gy
register ton	2,831 685 m^3
rem	0,01 Sv
roentgen	2,58·10^{-4} A s kg^{-1}
standard atmosphere	1,013 25·10^5 Pa
standard acceleration of gravity	9,806 65 m s^{-2}
stere	1 m^3
ton (assay, Brit.)	32,666 67·10^{-3} kg
ton (assay, U.S.)	29,166 67·10^{-3} kg
ton (long)	1,016 046 908 8·10^3 kg
ton (metric)	10^3 kg
ton (short)	0,907 184 74·10^3 kg
torr	133,322 4 Pa
week	7 x 86400 = 6,048·10^5 s
X-unit	1,002 02·10^{-13} m
yard	0,914 4 m
year (calendar, mean of 4-year period)	365,25 × 86400 = 31,557 6·10^6 s
year (leap)	366 × 86400 s
year (normal calendar)	365 × 86400 s
year (siderial)	365,256 36 × 86400 s
year (tropical)	365,242 20 × 86400 s

A 4 Periodisches System der Elemente

Die Spalten bezeichnet man als **Gruppen** (groups), die Zeilen als **Perioden** (periods). In der ersten Zeile sind die neuen Bezeichnungen der Gruppen (arabische Ziffern nach der IUPAC-Empfehlung von 1986) und die alten Gruppennumern (römische Ziffern) angegeben. Bei jedem Element steht oben die Ordnungszahl Z, darunter die relative Atommasse für das auf der Erde vorkommende Isotopengemisch, dann das chemische Symbol und schließlich der Name.

1 I A	2 II A	3 III B	4 IV B	5 V B	6 VI B	7 VII B	8 VIII	9 VIII
1 1,0079 H Wasser- stoff								
3 6,941 Li Lithium	4 9,01218 Be Beryllium							
11 22,99 Na Natrium	12 24,3050 Mg Magne- sium							
19 39,098 K Kalium	20 40,078 Ca Calcium	21 44,9559 Sc Scandium	22 47,88 Ti Titan	23 50,9415 V Vanadium	24 51,9961 Cr Chrom	25 54,9309 Mn Mangan	26 55,847 Fe Eisen	27 58,933 Co Cobalt
37 85,468 Rb Rubidium	38 87,62 Sr Strontium	39 88,9059 Y Yttrium	40 91,224 Zr Zirconium	41 92,9064 Nb Niob	42 95,94 Mo Molybdän	43 (98) Tc Techne- tium	44 101,07 Ru Ruthenium	45 102,91 Rh Rhodium
55 132,91 Cs Cäsium	56 137,327 Ba Barium	57* 138,906 La Lanthan	72 178,49 Hf Hafnium	73 180,948 Ta Tantal	74 183,85 W Wolfram	75 186,207 Re Rhenium	76 190,2 Os Osmium	77 192,22 Ir Iridium
87 (223) Fr Francium	88 226,025 Ra Radium	89** 227,028 Ac Actinium	104 (261) Unq	105 (262) Unp	106 (263) Unh	107 (262) Uns		

10 VIII	11 I B	12 II B	13 III A	14 IV A	15 V A	16 VI A	17 VII A	18 VIII A
								2 4,0021 He Helium
			5 10,811 B Bor	6 12,011 C Kohlen- stoff	7 14,0067 N Stickstoff	8 15,9994 O Sauerstoff	9 18,9984 F Fluor	10 20,18 Ne Neon
			13 26,9815 Al Alumi- nium	14 28,0855 Si Silicium	15 30,9736 P Phosphor	16 32,066 S Schwefel	17 35,4527 Cl Chlor	18 39,948 Ar Argon
28 58,69 Ni Nickel	29 63,546 Cu Kupfer	30 65,39 Zn Zink	31 69,723 Ga Gallium	32 72,61 Ge Germa- nium	33 74,9216 As Arsen	34 78,96 Se Selen	35 79,904 Br Brom	36 83,80 Kr Krypton
46 106,42 Pd Palladium	47 107,868 Ag Silber	48 112,411 Cd Cadmium	49 114,82 In Indium	50 118,710 Sn Zinn	51 121,75 Sb Antimon	52 127,60 Te Tellur	53 126,905 I Jod	54 131,29 Xe Xenon
78 195,08 Pt Platin	79 196,967 Au Gold	80 200,59 Hg Queck- silber	81 204,383 Tl Thallium	82 207,2 Pb Blei	83 208,980 Bi Bismut	84 (209) Po Polonium	85 (210) At Astat	86 (222) Rn Radon

* Lanthaniden

58 140,12 Ce Cer	59 140,908 Pr Praseodym	60 144,24 Nd Neodym	61 (145) Pm Prome- thium	62 150,36 Sm Samarium	63 151,965 Eu Europium	64 157,25 Gd Gadoli- nium	65 158,925 Tb Terbium	66 162,50 Dy Dyspro- sium
67 164,93 Ho Holmium	68 167,26 Er Erbium	69 168,934 Tm Thulium	70 173,04 Yb Ytterbium	71 174,967 Lu Lutetium				

**** Actiniden**

90 232,03 Th Thorium	91 231,036 Pa Protactin- ium	92 238,029 U Uran	93 237,048 Np Neptun- ium	94 (244) Pu Plutonium	95 (243) Am Americ- ium	96 (247) Cm Curium	97 (247) Bk Berkelium	98 (251) Cf Californ- ium
99 (252) Es Einstein- ium	100 (257) Fm Fermium	101 (258) Md Mendelev- ium	102 (259) No Nobelium	103 (260) Lr Lawrenc- ium				

A 5   Elektronenkonfiguration der neutralen Atome im Grundzustand

Die chemischen Symbole der Übergangselemente sind kursiv gesetzt.

		Elektronenkonfiguration																		
		1	2		3			4				5				6			7	Haupt-quanten-zahl
		K	L		M			N				O				P			Q	Schale
		s	s	p	s	p	d	s	p	d	f	s	p	d	f	s	p	d	s	Elektron
1	H	1																		
2	He	2																		Edelgas
3	Li	2	1																	Alkaliatom
4	Be	2	2																	
5	B	2	2	1																
6	C	2	2	2																
7	N	2	2	3																
8	O	2	2	4																
9	F	2	2	5																
10	Ne	2	2	6																Edelgas
11	Na	2	2	6	1															Alkaliatom
12	Mg	2	2	6	2															
13	Al	2	2	6	2	1														
14	Si	2	2	6	2	2														
15	P	2	2	6	2	3														
16	S	2	2	6	2	4														
17	Cl	2	2	6	2	5														
18	Ar	2	2	6	2	6														Edelgas
19	K	2	2	6	2	6		1												Alkaliatom
20	Ca	2	2	6	2	6		2												

Z		1s	2s 2p	3s 3p 3d	4s 4p 4d 4f	5s 5p 5d	6s	
21	Sc	2	2 6	2 6 1	2			
22	Ti	2	2 6	2 6 2	2			
23	V	2	2 6	2 6 3	2			
24	Cr	2	2 6	2 6 5	1			3 - d -
25	Mn	2	2 6	2 6 5	2			Übergangs
26	Fe	2	2 6	2 6 6	2			-Elemente
27	Co	2	2 6	2 6 7	2			
28	Ni	2	2 6	2 6 8	2			
29	Cu	2	2 6	2 6 10	1			
30	Zn	2	2 6	2 6 10	2			
31	Ga	2	2 6	2 6 10	2 1			
32	Ge	2	2 6	2 6 10	2 2			
33	As	2	2 6	2 6 10	2 3			
34	Se	2	2 6	2 6 10	2 4			
35	Br	2	2 6	2 6 10	2 5			
36	Kr	2	2 6	2 6 10	2 6			Edelgas
37	Rb	2	2 6	2 6 10	2 6	1		Alkaliatom
38	Sr	2	2 6	2 6 10	2 6	2		
39	Y	2	2 6	2 6 10	2 6 1	2		
40	Zr	2	2 6	2 6 10	2 6 2	2		
41	Nb	2	2 6	2 6 10	2 6 4	1		
42	Mo	2	2 6	2 6 10	2 6 5	1		4 - d -
43	Tc	2	2 6	2 6 10	2 6 5	2		Übergangs
44	Ru	2	2 6	2 6 10	2 6 7	1		-Elemente
45	Rh	2	2 6	2 6 10	2 6 8	1		
46	Pd	2	2 6	2 6 10	2 6 10	0		
47	Ag	2	2 6	2 6 10	2 6 10	1		
48	Cd	2	2 6	2 6 10	2 6 10	2		
49	In	2	2 6	2 6 10	2 6 10	2 1		
50	Sn	2	2 6	2 6 10	2 6 10	2 2		
51	Sb	2	2 6	2 6 10	2 6 10	2 3		
52	Te	2	2 6	2 6 10	2 6 10	2 4		
53	I	2	2 6	2 6 10	2 6 10	2 5		
54	Xe	2	2 6	2 6 10	2 6 10	2 6		Edelgas
55	Cs	2	2 6	2 6 10	2 6 10	2 6	1	Alkaliatom
56	Ba	2	2 6	2 6 10	2 6 10	2 6	2	
57	La	2	2 6	2 6 10	2 6 10	2 6 1	2	
58	Ce	2	2 6	2 6 10	2 6 10 1	2 6 1	2	
59	Pr	2	2 6	2 6 10	2 6 10 3	2 6	2	
60	Nd	2	2 6	2 6 10	2 6 10 4	2 6	2	
61	Pm	2	2 6	2 6 10	2 6 10 5	2 6	2	
62	Sm	2	2 6	2 6 10	2 6 10 6	2 6	2	4 - f -
63	Eu	2	2 6	2 6 10	2 6 10 7	2 6	2	Übergangs
64	Gd	2	2 6	2 6 10	2 6 10 7	2 6 1	2	-Elemente
65	Tb	2	2 6	2 6 10	2 6 10 9	2 6	2	(Lantha-
66	Dy	2	2 6	2 6 10	2 6 10 10	2 6	2	niden)
67	Ho	2	2 6	2 6 10	2 6 10 11	2 6	2	
68	Er	2	2 6	2 6 10	2 6 10 12	2 6	2	
69	Tm	2	2 6	2 6 10	2 6 10 13	2 6	2	
70	Yb	2	2 6	2 6 10	2 6 10 14	2 6	2	

		K	L	M	N	O	P	Q	
71	Lu	2	2 6	2 6 10	2 6 10 14	2 6 1	2		
72	Hf	2	2 6	2 6 10	2 6 10 14	2 6 2	2		
73	Ta	2	2 6	2 6 10	2 6 10 14	2 6 3	2		5 - d -
74	W	2	2 6	2 6 10	2 6 10 14	2 6 4	2		Übergangs
75	Re	2	2 6	2 6 10	2 6 10 14	2 6 5	2		-Elemente
76	Os	2	2 6	2 6 10	2 6 10 14	2 6 6	2		
77	Ir	2	2 6	2 6 10	2 6 10 14	2 6 7	2		
78	Pt	2	2 6	2 6 10	2 6 10 14	2 6 9	1		
79	Au	2	2 6	2 6 10	2 6 10 14	2 6 10	1		
80	Hg	2	2 6	2 6 10	2 6 10 14	2 6 10	2		
81	Tl	2	2 6	2 6 10	2 6 10 14	2 6 10	2 1		
82	Pb	2	2 6	2 6 10	2 6 10 14	2 6 10	2 2		
83	Bi	2	2 6	2 6 10	2 6 10 14	2 6 10	2 3		
84	Po	2	2 6	2 6 10	2 6 10 14	2 6 10	2 4		
85	At	2	2 6	2 6 10	2 6 10 14	2 6 10	2 5		
86	Rn	2	2 6	2 6 10	2 6 10 14	2 6 10	2 6		Edelgas
87	Fr	2	2 6	2 6 10	2 6 10 14	2 6 10	2 6	1	Alkaliatom
88	Ra	2	2 6	2 6 10	2 6 10 14	2 6 10	2 6	2	
89	Ac	2	2 6	2 6 10	2 6 10 14	2 6 10	2 6 1	2	
90	Th	2	2 6	2 6 10	2 6 10 14	2 6 10	2 6 2	2	
91	Pa	2	2 6	2 6 10	2 6 10 14	2 6 10 2	2 6 1	2	
92	U	2	2 6	2 6 10	2 6 10 14	2 6 10 3	2 6 1	2	
93	Np	2	2 6	2 6 10	2 6 10 14	2 6 10 4	2 6 1	2	
94	Pu	2	2 6	2 6 10	2 6 10 14	2 6 10 6	2 6	2	5 - f -
95	Am	2	2 6	2 6 10	2 6 10 14	2 6 10 7	2 6	2	Übergangs
96	Cm	2	2 6	2 6 10	2 6 10 14	2 6 10 7	2 6 1	2	-Elemente
97	Bk	2	2 6	2 6 10	2 6 10 14	2 6 10 9	2 6	2	(Actini-
98	Cf	2	2 6	2 6 10	2 6 10 14	2 6 10 10	2 6	2	den)
99	Es	2	2 6	2 6 10	2 6 10 14	2 6 10 11	2 6	2	
100	Fm	2	2 6	2 6 10	2 6 10 14	2 6 10 12	2 6	2	
101	Md	2	2 6	2 6 10	2 6 10 14	2 6 10 13	2 6	2	
102	No	2	2 6	2 6 10	2 6 10 14	2 6 10 14	2 6	2	
103	Lr	2	2 6	2 6 10	2 6 10 14	2 6 10 14	2 6 1	2	

A 6 Einige mathematische Formeln

A 6.1 Vektoralgebra

Das **Vektorprodukt** (vector product) $\vec{a} \times \vec{b}$ zweier Vektoren $\vec{a}$ und $\vec{b}$ ist wieder ein Vektor, dessen Betrag durch $ab\sin\alpha$ gegeben wird, wobei a und b die Längen (Beträge) der Vektoren sind und α den Winkel zwischen den beiden Vektoren bezeichnet. Die Richtung des Vektorprodukts steht senkrecht auf der durch $\vec{a}$ und $\vec{b}$ aufgespannten Ebene und bildet mit $\vec{a}$ und $\vec{b}$ ein Rechtssystem. Das heißt, wenn man $\vec{a}$ nach $\vec{b}$ auf dem kürzesten Wege dreht, so gibt die Rechtsschraube die Richtung des Vektorproduktes. Deshalb gilt

$$\vec{a} \times \vec{b} = - \vec{b} \times \vec{a}.$$

In kartesischen Koordinaten kann man schreiben (zyklische Vertauschung der ersten drei Indizes)

$$(\vec{a} \times \vec{b})_x = a_y b_z - a_z b_y, \qquad (\vec{a} \times \vec{b})_y = a_z b_x - a_x b_z, \qquad (\vec{a} \times \vec{b})_z = a_x b_y - a_y b_x.$$

Das **skalare Produkt** (scalar product) $\vec{a}\cdot\vec{b}$ zweier Vektoren $\vec{a}$ und $\vec{b}$ ist definiert als das Produkt ihrer Beträge multipliziert mit dem Kosinus des von ihnen aufgespannten Winkels. Deshalb gilt
$$\vec{a}\cdot\vec{b} = \vec{b}\cdot\vec{a}.$$
In kartesischen Koordinaten kann man schreiben
$$\vec{a}\cdot\vec{b} = a_x b_x + a_y b_y + a_z b_z.$$

Das **Spatprodukt**, mit dem man das gemischte Produkt $(\vec{a}\times\vec{b})\cdot\vec{c}$ bezeichnet, ist das "Volumen" des von den drei Vektoren aufgespannten Parallelepipeds. Es gilt
$$(\vec{a}\times\vec{b})\cdot\vec{c} = \vec{a}\cdot(\vec{b}\times\vec{c}).$$

Für das **doppelte Vektorprodukt** gilt
$$\vec{a}\times(\vec{b}\times\vec{c}) = \vec{b}(\vec{a}\cdot\vec{c}) - \vec{c}(\vec{a}\cdot\vec{b}).$$

A 6.2 Vektoranalysis

Es seien $\vec{v}$ ein Vektor und u eine skalare Größe, die von den Ortskoordinaten abhängen. Dann kann man unter Verwendung der **Differentialoperatoren** (differential operators) div, rot, grad und Δ die folgenden Größen bilden:

    Den Skalar div $\vec{v}$, den man **Divergenz** (divergence) von $\vec{v}$ nennt,

    den Vektor rot $\vec{v}$, der **Rotor** (rotor) oder **Rotation** (rotation) von $\vec{v}$ genannt wird,

    den Vektor grad$u$, der **Gradient** (gradient) von u heißt, und

    den Skalar Δu, mit Δ als dem **Laplace-Operator** (Laplacian).

Diese Größen sind für kartesische Koordinaten (x,y,z) in Tab.57, S.274, für Zylinderkoordinaten (z,r,ϕ) in Tab.58, S.274, und für Kugelkoordinaten (=Polarkoordinaten r,ϑ,ϕ) in Tab.59, S.275, zusammengestellt.

Der **Nablaoperator** (nabla) $\vec{\nabla}$ wird durch die Beziehung
$$\vec{\nabla} = \vec{e}_x\,\partial/\partial x + \vec{e}_y\,\partial/\partial y + \vec{e}_z\,\partial/\partial z$$
definiert, wobei $\vec{e}_x, \vec{e}_y$ und $\vec{e}_z$ die Einheitsvektoren in Richtung der x-, y- bzw. z-Achse sind. Er kann zur Vereinfachung der Rechnung mit den Differentialoperatoren div, rot, grad und Δ verwendet werden; denn es gilt

$$
\begin{aligned}
(\vec{\nabla}\cdot\vec{\nabla})\,u &= \Delta u \\
\vec{\nabla}\cdot\vec{v} &= \text{div } \vec{v} \\
\vec{\nabla}\times\vec{v} &= \text{rot } \vec{v} \\
\vec{\nabla} u &= \text{grad } u
\end{aligned}
$$

Damit sind die folgenden und weitere (hier nicht aufgeführte) Kombinationen leicht abzuleiten:

$$
\begin{aligned}
\text{div grad } u &= \Delta u \\
\text{rot grad } u &= 0 \\
\text{div rot } \vec{v} &= 0
\end{aligned}
$$

$$\text{rot rot } \vec{v} \;=\; \text{grad (div } \vec{v}) - \Delta\vec{v}$$

(Die letzte Gleichung gilt nur in kartesischen Koordinaten, wo $\Delta\vec{v}$ ein Vektor mit den Komponenten Δv_x, Δv_y und Δv_z ist.)

$$\text{div } (u\vec{v}) \;=\; \vec{v}\cdot \text{grad } u \;+\; u \text{ div } \vec{v}$$

$$\text{rot } (u\vec{v}) \;=\; u \text{ rot } \vec{v} \;-\; \vec{v} \times \text{grad } u \; .$$

A 6.3 Bestimmte Integrale

Ausführlichere Tabellen findet man z.B. in [ZEI96], [BEY78] und [RYS81]. Bei den folgenden Integralen stellt a eine positive, reelle Zahl dar.

$$\int_0^\infty \exp(-a^2 x^2)\, dx = (2a)^{-1}\, \pi^{1/2}$$

$$\int_0^\infty x^{2n} \exp(-a^2 x^2)\, dx = [1\cdot 3\cdot 5\cdot \ldots \cdot (2n-1)]\, a^{-(2n+1)}\, 2^{-(n+1)}\, \pi^{1/2}$$

$$\int_0^\infty x^{2n+1} \exp(-a^2 x^2)\, dx = \tfrac{1}{2}\, n!\, a^{-2(n+1)}$$

$$\int_0^\infty \cos(bx) \exp(-a^2 x^2)\, dx = (2a)^{-1}\, \pi^{1/2}\, \exp[-b^2(2a)^{-2}]$$

$$\int_0^\infty x^n \exp(-ax)\, dx = n!\, a^{-(n+1)} \qquad \text{für } n \text{ positiv und ganz}$$

$$\int_0^\infty x^{1/2} \exp(-ax)\, dx = \tfrac{1}{2}\, a^{-3/2}\, (\pi)^{1/2}$$

$$\int_0^\infty x^{-1} \sin(\pm ax)\, dx = \pm\pi/2$$

$$\int_0^\infty x^{-2} \sin^2 ax\, dx = a\, \pi/2$$

$$\int_0^\infty (a^2+x^2)^{-1} \cos bx\, dx = (\pi/2)\, |a|^{-1}\, \exp(-|ab|)$$

$$\int_0^\infty \exp(-ax) \cos bx\, dx = a\, (a^2+b^2)^{-1}$$

$$\int_0^\infty \exp(-ax) \sin bx\, dx = b\, (a^2+b^2)^{-1}$$

A 6.4 Reihen und Taylorentwicklungen

Ausführlichere Tabellen findet man z.B. in [ZEI96], [BEY78] und [RYS81].

Arithmetische Reihe: $a_k = a_1 + (k-1)\Delta$
$$S = a_1 + a_2 + a_3 + \ldots + a_n = n\, (a_1 + a_n)/2$$

Geometrische Reihe: $a_k = q^k$ mit $q \neq 1$

$$S = a_1 + a_2 + a_3 + \ldots + a_n = q\,(q^n - 1)\,(q-1)^{-1}$$

Summe der Quadratzahlen: $a_k = k^2$

$$S = a_1 + a_2 + a_3 + \ldots + a_n = (n/6)\,(n+1)\,(2n+1)$$

Summe der Kubikzahlen: $a_k = k^3$

$$S = a_1 + a_2 + a_3 + \ldots + a_n = (n^2/4)\,(n+1)^2$$

Binomialentwicklung

$$(1 \pm x)^n = 1 \pm \binom{n}{1}x + \binom{n}{2}x^2 \pm \ldots$$

$$\text{mit } \binom{n}{m} = n!\,[(n-m)!\; m!]^{-1} \quad \text{und} \quad n! = 1 \cdot 2 \cdot 3 \cdot \ldots \cdot n$$

$$(1 \pm x)^n = 1 \pm nx \quad \text{für } x \ll 1 \text{ und beliebiges } n$$

e-Funktion

$$\exp(\pm x) = 1 \pm x/1! + x^2/2! \pm \ldots$$

allgemeine Exponentialfunktion

$$a^x = \exp(x \ln a)$$

natürlicher Logarithmus

$$\ln(1+x) = x - x^2/2 + x^3/3 - x^4/4 \pm \ldots \qquad \text{für } -1 < x \leq 1$$

A 6.5 Winkelfunktionen

Sinus

$$\sin\alpha = \alpha - \alpha^3/3! + \alpha^5/5! \mp \ldots$$
$$\sin(\alpha \pm k2\pi) = \sin\alpha \quad \text{mit } k = 0, 1, 2, \ldots$$
$$\sin\pi/2 = 1; \quad \sin\pi = 0; \quad \sin 3\pi/2 = -1$$

Kosinus

$$\cos\alpha = 1 - \alpha^2/2! + \alpha^4/4! \mp \ldots$$
$$\cos(\alpha \pm k2\pi) = \cos\alpha \quad \text{mit } k = 0, 1, 2, \ldots$$
$$\cos\pi/2 = 0; \quad \cos\pi = -1; \quad \cos 3\pi/2 = 0$$

Satz des Pythagoras

$$\sin^2\alpha + \cos^2\alpha = 1$$

Tangens

$$\tan\alpha = \sin\alpha\,/\,\cos\alpha$$
$$\tan\alpha = \alpha + \alpha^3/3 + 2\alpha^5/15 + \ldots \qquad \text{für } |\alpha| < \pi/2$$

Kotangens

$$\cot\alpha = \cos\alpha \ / \ \sin\alpha$$
$$\cot\alpha = \alpha^{-1} - \alpha/3 - \alpha^3/45 - \dots \qquad \text{für} \quad 0 < |\alpha| < \pi$$

Euler'scher Satz

$$e^{i\alpha} = \cos\alpha + i\,\sin\alpha$$
daraus folgt
$$\sin\alpha = (2i)^{-1}(e^{i\alpha} - e^{-i\alpha})$$
$$\cos\alpha = (2)^{-1}(e^{i\alpha} + e^{-i\alpha})$$

Additionstheoreme

$$\sin(\alpha \pm \beta) = \sin\alpha\cos\beta \pm \cos\alpha\sin\beta$$
$$\cos(\alpha \pm \beta) = \cos\alpha\cos\beta \mp \sin\alpha\sin\beta$$
$$\sin\alpha \pm \sin\beta = 2\sin[(\alpha\pm\beta)/2]\cos[(\alpha\mp\beta)/2]$$
$$\cos\alpha + \cos\beta = 2\cos[(\alpha+\beta)/2]\cos[(\alpha-\beta)/2]$$
$$\cos\alpha - \cos\beta = -2\sin[(\alpha+\beta)/2]\sin[(\alpha-\beta)/2]$$

A 7 Redewendungen bei Veröffentlichungen in englischer Sprache

Ein Verzeichnis der wichtigsten Wörter und Beispiele für deren Gebrauch in naturwissenschaftlichen Texten findet man z.B. in [HEI76].

Introduction / Abstract / Summary
(Einführung / Kurzfassung / Zusammenfassung)
has been reviewed elsewhere
> (darüber wurde schon an anderer Stelle berichtet)

there have been recent reports of ...
> (es gibt neuere Berichte über ...)

during the last years (decades) considerable progress has been made in ...
> (während der letzten Jahre (Jahrzehnte) gab es beträchtliche Fortschritte bei ...)

there have been many studies of ...
> (es gibt zahlreiche Untersuchungen zu ...)

there is a considerable confusion in the literature on ...
> (es gibt beträchtliche Widersprüche in der Literatur über ...)

there is evidence from other studies that ...
> (es gibt Hinweise in anderen Arbeiten, dass ...)

the present paper is concerned with ...
> (die vorliegende Arbeit befasst sich mit ...)

a brief summary is given of ...
> (ein kurzer Überblick wird gegeben über ...)

a model for ... is introduced
> (ein Modell für ... wird vorgestellt)

more realistic models take account of ...
> (realistischere Modelle berücksichtigen ...)

special consideration is given to ...
> (besondere Beachtung findet(n) ...)

an analysis of ... revealed/ showed that ...
> (eine Analyse von ... zeigte, dass ...)

in order to provide more experimental information on ...
> (um weitere experimentelle Informationen über ... zu liefern)

in this paper we describe the design and performance of ...
> (in der vorliegenden Arbeit beschreiben wir die Konstruktion und die Arbeitsweise von ...)

in the present work a ... procedure has been used to
> (in der vorliegenden Arbeit wurde ein Verfahren verwendet, um ...)

Theory
(Theoretischer Teil)

the notation will be the same as that of the preceding paper
> (die Bezeichnungsweise ist die gleiche wie in der vorangegangenen Arbeit)

from which by setting $a = 0$, we obtain ...
> (woraus wir mit $a=0$ ... erhalten)

substitute eq.(4) into eq.(7)
> (setze Gl.(4) in Gl.(7) ein)

the part of the axis outside the interval ...
> (der Teil der Achse, der außerhalb des Intervalls ... liegt)

the orientation occupied at time t ...
> (die Orientierung, die z.Zt. t angenommen wurde ...)

the atom migrates among these sites
> (das Atom bewegt sich zwischen diesen Plätzen)

rotated through an angle
> (rotiert um einen Winkel ...)

provided t is short enough
> (vorausgesetzt, dass t kurz genug ist)

replace ... with ...
> (ersetze ... durch ...)

we seek a solution to the eq.(27)
> (wir suchen eine Lösung für die Gl.(27))

we will relax this restriction
> (wir wollen diese Voraussetzung fallen lassen)

is far more demanding
> (ist weit aufwendiger)

this is a good approximation provided that ...
> (unter der Voraussetzung ... ist dies eine gute Näherung)

we denote the electric potential by V
> (wir bezeichnen das elektrische Potential mit V)

it is important to note that ...
> (es ist wichtig, zu vermerken, dass ...)

is maximal / maximum
> (ist maximal / ein Maximum)

it is not proper to use ... unless ...
> (es ist nicht richtig ... zu verwenden, es sei denn...)

the essence of the hypothesis lies in ...
>(die Bedeutung der Hypothese liegt in ...)

this is a good approximation provided that ...
>(dies ist eine gute Näherung, sofern ...)

as indicated in previous papers ...
>(wie in früheren Arbeiten ausgeführt wurde ...)

NN has pointed out that ...
>(NN hat ausgeführt, dass ...)

NN et al. have emphasized that ...
>(NN und Mitarbeiter haben betont, dass ...)

as pointed out by NN, ...
>(wie von NN gezeigt wurde, ...)

a result similar to ... was reported by NN
>(ein Resultat analog zu ... wurde von NN veröffentlicht)

Experimental Procedure / Results
(Experimenteller Teil/ Resultate)

the measurement of ... is not restricted to ...
>(die Messung von ... ist nicht beschränkt auf ...)

there is evidence from other studies that ...
>(es gibt Hinweise von anderen Untersuchungen, dass ...)

all experiments were conducted using a home-built spectrometer
>(alle Experimente wurden mit einem Eigenbauspektrometer durchgeführt)

carbon monoxide enriched to 90 % in ^{13}C
>(Kohlenmonoxid, das zu 90% mit ^{13}C angereichert wurde)

has proven to be ...
>(hat sich erwiesen als ...)

can provide detailed information about ...
>(kann detaillierte Informationen über ... liefern)

heated to 200°C for 20 hr
>(20 Stunden erwärmt auf 200˚C)

a radar system comprises a transmitter and a receiver
>(ein Radar-System besteht aus einem Sender und einem Empfänger)

simulations were carried out on a PC
>(Simulationen wurden mit Hilfe eines PC durchgeführt)

values of x are summarized in Table 3
>(Werte von x sind in Tab. 3 zusammengestellt)

we adopted our usual method of measuring ...
>(wir verwendeten unsere übliche Methode zur Messung von ...)

the estimated error in determining ... is ...
>(der abgeschätzte Fehler zur Bestimmung von ... ist ...)

the error of this method is estimated to be within $\pm 5\mu$m
>(der Fehler dieser Methode kann mit $\pm 5\mu$m angegeben werden)

the optical arrangement was essentially that described by ...
>(die optische Versuchanordnung war im wesentlichen die gleiche wie bei ...)

repetitive measurements of ... revealed ...

(wiederholte Messungen von ... lieferten ...)

there is some / much evidence that ...

(es gibt einige / zahlreiche Hinweise darauf, dass ...)

evidence that ... was based on the following findings

(die Aussage, dass ... basiert auf den folgenden Befunden)

Discussion / Conclusions
(Diskussion / Schlußfolgerungen)

it seems, therefore, likely that ...

(es ist deshalb anzunehmen, dass ...)

it seems reasonable to assume that

(es ist vernünftig anzunehmen, dass ...)

the procedure looks very promising for ...

(das Verfahren scheint sehr gut geeignet zu sein, um ...)

the data are consistent with a model where ...

(die Daten stehen in Übereinstimmung mit einem Modell, bei dem ...)

some uncertainty arises when ...

(eine Unsicherheit entsteht, wenn ...)

do not give strong support to ...

(unterstützt im wesentlichen nicht ...)

considering the simplicity of ... we feel that ...

(in Anbetracht der Einfachheit von ... glauben wir, dass ...)

taking account of ... our results are compatible with those of ...

(unter Berücksichtigung von ... stehen unsere Ergebnisse in Übereinstimmung mit ...)

this is contrary to our results in ...

(dies steht im Gegensatz zu unseren Resultaten in ...)

these results are exactly what was anticipated by ...

(diese Resultate stimmen genau mit dem überein, was von ... vorgeschlagen wurde)

thus we are led to conclude that ...

(so wurden wir zu dem Schluß geführt, dass ...)

further studies will be required to ...

(weitere Untersuchungen sind notwendig, um ...)

work is in progress on ...

(weitere Arbeiten zu ... sind im Gange)

Acknowledgements
(Danksagung)

we thank ... for providing the vacuum system

(wir danken ... für die Bereitstellung der Vakuumanlage)

we thank ... for many helpful comments

(wir danken ... für viele hilfreiche Hinweise)

we acknowledge discussions with ...

(wir danken für Diskussionen mit ...)

we are grateful to ... for their ...

(wir danken ... für ihre ...)

we wish to thank ... for valuable discussions and ... for his kind assistance

(wir möchten ... für wertvolle Diskussionen und ... für seine freundliche Hilfe danken)

A8   Literatur

[BER56]   L. Bergmann, C. Schaefer: Lehrbuch der Experimentalphysik,
III. Band, 1. Teil. Berlin: Walter de Gruyter & Co. 1956.

[BEY78]   W. H. Beyer: Handbook of Mathematical Sciences. 5th Edition.
West Palm Beach: CRC Press 1978.

[BRD65]   R. Brdicka: Grundlagen der physikalischen Chemie. 5. Auflage.
Berlin: Deutscher Verlag der Wissenschaften 1965.

[DEG74]   P. G. De Gennes: The Physics of Liquid Crystals. Oxford:
Clarendon Press 1974.

[GES94]   D. Geschke (Hrsg.): Phsikalisches Praktikum. 10. Auflage.
Leipzig: Teubner-Verlag 1994. ISBN 3-8154-3018-6.

[GRE84]   W. Greiner: Theoretische Physik.
Band 2A: Hydrodynamik. ISBN 3-87144-463-4.
Band 3: Klassische Elektrodynamik. ISBN 3-87144-637-8.
Frankfurt/M: H. Deutsch 1984.

[HÄN93]   H. Hänsel, W. Neumann: Physik. Mechanik und Wärmelehre.
Berlin: Spektrum Akademischer Verlag 1993. ISBN 3-86025-046-9.

[HEI76]   H. Heidrich: Allgemeinwissenschaftlicher Wortschatz Englisch
(mit besonderer Berücksichtigung der Naturwissenschaften).
Leipzig: Verlag Enzyklopädie 1976.

[HER89]   E. Hering, R. Martin, M. Stohrer: Physik für Ingenieure.
5.Auflage. Düsseldorf: VDI-Verlag 1995. ISBN 3-18-401398-7.

[HER94]   E. Hering, R. Martin, M. Stohrer: Physikalisch-Technisches
Taschenbuch. 2. Auflage. Düsseldorf: VDI-Verlag 1995.
ISBN 3-18-401431-2.

[IUP93]   Quantities, Units and Symbols in Physical Chemistry. 2nd Edition.
Oxford: Blackwell Scientific Publications 1993.
ISBN 0-632-03583-8.

[JOO45]   G. Joos: Lehrbuch der theoretischen Physik. 11. Auflage. Leipzig:

Akademische Verlagsgesellschaft 1964.

[KAE88]   J. Kärger, H. Pfeifer, W. Heink: Principles amd Application of Self-Diffusion Measurements by NMR. Advances in Magnetic Resonance 12 (1988) 2-89.

[KAM77]   D. Kamke, K. Krämer: Physikalische Grundlagen der Maßeinheiten. Stuttgart: Teubner-Verlag 1977. ISBN 3-519-03015-2.

[KAU93]   R. L. Kautz: Chaos in a Computer-Animazed Pendulum. Am. J. Phys. 61 (1993) 407-415.

[KIT73]   C. Kittel: Thermal Physics. New York: J. Wiley & Sons 1969. Deutsche Übersetzung: Physik der Wärme. München: R. Oldenbourg-Verlag 1973.

[KLE88]   M. V. Klein, Th. E. Furtak: Optik. Übers. a.d. Amerikanischen. Berlin: Springer-Verlag 1988. ISBN 3-540-18911-4.

[KNE90]   F. K. Kneubühl: Repetitorium der Physik. 5.Auflage. Stuttgart: Teubner-Verlag 1994. ISBN 3-519-43012-6.

[KNE95]   F. K. Kneubühl: Lineare und nichtlineare Schwingungen und Wellen. Stuttgart: Teubner-Verlag 1995. ISBN 3-519-03227-9.

[KOH86]   Kohlrausch: Praktische Physik, Band 3. 24. Auflage. Stuttgart: Teubner-Verlag 1996. ISBN 3-519-23000-3.

[LIB92]   R. L. Liboff: Introductory Quantum Mechanics. Reading: Addison-Wesley 1992. ISBN 0-201-54715-5.

[LID90]   D. R. Lide: Handbook of Chemistry and Physics. 71st Edition. Boca Raton: CRC Press 1990. ISBN 0-8493-0471-7.

[PFE54]   H. Pfeifer: Die Erzeugung ungedämpfter elektrischer Schwingungen in Serien- und Parallelschwingkreisen. Z. angew. Physik 6 (1954) 508 - 510.

[PFE70]   H. Pfeifer: Elektronik für den Physiker, Band 4: Leitungen und Antennen. Wissenschaftliche Taschenbücher. Berlin: Akademie-Verlag 1970.

[PFE77]   H. Pfeifer: Elektronik für den Physiker, Band 1: Theorie linearer
Bauelemente. Wissenschaftliche Taschenbücher. Berlin:
Akademie-Verlag 1977.

[POU81]   R. V. Pound: The Gravitational Red-Shift. Topics in
Current Physics, Mößbauer Spectroscopy II, 31-47.
Berlin: Springer-Verlag 1981. ISBN 3-540-10519-0.

[RYS81]   I. M. Ryshik, I. S. Gradstein: Summen-, Produkt- und
Integraltafeln. Übersetzung aus dem Russischen.
Frankfurt/M: H. Deutsch 1981.

[SOM49]   A. Sommerfeld: Vorlesungen über Theoretische Physik, Band 3:
Elektrodynamik. 4. Auflage. Frankfurt/M: H. Deutsch 1988.
ISBN 3-87144-376-X.

[STO95]   W. Stolz: Starthilfe Physik. Leipzig: Teubner-Verlag 1995.
ISBN 3-8154-3020-8.

[STO96]   W. Stolz: Radioaktivität. 3. Auflage. Leipzig: Teubner-Verlag 1996.
ISBN 3-8154-3022-4.

[VOG95]   H. Vogel: Gerthsen Physik. 18. Auflage. Berlin: Springer-Verlag
1995. ISBN 3-540-59278-4.

[ZEI96]   E. Zeidler (Hrsg.): Teubner-Taschenbuch der Mathematik.
Leipzig: Teubner-Verlag 1996. ISBN 3-8154-2001-6.

Sachverzeichnis

● Zusammengesetzte Bezeichnungen, wie z.B. "absoluter Fehler", werden wie *ein* Sachwort behandelt. Man findet "absoluter Fehler" also unter A.

● Wenn das englisch-deutsche Wortpaar in der Nachbarschaft des deutsch-englischen Wortpaares stehen würde, entfällt es. Zum Beispiel wird neben "Frequenz (frequency)" nicht noch "frequency (Frequenz)" angegeben, wohl aber "momentum (Impuls)" unter M und "Impuls (momentum)" unter I.

Eintrittspupille (entrance pupil) 348
elastische Streuung (elastic scattering) 527
elastischer Stoß (elastic collision) 34
Elastizitätsgrenze (elastic limit) 84
Elastizitätsmodul (Young's modulus of elasticity) 82
electric attractive force (elektrische Anziehungskraft) 177
electric current (elektrischer Strom) 187
electric dipole (elektrischer Dipol) 178
electric dipole moment (elektrisches Dipolmoment) 178
electric dipole radiation (elektrische Dipolstrahlung) 278
electric displacement (elektrische Flussdichte) 182
electric double layer (elektrische Doppelschicht) 236
electric energy density (elektrische Energiedichte) 177
electric field strength (elektrische Feldstärke) 169
electric intensity (elektrische Feldstärke) 169
electric mirror reflection (elektrische Spiegelung) 171
electric potential (elektrisches Potential) 171
electric power density (elektrische Leistungsdichte) 195
electric pulse (elektrischer Impuls) 251
electric susceptibility (elektrische Suszeptibilität) 182
electrochemical series (elektrochemische Spannungsreihe) 237
electrolyte (Elektrolyt) 230
electrolytic polarization (elektrolytische Polarisation) 239
electromagnet (Elektromagnet) 217
electromagnetic spectrum (elektromagnetisches Spektrum) 285
electromotive force (Urspannung) 191
electron capture (Elektroneneinfang) 520
electron affinity (Elektronenaffinität) 469
electron centrifugal machine (Elektronenzentrifuge) 224
electron configuration (Elektronenkonfiguration) 456
electron diffraction (Elektronenstreuung) 418
electron microscope (Elektronenmikroskop) 417

electron mobility (Elektronenbeweglichkeit) 225
electronic noise (elektronisches Rauschen) 244
electronic semiconductor (elektronischer Halbleiter) 490
electronic valve (elektronisches Ventil) 376
electrostatic cgs unit (elektrostatische Ladungseinheit) 523
elektrische Anziehungskraft (electric attractive force) 177
elektrische Dipolstrahlung (electric dipole radiation) 278
elektrische Doppelschicht (electric double layer) 236
elektrische Energiedichte (electric energy density) 177
elektrische Feldkonstante (permittivity of vacuum) 168
elektrische Feldlinien (lines of force) 170
elektrische Feldstärke (electric field strength) 169
elektrische Flussdichte (electric displacement) 182
elektrische Leistungsdichte (electric power density) 195
elektrische Spannung (voltage) 171
elektrische Spiegelung (electric mirror reflection) 171
elektrische Suszeptibilität (electric susceptibility) 182
elektrischer Dipol (electric dipole) 178
elektrischer Impuls (electric pulse) 251
elektrischer Strom (electric current) 187
elektrisches Dipolmoment (electric dipole moment) 178
elektrisches Potential (electric potential) 171
elektrochemische Spannungsreihe (electrochemical series) 237
Elektrolyt (electrolyte) 230
elektrolytische Polarisation (electrolytic polarization) 239
elektrolytische Wasserzerlegung (hydrolysis of water) 231
Elektromagnet (electromagnet) 217
elektromagnetisches Spektrum (electromagnetic spectrum) 285
Elektronenaffinität (electron affinity) 469
Elektronenbeweglichkeit (electron mobility)

225
Elektroneneinfang (electron capture) 520
Elektronenkonfiguration (electron configuration) 456
Elektronenmikroskop (electron microscope) 417
elektronenparamagnetische Resonanz (EPR) 443
Elektronenspinresonanz (ESR) 443
Elektronenstreuung (electron diffraction) 418
Elektronenvolt (electron volt, Einheit) 553
Elektronenzentrifuge (electron centrifugal machine) 224
elektronischer Halbleiter (electronic semiconductor) 490
elektronisches Rauschen (electronic noise) 244
elektronisches Ventil (electronic valve) 376
elektrostatische Ladungseinheit (electrostatic cgs unit) 523
element of surface area (Oberflächenelement) 73
Elementarladung (elementary charge) 167
Elementarzelle (unit cell) 362
elliptisch polarisierte Schwingung (elliptically polarized oscillation) 91
emf (EMK) 191
Emissionsspektren (emission spectra) 457
Emitter (emitter) 510
Emitterschaltung (common-emitter configuration) 511
EMK (emf) 191
empirical term notation (empirisch-spektroskopische Termbezeichnung) 458
enantiomer (Spiegelbildisomer) 373
endoergisch (endoergic) 527
endooergic (endooergisch) 527
Endoskopie (endoscopy) 303
endotherm (endothermic) 527
endothermic (endotherm) 527
Energieanalysator (energy analyzer) 242
Energiebänder (energy bands) 481
Energiedichte (energy density) 283
Energiedosis (absorbed dose) 523
Energieflussdichte (energy flux density) 103
Energielücke (energy gap) 490
Energiesatz der Mechanik (conservation law of mechanical energy) 31
Energiestrom (radiant flux) 394
Energiestromdichte (energy flux density) 282

energy analyzer (Energieanalysator) 242
energy bands (Energiebänder) 481
energy current (Wärmestrom) 139
energy current density (Wärmestromdichte) 141
energy density (Energiedichte) 283
energy flux density (Energieflussdichte) 103, 282
energy gap (Energielücke) 490
energy of combustion (Verbrennungsenergie) 32, 121
entartete Systeme (degenerated systems) 436
entarteter Halbleiter (degenerated semiconductor) 490
Entelektrisierungsfaktor (depolarization factor) 184
Enthalpie (enthalpy) 136
Entmagnetisierungsfaktor (demagnetization factor) 216
entrance pupil (Eintrittspupille) 348
Entropie (entropy) 130
entropy of mixing (Mischungsentropie) 137
EPR (elektronenparamagnetische Resonanz) 443
equation of continuity (Kontinuitätsgleichung) 73, 279
equilibrium energy (Gleichgewichtsenergie) 456
equipartition of energy (Gleichverteilungsgesetz) 108
equipotential surface (Äquipotentialfläche) 171
equivalent conductivity (Äquivalentleitfähigkeit) 234
Erg (erg) 553
erlaubte Übergänge (allowed transitions) 448
error function (Gauß'sche Normalverteilung) 12
Erwartungswert (expectation value) 12, 419
erweitertes Quarkmodell (extended quark model) 546
erzwungene Schwingungen (forced oscillations) 25, 89, 259
ESR (Elektronenspinresonanz) 443
evaporation (Verdampfung) 157
excited state (angeregter Zustand) 323
exit pupil (Austrittspupille) 348
exoergisch (exoergic) 527
exotherm (exothermic) 527

Näherungswerte für physikalische Konstanten und Energieumrechnungen

Die genauen Werte zu den hier angegebenen Näherungen (4 Stellen) findet man in Tab. A1, S.548

allg. Gaskonstante	$R=kN_A$	$8{,}315 \text{ J mol}^{-1}\text{K}^{-1}$
atomare Masseneinheit	m_u, u, amu	$1{,}661\cdot 10^{-27}\text{kg} = 931{,}5\text{MeV}/c_0^2$
Avogadro'sche Zahl	N_A	$6{,}022\cdot 10^{23}\text{ mol}^{-1}$
Bohr'sches Magneton	$\mu_B=e\hbar/(2m_e)$	$9{,}274\cdot 10^{-24}\text{J/T} = 5{,}788\cdot 10^{-5}\text{eV/T}$
Bohr'scher Radius	$a_0=4\pi\epsilon_0\hbar^2/(m_e e^2)$	$5{,}292\cdot 10^{-11}\text{m}$
Boltzmann-Konstante	$k=R/N_A$	$1{,}381\cdot 10^{-23}\text{J/K} = 8{,}617\cdot 10^{-5}\text{eV/K}$
Compton-Wellenlänge des Elektrons des Protons	$\lambda_C=h/(m_e c_0)$ $\lambda_{C,p}=h/(m_p c_0)$	$2{,}426\cdot 10^{-12}\text{m}$ $1{,}321\cdot 10^{-15}\text{m}$
Elementarladung	e	$1{,}602\cdot 10^{-19}\text{As}$
Elektronenruhemasse	m_e	$9{,}109\cdot 10^{-31}\text{kg} = 0{,}5110\text{MeV}/c_0^2 = 5{,}486\cdot 10^{-4}\text{u}$
erste Strahlungskonstante	$c_1=2\pi h c_0^2$	$3{,}742\cdot 10^{-16}\text{Wm}^2$
Faraday-Konstante	$F=eN_A$	$9{,}648\cdot 10^4\text{As mol}^{-1}$
Feinstrukturkonstante	$\alpha=e^2/(2\epsilon_0 h c_0)$	$7{,}297\cdot 10^{-3} = 1/137{,}0$
Gravitationskonstante	G	$6{,}673\cdot 10^{-11}\text{Nm}^2\text{kg}^{-2}$
H-Atom-Grundzustandsenergie	$E_1=-R_\infty h c_0$	$-2{,}180\cdot 10^{-18}\text{J} = -13{,}61\text{eV}$
Induktionskonstante	μ_0	$4\pi\cdot 10^{-7}\text{Vs/(Am)}$
Influenzkonstante	ϵ_0	$8{,}854\cdot 10^{-12}\text{As/(Vm)}$
Kernmagneton	$\mu_N=e\hbar/(2m_p)$	$5{,}051\cdot 10^{-27}\text{J/T} = 3{,}152\cdot 10^{-8}\text{eV/T}$
klassischer Elektronenradius	$r_e=e^2/(4\pi\epsilon_0 m_e c_0^2)$	$2{,}818\cdot 10^{-15}\text{m}$

Lichtgeschwindigkeit im Vakuum	c_0	$2{,}998 \cdot 10^8 \mathrm{m/s}$
magn. Flussquant	$\phi_0 = h/(2e)$	$2{,}068 \cdot 10^{-15} \mathrm{Vs}$
magn. Moment des Elektrons des Protons	μ_e μ_p	$9{,}285 \cdot 10^{-24} \mathrm{J/T}$ $1{,}411 \cdot 10^{-26} \mathrm{J/T}$
Massenverhältnis	$m_\mathrm{p}/m_\mathrm{e}$	1836
Neutronenruhemasse	m_n	$1{,}675 \cdot 10^{-27} \mathrm{kg} = 939{,}6 \mathrm{MeV}/c_0^2 = 1{,}009 \mathrm{u}$
Planck'sche Konstante	h $\hbar = h/(2\pi)$	$6{,}626 \cdot 10^{-34} \mathrm{Js} = 4{,}136 \cdot 10^{-15} \mathrm{eVs}$ $1{,}055 \cdot 10^{-34} \mathrm{Js} = 6{,}582 \cdot 10^{-16} \mathrm{eVs}$
Protonenruhemasse	m_p	$1{,}673 \cdot 10^{-27} \mathrm{kg} = 938{,}3 \mathrm{MeV}/c_0^2 = 1{,}007 \mathrm{u}$
Rydberg-Konstante	$R_\infty = \alpha/(4\pi a_0)$	$1{,}097 \cdot 10^5 \mathrm{cm}^{-1} = 3{,}290 \cdot 10^{15} \mathrm{s}^{-1}/c_0$
spezifische Ladung des Elektrons	$-e/m_\mathrm{e}$	$-1{,}759 \cdot 10^{11} \mathrm{As/kg}$
Stefan-Boltzmann-Konstante	$\sigma = (2/15)\pi^5 k^4 h^{-3} c_0^{-2}$	$5{,}670 \cdot 10^{-8} \mathrm{Wm}^{-2}\mathrm{K}^{-4}$
zweite Strahlungskonstante	$c_2 = hc_0/k$	$1{,}439 \cdot 10^{-2} \mathrm{m} \cdot \mathrm{K}$

	J	eV	K	cm^{-1}
1J =	1	$6{,}242 \cdot 10^{18}$	$7{,}243 \cdot 10^{22}$	$5{,}034 \cdot 10^{22}$
1eV =	$1{,}602 \cdot 10^{-19}$	1	$1{,}160 \cdot 10^4$	$8{,}066 \cdot 10^3$
1K =	$1{,}381 \cdot 10^{-23}$	$8{,}617 \cdot 10^{-5}$	1	$6{,}950 \cdot 10^{-1}$
$1\mathrm{cm}^{-1}$ =	$1{,}986 \cdot 10^{-23}$	$1{,}240 \cdot 10^{-4}$	$1{,}439$	1

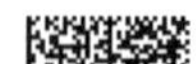